DIE NATUR

in über 5000 Fotos

DIE NATUR

in über 5000 Fotos

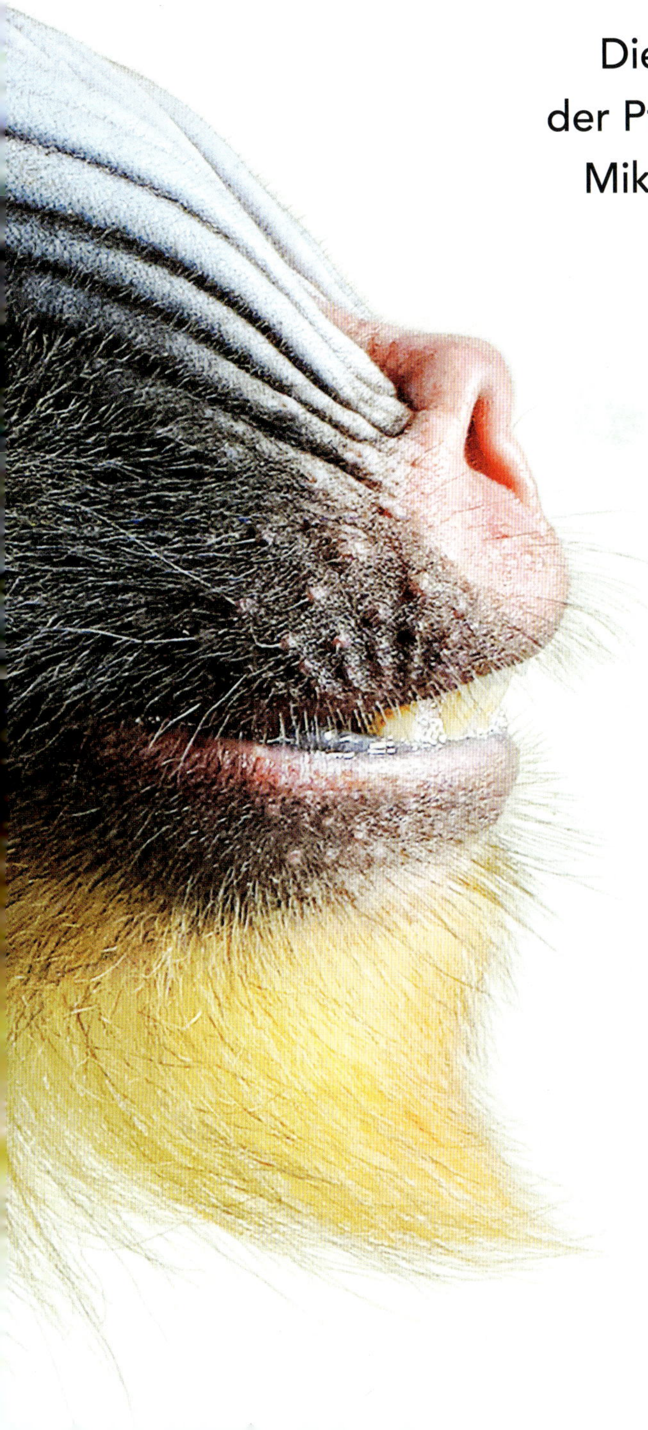

Die visuelle Enzyklopädie
der Pflanzen, Tiere, Mineralien,
Mikroorganismen und Pilze

DK

BELEBTE ERDE

MINERALIEN, GESTEINE & FOSSILIEN

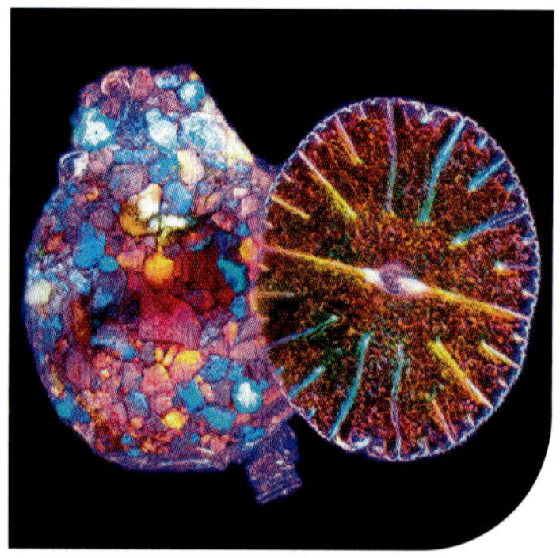

MIKRO-ORGANISMEN

PFLANZEN

INHALT

DK Penguin Random House

NEUAUSGABE
DK LONDON
Lektorat Jonathan Metcalf, Liz Wheeler, Gill Pitts, Angeles Gavira Guerrero
Gestaltung und Bildredaktion Phil Ormerod, Ina Stradins, Michael Duffy, Karen Self, Romaine Werblow
Herstellung Gillian Reid, Meskerem Berhane
Fotos Gary Ombler

DK DELHI
Lektorat Glenda Fernandes, Rohan Sinha, Tina Jindal, Nidhilekha Mathur
Gestaltung und Bildredaktion Malavika Talukder, Sudakshina Basu, Mahua Mandal, Karan Chaudhary, Deepak Negi, Taiyaba Khatoon, Jagtar Singh, Jaypal Chauhan
Umschlaggestaltung Tanya Mehrotra
Herstellung Pankaj Sharma

ERSTAUSGABE
DK LONDON
Programmleitung Jonathan Metcalf
Projektleitung Liz Wheeler
Cheflektorat Camilla Hallinan
Projektbetreuung Kathryn Hennessy, Victoria Wiggins
Redaktion Becky Alexander, Ann Baggaley, Kim Dennis-Bryan, Ferdie McDonald, Elizabeth Munsey, Peter Preston, Cressida Tuson, Anne Yelland
Bildredaktion Karen Self, Gadi Farlour, Helen Spencer
Gestaltung Paul Drislane, Nicola Erdpresser, Phil Fitzgerald, Anna Hall, Richard Horsford, Stephen Knowlden, Dean Morris, Amy Orsborne, Steve Woosnam-Savage
Art Director Phil Ormerod
Bildrecherche Neil Fletcher, Peter Cross, Julia Harris-Voss, Sarah Hopper, Liz Moore, Rebecca Sodergren, Jo Walton, Debra Weatherley, Suzanne Williams
DK-Bildarchiv Claire Bowers
Datenbank Peter Cook, David Roberts
Spezielle Fotos Gary Ombler
Herstellung Tony Phipps, Inderjit Bhullar

DK INDIEN
Cheflektorat Rohan Sinha
Art Director Shefali Upadhyay
Projektmanager Malavika Talukder
Projektbetreuung Kingshuk Ghoshal
Bildredaktion Mitun Banerjee, Ivy Roy, Mahua Mandal, Neerja Rawat
Redaktion Alka Ranjan, Samira Sood, Garima Sharma
Herstellung Pankaj Sharma
DTP-Koordinator Sunil Sharma
DTP-Designer Dheeraj Arora, Jagtar Singh, Pushpak Tyagi

Für die deutsche Ausgabe:
Programmleitung Monika Schlitzer
Redaktionsleitung Dr. Kerstin Schlieker
Projektbetreuung Manuela Stern
Herstellungsleitung Dorothee Whittaker
Herstellungskoordination Arnika Marx
Herstellung Sabine Hüttenkofer

Titel der englischen Originalausgabe: The Natural History Book

© Dorling Kindersley Limited, London, 2010, 2021
Ein Unternehmen der Penguin Random House Group
Alle Rechte vorbehalten
© der deutschsprachigen Ausgabe by Dorling Kindersley Verlag GmbH, München, 2011, 2021
Alle deutschsprachigen Rechte vorbehalten

PILZE

TIERE

Jegliche – auch auszugsweise – Verwertung, Wiedergabe, Vervielfältigung oder Speicherung, ob elektronisch, mechanisch, durch Fotokopie oder Aufzeichnung, bedarf der vorherigen schriftlichen Genehmigung durch den Verlag.

ERSTAUSGABE
Übersetzung Eva Sixt, Michael Kokoscha, Karin Koch
Lektorat Agnes Pahler

NEUAUSGABE
Producing KOKOSCHA data_design

ISBN 978-3-8310-4277-7

Druck und Bindung Leo Paper Products, China

MIX Papier | Fördert gute Waldnutzung FSC® C018179

www.dk-verlag.de

Hinweis
Die Informationen und Ratschläge in diesem Buch sind von den Autoren und vom Verlag sorgfältig erwogen und geprüft, dennoch kann eine Garantie nicht übernommen werden.
Eine Haftung der Autoren bzw. des Verlags und seiner Beauftragten für Personen-, Sach- und Vermögensschäden ist ausgeschlossen.

SMITHSONIAN INSTITUTION

1846 gegründet, ist die Smithsonian Institution mit 19 Museen und Galerien sowie einem Nationalzoo der weltweit größte Museumskomplex und eins der bedeutendsten Forschungs- und Bildungszentren der Welt. Die Gesamtzahl an Artefakten, Kunstwerken und Ausstellungsstücken in den Sammlungen der Institution wird auf 155 Millionen geschätzt. Ein Großteil davon steht im National Museum of Natural History in Washington, das über 126 Millionen Objekte beherbergt. Die Smithsonian Institution ist ein renommiertes Forschungsinstitut, das sich der Bildung und Lehre in Kunst, Wissenschaft und Geschichte verpflichtet fühlt.

HERAUSGEBER

David Burnie

erhielt den Aventis Prize for Science Books und ist Autor und Herausgeber von zahlreichen Naturbüchern, u. a. von *Tiere – die große Bild-Enzyklopädie*. Er ist Mitglied der Zoological Society of London und hat Beiträge zu über 100 Büchern verfasst.

WISSENSCHAFTLICHE MITARBEITER

Richard Beatty, Dr. Amy-Jane Beer, Dr. Charles Deeming, Dr. Kim Dennis-Bryan, Dr. Frances Dipper, Dr. Chris Gibson, Derek Harvey, Prof. Tim Halliday, Rob Hume, Geoffrey Kibby, Dr. Richard Kirby, Joel Levy, Chris Mattison, Felicity Maxwell, Dr. George C. McGavin, Dr. Pat Morris, Dr. Douglas Palmer, Dr. Katie Parsons, Chris Pellant, Helen Pellant, Michael Scott, Carol Usher, Professor Mark Viney, Dr. David J. Ward, Dr. Elizabeth Wood.

VORWORT

Als Junge habe ich die örtlichen Büchereien besucht und dort so lang ich durfte in wissenschaftlichen Büchern gelesen. Die Werke, die mich besonders interessiert haben, waren die Vorläufer des vorliegenden Buchs. Vollgepackt mit farbigen Diagrammen, Bildern exotischer Arten und Regionen sowie informativen Texten haben sie ein mit Lernen und Lehren erfülltes Leben begründet. Die Welt der Natur war damals ein unbekanntes Feld für mich, über das ich alles erfahren wollte. Zu lernen ist ein menschliches Bedürfnis, doch niemand weiß zu Beginn, welcher Bereich der Natur für ihn der interessanteste ist – und ich habe mir die größte und vielfältigste Tiergruppe von allen ausgesucht. Selbst, wenn ich noch so viele Lebenszeiten zur Verfügung hätte, könnte ich niemals alles über die Insekten erfahren.

Kein Buch könnte die heutigen Lebensformen vollständig darstellen, die wiederum nur ein Prozent aller Arten repräsentieren, die es jemals gegeben hat. Dafür wäre schon eine gewaltige Bibliothek nötig. Was Sie hier in den Händen halten, ist aber praktischer. Es ist ein Fahrplan für eine Reise, die Sie von dampfenden tropischen Regenwäldern in die klirrende Kälte der Polargebiete führt, und von den höchsten Berggipfeln in die Tiefen der Meere. Es ist die abgekürzte Version mehrerer Milliarden Jahre der Evolution, die Ihnen einige der Millionen verschiedener Lebensformen präsentiert.

Es ist relativ leicht, detailliert über ein bestimmtes Spezialgebiet zu schreiben, doch ist das nur für Experten interessant. Es wird ansonsten niemanden dazu anregen, sich mit der Welt der Lebewesen zu beschäftigen. Nein, der tatsächliche Ansatz dieses Buchs ist es, aus der Menge spezieller Informationen ein umfangreiches Wissen zu destillieren, das sowohl zuverlässig als auch leicht zugänglich ist.

Vielleicht wird es einmal eine Zeit geben, in der wir in unserer Galaxis und weit über sie hinaus umherreisen können. Werden wir Leben auf weit entfernten felsigen Planeten finden und wenn, werden es einzellige Organismen oder komplexe Lebewesen wie Menschen oder Buckelwale sein? Zu denken, dass gerade unser unbedeutender Planet der einzige Ort sein soll, auf dem Leben entstanden ist, ist ausgesprochen unwahrscheinlich. Es ist aber sicher, dass wir einen Planeten von unglaublicher Komplexizität und atemberaubender Vielfalt bewohnen, der sich ununterbrochen verändert. Wir müssen allerdings schnell verinnerlichen, dass wir ihn nicht beherrschen, da wir nur eine Art in einer gewaltigen Gemeinschaft voneinander abhängiger Spezies sind.

Einsteiger in die Naturwissenschaften werden sich überwältigt fühlen und selbst Spezialisten, die sich mit einzelnen Gebieten des Lebens beschäftigen, werden den Ansatz dieses gründlich recherchierten Buchs zu schätzen wissen. Wenn ich mein Leben noch einmal leben könnte, würde ich es mit diesem Werk beginnen.

DR. GEORGE McGAVIN

Honorary Research Associate,
Oxford University Museum of Natural History
Senior Principal Research Fellow, Imperial College London

ÜBER DIESES BUCH

Dieses Buch beginnt mit einer Einführung in das Leben auf der Erde und erläutert die geologischen Voraussetzungen, die Evolution der Lebensformen und ihre systematische Einteilung. Die folgenden fünf Kapitel bilden einen Katalog des Lebens von den Mineralien bis zu den Säugetieren, der durch Einleitungen zu jeder Gruppe und vertiefende Features ergänzt wird.

Zum leichteren Nachschlagen weisen Kästen auf die weitere Gliederung eines jeden Abschnitts hin.

EINFÜHRUNG >
Jedes Kapitel ist in Abschnitte unterteilt, die seine wichtigsten Gruppen umfassen. Die Einführung zum Abschnitt beleuchtet die charakteristischen Eigenschaften der vorgestellten Gruppe und diskutiert ihre Entstehung im Lauf der Evolution.

STAMM	CHORDATA
KLASSE	REPTILIA
ORDNUNGEN	4
FAMILIEN	92
ARTEN	11 050

Bei jeder Einleitung zeigen Kästen die zurzeit gültige taxonomische Einteilung. Die jeweils vorgestellte Gruppe ist weiß unterlegt.

Kästen mit Streitfragen greifen wissenschaftliche Diskussionen auf, die auf neuen Erkenntnissen beruhen.

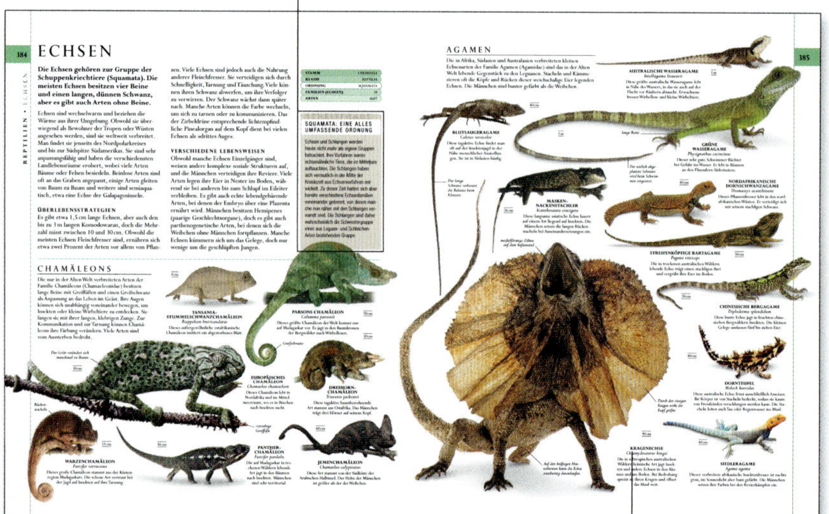

∧ VORSTELLUNG DER GRUPPEN
Innerhalb eines jeden Abschnitts werden – beispielsweise bei den Reptilien – Gruppen niedrigeren taxonomischen Rangs wie hier die Echsen vorgestellt. Charakteristische Eigenschaften wie Verbreitung, anatomische Merkmale, Lebenszyklus, Verhalten und Vermehrung werden beschrieben.

Zu jedem Bild gibt es einen Steckbrief der betreffenden Art.

Männchen dieser Art ♂

♀ *Weibchen dieser Art*

ÜBERSICHT DER ARTEN >
Die Bilderfolgen stellen etwa 5000 Arten mit ihren Eigenschaften vor. Nah verwandte Arten werden zum Vergleich nebeneinander abgebildet. Der zum Bild gehörige Text weist auf ihre besonderen und interessanten Eigenschaften hin.

Übersichtlich sind Informationen wie Größe, Lebensraum, Verbreitung und Nahrung dargestellt.

GRÖSSE 1,4–2,9 m
LEBENSRAUM Wald- und Buschland, Sümpfe, Savannen, Felslandschaften
VERBREITUNG Indien bis China, Sibirien, Malaiische Halbinsel, Sumatra
NAHRUNG vor allem Huftiere wie Hirsche und Schweine, auch kleinere Säugetiere und Vögel

∨ FEATURES
Doppelseiten zeigen Nahaufnahmen und in die Tiefe gehende Porträts einiger der spektakulärsten Arten der Welt.

Zu jedem Feature gehört eine Seitenansicht des Tiers, der Pflanze oder des Pilzes.

KÖNIGS-AMAZONE
Amazona guildingii
F: Psittacidae

Die deutschen Namen der Arten sind fett hervorgehoben, die wissenschaftlichen kursiv gesetzt.

30 cm

Die Größenangaben geben die für den entsprechenden Organismus am besten geeigneten Maße an (siehe rechts »Maßeinheiten«).

DATEN

MASSEINHEITEN

Die Angabe der ungefähren Größe von Organismen beruht in diesem Buch auf folgenden Abmessungen:

KLEINSTLEBEWESEN
Länge

PFLANZEN
Höhe über dem Boden mit Ausnahme von:
Höhe über dem Wasser Binsen, Seggen
Ausdehnung Wasserpflanzen

PILZE
Durchmesser (breiteste Stelle) mit Ausnahme von:
Höhe Stinkmorchel, Hundsrute

WIRBELLOSE
Körperlänge des erwachsenen Tiers außer:
Höhe Schwämme, Haarsterne, Seelilien, *Hydra vulgaris*, *Tubularia* spec., Feder-Hydroid, Feuerkoralle, große Korallen und Seeanemonen
Durchmesser Stachelpolyp, Strahlenqualle, *Melicertum octocostatum*, *Phialella quadrata*, Süßwasserqualle
Durchmesser ohne Stacheln Stachelhäuter
Durchmesser der Medusa Quallen
Spannweite Schmetterlinge
Länge des Tierstocks Moostierchen
Länge der Schale (des Gehäuses) Mollusken
Spannweite der Arme Kopffüßer

FISCHE, AMPHIBIEN UND REPTILIEN
Länge von Kopf bis Schwanz

VÖGEL
Länge von Schnabel bis Schwanz

SÄUGETIERE
Länge ohne Schwanz außer:
Schulterhöhe Elefanten, Menschenaffen, Paarhufer, Unpaarhufer

PFLANZEN-PIKTOGRAMME

Die Wuchsform von Bäumen, Sträuchern und weiteren holzigen Pflanzen wird mit einem der folgenden Symbole beschrieben. Krautige Pflanzen außer Kletterpflanzen haben keine Symbole.

BÄUME
- breit säulenförmig
- breit kegelförmig
- groß, hängend
- klein, hängend
- mehrstämmiger Baum
- schmal säulenförmig, mit Spitze
- schmal säulenförmig
- schmal kegelförmig
- rundlich, breit säulenförmig
- rundlich, breit ausladend
- einstämmige Palme
- mehrstämmige Palme, Palmfarn

STRÄUCHER
- buschig, bildet Bestände
- buschig, bildet Ausläufer
- kompakt, buschig
- aufrecht, baumähnlich
- offen, nicht kompakt
- offen, ausladend
- rundlich, buschig
- wüchsig, breitet sich aus
- aufrecht
- aufrecht, überhängend
- aufrecht, kräftig, buschig
- kletternd

ABKÜRZUNGEN

SPEC., SP.: Abkürzung für Spezies = Art (wird bei unbekanntem Artnamen benutzt)
H: Härte eines Minerals nach der Mohs-Skala
D: Relative Dichte. Man misst die Relative Dichte eines Minerals, indem man es mit dem gleichen Volumen an Wasser vergleicht.

BELEBTE ERDE

Unser blauer Planet, der sich in der Weite des Alls dreht, ist der einzige Ort, an dem Leben bisher nachgewiesen worden ist. Nahezu vier Milliarden Jahre lang hat es sich aus einfachsten Anfängen entwickelt. Die meisten Arten sind ausgestorben, doch das Leben selbst blüht und hat sich von mehreren Massenaussterben erholt. Das Ergebnis ist eine unglaubliche Vielfalt lebender Organismen. Wissenschaftler studieren sie beharrlich, um die Geschichte des Lebens auf der Erde nachzuvollziehen.

LEBENDER PLANET

Die Erde ist gut ausgestattet, um eine Vielfalt von Leben zu tragen, sowohl an Land als auch im Meer. Ohne Wärme und Licht von der Sonne, eine reichliche Wasserversorgung, den Schutz der Atmosphäre und die Mineralien, auf denen die Ökosysteme aufbauen, würde das Leben erlöschen.

DYNAMISCHE ERDE

Innerhalb unseres Sonnensystems scheint nur die Erde Leben zu tragen. Als dritter Planet der Sonne ist sie weder zu nah noch zu weit von der Sonnenhitze entfernt. Sie besitzt daher eine Atmosphäre aus Sauerstoff und anderen Gasen sowie eine Hydrosphäre mit genügend Oberflächenwasser. Zusammen bilden sie eine schützende, isolierende Schicht, die das Leben bewahrt. Im Gegensatz dazu sind die anderen Planeten entweder zu heiß oder zu kalt und verfügen nicht über die Sauerstoff- und Wassermengen, die Leben ermöglichen.

Die Erde ist in Schichten aufgebaut, mit einem heißen, festen Metallkern im Zentrum, der von einem flüssigen äußeren Kern umgeben ist. Darauf folgt der heiße Erdmantel, der eine dünne, kühle Kruste trägt. Dieser Mantel wird ständig von der aus dem Kern aufsteigenden Hitze umgeschichtet, sodass die Kruste in große Platten zerbrochen wird. In geologischen Zeiträumen werden manche Meere größer, und die Kontinente bewegen sich mit ihnen. Andere werden kleiner, und kollidierende Kontinente falten Gebirge auf. Meere und Landschaften entstehen ständig neu und werden zerstört. Das Leben hat sich diesen Veränderungen angepasst.

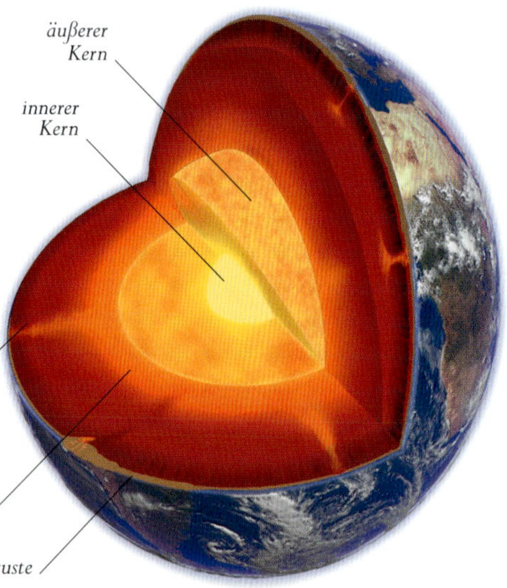

STRUKTUR DER ERDE >
Der flüssige Mantel wird ständig umgeschichtet. Dadurch werden die Platten der Kruste bewegt, was zu Erdbeben und Vulkanausbrüchen an der Erdoberfläche führt.

∧ SONNENERUPTIONEN
Die Sonnenenergie wird immer wieder in gewaltigen Explosionen freigesetzt, die Sonneneruptionen aus heißen ionisierten Gasen hervorrufen.

SONNE UND MOND

Sonne und Mond haben einen direkten Einfluss auf das Leben auf der Erde. Ohne die Sonnenenergie in Form von Licht und Wärme gäbe es kein Leben. Sie erwärmt die Atmosphäre, die Meere und das Land, so entstehen Klimazonen. Da die Erdachse auf ihrer Kreisbewegung um die Sonne geneigt ist, fällt Sonnenenergie ungleichmäßig auf die Erdoberfläche ein. Es kommt zu täglichen und jährlichen Schwankungen der Licht- und Wärmemenge sowie der Lebensbedingungen. Sogar am Äquator erlebt man Temperaturunterschiede zwischen Tag und Nacht. Der um die Erde kreisende Mond beeinflusst mit seiner Gravitation die Gezeiten der Meere. Sie wirken sich vor allem auf das Leben an den Küsten aus, das die sich ständig verändernden Bedingungen tolerieren muss.

WASSER UND LEBEN
Das Leben ist vom Wasser abhängig, aus dem über die Hälfte des Gewebes besteht. Die meisten Niederschläge stammen aus der Verdunstung des Meerwassers, das 97% des Oberflächenwassers der Erde ausmacht, und eines Netzwerks von Flüssen.

EMPFINDLICHE ATMOSPHÄRE

Die Atmosphäre der Erde ist 120 km dick. Sie besteht aus verschiedenen Schichten, die alle unterschiedliche Temperaturen und Gaszusammensetzungen aufweisen. Ihre Dichte nimmt bis zur äußersten Schicht, der Ionosphäre, beständig ab. Die Ozonschicht in der unteren Atmosphäre spielt eine entscheidende Rolle, da sie zellschädigende Strahlungen wie das ultraviolette Licht absorbiert. Vor ihrer Entstehung war das Leben auf die Meere beschränkt, deren Wasser einigen Schutz vor dem UV-Licht bietet.

Die überwiegende Menge an Wasserdampf findet sich in den untersten 16 km der Atmosphäre, der Troposphäre. Hier spielen sich außerdem die Wetterereignisse ab. Das Oberflächenwasser der Erde wird von der Atmosphäre aufgenommen und in einem Kreislauf in Form von Wolken, Regen und Schnee wieder verteilt. Vom Festland fließt das Wasser in die Meere, obwohl große Mengen in Seen, im Eis und unterirdisch zurückgehalten werden.

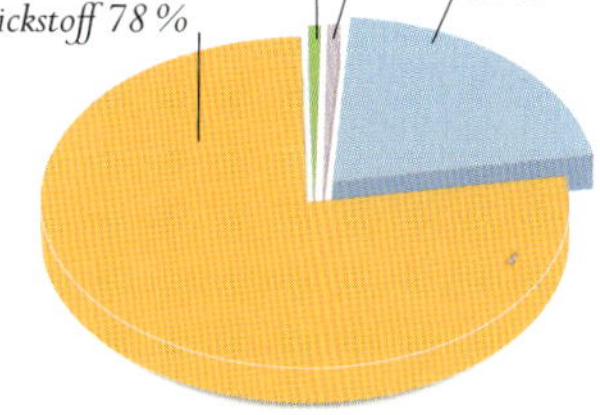

GASE DER ATMOSPÄRE >
Stickstoff und Sauerstoff machen über 99 % der Erdatmosphäre aus. Ein kleiner, aber wichtiger Anteil besteht aus Wasserdampf, Kohlendioxid und anderen Gasen.

∧ BLAUER PLANET
Etwa zwei Drittel der Erdoberfläche sind mit Wasser bedeckt, das die Vielfalt irdischen Lebens ermöglicht.

∧ ATMOSPHÄRENSCHICHTEN
Die Erde ist von einer aus Wasserdampf und Gasen bestehenden Atmosphäre umgeben. Sie bewahrt die Sonnen- und Oberflächenwärme.

VERSCHIEDENE GESTEINE

Auf der Erde gibt es über 500 verschiedene Arten von Gesteinen, die aus Tausenden von Mineralien bestehen. Alle Gesteine haben eine charakteristische Zusammensetzung und können in drei hauptsächliche Kategorien eingeteilt werden. Magmatische Gesteine waren ursprünglich geschmolzen, metamorphe Gesteine sind aus bestehenden Gesteinen in der Erdkruste gebildet worden und Sedimentgesteine haben sich an der Erdoberfläche abgelagert. Diese Gesteine werden durch die Hebung der sich bewegenden Platten der Erdkruste sowie durch Oberflächenprozesse wie Verwitterung und Erosion freigelegt. Die Erosion formt aus ihnen die verschiedensten Landschaften, Böden und Sedimente. Sie bilden die anorganischen Grundlagen des Lebens.

MAGMATISCHE GESTEINE
Durch die Abkühlung und Erstarrung geschmolzener Gesteine entstehen kristalline magmatische Gesteine. Eine schnelle Abkühlung erzeugt dabei feinkörnige Gesteine, eine langsame grobkörnige.

BASALT

METAMORPHE GESTEINE
Die Hitze und der Druck, die in der Erdkruste auf Gesteine ausgeübt werden, können Form und Zusammensetzung verändern, sodass Gesteine wie Schiefer und Marmor entstehen.

BIOTIT-SCHIEFER

SEDIMENTGESTEINE
Schichten aus Sedimenten und den Resten von Pflanzen und Tieren werden von Wind und Wasser abgelagert. Mit der Zeit bilden sich unter dem Einfluss des Drucks und chemischer Prozesse Gesteine.

SANDSTEIN

AKTIVE ERDE

Durch die von der hohen inneren Temperatur der Erde angeregten geologischen Prozesse sind die Platten der brüchigen Erdkruste ständig in Bewegung und verändern dabei die Formen der Meere und Kontinente.

∧ SAN-ANDREAS-VERWERFUNG
Die sich etwa 1300 km durch Kalifornien ziehende Verwerfung ist eine Transformstörung zwischen der Pazifischen und der Südamerikanischen Platte, die hier aneinander vorbeigleiten.

PLATTENTEKTONIK

In der Geschichte der Erde haben sich durch den Prozess der Plattentektonik die Erdoberfläche und mit ihr die Verteilung und Größe der Kontinente und Meere ständig verändert. Die Erdkruste besteht aus verschiedenen mehr oder weniger stabilen tektonischen Platten, sieben in Kontinentgröße und etwa ein Dutzend kleinere. Im Lauf der Zeit sind die Platten immer wieder aneinandergestoßen. Geschmolzene Magma quillt aus Tiefseerücken hervor und bildet neue ozeanische Krusten. So bilden sich auf beiden Seiten der Rücken auseinanderstrebende Plattengrenzen, vor allem in den Meeren. Gleichzeitig müssen die Platten an anderen Stellen verkürzt werden, da sich die Erde selbst nicht ausdehnen kann. Das geschieht an konvergierenden Grenzen, an denen sich die Platten übereinanderschieben (diesen Prozess bezeichnet man als Subduktion). Oder aber die Platten werden zusammengepresst, sodass sich Gebirge auftürmen.

∨ PLATTENGRENZEN
Diese Karte zeigt die wichtigsten Platten der Erdkruste. Die Erhebung der weltweiten Erdbebenquellen verdeutlicht, wo die Plattengrenzen liegen.

LEGENDE
- Konvergenzzone
- Divergenzzone
- Tiefseegraben
- Transformstörung

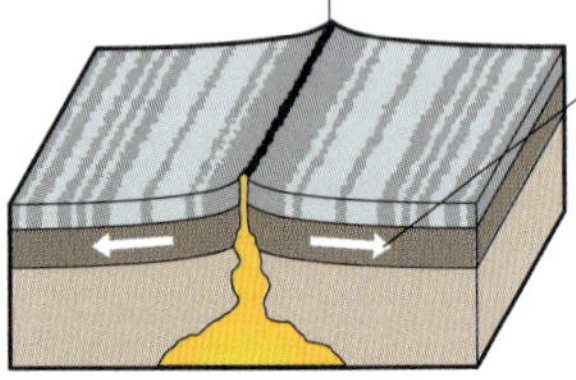

DIVERGENZZONE
Wenn Platten auseinandergezogen werden, dehnen sie sich und brechen. Dabei bilden sich vulkanisch aktive Rücken.

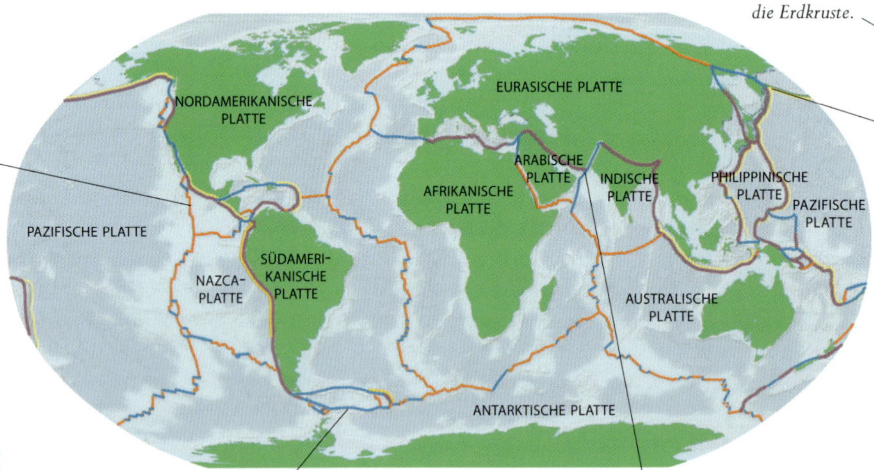

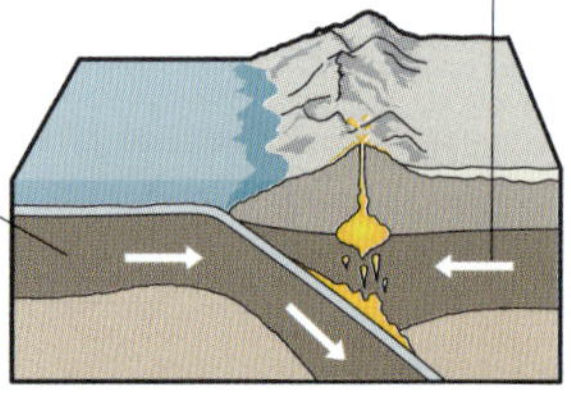

SUBDUKTIONSZONE
Wenn sich zwei Platten zusammenschieben und eine dicker ist, drückt sie die dünnere in der Subduktion nach unten.

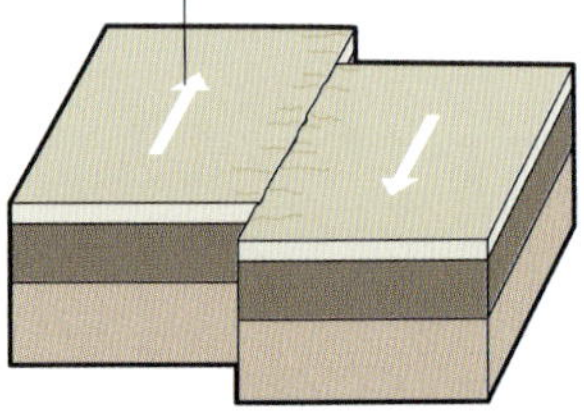

TRANSFORMSTÖRUNG
Man spricht auch von Blattverschiebung, wenn zwei Platten horizontal aneinander vorbeigleiten und dabei weder die Erdkruste zerstören noch neu bilden.

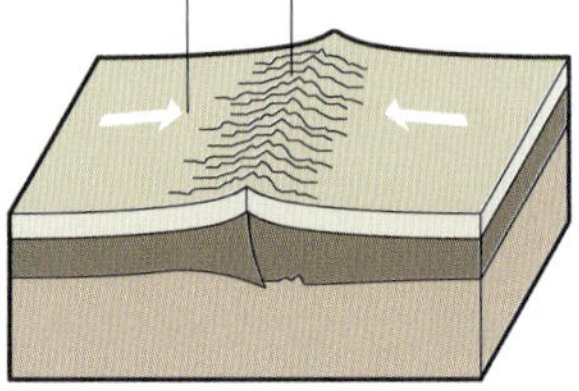

KONVERGENZZONE
Wenn zwei Platten ähnlicher Stärke und Dichte aufeinanderprallen, werden ihre Ränder zusammengedrückt und falten Gebirgszüge wie beispielsweise den Himalaja auf.

< FALTENGEBIRGE
Der ungeheuere Druck aneinandergepresster Plattenränder faltet die Erdkruste auf und verdickt sie. Durch diese Verdickung werden Gebirge aufgefaltet.

AKTIVE VULKANE >
Die meisten Vulkane befinden sich an Plattenrändern. In der Tiefe entsteht heißes Magma, das hier aufsteigt. Auch inaktive Vulkane können an sich verschiebenden Rändern ausbrechen.

BERGE UND VULKANE

Zu den wichtigsten Faktoren, die die Verteilung des Lebens auf der Erde beeinflussen, gehört die Topografie – die Oberflächenbeschaffenheit –, die Berge und Vulkane an Land und im Meer einschließt. An Land stellen Gebirge nicht nur Verbreitungsgrenzen für Lebewesen dar, sondern beeinflussen Wetter und Klima und damit die Vegetation, was sich wiederum auf die Tierwelt auswirkt. Vulkanausbrüche verändern ebenfalls ihre Umgebung. Anfangs wirken sie zerstörend, doch langfristig steigert die Verwitterung der Lava und Asche die Fruchtbarkeit des Bodens. Unterirdische Gebirge und Vulkanausbrüche beeinflussen die Wasserbewegungen, das marine Leben und den Nährstoffgehalt des Meerwassers.

ABTRAGUNG
Die Verwitterung durch Wind und Wasser führt zu einer Erosion der Felsen und verändert die Form der Landschaft deutlich, wie hier im Bryce Canyon, Utah (USA).

VERWITTERUNG UND EROSION

Viele Gesteine werden unter der Erdoberfläche gebildet, und wenn sie durch den Druck in der Erdkruste oder durch sich zurückziehende Meere freigelegt werden, reagieren sie mit der Atmosphäre, dem Wasser und lebenden Organismen. Die physikalischen und chemischen Prozesse der Interaktion von Gesteinen mit der Atmosphäre bezeichnet man als Verwitterung. Bei diesem Prozess wird Material gelockert, gelöst und abtransportiert, was man als Erosion bezeichnet. Verwitterung und Erosion tragen das Gestein der Erde Schicht für Schicht ab. Exponierte Stellen wie Bergspitzen oder die Außenseiten von Gebäuden sind der chemischen Verwitterung durch sauren Regen und der physikalischen durch Temperaturveränderungen ausgesetzt. Felswände können auch durch vom Wind transportierte Sandkörnchen erodiert werden. Die Kombination von Verwitterung und Erosion löst manche Felsen auf und zerkleinert andere in Stücke. Wenn dieser Schutt weiter zerrieben und von Wind, Wasser und Eis transportiert wird, können ihn Lebewesen immer besser erschließen. Sie entnehmen daraus Nährstoffe und besiedeln diese neuen Flächen.

< ERDRUTSCH, RIO DE JANEIRO
Sogar in einem Gebiet mit gut entwickelter Vegetation kann starker Regen an steilen Abhängen die Erdoberfläche verändernde oder lebensbedrohende Ereignisse auslösen. Es kann zu Lawinen oder Erdrutschen kommen.

WISSENSCHAFT

BODENBILDUNG

Die Entstehung von Böden setzt die Verwitterung und Erosion des Ausgangsgesteins voraus, das in Teilchen (als Regolith bezeichnet) zerlegt wird. Mit dem Zusatz von Humus – organisches Material aus den Resten von Pflanzen und Tieren – entsteht die Basis des Bodens. Er entwickelt sich zum Substrat, in dem das Leben gedeiht.

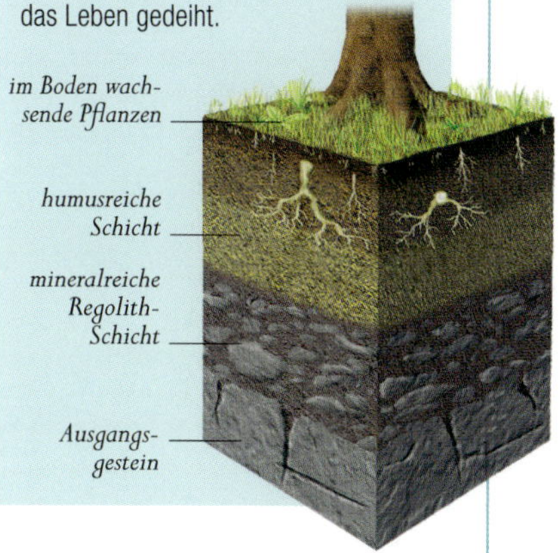

KLIMAVERÄNDERUNG

Die Eigenschaften der Jahreszeiten bilden das Klima einer Region. Das Klima der Erde hat sich immer wieder unterschiedlich schnell an verschiedenen Orten verändert, und diese Veränderungen beeinflussen die Evolution des Lebens wesentlich.

WAS IST KLIMA?

Das Klima ist das durchschnittliche Wetter einer Region in einem längeren Zeitraum, das von Temperatur, Niederschlägen, Windstärke und Luftdruck beeinflusst wird. Es hängt auch von anderen Faktoren wie dem menschlichen Einfluss, der Höhe über dem Meeresspiegel, der örtlichen Topografie, der Nähe zu den Meeren mit ihren Winden und Strömungen und vor allem ihrem Breitengrad zwischen dem Äquator und den Polen ab. Der Breitengrad bestimmt, wie hoch die Sonneneinstrahlung in verschiedenen Regionen ist. So gibt es einen gewaltigen Unterschied zwischen den Polregionen, die das wenigste Licht und die wenigste Wärme erhalten, und den äquatornahen Tropen.

< BAUMGRENZE
Mit zunehmender Höhe nimmt die Lufttemperatur ab. Laubbäume werden von Nadelbäumen und dann von Büschen ersetzt.

SICH VERÄNDERNDE BEDINGUNGEN

Das Klima wird durch die mittlere Temperatur und die durchschnittlichen Niederschläge sowie ihre Auswirkungen auf die Vegetation definiert. So sind die äquatorialen Regionen in der Gegenwart warm und feucht, da hier der Meereseinfluss überwiegt, während die Wüsten trocken und die Pole kalt sind. Das ist aber nicht immer so gewesen. Verschiedene Faktoren für die Wetterbedingungen haben in der Geschichte der Erde das Klima von den Eiszeiten bis zur globalen Erwärmung beeinflusst.

Polarfuchs im Sommer

Polarfuchs im Winter

∧ FELLWECHSEL
Das Klima kann die Lebensbedingungen von einer Jahreszeit zur anderen deutlich verändern. Tiere und Pflanzen passen sich dem auf verschiedene Weise an. So bekommt der Polarfuchs ein Winterfell, das er im Sommer wieder verliert.

LEBEN IN DER WÜSTE
Pflanzen wie die Kakteen haben sich an das Leben in semiariden Regionen unter anderem durch ein verlangsamtes Wachstum angepasst. Und Blätter wurden zu Dornen reduziert.

< INDIZIEN DER KLIMAVERÄNDERUNG
Die Untersuchung von polaren Eisbohrkernen hat Details früherer klimatischer Veränderungen erhellt. Die chemische Analyse eingeschlossener Gasblasen ermöglicht die Abschätzung der Lufttemperatur zu dem Zeitpunkt, an dem sich das Eis gebildet hat.

< EISBOHRKERN
Dies ist eine Nahaufnahme eines Bohrkerns aus dem Lake Bonney in der Antarktis, der permanent von Eis bedeckt ist. Sie zeigt die eingeschlossenen Luftblasen und Sedimentpartikel vom Grund des Sees.

KLIMATISCHE ZYKLEN

Gesteine und Fossilien zeigen, dass sich das Erdklima im Lauf der Zeit deutlich geändert und so die Evolution des Lebens beeinflusst und das Aussterben mancher Arten ausgelöst hat. Es gibt dafür verschiedene Gründe, etwa vulkanische Aktivität, die die Atmosphäre mit Gasen und Staub belastet, und die Veränderung von Meeresströmungen, die die Wärme verteilen. Das Klima wird auch durch Zyklen der Erdumlaufbahn und -rotation beeinflusst, die das Ausmaß der Sonneneinstrahlung beeinflussen. Das wiederum beeinflusst Temperatur und Klima und löst den Wechsel zwischen Eis- und Warmzeiten aus.

SICH VERÄNDERNDE GEOLOGIE

Im Lauf der Zeit haben sich die Kontinente verschoben, da sich die Meere unter dem Einfluss der Plattentektonik ausgedehnt oder verkleinert haben. Auf ihrer Bewegung von einer Hemisphäre in die andere passieren sie verschiedene Klimazonen und schließen sich manchmal zu Superkontinenten zusammen. Die veränderte Form des Meeresbeckens beeinflusst die Wasserströmungen, was sich auf Luftfeuchtigkeit und Temperatur und somit auf das Klima auswirkt.

WARM- UND EISZEITEN

Länger andauernde Klimaveränderungen unterteilt man in Warmzeiten mit weitgehend eisfreien Polen und Eiszeiten mit gefrorenen Polkappen. Die Warmzeiten stehen mit der Abgabe von Treibhausgasen wie Kohlendioxid durch Pflanzen in Verbindung. Dadurch staut sich Wärme in der Atmosphäre. Es entstehen große, flache Meere, trockene Gebiete und üppige Wälder, die zur Zeit der Dinosaurier diese Tiere mit reichlich Nahrung versorgt haben. Rückschlüsse auf Eiszeiten, die Millionen von Jahren andauerten, erlauben Spuren der Vereisung in der Landschaft. Fossilien zeigen, welch großen Einfluss der mit den Eiszeiten zusammenhängende schnelle Klimawandel auf das Leben weltweit hatte.

WISSENSCHAFT
DICHTE DER STOMATA

Das Pflanzenwachstum hängt vom Gasaustausch zwischen der Atmosphäre und dem Pflanzengewebe ab, der über Spaltöffnungen in den Blättern (Stomata genannt) stattfindet. Sie können sich öffnen und schließen, um Kohlendioxid aufzunehmen und um überschüssiges Wasser und Sauerstoff abzugeben. Im Allgemeinen reagieren Pflanzen auf hohe Kohlendioxid-Konzentrationen mit einer hohen Dichte der Stomata. Anhand der fossil belegten Werte bestimmter Pflanzen lässt sich die Veränderung der Kohlendioxid-Konzentration in der Atmosphäre nachweisen.

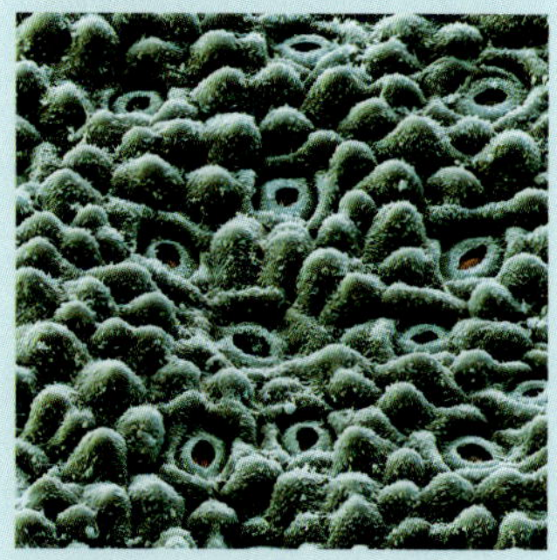

SPALTÖFFNUNGEN EINES EUKALYPTUS

∧ KORALLENRIFF AUS DEM DEVON
Das sich verändernde Klima der Erde wird in den Kimberleys (West-Australien) spektakulär demonstriert. Vor 400 Millionen Jahren im Devon war das Gebiet überflutet und die Berge waren ein Barriereriff.

∨ KOHLENDIOXID UND TEMPERATUR
Die im Polareis eingeschlossenen Gasblasen weisen auf die sich verändernden Temperaturen auf der Erde hin. Je höher der Kohlendioxid-Anteil ist, desto höher war die Temperatur der Atmosphäre zu dieser Zeit.

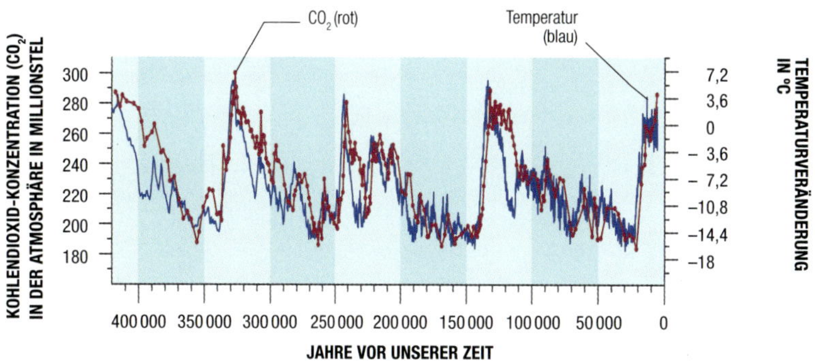

LEBENSRÄUME

Die verschiedenartigen Lebensräume der Erde können eine unglaubliche Diversität an pflanzlichem und tierischem Leben beherbergen – von der Tiefsee bis zum Hochgebirge und von den trockenen Wüsten und Steppen bis zu den warmen, feuchten Tropen.

LEGENDE
- Polargebiet
- Wüste
- Grasland
- tropischer Wald
- gemäßigter Wald
- Nadelwald
- Gebirge
- Korallenriff
- Flüsse, Feuchtgebiete
- Meere

Jede Lebensform hat einen bevorzugten Lebensraum, an den sie sich in Tausenden oder sogar Millionen von Jahren angepasst hat. Allerdings ermöglichen es die verschiedenen Lebensräume, dass viele verschiedene Arten in ihnen leben – ein als Biodiversität bezeichnetes Phänomen. Im Lauf der Zeit konnte das Leben durch Aussterben oder Evolution auf die Veränderung der Umwelt reagieren, insbesondere auf Klimaveränderungen, und neue Lebensräume besiedeln. Die Pionierorganismen haben die von ihnen bewohnten Lebensräume verändert, indem sie zum Beispiel Böden geschaffen haben, und diese Veränderungen ermöglichten die Besiedlung durch andere Lebensformen.

Veränderungen der Lebensräume werden von vielen Faktoren hervorgerufen, wie der Höhe über dem Meeresspiegel, der Entfernung vom Äquator und der Topografie. Manche sind Hotspots der Biodiversität, vor allem tropische Riffe und Regenwälder, während andere mit extremeren Bedingungen nur wenige, dafür oft in großer Zahl vorkommende Organismen beherbergen.

KARTE DER BIOME
Ein Biom fasst Ökosysteme in verschiedenen Gebieten zusammen, die sich unter ähnlichen Bedingungen entwickelt haben. Biome werden über Merkmale wie die Pflanzentypen, das Klima, die Geologie und die Topografie definiert.

WISSENSCHAFT
BEZIEHUNGEN DES LEBENS

Organismen existieren selten unabhängig von anderen, auch nicht in den entlegensten Gegenden. Ihre Interaktionen weisen verschiedene Ebenen auf, vom einzelnen Lebewesen bis zum übergreifenden Ökosystem, das Gesellschaften von Organismen vereinigt.

EINZELNER ORGANISMUS
Einzelnes, meist unabhängiges und an einen Lebensraum gebundenes Mitglied einer Population.

POPULATION
Eine Gruppe von Organismen gleicher Art in der gleichen Gegend, die sich fortpflanzen können.

GESELLSCHAFT
Eine Gemeinschaft verschiedener Populationen von Tieren und Pflanzen in einem Gebiet.

ÖKOSYSTEM
Eine Gesellschaft von Lebewesen sowie die sie erhaltenden physikalischen Grundlagen.

GRASLAND
Durch die Evolution von Gräsern vor etwa 20 Millionen Jahren und die Besiedlung durch weidende Tiere hat sich die Erdoberfläche verändert. Die gemäßigten Grasländer tragen meist keine Bäume und weisen sehr fruchtbare Böden auf. Die hier gezeigte Savanne enthält verstreute Büsche und Bäume.

BISON

WÜSTE

Der extreme Mangel an Niederschlägen und das damit verbundene Fehlen von Böden erzeugt Wüsten, die mit zunehmender Tendenz etwa ein Drittel der Landfläche der Erde einnehmen. Die größte Wüste ist die Sahara in Afrika.

KLAPPERSCHLANGE

POLARGEBIETE

Die Arktis und die Antarktis haben extreme Jahreszeiten, mit 24-stündigem Licht im Sommer und ständiger Dunkelheit im Winter. Die von Schnee und Eis beherrschten Gebiete sowie die polaren Wüsten sind gegenüber dem Klimawandel sehr empfindlich.

SCHOPFPINGUIN

TROPISCHER WALD

Die an Wildtieren reichsten Lebensräume sind die Wälder in den Tropen, den am Äquator gelegenen warmen Gebieten. Ihre zahlreichen Ökosysteme sind wichtige, aber verletzliche Hotspots der Biodiversität.

ERDBEERFRÖSCHCHEN

GEMÄSSIGTER WALD

Gemäßigte Lebensräume liegen zwischen den Tropen und den Polarregionen. Der Einfluss der tropischen und polaren Luftmassen begünstigt Wälder mit großer Biodiversität. Durch Abholzung ist ihre Ausdehnung stark verringert worden.

ROTHIRSCH

NADELWALD

Nadelbäume gehören zu einer alten Pflanzengruppe und sie sind die widerstandsfähigsten Bäume der Welt. Die immergrüne Nadeln tragenden Gehölze gedeihen in kalten Gebieten und Gebirgen in Bereichen, in denen andere Bäume kaum mehr wachsen.

BRAUNBÄR

GEBIRGE

Die bis zu 9 km über den Meeresspiegel aufragenden Berge umfassen verschiedenste Lebensräume. Ein einzelner Berg kann vom gemäßigten Wald bis zu polaren Bedingungen ansteigen, da sich das Klima mit der Höhe ändert.

WANDERFALKE

FLÜSSE UND FEUCHTGEBIETE

Ein weites Spektrum verschiedener Tier- und Pflanzen-Arten lebt in Flüssen und Seen. Gebiete, die entweder zeitweilig oder dauerhaft überflutet sind, bilden Feuchtgebiete, wo Wasserflächen und Vegetation ineinander übergehen.

LIBELLE

KORALLENRIFF

Korallenriffe entstehen aus den Skeletten mariner Organismen in sonnendurchfluteten tropischen Gewässern. Sie ermöglichen eine enorme Lebensvielfalt und sind die Regenwälder der Meere.

GELBER SEGELFLOSSENDOKTOR

MEERE

Leben findet sich in den Meeren von der hellen Oberfläche bis zur dunklen Tiefsee. Die Meere bedecken zwei Drittel der Erde und bilden ihren größten Lebensraum. Sie beherbergen Lebensformen vom winzigen Plankton bis zum Blauwal, dem größten Tier, das jemals auf der Erde gelebt hat.

HUMMER

MENSCHLICHER EINFLUSS

Das Wachstum der menschlichen Bevölkerung hat starke Auswirkungen auf die Lebensräume und beeinflusst das Klima sowie zahllose Tier- und Pflanzen-Arten. Manche Veränderungen sind unumkehrbar.

∧ **VERNARBTE LANDSCHAFT**
Das Wachstum der Industrie setzt die Ausbeutung von Bodenschätzen voraus. Ihr Abbau hat wie bei dieser Kupfermine die Landschaften drastisch verändert.

∧ **LUFTVERSCHMUTZUNG**
Die Brandrodung zur Gewinnung von Ackerland verschmutzt nicht nur die Luft, sondern mindert auch die Bindung von Kohlendioxid durch Pflanzen.

VERÄNDERUNG DER UMWELT

Die Erde blickt auf eine lange Geschichte klimatischer Veränderungen zurück mit warmem Treibhausklima, ausgedehnter Bewaldung und ohne polare Eiskappen. Diese Zeitabschnitte wurden wiederum von Kaltzeiten unterbrochen. Die globale Erwärmung hängt bekanntlich mit den Treibhausgasen in der Atmosphäre zusammen, etwa Kohlendioxid und Methan. Sie fangen die Sonnenenergie ein und führen zur Temperaturerhöhung. In der Vergangenheit sind die natürlichen Anstiege des Kohlendioxid-Gehalts der Luft von der Entwicklung der Wälder und kalkreicher Sedimente im Meer ausgeglichen worden, die das Kohlendioxid als Kohle und Kalkgestein dauerhaft speicherten. Seit der industriellen Revolution im 19. Jahrhundert sind durch menschliche Aktivitäten große Mengen Kohlendioxid und anderer Treibhausgase freigesetzt worden.

MEERE

Intakte Meere sind wesentlich für alle Lebewesen. Das marine Leben hängt von der Umwälzung des Meerwassers ab, das genug Sauerstoff aufnehmen und Nährstoffe enthalten muss, um die Organismen der Nahrungskette am Leben zu erhalten. Fossilien zeigen, dass die Verschlechterung der Lebensbedingungen in den Meeren zum Aussterben von Leben auf der Erde geführt hat. Heute beeinflusst der Mensch die Meere durch Überfischung und Verschmutzung, insbesondere durch Plastikmüll.

ATMOSPHÄRE

Jahrtausendelang haben menschliche Aktivitäten die Atmosphäre beeinflusst, ursprünglich nur durch den Rauch von Herdfeuern und die Brandrodung. Zu Zeiten der Römer gelangten die ersten industriell erzeugten Schadstoffe in die Atmosphäre, wie man an arktischen Eisbohrkernen nachweisen kann. Im Lauf der letzten 200 Jahre ist die Belastung durch Gase und Feinstäube drastisch gestiegen. So sind saurer Regen und Smog sowie Treibhausgase entstanden, die mit der globalen Erwärmung und der Zerstörung der Ozonschicht in Verbindung stehen.

∨ **TREIBHAUSEFFEKT**
Ein Übermaß an Treibhausgasen in der Atmosphäre verhindert, dass ein Teil der Sonnenenergie wieder in den Weltraum abgestrahlt wird.

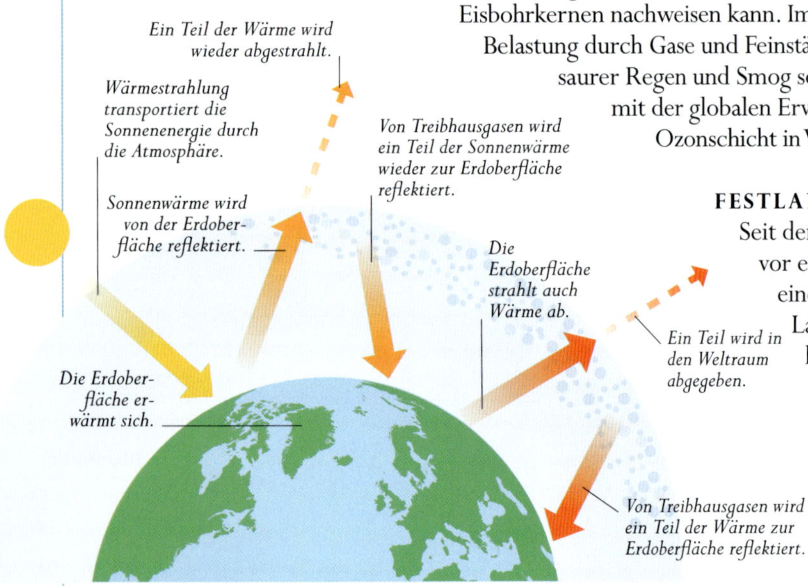

FESTLAND

Seit dem Entstehen der Landwirtschaft vor etwa 8000 Jahren üben Menschen einen zunehmenden Einfluss auf die Landschaft aus. Durch das Bevölkerungswachstum, die Besiedlung und den Bedarf nach Nahrung sind kaum noch unberührte Landschaften verblieben. Ein zunehmendes Bewusstsein führt zumindest mancherorts zum Schutz der natürlichen Lebensräume.

∨ **SCHELFEIS-ABBRUCH**
Steigende Temperaturen führen zum Schmelzen des polaren Schelfeises. Die Freisetzung dieser großen Wassermengen lässt den Meeresspiegel steigen.

LANDWIRTSCHAFT
Natürliche Lebensräume werden durch Landwirtschaft verändert, etwa durch den Terrassenanbau von Reis in Asien. Solche Methoden ernähren große Bevölkerungen, benötigen aber auch viel Wasser.

AUSSTERBEN

Die Unfähigkeit mancher Organismen, sich an Umweltveränderungen anzupassen, hat in erdgeschichtlichen Zeiträumen zu einer großen Veränderung des Artenspektrums geführt. Tatsächlich ist die überwiegende Mehrheit aller Arten ausgestorben. Nur die am besten angepassten überleben und profitieren manchmal auch von dem Verschwinden eines Konkurrenten. Der große Asteroid, der die Erde vor 66 Millionen Jahren getroffen hatte, führte beispielsweise zum Aussterben der Dinosaurier an Land und der Ammoniten in den Meeren. Doch die Säugetiere einschließlich der Menschen konnten sich nun schnell entwickeln. Das Erscheinen der Menschen hat wiederum zum Aussterben des Wollhaarmammuts geführt (siehe Kasten rechts). Heute, wo die Bevölkerung immer weiter zunimmt, sind immer mehr Arten – zum Beispiel der Tiger – vom Aussterben bedroht.

∧ JAPANISCHER IBIS
Die einst in Asien weitverbreitete Art ist auf eine kleine Population in China zusammengeschrumpft. Nachzuchten konnten wieder in Japan ausgewildert werden.

< DAVIDSHIRSCH
Dieser in der Natur ausgestorbene asiatische Hirsch hat in Herden überlebt, die seit 1900 in England gezüchtet werden. Die in den 1980er-Jahren in China ausgewilderte Population zählt heute 700 Tiere.

WISSENSCHAFT

KEINE MAMMUTS MEHR

Wollhaarmammuts waren an die Kälte angepasste Elefanten. Sie zogen in der Eiszeit in großen Herden durch Europa und Asien. Höhlenmalereien beweisen, dass sie schon vor etwa 30 000 Jahren von Menschen gejagt wurden, was zum Aussterben der Wollhaarmammuts vor etwa 11 000 Jahren beigetragen haben kann.

HÖHLENMALEREI, SÜDWEST-FRANKREICH

URSPRUNG DES LEBENS

Anhand von Fossilien wissen wir, dass das erste Leben auf der Erde vor mindestens 3,7 Milliarden Jahren aufgetreten ist und dass alle komplexen aus einfachen Formen entstanden sind. Heute gibt es Lebensformen von einfachen Einzellern bis zu Säugetieren mit einem komplexen Körperbau.

WAS IST LEBEN?

Verschiedene Eigenschaften trennen lebende Organismen von toter Materie, obwohl die Existenz der Viren diese Grenzen verschwimmen lässt. Dazu gehört die Fähigkeit, Energie aufzunehmen und abzugeben, zu wachsen und sich zu vermehren, sich an die Umwelt anzupassen und – bei höheren Arten – zu kommunizieren.

Die Zelle ist die Grundeinheit des Lebens, die sich selbst reproduzieren und alle Lebensprozesse ausüben kann. Sogar die kleinsten unabhängigen Organismen bestehen aus mindestens einer Zelle, und fast jede Zelle enthält ihren eigenen Satz molekular gespeicherter Vorgaben. Innerhalb einer Zelle tragen Chromosomen-

^ FOTOSYNTHESE
Pflanzen nutzen Chlorophyll, um mithilfe von Sonnenenergie Wasser und Kohlendioxid in Zucker und Sauerstoff umzuwandeln. Davon profitieren Pflanzenfresser und Sauerstoff atmende Organismen.

Abschnitte Erbinformationen in Form von Genen. Diese Vorschriften werden hauptsächlich in Form eines als Desoxyribonukleinsäure bekannten Moleküls gespeichert (die DNS, die meist nach dem englischen Namen als DNA bezeichnet wird). Die DNA eines Organismus reicht Informationen von einer Generation an die nächste weiter und erlaubt die Vererbung bestimmter Eigenschaften.

^ LEBENSENERGIE
Zum Überleben müssen Lebewesen Energie aufnehmen. Energie wird durch die Fotosynthese der Pflanzen, aber auch durch die Chemosynthese der Bakterien in der Nahrungskette weitergereicht. Sie werden von Tieren gefressen, die wiederum anderen als Nahrung dienen.

EINTEILUNG DES LEBENS

Die Vielfalt des Lebens auf der Erde lässt sich in drei Domänen – Archaea, Bacteria und Eukaryota – einteilen, die alle Lebensformen abdecken. Archäen und Bakterien sind einfache, einzellige Organismen, wahrscheinlich die ersten Lebensformen der Erde. Die weiter fortgeschrittenen Eukaryoten unterscheiden sich von ihnen durch ihren Zellkern, der ihre DNA enthält. Eukaryoten sind in ihrer Form und Größe sehr variabel und umfassen sowohl einfache Einzeller wie auch komplexe, vielzellige Pflanzen und Tiere.

< WACHSTUM
Die Möglichkeit zu wachsen und sich zu reparieren gehört zu den Schlüsseleigenschaften des Lebens. Alle Lebewesen wachsen durch Zellteilung, aber auch Zellvergrößerung.

WISSENSCHAFT

VIREN

Viren sind die häufigsten biologischen Einheiten auf der Welt und befinden sich an der Grenze von lebenden und nicht lebenden Dingen. Sie sind wie Lebewesen von einer Proteinhülle umgeben und bestehen aus genetisch codiertem Material, sind aber Parasiten und können sich nur in lebenden Zellen anderer Organismen vermehren. Sie sind winzige Pakete von Stoffen, die sich selbst reproduzieren, ohne wirklich zu leben.

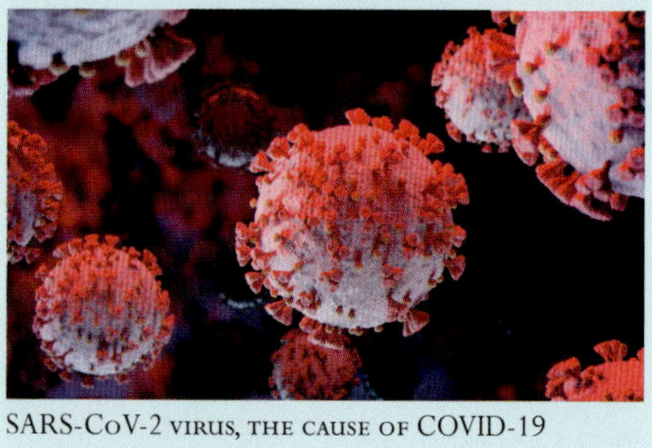

SARS-CoV-2 virus, the cause of COVID-19

FRÜHES LEBEN

Die frühesten Lebensformen sind in den Meeren entstanden, wie lebende Organismen und Fossilien beweisen. Die meisten einfachen heutigen Lebensformen sind Archäen und Bakterien, die bei extremen Temperaturen und sauren Bedingungen überleben können. Solche Mikroorganismen ähneln möglicherweise denen, die als erste unter lebensunfreundlichen Bedingungen entstanden sind.

Fossile Hinweise auf frühes Leben sind umstritten. Etwa 3,7 Milliarden Jahre alter, aus lebenden Organismen stammender Kohlenstoff ist in westgrönländischem Gestein nachgewiesen worden. Die überzeugendsten Hinweise auf frühes Leben sind die geschichteten Stromatolithen (siehe rechte Seite).

BLÜHENDES LEBEN
Seit Anbeginn gedieh Leben in den Meeren. Es hat sich zu den Biodiversitäts-Hotspots sonniger Riffe weiterentwickelt, deren Dichte an Leben an jene der Regenwälder heranreicht.

< **STROMATOLITHEN**
Über Milliarden von Jahren haben sich diese Strukturen in seichten tropischen Meeren aus abwechselnden Schichten von Sedimenten und Mikroorganismen, darunter auch Cyanobakterien (blaugrüne Algen), aufgebaut.

Nach den ersten Anzeichen einfachen Lebens dauerte es noch mindestens 2,7 Milliarden Jahre, bis komplexe Formen erschienen. Das Fossil einer winzigen Rotalge namens *Bangiomorpha pubescens* liefert den ersten Nachweis der Existenz spezialisierter Zellen. Sie dienten der sexuellen Vermehrung und auch dem Halt am Untergrund.

Vor etwa 650 Millionen Jahren sind verschiedene wedel- oder scheibenförmige, aus weichem Gewebe bestehende, meist sessile Organismen nachgewiesen worden, die Ediacara-Fauna. Zu Beginn des Kambriums vor 545 Millionen Jahren hatten sich bereits einige vielzellige Organismen entwickelt, einschließlich grabender Würmer und einer Vielzahl kleiner, schalentragender Mollusken, deren Körper Muskelgewebe und Kiemen aufwiesen. Vor 510 Millionen Jahren erschienen die ersten Wirbeltiere mit ihrem Innenskelett. Im späten Devon, vor etwa 380 Millionen Jahren, begannen die Wirbeltiere vom Meer aus das Land zu erobern.

∧ **BURGESS-SCHIEFER**
Die Fossilien des kanadischen Burgess-Schiefers zeigen die schnelle Entwicklung marinen Lebens im Kambrium.

WIWAXIA >
Im Burgess-Schiefer fand man *Wiwaxia*, einen 5 cm langen, molluskenähnlichen, stacheligen Bewohner des Meeresgrunds.

EVOLUTION UND DIVERSITÄT

Bis ins 19. Jahrhundert hinein, in dem verschiedene Theorien veröffentlicht wurden, war es ein Rätsel, wie sich die unterschiedlichen Lebensformen auf der Erde entwickeln konnten. Heute geben die Theorien von der Evolution und der Kontinentalverschiebung einen faszinierenden Einblick in das sich immer wieder verändernde Leben auf unserem Planeten.

ALLMÄHLICHE VERÄNDERUNG

Alle Arten passen sich ihrer Umgebung an. Kaum zu bemerkende Veränderungen werden von Generation zu Generation weitergegeben, doch nach Tausenden oder Millionen von Jahren können sie das Aussehen oder das Verhalten einer Art beeinflussen. Dieser Prozess, die Evolution, kann auch sprunghafte Entwicklungen oder Massenaussterben umfassen.

Die Untersuchung von Fossilien steckte zu den Zeiten Charles Darwins in den Kinderschuhen, hat aber seitdem viel zur Bestätigung der Evolutionstheorie beigetragen. Wir wissen nun, dass das Leben vor mindestens 3,7 Milliarden Jahren in den Meeren entstanden ist und dass von diesen einfachen Organismen alle heute existierenden Lebensformen abstammen – einschließlich der Pflanzen, Pilze und Tiere.

Als die Lebensformen immer komplexer wurden und das Land eroberten, entwickelten sich Wälder und Landtiere. Im Mesozoikum, das vor etwa 252 Millionen Jahren begann, entstanden die Dinosaurier und die von ihnen abstammenden Vögel. Ein Massenaussterben vor 66 Millionen Jahren begründete das Känozoikum. Die Reptilien wurden nun sowohl im Meer als auch an Land weitgehend von den Säugetieren ersetzt, während sich Blütenpflanzen und die sie bestäubenden Insekten an Land verbreiteten.

< RIESENSALAMANDER
Dieses sehr seltene Fossil von *Andrias scheuchzeri* wurde irrtümlich als menschliches Opfer der Sintflut betrachtet, bis der französische Anatom Georges Cuvier es im Jahr 1812 als Amphibie identifizierte.

BELEGE DER EVOLUTION
Der Vergleich des Aufbaus der Gliedmaßen verschiedener Wirbeltier-Arten zeigt, dass sie trotz der Unterschiede in Aussehen und Funktion vom gleichen Bauplan und den gleichen Genen abgeleitet sind.

FROSCH
Die Bein-, Arm- und Fingerknochen des Froschs sind zum Schwimmen modifiziert. Große Muskeln ermöglichen das Springen beim Beutefang und auf der Flucht.

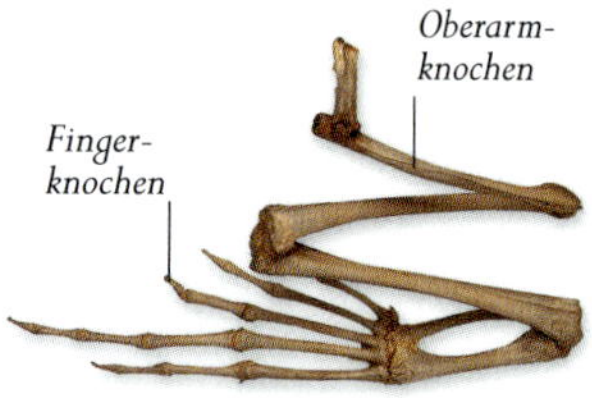

EULE
Vogelflügel werden von am Oberarm und am Handgelenk ansetzenden Muskeln bewegt. Die Fingerknochen sind stark verändert und deutlich verlängert.

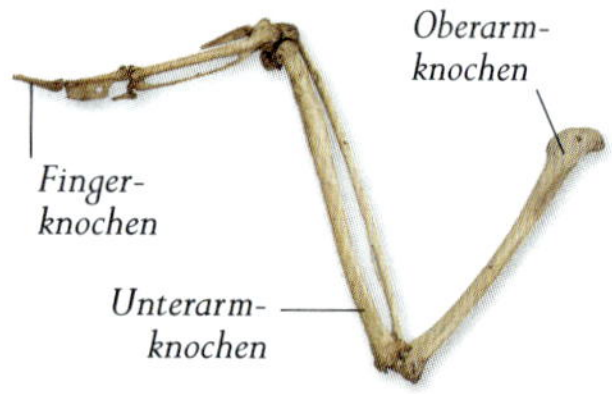

SCHIMPANSE
Der Schimpansenarm entspricht unserem eigenen, weist aber etwas andere Proportionen auf, mit längeren Fingern und einem kurzen Daumen.

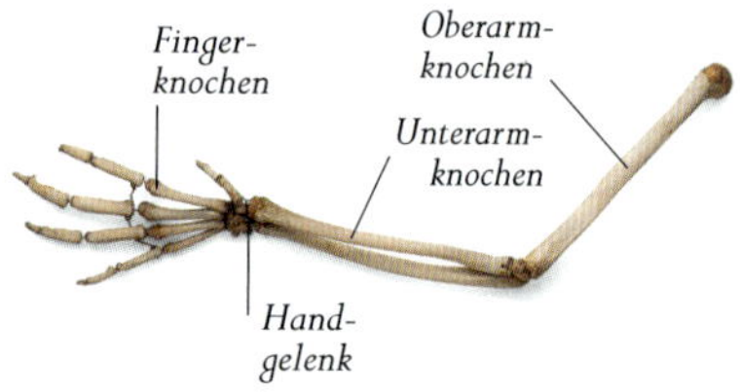

DELFIN
Die Armknochen der Wale und Delfine bilden eine Flosse, mit verkürzten, abgeflachten Armknochen und stark verlängerten zweiten und dritten Fingern.

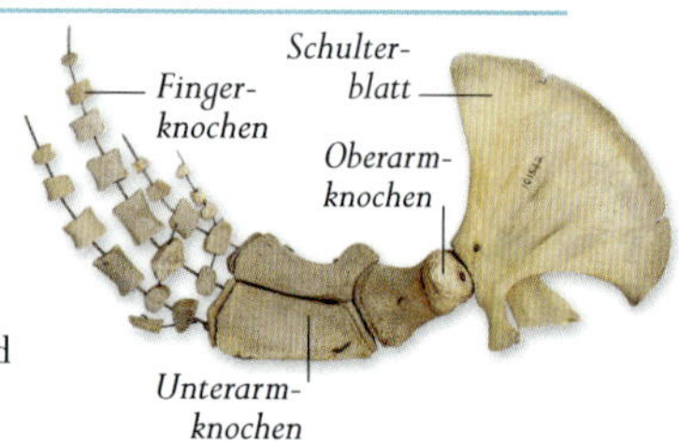

LAMARCK GEHT VORAN

Vom im 18. Jahrhundert lebenden französischen Biologen Jean-Baptiste Lamarck stammt die erste Theorie der Entwicklung von höherem Leben aus einfacherem. Besonders durch seine Arbeiten an Wirbellosen kam er zu dem Schluss, dass notwendige Eigenschaften während des Lebens eines Organismus durch das Verlangen nach Nahrung, Schutz und Partnern erworben würden. Nicht benötigte sollten verloren gehen und nicht an die Nachkommen weitergegeben werden. Obwohl die moderne Genetik dieser Auffassung der Vererbung widerspricht, waren Lamarcks Gedanken ein erster Anhaltspunkt. Sie wurden von dem schottischen Anatomen Robert Grant weiterentwickelt, der in Edinburgh ein Tutor von Charles Darwin war. Darwin glaubte nicht vollständig an die Lamarck'sche Lehre, die er höchstens als Ergänzung der natürlichen Auslese betrachtete.

< ∧ INNERES STREBEN
Lamarck glaubte, dass Evolution durch einen inneren Antrieb wirke. So entwickele die Giraffe den langen Hals, um an die Bäume zu gelangen, und der Reiher lange Beine zum Waten.

∧ GALAPAGOS-FINKEN
Darwin sammelte verschiedene Arten von Galapagos-Finken, von denen er annahm, dass sie von einem gemeinsamen Vorfahren abstammten.

∧ HISTORISCHE SAMMLUNG
Darwin und Wallace waren besonders von der Diversität der tropischen Insekten fasziniert und eifrige Sammler.

DARWIN UND WALLACE

In der Mitte des 19. Jahrhunderts stellten Charles Darwin und Alfred Russel Wallace unabhängig voneinander die Theorie der Evolution durch natürliche Auslese auf. Sie hatten beide Erlebnisse bei der Feldarbeit in den Tropen, einem Lebensraum von höchster Biodiversität und deutlichen Unterschieden zwischen Organismen, die in verschiedenen Gebieten leben. Beide wunderten sich, wie derartige Phänomene entstehen konnten. Auf seinen Reisen sammelte Wallace viele Arten und im Malaiischen Archipel formulierte er seine Erklärungen für die geografische Verteilung der Organismen – die Biogeografie – und erkannte die Rolle der natürlichen Auslese in der Evolution. In der Zwischenzeit hatte die fünfjährige Reise mit der *HMS Beagle* Darwin mit Material versorgt, auf dessen Basis er seine eigene Theorie formulierte. Im Jahr 1858 veröffentlichten Wallace und Darwin eine gemeinsame Publikation zur natürlichen Auslese, und im folgenden Jahr erweiterte Darwin die Theorie in seinem einflussreichen Buch »Die Entstehung der Arten«.

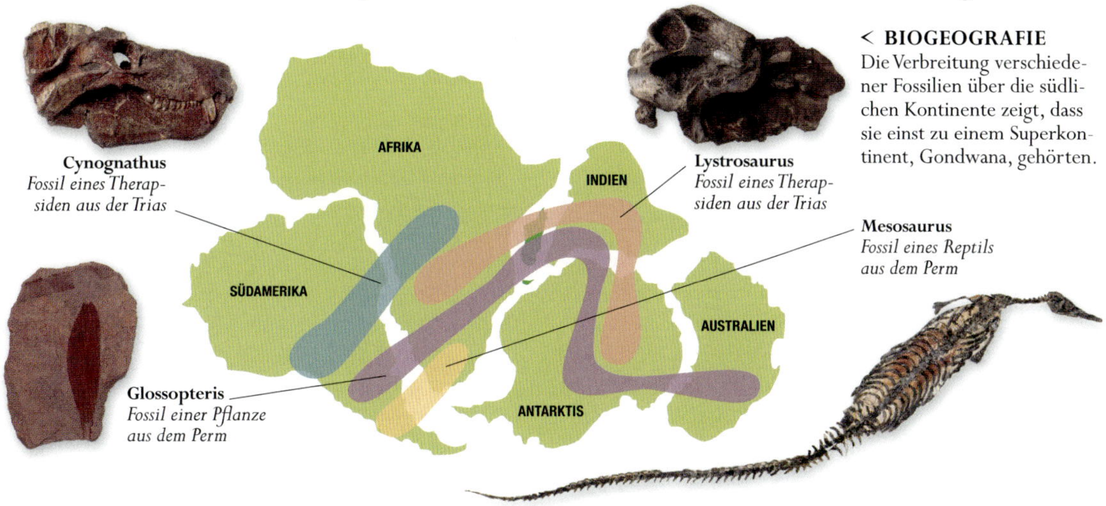

< BIOGEOGRAFIE
Die Verbreitung verschiedener Fossilien über die südlichen Kontinente zeigt, dass sie einst zu einem Superkontinent, Gondwana, gehörten.

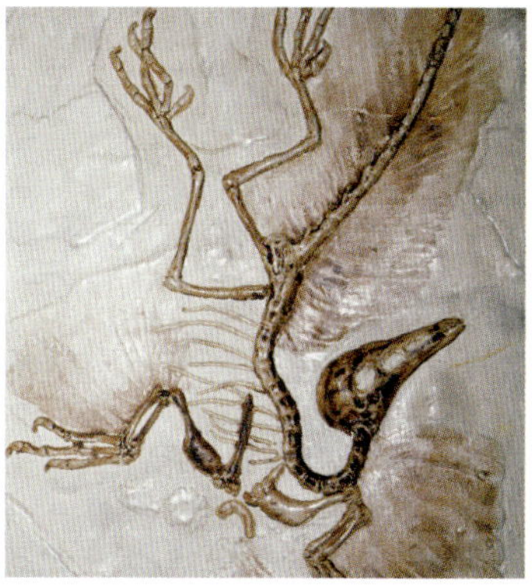

∧ EIN FRÜHER VOGEL?
Die Entdeckung des *Archaeopteryx* im Jahr 1861 enthüllte Eigenschaften, die sowohl mit denen der Reptilien als auch mit denen der Vögel übereinstimmen.

FORTSCHREITENDE EVOLUTION

Darwin und Wallace stellten die Theorie der natürlichen Auslese auf, doch erst die Entdeckung der Gene lieferte den zugrunde liegenden Mechanismus. Das Verständnis der Gene ist der Schlüssel zum Verständnis der Evolution.

NATÜRLICHE AUSLESE

Als Schlüsselmechanismus fördert die natürliche Auslese das Überleben des am besten angepassten Organismus. Individuen mit Eigenschaften, die am besten zu ihren Lebensbedingungen passen, haben eine bessere Überlebenschance, können sich daher besser vermehren und ihre Eigenschaften vererben. Die natürlichen genetischen Variationen erzeugen Unterschiede in Größe, Form und Farbe – manche können für das Überleben nützlich sein. So kann eine bestimmte Färbung ein Tier besser vor Raubtieren verbergen als eine andere. Wenn dadurch das Tier überlebt und sich fortpflanzen kann, wird es diese bessere Färbung auch seinen Nachkommen vererben. Verändert sich die Umgebung im Lauf der Zeit, kann eine andere Färbung von Vorteil sein, und so wird die natürliche Auslese eine weitere Veränderung hervorrufen. Eine Trennung in zwei verschiedene Populationen kann durch eine geografische Barriere erfolgen, und jede kann sich an leicht unterschiedliche Bedingungen anpassen. Schließlich können sich aus einer Art zwei neue Arten entwickeln.

∧ INDIVIDUELLE UNTERSCHIEDE
Unter Katzenwürfen finden sich meist einzelne abweichende Tiere, besonders wenn die Eltern unterschiedlich gefärbt sind.

< ∨ GESCHLECHTSDIMORPHISMUS
Oft gibt es deutliche Unterschiede zwischen den Männchen und den Weibchen einer Art. Männliche Fregattvögel versuchen die Weibchen mit ihren Kehlsäcken zu beeindrucken.

WISSENSCHAFT

KREATIONISMUS: GLAUBE GEGEN WISSENSCHAFT

Die meisten Religionen der Welt kennen eine Schöpfungsgeschichte, die eine Erklärung für die Entstehung der Erde und des Lebens liefern soll. Viele dieser Erzählungen entstanden, lange bevor wissenschaftliche Daten und Theorien zu einem besseren Verständnis beitragen konnten. Manche Anhänger der jüdisch-christlichen Tradition glauben, dass ein komplexes »Design« vieler Organismen auch einen entsprechenden »Designer« – nämlich Gott – voraussetzt, und aus diesem Grund stellen sie die Evolutionstheorie infrage.

GENE UND VERERBUNG

Bestimmte Eigenschaften werden über Gene an die Nachkommen weitergegeben. Die in der DNA als Gene enthaltenen Informationen sind für die Vervielfältigung der Zelle und ihre Erhaltung verantwortlich. Die Gene sind daher Grundeinheiten der Vererbung. Einzelne Chromosomen enthalten Tausende von Genen auf ihren DNA-Strängen. Während der sexuellen Reproduktion werden mit der Verschmelzung der Ei- und Spermienzellen auch je ein Chromosomensatz der Mutter und einer des Vaters zusammengeführt.

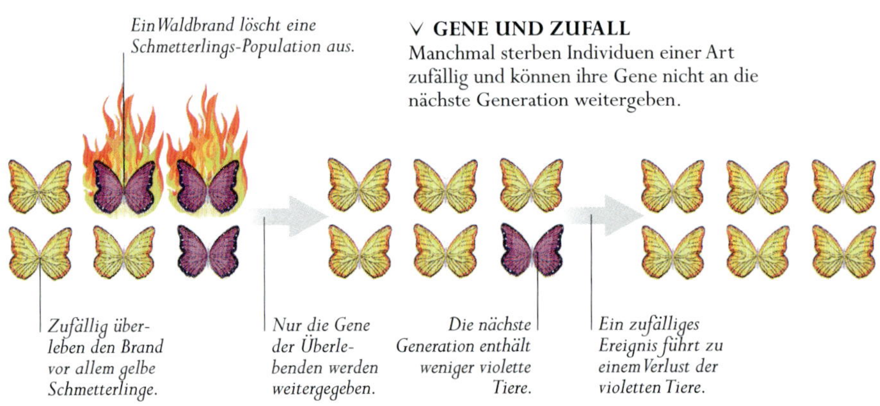

∨ GENE UND ZUFALL
Manchmal sterben Individuen einer Art zufällig und können ihre Gene nicht an die nächste Generation weitergeben.

ANPASSUNG AN EXTREME
Der Zwergflamingo besetzt eine spezielle ökologische Nische in den alkalischen afrikanischen Seen. Da es keine Konkurrenten gibt, kann er sich in großer Zahl fortpflanzen.

EVOLUTION AUF INSELN

Isolierte Inseln stellen ein Labor für eine ungewöhnlich schnelle Evolution dar, weil der Wettbewerb um die begrenzten Ressourcen zu einer schnellen Artenbildung führt. Sein Besuch auf den Galapagos-Inseln im Jahr 1835 erlaubte es Darwin, viele Vogel-Arten zu sammeln. Er hörte auch von den auf verschiedenen Inseln unterschiedlich aussehenden Riesenschildkröten, und die folgenden Besuche auf anderen Pazifik-Inseln ließen ihn über die Entstehung von neuen Arten aus einem gemeinsamen Vorfahren nachdenken. Der Ornithologe John Gould konnte die Galapagos-Finken als neue Gruppe von zwölf Arten identifizieren, die nicht nur Variationen einer Art waren. Dies überzeugte Darwin davon, dass sich Arten unter bestimmten Bedingungen, etwa auf einer Insel, verändern können. Inseln sind auch heute noch interessante Forschungsgebiete für moderne Evolutionsbiologen.

< **FLUGUNFÄHIGE VÖGEL**
Viele flugunfähige Vögel wie der Kiwi sind auf Neuseeland entstanden, da es hier vor Ankunft des Menschen keine Raubtiere gab.

KÜNSTLICHE AUSWAHL

Im Lauf der Jahrtausende haben Menschen viele verschiedene Tier- und Pflanzenarten domestiziert, von Hunden und Rindern bis zu Obstbäumen und Getreidesorten. Vor der Entdeckung der Genetik geschah das einfach durch Verpaarung von Individuen mit den gewünschten Eigenschaften – wie der Fähigkeit zum schnellen Laufen und zur besseren Fruchtbildung – über viele Generationen, bis sich die Eigenschaften manifestiert hatten. Heute ermöglichen gentechnische Eingriffe die unmittelbare Manipulation des Erbguts, um gewünschte Eigenschaften hervorzuheben.

∧ **GENETISCHE MODIFIKATION**
Mit der Änderung der genetischen Ausstattung können unerwünschte Eigenschaften entfernt und erwünschte hinzugefügt werden.

∧ **KLONEN**
Genetisch identische Individuen können durch die Übertragung eines aus dem Gewebe stammenden Zellkerns in eine Eizelle geklont werden.

SYSTEMATIK

Die geschätzte Zahl der heutigen Arten beträgt zwischen 10 Millionen und einigen Milliarden. Fast 2 Millionen sind bisher beschrieben worden. Alle werden nach einem vor über 250 Jahren entwickelten System benannt.

»HUNDS-ROSE« >
Die auch als Hag- oder Hecken-Rose bezeichnete Art hat nur einen wissenschaftlichen Namen, *Rosa canina*, der sie eindeutig bezeichnet.

< »PUMA«
Der wissenschaftliche Name der auch als Silber- oder Berglöwe bezeichneten Art, *Puma concolor*, bezieht sich auf das einfarbige Fell.

Jahrhundertelang haben Menschen die Natur studiert. Ursprünglich waren sie auf die lokalen Arten und die Berichte von Reisenden angewiesen, doch später wurden Sammler bezahlt und die auf Schiffen mitreisenden Zeichner bildeten die Arten ab. Anfang des 17. Jahrhunderts waren bereits viele Arten in naturwissenschaftlichen Sammlungen hinterlegt und beschrieben worden, doch es gab keine Vereinbarung, in welcher Form das zu geschehen hatte.

Das Ziel der frühen Taxonomen – der Wissenschaftler, die Arten benennen oder einordnen – war einfach. Sie wollten die Lebewesen so darstellen, wie es dem göttlichen Schöpfungsplan entsprach. Zwischen 1660 und 1713 publizierte John Ray Arbeiten über Pflanzen, Insekten, Vögel, Fische und Säugetiere, in denen er Gruppen auf der Basis ihres Körperbaus zusammenfasste. Diese sogenannte Morphologie bildet zusammen mit anderen Kriterien wie dem Verhalten oder der Genetik die Basis der heutigen Systematik. Im Jahr 1758 gab der schwedische Botaniker Carl von Linné die zehnte Ausgabe seiner »Systema Naturae« heraus. Er und sein Freund Peter Artedi hatten sich entschlossen, die Natur zwischen sich aufzuteilen und alles darin Enthaltene zu beschreiben, um die 7300 beschriebenen Arten im gleichen System einzuordnen. Obwohl Artedi vor der Fertigstellung starb, vervollständigte Linné sein Werk und publizierte es gemeinsam mit seinem eigenen.

WISSENSCHAFTLICHE NAMEN

Alle Lebewesen lassen sich mit einem wissenschaftlichen Namen bezeichnen – etwa der Löwe als *Panthera leo* –, der aus dem großgeschriebenen Gattungs- und der kleingeschriebenen Bezeichnung für die Art besteht. Linné benutzte konsequent diese binominalen Bezeichnungen und ersetzte damit frühere Konstruktionen. So vermied er, dass der gleichen Art mehrere Namen gegeben oder verschiedene Arten mit einem Namen bezeichnet werden konnten.

Innerhalb einer Art können unterschiedliche Unterarten beschrieben werden. Im 19. Jahrhundert führten Elliot Coues und Walter Rothschild dafür einen dreiteiligen Namen ein. Die Konventionen für die Benennung von Arten und Unterarten werden auch heute noch eingehalten.

TRADITIONELLE SYSTEMATIK

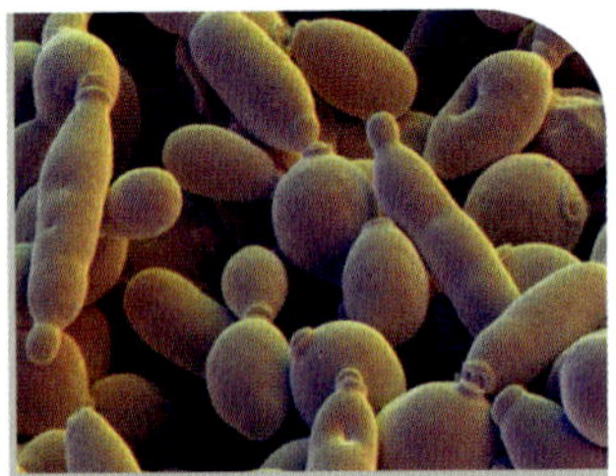

DOMÄNE
Eukaryota
Die zuletzt eingeführte Kategorie ist die Domäne. Bei der Einteilung ist es wichtig, ob Organismen einen Zellkern besitzen (Eukaryoten: Protoctisten, Pflanzen, Pilze und Tiere) oder nicht (Archaeen und Bakterien).

REICH
Animalia
Das Reich im traditionellen Sinn ist eine eher willkürliche Einteilung, die nicht auf den Verwandtschaftsverhältnissen basiert. In den letzten Jahren sind die früheren Reiche der Pflanzen und Tiere weiter unterteilt worden.

STAMM
Chordata
Der Stamm (bei Pflanzen die Abteilung) enthält eine oder mehrere Klassen mit bestimmten Eigenschaften. Die Arten der Chordaten besitzen eine Chorda dorsalis (oder ihre Reste), den Vorläufer der Wirbelsäule.

KLASSE
Mammalia
Die von Linné eingeführte Klasse umfasst eine oder mehrere Ordnungen. Zur Klasse Mammalia gehören Tiere, die warmblütig sind, Haare tragen, einen einzelnen Unterkieferknochen besitzen und ihre Jungen säugen.

> BEITRÄGE ZUR SYSTEMATIK
Im Lauf der Zeit haben viele Wissenschaftler versucht, die Welt der Natur zu ordnen, indem sie frühere Ideen mit neuerer Forschung kombinierten, die oben dargestellte Einteilung entwarfen und mit dem System binominaler und trinominaler Namen zusammenführten. Manche Wissenschaftler waren besonders einflussreich und lieferten nennenswerte Beiträge zur Taxonomie und Systematik.

TIERE UND PFLANZEN

Aristoteles klassifizierte als einer der Ersten Lebewesen und führte die Gattung ein (*genos* im Griechischen, *genus* im Lateinischen). Er unterteilte die Tiere in Arten mit und ohne Blut, wobei er damit rotes Blut meinte. Diese Unterteilung ähnelt der modernen in Wirbeltiere und Wirbellose.

ARISTOTELES, 384–322 V. CHR.

ORDNUNG IM CHAOS

John Ray teilte die Lebewesen auf der Basis ihrer allgemeinen Morphologie ein und konnte so die Ähnlichkeiten zwischen den Arten gut erkennen und sie leicht in Gruppen einordnen. Er unterteilte auch die Blütenpflanzen in zwei Gruppen – die Monokotyledonen und die Dikotyledonen.

JOHN RAY, 1627–1705

INSEKTEN BESTIMMEN
Etwa 20 000 Schmetterlings-Arten sind bisher beschrieben worden. Um sie zu identifizieren oder neue Arten zu erkennen, besitzen Museen zum Vergleich große Sammlungen wie diese.

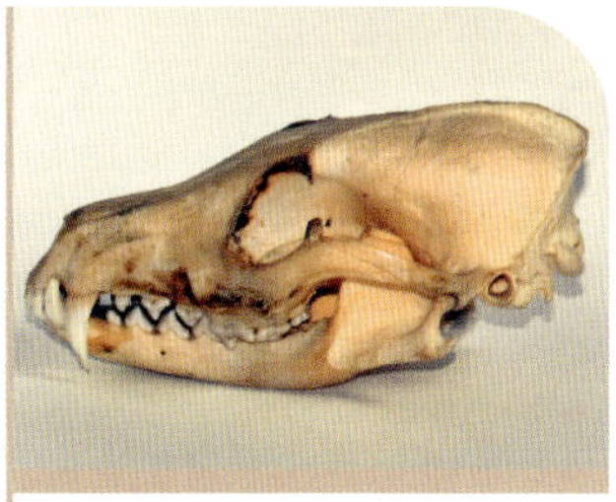

ORDNUNG
Carnivora
Als Nächstes folgt in Linnés Hierarchie die Ordnung, zu der eine oder mehrere Familien gehören. Die Raubtiere haben große Eckzähne und besondere Reißzähne zum Erlegen und Zerteilen der Beute.

FAMILIE
Canidae
Die Familie besteht aus Gattungen und den darin enthaltenen Arten. Die Familie Canidae umfasst 35 heute lebende Arten, die nicht einziehbare Krallen und zwei miteinander verschmolzene Handwurzelknochen besitzen.

GATTUNG
Vulpes
Die zuerst von Aristoteles eingeführte Gattung bezeichnet eine Untereinheit der Familie. *Vulpes* ist eine Gattung innerhalb der Familie Canidae. Alle Füchse haben aufrechte, dreieckige Ohren und eine lange, spitze Schnauze.

ART
Vulpes vulpes
Die Art ist die Basiseinheit der Taxonomie und besteht aus Populationen ähnlicher Organismen, die sich miteinander fortpflanzen. Der Rotfuchs paart sich unter natürlichen Umständen nur mit anderen Rotfüchsen.

TIER, PFLANZE ODER MINERAL

Linné unterteilte die Natur in drei Reiche – Tiere, Pflanzen und Mineralien. Er entwarf ein hierarchisches System mit Klassen, Ordnungen, Familien, Gattungen und Arten und begründete die Konvention der binominalen wissenschaftlichen Artnamen.

CARL VON LINNÉ, 1707–1778

EIN NEUES REICH

Bisher galten Lebewesen entweder als Tier oder als Pflanze, doch 1866 argumentierte Ernst Haeckel, dass die mikroskopisch kleinen Lebensformen in eine eigene Gruppe (Protista, in diesem Buch Protoctista) eingeordnet werden müssten.

ERNST HAECKEL, 1834–1919

EINFÜHRUNG DER ARCHAEA

Die von Carl Woese und George Fox 1977 erkannten Archaea sind mikroskopisch kleine Organismen extremer Lebensräume. Die DNA der ursprünglich als Bakterien angesehenen Organismen ist so einzigartig, dass ein System mit drei Domänen eingeführt wurde.

CARL WOESE, GEBOREN 1928

ABSTAMMUNG DER TIERE

In den 1950er-Jahren wurde ein revolutionärer neuer Ansatz vorgeschlagen, um Arten zu gruppieren. Diese Phylogenetische Systematik erlaubte es Taxonomen, die Verwandtschaft der Arten durch die Einordnung in Kladen zu verdeutlichen.

Die Phylogenetische Systematik, auch als Kladistik bezeichnet, basiert auf den Arbeiten von Willi Hennig (1913–1976). Er nahm an, dass Organismen mit den gleichen neu entstandenen Eigenschaften näher miteinander verwandt seien als die, denen diese Merkmale fehlen. Daher besäßen diese Arten im Vergleich zu anderen einen jüngeren gemeinsamen Vorfahren. Wie bei Linnés traditionellem Ansatz ist die Gliederung hierarchisch, und es können als Kladogramme bezeichnete Stammbäume erstellt werden.

Damit ein Merkmal in einer phylogenetischen Analyse eingesetzt werden kann, muss es ein gemeinsames neues Merkmal (Synapomorphie) sein und keines, was bereits gemeinsame Vorfahren mit anderen Gruppen besaßen (Symplesiomorphie). Beispielsweise sind die Beine und Pfoten der meisten Raubtiere ursprüngliche und die Flossen der Robben neue, abgeleitete Merkmale. Diese abgeleitete Eigenschaft besitzen drei Gruppen, was suggeriert, dass sie näher miteinander verwandt sind als mit den Gruppen ohne Flossen. Nur für eine einzige Gruppe charakteristische Merkmale helfen bei ihrer Bestimmung, sagen aber nichts über die Verwandtschaftsverhältnisse zu anderen aus. Die Kladistik stützt sich also nur auf die Identifikation von Synapomorphien.

ABSTAMMUNG VERSTEHEN

Je mehr gemeinsame abgeleitete Merkmale Organismen aufweisen, desto näher ist ihre Verwandtschaft. Beispielsweise sehen sich Geschwister ähnlicher als andere Kinder. Sie teilen sich die gleichen Eltern und sind mit anderen Menschen nicht so nah verwandt.

Bei der Verwendung molekularbiologischer Daten wird die Phylogenetische Systematik meistens nicht angewandt, da hier nur selten zwischen Synapomorphien und Symplesiomorphien unterschieden werden kann. Daher können diese Methoden zwar Verwandtschaftsverhältnisse erhellen (etwa, dass die nächsten lebenden Verwandten der Wale die Flusspferde sind), bedürfen aber sehr oft der Bestätigung durch andere Merkmale.

WISSENSCHAFT

AUSSENGRUPPEN

In der phylogenetischen Analyse wählt man eine zwar verwandte, der zu untersuchenden Gruppe aber nicht zu nahe stehende Art als Außengruppe. Auf diese Weise können die apomorphen von den plesiomorphen Merkmalen unterschieden werden. Wenn man ein Kladogramm der Vögel erstellen will, könnte man beispielsweise die Panzerechsen als Außengruppe wählen.

AUSSENGRUPPE DER VÖGEL

∨ NAHE VERWANDTSCHAFT
Giraffen und Kudus sind Paarhufer und daher näher miteinander verwandt als mit den Zebras, die Unpaarhufer sind. Als behaarte Tiere sind alle drei näher miteinander verwandt als mit den gefiederten, sie umgebenden Vögeln.

KLADOGRAMME ERSTELLEN

Um ein Kladogramm zu erstellen, muss man die jeweiligen Organismengruppen auf ursprüngliche und abgeleitete Merkmale hin untersuchen. Ihre Verteilung ist nicht immer so eindeutig wie im unten gezeigten Diagramm. Oft lässt das entstehende Kladogramm auch mehrere Interpretationen zu, sodass verschiedene Möglichkeiten gegeneinander abgewogen werden müssen. In diesem Fall kommt das Prinzip der Parsimonie, also der Sparsamkeit, zum Einsatz. Es wird das Kladogramm gewählt, das die wenigsten Merkmalsänderungen erfordert, um die angenommenen Verwandtschaftsverhältnisse zu erklären.

< MILCHNAHRUNG
Alle Säugetiere besitzen Milchdrüsen, ein für die Klasse Mammalia synapomorphes Merkmal auf der Ebene der Klasse. Synapomorphe Merkmale auf Familienebene können zur weiteren Unterteilung eingesetzt werden.

MERKMAL	HUND	BÄR	HUNDS-ROBBE	OHREN-ROBBE	WALROSS
Säugen der Jungen	1	1	1	1	1
kurzer Schwanz	0	1	1	1	1
Vorderbeine zu Flossen umgewandelt	0	0	1	1	1
sehr biegsame Wirbelsäule	0	0	1	1	1
Hinterbeine nach vorn umklappbar	0	0	0	1	1
Stoßzähne vorhanden	0	0	0	0	1

< MERKMALE
Hier sind einige morphologische Merkmale aufgelistet, mit denen das unten abgebildete Kladogramm erstellt worden ist. Eine Eigenschaft, das Säugen der Jungen mit Milch, ist allen Gruppen gemeinsam, doch andere Eigenschaften treten nur in einzelnen Gruppen auf. Nur das Walross trägt Stoßzähne.

∨ KLADOGRAMM
In diesem Kladogramm stellen die Hunde die Außengruppe dar. Das Walross ist die am stärksten abgeleitete Art. Die jeweiligen Merkmale sind Gemeinsamkeiten der rechts jeder Nummer befindlichen Gruppen – so haben Bären, Hunds- und Ohrenrobben sowie das Walross einen kurzen Schwanz.

LEGENDE

0	Merkmal nicht vorhanden
1	Merkmal vorhanden

KURZER SCHWANZ
Bären, Hunds- und Ohrenrobben sowie das Walross haben einen kurzen Schwanz (Merkmal 1). Hunde besitzen dagegen mit ihrem langen Schwanz das ursprüngliche Merkmal. Merkmal 1 ist also eine Synapomorphie der gezeigten Familien mit Ausnahme der Hunde.

FLOSSEN
Unter den Raubtieren sind die Flossen der Hunds- und Ohrenrobben sowie des Walrosses einzigartig. Merkmal 2 (Flossen) ist daher auf dieser Ebene ein synapomorphes Merkmal. Es lässt darauf schließen, dass die drei Gruppen näher miteinander verwandt sind als mit den Bären.

FLEXIBLE WIRBELSÄULE
Merkmal 3 (flexible Wirbelsäule) befindet sich auf der gleichen Ebene wie Merkmal 2 und bestätigt die durch die Flossen angedeutete Verwandtschaft. Je mehr Synapomorphien auf einer Ebene vorliegen, desto überzeugender ist das belegte Verwandtschaftsverhältnis.

STÜTZENDE FLOSSEN
Sowohl bei den Ohrenrobben als auch beim Walross kann der Beckengürtel gedreht werden, sodass die hinteren Gliedmaßen die Fortbewegung an Land unterstützen. Das deutet darauf hin, dass sie einen jüngeren Vorfahren miteinander teilen als mit den Hundsrobben.

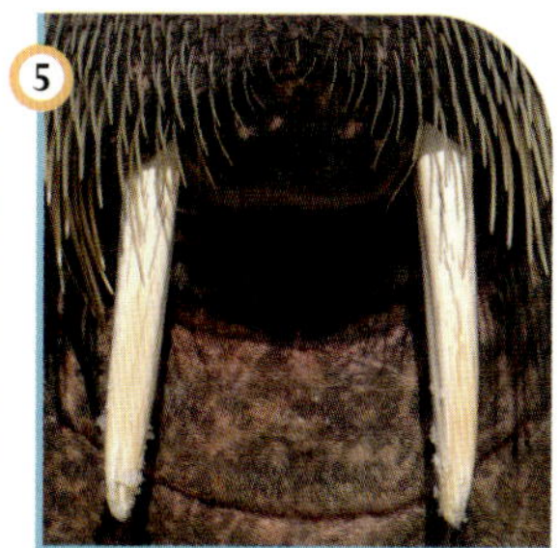

STOSSZÄHNE
Die Stoßzähne sind ein neues, nur für das Walross typisches Merkmal (Autapomorphie), das nichts über das Verwandtschaftsverhältnis zu anderen Tieren aussagt. Das Säugen ist dagegen eine Symplesiomorphie, die ebenfalls nichts über die Verwandtschaft innerhalb der Gruppe aussagt.

BAUM DES LEBENS

Der deutsche Naturkundler Peter Pallas war im Jahr 1766 der Erste, der vorschlug, die Vielfalt des Lebens durch einen Baum darzustellen. Seitdem sind viele Stammbäume erstellt worden, ursprünglich naturnah mit Borke und Blättern, später abstrakter und mit Bezug auf die Evolutionstheorie. Moderne computergenerierte Kladogramme können auf vielfältige Weise darstellen, wie die Lebewesen miteinander verwandt sind.

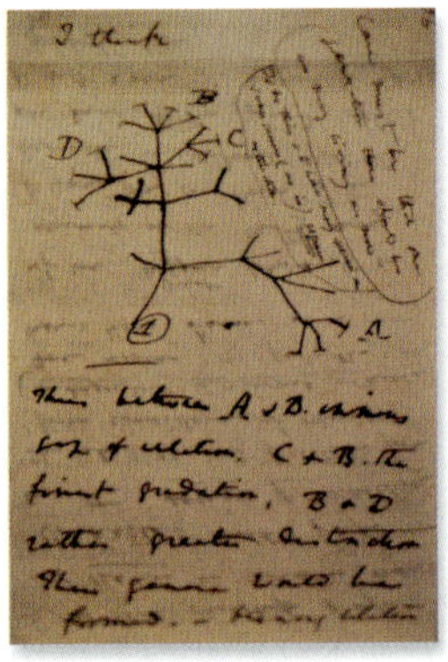

DARWINS ERSTER STAMMBAUM

Charles Darwin war der Erste, der einen Stammbaum auf der Basis der Evolutionstheorie entworfen hat. Den ersten seiner zehn Entwürfe skizzierte er im Jahr 1837. Es war ein einfaches Diagramm, das er weiterentwickelte, bevor er es in »Die Entstehung der Arten« im Jahr 1859 veröffentlichte. Die beschrifteten Äste zeigen, wie die Theorie seiner Meinung nach funktionierte. Je mehr Verzweigungspunkte einen Organismus von seinem Vorfahren trennen, desto unterschiedlicher sollte er sein. Im Jahr 1879 führte Ernst Haeckel die Idee mit einem Baum fort, der die Entwicklung von Tieren aus einzelligen Organismen zeigte. Heute werden auch Analysen der DNA und der Proteine neben der Morphologie hinzugezogen, um die Verwandtschaft der Organismen zu klären. Um große Datensätze verarbeiten zu können, müssen Computer eingesetzt werden.

Traditionell betonen Stammbäume Wirbeltiergruppen, und die Archaeen und Bakterien sowie die Protoctisten (Eukaryoten, die nicht zu den Pflanzen, Tieren oder Pilzen gehören) sind unterrepräsentiert. Neuere genetische Untersuchungen haben jedoch eine außergewöhnliche Vielfalt und Komplexizität der Verwandtschaft zwischen verschiedenen Bakterien und innerhalb der ursprünglichen Eukaryoten nachweisen können.

MASSENAUSSTERBEN

Alle jemals existierenden Lebensformen in einem Stammbaum unterzubringen, ist schwierig, da 95 % von ihnen ausgestorben sind. Bei einem Massenaussterben verschwinden viele Arten zur gleichen Zeit, was bereits fünfmal geschehen ist. Das bekannteste am Ende der Kreidezeit löschte die Dinosaurier aus. Man vermutet, dass der Einschlag eines Meteors sowie vulkanische Aktivität dafür verantwortlich gewesen sind. Da der Mensch die heutigen Lebensräume zerstört, wird es in naher Zukunft ein weiteres Massenaussterben geben.

MASSENAUSSTERBEN

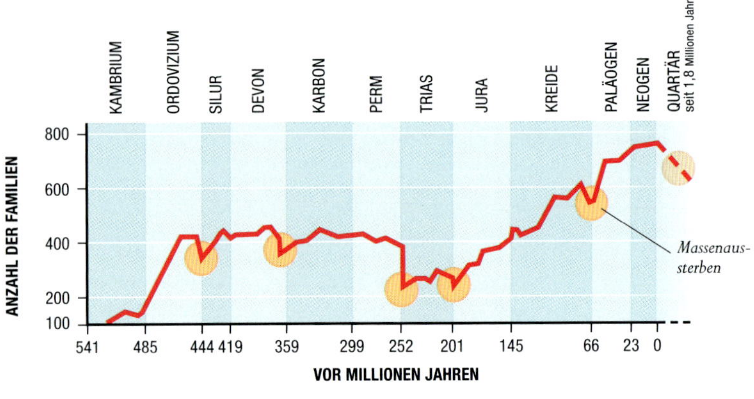

LESEN DES STAMMBAUMS

Dieses Diagramm zeigt, wie sich das Leben entwickelt hat, angefangen bei den Archaeen, die vor etwa 3,4 Milliarden Jahren entstanden, bis zu komplexeren Lebensformen wie den Tieren, die vor etwa 650 Millionen Jahren erschienen. Es zeigt auch die Vielfalt der Wirbeltiere (siehe S. 34–35), die hier überdurchschnittlich gut vertreten sind. Die Kreise bezeichnen Punkte, an denen Gruppen von einem gemeinsamen Vorfahren etwa zur gleichen Zeit abgezweigt sind. Nur heutige Gruppen werden angezeigt, ausgestorbene wie etwa die Dinosaurier fehlen.

URSPRUNG DES LEBENS

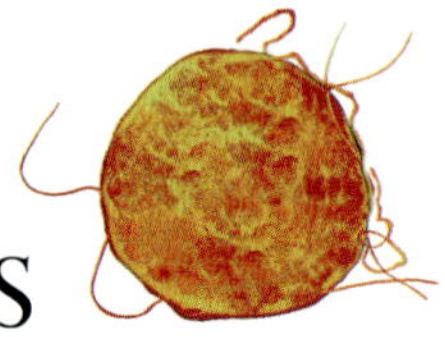

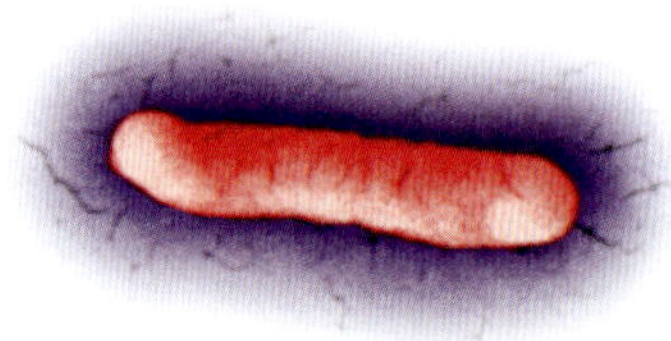

DOMÄNEN DES LEBENS

Alle Lebensformen zählen zu drei Domänen: Archaeen, Bakterien und Eukaryoten. Archaeen und Bakterien sind in der Regel Einzeller und besitzen keinen Zellkern. Eukaryoten tendieren zur Vielzelligkeit, und jede Zelle enthält einen Kern, in dem sich DNA befindet. Diese Tabelle zeigt die drei Domänen und die vier Reiche der Eukaryoten. Die Archaeen und die Bakterien sind die größten Gruppen. Auch wenn nur etwa 20 000 Arten beschrieben worden sind, gehen die Schätzungen über 4 Millionen Arten hinaus. Unter den Eukaryoten umfassen die Gruppen der Wirbellosen und der Protoctisten erheblich mehr Arten als die der Wirbeltiere.

ARCHAEEN

BAKTERIEN

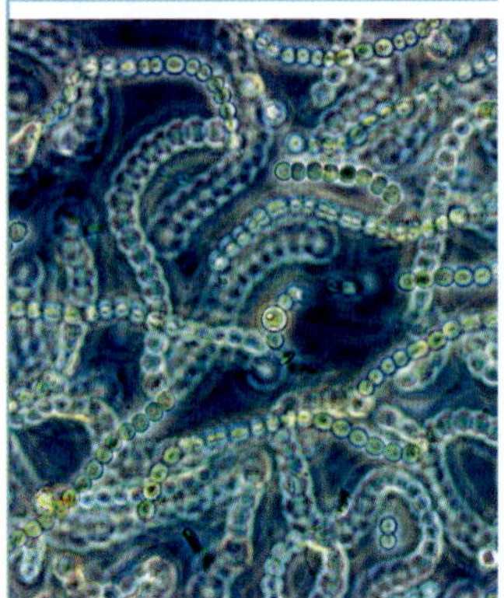

CYANOBAKTERIEN

EUKARYOTEN

PROTOCTISTEN

PFLANZEN
- LEBERMOOSE
- LAUBMOOSE
- HORNMOOSE
- BÄRLAPPGEWÄCHSE
- FARNGEWÄCHSE
- PALMFARNE, GINKGOGEWÄCHSE, GNETOPHYTEN
- NADELHÖLZER
- BEDECKTSAMER

PILZE
- STÄNDERPILZE
- SCHLAUCHPILZE
- FLECHTEN

TIERE
- WIRBELLOSE
- CHORDATIERE

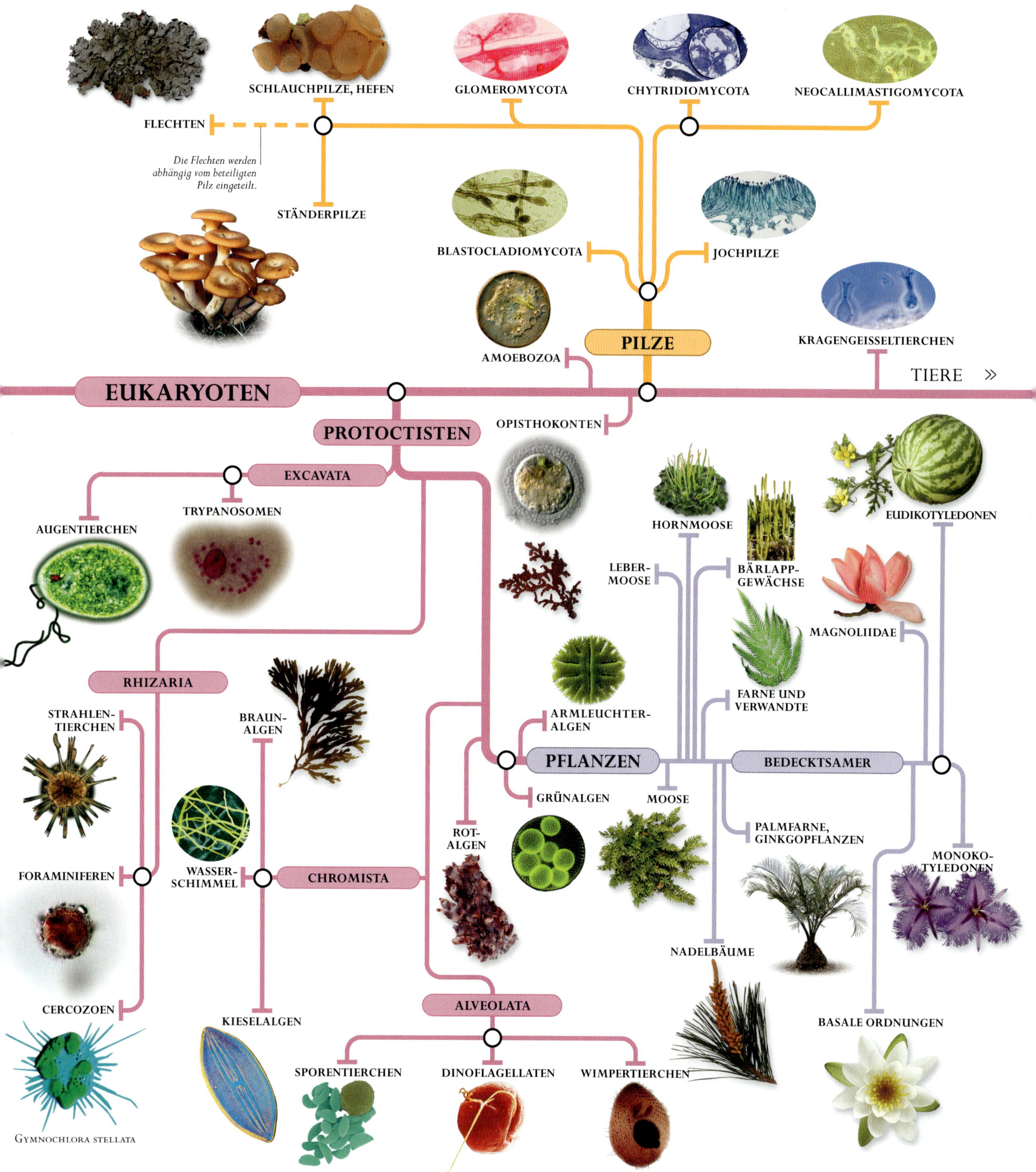

SCHLAUCHPILZE, HEFEN
GLOMEROMYCOTA
CHYTRIDIOMYCOTA
NEOCALLIMASTIGOMYCOTA
FLECHTEN
Die Flechten werden abhängig vom beteiligten Pilz eingeteilt.
STÄNDERPILZE
BLASTOCLADIOMYCOTA
JOCHPILZE
AMOEBOZOA
PILZE
KRAGENGEISSELTIERCHEN
TIERE »
EUKARYOTEN
PROTOCTISTEN
OPISTHOKONTEN
EXCAVATA
TRYPANOSOMEN
AUGENTIERCHEN
HORNMOOSE
LEBER-MOOSE
BÄRLAPP-GEWÄCHSE
EUDIKOTYLEDONEN
MAGNOLIIDAE
RHIZARIA
STRAHLEN-TIERCHEN
BRAUN-ALGEN
FARNE UND VERWANDTE
ARMLEUCHTER-ALGEN
PFLANZEN
BEDECKTSAMER
GRÜNALGEN
MOOSE
PALMFARNE, GINKGOPFLANZEN
ROT-ALGEN
MONOKO-TYLEDONEN
FORAMINIFEREN
WASSER-SCHIMMEL
CHROMISTA
NADELBÄUME
CERCOZOEN
KIESELALGEN
ALVEOLATA
BASALE ORDNUNGEN
SPORENTIERCHEN
DINOFLAGELLATEN
WIMPERTIERCHEN
GYMNOCHLORA STELLATA

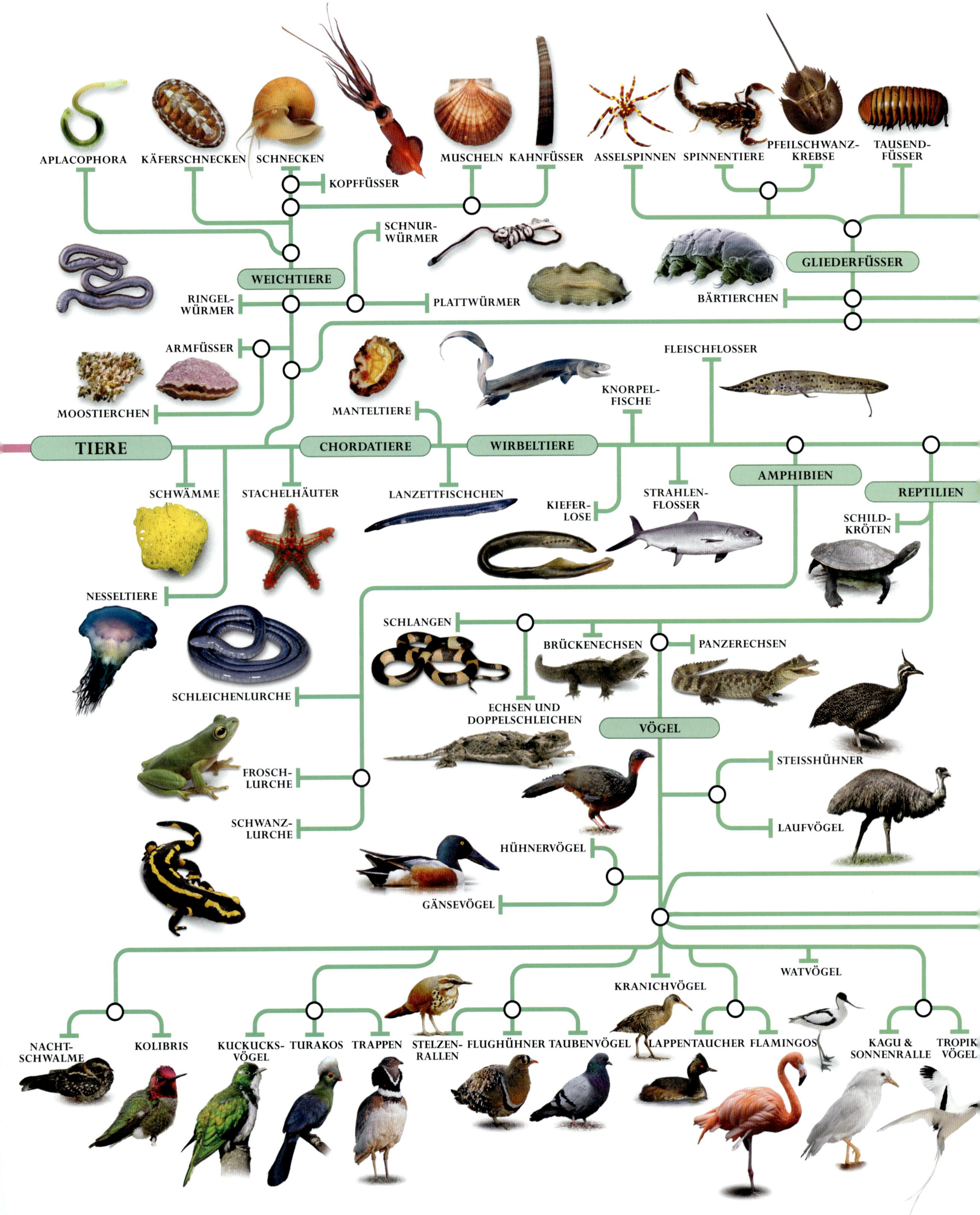

APLACOPHORA
KÄFERSCHNECKEN
SCHNECKEN
KOPFFÜSSER
MUSCHELN
KAHNFÜSSER
ASSELSPINNEN
SPINNENTIERE
PFEILSCHWANZ-KREBSE
TAUSEND-FÜSSER
SCHNUR-WÜRMER
WEICHTIERE
GLIEDERFÜSSER
RINGEL-WÜRMER
PLATTWÜRMER
BÄRTIERCHEN
ARMFÜSSER
FLEISCHFLOSSER
MOOSTIERCHEN
MANTELTIERE
KNORPEL-FISCHE
TIERE
CHORDATIERE
WIRBELTIERE
AMPHIBIEN
REPTILIEN
SCHWÄMME
STACHELHÄUTER
LANZETTFISCHCHEN
KIEFER-LOSE
STRAHLEN-FLOSSER
SCHILD-KRÖTEN
NESSELTIERE
SCHLANGEN
BRÜCKENECHSEN
PANZERECHSEN
SCHLEICHENLURCHE
ECHSEN UND DOPPELSCHLEICHEN
VÖGEL
STEISSHÜHNER
FROSCH-LURCHE
LAUFVÖGEL
SCHWANZ-LURCHE
HÜHNERVÖGEL
GÄNSEVÖGEL
WATVÖGEL
KRANICHVÖGEL
NACHT-SCHWALME
KOLIBRIS
KUCKUCKS-VÖGEL
TURAKOS
TRAPPEN
STELZEN-RALLEN
FLUGHÜHNER
TAUBENVÖGEL
LAPPENTAUCHER
FLAMINGOS
KAGU & SONNENRALLE
TROPIK VÖGEL

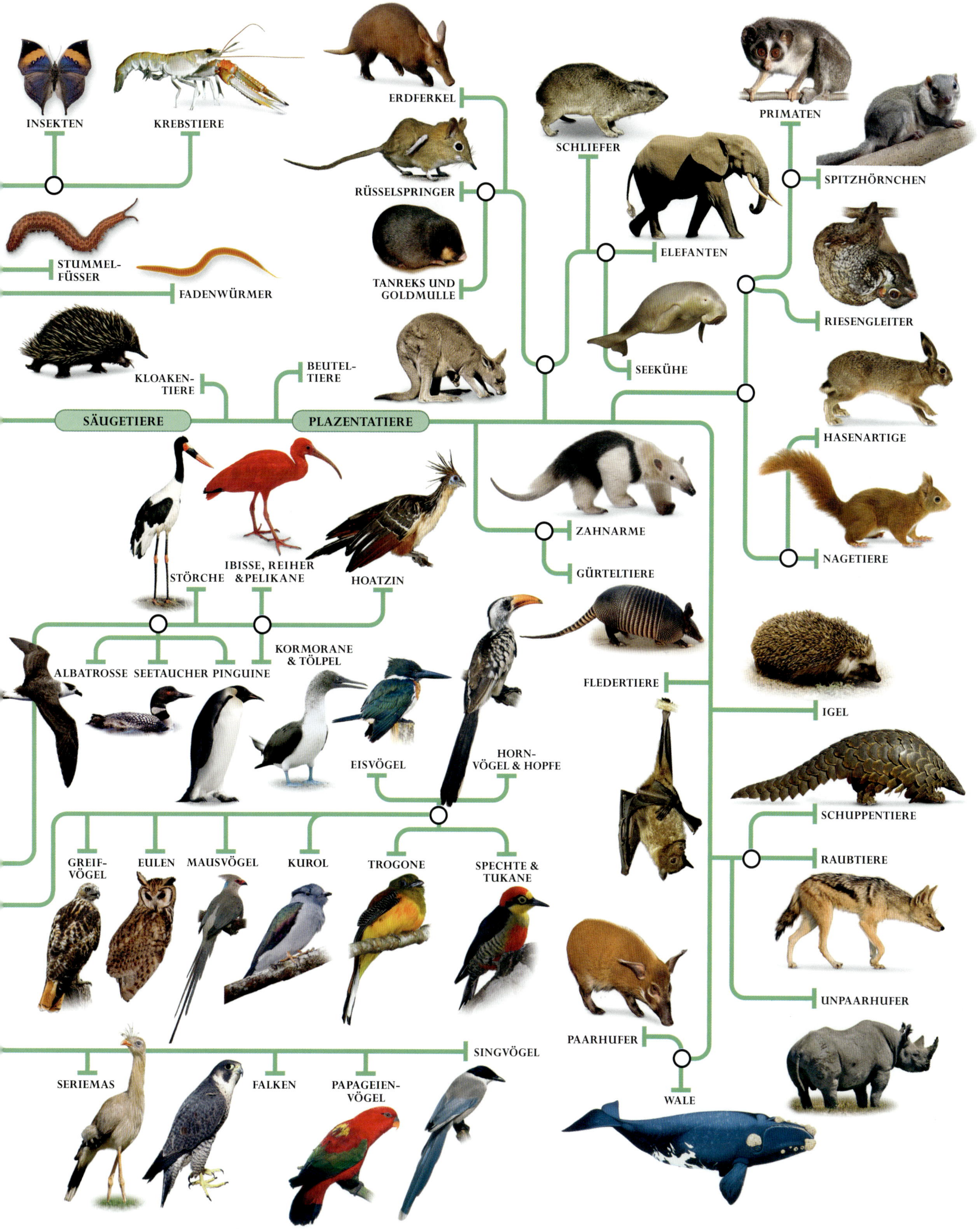
INSEKTEN
KREBSTIERE
STUMMEL-FÜSSER
FADENWÜRMER
KLOAKEN-TIERE
BEUTEL-TIERE
SÄUGETIERE
PLAZENTATIERE
ERDFERKEL
RÜSSELSPRINGER
TANREKS UND GOLDMULLE
SCHLIEFER
ELEFANTEN
SEEKÜHE
PRIMATEN
SPITZHÖRNCHEN
RIESENGLEITER
HASENARTIGE
NAGETIERE
ZAHNARME
GÜRTELTIERE
FLEDERTIERE
IGEL
SCHUPPENTIERE
RAUBTIERE
UNPAARHUFER
PAARHUFER
WALE
STÖRCHE
IBISSE, REIHER &PELIKANE
HOATZIN
ALBATROSSE
SEETAUCHER
PINGUINE
KORMORANE & TÖLPEL
EISVÖGEL
HORN-VÖGEL & HOPFE
GREIF-VÖGEL
EULEN
MAUSVÖGEL
KUROL
TROGONE
SPECHTE & TUKANE
SERIEMAS
FALKEN
PAPAGEIEN-VÖGEL
SINGVÖGEL

MINERALIEN, GESTEINE & FOSSILIEN

Das Leben auf der Erde wird von den Gesteinen zu unseren Füßen gestaltet. Gesteine bestehen aus verschiedenen Mineralien und haben einen weitreichenden Einfluss auf die Landschaft, die Vegetation und den Boden. In den Gesteinen sind Fossilien erhalten, die uns einen detaillierten Eindruck von den Lebensformen und ihrer Evolution seit der fernen Vergangenheit vermitteln.

» 38

MINERALIEN

Mineralien sind die Bausteine der Gesteine und besitzen in der Regel eine kristalline Struktur. Von mehreren Tausend Mineralen in der Erdkruste sind weniger als 50 weit verbreitet.

» 62

GESTEINE

Gesteine teilt man nach der Art ihrer Entstehung ein. Sie unterliegen einem ständigen Abbau und Aufbau. Die ältesten Gesteine sind 3,8 Milliarden Jahre alt. Sie entstanden, als die Erdkruste erstarrte.

» 74

FOSSILIEN

Die meisten Fossilien bestehen aus harten Körperteilen wie Zähnen oder Knochen. Aber gelegentlich zeugen auch Fußabdrücke und Weichteilabdrücke von vergangenen Lebewesen.

MINERALIEN

Mineralien sind die Stoffe, aus denen die Gesteine bestehen. Auf der Erde kommen mehr als 4000 verschiedene Mineralien mit jeweils eigener chemischer Zusammensetzung vor. Viele sind hart und kristallin. Einige sind sehr häufig anzutreffen, während andere, wie der Diamant, sehr selten und teuer sind.

Kupfer kommt oft in dendritischer (baumartig verzweigter) Form vor. Es hat einen hohen wirtschaftlichen Wert.

Malachit kann traubig mit kleinen, abgerundeten Formen oder derb, d.h. ohne bestimmte Gestalt, auftreten.

Krokoit oder Bleichromat bildet oft schlanke, lang gestreckte prismatische Kristalle.

Mineralien liefern nützliche Rohstoffe, von Metallen bis hin zu Katalysatoren für die Industrie, aber auch Objekte, die sich durch außergewöhnliche Schönheit auszeichnen, vor allem wenn sie als Edelsteine geschliffen und poliert sind. Mineralien sind aber auch für das Leben an sich wichtig. Im Boden und im Wasser gelöst liefern sie Nährstoffe für Pflanzen und andere Organismen. Ohne sie würden die Ökosysteme zusammenbrechen.

Mineralien werden nach ihrer chemischen Zusammensetzung klassifiziert. Einige wie zum Beispiel Gold, Silber und Schwefel kommen gediegen, d.h. als reines chemisches Element vor. Alle anderen Mineralien sind chemische Verbindungen. So besteht Quarz aus zwei Elementen (Silicium und Sauerstoff), zwischen denen eine sehr starke Bindung besteht. Dies verleiht ihm seine besondere Härte und Widerstandsfähigkeit. Nach der Systematik der Minerale nach Strunz wird Quarz (Siliciumdioxid) ähnlich wie Chalcedon und Opal als Oxid eingestuft, doch nach der in diesem Buch benutzten Systematik der Minerale nach Dana gehört es zu den Silikaten. Die Silikate sind die größte Gruppe der Minerale und machen etwa 75 % der Erdkruste aus. Andere häufige Mineralgruppen sind die Sulfide, Oxide, Karbonate, Arsenate und Halogenide.

MINERALIEN BESTIMMEN

Mit einiger Erfahrung kann man viele Mineralien anhand ihres Aussehens identifizieren. Wichtige Merkmale sind Farbe, Glanz (die Art und Weise, wie das Licht von ihrer Oberfläche reflektiert wird) und vor allem die Kristallform. Kristalle werden nach ihren Symmetrie-Eigenschaften in sechs Systeme eingeteilt (siehe unten). Minerale treten nicht immer als Kristalle auf, sondern können verschiedene Formen annehmen, etwa dendritisch (verzweigt) oder traubig.

Mineralien unterscheiden sich auch in ihrer Dichte bzw. ihrem spezifischen Gewicht (SG, ihrem Gewicht im Vergleich zum entsprechenden Wasservolumen) und in ihrer Härte (H). Auf der zehnstufigen Mohs'schen Härteskala hat Talk die Härte 1 und Diamant als härtestes Mineral die Härte 10. Vergleichsmaßstäbe sind unter anderem ein Fingernagel (Härte 2,5), eine Kupfermünze (3,5) oder eine Messerklinge (5,5). Erstaunlicherweise ist die Größe wenig aussagekräftig. Gipskristalle sind in der Regel weniger als 1 cm lang, die größten bisher entdeckten Exemplare haben jedoch die Höhe eines zweistöckigen Hauses.

VULKANISCHE MINERALIEN >
Der Boden von Dallol in der äthiopischen Danakil-Wüste ist von Fumarolen übersät und mit elementarem Schwefel bedeckt.

STREITFRAGE

MINERAL: JA ODER NEIN?

Als Mineralien werden üblicherweise nur anorganische Stoffe bezeichnet. Organische Substanzen, die als Schmucksteine oder zu anderen Dekorationszwecken verwendet werden, gelten nicht als echte Mineralien, auch wenn sie eine ähnliche chemische Zusammensetzung aufweisen. Bernstein ist versteinertes Harz, oft aus der Kreidezeit oder dem Tertiär, und kann Insektenfossilien enthalten. Gagat, ein weiches schwarzes Mineral, ist eine Art Kohle. Er kam im 19. Jahrhundert als Schmuckstein in Mode. Perlmutt, Perlen und Korallen enthalten viel Calcit und werden zu Dekorationszwecken verwendet.

KRISTALLSYSTEME

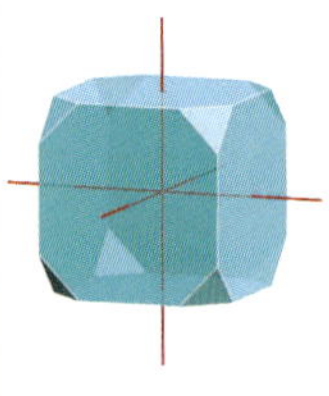

Kubische Kristalle sind weit verbreitet. Sie beziehen sich auf ein Achsenkreuz mit drei rechtwinkligen Achsen. Hauptformen sind Würfel und Oktaeder.

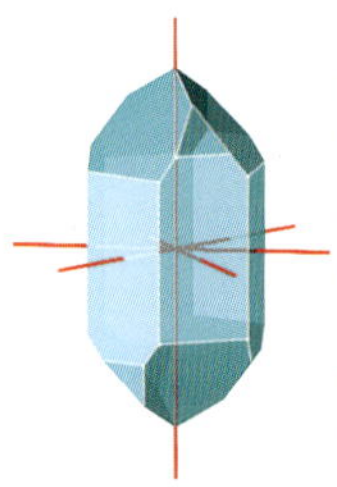

Hexagonale und trigonale Kristalle besitzen vier Symmetrieachsen. Die Kristalle sind oft sechseckige Prismen mit pyramidenförmiger Spitze (links).

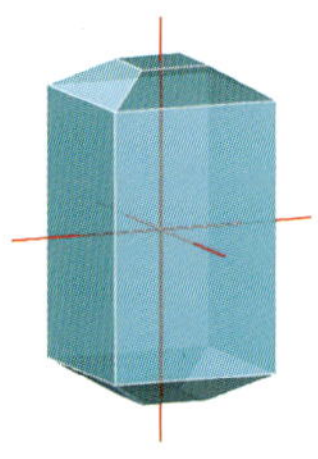

Tetragonale Kristalle besitzen drei Symmetrieachsen im rechten Winkel, von denen zwei gleich lang sind. In großen Prismen (links) ist die vertikale die längste.

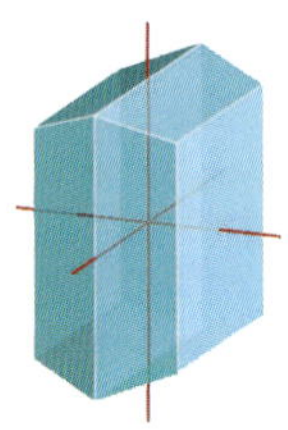

Monokline Kristalle besitzen drei ungleich lange Symmetrie-Achsen, zwei davon im rechten Winkel. Die Kristalle sind oft tafelig flach (links) oder prismatisch.

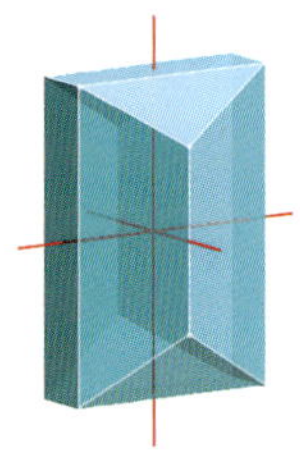

Orthorhombische Kristalle ähneln den monoklinen. Allerdings stehen hier alle drei Achsen senkrecht zueinander. Die Kristalle sind meist tafelig oder prismatisch (links).

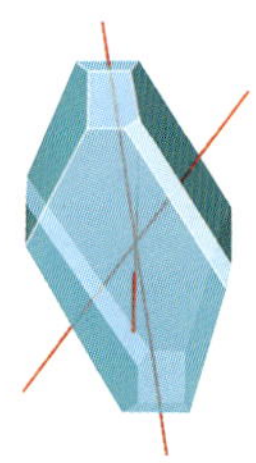

Trikline Kristalle weisen nur eine geringe Symmetrie auf. Die drei Achsen sind ungleich lang und bilden keine rechten Winkel. Sie bilden häufig Prismen.

GEDIEGENE ELEMENTE

Von den vielen natürlich vorkommenden Elementen sind nur etwa 20 gediegen (in reiner Form) anzutreffen. Sie werden in drei Gruppen eingeteilt: Metalle bilden nur selten einzelne Kristalle, haben meist ein hohes spezifisches Gewicht und sind relativ weich. Halbmetalle wie Antimon und Arsen sind oft als rundliche Klumpen zu finden. Nichtmetalle wie Schwefel und Kohlenstoff bilden meist Kristalle.

ANTIMON
Trigonal • H 3–3½ • SG 6,69
Dieses seltene silbergraue Halbmetall kommt in hydrothermalen Gängen vor, oft zusammen mit Arsen und Silber. Oxidierte Oberflächen sind weiß.

GRAPHIT
Hexagonal • H 1–2
SG 2,09–2,23
Graphit besteht aus reinem Kohlenstoff und kommt in metamorphen Gesteinen vor. Er ist grau, weich und ideal für Bleistiftminen.

KUPFER
Kubisch • H 2½–3 • SG 8,94
Gediegenes Kupfer ist überwiegend in Klumpen oder drahtartigen Formen anzutreffen, oft mit basaltischer Lava. Es ist ein guter Leiter und wird in der Elektroindustrie eingesetzt.

DIAMANT
Kubisch • H 10 • SG 3,51
Diamant, das härteste Mineral, ist eine wertvolle Form von Kohlenstoff. Er kommt in magmatischen Gesteinen, den Kimberlitröhren, vor.

ARSEN
Trigonal • H 3½ • SG 5,72–5,73
Das hochgiftige Arsen ist meist in hellgrauen Klumpen in hydrothermalen Gängen anzutreffen. Es riecht nach Knoblauch.

SCHWEFEL
Orthorhombisch • H 1½–2½ • SG 2,07
Elementarer Schwefel bildet gelbe Kristalle und pulvrige Krusten um Fumarolen. Er wird zu Farbstoffen, Fungiziden und Düngemitteln verarbeitet.

Platin-Nugget

PLATIN
Kubisch • H 4–4½ • SG 21,44
Das seltene Metall Platin kommt in Form von Plättchen, Körnern und Nuggets in magmatischen Gesteinen und Schwemmsanden vor. Es findet in der Industrie Verwendung, etwa in Flugzeugzündkerzen.

Platin

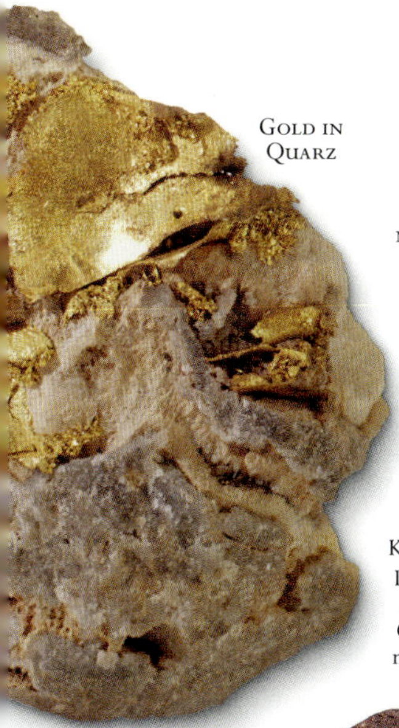

Gold in Quarz

Gold-nugget

GOLD
Kubisch • H 2½–3 • SG 19,3
Das wegen seiner Farbe und Bearbeitbarkeit geschätzte Gold entsteht in hydrothermalen Gängen und ist oft im Flusssand zu finden.

EISEN
Kubisch • H 4½ • SG 7,3–7,87
Reines Eisen ist vor allem im Erdkern enthalten, da es sich an der Oberfläche leicht mit anderen Elementen verbindet.

WISMUT
Trigonal
H 2–2½ • SG 9,7–9,83
Elementares Wismut ist recht selten. Einzelkristalle kommen selten vor, meist sind körnige oder verzweigte Formen anzutreffen.

Quecksilberkügelchen in Gesteinshohlräumen

QUECKSILBER
Trigonal
H flüssig • SG 14,38
Quecksilber ist das einzige Metall, das bei normaler Temperatur flüssig ist. Es bildet silberne Kügelchen.

SILBER
Kubisch • H 2½–3 • SG 10,5
Gediegenes Silber ist weit verbreitet, aber selten in größeren Mengen anzutreffen, meist verzweigt, drahtig oder tafelig.

SULFIDE

Sulfide sind Verbindungen aus Schwefel und einem oder mehreren Metallen. Viele Sulfide besitzen ein hohes spezifisches Gewicht und weisen einen Metallglanz auf. Sie bilden oft sehr schöne Kristalle aus. Sulfide kommen in vielen geologischen Umgebungen vor, besonders häufig in hydrothermalen Gängen. Die meisten wirtschaftlich bedeutsamen Erze sind Sulfide.

ZINNOBER
Trigonal
H 2–2½ • SG 8,0–8,2
Das rote Quecksilbersulfid ist seit Jahrhunderten das wichtigste Quecksilbererz. Es ist an Thermalquellen und in Vulkanen zu finden.

KOBALTGLANZ
Orthorhombisch • H 5½ • SG 6,33
Kobaltglanz ist ein Arsen-Kobalt-Sulfid. Es ist ein bedeutendes Kobalterz, das z. B. in Schweden und Norwegen vorkommt.

Lange, gebogene Kristalle ähneln Schwertern.

ANTIMONIT
Orthorhombisch • H 2 • SG 4,63–4,66
Der dunkelgraue Antimonit ist das wichtigste Antimonerz. Ausgedehnte Lagerstätten gibt es in China, Japan und den USA.

Bornit-kristalle

Nicht einzeln erkennbare Kristalle bilden Aggregate.

derber Bornit

BORNIT
Orthorhombisch • H 3 • SG 5,08
Das Kupfer-Eisen-Sulfid Bornit ist kupferrot und läuft violett und blau an. Es ist ein bedeutendes Kupfererz.

BLEIGLANZ
Kubisch • H 2½ • SG 7,58
Bleiglanz ist eines der häufigsten und am weitesten verbreiteten Sulfidminerale. Es wird als Bleierz in großem Stil abgebaut.

gewöhnlicher derber Kupferkies

GREENOCKIT
Hexagonal
H 3–3½ • SG 4,82
Das seltene gelbe, rote oder orangefarbene Kadmiumsulfid wurde nach Lord Greenock benannt, auf dessen schottischen Besitztümern es 1840 entdeckt wurde.

Kupferkies-Kristalle

KUPFERKIES
Tetragonal
H 3½–4 • SG 4,35
Das Kupfer-Eisen-Sulfid Kupferkies ist messinggelb. Es hat als Kupfererz enorme wirtschaftliche Bedeutung.

gewöhnlicher kristalliner Sphalerit

derber Sphalerit

SPHALERIT
Kubisch • H 3½–4
SG 3,9–4,1
Sphalerit ist ein Zinksulfid mit variablem Eisengehalt. Es ist das wichtigste Zinkerz.

AKANTHIT
Monoklin
H 2–2½ • SG 7,22
Akanthit kommt in Form dunkler, metallisch glänzender, manchmal spitzer Kristalle vor. Er ist das wichtigste Silbererz.

»

» SULFIDE

AURIPIGMENT
Monoklin
H 1½–2 • SG 3,49
Das goldgelbe Arsensulfid Auripigment kommt als blättriges oder säulenförmiges Aggregat an Thermalquellen vor.

REALGAR
Monoklin • H 1½–2 • SG 3,56
Das leuchtend orangerote Arsensulfid Realgar wurde früher als Farbpigment verwendet.

GLAUKODOT
Orthorhombisch • H 5 • SG 6,05
Glaukodot ist ein Kobalt-Eisen-Arsen-Sulfid, das silbrig weiße pyramidenförmige Kristalle bildet oder als spröde Masse auftritt.

MOLYBDÄNIT
Hexagonal
H 1–1½ • SG 4,62–4,73
Molybdänsulfid ist bleigrau. Wegen der schwachen Bindungen in einer geschichteten Kristallstruktur fühlt es sich fettig an.

MARKASIT
Orthorhombisch
H 6–6½ • SG 4,89
Das Eisensulfid Markasit ist heller und spröder als Pyrit. Es bildet oft speerförmige Zwillingskristalle oder »Hahnenkämme«.

COVELLIN
Hexagonal • H 1½–2 • SG 4,68
Obwohl Covellin selten ist, ist es ein verbreitetes Kupfersulfid. Wegen seiner schillernd indigoblauen Farbe ist es für Sammler attraktiv.

HAUERIT
Kubisch • H 4 • SG 3,46
Hauerit ist ein sehr seltenes Mangansulfid. Die braunen oktaedrischen Kristalle bilden sich in den Spitzen von Salzdomen.

ARSENOPYRIT
Monoklin
H 5½–6 • SG 6,07
Der silbergraue Arsenopyrit ist ein Arsen-Eisen-Sulfid. Mit einem Arsengehalt von fast 50% ist er das wichtigste Erz des für Menschen giftigen Arsens.

STANNIN
Tetragonal • H 4 • SG 4,3–4,5
Das Zinn-Kupfer-Eisen-Sulfid wird wegen des Zinns abgebaut. Der Name geht auf lateinisch *stannum* für Zinn zurück.

PENTLANDIT
Kubisch
H 3½–4 • SG 4,6–5,0
Das Nickel-Eisen-Sulfid kommt in basischen magmatischen Gesteinen vor und ist ein wichtiges Nickelerz.

MILLERIT
Trigonal
H 3–3½ • SG 5,3–5,5
Dieses Nickelsulfid kommt in Kalkstein und ultramafischen Gesteinen vor. Es wird als Nickelerz abgebaut.

PYRIT
Kubisch
H 6–6½ • SG 4,8–5
Das wegen seiner goldenen Farbe auch als »Katzengold« bezeichnete Eisensulfid ist das häufigste Sulfidmineral.

PYRRHOTIN
Monoklin • H 3½–4½ • SG 4,58–4,65
Pyrrhotin ist ein Eisensulfid mit variablem Eisengehalt. Sein Magnetismus nimmt mit abnehmendem Eisengehalt zu.

CHALKOSIN
Monoklin • H 2½–3 • SG 5,5–5,8
Der dunkelgraue bis schwarze Chalkosin wird seit Jahrhunderten als profitables Kupfererz abgebaut.

BISMUTHINIT
Orthorhombisch • H 2 • SG 6,78
Bismuthinit ist ein bedeutendes Wismuterz. Wismut findet vor allem in Medikamenten und Kosmetika Verwendung.

SULFOSALZE

Sulfosalze sind eine Gruppe aus etwa 200 meist seltenen Mineralen mit ähnlicher Struktur und ähnlichen Eigenschaften wie die Sulfide. Sie sind Verbindungen aus Schwefel, einem Metall – meist Silber, Kupfer, Blei oder Eisen – und einem Halbmetall, oft Antimon oder Arsen. Sulfosalze kommen häufig in hydrothermalen Gängen vor, in der Regel in kleinen Mengen.

PYRARGYRIT
Trigonal
H 2½ • SG 5,85
Das Silber-Antimon-Sulfid Pyrargyrit ist rot-schwarz, dünne Splitter erscheinen aber rubinrot.

POLYBASIT
Monoklin
H 2½–3 • SG 6,1
Der eher seltene Polybasit ist ein Silber-Kupfer-Antimon-Arsen-Sulfid. Stellenweise ist er ein lohnendes Silbererz.

BOULANGERIT
Monoklin
H 2½–3 • SG 5,8–6,2
Das bläulich graue Blei-Antimon-Sulfid Boulangerit ist eines der wenigen Sulfidminerale, die feine, haarähnliche Kristalle ausbilden.

STEPHANIT
Orthorhombisch
H 2–2½ • SG 6,26
Stephanit ist ein undurchsichtiges schwarzes Silber-Antimon-Sulfid. Stellenweise, z. B. in Nevada (USA), ist es ein bedeutendes Silbererz.

JAMESONIT
Monoklin • H 2½ • SG 5,63
Die dunkelgrauen Kristalle des Blei-Eisen-Antimon-Sulfids Jamesonit können haarähnlich dünn oder groß und säulig sein.

PROUSTIT
Trigonal • H 2–2½ • SG 5,55–5,64
Das Silber-Arsen-Sulfid wird auch als Lichtes Rotgültigerz bezeichnet. Die durchsichtigen Kristalle sind scharlachrot.

ZINKENIT
Hexagonal • H 3–3½
SG 5,25–5,35
Zinkenit ist ein Blei-Antimon-Sulfid. Es bildet stahlgraue haar- oder nadelähnliche Kristalle aus.

TETRAEDRIT
Kubisch
H 3–4½ • SG 4,6–5,1
Das Kupfer-Eisen-Antimon-Sulfid Tetraedrit ist nach seinen tetraederförmigen Kristallen (mit vier dreieckigen Flächen) benannt.

TENNANTIT
Kubisch • H 3–4½
SG 4,59–4,75
Tennantit, ein Kupfer-Eisen-Arsen-Sulfid, ähnelt Tetraedrit sehr. Es ist dunkelgrau oder schwarz.

ENARGIT
Orthorhombisch • H 3 • SG 4,45
Das stahlgraue Kupfer-Arsen-Sulfid glänzt metallisch. Die Kristalle sind in der Regel klein, tafelig oder säulig.

BOURNONIT
Orthorhombisch • H 2½–3 • SG 5,83
Der schwarze oder stahlgraue Bournonit ist ein Blei-Kupfer-Antimon-Sulfid mit tafeligen bis säuligen Kristallen.

OXIDE

Oxide sind Verbindungen aus Sauerstoff und anderen Elementen. Einige sind sehr hart und besitzen ein hohes spezifisches Gewicht, viele haben leuchtende Farben. Zu den Oxiden zählen die wichtigsten Eisen-, Mangan-, Aluminium-, Zinn- und Chromerze. Manche Oxidminerale sind als Schmucksteine gefragt. Oxide kommen in allen Gesteinen vor: in hydrothermalen Gängen, magmatischen und metamorphen Gesteinen und auch in Sedimentschichten.

CUPRIT
Kubisch • H 3½–4 • SG 6,14
Cuprit ist ein rotes Kupferoxid, das nahe der Erdoberfläche durch Oxidation von Kupfermineralen entsteht.

PEROWSKIT
Orthorhombisch
H 5½ • SG 4,26
Das dunkle Calcium-Titan-Oxid entsteht in magmatischen und metamorphen Gesteinen. Es wurde 1839 in Russland entdeckt.

ILMENTIT
Trigonal • H 5–6 • SG 4,68–4,76
Das Eisen-Titan-Oxid ist das wichtigste Titanerz. Titan besitzt eine hohe Festigkeit bei geringer Dichte – wichtig in der Luft- und Raumfahrt.

FRANKLINIT
Kubisch
H 5½–6 • SG 5,07–5,22
Das schwarze oder braune Zink-Eisen-Oxid ist in metamorphem Kalkstein anzutreffen, vor allem bei Franklin, New Jersey (USA).

KASSITERIT
Tetragonal • H 6–7 • SG 6,98–7,01
Kassiterit ist nahezu der einzige Zinnlieferant. Das Zinnoxid ist überwiegend in hydrothermalen Quellen und Pegmatiten sowie manchmal im Flusskies anzutreffen.

URANINIT
Kubisch • H 5–6 • SG 10,63–10,95
Das hochradioaktive, schwarze oder braune Uranoxid ist das wichtigste Uranerz. Uran wird in Kernreaktoren zur Stromerzeugung und zum Bau von Atomwaffen eingesetzt.

SAMARSKIT
Monoklin
H 5–6 • SG 5–5,69
Die als Samarskit bezeichneten Minerale – radioaktive Oxide verschiedener Metalle wie Yttrium, Eisen, Tantal und Niob – kommen in magmatischen Gesteinen und Schwemmsanden vor.

GAHNIT
Kubisch • H 7½–8 • SG 4,62
Gahnit ist ein seltenes Aluminium-Zink-Oxid, das vor allem in metamorphen Gesteinen vorkommt. Es bildet dunkelgrüne oder schwarzblaue Kristalle.

KORUND
Trigonal
H 9 • SG 4,0–4,1
Das Aluminiumoxid Korund ist das zweithärteste Mineral nach Diamant. Rubinrote und saphirblaue Varietäten werden als Schmucksteine verwendet.

CHROMIT
Kubisch • H 5½ • SG 4,5–4,8
Das Eisen-Chrom-Oxid Chromit ist das einzige bedeutende Chromerz. Es wird zur Herstellung von Chrom- und Edelstahl benötigt.

HÄMATIT
Trigonal • H 5–6 • SG 5,26
Das weitverbreitete und in großen Mengen vorkommende Eisenoxid wird als Eisenerz abgebaut. Das Farbspektrum reicht von Schwarz über Metallgrau bis Rotbraun.

FERGUSONIT
Tetragonal
H 5½–6½ • SG 4,2–5,8
Fergusonit ist die Sammelbezeichnung für Oxide verschiedener Metalle, vor allem Yttrium, Lanthan, Niob und Cer.

CHRYSOBERYLL
Orthorhombisch • H 8½ • SG 3,75
Das Beryllium-Aluminium-Oxid dient als Schmuckstein. Es ist bekannt für seine Härte und seine gelbbraune Farbe.

PYROLUSIT
Tetragonal
H 2–6½
SG 5,04–5,08
Pyrolusit ist ein häufig vorkommendes Manganoxid. Es ist das wichtigste Manganerz, unverzichtbar für die Stahlerzeugung.

RUTIL
Tetragonal
H 6–6½ • SG 4,23
Das Titanerz Rutil bildet oft eindrucksvolle dünne, durchscheinende Nadeln in Quarzkristallen aus.

ZINKIT
Hexagonal • H 4 • SG 5,64–5,68
Zinkit ist ein seltenes Zink-Oxid. Die einzige bedeutende Lagerstätte in den USA ist ausgebeutet.

HYDROXIDE

Hydroxidminerale sind Verbindungen aus einem metallischen Element und Hydroxidionen (OH). Sie kommen häufig vor und entstehen oft durch eine chemische Reaktion zwischen einem Oxid und einsickernden wässrigen Lösungen. Viele Hydroxidminerale sind recht weich. Hydroxide finden sich vor allem in veränderten Teilen hydrothermaler Gänge und in metamorphen Gesteinen.

GIBBSIT
Monoklin
H 2½–3½ • SG 2,38–2,42
Das Aluminium-Hydroxid Gibbsit ist einer der Hauptbestandteile des Aluminiumerzes Bauxit. Es kommt auch in hydrothermalen Gängen vor.

STIBICONIT
Kubisch • H 5½–7 • SG 3,5–5,5
Das wenig verbreitete Antimon-Hydroxid Stibiconit ist weiß oder ockerbraun. Es entsteht sekundär aus anderen Antimonmineralen, vor allem Antimonit.

DIASPOR
Orthorhombisch • H 6½–7 • SG 3,2–3,5
Diaspor ist ein Aluminiumhydroxid, das in Bauxit vorkommt. Es kommt auch in Marmor und sekundären magmatischen Gesteinen vor.

LEPIDOCROCIT
Orthorhombisch • H 5
SG 4,05–4,13
Das seltene Eisen-Hydroxid kann mit Goethit vergesellschaftet sein. Es ist rotbraun und bildet unregelmäßige oder faserige Formen.

DERBER ROMANECHIT

ROMANECHIT
Monoklin • H 5–6 • SG 6,45
Das dunkle, undurchsichtige, bariumhaltige Manganoxid ist meist in Aggregaten oder in derber Form anzutreffen. Kristalle sind selten.

TRAUBIGER GOETHIT

LIMONIT

GOETHIT
Orthorhombisch • H 5–5½ • SG 4,27–4,29
Das Eisen-Hydroxid Goethit ist häufig anzutreffen. Eine nichtkristalline Variante – Limonit oder Brauneisenerz – verleiht Böden und Gesteinen eine gelblich braune Färbung.

BAUXIT
Amorphes Gemenge
H 1–3 • SG 2,3–2,7
Bauxit ist das wichtigste Aluminiumerz. Es ist kein einzelnes Mineral, sondern aus verschiedenen Aluminium-Hydroxiden und Eisenoxiden zusammengesetzt.

BRUCIT
Trigonal • H 2½–3 • SG 2,39
Das weiße, graue, blaue oder grüne Magnesium-Hydroxid kommt in metamorphen Gesteinen vor.

HALOGENIDE

Halogenide sind Verbindungen aus Metallen und den Halogenen Jod, Fluor, Chlor oder Brom. Halogenide besitzen in der Regel eine sehr geringe Härte und ein geringes spezifisches Gewicht. Sie kristallisieren oft im kubischen System. Viele dieser Minerale, wie zum Beispiel Steinsalz und Sylvin, werden als Evaporite durch Eindampfen von Salzwasser gebildet. Andere Halogenide, etwa Fluorit, kommen in hydrothermalen Gängen vor.

GELBER FLUORIT

LILA FLUORIT

FLUORIT
Kubisch • H 4 • SG 3,18
Calciumfluorid bildet oft durchsichtige bis durchscheinende Kristalle in verschiedenen Farben. Große Mengen werden zur Herstellung von Flusssäure verwendet.

GRÜNER FLUORIT

SYLVIN
Kubisch • H 2 • SG 1,99
Sylvin oder Kaliumchlorid ähnelt Steinsalz und kommt gemeinsam mit diesem in Evaporit-Ablagerungen vor. Sylvin wird zu Kalidünger verarbeitet.

CARNALLIT
Orthorhombisch • H 2½ • SG 1,6
Carnallit ist ein wasserhaltiges Magnesium-Kalium-Chlorid. Es entsteht durch Eindampfen von Salzwasser und wird zur Herstellung von Düngemitteln benötigt.

DIABOLEIT
Tetragonal • H 2½ • SG 5,42
Das Blei-Kupfer-Chlorid-Hydroxid Diaboleit ist blau. Es entsteht durch Verwitterung anderer Minerale.

BOLEIT
Kubisch • H 3–3½ • SG 5,05
Der tiefblaue Boleit ist ein seltenes Blei-Silber-Kupfer-Chlor-Hydroxid. Es ist in verwitterten Kupferlagerstätten anzutreffen.

ORANGEFARBENES STEINSALZ

STEINSALZ
Kubisch • H 2 • SG 2,17
Große Lagerstätten von Steinsalz (Kochsalz) oder Halit, einem Natriumchlorid, sind durch Eindampfen von Meerwasser entstanden. Es kann farbig oder farblos sein.

STEINSALZKRISTALLE

JARLIT
Monoklin
H 4–4½ • SG 3,78–3,93
Der weiße Jarlit ist in magmatischen Gesteinen anzutreffen. Er ist ein seltenes Natrium-Strontium-Mangan-Aluminium-Fluorid-Hydroxid.

CHLORARGYRIT
Kubisch • H 2½ • SG 5,55
Das Silberchlorid Chlorargyrit ist meist schuppig, plättchenartig oder derb und wachsähnlich. Es kommt in verwitterten Silberlagerstätten vor.

ATACAMIT
Orthorhombisch • H 3–3½ • SG 3,76
Der grüne Atacamit besteht aus Kupferchlorid-Hydroxid und kommt in oxidierten Kupferlagerstätten vor. Er ist ein minderes Kupfererz.

KALOMEL
Tetragonal
H 1½–2 • SG 7,15
Das seltene Quecksilberchlorid Kalomel ist weiß bis grau oder braun. Seine Farbe intensiviert sich unter Lichteinwirkung.

KRYOLITH
Monoklin • H 2½ • SG 2,97
Kryolith ist ein seltenes Aluminium-Natrium-Fluorid und sieht eisähnlich aus. Er ist in granitischen Pegmatiten und in Granit anzutreffen.

CARBONATE

Carbonatminerale sind Verbindungen aus Metallen oder Halbmetallen und der Carbonatgruppe CO_3. Von den mehr als 70 bekannten Carbonatmineralen stellen Calcit, Dolomit und Siderit den größten Teil der Carbonate in der Erdkruste. Carbonate bilden meist gut entwickelte Kristalle mit regelmäßiger Gestalt und ohne Einschlüsse aus. Viele Carbonate haben blasse Farben, einige wie etwa Rhodochrosit, Smithsonit und Malachit zeigen aber auch eine leuchtende Färbung.

SMITHSONIT
Trigonal
H 4–4½ • SG 4,42–4,44
Das Zink-Carbonat Smithsonit ist in den oxidierten oberen Bereichen von Zinkerzlagerstätten anzutreffen.

CALCIT
Trigonal
H 3 • SG 2,71
Calcit (ein Calcium-Carbonat) ist eines der häufigsten Minerale. Es kommt als Kalkstein oder Marmor vor, kann aber auch exzellente Kristalle bilden.

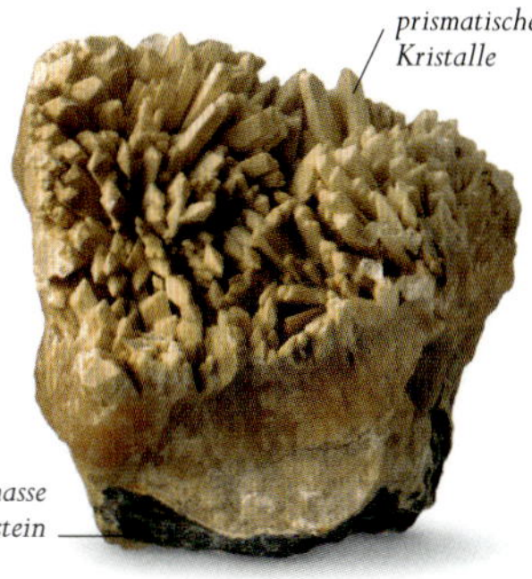

BARYTOCALCIT
Monoklin • H 4 • SG 3,66–3,71
Das Barium-Calcium-Carbonat ist weiß bis gelblich. Es ist oft in hydrothermalen Gängen in Kalkstein zu finden.

TRONA
Monoklin • H 2½ • SG 2,14
Der graue, gelbliche oder braune Trona ist ein wasserhaltiges Natrium-Carbonat. Er entsteht an der Erdoberfläche, vor allem in Salzwüsten.

DOLOMIT
Trigonal
H 3½–4
SG 2,84–2,86
Dolomit ist ein Calcium-Magnesium-Carbonat, das in verwittertem Kalkstein weit verbreitet ist. Dolomitgestein, das ausschließlich aus Dolomit besteht, wird als Baumaterial verwendet.

WITHERIT
Orthorhombisch • H 3–3½
SG 4,29
Das eher seltene Barium-Carbonat ist meist weiß oder grau und kommt in hydrothermalen Gängen vor.

MAGNESIT
Trigonal • H 3½–4½
SG 2,98–3,02
Das Magnesium-Carbonat tritt meist als weiße bis bräunliche, dichte Masse auf. Es wird zum Bau von Kachelöfen und als Zement verwendet.

STRONTIANIT
Orthorhombisch • H 3½
SG 3,74–3,78
Das Strontium-Carbonat kommt in hydrothermalen Gängen und Kalkstein vor. Strontium wird in Zuckerraffinerien verwendet.

»

» CARBONATE

ARAGONIT
Orthorhombisch
H 3½–4 • SG 2,95
Das Calcium-Carbonat Aragonit weist die gleiche chemische Zusammensetzung auf wie das viel häufigere Calcit, hat aber eine andere Kristallstruktur.

SIDERIT
Trigonal • H 4 • SG 3,96
Das nach dem griechischen Wort *sideros* für Eisen benannte braune Eisen-Carbonat Siderit tritt in verschiedenen Formen auf.

PHOSGENIT
Tetragonal • H 2–3 • SG 6,12–6,15
Das seltene Blei-Carbonat-Chlorid entsteht an der Erdoberfläche durch Reaktion stark bleihaltiger Minerale mit Wasser.

ARTINIT
Monoklin • H 2½
SG 2,01–2,03
Das wasserhaltige Magnesium-Carbonat-Hydroxid weist weiße, nadelförmige Kristalle auf. Es kommt in Serpentingesteinen vor.

HYDROZINKIT
Monoklin
H 2–2½ • SG 3,5–4
Hydrozinkit oder Zink-Carbonat-Hydroxid ist hellgrau, weiß, rosa oder gelblich. Unter UV-Licht fluoresziert er bläulich weiß.

AZURIT
Monoklin • H 3½–4 • SG 3,77
Azurit ist ein wasserhaltiges Kupfer-Carbonat. Typisch sind seine tiefblaue Farbe und das gemeinsame Auftreten mit Malachit in hydrothermalen Gängen.

LEADHILLIT
Monoklin • H 2½–3 • SG 6,55
Das Bleisulfat-Carbonat-Hydroxid findet sich in Oxidationszonen von Bleilagerstätten meist in Kristallform.

CERUSSIT
Orthorhombisch • H 3–3½ • SG 6,53–6,57
Das Blei-Carbonat Cerussit ist nach Bleiglanz das zweithäufigste Bleierz. Es kommt als Sekundärmineral in bleihaltigen Gängen vor.

RHODOCHROSIT
Trigonal • H 3½–4 • SG 3,7
Schöne rosa Kristalle dieses Mangan-Carbonats sind in Südafrika, den USA und Peru anzutreffen. Gebänderte Formen werden als Schmucksteine verwendet.

ANKERIT
Trigonal
H 3½–4 • SG 2,97
Ankerit ist ein Calcium-Carbonat mit geringeren Anteilen an Eisen, Magnesium und Mangan. Er ist gelegentlich in goldführenden Quarzadern zu finden.

AURICHALCIT
Monoklin • H 1–2 • SG 3,96
Das blaue oder grüne Zink-Kupfer-Carbonat-Hydroxid Aurichalcit entsteht in oxidierten Bereichen von Zink- und Kupferlagerstätten.

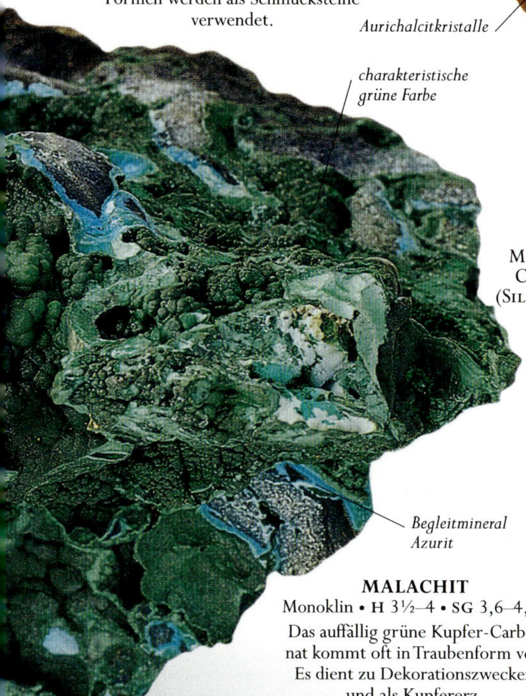

MALACHIT
Monoklin • H 3½–4 • SG 3,6–4,05
Das auffällig grüne Kupfer-Carbonat kommt oft in Traubenform vor. Es dient zu Dekorationszwecken und als Kupfererz.

BORATE

Borate entstehen, wenn Metalle eine Verbindung mit der Boratgruppe (BO_3) eingehen. Es gibt mehr als 100 Boratminerale, von denen Borax, Kernit, Ulexit und Colemanit am häufigsten vorkommen. Borate haben meist blasse Farben und sind relativ weich und leicht. Viele Boratminerale bilden sich, wenn Salzwasser verdunstet und Borate anschließend zwischen Sedimentgesteinsschichten ausgefällt werden.

KERNIT
Monoklin • H 2½ • SG 1,91
Das farblose oder weiße Kernit, ein Natrium-Borat-Hydrat, enthält weniger Wasser als Borax, das oft mit Kernit zusammen auftritt.

BORACIT
Orthorhombisch
H 7–7½ • SG 2,91–3,1
Kristalle dieses Magnesium-Borat-Chlorids sind blassgrün oder weiß, glasig und sehr hart. Boracit tritt in Salzlagerstätten auf.

COLEMANIT
Monoklin • H 4½ • SG 2,42
Das wasserhaltige Calcium-Borat-Hydroxid entsteht durch Verdunstung von Salzwasser. Vor der Entdeckung von Kernit war Colemanit das wichtigste Borerz.

ULEXIT
Triklin • H 2½ • SG 1,95
Die weißen, faserigen Kristalle des wasserhaltigen Natrium-Calcium-Borat-Hydroxids leiten Licht in Längsrichtung. Es wird wie Borax verwendet.

BORAX
Monoklin • H 2–2½ • SG 1,71
Das kalkweiße Natrium-Borat-Hydrat wird für viele Zwecke eingesetzt, unter anderem in Medikamenten, Waschmitteln, Glas und Textilien.

HOWLIT
Monoklin • H 3½–6½ • SG 2,6
Howlit ist ein Calcium-Borosilikat-Hydroxid. Es bildet meist kreideartige, runde Formen.

NITRATE

Nitrate sind eine kleine Gruppe von Verbindungen aus Metallen und der Nitrogruppe (NO_2). Diese Minerale besitzen in der Regel eine geringe Härte und ein niedriges spezifisches Gewicht. Viele sind leicht wasserlöslich und bilden selten Kristalle aus. Sie kommen fast nur in ariden Regionen vor, wo sie die Landoberfläche oft großflächig bedecken. Nitrate können als Dünger oder Sprengstoffe eingesetzt werden.

NITRONATRIT
Trigonal • H 1½–2 • SG 2,26
Das Natriumnitrat tritt typischerweise als Kruste auf dem Boden arider Regionen auf, besonders in Chile.

SULFATE

Sulfate sind Verbindungen aus Metallen und der Sulfatgruppe (SO_4). Die meisten der etwa 200 Sulfate sind selten. Viele, wie der häufig anzutreffende Gips, bilden sich durch Verdunstung von Salzlösungen. Andere entstehen als Verwitterungsprodukte oder Primärminerale in hydrothermalen Gängen. Viele sind für die Wirtschaft von Bedeutung. So wird zum Beispiel Baryt als Schmiermittel bei der Erdölförderung eingesetzt.

STRAHLENFÖRMIGER GIPS

SEIDENSPAT

GIPS
Monoklin • H 2 • SG 2,31–2,32
Gips ist ein weit verbreitetes wasserhaltiges Calciumsulfat, aus dem mithilfe von Wasser und durch Erhitzen Stuck hergestellt wird.

THENARDIT
Orthorhombisch
H 2½–3 • SG 2,66
Der hellgraue oder bräunliche Thenardit besteht aus Natriumsulfat. Er ist auf Lavaströmen und an Salzseen anzutreffen.

prismatischer Kristall

Bleiglanz

ANGLESIT
Orthorhombisch
H 2½–3 • SG 6,32–6,39
Das Bleisulfat Anglesit kommt in verschiedenen Farben und Formen vor. Es entsteht sekundär aus Bleiglanz, dem wichtigsten Bleierz.

kristalliner Chalcanthit

CHALCANTHIT
Triklin
H 2½ • SG 2,29
Das tiefblaue oder grüne wasserhaltige Kupfersulfat Chalcanthit entsteht durch Oxidation von Kupferkies und anderen Kupfersulfaten.

LINARIT
Monoklin
H 2½ • SG 5,35
Der blaue Linarit ist ein Kupfer-Blei-Sulfat, das in der Oxidationszone von Kupfer- und Bleierzen vorkommt.

nadelförmige Brochantitkristalle

strahlige, haarähnliche Kristalle

Gesteinsgrundmasse

CYANOTRICHIT
Orthorhombisch • H 1–3 • SG 2,76
Das wasserhaltige Kupfer-Aluminium-Sulfat ist wegen seiner feinen blauen Kristalle nach den griechischen Wörtern für »blau« und »Haar« benannt.

GLAUBERIT
Monoklin
H 2½–3 • SG 2,75–2,85
Das Natrium-Calcium-Sulfat Glauberit ist farblos, grau oder gelblich. Es ensteht durch Verdunstung von Salzwasser.

ALUNIT
Trigonal
H 3½–4 • SG 2,6–2,9
Das wasserhaltige Kalium-Aluminium-Sulfat Alunit entsteht an Fumarolen durch Reaktion der Gesteine mit Schwefeldämpfen.

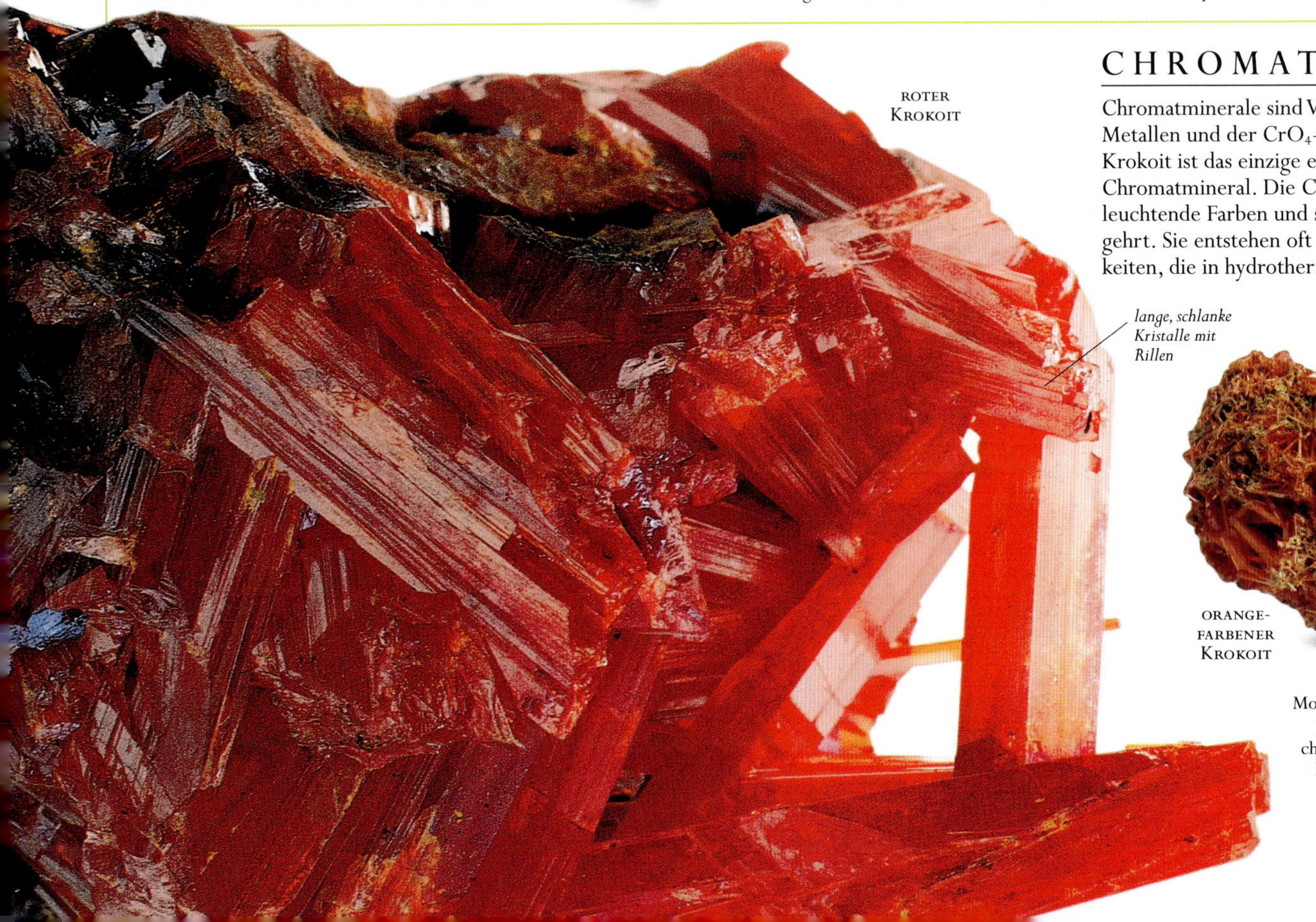

ROTER KROKOIT

lange, schlanke Kristalle mit Rillen

CHROMATE

Chromatminerale sind Verbindungen aus Metallen und der CrO_4-Gruppe. Sie sind selten – Krokoit ist das einzige einigermaßen bekannte Chromatmineral. Die Chromate besitzen meist leuchtende Farben und sind bei Sammlern begehrt. Sie entstehen oft sekundär durch Flüssigkeiten, die in hydrothermale Gänge eindringen.

ORANGEFARBENER KROKOIT

KROKOIT
Monoklin • H 2½–3 • SG 5,97–6,02
Das orangerote oder rote Bleichromat entsteht in den oxidierten Bereichen von Bleilagerstätten.

MELANTERIT
Monoklin • H 2 • SG 1,89
Der weiße, grüne oder blaue Melanterit ist ein wasserhaltiges Eisensulfat, das zur Wasseraufbereitung und als Dünger dient.

JAROSIT
Trigonal
H 2½–3½ • SG 2,9–3,26
Jarosit ist ein wasserhaltiges Eisen-Kalium-Sulfat, das als brauner Überzug auf Pyrit und anderen Eisenmineralen vorkommt.

COELESTIN
Orthorhombisch • H 3–3½ • SG 3,96–3,98
Das Strontiumsulfat Coelestin ist nicht nur als wichtigste Quelle für Strontium, sondern auch wegen seiner durchsichtigen, blassen Kristalle begehrt.

EPSOMIT
Orthorhombisch
H 2–2½ • SG 1,68
Das als Bittersalz bekannte wasserhaltige Magnesiumsulfat kommt in ariden Regionen und in den Wänden von Kalksteinhöhlen vor.

COPIAPIT
Triklin • H 2½–3 • SG 2,08–2,17
Das gelbe oder grüne wasserhaltige Eisensulfat wurde erstmals in Copiapó in Chile gefunden. Er ist ein Sekundärmineral.

BROCHANTIT
Monoklin
H 3½–4 • SG 3,97
Das Kupfersulfat-Hydroxid Brochantit bildet smaragdgrüne Kristalle, Krusten oder Massen.

ANHYDRIT
Orthorhombisch
H 3–3½ • SG 2,98
Das Calciumsulfat Anhydrit ist mit Gips vergesellschaftet, aber seltener. In feuchter Umgebung wandelt sich Anhydrit in Gips um.

BARYT
Orthorhombisch
H 3 • SG 4,5
Der blass gefärbte Baryt ist das häufigste Bariummineral. Er wird auch als Schwerspat bezeichnet.

POLYHALIT
Triklin • H 2½ –3½ • SG 2,78
Polyhalit ist ein wasserhaltiges Kalium-Calcium-Magnesium-Sulfat. Das farblose, weiße, rosa oder rote Mineral ist in Meersalzablagerungen verbreitet.

MOLYBDATE

Molybdate sind Verbindungen aus Metallen und der MoO_4-Gruppe. Sie sind selten und weisen oft eine hohe Dichte und leuchtende Farben auf. Molybdatminerale entstehen sekundär durch zirkulierendes Wasser in Mineraladern. Das bekannteste Molybdatmineral ist Wulfenit. Er wird wegen seiner schönen Kristalle und leuchtenden Farben geschätzt.

WULFENIT
Tetragonal • H 2½–3 • SG 6,5–7,5
Das Bleimolybdat Wulfenit ist in Oxidationszonen von Blei- und Molybdänerzlagerstätten anzutreffen.

WOLFRAMATE

Wolframate sind Verbindungen aus Metallen und der WO_4-Gruppe. Sie sind selten und haben meist ein hohes spezifisches Gewicht. Einige bilden schöne Kristalle aus. Wolframate kommen in hydrothermalen Gängen und in Pegmatiten (ausgesprochen grobkörnigem Granitgestein, in dem Minerale aus eindringenden Flüssigkeiten entstehen) vor.

HÜBNERIT
Monoklin
H 4–4½ • SG 7,12–7,18
Das Mangan-Eisen-Wolframat ist ein wichtiges Wolframerz. Es wird für Stahllegierungen, Schleifmittel und Glühbirnen benötigt.

SCHEELIT
Tetragonal
H 4½–5 • SG 6,1
Das Wolframerz ist in hydrothermalen Gängen, metamorphen und magmatischen Gesteinen sowie in Schwemmsanden zu finden.

FERBERIT
Monoklin
H 4–4½ • SG 7,58
Der undurchsichtige blaue Eisen-Wolframat kommt in hydrothermalen Gängen und Pegmatiten vor. Es dient als Wolframerz.

PHOSPHATE

Phosphate sind Verbindungen von Metallen und der Phosphatgruppe (PO_4). Viele der mehr als 200 Minerale dieser Klasse sind sehr selten. Die Phosphatminerale weisen unterschiedliche Härte und Dichte auf, und manche zeichnen sich durch kräftige Farben aus. Sie entstehen meist sekundär aus Sulfidmineralen, einige sind aber auch Primärminerale. Manche sind radioaktiv.

TÜRKIS
Triklin • H 5–6 • SG 2,6–2,8
Türkis ist seit Jahrtausenden als Schmuckstein begehrt. Das wasserhaltige Kupfer-Aluminium-Phosphat ist in magmatischem Gestein zu finden.

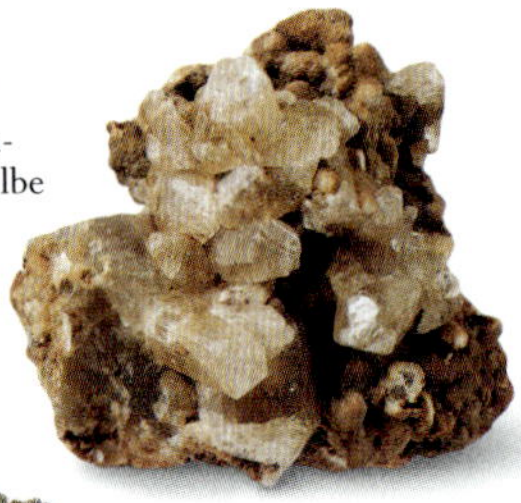

HYDROXYLHERDERIT
Monoklin • H 5–5½ • SG 2,95
Hydroxylherderit ist ein Calcium-Beryllium-Phosphat, dessen blassgelbe oder grüne, glasig glänzende Kristalle in Pegmatiten vorkommen.

DUFRENIT
Monoklin • H 3½–4½ • SG 3,10–3,34
Das wasserhaltige Eisen-Calcium-Phosphat entsteht sekundär als grüne bis schwarze Masse oder Kruste in Gängen und Eisenerz.

PYROMORPHIT
Hexagonal • H 3½–4 • SG 7,04
Das Bleiphosphat-Chlorid Pyromorphit kann grünlich, orange, gelblich oder bräunlich gefärbt sein. Es entsteht in Oxidationszonen von Bleilagerstätten.

Aggregate aus Xenotimkristallen

XENOTIM-(Y)
Tetragonal • H 4–5 • SG 4,4–5,1
Das weitverbreitete Yttriumphosphat ist gelbbraun, grau oder grünlich. Es entsteht in magmatischem und metamorphem Gestein.

prismatischer Kristall

APATIT
Hexagonal
H 5 • SG 3,16–3,22
Apatit ist der Gruppenname für drei Calciumphosphat-Minerale mit gleicher chemischer Struktur: Fluorapatit, Chlorapatit und Hydroxylapatit.

AUTUNIT
Orthorhombisch
H 2–2½ • SG 3,05–3,2
Der radioaktive Meta-Autunit ist ein zitronengelbes bis hellgrünes wasserhaltiges Calcium-Uran-Phosphat.

tafeliger Torbernitkristall

TORBERNIT
Tetragonal • H 2–2½ • SG 3,22
Das grüne wasserhaltige Kupfer-Uranyl-Phosphat ist mit Autunit verwandt und kommt in ähnlicher Umgebung vor.

WAVELLIT
Orthorhombisch • H 3½–4 • SG 2,36
Wavellit ist ein seltenes wasserhaltiges Aluminium-Phosphat-Hydroxid. Die farblosen, grauen oder grünen Kristalle bilden sich strahlig auf verwittertem Gestein.

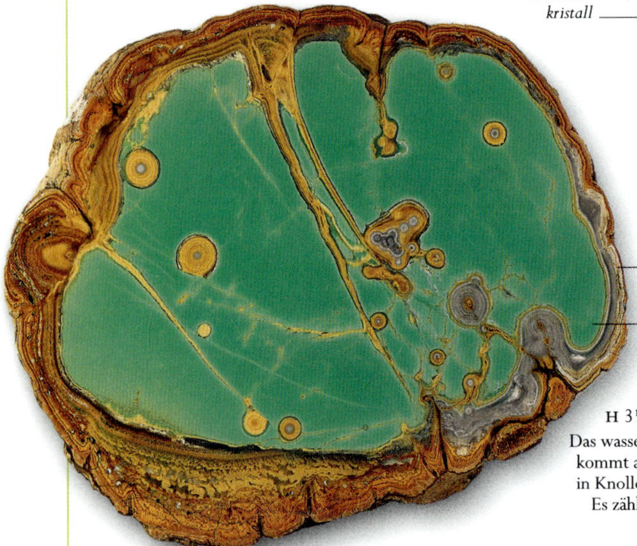

Konkretion
Wachsglanz

VARISCIT
Orthorhombisch
H 3½–4½ • SG 2,56–2,61
Das wasserhaltige Aluminiumphosphat kommt als grüne, feinkörnige Masse in Knollen, Adern oder Krusten vor. Es zählt zu den Halbedelsteinen.

TRIPLIT
Monoklin • H 5–5½ • SG 3,5–3,9
Triplit ist ein Mangan-Eisen-Phosphat, das auch Fluorionen enthält. Es entsteht in Pegmatiten.

AMBLYGONIT
Triklin • H 5½–6 • SG 3,04–3,11
Das seltene Lithium-Aluminium-Fluor-Phosphat bildet meist derbe Massen, es kommen aber auch Kristalle vor.

strahlig ange-ordnete nadelige Kristalle

VIVIANIT
Monoklin • H 1½–2 • SG 2,67–2,69
Das wasserhaltige Eisenphosphat Vivianit bildet in Eisenerzlagerstätten Aggregate aus dunklen prismatischen Kristallen.

Libethenit-kristall

LIBETHENIT
Orthorhombisch
H 4 • SG 3,97
Libethenit ist ein hell- bis dunkelgrünes Kupfer-Phosphat-Hydroxid. Es entsteht in der oberen Oxidationszone von Kupferlagerstätten.

MONAZIT
Monoklin • H 5–5½ • SG 5–5,5
Phosphatminerale, die Cer, Lanthan oder Neodym enthalten, werden unter der Bezeichnung Monazit zusammengefasst. Sie werden als Erze abgebaut.

BRAZILIANIT
Monoklin • H 5½ • SG 2,98
Das in Brasilien entdeckte Natrium-Aluminium-Phosphat-Hydroxid ist gelb oder grünlich und entsteht in Hohlräumen von granitischen Pegmatiten.

doppelpyramidenförmiger Kristall

LAZULITH
Monoklin
H 5½–6 • SG 3,12–3,24
Der relativ seltene blaue Halbedelstein aus Magnesium-Aluminium-Phosphat-Hydroxid kommt in metamorphem und magmatischem Gestein vor.

VANADINIT
Hexagonal • H 2½–3 • SG 6,88
Das relativ seltene Blei-Vanadatchlorid bildet schöne Kristalle aus. Es entsteht in Bleierzlagerstätten und ist ein bedeutendes Vanadiumerz.

VANADATE

Vanadate sind Verbindungen aus Metallen und der VO_4-Gruppe. Diese Gruppe enthält viele seltene Minerale, die eine hohe Dichte und leuchtende Farben aufweisen können. Vanadate bilden sich oft, wenn Flüssigkeiten in hydrothermale Gänge eindringen. Die meisten sind wirtschaftlich bedeutungslos. Eine Ausnahme bildet Carnotit, ein Uranerz.

pulvrige Kruste auf Sandstein

CARNOTIT
Monoklin • H 2 • SG 4,75
Carnotit kommt in der Regel als pulvriger gelber Überzug in Uranerzlagerstätten vor. Das radioaktive Mineral besteht aus wasserhaltigem Kalium-Uran-Vanadat.

TYUYAMUNIT
Orthorhombisch
H 1½ • SG 3,57–4,35
Das seltene wasserhaltige Calcium-Uran-Vanadat ähnelt Carnotit. Man findet es ebenfalls in Uranerzlagerstätten.

ARSENATE

Arsenate sind überwiegend seltene Minerale aus Metallen und der AsO_3- oder AsO_4-Gruppe. Sie besitzen in der Regel eine geringe Härte. Viele Arsenate haben kräftige Farben – Adamin ist gelb oder grün, Klinoklas grün oder blau. Arsenate kommen in vielen geologischen Umgebungen vor, insbesondere in Erzlagerstätten.

ADAMIN
Orthorhombisch
H 3½ • SG 4,32–4,48
Das Zink-Arsen-Hydroxid kommt in Arsen- und Zinkerzlagerstätten vor, gelegentlich in Form sehr schöner Kristalle.

ERYTHRIN
Monoklin • H 1½–2½ • SG 3,18
Das wasserhaltige Kobalt-Arsenat bildet violette oder rosa Kristalle bzw. Überzüge. Besonders schöne Exemplare gibt es in Kanada und Marokko.

BAYLDONIT
Monoklin
H 4½ • SG 5,6–5,7
Das wasserhaltige Kupfer-Blei-Arsenat ist meist als grüne oder gelbe Kruste in hydrothermalen Gängen anzutreffen.

Rosetten aus Klinoklaskristallen

KLINOKLAS
Monoklin • H 2½–3 • SG 4,38
Klinoklas ist ein blaugrünes Kupfer-Arsenat-Hydroxid, das in verschiedenen Formen in Kupfersulfid-Lagerstätten vorkommt.

Olivenit-kristalle

Quarz

OLIVENIT
Monoklin
H 3 • SG 4,46
Olivenit ist ein Kupfer-Arsenat-Hydroxid. Er kann grünlich, bräunlich, gelb oder grau gefärbt sein und entsteht sekundär in Kupferlagerstätten.

MIMETESIT
Hexagonal • H 3½–4 • SG 7,24
Außergewöhnliche tonnenförmige Kristalle sind typisch für dieses Blei-Arsenatchlorid, das aber auch in anderen Formen in Bleierzlagerstätten vorkommt.

CHALKOPHYLLIT
Trigonal • H 2 • SG 2,67–2,69
Der blaugrüne Chalkophyllit ist ein wasserhaltiges Kupfer-Aluminium-Arsenatsulfat-Hydroxid. Er entsteht in oxidierten Lagerstätten.

SILIKATE

Silikate sind die größte und am häufigsten vorkommende Mineralklasse. Die Grundbausteine sind Tetraeder aus Silicium und Sauerstoff (SiO_4) in Verbindung mit anderen Elementen. Die Silikate werden nach ihrer Anordnung der Siliciumtetraeder in sechs Gruppen unterteilt: Inselsilikate bestehen aus einzelnen Tetraedern, Gruppensilikate aus zwei Tetraedern. Gerüstsilikate sind dreidimensionale Netze aus Tetraedern, bei Kettensilikaten sind die Tetraeder in Ketten, bei Schichtsilikaten in Lagen und bei Cyclosilikaten ringförmig angeordnet.

INSELSILIKATE

ANDRADIT
Kubisch • H 6½–7
SG 3,8–3,9
Das zur Granatgruppe zählende Calcium-Eisen-Silikat ist gelbgrün, braun oder schwarz. Geschliffene Steine spalten Licht in seine Spektralfarben.

DERBER DUMORTIERIT

DUMORTIERIT
Orthorhombisch • H 7–8 • SG 3,21–3,41
Das Aluminium-Eisen-Bor-Silikat Dumortierit bildet faserige Aggregate aus strahlenförmig angeordneten Kristallen, aber auch derbe Massen.

EUKLAS
Monoklin
H 7½ • SG 2,99–3,1
Euklas ist ein Beryllium-Aluminium-Silikat-Hydroxid. Er kann weiße, farblose, grüne oder blaue prismatische Kristalle mit Rillen bilden.

HUMIT
Orthorhombisch • H 6 • SG 3,2–3,32
Das Magnesium-Eisen-Silikat-Fluor-Hydroxid Humit kommt meist als gelbe bis orangefarbene körnige Masse in metamorphem Kalkstein oder Dolomit vor.

NORBERGIT
Orthorhombisch
H 6–6½ • SG 3,18
Das Magnesium-Silikat-Fluor-Hydroxid Norbergit kommt überwiegend als braungelbe, weiße oder rosafarbene körnige Masse in metamorphem Gestein vor.

PYROP
Kubisch • H 7–7½ • SG 3,58
Pyrop ist ein dunkelrotes Magnesium-Aluminium-Silikat aus der Granatgruppe. Es entsteht bei hohem Druck in metamorphen und magmatischen Gesteinen.

KYANIT
Triklin • H 5½–7 • SG 3,53–3,67
Kyanit ist ein Aluminium-Silikat. Seine blättrigen Kristalle in Schiefer und Gneis entstehen bei hohem Druck.

DATOLITH
Monoklin
H 5–5½ • SG 2,96–3,0
Datolith ist ein eher seltenes Calcium-Bor-Silikat-Hydroxid. Es kommt in Gängen oder Hohlräumen in magmatischen Gesteinen vor.

ALMANDIN
Kubisch • H 7–7½ • SG 4,32
Der rote oder rosa Almandin aus Eisen-Aluminium-Silikat ist der am häufigsten anzutreffende Granat und wird als Schmuckstein verwendet.

GRÜNER GROSSULAR

ROTER GROSSULAR

GROSSULAR
Kubisch • H 6½–7 • SG 3,59
Der zu den Granaten zählende Grossular ist ein Calcium-Aluminium-Silikat, das gelegentlich in Marmor entsteht. Er kommt in vielen Farben vor.

OLIVIN
Orthorhombisch
H 7 • SG 3,27–4,39
Olivin ist ein Sammelbegriff für Inselsilikate mit unterschiedlicher Zusammensetzung. Er kommt in magmatischen Gesteinen vor.

TOPAS
Orthorhombisch • H 8 • SG 3,4–3,6
Topas besteht aus Aluminium-Silikat-Fluorid-Hydroxid. Die Kristalle sind meist klein, doch in Brasilien wurde ein 271 kg schwerer Kristall gefunden.

EPIDOT
Monoklin H 6 • SG 3,38–3,49
Epidot ist ein häufig anzutreffendes Mineral. Kristalle des grünen Calcium-Aluminium-Eisen-Silikat-Hydroxids sind prismatisch oder tafelig mit Rillen.

AXINIT
Triklin
H 6½–7 • SG 3,25–3,28
Axinit ist ein Calcium-Eisen-Mangan-Aluminium-Bor-Silikat-Hydroxid mit axtähnlich geformten Kristallen.

Titanit-Zwillingskristalle

Kristalle in Matrix

TITANIT
Monoklin • H 5–5½ • SG 3,48–3,6
Das Calcium-Titan-Silikat Titanit kommt in verschiedenen Farben vor. Seine Farbdispersion ist noch besser als die von Diamant.

CHLORITOID
Monoklin • H 6½ • SG 3,4–3,8
Chloritoid ist in metamorphen und vulkanischen Gesteinen weit verbreitet. Das Eisen-Magnesium-Mangan-Aluminium-Silikat-Hydroxid ist dunkelgrün oder schwarz.

HEMIMORPHIT
Orthorhombisch
H 4½–5 • SG 3,48
Das wasserhaltige Zink-Silikat-Hydroxid kommt als Sekundärmineral in Zinkerzlagerstätten vor. Farbe und Form sind variabel.

ANDALUSIT
Orthorhombisch
H 6½–7½ • SG 3,13–3,21
Das Aluminium-Silikat Andalusit kommt vor allem in schwach metamorphem Gestein als ein etwa prismatischer Kristall mit quadratischem Querschnitt vor.

ZIRKON
Tetragonal • H 7½ • SG 4,6–4,7
Zirkon oder Zirconium-Silikat ist ein beliebter Schmuckstein. Er ist auch das wichtigste Erz des Metalls Zirconium, das in Kernreaktoren verwendet wird.

WILLEMIT
Trigonal
H 5½ • SG 3,89–4,19
Das weiße, grüne, gelbe oder rötliche Zink-Silikat Willemit kommt meist in derber Form in Zinkerzlagerstätten und metamorphem Kalkstein vor.

SILLIMANIT
Orthorhombisch • H 6½–7½ • SG 3,23–3,27
Sillimanit ist ein Aluminium-Silikat mit langen, schlanken Kristallen. Er entsteht bei höherer Temperatur und höherem Druck als der chemisch gleiche Andalusit.

DANBURIT
Orthorhombisch
H 7–7½ • SG 2,93–3,02
Danburit ist ein Calcium-Bor-Silikat. Er bildet topasähnliche Kristalle in verschiedenen Farben oder körnige Massen.

VESUVIANIT
Tetragonal
H 6½ • SG 3,32–3,43
Vesuvianit, auch Idokras genannt, ist ein Calcium-Natrium-Magnesium-Eisen-Aluminium-Silikat-Hydroxid mit Fluor. Er kommt in Marmor und magmatischem Gestein vor.

»

RINGSILIKATE

BENITOIT
Hexagonal
H 6–6½ • SG 3,64–3,65
Das blaue Barium-Titan-Silikat findet man in Serpentinit und in Gängen in Schiefer. Kristalle in Edelsteinqualität kommen aus Kalifornien.

TURMALIN
Trigonal
H 7 • SG 2,9–3,1
Als Turmaline werden elf Bor-Silikat-Hydrate mit gleicher Kristallstruktur, aber unterschiedlicher Zusammensetzung bezeichnet.

Aquamarin

Smaragd

BERYLL
Hexagonal
H 7½–8 • SG 2,63–2,92
Das Beryllium-Aluminium-Silikat ist sowohl ein Berylliumerz als auch ein Edelstein. Edelstein-Varietäten sind Smaragd (grün) und Aquamarin (grünlich blau).

MORGANIT
Hexagonal
H 7½–8 • SG 2,63–2,92
Die rosafarbene Beryll-Varietät erhält ihre Färbung durch Cäsium oder Mangan. Morganit bildet tafelige Kristalle in Pegmatiten.

SUGILITH
Hexagonal
H 6–6½ • SG 2,74–2,79
Das seltene Kalium-Natrium-Eisen-Aluminium-Lithium-Silikat kommt in metamorphen Gesteinen vor.

HELIODOR
Hexagonal
H 7½–8 • SG 2,63–2,92
Der nach dem griechischen Wort für »Sonne« benannte Heliodor ist eine gelbe Beryll-Varietät. Schöne Exemplare kommen aus Russland.

KETTENSILIKATE

AKTINOLITH
Monoklin
H 5–6 • SG 3,03–3,24
Aktinolith ist eine durch höheren Eisengehalt dunklere Form des Amphibols Tremolit, eines Asbestminerals.

TREMOLIT
Monoklin • H 5–6 • SG 2,99–3,03
Tremolit ist ein weit verbreitetes Amphibolmineral. Das Calcium-Magnesium-Silikat entsteht in metamorphen Gesteinen und wurde als Asbest verwendet.

PEKTOLITH
Triklin • H 4½–5 • SG 2,48–2,9
Das Natrium-Calcium-Silikat-Hydroxid entsteht in Hohlräumen in Basalt. Es kommt in Kanada, den USA und England häufig vor.

NEPHRIT
Monoklin • H 6½ • SG 2,99–3,24
Die sehr widerstandsfähige, cremefarbene bis dunkelgrüne Form der Amphibole Tremolit und Aktinolith ist als Jade bekannt.

HORNBLENDE
Monoklin • H 5–6 • SG 3–3,4
Das in magmatischen und metamorphen Gesteinen verbreitete dunkle Amphibol Hornblende ist ein fluorhaltiges Calcium-Magnesium-Eisen-Aluminium-Silikat-Hydroxid.

ÄGIRIN
Monoklin • H 6 • SG 3,5–3,6
Das braune, grüne oder schwarze Pyroxen ist ein Natrium-Eisen-Silikat. Es entsteht in metamorphen und dunklen magmatischen Gesteinen.

WOLLASTONIT
Triklin • H 4½–5 • SG 2,86–3,09
Das Calcium-Silikat tritt in metamorphen Gesteinen wie Marmor auf. Es wird für Keramik, Farben und als Form von Asbest verwendet.

RHODONIT
Triklin
H 5½–6½ • SG 3,57–3,76
Der rosafarbene Rhodonit ist ein als Schmuckstein beliebtes Mangan-Calcium-Silikat. Er tritt als Kristall, Aggregat oder körnige Masse auf.

SPODUMEN
Monoklin • H 6½–7 • SG 3,1–3,2
Das Pyroxenmineral Spodumen ist ein Lithium-Aluminium-Silikat, von dem Riesenkristalle mit einem Gewicht von fast 100 Tonnen gefunden wurden.

DIOPSID
Monoklin • H 5½–6½ • SG 3,22–3,38
Der zu den Pyroxenen zählende Diopsid ist ein grünes Calcium-Magnesium-Silikat. Er kommt in metamorphen und magmatischen Gesteinen vor.

RICHTERIT
Monoklin
H 5–6 • SG 3,1
Das Amphibolmineral Richterit ist ein Natrium-Calcium-Magnesium-Silikat-Hydroxid. Er kommt in metamorphem Kalkstein und in magmatischen Gesteinen vor.

PIGEONIT
Monoklin
H 6 • SG 3,3–3,46
Das verbreitete braune bis rot-schwarze Pyroxenmineral ist ein Magnesium-Eisen-Calcium-Silikat. Es kommt in magmatischen Gesteinen und Meteoriten vor.

AUGIT
Monoklin
H 5½–6 • SG 3,19–3,56
Augit ist das verbreitetste Pyroxenmineral. Das Calcium-Magnesium-Eisen-Silikat kommt in magmatischen und metamorphen Gesteinen vor.

ASTROPHYLLIT
Triklin • H 3 • SG 3,2–3,4
Das komplexe Fluor enthaltende Kalium-Natrium-Eisen-Titan-Silikat-Hydroxid kommt in Gneis sowie in Hohlräumen magmatischer Gesteine vor.

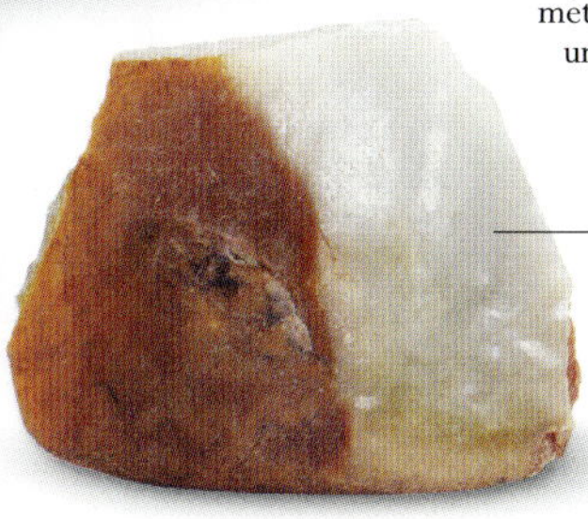

JADEIT
Monoklin
H 6 • SG 3,25–3,35
Jadeit ist eines der zwei als Jade bezeichneten Schnitzmaterialien. Das Pyroxenmineral ist ein Natrium-Aluminium-Eisen-Silikat.

RIEBECKIT
Monoklin • H 5–5 ½ • SG 3,26–3,44
Das zu den Amphibolen zählende Natrium-Eisen-Silikat-Hydroxid ist in magmatischem Gestein zu finden, die Varietät Krokydolith oder »blauer Asbest« in metamorphem Eisenstein.

»

SCHICHTSILIKATE

PREHNIT
Orthorhombisch
H 6–6½ • SG 2,8–2,95
Das Calcium-Alumosilikat-Hydroxid Prehnit kommt in Basalthohlräumen vor und wird auch als Schmuckstein verwendet.

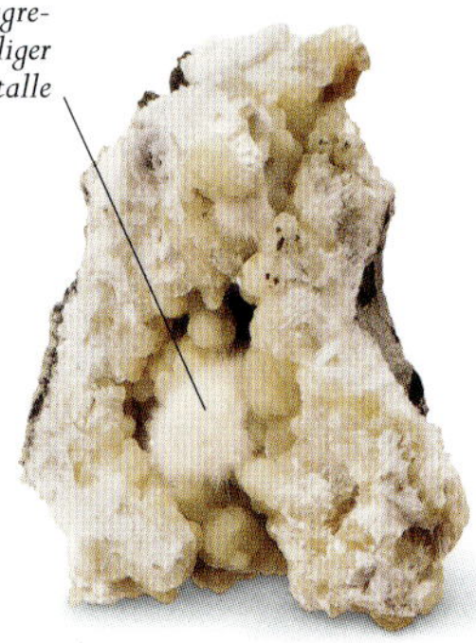

OKENIT
Triklin • H 4½–5 • SG 2,28–2,33
Das wasserhaltige Calcium-Silikat bildet meist weiße, blaue oder gelbe, faserige oder klingenartige Kristalle. Es kommt in Basalt vor.

KLINOCHLOR
Monoklin
H 2–2½ • SG 2,6–3,02
Das Eisen-Magnesium-Alumosilikat-Hydroxid bildet tafelige grüne Kristalle. Es kommt in verschiedenen Gesteinen vor.

MUSKOVIT
Monoklin
H 2½ • SG 2,77–2,88
Muskovit oder gewöhnlicher Glimmer ist ein fluorhaltiges Kalium-Alumosilikat-Hydroxid. Er ist häufig anzutreffen.

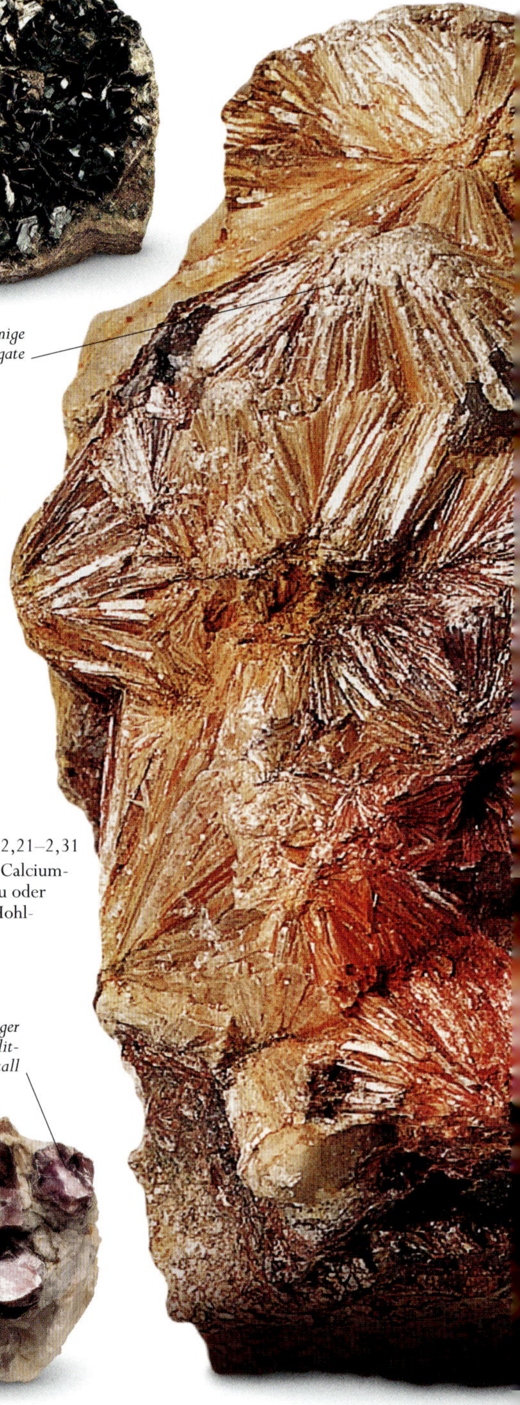

PHLOGOPIT
Monoklin
H 2–3 • SG 2,78–2,85
Das farblose, gelbe oder braune Mineral aus der Glimmergruppe ist ein Kalium-Magnesium-Alumosilikat-Hydroxid.

PETALIT
Monoklin
H 6½ • SG 2,41–2,42
Das Lithium-Alumosilikat Petalit bildet meist Aggregate aus grauweißen Kristallen. Er wird als Lithiumerz abgebaut.

CAVANSIT
Orthorhombisch • H 3–4 • SG 2,21–2,31
Cavansit ist ein wasserhaltiges Calcium-Vanadium-Silikat. Er ist blau oder blaugrün und kommt in Hohlräumen in Basalt vor.

SEPIOLIT
Orthorhombisch • H 2 • SG 2–2,2
Das wasserhaltige Magnesium-Silikat Sepiolit, ein helles Tonmineral, kommt als erdige Masse in verwittertem Gestein vor. Es wird als Schnitzmaterial verwendet.

LEPIDOLIT
Monoklin • H 2½–3½ • SG 2,8–2,9
Als Lepidolit werden Glimmerminerale bezeichnet, die aus Kalium-Lithium-Aluminium-Alumosilikat-Hydroxid mit Fluor bestehen.

GERÜSTSILIKATE

RAUCHQUARZ
Trigonal • H 7 • SG 2,65
Rauchquarz ist eine braune Varietät von Quarz oder Silicium-Dioxid. Er kommt in magmatischen Gesteinen und hydrothermalen Gängen vor.

ROSENQUARZ
Trigonal • H 7 • SG 2,65
Rosenquarz ist eine begehrte, durchscheinende rosa Quarz-Varietät. Kristalle sind sehr selten; häufiger treten derbe Aggregate auf.

MILCHQUARZ
Trigonal
H 7 • SG 2,65
Die häufig anzutreffende milchig weiße Quarz-Varietät kommt in allen Gesteinstypen und in hydrothermalen Gängen vor.

CITRIN
Trigonal
H 7 • SG 2,65
Die gelbe bis bräunliche Varietät von Quarz hat Ähnlichkeit mit Topas und wird oft als Schmuckstein verwendet.

AMETHYST
Trigonal
H 7 • SG 2,65
Amethyst ist ein violetter Quarz, der seit dem Altertum geschätzt wird. Er ist in hydrothermalen Gängen und Lavahohlräumen anzutreffen.

ZINNWALDIT
Monoklin • H 3½–4 • SG 2,9–3,1
Das braune, graue oder grüne Glimmermineral besteht aus Kalium-Lithium-Eisen-Aluminium-Alumosilikat-Hydroxid mit Fluor.

CHRYSOKOLL
Orthorhombisch
H 2½– 3½ • SG 1,93–2,4
Das blaue oder blaugrüne wasserhaltige Kupfer-Alumosilikat entsteht in verwitterten Kupferlagerstätten. Kristalle treten nicht auf.

VERMIKULIT
Monoklin
H 1½ • SG 2,4–2,7
Das grüne oder gelbe Tonmineral tritt oft in verwittertem Glimmer auf. Es ist ein wasserhaltiges Magnesium-Eisen-Alumosilikat.

GLAUKONIT
Monoklin • H 2 • SG 2,4–2,95
Das Glimmermineral Glaukonit ist ein Kalium-Natrium-Magnesium-Aluminium-Eisen-Alumosilikat-Hydroxid. Es kommt in marinen Sedimenten vor.

CHRYSOTIL
Monoklin • H 2½ • SG 2,53
Chrysotil ist ein Magnesium-Silikat-Hydroxid, das in schwach metamorphem Gestein faserige, seidige, weiße Kristalle bildet. Es ist ein gutes Isoliermaterial.

BIOTIT
Monoklin • H 2½–3 • SG 3,3
Biotit oder schwarzer Glimmer ist ein Kalium-Eisen-Magnesium-Alumosilikat-Hydroxid. Er tritt in magmatischen und metamorphen Gesteinen auf.

TALK
Triklin
H 1 • SG 2,58–2,83
Das weichste Mineral überhaupt ist ein weißes, graues oder grünliches Magnesium-Silikat-Hydroxid. Es wird für Hygieneartikel, Farben und Keramik eingesetzt.

PYROPHYLLIT
Triklin
H 1–2 • SG 2,65–2,9
Das in Form und Farbe variable Alumosilikat-Hydroxid kommt in schwach metamorphem Gestein vor. Es ist ein gutes Isoliermaterial.

ALLOPHAN
Amorph
H 3 • SG 2,8
Das wasserhaltige Alumosilikat, ein Tonmineral, entsteht durch Verwitterung aus Feldspat und anderen Mineralen. Es bildet Krusten.

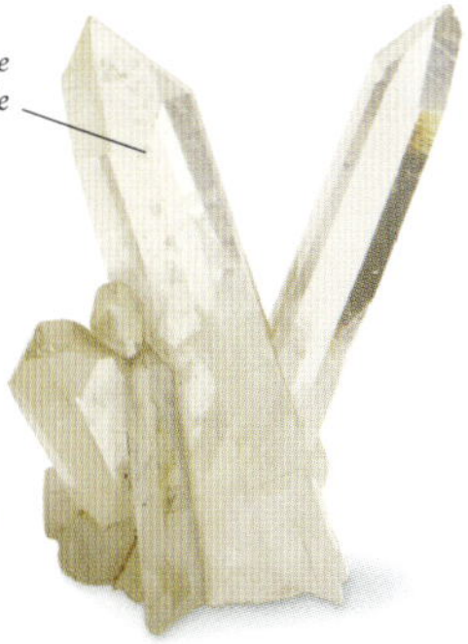

BERGKRISTALL
Trigonal
H 7 • SG 2,65
Bergkristall ist eine durchsichtige, farblose Quarz-Varietät, die als Schmuck weit verbreitet ist.

JASPIS
Trigonal • H 7 • SG 2,6
Der undurchsichtige, meist durch Verunreinigungen rot gefärbte Jaspis ist eine Varietät von Chalcedon, einem mikrokristallinen Quarz. Er wird als Schmuck verwendet.

ACHAT
Trigonal
H 7 • SG 2,6
Die Chalcedon-Varietät Achat entsteht in Hohlräumen in Lava. Typisch ist die durch Verunreinigungen verursachte konzentrische Bänderung.

»

» GERÜSTSILIKATE

CHALCEDON
Trigonal • H 7 • SG 2,65
Chalcedon ist ein mikrokristalliner Quarz, also Silicium-Dioxid. Reiner Chalcedon ist weiß. Er entsteht in Adern und Hohlräumen vieler Gesteine.

ONYX
Trigonal
H 7 • SG 2,7
Onyx ist eine parallel gebänderte Halbedelstein-Varietät von Chalcedon. Er ist nicht besonders häufig; nennenswerte Fundstätten gibt es in Indien und Südamerika.

KARNEOL
Trigonal • H 7 • SG 2,7
Karneol ist eine durch Eisenoxid rot oder orange gefärbte Chalcedon-Varietät. Die schönsten Exemplare kommen aus Indien.

HELIOTROP
Trigonal • H 7 • SG 2,7
Heliotrop oder Blutstein ist eine Chalcedon-Varietät, die durch Eisensilikate dunkelgrün gefärbt ist. Rote Flecken aus Jaspis ähneln Blut.

CHRYSOPRAS
Trigonal • H 7 • SG 2,7
Chrysopras ist eine Chalcedon-Varietät, der Nickel eine grüne Färbung verleiht. Er ist das wertvollste Mineral der Chalcedon-Varietäten.

OPAL
Amorph
H 5½–6½ • SG 1,9–2,3
Der Opal ist ein Edelstein aus wasserhaltigem Silicium-Dioxid. Er kommt als Knolle, Kruste oder derbe Masse vor. Verunreinigungen verleihen ihm verschiedene Farben.

CANCRINIT
Hexagonal
H 5–6 • SG 2,42–2,51
Cancrinit aus der Gruppe der Feldspatoide ist ein unterschiedlich gefärbtes wasserhaltiges Natrium-Calcium-Alumosilikat-Sulfat.

SKAPOLITH
Tetragonal
H 5½–6 • SG 2,5–2,78
Skapolith ist die Sammelbezeichnung für eine Reihe komplexer Natrium-Calcium-Silikate, die v. a. in metamorphen Gesteinen vorkommen. Sie gelten als Edelsteine.

MIKROKLIN
Triklin
H 6–6½ • SG 2,54–2,57
Das meist weiße oder rosafarbene Kalium-Alumosilikat ist das häufigste Alkalifeldspat-Mineral. Die grüne Varietät wird als Amazonit bezeichnet.

ANORTHIT
Triklin
H 6–6½ • SG 2,54–2,57
Das seltene Plagioklasfeldspat-Mineral besteht aus Calcium-Alumosilikat. Es bildet blasse Kristalle, Körner oder Aggregate.

HEULANDIT
Monoklin
H 3–3½ • SG 2,2
Heulandit ist ein wasserhaltiges Natrium-Calcium-Alumosilikat. Das Zeolithmineral wird in Erdölraffinerien als molekulares Sieb verwendet.

SKOLEZIT
Monoklin
H 5–5½ • SG 2,25–2,29
Das farblose oder weiße Zeolithmineral ist ein wasserhaltiges Calcium-Alumosilikat und kommt in magmatischen und metamorphen Gesteinen vor.

ANDESIN
Triklin
H 6–6½ • SG 2,66–2,68
Das Plagioklasfeldspat-Mineral ist ein graues oder weißes Natrium-Calcium-Alumosilikat, das in magmatischen Gesteinen häufig vorkommt.

NATROLITH
Orthorhombisch
H 5–5½ • SG 2,2–2,26
Das weitverbreitete wasserhaltige Natrium-Alumosilikat kommt in Hohlräumen in Basalten und in hydrothermalen Gängen vor.

HYALOPHAN
Monoklin
H 6–6½ • SG 2,6–2,81
Das farblose, weiße, gelbe oder rosafarbene Kalium-Barium-Alumosilikat ist ein relativ seltener Bariumfeldspat.

SODALITH
Kubisch
H 5½–6 • SG 2,27–2,33
Das Feldspatmineral Sodalith ist ein Natrium-Alumosilikatchlorid. Selten anzutreffende Kristalle stammen aus Kanada.

STILBIT
Monoklin
H 3½–4 • SG 2,19
Der weit verbreitete Zeolith ist ein wasserhaltiges Natrium-Calcium-Kalium-Alumosilikat. Er bildet garbenförmige Kristalle in verschiedenen Gesteinen.

HARMOTOM
Monoklin
H 4–5 • SG 2,41–2,47
Das Zeolithmineral ist ein blass gefärbtes, wasserhaltiges Barium-Kalzium-Kalium-Natrium-Alumosilikat. Es kommt in hydrothermalen Gängen und vulkanischen Gesteinen vor.

ANALCIM
Triklin
H 5–5½ • SG 2,24–2,29
Der helle Zeolith, ein wasserhaltiges Natrium-Alumosilikat, kommt in magmatischen, metamorphen und Sedimentgesteinen vor.

ALBIT
Triklin
H 6–6½ • SG 2,6–2,65
Der zu den Plagioklasfeldspaten zählende Albit ist ein helles Natrium-Alumosilikat. Er ist häufig anzutreffen.

ANORTHOKLAS
Triklin
H 6–6½ • SG 2,57–2,6
Dieser Alkalifeldspat ist ein Natrium-Kalium-Alumosilikat, das in Form von prismatischen oder tafeligen Kristallen vorkommt.

LAZURIT
Kubisch
H 5–5½ • SG 2,38–2,45
Das tiefblaue Feldspatoidmineral Lasurit ist ein Natrium-Calcium-Alumosilikatsulfat. Er ist der Hauptbestandteil von Lapislazuli.

THOMSONIT
Orthorhombisch
H 5–5½ • SG 2,23–2,29
Das helle Zeolithmineral Thomsonit ist ein wasserhaltiges Natrium-Calcium-Alumosilikat, das oft in Basalthohlräumen vorkommt.

LAUMONTIT
Monoklin
H 3½–4 • SG 2,23–2,41
Das häufige Zeolithmineral Laumontit ist ein wasserhaltiges Calcium-Alumosilikat. Es kommt in magmatischen, metamorphen und Sedimentgesteinen vor.

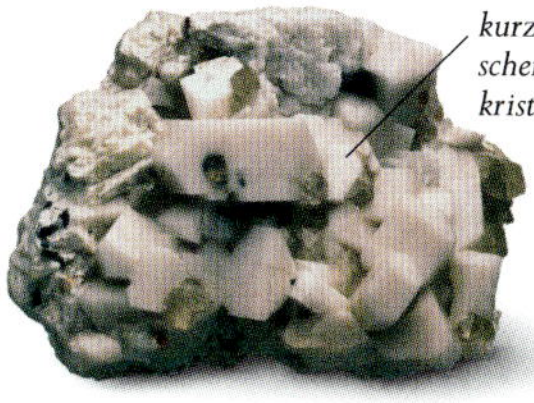

ORTHOKLAS
Monoklin • H 6 • SG 2,55–2,63
Der Alkalifeldspat Orthoklas ist ein Kalium-Alumosilikat. Er ist der Hauptbestandteil vieler magmatischer und metamorpher Gesteine.

POLLUCIT
Kubisch
H 6½ • SG 2,9
Das seltene Zeolithmineral ist ein komplexes wasserhaltiges Caesium-Natrium-Alumosilikat mit weiteren Elementen (z. B. Calcium). Er ist ein Caesiumerz.

MESOLITH
Orthorhombisch • H 5 • SG 2,26
Das weiße oder farblose Zeolithmineral kommt in magmatischen und metamorphen Gesteinen vor. Es ist ein wasserhaltiges Natrium-Calcium-Alumosilikat.

HAUYN
Kubisch • H 5½–6 • SG 2,44–2,5
Das Natrium-Kalium-Calcium-Alumosilikat mit Sulfat und Chlor zählt zu den Feldspatoiden. Es kommt vor allem in siliciumarmen Vulkangesteinen vor.

CHABASIT
Trigonal
H 4 • SG 2,05–2,2
Das häufige Zeolithmineral ist ein wasserhaltiges Calcium-Alumosilikat. Kristalle sind farblos, weiß, gelb oder rosa.

GESTEINE

Die aus verschiedenen Mineralen zusammengesetzten Gesteine bilden die feste Erdkruste. Obwohl sie als Inbegriff von Festigkeit gelten, sind sie ständig im Wandel begriffen: Über lange Zeiträume hinweg werden sie abgebaut und immer wieder neu gebildet. Gesteine werden nach der Art ihrer Entstehung in drei Hauptgruppen eingeteilt.

Magmatische Gesteine enstehen beim Abkühlen von Magma in der Tiefe, wie Granit, oder Lava an der Oberfläche.

Sedimentgesteine wie Sandstein bilden sich durch die Erosion von Gesteinen und der Ablagerung ihrer Fragmente.

Metamorphe Gesteine wie Schiefer entstehen, wenn Druck oder Temperatur bestehende Gesteine verändern.

Die ältesten bekannten Gesteine sind im Nordwesten Kanadas zu finden. Sie sind etwa vier Milliarden Jahre alt. Die meisten Gesteine sind aber weitaus jünger. Die Kalkfelsen am Ärmelkanal stammen aus der Kreidezeit, die vor 66 Millionen Jahren endete (siehe unten, Geologische Zeitskala). Die Alpen sind noch jünger. Selbst im Grand Canyon sind die ältesten Gesteine nur zwei Milliarden Jahre alt – weniger als die Hälfte des Erdalters. Das ist darauf zurückzuführen, dass die Erde tektonisch aktiv ist und durch die innere Wärme des Planeten neues Gestein entsteht. Zugleich wird in einem endlosen Zyklus, der mit der Bildung der Erdkruste begann, bestehendes Gestein abgebaut.

GESTEINSARTEN

Geologen klassifizieren Gesteine nach der Art ihrer Entstehung in drei Hauptgruppen – magmatische, sedimentäre und metamorphe Gesteine. Magmatische Gesteine entstehen durch die Erstarrung von Lava an der Erdoberfläche und Magma im Erdmantel. Der häufigste Vertreter, schwarzer kristalliner Basalt, entsteht bei Vulkanausbrüchen an der Erdoberfläche. Er bildet auch den Großteil des Meeresbodens. Magmatischen Ursprungs sind auch die plutonischen Gesteine, die unter der Erdoberfläche abkühlen und als Batholithe erstarren. So entsteht Granit. Sedimentgesteine werden an der Erdoberfläche gebildet. Sie sind durch Schichten gekennzeichnet, die sich über lange Zeiträume hinweg ablagern. Einige Sedimentgesteine wie Sandstein und Schieferton entstehen durch Verwitterung vorhandener Gesteine. Dabei werden kleine Körner freigesetzt und durch Wind und Wasser an andere Stellen verfrachtet, wo sie neue Gesteine bilden. Andere Sedimentgesteine wie Steinsalz und Gips entstehen, wenn beim Verdunsten von Salzwasser die gelösten Minerale übrig bleiben. Sedimentgesteine biochemischen Ursprungs sind Kreide und Kalkstein aus den Skeletten kleinster Meereslebewesen oder Kohle aus pflanzlichen Überresten.

Metamorphose findet in der Tiefe statt, wenn Gesteine durch Wärme oder Druck verändert werden. So entsteht etwa Marmor, wenn Kalkstein durch Lava oder Magma erhitzt wird. Anders als Kalkstein weist Marmor keine Schichtung auf. Seine feine Struktur ermöglicht eine Bearbeitung durch Bildhauer, ohne zu splittern. Bei entsprechend hoher Temperatur und hohem Druck kann jedes Gestein eingeschmolzen werden. Der Kreislauf schließt sich, wenn es wieder abgebaut wird.

GRAND CANYON, USA >
Diese Ansicht des Grand Canyons zeigt die fast horizontale Schichtung der Sedimentgesteine und die Erosion durch den Fluss.

GEOLOGISCHE ZEITSKALA

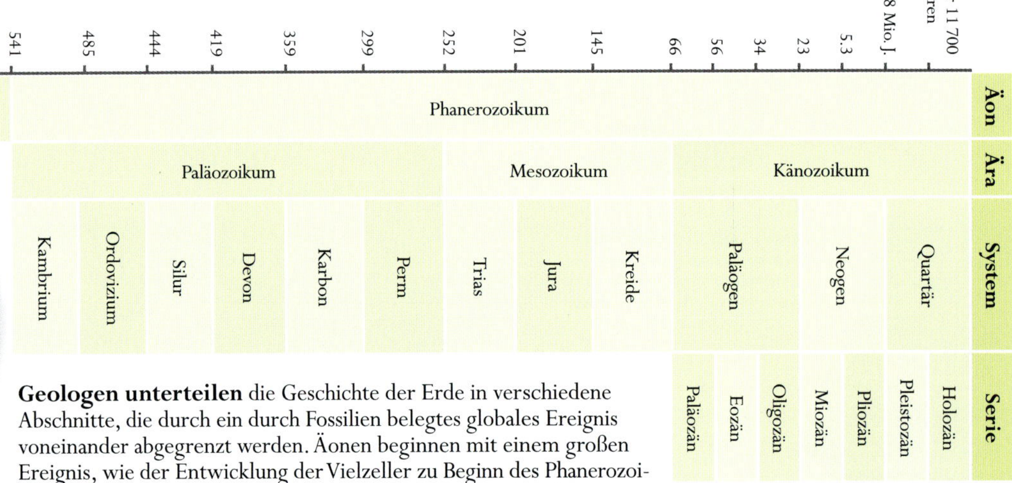

Trilobiten waren eine Gruppe von Meerestieren, die gegen Ende des Paläozoikums ausstarben. *Dalmanites caudatus* war im Silur weit verbreitet.

Geologen unterteilen die Geschichte der Erde in verschiedene Abschnitte, die durch ein durch Fossilien belegtes globales Ereignis voneinander abgegrenzt werden. Äonen beginnen mit einem großen Ereignis, wie der Entwicklung der Vielzeller zu Beginn des Phanerozoikums. Serien werden von Abschnitten wie einer Eiszeit charakterisiert.

Mio. J.: Millionen Jahre

MAGMATISCHE GESTEINE

Gesteine, die aus einer Schmelze erstarren, werden als magmatische Gesteine bezeichnet. Dabei unterscheidet man zwischen Extrusivgesteinen (vulkanischen Gesteinen) und Intrusivgesteinen. Extrusivgesteine entstehen an der Erdoberfläche aus Lava, Intrusivgesteine unterirdisch aus Magma. Lava und Magma haben einen hohen Gehalt an Kieselsäure und Metallen. Beim Abkühlen entstehen Minerale wie Feldspat, Glimmer, Amphibole und Pyroxene, die in verschiedenen Kombinationen viele Gesteine bilden.

BASALT
Das dunkle, feinkörnige Ergussgestein ist das häufigste Gestein in der ozeanischen Kruste.

BLASIGER BASALT
Das vor allem aus Plagioklas, Feldspat, Pyroxen und Olivin bestehende Ergussgestein ist dunkel und weist zahlreiche leere Gasblasen auf.

RHYOLITH
Das feinkörnige, helle Ergussgestein enthält große Mengen an Quarz, Glimmer und Feldspat. Es ist oft gebändert und weist Phänokristalle (große Kristalle) auf.

GEBÄNDERTER RHYOLITH
Rhyolith ist ähnlich zusammengesetzt wie Granit. Da er schnell erstarrt ist, enthält er auch winzige Glaskristalle. Die Bänderung zeigt die Fließrichtung der Lava an.

MANDELBASALT
Mandelbasalt hat seinen Namen von den mandelförmigen Gasblasen in basaltischer Lava, die oft mit Sekundärmineralen wie Zeolith, Carbonat oder Achat aufgefüllt sind.

PAHOEHOE
Pahoehoe ist eine basaltische Lava mit seilartiger, glasiger Oberfläche, die auf Hawaii häufig auftritt. Der Name kommt vom hawaiianischen *hoe* für wirbeln.

PORPHYRISCHER BASALT
Das dunkle Gestein weist große Kristalle, meist aus Olivin oder Plagioklas, in einer feinkörnigen Grundmasse auf.

PÉLÉS HAAR
Die nach einer hawaiianischen Göttin benannten Büschel aus feinen braunen, glasigen Fasern entstehen, wenn Lavaspritzer vom Wind verblasen werden.

BIMS
Der aus schaumiger Lava erstarrte Bims enthält Feldspatkristalle in einer glasigen Grundmasse. Die Dichte ist so gering, dass er auf Wasser schwimmt.

IGNIMBRIT
Ignimbrit ist ein sehr feinkörniger, heller vulkanischer Tuff mit Glaspartikeln, der oft bänderartige Fließstrukturen aufweist.

STEINTUFF
Steintuff enthält Fragmente älterer Gesteine in einer sehr feinen, glasartigen Grundmasse. Er entsteht bei heftigen Vulkanausbrüchen und ist meist hell.

SPINDELBOMBE
Wenn dünnflüssiges basaltisches Magma in die Luft geschleudert wird, bilden sich aerodynamische Formen. Durch Abkühlung entstehen »Bomben«.

BROTKRUSTENBOMBE
Diese vulkanische Bombe hat eine rissige Kruste wie Brot. Sie entsteht durch anhaltende Ausdehnung des Innern nach Erstarren der Oberfläche.

AGGLOMERAT

Agglomerate bestehen aus relativ großen Gesteinstrümmern in einer feineren Grundmasse. Sie bilden sich nach Vulkanexplosionen.

PORPHYRISCHER ANDESIT

Der aus Plagioklasfeldspat, Pyroxen und Amphibol zusammengesetzte porphyrische Andesit enthält große Kristalle in einer feinkörnigen Grundmasse.

ANDESIT

Der nach den Anden benannte Andesit kommt in vielen vulkanischen Inselbögen in Subduktionszonen vor (Inselketten, die durch Plattenbewegung entstehen). Er besteht zu etwa 60 % aus Siliciumdioxid.

PECHSTEIN

Pechstein ist ein glasartiges, dichtes Ergussgestein mit variabler Zusammensetzung und Farbe und einem pechähnlichen Glanz.

DAZIT

Der feinkörnige, helle bis mittelhelle Dazit besteht zum großen Teil aus Plagioklasfeldspat und Quarz, mit Pyroxenen, schwarzem Glimmer und Hornblende.

MANDELANDESIT

Das feinkörnige braune, graue, violette oder rote Ergussgestein enthält aufgefüllte mandelförmige Gasblasen.

PORPHYRISCHER TRACHYT

Das komplexe Gestein aus Alkalifeldspat, Quarz, Glimmer, Pyroxen und Hornblende enthält große Kristalle in der Grundmasse.

TRACHYT

Als Trachyt wird eine Gruppe feinkörniger vulkanischer Gesteine bezeichnet, die aus Alkalifeldspat und dunklen mafischen Mineralen wie Biotit, Hornblende und Pyroxen bestehen. Sie fühlen sich rau an.

SPILIT

Das feinkörnige, bräunliche, sekundäre Vulkangestein enthält Augit und Plagioklasfeldspat. Es entsteht, wenn Meerwasser basaltische Lava angreift.

OBSIDIAN

Obsidian mit seiner typischen sehr dunklen Farbe und dem glasigen Gefüge entsteht, wenn zähflüssige, heiße rhyolithische Lava so schnell abkühlt, dass sich keine Mineralkristalle bilden können. Er wird seit dem Altertum für Schmuck verwendet.

SCHNEEFLOCKENOBSIDIAN

Die »Schneeflocken« in diesem glasig erstarrten schwarzen Gestein sind Bereiche, in denen das Glas auszukristallisieren beginnt.

RHOMBENPORPHYR

Typisch für dieses magmatische Gestein sind große Feldspatkristalle mit rhombischem Querschnitt in einer dunklen, feinkörnigen Grundmasse. Anders als die Extrusivgesteine auf dieser Doppelseite ist es ein Intrusivgestein, wie die Gesteine auf der nächsten Doppelseite.

»

DIORIT

Diorit besteht aus Plagioklasfeldspat mit Amphibolen und Pyroxenen und enthält kaum Quarz. Er ist ein grobkörniges Tiefengestein.

GRANODIORIT

Granodiorit ist wahrscheinlich das häufigste Intrusivgestein in der kontinentalen Kruste. Er besteht zu mehr als 65 % aus Plagioklas.

LARVIKIT

Larvikit ist eine blauschwarze Syenit-Varietät mit einem hohen Anteil an Natriumfeldspat. Er kann blau schillern.

NEPHELINSYENIT

Nephelinsyenit ist ein grobkörniges, helles Gestein aus Feldspat, Glimmer und Hornblende mit Nephelin, aber meistens ohne Quarz.

SYENIT

Grau oder rosa ist das grobkörnige plutonische Gestein. Es kommt in großen Intrusivkörpern vor, enthält Feldspat, Glimmer und Hornblende.

LAMPROPHYR

Der glänzende Lamprophyr enthält deutlich erkennbare Kristalle der wasserhaltigen Glimmer- und Amphibolminerale in einer feinkörnigen Grundmasse.

GRANIT

Granit ist grobkörnig und unterschiedlich gefärbt. Der Quarzanteil beträgt mehr als 10 %. Er ist verwitterungsbeständig und wird oft als Baumaterial verwendet.

GABBRO

Das grobkörnige, dunkle plutonische Gestein enthält Plagioklas, Pyroxen und Olivin. Es entsteht, wenn basaltisches Magma in der Tiefe langsam abkühlt.

GESCHICHTETER GABBRO

Die Bänderung dieses grobkörnigen, dunklen Gabbro entsteht, wenn sich Minerale unterschiedlicher Dichte im Magma übereinander ablagern.

MIKROGRANITPORPHYR

Große Kristalle in einer Grundmasse mittlerer Körnung zeichnen das Gestein aus, das vor allem aus Quarz, Glimmer und Feldspat besteht.

OLIVINGABBRO

Gabbro ist ein dunkles, grobkörniges Gestein mit hohem Pyroxen- und Plagioklasanteil. Diese Varietät enthält größere Mengen Olivin.

DOLERIT

Der in Sills und Dykes vorkommende Dolerit ist ein dunkles Gestein mit mittlerer Korngröße. Er besteht aus Plagioklas, Pyroxen und Eisenoxiden.

BOJIT

Das dunkle magmatische Gestein wird Bojit genannt, eine Sammelbezeichnung für Hornblendegabbro. Bojit ist grobkörnig und entsteht aus Magma.

WEISSER MIKROGRANIT

MIKROGRANIT

Dieser Granit mittlerer Körnung, oft mit porphyrischem Gefüge, kommt in Sills und Dykes (Füllungen aus Intrusivgestein) vor.

GRANATPERIDOTIT
Peridotit ist der Hauptbestandteil des oberen Erdmantels. Diese schwere, grünliche Varietät enthält Minerale wie Granat, Olivin, Klinopyroxen und Orthopyroxen.

DUNIT
Das nur aus Olivin bestehende Gestein ist dunkelgrün oder braun, mit mittelkörnigem Gefüge. Er enthält geringe Mengen an Chromit.

PERIDOTIT
Der grobkörnige Peridotit ist ein dunkles, dichtes Gestein, das vorwiegend aus Olivin und Pyroxen besteht und in großer Tiefe gebildet wird.

ADAMELLIT
Dieser mittelkörnige Granit entsteht in der Tiefe und enthält Quarz-, Glimmer- und Feldspatkristalle. Ein bis zwei Drittel des Feldspatsanteils ist Plagioklas.

SCHRIFTGRANIT
Dieses grobkörnige Gestein enthält Quarz und Feldspat, die so verwachsen sind, dass sie entfernte Ähnlichkeit mit Runen aufweisen. Ein weiterer Bestandteil ist Glimmer.

KIMBERLIT
Der dunkle, grobkörnige Kimberlit ist ein ultramafisches Gestein mit sehr geringem Silikatanteil und unterschiedlicher Zusammensetzung. Aus ihm stammen die meisten Diamanten.

FELSIT
Der feinkörnige Felsit entsteht als schichtförmige Intrusion in Sills und Dykes. Er ist hell und besteht vor allem aus Feldspat und Quarz.

PEGMATIT
Pegmatite sind sehr grobkörnige Gesteine, die sich aus dem verbleibenden flüssigen Magma bilden, nachdem der Großteil einer Granitintrusion auskristallisiert ist. Einige Pegmatite sind wichtige Edelsteinlieferanten.

GRANITPORPHYR
Der hell gefärbte, aus Feldspat, Quarz und Glimmer bestehende Granitporphyr enthält große, gut ausgebildete Kristalle in seiner Grundmasse.

HORNBLENDE-GRANIT
Diese Granit-Varietät enthält neben den typischen Mineralen Quarz, Feldspat und Glimmer auch Hornblende, ein Amphibolmineral.

ANORTHOSIT
Der helle Anorthosit besteht überwiegend aus großen Plagioklasfeldspat-Kristallen. Er kann zusätzlich Olivin und Augit enthalten.

METAMORPHE GESTEINE

Wenn bestehende Gesteine im Erdinnern hohen Temperaturen und/oder hohem Druck ausgesetzt sind, ändert sich ihre mineralogische Zusammensetzung. Kontaktmetamorphose findet statt, wenn eine kleinräumige Erhitzung durch eine Gesteinsschmelze zur Rekristallisierung des umgebenden Gesteins führt. Wirken extreme Temperaturen und Drücke großräumig ein, spricht man von Regionalmetamorphose. Bei der dynamischen Metamorphose werden Gesteine durch Plattenbewegungen zermahlen.

GRANULIT
Granulit entsteht bei sehr hohen Temperaturen und Drücken. Er ist dunkel, grobkörnig und reich an Pyroxenen, Granat, Glimmer und Feldspat.

SCHIEFER
Typisch für Schiefer sind die parallelen Ebenen von Mineralen mit gleicher Ausrichtung. Die hier gezeigte Runzelschieferung nennt man Krenulation.

HALLEFLINT
Das aus vulkanischem Tuff, Rhyolith oder Quarzporphyr entstandene Gestein ist eine feinkörnige, helle Hornfelsart mit hohem Quarzanteil.

MYLONIT
Wenn Gesteine in einer Verwerfungszone zermahlen werden, entsteht aus Gesteinsstaub und -trümmern der feinkörnige Mylonit.

MUSKOVITSCHIEFER
Muskovitschiefer ist ein typischer kristalliner Schiefer mit hellem Muskovitglimmer, Quarz und Feldspat.

KYANITSCHIEFER
Dieser Schiefer besteht überwiegend aus Feldspat, Glimmer und Quarz und enthält Kristalle des blauen Minerals Kyanit.

FLECKIGER TONSCHIEFER
Dieser Schiefer zeichnet sich durch schwarze Flecken (Porphyroblasten) aus Mineralen wie Cordierit und Andalusit aus.

GRANATSCHIEFER
Die roten Granate in diesem Schiefer zeigen, dass er bei relativ hoher Temperatur und hohem Druck tief in der kontinentalen Kruste entstanden ist.

BIOTITSCHIEFER
Biotitschiefer entsteht bei relativ hohen Drücken und Temperaturen. Er enthält Feldspat, Quarz und große Mengen an dunklem Biotitglimmer.

TONSCHIEFER
Der dunkle, sehr feinkörnige Tonschiefer ist ein kompaktes Gestein mit parallelen Spaltebenen. Er entsteht bei geringem Druck.

PHYLLIT
Phyllit entsteht bei niedrigeren Temperaturen und Drücken als kristalliner Schiefer, aber höheren als Tonschiefer. Er ist feinkörnig. Beim Spalten entstehen glänzende Platten.

SKARN
Der durch Kontaktmetamorphose aus Carbonatgestein entstandene Skarn enthält Minerale mit hohem Calcium-, Magnesium- und Eisengehalt.

FULGURIT
Wenn der Blitz in Wüsten oder an Stränden einschlägt, verschmilzt der Sand zu kleinen, röhrenförmigen Strukturen, den Fulguriten.

METAQUARZIT
Mit seinem hohen Quarzanteil ist Quarzit härter als die meisten metamorphen Gesteine. Er entsteht bei hohen Temperaturen aus Sandstein.

CHIASTOLITHHORNFELS
Hornfels entsteht bei sehr hohen Temperaturen in der Nähe von Magma-Intrusionen. Diese Varietät ist nach den hellen Chiastolithkristallen benannt.

CORDIERIT-HORNFELS
Der dunkle, splittrige Cordierit-Hornfels entsteht in der direkten Umgebung von Magma-Intrusionen. Er ist fein- bis mittelkörnig.

PYROXENHORNFELS
Diese fein- bis mittelkörnige, widerstandsfähige Hornfels-Varietät enthält Quarz, Glimmer und Pyroxenminerale. Er entsteht an Intrusionen.

GRANAT-HORNFELS
Hornfels ist ein dunkles, feuersteinartiges Gestein, das dicht bei einer Magma-Intrusion entsteht. Diese Varietät enthält rote Granatkristalle.

GNEIS
Der grobkörnige Gneis entsteht bei extremen Temperaturen und Drücken. Er ist an seinen abwechselnden dunklen und hellen Kristallschichten zu erkennen.

AUGENGNEIS
Gneis enthält Quarz, Feldspat und Glimmer, oft in parallelen Bändern. Augengneis weist augenförmige Kristalleinschlüsse auf.

GEFALTETER GNEIS
In großer Tiefe wird Gneis plastisch verformt. Die dunklen Bänder enthalten viel Hornblende, die helleren Quarz und Feldspat.

AMPHIBOLIT
Der grobkörnige Amphibolit entsteht bei mittleren Temperaturen und unterschiedlichem Druck tief in der Erdkruste. Er enthält Hornblende und Plagioklas, aber auch andere Minerale.

EKLOGIT
Der aus dem grünen Pyroxenmineral Omphacit und dem roten Granat bestehende Eklogit ist grobkörnig und entsteht bei hohen Temperaturen und Drücken.

MIGMATIT
Der bei extremen Temperaturen und Drücken entstehende grobkörnige, gefaltete Migmatit enthält Bänder aus dunklen Basalt- und hellen Granitmineralen.

KÖRNIGER GNEIS
Dieser Gneis hat eine einheitliche Korngröße. Er enthält dunkle Bänder aus Hornblende und Biotit sowie helle Bänder aus Quarz sowie Feldspat.

MARMOR-BREKZIE

GRAUER MARMOR

MARMOR
Marmor entsteht durch Kontakt- oder Regionalmetamorphose. Das bei Bildhauern beliebte Gestein ist reich an Calcit und oft von farbigen Adern aus anderen Mineralen durchzogen.

GRÜNER MARMOR

SERPENTINIT
Der gebänderte, fleckige oder streifige Serpentinit ist ein dichtes, aber weiches metamorphes Gestein, das aus Peridotit entstanden ist. Er ist in Konvergenzzonen zwischen tektonischen Platten zu finden.

SEDIMENTGESTEINE

Sedimentgesteine weisen eine charakteristische Schichtung auf und enthalten manchmal Fossilien. Man unterscheidet je nach Ursprung drei Gruppen. Klastische Gesteine bestehen aus Fragmenten, die durch Erosion aus anderen Gesteinen entstanden sind. Biogene Sedimente setzen sich aus den Resten von Pflanzen und Tieren zusammen. Chemische Sedimente bestehen aus ausgefällten chemischen Verbindungen.

GRANATAPFEL-SANDSTEIN
Die abgerundeten, einheitlich mittelgroßen Quarzkörner dieses Sandsteins werden oft durch Eisenoxid rötlich gefärbt. Sie wurden vom Wind geformt.

GLAUKONIT-SANDSTEIN
Der durch das Silikatmineral Glaukonit grün gefärbte Sandstein mit hohem Quarzanteil ist im Meer entstanden.

GLIMMER-SANDSTEIN
Dieser quarzreiche Sandstein enthält glitzernde Glimmerkörner. Er weist meist eine mittlere Korngröße auf.

LIMONIT-SANDSTEIN
Die mittelgroßen Quarzkörner dieses Gesteins sind von Limonit überzogen, der eine rotbraune oder gelbliche Färbung bewirkt.

TRAVERTIN
Der helle, oft geschichtete Travertin besteht fast ausschließlich aus Calcit. Er entsteht an Thermalquellen und Fumarolen.

STEINSALZ
Das aus Halit bestehende Steinsalz ist oft durch Eisenoxide und Ton bräunlich gefärbt. Es ist löslich, weich und hat einen salzigen Geschmack.

GIPSSTEIN
Der helle, oft faserige Gipsstein ist sehr weich und wasserlöslich. Er ist mit kaliumhaltigem Gestein vergesellschaftet und entsteht durch Eindampfung von Meerwasser.

SANDSTEIN
Dieser Sandstein weist Schichten aus Sandkörnern auf, die durch einen unterschiedlich zusammengesetzten, quarzreichen Kitt zusammengehalten werden.

GESCHIEBELEHM
Geschiebelehm besteht aus einer feinen tonigen Grundmasse, in die eckige oder abgerundete, glaziale Gesteinstrümmer eingebettet sind.

TONSTEIN
Der in verschiedenen Farben vorkommende, sehr feinkörnige Tonstein besteht vor allem aus Silikatmineralen wie Kaolinit – meist durch Verwitterung aus Feldspat entstanden.

BÄNDEREISENERZ
Dieses im Meer oder in Flüssen entandene Sediment besteht aus Bändern von schwarzem Hämatit und rotem Hornstein. Es ist ein sehr ergiebiges Eisenerz.

OOLITHISCHER EISENSTEIN
Dieses Gestein besteht aus kleinen, abgerundeten Körnern (Oolithen) aus Eisenmineralen wie Siderit, die durch andere Eisenminerale sowie Calcit und Quarz zusammengehalten werden.

LÖSS
Löss ist ein Tongestein, dessen staubfeine Körner vom Wind verweht wurden. Er ist krümelig und zeigt keine erkennbare Schichtung.

TUFF

Dieses poröse Gestein entsteht durch Ausfällung von Carbonatmineralen aus Wasser bei geringeren Temperaturen als Travertin.

ORTHOQUARZIT

Das fast nur aus Quarzkörnern in einem Kitt aus Siliciumdioxid bestehende Gestein enthält nur selten Fossilien. Es wird auch als Quarzarenit bezeichnet.

MANGANKNOLLE

Manganknollen sind runde, schwarze Konkretionen, die am Meeresboden entstehen. Sie sind reich an Mangan, Eisen, Nickel, Kobalt und Kupfer.

Schichtung

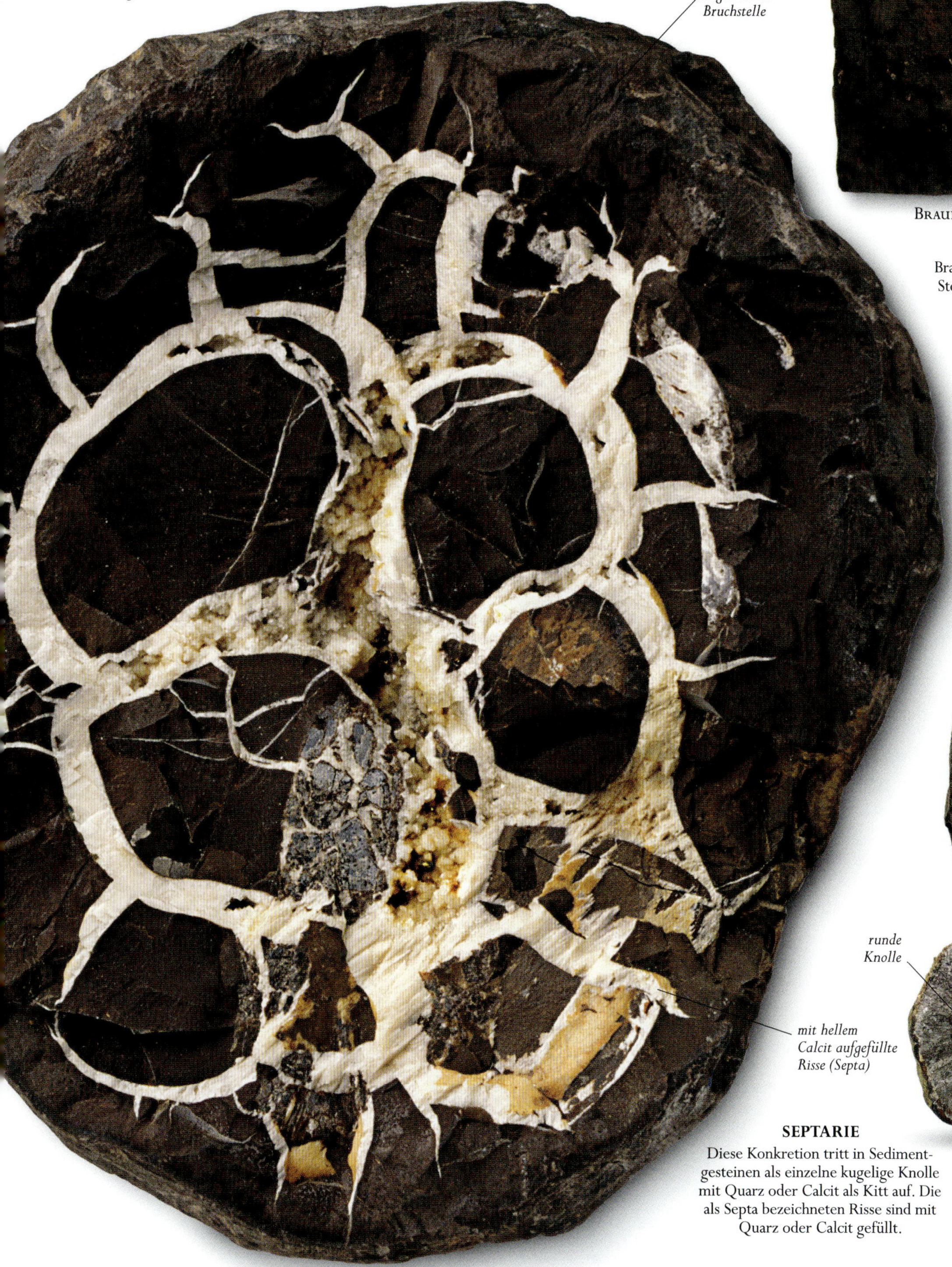

SEPTARIE

Diese Konkretion tritt in Sedimentgesteinen als einzelne kugelige Knolle mit Quarz oder Calcit als Kitt auf. Die als Septa bezeichneten Risse sind mit Quarz oder Calcit gefüllt.

BRAUNKOHLE

Braunkohle hat einen geringeren Kohlenstoffgehalt als Steinkohle. Gagat ist eine harte, schwarze, glänzende Art der Braunkohle. Sie kann poliert werden.

ANTHRAZIT

Anthrazit, die reinste Kohle, besteht aus Pflanzenmaterial, ist schwarz und glänzend mit glasiger Oberfläche und muscheligem Bruch.

STEINKOHLE

Steinkohle ist die häufigste Kohle. Sie hat einen geringeren Kohlenstoffgehalt als Anthrazit und ist brüchig und matt.

PYRITKNOLLEN

Die runden Knollen kommen in Tonschiefer und Ton vor. Sie bestehen aus strahlenförmigen Pyritkristallen.

»

NUMMULITENKALK
Die zu den Foraminiferen gehörende Art *Nummulites* ist das Hauptfossil dieses Gesteins. Der Kitt besteht aus Calcit, ursprünglich Kalkschlamm.

SEELILIENKALK
Seelilien sind Stachelhäuter, die sich mit einem biegsamen Stiel am Meeresboden festhalten. Seelilienkalk besteht aus Stielbruchstücken in verfestigtem Kalkschlamm.

SÜSSWASSERKALK
Süßwasserkalk ist ein heller, calcitreicher Kalkstein mit Quarz und Ton. Er enthält Fossilien von Süßwasserorganismen, anhand derer sich die Entstehungszeit bestimmen lässt.

ERBSENSTEIN
Erbsenstein besteht aus Pisolithen, erbsengroßen Kalkkügelchen, die oft abgeflacht sind und von Calcit zusammengehalten werden.

KORALLENKALK
Korallenkalk geht aus versteinerten Korallen hervor, die in einem feinkörnigen Calcitkitt liegen. Er ist weiß bis grau oder bräunlich.

OOLITHENKALK
Dieser Kalkstein besteht aus Oolithen – kleinen, runden Sedimentkörnern, die von Meeresströmungen verfrachtet und in Carbonatschlamm eingebettet wurden.

MOOSTIERCHENKALK
Der graue oder rötliche Kalkstein organischen Ursprungs enthält Moostierchenfossilien in verfestigtem calcitreichem Schlamm.

KALKSTEINBREKZIE
Dieses sich am Fuß von Kalksteinklippen bildende Gestein enthält eckige Bruchstücke von Kalk- und anderen Gesteinen, die mit Calcit verbunden sind.

FELDSPATGRIT
Der grobkörnige helle bis dunkle Grit besteht zu einem großen Teil aus Quarz. Er enthält bis zu 25 % Feldspat.

QUARZGRIT
Quarzgrit besteht aus Quarz mit Feldspat und Glimmer. Alle Bestandteile sind grobkörnig.

GRAUWACKE
Das dunkle Gestein enthält Quarz, Gesteinstrümmer und Feldspat in feinerem Ton und Chlorit. Er entsteht in Meeresbecken.

ARKOSE
Arkose ist ein Sandstein mit hohem Feldspatanteil. Er ist unterschiedlich gefärbt und mittelkörnig.

DOLOMIT
Das oft gelbbraune oder graue Dolomitgestein besteht zum Großteil aus dem gleichnamigen Mineral Dolomit (Calcium-Magnesium-Carbonat).

FOSSILFÜHRENDER SCHIEFERTON
Feinkörnige marine Sedimentgesteine wie Schieferton enthalten oft zahlreiche gut erhaltene Fossilien.

SCHIEFERTON
Dieses feinkörnige, geschichtete Gestein enthält in der Regel Silt, Tonminerale, organische Substanzen, Eisenoxide und winzige Kristalle von Mineralen wie Pyrit und Gips.

NAGELFLUH
Nagelfluh oder Konglomerat ist ein grobkörniges Sedimentgestein. Es besteht aus vielen abgerundeten Gesteinstrümmern in einer feineren Matrix.

QUARZKONGLOMERAT
Das unterschiedlich gefärbte Gestein besteht aus weißen Quarzkieseln in einer feineren, dunkleren Grundmasse.

ROTE KREIDE

WEISSE KREIDE

KREIDE
Die aus reinem Calcit bestehende Kreide ist feinkörnig, pulvrig und leicht zu zerkrümeln. Sie besteht aus winzigen Fossilien wie Kokkolithen und Radiolarien.

SILTSTEIN
Dieses dunkle Gestein ist feinkörniger als Sand, aber nicht so feinkörnig wie Ton. Der Hauptbestandteil ist Quarz, daneben sind organische Stoffe und Calcit enthalten.

BREKZIE
Brekzien enthalten große, kantige Gesteins- und Mineraltrümmer in einem Kitt aus Sand oder Siltstein. Sie besitzen kaum eine Schichtung.

KALKMERGEL
Der feinkörnige, calcitreiche, geschichtete Kalkmergel ist härter als Ton, aber weicher als Kalkstein. Er kann durch Chlorit und Glaukonit grün gefärbt sein.

MERGEL
Der aus Ton und feinen Quarz- und Feldspatpartikeln zusammengesetzte Mergel weist im Gegensatz zu Schieferton keine Schichtung auf.

HORNSTEIN
Hornstein ist eine sehr feinkörnige Form von Siliciumdioxid, die als Band oder Knolle vor allem in Kalkstein auftritt. Er ist meist grau gefärbt.

FEUERSTEIN
Flint oder Feuerstein tritt meist als Knolle in Kreide auf. Die sehr harte, schwarze Form von Siliciumdioxid zerbricht in scharfe Klingen.

FOSSILIEN

Fossilien sind Zeugen vergangener Lebensformen, die in den Gesteinen der Erdkruste erhalten geblieben sind. Sie geben Aufschluss darüber, wie sich das Leben entwickelt hat, und können auch zur Datierung von Gesteinen und zur Erstellung einer geologischen Zeitskala beitragen.

Mit der Zeit zersetzte sich die **Pflanze**. Nur die Umrisse, überzogen von einer dünnen Kohleschicht, blieben erhalten.

Ein Insekt blieb im Harz eines Baums hängen. Das Harz wurde zu Bernstein, in dem das Tier perfekt erhalten ist.

Dieses **Fischskelett** wurde in Tonschiefer versteinert. Alle Poren des Skeletts wurden von Mineralen ausgefüllt.

Leben gibt es auf der Erde seit 3,7 Milliarden Jahren. Die ersten Lebewesen waren klein und hatten einen weichen Körper, deshalb hinterließen sie keine sichtbaren Spuren. Doch seit einer Milliarde Jahren haben sich Organismen mit harten Körperteilen entwickelt, die – über ausreichend lange Zeiträume – zu Fossilien werden konnten. Diese Entwicklung ist immens wichtig, denn so wurden Sedimentgesteine zu einer globalen Datenbank, in der fossile Arten in der Reihenfolge ihres Auftretens angeordnet sind. Die Fossilien geben Aufschluss über den Ablauf der Evolution. Sie zeigen auch, wann ein Massenaussterben – das Verschwinden vieler Arten in einer relativ kurzen Zeit – stattgefunden hat.

TOT UND BEGRABEN

Die Entstehung von Fossilien ist eine Lotterie, und nur sehr wenige Lebewesen bleiben schließlich erhalten. An Land geschieht dies durch zufällige Ereignisse – etwa wenn Tiere durch Erdrutsch oder plötzliche Überschwemmung getötet werden oder in Seen ertrinken. Meerestiere werden eher zu Fossilien, da sich normalerweise Sedimente auf ihren Kadavern anhäufen. In feinen Sedimenten können sich auch weiche Körper erhalten, die besten Fossilien stammen jedoch von Tieren mit harten Körperteilen wie Schalen oder Knochen. In die von Sedimenten begrabenen Überreste dringen nach und nach gelöste Minerale ein, die sie versteinern lassen. Tief unter der Oberfläche begrabene Fossilien werden aber auch immer wieder durch Wärme, Druck oder Plattenbewegungen zerstört. Fossilien, die überdauern, kommen schließlich durch Hebung wieder an die Oberfläche, wo sie durch Erosion freigelegt werden (siehe unten).

Diese versteinerten Körper stellen beeindruckende Objekte dar, vor allem, wenn es sich um meterlange vollständige Skelette handelt. Es gibt außerdem fossile Spuren – Fußabdrücke, Gänge oder andere sonstige Anzeichen tierischer Aktivität. Fossile Spuren sind indirekte, aber faszinierende Zeugnisse früheren Lebens. So können Fußabdrücke von Dinosauriern darüber Aufschluss geben, wie schnell sie liefen, wie sie in Herden zusammenlebten, und sogar wie sie beim Aufwachsen an Gewicht zulegten.

Von noch früheren Zeiten sind manchmal chemische Fossilien erhalten – Kohlenstoffverbindungen, die durch biologische Vorgänge entstanden sind. Sie sehen zwar unscheinbar aus, sind aber die wichtigsten Zeugen der frühesten Lebewesen auf unserer Erde.

PLÖTZLICHER TOD >
Dies sind Trilobiten aus dem späten Ordovizium. Vermutlich wurden sie überraschend von Sedimenten bedeckt.

STREITFRAGE
LEITFOSSILIEN

Die geologische Zeitskala wurde vor allem anhand von Fossilien erstellt. Arten, die nur kurze Zeit existierten, aber ein großes Verbreitungsgebiet hatten, werden als Leitfossilien bezeichnet. Mit ihrer Hilfe können Schichten identifiziert und mit anderen Orten verknüpft werden – gleiche Leitfossilien an verschiedenen Orten weisen darauf hin, dass die Schichten gleichzeitig entstanden sind. So können Geologen eine Abfolge ermitteln. Ammoniten (eine Gruppe ausgestorbener Weichtiere aus dem Mesozoikum) zählen zu den besten Leitfossilien – sie können auf eine Million Jahre genau bestimmt werden.

ENTSTEHUNG VON FOSSILIEN

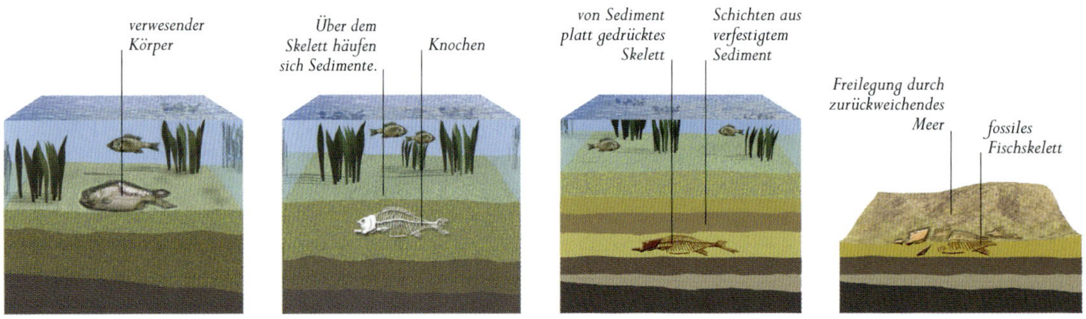

Ein toter Fisch liegt auf dem Meeresboden. Sein Fleisch verweste, Sedimente haben ihn bedeckt. Bei der Umwandlung des Schlamms in Schieferton wird der Fisch platt gedrückt.

Das Fischskelett ist von Sediment bedeckt. Damit ein Fossil daraus wird, wird der Knochen durch den Mineralisationsprozess chemisch verändert und seine Poren werden durch Minerale aufgefüllt.

Weitere Sedimente üben Druck auf die unteren Schichten aus. Das Sediment wird komprimiert und das Fossil kann zusammengedrückt, verschoben oder zerstört werden.

Jahrmillionen später ist der jetzt versteinerte Meeresboden durch zurückweichende Meere an die Oberfläche gekommen, wo durch Verwitterung das fossile Fischskelett zutage tritt.

PFLANZENFOSSILIEN

Pflanzen zählen zu den ersten Lebewesen, die fossil erhalten sind. Algen sind schon in präkambrischen Gesteinen anzutreffen. Gefäßpflanzen (Pflanzen mit Strukturen zum Transport von Wasser und Nährstoffen) kamen im Silur auf. Im Karbon war die Erde von riesigen Sumpfwäldern bedeckt, aus denen Kohle entstand. Blütenpflanzen entwickelten sich erst im Mesozoikum.

FRÜHE LANDPFLANZE
Cooksonia hemisphaerica
Cooksonia kommt in Gesteinen aus dem Silur und Devon vor. Sie war eine der ersten Gefäßpflanzen und hatte einen festen Stängel sowie blattlose Zweige.

CALAMOPHYTON-STÄMME
Calamophyton primaevum
Calamophyton ist eine primitive, blattlose Pflanze, die wahrscheinlich mit den Farnen verwandt ist. Sie kommt im Devon und im frühen Karbon vor.

CLADOXYLON-STÄNGEL
Cladoxylon scoparium
Cladoxylon, eine niedrig wachsende Pflanze aus dem Devon und dem Karbon, hatte einen festen Stängel und blattlose, lichtabsorbierende Zweige.

SAMENFARN-BLATT
Alethopteris serlii
Alethopteris, ein Samenfarn aus dem Karbon und Perm, hatte zusammengesetzte gefiederte Wedel aus dicken Blättern mit kräftigen Adern.

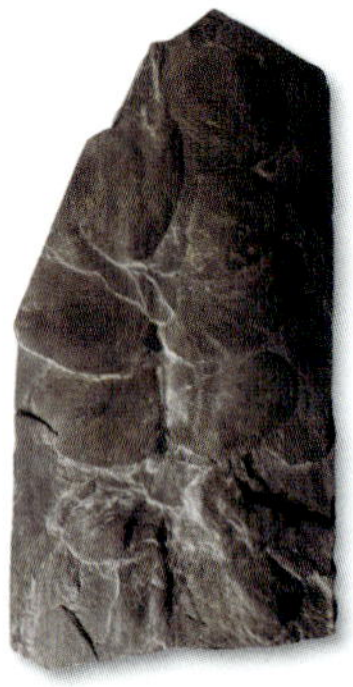

CYCLOPTERIS-WEDEL
Cyclopteris orbicularis
Ovale Wedel eines Samenfarns mit dem Namen *Neuropteris* aus dem Karbon werden mit dem wissenschaftlichen Namen *Cyclopteris* bezeichnet.

SAMEN EINES SAMENFARNS
Trigonocarpus adamsi
Trigonocarpus ist der Name für fossile Samen von Samenfarnen aus dem Karbon. Jeder Same weist drei Rippen auf.

SCHACHTELHALM-BLATT
Asterophyllites equisetiformis
Der in Schichten aus dem Karbon und dem Perm stammende Schachtelhalm *Asterophyllites* hatte nadelförmige Blätter und ähnelte modernen Schachtelhalmen.

KLIMMENDER SCHACHTELHALM
Sphenophyllum emarginatum
Fossilien dieses vom Karbon bis zum Perm vorkommenden Schachtelhalms weisen keilförmige Blätter und einen langen, weichen Stängel zum Klimmen auf.

SIGILLARIA-STAMM
Sigillaria aeveolaris
Der im Karbon und dem Perm auftretende gigantische Verwandte der Bärlappgewächse wurde über 30 m hoch. Er hatte einen dünnen Stamm und in Büscheln angeordnete Blätter.

LEPIDODENDRON-WURZEL
Stigmaria ficoides
Stigmaria ist die Bezeichnung für fossile Wurzeln des Bärlappgewächses *Lepidodendron*. Sie sind in Gesteinen aus dem Karbon und dem Perm zu finden.

FARN AUS DEM PERM
Oligocarpia gothanii
Dieser sich flach ausbreitende Farn kommt in Schichten aus dem Karbon und Perm vor. Er wuchs in Feuchtgebieten.

SALVINIA-WURZELSTOCK
Salvinia formosa
Der schwimmende Wasserfarn aus den Tropen ist in Gesteinen aus der Kreide bis zur Neuzeit fossil erhalten.

KREIDEZEITLICHER FARN
Weichselia reticulata
Das in Kreideschichten anzutreffende Fossil von *Weichselia* ähnelt modernen Farnen und hatte zweifach geteilte Wedel.

SAMENFARNBLÄTTER
Dicrodium spec.
Dicrodium, ein Samenfarn aus der Trias, hatte gefiederte Blätter und etwa 7,5 cm lange Wedel.

KONIFERE AUS DEM PALÄOZOIKUM
Lebachia piniformis
Diese Zapfen bildende Pflanze aus dem Karbon und dem Perm ist ein Vorfahr heutiger Koniferen.

KONIFERENZAPFEN
Taxodium dubium
Taxodium aus dem Jura ist mit heutigen Zypressen verwandt. Sie wuchs in schwülwarmen Lebensräumen und hatte nadelförmige Blätter.

SEQUOIA-ZAPFEN
Sequoia dakotensis
Zapfen des riesigen immergrünen Baums wurden in Gesteinen ab der Kreidezeit gefunden. Einige heutige *Sequoia*-Arten sind über 2000 Jahre alt.

KONIFERE AUS DER KREIDE
Glyptostrobus spec.
Diese Konifere wuchs von der Kreidezeit bis zum Känozoikum. *Glyptostrobus* war ein bedeutender Kohle bildender Baum.

SUBFOSSILES BAUMHARZ
Kauri pine amber
Bernstein ist das versteinerte Harz von Kiefern. Er tritt in der Unterkreide erstmals auf und enthält oft Fossilien von Insekten, die in dem duftenden, klebrigen Harz hängen blieben und starben.

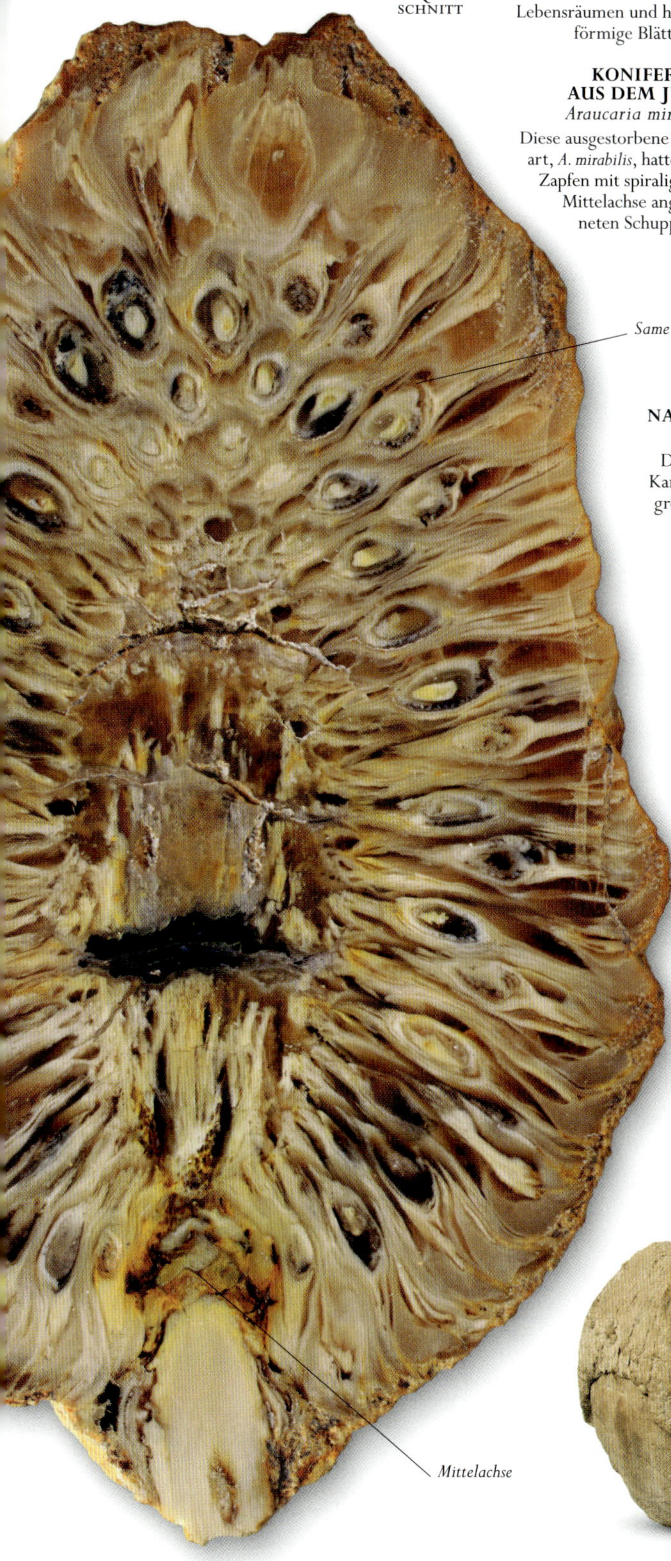

KONIFERE AUS DEM JURA
Araucaria mirabilis
Diese ausgestorbene Araukarienart, *A. mirabilis*, hatte weibliche Zapfen mit spiralig um eine Mittelachse angeordneten Schuppen.

NACKTSAMER AUS DEM KARBON
Cordaites spec.
Dieser Vorfahr der Koniferen wuchs im Karbon und im Perm. *Cordaites* war baumgroß und pflanzte sich durch Samen fort.

GIGANTOPTERIS-BLÄTTER
Gigantopteris nicotianaefolia
Die blütenlose Pflanze aus der Zeit des Perms wurde nach dem tabakähnlichen Aussehen ihrer Blätter benannt.

GINKGO-BLÄTTER AUS DEM PERM
Psygmophyllum multipartitum
Die heute noch in China wachsenden Ginkgos kamen im Perm auf. Die fächerförmigen Blätter können in Fossilien von *Psygmophyllum*, einem Vorläufer heutiger Ginkgos, identifiziert werden.

GINKGO AUS DER TRIAS
Baiera munsteriana
Die bis zu 15 cm großen, fächerförmigen Blätter von *Baieria* waren in Rippen gespalten. Die Blätter heutiger Ginkgos sind zweilappig.

EICHENSTAMM
Quercus spec.
Fossilien der Gattung der Eichen (*Quercus*) kommen in Schichten aus der Kreide erstmals vor. Heute gibt es über 500 Eichenarten.

PALMFRUCHT
Nypa burtinii
Nypa-Fossilien gibt es seit dem Eozän. Diese Palmenart bildet verholzte Samen in einer 25 cm großen, kugelförmigen Frucht.

MAGNOLIEN-BLATT
Magnolia longipetiolata
Magnolien zählen zu den frühesten Blütenpflanzen. Sie kamen in der Kreide auf. Frühe Insekten ernährten sich von ihrem Nektar.

FOSSILE WIRBELLOSE

Wirbellose, Tiere, die kein festes Innenskelett besitzen, zählen zu den häufigsten Fossilien. Sie traten im Präkambrium erstmals auf, doch erst ab dem frühen Kambrium sind komplexe Wirbellose wie Trilobiten in großer Zahl erhalten. Fossilien von Wirbellosen wie Gliederfüßern, Weichtieren, Armfüßern, Stachelhäutern und Korallen sind besonders häufig, da sie harte Außenstrukturen besaßen und im Meer lebten, wo die meisten fossilführenden Gesteine entstehen.

ARCHAEOCYATHID
Metaldetes taylori
Diese riffbildenden Lebewesen sind nur aus dem Kambrium bekannt. *Metaldetes* hatte eine korallenähnliche, becherartige Struktur.

KALKSCHWAMM
Peronidella pistilliformis
Der Schwamm mit seinen miteinander verwachsenen Skelettnadeln aus Calcit ist in Gesteinen aus der Trias und der Kreide anzutreffen.

STROMATOPOROID
Stromatopora concentrica
Die fossilen Schwämme dieser Gruppe sind in Gesteinen aus dem Ordovizium und dem Perm anzutreffen, oft in Riffkalk. Sie bestehen aus porösen, calciumreichen Röhren.

CHEILOSTOMATA-MOOSTIERCHEN
Biflustra spec.
Die heute noch existierende Moostierchen-Gattung ist schon in Gesteinen aus dem Känozoikum anzutreffen. In ihren kleinen Poren leben die Einzelorganismen der Kolonie.

TREPOSTOMATA-MOOSTIERCHEN
Diplotrypa spec.
Dieses Moostierchen aus dem Zeitalter des Ordoviziums war ein korallenähnliches, kleines wirbelloses Tier, das in kuppelförmigen Kolonien lebte.

VERZWEIGTE MOOSTIERCHEN-KOLONIE
Constellaria spec.
Constellaria ist ein Moostierchen aus dem Ordovizium, das verzweigte Kolonien am Meeresboden bildete.

SCHIZORETEPORA NOTOPACHYS
Schizoretepora kommt in Schichten vom Eozän bis zum Pleistozän vor und lebte auf felsigem Meeresboden.

RÖHRENWURM
Rotularia bognoriensis
Der in Gesteinen vom Jura bis zum Eozän anzutreffende Röhrenwurm *Rotularia* schützte seinen weichen Körper, indem er spiralige Röhren aus Calciumcarbonat bildete.

SPRIGGINA
Spriggina floundersi
Das sehr frühe Fossil der Ediacara-Fauna hatte einen langen, wurmähnlichen Körper. Die Klassifikation ist unsicher.

»STIMMGABEL«-GRAPTOLITH
Didymograptus murchisoni
Der Graptolith (ein ausgestorbener Wirbelloser) mit zwei Zweigen kommt in Gesteinen aus dem Ordovizium vor. Er wurde 2 bis 60 cm groß.

VERZWEIGTER GRAPTOLITH
Rhabdinopora socialis
Bis vor Kurzem hatte dieser Graptolith den Namen *Dictyonema*. Er hatte zahlreiche strahlig angeordnete Zweige und stammt aus dem Ordovizium.

SPIRALIGER GRAPTOLITH
Monograptus convolutus
Ein einzelner Zweig mit Thecae (kelchartigen Gebilden) auf einer Seite ist typisch für *Monograptus* aus dem frühen Silur. *M. convolutus* weist eine ungewöhnliche Spiralform auf.

TAFELKORALLE
Catenipora spec.
Die einfache, tafelförmige Koralle mit kettenähnlicher Struktur lebte im Ordovizium und im Silur in warmen, flachen Meeren.

HIRNKORALLE
Meandrina spec.
Diese koloniebildende Koralle sieht mit ihren Furchen aus wie ein menschliches Gehirn. Sie tritt im Eozän erstmals auf und existiert heute noch.

RUNZELIGE KORALLE
Goniophyllum pyramidale
Goniophyllum ist eine einzeln lebende Koralle aus dem Silur. Der Polyp lebte in einem kegelförmigen Gebilde.

TRILOBITEN AUS DEM KAMBRIUM
Paradoxides bohemicus
Einige Trilobiten der Gattung *Paradoxides* wurden fast einen Meter lang. Diese Art aus dem Kambrium hatte am Körper lange Stacheln.

TRILOBITEN AUS DEM SILUR
Dalmanites caudatus
Dieser Trilobit aus dem Silur hatte einen gegliederten Mittelleib und einen spitzen Schwanzstachel.

EINGEROLLTER TRILOBIT AUS DEM SILUR
Phacops spec.
Dieser Trilobit aus dem Silur hatte Facettenaugen. Trilobiten konnten sich wie viele heutige Gliederfüßer einrollen.

TRILOBIT AUS DEM ORDOVIZIUM
Eodalmanitina macrophtalma
Der Trilobit aus dem Ordovizium hatte sichelförmige Augen. Sein Mittelleib bestand aus elf Segmenten.

PFEILSCHWANZKREBS
Euproops rotundatus
Die mit den heutigen Pfeilschwanzkrebsen *Euproops* aus dem Karbon hatte einen sichelförmigen Kopfschild und einen langen Schwanzstachel.

HUMMER
Eryma leptodactylina
Der fossile Hummer *Eryma* aus dem Jura und der Kreide war 6 cm lang und hatte Ähnlichkeit mit heutigen Arten.

KRABBE
Avitelmessus grapsoideus
Der Panzer dieser Krabbe aus der Kreide hatte zahlreiche Stacheln. *Avitelmessus* wurde bis zu 25 cm breit.

KÜCHENSCHABE
Archimylacris eggintoni
Der Verwandte der Küchenschabe lebte im Karbon. Die Hinterflügel von *Archimylacris* hatten charakteristische Adern.

»

ARMFÜSSER MIT SCHARNIER
Leptaena rhomboidalis
Leptaena, ein Armfüßer aus dem Ordovizium, Silur und Devon, wurde bis zu 5 cm breit. Seine Schale hatte konzentrische und radiale Rippen.

RHYNCHONELLID-ARMFÜSSER
Homeorhynchia acuta
Der kleine Armfüßer *Homeorhynchia* aus dem frühen Jura wurde nur etwa 1 cm groß.

SPIRIFERINA-ARMFÜSSER
Spiriferina walcotti
Der weitverbreitete Armfüßer aus der Trias und dem Jura hatte eine bis zu 3 cm breite, runde Schale mit deutlich sichtbaren Wachstumslinien.

KAMMMUSCHEL
Pecten maximus
Die Gattung *Pecten* gibt es seit dem Paläogen. *Pecten maximus* hat zwei gerippte Schalenhälften, die beim Schwimmen auf- und zuklappen.

SÜSSWASSERMUSCHEL
Carbonicola pseudorobusta
Die in Festlandsgesteinen aus dem Karbon vorkommende Muschel hatte eine spitz zulaufende Schale. Sie wurde zur Datierung dieser Gesteine herangezogen.

VENUSMUSCHEL
Crassatella lamellosa
Die kleine zweischalige Muschel lebte von der Kreide bis zum Miozän. Sie hatte deutlich erkennbare Wachstumslinien.

MIESMUSCHEL
Ambonychia spec.
Die frühe zweischalige Muschel aus dem Ordovizium wurde bis zu 6 cm breit. Beide Schalenhälften wiesen radiale Rippen auf.

AUSTER
Gryphaea arcuata
Diese Auster kommt in Gesteinen aus der Trias und dem Jura vor. Sie hatte eine große Schalenhälfte mit Haken und ein kleinere, flache.

SCHNECKE AUS DEM ORDOVIZIUM
Murchisonia bilineata
Die bis zu 5 cm große Schnecke *Murchisonia* lebte vom Silur bis zum Perm. Ihr Schneckenhaus hatte gerippte Windungen.

SCHNECKE AUS DEM JURA
Pleurotomaria anglica
Die in Gesteinen aus dem Jura und der Kreide auftretende Schnecke hatte ein breites Haus mit Radial- und Spiralmustern.

ROSTROCONCHIE
Conocardium spec.
Conocardium lebte im Devon und Karbon und ähnelte einer Venusmuschel. die Schale hatte jedoch kein funktionsfähiges Scharnier.

PERLBOOT
Vestinautilus cariniferous
Dieser frühe Verwandte von *Nautilus* hatte eine locker aufgerollte, wenig verzierte Schale. *Vestinautilus* findet sich in Gesteinen des Karbons.

AMMONIT AUS DEM DEVON
Soliclymenia paradoxa
Die Schale dieses Ammonoiden aus dem frühen Devon hatte dünne Rippen. Einige Arten hatten ungewöhnliche dreieckige Schalen.

AMMONIT AUS DEM KARBON
Goniatites crenistria
Das Weichtier aus dem Devon und Karbon hatte abgewinkelte Nahtstellen, an denen die Kammerwände mit der Schale verwachsen waren.

AMMONIT AUS DER TRIAS
Ceratites nodosus
Das ammonitenähnliche Weichtier trat in der Trias auf. Seine verzierte Schale hatte eine offene Spiralform und ausgeprägte Rippen.

AMMONIT
Mortoniceras rostratum
Dieser Ammonit aus der Kreide hatte einen Durchmesser von bis zu 10 cm und eine gerippte Schale.

BELEMNIT
Pachyteuthis abbreviata
Der mit den Tintenfischen verwandte *Pachyteuthis* aus dem Jura hatte ein Rostrum aus Calcit. Das Tier wurde etwa 10 cm lang.

CYSTOID
Pseudocrinites bifasciatus
Das mit einem Fuß am Meeresboden festgewachsene Tier aus dem Silur und Devon besaß charakteristische rautenförmige Atemöffnungen.

SEELILIE AUS DEM DEVON
Cupressocrinites crassus
Diese Seelilie aus dem Devon wurde bis zu 3 cm groß. Sie hatte einen großen, fünfseitigen Becher auf ihrem Stiel.

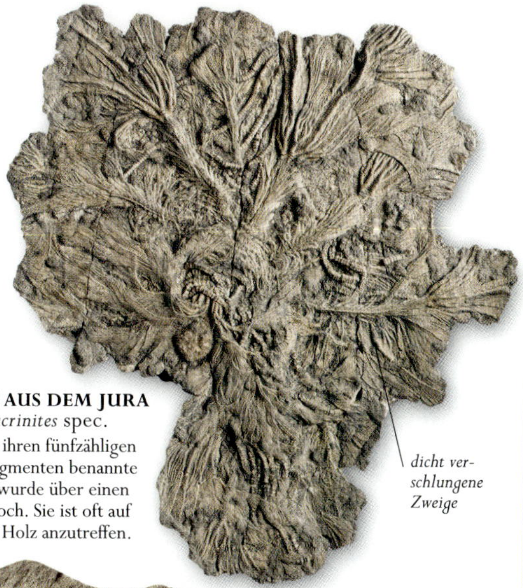

SEELILIE AUS DEM JURA
Pentacrinites spec.
Die nach ihren fünfzähligen Stängelsegmenten benannte Seelilie wurde über einen Meter hoch. Sie ist oft auf fossilem Holz anzutreffen.

SEESTERN
Lapworthura miltoni
Der frühe Vertreter der Seesterne lebte im Ordovizium und Silur. Er hatte einen Durchmesser von bis zu 10 cm. Diese Art hatte fünf relativ kurze, dicke Arme.

SEESTERN
Tropidaster pectinatus
Dieser ausgestorbene Seestern aus dem frühen Jura war etwa 2,5 cm groß. Er hatte fünf dicke Arme.

BLASTOID
Pentremites pyriformis
Dieser Stachelhäuter aus der Gruppe der Blastoiden lebte im Karbon. Er hatte lange, armartige Gebilde, die zur Nahrungsaufnahme dienten.

SEEIGEL
Hemicidaris intermedia
Dieser weitverbreitete Seeigel aus dem Jura wurde etwa 4 cm groß. An seinen Knoten waren kräftige Stacheln festgewachsen.

HERZFÖRMIGER SEEIGEL
Lovenia spec.
Der seit dem Paläozän bekannte und heute noch existierende herzförmige Seeigel grub sich im Boden ein. Er wurde bis zu 5 cm groß.

FOSSILE WIRBELTIERE

Fossilien von Wirbeltieren sind nicht so häufig wie die von Wirbellosen, da viele Wirbeltiere an Land lebten, wo weniger Fossilien entstehen, und sie erst viel später aufkamen als die Wirbellosen. Fische waren die ersten Wirbeltiere. Sie sind schon im Kambrium nachzuweisen. Ihre rasche Entwicklung im Silur und Devon führte zur Entstehung von Amphibien im Devon. Die Ära der Dinosaurier war das Mesozoikum, an dessen Ende die Säugetiere begannen, sich in zahlreiche Arten aufzuspalten.

ZENASPIS-FISCH
Zenaspis spec.
Der im Devon auftretende *Zenaspis* hatte einen massiven Schädel. Der Fisch war bis zu 25 cm lang und mit knochigen Schuppen bedeckt.

PANZERFISCH
Bothriolepis canadensis
Der zu den Placodermi (einer ausgestorbenen Gruppe kieferloser Fische) zählende *Bothriolepis* hatte große Knochenschilde und stachelförmige Brustflossen.

FRÜHES FISCHÄHNLICHES WIRBELTIER
Loganellia spec.
Der primitive, kieferlose, platte »Fisch« *Loganellia* war mit zahnförmigen Schuppen bedeckt. Das bis zu 12 cm lange Tier lebte im Devon.

KIEFERLOSER FISCH
Drepanaspis spec.
Der kieferlose, primitive Fisch *Drepanaspis* hatte einen abgeflachten Schädel. Er kommt nur im Devon vor.

FLEISCHFLOSSER
Eusthenopteron foordi
Die Knochen in den kräftigen Flossen dieses Fischs aus dem späten Devon ähneln den Knochen in Gliedmaßen landlebender Vierfüßer.

HAIFISCHZAHN
Otodus sokolovi
Mit seinen gezackten Zahnkanten konnte dieser Haifisch aus dem Känozoikum leicht ins Fleisch beißen.

HASELSCHWARM
Leuciscus pachecoi
Die im Miozän lebende, ausgestorbene Fischart hatte Ähnlichkeit mit modernen Knochenfischen. Diese Art wurde 6 cm lang.

ROCHEN
Heliobatis radians
Der Süßwasserrochen *Heliobatis* wurde in Schichten aus dem Eozän gefunden. Er wurde etwa 30 cm lang und hatte ein Knorpelskelett.

SCHÄDEL EINES GROSSEN RAUBFISCHS
Xiphactinus spec.
Der Knochenfisch *Xiphactinus* aus der späten Kreide war ein Raubfisch mit muskulösem Körper und langen Vorderzähnen.

PRIMITIVER FROSCH
Rana pueyoi
Die Froschart aus dem Miozän wurde 15 cm groß und hatte Gemeinsamkeiten mit heutigen Fröschen, zum Beispiel lange Hinterbeine.

AMPHIBIUM
Diplocaulus magnicornis
Das salamanderähnliche *Amphibium* aus dem Perm hatte Fortsätze an den Schädelseiten. Es wurde bis zu 1 m lang.

WIRBEL EINES RIESENWARANS
Varanus priscus
Der Riesenwaran *Varanus priscus* wurde 7 m lang. Er kommt in Gesteinen aus dem Pleistozän vor.

DIMETRODON-SCHÄDEL
Dimetrodon loomisi
Der frühe Verwandte der Säugetiere aus dem Perm hatte ein segelartiges Gebilde auf dem Rücken. Ein hoher Schädel und eine kurze Schnauze sorgten für hohe Bisskraft.

HUNDEZÄHNER-SCHÄDEL
Cynognathus crateronotus
Der Fleischfresser aus der Trias hatte einen kräftigen Schädel und lange Reißzähne. Er zählt zu den Hundezähnern, einer Gruppe von Säugetier-Vorfahren.

DICYNODONTEN-SCHÄDEL
Pelanomodon spec.
Dieser Pflanzenfresser war ein Hundezähner, ein Tier aus einer Gruppe von Säugetier-Verwandten aus dem Perm und der Trias.

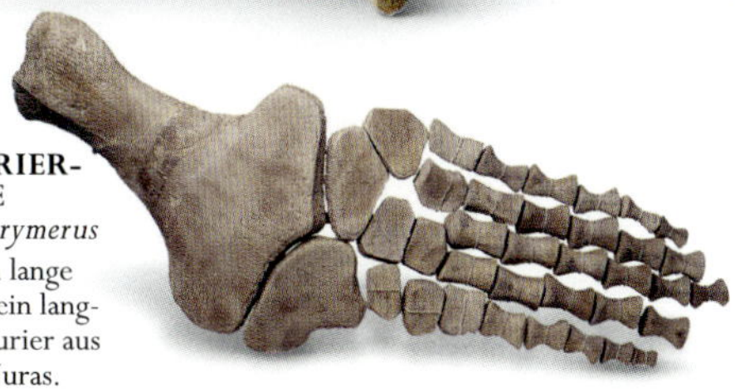

PLESIOSAURIER-FLOSSE
Cryptoclidus eurymerus
Der bis zu 8 m lange *Cryptoclidus* war ein langhalsiger Plesiosaurier aus der Zeit des Juras.

MEERESSCHILDKRÖTEN-SCHÄDEL
Puppigerus crassicostata
Fossile Meeresschildkröten sind in Gesteinen vom Mesozoikum bis zur Neuzeit anzutreffen. *Puppigerus* aus dem Eozän hatte einen schweren Panzer.

ÄLTESTER VOGEL
Archaeopteryx lithographica
Archaeopteryx wird oft als frühester Vogel betrachtet. Funde aus dem chinesischen Jura stellen diese Ansicht jedoch infrage.

RIESENVOGEL-SCHÄDEL
Phorusrhacos inflatus
Der fleischfressende, flugunfähige Vogel aus dem Miozän wurde bis zu 2,5 m groß und hatte einen kräftigen Schnabel.

ZÄHNE VON EINEM URPFERD
Protorohippus spec.
Dieser Vorfahr der heutigen Pferde lebte im Eozän und hatte die Größe eines Hunds. Er hatte mehrere Zehen und flache Backenzähne.

SCHÄDEL EINER SÄBELZAHNKATZE
Smilodon spec.
Große, gebogene Reißzähne waren typisch für *Smilodon*, eine im Pleistozän lebende Katze von der Größe eines heutigen Tigers.

KIEFER EINES FRÜHEN ELEFANTEN
Phiomia serridens
Der vom Eozän bis zum Oligozän lebende *Phiomia* wurde 2,5 m groß. Er hatte Stoßzähne im Oberkiefer und einen kleinen Rüssel.

HOMINOIDENSCHÄDEL
Proconsul africanus
Das älteste Fossil eines Hominoiden (eines menschenaffenähnlichen Primaten) wurde in Afrika in Gestein aus dem Miozän gefunden.

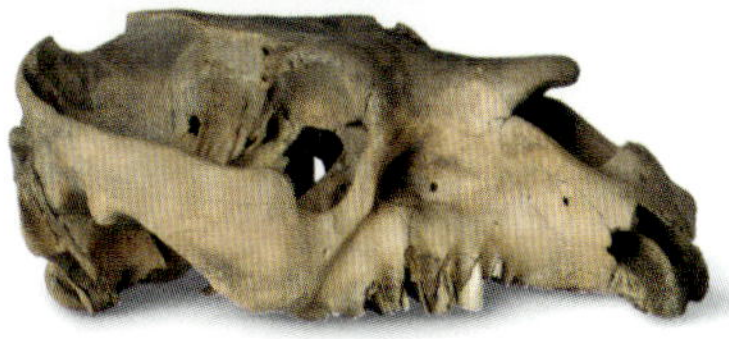

NOTOUNGULAT
Toxodon platensis
Das bis zu 2,7 m große *Toxodon* hatte einen stämmigen Körper mit nilpferdähnlichem Kopf. Es lebte vom Pliozän bis zum Pleistozän.

»

SCHWANZWIRBEL VON DIPLODOCUS
Diplodocus longus
Der Pflanzenfresser *Diplodocus* aus dem Jura wurde bis zu 27 m lang. Er hatte einen langen, peitschenähnlichen Schwanz.

OBERSCHENKEL EINES BRACHIOSAURUS
Brachiosaurus spec.
Der riesige, pflanzenfressende Dinosaurier *Brachiosaurus* mit einer Länge von 25 m lebte im Jura und in der Kreide.

PLATEOSAURUS-SCHÄDEL
Plateosaurus spec.
Plateosaurus war ein bulliger Pflanzenfresser aus der späten Trias. Er wurde etwa 8 m lang und hatte einen sehr kleinen Kopf.

COELOPHYSIS-SKELETT
Coelophysis bauri
Fossilien von *Coelophysis* sind in Gesteinen aus der Trias anzutreffen. Der nur 3 m lange Fleischfresser hatte ein vogelähnliches Skelett.

SCHÄDELFRAGMENT EINES PROCERATOSAURUS
Proceratosaurus bradleyi
Fossilien von *Proceratosaurus,* einem Fleischfresser aus dem mittleren Jura mit einem Knochenkamm am Kopf, wurden im Südwesten Englands gefunden.

SAKRALWIRBEL VON MEGALOSAURUS
Megalosaurus bucklandi
Der Fleischfresser *Megalosaurus* aus dem mittleren Jura war 9 m lang, hatte einen großen Kopf und kräftige Hinterbeine.

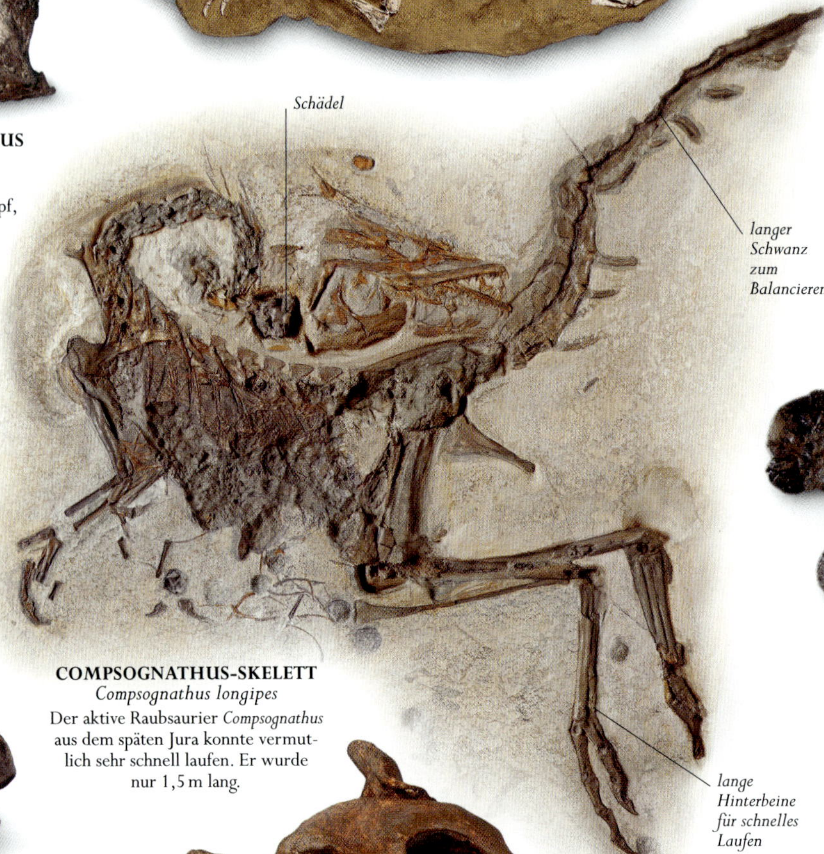

COMPSOGNATHUS-SKELETT
Compsognathus longipes
Der aktive Raubsaurier *Compsognathus* aus dem späten Jura konnte vermutlich sehr schnell laufen. Er wurde nur 1,5 m lang.

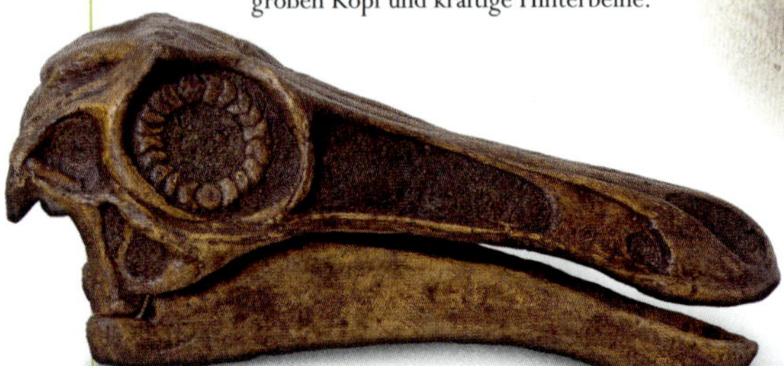

GALLIMIMUS-SCHÄDEL
Gallimimus bullatus
Der bis zu 6 m lange Saurier *Gallimimus* hatte einen vogelähnlichen Schädel, einen langen Hals und lange Beine.

ALBERTOSAURUS-SCHÄDEL
Albertosaurus spec.
Albertosaurus war ein eng mit *Tyrannosaurus rex* verwandter, 8 m langer Raubsaurier. Er wurde in Gesteinen aus der Kreide gefunden.

DASPLETOSAURUS-KIEFER
Daspletosaurus torosus
Dieser Dinosaurier aus der Kreide hatte massige Hinterbeine und kurze Arme. Er wurde 9 m lang und hatte die eindrucksvollen Zähne eines Fleischfressers.

FUSS EINES SCELIDOSAURUS
Scelidosaurus harrisonii
Scelidosaurus aus dem frühen Jura wurde 4 m lang und war mit scharfen, knochigen Buckeln bedeckt. Er hatte lange Zehen und scharfe Krallen.

STEGOSAURUS-KNOCHENPLATTE
Stegosaurus spec.
Der 9 m lange *Stegosaurus* stammt aus dem späten Jura. Er hatte zwei lange Reihen von riesigen Knochenplatten auf seinem Rücken.

ANKYLOSAURUS-SCHÄDEL
Ankylosaurus magniventris
Der in Gesteinen aus der Kreide anzutreffende *Ankylosaurus* war ein Pflanzenfresser mit schwerem Knochenpanzer. Er wurde 6 m lang.

EUOPLOCEPHALUS-SCHWANZSPITZE
Euoplocephalus tutus
Der 7 m lange *Euoplocephalus* aus der Oberkreide verteidigte sich vermutlich mit dieser knochigen Verdickung.

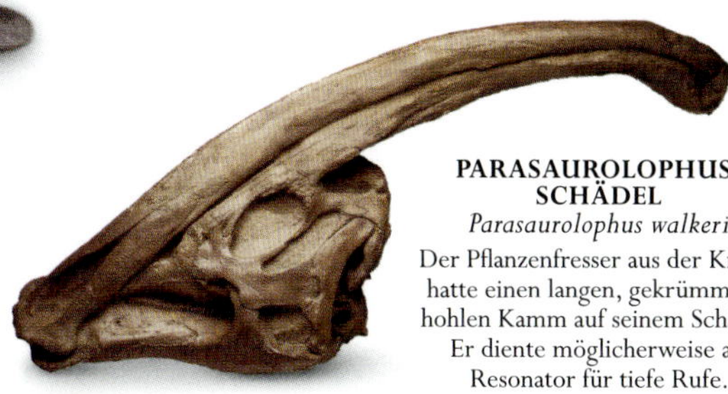

PARASAUROLOPHUS-SCHÄDEL
Parasaurolophus walkeri
Der Pflanzenfresser aus der Kreide hatte einen langen, gekrümmten, hohlen Kamm auf seinem Schädel. Er diente möglicherweise als Resonator für tiefe Rufe.

HYPSILOPHODON-ZEHE
Hypsilophodon foxii
Hypsilophodon aus der Kreide war ein schneller Pflanzenfresser. Er wurde bis zu 2,3 m lang.

PACHYCEPHALOSAURUS-SCHÄDEL
Pachycephalosaurus wyomingensis
Pachycephalosaurus lebte gegen Ende der Kreidezeit. Er hatte einen dicken, hohen Schädel und wurde bis zu 5 m lang.

STEGOCERAS-SCHÄDEL
Stegoceras validum
Dieser Dinosaurier aus der Kreidezeit wurde 2 m lang. Seine kleinen, gezackten Zähne legen nahe, dass er ein Pflanzenfresser war.

STYRACOSAURUS-SCHÄDEL
Styracosaurus albertensis
Styracosaurus aus der Oberkreide sah ähnlich aus wie *Triceratops*, hatte aber schlanke Hörner an der Schädelrückseite.

TRICERATOPS-SCHÄDEL
Triceratops prorsus
Ein massiver Schädel mit Hörnern und Knochenplatten war charakteristisch für *Triceratops*, einen Pflanzenfresser aus der Oberkreide.

PSITTACOSAURUS-SKELETT
Psittacosaurus spec.
Psittacosaurus aus der Kreidezeit war einer der ersten Dinosaurier mit Hörnern. Er war ein Pflanzenfresser und wurde 2 m lang.

EUOPLOCEPHALUS

Euoplocephalus gehörte zu den Ankylosauriern, einer Dinosaurierfamilie mit gepanzertem Schädel und Knochenplatten auf dem Rücken. Er wurde etwa 6 m lang und wog 2 Tonnen. Schwanz, Rumpf und Hals waren von Knochenplatten und Bändern aus zäher, ledriger Haut mit Knochenstummeln bedeckt. Auf dem Rücken verliefen zwei Reihen größerer Zacken. Selbst die Augen waren durch knochige Augenlider geschützt. Miteinander verwachsene Buckel am Ende des langen Schwanzes bildeten eine Verdickung, mit der der Dinosaurier sich gegen Angreifer wehren konnte. *Euoplocephalus* war ein Pflanzenfresser – sein Schnabel war ideal an das Fressen von Pflanzen in den dichten Wäldern der Oberkreide angepasst. Mit seinen Zehen konnte er möglicherweise sogar Wurzeln und Knollen ausgraben. *Euoplocephalus* war vermutlich ein Einzelgänger, wobei die Jungtiere vielleicht in Rudeln lebten.

GRÖSSE	6 m
ZEIT	Oberkreide
VERBREITUNG	Nordamerika
GRUPPE	Ankylosaurier

> GEPANZERTER KOPF
Der Kopf hatte massive Schädelknochen mit schützenden Stacheln am Hinterkopf und einem Schnabel. Der Name *Euoplocephalus* bedeutet »gut gepanzerter Kopf«.

∨ HALSWIRBEL
Trotz des relativ kleinen Kopfs und des kurzen Halses mussten die Halswirbel kräftig sein, um das Gewicht des gepanzerten Schädels zu tragen.

< PANZERUNG
Eines der typischen Merkmale von *Euoplocephalus* war die Panzerung aus zähen Hautplatten über starren ovalen Knochenbuckeln.

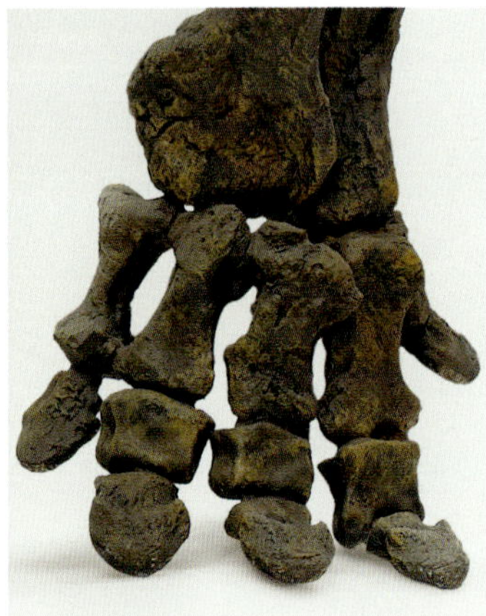

∧ VORDERFUSS
Die Gliedmaßen dieses Dinosauriers waren kurz, gedrungen und kräftig. Die Vorderfüße hatten kurze, kräftige Zehen, die halfen, das beträchtliche Körpergewicht zu tragen.

∧ KEULE AM SCHWANZENDE
Die Verdickung an der Schwanzspitze bestand aus miteinander verwachsenen Knochen. Sie diente wahrscheinlich der Verteidigung.

∧ SCHWANZWIRBEL
Etwa in der Mitte des Schwanzes gingen die typischen Schwanzwirbel mit Stacheln über in eine verwachsene Knochenstruktur, die die Verdickung am Schwanzende tragen musste. Der Schwanz muss ziemlich muskulös gewesen sein.

WANDELNDER PANZER >
Euoplocephalus hatte einen breiten, niedrigen Rumpf, der von kurzen, stämmigen Gliedmaßen getragen wurde. Der Hinterkopf war durch Stacheln geschützt, und das schnabelartige Maul hatte kleine, gerippte Zähne zum Kauen pflanzlicher Nahrung.

Knochenstummel und Stacheln auf dem Rücken
Kopfstachel
Massige Beinknochen trugen das Gewicht des gepanzerten Rumpfs.
Lange, gewundene Nasengänge lassen auf einen guten Geruchssinn schließen.
Hinterfüße mit scharfen Krallen an allen drei Zehen

MIKRO-ORGA-NISMEN

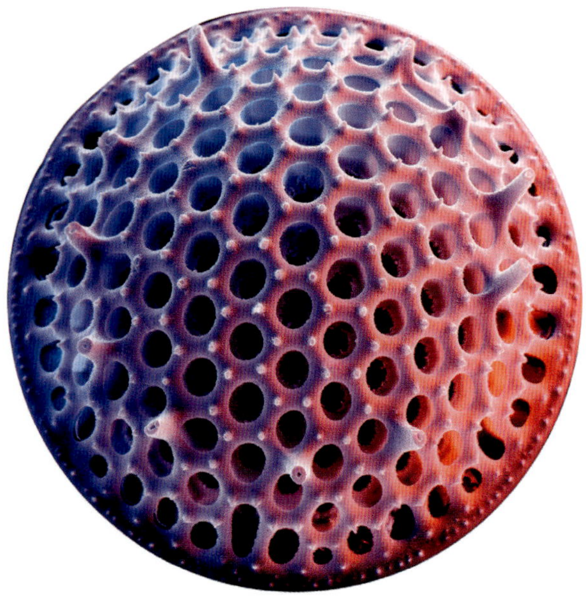

Trotz ihrer winzigen Gestalt spielen mikroskopisch kleine Organismen eine wichtige Rolle für das Leben auf der Erde. Sie gehörten zu den ersten Lebewesen und erhalten auch heute noch die Ökosysteme der Welt, indem sie die Nährstoffe aufnehmen und wieder abgeben, die andere Lebensformen zum Überleben benötigen. Von den einfachsten Prokaryoten bis zu den komplexen Protoctisten bilden sie ein Spektrum der verschiedensten Formen, die uns meist verborgen bleiben.

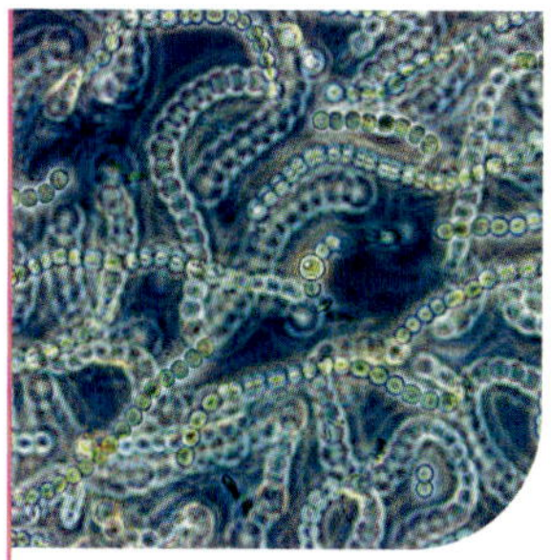

» 90

ARCHAEEN UND BAKTERIEN

Als einfachste Lebensformen sind Archaeen und Bakterien Einzeller ohne Zellkern. Die meisten leben in Form einzelner Zellen, doch manche bilden auch Ketten.

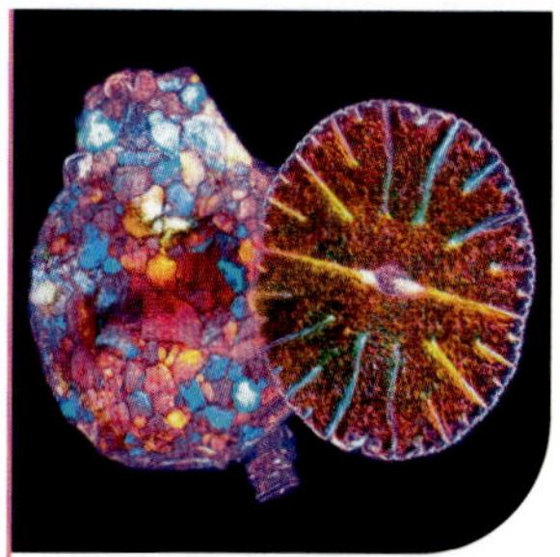

» 94

PROTOCTISTEN

Protoctisten gehören zu den zahlreichsten Organismen. Manche haben keine feste Form, doch viele besitzen ein mineralisiertes Skelett oder eine Schale. Meistens handelt es sich um Einzeller.

ARCHAEEN UND BAKTERIEN

Ein die Erde besuchender Außerirdischer könnte annehmen, dass die wahren Herrscher die Archaeen und die Bakterien seien. Sie sind zahlreicher und weisen vielseitigere Bauweisen als die Eukaryoten auf. Sie leben in jeder Nische der Welt.

DOMÄNE	ARCHAEA
STÄMME	12
ORDNUNGEN	18
FAMILIEN	28
ARTEN	vermutlich Millionen

DOMÄNE	BACTERIA
STÄMME	etwa 50
ORDNUNGEN	180
FAMILIEN	430
ARTEN	vermutlich Millionen

Hydrothermalquellen am Grund der Ozeane sind der Lebensraum vieler hohe Temperaturen tolerierender Archaeen.

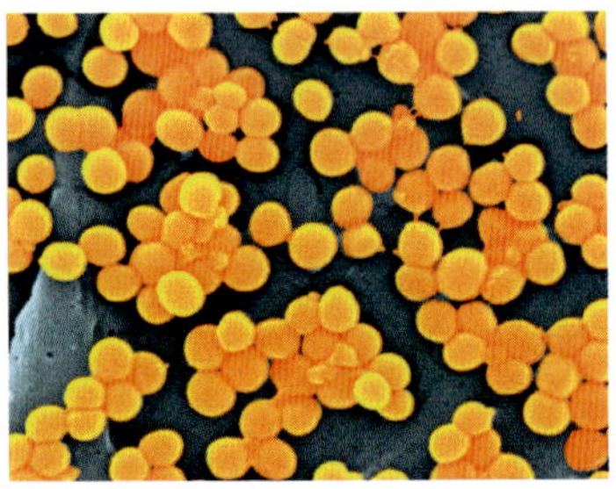

Staphylococcus-Bakterien bilden in der Nahrung Zellhaufen und können eine Lebensmittelvergiftung hervorrufen.

STREITFRAGE

KESSEL DES LEBENS

Viele Archaeen sind an Extreme angepasst. Ihre DNA wird in heißem Wasser von stabilisierenden Eiweißen geschützt. Ähnliche Proteine umgeben die längeren Chromosomen der Eukaryoten. Vielleicht schuf so die Isolation in urzeitlichen Tümpeln die Voraussetzungen für die Stabilität der zusätzlich nötigen DNA der Eukaryoten.

Die Archaeen und Bakterien sind einzellige Organismen und gehören zu den ursprünglichsten Lebensformen. Sie bilden zwei der drei großen Domänen des Lebens. Zwar enthalten alle lebenden Zellen DNA, doch nur die Eukaryoten haben einen von einer Membran umgebenen Zellkern und meistens Energie liefernde Mitochondrien. Den Archaeen und Bakterien fehlt beides. Sie sind nur entfernt miteinander verwandt. Die Zellen der Archaeen sind von einer Membran umgeben, auf der eine stabile äußere Zellwand liegt. Bakterien unterscheiden sich von ihnen in ihrer physikalischen und chemischen Struktur sehr. Ihre Zellwand ist anders aufgebaut. Diese Eigenschaften ermöglichen den Archaeen vor allem das Überleben in unwirtlichen Gegenden, während Bakterien überall gedeihen und weit verbreitet sind.

KLEINSTE LEBENDE DINGE

Alle Archaeen und Bakterien sind winzig, sodass ihre Größe in Mikrometern (µm) angegeben wird. Ein menschliches Haar ist etwa 80 µm dick, doch die meisten Archaeen und Bakterien sind nur 1–10 µm lang. Und doch leben sie in fast jedem Bereich der Biosphäre: in der äußeren Atmosphäre, tief in der Erdkruste, in der Tiefsee und im menschlichen Körper. So sind zum Beispiel im menschlichen Darm zehnmal so viele Bakterien enthalten wie der Körper selbst an Zellen hat. Manche Archaeen und Bakterien gedeihen in kochendem Wasser oder in Eis, überleben radioaktive Strahlung und sogar giftige Gase und ätzende Säuren. Die meisten ernähren sich von totem Material, andere von lebenden Körpern. Während manche ihre Energie aus Mineralien beziehen, nutzen andere die Fotosynthese, um mithilfe des Lichts Kohlendioxid und Wasser in Zucker und Sauerstoff umzuwandeln. Obwohl man sie als Krankheitserreger fürchtet, sind Bakterien für die menschliche Gesundheit notwendig, da mithilfe der Darmbakterien die Nahrung aufbereitet wird. Fast vier Milliarden Jahre lang haben die Archaeen und Bakterien das Klima, die Bildung des Bodens und die Evolution des Lebens maßgeblich beeinflusst.

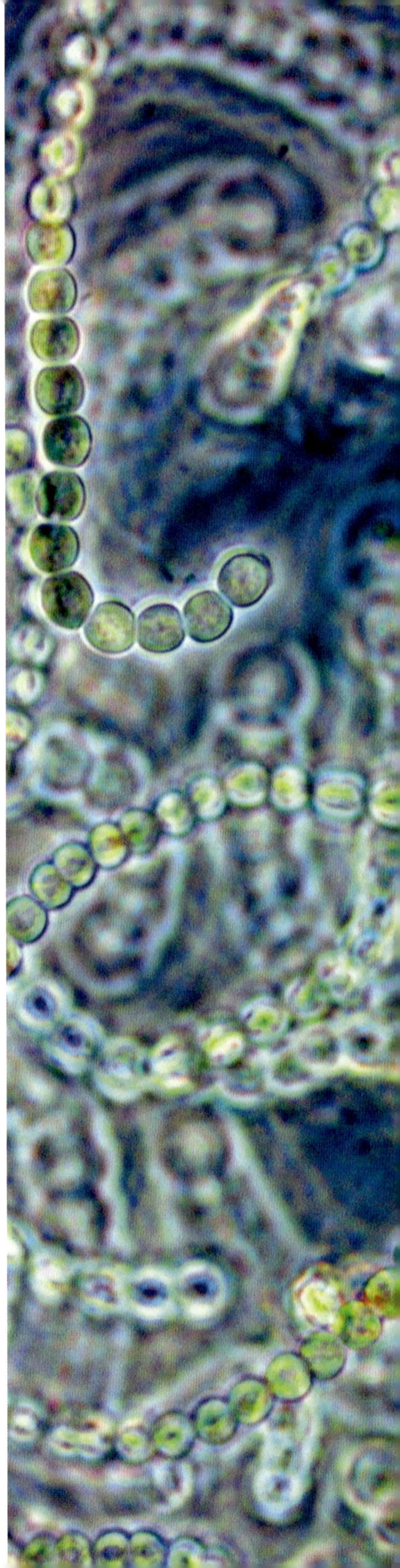

MIKROSKOPISCH KLEINE CYANOBAKTERIEN > Obwohl Bakterien einzellig sind, können sich die Zellen dieser Cyanobakterien zu langen Fäden zusammenschließen.

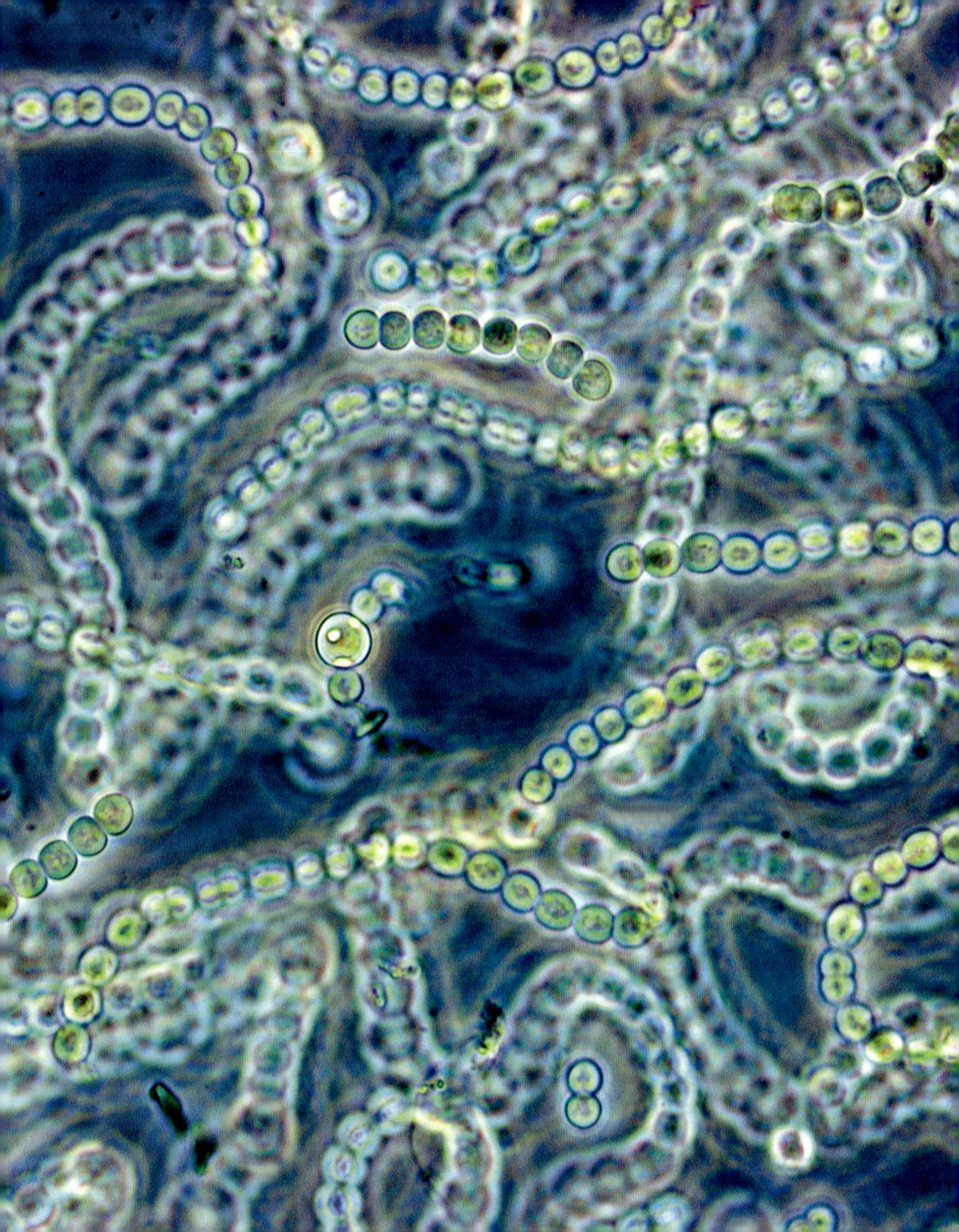

ARCHAEEN

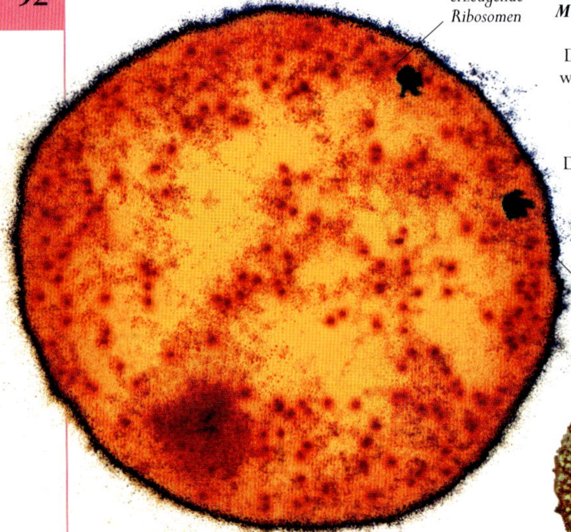

METHANOCOCCOIDES BURTONII

Dieser Methanproduzent wurde auf dem Grund des antarktischen Ace Lake entdeckt, wo es keinen Sauerstoff gibt und die Durchschnittstemperatur 0,6 °C beträgt.

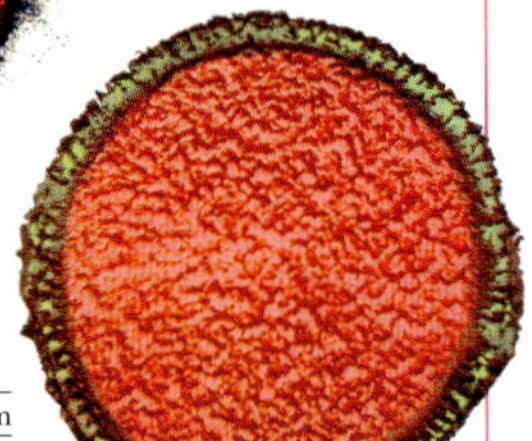

STAPHYLOTHERMUS MARINUS

Die in hydrothermalen Quellen des Meeresgrunds entdeckte Art wächst am besten bei 85–92 °C. Die Zellen ballen sich zusammen wie Weintrauben und können relativ groß werden.

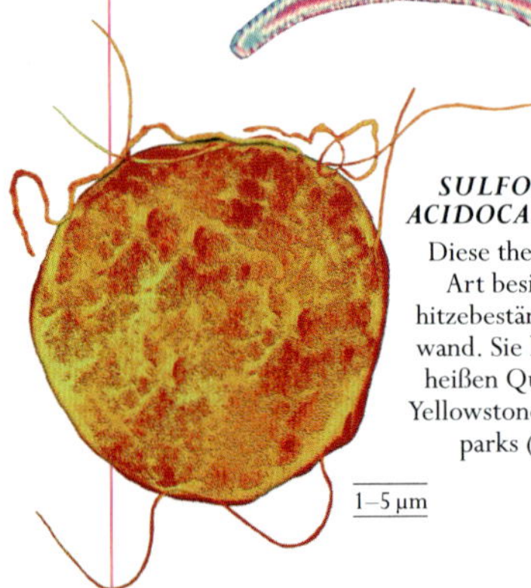

SULFOLOBUS ACIDOCALDARIUS

Diese thermophile Art besitzt eine hitzebeständige Zellwand. Sie lebt in den heißen Quellen des Yellowstone-Nationalparks (USA).

DESULFUROCOCCUS MOBILIS

Diese anaerobe Art lebt an Stellen, wo es keinen oder wenig Sauerstoff gibt, und nutzt stattdessen Schwefelverbindungen. Als extrem thermophile Art gedeiht sie am besten bei 85 °C.

THERMOPROTEUS TENAX

Die stabförmigen Zellen sind verschieden lang, haben aber immer den gleichen Durchmesser. Die hitzebeständige Außenhülle ist bezogen auf die Evolution sehr alt.

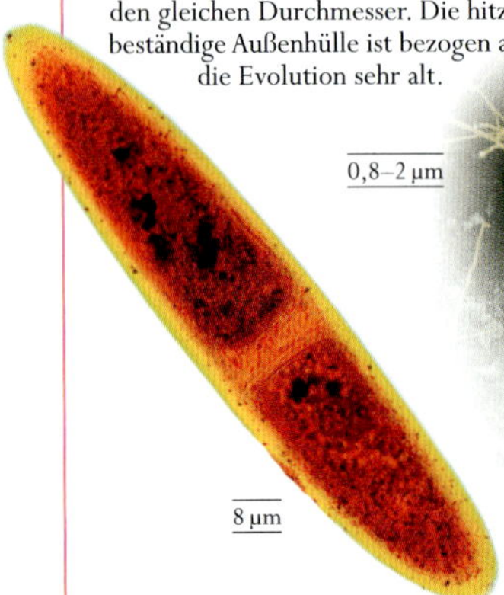

METHANOSPIRILLUM HUNGATEI

Diese in Abwässern entdeckte Archaee erzeugt bei der Verarbeitung der Abfälle große Mengen an Methan. Jede Zelle ist von einer hohlen Scheide umgeben.

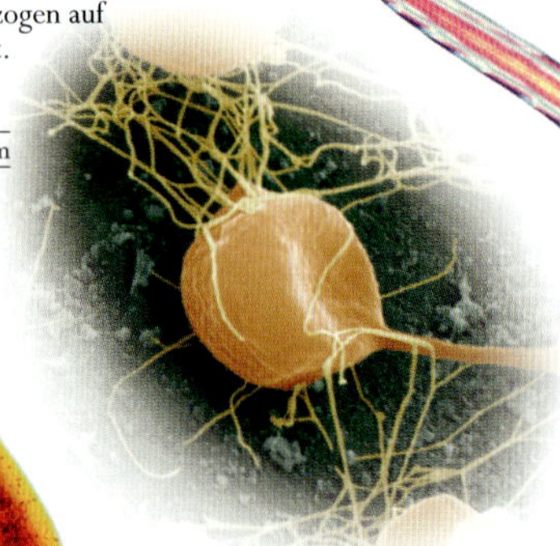

PYROCOCCUS FURIOSUS

Pyrococcus bedeutet »Feuerbeere«, was die Form und die Temperaturtoleranz dieser Archaee wiedergibt: Sie gedeiht am besten bei 100 °C.

BAKTERIEN

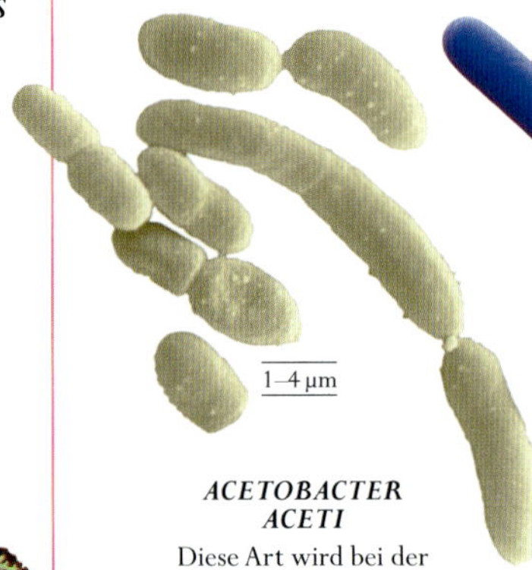

ACETOBACTER ACETI

Diese Art wird bei der Essigherstellung benutzt, verunreinigt aber auch häufig die Maische bei der Alkoholherstellung. Sie verfärbt oft Bier und säuert es an.

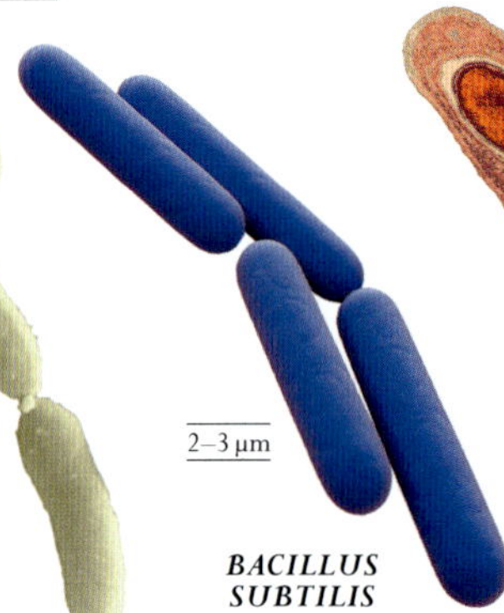

BACILLUS SUBTILIS

Bis zu eine Milliarde dieser Bakterien können in einem Gramm Erde leben. Unter ungünstigen Bedingungen liegen sie als inaktive Sporen vor.

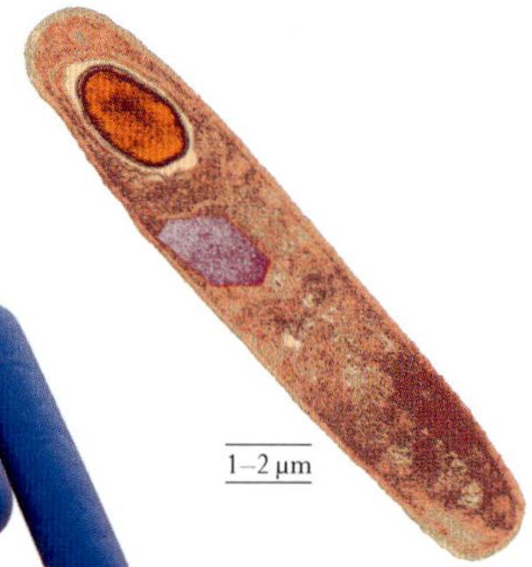

BACILLUS THURINGIENSIS

Dieses Bakterium erzeugt Bt-Toxine, die für Menschen ungiftig, aber für bestimmte Insekten tödlich sind. Es wird daher als Insektizid vermarktet.

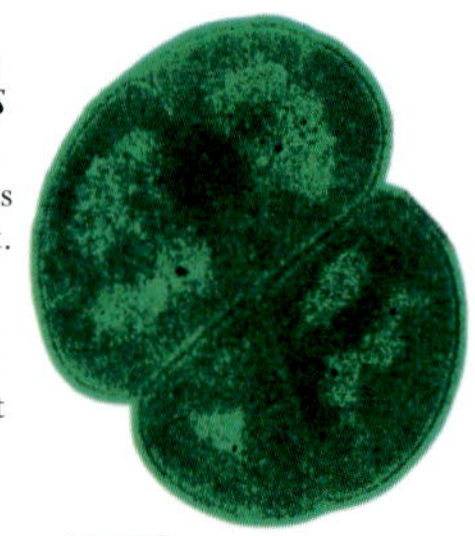

DEINOCOCCUS RADIODURANS

Diese Art gilt als widerstandsfähigstes Bakterium der Welt. Sie ist in Fleisch entdeckt worden, das experimentell radioaktiv bestrahlt worden war.

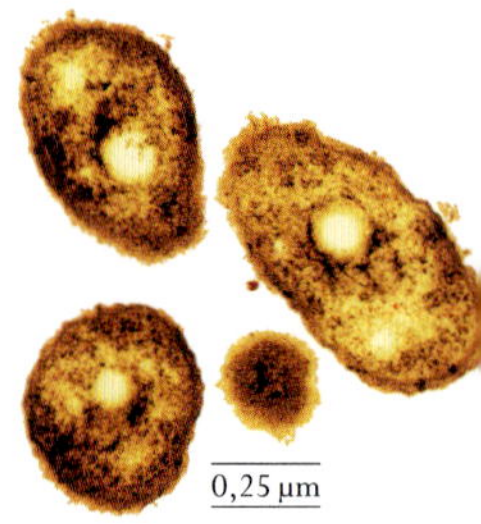

BORDETELLA PERTUSSIS

Dieses Bakterium ist der Erreger des Keuchhustens, einer Infektion, die mit heftigen, krampfartigen Hustenanfällen und der Zerstörung von Blutzellen einhergeht.

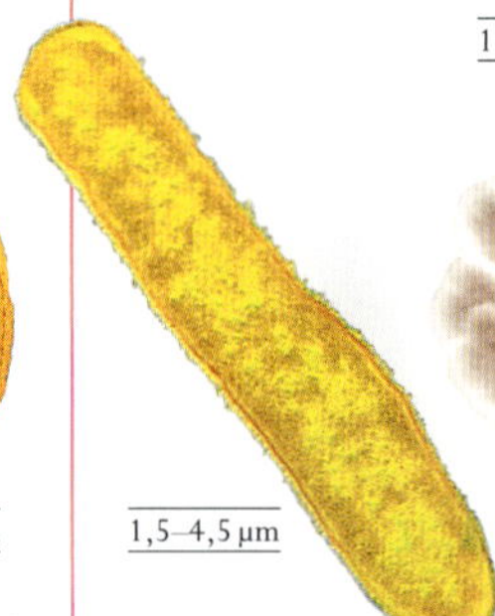

BACTEROIDES FRAGILIS

Diese Bakterien bilden einen großen Teil der menschlichen Darmflora und sind meistens harmlos für den Wirt. Sie können aber in andere Gewebe einwandern und eitrige Abszesse hervorrufen.

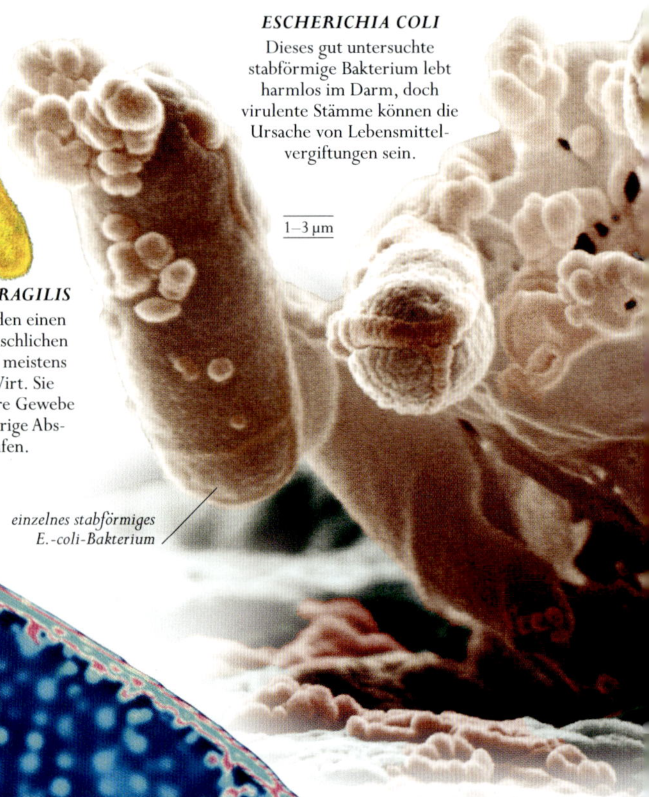

ESCHERICHIA COLI

Dieses gut untersuchte stabförmige Bakterium lebt harmlos im Darm, doch virulente Stämme können die Ursache von Lebensmittelvergiftungen sein.

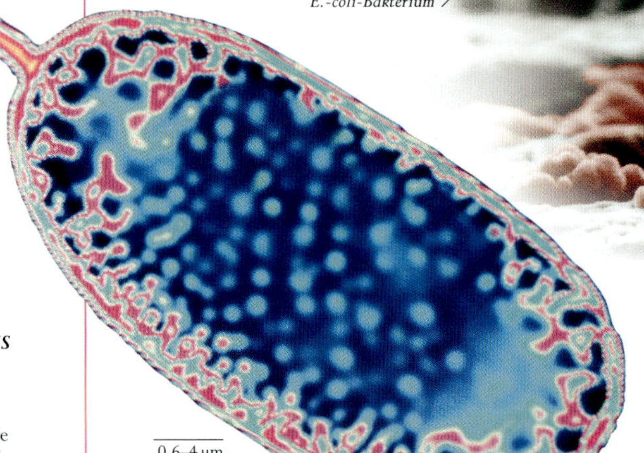

NITROBACTER SPEC.

Diese Bakteriengattung spielt bei der Umwandlung von Nitrit in Nitrat eine Rolle. Es unterstützt die Wasserreinigung und die Düngung des Bodens.

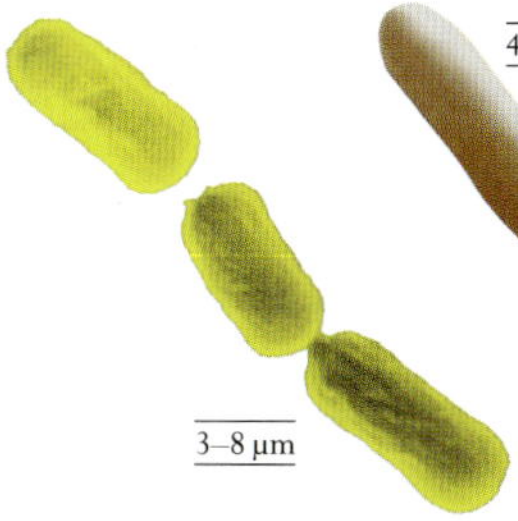

CLOSTRIDIUM BOTULINUM

Dieses bodenlebende Bakterium gedeiht, wo Sauerstoff fehlt oder begrenzt ist. Es produziert ein Nervengift, das auch in der Medizin und Kosmetik eingesetzt wird.

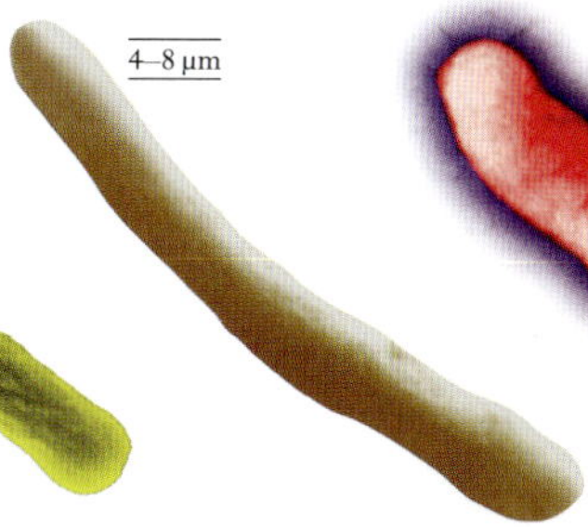

CLOSTRIDIUM TETANI

Dieses Bodenbakterium kann abgestorbenes Gewebe in Wunden infizieren und produziert Tetanospasmin, ein Wundstarrkrampf auslösendes Nervengift.

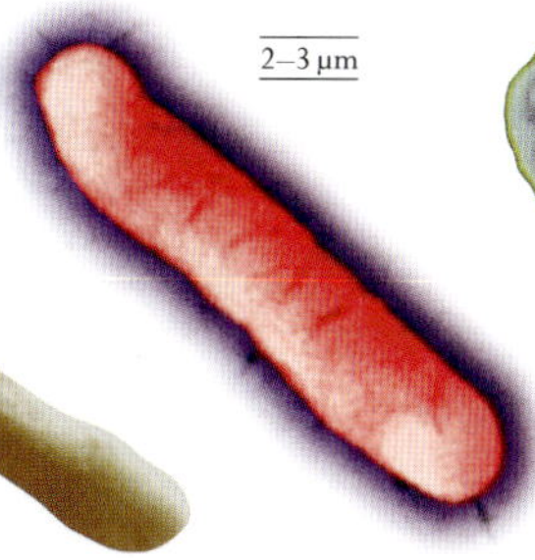

SALMONELLA ENTERICA

Einige Unterarten dieser zur gleichen Familie wie *E. coli* gehörenden Art können Gastroenteritis, andere Typhus hervorrufen.

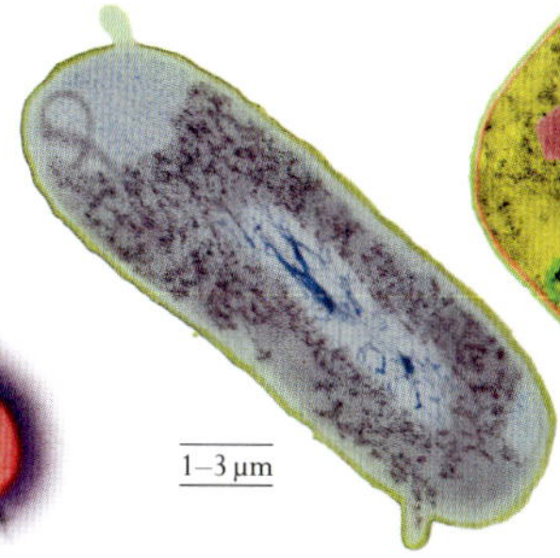

SHIGELLA DYSENTERIAE

Dieses Darmbakterium erzeugt Shigella-Enterotoxine und verursacht Durchfall. Bereits zehn Bakterien können eine Infektion auslösen.

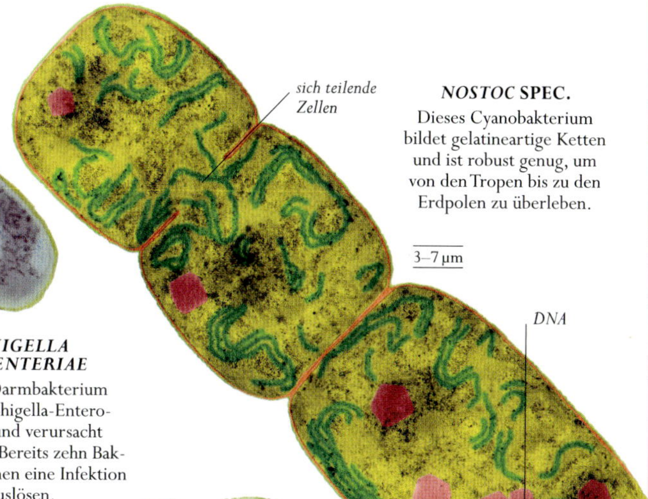

NOSTOC SPEC.

Dieses Cyanobakterium bildet gelatineartige Ketten und ist robust genug, um von den Tropen bis zu den Erdpolen zu überleben.

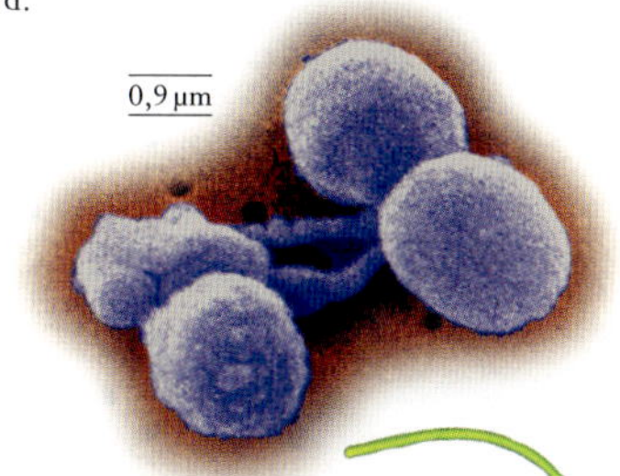

STREPTOCOCCUS PNEUMONIAE

Diese im menschlichen Körper lebende Art kann Lungenentzündung auslösen. Bei Kindern und älteren Menschen ist sie der Hauptauslöser invasiver Infektionen, die alle Körperteile befallen.

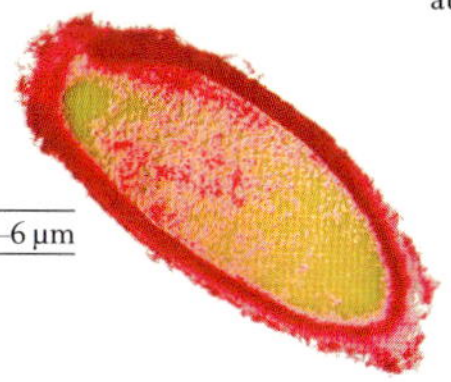

LACTOBACILLUS ACIDOPHILUS

Das in Darm und Vagina lebende Bakterium dient der Ernährung und hat antibakterielle Eigenschaften. Es wird probiotischen Getränken zugesetzt.

STAPHYLOCOCCUS EPIDERMIDIS

Dieses kugelförmige Bakterium lebt auf der Haut als Teil der normalen Flora, doch kann es bei immungeschwächten Menschen Infektionen auslösen.

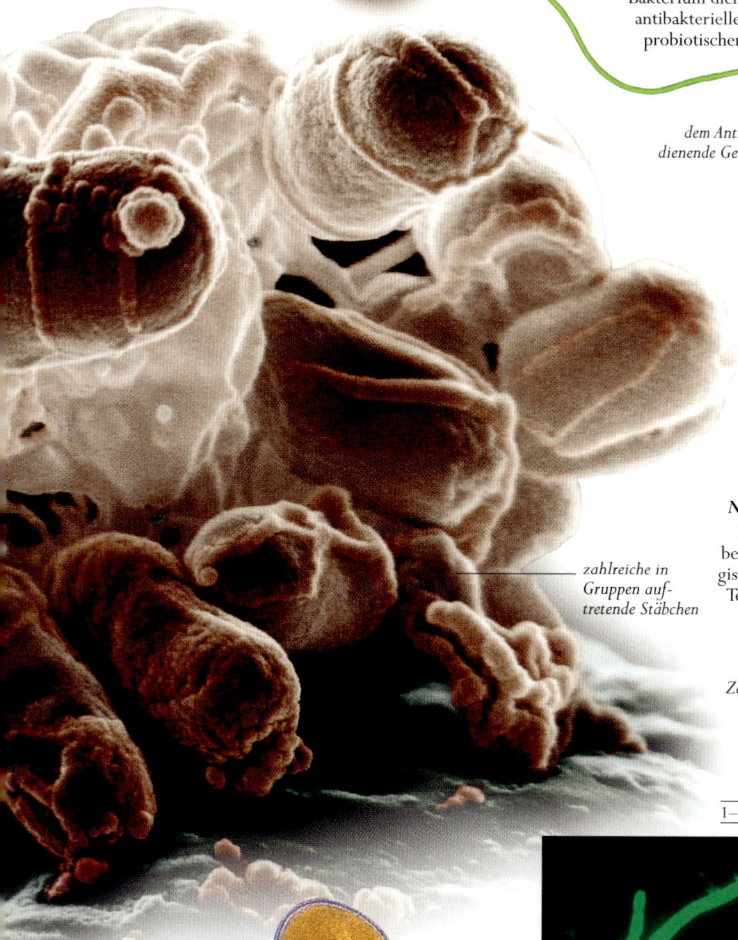

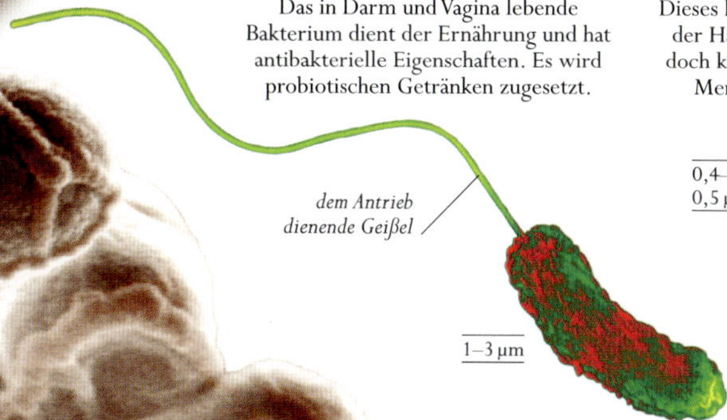

VIBRIO CHOLERAE

Diese mithilfe ihrer Geißel sehr bewegliche Art in Form eines gekrümmten Stäbchens erzeugt ein starkes Enterotoxin, das Cholera auslöst.

FUSOBACTERIUM NUCLEATUM

Diese Art kommt im Mundraum des Menschen vor und bildet einen großen Teil der Plaque. Sie kann auch eine vorzeitige Geburt auslösen.

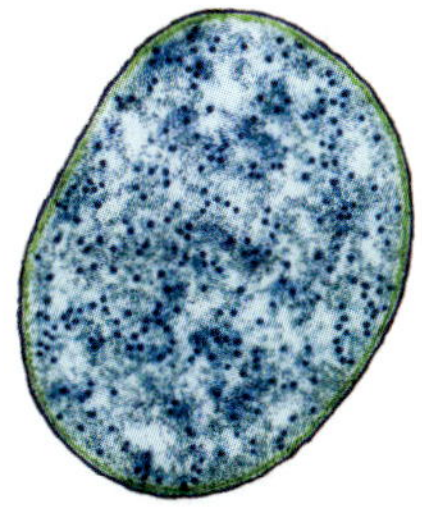

PSYCHROBACTER URATIVORANS

Dies ist eine psychrophile oder cryophile Art. Sie gedeiht also dank natürlicher Frostschutzmoleküle in ihrem Zytoplasma bei sehr niedrigen Temperaturen.

NITROSOSPIRA SPEC.

Dieses Bodenbakterium besetzt eine wichtige ökologische Nische. Es oxidiert als Teil des Stickstoffkreislaufs Ammonium zu Nitrit.

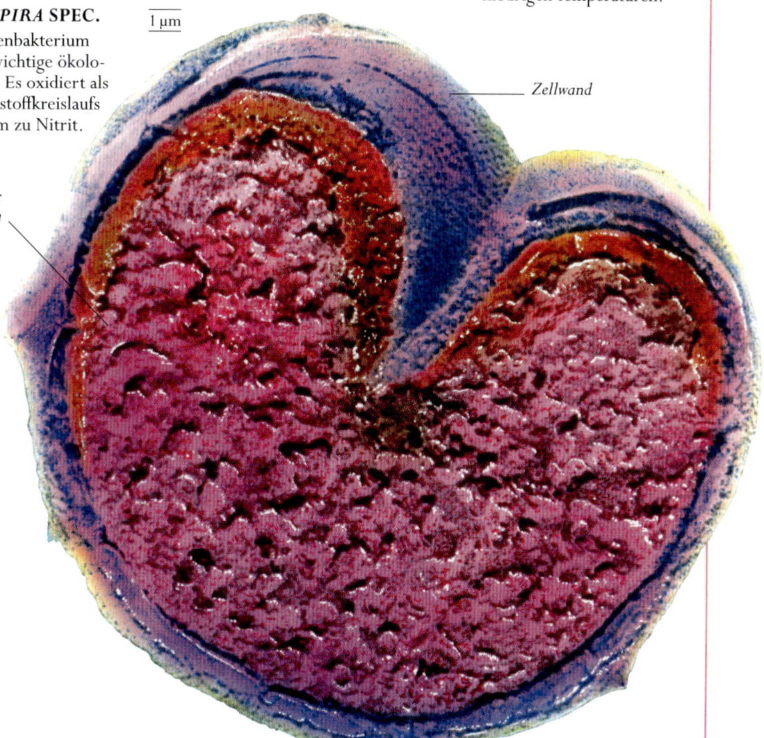

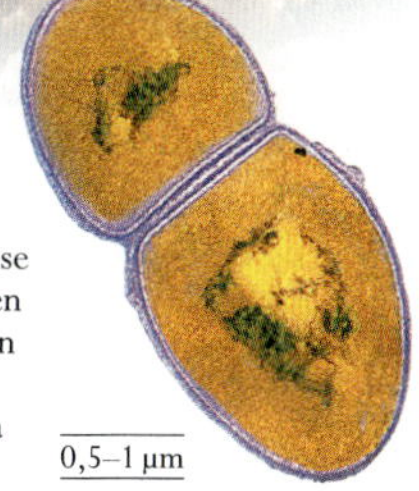

ENTEROCOCCUS FAECALIS

Der normalerweise harmlose Bewohner des menschlichen Darms und der Vagina kann Wunden infizieren und ist gegen viele Antibiotika resistent.

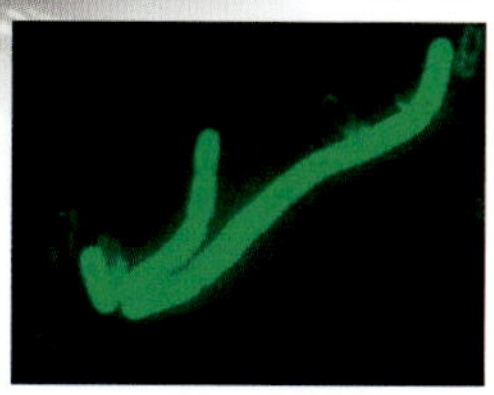

YERSINIA PESTIS

Dieses Bakterium ist der Erreger der Pest. Die über Rattenflöhe auf Menschen übertragene Krankheit verursacht noch heute weltweit bis zu 3000 Todesfälle im Jahr.

PROTOCTISTEN

Zu dieser Sammelgruppe gehören winzige Amöben ebenso wie der Riesenkelp. Sie umfasst die ersten höher als Archaeen und Bakterien stehenden Lebensformen, die heute noch der Welt die meiste Nahrung und den meisten Sauerstoff liefern.

DOMÄNE	EUKARYOTA
REICH	PROTOCTISTA
KLADEN UND ABTEILUNGEN	über 9
FAMILIEN	etwa 841
ARTEN	etwa 73 500

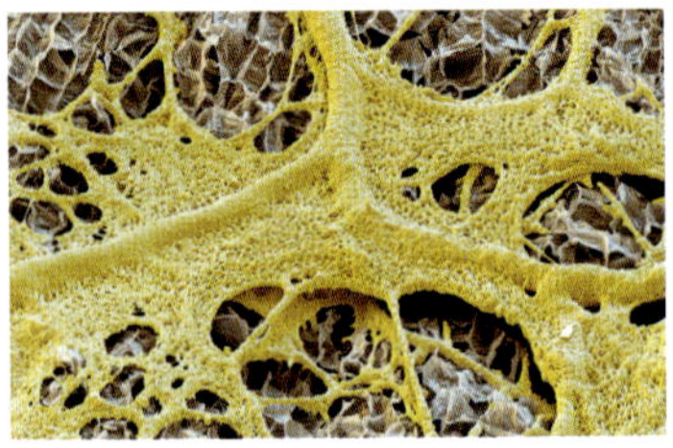

Bei manchen Schleimpilzen können Tausende einzelner Zellkerne in einer riesigen Zelle existieren.

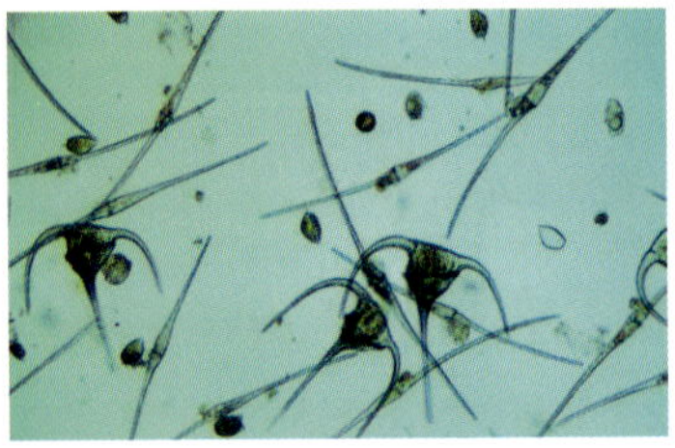

Viele einzellige Protoctisten weisen außergewöhnliche Formen auf, wie diese ankerförmigen Dinoflagellaten.

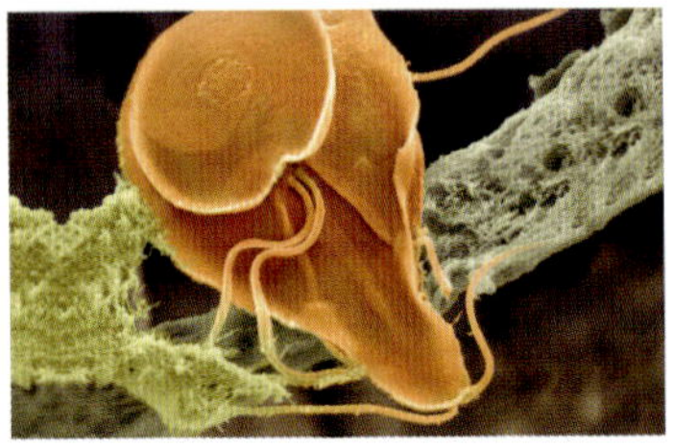

Manche Protoctisten rufen verheerende Krankheiten hervor, wie diese *Giardia*-Art, die den Darm befällt.

STREITFRAGE

SAMMELGRUPPE

Das Reich Protoctista umfasst die nicht als Pilze, Pflanzen oder Tiere zu klassifizierenden Eukaryoten und damit viele nicht nah miteinander verwandte Arten. Tatsächlich gehören Tiere und Pilze in die Gruppe Opisthokonta und die Pflanzen in die Gruppe Archaeplastida, sodass das Reich Protoctista eine künstliche Sammelgruppe darstellt.

Protoctisten sind größtenteils einzellige Organismen, besitzen aber anders als Archaeen und Bakterien einen Zellkern. Ihre einfache Zellstruktur unterscheidet sie von den später aus ihnen hervorgegangenen Eukaryoten, den Pilzen, Pflanzen und Tieren. Die Protoctisten umfassen eine Fülle von Organismen unterschiedlicher Lebensweise. Die meisten sind mit 10–100 µm Größe mikroskopisch klein. Manche sind so winzig, dass sie in rote Blutkörperchen eindringen können. Andere haben sich zu vielzelligen Organismen wie dem Dutzende von Metern langen Riesenkelp zusammengeschlossen oder bilden als Schleimpilze kriechende Gebilde, die eigentlich eine riesige Zelle darstellen. Zu den typischen Protoctisten gehören die Amöben, die sich mithilfe ausstreckbarer Scheinfüßchen bewegen und Nahrung erbeuten. Zum im Meer treibenden Plankton zählen die schönen Kieselalgen, die komplizierte aus Siliciumdioxid bestehende Gehäuse haben.

VERBORGENES REICH DES LEBENS

Protoctisten zählen zu den zahlreichsten Organismen der Welt. Viele leben in den Meeren und Flüssen, den Sedimenten der Seen und in der Erde, während andere ihr Leben oder einen Teil ihres Lebenszyklus als Parasiten innerhalb anderer Organismen verbringen. Sie spielen in der Ökosphäre dieses Planeten eine wichtige Rolle, besonders bei der Fotosynthese, indem sie Kohlendioxid und Wasser in Zucker umwandeln und Sauerstoff abgeben. Sie können auch als Räuber oder Wiederverwerter auftreten. Einige Arten sind als Erreger von Krankheiten bekannt: Die *Plasmodium*-Arten verursachen Malaria, *Trypanosoma brucei* die Schlafkrankheit. Bestimmte Dinoflagellaten sind für die durch sie verursachten Algenblüten bekannt, die Fische töten und über die Nahrungskette Menschen vergiften können.

Die Systematik der Protoctisten ist komplex, da sie keine natürliche Gruppe darstellen. Molekularbiologische Untersuchungen haben es ermöglicht, die meisten Arten in große Kladen gemeinsamen Ursprungs einzuordnen: die Amoebozoa, die Rhizaria und die Alveolata. Die Rotalgen, die Grünalgen und die Armleuchteralgen bilden jeweils eigene Gruppen.

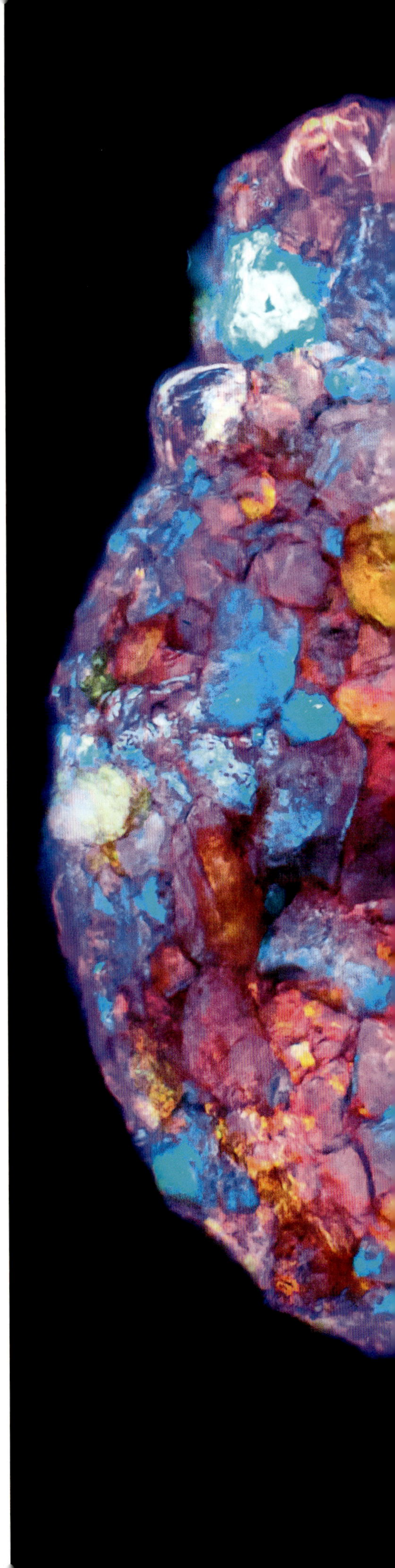

KLEINE WUNDER >
Das polarisierte Licht enthüllt die Schönheit des Uhrglastierchens *Arcella* und der Zieralge *Micrasterias*.

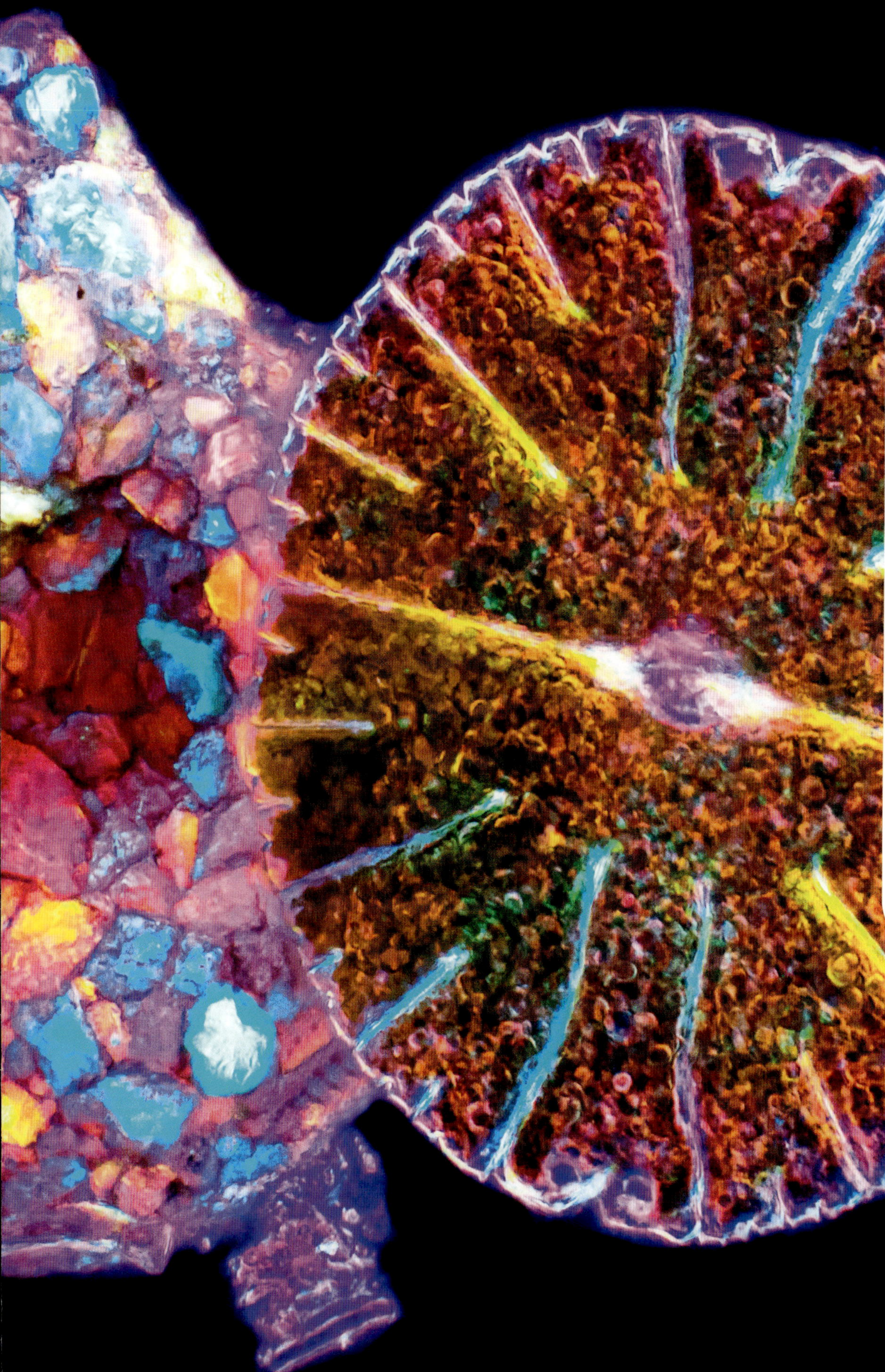

PROTOCTISTENGRUPPEN

Die taxonomische Zuordnung der Protoctisten ist schwierig und unterliegt ständigen Veränderungen. Hier folgt sie einem der neuesten Modelle.

AMOEBOZOA UND OPISTHOKONTA

Zwei Protoctisten-Kladen, Amoebozoa und Opisthokonta, haben unterschiedliche Methoden der Fortbewegung und des Nahrungserwerbs entwickelt.

Die Amöben der Klade Amoebozoa können als Pseudopodien bezeichnete Zellfortsätze ausstülpen. Diese Scheinfüßchen werden zur Fortbewegung und zum Fang der Beute benutzt, die lebend vom Zellplasma umschlossen und verdaut wird. Manche Amöben sind riesige Zellen und sogar mit dem bloßen Auge sichtbar. Andere sind Darmparasiten und können bei Menschen die Amöbenruhr hervorrufen. Eine Gruppe, die Schleimpilze, hat eine bemerkenswerte Strategie zum Überleben bei Nahrungsmangel entwickelt. Ihre Zellen geben dann ein chemisches Signal ab, das den Zusammenschluss zu einem winzigen schneckenartigen Gebilde auslöst. Aus diesem sprießen Stiele, die platzen und Sporen verbreiten. Aus jeder Spore entsteht eine neue Amöbe.

URSPRUNG VON PILZEN UND TIEREN

Die meisten Arten der Klade Opisthokonta besitzen eine einzelne Geißel zur Fortbewegung im Wasser. Zu dieser Klade gehören auch die Tiere, und die Geißel ist heute noch bei ihren Spermien zu beobachten. Die Angehörigen der Familie Nucleariidae haben dagegen ihre Geißel verloren und sind zu einem amöbenähnlichen Stadium zurückgekehrt. Sie sind möglicherweise nah mit den Pilzen verwandt, die auch zur Klade Opisthokonta gehören und sich gegenseitig ohne frei schwimmende Spermien befruchten.

DOMÄNE	EUKARYOTA
REICH	PROTOCTISTA
KLADEN	2
FAMILIEN	ohne Tiere und Pilze etwa 50
ARTEN	ohne Tiere und Pilze etwa 4000

STREITFRAGE

ZWEIGE DES LEBENS

Nach einer Theorie sollen sich die Eukaryoten in Unikonta (Zellen mit einer Geißel wie die Opisthokonten) und Bikonta (Zellen mit zwei Geißeln) geteilt haben. Aus den Unikonten entstanden die Pilze und Tiere, aus den Bikonten die Pflanzen. Der DNA-Nachweis fällt jedoch nicht eindeutig aus.

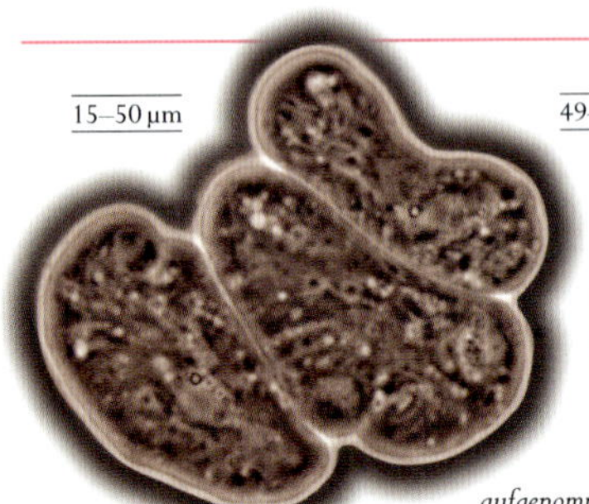

ENTAMOEBA HISTOLYTICA
Diese parasitäre Amöbe lebt im menschlichen Darm und kann Amöbenruhr hervorrufen. Sie enthält bis zu acht Zellkerne.

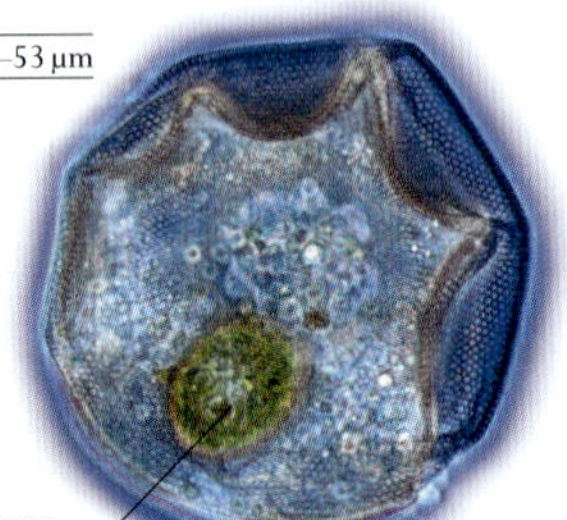

ARCELLA BATHYSTOMA
Diese Amöbe besitzt eine mit Poren versehene Schale, die auf einer Seite gewölbt ist, aber auch manchmal in Spitzen ausläuft.

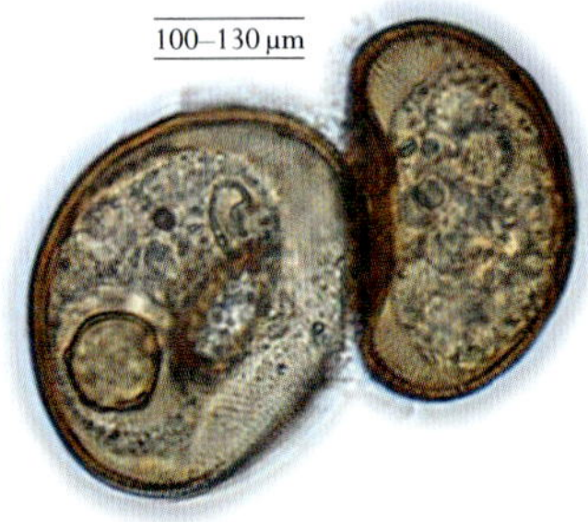

ARCELLA VULGARIS
Die vor allem in stehendem Wasser und in Erde lebende Amöbe hat eine konvexe Schale mit einem Loch, durch das die Pseudopodien ragen.

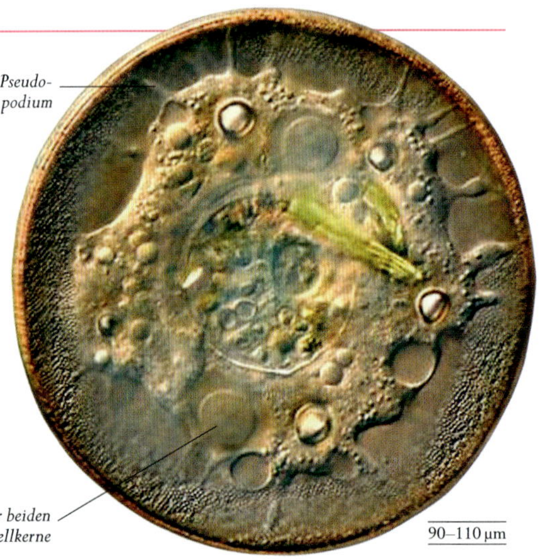

ARCELLA DISCOIDES
Diese Amöbe hat zwei Zellkerne und eine gelbbraune Schale mit einer Öffnung, durch die die Pseudopodien herausragen.

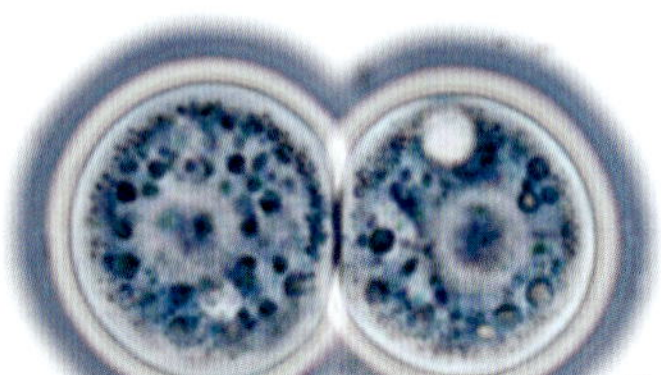

PROTACANTHAMOEBA CALEDONICA
Nahe Verwandte dieser ursprünglich in einer schottischen Flussmündung gefundenen Amöbe sind in der Leber einer tschechischen Schleie entdeckt worden.

NAEGLERIA FOWLERI
Diese Amöbe lebt in warmem Süßwasser. Sie kann über die Nase in den Körper gelangen und eine in 98 % aller Fälle tödliche Entzündung des Gehirns hervorrufen.

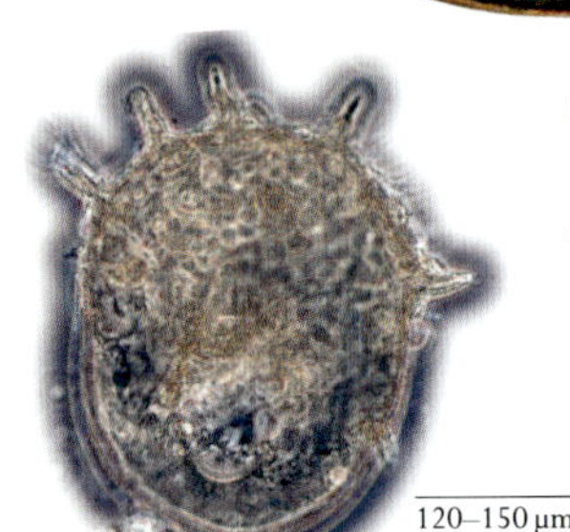

CENTROPYXIS ACULEATA
Diese Amöbe lebt auf Algen in Seen und Feuchtgebieten. Mit Sand und Algenzellwänden baut sie Gehäuse mit vier bis sechs Stacheln auf.

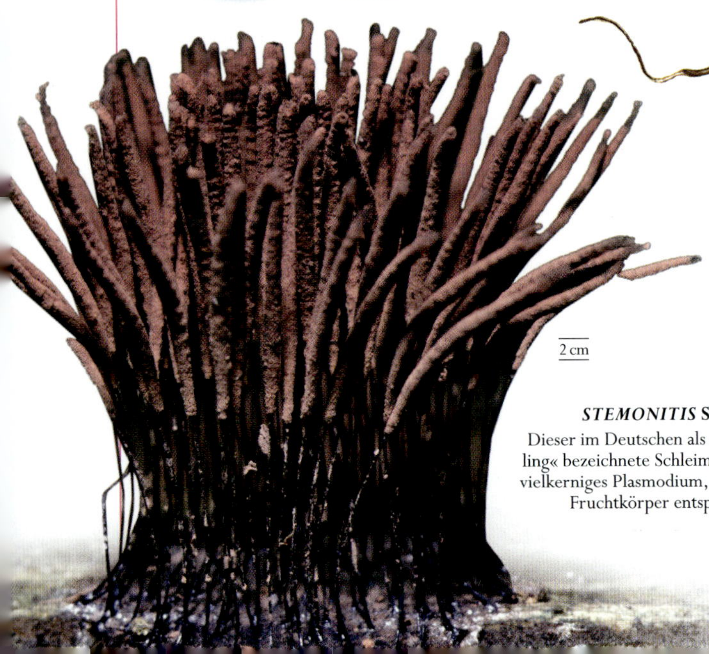

***STEMONITIS* SPEC.**
Dieser im Deutschen als »Fadenstäubling« bezeichnete Schleimpilz bildet ein vielkerniges Plasmodium, dem zahlreich Fruchtkörper entspringen.

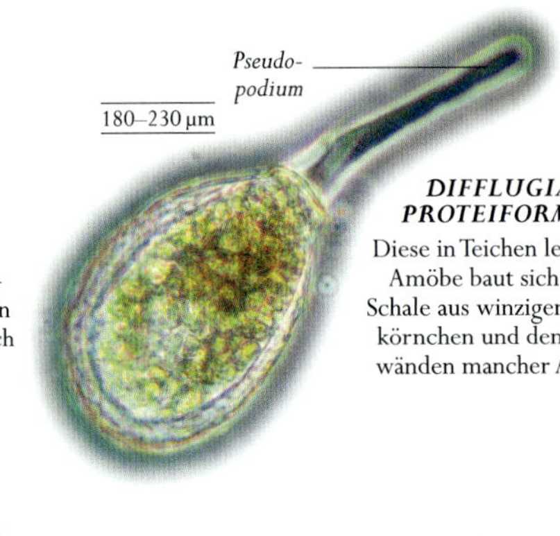

DIFFLUGIA PROTEIFORMIS
Diese in Teichen lebende Amöbe baut sich eine Schale aus winzigen Sandkörnchen und den Zellwänden mancher Algen.

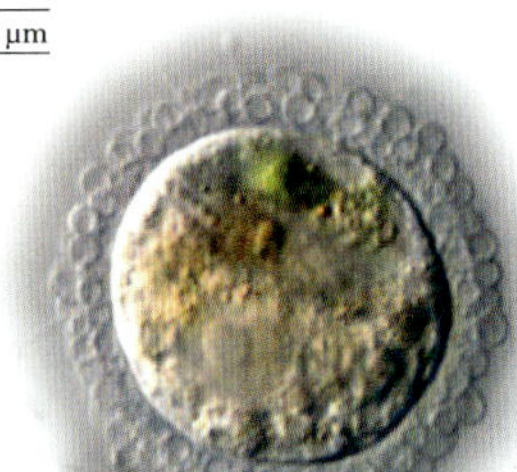

POMPHOLYXOPHRYS OVULIGERA
Dieser früher zu den Sonnentierchen gerechnete Flagellat der Klade Opisthokonta ist mit hohlen perlenartigen Schüppchen bedeckt.

EXCAVATA

Der Geißelantrieb ist in verschiedenen Protoctistengruppen entstanden. Besonders ausgeprägt ist diese Fortbewegungsweise in der Klade Excavata.

Die Flagellaten oder Geißeltierchen, die den größten Teil der Klade Excavata ausmachen, bewegen sich mithilfe einer oder mehrerer externer Geißeln fort. Viele sind Räuber und ernähren sich von kleineren Organismen wie den Bakterien. Anders als bei den veränderlichen Amöben ist ihre Form festgelegt und sie besitzen einen Zellmund an der Geißelbasis. Bemerkenswert ist, dass beispielsweise die *Euglena*-Arten sich je nach Umweltbedingung wie ein Tier oder wie eine Pflanze ernähren können. In hellem Licht betreiben sie Fotosynthese, doch im Dunkeln verkümmern die Chloroplasten (ihre lichtabsorbierenden Organellen) und die Einzeller kehren zu ihrem räuberischen Leben zurück.

LEBEN IM INNEREN VON TIEREN

Vielen Geißeltierchen dieser Gruppe fehlen die Voraussetzungen zum Atmen von Sauerstoff. Sie leben in der sauerstoffarmen Umgebung von Tierdärmen. Viele sind außergewöhnlich stark spezialisiert und nutzen die teilweise verdaute Nahrung in Insektendärmen, ohne jedoch dem Wirt zu schaden. Andere verursachen verheerende Krankheiten, auch bei Menschen. Die Arten der berüchtigten Trypanosomen werden von blutsaugenden Insekten übertragen und sind für die Tropenkrankheiten Leishmaniose und Schlafkrankheit verantwortlich.

DOMÄNE	EUKARYOTA
REICH	PROTOCTISTA
KLADE	EXCAVATA
FAMILIEN	40
ARTEN	etwa 2500

STREITFRAGE

RÜCKENTWICKLUNG

Den in Termitendärmen lebenden Geißeltierchen fehlen Mitochondrien, die Organellen, mit denen andere Protoctisten Sauerstoff verarbeiten. Sie können ursprüngliche, aber auch weiter entwickelte Flagellaten sein, die ihre Mitochondrien in der sauerstoffarmen Umgebung verloren haben.

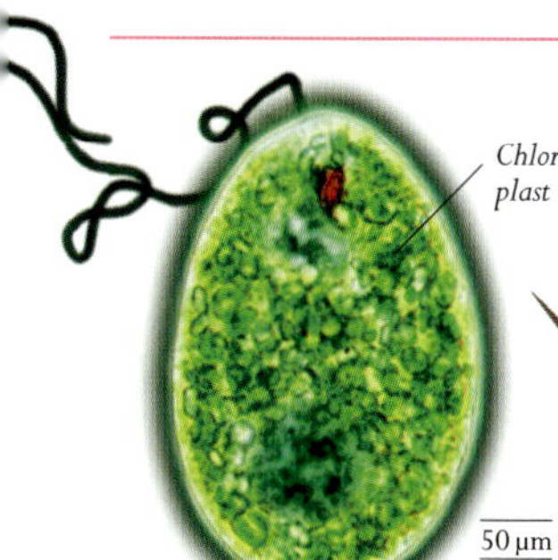

GRÜNES AUGENTIERCHEN
Euglena viridis
Dieser frei schwimmende, oft Algenblüten verursachende Flagellat besitzt eine flexible Zellhülle.

SCHLANKES AUGENTIERCHEN
Euglena gracilis
Diese Art, die eine externe Geißel besitzt, kann mit anderen gemeinsam einen gelatineartigen Schleim bilden.

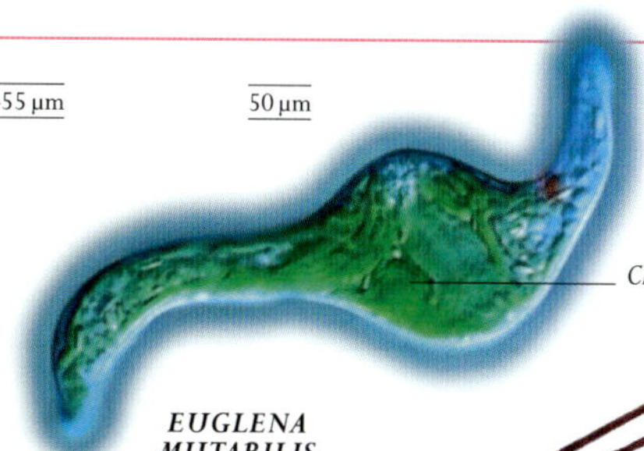

EUGLENA MUTABILIS
Die normalerweise wurmförmige Art kann ihre Gestalt verändern. Einige *Euglena*-Arten besitzen externe Geißeln, andere nicht.

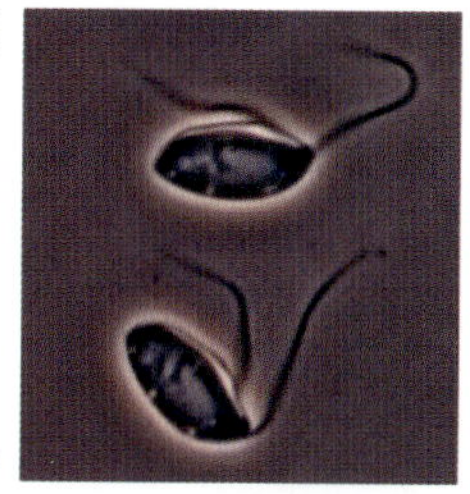

JAKOBA BAHAMENSIS
Dieses Geißeltierchen lebt in marinen Sedimenten und ernährt sich von Detritus. Eine der beiden Geißeln kann im Zellmund verborgen sein.

GIARDIA LAMBLIA
Der auch als *Giardia intestinalis* bekannte Parasit ruft die Krankheit Giardiasis hervor. Er überlebt als Zyste auch außerhalb des Wirts und hat paarige Zellkerne.

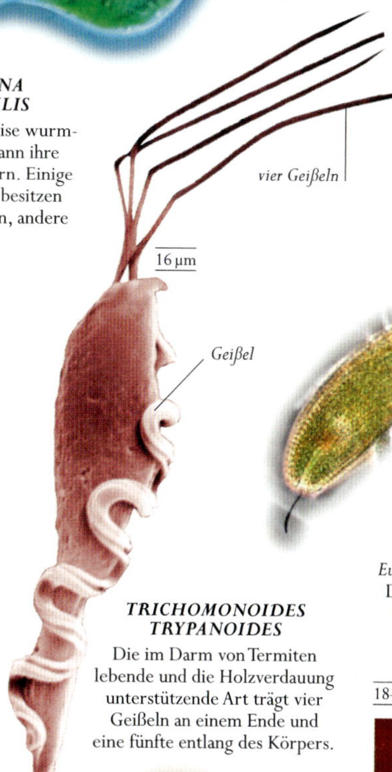

TRICHOMONOIDES TRYPANOIDES
Die im Darm von Termiten lebende und die Holzverdauung unterstützende Art trägt vier Geißeln an einem Ende und eine fünfte entlang des Körpers.

EUGLENA SPIROGYRA
Diese grüne oder gelbbraune *Euglena*-Art besitzt zwei Geißeln. Die Zellhülle (Pellicula) ist mit Reihen von warzenähnlichen Fortsätzen geschmückt.

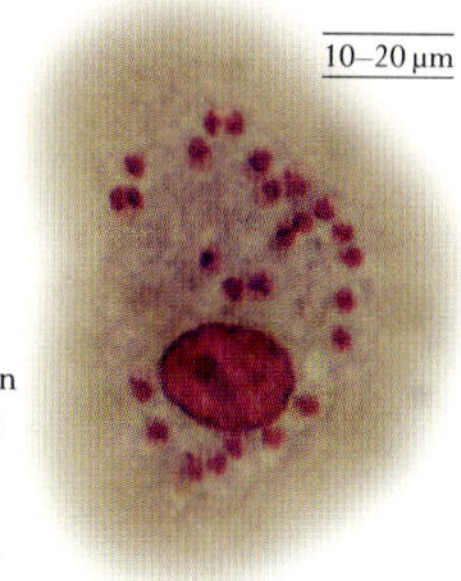

LEISHMANIA TROPICA
Die von Sandmücken übertragenen Parasiten verursachen die kutane Leishmaniose, eine Hauterkrankung, mit der sich pro Jahr über eine Million Menschen infizieren.

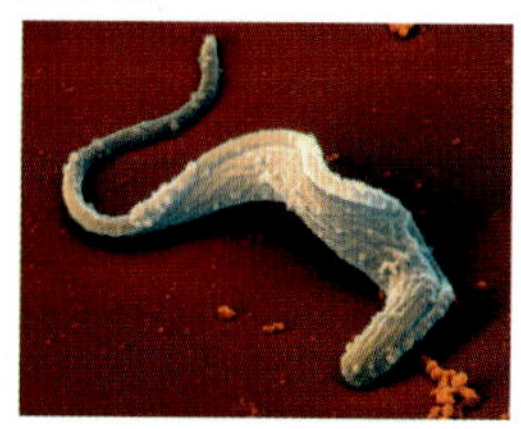

TRYPANOSOMA BRUCEI
Dieser Organismus verursacht die Schlafkrankheit, die zwischen verschiedenen Wirten durch die blutsaugende Tsetse-Fliege übertragen wird.

RHIZARIA

Die Klade Rhizaria enthält zwei Gruppen, die zu den schönsten aller kleinen Protoctisten gehören: die Radiolaria und die Foraminifera.

Die Gehäuse der Arten dieser beiden Gruppen machen sie zu Besonderheiten, und manche haben eindrucksvolle fossile Spuren hinterlassen. Die meisten Radiolarien oder Strahlentierchen bilden aus Siliciumdioxid glasartige Schalen, sodass Silicium an der Meeresoberfläche selten ist, wenn sie sich stark vermehren. Die langen Pseudopodien (hier auch Axopodien genannt) durchdringen die Schalen wie Sonnenstrahlen und werden durch Stacheln gestützt. Radiolarien erbeuten damit ihre Nahrung, doch manche enthalten auch fotosynthetisch aktive Algen und ernähren sich von den Zuckern ihrer Partner. Der Siliciumbedarf macht die Radiolarien vom Meer abhängig, doch die verwandten Cercozoen haben auch den Boden und das Süßwasser erobert. Auch sie besitzen meist lange Scheinfüßchen, doch gibt es Formen mit und ohne Gehäuse, teils auch begeißelt, was vom Lebensraum abhängt.

Die Foraminiferen bewohnen die Meere schon seit Hunderten von Millionen Jahren, und ihre kalkhaltigen Schalen bedecken den Grund in Form eines kreideartigen Sediments. Foraminiferenschalen sind so charakteristisch, dass man anhand ihrer Fossilien das Alter von Sedimenten bestimmen kann. Jede Schale eines lebenden Tiers enthält eine kleine Amöbe, die Nahrung mit Pseudopodien erbeutet, wobei manche groß genug sind, auch Tierlarven zu überwältigen.

DOMÄNE	EUKARYOTA
REICH	PROTOCTISTA
KLADE	RHIZARIA
FAMILIEN	108
ARTEN	etwa 14 000

STREITFRAGE

ÄHNLICHE RIESEN

Die Pseudopodien der Radiolarien und Foraminiferen umgeben ihre Zellen wie ein Netz. Vielleicht nimmt man daher an, dass sie von gemeinsamen Vorfahren abstammen. Doch kann dieses Netz bei beiden Gruppen unabhängig voneinander entstanden sein, vielleicht weil beide sehr große Zellen haben.

ORDNUNG SPUMELLARIA
Diese Radiolarien-Art gehört zur Ordnung Spumellaria, in der die meisten Arten gitterartige Skelette besitzen.

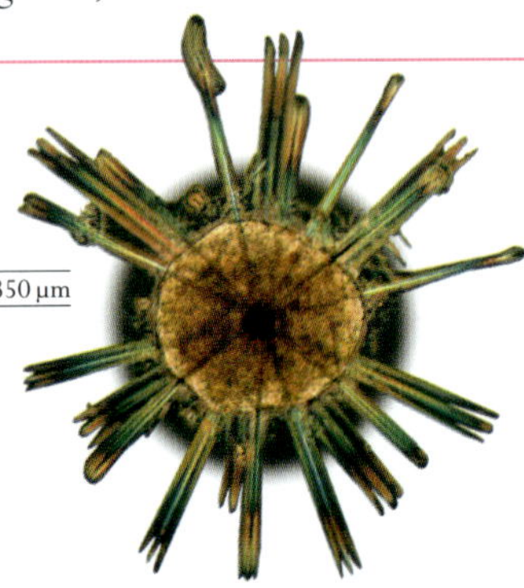

***ASTROLITHIUM* SPEC.**
Für dieses Strahlentierchen ist es typisch, dass die Basen der Stacheln zu einem sternförmigen Körper verschmolzen sind.

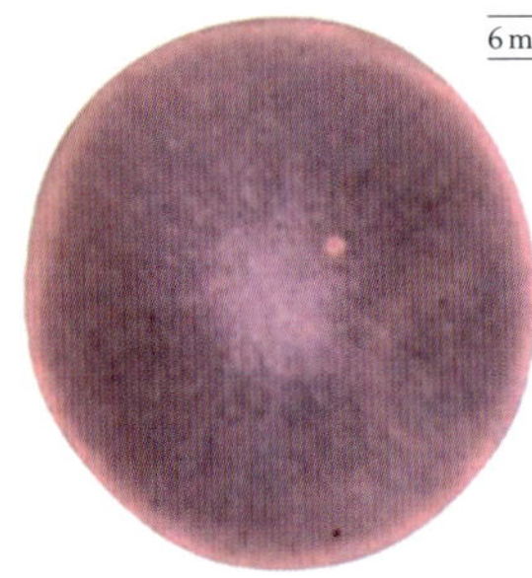

***PHYSEMATIUM* SPEC.**
Die Zelloberfläche dieses Strahlentierchens enthält fotosynthetisch aktive Organismen in einem Netz dünner Pseudopodien.

DIDYMOCYRTIS TETRATHALAMUS
Der heutige Vertreter einer alten Gruppe ist nach seiner doppelten Schale benannt, die manchmal abgerundete Kappen trägt.

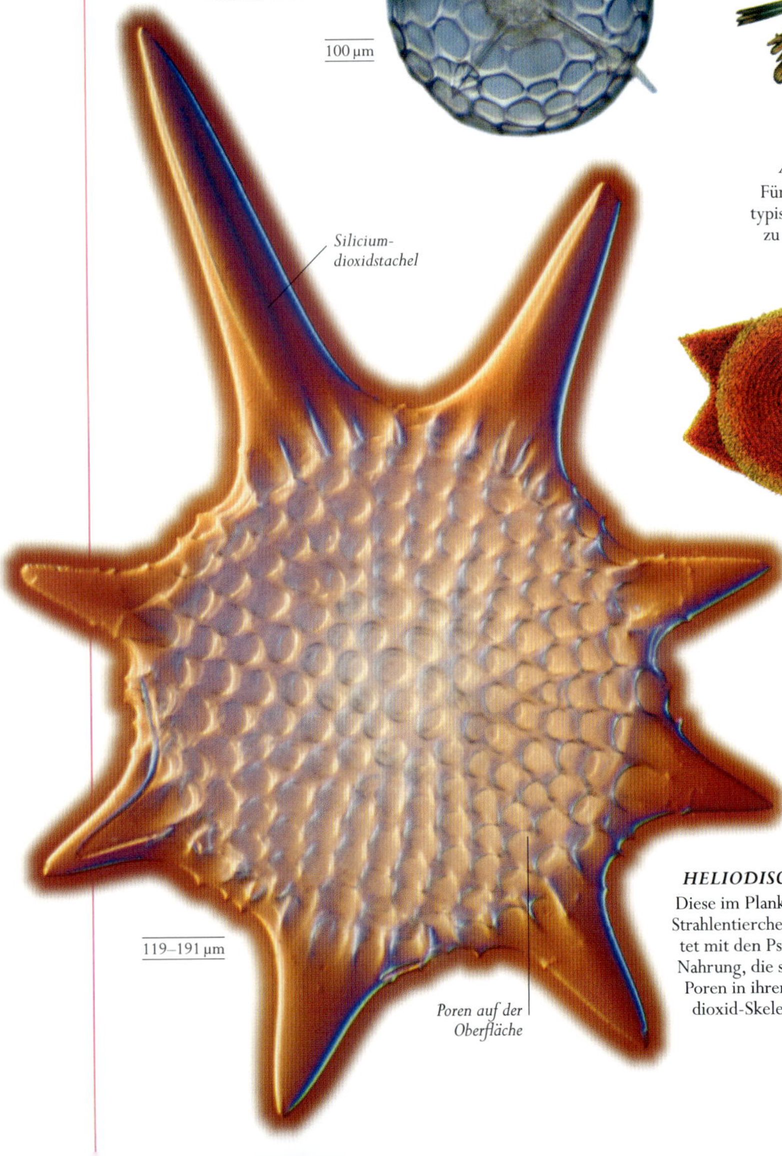

***HELIODISCUS* SPEC.**
Diese im Plankton lebende Strahlentierchen-Art erbeutet mit den Pseudopodien Nahrung, die sie durch die Poren in ihrem Silicium-dioxid-Skelett schiebt.

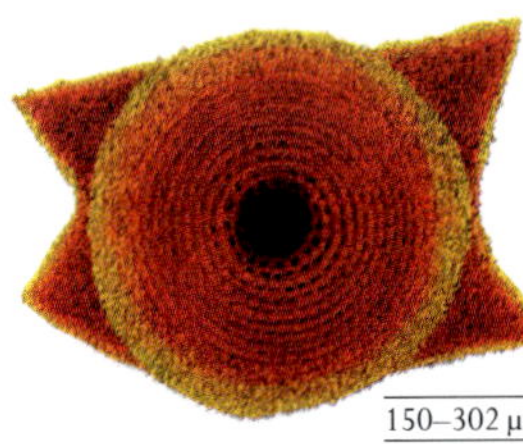

SPONGASTERICUS QUADRICORNIS
Der Artname dieser Radiolarie bedeutet »viereckig«. Sie dient zur Bestimmung des Alters von Fossilien enthaltenden Schichten.

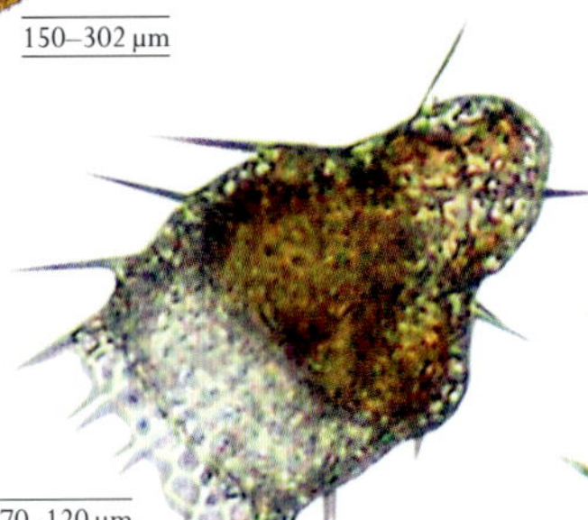

LITHOMELISSA SETOSA
Diese Art zeigt die größte von den Jahreszeiten abhängige Variation unter den Strahlentierchen, sodass sie ein nützlicher Indikator in fossilen Sedimenten ist.

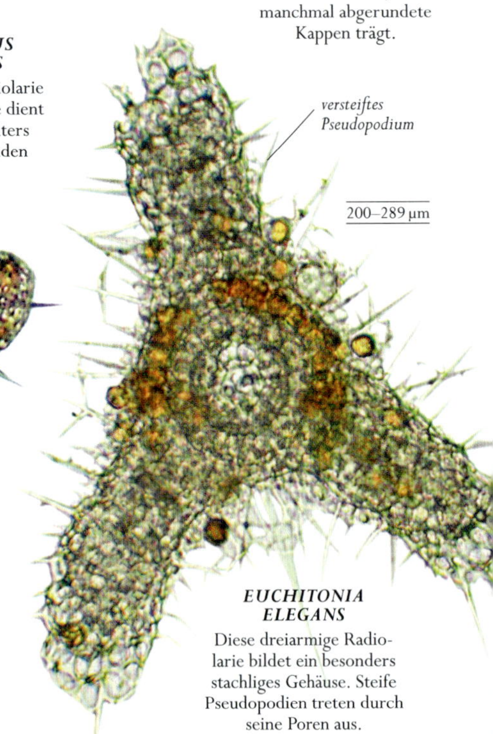

EUCHITONIA ELEGANS
Diese dreiarmige Radiolarie bildet ein besonders stachliges Gehäuse. Steife Pseudopodien treten durch seine Poren aus.

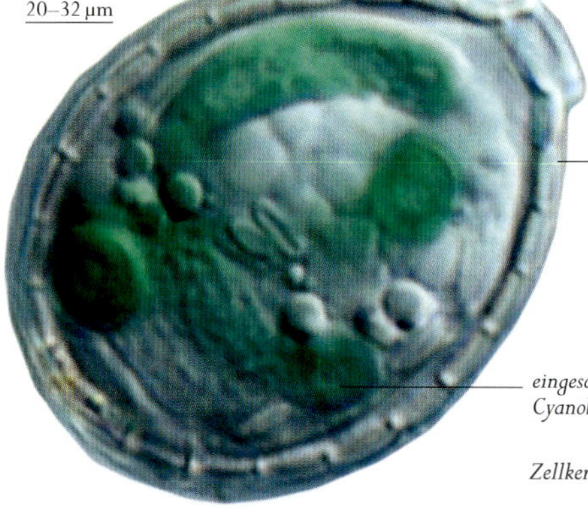

PAULINELLA CHROMATOPHORA
Diese beschalte Cercozoe des Süßwassers enthält lebende Cyanobakterien, die ihr durch Fotosynthese Nahrung liefern.

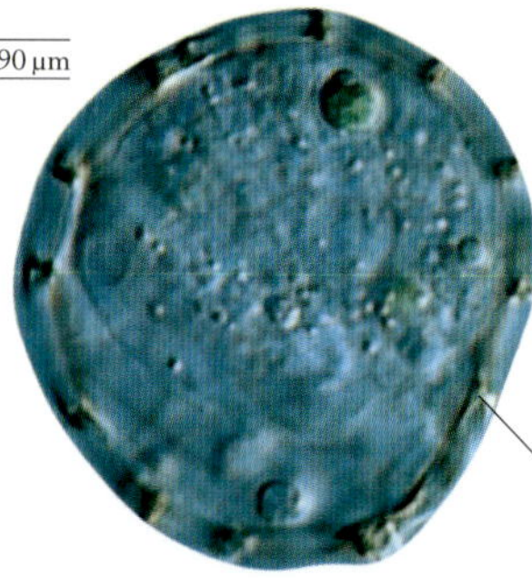

CLATHRULINA ELEGANS
Diese Cercozoe verbringt den größten Teil ihres Lebens in einer als Lorica bezeichneten Kapsel aus organischem Material.

ARCHERELLA FLAVUM
Diese beschalte Cercozoe lebt in moosbedeckten Mooren. Ihre Fossilien zeigen in der Vergangenheit erfolgte Klimaveränderungen an.

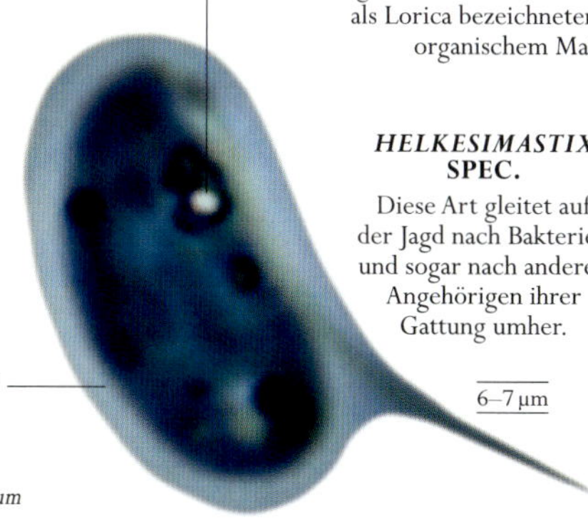

***HELKESIMASTIX* SPEC.**
Diese Art gleitet auf der Jagd nach Bakterien und sogar nach anderen Angehörigen ihrer Gattung umher.

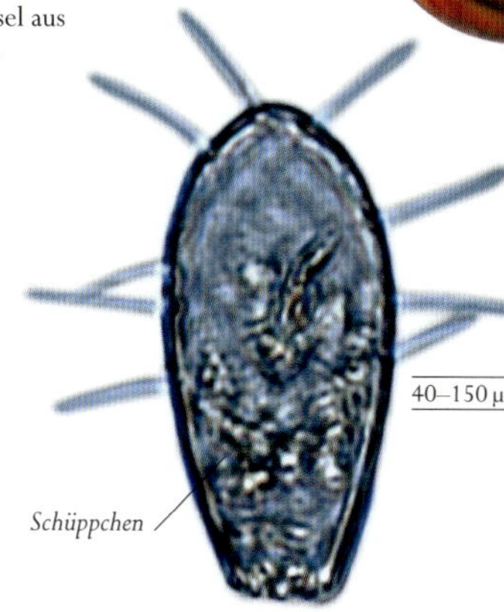

***EUGLYPHA* SPEC.**
Diese Cercozoe baut aus Siliciumdioxid-Schüppchen ovale Gehäuse, die als Fossilien gut erhalten bleiben und daher für Mikropaläontologen interessant sind.

CERCOMONAS LONGICAUDA
Diese Art bewegt sich mit zwei Geißeln fort, von denen sich eine vor und eine hinter dem Körper befindet.

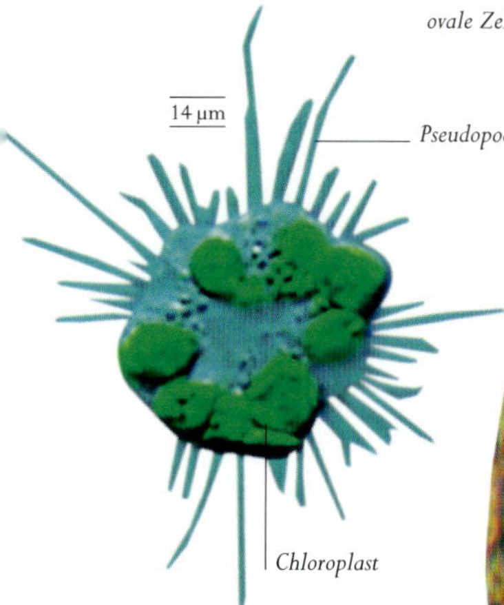

GYMNOCHLORA STELLATA
Anders als viele andere Cercozoen enthält diese Art Chloroplasten, die in hell beleuchtetem Wasser die Fotosynthese ermöglichen.

***TRINEMA* SPEC.**
Die Schale dieser Cercozoe ist an einem Ende offen, sodass eine Art Mundöffnung entsteht.

CYPHODERIA AMPULLA
Die Schale dieser Cercozoe ist farblos oder gelb und setzt sich aus scheibenförmigen Schuppen zusammen.

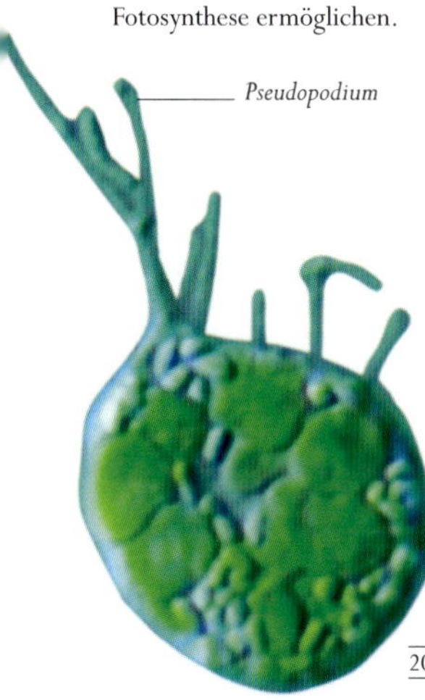

CHLORARACHNION REPTANS
Diese Art enthält charakteristische Organellen, die winzige Reste von in einem früheren Stadium der Evolution aufgenommenen Grünalgen sind.

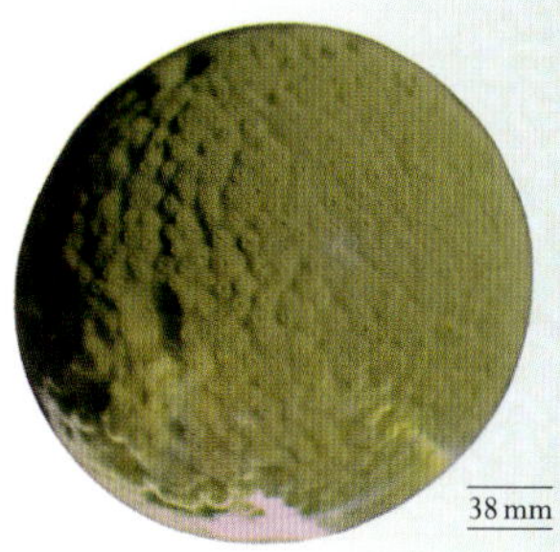

GROMIA SPHAERICA
Diese Cercozoen-Art lebt auf dem Meeresgrund in der Grenzschicht von Wasser und Sediment. Sie ernährt sich von organischen Abfallstoffen (Detritus).

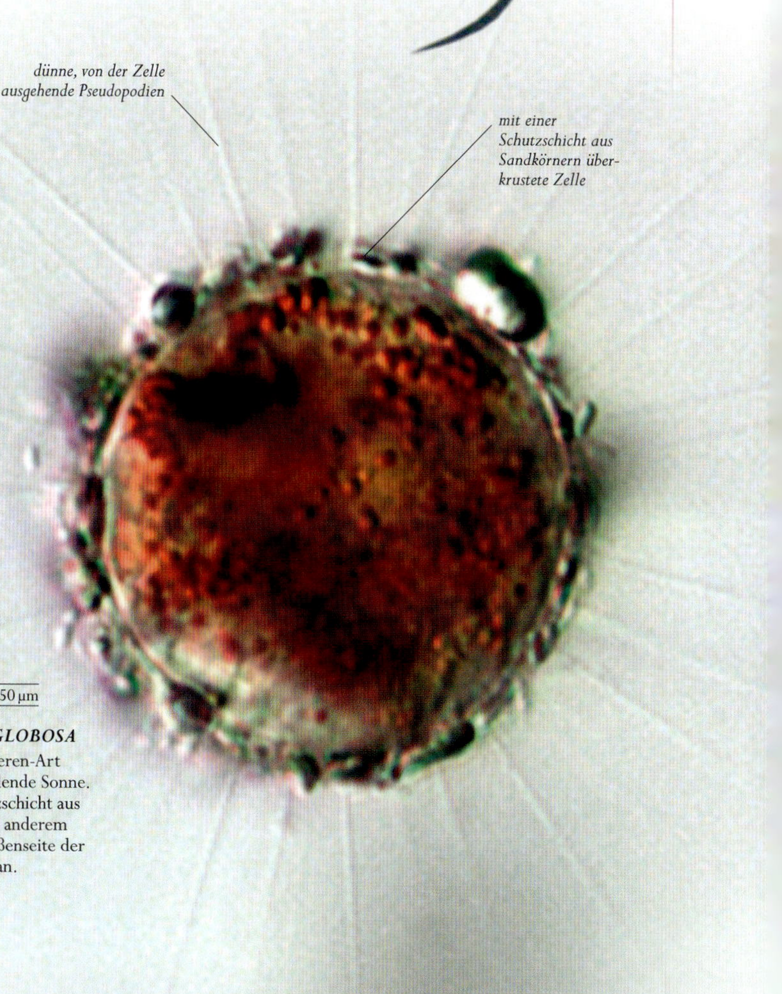

LITHOCOLLA GLOBOSA
Diese Foraminiferen-Art wirkt wie eine strahlende Sonne. Sie legt eine Schutzschicht aus Sandkörnern und anderem Material auf der Außenseite der Zellwand an.

ALVEOLATA

Alveolaten besitzen eine gemeinsame anatomische Eigenschaft – einen Saum kleiner, als Alveoli bezeichneter Bläschen, nach denen sie benannt sind.

Zu den Alveolaten gehören drei Gruppen auf den ersten Blick verschiedener, aber einzelliger Protoctisten: die Dinoflagellata, die Ciliophora (Ciliaten, Wimperntierchen) und die Apicomplexa (Sporentierchen). Die meisten der räuberischen Dinoflagellaten benutzen zwei in Furchen in ihrer Zellwand befindliche, rechtwinklig zueinander angeordnete Geißeln zum Schwimmen. Manche können ihre Beute mit Stacheln lähmen. Andere sind giftig, und ihre Massenvermehrung führt zu giftigen Algenblüten. Manche Arten sind biolumineszent und verursachen Meeresleuchten.

Die meisten Wimpertierchen fressen kleinere Organismen. Ihre gleichmäßige Bewegung wird durch den Schlag vieler winziger, als Cilien bezeichneter Wimpern hervorgerufen, die den gesamten Einzeller bedecken können. Cilien strudeln auch Nahrung in eine als Mund dienende Furche. Manche Ciliaten leben sogar im Magen von pflanzenfressenden Säugetieren, wo sie dabei helfen, die Zellulose zu verdauen.

Dagegen sind alle Arten der Apicomplexa Parasiten. Diese Sporentierchen sind nach dem Polringkomplex an ihrem apikalen Ende benannt worden, einer Struktur, die ihnen das Eindringen in die Zellen lebender Tiere ermöglicht, von denen sie sich ernähren. Berüchtigt sind die Malariaparasiten, die in die roten Blutkörperchen eindringen und sie dabei zerstören.

DOMÄNE	EUKARYOTA
REICH	PROTOCTISTA
KLADE	ALVEOLATA
FAMILIEN	222
ARTEN	etwa 20 000

STREITFRAGE

PROTOZOEN

In früheren Systematiken wurden die Nahrung aufnehmenden Mikroben in Klassen des Tierstamms Protozoa eingeteilt. Manche, wie die Ciliaten und Dinoflagellaten, werden in der modernen Systematik beide der Klade Alveolata zugeordnet, obwohl die genaue Art ihrer Verwandtschaft strittig ist.

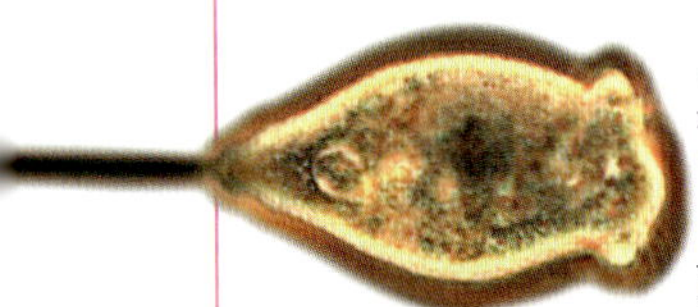

***VORTICELLA* SPEC.**
Dieser Organismus besitzt einen umgekehrt glockenförmigen Körper auf einem Stiel, der sich bei Reizung wie eine Sprungfeder zusammenzieht.
50–160 µm

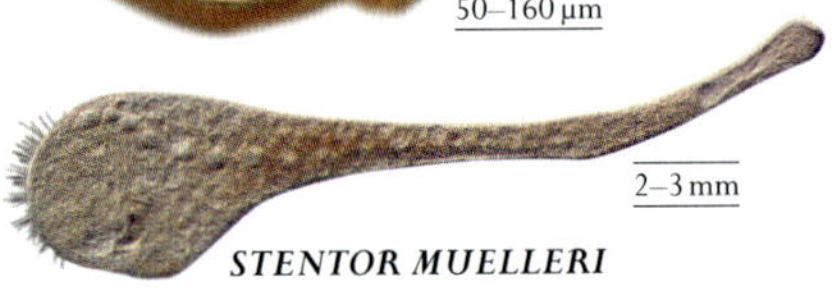

2–3 mm
STENTOR MUELLERI
Diese sich von Algen ernährende, wie ein Horn geformte Art ist für einen einzelligen Organismus recht groß.

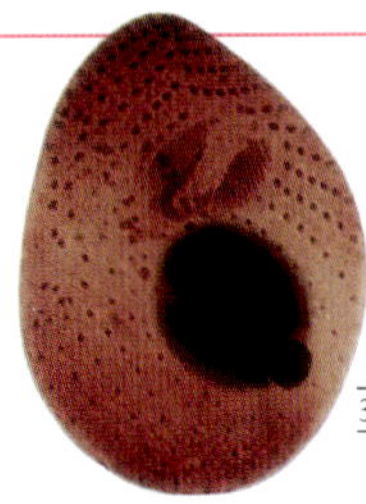

35–90 µm
COLPODA INFLATA
Diese in den meisten Fällen nierenförmige Art ist für die Bodenökologie wichtig, reagiert aber auf Pestizide empfindlich.

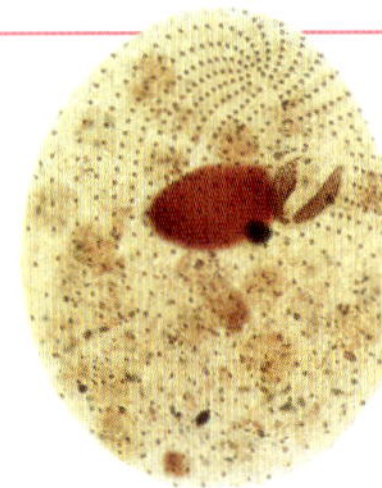

40–110 µm
COLPODA CUCULLUS
Die meist im Süßwasser zwischen verrottenden Pflanzen lebenden Ciliaten enthalten Vakuolen, die ihre Nahrung verdauen.

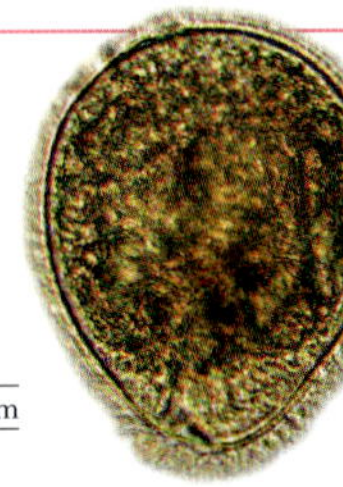

50–130 µm
BALANTIDIUM COLI
Dies ist der einzige Ciliat, der als Parasit des Menschen auftritt. Die Infektion kann Darmgeschwüre oder -infektionen hervorrufen.

6 µm
TOXOPLASMA GONDII
Dieser zwischen Katzen und anderen Säugetieren (auch Menschen) wechselnde Parasit ruft die Toxoplasmose hervor, die ungeborene Kinder schädigen kann.

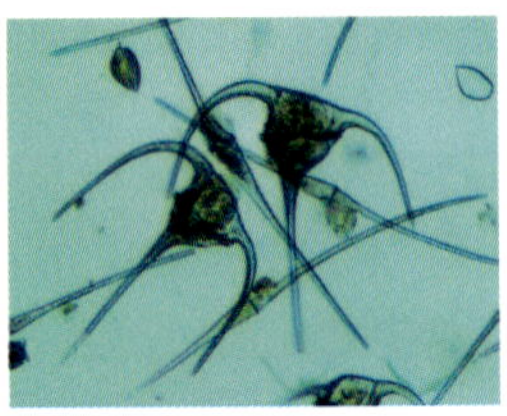

225 µm
TRIPOS MUELLERI
Die früher als *Ceratium tripos* bekannte Art kann man sehr leicht erkennen. Sie kann giftige Algenblüten hervorrufen.

38–50 µm
GYMNODINIUM CATENATUM
Dieser Dinoflagellat bildet lange schwimmende Ketten, an denen bis zu 32 Exemplare beteiligt sind.

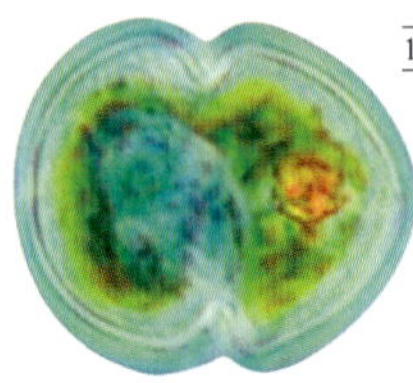

19–17 µm
KARLODINIUM VENEFICUM
Eine Massenvermehrung dieses Dinoflagellaten im Plankton kann zu einer für Fische tödlichen Algenblüte führen.

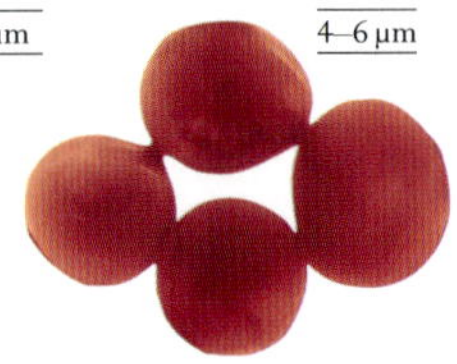

4–6 µm
CRYPTOSPORIDIUM PARVUM
Diese zu den Apicomplexa gehörende Art kann durch Aufnahme der Sporen über verunreinigtes Wasser Kryptosporidiose hervorrufen, eine Durchfallerkrankung.

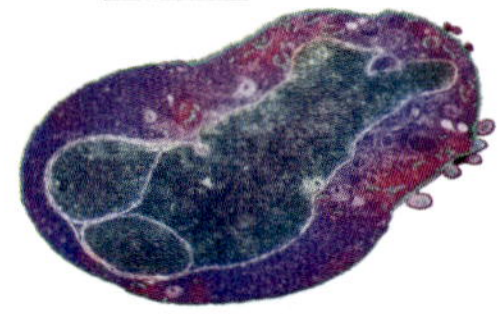

9–14 µm
PLASMODIUM FALCIPARUM
Diese gefährlichste der zu den Apicomplexa gehörenden, Malaria auslösenden *Plasmodium*-Arten ist für den Tod von über einer Million Menschen pro Jahr verantwortlich.

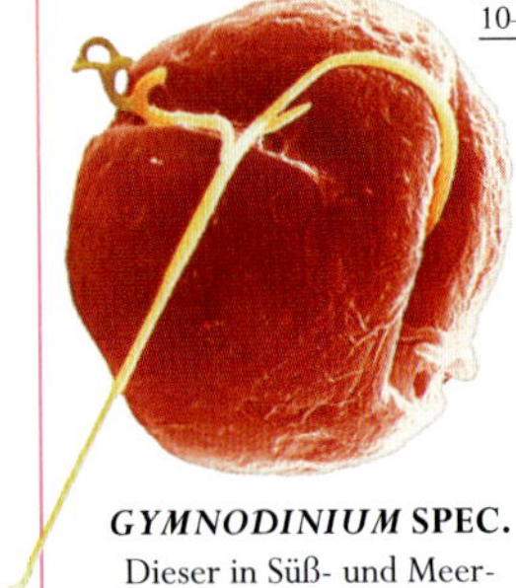

10–100 µm
***GYMNODINIUM* SPEC.**
Dieser in Süß- und Meerwasser lebende Dinoflagellat erzeugt ein Neurotoxin, das bei Algenblüten Muschelvergiftungen hervorruft.

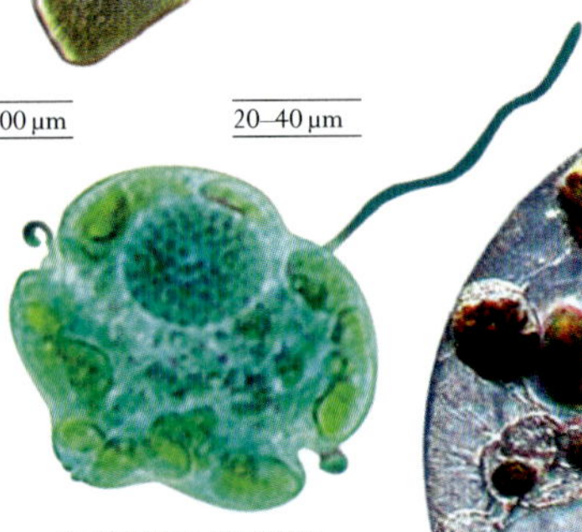

20–40 µm
KARENIA BREVIS
Der früher als *Gymnodinium brevis* bezeichnete Dinoflagellat ist der wichtigste Verursacher der Algenblüten im Golf von Mexiko.

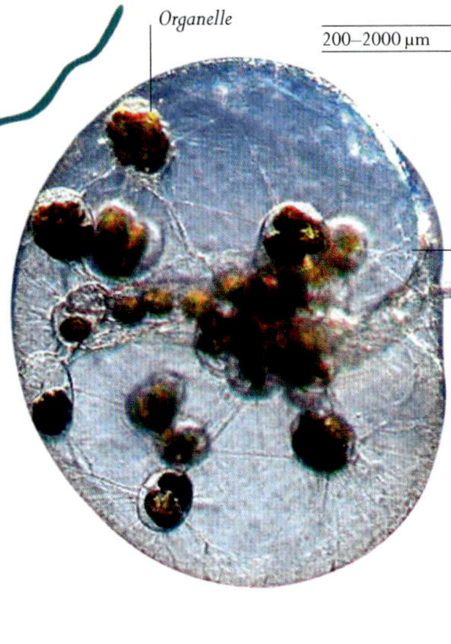

200–2000 µm
NOCTILUCA SCINTILLANS
Diese biolumineszente Art schwebt mithilfe einer Gasblase knapp unter der Wasseroberfläche und ist als Auslöser des Meeresleuchtens bekannt.

40–74 µm
AKASHIWO SANGUINEA
Diese große, für mehrere bekannte Fälle schädlicher Algenblüten verantwortliche Art kann sowohl Fotosynthese betreiben als auch andere Organismen erbeuten.

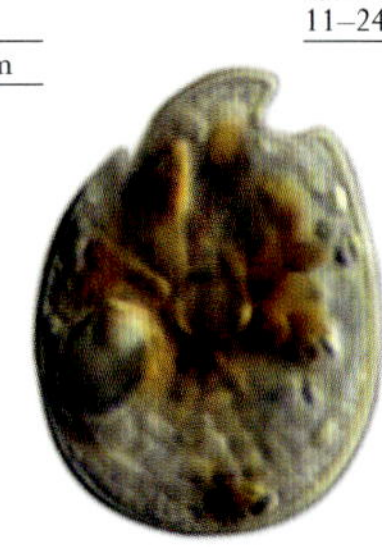

11–24 µm
AMPHIDINIUM CARTERAE
Diese im Plankton lebende Art löst über die Nahrungskette Ciguatera aus, eine für Menschen manchmal tödliche Fischvergiftung.

CHROMISTA

Zu dieser Gruppe gehören verschiedene Algen. Die fotosynthetisch aktiven Protoctisten wachsen im oder am Wasser, besitzen aber keine echten Blätter.

Die Arten der Chromista zeichnen sich dadurch aus, dass sie zwei verschiedene Geißeltypen besitzen. Eine ihrer Gruppen wird daher als Heterokonta bezeichnet (auch die vorgestellten Arten gehören zu ihr). Eine Geißel ist mit winzigen Härchen (Mastigonemata) bedeckt, die andere ist glatt und peitschenähnlich.

Zu den Chromista gehören die Braun- und Kieselalgen sowie die Ei- oder Algenpilze. Kieselalgen sind einzellige Algen mit Siliciumdioxidschalen, die wie eine Schachtel in zwei als Epi- und Hypotheca bezeichnete Hälften geteilt sind. Sie machen den größten Teil des eukaryotischen Phytoplanktons aus. Nahe der Wasseroberfläche können sie die Sonnenenergie zur Ernährung nutzen. Kieselalgen enthalten wie die Pflanzen grünes Chlorophyll, doch auch braunes Fucoxanthin, das das nutzbare Lichtspektrum erweitert und die Effektivität der Fotosynthese steigert.

Braunalgen besiedeln Küstenlebensräume auf der ganzen Welt. Sie enthalten ebenfalls Fucoxanthin und haben sich zu komplexen, an Pflanzen erinnernde Tange entwickelt. Statt echter Wurzeln und Blätter besitzen sie an Felsen haftende Rhizoide und Phylloide, denen die Gefäße eines Pflanzenblatts fehlen. Trotzdem können einige Braunalgen, vor allem die Kelp-Arten, außergewöhnliche Längen erreichen und an manchen Küsten ausgedehnte Unterwasserwälder bilden.

DOMÄNE	EUKARYOTA
REICH	PROTOCTISTA
KLADE	CHROMISTA
FAMILIEN	177
ARTEN	etwa 20 000

STREITFRAGE

ALGE ODER PILZ?

Algenpilze wachsen und ernähren sich wie Pilze, doch anders als echte Pilze haben sie Zellulosewände und ungleiche Geißeln. Die DNA-Analyse stellt sie in die Nähe von Kiesel- und Braunalgen, sodass sie von Algen abstammen könnten, die ihre Chloroplasten verloren haben und zu Parasiten geworden sind.

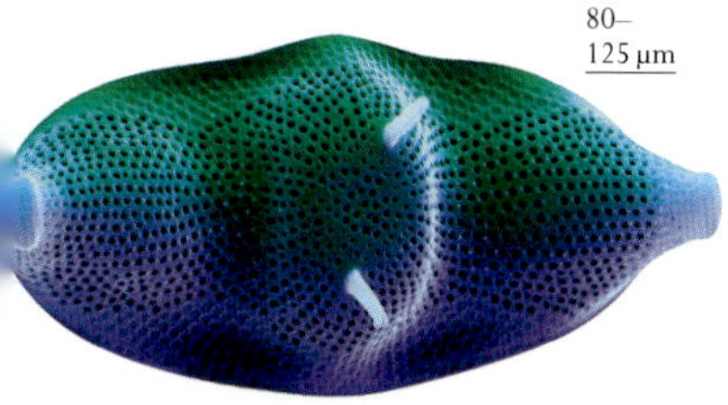

80–125 µm

***BIDDULPHIA* SPEC.**
In der Natur wächst diese Kieselalge als brauner Film auf Tangen und Steinen – im Aquarium auf Scheiben und Einrichtung.

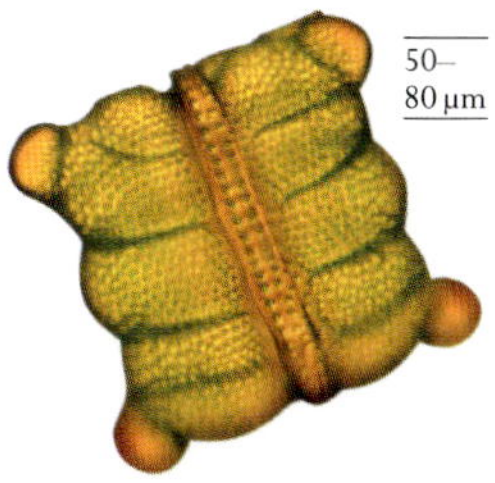

50–80 µm

BIDDULPHIA PULCHELLA
Hier sieht man deutlich die verschiedenen Teile einer Kieselalge: Die beiden Theken sind in der Mitte mit einem schmalen Gürtelband verbunden.

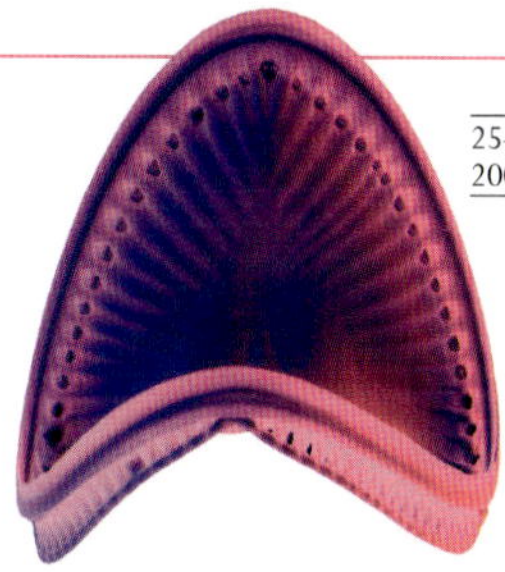

25–200 µm

***CAMPYLODISCUS* SPEC.**
Bei den Arten dieser Kieselalgen-Gattung zieht sich eine Furche an den Rändern der beiden Schalenhälften entlang.

0,3 mm

ISTHMIA NERVOSA
Diese Kieselalge wächst auf anderen Algen, besonders auf Tangen. Sie bildet große verzweigte Kolonien.

60–240 µm

***GYROSIGMA* SPEC.**
Der Name dieser Kieselalge bezieht sich auf die einer Sigmoidkurve ähnliche Zelle. Sie ist also leicht S-förmig.

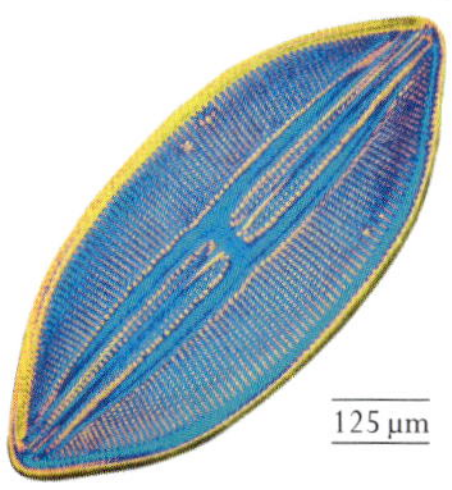

125 µm

LYRELLA LYRA
Die Art gibt aus der zentralen Spalte (Raphe) einen Schleim ab, der den Zellen hilft, über die Oberfläche ihres Wirts zu gleiten.

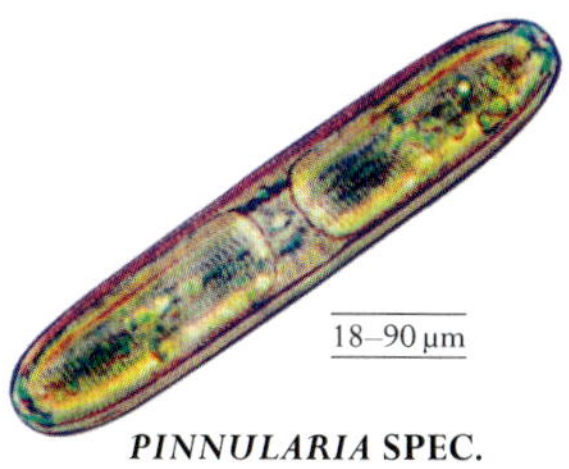

18–90 µm

***PINNULARIA* SPEC.**
Zwei Chloroplasten kann man in dieser pennaten (stabförmigen) Kieselalge erkennen, die man in Teichen und auf feuchtem Boden findet.

***STEPHANODISCUS* SPEC.**
Diese scheibenförmige Kieselalge mit Stacheln und Areolen lebt einzeln oder in Ketten.

12–20 µm

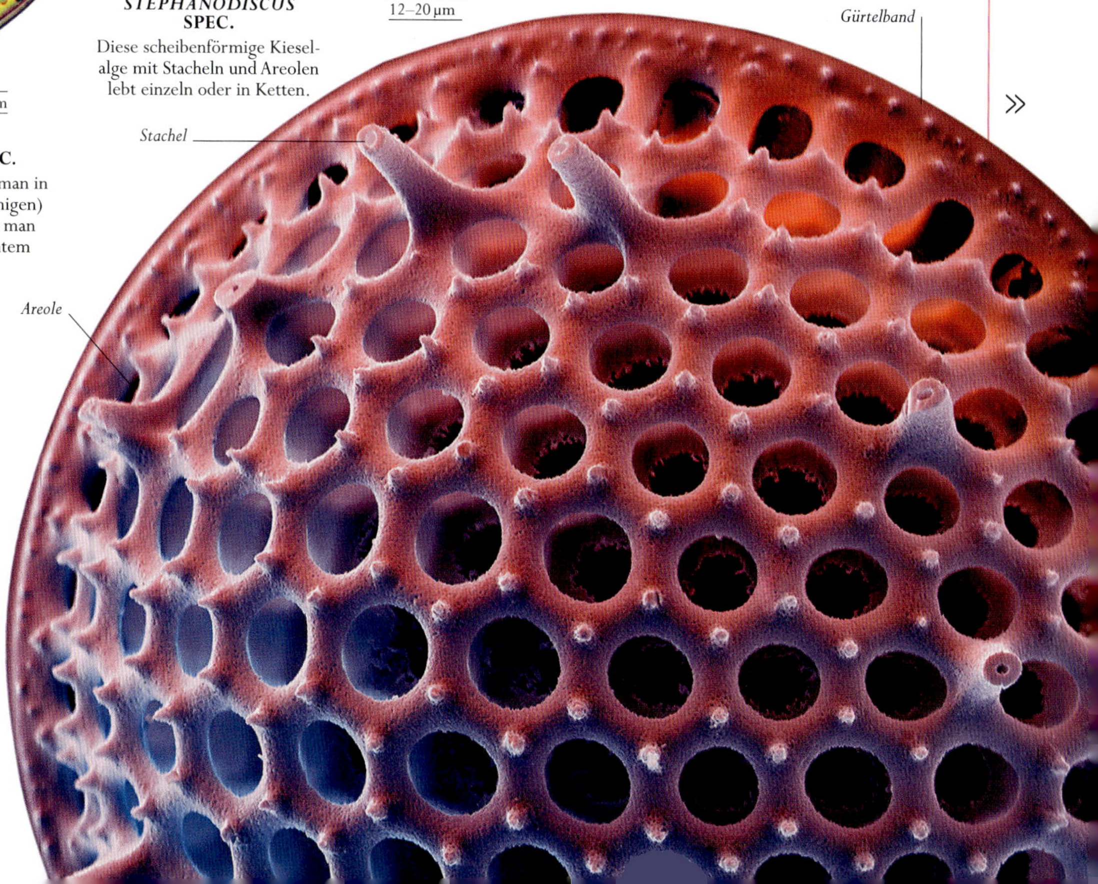

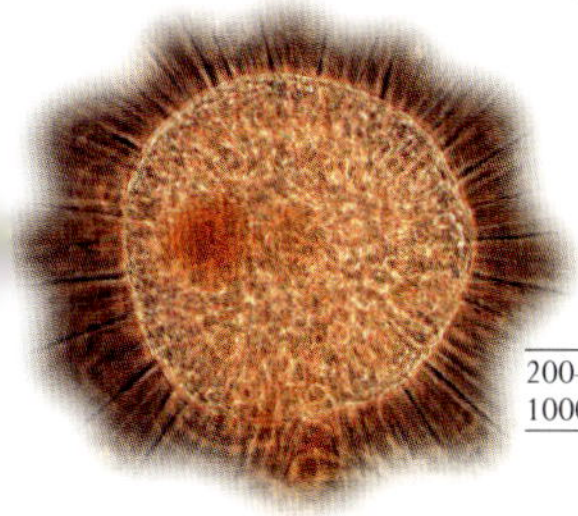

200–1000 µm

***ACTINOSPHAERIUM* SPEC.**
Diese Kieselalge ähnelt einem Seeigel. Sie bewegt sich mithilfe ihrer dünnen Pseudopodien, in die sie Teile ihres Zellinhalts verschiebt.

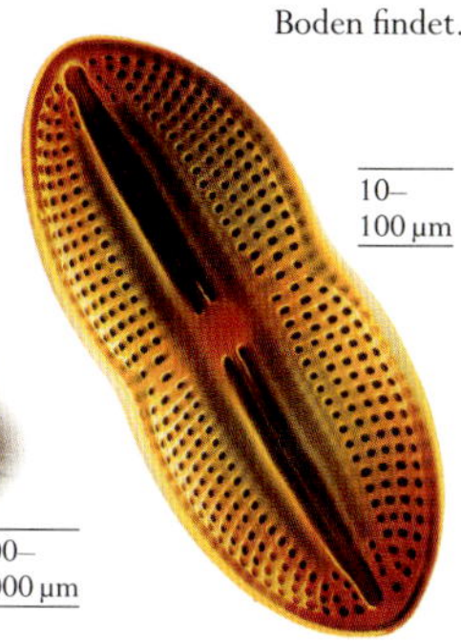

10–100 µm

***DIPLONEIS* SPEC.**
Die Schalenhälften dieser Art wirken wie zwei überbetonte Lippen und umgeben die in der Mitte befindliche schlitzförmige Raphe.

»

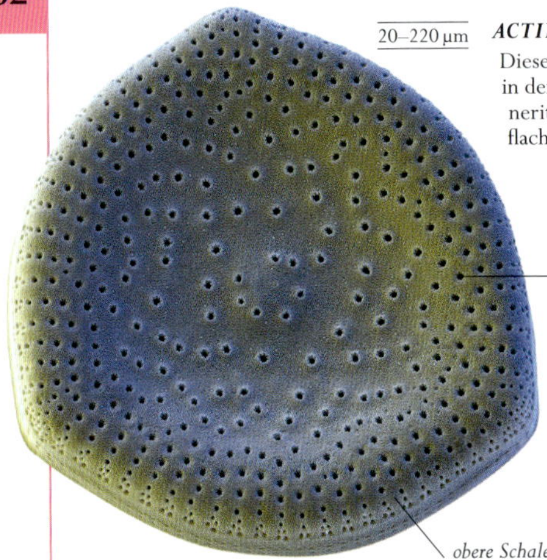

***ACTINOPTYCHUS* SPEC.**
Diese Kieselalge findet man in der sonnendurchfluteten neritischen Zone auf dem flachen Kontinentalschelf.

***ARACHNOIDISCUS* SPEC.**
Kräftige Radialrippen und das Netzmuster der Ober- und Unterschale sind charakteristische Merkmale dieser scheibenförmigen Kieselalge, die recht groß werden kann.

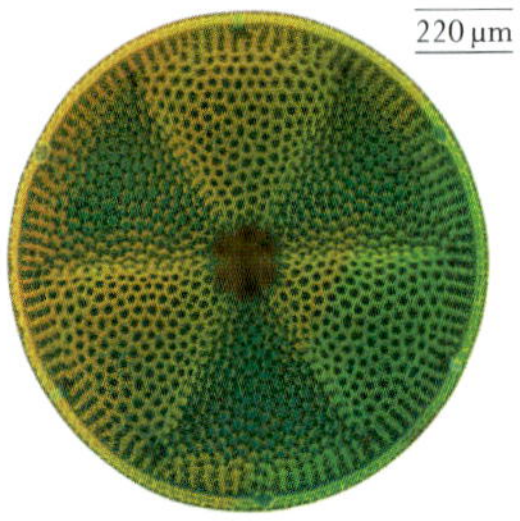

ACTINOPTYCHUS HELIOPELTA
Ein charakteristisches Muster aus Gruben und Aufwölbungen in der oberen und der unteren Schale ist für diese Kieselalge typisch.

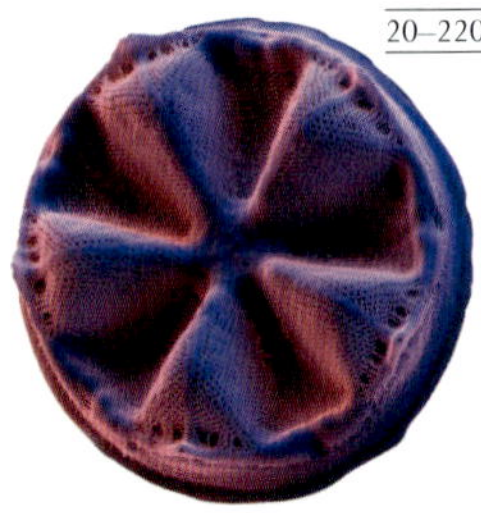

***ACTINOPTYCHUS* SPEC.**
Das fünfstrahlige Erscheinungsbild wird von erhöhten und vertieften Bereichen auf den Schalen dieser Art der Gattung *Actinoptychus* hervorgerufen.

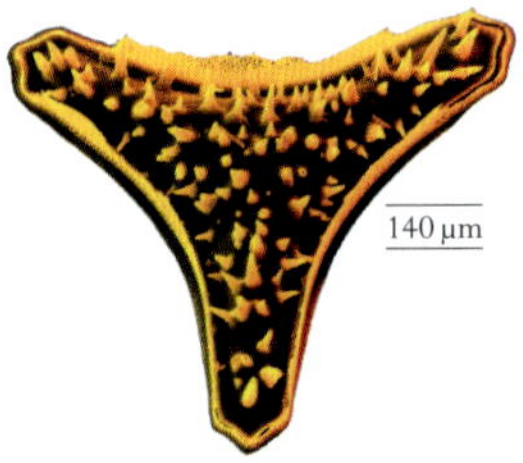

***TRICERATIUM* SPEC.**
Über 400 Arten dieser Gattung mariner Kieselalgen sind bekannt. Sie sind oft, aber nicht immer dreistrahlig geformt.

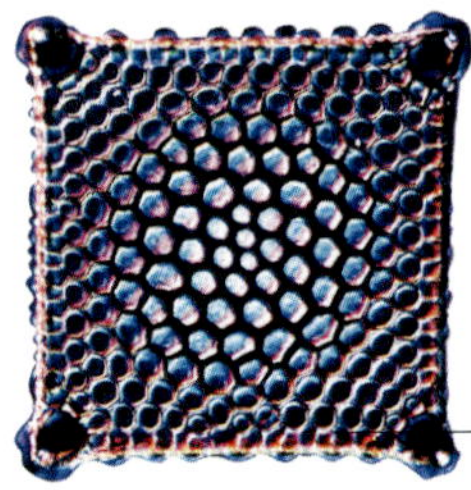

TRICERATIUM FAVUS
Die stark mineralisierten Zellwände hinterlassen eine Siliciumspur im Wasser. So lässt sich das Eindringen von Seewasser in Süßgewässer nachweisen.

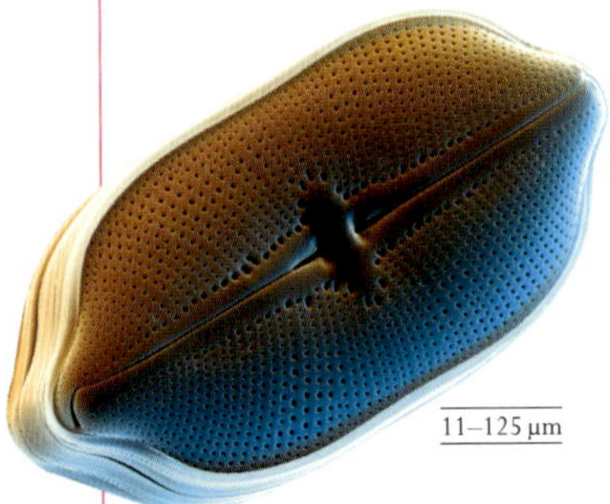

***NAVICULA* SPEC.**
In der größten Gattung der Kieselalgen sind Tausende von Arten beschrieben worden.

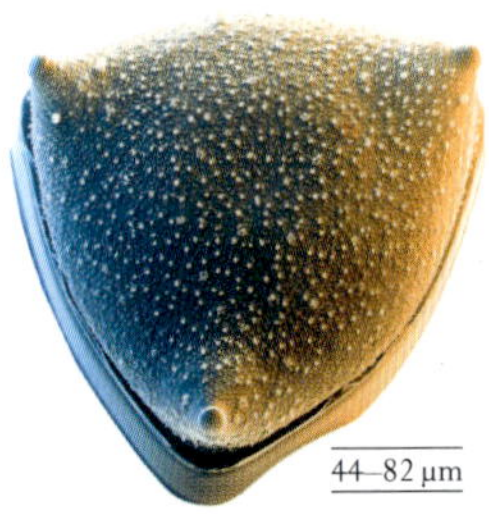

***STICTODISCUS* SPEC.**
Betrachtet man diese Kieselalge unter einem Rasterelektronenmikroskop, erkennt man die Poren auf der Schale und das sie umgebende Gürtelband.

RIEMENTANG
Himanthalia elongata
Während ihrer Reproduktionsphase bildet diese Braunalge der nördlichen Hemisphäre lange riemenartige Gebilde, die aus geteilten Phylloiden bestehen.

SÄGETANG
Fucus serratus
Dieser robuste, buschig wachsende olivbraune Tang des unteren Küstenbereichs wächst überall an den nordatlantischen Küsten.

ZUCKERTANG
Saccharina latifolia
Diese Braunalge kommt an den Felsenküsten der nördlichen Meere in Tiefenbereichen von 8 bis 30 m vor.

PALMENTANG
Laminaria hyperborea
Diese Braunalge wird kommerziell zur Jodgewinnung genutzt. Sie wächst in Tiefen von 8 bis 30 m, vor allem auf der Nordhalbkugel.

JAPANISCHER BEERENTANG
Sargassum muticum
Die aus Japan stammende Art hat sich nun auch in Europa ausgebreitet. Sie kann bis zu 10 cm pro Tag wachsen.

SCHOTENTANG
Halidrys siliquosa
Diese große, in europäischen Gezeitentümpeln häufige Braunalge wächst in typischer Zickzackform und trägt Blasen.

ROTALGEN

Obwohl manche Arten mikroskopisch klein sind, zählen die Rotalgen zu den vielzelligen Algen und gehören damit zu den größten Protoctisten. Sie haben außergewöhnliche Formen entwickelt, von krustenartigen Felsüberzügen bis zu borstigen oder blättrigen Büscheln.

Die Mehrheit der rund 6500 Rotalgenarten lebt im Meer, doch es gibt auch Süßwasserarten. Anders als die Braun- und Grünalgen besitzen sie keine begeißelten Geschlechtszellen. Sie verlassen sich auf die Wasserströmungen, um männliche Geschlechtszellen zu den weiblichen zu bringen. Die Zellen verschmelzen miteinander, doch die weitere Entwicklung kann bei den verschiedenen Arten recht unterschiedlich sein.

ROTER FARBSTOFF FÜR DIE TIEFE

Wie Landpflanzen benutzen die meisten Algen das grüne Chlorophyll, um durch die Fotosynthese mithilfe des Sonnenlichts Nährstoffe zu produzieren. Die Zellen der Rotalgen enthalten aber auch den roten Farbstoff Phycoerythrin, der die grüne Farbe überdeckt und ihnen eine rote Farbe verleiht. Das Pigment erlaubt die Fotosynthese auch in Tiefen, in die nur ein wenig blaues Licht vordringen kann. So können die Rotalgen viel weiter als die Braun- oder Grünalgen vordringen, und manche sind in Tiefen von 200 m entdeckt worden.

Manche Rotalgen lagern Kalk ein und bilden Krusten auf Felsen oder aufrechte, geweihähnliche Formen. Und trotz ihres Namens können manche Arten olivgrün oder grau gefärbt sein.

DOMÄNE	EUKARYOTA
REICH	PROTOCTISTA
ABTEILUNG	RHODOPHYTA
FAMILIEN	92
ARTEN	etwa 6500

STREITFRAGE

NAHE VERWANDTE?

Rotalgen wurden früher mit den Grünalgen zusammengefasst, doch die Grünalgen umfassen zwei unterschiedliche Gruppen. Manche Arten ähneln den Rotalgen, andere eher den Landpflanzen. Rotalgen trennten sich vor der Entwicklung der Landpflanzen vom gemeinsamen Stammbaum.

LAPPENTANG
Palmaria palmata
In den nordatlantischen Küstensiedlungen ist diese essbare Alge eine traditionelle Protein- und Vitaminquelle.

KORALLENMOOS
Corallina officinalis
Diese Rotalge findet sich weltweit häufig in Gezeitentümpeln, wo sie verzweigte Büschel bildet.

AGARDHIELLA SUBULATA
Die ursprünglich vom Westatlantik, der Karibik und dem Golf von Mexiko stammende fleischige Rotalge hat auch Teile Europas besiedelt.

SCHMITZIA HISCOCKIANA
Die fleischige Rotalge hat flache Phylloide und fingerartige Fortsätze. Sie lebt in Bereichen, die durch den Einfluss der Gezeiten kaum bewachsen sind.

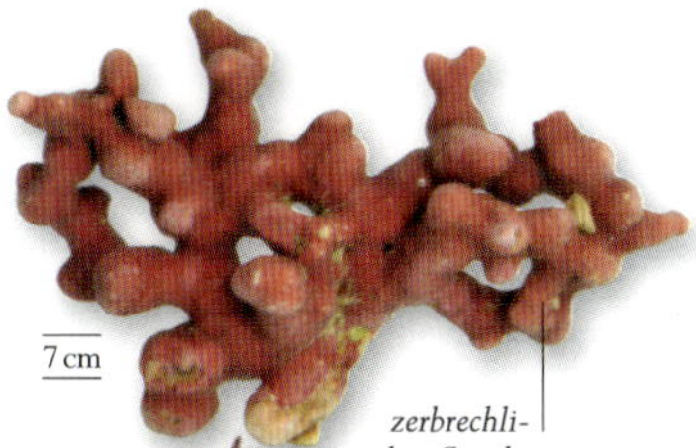

MAERL
Phymatolithon calcareum
Diese krustenbildende Kalkrotalge der Britischen Inseln wird kommerziell als calciumreicher Dünger verwendet.

GABELTANG
Furcellaria lumbricalis
Diese Alge der nördlichen Hemisphäre besitzt zylindrische braunschwarze Phylloide, die sich in fleischige Finger verzweigen.

WIMPERNROTALGE
Calliblepharis ciliata
Diese Rotalge der Nordhalbkugel besitzt flache Phylloide, die am Rand stark verästelt sind.

GRACILARIA FOLIIFERA
Die bandförmigen rotbraunen Phylloide dieser Art verzweigen sich wenig. Die Alge wächst in großen Mengen in flachen Lagunen auf der ganzen Welt.

GRACILARIA BURSA-PASTORIS
Diese lange Rotalge mit gegabelten oder wechselständigen Phylloiden findet man von Südengland bis in den Pazifik und in die Karibik.

MASTOCARPUS STELLATUS
Diese Rotalge trägt auffällige Papillen, ihre Sporangien, auf den Phylloiden. Die Alge stammt aus dem Nordatlantik.

KNORPELTANG
Chondrus crispus
Diese auch als Carrageenalge bekannte Rotalge der Britischen Inseln ist eine wichtige Quelle für Carrageen, das als Geliermittel benutzt wird.

»

» ROTALGEN

20 cm

PTEROCLADIELLA CAPILLACEA
Mit gefiederten, sich zur Spitze verjüngenden Zweigen erinnert diese weltweit in Gezeitentümpeln lebende Art an einen Nadelbaum.

17 cm

MELANAMANSIA FIMBRIFOLIA
Die in Nordamerika und Australien heimische Rotalge wächst auf sedimentbedeckten Riffen in Tiefen von bis zu 55 m.

15 cm

***AHNFELTIA* SPEC.**
Die Rotalge der Nordhalbkugel bildet dichte Büschel. Aus ihr wird gelatineartiges Agar gewonnen, das als Bakterienkultursubstrat dient.

2,5 mm

SPOROLITHON PTYCHOIDES
Diese Rotalge bildet mithilfe des in ihren Zellwänden eingelagerten Kalks eine Kruste. Sie wird weltweit in felsigen Auswaschungen und Gezeitentümpeln gefunden.

CHONDRIA DASYPHYLLA
Diese weltweit vorkommende Art hat gefiederte Phylloide mit verdickten Enden, aus denen die Sporangien und die Fruchtkörper entspringen.

10–21 cm

7–22 cm

LAURENCIA OBTUSA
Diese tropische Art erzeugt halogenierte Terpenoide, die sie gegen Krabben und Seeigel einsetzt und die auch gegen Fäulnis wirken.

30 cm

CERAMIUM VIRGATUM
Diese kleine Rotalge wächst weltweit auf Steinen und anderen Algen. Aus einem winzigen Rhizoid entspringen fadenartige Phylloide mit gegabelten Spitzen.

20 cm

LENORMANDIOPSIS NOZAWAE
Auf beiden Seiten dieser in gemäßigten Gebieten lebenden breiten Rotalge befinden sich Sporangiengruppen, die winzige parasitäre Algen enthalten.

PTILOPHORA LELIAERTII
Die erst 2004 nach ihrer Entdeckung vor der südafrikanischen Küste beschriebene Rotalge besitzt gefiederte zusammengesetzte Phylloide.

35 cm

30 cm

BLUTROTER MEERAMPFER
Delesseria sanguinea
Diese bekannte Rotalge wächst im »Unterholz« der europäischen Kelpwälder.

2–15 mm

GELIDIUM PUSILLUM
Die weltweit vorkommende, rasenartig wachsende Rotalge besitzt flache blattähnliche Phylloide. Sie überzieht Muschelschalen und kleine Schnecken.

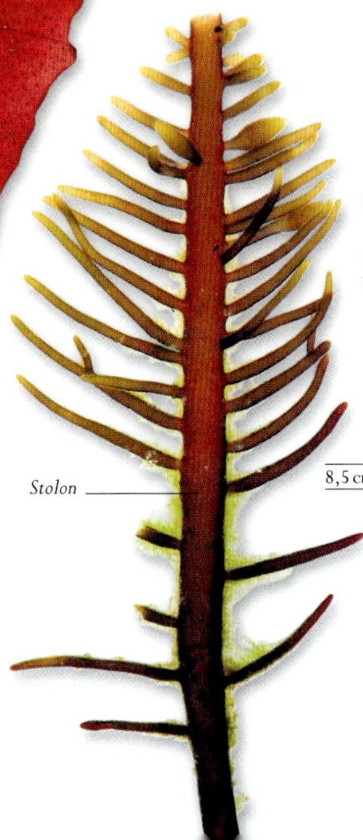

8,5 cm

GELIDIELLA ACEROSA
Diese indische Rotalge ist ein wichtiger Agarlieferant und hat ein schlankes zylindrisches Cauloid, das man als Stolon bezeichnet.

2–10 cm

POLYSIPHONIA LANOSA
Diese Rotalge wächst in Büscheln auf anderen Algen der nördlichen Hemisphäre. Sie bildet Filamente, die aus langen röhrenartigen Zellen bestehen.

GRÜNALGEN

Als Grünalgen werden hier die grünen Algen ohne die Charophyta bezeichnet. Manche leben im Süßwasser, manche überziehen feuchtes Gestein oder Baumstämme und andere bilden an Felsen verankerte blattähnliche Formen in seichten Küstenbereichen.

Viele Grünalgen sind mikroskopisch klein und schweben im Wasser. Andere sind vielzellig und bilden komplexe Formen. Manche vermehren sich durch Zellteilung, Knospung oder mobile Sporen, doch die sexuelle Reproduktion ist bei den größeren Arten der normale Fall. Dazu werden meist männliche Geschlechtszellen mit zwei gleichen Geißeln erzeugt, doch es gibt auch eine sporenbildende Generation. Grünalgen benutzen zur Fotosynthese die gleichen Chlorophyllpigmente wie die Armleuchteralgen und die Landpflanzen, sodass sie mit ihnen auch in einer Chloroplastida (grüne Pflanzen) genannten Gruppe zusammengefasst werden.

DOMÄNE	EUKARYOTA
REICH	PROTOCTISTA
ABTEILUNG	CHLOROPHYTA
FAMILIEN	127
ARTEN	4300

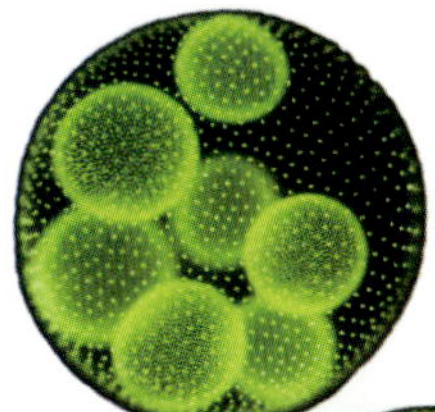

MEERSALAT
Ulva lactuca
Diese auch als Nahrungsquelle dienende Alge hat breite, krause Phylloide und verankert sich mit einem Rhizoid an Felsen. Sie kann flutende Bestände bilden.

FINGERALGE
Codium fragile
Diese Grünalge kommt weltweit in Gezeitentümpeln und bis zu 2 m tiefen Küstengewässern vor.

KRIECH-SPROSSALGE
Caulerpa lentillifera
Diese essbare Alge vermehrt sich über lange Ausläufer. Auf den Philippinen werden die Algen geerntet und roh in Salaten gegessen.

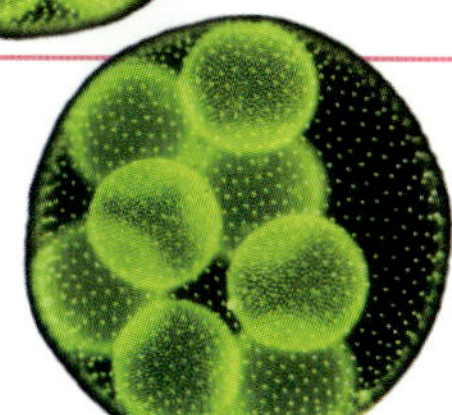

VOLVOX AUREUS
Die mit dem bloßen Auge gerade sichtbaren Kolonien dieser Süßwasseralge bestehen aus Tausenden mikroskopisch kleiner Individuen. Geißeln sorgen für den Antrieb der Kolonie.

ARMLEUCHTERALGEN

Obwohl sie mit den Grünalgen verwandt sind, weisen die Armleuchteralgen und ihre Verwandten komplexere Strukturen und einen höher entwickelten Stoffwechsel auf, die darauf hinweisen, dass sie zu den Vorfahren der Landpflanzen gehören.

Zu den Verwandten der Armleuchteralgen zählen auch die Zieralgen, die meist aus einer einzigen Zelle bestehen, die in zwei symmetrische Hälften unterteilt ist. Die Armleuchter-, Zier- und Jochalgen sind die am besten bekannten Gruppen der Charophyta. Sie verankern sich im Schlamm seichter Süß- oder Brackgewässer mit Rhizoiden, die den Wurzeln einfacher Pflanzen ähneln. Auch der verzweigte Wuchs und die Art der Reproduktion ähneln denen der Landpflanzen. Tatsächlich werden die Armleuchteralgen und die Landpflanzen oft zu einer Gruppe Streptophyta zusammengefasst, die dann wiederum ein Teil der Charophyta wäre.

DOMÄNE	EUKARYOTA
REICH	PROTOCTISTA
ABTEILUNG	CHAROPHYTA
FAMILIEN	16
ARTEN	2700

NITELLA TRANSLUCENS
Diese »Pflanze« mit ihren durchscheinenden grünen Blättern wächst in west- und südeuropäischen Teichen, Bächen und Mooren.

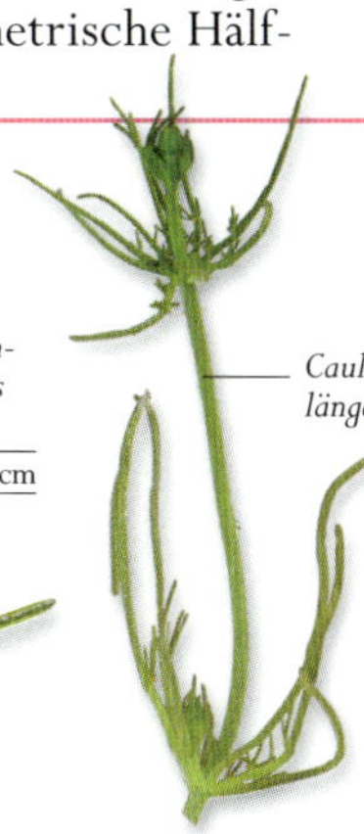

GEWÖHNLICHE ARMLEUCHTERALGE
Chara vulgaris
Diese Armleuchteralge der Nordhalbkugel riecht etwas unangenehm.

***PENIUM* SPEC.**
Diese nordamerikanische Zieralge ist symmetrisch in zwei Halbzellen mit stumpfen ovalen Enden und einem Gürtelband unterteilt.

***CLOSTERIUM* SPEC.**
Diese weltweit vorkommende Zieralge besitzt Halbzellen mit je einem Chloroplasten. Der Zellkern sitzt im Isthmus in der Mitte, wo die Halbzellen verbunden sind.

***MICRASTERIAS* SPEC.**
Diese in gemäßigten Zonen wachsende Zieralge hat viele Arme, mit deren stachligen Fortsätzen die Halbzellen verzahnt sind.

PFLANZEN

» 108

LAUBMOOSE

Laubmoose sind an feuchten, kühlen Standorten verbreitet. Auch sie gehören nicht zu den Blütenpflanzen und haben kleine Stämmchen, an denen spiralförmig angeordnete Blätter entspringen.

» 110

LEBERMOOSE

Diese mit den Laubmoosen verwandten Pflanzen sind klein mit gelapptem Körper oder Blättern. Sie bilden keine Blüten, die sich zu Früchten entwickeln, sondern pflanzen sich mit Sporen fort.

Grüne Pflanzen nutzen die Energie des Sonnenlichts, um Nähr- und Aufbaustoffe herzustellen und spielen deshalb für das Leben auf der Erde eine entscheidende Rolle. Sie sind die Nahrung vieler Tiere und anderer Lebewesen und schaffen zudem oft deren Lebensräume. Manche Pflanzen sind klein und einfach gebaut, andere sehr groß. Die Vielfalt der Blütenpflanzen ist überwältigend.

» 111

HORNMOOSE UND BÄRLAPPPFLANZEN

Hornmose sind mit den Moosen verwandt und bilden in hornartig verlängerten Strukturen Sporen. Von den Bärlapppflanzen nahm man früher an, dass sie mit den Farnen verwandt seien.

» 112

FARNE UND VERWANDTE

Farne sind die größten Pflanzen, die sich mit Sporen fortpflanzen. Viele werden nicht hoch, manche bilden einen nicht verholzten Stamm mit einer Krone aus Wedeln aus.

» 116

PALMFARNE, GINKGOS UND GNETOPHYTEN

Diese Pflanzen tragen keine Blüten, bilden aber Samen. Vor dem Auftreten der Blütenpflanzen bestanden große Teile der Vegetation aus Palmfarnen.

» 118

NADELGEHÖLZE

Obwohl der Gruppe viel weniger Arten angehören als den Blütenpflanzen, dominieren sie in einigen Regionen die Landschaft. Ihre Samen entwickeln sich typischerweise in verholzten Zapfen.

» 122

BLÜTENPFLANZEN

Die heute bei Weitem größte Pflanzengruppe bildet einen großen Teil der Vegetation der Erde. Blütenpflanzen bringen Blüten hervor, die sich zu Früchten mit Samen entwickeln.

LAUBMOOSE

Laubmoose (Bryophyta) sind blütenlose Pflanzen, die meistens Rasen oder Polster bilden. Sie sind klein, aber bemerkenswert widerstandsfähig. Laubmoose gedeihen in vielfältigen Lebensräumen, von Wäldern bis hin zu Wüstenregionen. Man findet sie auf jedem Kontinent, sogar in der Antarktis.

ABTEILUNG	BRYOPHYTA
KLASSEN	8
ORDNUNGEN	30
FAMILIEN	110
ARTEN	etwa 10 000

In nordischen Regionen bilden Torfmoose ausgedehnte Moore – hier stellenweise mit Rentierflechten bewachsen.

Laubmoose haben dünne Blätter, die meist spiralförmig um die schlanken Stämmchen angeordnet sind. Sie pflanzen sich mit Sporen fort. Wie Lebermoose brauchen sie feuchte Bedingungen. An Standorten, an denen es immer feucht ist, können sie sehr häufig sein. Andere Arten überdauern Trockenzeiten. Sie sehen grau und abgestorben aus, ergrünen aber innerhalb kurzer Zeit wieder, wenn es regnet.

Laubmoose haben wie alle Pflanzen einen Lebenszyklus mit zwei Generationen. Die dominante Generation ist der Gametophyt, der männliche und weibliche Geschlechtszellen bildet. Nachdem eine weibliche Eizelle befruchtet wurde, entwickelt sich der Sporophyt. Er wächst auf dem Gametophyten und bildet Sporen. Bei den meisten Sporophyten der Laubmoose entwickelt sich eine Kapsel am Ende eines langen Stiels – dieser Prozess kann jedoch mehrere Monate dauern. Wenn sie dann endlich reif ist, öffnet sie sich und entlässt bis zu 50 Millionen Sporen in die Luft.

Weil Laubmoossporen klein und leicht sind, werden sie selbst bei schwachem Luftzug über weite Strecken verdriftet. Laubmoose breiten sich deshalb gut aus und besiedeln ganz unterschiedliche Mikrohabitate, von Ritzen in der Baumrinde hin zu feuchten Mauern und Dächern.

VERWANDTE UND ÄHNLICHE ARTEN

Der Name Bryophyta wird manchmal so verwendet, dass er Leber- und Hornmoose umfasst (siehe S. 110–111), doch sie werden heute als eigene Gruppen betrachtet. Bärlappe sind komplexer als Moose aufgebaut und gehören in die Abteilung Lycophyta (siehe S. 111). Andere Gewächse, die man mit Moosen verwechseln könnte, sind die Rentierflechte und das Louisianamoos, das tatsächlich eine Blütenpflanze aus der Gruppe der Bromeliengewächse ist.

∨ **DICHT MIT MOOSEN BEWACHSEN**
Das kühle, feuchte Klima im neuseeländischen Fjordland-Nationalpark bietet ideale Bedingungen für viele verschiedene Moose.

FELSENKLAFFMOOS
Andreaea rupestris
F: Andreaeaceae
Dieses dunkle Moos ist in Gebirgen an nackten Felsen weit verbreitet. Anders als bei den meisten Arten werden die Sporen durch vier Längsrisse der Kapseln entlassen.

HORNZAHNMOOS
Ceratodon purpureus
F: Ditrichaceae
Weltweit verbreitet ist dieses Laubmoos, vor allem in der Nähe menschlicher Siedlungen. Auch auf Dächern und Mauern ist es häufig. Im Frühjahr erscheinen viele Sporenkapseln.

ERD-SPALTZAHNMOOS
Fissidens taxifolius
F: Fissidentaceae
Dieses verbreitete Moos hat kurze Stämmchen, an denen die spitzen Blättchen in zwei Reihen sitzen. Es wächst auf beschattetem Erdboden und an Felsen.

SAMT-KURZBÜCHSENMOOS
Brachythecium velutinum
F: Brachytheciaceae
Mit seinen verzweigten Stämmchen bildet dieses häufige Laubmoos Rasen auf totem Holz und in feuchtem Gras. Es ist weltweit verbreitet.

WEISSMOOS
Leucobryum glaucum
F: Dicranaceae
In Wäldern bildet diese Art große, hübsche, runde Polster. Sie ist charakteristisch graugrün und bei Trockenheit fast weiß gefärbt.

BERG-GABELZAHNMOOS
Dicranum montanum
F: Dicranaceae
Diese Tieflandart bildet kompakte Polster. Die Art hat schmale Blättchen, die sich bei Trockenheit zusammenrollen, manchmal abbrechen und zu neuen Pflanzen heranwachsen.

THUJAMOOS
Thuidium tamariscinum
F: Thuidiaceae
Mit seinen dreifach gefiederten Stämmchen ähnelt dieses Moos den Zweigen einer Thuja. Es wächst in Wäldern in Europa und Asien auf morschem Holz und Felsen.

POLSTER-KISSENMOOS
Grimmia pulvinata
F: Grimmiaceae
Diese verbreitete Art wächst an Felsen, auf Dächern und Mauern. Die Blättchen enden in langen silbrigen Haaren.

SCHWANENHALS-STERNMOOS
Mnium hornum
F: Mniaceae
Das im Frühjahr leuchtend grüne Moos ist in Wäldern in Europa und Nordamerika häufig. Die Sporenkapsel sitzt an einem gebogenen Stiel, der an einen Schwanenhals erinnert.

ZYPRESSENFÖRMIGES SCHLAFMOOS
Hypnum cupressiforme
F: Hypnaceae
Die Art ist sehr variabel und bildet Rasen. Die dicht stehenden Blättchen überlappen. Sie ist weltweit verbreitet und wächst an Felsen, Mauern und unter Bäumen.

FEDERMOOS
Ptilium crista-castrensis
F: Hypnaceae
Vor allem in nordischen Wäldern kommt das Federmoos vor. Seine Stämmchen sind federförmig und symmetrisch verzweigt. Es bildet oft ausgedehnte Rasen unter Fichten und Kiefern.

BRUNNENMOOS
Fontinalis antipyretica
F: Fontinalaceae
Das Brunnenmoos wächst in Süßgewässern. Man findet es an Felsen in langsam fließenden Flüssen und Bächen. Es hat drei Reihen gekielter dunkelgrüner Blätter.

GERADEZAHNMOOS
Orthodontium lineare
F: Bryaceae
Dieses Laubmoos der Südhalbkugel wurde im frühen 20. Jahrhundert in Europa eingeschleppt und breitet sich aus.

SUMPF-TORFMOOS
Sphagnum palustre
F: Sphagnaceae
Wie seine Verwandten wächst dieses Torf bildende Moos auf nassem Untergrund und kann große Mengen Wasser speichern. Jedes Stämmchen endet in einer abgeflachten Rosette aus kleinen Ästen.

GROSSES HAARMÜTZENMOOS
Polytrichum commune
F: Polytrichaceae
Dieses große Moos bildet Bulten und kommt in Moorgebieten auf der Nordhalbkugel häufig vor. Die Stämmchen sind steif und unverzweigt, die Blättchen schmal und spitz.

BRANDSTELLEN-DREHMOOS
Funaria hygrometrica
F: Funariaceae
Diese Art gehört zu den am weitesten verbreiteten Laubmoosen. Sie wächst an Ruderalstellen und Brandflächen. Reife Sporenkapseln haben orangefarbene Stiele.

LEBERMOOSE

Lebermoose (Marchantiophyta) wachsen vor allem an feuchten schattigen Standorten. Von allen Landpflanzen gelten sie als die am einfachsten gebaute Gruppe. Es gibt zwei Wuchsformen: Pflanzen mit einem flachen, gelappten Thallus und laubmoosähnliche Arten mit dünnen Stämmchen und kleinen Blättchen.

ABTEILUNG	MARCHANTIOPHYTA
KLASSEN	3
ORDNUNGEN	16
FAMILIEN	88
ARTEN	etwa 7500

STREITFRAGE

SYSTEMATIK DER MOOSE

Lebermoose sind eindeutig von den Laub- und Hornmoosen zu unterscheiden, obwohl alle drei Gruppen traditionell als Bryophyten zusammengefasst wurden. Lebermoose sind die einzigen Landpflanzen, bei denen der Sporophyt (die Generation, die Sporen bildet) keine Spaltöffnungen aufweist. Jedes Rhizoid ist außerdem einzellig. Daher werden sie in die eigene Abteilung Marchantiophyta gestellt.

Die thallosen Lebermoose haben einen flachen Pflanzenkörper (Thallus), der sich während des Wachstums wiederholt gabelig verzweigt. Die gelappte Form erinnerte die Pflanzenkundler des Mittelalters an eine Leber, daher der deutsche Name. Bei den foliosen Lebermoosen sitzen Blättchen an zarten Stämmchen, üblicherweise in zwei Reihen. An der Unterseite bilden meist kleinere Blätter eine dritte Reihe. Einige Arten wachsen in feuchtem Gras in lockeren Beständen, andere auf Felsen. Es gibt wesentlich mehr foliose als thallose Lebermoose, vor allem in den Tropen, wo viele Arten als Epiphyten auf Regenwaldbäumen leben.

DIE BILDUNG VON SPOREN

Anders als bei den meisten Blütenpflanzen ist bei Lebermoosen das Wachstum nicht begrenzt. Sie können Teppiche von einigen Metern Durchmesser bilden, durch deren Fragmentation neue Pflanzen entstehen. Zudem bringen einige Arten in Brutbechern auf der Oberseite Brutkörper (Gemmae) hervor. Regentropfen verbreiten diese Brutkörper, die zu neuen Moosen heranwachsen.

Lebermoose pflanzen sich mit Sporen fort, die zu neuen Pflanzen heranwachsen. Sie können sich nur bei feuchten Bedingungen bilden, denn die weiblichen Eizellen müssen von schwimmenden Spermatozoiden befruchtet werden. Bei einigen Arten bilden sich die Ei- und Spermazellen auf derselben Pflanze, bei vielen aber gibt es männliche und weibliche Pflanzen. Die Spermazellen gelangen oft mit Regentropfen zu den Eizellen. Viele Lebermoose produzieren die Sperma- und Eizellen in Gebilden, die wie Schirmchen aussehen. Nach der Befruchtung entwickeln sich Sporen, die sich über die Luft verbreiten.

DREILAPPIGES PEITSCHENMOOS
Bazzania trilobata
F: Lepidoziaceae
Dieses Rasen bildende Lebermoos findet man in feuchtem Waldland. Die Flankenblätter überlappen auf eine Weise, die an eine Raupe erinnert.

MONDBECHERMOOS
Lunularia cruciata
F: Lunulariaceae
Die thallose Art findet man häufig in Gärten und Gewächshäusern. Sie ist sattgrün und weist charakteristische Fortpflanzungsorgane auf: Brutbecher, die aussehen wie kleine Fingernagelspitzen.

GEMEINES BECKENMOOS
Pellia epiphylla
F: Pelliaceae
Dieses thallose Lebermoos, das auf feuchtem Torf und Felsen wächst, bildet oft Rasen. Die Sporenkapseln erscheinen auf schlanken weißen Stielen.

GROSSES SCHIEFMUNDMOOS
Plagiochila asplenioides
F: Plagiochilaceae
Mit ihren durchscheinenden Blättchen bildet diese Art laubmoosähnliche Polster. Sie wächst an schattigen Felsen und auf dem Boden, vor allem auf kalkhaltigen Substraten.

KRATZLEBERMOOS
Radula complanata
F: Radulaceae
Das Moos ist hellgrün bis braun gefärbt, hat schuppenförmige Blättchen und wächst auf flachen, nicht beschatteten Oberflächen, etwa auf Felsen an der Küste oder an Baumstämmen.

MÄNNLICHE FORTPFLANZUNGSORGANE

BRUNNENLEBERMOOS
Marchantia polymorpha
F: Marchantiaceae
Im Frühjahr und Sommer bringt dieses thallose Lebermoos auffällige Gebilde hervor, die wie Schirmchen aussehen. Es ist an feuchten Stellen, auch in Gärten, weit verbreitet.

HORNMOOSE

Hornmoose sind die dritte Abteilung der als Bryophyten bezeichneten Gruppe. Sie sind kleine und leicht zu übersehende Pflanzen, die weltweit an feuchten Orten gedeihen.

Wie die Laub- und Lebermoose unterliegen die Hornmoose einem Generationenwechsel. Sie besitzen einen vegetativen Gametophyten und einen sporenproduzierenden Sporophyten. Die Gametophyten bilden flache Thalli mit bis zu 5 cm Durchmesser. Die Sporophyten sind hornförmig verlängert, was auch zum Namen der Hornmoose geführt hat. Manche Arten wachsen als winzige Pflänzchen in Gärten und auf Äckern. Andere, meist tropische oder subtropische, sind größer und besiedeln die Borke der Bäume. Hornmoose sind nicht mit der Wasserpflanze Hornblatt zu verwechseln (siehe S. 124, im Englischen heißen beide »hornwort«).

ABTEILUNG	ANTHOCEROTOPHYTA
KLASSEN	2
ORDNUNGEN	5
FAMILIEN	5
ARTEN	etwa 220

DENDROCEROS SPEC.
F: Dendrocerotaceae
Die bandartigen Gametophyten dieses Hornmooses verbreiten sich über feuchte Felsen oder Borke in tropischen und subtropischen Wäldern. Die aus ihnen entspringenden hornartigen Sporophyten werden bis zu 5 cm groß.

ACKER-HORNMOOS
Anthoceros agrestis
F: Anthocerotaceae
Feuchte Stoppelfelder, festgetretener Boden und die Hänge von Dämmen sind der Lebensraum dieses Hornmooses. Es ist in den gemäßigten Bereichen Europas und Nordamerikas zu finden.

EINHÄUSIGES BRAUNHORNMOOS
Phaeoceros carolinianus
F: Notothyladaceae
Das an ähnlichen Orten wie das Acker-Hornmoos gedeihende Moos hat männliche und weibliche Gametophyten. Regentropfen tragen die männlichen zu den weiblichen Geschlechtszellen, sodass Sporophyten entstehen können.

BÄRLAPPPFLANZEN

Die Taxonomie der Gruppe ist noch nicht endgültig, doch zählt man Bärlappe und Brachsenkräuter zu ihr. Sie ist mit den Farnen verwandt.

Die Bärlappgewächse sind die ersten Pflanzen in diesem Buch, die über Gefäße verfügen, in denen Wasser, Minerale und Nährstoffe durch Wurzeln, Stängel und Blätter transportiert werden. Daher können sie größer als Moose werden und besser Trockenheit vertragen. Man hat 425 Millionen Jahre alte Fossilien gefunden. Im Karbon waren die Bärlappgewächse die dominierende Pflanzengruppe, zu der auch baumgroße Arten zählten. Sie vermehren sich über Sporen, die in Sporangien an der Basis einfacher Blätter produziert werden.

ABTEILUNG	LYCOPHYTA
KLASSE	1
ORDNUNGEN	3
FAMILIEN	3
ARTEN	etwa 170

SPANISCHES BRACHSENKRAUT
Isoetes fluitans
F: Isoetaceae
Brachsenkräuter wachsen in langsam fließenden Bächen und klaren Teichen. Sie besitzen hohle Blätter, in deren Basis sich die Sporenbehälter befinden.

SPROSSENDER BÄRLAPP
Lycopodium annotinum
F: Lycopodiaceae
Diese Pflanze nördlicher Moore und Gebirge erzeugt Sporen in zapfenähnlichen Gebilden an der Spitze der aufrechten Stängel.

HICKEYS BÄRLAPP
Dendrolycopodium hickeyi
F: Lycopodiaceae
Der in den Wäldern des östlichen Nordamerikas heimische Bärlapp vermehrt sich über Ausläufer, aus denen baumähnliche Pflanzen entspringen.

LYCOPODIELLA CERNUA
F: Lycopodiaceae
Lycopodiella-Arten sind allgemein etwas zarter als andere Bärlappe. Diese Art sieht wie ein kleiner Nadelbaum aus. Sie kommt in Sümpfen in den gesamten Tropen vor.

FARNE UND VERWANDTE

Die meisten Farne kann man an ihren eleganten Wedeln erkennen, die sich wie ein Bischofsstab entrollen. Mit den Schachtelhalmen und Urfarnen bilden sie eine alte und vielfältige Gruppe blütenloser Pflanzen, die sich mit Sporen fortpflanzen. Farngewächse (Polypodiophyta) wachsen in vielen Lebensräumen, die meisten bevorzugen aber Schatten und Feuchtigkeit.

ABTEILUNG	POLYPODIOPHYTA
KLASSEN	1
ORDNUNGEN	11
FAMILIEN	40
ARTEN	etwa 12 000

STREITFRAGE

LEBENDE FOSSILIEN

Die Schachtelhalme haben sich seit über 300 Millionen Jahren kaum verändert. Die meisten heute vorkommenden Arten sind aber viel kleiner als die riesigen Formen früherer Abschnitte der Erdgeschichte. Mitglieder einer der größten Gattungen, der Kalamiten, wurden bis 20 m hoch und hatten massive Stämme mit über 60 cm Durchmesser. Die Verwandtschaftsverhältnisse sind umstritten. Manche Botaniker stellen sie in eine eigene Abteilung, aber es gibt immer mehr Hinweise darauf, dass sie eng mit den Farnen verwandt sind.

Manche Farne sind so klein, dass man sie leicht übersieht, aber zur Gruppe gehören auch große baumähnliche Arten, die über 15 m hoch werden können. Viele von ihnen sind kompakt mit einem einzigen Büschel aus Wedeln, andere haben kriechende Rhizome, aus denen in Abständen Wedel austreiben. Der Adlerfarn, eine weitverbreitete Art, ist besonders wüchsig. Er kann im Lauf vieler Jahre Klone hervorbringen, die ein Gebiet mit 800 m Durchmesser besiedeln. Manche Farne kommen im Süßwasser vor und viele Arten sind Epiphyten, die auf anderen Pflanzen wachsen.

Die Wedel der Farne sind oft fein geteilt und entwickeln sich meistens aus dicht eingerollten Knospen. Farne bilden an der Unterseite ihrer Wedel Sporen. Bei manchen Arten bringen alle Wedel Sporen hervor, andere haben unterschiedliche Wedel: fertile, die Sporen bilden, und sterile, die auf die Fotosynthese spezialisiert sind. Keimt eine Farnspore, wächst ein Gametophyt heran, eine der beiden Generationen im Lebenszyklus einer Farnpflanze. Auf dem flachen Prothallium entwickelt sich ein neuer Sporophyt – die Pflanze, die wir als Farn betrachten.

VERWANDTE DER FARNE

Die Taxonomie der Farne verändert sich ständig, doch es ist wahrscheinlich, dass die Farne näher mit den Samenpflanzen als mit den Bärlappgewächsen verwandt sind, mit denen sie früher zusammengefasst wurden.

Die Abteilung der Farne umfasst auch die Schachtelhalme, aufrechte Pflanzen mit hohlen, zylindrischen Stängeln mit Quirlen schlanker Äste. Siliciumdioxid verleiht ihnen eine raue Oberfläche. Früher benutzte man sie zur Reinigung von Töpfen und Pfannen. Natternzungen- und Gabelblattartige sind eigene Gruppen, die aber auch zu den Farnen gestellt werden.

∨ EIN FARNWEDEL ENTROLLT SICH
Die zarten Spitzen junger Farnwedel sind eingerollt. Sie entfalten sich, wenn die Wedel dem Licht entgegenwachsen.

SCHACHTELHALME

ACKER-SCHACHTELHALM
Equisetum arvense
F: Equisetaceae

Dieser Schachtelhalm kann ein hartnäckiges Unkraut sein. An schwarzen unterirdischen Rhizomen treiben hohle Sprosse aus, an denen die verzweigten Äste in Wirteln entspringen.

URFARNE, MONDRAUTEN, NATTERNZUNGEN

PSILOTUM NUDUM
F: Psilotaceae

Dieser ursprüngliche Verwandte der Farne ist vor allem in den Tropen verbreitet. Die blattlosen Sprosse tragen runde Sporenkapseln.

GEWÖHNLICHE NATTERNZUNGE
Ophioglossum vulgatum
F: Ophioglossaceae

Der Farn der Nordhalbkugel in Grasland hat ein einziges eiförmiges, den Blattteil umfassendes Blatt, an dem sich Sporangien entwickeln.

ECHTE MONDRAUTE
Botrychium lunaria
F: Ophioglossaceae

Die Mondraute, die in den gemäßigten Breiten weltweit vorkommt, bringt ein steriles und ein fertiles Blatt hervor. Die Sporangien bilden sich am oberen Blattabschnitt.

ECHTE FARNE

PILLENFARN
Pilularia globulifera
F: Marsileaceae

Dieser Farn bildet in mitteleuropäischen Sümpfen binsenartige Bestände. Die Sporen entwickeln sich an der Basis in pillenförmigen Sporenbehältern.

VIERBLÄTTRIGER KLEEFARN
Marsilea quadrifolia
F: Marsileaceae

Mit den vierteiligen Blättern sieht dieser im Wasser lebende Farn wie eine Blütenpflanze aus. Er ist auf der Nordhalbkugel weit verbreitet.

GROSSER ALGENFARN
Azolla filiculoides
F: Salviniaceae

Dieser Farn mit seinen schuppenförmigen Blättern bildet auf dem Wasser Decken. Er breitet sich auf Teichen und Seen rasch aus und ist in warmen Regionen verbreitet.

STICHERUS CUNNINGHAMII
F: Gleicheniaceae

Die neuseeländische Art hat einen bleistiftdünnen Stamm, der eine Krone schmaler, ausladender Wedel trägt. Sie verbreitet sich mit Rhizomen.

KÖNIGSFARN
Osmunda regalis
F: Osmundaceae

Der stattliche Farn der Nordhalbkugel wird häufig kultiviert. Er hat eine Rosette ausladender Wedel mit mehreren schmaleren sporentragenden Wedeln in der Mitte.

SCHWIMMFARN
Salvinia natans
F: Salviniaceae

Im Wasser bildet der Schwimmfarn Decken. Die Schwimmblätter sind mit wasserabweisenden Papillen bedeckt. Die Art ist in den Tropen häufig.

SILBERFARN
Alsophila dealbata
F: Cyatheaceae

Die Wedel dieses neuseeländischen Baumfarns sind unterseits silbrig. Er wächst in offenen Wäldern und Gebüschen.

AUSTRALISCHER TASCHENFARN
Dicksonia antarctica
F: Dicksoniaceae

Dieser Baumfarn mit seinem kräftigen Stamm ist in Tasmanien und im Südosten Australiens weit verbreitet. Er wächst im Schatten zwischen Bäumen.

SCHWARZER BECHERFARN
Sphaeropteris medullaris
F: Cyatheaceae

Einen rußschwarzen Stamm und leuchtend grüne Wedel hat dieser hohe, schlanke neuseeländische Baumfarn.

ALSOPHILA SMITHII
F: Cyatheaceae

Dies ist der Baumfarn mit der südlichsten Verbreitung. Er ist in Neuseeland und auf subantarktischen Inseln heimisch. Unter der Krone hängt oft eine Manschette aus toten Wedeln herab.

»

PTERIS ARGYRAEA
F: Pteridaceae
Charakteristische Wedel mit einem silbrig weißen zentralen Streifen hat dieser schattenliebende Farn. Die südostasiatische Art ist als Zimmerpflanze verbreitet.

PTERIS QUADRIAURITA
F: Pteridaceae
Die Art aus Malaysia besitzt eine ungewöhnliche Färbung: Die jungen Wedel sind metallisch kupfern und werden später grün.

GRÜNER KLIPPENFARN
Pellaea viridis
F: Pteridaceae
Dieser südafrikanische Farn erträgt Trockenheit. Die grünen Wedel haben drahtige schwarze Stiele. Er wächst in offenen Wäldern im Gebirge.

GEWÖHNLICHER FRAUENHAARFARN
Adiantum capillus-veneris
F: Pteridaceae
Die verbreitete Art gedeiht in Ritzen auf Kalksteinfelsen. Sie hat hellgrüne, durchscheinende Fiedern, die im Kontrast zu den schlanken schwarzen Stielen stehen.

CHEILANTHES ARGENTEA
F: Pteridaceae
Aus Ostasien stammt der kleine immergrüne Farn. Er hat dreieckige Wedel mit schwarzen Adern und einer charakteristischen silbrigen Zeichnung auf der Unterseite.

LEITERN-SAUMFARN
Pteris vittata
F: Pteridaceae
Diese in warmen Regionen verbreitete Art hat aufrechte oder überhängende Wedel mit schmalen Fiedern. Meist wächst sie auf alkalischen Böden.

GEWÖHNLICHER BUCHENFARN
Phegopteris connectilis
F: Thelypteridaceae
Diesen Farn, der nördlich bis Grönland verbreitet ist, findet man an verschiedenen Standorten, von Wäldern bis in die felsige Tundra.

GEWÖHNLICHER BERGFARN
Oreopteris limbosperma
F: Thelypteridaceae
Zerreibt man die Wedel dieses in Europa verbreiteten Farns, riechen sie nach Zitrone. Er bildet an feuchten Standorten auf sauren Böden Bestände.

ADLERFARN
Pteridium aquilinum
F: Dennstaedtiaceae
Der Adlerfarn, der auf jedem Kontinent außer in der Antarktis vorkommt, verbreitet sich mit unterirdischen Rhizomen. Oft stirbt er im Winter ab. Im Frühjahr treiben neue Wedel aus.

DAVALLIA TRICHOMANOIDES
F: Davalliaceae
Dieser epiphytische Farn aus Malaysia wächst auf Bäumen und anderen Pflanzen. Die Rhizome sind pelzähnlich beschuppt und die Spitzen ähneln den Pfoten eines Eichhörnchens.

EUROPÄISCHER KETTENFARN
Woodwardia radicans
F: Blechnaceae
Diese Art stammt aus Südwesteuropa und Algerien und gedeiht an schattigen Standorten. Sie hat große überhängende Wedel, an deren Spitze sich manchmal Brutknospen bilden.

GEWÖHNLICHER RIPPENFARN
Blechnum spicant
F: Blechnaceae
Dieser immergrüne Farn hat überhängende sterile Wedel und aufrechte fertile Wedel, deren Fiedern wie Rippen aussehen. Er kommt auf der Nordhalbkugel in den gemäßigten Breiten vor.

BORSTIGER SCHILDFARN
Polystichum setiferum
F: Dryopteridaceae
Der Borstige Schildfarn, der in europäischen Laubwäldern heimisch ist, hat fedrige Wedel. Er gedeiht auf kalkarmen, frischen Böden.

EICHENFARN
Gymnocarpium dryopteris
F: Cystopteridaceae
Die zarten hellgrünen Wedel dieser nordischen Art erscheinen einzeln. Sie wächst auf schattigen Geröllhalden und in Wäldern.

GEWÖHNLICHER WURMFARN
Dryopteris filix-mas
F: Dryopteridaceae
Dies ist einer der häufigsten europäischen Farne. Die Rosette aus Wedeln erinnert an den Bürzel eines Hahns.

EUROPÄISCHER STRAUSSFARN
Matteuccia struthiopteris
F: Onocleaceae
Diese hohe Art der Nordhalbkugel findet man an Gewässern. Die sterilen Wedel bilden einen Trichter. Die kürzeren fertilen Blätter im Inneren des Trichters bleiben im Winter grün.

ZERBRECHLICHER BLASENFARN
Cystopteris fragilis
F: Cystopteridaceae
Die Art ist nach den rundlichen Sori (Sporangiengruppen) an der Unterseite der Wedel benannt. Sie kommt weltweit in den gemäßigten Breiten vor.

ONOCLEA SENSIBILIS
F: Onocleaceae
Dieser in Nordamerika und Ostasien heimische Farn wächst in Feuchtgebieten. Die sterilen Wedel sterben nach den ersten Frösten ab.

HIRSCHZUNGENFARN
Asplenium scolopendrium
F: Aspleniaceae
Dieser Farn mit seinen glänzenden ungeteilten Blattspreiten wird oft kultiviert. Sein natürliches Verbreitungsgebiet erstreckt sich über Europa, Westasien und Nordamerika.

BRAUNER STREIFENFARN
Asplenium trichomanes
F: Aspleniaceae
Von den Tropen bis in subantarktische Regionen kommt dieser kleine Farn vor. Er wächst in Felsspalten. Die elliptischen Fiedern sitzen beiderseits der Blattspindel.

MAUERRAUTE
Asplenium ruta-muraria
F: Aspleniaceae
Die Mauerraute ist auf der Nordhalbkugel weit verbreitet. Sie wächst an Mauern und Felsen aus Kalkstein oder in Fugen mit kalkreichem Mörtel.

GEWÖHNLICHER GEWEIHFARN
Platycerium bifurcatum
F: Polypodiaceae
Dieser beeindruckende Epiphyt kommt in Indonesien und in Australasien vor. Er wächst auf Baumstämmen und hat sterile nierenförmige und fertile geweihförmige Wedel.

GEWÖHNLICHER TÜPFELFARN
Polypodium vulgare
F: Polypodiaceae
Diese Art mit einzelnen Wedeln an kriechenden Rhizomen ist an Felsen, Bäumen und in Laubwäldern der gemäßigten Breiten weit verbreitet.

PALMFARNE, GINKGOS UND GNETOPHYTEN

Die Palmfarne, Ginkgos und Gnetophyten sind drei alte Abteilungen blütenloser und erstaunlich vielgestaltiger Pflanzen. Dazu gehören Kletterpflanzen, niedrige Sträucher und palmenähnliche Gewächse.

ABTEILUNG	CYCADOPHYTA
KLASSEN	1
ORDNUNGEN	1
FAMILIEN	2
ARTEN	330

ABTEILUNG	GINKGOPHYTA
KLASSEN	1
ORDNUNGEN	1
FAMILIE	1
ARTEN	1

ABTEILUNG	GNETOPHYTA
KLASSEN	1
ORDNUNGEN	1
FAMILIEN	3
ARTEN	70

∨ WIDERSTANDSFÄHIG
Wie Palmen haben die meisten Palmfarne eine Krone aus zusammengesetzten Blättern, die einen zentralen Wachstumspunkt (Apikalmeristem) umgibt. Die robusten Blätter ertragen Sonne und Trockenheit.

Diese drei Gruppen werden traditionell mit den Nadelgehölzen zu den Gymnospermen (Nacktsamern) zusammengefasst. Bei Gymnospermen entwickeln sich die Samen meist auf Samenschuppen, bei Blütenpflanzen hingegen sind sie in Fruchtblättern eingeschlossen.

Die genauen Verwandtschaftsverhältnisse von Palmfarnen, Ginkgos und Gnetophyten sind noch nicht bekannt. Auch weiß man noch nicht, wie sie mit den Nadelgehölzen und Blütenpflanzen verwandt sind. Auf zellulärer Ebene legen einige Merkmale der Gnetophyten nahe, dass sie enger mit den Nadelgehölzen als mit den Palmfarnen und Ginkgos verwandt sind, aber auch mit den Blütenpflanzen gibt es Übereinstimmungen.

Außer der Bildung ihrer Samen weisen die drei Gruppen wenige Gemeinsamkeiten auf. Palmfarne kommen vor allem in den Tropen und Subtropen vor, während die einzige überlebende Ginkgo-Art aus China stammt. Gnetophyten sind eine vielfältige Gruppe, der Bäume und Kletterpflanzen aus den Tropen, stark verzweigte Sträucher trockener Lebensräume und die bizarre Welwitschie angehören, die nur in der Namibwüste in Namibia vorkommt.

UNTERSCHIEDLICHE SCHICKSALE

Palmfarne entwickelten sich vor fast 300 Millionen Jahren. Einst waren sie ein wichtiger Bestandteil der Vegetation der Erde, dann wurden sie nach und nach von den Blütenpflanzen verdrängt. Heute ist fast ein Viertel aller Palmfarn-Arten bedroht. Gründe sind illegaler Handel und Veränderungen der Lebensräume.

Die Gnetophyten sind weniger gefährdet, der Ginkgo ist heute ein sehr geschätzter Zierbaum. Buddhistische Mönche pflanzen ihn seit Jahrhunderten in Tempelgärten. Sie bewahrten die Art, die in freier Natur nicht mehr vorkommt. In Europa wurde der Ginkgo um 1700 eingeführt. Die Bäume sind unkompliziert und tolerieren Luftverschmutzung. Heute findet man sie weltweit in Stadtparks.

PALMFARNE

3 m

JAPANISCHER SAGOPALMFARN
Cycas revoluta
F: Cycadaceae
Die palmenähnliche Art aus dem Süden Japans hat einen dicken Stamm und glänzende Blätter. Sie wird häufig als Zierpflanze kultiviert.

1,4 m

ENCEPHALARTOS HORRIDUS
F: Zamiaceae
Anders als die meisten Palmfarne hat diese niedrigwüchsige Art aus Südafrika blaugraugrüne Blätter, die aus steifen Fiedern mit Stachelspitzen zusammengesetzt sind.

6 m

ENCEPHALARTOS ALTENSTEINII
F: Zamiaceae
Dieser hohe subtropische Palmfarn, der an der Ostküste Südafrikas vorkommt, hat stachelige Blattränder. In gelben Zapfen bilden sich leuchtend rote Samen.

1,8 m

MEXIKANISCHER DOPPELPALMFARN
Dioon edule
F: Zamiaceae
Die langsam wachsende Art stammt aus Ostmexiko. Die Samenzapfen werden 30 cm lang.

2 m

CERATOZAMIA MEXICANA
F: Zamiaceae
Aus dem östlichen Mexiko stammt dieser robuste Palmfarn. Er hat eine große, ausladende Krone. Die graugrünen Zapfen tragen charakteristische Hörner auf den Schuppen.

1,2 m

ZAMIA PUMILA
F: Zamiaceae
Früher wurde dieser kleine Palmfarn in der Karibik als Stärkelieferant genutzt. Er hat kurze Sprosse und bildet aufrechte rotbraune Zapfen.

7 m

MACROZAMIA MOOREI
F: Zamiaceae
Dies ist einer der höchsten Palmfarne Australiens. Er bildet bis 90 cm lange Samenzapfen aus und kommt in trockenen Wäldern vor.

3 m

BURRAWANG
Macrozamia communis
F: Zamiaceae
Diese Art der Südküste Australiens bildet große Zapfen mit roten fleischigen Samen. Sie wächst oft in dichten Beständen.

GNETOPHYTEN

2 m

EPHEDRA TRIFURCA
F: Ephedraceae
Diese Pflanze, auch Mormonentee genannt, bildet von schuppenartigen Blättern umgebene Sprosse. Sie wächst in Wüstengebieten in Mexiko und im Süden der USA.

15 m

GNETUM GNEMON
F: Gnetaceae
Aus Südostasien und der Pazifikregion stammt dieser Baum. Er hat immergrüne Blätter und bildet nussähnliche Samen. Samen wie Blätter sind essbar.

45 cm

CHINESISCHES MEERTRÄUBEL
Ephedra sinica
F: Ephedraceae
Die sparrige Pflanze aus Südostasien enthält Alkaloide und wird seit Langem als Heilpflanze verwendet.

1 m

WELWITSCHIE
Welwitschia mirabilis
F: Welwitschiaceae
Die Welwitschie ist in der Namibwüste in Namibia endemisch. Die langlebige Pflanze hat ein einziges Paar streifenförmiger Blätter. Im Lauf der Jahrhunderte zerschlitzen sie.

GINKGO

30 m

GINKGO
Ginkgo biloba
F: Ginkgoaceae
Der Ginkgo ist seiner Blätter wegen unverwechselbar, die sich im Herbst leuchtend gelb färben. Früher kam er nur in Südchina vor, heute wird er weltweit kultiviert.

NADELGEHÖLZE

Nadelgehölze (Pinophyta) haben sich vor über 300 Millionen Jahren entwickelt, lange vor den Blütenpflanzen. Durch ihre mit Wachs überzogenen Blätter gedeihen sie auch in extremem Klima. Die Gruppe ist weniger artenreich als die der Laubgehölze, Nadelgehölze dominieren aber die Wälder in Gebirgen und im hohen Norden.

ABTEILUNG	PINOPHYTA
KLASSEN	1
ORDNUNGEN	2
FAMILIEN	6
ARTEN	etwa 600

Zwischen offener Tundra wachsen Nadelbäume nördlich des Polarkreises. Sie bilden die größten Wälder der Erde.

Obwohl es relativ wenige Arten gibt, sind die höchsten, die schwersten und die langlebigsten Bäume der Erde Nadelgehölze. Auch einige der am weitesten verbreiteten Baumarten gehören zu dieser Gruppe. Nadelgehölze ordnet man traditionell gemeinsam mit Palmfarnen, Ginkgos und Gnetophyten den Gymnospermen zu. Anders als Laubbäume bilden sie keine Blüten, sondern Zapfen, in denen sich Pollen und Samen entwickeln.

BLÄTTER UND ZAPFEN

Die meisten Nadelgehölze sind immergrün. Die Blätter enthalten viele Harze und ertragen kalte Winde wie auch heiße Sonne. Kiefern und Tannen haben schlanke Nadelblätter. Andere Nadelgehölze tragen flache Blätter oder Schuppenblätter. Einige Nadelgehölze, darunter Lärchen, werfen ihre Blätter einmal im Jahr ab.

Nadelgehölze bringen zwei Typen von Zapfen hervor. Die männlichen Zapfen produzieren Pollen. Sie sind weich, klein und erscheinen typischerweise im Frühjahr in großer Zahl. Nachdem sie ihren Pollen an die Luft abgegeben haben, welken sie meist bald. In den größeren weiblichen Zapfen reifen ein oder viele Samen heran. Das kann mehrere Jahre dauern. Meist verholzen die Zapfen, während sie reifen.

Die Zapfen einiger Arten, wie Zedern und Tannen, zerfallen am Baum und entlassen die Samen nach und nach. Kiefernzapfen bleiben dagegen intakt. Bei den meisten öffnen sich die Schuppen bei Trockenheit, um die Samen zu entlassen. Bei einigen Arten bleiben die Samen im Zapfen eingeschlossen. Erst nach einem Waldbrand keimen sie, sodass die Keimlinge die Brandfläche besiedeln.

Einige wenige Koniferen wie Eiben, Wacholder und Steineibengewächse bringen beerenähnliche Zapfen mit fleischigem Samenmantel hervor, die den Samen nicht vollständig einschließen. Sie werden von Vögeln verbreitet.

∨ **RIESIGE NADELWÄLDER**
Auch große Koniferenbestände werden oft nur von einer Art gebildet. Diese Kiefern wachsen im Yosemite-Nationalpark (USA).

BLAU-FICHTE
Picea pungens
F: Pinaceae
Dieser beliebte Zierbaum hat blaugraue, spitze Nadeln. Er ist im westlichen Nordamerika heimisch und wächst typischerweise in Gebirgen.

KÜSTEN-TANNE
Abies grandis
F: Pinaceae
Im westlichen Nordamerika kommt diese hohe, schnellwüchsige Tanne vor. Die Nadeln verströmen beim Zerreiben einen Zitrusduft.

PRÄCHTIGE TANNE
Abies magnifica
F: Pinaceae
Diese Tanne findet man an trockenen kalifornischen Berghängen. Die Nadeln sind gekrümmt. Die Zapfen werden bis 20 cm lang.

WEISS-TANNE
Abies alba
F: Pinaceae
Die Weiß-Tanne, die nach den weißen Streifen auf der Unterseite ihrer Nadeln benannt ist, trägt aufrechte Zapfen, die am Baum zerfallen.

NORDMANNS-TANNE
Abies nordmanniana
F: Pinaceae
Die Tanne wird oft als Weihnachtsbaum genutzt, da sie nicht nadelt. Sie stammt aus den Bergen am Schwarzen Meer.

SITKA-FICHTE
Picea sitchensis
F: Pinaceae
Die Sitka-Fichte, die bei kalten, feuchten Bedingungen gedeiht, wird oft in Plantagen gepflanzt. Sie stammt von den Westküsten Nordamerikas.

GEWÖHNLICHE FICHTE
Picea abies
F: Pinaceae
Spitze Nadeln und zylindrische Zapfen hat dieser wichtige rasch wachsende Forstbaum. Er kommt in weiten Teilen Nord- und Mitteleuropas vor.

WALD-KIEFER
Pinus sylvestris
F: Pinaceae
Die Wald-Kiefer oder Föhre, die von den Britischen Inseln bis nach China vorkommt, ist nach dem Gemeinen Wacholder der Nadelbaum mit der weitesten Verbreitung. Die Borke der oberen Äste ist orangerot.

PINIE, SCHIRM-KIEFER
Pinus pinea
F: Pinaceae
Die Pinie aus der Mittelmeerregion ist ihrer essbaren Samen wegen bekannt. Sie trägt große ovale Zapfen und hat eine elegante schirmförmige Krone.

DREH-KIEFER
Pinus contorta
F: Pinaceae
Diese nordamerikanische Kiefer, die auf Küstendünen und in Sümpfen wächst, trägt paarige Nadeln und stachelige Zapfen. Sie entlassen die Samen erst nach Bränden.

EINNADELIGE WEYMOUTHS-KIEFER
Pinus monophylla
F: Pinaceae
Dies ist die einzige Kiefer, bei der die Nadeln einzeln statt in Gruppen oder Paaren stehen. Sie stammt aus Mexiko und dem Südwesten der USA.

ZIRBEL-KIEFER
Pinus cembra
F: Pinaceae
Dieser Baum europäischer Gebirge bildet kleine Zapfen, die wie bei allen Kiefern im Ganzen vom Baum fallen. Die Samen werden von Vögeln wie dem Tannenhäher verbreitet.

STRAND-KIEFER
Pinus pinaster
F: Pinaceae
Diese Kiefer aus der westlichen Mittelmeerregion wächst auf armen, sandigen Böden schnell. Sie trägt glänzend braune Zapfen, die bis 20 cm lang werden.

SCHWARZ-KIEFER
Pinus nigra
F: Pinaceae
Diese hohe, offenkronige Kiefer hat lange Nadeln, die in Paaren stehen. Sie ist in ganz Europa verbreitet und wächst typischerweise auf Kalkböden.

CHINESISCHE ROT-KIEFER
Pinus tabuliformis
F: Pinaceae
Im Alter entwickelt diese Kiefer eine typische flache, ausladende Krone. Sie kommt in Gebirgen vor und trägt kleine, eiförmige Zapfen.

MONTEREY-KIEFER
Pinus radiata
F: Pinaceae
Diese rasch wachsende Kiefer, die ursprünglich nur in einem kleinen Gebiet in Kalifornien vorkam, wird heute vor allem auf der Südhalbkugel gepflanzt.

»

50 m

HIMALAYA-ZEDER
Cedrus deodara
F: Pinaceae

Diese schnellwüchsige Zeder aus dem westlichen Himalaya-Gebiet hat herabhängende Zweige. Die Zapfen reifen violettbraun.

60 m

GEWÖHNLICHE DOUGLASIE
Pseudotsuga menziesii
F: Pinaceae

Die Douglasie, der höchste Nadelbaum, stammt aus dem westlichen Nordamerika. Typisch sind die langen Deckschuppen.

60 m

WESTLICHE HEMLOCKTANNE
Tsuga heterophylla
F: Pinaceae

Die größte Hemlocktanne ist im westlichen Nordamerika heimisch. Sie kann 1000 Jahre alt werden.

40 m

GOLDLÄRCHE
Pseudolarix amabilis
F: Pinaceae

Aus Ostchina stammt die Goldlärche, deren Laub sich im Herbst leuchtend gelb färbt, bevor sie es abwirft. Ihre Zapfen zerfallen am Baum.

40 m

ATLAS-ZEDER
Cedrus atlantica
F: Pinaceae

Diese nordafrikanische Zeder hat kurze Nadeln und aufrechte Zapfen. Die Zapfen zerfallen langsam und entlassen die Samen.

40 m

LIBANON-ZEDER
Cedrus libani
F: Pinaceae

Die Libanon-Zeder, ein majestätischer Baum mit ausladenden Ästen, kommt in der Natur nur noch selten vor, wird aber oft als Zierbaum gepflanzt.

30 m

JAPANISCHE LÄRCHE
Larix kaempferi
F: Pinaceae

Im Herbst wirft diese Lärche ihre weichen Nadeln ab, während die verholzten Zapfen am Baum hängen bleiben. Die Art kommt in Bergen in Nordjapan vor.

50 m

CHILENISCHE ARAUKARIE
Araucaria araucana
F: Araucariaceae

Die Art aus den Gebirgen Chiles wirkt mit ihren spiralig angeordneten, spitzen Blättern urzeitlich. Alte Bäume bilden eine schirmförmige Krone aus.

25 m

REIFER ZAPFEN

JAPANISCHE SCHIRMTANNE
Sciadopitys verticillata
F: Sciadopityaceae

Die alte japanische Art ist die einzige ihrer Familie und von anderen Nadelbäumen daran zu unterscheiden, dass bei ihr 10–13 Nadeln in einer Gruppe stehen.

RIESEN-LEBENSBAUM
Thuja plicata
F: Cupressaceae
Dieser große Baum mit flachen, schuppenförmigen Blättern kommt im nordwestlichen Nordamerika vor. Das Holz ist sehr hitzebeständig.

LAWSONS SCHEINZYPRESSE
Chamaecyparis lawsoniana
F: Cupressaceae
Wie andere Zypressen trägt diese nordamerikanische Art kleine Zapfen und Schuppenblätter. Es gibt viele Kulturformen.

JAPANISCHE SICHELTANNE
Cryptomeria japonica
F: Cupressaceae
Diese Art ist trotz des deutschen Namens eine Zypresse. Man findet sie in Gebirgen in China und Japan.

WESTLICHER WACHOLDER
Juniperus occidentalis
F: Cupressaceae
Der langlebige Baum wächst an felsigen Gebirgshängen im Westen der USA. Wie alle Wacholder trägt er beerenähnliche Zapfen.

CHINESISCHER WACHOLDER
Juniperus chinensis
F: Cupressaceae
Dieser Strauch oder kleine Baum, der in gemäßigten Regionen Ostasiens verbreitet ist, hat als junge Pflanze spitze und später schuppenförmige Blätter.

KÜSTENMAMMUTBAUM
Sequoia sempervirens
F: Cupressaceae
An der nordkalifornischen Küste und in Oregon ist diese Art heimisch. Alte Bäume haben unglaublich hohe Stämme mit relativ wenigen Ästen. Sie können rund 2000 Jahre alt werden.

BERGMAMMUTBAUM
Sequoiadendron giganteum
F: Cupressaceae
Dieser kalifornische Mammutbaum ist der massivste Baum der Erde. Das größte lebende Exemplar wiegt wohl 2000 Tonnen. Die feuerfeste Borke ist bis 60 cm dick.

URWELT-MAMMUTBAUM
Metasequoia glyptostroboides
F: Cupressaceae
In der Natur ist dieser in China heimische Mammutbaum sehr selten. Bis 1940 hielt man ihn für ausgestorben, denn man kannte ihn nur von Fossilien.

MONTEREY-ZYPRESSE
Cupressus macrocarpa
F: Cupressaceae
Die Art wird oft kultiviert, kommt aber in der Natur nur in einer kleinen Region an der Küste Kaliforniens vor. Alte Bäume haben einen unregelmäßigen Wuchs.

TAIWANIA CRYPTOMERIOIDES
F: Cupressaceae
Die tropische Art, eine der größten Nadelbäume Asiens, hat einen bis zu 3 m dicken Stamm, spitze Blätter und trägt kleine, runde Zapfen.

ZWEIZEILIGE SUMPFZYPRESSE
Taxodium distichum
F: Cupressaceae
In Sümpfen im Südosten der USA wächst diese Art, die ihre Nadeln abwirft. Der Stamm bildet oft Brettwurzeln aus.

KALIFORNISCHE NUSSEIBE
Torreya californica
F: Taxaceae
Die seltene Art kommt nur in Canyons und Gebirgen Kaliforniens vor. Sie bildet nussähnliche Samen.

CHINESISCHE KOPFEIBE
Cephalotaxus fortunei
F: Taxaceae
Fleischige Zapfen, die rötlich braun reifen, bildet dieser kleine, verzweigte Nadelbaum. Man findet ihn in Gebirgswäldern in Zentral- und Ostchina.

EUROPÄISCHE EIBE
Taxus baccata
F: Taxaceae
Die Samen entwickeln sich in einem fleischigen Arillus aus umgewandelten Zapfenschuppen. Die Eibe ist in Europa und Südwestasien heimisch.

BLÜTEN-PFLANZEN

Mit über 300 000 Arten sind die Blütenpflanzen oder Angiospermen bei Weitem die größte und vielfältigste Pflanzengruppe. In fast allen Ökosystemen auf dem Festland sind sie unersetzlich, denn sie bieten Tieren und anderen Lebewesen Nahrung und Lebensraum.

ABTEILUNG	ANGIOSPERMAE
KLADEN	10
ORDNUNGEN	64
FAMILIEN	416
ARTEN	etwa 304 000

Windbestäubte Blüten wie die Kätzchen der Hasel verstreuen ihren Pollen in die Luft. Sie sind selten auffällig gefärbt.

Von Tieren bestäubte Blüten wirken meist auffällig. Kolibris befördern den Pollen, wenn sie den Blütennektar trinken.

Fleischige Früchte locken Tiere an. Diese fressen die Frucht und verbreiten die Samen mit ihrem Kot.

Reife, trockene Früchte springen meist auf. Das Weidenröschen verstreut seine haarigen Samen in den Wind.

Die ersten Blütenpflanzen erschienen vor geschätzten 140 Millionen Jahren und sind demnach Spätankömmlinge auf der Erde. Seit damals haben sie sich zu den dominierenden Pflanzen entwickelt. Die kleinsten Blütenpflanzen sind nicht größer als ein Stecknadelkopf, aber auch Laubbäume und viele andere Formen, von Kakteen über Gräser hin zu Orchideen und Palmen, gehören zur Gruppe.

Die Blütenpflanzen weisen bestimmte Merkmale auf, die sie so erfolgreich machen. Das bedeutendste sind die Blüten, Gebilde aus stark modifizierten Blättern. Bei den meisten Blüten umgibt ein äußerer Ring aus Sepalen (Kelchblättern) einen Ring aus Petalen (Kronblättern). Diese Blütenhüllblätter umschließen die männlichen Staubblätter, in denen Pollen gebildet wird und die weiblichen Fruchtblätter, in denen sich die Samenanlagen zu Samen entwickeln, wenn eine Befruchtung mit Pollen stattfindet. Manche Blüten verbreiten ihren Pollen in der Luft, bei den meisten aber transportieren Tiere die Pollenkörner. Diese Arten locken mit auffälligen Blüten Tiere an, die den zuckerhaltigen Blütennektar trinken und dabei mit Pollen eingestäubt werden. Neben Insekten sind Vögel und Fledertiere wichtige Bestäuber.

VERBREITUNGSSTRATEGIEN

Nicht nur Blütenpflanzen bringen Samen hervor, aber nur sie bilden Früchte. Eine Frucht entwickelt sich aus den Fruchtblättern der Blüte. Früchte haben eine zweifache Funktion: Sie schützen die Samen und tragen zu deren Ausbreitung bei. Fleischige Früchte locken Tiere an, die die Frucht fressen und die Samen mit ihren Exkrementen verbreiten. Trockene Früchte funktionieren unterschiedlich: Einige springen auf, wenn die Samen reif sind. Andere heften sich mit Häkchen an Fell, Federn oder Kleidung. Noch mehr verdriften im Wasser oder in der Luft. Viele Blütenpflanzen vermehren sich vegetativ: An kriechenden Ausläufern bilden sich junge Pflanzen. Dabei können riesige, miteinander verbundene Klone entstehen.

AUFMERKSAMKEIT ERREGEN >
Christrosen erregen die Aufmerksamkeit bestäubender Insekten mit den bunten Kelchblättern und nicht mit den Kronblättern.

BLÜTENPFLANZENGRUPPEN

Die Sequenzierung der DNA revolutioniert die Systematik der Angiospermen. Dieser Vorschlag der Einteilung gibt die derzeitige Lehrmeinung wieder (zur Gliederung der Eudikotyledonen siehe S. 150).

BASALE ANGIOSPERMEN
» 124

MAGNOLIIDAE
» 128

MONOKOTYLEDONEN
» 130

EUDIKOTYLEDONEN
» 150

BASALE ANGIOSPERMEN

Unter den über 60 Ordnungen von Blütenpflanzen oder Angiospermen haben sich drei, die basalen Angiospermen, schon früh entwickelt.

Die moderne DNA-Sequenzierung ermöglicht die Verwandtschaft von Pflanzengruppen zu ergründen. Allerdings können unterschiedliche Marker auch zu unterschiedlichen Ergebnissen führen. Unter den Blütenpflanzen scheint es einige erfolgreiche Gruppen mit großer Aufspaltung gegeben zu haben, während andere Millionen von Jahren ohne große Veränderungen überlebt haben. Man bezeichnet sie als basale Ordnungen. Sie umfassen einfache Arten, die scheinbar wenige Gemeinsamkeiten aufweisen und in den verschiedensten Teilen der Welt leben.

Die Ordnung Amborellales, von der heute nur noch eine Art existiert, kommt auf einer einzigen Insel im Südpazifik vor. Die Ordnung Nymphaeales umfasst Wasserpflanzen mit einfachen, aber oft schönen Blüten. Zu ihr gehören etwa 70 Seerosen-Arten auf der ganzen Welt. Die Ordnung Austrobaileyales enthält fast 100 Arten, die verholzte Stämme ausbilden und vor allem in den Tropen vorkommen.

Zwei andere auf dieser Doppelseite vorgestellte Ordnungen sind »Waisen«, deren verwandtschaftliche Stellung unklar ist. Die neuesten Untersuchungen deuten darauf hin, dass die Ordnung Chloranthales mit den Magnoliiden verwandt und die Ordnung Ceratophyllales die Schwestergruppe der Eudikotyledonen sei, doch bisher fehlen dafür eindeutige Beweise.

ABTEILUNG	ANGIOSPERMAE
GRUPPE	BASALE ANGIOSPERMEN
ORDNUNGEN	3
FAMILIEN	7
ARTEN	190

STREITFRAGE

UNKLARE ABSTAMMUNG

Die Angiospermen haben sich vielleicht aus den vor 50 Millionen Jahren ausgestorbenen Samenfarnen entwickelt, oder aber aus Gnetophyten (siehe S. 117). Nach DNA-Untersuchungen sind die Amborellales als erste Angiospermen vor etwa 140 Millionen Jahren entstanden. Die Nymphaeales und die Austrobaileyales folgten ihnen.

CHLORANTHALES

Vier Gattungen und rund 70 Arten gehören der Familie Chloranthaceae an, der einzigen der Ordnung Chloranthales, von der über 100 Millionen Jahre alte Fossilien existieren. Die Arten sind vor allem tropische Bäume und Sträucher mit kleinen, ungestielten Blüten.

SARCANDRA GLABRA
F: Chloranthaceae
Dieser immergrüne Strauch, der als Heilpflanze verwendet wird, gedeiht an feuchten Standorten in Südostasien, China und Japan v. a. an Bachläufen in Wäldern.

1,5 m

AMBORELLALES

2 m

Zu dieser Ordnung immergrüner Sträucher gehört eine einzige Familie mit einer Gattung und einer Art, *Amborella trichopoda*. Die kleinen männlichen und weiblichen Blüten erscheinen an verschiedenen Pflanzen. Die roten Beeren enthalten je einen einzigen Samen.

AMBORELLA TRICHOPODA
F: Amborellaceae
Diese Art kommt nur in Regenwäldern auf der Insel Neukaledonien im Südpazifik vor. Der weißblütige Strauch ist in den Bergwäldern nicht selten.

AUSTROBAILEYALES

Zur Ordnung Austrobaileyales gehören nur drei Familien. Die Mitglieder sind Bäume, Sträucher und Kletterpflanzen. Die Blüten der meisten Arten haben viele Kronblätter. Die wahrscheinlich bekannteste Art ist der Chinesische Sternanis.

18 m

CHINESISCHER STERNANIS
Illicium verum
F: Schisandraceae
Die verholzten, sternförmigen Früchte werden als Gewürz verwendet. Die Art ist in Wäldern in China und Vietnam heimisch.

15 m

AUSTROBAILEYA SCANDENS
F: Austrobaileyaceae
Die Blüten der seltenen Kletterpflanze, die nur in Regenwäldern in Queensland in Australien vorkommt, locken mit fauligem Fischgeruch Fliegen an.

CERATOPHYLLALES

Die Familie Ceratophyllaceae ist die einzige der Ordnung Ceratophyllales. Die vier Arten sind Wasserpflanzen und haben fein unterteilte Blätter, keine Wurzeln, treiben frei im Wasser und bilden winzige männliche und weibliche Blüten. Die stachligen Früchte sind einsamig.

1 m

RAUES HORNBLATT
Ceratophyllum demersum
F: Ceratophyllaceae
Diese Pflanze wächst unter Wasser und hat keine Wurzeln. Sie kommt in Europa in Teichen und Gräben vor. Die Blätter sind gabelig verzweigt.

NYMPHAEALES

Diese ursprüngliche Ordnung umfasst drei Familien von Wasserpflanzen mit Schwimm-, Tauch- und selten über die Oberfläche ragenden Blättern. Zur Familie Nymphaeaceae zählen die Seerosen, die auf der ganzen Erde wegen ihrer Blüten kultiviert werden.

riesige Schwimmblätter

AMAZONAS-RIESENSEEROSE
Victoria amazonica
F: Nymphaeaceae
Diese Art der Nebengewässer des Amazonas hat riesige runde Blätter mit aufrecht stehenden Blatträndern.

SEEROSEN-SORTE
Nymphaea 'Sunrise'
F: Nymphaeaceae
Vermutlich aus Amerika stammt diese Hybride mit großen, duftenden Blüten und sattgrünen Schwimmblättern. Sie ist eine der großblütigsten Seerosen.

CABOMBA CAROLINIANA
F: Cabombaceae
Die Art kommt in Stillgewässern im Zentrum und im Südosten der USA vor. Sie hat Schwimm- und Tauchblätter und kann stark wuchern.

WEISSE SEEROSE
Nymphaea alba
F: Nymphaeaceae
Duftende Blüten bringt diese europäische Art hervor. Die Früchte reifen unter Wasser. Sie kommt in Seen, Teichen und langsam fließenden Flüssen vor.

STACHELSEEROSE
Euryale ferox
F: Nymphaeaceae
Diese Art langsam fließender und stehender Gewässer in Teilen Asiens hat stachelige Blätter und Blüten und bildet mehrsamige Beeren.

∨ SCHWIMMENDE BLÜTEN
Die Blüten der Seerose sind zwittrig: Sie haben männliche und weibliche Organe. Allerdings kann der Pollen einer Blüte auch die eigene Samenanlage bestäuben. Diese reift jedoch bereits, bevor die Blüte den Pollen entlässt. So ist die Chance groß, dass die Bestäubung durch den von einem Insekt mitgebrachten Pollen stattfindet.

∧ BLÜTE
Die Blüte hat zahlreiche weiße Kronblätter und leuchtend gelbe Staubblätter. Sie kann einen Durchmesser von 20 cm haben.

< FRUCHTKNOTEN
Die weiblichen Fortpflanzungsorgane bestehen aus Fruchtknoten, Griffel und Narbe. Aus den Samenanlagen bilden sich nach der Befruchtung Samen.

∨ BLÄTTER
Die großen Blätter haben einen Durchmesser von bis zu 35 cm. Ungewöhnlicherweise befinden sich die Spaltöffnungen für den Luftaustausch an der wasserabweisenden Oberseite.

∧ STÄNGEL-QUERSCHNITT
Die Stängel besitzen ein Gewebe mit großen Hohlräumen (Aerenchym). Die Blätter haben deshalb Auftrieb, Sauerstoff kann zirkulieren.

WEISSE SEEROSE
Nymphaea alba

Diese attraktive Pflanze, eine von etwa 75 in freier Natur vorkommenden Seerosen-Arten, wächst in stehenden oder langsam fließenden Gewässern in bis 1,5 m tiefem Wasser. Die weißen Blüten erscheinen eine nach der anderen zur Mitte des Sommers bis in den Spätsommer. Jede Blüte blüht drei bis vier Tage. Sie öffnet sich am Morgen und schließt sich am späten Nachmittag. Käfer werden angelockt und verbringen oft die Nacht im Inneren der Blüte. Die Weiße Seerose spielt eine wichtige ökologische Rolle: Schlammschnecken kleben ihre Eier an die Unterseite der Blätter und Fische verstecken sich unter den Spreiten vor hungrigen Vögeln. Die Pflanze bildet schwimmende Samen, die nach einigen Wochen auf den Grund sinken.

GRÖSSE Blattdurchmesser 10–35 cm
LEBENSRAUM Teiche, Seen, Bäche
VERBREITUNG Europa
BLATTTYP einfache runde Spreite mit Kerbe

< WURZELSYSTEM
Die kleinen Wurzeln sind im Schlamm eingebettet. Ihre Hauptaufgabe ist es, Wasser und Sauerstoff aufzunehmen. Außerdem verankern sie die Pflanze.

< IN DER KNOSPE
Dieser Längsschnitt zeigt die Fortpflanzungsorgane der Seerose. Vier oder fünf hellgrüne Kelchblätter schließen die Blütenknospe ein.

MAGNOLIIDAE

Die Magnoliidae sind eine große Gruppe ursprünglicher Blütenpflanzen, die systematisch zwischen den basalen Angiospermen und den Monokotyledonen stehen.

Die Magnoliidae, die in tropischen und gemäßigten Regionen vorkommen, sind eine der bedeutendsten Pflanzengruppen und erschienen früh in der Entwicklung der Blütenpflanzen. Sie sind nach der Familie der Magnoliengewächse benannt, einer der größten Gruppen. Fast alle dieser Pflanzen haben eine verholzende Sprossachse, einige Arten wachsen zu großen Bäumen heran, aber auch Kräuter gehören zur Gruppe.

Einige krautige Magnoliidae haben stark spezialisierte Blüten. Bei Pfeifenwinden sind sie geformt wie eine Röhre, in deren Innerem nach hinten weisende Haare stehen. Solche Blüten sind Kesselfallen, die ihre Bestäuber mit starken Gerüchen anlocken und für gewisse Zeit gefangen halten. Aber sie sind die Ausnahme. Die meisten Blüten der Magnoliidae sind einfach gebaut. Die zahlreichen spiralig angeordneten Blütenteile sind nicht verwachsen. Statt verschieden gestalteter Kelch- und Kronblätter (siehe S. 122) haben sie Blütenhüllblätter, die ähnlich gefärbt und geformt sind, sogenannte Tepalen. Fossile Funde belegen, dass es ähnliche Blüten seit über 100 Millionen Jahren gibt.

GEMEINSAME MERKMALE

Die Magnoliidae wurden vor allem aufgrund genetischer Untersuchungen zu einer Gruppe zusammengefasst. Einige gemeinsame Merkmale sind jedoch mit bloßem Auge oder unter dem Mikroskop zu erkennen. Die Pollenkörner haben nur eine einzige Keimfurche. Dieses kleine, aber signifikante Merkmal verbindet sie mit den Monokotyledonen und unterscheidet sie von den Eudikotyledonen, der größten Blütenpflanzengruppe, deren Pollenkörner drei Furchen aufweisen. Die meisten Magnoliidae haben ganzrandige Blätter und netzförmig verzweigte Adern. Die Früchte können fleischig oder hart und zapfenähnlich sein und einen oder mehrere Samen enthalten. Bei fleischigen Früchten verbreiten Tiere die Samen: Oft werden sie im Ganzen von Vögeln verschluckt, die das Fruchtfleisch verdauen und die intakten Samen mit ihrem Kot ausscheiden.

ABTEILUNG	ANGIOSPERMAE
KLADE	MAGNOLIIDAE
ORDNUNGEN	4
FAMILIEN	18
ARTEN	10 000

STREITFRAGE

PIONIERPFLANZEN?

Es gibt unterschiedliche Theorien, wie die ersten Blütenpflanzen ausgesehen haben könnten und welche Lebensweise sie hatten. Eine Hypothese besagt, dass diese Pflanzen Bäume oder Sträucher wie die heutigen Magnoliidae waren. Nach einer anderen Theorie waren die ersten Angiospermen krautige Pflanzen mit einem relativ kurzen Lebenszyklus. Das würde bedeuten, dass sie rasch unbesiedelte Stellen wie Flussufer besiedeln konnten. Keine der Hypothesen ist bisher eindeutig belegt, molekulare Analysen sprechen aber eher dafür, dass die ersten Blütenpflanzen verholzte Arten waren.

CANELLALES

Diese Ordnung besteht aus zwei Familien: den Canellaceae und den Winteraceae. Die aromatisch duftenden Bäume und Sträucher tragen ganzrandige, robuste Blätter. Die Blüten der meisten Arten sind zwittrig, als Früchte bilden sich Beeren. Blätter und Rinde einiger Arten werden als Heilmittel verwendet. Die Winteraceae sind eine ursprüngliche Familie: Die Mitglieder haben verholzte Sprosse ohne Tracheen.

WINTERRINDE
Drimys winteri
F: Winteraceae
Der Baum aus den Küstenregenwäldern Chiles und Argentiniens besitzt aromatisch riechende Borke und duftende Blüten.

11 m

PIPERALES

Zur Ordnung Piperales gehören drei Familien krautiger Pflanzen, Bäume und Sträucher, die in den Tropen weit verbreitet sind. Die Leitbündel sind in der Sprossachse zerstreut angeordnet, ein Merkmal der Monokotyledonen. Mitglieder der Familie Piperaceae haben kleine Blüten ohne Kronblätter, die in Ähren stehen. Viele Arten duften aromatisch.

1 m

GEWÖHNLICHE OSTERLUZEI
Aristolochia clematitis
F: Aristolochiaceae
Früher wurde diese giftige Pflanze als Heilpflanze angepflanzt. Sie kommt in Europa an warmen Standorten vor.

10 cm

GEWÖHNLICHE HASELWURZ
Asarum europaeum
F: Aristolochiaceae
Die kriechende Art kommt in Wäldern in Europa vor. Die purpurbraunen Blüten erscheinen in Bodennähe.

Früchte (»Pfefferkörner«)

4 m

ECHTER PFEFFER
Piper nigrum
F: Piperaceae
Diese Kletterpflanze schattiger Habitate in Südindien und Sri Lanka wird vielerorts als Gewürzpflanze kultiviert.

MAGNOLIALES

Die Magnoliales, zu denen fast nur Bäume und Sträucher gehören, sind eine ursprüngliche Ordnung. Ihre Fossilien fand man in vielen Gegenden. Die meisten Arten haben einfache, wechselständig angeordnete Blätter und zwittrige Blüten. Zur Ordnung gehören sechs Familien, von denen die Familie Magnoliaceae die bekannteste ist. Ihrer auffälligen Blüten wegen sind Magnolien beliebte Gartenpflanzen.

30 m

TULPENBAUM
Liriodendron tulipifera
F: Magnoliaceae
Der nordamerikanische Tulpenbaum stammt aus Waldgebieten. Die Blätter färben sich im Herbst gelb, bevor sie abfallen.

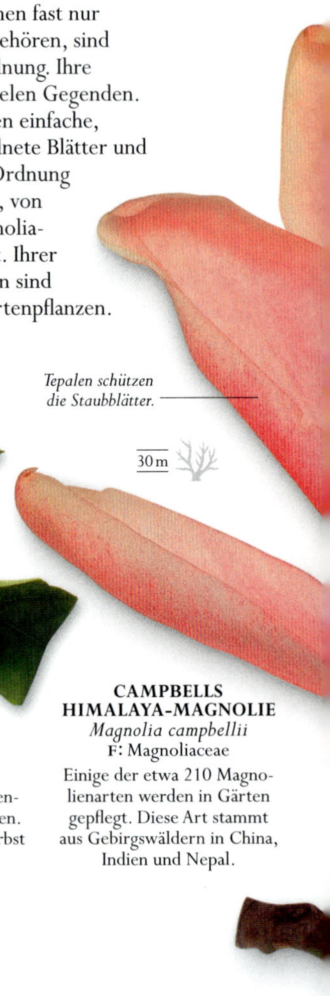

Tepalen schützen die Staubblätter.

30 m

CAMPBELLS HIMALAYA-MAGNOLIE
Magnolia campbellii
F: Magnoliaceae
Einige der etwa 210 Magnolienarten werden in Gärten gepflegt. Diese Art stammt aus Gebirgswäldern in China, Indien und Nepal.

LAURALES

Die Ordnung Laurales umfasst sieben Familien von Bäumen, Sträuchern und verholzten Kletterpflanzen. Einige Gattungen kommen in den gemäßigten Breiten vor, die meisten in den Tropen und Subtropen. Ihre systematische Zuordnung beruht auf genetischen Analysen. Viele Pflanzen riechen aromatisch und werden zur Parfümherstellung oder als Gewürze verwendet. Andere sind Zierpflanzen oder Holzlieferanten.

25 m

SASSAFRAS
Sassafras albidum
F: Lauraceae
Dieser Laubbaum stammt aus Wäldern im östlichen Nordamerika. Die aromatischen Blätter färben sich im Herbst leuchtend bunt.

2,5 m

ECHTER GEWÜRZSTRAUCH
Calycanthus floridus
F: Calycanthaceae
Blätter und Rinde dieses Strauchs, der in Wäldern und an Bachläufen im Südosten der USA wächst, duften aromatisch.

LORBEERBAUM
Laurus nobilis
F: Lauraceae
Die aromatischen Blätter werden als Gewürz verwendet. Der Baum kommt in Wäldern und an felsigen Standorten im Mittelmeergebiet vor.

15 m

18 m

CEYLON-ZIMTBAUM
Cinnamomum zeylandicum
F: Lauraceae
Das Gewürz Zimt stammt von der getrockneten Rinde dieses Baums aus Tieflandwäldern in Sri Lanka.

18 m

BERGLORBEER
Umbellularia californica
F: Lauraceae
Der Geruch der zerriebenen Blätter kann Kopfschmerzen hervorrufen. Die Art aus dem Westen der USA blüht im Winter.

18 m

AVOCADO
Persea americana
F: Lauraceae
Avocado-Bäume werden heute ihrer essbaren Früchte wegen vielerorts kultiviert. Die Art stammt aus Regenwaldgebieten im Süden Mexikos.

Die weißen oder dunkelrosa Blüten entfalten sich im Frühjahr vor den Blättern.

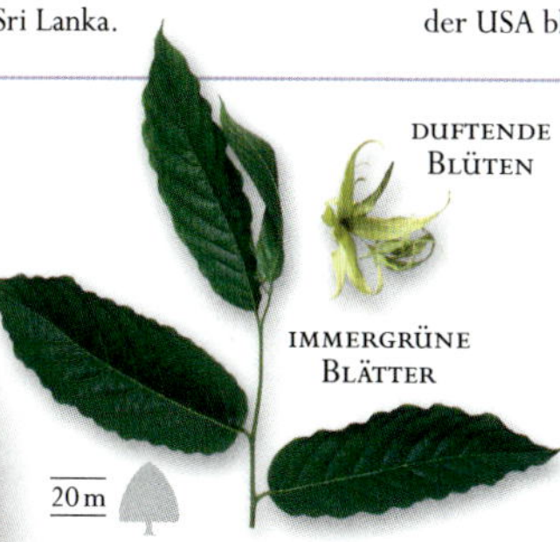

20 m

YLANG-YLANG
Cananga odorata
F: Annonaceae
Das Öl aus den duftenden Blüten wird Parfüms zugesetzt. Der immergrüne Baum ist in Teilen Asiens und in Australien heimisch.

8 m

ZIMTAPFEL
Annona squamosa
F: Annonaceae
Man vermutet, dass der Zimtapfel aus der Karibik stammt. Er wird vielerorts kultiviert, denn das Fruchtfleisch ist essbar, sieht aus und schmeckt wie Eiercreme.

18 m

MUSKATNUSS
Myristica fragrans
F: Myristicaceae
Die Gewürze Muskatnuss und Muskatblüte (Macis) sind Samen und Samenmantel dieser Art. Sie stammt von den indonesischen Banda-Inseln.

8 m

DREILAPPIGE PAPAU
Asimina triloba
F: Annonaceae
Dieser Laubbaum ist in feuchten Wäldern im Osten der USA heimisch. Er trägt essbare Früchte.

MONOKOTYLEDONEN

Monokotyledonen oder einkeimblättrige Pflanzen weisen typische Merkmale auf. Zu ihnen gehören unter anderem Gräser, Palmen, Lilien und Orchideen.

Früh in der Evolution der Blütenpflanzen spaltete sich der Stammbaum in zwei Hauptäste auf. Ein kleiner, aber noch heute bedeutender Ast entwickelte sich zu den Monokotyledonen, der größere zu den Eudikotyledonen. Die Bezeichnung »Monokotyledonen« bezieht sich auf die Samen, in denen nur ein Keimblatt (Kotyledone) angelegt ist. Sonst gibt es kein eindeutiges Merkmal für eine Einkeimblättrige, aber mehrere Hinweise. Die meisten Arten haben schmale Blätter mit parallelen Adern, die Blütenteile sind in Dreizahl oder einem Vielfachen von drei vorhanden. Die Pollenkörner haben eine einzige Keimfurche (die der Eudikotyledonen haben drei). Bei vielen Blüten sind Kelch- und Kronblätter kaum zu unterscheiden und werden als Tepalen bezeichnet. Dieses Merkmal zeigen aber auch viele Magnoliidae.

Monokotyledonen haben meist statt einer Hauptwurzel viele Adventivwurzeln. Ein weiteres wichtiges Merkmal, das nur unter dem Mikroskop zu erkennen ist, betrifft den Bau der Sprossachse. Bei Monokotyledonen sind die Leitbündel (die spezialisierten Gewebe, die Wasser und Assimilate transportieren) zerstreut angeordnet. Bei Eudikotyledonen hingegen bilden sie einen Ring nahe der Epidermis. Deshalb sind die Sprossachsen der Einkeimblättrigen biegsamer, aber sie können sich nicht so gut zu Baumstämmen entwickeln. Baumähnliche Formen bilden vor allem die Palmen aus. Ihr Wachstum unterscheidet sich stark von dem typischer Laub- und Nadelbäume. Die Stämme wachsen in die Höhe, verdicken sich dabei aber nicht. Sie tragen meist eine einzige Blattrosette.

ÜBERLEBENSSTRATEGIEN

Kleinere Monokotyledonen sind sehr vielgestaltig. Zu ihnen gehören Kletterpflanzen und Wasserpflanzen, die schwierige Bedingungen mit unterirdischen Speicherorganen wie Zwiebeln oder Knollen überdauern. Gräser überstehen starke Beweidung und sind die einzige Pflanzenfamilie, die einen ganzen Vegetationstyp bilden, die Grasländer. In den Tropen sind viele Einkeimblättrige Epiphyten, die auf anderen Bäumen wachsen, darunter viele Bromelien und Orchideen.

ABTEILUNG	ANGIOSPERMAE
KLADE	MONOKOTYLEDONEN
ORDNUNGEN	11
FAMILIEN	77
ARTEN	60 000

STREITFRAGE

LIEGEN DIE URSPRÜNGE IM SÜSSWASSER?

Zu den heute vorkommenden Einkeimblättrigen gehören viele Süßwasserpflanzen und einige der wenigen Blütenpflanzen, die im Meer wachsen. Eine Theorie besagt, dass sich die Gruppe ursprünglich im Süßwasser entwickelt hat und später das Festland besiedelte und vielfältiger wurde. Dafür würden die langen, dünnen Blätter vieler Arten und auch der innere Bau der Sprossachse sprechen (siehe links). Nach der Besiedlung des Festlands hätten sich dann einige Arten wieder zu aquatischen Formen entwickelt, darunter die Wasserlinsen.

ACORALES

Nur eine Gattung mit zwei Arten bildet die Ordnung Acorales. Diese Pflanzen nasser Standorte bringen einen fleischigen Kolben mit kleinen Blüten hervor und wurden früher den Aronstabgewächsen zugeordnet (siehe rechts). Botaniker glauben heute, dass sie einen frühen Zweig im Stammbaum der Monokotyledonen repräsentieren und Hinweise geben, wie die Ersten dieser Pflanzen ausgesehen haben könnten.

KALMUS
Acorus calamus
F: Acoraceae
Diese Uferpflanze, die man ihres Zitrusdufts wegen früher auf Fußböden streute, kommt auf der gesamten Nordhalbkugel vor.

ALISMATALES

Zur Ordnung gehören viele häufige Wasserpflanzen und die Familie Araceae (Aronstabgewächse), die vor allem auf dem Land verbreitet ist. Bei den oft sehr auffälligen Aronstabgewächsen sind die Strukturen zur Fortpflanzung charakteristisch gebaut: Die kleinen Blüten sitzen an einem fleischigen Kolben, der sogenannten Spadix, die von einer Spatha umgeben ist. Zu den anderen Familien der Ordnung gehören viele Süßwasserpflanzen und verschiedene Meeresgräser.

GEWÖHNLICHER FROSCHLÖFFEL
Alisma plantago-aquatica
F: Alismataceae
Diese Uferpflanze ist in Europa, Asien und Nordafrika häufig. Die weißen oder rosa Blüten welken nach einem Tag.

KAP-WASSERÄHRE
Aponogeton distachyos
F: Aponogetonaceae
Diese südafrikanische Pflanze wurde vielerorts eingebürgert. Die nach Vanille duftenden Blüten öffnen sich direkt über der Wasseroberfläche.

GEWÖHNLICHES PFEILKRAUT
Sagittaria sagittifolia
F: Alismataceae
Diese Art europäischer Feuchtgebiete bildet über der Wasseroberfläche pfeilförmige, unterhalb bandförmige und manchmal schwimmende Blätter aus.

RIESENBLÄTTRIGES PFEILKRAUT
Alocasia macrorrhizos
F: Araceae
Diese Art kommt vom tropischen Malaysia bis nach Queensland in Australien vor und wird als Zierpflanze, teils auch zur Ernährung kultiviert.

GEFLECKTER ARONSTAB
Arum maculatum
F: Araceae
Der Kolben dieser europäischen Art blüht im Frühjahr und erwärmt sich, um Bestäuber anzulocken. Im Sommer entstehen giftige rote Beeren.

GEWÖHNLICHER FEUERKOLBEN
Arisarum vulgare
F: Araceae
Die Spatha dieser im Mittelmeergebiet verbreiteten Art wölbt sich wie eine Haube über den Kolben.

DIEFFENBACHIE
Arum seguine
F: Araceae
Diese Art amerikanischer Tropenwälder verursacht schmerzhafte Schwellungen, wenn man sie kaut. Zimmerpflanzen haben attraktive Blätter.

GOLDENE KALLA
Zantedeschia elliottiana
F: Araceae
Diese auffällige Pflanze kennt man nur in Kultur. Ihre wilden Verwandten kommen in Südafrika vor allem in Feuchtgebieten vor.

WASSERSALAT
Pistia stratiotes
F: Araceae
Das salatähnliche Mitglied der Familie der Aronstabgewächse schwimmt weltweit auf warmen Süßgewässern. Oft wuchert es Wasserstraßen zu.

FENSTERBLATT
Monstera deliciosa
F: Araceae
Ältere Blätter dieser mittelamerikanischen Kletterpflanze sind aufgespalten und durchlöchert. Das Fensterblatt ist eine beliebte Zimmerpflanze.

KLETTERNDER PHILODENDRON
Philodendron hederaceum
F: Araceae
Die schnell kletternde Art aus Mittelamerika ist eine beliebte Zimmerpflanze.

TARO
Colocasia esculenta
F: Araceae
Diese Pflanze, die im tropischen Asien und der Pazifikregion heimisch ist, wird ihrer essbaren Rhizomknollen wegen seit langer Zeit angebaut.

BUCKLIGE WASSERLINSE
Lemna gibba
F: Araceae
Trotz ihres abweichenden Aussehens sind Wasserlinsen Aronstabgewächse. Die Pflanzen sind bis 5 mm breit.

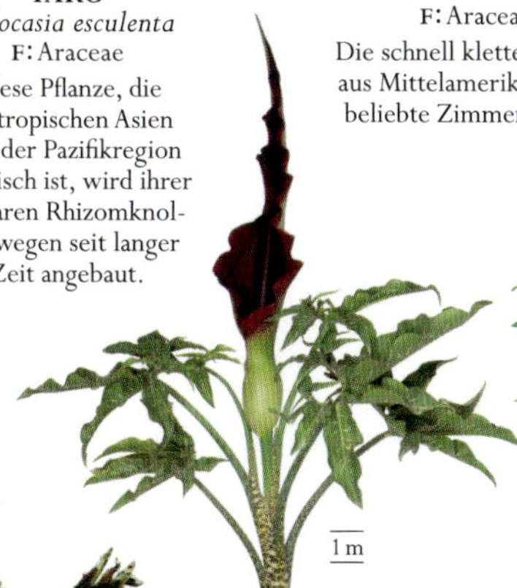

DRACHENWURZ
Dracunculus vulgaris
F: Araceae
Diese Art der Mittelmeerregion lockt mit ihrer dunkelroten Spatha und dem Geruch nach verwesendem Fleisch bestäubende Fliegen an.

CHINESISCHER FEUERKOLBEN
Arisaema consanguineum
F: Araceae
Aus dem östlichen Himalaya und China stammt dieses Aronstabgewächs mit gestreifter Spatha. Alle Teile der Pflanze sind giftig.

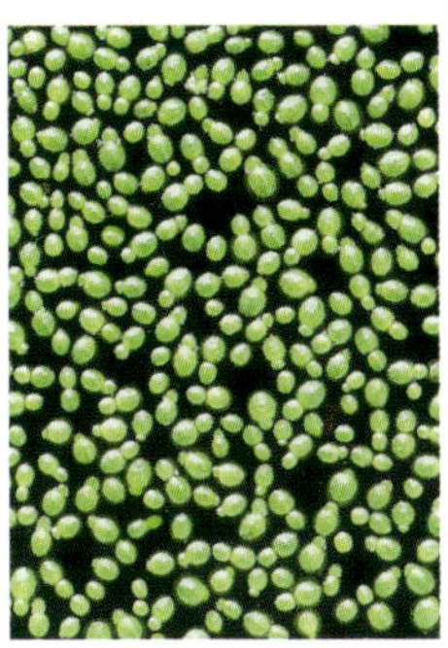

WURZELLOSE ZWERGWASSERLINSE
Wolffia arhiza
F: Araceae
Diese wurzellose Wasserlinse ist die kleinste Blütenpflanze der Erde: Die Sprossglieder sind nur 1 mm breit.

TITANENWURZ
Amorphophallus titanum
F: Araceae
Nachdem der 3 m lange Blütenstand abgestorben ist, treibt an dieser Art aus Sumatra ein einziges langlebiges Blatt aus.

GELBE SCHEINKALLA
Lysichiton americanus
F: Araceae
Die Gelbe Scheinkalla, die aus Feuchtgebieten im westlichen Nordamerika stammt, verströmt einen strengen Geruch, um Insekten anzulocken.

SCHLANGENWURZ
Calla palustris
F: Araceae
Diese Art der Feuchtgebiete und seichten Gewässer ist eine beliebte Zierpflanze. Sie ist in kühlen Regionen der Nordhalbkugel heimisch.

SCHWANENBLUME
Butomus umbellatus
F: Butomaceae
Die attraktive Uferpflanze ist das einzige in Eurasien heimische Mitglied seiner Familie. In Nordamerika gilt die Art als invasiv.

»

» ALISMATALES

1 m

DICHTBLÄTTRIGE WASSERPEST
Egeria densa
F: Hydrocharitaceae
Diese Wasserpest, die ursprünglich von Brasilien bis Uruguay vorkommt, verstopft heute auf der ganzen Welt Wasserwege.

grüne Blüten in kurzen Ähren

1 m

SCHWIMMENDES LAICHKRAUT
Potamogeton natans
F: Potamogetonaceae
Breite Schwimm- und schmale Tauchblätter bildet diese Süßwasserpflanze aus. Sie ist auf der gesamten Nordhalbkugel verbreitet.

Alte Blätter färben sich braun.

Büschel aus bandförmigen Blättern

waagrechtes Rhizom

1 m

POSIDONIA OCEANICA
F: Posidoniaceae
Dieses Seegras aus dem Mittelmeer ist mit dem Froschbiss verwandt. Die Unterwasserblätter entspringen in bis zu 30 m Tiefe.

1 m

VALLISNERIA AMERICANA
F: Hydrocharitaceae
Die Süßwasserart kommt vom südlichen Nordamerika bis Kolumbien vor. Die männlichen Blüten brechen ab und treiben im Wasser, vielleicht um weibliche zu bestäuben.

SCHWIMMBLATT

BLÜTE MIT DREI KRONBLÄTTERN

20 cm

EUROPÄISCHER FROSCHBISS
Hydrocharis morsus-ranae
F: Hydrocharitaceae
Mit Ausläufern verbreitet sich diese frei schwimmende eurasische Süßwasserpflanze. Männliche und weibliche Blüten erscheinen an verschiedenen Pflanzen.

GEWÖHNLICHES SEEGRAS
Zostera marina
F: Zosteraceae
Auf sandigen Meeresböden der Nordhalbkugel bildet diese Pflanze Unterwasserwiesen, die bedeutende marine Lebensräume sind.

1 m

ASPARAGALES

Zu dieser 14 Familien zählenden Ordnung gehören beliebte Gartenflanzen wie Narzissen und Iris, an Wüstengebiete angepasste Pflanzen wie Agaven und einige Bäume und die hochspezialisierten Orchideen. Viele der Arten wurden früher der Ordnung Liliales zugeordnet, doch genetische Untersuchungen haben unsere Kenntnisse verändert.

dichtes Blütenköpfchen mit glockenförmigen Blüten

80 cm

KUGEL-LAUCH
Allium sphaerocephalon
F: Amaryllidaceae
Die europäische Verwandte der Küchen-Zwiebel bevorzugt kalkhaltige Böden. Sie wird ihrer kugeligen Blütenstände wegen kultiviert.

1 m

essbare Zwiebel

KÜCHEN-ZWIEBEL
Allium cepa
F: Amaryllidaceae
Im Alten Ägypten wurde die Küchen-Zwiebel bereits vor mindestens 5000 Jahren angebaut.

45 cm

BÄR-LAUCH
Allium ursinum
F: Amaryllidaceae
Diese europäische Pflanze, die mit Knoblauch verwandt ist und ähnlich riecht, bildet im Frühjahr auf dem Waldboden oft ausgedehnte Bestände.

Blüten hell- bis tiefblau

60 cm

AFRIKANISCHE SCHMUCKLILIE
Agapanthus africanus
F: Amaryllidaceae
Aus Südafrika stammt diese langstielige Art. Sie übersteht Brände und treibt aus einem fleischigen unterirdischen Rhizom wieder aus.

20 cm

KLEINES SCHNEE-GLÖCKCHEN
Galanthus nivalis
F: Amaryllidaceae
Die drei weißen Kelchblätter der Blüten dieser europäischen Art sind viel länger als die drei inneren Kronblätter.

ZIMMER-CLIVIE
Clivia miniata
F: Amaryllidaceae
Viele Sorten der südafrikanischen Art hat man ihrer auffälligen Blüten und immergrünen Blätter wegen gezüchtet.

HAKENLILIE
Crinum × powellii
F: Amaryllidaceae
Die Zwiebelpflanze ist eine Hybride aus zwei südafrikanischen *Crinum*-Arten.

RITTERSTERN, »AMARYLLIS«
Hippeastrum spec.
F: Amaryllidaceae
Diese Gattung auffälliger Zwiebelpflanzen ist in wärmeren Teilen Amerikas heimisch. Es gibt viele Kultursorten und Hybriden.

DICHELOSTEMMA IDA-MAIA
F: Asparagaceae
Diese Art der Waldländer Oregons und des nördlichen Kaliforniens hat attraktive röhrenförmige Blüten und ist eine beliebte Gartenpflanze.

HUNDERTJÄHRIGE AGAVE
Agave americana
F: Asparagaceae
Aus Mexiko und dem Südwesten der USA stammt diese Sukkulente. Sie blüht nach 10–30 Jahren ein einziges Mal und stirbt dann ab.

GRÜNLILIE
Chlorophytum comosum
F: Asparagaceae
Die panaschierten Formen der Grünlilie, an deren Ausläufern sich neue Pflänzchen bilden, sind bei uns beliebte Zimmerpflanzen.

NARZISSE
Narcissus pseudonarcissus
F: Amaryllidaceae
Die Stammart vieler Kultursorten stammt aus europäischem Bergland und Wäldern und ist heute gefährdet.

ASTLOSE GRASLILIE
Anthericum liliago
F: Asparagaceae
Diese europäische Graslilie liebt sonnige Hänge und andere offene Standorte. Sie bevorzugt nährstoffreiche, feuchte Böden.

GEMÜSE-SPARGEL
Asparagus officinalis
F: Asparagaceae
Aus Europa stammt der Gemüse-Spargel, der wegen seiner zarten jungen Sprosse angebaut wird. Sticht man die »Stangen« nicht, entwickelt sich eine filigrane Pflanze.

KERZEN-PALMLILIE
Yucca gloriosa
F: Asparagaceae
Wie alle Palmlilien hat sich diese Art aus dem Südosten der USA eng an eine Yuccamotte angepasst, die die Blüten bestäubt.

JOSUA-PALMLILIE
Yucca brevifolia
F: Asparagaceae
Diese verholzende Palmlilie stammt aus der Mojave-Wüste in den USA. Man vermutet, dass sie mehrere Hundert Jahre alt werden kann.

»

GEWÖHNLICHES MAIGLÖCKCHEN
Convallaria majalis
F: Asparagaceae
Das süßlich duftende Maiglöckchen der gemäßigten Breiten Eurasiens bildet giftige rote Beeren.

VIELBLÜTIGE WEISSWURZ
Polygonatum multiflorum
F: Asparagaceae
Die eurasische Art kommt vor allem in Mischwäldern vor. Sie trägt geruchlose Blüten.

STACHLIGER MÄUSEDORN
Ruscus aculeatus
F: Asparagaceae
Blüten und Früchte erscheinen auf den »Blättern« (umgebildeten Kurztrieben) dieses europäischen Strauchs.

GEWÖHNLICHE SCHUSTERPALME
Aspidistra elatior
F: Asparagaceae
Die Art aus Wäldern Japans ist eine beliebte Zimmerpflanze. Die kleinen violetten Blüten öffnen sich in Bodennähe.

WEISSE MEERZWIEBEL
Drimia maritima
F: Asparagaceae
Diese Zwiebelpflanze der Mittelmeerküste bildet im Spätsommer, nachdem die Blätter verwelkt sind, eine hohe Ähre mit weißen Blüten.

STERN VON BETHLEHEM
Ornithogalum umbellatum
F: Asparagaceae
Die verbreitete europäische Pflanze schließt ihre Blüten bei trübem Wetter rasch. Die schmalen Blätter haben einen weißen Mittelstreifen.

SCHWIEGERMUTTERZUNGE
Dracaena trifasciata
F: Asparagaceae
Diese Art aus den Tropen Westafrikas ist mit ihren gemusterten Blättern eine beliebte Zimmerpflanze. Sie wird auch als Faserpflanze genutzt.

PERUANISCHER BLAUSTERN
Scilla peruviana
F: Asparagaceae
Bei dieser südwesteuropäischen Zwiebelpflanze treiben an der Basis lange, breite Blätter aus.

BINSENLILIE
Aphyllanthes monspeliensis
F: Asparagaceae
Wenn sie nicht blüht, sieht diese mediterrane Pflanze wie ein Büschel Binsen aus, denn die schlanken Sprosse tragen kaum Blätter.

HYAZINTHE
Hyacinthus orientalis
'Blue jacket'
F: Asparagaceae
Dies ist eine von vielen duftenden Sorten, die während der letzten Jahrhunderte aus einer südwestasiatischen Art gezüchtet wurden.

ECHTE KAPHYAZINTHE
Lachenalia aloides
F: Asparagaceae
Diese Zwiebelpflanze aus der Kapregion Afrikas bildet nur ein Paar streifenförmiger Blätter aus.

FUNKIE
Hosta 'Halycon'
F: Asparagaceae
Diese Hybride ist eine von vielen Gartensorten. Die schattentoleranten Arten der Gattung *Hosta* stammen aus Nordostasien.

HASENGLÖCKCHEN
Hyacinthoides non-scripta
F: Asparagaceae
Im Frühjahr bilden die blauen Blüten dieser westeuropäischen Zwiebelpflanze mancherorts herrliche ausgedehnte Teppiche.

LEICHTLIN-PRÄRIELILIE
Camassia leichtlinii
F: Asparagaceae
Die essbaren Zwiebeln mehrerer Arten der Gattung waren für die indigenen Völker Amerikas ein Quamash genanntes Grundnahrungsmittel.

ECHTER DRACHENBAUM
Dracaena draco
F: Asparagaceae
In seiner Heimat, den Kanarischen Inseln und Madeira, ist der Baum heute selten. Als Zierpflanze hat er überlebt. Sein Saft wird »Drachenblut« genannt.

SCHOPFIGE TRAUBENHYAZINTHE
Muscari comosum
F: Asparagaceae
Die Blütenstände dieser mediterranen Art tragen fertile und sterile Blüten. Letztere bilden den violetten Schopf.

THYSANOTUS TUBEROSUS
F: Asparagaceae
Die Blüten dieser Fransenlilie aus Südostaustralien öffnen sich nur für einen Tag.

CORDYLINE AUSTRALIS
F: Asparagaceae
Dies ist einer der häufigsten neuseeländischen Bäume, der hier als Jungpflanze abgebildet ist. Die Art entwickelt einen kräftigen Stamm mit einem Büschel schmaler Blätter an der Spitze und weiße Blüten.

GESTREIFTES GRASSCHWERTEL
Sisyrinchium striatum
F: Iridaceae
Diese Vertreterin einer großen neuweltlichen Gattung, die in Chile und Argentinien heimisch ist, trägt helle Blüten mit feinen violetten Streifen.

SAAT-SIEGWURZ
Gladiolus italicus
F: Iridaceae
Zwischen März und Juni blüht dieses Schwertliliengewächs aus dem Mittelmeerraum.

DEUTSCHE SCHWERTLILIE
Iris germanica
F: Iridaceae
Botaniker sind sich nicht sicher, ob diese Gartenpflanze aus dem östlichen Mittelmeergebiet stammt oder eine Hybride ist.

MONTBRETIE
Crocosmia × crocosmiiflora
F: Iridaceae
Im 19. Jahrhundert züchtete man diese Hybride aus zwei südafrikanischen Arten. Die beliebte Gartenpflanze kann stark wuchern.

ECHTER SAFRAN
Crocus sativus
F: Iridaceae
Die getrockneten Narbenäste dieses kultivierten Krokus aus der Mittelmeerregion ergeben das gelb färbende Gewürz Safran.

FREESIE
Freesia × kewensis
F: Iridaceae
Diese Freesie mit südafrikanischen Vorfahren ist eine süß duftende Gartenhybride der Nordhalbkugel.

BLANDFORDIA GRANDIFLORA
F: Blandfordiaceae
Nektar trinkende Vögel besuchen die großblütige Art der australischen Ostküste. Die Blätter sind grasähnlich.

GYNANDRIRIS SISYRINCHIUM
F: Iridaceae
Mithilfe einer Knolle überdauert diese Iris aus der Mittelmeerregion ungünstige Zeiten.

»

KAPPENSTÄNDEL
Calypso bulbosa
F: Orchidaceae
Diese duftende, einblütige Orchidee, die in kühleren Regionen der Nordhalbkugel verbreitet ist, wächst in Sümpfen und Mooren.

ONCIDIUM SPEC.
F: Orchidaceae
Zu dieser Gattung breitlippiger Orchideen, die im tropischen Amerika heimisch sind, gehören etwa 330 epiphytische Arten.

CYMBIDIUM TRACYANUM
F: Orchidaceae
Der Epiphyt aus Burma, Thailand und dem Südwesten Chinas trägt im Herbst stark duftende Blüten.

DIPODIUM SQUAMATUM
F: Orchidaceae
Nur wenn sie eine Symbiose mit einem Wurzelpilz bildet, kann diese blattlose australische Orchidee gedeihen. Sie wächst in Wäldern.

WEISSE WALDHYAZINTHE
Platanthera bifolia
F: Orchidaceae
In verschiedenen Lebensräumen der gemäßigten Regionen Eurasiens kommt diese süßlich duftende Orchidee vor. Sie wird von Nachtfaltern bestäubt.

PHRAGMIPEDIUM × SEDENII
F: Orchidaceae
Diese duftende Orchidee ist eine Hybride aus Arten der Gattung *Phragmipedium*, die im tropischen Amerika vorkommen.

PYRAMIDENHUNDSWURZ
Anacamptis pyramidalis
F: Orchidaceae
Die Blüten dieser kalkliebenden Art aus den gemäßigten Breiten Eurasiens werden von Schmetterlingen bestäubt.

KURZSTÄNGELIGER FRAUENSCHUH
Cypripedium acaule
F: Orchidaceae
Die Art aus dem östlichen Nordamerika bevorzugt saure Böden, etwa in Kiefernwäldern.

PAPHIOPEDILUM VILLOSUM
F: Orchidaceae
Aus dieser Venusschuh-Art, die in Südchina und Teilen Südostasiens heimisch ist, hat man viele Ziersorten gezüchtet.

ORANGE GUARIANTHE
Guarianthe aurantiaca
F: Orchidaceae
Diese epiphytische Art stammt aus dem tropischen Mittelamerika. Viele Ziersorten und Hybriden wurden daraus gezüchtet.

MASDEVALLIA WAGENERIANA
F: Orchidaceae
Die Kelchblätter dieser kleinen epiphytischen Orchidee aus den Gebirgen im Norden Venezuelas tragen schmale Anhängsel, ein Merkmal der Gattung.

PLEIONE FORMOSANA
F: Orchidaceae
Während der Wintermonate stirbt diese kleine, im Boden wurzelnde Orchidee ab. Sie ist in Teilen Chinas heimisch.

ROTES WALDVÖGELEIN
Cephalanthera rubra
F: Orchidaceae
Die hübsche Art mit pinkfarbenen oder violetten Blüten findet man von Europa bis nach Westasien in offenen Wäldern.

BRAUNROTE STÄNDELWURZ
Epipactis atrorubens
F: Orchidaceae
Mit ihren langen Wurzeln kann diese duftende eurasische Orchidee sogar Spalten in Kalkfelsen besiedeln.

VIOLETTER DINGEL
Limodorum abortivum
F: Orchidaceae
Diese südeuropäische Orchidee hat keine grünen Blätter. In Bezug auf Nährstoffe ist sie vollständig von einem Symbiosepartner der Gattung *Russula* abhängig.

***DENDROBIUM* SPEC.**
F: Orchidaceae
Mit über 1000 Arten in verschiedenen Formen, Farben und Größen kommt diese Gattung epiphytischer Orchideen von Südostasien bis Neuseeland vor.

SCHMETTERLINGSORCHIDEE
Phalaenopsis 'Lipperose'
F: Orchidaceae
Diese Hybride ist eine von vielen, die aus Arten der südostasiatischen Gattung *Phalaenopsis* gezüchtet wurden.

SERAPIAS LINGUA
F: Orchidaceae
Die Lippe dieser ungewöhnlichen mediterranen Orchidee hängt wie eine Zunge herab. Sie bietet bestäubenden Insekten eine Landeplattform.

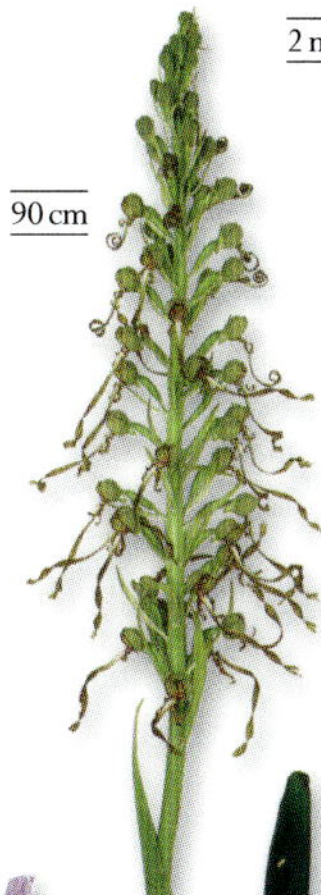

BOCKS-RIEMENZUNGE
Himantoglossum hircinum
F: Orchidaceae
Bei der größten südeuropäischen Orchidee sind die mittleren Lappen der Lippen lang und verdreht. Sie riecht stark nach Ziegenbock.

HELM-KNABENKRAUT
Orchis militaris
F: Orchidaceae
Die Blüten dieser kalkliebenden eurasischen Orchidee erinnern an kleine Figuren, die riesige Helme tragen.

DIURIS CORYMBOSA
F: Orchidaceae
Aus dem Südosten und Südwesten Australiens stammt diese Art. In ihrer Heimat wird sie Donkey Orchid genannt, denn die Blütenblätter ähneln Eselsohren.

***VANDA* 'Rothschildiana'**
F: Orchidaceae
Diese Sorte entstand durch Kreuzung von Arten aus der Gattung *Vanda*. Das sind epiphytische Orchideen aus dem tropischen Asien.

ECHTE VANILLE
Vanilla planifolia
F: Orchidaceae
Aus Mexiko und Mittelamerika stammt diese Kletterpflanze, die uns die Vanilleschoten liefert.

HERBST-DREHWURZ
Spiranthes spiralis
F: Orchidaceae
Bei der kleinen Art, die auf Mager- und Trockenrasen in gemäßigten Regionen Eurasiens vorkommt, sind die Blüten spiralig angeordnet.

PHAIUS TANKERVILLEAE
F: Orchidaceae
Die duftende Orchidee wird häufig kultiviert. Ihre Heimatregion ist das tropische und subtropische Südostasien und der südpazifische Raum.

***PTEROSTYLIS* SPEC.**
F: Orchidaceae
Der Geruch dieser in Australien vorkommenden am Boden lebender Orchideen lockt kleine männliche Fliegen an. Eine Falle sorgt dafür, dass sie mit Pollen bestäubt werden.

BIENEN-RAGWURZ
Ophrys apifera
F: Orchidaceae
Bei den Mitgliedern dieser Gattung locken die Blüten bestäubende Insekten an, indem sie weibliche Insekten nachahmen. Diese Art bestäubt sich aber häufig selbst.

»

∨ AUSBREITUNG DURCH TRIEBE
Dinema polybulbon überwuchert ihre Unterlage, sei es ein Fels oder eine andere Pflanze. Sie bildet dichte Matten aus einem Geflecht waagrechter Triebe (Ausläufer).

DINEMA POLYBULBON

Diese kleine Orchidee ist die einzige Art der Gattung *Dinema*. Üppig wuchert sie als Epiphyt auf Bäumen oder als Lithophyt auf Felsen. Die Nährstoffe nimmt sie aus der Luft oder tierischen und pflanzlichen Abfallstoffen auf, Wasser liefern ihr Regen oder Nebel. Die Feuchtigkeit sammelt sich auf den dicken, mit einer Wachsschicht überzogenen Blättern. Die Spaltöffnungen sind reduziert, was die Verdunstung herabsetzt. Die Blätter leiten Wasser in verdickte Teile der Sprossachse, die als Pseudobulben bezeichnet werden. Mit diesen Speicherorganen übersteht die Orchidee tropische Trockenzeiten. Die waagrecht verlaufenden Rhizome mit den Pseudobulben sind mit Luftwurzeln und manchmal im Substrat verankerten Wurzeln verbunden. Diese nehmen mit ihrer schwammigen äußeren Zellschicht, dem Velamen, Nährstoffe auf. Im Winter entwickelt sich aus jeder Pseudobulbe eine einzige Blüte. Diese Art, die Temperaturen bis 7 °C erträgt, ist bei Orchideensammlern sehr begehrt.

GRÖSSE Höhe etwa 7,5 cm
LEBENSRAUM feuchter Mischwald
VERBREITUNG Mexiko, Mittelamerika, Jamaika, Kuba
BLATTTYP parallele Blattadern

PSEUDOBULBE >
Diese ovalen, zwiebelähnlichen Gebilde, die an waagrechten Ausläufern entspringen, speichern Wasser. Jede trägt ein bis drei glänzende Blätter.

∧ BLÜTE
Der Pseudobulbe entspringt eine kleine, süß riechende Blüte mit gelbbraunen Kelchblättern, violetten Kronblättern und weißer Lippe.

< POLLENSÄCKE
Die Pollenkörner werden in Pollensäcken gebildet. Sie sind zu Klumpen verklebt, den Pollinien, die bestäubenden Insekten angeheftet werden.

< LUFTWURZELN
Die Luftwurzeln benötigen keinen Kontakt zur Erde. Die älteren Teile der Wurzel sind von einer Schicht aus toten Zellen umgeben, die wie Löschpapier Wasser aufsaugen und speichern.

» ASPARAGALES

SÜDLICHER GRASBAUM
Xanthorrhoea australis
F: Asphodelaceae
Die vielleicht 450 Jahre alt werdende australische Pflanze übersteht Buschbrände und wächst zu einem kompakten Baum mit einer Krone schmaler Blätter heran.

NEUSEELANDFLACHS
Phormium tenax
F: Asphodelaceae
Diese in Neuseeland häufige Art bildet am Boden große Blätter aus. Am hohen Blütenstiel öffnen sich röhrenförmige rötliche Blüten.

BRAUNROTE TAGLILIE
Hemerocallis fulva
F: Asphodelaceae
Jede Blüte dieser Zierpflanze blüht nur einen Tag lang. Sie stammt aus Ostasien und wurde in Nordamerika eingebürgert.

ASPHODELUS AESTIVUS
F: Asphodelaceae
Diese häufige schmalblättrige mediterrane Pflanze bringt viele rosaweiße Blüten an einem hohen Schaft hervor.

ECHTE ALOE
Aloe vera
F: Asphodelaceae
Seit langer Zeit wird die stachelige Sukkulente, die an trockene Gebiete angepasst ist, als Heilpflanze kultiviert.

SCHOPF-FACKELLILIE
Kniphofia uvaria
F: Asphodelaceae
Diese vielblütige Art der afrikanischen Kapregion ist als Zierpflanze sehr beliebt.

LILIALES

Viele Pflanzen, die man früher der Familie der Lilien zugeordnet hat, darunter Küchen-Zwiebeln und Hyazinthen, wurden vor Kurzem in eine andere Ordnung gestellt, die Asparagales (siehe S. 132–139). Zur nun kleineren Ordnung der Liliales gehören die Liliengewächse, ihre nahen Verwandten, die Tulpen und viele andere Pflanzen, darunter die Inkalilien. Viele sind farbkräftige Zwiebelblumen, einige Arten sind Kletterpflanzen.

WILDE TULPE
Tulipa sylvestris
F: Liliaceae
Die gelb blühende Wilde Tulpe, eine Verwandte der Gartentulpen, wächst in freier Natur in Wäldern und Gebüschen und in Weinbergen an sonnigen Standorten.

VIERBLÄTTRIGE EINBEERE
Paris quadrifolia
F: Liliaceae
In älteren Wäldern der gemäßigten Breiten Eurasiens wächst diese vierblättrige Pflanze, die eine einzige schwarze Frucht ausbildet.

GEWÖHNLICHE SCHACHBLUME
Fritillaria meleagris
F: Liliaceae
Die Blüte dieser europäischen Zwiebelpflanze hat ein Schachbrettmuster. In freier Natur findet man sie in nassen Wiesen. Als Zierpflanze ist sie verbreitet.

DIOSCOREALES

Diese Ordnung umfasst drei Familien. In ihr dominieren die Yamsgewächse, eine Familie vor allem tropischer Kletterpflanzen. Mehrere Arten werden wegen ihrer essbaren Knollen kultiviert. Die Beinbrech-Verwandten kommen im gemäßigten Norden vor.

BEINBRECH
Narthecium ossifragum
F: Nartheciaceae
Die europäische Art gedeiht an nährstoffarmen Standorten im Hochland. Wenn sich die Samen entwickeln, färbt sich der Blütenstand orangefarben.

YAMSWURZEL
Dioscorea spec.
F: Dioscoreaceae
Yamswurzeln werden in den Tropen ihrer großen, stärkereichen Knollen wegen kultiviert. Die Kletterpflanze hat herzförmige Blätter.

GEWÖHNLICHE SCHMERZWURZ
Tamus communis
F: Dioscoreaceae
Diese giftige europäische Kletterpflanze aus der Familie der Yamsgewächse bildet eine schwarze Knolle aus. Die runden Früchte reifen rot.

MADONNEN-LILIE
Lilium candidum
F: Liliaceae
Im Christentum ist diese Lilie ein Symbol der Reinheit. Sie ist im östlichen Mittelmeergebiet heimisch und wird vielerorts kultiviert.

GAGEA RETICULATA
F: Liliaceae
Diese kleine Zwiebelpflanze wächst in weiten Teilen der gemäßigten Regionen Asiens, in Südosteuropa und Nordafrika an offenen Standorten.

TÜRKENBUND-LILIE
Lilium martagon
F: Liliaceae
Die verbreitete eurasische Lilie hat charakteristische zurückgebogene Tepalen.

RUHMESKRONE
Gloriosa superba
F: Colchicaceae
Diese auffällige Kletterpflanze ist von Südafrika bis Südostasien heimisch, wo sie mithilfe von Ranken klettert.

HERBST-ZEITLOSE
Colchicum autumnale
F: Colchicaceae
Die krokusähnlichen Blüten der europäischen Herbst-Zeitlose erscheinen im Herbst Monate vor den Blättern. Obwohl sie giftig ist, wird sie häufig in Gärten gepflanzt.

RIESENLILIE
Cardiocrinum giganteum
F: Liliaceae
Vom Himalaya bis nach China kommt diese Art vor. Sie blüht erst nach mehreren Jahren und stirbt dann ab.

BOMAREA MULTIFLORA
F: Alstroemeriaceae
Diese verzweigte Kletterpflanze mit ihren orangeroten Blüten ist eine Verwandte der Inkalilien. Sie stammt aus Südamerika.

INKALILIE
Alstroemeria spec.
F: Alstroemeriaceae
Viele beliebte Zierpflanzen gehören dieser lilienähnlichen südamerikanischen Gattung an. Die Blätter verdrehen sich während der Entwicklung.

»

» LILIALES

CHILEGLÖCKCHEN
Lapageria rosea
F: Philesiaceae
Diese Kletterpflanze stammt aus temperierten Regenwäldern Chiles und wird ihrer auffälligen glockenförmigen Blüten wegen kultiviert.

Beeren

Blütenstand

RAUE STECHWINDE
Smilax aspera
F: Smilacaceae
Bei dieser Kletterpflanze aus der Mittelmeerregion und Südwestasien bilden sich männliche und weibliche Blüten an getrennten Pflanzen.

GERMER
Veratrum spec.
F: Melanthiaceae
Diese Gattung giftiger Pflanzen der Nordhalbkugel bringt verzweigte Blütenstände mit oft grünlich weißen Blüten hervor.

PANDANALES

Diese Ordnung, zu deren fünf Familien über 1300 Bäume, Sträucher, Kräuter und Kletterpflanzen gehören, kommt vor allem in den Tropen vor. Viele Arten ähneln Palmen, haben aber einfachere linealische Blätter. Über die Hälfte gehören zur Gattung *Pandanus* (Schraubenbäume).

Vielsamige Frucht

PANDANUS TECTORIUS
F: Pandanaceae
Verschiedene Teile dieses Schraubenbaums tropischer Küsten werden seit langer Zeit von Kulturen der pazifischen Inseln verarbeitet.

Alter Baum

ARECALES

Seit 2016 ist dieser Ordnung, die von den über 2000 Palmenarten beherrscht wird, eine Familie mit 16 australischen Bäumen hinzugefügt worden. Palmen entspringen meist einem zentralen Vegetationskegel. Es gibt hohe Bäume, aber auch kletternde Rotangpalmen. Die Blätter sind gefiedert oder fächerförmig. Die meisten Palmenarten kommen in tropischen Regenwäldern vor.

MOLUKKEN-ZUCKERPALME
Arenga pinnata
F: Arecaceae
Die in Indien und Südostasien heimische Art hat auffällige gelbe Blütenstände. Aus dem Saft wird Zucker gewonnen und auch die Fasern werden verwertet.

DATTELPALME
Phoenix dactylifera
F: Arecaceae
Bei dieser Kulturpflanze aus dem Nahen Osten (hier eine junge Pflanze) bilden sich männliche und weibliche Blüten an verschiedenen Pflanzen.

gefiedertes Blatt

Ausgewachsene Palme

KOKOSPALME
Cocos nucifera
F: Arecaceae
Die Kokospalme, die vielerorts kultiviert wird, stammt wahrscheinlich aus der westlichen Pazifikregion. Mit ihren schwimmenden Früchten besiedelt sie neue Inseln.

Einsamige Frucht

Ausgewachsene Palme

Reife Frucht

BETELPALME
Areca catechu
F: Arecaceae
Diese Palme, die aus Südostasien stammt, wird ihrer Samen wegen kultiviert. Kaut man sie, wird eine psychoaktive Substanz freigesetzt.

KALIFORNISCHE WASHINGTONPALME
Washingtonia filifera
F: Arecaceae
Tote Blätter, die unter der Krone herabhängen, bieten Vögeln und Insekten in den Wüsten im Südwesten der USA Schutz.

COPERNICIA MACROGLOSSA
F: Arecaceae
Diese kubanische Palme ist relativ klein. Unter dem Blattschopf hängt ein Ring toter Blätter herab.

AFRIKANISCHE ÖLPALME
Elaeis guineensis
F: Arecaceae

Ihrer ölhaltigen Früchte wegen wird die afrikanische Art feuchter tropischer Tiefländer in vielen Regionen der Erde kultiviert.

HYOPHORBE LAGENICAULIS
F: Arecaceae

Diese Palme mit verdickter Basis stammt von der kleinen Insel Round Island bei Mauritius. Sie ist eine beliebte Zierpalme.

SAGOPALME
Metroxylon sagu
F: Arecaceae

Diese in Sümpfen vorkommende Palme (hier ein junges Exemplar) stammt wahrscheinlich aus Neuguinea, wächst aber heute überall in Südostasien.

CHINESISCHE HANFPALME
Trachycarpus fortunei
F: Arecaceae

Bei dieser kältetoleranten Art aus Zentralchina bilden sich männliche und weibliche Blüten an verschiedenen Pflanzen.

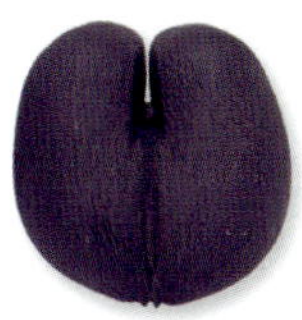

SEYCHELLENNUSS
Lodoicea maldivica
F: Arecaceae

Die Samen dieser Palme von den Seychellen sind die größten im Pflanzenreich. Es dauert sechs Jahre, bis sie reifen.

KUBANISCHE KÖNIGSPALME
Roystonea regia
F: Arecaceae

In den Tropen sind viele Alleen mit dieser attraktiven Palme gesäumt. Sie kommt in der Karibik von Florida bis Kuba vor.

BASTPALME
Raphia farinifera
F: Arecaceae

Die 20 m langen Blätter dieser Palme aus Afrika sind die größten Blätter im gesamten Pflanzenreich.

PALMYRAPALME
Borassus flabellifer
F: Arecaceae

Diese hochstämmige Art aus Südasien bevorzugt trockenere Standorte. Man kultiviert sie wegen ihrer Früchte und ihres zuckerhaltigen Safts.

KARNAUBAPALME
Copernicia prunifera
F: Arecaceae

Die Wachsschicht auf den Blättern dieser aus Nordostbrasilien stammenden Palme schützt sie vor Austrocknung. Das Wachs wird in Polituren und Seifen verwertet.

EUROPÄISCHE ZWERGPALME
Chamaerops humilis
F: Arecaceae

Die Art aus der Mittelmeerregion hat in der Natur oft keinen Stamm. Kultivierte Palmen haben mehrere kurze Stämme.

HONIGPALME
Jubaea chilensis
F: Arecaceae

Diese kältetolerante Palme mit ihrem massiven Stamm ist in Zentralchile heimisch, wo sie heute unter Schutz steht.

COMMELINALES

Diese Ordnung umfasst fünf Familien, von denen zwei nur jeweils etwa fünf Arten enthalten. Hier werden die drei größeren Familien vorgestellt. Die meisten Arten sind niedrige Pflanzen aus wärmeren Regionen der Erde. Viele haben blaue Blüten mit drei Kronblättern (bei einigen reduziert auf zwei Kronblätter) und sind beliebte Zierpflanzen.

60 cm

COMMELINA COELESTIS
F: Commelinaceae
Diese Art wird manchmal als Bodendecker gepflanzt. Sie stammt ursprünglich aus Mexiko und Mittelamerika.

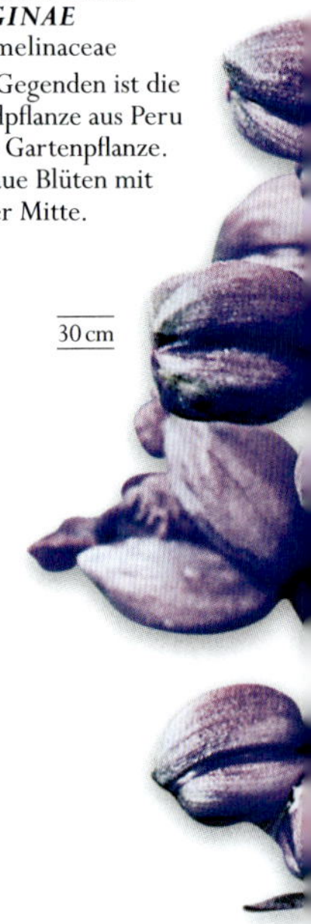

30 cm

DICHORISANDRA REGINAE
F: Commelinaceae
In wärmeren Gegenden ist die tropische Waldpflanze aus Peru eine beliebte Gartenpflanze. Sie trägt blaue Blüten mit weißer Mitte.

10 cm

KRIECHENDES SCHÖNPOLSTER
Callisia repens
F: Commelinaceae
An Waldrändern der amerikanischen Tropen findet man diese Sukkulente. Sie verbreitet sich über Triebe, die an den Knoten Wurzeln ausbilden.

70 cm

herabhängende Triebe

CALLISIA PROCUMBENS
F: Commelinaceae
Die in Mittel- und Südamerika heimische Art hat schwache Stängel und weiße Blüten mit drei Kronblättern.

15 cm

SILBER-DREIMASTERBLUME
Tradescantia zebrina
F: Commelinaceae
Diese beliebte Zimmerpflanze stammt aus dem tropischen Amerika.

POALES

Zu den 14 Familien der Ordnung Poales gehören vom Wind bestäubte Gruppen, die bestimmte Ökosysteme beherrschen: Gräser die Prärien und Savannen, Seggen und Binsen die Moore und Heiden der nördlichen und die Arten der Restionaceae die der südlichen Hemisphäre. Die meisten Bromelien leben als Epiphyten auf tropischen Bäumen.

30 cm

NIEDERE MOORBINSE
Isolepis cernua
F: Cyperaceae
Diese Binse mit silbrigen Blütenständen ist in den gemäßigten Zonen weit verbreitet.

45 cm

GUZMANIA LINGULATA
F: Bromeliaceae
Von Mittelamerika bis nach Brasilien ist diese epiphytische Bromelie verbreitet. Sie ist eine beliebte Zierpflanze.

50 cm

WALLISIA CYANEA
F: Bromeliaceae
Diese epiphytische Pflanze aus Ecuador und Peru kommt in Regenwäldern in bis zu 850 m Höhe über dem Meeresspiegel vor.

1,5 m

lange, schmale Blätter

ANANAS
Ananas comosus
F: Bromeliaceae
Christoph Kolumbus brachte diese Kulturpflanze mit ihren samenlosen Früchten nach Europa. Von welcher Pflanze sie abstammt, ist unsicher.

30 cm

Rote Hochblätter umgeben die Blüten.

NIDULARIUM INNOCENTII
F: Bromeliaceae
Die kleinen, weißen Blüten dieser brasilianischen Bromelie sitzen in der Zisternenmitte an einer gestauchten Sprossachse, umgeben von farbigen Hochblättern.

Blütenstiel hängt über.

Orangerote Hochblätter schützen die winzigen weißen Blüten.

In der Zisterne der Blattrosette sammelt sich Regenwasser.

35 cm

RACINAEA DYERIANA
F: Bromeliaceae
Wegen der Zerstörung von Mangrovenwäldern in Ecuador ist diese epiphytische Art gefährdet.

Rosette aus stacheligen Blättern

25 cm

DEUTEROCOHNIA LORENTZIANA
F: Bromeliaceae
Aus großer Höhe in den Anden Argentiniens und Boliviens stammt diese Bromelie. Sie wächst am Boden.

30 cm

NEOREGELIA CAROLINAE
F: Bromeliaceae
Zur Blütezeit färben sich die zentralen Blätter dieser brasilianischen Bromelie karminrot. Die Blüten sind blau oder violett.

GROSSE KÄNGURUPFOTE
Anigozanthos flavidus
F: Haemodoraceae
Der deutsche Name dieser Art aus sandigen Gebieten im Südwesten Australiens bezieht sich auf die wollig behaarten Blütenknospen.

WASSERHYAZINTHE
Pontederia crassipes
F: Pontederiaceae
Diese Wasserpflanze aus Amazonien breitet sich in den Tropen stark aus. Sie kann gepflanzt werden, um Luftschadstoffe zu absorbieren.

HERZFÖRMIGES HECHTKRAUT
Pontederia cordata
F: Pontederiaceae
Die schnellwüchsige Art mit ihren blauen Blütenständen ist vom östlichen Nordamerika bis nach Argentinien häufig. Andernorts kann sie stark wuchern.

HÄNGE-SEGGE
Carex pendula
F: Cyperaceae
Wie andere Seggen (Gattung *Carex*) hat diese europäische Art dreikantige Halme. Männliche und weibliche Blüten stehen in getrennten Ähren.

CHINESISCHE WASSERNUSS
Eleocharis dulcis
F: Cyperaceae
Die in Asien heimische Art bildet blattlose Halme aus. Sie wird wegen ihrer essbaren Knollen kultiviert.

CYPERUS PAPYRUS
F: Cyperaceae
An Ufern und in Marschen wächst diese hohe afrikanische Art. Die alten Ägypter stellten aus dem Mark ihrer Halme Papyruspapier her.

»

PUYA RAIMONDII
F: Bromeliaceae
Die Art aus den Anden ist die größte Bromelie der Erde. Nach vielen Jahren bringt sie einen einzigen Blütenstand hervor und stirbt dann ab.

AECHMEA CHANTINII
F: Bromeliaceae
Diese große epiphytische Bromelie mit spitzen Blättern ist in den Regenwäldern Südamerikas heimisch. Sie wird von Kolibris bestäubt.

HAHNS RIEMENTILLANDSIE
Catopsis paniculata
F: Bromeliaceae
In den Nebelwäldern Südmexikos und Mittelamerikas kommt diese epiphytische Art vor.

» POALES

FLATTER-BINSE
Juncus effusus
F: Juncaceae
Auf feuchten bis nassen Böden gedeiht diese verbreitete Binse. Das schwammige Mark der zylindrischen Halme ist nicht gekammert.

GRÖSSTES ZITTERGRAS
Briza maxima
F: Poaceae
Die zart gestielten Ähren des einjährigen mediterranen Grases zittern schon bei schwachem Luftzug.

GEWÖHNLICHER GLATTHAFER
Arrhenatherum elatius
F: Poaceae
Diese wilde Verwandte des Hafers ist in Europa weit verbreitet.

GEWÖHNLICHE STRAND-QUECKE
Thinopyrum junceiforme
F: Poaceae
Die robuste Art besiedelt Sanddünen in Europa. Ihre Wurzeln und Rhizome halten den Sand fest.

WIESEN-KAMMGRAS
Cynosurus cristatus
F: Poaceae
Dieses ausdauernde Gras aus Europa und Westasien ist trittfest und daher in einigen Rasenmischungen enthalten.

WIESEN-KNÄUELGRAS
Dactylis glomerata
F: Poaceae
Auch als Futtergras wird dieses sehr häufige Gras angesät. Der Blütenstand ist unverkennbar. Die Art stammt aus Eurasien und Nordafrika.

HIOBSTRÄNE
Coix lacryma-jobi
F: Poaceae
Die zentralasiatische Art wird in den Tropen zur Ernährung oder als Viehfutter angebaut. Die Samen der Wildpflanzen werden als Schmuckperlen verarbeitet.

HASENSCHWANZGRAS
Lagurus ovatus
F: Poaceae
Seiner weichhaarigen Blütenstände wegen wird dieses Gras von den Küstenregionen am Mittelmeer häufig in Trockensträußen verarbeitet.

PFAHLROHR
Arundo donax
F: Poaceae
Das große Gras aus Zentralasien wird auch andernorts in Feuchtgebieten angepflanzt. Die verholzten Halme verwendet man zu verschiedenen Zwecken.

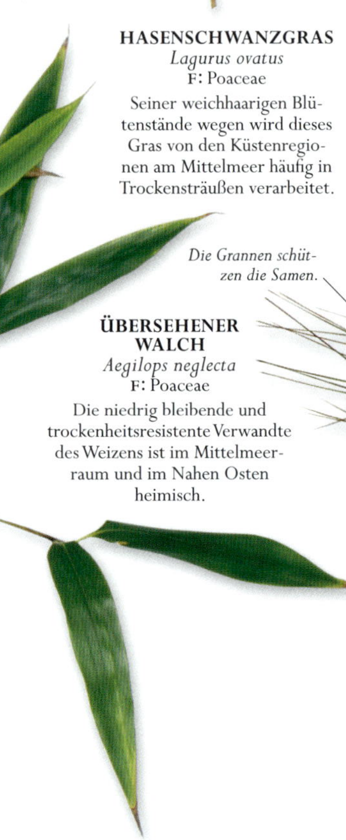

SCHWARZROHRBAMBUS
Phyllostachys nigra
F: Poaceae
Wie alle Bambuspflanzen hat diese Art verholzte Halme. Sie ist in Ost- und Südchina heimisch. Die Bambus-Arten sind die am schnellsten wachsenden verholzten Pflanzen. Einige können an einem Tag bis zu 90 cm wachsen.

ÜBERSEHENER WALCH
Aegilops neglecta
F: Poaceae
Die niedrig bleibende und trockenheitsresistente Verwandte des Weizens ist im Mittelmeerraum und im Nahen Osten heimisch.

6 m

SCHILFROHR
Phragmites australis
F: Poaceae

Schilfrohr, das in gemäßigten und tropischen Regionen in seichtem Wasser wächst, kann mit seinen kriechenden Rhizomen große Gebiete besiedeln.

1 m

GEWÖHNLICHES RUCHGRAS
Anthoxanthum odoratum
F: Poaceae

Dieses früh blühende Gras enthält Kumarin. Dieser Stoff ist für den angenehmen Geruch frisch gemähter Wiesen verantwortlich.

1,2 m

GEWÖHNLICHER STRANDHAFER
Ammophila arenaria
F: Poaceae

Diese Art wächst auf Sanddünen und stabilisiert den Sand mit seinen langen unterirdischen Sprossachsen und Wurzeln.

1,8 m

SAAT-HAFER
Avena sativa
F: Poaceae

Der Saat-Hafer wird als Getreide und Futterpflanze vielerorts angesät. Er gedeiht in kühlem, feuchtem Klima.

80 cm

SAAT-GERSTE
Hordeum vulgare
F: Poaceae

Aus dem Nahen Osten stammt dieses Getreide. Es wird seit langer Zeit kultiviert. Charakteristisch sind die langen Grannen.

1 m

SAAT-WEIZEN
Triticum aestivum
F: Poaceae

Dieser Weizen, der ursprünglich aus dem Nahen Osten stammt, ist das Getreide mit dem weltweit größten Ertrag. Er ist eine Hybride aus wilden und früher kultivierten Weizen-Varietäten.

40 cm

GEWÖHNLICHES WEISSES STRAUSSGRAS
Agrostis stolonifera
F: Poaceae

Dieses häufige Gras mit zarten Rispen kommt weltweit vor. Es breitet sich mit unterirdischen Stolonen aus.

3 m

DICHTBLÄTTRIGES ZITRONELLAGRAS
Cymbopogon nardus
F: Poaceae

Die Art stammt aus dem tropischen Asien. Sie enthält ein ätherisches Öl, das Parfüms zugesetzt wird.

1,8 m

REIS
Oryza sativa
F: Poaceae

Reis ist in wärmeren Regionen ein Grundnahrungsmittel. Er wird meistens in seichtem Wasser angebaut.

3 m

MAIS
Zea mays
F: Poaceae

Mais wurde bereits im alten Mexiko kultiviert. Die männlichen und weiblichen Blütenstände stehen getrennt.

6 m

ZUCKERROHR
Saccharum officinarum
F: Poaceae

Dieses tropische Gras, das wahrscheinlich mit dem Mais verwandt ist, stammt möglicherweise aus Neuguinea. Zucker wird aus den dicken Halmen gewonnen.

»

90 cm

DEUTSCHES WEIDELGRAS
Lolium perenne
F: Poaceae

In Saatgutmischungen für Futterwiesen, Rasen und Sportplätze ist dieses eurasische Gras oft enthalten. Es hat sich weltweit ausgebreitet.

3 m

CHRYSOPOGON ZIZANIOIDES
F: Poaceae

Aus Indien stammt dieses tropische Gras. Es wird seiner duftenden Öle wegen und als Erosionsschutz vielerorts angepflanzt.

80 cm

WOLLIGES HONIGGRAS
Holcus lanatus
F: Poaceae

Dieses häufige europäische Gras, das meist in frischen Wiesen vorkommt, hat weich behaarte Blätter.

3 m

PAMPASGRAS
Cortaderia selloana
F: Poaceae

Das hohe Gras aus dem südlichen Südamerika ist ein beliebtes Ziergras. In einigen Regionen breitet es sich stark aus.

RIESEN-FEDERGRAS
Stipa gigantea
F: Poaceae

Gärtner kultivieren dieses hohe Gras seiner auffälligen Blütenstände wegen, die noch im Winter attraktiv aussehen. Es stammt aus Spanien, Portugal und Marokko.

GEWÖHNLICHER ÄSTIGER IGELKOLBEN
Sparganium erectum
F: Typhaceae

Getrennte kugelige männliche und weibliche Blütenstände entwickeln sich an dieser Uferpflanze, die auf der Nordhalbkugel verbreitet ist.

BREITBLÄTTRIGER ROHRKOLBEN
Typha latifolia
F: Typhaceae

Die weiblichen Kolben dieser weitverbreiteten Feuchtgebietspflanze sind wohlbekannt. Der dünne männliche Blütenstand befindet sich darüber.

DEGENBINSE
Xyris spec.
F: Xyridaceae

Diese Gattung grasartiger Pflanzen ist in wärmeren Regionen weltweit verbreitet. Die kleinen gelben Blüten stehen an schlanken Stielen.

ZINGIBERALES

Ein Merkmal dieser vorwiegend tropischen, acht Familien umfassenden Ordnung sind die riesigen Blätter. Obwohl es sich um keine verholzten Bäume handelt, werden einige, wie Bananenstauden, sehr groß. Viele Zingiberales haben auffällige Blüten und Blätter und werden als Zierpflanzen kultiviert. Die Zingiberaceae (Ingwergewächse) sind die größte Familie. Neben dem Ingwer gehören ihr weitere Gewürzpflanzen an.

CTENANTHE AMABILIS
F: Marantaceae

Auf Waldböden in den Tropen Brasiliens ist diese wärmeliebende Art heimisch. Sie braucht in Kultur hohe Luftfeuchtigkeit.

GOEPPERTIA CROCATA
F: Marantaceae

Diese Art aus Brasilien, die mit *Ctenanthe* und *Maranta* verwandt ist und in ähnlichen Waldlebensräumen vorkommt, trägt auffälligere Blüten als diese Arten.

ESSBARES BLUMENROHR
Canna indica
F: Cannaceae

Bei den Blüten dieser Pflanze der amerikanischen Tropen sind einige der Kronblätter mit den Staubblättern verschmolzen. Es gibt viele Kultursorten.

CHAMAECOSTUS CUSPIDATUS
F: Costaceae

Diese orange blühende Pflanze mit ihren dunkelgrünen Blättern ist im tropischen östlichen Brasilien heimisch.

BUNTE PFEILWURZ
Maranta leuconeura
F: Marantaceae

Nachts faltet diese brasilianische Waldpflanze ihre Blätter zusammen, um die Verdunstung zu senken. Kultursorten haben auffallend gemustertes Laub.

ZIERBANANE
Ensete ventricosum
F: Musaceae

Diese afrikanische Verwandte der Banane wird in Äthiopien ihrer nährstoffreichen Wurzeln und Sprosse wegen kultiviert. Die Früchte sind ungenießbar.

BANANE
Musa acuminata
F: Musaceae

Kultivierte Bananenstauden sind samenlose Hybriden von Vorfahren aus Asien. An der Spitze der Fruchtstände bilden sich unter violetten Hochblättern Blüten.

MUSELLA LASIOCARPA
F: Musaceae

Der Blütenstand dieser Art aus den Gebirgen Chinas, die in der Natur wahrscheinlich ausgestorben ist, kann monatelang blühen.

MALABAR-KARDAMOM
Elettaria cardamomum
F: Zingiberaceae
Aus Wäldern Südindiens und Sri Lankas stammt diese tropische Pflanze. Die getrockneten unreifen Samen kennen wir als Kardamom.

GALGANT
Alpinia officinarum
F: Zingiberaceae
Diese Verwandte des Ingwers, die aus Ostasien stammt, hat ein verdicktes unterirdisches Rhizom, das ebenfalls als Gewürz verwendet wird.

INDISCHE GEWÜRZLILIE
Kaempferia galanga
F: Zingiberaceae
Die kurzstämmige Art aus dem tropischen Asien trägt kleine Blüten und ist als Zierpflanze beliebt.

KURKUMA
Curcuma longa
F: Zingiberaceae
Diese Pflanze, die aus Südostasien stammt, entwickelt ein verdicktes Rhizom, aus dem das gelbe Gewürz Kurkuma gewonnen wird.

GEWÖHNLICHER INGWER
Zingiber officinale
F: Zingiberaceae
Das Gewürz ist das Rhizom der südostasiatischen Pflanze, die nur noch in Kultur bekannt ist.

BAUM DER REISENDEN
Ravenala madagascariensis
F: Strelitziaceae
In Wäldern Madagaskars ist diese Verwandte der Paradiesvogelblume heimisch. In ihrem natürlichen Lebensraum wird sie von Lemuren bestäubt.

PARADIESVOGELBLUME
Strelitzia reginae
F: Strelitziaceae
Bei dieser südafrikanischen Art öffnen sich die spektakulären orangefarbenen und blauen vogelbestäubten Blüten eine nach der anderen.

ROSCOEA HUMEANA
F: Zingiberaceae
Diese Verwandte des Ingwers bringt orchideenähnliche Blüten hervor. Ihr Lebensraum sind die Gebirge im Südwesten Chinas.

BANANENBLÄTTRIGE HUMMERSCHERE
Heliconia stricta
F: Heliconiaceae
In ihrem natürlichen Lebensraum wird diese großblättrige Pflanze aus dem Norden Südamerikas von Kolibris bestäubt.

EUDIKOTYLEDONEN

Fast drei Viertel der Blütenpflanzen der Erde werden den Eudikotyledonen zugeordnet. Die Gruppe entwickelte sich vor über 125 Millionen Jahren.

In den Samen der Eudikotyledonen sind anders als bei den Monokotyledonen zwei Keimblätter (Kotyledonen) angelegt. Zu ihnen gehören sehr vielfältige Pflanzen, von Ackerunkräutern bis hin zu Regenwaldbäumen. Zahlreiche Arten sind wirtschaftlich oder als Zierpflanzen bedeutend. Viele Eudikotyledonen sind Einjährige, die nur wenige Wochen oder Monate leben. Andere können ein Alter von mehreren Jahrhunderten erreichen.

Trotz ihrer Vielfalt weisen alle Eudikotyledonen viele gemeinsame morphologische Merkmale auf: Die Blätter haben eine Netznervatur, keine Parallelnervatur wie die Einkeimblättrigen. Die Leitbündel der Sprossachse sind gut entwickelt und ringförmig angeordnet. Wenn eine verholzte Pflanze in die Höhe wächst, wird ihr Stamm gleichzeitig dicker. Dieses sekundäre Dickenwachstum zeigen die Einkeimblättrigen nicht in dieser Weise. Deshalb sind die meisten Blüten tragenden Sträucher und Bäume Eudikotyledonen. Das Wurzelsystem besteht meist aus einer Hauptwurzel, an der kleinere Wurzeln entspringen.

Die Blütenteile der Eudikotyledonen sind meistens in Vier- oder Fünfzahl vorhanden, nicht in Dreizahl wie bei Monokotyledonen. Die Kelch- und Kronblätter unterscheiden sich in Farbe und Form. Bei jeder Art sind die Pollenkörner charakteristisch gebaut, weisen aber immer drei Furchen auf, anders als die einfurchigen Pollenkörner der Monokotyledonen.

PFLANZEN MIT GROSSER BEDEUTUNG
Die Analyse fossiler Pollenkörner deutet darauf hin, dass die Eudikotyledonen sich vor etwa 125 Mio. Jahren von den anderen Blütenpflanzen abgetrennt haben. Seitdem haben sie jeden Festland-Lebensraum besiedelt. Relativ wenige Arten sind Wasserpflanzen. Für die Tiere haben sie eine immense Bedeutung. Zahllosen Tieren (außer den Weidetieren, die einkeimblättrige Gräser fressen) liefern sie Nahrung und Lebensräume.

ABTEILUNG	ANGIOSPERMAE
KLADE	EUDICOTYLEDONAE
ORDNUNGEN	38
FAMILIEN	307
ARTEN	182 227

STREITFRAGE

VIER GRUPPEN

Lange Zeit hat man alle Blütenpflanzen in zwei Gruppen unterteilt, die Monokotyledonen (Einkeimblättrige) und die Dikotyledonen (Zweikeimblättrige). DNA-Analysen in Verbindung mit Pollenuntersuchungen haben jedoch gezeigt, dass diese Klassifikation die Evolution nicht wirklich widerspiegelt. Heute teilt man die Blütenpflanzen in vier große Gruppen ein: die basalen Angiospermen, die Magnoliidae, die Monokotyledonen und die Eudikotyledonen oder Rosidae.

NEUE ANSÄTZE

Die Analyse der DNA hat zu einer neuen systematischen Gruppierung der Eukotyledonen geführt. Die entstandenen Kladen (siehe S. 30–31) zeigen die Verwandtschaft der Arten, sind aber im Hinblick auf die Merkmale der entstandenen Gruppen schwer zu interpretieren und passen nicht ganz in die herkömmliche Systematik. Dieses Buch gibt die Gruppierung nach Ordnungen und Familien wieder, die die Vielfalt der Blütenpflanzen wohl am besten darstellt. Die Tabelle unten zeigt, wie sie in das neue von Kladen bestimmte System passen.

EUKOTYLEDONEN (S.150–209)
(BUXALES – DIPSACALES)

KERNEUDIKOTYLEDONEN (S.155–209)
(GUNNERALES – DIPSACALES)

SUPERROSIDEN (S.156–181)
(SAXIFRAGALES – SAPINDALES)

ROSIDEN (S.158–181)
(VITALES – SAPINDALES)

Wie der Name sagt, gehört die Kartoffel-Rose zu den Rosiden.

SUPERASTERIDEN (S.182–209)
(CARYOPHYLLALES – DIPSACALES)

ASTERIDEN (S.192–209)
(CORNALES – DIPSACALES)

Die Margerite ist eine Asteride innerhalb der Superasteriden.

BUXALES

Die Ordnung Buxales mit einer Familie und rund 120 Arten ist in gemäßigten, subtropischen und tropischen Zonen verbreitet. Die meisten der Arten sind immergrüne Bäume und Sträucher, die getrennte männliche und weibliche Blüten an der gleichen Pflanze tragen. Viele Arten sind Zierpflanzen. Buchsbaumholz wird zum Drechseln geschätzt.

HIMALAYA-SCHLEIMBEERE
Sarcococca hookeriana
F: Buxaceae
Die Art trägt im Winter Blütenstände mit kleinen, duftenden Blüten. Sie gedeiht an schattigen Standorten in Westchina.

GEWÖHNLICHER BUCHSBAUM
Buxus sempervirens
F: Buxaceae
Der immergrüne Buchsbaum, der in Wald- und Buschland von Europa bis Nordafrika wächst, wird häufig als Hecke gepflanzt.

PROTEALES

Zur größten der vier Familien der Proteales, der Familie Proteaceae, gehören immergrüne Bäume und Sträucher der Südhalbkugel. Die Platanaceae sind Laubbäume der Nordhalbkugel. Die Nelumbonaceae sind Wasserpflanzen, die in Asien, Australien und Nordamerika vorkommen.

2 m

KÖNIGS-PROTEE
Protea cynaroides
F: Proteaceae

Diese Art ist in südafrikanischem Hügelland und im Busch heimisch. Der Blütenstand ist von kronblattartigen Hochblättern umgeben.

1 m

INDISCHE LOTOSBLUME
Nelumbo nucifera
F: Nelumbonaceae

In seichten Süßgewässern in Teilen Asiens und Australiens wächst die Indische Lotosblume. Sie bildet große, duftende, langstielige Blüten.

7 m

ROTBLÜHENDE SILBEREICHE
Grevillea banksii
F: Proteaceae

Ihrer auffälligen bürstenartigen Blütenstände wegen wird diese Art australischer Wälder und offener Lebensräume als Zierpflanze kultiviert.

35 m

AUSTRALISCHE SILBEREICHE
Grevillea juncifolia
F: Proteaceae

Der im trockenen australischen Landesinneren zu findende Busch hat schmale, graugrüne Blätter und orangefarbene Blütenstände mit langen gelben Griffeln.

3 m

TELOPEA SPECIOSISSIMA
F: Proteaceae

In trockenem Waldland in New South Wales in Australien ist diese Protee heimisch, die dort Waratah heißt.

2 m

LAMBERTIA FORMOSA
F: Proteaceae

Bei dieser Pflanze, die von der Küste bis zu den Bergwäldern in New South Wales in Australien heimisch ist, umgeben rosa getönte Hochblätter die Blütenstände.

2 m

HERZBLÄTTRIGES NADELKISSEN
Leucospermum cordifolium
F: Proteaceae

Die südafrikanische Art bringt auffällige kugelige Blütenstände hervor. Sie wächst auf sandigen Böden.

10 m

CHILENISCHER FLAMMENBUSCH
Embothrium coccineum
F: Proteaceae

Diese Art aus Wäldern und offenen Lebensräumen Südchiles und Argentiniens trägt flammend gefärbte Blüten. Das frostempfindliche Gehölz wird als Kübelpflanze gezogen.

15 m

BANKSIA SERRATA
F: Proteaceae

Im ostaustralischen Waldland und im Busch findet man diese Banksie. Mit ihrer feuerresistenten Rinde übersteht sie Buschbrände.

2 m

ISOPOGON ANEMONIFOLIUS
F: Proteaceae

Kugelige, gelbe Blütenstände und gefiederte Blätter kennzeichnen diese Art, die in trockenen Wäldern und Heidegebieten in New South Wales in Australien vorkommt.

15 m

ECHTE MACADAMIANUSS
Macadamia integrifolia
F: Proteaceae

Die Echte Macadamianuss ist in Küstenregenwäldern Ostaustraliens heimisch. Sie wird ihrer essbaren »Nüsse« wegen kultiviert.

48 m

BASTARD-PLATANE
Platanus × hispanica
F: Platanaceae

In London wird diese Hybride aus zwei *Platanus*-Arten seit dem 17. Jahrhundert angepflanzt. Weil sie hohe Luftverschmutzung erträgt, sieht man sie vielerorts als Straßen- und Parkbaum.

RANUNCULALES

Die Ordnung Ranunculales besteht aus sieben Familien, von denen vier unbekannt sind und nur wenige Arten enthalten, doch die Familie der Hahnenfußgewächse (Ranunculaceae) umfasst 3200 Arten. In dieser sowie in den Familien der Mohn- und Berberitzengewächse sind einige der wichtigsten Nutz- und Gartenpflanzen enthalten.

GEWÖHNLICHE BERBERITZE
Berberis vulgaris
F: Berberidaceae
Die europäische Art, die man in Hecken und Gebüschen findet, hat dreiteilige Dornen. Die Blüten stehen in Trauben und entwickeln sich zu roten Beeren.

GEWÖHNLICHE MAHONIE
Berberis aquifolium
F: Berberidaceae
Der immergrüne Strauch aus dem Nordwesten der USA blüht im Frühjahr. Er wächst an schattigen Standorten.

HIMMELSBAMBUS
Nandina domestica
F: Berberidaceae
Diese in den Bergtälerns Chinas und Japans vorkommende Pflanze ist nicht mit dem Bambus verwandt.

EPIMEDIUM DAVIDII
F: Berberidaceae
Diese immergrüne Elfenblume aus Westchina findet man in Wäldern und Gebüschen. Die jungen kupferbraunen Blätter färben sich später grün.

FINGERBLÄTTRIGE AKEBIE
Akebia quinata
F: Lardizabalaceae
Die Fingerblättrige Akebie trägt im Frühjahr duftende Blüten. Sie kommt vor an Waldrändern in China, Korea und Japan.

AMERIKANISCHER MONDSAME
Menispermum canadense
F: Menispermaceae
Die Früchte dieser Kletterpflanze, die schwarzen Weintrauben ähneln, sind sehr giftig. Sie kommt in Kanada und den USA in Wäldern und an Ufern vor.

CAROLINA-KOKKELSTRAUCH
Cocculus carolinus
F: Menispermaceae
Diese zweihäusige Kletterpflanze findet man in Waldland im Südosten der USA.

LEONTICE LEONTOPETALUM
F: Berberidaceae
Die Art, die auf Kulturflächen und trockenem Hügelland in Nordafrika und der östlichen Mittelmeerregion heimisch ist, hat ein knolliges Rhizom.

40 cm

GEWÖHNLICHER MAIAPFEL
Podophyllum peltatum
F: Berberidaceae
In den offenen Wäldern des östlichen Nordamerika ist diese Art verbreitet.

10 m

STAUNTONIA HEXAPHYLLA
F: Lardizabalaceae
Die verholzte, immergrüne Kletterpflanze gedeiht in Waldland in Japan und Südkorea. Die wüchsige Pflanze hat duftende Blüten.

RANKENDER LERCHENSPORN
Ceratocapnos claviculata
F: Papaveraceae
Diese einjährige westeuropäische Art wächst in Wäldern und an schattigen Standorten. Mit Blattranken verschafft sie sich Halt.

GELBER SCHEINLERCHENSPORN
Pseudofumaria lutea
F: Papaveraceae
Diese europäische Art wächst an Mauern und steinigen Standorten. Sie breitet sich mit ihren Samen schnell aus.

SCHÖLLKRAUT
Chelidonium majus
F: Papaveraceae
Das Schöllkraut kommt in Europa und Nordasien in Waldland, Gebüschen und an Ruderalstandorten vor. Sie diente einst als Arzneipflanze.

GELBER HORNMOHN
Glaucium flavum
F: Papaveraceae
In Westeuropa und im Mittelmeerraum findet man diese zwei- oder mehrjährige Pflanze an Kiesstränden. Die gebogenen Kapseln sind charakteristisch.

TRÄNENDES HERZ
Lamprocapnos spectabilis
F: Papaveraceae
Das Tränende Herz mit seinen unverkennbaren Blüten kommt in Sibirien, Nordchina und Korea an Waldrändern vor.

KALIFORNISCHER KAPPENMOHN
Eschscholzia californica
F: Papaveraceae
Diese Art offener Plätze aus den westlichen USA und Mexiko wird wegen ihrer leuchtend bunten Blüten kultiviert.

KALIFORNISCHER STRAUCHMOHN
Romneya coulteri
F: Papaveraceae
Aus dem Busch und Grasland Kaliforniens und Mexikos stammt diese Art, eine hübsche Gartenpflanze.

GEWÖHNLICHER ERDRAUCH
Fumaria officinalis
F: Papaveraceae
Diese Art wächst in Europa und Nordafrika auf Äckern und an Schuttplätzen.

HYPECOUM IMBERBE
F: Papaveraceae
Diese Art des Mittelmeerraums wächst sowohl auf Kulturflächen und Brachland als auch auf Mauern.

KLATSCH-MOHN
Papaver rhoeas
F: Papaveraceae
In Feldern und auf Brachland gedeiht dieser Mohn. Er ist in Europa, Nordafrika und Teilen Asiens heimisch. In England gilt er als Symbol des ersten Weltkriegs.

SCHLAF-MOHN
Papaver somniferum
F: Papaveraceae
Aus dem Milchsaft der Kapseln werden Opium und Heroin gewonnen. Die Art wächst in Eurasien auf offenen Flächen.

KAMBRISCHER SCHEINMOHN
Papaver cambrica
F: Papaveraceae
Schattige, felsige Standorte im Hügelland besiedelt dieser westeuropäische Mohn. Häufig sieht man ihn in Gärten.

»

HERBST-ADONISRÖSCHEN
Adonis annua
F: Ranunculaceae

Diese Art, die in Westeuropa und Nordwestafrika vorkommt, findet man immer seltener.

GEWÖHNLICHER SCHARFER HAHNENFUSS
Ranunculus acris
F: Ranunculaceae

Diese Art kommt in weiten Teilen Europas und in gemäßigten Regionen Westasiens in feuchten Wiesen und Gebüschen vor.

GEWÖHNLICHE WALDREBE
Clematis vitalba
F: Ranunculaceae

An Waldrändern und in Hecken in Europa und Nordafrika gedeiht diese Kletterpflanze, die weißgraue Früchte trägt.

KLEINER WINTERLING
Eranthis hyemalis
F: Ranunculaceae

Den Winterling, der mit Knollen überwintert, findet man in Mitteleuropa in feuchten Wäldern und Gebüschen. Er blüht im späten Winter und zeitigen Frühjahr.

ROTER RITTERSPORN
Delphinium cardinale
F: Ranunculaceae

In Kalifornien (USA) und Niederkalifornien (Mexiko) findet man diese ausdauernde Pflanze an trockenen Hängen.

GARTEN-RITTERSPORN
Delphinium ambiguum
F: Ranunculaceae

Der Garten-Rittersporn, der aus der Mittelmeerregion stammt, wächst auf Kulturflächen und auf Brachland.

SUMPF-DOTTERBLUME
Caltha palustris
F: Ranunculaceae

Diese Art kommt in Sümpfen, Gräben, nassen Wäldern und Wiesen in weiten Teilen Europas, Asiens und Nordamerikas vor.

GARTEN-ANEMONE
Anemone coronaria
F: Ranunculaceae

Die Mittelmeerländer sind die Heimat der Garten-Anemone, die an steinigen Hängen, Straßenrändern und auf Kulturland wächst.

GEWÖHNLICHE KÜCHENSCHELLE
Pulsatilla vulgaris
F: Ranunculaceae

Diese ist in Europa und Westasien heimisch und wächst auf Magerrasen und an sonnigen Hängen.

ACKER-SCHWARZKÜMMEL
Nigella arvensis
F: Ranunculaceae

Der einjährige Acker-Schwarzkümmel ist in Mittel- und Südeuropa heimisch. Er besiedelt Kultur- und gestörte Flächen. Oft wird er mit Vogelfutter ausgesät.

GELBE WIESENRAUTE
Thalictrum flavum
F: Ranunculaceae

Die Gelbe Wiesenraute wächst in Europa und gemäßigten Regionen Asiens in nassen Wiesen, entlang von Wasserläufen.

BLAUER EISENHUT
Aconitum napellus
F: Ranunculaceae

Nach seinen helmartigen Blüten ist der Blaue Eisenhut benannt. Er kommt in Europa in Wäldern und an Bachläufen vor. Die Art ist sehr giftig.

EUROPÄISCHE TROLLBLUME
Trollius europaeus
F: Ranunculaceae
Die ausdauernde Art ist eine Art feuchter Gebirgswiesen Europas sowie Westasiens.

LEBERBLÜMCHEN
Hepatica nobilis
F: Ranunculaceae
Das Leberblümchen mit seinen unverkennbaren dreilappigen Blättern kommt in Wäldern in weiten Teilen Europas vor.

KLEINES MÄUSE-SCHWÄNZCHEN
Myosurus minimus
F: Ranunculaceae
Das »Schwänzchen« dieser Art ist die längliche Frucht. Die einjährige Pflanze wächst in Europa, Asien und Nordamerika auf feuchten Böden.

MALLORQUINISCHE NIESWURZ
Helleborus lividus
F: Ranunculaceae
Auf den Balearen, vor allem auf Mallorca, kommt diese Art vor. Man findet sie in Wäldern und an steinigen Hängen.

GEWÖHNLICHE AKELEI
Aquilegia vulgaris
F: Ranunculaceae
An schattigen, feuchten Standorten auf kalkhaltigen Böden findet man diese Art in weiten Teilen Europas, Nordafrikas und in den gemäßigten Regionen Asiens.

GUNNERALES

Die beiden Familien der Ordnung Gunnerales standen früher in verschiedenen Ordnungen, denn sie sehen sehr unterschiedlich aus. Inzwischen haben Genanalysen gezeigt, dass sie nahe miteinander verwandt sind. Zur Familie Gunneraceae gehört eine einzige Gattung großer krautiger Pflanzen feuchter Standorte. Die Arten der Familie Myrothamnaceae hingegen kommen in afrikanischen Wüsten vor. *Gunnera*-Arten werden in wintermilden Regionen gern in Gärten und Parks gepflanzt.

MAMMUTBLATT
Gunnera manicata
F: Gunneraceae
Riesige Blätter und ein hoher Blütenstand charakterisieren diese Art. Sie wächst in der Natur in Südbrasilien an Süßgewässern.

DILLENIALES

Der Ordnung Dilleniales gehört nur die hauptsächlich tropische Familie Dilleniaceae mit etwa 330 Arten von Bäumen, Sträuchern und Kletterpflanzen an. Die meisten Arten haben wechselständige Blätter, zwittrige Blüten mit fünf Kelch- und fünf Kronblättern sowie vielen Staubblättern. Manche bilden trockene Früchte, die ihre Samen ausstreuen, andere Beeren. Einige Arten werden als Zierpflanzen oder für Konstruktionsholz genutzt.

KLETTERNDES MÜNZGOLD
Hibbertia scandens
F: Dilleniaceae
Die immergrüne, wüchsige Art wächst als Strauch oder Klettergehölz häufig in Nähe der australischen Ostküste und auf Neuguinea.

DILLENIA SUFFRUTICOSA
F: Dilleniaceae
Der große, kräftige, immergrüne Strauch, heimisch in Malaysia, auf Sumatra und auf Borneo, gedeiht auf sumpfigen Standorten und an Waldrändern.

SAXIFRAGALES

Von den 15 Familien dieser Ordnung haben fünf jeweils zwei Arten und nur drei über 500. Am besten bekannt ist die namensgebende Familie Saxafragaceae. Der Name *Saxifraga* bedeutet »Steinbrecher«. Viele Vertreter dieser Familie wachsen nämlich in Ritzen von Felsen und Mauern. Die größte Familie ist die der Dickblattgewächse (Crassulaceae), die viele an trockene Umweltbedingungen angepasste Sukkulenten umfasst.

ECHEVERIA SETOSA
F: Crassulaceae
Diese mexikanische Art hat sukkulente, blaugrüne, unterschiedlich behaarte Blätter, die Rosetten bilden.

DACH-HAUSWURZ
Sempervivum tectorum
F: Crassulaceae
Die Dach-Hauswurz aus den Gebirgen Mitteleuropas wird oft auf Flachdächern und Mauern gepflanzt. Diese Pflanze besitzt sukkulente Blattrosetten.

AEONIUM TABULIFORME
F: Crassulaceae
Die sukkulente Art von Küstenkliffen im Norden der Insel Teneriffa bildet eine flache Rosette aus. Nach der Blüte stirbt die Pflanze ab.

PURPUR-FETTHENNE
Hylotelephium telephium
F: Crassulaceae
In steinigem Gelände, Hecken und Wäldern findet man diese Art. Sie kommt in weiten Teilen Eurasiens vor und ist in Nordamerika eingeführt worden.

FLAMMENDES KÄTHCHEN
Kalanchoe blossfeldiana
F: Crassulaceae
Trockene Gebiete in Madagaskar sind die Heimat dieser Art mit glänzenden, sukkulenten Blättern und leuchtend bunten Blüten.

ECHTER VENUSNABEL
Umbilicus rupestris
F: Crassulaceae
Diese Pflanze hat runde, fleischige Blätter mit einer Vertiefung. Sie wächst in vielen Regionen Südeuropas und Nordafrikas auf Felsen und Mauern.

ROSENWURZ
Rhodiola rosea
F: Crassulaceae
Die Sukkulente, die auf Felsen im Gebirge und an der Küste vorkommt, findet man in arktischen und alpinen Regionen Europas, Nordamerikas und Asiens.

SCHWARZE JOHANNISBEERE
Ribes nigrum
F: Grossulariaceae
Dieser Strauch kommt in weiten Teilen Europas und Zentralasiens in Wäldern auf feuchten Böden vor. Er wird seiner Beeren wegen kultiviert.

WOHLRIECHENDE JOHANNISBEERE
Ribes aureum
F: Grossulariaceae
Diese Art hat duftende Blüten und stachellose Stängel. Man findet sie in steinigen und sandigen Gebieten im Zentrum der USA.

TANNENWEDEL-TAUSENDBLATT
Myriophyllum hippuroides
F: Haloragaceae
Diese Wasserpflanze hat fein zerschlitzte Blätter. Sie wächst an Wasserläufen im westlichen Nordamerika.

12 m

LIQUIDAMBAR FORMOSANA
F: Altingiaceae
Dieser Amberbaum kommt in feuchten Wäldern im Südwesten Asiens vor. Sein Laub färbt sich im Herbst leuchtend bunt.

6 m

SCHEINPARROTIE
Parrotiopsis jacquemontiana
F: Hamamelidaceae
Statt Kronblättern haben die Blüten dieser Waldpflanze aus dem westlichen Himalaya weiße Hochblätter.

10 m

Knospen und Blüten

Blätter verändern ihre Farbe.

VIRGINISCHE ZAUBERNUSS
Hamamelis virginiana
F: Hamamelidaceae
Die Blüten dieser Zaubernuss duften und die Blätter färben sich im Herbst gelb. Sie kommt in Wäldern im östlichen Nordamerika vor.

1 m

PURPUR-ASTILBE
Astilbe rubra
F: Saxifragaceae
Die feuchtigkeitsliebende Art mit ihren fedrigen Blütenständen wächst von Myanmar bis Sibirien in feuchten Wäldern und entlang von Bächen.

30 cm

JUDENBART
Saxifraga stolonifera
F: Saxifragaceae
Diese Pflanze, die an schattigen Standorten in China und Japan vorkommt, vermehrt sich mit Stolonen, die Wurzeln ausbilden und junge Pflanzen hervorbringen.

20 cm

FETTHENNEN-STEINBRECH
Saxifraga aizoides
F: Saxifragaceae
Bachufer und nasse steinige Böden im Gebirge sind die Standorte dieser Art aus Europa, Nordamerika und Westasien.

15 m

PARROTIE
Parrotia persica
F: Hamamelidaceae
Dieser Baum, der aus Wäldern im Kaukasusgebiet und dem nördlichen Iran stammt, blüht im Winter. Im Herbst färbt sich sein Laub leuchtend bunt.

60 cm

HOHES PURPURGLÖCKCHEN
Heuchera americana
F: Saxifragaceae
Das Hohe Purpurglöckchen wächst in Nordamerika in Wäldern auf felsigem Gelände. Es hat glänzende Blätter.

Die Blüten formen einen abgeflachten Blütenstand.

robuste, glänzende Blätter

30 cm

HIMALAYA-BERGENIE
Bergenia stracheyi
F: Saxifragaceae
Die Art kommt in feuchten Wäldern und Wiesen im westlichen Himalaya und Afghanistan vor. Sie hat duftende Blüten und große, glänzende Blätter.

15 cm

GEGENBLÄTTRIGES MILZKRAUT
Chrysosplenium oppositifolium
F: Saxifragaceae
Die wüchsigen Triebe dieser Art bilden in West- und Mitteleuropa an feuchten, schattigen Standorten ausgedehnte Bestände.

70 cm

70 cm

BAUERN-PFINGSTROSE
Paeonia officinalis
F: Paeoniaceae
Diese krautige südeuropäische Pflanze mit auffälligen Blüten findet man in Wäldern, auf Wiesen und in Gebüschen.

HENNE UND KÜKEN
Tolmiea menziesii
F: Saxifragaceae
Auf junge Pflänzchen, die sich an der Basis der Blätter bilden, bezieht sich der deutsche Name. Die Art mit behaarten Blättern wächst in Nordamerika an feuchten, schattigen Standorten.

VITALES

Diese Ordnung besteht aus einer einzigen Familie, den Weinrebengewächsen (Vitaceae). Ihr gehören 14 Gattungen und 850 Arten an, darunter die Weinrebe und der Wilde Wein. Die meisten Arten kommen in den Tropen oder warm gemäßigten Zonen vor. Sehr viele sind Kletter- oder Schlingpflanzen und haben dafür Ranken und verdickte Knoten (Nodien). Die Blütenstände sind meistens Rispen oder Trugdolden.

35 m

WEINREBE
Vitis vinifera
F: Vitaceae

Seit dem Neolithikum nutzen die Menschen Weintrauben, um Wein herzustellen, als Arznei oder Nahrung. Die verbreitete Weinrebe ist im Mittelmeergebiet, Europa und Asien heimisch.

Die Früchte sind kleiner als bei Kultursorten.

15 m

ROSTROTE REBE
Vitis coignetiae
F: Vitaceae

Ihrer riesigen Blätter (30 cm Durchmesser) und der attraktiven Herbstfärbung wegen wird diese Art aus gemäßigten Zonen Asiens kultiviert.

Das Laub färbt sich im Herbst rot.

30 m

WILDER WEIN
Parthenocissus quinquefolia
F: Vitaceae

Diese wüchsige Kletterpflanze aus Nord- und Mittelamerika klettert mit scheibenförmigen Haftorganen an ihren gegabelten Ranken glatte Oberflächen empor.

GERANIALES

Nur zwei Familien gehören zu den Geraniales. Die Familie Geraniaceae (Storchschnabelgewächse) umfasst etwa 800 Arten, darunter die 400 Arten der Gattung *Geranium* (Storchschnäbel). Die über 200 Arten der afrikanischen Gattung *Pelargonium* sind als Gartenpflanzen wichtig, darunter die landläufig als Geranien bezeichneten. Die neue Familie Francoaceae ersetzt vier frühere Familien, die vor allem afrikanische Bäume und Sträucher enthielten.

2,5 m

ECHTER HONIGSTRAUCH
Melianthus major
F: Francoaceae

Nektar tropft aus den bronzefarbenen Blütenständen dieser südafrikanischen Art. Die Blätter riechen beim Berühren intensiv.

30 cm

APFELDUFT-PELARGONIE
Pelargonium odoratissimum
F: Geraniaceae

Diese Art stammt aus Südafrika. Aus den Blättern gewinnt man das ätherische »Geraniumöl«, das intensiv nach Apfel und Rose duftet.

50 cm

RUPRECHTSKRAUT
Geranium robertianum
F: Geraniaceae

Diese Art ist auf der Nordhalbkugel weit verbreitet. Sie hat rote Stängel sowie lange Blütenstiele und riecht unangenehm.

80 cm

WIESEN-STORCHSCHNABEL
Geranium pratense
F: Geraniaceae

Dieser Storchschnabel kommt in Europa und Asien vor allem auf kalkhaltigen Wiesen vor. Seine Blüten werden von Honig- und Wildbienen bestäubt.

20 cm

ERODIUM FOETIDUM
F: Geraniaceae

Storch- und Reiherschnäbel sind nach der Form ihrer Spaltfrüchte benannt. Diese französische Art ist eine beliebte Steingartenpflanze.

MYRTALES

Die neun Familien der Ordnung Myrtales kommen vor allem in den wärmeren Regionen vor. Die 5800 Arten der Myrtaceae (Myrtengewächse) liefern Öle, Gewürze und Früchte wie die Guave. Die Familie umfasst auch über 700 Eukalyptusarten aus Australien und Neuguinea. Die Familie Lythraceae (Weiderichgewächse) besteht vor allem aus tropischen Sträuchern und Bäumen und die Familie Melastomataceae (Schwarzmundgewächse) ist eine pantropische Gruppe von etwa 4500 Arten.

DECODON VERTICILLATUS
Decodon verticillatus
F: Lythraceae
Dieser Strauch wächst im Nordosten Amerikas in Sümpfen. Die Blätter stehen zu dritt in Quirlen an den gebogenen Stängeln und die violetten Blüten erreichen Durchmesser von 1 cm.

BLUT-WEIDERICH
Lythrum salicaria
F: Lythraceae
Zahlreiche violette, vierkantige Stängel entspringen dem holzigen Rhizom. Die Art ist in Europa, Asien, Südostaustralien und Nordwestafrika heimisch und kann invasiv sein.

CHINESISCHE KRÄUSELMYRTE
Lagerstroemia indica
F: Lythraceae
In China, Korea und Japan ist dieser Baum verbreitet. Er trägt bis zu 120 Tage lang Blüten und hat eine glatte, gefleckte rosa-graue Borke, die abblättert.

HENNASTRAUCH
Lawsonia inermis
F: Lythraceae
Der Hennastrauch stammt aus Nordafrika und dem Nahen Osten. Mit den Blättern kann man Rot- und Brauntöne färben und aus den Blüten ätherische Öle gewinnen.

GEWÖHNLICHE WASSERNUSS
Trapa natans
F: Lythraceae
Diese Schwimmpflanze ist in Europa und Asien heimisch. Die harte Frucht enthält einen essbaren Samen.

GRANATAPFEL
Punica granatum
F: Lythraceae
Der zum Teil bedornte Baum aus Vorderasien wird in der Mittelmeerregion seiner essbaren Früchte wegen kultiviert, die unzählige Samen enthalten.

ZIGARETTENBLÜMCHEN
Cuphea ignea
F: Lythraceae
Der dicht verzweigte Strauch ist eine beliebte Zierpflanze. Er stammt aus Mexiko. Die Früchte sind papierartige Kapseln.

RANGUNSCHLINGER
Combretum indicum
F: Combretaceae
Diese Kletterpflanze aus dem tropischen Asien trägt röhrenförmige rote Blüten. Die Früchte mit fünf Flügeln schmecken nach Mandeln.

INDISCHE MYROBALANE
Terminalia catappa
F: Combretaceae
Dieser Baum kommt an den Küsten des Indopazifik vor. Die korkigen Nussfrüchte, die im Wasser verbreitet werden, schmecken nach Mandeln.

MEDINILLA MAGNIFICA
Medinilla magnifica
F: Melastomataceae
Diese Zierpflanze von den Philippinen ist ein Epiphyt. Die Blätter weisen eine Längsaderung auf, ein Merkmal der Melastomataceae.

GLÄNZENDE TIBOUCHE
Tibouchina urvilleana
F: Melastomataceae
In Brasilien blüht diese Zierpflanze fast das ganze Jahr über. Die samtigen Blätter haben einen roten Rand und drei bis fünf auffällige Längsadern.

VIRGINISCHER BRUCHHEIL
Rhexia virginica
F: Melastomataceae
Die behaarte Staude aus dem Osten der USA und Kanada kommt in Feuchtgebieten vor. Sie hat vierkantige Stängel und ungestielte Blätter mit gezähnten Rändern.

»

3 m

MELALEUCA VIRENS
F: Myrtaceae
Der subalpine Strauch von Tasmanien trägt spitze Blätter. Er erträgt Schnee, Frost und Trockenheit. Er lockt Vögel und Schmetterlinge an.

3 m

MELALEUCA SUBULATA
F: Myrtaceae
Dieser Strauch bringt kleine verholzte Früchte hervor, die Hunderte von Samen enthalten. Er kommt vor allem in New South Wales und Victoria in Australien vor.

40 m

ROTER EUKALYPTUS
Eucalyptus camaldulensis
F: Myrtaceae
In Australien ist dieser an Flussufern wachsende Baum mit sehr haltbarem Holz verbreitet. Er hat eine glatte, helle Rinde und blaugrüne Blätter.

TRICHTERFRUCHT-EUKALYPTUS
Eucalyptus coccifera
F: Myrtaceae
Diese Art des tasmanischen Hochlands hat eine grau-weiße Borke, die sich in Streifen abschält, sodass die cremeweiße Rinde darunter sichtbar wird.

25 m

36 m

MOSTGUMMI-EUKALYPTUS
Eucalyptus gunnii
F: Myrtaceae
Die jungen Blätter dieses tasmanischen Baums sind rund und silbrig, die älteren sichelförmig und blaugrau. Aus ihm wird Papier hergestellt.

25 m

MELALEUCA CAJUPUTI
F: Myrtaceae
Dieser Baum kommt von Südostasien bis Nordaustralien vor und hat aromatisch duftende Blätter, die ein blassgelbes Öl enthalten.

5 m

BRAUT-MYRTE
Myrtus communis
F: Myrtaceae
Die Blätter der Braut-Myrte enthalten ätherische Öle. Sie ist von der Mittelmeerregion bis Pakistan verbreitet. Aus den Blättern gewinnt man aromatische Öle.

12 m

NELKENPFEFFER
Pimenta dioica
F: Myrtaceae
Dieser Baum aus der Karibik, Südmexiko und Mittelamerika trägt weiße Blüten, die sich zu braunen Steinfrüchten entwickeln. Getrocknet und gemahlen ergeben sie das Gewürz Nelkenpfeffer (Piment).

12 m

EUCALYPTUS URNIGERA
F: Myrtaceae
Krugförmige Früchte bildet dieser Baum aus dem Südosten Tasmaniens. Die jungen Blätter sind blaugrau, die weißen Blüten mit vielen Staubblättern stehen zu dritt in Büscheln.

20 m

POHUTUKAWA-EISENHOLZ
Metrosideros excelsa
F: Myrtaceae
Im Dezember trägt dieser Baum rote Blüten. Er ist auf der Nordinsel Neuseelands heimisch. Alte Bäume besitzen bartähnliche Luftwurzeln.

15 m

LUMA APICULATA
F: Myrtaceae
Der langsam wachsende Baum hat einen verdrehten Stamm. Die glatte orangegraue Borke schält sich ab. Die Frucht ist eine schwarze Beere.

3 m

KUNZEA BAXTERI
F: Myrtaceae
Die Arten der Gattung *Kunzea* haben farbige Staubblätter, die länger als ihre Kronblätter sind. Das trägt zum attraktiven Aussehen bei, das auch bestäubende Vögel anlockt.

12 m

GEWÜRZNELKENBAUM
Syzygium aromaticum
F: Myrtaceae
Die trockenen Blütenknospen der indonesischen Art sind die Gewürznelken. Die Blüten sind cremefarben, die Früchte reifen zu violetten, einsamigen Beeren.

8 m

GUAVE
Psidium guajava
F: Myrtaceae
Dieser Baum aus dem tropischen und subtropischen Amerika hat eine kupferfarbene Borke. Die reifen Früchte riechen süß und enthalten viele harte gelbe Samen.

ATLASBLUME
Clarkia amoena
F: Onagraceae
Diese einjährige Art stammt aus dem Hügelland an der Küste des westlichen Nordamerika. Die Blüten der Zierpflanze haben vier breite Kronblätter, die trockene Kapselfrucht enthält viele Samen.

FUCHSIA FULGENS
F: Onagraceae
An Felsen oder auf Bäumen in Wassernähe wächst diese Fuchsie, die lange, rübenförmige Wurzeln hat. Sie stammt aus den Bergen Mexikos.

SCHARLACH-FUCHSIE
Fuchsia magellanica
F: Onagraceae
Diese verbreitete mehrjährige Zierpflanze stammt aus Chile und Argentinien, wo sie gewöhnlich in Wasser wurzelt. Sie bildet als Früchte schwarze Beeren.

SCHMALBLÄTTRIGES WEIDENRÖSCHEN
Epilobium angustifolium
F: Onagraceae
Die Staude der gemäßigten Zonen der Nordhalbkugel breitet sich mit Rhizomen und vom Wind verbreiteten Samen aus. Sie wird auch in die Gattungen *Chamerion* oder *Chamaenerion* gestellt.

ZOTTIGES WEIDENRÖSCHEN
Epilobium hirsutum
F: Onagraceae
Das behaarte Weidenröschen bildet mit seinen Rhizomen große Bestände. Es kommt in weiten Teilen Europas, Nordafrikas und Asiens vor.

WEISSE NACHTKERZE
Oenothera speciosa
F: Onagraceae
Diese krautige glattstielige Nachtkerze aus dem Südosten der USA und aus Mexiko trägt weiße Blüten, die sich nach einiger Zeit rosa färben. Sie schließen sich in voller Sonne.

GEWÖHNLICHE NACHTKERZE
Oenothera biennis
F: Onagraceae
Aus dem östlichen Nordamerika stammt diese zweijährige Art, deren blaugrüne Blätter in einer Rosette stehen. Die Blüten öffnen sich erst abends. Aus den Samen presst man Öl.

GEWÖHNLICHES HEXENKRAUT
Circaea lutetiana
F: Onagraceae
Diese Pflanze ist in Europa, Nordafrika und im Nahen Osten verbreitet. Aus den Blüten entwickeln sich kleine runde, haarige Früchte.

KLAPPER-HEUSENKRAUT
Ludwigia alternifolia
F: Onagraceae
Diese Art, die aus dem östlichen Nordamerika stammt, wächst in feuchten Gebieten. Es trägt typische Kapselfrüchte.

CELASTRALES

Die beiden Familien der Ordnung zeichnen sich durch einen nektarproduzierenden Diskus in der Blüte aus. Zu den Lepidobotryaceae zählen nur zwei Baumarten, doch die Familie Celastraceae (Spindelbaumgewächse) umfasst 1200 Arten, darunter Ranken, Sträucher und Bäume. Es ist unklar, wie die Ordnung mit anderen Rosiden verwandt ist.

PFAFFENHÜTCHEN
Euonymus europaeus
F: Celastraceae
Aus dem Holz dieses europäischen Strauchs drechselte man Spindeln zum Spinnen von Wolle. Die rosa Früchte springen mit vier Klappen auf und enthüllen die orangefarbenen giftigen Samen.

SUMPF-HERZBLATT
Parnassia palustris
F: Celastraceae
Diese Pflanze wächst in sumpfigen Wiesen und Flachmooren der nördlichen gemäßigten Zone. Am Grund jedes Blütenstiels sitzt ein stängelumfassendes Blatt.

CUCURBITALES

Acht hauptsächlich tropische Familien bilden diese Ordnung, zu der Bäume, Sträucher, krautige und Kletterpflanzen gehören. Sechs davon sind klein, doch die Begoniaceae (Schiefblattgewächse) umfassen 1400 Arten, von denen rund 130 Gartenpflanzen sind. Zu den 850 Arten der Cucurbitaceae (Kürbisgewächse) zählen viele Nutzpflanzen. Bei beiden Familien wachsen männliche und weibliche Blüten auf der gleichen Pflanze (Einhäusigkeit).

ROTFRÜCHTIGE ZAUNRÜBE
Bryonia cretica ssp. *dioica*
F: Cucurbitaceae
In Südeuropa und Nordafrika tritt diese Art auf kalkhaltigen Böden, häufig in Hecken auf. Die giftige Kletterpflanze hat große, rübenförmige Wurzeln.

KALEBASSE
Lagenaria siceraria
F: Cucurbitaceae
Die Schlingpflanze trägt weißliche Blüten. Die essbaren hartschaligen Früchte treiben monatelang im Meer. Man stellt daraus Gefäße her.

GURKE
Cucumis sativus
F: Cucurbitaceae
Die Art mit röhrenförmigen gelben Blüten stammt aus dem tropischen Asien. Sie wird seit 3000 Jahren kultiviert; es gibt viele Sorten.

GEMÜSE-KÜRBIS
Cucurbita pepo
F: Cucurbitaceae
Kürbisse und Zucchini sind Varietäten von *Cucurbita pepo* aus Mittelamerika. Die Pflanze hat fünfseitige stachelige Sprosse und bildet große gelborangefarbene Blüten.

LUFFA CYLINDRICA
F: Cucurbitaceae
Diese einjährige Kletterpflanze stammt aus Asien. Das faserige Innere kann bei jungen Früchten gegessen werden. Später kann es getrocknet und als Schwamm benutzt werden.

SPRITZGURKE
Ecballium elaterium
F: Cucurbitaceae
Aus der Mittelmeerregion stammt diese Art, deren Früchte mit einer klebrigen Flüssigkeit gefüllt sind. Wenn sie reif sind, explodieren sie bei Berührung und schleudern die Samen bis zu 6 m weit.

WASSERMELONE
Citrullus lanatus
F: Cucurbitaceae
Die wüchsige einjährige Schlingpflanze mit gelbgrünen Blüten stammt aus Südafrika. Man kultiviert Wassermelonen in warmen Regionen.

BEGONIA LISTADA
F: Begoniaceae
Diese Art aus Paraguay hat dicke, samtige Blätter mit roter Unterseite und rosa-weiße Blüten. Sie wurde 1981 erstmals wissenschaftlich beschrieben.

BALSAMBIRNE
Momordica charantia
F: Cucurbitaceae
Die bitter schmeckenden Früchte dieser tropischen Kletterpflanze springen in drei Teile auf und entlassen eine gelbe Masse und Samen in einem scharlachroten Samenmantel.

TETRAMELES NUDIFLORA
F: Datiscaceae
Die Wurzeln stützen den Stamm des aus Asien und Nordaustralien stammenden Baums. Männliche und weibliche Blüten, die Kapselfrüchte bilden, wachsen an unterschiedlichen Bäumen.

FABALES

Die Fabales, die fast überall auf der Erde verbreitet sind, haben zusammengesetzte Blätter, häufig mit Nebenblättern. Zu den Fabaceae (Hülsenfrüchtlern), der größten der vier Familien, zählen zum Beispiel Bohnen und Erbsen. Die Kronblätter der Schmetterlingsblütler bilden Fahne, Flügel und Schiffchen. Die Früchte sind meist Hülsen. Viele Arten bilden Wurzelknöllchen aus, in denen Bakterien Luftstickstoff fixieren.

ERDNUSS
Arachis hypogaea
F: Fabaceae
Die Erdnuss, die aus Brasilien stammt, trägt gelbe, rot geaderte Schmetterlingsblüten. Die Hülsen reifen in der Erde und enthalten die Erdnüsse.

SINNPFLANZE
Mimosa pudica
F: Fabaceae
Die Fiederblättchen dieses stacheligen südamerikanischen Strauchs klappen zusammen, wenn man sie berührt. Aus den kugeligen Blütenständen ragen rosa Staubblätter hervor.

ACACIA DEALBATA
F: Fabaceae
Dieser Baum hat duftende Blüten und eine silbrige Borke, die im Alter schwarz wird. Er ist in Südostaustralien heimisch.

FUTTER-ESPARSETTE
Onobrychis viciifolia
F: Fabaceae
Die Blätter dieser südeuropäischen Futterpflanze tragen 6–14 Fiederpaare. Die rosa Blüten stehen in einer dichten Traube.

RÖHREN-KASSIE
Cassia fistula
F: Fabaceae
Dieser schlanke Baum aus Südostasien trägt herabhängende Schmetterlingsblüten und gefiederte Blätter mit drei bis acht Fiederpaaren. Die Samen sind giftig.

BRASILIANISCHER HEUSCHRECKENBAUM
Hymenaea courbaril
F: Fabaceae
Der Stamm dieses Baums ist dick und gerade. Die weißrötlichen Blüten haben lange Staubblätter. Aus dem Stamm tritt orangefarbener Gummi aus.

GEWÖHNLICHER WUNDKLEE
Anthyllis vulneraria
F: Fabaceae
Diese mehrjährige Pflanze wächst in ganz Europa. Der behaarte Stängel trägt gelbe bis rote Blüten, die von Hochblättern umgeben sind.

TAMARINDE
Tamarindus indica
F: Fabaceae
Dieser immergrüne Baum mit herabhängenden Ästen aus Ostafrika und Asien trägt orangegelbe Blüten. Das Mark der Hülsenfrüchte ist essbar.

LEHM-AKAZIE
Acacia glaucoptera
F: Fabaceae
Die kugelförmigen Blüten dieses südwestaustralischen Strauchs wachsen auf einem blattartig verdrehten Stängel.

SEIDENAKAZIE
Albizia julibrissin
F: Fabaceae
Der schnell wachsende Baum stammt aus Vorderasien. Er hat eine dunkelgrüne Borke, die sich im Alter in senkrechten Streifen schält.

»

BÄRENSCHOTE
Astragalus glycyphyllos
F: Fabaceae

Die Bärenschote kommt in europäischen Grasländern vor und hat gebogene Hülsen. Aus dem Kraut kann man Tee bereiten.

BLAUE FÄRBERHÜLSE
Baptisia australis
F: Fabaceae

Der Saft dieser krautigen Art, die in Wäldern und an Bachufern im Osten der USA heimisch ist, färbt sich an der Luft violett. Sie wird wie Indigo zum Färben verwendet.

AUSTRALISCHE KASTANIE
Castanospermum australe
F: Fabaceae

Dieser Baum liefert Nutzholz und trägt orangerote Blüten, die sich zu verholzten Hülsen entwickeln und fünf bohnenartige Samen enthalten.

JOHANNISBROT-BAUM
Ceratonia siliqua
F: Fabaceae

Aus der Mittelmeerregion stammt dieser dickstämmige, dicht belaubte Baum. Die Blüten sind klein und grünlich. Das Mark der Hülsen dient als Schokoladenersatz.

GEWÖHNLICHER JUDASBAUM
Cercis siliquastrum
F: Fabaceae

Der Laubbaum aus der östlichen Mittelmeerregion blüht im Frühjahr üppig. Später bilden sich flache, 10 cm lange Hülsen.

KICHERERBSE
Cicer arietinum
F: Fabaceae

Die Kichererbse gehört zu den ältesten Kulturpflanzen des Nahen Ostens. In den Hülsen entwickeln sich ein bis drei Samen, aus denen Hummus bereitet wird.

ECHTE GEISSRAUTE
Galega officinalis
F: Fabaceae

In gemäßigten Regionen wurde die ausdauernde Art vielerorts eingebürgert. Sie hat lange rotbraune Hülsen und soll den Milchfluss fördern, Fieber und Blutzuckergehalt senken.

ÄTNA-GINSTER
Genista aetnensis
F: Fabaceae

In Sizilien an den Hängen des Ätna und auf Sardinien ist dieser kleine Baum heimisch. Er trägt nur wenige Blätter. Die Fotosynthese findet in den grünen Sprossen statt.

KLEINBLÜTIGER STECHGINSTER
Ulex parviflorus
F: Fabaceae

Die Blüten dieses stacheligen Strauchs aus der westlichen Mittelmeerregion entwickeln sich zu schwarzbraunen Hülsen. Nach Buschbränden keimen die Samen schneller.

BREITBLÄTTRIGE PLATTERBSE
Lathyrus latifolius
F: Fabaceae

Diese kräftige, rankende Art aus Südeuropa und Nordafrika hat geflügelte Stängel. Die Blütenstände umfassen 5–15 rosa Blüten und die Samen entwickeln sich in langen Hülsen.

BEHAARTER BACKENKLEE
Lotus hirsutus
F: Fabaceae

Der kleine Strauch aus dem Mittelmeerraum hat graugrüne Blätter. Die rotbraunen Hülsen erinnern an kleine Beeren.

GEWÖHNLICHER HORNKLEE
Lotus corniculatus
F: Fabaceae

In Weideland in Europa, Asien und Afrika kommt der Hornklee vor. Er hat gelbe Blüten und fünfteilige Blätter, bei denen die unteren beiden Fiedern abgesetzt sind. Der Fruchtstand ähnelt einem Vogelfuß.

SAAT-WICKE
Vicia sativa
F: Fabaceae

Diese verbreitete einjährige Art ist in Europa und der Mittelmeerregion heimisch. Die Blüten der Futterpflanze stehen meist in Paaren, die Ranken können verzweigt sein.

1 m

BUNTE KRONWICKE
Securigera varia
F: Fabaceae

Diese südeuropäische und westasiatische Staude breitet sich rasch aus. Sie hat dicke Blätter. Ihre tief reichenden Wurzeln stabilisieren den Boden und verhindern Erosion.

30 cm

GEWÖHNLICHER HUFEISENKLEE
Hippocrepis comosa
F: Fabaceae

Diese Art ist in Südeuropa und im Mittelmeerraum heimisch. Sie ist eine wichtige Futterpflanze für die Raupen verschiedener Bläuling-Arten. Die Hülsen der Samen sind hufeisenförmig.

80 cm

LUZERNE
Medicago sativa
F: Fabaceae

Diese tief wurzelnde Art wächst in Südwestasien, Europa und in den USA in Wiesen auf kalkhaltigen Böden. Sie ist eine gute Futterpflanze und gilt auch als Heilpflanze.

2 m

BESENGINSTER
Cytisus scoparius
F: Fabaceae

Der Besenginster kommt in Heidegebieten in ganz Europa vor. Die Blüten duften stark. Aus den schlanken Zweigen bindet man traditionell Besen.

50 cm

ROT-KLEE
Trifolium pratense
F: Fabaceae

Diese Futterpflanze hat lang gestielte Grundblätter. In den Blütenständen entwickeln sich längliche Hülsenfrüchte.

1 m

SPANISCHES SÜSSHOLZ
Glycyrrhiza glabra
F: Fabaceae

Diese Staude bildet glatte, kleine, längliche Hülsen aus und wurzelt tief. Ein Extrakt aus den Wurzeln ist 50-mal süßer als Zucker.

3,7 m

FEUER-BOHNE
Phaseolus coccineus
F: Fabaceae

Die Triebe dieser ausdauernden Art aus den Gebirgen Mittelamerikas winden sich im Uhrzeigersinn um eine Stütze. Die Samen haben verschiedene Farben.

7,5 m

GEWÖHNLICHER GOLDREGEN
Laburnum anagyroides
F: Fabaceae

Dieser Laubbaum ist in Mittel- und Südeuropa heimisch. In den braunen, behaarten Hülsen entwickeln sich giftige schwarze Samen.

1,2 m

VIELBLÄTTRIGE LUPINE
Lupinus polyphyllus
F: Fabaceae

Diese Art aus dem westlichen Nordamerika wurde überall in Europa eingebürgert. Die schwarzen Hülsen und die Unterseite der Blätter dieser Zierpflanze sind behaart, die Blüten duften.

25 m

ROBINIE
Robinia pseudoacacia
F: Fabaceae

Rinde und Blätter dieses Baums sind giftig. Er bildet Ausläufer und trägt flache braune Hülsen. Die Robinie stammt aus dem Südosten der USA.

40 cm

PANNONISCHES KREUZBLÜMCHEN
Polygala nicaeensis
F: Polygalaceae

Die Blüten dieser mehrjährigen Art aus Frankreich und Italien haben drei Kronblätter, von denen das unterste schiffchenartig ist und ein Anhängsel trägt. Die Frucht ist eine kleine Kapsel.

FAGALES

Die sieben Familien dieser Ordnung umfassen einige der bekanntesten Bäume der Erde, die die Wälder prägen, in denen sie wachsen: Fagaceae mit den Buchen, Betulaceae mit den Birken, Nothofagaceae mit den Scheinbuchen, Juglandaceae mit den Walnussbäumen und Casuarinaceae mit den Kasuarinen. Die meisten Arten haben einfache Blätter und kleine, windbestäubte Blüten.

20 m

ALLOCASUARINA TORULOSA
F: Casuarinaceae

Das Holz dieses westaustralischen Baums ist bei Drechslern beliebt. An den herabhängenden Ästen sitzen lange, nadelförmige Zweige mit winzigen Blättern und kleine, warzige Zapfen.

25 m

JAPANISCHE HOPFENBUCHE
Ostrya japonica
F: Betulaceae

Diese Art aus dem Fernen Osten hat eine graubraune, schuppige Borke. Die Nussfrüchte bilden sich in langen, hängenden Fruchtständen.

25 m

GEWÖHNLICHE HAINBUCHE
Carpinus betulus
F: Betulaceae

Diese europäische Art, die auch in Hecken gepflanzt wird, trägt kleine, grüne männliche und weibliche Blütenstände. Dreilappige Hochblätter umgeben die Nussfrüchte.

13 m

GEWÖHNLICHE HASEL
Corylus avellana
F: Betulaceae

Dieser europäische Strauch trägt die Haselnüsse. Die männlichen und weiblichen Blüten erscheinen im Spätwinter.

30 m

OREGON-ERLE
Alnus rubra
F: Betulaceae

Im Nordwesten Amerikas ist dieser Baum heimisch. Er wächst bevorzugt an feuchten Berghängen und an Ufern. Die hellgraue Borke färbt sich rot, wenn sie verletzt wird.

25 m

NOTHOFAGUS ALPINA
F: Nothofagaceae

Das Holz dieses in Argentinien und Chile heimischen Baums ist geschätzt. Die jungen Blätter sind bronzefarben. Die grünlichen weiblichen Blüten bilden stachelige Fruchtbecher, die kleine Nüsse einschließen.

REIFE PEKANNUSS

40 m

PEKANNUSS
Carya illinoinensis
F: Juglandaceae

Die Pekannuss ist in Nordamerika heimisch und wird ihrer essbaren Nüsse wegen kultiviert. Die Schale reifer Früchte springt entlang von vier Furchen auf.

GEFIEDERTES BLATT

15 m

PLATYCARYA STROBILACEA
F: Juglandaceae

Dieser in Ostasien heimische Baum trägt aufrechte männliche Kätzchen. Die Frucht erinnert an einen Koniferenzapfen.

30 m

ERMANS BIRKE
Betula ermanii
F: Betulaceae

Diese Birke hat eine weißliche Borke, die sich schält, ihre Zweige hängen herab. Die Art kommt von Sibirien bis Japan vor und bevorzugt leichte, sandige Böden.

2 m

GAGELSTRAUCH
Myrica gale
F: Myricaceae

Dieser süß riechende Strauch wächst oft an Rändern von Mooren der nördlich gemäßigten Zonen. Die Kätzchen sind entweder männlich oder weiblich. Man nutzt die Art zur Insektenabwehr.

30 m

BUTTERNUSS
Juglans cinerea
F: Juglandaceae

Dieser Laubbaum, der in Nordamerika heimisch ist, trägt gelbgrüne Kätzchen. Die eiförmigen, büschelig stehenden Nüsse enthalten süße Samen.

REIFE WALNUSS

ZWEIG MIT UNREIFEN FRÜCHTEN

30 m

ECHTE WALNUSS
Juglans regia
F: Juglandaceae

Diese Art aus den Gebirgen Südwestasiens ist ihrer Früchte und ihres Holzes wegen begehrt. Die Borke ist glatt und grau, die männlichen Kätzchen werden bis 15 cm lang.

STIEL-EICHE
Quercus robur
F: Fagaceae
Diese langlebige Eiche, deren Holz sehr geschätzt ist, kommt in Westeuropa häufig vor. Die männlichen Blüten sind lange, hängende Kätzchen. Die Eicheln sind lang gestielt.

SCHARLACH-EICHE
Quercus coccinea
F: Fagaceae
Die Blätter dieses nordamerikanischen Baums färben sich im Herbst tiefrot. Diese Eiche trägt lange gelbgrüne männliche Kätzchen. Die Fruchtbecher der Eicheln glänzen.

KERMES-EICHE
Quercus coccifera
F: Fagaceae
Dieser immergrüne Baum aus dem Mittelmeergebiet hat stechpalmenähnliche Blätter. Die männlichen Blüten sind gelbbraun.

LITHOCARPUS EDULIS
F: Fagaceae
Dieser japanische immergrüne Baum trägt aufrechte cremeweiße Kätzchen. Die weiblichen Blüten stehen an der Basis und die männlichen darüber. Die essbaren Eicheln reifen nach über zwei Jahren.

AMERIKANISCHE BUCHE
Fagus grandifolia
F: Fagaceae
Dieser breit ausladende Baum aus dem östlichen Nordamerika hat eine graubraune Borke und glänzende Blätter. Die Nussfrüchte sitzen in Paaren in Fruchtbechern.

EDEL-KASTANIE
Castanea sativa
F: Fagaceae
Der Baum aus Südosteuropa und Westasien wird seit 3000 Jahren seiner Nussfrüchte wegen kultiviert. In den Kätzchen sitzen oben die männlichen, unten die weiblichen Blüten.

MALPIGHIALES

Die Malpighiales sind eine der größten und vielfältigsten Ordnungen. Sie umfasst 36 hauptsächlich tropische Familien mit über 16 000 Arten. Sie sind sehr unterschiedlich im Wuchs, sodass die Verwandtschaft vor allem über die DNA zu bestimmen ist. Die Hälfte der Familien, von denen eine erst 2016 aufgestellt worden ist, umfasst weniger als 100 Arten. Aber auch die Familie Euphorbiaceae (Wolfsmilchgewächse) zählt mit 6300 Arten dazu.

MANNSBLUT
Hypericum androsaemum
F: Hypericaceae
Dieser kleine Strauch aus Westeuropa hat rötliche Stängel mit zwei Längskanten. Die aromatisch riechenden Blätter haben medizinischen Nutzen, die Beeren aber sind giftig.

GAUGAUHOLZ
Mesua ferrea
F: Calophyllaceae
Das Holz dieses asiatischen Baums ist schwer. Er trägt große Blüten mit vier weißen Kronblättern. Die jungen Blätter sind leuchtend rot.

GEWÖHNLICHES TÜPFEL-JOHANNISKRAUT
Hypericum perforatum
F: Hypericaceae
Diese eurasische Art ist an Böschungen, in Feldern und an Straßenrändern häufig. Sie hat runde Stängel mit zwei Längskanten. In den Blättern sind Öldrüsen zu erkennen.

»

LICHTNUSSBAUM
Aleurites moluccanus
F: Euphorbiaceae
Das Öl der Nüsse dieses tropischen Baums diente als Lampenöl. Er trägt kleine cremeweiße Blüten, die Blätter sind anfangs graugrün.

ECHTER MANIOK
Manihot esculenta
F: Euphorbiaceae
Die Wurzelknollen dieser aus Südamerika stammenden Pflanze werden zu Tapioka verarbeitet, einem stärkehaltigen Nahrungsmittel.

CHRISTUSDORN
Euphorbia milii
F: Euphorbiaceae
Diese halbsukkulente Kletterpflanze aus Madagaskar hat sehr stachelige Triebe. Vor allem die jungen Triebe tragen Blätter.

LEBENDER BASEBALL
Euphorbia obesa
F: Euphorbiaceae
Aus der Karoo, einer Halbwüstenlandschaft in Südafrika, stammt diese Art. Die kleinen Blüten entspringen »Augen« an der Oberseite.

RIZINUS
Ricinus communis
F: Euphorbiaceae
Rizinusöl wird aus den giftigen Samen dieser Art aus dem tropischen Afrika gewonnen. Die weiblichen Blüten stehen in aufrechten Blütenständen und haben rote Narben. Die unteren männlichen Blüten haben gelbe Staubblätter.

JATROPHA GOSSYPIIFOLIA
F: Euphorbiaceae
Diese in Teilen von Australien verbotene Pflanze stammt aus dem tropischen Amerika. Sie hat klebrige Blätter und Blüten mit violetten Hochblättern.

PALISANDEN-WOLFSMILCH
Euphorbia characias
F: Euphorbiaceae
Aus dem Mittelmeergebiet stammt diese Staude. Sie hat rötliche, behaarte Stängel, die an der Basis kahl und glatt sind. Die Frucht ist eine behaarte, beerenähnliche Kapsel.

KROTONÖLBAUM
Croton tiglium
F: Euphorbiaceae
Der Baum aus Südostasien wird in der chinesischen Heilkunde eingesetzt. Die Blätter riechen unangenehm. Die Samenkapseln enthalten drei giftige Samen.

AMAZONAS-PARAKAUTSCHUKBAUM
Hevea brasiliensis
F: Euphorbiaceae
Diese in Brasilien heimische Art ist bekannt, weil ihr Milchsaft (Latex) zu Gummi verarbeitet wird. Die Blätter sind aus drei Fiedern zusammengesetzt.

AUSDAUERNDES BINGELKRAUT
Mercurialis perennis
F: Euphorbiaceae
Diese niedrige zweihäusige Pflanze mit aufrechtem Stängel trägt kleine grüne Blüten an dünnen Stielen.

GARTEN-WOLFSMILCH
Euphorbia peplus
F: Euphorbiaceae
Die giftige einjährige Art stammt aus Europa, Nordafrika und Westasien. Die gelbgrünen weiblichen Blüten entwickeln sich zu Kapselfrüchten.

EUPHORBIA GUENTHERI
F: Euphorbiaceae
In Kenia ist diese immergrüne Sukkulente heimisch. Die weißen Hochblätter sind violett gezeichnet. Vor allem junge Triebe tragen dicke, sichelförmige Blätter.

AUSDAUERNDER LEIN
Linum perenne
F: Linaceae
Diese zarte Art mit blauen Blüten kommt von Mitteleuropa bis China vor. Die Blüten entstehen schubweise an den Sprossspitzen.

ECHTER KOKASTRAUCH
Erythroxylum coca
F: Erythroxylaceae
Die Blätter dieses Strauchs aus dem Nordwesten Südamerikas enthalten Kokain. Er hat eine graue Rinde und gelblich weiße Blüten in Büscheln.

BLAUE PASSIONSBLUME
Passiflora caerulea
F: Passifloraceae
Die Kletterpflanze aus Südamerika trägt duftende Blüten, die christliche Symbolik zum Ausdruck bringen. Die Blüten haben zehn sehr ähnliche Kron- und Kelchblätter, fünf Staubblätter sowie drei violette Narben.

10 m

BANISTERIOPSIS CAAPI
F: Malpighiaceae

Aus diesem Klettergehölz der Amazonas-Region brauen indigene Völker ein sakrales Getränk mit halluzinogener Wirkung. Die rosa Blüten entwickeln sich zu geflügelten Kapseln.

25 m

MANGROVEBAUM
Rhizophora mangle
F: Rhizophoraceae

Den Mangrovebaum findet man überall in den Tropen, vor allem in sumpfigen Salzmarschen. Er hat Stelzwurzeln, die Samen keimen bereits am Elternbaum.

60 cm

RAFFLESIA ARNOLDII
F: Rafflesiaceae

An Schlingpflanzen in Regenwäldern Südostasiens parasitiert die blattlose Rafflesie. Die faulig riechenden Blüten sind mit bis zu 1 m Durchmesser die größten der Erde.

12 m

SAL-WEIDE
Salix caprea
F: Salicaceae

In Europa und Asien ist die Sal-Weide heimisch. Der verzweigte Baum hat eiförmige, gezähnte, wechselständige Blätter. Die weiblichen Kätzchen bilden Kapseln mit haarigen Samen.

25 m

SILBER-WEIDE
Salix alba
F: Salicaceae

An Ufern in Europa und Asien gedeiht diese Weide. Die Bäume tragen entweder nur männliche oder nur weibliche Kätzchen. Die Rinde enthält Salicin, den Wirkstoff in Aspirin.

21 m

ORANGENKIRSCHE
Idesia polycarpa
F: Salicaceae

Dieser Gebirgsbaum aus Ostasien trägt kleine gelbgrüne duftende Blüten, die sich zu dunkelroten Beeren entwickeln.

KÖNIGS-GRENADILLE
Passiflora quadrangularis
F: Passifloraceae

Diese Passionsblume ist eine ausdauernde Art aus Südamerika. Sie bildet längliche Früchte an vierkantigen Stängeln.

25 m

ZITTER-PAPPEL
Populus tremula
F: Salicaceae

Die graue Borke dieses in Europa und Asien heimischen Baums weist rautenförmige Korkwarzen auf. Da die Blätter an abgeflachten Blattstielen sitzen, zittern sie im Wind.

30 m

SILBER-PAPPEL
Populus alba
F: Salicaceae

Der Laubbaum, der in Mitteleuropa und Zentralasien heimisch ist, toleriert Salzwasser. Er ist zweihäusig, dabei sind die meisten Bäume weiblich. Die Kätzchen bilden Kapseln mit flaumig behaarten Samen.

10 m

AZARA MICROPHYLLA
F: Salicaceae

Dieser immergrüne Baum aus Argentinien und Chile trägt kleine, nach Vanille duftende Blüten mit gelben Staubblättern. Die Nebenblätter an der Blattbasis sind halbrund.

30 cm

GEWÖHNLICHES WILDES STIEFMÜTTERCHEN
Viola tricolor
F: Violaceae

An grasbewachsenen Standorten auf neutralen und sauren Böden wächst diese Art aus Europa und Westasien. Sie findet in pflanzlichen Arzneimitteln Verwendung.

1,2 m

PIGEA FLORIBUNDUS
F: Violaceae

Der Strauch aus Australien akkumuliert Nickel. Er trägt kleine dunkelgrüne, eiförmige Blätter. Die Kronblätter der Blüten sind bläulich mit einem gelben Fleck.

OXALIDALES

Die Oxalidales umfassen etwa 2000 Arten in sieben Familien. Zu den Cephalotaceae gehört nur eine Art, das fleischfressende Drüsenköpfchen. Die Cunoniaceae sind Gehölze, die als Früchte verholzte Kapseln mit kleinen Samen ausbilden. Zu den Sauerkleegewächsen (Oxalidaceae), der größten der Familien, gehören 800 Arten in fünf Gattungen. Sie haben zusammengesetzte Blätter, die sich tagsüber öffnen und nachts zusammenfalten.

DRÜSENKÖPFCHEN
Cephalotus follicularis
F: Cephalotaceae
Diese fleischfressende Pflanze ist an den Küsten Südwestaustraliens heimisch. Sie hat basale ovale Blätter. In einer mit einer Flüssigkeit gefüllten Kanne fängt sie Insekten, aber sie gehört nicht zu den Schlauchpflanzen (siehe S. 194).

20 cm

4 m

CERATOPETALUM GUMMIFERUM
F: Cunoniaceae
An den Ostküsten Australiens wächst dieser Strauch. Er trägt im Frühjahr unauffällige weiße Blüten. Die rosa und roten Kelchblätter vergrößern sich und umschließen die Frucht.

RAUPEN-SAUERKLEE
Oxalis articulata
F: Oxalidaceae
Die südamerikanische Art mit verdicktem Rhizom bildet Polster aus Blättern und Blüten. Die Samenkapseln springen auf, um die Samen zu entlassen.

12 m

CALLICOMA SERRATIFOLIA
F: Cunoniaceae
An der australischen Ostküste wächst dieser Baum. Aus dem Holz bauten frühe Siedler einfache Bauten in Lehmfachwerk. Das junge Laub ist bronzefarben.

STERNFRUCHT
Averrhoa carambola
F: Oxalidaceae
Dieser Baum ist in Südostasien heimisch und wird vielerorts seiner essbaren Früchte wegen kultiviert. Er blüht viermal im Jahr.

ROSALES

Zu dieser Ordnung gehören neun Familien, darunter die Rosaceae (Rosengewächse), Cannabaceae (Hanfgewächse), Moraceae (Maulbeergewächse), Rhamnaceae (Kreuzdorngewächse), Ulmaceae (Ulmengewächse) und Urticaceae (Brennnesselgewächse). Viele Mitglieder der Rosales werden ihrer Früchte oder anderer Pflanzenteile wegen kultiviert. Die Blüten der meisten Arten haben fünf Kelchblätter und viele Staubblätter. Viele werden von Insekten bestäubt und tragen Dornen, Stacheln oder Haare.

SANDDORN
Hippophae rhamnoides
F: Elaeagnaceae
Die winzigen Blüten dieses Strauchs, der in Asien und Europa weit verbreitet ist, öffnen sich vor den Blättern. Die kleinen orangefarbenen Beeren sind reich an Vitamin C.

SCHMALBLÄTTRIGE ÖLWEIDE

Elaeagnus angustifolia

F: Elaeagnaceae

Dieser ausladende Baum aus Eurasien hat stachelige Triebe, die mit silbernen Schuppen bedeckt sind. Die eiförmigen rot-gelben Früchte sind essbar.

KULTUR-HANF

Cannabis sativa

F: Cannabaceae

Aus dieser einjährigen Art aus Zentral- und Westasien werden Haschisch und Marihuana gewonnen, aus den Fasern Seile und aus den Samen Öl.

GEWÖHNLICHER HOPFEN

Humulus lupulus

F: Cannabaceae

Die Kletterpflanze stammt aus Nordeuropa und Nordasien und ist heute weit verbreitet. Die weiblichen Blütenstände dienen dazu, dem Bier Aroma zu verleihen und es haltbar zu machen.

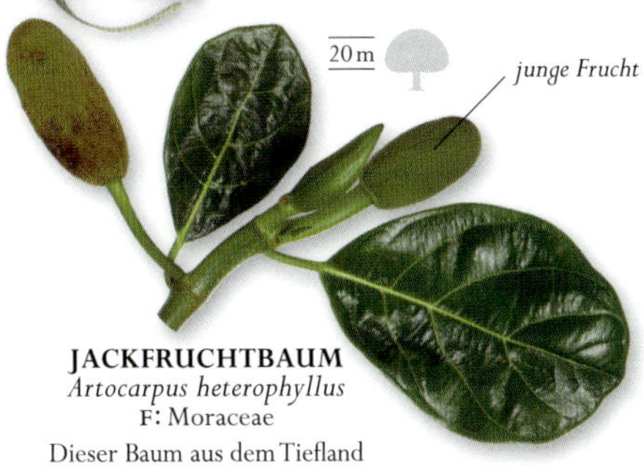

JACKFRUCHTBAUM

Artocarpus heterophyllus

F: Moraceae

Dieser Baum aus dem Tiefland Südostasiens trägt die größten Baumfrüchte: Sie wiegen bis zu 50 kg und sind reif 90 cm lang.

SCHWARZER MAULBEERBAUM

Morus nigra

F: Moraceae

Seiner schmackhaften Früchte wegen wird dieser ausladende Baum in vielen Regionen kultiviert. Er stammt aus dem Nahen Osten und hat eine rissige orangefarbene Borke.

ECHTE FEIGE

Ficus carica

F: Moraceae

In Asien und im Mittelmeerraum ist die Echte Feige heimisch. Feigen haben urnenförmig umgebildete Blütenstandsachsen, auf denen viele Blüten sitzen, die von einer einzigen Wespenart bestäubt werden.

BOBAUM

Ficus religiosa

F: Moraceae

Unter diesem Baum hatte Buddha der Legende nach seine Erleuchtung. Er stammt aus Südostasien. Die Blüten entwickeln sich in violetten, gefleckten Feigen.

PAPIERMAULBEERBAUM

Broussonetia papyrifera

F: Moraceae

Aus der inneren Rinde dieses Baums aus Japan und Südostchina stellt man ein feines Papier her. Er bildet große Mengen an durch den Wind verbreitetem Pollen.

OSAGEDORN

Maclura pomifera

F: Moraceae

Dieser Baum aus dem Südosten der USA wird in Hecken gepflanzt. Wurzeln und Holz waren einst bei indigenen Völkern geschätzt.

CHINESISCHE DATTEL

Ziziphus jujuba

F: Rhamnaceae

In China und Korea wird der dornige Baum oder Strauch häufig kultiviert. Die unreifen ovalen grünen Steinfrüchte schmecken wie Äpfel.

ECHTER KREUZDORN

Rhamnus cathartica

F: Rhamnaceae

Der stark wachsende Strauch oder Baum hat Dornen, kleine gelbe Blüten und schwarze Beeren. Er ist in Europa, Asien und Nordwestafrika heimisch.

AMERIKANISCHE SÄCKELBLUME

Ceanothus americanus

F: Rhamnaceae

Dieser Busch aus dem Osten Nordamerikas trägt violette, dreikantige Samenkapseln. Aus den roten Wurzeln und den behaarten Blättern wird Tee bereitet.

»

KAHLE GLANZMISPEL
Photinia serratifolia
F: Rosaceae
Diese Art aus chinesischen Wäldern wird oft als Ziergehölz gepflanzt. Aus dem dichten Holz werden Möbel gefertigt.

GÄNSE-FINGERKRAUT
Potentilla anserina
F: Rosaceae
Die seidig behaarte, kriechende Art wächst auf Wiesen, Brachen und an Wegrändern in Europa, Asien und Nordamerika und ist überall sonst eingeführt worden.

KUPFER-FELSENBIRNE
Amelanchier lamarckii
F: Rosaceae
Aus den duftigen sternförmigen Blüten, die im Frühjahr erscheinen, entwickeln sich im Sommer schwarzrote Beeren.

VOGEL-KIRSCHE
Prunus avium
F: Rosaceae
Die Stammart der domestizierten Süßkirschen-Sorten wächst in Wäldern und Hecken in Europa, Asien und Nordafrika. In Nordamerika ist sie verwildert.

PRÄRIE-APFEL
Malus ioensis
F: Rosaceae
Diese Art ist eine von mehreren Zieräpfeln, die in Nordamerika heimisch sind. Sie wird ihrer herb schmeckenden Früchte wegen kultiviert.

WALD-ERDBEERE
Fragaria vesca
F: Rosaceae
Die Wald-Erdbeere findet man in Wäldern in Europa und Nordamerika. Die kleinen essbaren Scheinfrüchte sind die verdickten Blütenstandsachsen.

GEWÖHNLICHE PFLAUME
Prunus domestica
F: Rosaceae
Diese Bäume sind Hybriden aus der Kirschpflaume und der Schlehe. Sie tragen aber keine Dornen wie die Schlehe.

KARTOFFEL-ROSE
Rosa rugosa
F: Rosaceae
Diese Rose aus Ostasien, die Salz im Boden und Gischt erträgt, wird oft in Hecken gepflanzt. Sie hat stachelige Triebe und rosa, knittrige Blütenblätter.

HUNDS-ROSE
Rosa canina
F: Rosaceae
Diese Rose mit übergeneigten, stacheligen Trieben sieht man in Hecken Europas, Asiens und Nordafrikas häufig. Die Art ist auch in Nordamerika verwildert.

WEIN-ROSE
Rosa rubiginosa
F: Rosaceae
Dies ist eine der am schönsten gefärbten wilden Rosen. Sie belebt die Hecken in ganz Europa, Asien und Afrika. Drüsen in den Blättern geben beim Zerdrücken einen Apfelduft ab.

ESSIG-ROSE
Rosa gallica var. *officinalis*
F: Rosaceae
Diese Gartenpflanze ist die europäische Stammart vieler Floribunda-Rosen und Teerosen-Hybriden. Sie hat einen langen Stammbaum. Rosenöl wird aus den Blüten gewonnen.

WEISSE SILBERWURZ
Dryas octopetala
F: Rosaceae
Die Blüten dieser in der Arktis und in Gebirgen vorkommenden Art wenden sich der Sonne zu, damit die erwärmte Mitte bestäubende Insekten anlockt.

FÄCHER-ZWERGMISPEL
Cotoneaster horizontalis
F: Rosaceae
Der kriechende chinesische Strauch wird häufig seiner Blüten und Früchte wegen in Gärten angepflanzt und verwildert gelegentlich.

GELBFRÜCHTIGER FEUERDORN
Pyracantha rogersiana
F: Rosaceae
Aus dem Osten Chinas stammt dieser dornige Strauch. Feuerdorne werden oft ihrer attraktiven, aber ungenießbaren orangefarbenen Beeren wegen angepflanzt.

ECHTE BROMBEERE
Rubus fruticosus
F: Rosaceae
Diese Brombeere, die man als Rankpflanze häufig in europäischen Hecken sieht, trägt essbare Früchte. Die Brombeeren bilden eine Sektion innerhalb der Gattung *Rubus*.

ELSBEERE
Sorbus torminalis
F: Rosaceae
Der seltene Baum wächst in alten Wäldern in Europa, Kleinasien und Nordafrika. Aus den Früchten brauten Römer das Getränk Cerevisia.

AMERIKANISCHE EBERESCHE
Sorbus americana
F: Rosaceae
Im östlichen Nordamerika ist dieser Baum heimisch. Die orangefarbenen Beeren hängen bis in den Winter am Baum und locken Drosseln und Häher an.

ECHTE MISPEL
Mespilus germanica
F: Rosaceae
Die Echte Mispel, die aus Mittel- und Südeuropa stammt, trägt harte gelbbraune Früchte. Im Herbst werden sie weich und sind dann essbar.

WEIDEN-BIRNE
Pyrus salicifolia
F: Rosaceae
Dieser Baum aus dem Nahen Osten wird seines silbrigen Laubs wegen kultiviert. Die Früchte sind ungenießbar. Der Artbestand ist in der Türkei gefährdet.

KLEINER WIESENKNOPF
Sanguisorba minor
F: Rosaceae
Die Blätter dieser Art, die in Wiesen von Europa bis in den Iran vorkommt, sind essbar. In Nordamerika wurde die Art eingeführt.

BACH-NELKENWURZ
Geum rivale
F: Rosaceae
An feuchten Stellen in Europa, Kleinasien und Nordamerika kommt diese Art vor. Die Früchte haften mit Häkchen im Fell von Tieren und werden so verbreitet.

GEWÖHNLICHER FRAUENMANTEL
Alchemilla vulgaris
F: Rosaceae
Der Name dieser Sammelart bezeichnet mehrere nahe verwandte Arten aus Europa, Asien und dem östlichen Nordamerika.

GEWÖHNLICHER EINGRIFFELIGER WEISSDORN
Crataegus monogyna
F: Rosaceae
Der kleine, dicht verzweigte Baum, der in Wäldern und Hecken von Europa und Nordafrika bis Afghanistan wächst, trägt im Frühjahr unzählige weiße Blüten, die sich zu roten Früchten entwickeln. Er wird auch in Gärten kultiviert.

»

WEIN-ROSE

Rosa rubiginosa

Die Wein- oder auch Apfel-Rose ist eine der schönsten Arten der Wildrosen, die von Europa bis Asien und Afrika vorkommen. Die fünf Kronblätter aller Arten sind meist weiß oder hellrosa gefärbt. Für Nichtbotaniker sehen sie ähnlich aus, sodass sie als Hunds- oder Hecken-Rosen zusammengefasst werden. Sie sind weniger auffällig und duften auch nicht so intensiv wie die Kulturrosen, doch werden sie mit ihrem dezenteren Aussehen und subtileren Geruch von vielen Menschen höher geschätzt. Viele Wildrosen bilden stachlige, verschlungene Sträucher. Die Wein-Rose hat dunkelrosafarbene Blüten, und ihre Blätter geben beim Zerdrücken einen Apfelduft ab. Sie ist in Amerika und Australien eingeführt worden, wo sie eine invasive Art geworden ist.

GRÖSSE Bis zu 2 m hohe Sträucher
LEBENSRAUM Buschland, Hecken, Parks und Straßenränder
VERBREITUNG Europa bis Asien, in anderen Erdteilen eingeführt

∨ UNREIFE HAGEBUTTEN
Der Blütenboden verdickt sich und bildet eine Sammelnussfrucht. Eigentlich ist sie eine Scheinfrucht, da sie nicht aus dem Fruchtblatt entsteht. Die enthaltenen Nüsschen sind die eigentlichen Früchte.

∨ KNOSPE
Die Kelchblätter umgeben und schützen die sich entwickelnden Kron-, Staub- und Fruchtblätter. Die Drüsenhaare mögen Schädlinge abwehren.

∨ BLATT-UNTERSEITE
Die Blattunterseite ist dicht behaart und trägt bräunliche, gestielte Drüsen. Sie geben süß duftende Terpene ab, die Weidetiere abschrecken mögen.

STAUB-BLÄTTER >
Zahlreiche Staubblätter stehen in Quirlen im Zentrum der Blüte. Sie haben helle Stängel und leuchtend gelbe Staubbeutel, die große Pollenmengen enthalten.

STACHEL >
Stachel mit Haken und kräftige Haare schrecken größere Tiere davon ab, die Pflanze zu fressen.

< REIFE HAGEBUTTEN
Vor der Reife verlieren die Hagebutten die Reste der Kelchblätter. Rote Hagebutten sind reich an Vitamin C. Sie werden von Drosseln und Tauben gefressen, die die Samen mit dem Kot verbreiten.

∧ SEITENANSICHT
Unter den Kronblättern befinden sich fünf Kelchblätter. Nach der Bestäubung durch Bienen oder Schmetterlinge bildet sich aus dem Blütenboden eine Hagebutte.

∧ DER DUFT DES ERFOLGS
Der Geruch kann bei Pflanzen Bestäuber anlocken oder Fressfeinde abschrecken. Wir mögen den Geruch der Rosenblätter genießen, doch in alten Büchern lesen wir, dass er »in der Kehle kratzt« oder »die Brust reinigt«. Die nach Äpfeln riechenden Terpene in den Blättern mögen also für Weidetiere unangenehm sein.

» ROSALES

AMERIKANISCHER ZÜRGELBAUM
Celtis occidentalis
F: Cannabaceae
Diese nordamerikanische Art trägt ulmenähnliche Blätter und rote Früchte, die viele Vögel und Säugetiere anlocken.

FELD-ULME
Ulmus minor
F: Ulmaceae
Dieser Baum prägte früher europäische Landschaften. Heute ist er wegen des Ulmensterbens selten geworden.

JAPANISCHE ZELKOVE
Zelkova serrata
F: Ulmaceae
In den USA ersetzt man manchmal Ulmen, die am Ulmensterben zugrunde gegangen sind, mit diesem asiatischen Baum. In Japan zieht man ihn als Bonsai.

EINGEHÜLLTE KANONIERBLUME
Pilea involucrata
F: Urticaceae
Mehrere *Pilea*-Arten sind Zimmerpflanzen, darunter diese Art aus Mittel- und Südamerika.

GROSSE BRENNNESSEL
Urtica dioica
F: Urticaceae
Mit ihren Brennhaaren schützt sich die Brennnessel vor Pflanzenfressern. Sie wächst in Europa, Asien, Nordafrika und Nordamerika v. a. als Ruderalpflanze.

BRASSICALES

Die Ordnung Brassicales umfasst 17 Familien. Viele Arten haben Blätter, die bittere oder duftende Öle in den Stängeln oder Wurzeln enthalten, die vor Fraß schützen sollen. Für uns sind viele der Pflanzen deshalb aber wohlschmeckend, andere werden in der Parfümherstellung verwendet. Die Brassicaceae (Kreuzblütler) sind mit 3300 Arten die größte Gruppe.

WILD-KOHL
Brassica oleracea
F: Brassicaceae
Seit Jahrhunderten kultivieren Menschen diese westeuropäische Art. Blumenkohl, Brokkoli und Rosenkohl sind kultivierte Varietäten.

PAPAYA
Carica papaya
F: Caricaceae
Dieser Obstbaum aus Mittel- und Südamerika trägt gelbe Blüten. Die weiblichen entwickeln sich zu großen Früchten mit orangefarbenem Fruchtfleisch.

MEERRETTICHBAUM
Moringa oleifera
F: Moringaceae
Aus dem tropischen Asien stammt dieser Baum mit korkiger grauer Rinde und farnähnlichen Blättern. Die zermahlenen Wurzeln ergeben ein Gewürz.

ECHTE KAPUZINERKRESSE
Tropaeolum majus
F: Tropaeolaceae
Die einjährige Pflanze aus Mittel- und Südamerika ist eine beliebte Gartenpflanze. Blüten und Blätter sind essbar.

KAPERNSTRAUCH
Capparis spinosa
F: Capparaceae
Dieser stachelige Strauch ist in der Mittelmeerregion heimisch. Die Blütenknospen (Kapern) werden in Salzlake eingelegt.

GARTEN-RESEDE
Reseda odorata
F: Resedaceae
Die Garten-Resede, die aus Nordafrika stammt, sieht man oft in Gärten in Südeuropa. Das Öl aus den duftenden Blüten wird Parfüms zugesetzt.

GOLDLACK
Erysimum × cheiri
F: Brassicaceae
Wahrscheinlich ist diese Hybride zuerst in Griechenland entstanden. In Europa wird sie seit dem Mittelalter kultiviert.

ZWIEBEL-ZAHNWURZ
Cardamine bulbifera
F: Brassicaceae

Diese Pflanze aus mitteleuropäischen Buchenwäldern kommt von den Britischen Inseln bis zum Kaukasus und nach Kleinasien vor.

GRIECHISCHES BLAUKISSEN
Aubrieta deltoidea
F: Brassicaceae

Aus der Region um das Ägäische Meer stammt diese Art, die in wärmeren Teilen Europas an Mauern gedeiht.

EINJÄHRIGES SILBERBLATT
Lunaria annua
F: Brassicaceae

Oft sieht man diese Art, die aus Südosteuropa stammt, in Gärten. Die Trennwände der Schötchen eignen sich für Trockensträuße.

GEWÖHNLICHER MEERRETTICH
Armoracia rusticana
F: Brassicaceae

Der scharfe Geschmack der Meerrettichwurzel hat sich entwickelt, um Tiere vom Fressen dieser kaukasischen Pflanze abzuhalten.

GEWÖHNLICHES BARBARAKRAUT
Barbarea vulgaris
F: Brassicaceae

Früher kultivierte man die Art als Wintersalat und führte sie aus diesem Grund in Nordamerika, Australien und Neuseeland ein.

STRAND-SILBERKRAUT
Lobularia maritima
F: Brassicaceae

Die Einjährige aus der Mittelmeerregion wird ihrer süß duftenden Blüten wegen vielerorts kultiviert. Die alten Griechen glaubten, sie könne Geisteskrankheit heilen.

GEWÖHNLICHES HIRTENTÄSCHEL
Capsella bursa-pastoris
F: Brassicaceae

Nach ihren Schötchen, die an Täschchen erinnern, ist diese Art benannt. Von Eurasien aus hat sie sich auf der ganzen Erde verbreitet.

KÜSTEN-MEERKOHL
Crambe maritima
F: Brassicaceae

Diese kohlähnliche ausdauernde Art wächst in Eurasien an Kiesstränden und Klippen am Meer. Sie breitet sich mit ihren runden Früchten aus, die tagelang im Meer treiben.

ACKER-HEDERICH
Raphanus raphanistrum
F: Brassicaceae

Diese eurasische Art, die in Nordamerika eingeführt wurde, könnte der Vorfahr der Radieschen sein. Ihre Wurzel ist jedoch nicht rundlich.

ECHTE BRUNNENKRESSE
Nasturtium officinale
F: Brassicaceae

An Gewässern wächst diese eurasische Art, die als Salatpflanze kultiviert wird. Die jungen Triebe und Blätter schmecken scharf und sind reich an Vitamin C.

GARTEN-LEVKOJE
Matthiola incana
F: Brassicaceae

Diese Art ist an Küsten in Südwesteuropa heimisch und wird vielerorts kultiviert. Es gibt viele Gartensorten.

MALVALES

Zu den zehn Familien der Ordnung Malvales gehören viele Bäume und Sträucher, von denen die meisten in tropischen und warm gemäßigten Zonen vorkommen. Aber auch in kühleren Gegenden sind einige Arten vertreten. Die Zistrosengewächse (Cistaceae), die vor allem auf der Nordhalbkugel vorkommen, und die weiter verbreiteten Malvengewächse (Malvaceae) sowie die tropischen Dipterocarpaceae sind die wichtigsten Familien.

ANNATTOSTRAUCH
Bixa orellana
F: Bixaceae
Die Lebensmittelfarbe Annatto stammt von den Früchten dieser aus dem tropischen Amerika stammenden Art.

GEWÖHNLICHES SONNENRÖSCHEN
Helianthemum nummularium
F: Cistaceae
Der niedrige Strauch, der auf sonnigen Böschungen in weiten Teilen Europas vorkommt, bevorzugt lehmige Böden.

CISTUS INCANUS
F: Cistaceae
Diesem im Mittelmeergebiet verbreiteten Strauch gab man mehrere wissenschaftliche Namen, denn die Größe und Behaarung der Blätter variiert.

KALIFORNISCHER FLANELLSTRAUCH
Fremontodendron californicum
F: Malvaceae
Im Frühsommer trägt der weit ausgreifende Strauch viele auffällige Blüten. Er kommt in den Granitbergen in Kalifornien vor.

CHINESISCHER ROSENEIBISCH
Hibiscus rosa-sinensis
F: Malvaceae
Diese trotz ihres Namens möglicherweise aus Indien stammende Art ist eine von mehreren *Hibiscus*-Arten, die ihrer auffälligen Blüten wegen kultiviert werden.

GEWÖHNLICHER SEIDELBAST
Daphne mezereum
F: Thymelaeaceae
Feuchte Wälder und schattige Schluchten sind die typischen Standorte dieses europäischen Strauchs.

ECHTER KAKAOBAUM
Theobroma cacao
F: Malvaceae
Aus den Regenwäldern Brasiliens stammt der Kakaobaum, der in den Tropen vielerorts kultiviert wird. Kakao gewinnt man aus den Samen (Kakaobohnen) in den Früchten.

MOSCHUS-MALVE
Malva moschata
F: Malvaceae
Die Art, die in Nordafrika und Südeuropa heimisch ist, ist weiter nördlich eine Gartenpflanze. Sie wächst in Stauden- und Unkrautfluren.

BITTERE KOLANUSS
Cola nitida
F: Malvaceae
Die koffeinreichen Samen (Kolanüsse) aus den Kapseln dieses westafrikanischen Baums wirken anregend, wenn man sie kaut.

AFFENBROTBAUM
Adansonia digitata
F: Malvaceae
Dieser afrikanische Baum sieht fast so aus, als hätte man ihn mit den Wurzeln nach oben eingepflanzt. Er kann 1500 Jahre alt werden.

KRIECHENDE SAMTPAPPEL
Abutilon megapotamicum
F: Malvaceae
Dieser Strauch stammt aus den trockenen Bergtälern Brasiliens. Er ist in warmen, sonnigen Gegenden auch als bunter Zierstrauch beliebt.

DURIANBAUM
Durio zibethinus
F: Malvaceae
Die Früchte dieses Baums aus den Regenwäldern Asiens riechen wie ungewaschene Socken. Der »Duft« lockt Tiere an, die die Früchte fressen und die Samen verbreiten.

AMERIKANISCHE LINDE
Tilia americana
F: Malvaceae
Dieser mittelgroße bis große Laubbaum trägt im östlichen Nordamerika zur prächtigen Herbstfärbung bei. Er wächst oft mit Zucker-Ahorn vergesellschaftet.

BLASSE STOCKROSE
Alcea pallida
F: Malvaceae
Die hohe immergrüne ausdauernde Art, eine nahe Verwandte der Garten-Stockrose, stammt aus der östlichen Mittelmeerregion. Sie wächst an steinigen Standorten und im Buschland.

WEISSER KAPOKBAUM
Ceiba pentandra
F: Malvaceae
Kapokbäume wachsen in Westafrika, Mittel- und Südamerika. Mit den Haaren aus ihren Kapselfrüchten stopft man zum Beispiel Kuscheltiere aus.

AMERIKANISCHE BAUMWOLLE
Gossypium hirsutum
F: Malvaceae
Der mittelamerikanische Strauch ist die am häufigsten kultivierte Baumwolle. Die Samenhaare schützen die Samen in der Kapselfrucht.

SAPINDALES

Die Sapindales sind eine große Ordnung mit neun Familien, der Bäume, Sträucher und holzige Kletterpflanzen angehören, darunter viele wichtige Arten und wirtschaftlich bedeutende Pflanzen wie die Zitrusfrüchte. Über die Hälfte der Mitglieder gehören zu zwei Familien: den Seifenbaumgewächsen (Sapindaceae) mit etwa 1900 Arten und den Rautengewächsen (Rutaceae) mit 1700 Arten, die vor allem in Australien und Südafrika heimisch sind.

ESSIGBAUM
Rhus typhina
F: Anacardiaceae
Der Strauch oder kleine Baum wächst an Waldrändern und in Brachland im östlichen Nordamerika. Er trägt rote Beeren in Büscheln.

CASHEWNUSS
Anacardium occidentale
F: Anacardiaceae
Dieser Baum aus Südamerika wurde um 1500 seiner Samen (»Nüsse«) wegen in Asien und Afrika eingeführt.

EUROPÄISCHER PERÜCKENSTRAUCH
Cotinus coggygria
F: Anacardiaceae
Fein verzweigte, duftige Blütenstände zieren den Strauch. Er kommt in Südeuropa und Asien vor.

ECHTE MANGO
Mangifera indica
F: Anacardiaceae
Die Früchte dieser Art, die aus Asien stammt, wird überall in den Tropen angebaut. Sie sind reich an Vitamin A.

»

LÄUSEHOLZ
Carapa guianensis
F: Meliaceae

Das dunkle Holz dieses tropischen Baums aus Südamerika kommt öfter als Mahagoniholz in den Handel. Aus den Samen stellt man Seife her.

GEWÖHNLICHER BURMA-NIMBAUM
Azadirachta indica
F: Meliaceae

Dieser Baum aus den Tropen der Alten Welt liefert Nutzholz, medizinisch wirksames Öl und essbare Triebe. In Indien stellt man Insektizide aus Öl und Blättern her.

CHINESISCHER SURENBAUM
Toona sinensis
F: Meliaceae

In China isst man die Blätter dieses Baums aus Ostasien als Gemüse. Aus dem harten rötlichen Holz stellt man Möbel her.

DUFTENDE KORALLENRAUTE
Boronia megastigma
F: Rutaceae

Der aufrechte Strauch von nassen, sandigen Standorten Westaustraliens hat glockenförmige Blüten, die außen bräunlich und innen goldgrün sind.

RUTA CHALEPENSIS
F: Rutaceae

Die in Südeuropa und Südwestasien auf steinigen Flächen wachsende Art ist vermutlich die in der Bibel erwähnte Raute.

PHILOTECA SPICATA
F: Rutaceae

Dieser niedrige Strauch, der an sandigen und kiesigen Standorten in Südwestaustralien verbreitet ist, hat schmale Blätter und rosa, weiße oder violette Blüten.

BORONIA SERRULATA
F: Rutaceae

Zu einer australischen Gattung gehört dieser kleine Strauch. Er wächst in Heidegebieten an der Küste in der Nähe von Sydney.

MEXIKANISCHE ORANGENBLUME
Choisya ternata
F: Rutaceae

Aus Mexiko stammt diese hübsche Kübelpflanze. Der immergrüne Strauch trägt Büschel süß duftender, weißer Blüten.

DREIBLÄTTRIGER LEDERSTRAUCH
Ptelea trifoliata
F: Rutaceae

Der kleine Baum aus dem östlichen Nordamerika wird als Zierbaum gepflanzt. Die Früchte wurden früher als Hopfenersatz beim Brauen benutzt.

LACHS-CORREA
Correa pulchella
F: Rutaceae

Die südaustralische Art besitzt zarte, hängende, röhrenförmige Blüten. Daher wird sie als Kübelpflanze kultiviert.

ZANTHOXYLUM AMERICANUM
F: Rutaceae

Dieser stachelige nordamerikanische Baum kommt nördlich bis ins kanadische Quebec vor. Indigene Völker kauten die Rinde, um Zahnschmerzen zu lindern.

JAPANISCHE SKIMMIE
Skimmia japonica
F: Rutaceae

Der immergrüne Strauch aus Ostasien wird häufig in Gärten und im öffentlichen Grün gepflanzt. Im Spätsommer trägt er rote Beeren.

BITTERORANGE
Citrus trifoliata
F: Rutaceae

Die kleinen, ungenießbaren gelben Früchte dieses Strauchs ähneln Orangen mit einer behaarten Schale.

ZITRONE
Citrus × limon
F: Rutaceae

Der möglicherweise von einer Hybride in Assam oder China abstammende Baum wird heute wegen seiner Früchte angebaut.

POMERANZE
Citrus × aurantium
F: Rutaceae

Anders als die süße Orange (*C. × sinensis*), die man roh essen kann, eignen sich die bitteren Früchte dieser Art nur zum Einkochen. Beide Arten stammen aus dem tropischen Asien.

GEWÖHNLICHER ZUCKER-AHORN
Acer saccharum
F: Sapindaceae

Dieser Baum ist im Nordosten der USA und im Südosten Kanadas heimisch. Ahornsirup ist der eingekochte Baumsaft, den man im Frühjahr abzapft.

FÄCHER-AHORN
Acer palmatum
F: Sapindaceae

Im Lauf von Jahrhunderten wurden viele Kultursorten dieses japanischen Baums ausgelesen. Sie weisen verschiedene Blattformen und leuchtende Herbstfarben auf.

BERG-AHORN
Acer pseudoplatanus
F: Sapindaceae

Der Berg-Ahorn stammt aus europäischen und asiatischen Bergwäldern. Die geflügelten Samen werden mit dem Wind verbreitet.

RISPIGER BLASENBAUM
Koelreuteria paniculata
F: Sapindaceae

Dieser auffällige Baum aus Ostasien wird in gemäßigten Regionen gern gepflanzt. Er hat hängende Stände gelber Blüten und Schoten mit einer blasig aufgetriebenen Hülle.

LITSCHI
Litchi chinensis
F: Sapindaceae

Dieser Baum, der wahrscheinlich aus Südchina stammt, wird seiner Früchte wegen kultiviert. Das süße Fleisch ist in einer zähen Schale eingeschlossen.

GEWÖHNLICHE ROSSKASTANIE
Aesculus hippocastanum
F: Sapindaceae

Aus Südosteuropa stammt dieser Park- und Straßenbaum. Die ungenießbaren Früchte ähneln Esskastanien.

GELBHORN
Xanthoceras sorbifolium
F: Sapindaceae

Diesen kleinen Baum findet man in China. Der wissenschaftliche Name bezieht sich auf die Blätter, die denen der Eberesche (*Sorbus*) ähneln.

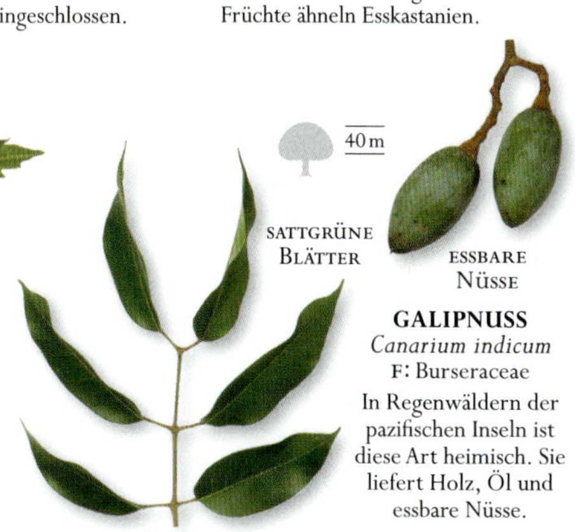

GALIPNUSS
Canarium indicum
F: Burseraceae

In Regenwäldern der pazifischen Inseln ist diese Art heimisch. Sie liefert Holz, Öl und essbare Nüsse.

AILANTHUS ALTISSIMA
F: Simaroubaceae

Dieser leicht ranzig riechende chinesische Baum wird häufig an Straßen gepflanzt, denn er erträgt Luftverschmutzung und toleriert die meisten Böden.

BITTERHOLZ
Quassia amara
F: Simaroubaceae

Gekochte Extrakte aus der Rinde und den Blättern dieses Baums werden im tropischen Amerika Malariakranken verabreicht.

BOSWELLIA SACRA
F: Burseraceae

Der Milchsaft, der aus angeritzten Stämmen dieses arabischen Baums austritt, verfestigt sich zu einem gummiartigen Harz, dem Weihrauch.

CARYOPHYLLALES

Zur Ordnung Caryophyllales gehören 38 Familien mit Bäumen, Sträuchern, Kletterpflanzen, Sukkulenten und krautigen Pflanzen. Die Nelken wie auch die Kakteen befinden sich darunter. Viele haben verschiedene Anpassungen an schwierige Bedingungen entwickelt, etwa fleischige Blätter, um Wasser zu speichern. Es gibt aber auch fleischfressende Arten, die Insekten fangen und verdauen, um Nährstoffe zu erhalten.

CONOPHYTUM MINUTUM
F: Aizoaceae
Die winzige, mehrjährige Sukkulente mit ihren fleischigen, kieselsteinähnlichen Blättern wächst in Halbwüsten in Südafrika.

FAUCARIA TUBERCULOSA
F: Aizoaceae
Die Blätter der in Halbwüsten Südafrikas heimischen Art ähneln einem aufgesperrten Maul. Daher lautet der deutsche Name der Gattung »Tigerschlund«.

DISPHYMA CRASSIFOLIUM
F: Aizoaceae
Diese kriechende Art hat fleischige Blätter und gänseblümchenartige Blüten. Sie kommt in Südafrika, Australien und Neuseeland auf salzhaltigen Böden vor.

HOTTENTOTTENFEIGE
Carpobrotus edulis
F: Aizoaceae
Die fleischige südafrikanische Art mit auffallenden Blüten und essbaren feigenähnlichen Früchten wächst an trockenen Standorten und kann stark wuchern.

SCHWANTESIA RUEDEBUSCHII
F: Aizoaceae
Diese Sukkulente mit ungleichen Paaren fleischiger, gekielter Blätter wächst in Namibia und Südafrika an Berghängen.

LAMPRANTHUS AURANTIACUS
F: Aizoaceae
Diese Sukkulente wächst auf Sandflächen entlang der südafrikanischen Westküste. Ihre gänseblümchenähnlichen Blüten erreichen einen Durchmesser von 5 cm.

TITANOPSIS CALCAREA
F: Aizoaceae
Die krustenartig aussehenden Blätter tarnen diese Sukkulente zwischen dem Kalkgestein der Wüste. Sie blüht im Spätsommer und Herbst.

LEBENDER STEIN
Lithops aucampiae
F: Aizoaceae
Dieser kleine Lebende Stein, der zwischen Kieseln in Halbwüstengebieten Südafrikas wächst, hat fleischige Blätter.

EISKRAUT
Mesembryanthemum crystallinum
F: Aizoaceae
Die ganze Pflanze ist mit kleinen glitzernden Verdickungen bedeckt. Die Mittagsblume kommt auf salzhaltigen Böden in Teilen Afrikas, Europas und Westasiens vor.

FRITHIA PULCHRA
F: Aizoaceae
Diese winzige Sukkulente besiedelt südafrikanische Bergwiesen. Bei Dürre schrumpft sie zusammen und verschwindet im Boden, um sich vor Austrocknung zu schützen.

GIBBAEUM VELUTINUM
F: Aizoaceae
Paarige, ungleich große, fleischige Blätter, die an der Basis verwachsen sind, kennzeichnen diese Art, die in Halbwüsten in Südafrika dichte Bestände bildet.

2,5 m

GARTEN-FUCHSSCHWANZ
Amaranthus caudatus
F: Amaranthaceae

Diese einjährige Pflanze, die vermutlich aus Südamerika stammt, wird schon lange wegen ihrer essbaren Blätter und Samen angebaut.

2 m

AERVA LANATA
F: Amaranthaceae

Die mehrjährige Art trägt kätzchenähnliche Blütenstände. Man findet sie in tropischen Regionen Asiens und Afrikas auf offenem Ödland.

1,8 m

ACHYRANTHES BIDENTATA
F: Amaranthaceae

Diese Art stammt von Waldrändern, Bachufern und anderen feuchten, schattigen Standorten in China, Japan, Indien und Nepal.

STRAND-SODE
Suaeda maritima
F: Amaranthaceae

In Salzmarschen in Europa und im Binnenland in Teilen Asiens und Nordamerikas kommt die Strand-Sode vor. Die grünen Blätter verfärben sich rot.

30 cm

1,5 m

BETE
Beta vulgaris
F: Amaranthaceae

Die Stammform von Roter Bete, Zuckerrübe und Mangold kommt in Teilen Europas, Nordafrikas und Asiens an Küsten und auf blanken Flächen entlang der Küste vor.

1 m

PORTULAK-SALZMELDE
Atriplex portulacoides
F: Amaranthaceae

In Salzwiesen findet man die Portulak-Salzmelde. Die silbrige Art ist in Südeuropa und dem Mittelmeerraum verbreitet.

30 cm

KURZÄHREN-QUELLER
Salicornia europaea
F: Amaranthaceae

Diese Salzpflanze wächst in Westeuropa in nassem Schlick am Meer. Die sukkulenten Sprosse werden als Gemüse zubereitet.

1,2 m

GARTEN-MELDE
Atriplex hortensis
F: Amaranthaceae

Die spinatähnliche Art wird schon lange wegen ihrer essbaren Blätter kultiviert. Sie stammt vermutlich aus den Küstengebieten Südwestasiens.

DYSPHANIA AMBROSIOIDES
F: Amaranthaceae

Die aromatisch riechende Art, die man im tropischen Amerika auf Kultur- und Brachland findet, verwendet man als Gewürz und in Teemischungen.

1 m

2 m

SILBER-BRANDSCHOPF
Celosia argentea
F: Amaranthaceae

Diese Art kommt im tropischen Afrika an trockenen Hängen und auf steinigem Grund vor. Sie ist als Gartenpflanze weit verbreitet.

»

PARODIA HASELBERGII
F: Cactaceae
Dieser Kaktus hat einen kugeligen Spross und trichterförmige Blüten. Er wächst in Bergregionen in Brasilien.

ERIOSYCE SUBGIBBOSA
F: Cactaceae
Die kugelige Art findet man in ihrem Heimatland Chile an trockenen, steinigen Standorten, oft an der Küste.

REBUTIA HELIOSA
F: Cactaceae
Diese Art mit leuchtend gefärbten Blüten ist in Bolivien heimisch. Sie wächst an halbschattigen Standorten im Gebirge.

ESPOSTOA LANATA
F: Cactaceae
Aus dem Hügelland von Peru und Südecuador stammt diese säulenförmige, langsam wachsende Art. Sie ist an ihren langen, weißen Haaren zu erkennen.

ECHINOCACTUS SPEC.
F: Cactaceae
Die fassförmigeZ Kakteen dieser Gattung wachsen nur in den Wüsten der südwestlichen USA und Mexikos.

CLEISTOCACTUS BROOKEAE
F: Cactaceae
Die Art mit ihren halb aufrechten oder kriechenden sukkulenten Sprossen kommt in bergigen Regionen Boliviens vor.

LEUCHTENBERGIA PRINCIPIS
F: Cactaceae
Dieser Kaktus ist entweder kugelig oder kurz und zylindrisch. Er trägt duftende Blüten. Er kommt in Nordmexiko in Halbwüsten vor.

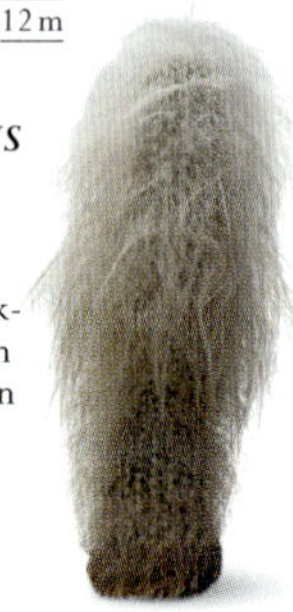

CEPHALOCEREUS SENILIS
F: Cactaceae
Mit langen weißen Haaren ist dieser Kaktus bedeckt. Er ist in steinigen Gebieten in Mexiko heimisch.

WEBERBAUEROCEREUS JOHNSONII
F: Cactaceae
Auf sandigen Böden findet man die hohe peruanische Kakteenart.

SAGUARO
Carnegiea gigantea
F: Cactaceae
Der beeindruckend hohe Kaktus gedeiht in den Wüstengebieten Mexikos, Arizonas und Kaliforniens und kann 150 Jahre alt werden.

RHIPSALIS BACCIFERA
F: Cactaceae
Dies ist der einzige außerhalb der amerikanischen Kontinente zu findende Kaktus. im tropischen Afrika, auf Madagaskar, Sri Lanka und im tropischen Amerika verbreitet.

PACHYCEREUS PRINGLEI
F: Cactaceae
Dieser größte heutige Kaktus wächst in den Wüsten von Baja California (Mexiko). Die Blüten öffnen sich nachts.

HARRISIA JUSBERTII
F: Cactaceae
Nachts öffnet dieser Säulenkaktus seine Blüten. Er ist möglicherweise eine natürliche Hybride aus dem Hügelland Argentiniens oder Paraguays.

LOPHOCEREUS SCHOTTII
F: Cactaceae
Die unangenehm riechenden Blüten dieser hohen, langsam wachsenden Art aus Mexiko und dem Süden Arizonas öffnen sich nachts.

MATUCANA INTERTEXTA
F: Cactaceae
Eine peruanische Bergregion ist die einzige Heimat dieser Art. Die kugeligen oder zylindrischen Sprosse bilden Kolonien.

ASTROPHYTUM ORNATUM
F: Cactaceae
Dieser Kaktus mit langen gelbbraunen Dornen wächst kugelig oder säulenförmig. Er kommt in trockenen Regionen Mexikos vor.

ECHINOCEREUS TRIGLOCHIDIATUS
F: Cactaceae
Die Blüten dieser variablen Pflanze, die in Wüsten, im Busch und an felsigen Hängen im Süden der USA und in Nordmexiko vorkommt, werden von Kolibris bestäubt.

PEITSCHENKAKTUS
Aporocactus flagelliformis
F: Cactaceae
Diese Art, die auf Bäumen oder Felsen in bewaldeten Gebieten Mexikos vorkommt, hat herabhängende sukkulente Triebe und bringt bunte Blüten hervor.

MELOCACTUS SALVADORENSIS
F: Cactaceae
Diese Pflanze bildet oben am Spross ein charakteristisches Cephalium aus, in dem sich die Blüten bilden. Man findet sie im Nordosten Brasiliens auf offenen, steinigen Böden.

MAMMILLARIA HAHNIANA
F: Cactaceae
Dieser Warzenkaktus wächst in Halbwüstenregionen in Mexiko. Er ist kugelig und gräulich behaart.

STENOCACTUS MULTICOSTATUS
F: Cactaceae
Die kugelige Art kommt im trockenen Grasland im Nordosten Mexikos vor. Die trichterförmigen Knospen öffnen sich zu rosa, gestreiften Blüten.

GYMNOCALYCIUM HORSTII
F: Cactaceae
Der kugelige Kaktus kommt ursprünglich wohl nur im steinigen Grasland in Rio Grande do Sul in Brasilien vor.

SCHLUMBERGERA TRUNCATA
F: Cactaceae
Dieser epiphytische Weihnachtskaktus aus den tropischen Regenwäldern im Südosten Brasiliens blüht im Winter. Er ist eine beliebte Zimmerpflanze.

FEIGENKAKTUS
Opuntia ficus-indica
F: Cactaceae
Der Kaktus mit seinen gegliederten Sprossen und den essbaren Früchten ist in Mexiko an steinigen Hängen und auf trockenen Böden heimisch und als Kulturpflanze verbreitet.

THELOCACTUS BICOLOR
F: Cactaceae
In trockenen Regionen in Texas und Nordostmexiko ist dieser kugelige Kaktus verbreitet.

»

BEDORNTER STERN
Von oben betrachtet, ist dieser Kaktus mit seinen fünf bis zehn (meist acht) Rippen und den wolligen, weißen Schuppen auf der Oberfläche zwischen ihnen sternförmig.

Gruppen von fünf bis elf Dornen entspringen kleinen Areolen, die von weißen Haaren umgeben sind.

MÖNCHSKAPPE

Astrophytum ornatum

Der wissenschaftliche Name der Gattung bedeutet »Sternpflanze«. Erstmals sammelte Thomas Coulter *Astrophytum ornatum* im Jahr 1827. Der irische Arzt und Botaniker schickte die Pflanze an den Botanischen Garten in Genf zu Professor de Candolle. Als de Candolle sie auspackte, vermutete er zunächst einen Pilzbelag. Dann bemerkte er, dass die weißen Flecken kleine, wollige Büschel von Haaren waren. Sie vermindern vielleicht die Verdunstung, schützen vor starker Sonneneinstrahlung und sind eine Tarnung. Diese Art ist die am dichtesten behaarte und dornigste *Astrophytum*-Art. In freier Natur ist sie heute selten.

GRÖSSE 1,5 m
LEBENSRAUM Halbwüsten
VERBREITUNG Nordostmexiko
BLATTTYP Dornen

< WURZELSYSTEM
Mit seinem flachen Wurzelsystum muss der Kaktus großflächig Wasser aufnehmen, denn in seiner Umgebung sind nach kurzen Regenschauern nur einige Zentimeter Boden nass.

KRONBLÄTTER >
Die zahlreichen schmalen äußeren Kronblätter der Blüte sind blassgelb mit brauner Spitze. Die Blüte hat bis zu 11 cm Durchmesser.

< ∨ SCHUPPEN
Bei diesem Kaktus ist die Oberhaut mit schuppenähnlichen weißen Wollflöckchen überzogen. Jüngere Pflanzen sind meist dicht beflockt, ältere spärlicher.

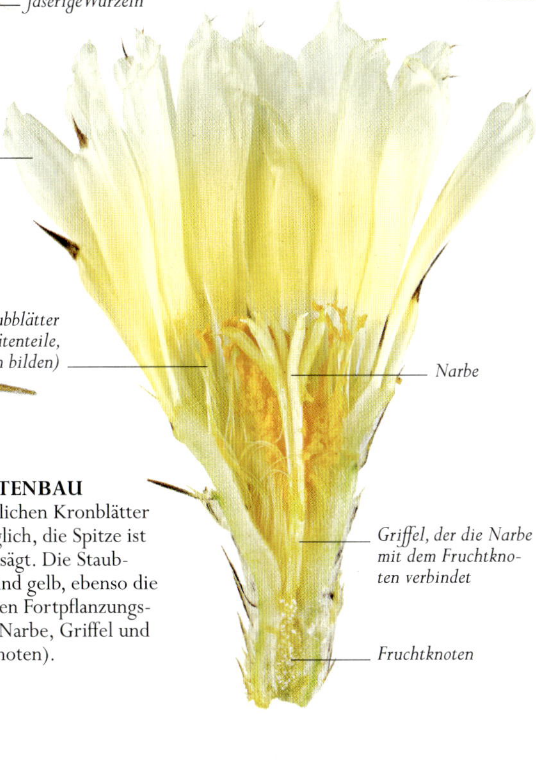

> BLÜTENBAU
Die gelblichen Kronblätter sind länglich, die Spitze ist leicht gesägt. Die Staubblätter sind gelb, ebenso die weiblichen Fortpflanzungsorgane (Narbe, Griffel und Fruchtknoten).

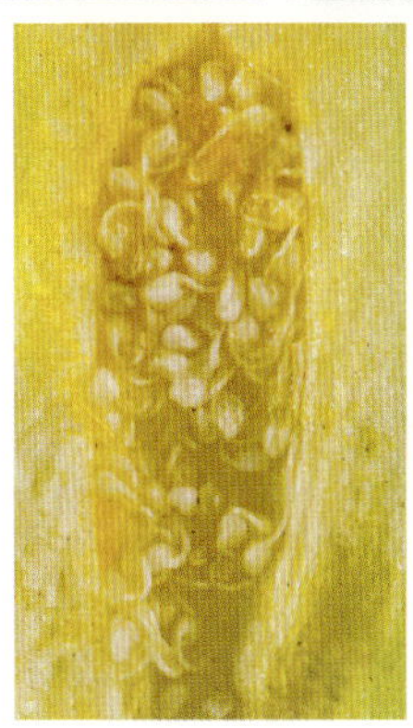

∧ FRUCHTKNOTEN
Im Fruchtknoten der Blüte befinden sich die Samenanlagen, die sich zu Samen entwickeln.

∧ NARBE
Die Narbe der Blüte ist in sieben bis zwölf Lappen geteilt. Dieser Teil der Blüte nimmt den Pollen auf. Bei dieser Art ist die Narbe etwa 1,5 cm lang.

BÜSCHEL-NELKE
Dianthus armeria
F: Caryophyllaceae
Diese Nelke kommt in weiten Teilen Europas in trockenem Grasland, vor allem auf sandigen Böden, vor. Die Kronblätter sind charakteristisch gezähnt.

GEWÖHNLICHE KORNRADE
Agrostemma githago
F: Caryophyllaceae
Früher war die Kornrade aus der östlichen Mittelmeerregion ein häufiges Unkraut in Kornfeldern. Heutzutage sieht man sie selten.

KUHKRAUT
Vaccaria hispanica
F: Caryophyllaceae
Die immer seltener werdende Pflanze der europäischen und asiatischen Kornfelder hat rosa Blüten und blaugrüne Blätter.

SALZMIERE
Honckenya peploides
F: Caryophyllaceae
Diese fleischige niederliegende Art gedeiht an Sand- und Kiesstränden in Europa, Asien und Nordamerika.

THYMIANBLÄTTRIGES SANDKRAUT
Arenaria serpyllifolia
F: Caryophyllaceae
Auf Brachland in Europa, gemäßigten Regionen Asiens und Nordamerikas findet man diese kleinblättrige Art.

ALPEN-PECHNELKE
Viscaria suecica
F: Caryophyllaceae
In den europäischen Alpen, den Pyrenäen und subpolaren Regionen Europas, Westasiens und Nordamerikas ist diese Art heimisch, die auf Felsen wächst.

KUCKUCKS-LICHTNELKE
Silene flos-cuculi
F: Caryophyllaceae
Die Kronblätter dieser Art sind tief geschlitzt. Sie besiedelt in Europa nasse Wiesen, Moore und Sümpfe.

GEWÖHNLICHES ACKER-HORNKRAUT
Cerastium arvense
F: Caryophyllaceae
Diese Art ist an trockenen Feldrainen in Europa, Nordafrika, Nordamerika und im westlichen Asien verbreitet.

STÄNGELLOSES LEIMKRAUT
Silene acaulis
F: Caryophyllaceae
An ein Moospolster erinnert dieses Leimkraut, das in Gebirgen in West-, Zentral- und Nordeuropa sowie in Asien und Nordamerika vorkommt.

TAUBENKROPF-LEIMKRAUT
Silene vulgaris
F: Caryophyllaceae
Mit ihrem aufgeblähten Kelch ist diese Art unverkennbar. Sie besiedelt offene Grasflächen in Europa, Nordafrika und gemäßigten Regionen Asiens.

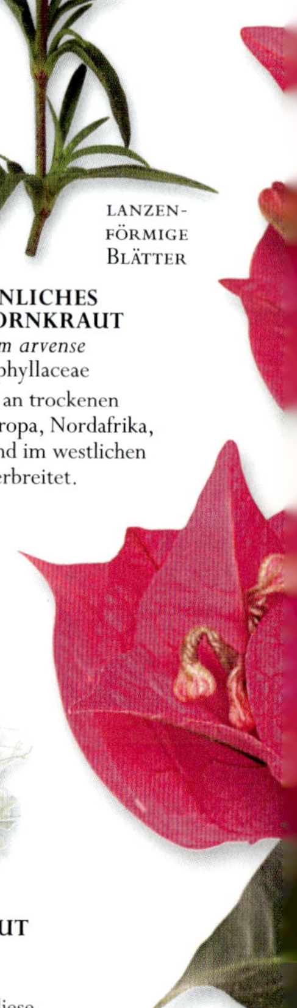

PETRORHAGIA NANTEUILII
F: Caryophyllaceae
Alle Blüten dieser Art, die in Westeuropa vorkommt, öffnen sich gleichzeitig. Sie wächst in Trockenrasen auf sandigen Böden.

ECHTES SEIFENKRAUT
Saponaria officinalis
F: Caryophyllaceae
Früher verwendete man das Seifenkraut beim Waschen. Es kommt auf feuchten Böden in Südeuropa und Westasien vor.

VOGEL-STERNMIERE
Stellaria media
F: Caryophyllaceae
Diese Art besiedelt weltweit Kulturland und freie Flächen. Sie breitet sich oft stark aus. Man kann sie als Salat essen.

RUNDBLÄTTRIGER SONNENTAU
Drosera rotundifolia
F: Droseraceae
Die Blätter dieser fleischfressenden Pflanze, die in Mooren und Feuchtgebieten in Europa, Nordasien und Nordamerika vorkommt, sind mit Fangtentakeln besetzt, die klebrige Tropfen absondern.

GLATTE BOUGAINVILLEE
Bougainvillea glabra
F: Nyctaginaceae
Die »Blütenblätter« der Bougainvillee sind korrekt Hochblätter. Die langsam wachsende Kletterpflanze aus Brasilien wird vielerorts kultiviert.

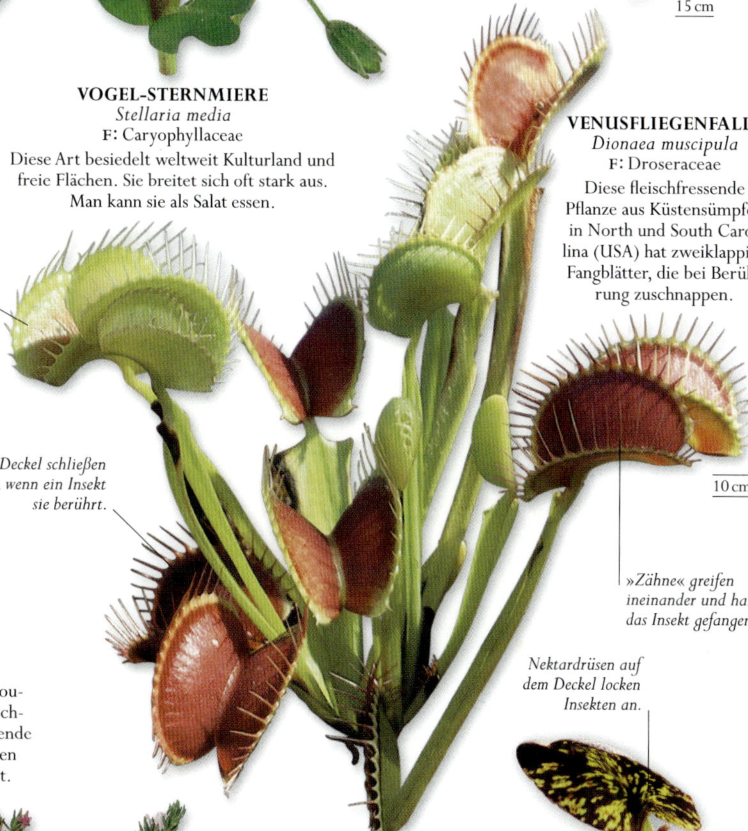

VENUSFLIEGENFALLE
Dionaea muscipula
F: Droseraceae
Diese fleischfressende Pflanze aus Küstensümpfen in North und South Carolina (USA) hat zweiklappige Fangblätter, die bei Berührung zuschnappen.

GLATTE SEEHEIDE
Frankenia laevis
F: Frankeniaceae
Diese Art wächst in Westeuropa und Nordwestafrika auf offenen, sandigen Böden in trockeneren Bereichen von Salzwiesen.

WUNDERBLUME
Mirabilis jalapa
F: Nyctaginaceae
Die duftenden Blüten dieser Art trockener Lebensräume im tropischen Mittel- und Südamerika öffnen sich am späten Nachmittag.

NEPENTHES STENOPHYLLA
F: Nepenthaceae
Diese fleischfressende Art wächst auf Borneo in Wäldern der montanen und submontanen Stufe.

»

FLAUMIGER WOLLKNÖTERICH
Eriogonum umbellatum
F: Polygonaceae
Die Blüten der Art, die in Gebirgswäldern in Kanada und dem Norden und Westen der USA Polster bildet, halten sich lange Zeit.

ERIOGONUM GIGANTEUM
F: Polygonaceae
Die Pflanze hat langlebige, von Schmetterlingen gern besuchte Blütenstände und wächst in den USA auf den kalifornischen Kanalinseln.

ECHTER BUCHWEIZEN
Fagopyrum esculentum
F: Polygonaceae
Die Samen des kultivierten Buchweizens werden zu Mehl vermahlen. Die Pflanze stammt aus gemäßigten Regionen Asiens.

ACKER-FLÜGELKNÖTERICH
Fallopia convolvulus
F: Polygonaceae
Diese Art wächst auf Kultur- und Brachland und ist in weiten Teilen Europas, Nordafrikas und der gemäßigten Regionen Asiens heimisch.

KRAUSER AMPFER
Rumex crispus
F: Polygonaceae
Der Krause Ampfer kommt in feuchten Wiesen, auf Äckern und an Kiesstränden in Europa, Asien und Nordafrika vor. Er kann stark wuchern.

ACKER-VOGELKNÖTERICH
Polygonum aviculare
F: Polygonaceae
Die Pionierpflanze besiedelt in Europa und Asien Wege, Kies, Schutt, Kulturland und Triften.

SÄUERLING
Oxyria digyna
F: Polygonaceae
Der Säuerling, der an feuchtem Felsschutt und Bachufern in Gebirgen der arktischen und gemäßigten Regionen der Nordhalbkugel vorkommt, ist oft rötlich getönt.

SCHLANGEN-WIESENKNÖTERICH
Bistorta officinalis
F: Polygonaceae
In weiten Teilen Europas und Zentralasiens findet man auf Wiesen diese Art mit zylindrischen Blütenständen.

DÜNNSTIELIGER KORALLENWEIN
Antigonon leptopus
F: Polygonaceae
Diese wüchsige Art klettert mit Ranken. Sie kommt in Mexiko in tropischen Wäldern und im Busch vor.

AMERIKANISCHE KERMESBEERE
Phytolacca americana
F: Phytolaccaceae
Diese Pflanze, deren giftige Früchte Brombeeren ähneln, ist an offenen, schattigen Standorten im östlichen Nordamerika und in Mexiko heimisch.

HANDLAPPIGER RHABARBER
Rheum palmatum
F: Polygonaceae
Diese Art mit riesigen Wurzeln und großen, giftigen Blättern findet man in China an Bachufern und auf feuchten Böden im Gebirge.

PORTULAK
Portulaca oleracea
F: Portulacaceae
Der Portulak kommt in der Mittelmeerregion und in Afrika auf gestörten Böden vor, ist aber in vielen Gebieten eingeführt worden. Die fleischigen Blätter sind essbar.

PHEMERANTHUS SEDIFORMIS
F: Talinaceae
Die Blüten dieser niedrigen Art öffnen sich nachmittags. Sie wächst im trockenen Gras- und Buschland im westlichen Nordamerika.

LEWISIA BRACHYCALYX
F: Montiaceae
Diese Art, die auf feuchten, steinigen Wiesen in Gebirgsregionen im Südwesten der USA heimisch ist, hat eine Grundrosette aus fleischigen Blättern.

WINTER-PORTULAK
Claytonia perfoliata
F: Montiaceae
Die Art ist in Kultur- und Ödland im westlichen Nordamerika, Mexiko und Guatemala heimisch. Unter den Blüten umschließen zwei verwachsene Hochblätter den Stängel.

CALANDRINIA CILIATA
F: Montiaceae
Diese Art stammt aus den Grasländern von Südkanada bis Argentinien, ist auf den Falkland-Inseln eingeschleppt worden und wird in Gärten kultiviert.

PLUMBAGO ZEYLANICA
F: Plumbaginaceae
Dieser hauptsächlich in von Menschen beeinflussten, offenen Lebensräumen vorkommende Strauch ist in allen tropischen und subtropischen Regionen heimisch.

LIMONIUM SINUATUM
F: Plumbaginaceae
Die Stängel dieses Strandflieders haben Flügelleisten. Man findet ihn in der Mittelmeerregion an Küstenstandorten und auf salzhaltigen Böden im Binnenland.

GEWÖHNLICHE GRASNELKE
Armeria maritima
F: Plumbaginaceae
In weiten Teilen Westeuropas wächst diese formenreiche Art auf Klippen und Dünen, in Salzwiesen und Trockenrasen im Bergland.

FRANZÖSISCHE TAMARISKE
Tamarix gallica
F: Tamaricaceae
Diese Art kommt an der Küste und auf salzhaltigen Böden im Binnenland vor. Sie stammt aus Südeuropa, Nordafrika und von den Kanarischen Inseln.

JOJOBASTRAUCH
Simmondsia chinensis
F: Simmondsiaceae
Der wegen seines Öls angepflanzte Jojobastrauch ist in Wüsten in Arizona, Kalifornien und Mexiko heimisch.

SANTALALES

Zu der in tropischen und subtropischen Regionen vorkommenden Ordnung gehören sieben Familien mit vielen Bauholz liefernden Arten. Man findet hier auch viele Parasiten und Halbparasiten, vor allem die 900 Arten der Loranthaceae (Riemenblumengewächse) auf der südlichen Hemisphäre. Sie leben auf anderen Pflanzen, denen sie das Wasser und alle oder die meisten nötigen Nährstoffe entziehen.

NUYTSIA FLORIBUNDA
F: Loranthaceae
Diese Art ist ein Halbparasit, der Wasser und Nährsalze von den Wurzeln der Pflanzen in seiner Umgebung bezieht. Er kommt in Wäldern in Südwestaustralien vor.

MISTEL
Viscum album
F: Santalaceae
Misteln wachsen auf den Ästen von Bäumen und bilden eine kugelige Wuchsform aus. Die Halbschmarotzer bilden weiße Beeren. Man findet sie in Europa, Nordafrika und Asien.

WEISSES SANDELHOLZ
Santalum album
F: Santalaceae
Dieser halbparasitische Baum, der seines Holzes und duftenden Öls wegen kultiviert wird, wächst in Asien und Australien.

OSYRIS ALBA
F: Santalaceae
Die halbparasitische Art mit duftenden Blüten ist in Südeuropa, Nordafrika und Südwestasien heimisch und besiedelt trockene, felsige Standorte.

CORNALES

Die Ordnung Cornales besteht aus sieben Familien. Fünf von ihnen sind klein und relativ unbedeutend, und eine enthält nur einen einzigen immergrünen afrikanischen Baum. Die wichtigste Familie sind die Hartriegelgewächse (Cornaceae), eine noch unsichere taxonomische Gruppe, zu der Sträucher und kleine Bäume zählen. Auch die Hortensiengewächse (Hydrangeaceae) gehören zu den Cornales.

GARTEN-HORTENSIE
Hydrangea macrophylla
F: Hydrangeaceae
In Japan ist dieser auffällige Strauch heimisch. Er wird aufgrund seiner auffälligen rosa, lila, blauen oder weißen Blütenstände kultiviert.
1,5 m

BLUMEN-HARTRIEGEL
Cornus florida
F: Cornaceae
Die auffälligen weißen »Blütenblätter« dieses nordamerikanischen Hartriegels sind in Wirklichkeit Hochblätter, die die kleinen Blütenstände umgeben.
12 m

TASCHENTUCH-BAUM
Davidia involucrata
F: Nyassaceae
Dieser kleine Baum aus China hat beeindruckende Blütenstände: Sie haben 2 cm Durchmesser und sind von cremeweißen Hochblättern umgeben.
25 m

SOMMERJASMIN
Philadelphus spec.
F: Hydrangeaceae
Etwa 45 Arten dieser Gattung, deren Blüten einen Orangenduft verströmen, sind in Europa und Nordasien heimisch.
4,5 m

ERICALES

Mit 22 Familien sind die Ericales eine wichtige Ordnung. Sie sind nach ihrer größten Familie benannt, den Heidekrautgewächsen (Ericaceae), die saure Böden lieben. Ihr gehören über 4000 Arten blühender Sträucher an. Die Primelgewächse (Primulaceae) umfassen 9000 Arten, die vor allem in den Gebirgen der nördlichen gemäßigten Breiten vorkommen. Die Arten der Sperrkrautgewächse (Polemoniaceae) gehören wie die fleischfressenden Schlauchpflanzengewächse (Sarraceniaceae) zur Ordnung.

1 m

BLAUE HIMMELSLEITER
Polemonium caeruleum
F: Polemoniaceae
Die hohe Pflanze hat becherförmige lilablaue oder weiße Blüten. Sie kommt an offenen, feuchten Standorten, oft an Flüssen, in Nord- und Mitteleuropa vor.

1 m

STAUDEN-PHLOX
Phlox paniculata
F: Polemoniaceae
Blütenstände mit röhrigen rosa oder lila Blüten trägt diese ausdauernde Art, die in offenem Waldland im Südosten der USA heimisch ist.

BAUM-ALPENROSE
Rhododendron arboreum
F: Ericaceae
Es gibt etwa 1000 *Rhododendron*-Arten, von denen die meisten ledrige Blätter und auffällige Blüten tragen. Viele, wie diese, stammen aus dem Himalaya.

BESENHEIDE
Calluna vulgaris
F: Ericaceae
Hell violettrosa blüht die immergrüne Besenheide, die Heidelandschaften in Nordeuropa und im Osten bis Asien dominiert.

HEIDE
Erica ciliaris
F: Ericaceae
Man kennt mehrere ähnliche *Erica*-Arten. Sie kommen in Südengland, Westirland, Frankreich, der Iberischen Halbinsel und Marokko vor.

WESTLICHER ERDBEERBAUM
Arbutus unedo
F: Ericaceae
Obwohl mit Heidegewächsen verwandt, sehen die roten Früchte dieses Baums aus der Mittelmeerregion wie Erdbeeren aus. Sie haben aber kaum Geschmack.

PREISELBEERE
Vaccinium vitis-idaea
F: Ericaceae
Dieser hübsche Strauch mit ledrigen Blättern und glänzenden roten Beeren kommt in Nordeuropa, Asien und Nordamerika vor.

FORMOSA-LAVENDELHEIDE
Pieris formosa
F: Ericaceae
Formosa bedeutet »herrlich« und meint die hängenden Blütenstände mit weißen Blüten dieses asiatischen Strauchs.

NIEDERE REBHUHNBEERE
Gaultheria procumbens
F: Ericaceae
Unter Eichen und Nadelbäumen bildet der Strauch im östlichen Nordamerika Bestände. Die roten Früchte halten sich bis in den Winter.

ERLENBLÄTTRIGE ZIMTERLE
Clethra alnifolia
F: Clethraceae
Dieser Strauch wächst in feuchten Wäldern und Sümpfen im östlichen Nordamerika. Die Blätter färben sich im Herbst gelb oder orangefarben.

PERSIMONE
Diospyros virginiana
F: Ebenaceae
Der in Nordamerika heimische Baum trägt gelblich-weiße glockenförmige Blüten, die sich zu orangefarbenen Früchten entwickeln.

DRÜSIGES SPRINGKRAUT
Impatiens glandulifera
F: Balsaminaceae
Die Art aus dem Himalaya, deren Kapselfrüchte explodieren, hat sich in Europa auf nassen Böden vielerorts ausgebreitet.

FOUQUIERIA COLUMNARIS
F: Fouquieriaceae
Dieser merkwürdige Baum wächst vor allem in Baja California (Mexiko). Der Stamm und die aufrechten stacheligen Äste sind grün, denn in ihnen findet die Fotosynthese statt.

KIWIFRUCHT
Actinidia chinensis
F: Actinidiaceae
Die verholzte chinesische Kletterpflanze, auch Chinesische Stachelbeere genannt, wurde in Neuseeland zum Obstanbau eingeführt.

PARANUSS
Bertholletia excelsa
F: Lecythidaceae
Paranüsse sind die Samen in der harten, runden Frucht dieses Baums aus Südamerika. In der Natur öffnen Agutis (große Nagetiere) die herabgefallenen Früchte.

»

GEWÖHNLICHE FENSTERFALLE
Sarracenia minor

Diese fleischfressende Pflanze ist an nährstoffarme Standorte auf sauren Sümpfen und Mooren angepasst. Sie verdaut Insekten, um Phosphor und Stickstoff aus deren Körpern aufzunehmen. Die Insekten werden vom Nektar im langen, schmalen Schlauch aus einem modifizierten Blatt angelockt. Innen ist er mit einer glitschigen Wachsschicht und Haaren ausgekleidet, die nach unten weisen. Wenn ein Insekt in den Schlauch fällt, kann es nicht mehr entkommen und stirbt schließlich an Erschöpfung. Verdauungsdrüsen an den Wänden der Falle geben Enzyme ab, die das Gewebe aufschließen. Diese Flüssigkeit wird vom Blatt aufgenommen und versorgt die Pflanze mit wertvollen Nährstoffen.

GRÖSSE bis 30 cm hoch
LEBENSRAUM Sümpfe in Kiefernwäldern und Steppen
VERBREITUNG SO der USA
BLATTTYP zu Schlauch mit Deckel umgebildete Kanne

BLÜTE ∨
Die nickenden Blüten haben fünf Kelchblätter, fünf gelbe Kronblätter (die sich später rötlich färben) und einen weißlichen Griffel.

SAMENKAPSEL ∨
Die breiten Samenkapseln mit rauen Wänden springen auf und verstreuen viele Samen, die etwa 3 mm lang sind.

RHIZOM ∨
Die Schläuche der Pflanze treiben aus einem waagrechten, verzweigten unterirdischen Rhizom aus.

WURZELN >
Die Wurzeln sind 20 bis 30 cm lang und entspringen am Rhizom.

∧ **»FENSTER«**
Insekten werden von den durchsichtigen »Fenstern« oder Areolae im oberen Teil des Schlauchs angelockt und rutschen dann in die Falle.

∧ **FALLE**
Wenn ein Insekt in den Schlauch gefallen ist, kann es kaum entkommen. Das Blatt verdaut den Körper, sodass nur der Chitinpanzer übrig bleibt.

< **EINE GEFÄHRDETE ART**
Heute ist diese Art selten und gefährdet, weil ihr Lebensraum immer kleiner wird. Sie kommt in North Carolina, South Carolina, Georgia und Florida vor. Es gibt zwei Varietäten: *S. minor* var. *minor* wird 30 cm hoch. Die 1,2 m hohe Kannen tragende *S. minor* var. *okefenokeensis* kommt nur im Okefenokee-Sumpf in Georgia vor.

^ **IN BLÜTE**
Die gelben, geruchlosen Blüten öffnen sich von Ende März bis Mitte Mai. Die wichtigsten Bestäuber sind Bienen, die diese Art anderen benachbarten Pflanzen vorziehen.

< **DECKEL**
Die gewölbten Deckel verhindern, dass Regenwasser in den Schlauch gelangt. Wenn ein Insekt einmal hineingefallen ist, kann es kaum entkommen.

12 m

BORSTIGER FLÜGELSTORAX
Pterostyrax hispidus
F: Styracaceae

Der großblättrige Baum aus Ostasien wird wegen seiner hängenden Blütenstände mit duftenden cremeweißen Blüten kultiviert.

4,5 m

STEWARTIA MALACODENDRON
F: Theaceae

In Wäldern im Osten der USA wächst dieser Strauch oder Baum. Die jungen Triebe sind seidig behaart.

10 m

CAMELLIA GRANTHAMIANA
F: Theaceae

Dieser Baum ist eine von über 100 *Camellia*-Arten, die alle aus Asien stammen. Er wurde 1955 entdeckt und ist gefährdet.

17 m

TEESTRAUCH
Camellia sinensis
F: Theaceae

Aus den Blättern und Knospen dieses asiatischen Strauchs bereitet man Schwarz- und Grüntee. Die adstringierenden Tannine sind ein Schutz gegen Pflanzenfresser.

30 m

MIMUSOPS ELENGI
F: Sapotaceae

Diesen immergrünen Baum aus Indien pflanzt man in tropischen Ländern seiner duftenden Blüten wegen. Sein haltbares Holz wird als Bauholz und für Schiffe verwendet.

30 cm

GEWÖHNLICHE GELBE SCHLAUCHPFLANZE
Sarracenia minor
F: Sarraceniaceae

Verdaute Insekten liefern Schlauchpflanzen an ihren kargen Standorten zusätzliche Nährstoffe. Diese Art ist im Südosten der USA heimisch.

35 cm

PAPAGEIEN-SCHLAUCHPFLANZE
Sarracenia psittacina
F: Sarraceniaceae

Schlauchpflanzen kommen in der Natur nur im Nordosten Amerikas vor. Bei dieser Art aus Florida und Louisiana wachsen die Schläuche waagrecht.

1,8 m

GEWÜRZBEERE
Ardisia crenata
F: Primulaceae

Dieser asiatische Strauch wird wegen seiner Beeren gern gepflanzt. Er ist in Hawaii, Florida und Texas zur invasiven Art geworden.

1 m

KOBRALILIE
Darlingtonia californica
F: Sarraceniaceae

Diese fleischfressende Art, die einzige der Gattung *Darlingtonia*, gedeiht im Westen der USA in Küstensümpfen und an Gebirgsbächen.

30 cm

ACKER-GAUCHHEIL
Anagallis arvensis
F: Primulaceae

Die Blüten des Acker-Gauchheils können tiefblau oder hellrot sein. Die Pflanze ist auf gestörten Standorten außer in den Tropen weltweit verbreitet.

7 cm

ZOTTIGER MANNSSCHILD
Androsace villosa
F: Primulaceae

Die Art der Gebirge von Europa bis zum Himalaya, die zu einer Gattung arktisch-alpiner Pflanzen gehört, hat dichte weiße Blütenstände und seidige Blätter.

60 cm

PFENNIGKRAUT
Lysimachia nummularia
F: Primulaceae

Von Schweden östlich bis zum Kaukasus findet man diese kriechende Pflanze mit runden Blättern auf feuchten, nährstoffreichen Plätzen, auf Wiesen, in Hecken und an Bachläufen.

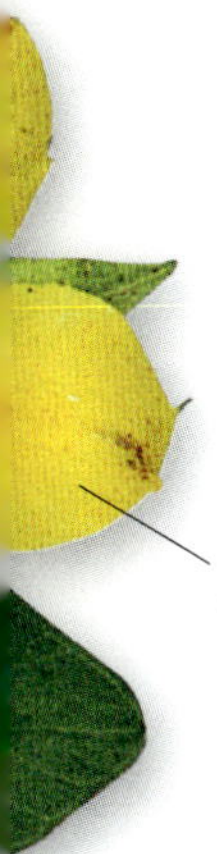

Blüten mit fünf Kronblättern

30 cm

HENDERSONS GÖTTERBLUME
Primula hendersonii
F: Primulaceae
Diese Art mit rosavioletten bis weißen Blüten kommt in Nordamerika vor. Götterblumen heißen dort »shooting stars«.

15 cm

SCHLÜSSELBLUME
Primula vulgaris
F: Primulaceae
Der Wissenschaftsname bezieht sich auf die zeitige Blüte. Schlüsselblumen wachsen auf Waldlichtungen und in Hecken in West- und Südeuropa.

15 cm

PRIMULA SCANDINAVICA
F: Primulaceae
An Gebirgshängen in Norwegen und Schweden wächst diese Art, die der häufigeren europäischen Mehlprimel ähnelt, aber viel kleiner ist.

30 cm

ECHTE SCHLÜSSELBLUME
Primula veris
F: Primulaceae
Diese Art mit ihren bis zu 30 nickenden Blüten wächst auf lehmreichen Wiesen in Südeuropa und den gemäßigten Regionen Asiens.

10 cm

HERBST-ALPENVEILCHEN
Cyclamen hederifolium
F: Primulaceae
Die Blätter entspringen Knollen. Die Kronblätter der Blüten sind zurückgebogen. Die im Herbst blühende Art findet man in schattigen Gebüschen in Südeuropa.

BORAGINALES

Wegen der Unsicherheit bezüglich der Verwandtschaft der Raublattgewächse (Boraginaceae) wurde die neue Ordnung Boraginales im Jahr 2016 aufgestellt, die nur diese eine Familie mit 2700 Arten enthält. Sie umfasst einjährige Kräuter, aber auch große Bäume, die oft auffällige Haare oder verdickte Stängel- und Blattbasen besitzen. Einige Arten sind essbar und andere liefern Farbstoffe.

1 m

PHAZELIA
Phacelia tanacetifolia
F: Boraginaceae
Die einjährige Art trockener Standorte im Südwesten der USA blüht nach Regenfällen üppig. Über 160 *Phacelia*-Arten kommen in Nordamerika vor.

30 cm

ECHTES LUNGENKRAUT
Pulmonaria officinalis
F: Boraginaceae
Da die gefleckten Blätter an eine kranke Lunge erinnern, behandelte man mit der Pflanze früher Lungenkrankheiten wie Tuberkulose. Sie gedeiht in Mitteleuropa an schattigen Standorten.

60 cm

EINJÄHRIGER BORRETSCH
Borago officinalis
F: Boraginaceae
Raue Haare bedecken die Stängel und Blätter dieser Würzpflanze aus Südeuropa, von der man auch die Samen nutzt.

1,2 m

GEWÖHNLICHER BEINWELL
Symphytum officinale
F: Boraginaceae
Symphytum bedeutet »zusammenwachsen«, denn mit dieser eurasischen Art feuchter Böden heilte man in früheren Zeiten offene Wunden.

70 cm

SUMPF-VERGISSMEINICHT
Myosotis scorpioides
F: Boraginaceae
Diese Art, die in Bächen und Teichen über die Wasseroberfläche ragt, ist in Eurasien weit verbreitet und wurde in Amerika und Neuseeland eingeführt.

60 cm

BLAUROTER STEINSAME
Lithospermum purpureocaeruleum
F: Boraginaceae
Bei dieser Art entspringen die Blütenstiele kriechenden Stängeln. Sie kommt in Südeuropa und Südwestasien in Wäldern auf kalkhaltigen Böden vor.

GEWÖHNLICHER NATTERNKOPF
Echium vulgare
F: Boraginaceae
In Europa und in gemäßigten Regionen Asiens ist diese rau behaarte Art verbreitet. Die rosa Blütenknospen öffnen sich zu tiefblauen Blüten.

rau behaarte Blätter

1 m

GARRYALES

In jedem Klassifikationssystem gibt es Abweichungen, und die Ordnung Garryales ist so ein Fall. Früher stellte man die Arten zu den Cornales, aber nach genetischen Analysen trennte man die Ordnung mit zwei Familien und etwa 20 Arten ab. Zu den Becherkätzchengewächsen (Garryaceae) gehören zwei Gattungen, *Garrya* aus Nordamerika und *Aucuba* aus Ostasien. Zu den Eucommiaceae gehört nur ein chinesischer Baum, *Eucommia ulmoides*.

5 m

JAPANISCHE AUKUBE
Aucuba japonica
F: Garryaceae
Einige Sorten dieses japanischen Zierstrauchs haben gelb gefleckte Blätter. Die Pflanzen sind entweder männlich mit aufrechten Blütenständen oder weiblich mit kleinen büscheligen Blütenständen.

SPALIER-BECHERKÄTZCHEN
Garrya elliptica
F: Garryaceae
Der kleine Baum wächst entlang der Küsten Kaliforniens und Oregons. Er trägt auffällige graugrüne männliche und kürzere silbrige weibliche Kätzchen.

5 m

GENTIANALES

Die Ordnung ist nach den bekannten Enziangewächsen (Gentianaceae) benannt, obwohl diese Familie nur etwa 1600 Arten umfasst. Die größte Familie sind die Rötegewächse (Rubiaceae) mit über 13 000 Arten, darunter tropische Sträucher wie der Kaffeestrauch. Außerdem gehören die Hundsgiftgewächse (Apocynaceae), Brechnussgewächse (Loganiaceae) und Jasminwurzelgewächse (Gelsemiaceae) zur Ordnung.

ROSAFARBENES ZIMMERIMMERGRÜN
Catharanthus roseus
F: Apocynaceae

Die Blätter dieser Zimmerpflanze, die in ihrer Heimat Madagaskar gefährdet ist, enthält Alkaloide, mit denen man bestimmte Leukämie-Erkrankungen behandeln kann. Das hat die Art vor dem Aussterben bewahrt.

ROTE FRANGIPANI
Plumeria rubra
F: Apocynaceae

Dieser in Mexiko bis Venezuela heimische Zierbaum trägt Blüten, die nachts duften. Sie locken Schwärmer an, die die Blüten bestäuben.

GEWÖHNLICHES GROSSES IMMERGRÜN
Vinca major
F: Apocynaceae

Die bewurzelten Triebe dieser immergrünen Pflanze kriechen über den Waldboden. Sie kommt in Süd- und Mitteleuropa und Nordafrika vor.

OLEANDER
Nerium oleander
F: Apocynaceae

Alle Teile dieses immergrünen Strauchs mit duftenden rosa Blüten sind giftig. Man findet ihn von der Mittelmeerregion bis nach China an Bachläufen. Er trägt Büschel duftender Blüten.

KNOLLIGE SEIDENPFLANZE
Asclepias tuberosa
F: Apocynaceae

Indigene Völker Amerikas kauten die Wurzeln dieser Art bei Rippenfellentzündung. Sie wächst in Nordamerika auf Feldern und an Straßenrändern.

KORALLENMOOS
Nertera granadensis
F: Rubiaceae

Die ausdauernde Pflanze mit ihren kugeligen Früchten, die sich aus kleinen grünen Blüten bilden, ist in Australien, Neuseeland den pazifischen Inseln und Südamerika heimisch.

KLETTEN-LABKRAUT
Galium aparine
F: Rubiaceae

Mit Häkchen an Früchten, Stängeln und Blatträndern haften Pflanzenteile dieser in Europa und Asien vorkommenden Art im Fell von Tieren.

GEWÖHNLICHES KREUZLABKRAUT
Cruciata laevipes
F: Rubiaceae

In kreuzförmigen Quirlen stehen die Blätter dieser Art am Stängel, die Blüten duften nach Honig. Die Art wächst an nährstoffreichen grasbewachsenen Stellen in Europa und Asien.

ARABISCHER KAFFEESTRAUCH
Coffea arabica
F: Rubiaceae

Aus Äthiopien stammt dieser immergrüne Strauch, der in vielen Gegenden kultiviert wird. Die Steinfrüchte enthalten zwei Samen (Kaffeebohnen).

CINCHONA CALISAYA
F: Rubiaceae

Das Malariamittel Chinin wird aus der Rinde dieses südamerikanischen Chinarindenbaums gewonnen. Mitte des 19. Jahrhunderts schmuggelte man Samen nach Asien, um den Baum dort zu kultivieren.

KAP-GARDENIE
Gardenia jasminoides
F: Rubiaceae

Dieser immergrüne Strauch, der aus Asien stammt, trägt duftende weiße Blüten, die sich später gelb färben.

SAMEN ENTHALTEN STRYCHNIN.

GEWÖHNLICHE BRECHNUSS
Strychnos nux-vomica
F: Loganiaceae
Das Gift Strychnin ist in den Samen dieses immergrünen Baums aus Südostasien enthalten.

BLAUES LIESCHEN
Exacum affine
F: Gentianaceae
Die Zimmerpflanze, die aus dem Jemen und der nahegelegenen Insel Sokotra stammt, trägt violette Blüten mit gelber Mitte.

FRÜHLINGS-ENZIAN
Gentiana verna
F: Gentianaceae
Dieser Enzian mit einer grundständigen Blattrosette und tiefblauen Blüten ist in der Arktis und in Gebirgsregionen in Europa und Westasien verbreitet.

ECHTES TAUSENDGÜLDENKRAUT
Centaurium erythraea
F: Gentianaceae
Auf Wiesen, an Trockenhängen und Dünen in Europa bis Südwestasien gedeiht diese Einjährige mit trichterförmigen fünflappigen rosa Blüten.

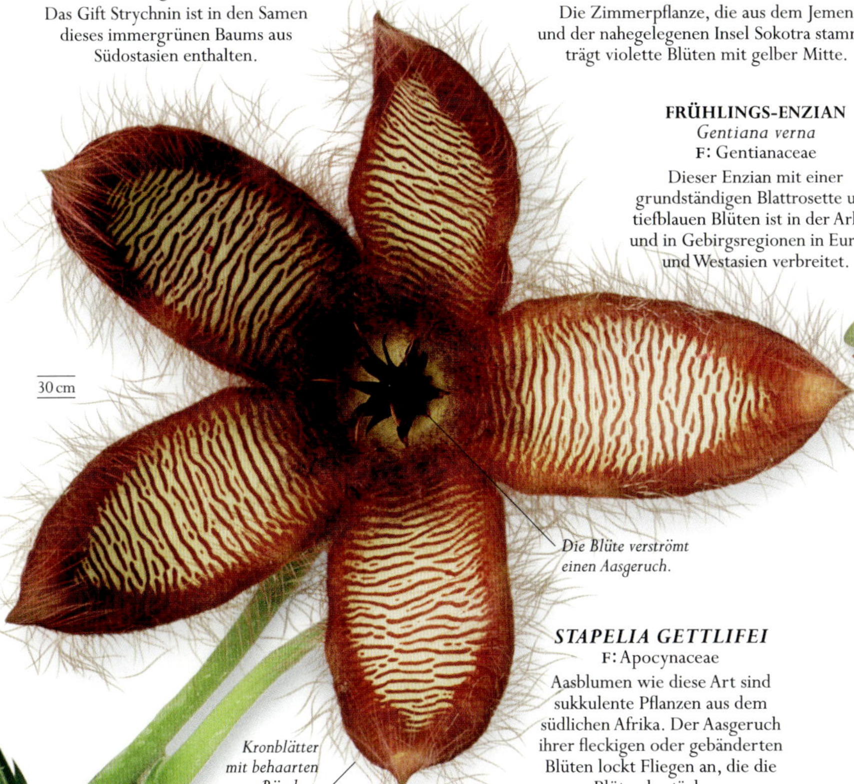

STAPELIA GETTLIFEI
F: Apocynaceae
Aasblumen wie diese Art sind sukkulente Pflanzen aus dem südlichen Afrika. Der Aasgeruch ihrer fleckigen oder gebänderten Blüten lockt Fliegen an, die die Blüten bestäuben.

MADAGASKAR-KRANZSCHLINGE
Stephanotis floribunda
F: Apocynaceae
Diese verholzende Kletterpflanze aus Madagaskar ist eine beliebte Zimmerpflanze. Sie hat ledrige Blätter und duftende weiße Blüten.

LAMIALES

Diese Ordnung wurde in jüngerer Zeit erweitert. Zu ihr gehören nun 25 Familien, typischerweise mit nicht radiärsymmetrischen Blüten. Die größten sind die Lippenblütler (Lamiaceae, oft unter ihrem alten Namen Labiatae bekannt) und die Braunwurzgewächse (Scrophulariaceae) mit je 5000–6000 Arten. Weitere sind die Ölbaumgewächse (Oleaceae) und Wegerichgewächse (Plantaginaceae).

PRACHT-AKANTHUS
Acanthus mollis
F: Acanthaceae
Diese robuste Art steiniger Standorte der westlichen Mittelmeerregion bildet auffällige Blütenstände mit violett geäderten weißen Blüten.

GARNELEN-JUSTIZIE
Justicia brandegeana
F: Acanthaceae
Diese Zierpflanze aus Mexiko hat weiße Blüten, die von überlappenden bronzefarbenen Hochblättern umgeben sind und an Garnelen erinnern.

GLANZKÖLBCHEN
Aphelandra squarrosa
F: Acanthaceae
Diese beliebte Zimmerpflanze aus Küstenwäldern Brasiliens hat hell geäderte Blätter. Die gelben Blüten sind in den Ähren von gelben Hochblättern umgeben.

AVICENNIA GERMINANS
F: Acanthaceae
An Ästuaren an der tropischen Atlantikküste bildet dieser Baum Dickichte. Wenn die spitzen Früchte in den Schlamm fallen, treiben neue Pflanzen aus.

»

KRIECHENDER GÜNSEL
Ajuga reptans
F: Lamiaceae
Diese ausdauernde Art findet man in Europa, Nordafrika und Südwestasien in Wäldern und auf Wiesen. An langen Ausläufern entspringen die Blütenstiele.

ECHTER SALBEI
Salvia officinalis
F: Lamiaceae
Dieser Strauch aus Südwesteuropa und dem Balkan wird vielerorts kultiviert. Mit seinen aromatischen graugrünen Blättern würzt man Speisen.

ROSMARIN
Salvia rosmarinus
F: Lamiaceae
In trockenen mediterranen Habitaten vermindert das Öl in den Blättern dieser bekannten Gewürzpflanze womöglich die Transpiration.

ECHTER LAVENDEL
Lavandula angustifolia
F: Lamiaceae
Auch dieser immergrüne Strauch kommt in trockenen mediterranen Standorten vor. Die Öle in den Blättern werden Parfüms zugesetzt.

BASILIKUM
Ocimum basilicum
F: Lamiaceae
Basilikum stammt aus Indien und dem Iran. Die Blätter der einjährigen Pflanze sind ein beliebtes Küchenkraut.

HEIL-ZIEST
Betonica officinalis
F: Lamiaceae
In Hecken und auf Grasland in weiten Teilen Europas, der Kaukasusregion und Nordafrikas kommt diese Pflanze mit rotvioletten oder weißen Blüten vor.

MÖNCHSPFEFFER
Vitex agnus-castus
F: Lamiaceae
Früher glaubte man, dass diese von Südeuropa bis Pakistan vorkommende Pflanze den Geschlechtstrieb mindern würde. In der alternativen Heilkunde dient sie der Hormonregulation.

STRAUCHIGES BRANDKRAUT
Phlomis fruticosa
F: Lamiaceae
Dieser immergrüne Strauch mit grau filzigen Blättern, der im östlichen Mittelmeergebiet heimisch ist, wird häufig als Zierpflanze gezogen.

SPÄTE INDIANERNESSEL
Monarda fistulosa
F: Lamiaceae
Aus den Blättern dieser amerikanischen Art bereitet man einen Tee. Sie gedeiht von Neuengland bis Texas auf trockenen Feldern und in Gebüschen.

GEWÖHNLICHER DOST
Origanum vulgare
F: Lamiaceae
Das aromatisch duftende Kraut warmer Standorte auf Kalk ist in Europa und Westasien heimisch und wird als Gewürzpflanze kultiviert.

AUSTRALISCHER MINZESTRAUCH
Prostanthera rotundifolia
F: Lamiaceae
Der aromatisch duftende australische Strauch wächst in Wäldern von New South Wales bis nach Tasmanien. Im Frühjahr trägt er rosa bis violette Blüten.

ECHTER THYMIAN
Thymus vulgaris
F: Lamiaceae
Die Blätter dieses Strauchs, der an trockenen felsigen Standorten in der westlichen Mittelmeerregion heimisch ist, werden als Gewürz sowie für Parfüms und Seifen verwendet.

WASSER-MINZE
Mentha aquatica
F: Lamiaceae
In Teichen und Gräben in Europa, Afrika und Südwestasien gedeiht die Wasser-Minze. Aus ihr ging die Pfefferminze als Hybride zweier Arten hervor.

OLIVENBAUM
Olea europaea
F: Oleaceae

Die fleischigen Früchte dieses immergrünen Baums aus der Mittelmeerregion enthalten zu 40 % ungesättigte Fettsäuren. Oliven werden in Salzlake eingelegt.

HÄNGE-FORSYTHIE
Forsythia suspensa
F: Oleaceae

Dieser Strauch hat hohle Äste und trägt gelbe Blüten. Er ist in China und möglicherweise Japan heimisch.

BLUMEN-ESCHE
Fraxinus ornus
F: Oleaceae

Diese südeuropäische Esche trägt Büschel weißer Blüten. Ein Gummi, der aus der Rinde austritt, hat heilende Wirkung.

GARTEN-FLIEDER
Syringa vulgaris
F: Oleaceae

Gärtner haben viele Sorten dieses attraktiven kleinen Baums gezüchtet, der in Südosteuropa im Gebüsch an Hängen von Natur aus vorkommt.

STREPTOCARPUS SAXORUM
F: Gesneriaceae

Aus Kenia und Tansania stammt diese immergrüne Pflanze. Die behaarten, leicht sukkulenten Blätter stehen in Quirlen, die röhrenförmigen fünfteiligen Blüten haben breite Lappen.

ECHTER JASMIN
Jasminum officinale
F: Oleaceae

Dieser kletternde Strauch wird vielerorts seiner duftenden Blüten wegen gepflanzt. Er ist vom Kaukasus bis nach China heimisch und umrankt seine Stütze gegen den Uhrzeigersinn.

GEWÖHNLICHES FETTKRAUT
Pinguicula vulgaris
F: Lentibulariaceae

Diese Pflanze nasser Standorte in Nordeuropa, Asien und Nordamerika fängt mit ihren klebrigen Blättern Insekten.

STREPTOCARPUS IONANTHUS
F: Gesneriaceae

Die in den Regenwäldern Ostafrikas gefährdeten Usambaraveilchen sind jedoch beliebte Zimmerpflanzen. Sie wurden früher in die Gattung *Saintpaulia* gestellt.

GEWÖHNLICHER TROMPETENBAUM
Catalpa bignonioides
F: Bignoniaceae

Dieser Baum stammt aus dem Süden der USA. Weiter nördlich und in Europa pflanzt man ihn wegen seiner auffälligen Blüten.

STÄNGELLOSE FREILANDGLOXINIE
Incarvillea delavayi
F: Bignoniaceae

Diese Gartenpflanze mit rosavioletten trompetenförmigen Blüten hat ihr natürliches Verbreitungsgebiet in chinesischen Bergwiesen.

JACARANDABAUM
Jacaranda mimosifolia
F: Bignoniaceae

Dieses von Argentinien bis Bolivien vorkommende Nutzholz trägt hängende Blütenstände mit lilablauen Blüten. Es wird oft als Zierbaum und Schattenspender gepflanzt.

HYBRID-TROMPETENWINDE
Campsis × tagliabuana
F: Bignoniaceae

Diese Hybride aus einer nordamerikanischen und einer asiatischen Art ist eine Kletterpflanze mit orangeroten Röhrenblüten.

»

» LAMIALES

GLOBULARIA ALYPUM
F: Plantaginaceae
Dieser giftige immergrüne Strauch aus der Mittelmeerregion, der in Gebüschen an trockenen Standorten vorkommt, trägt kugelige Blütenstände mit süß duftenden, blaulila Blüten.

TANNENWEDEL
Hippuris vulgaris
F: Plantaginaceae
Zahlreiche Quirle schmaler Blätter trägt diese Wasserpflanze, die man in Europa, Asien, Afrika, Nord- und Südamerika vorfindet. Sie wächst schnell und kann zum lästigen Unkraut werden.

SPITZ-WEGERICH
Plantago lanceolata
F: Plantaginaceae
Die Art, die in Fettwiesen, auf Wegen und Äckern wächst, hat lanzettliche, stark geäderte Blätter. Sie kommt in vielen Regionen der gemäßigten Breiten vor.

BREIT-WEGERICH
Plantago major
F: Plantaginaceae
Diese variable Pflanze wächst an offenen Standorten wie etwa Trittfluren in Europa, Nordafrika und Nord- und Zentralasien.

ECHTER EHRENPREIS
Veronica officinalis
F: Plantaginaceae
Der Echte Ehrenpreis mit blaulila Blüten wächst in Heidegebieten und lichten Wäldern in Europa und Asien, in Nordamerika wurde er eingeführt.

ROTER FINGERHUT
Digitalis purpurea
F: Plantaginaceae
Herzwirksame Glykoside enthalten die Blätter dieser zweijährigen Art, die in Mittel- und Südeuropa sowie Marokko verbreitet ist.

BARTFADEN
Penstemon 'Red Garnet'
F: Plantaginaceae
Die Mitglieder dieser nordamerikanischen Gattung haben große, bunte, röhrenförmige Blüten und werden oft in Gärten gepflegt.

GARTEN-LÖWENMAUL
Antirrhinum majus
F: Plantaginaceae
Viele Sorten hat man von dieser Art aus Südwesteuropa gezüchtet. Die Blüten haben einen gelben oder weißen Schlund.

GEWÖHNLICHES LEINKRAUT
Linaria vulgaris
F: Plantaginaceae
Auf Böschungen in Europa und Westasien findet man diese Art. Die Blüten haben einen langen Sporn.

KLEINBLÜTIGE KÖNIGSKERZE
Verbascum thapsus
F: Scrophulariaceae
Die zweijährige europäisch-asiatische Art kommt auf Ruderalflächen vor. Am Blütenstand öffnen sich fünflappige Blüten.

STRAUCHVERONIKA
Hebe 'Red Edge'
F: Plantaginaceae
Dieser Strauchehrenpreis ist vermutlich eine Kreuzung aus *Veronica albicans* und *Veronica pimeleoides*.

VERONICA HULKEANA
F: Plantaginaceae
Der immergrüne Strauch ist eine beliebte Gartenpflanze. Er trägt auffällige lila Blütenstände. Wild wächst er an Klippen an den Ostküsten der Südinsel Neuseelands.

SCHMETTERLINGSSTRAUCH
Buddleja davidii
F: Scrophulariaceae
Die röhrenförmigen Blüten dieses Strauchs, der aus China stammt, sind eine reiche Nektarquelle. Sie locken viele Schmetterlinge an, daher kommt der deutsche Name.

EREMOPHILA MACULATA
F: Scrophulariaceae
Dieser Strauch ist in Australien auf zeitweise überschwemmten Flächen verbreitet. Die röhrenförmigen orangefarbenen, gelben oder roten Blüten sind innen gefleckt.

CHINESISCHER BLAUGLOCKENBAUM
Paulownia tomentosa
F: Paulowniaceae
Häufig wächst dieser chinesische Baum in Parks. Die röhrenförmigen blaulila Blüten mit breiten Zipfeln duften stark.

GEFLECKTE GAUKLERBLUME
Mimulus guttatus
F: Phrymaceae
Die Blüten dieser Art aus Sümpfen und von Bachufern aus den westlichen USA haben eine dreilappige Ober- und eine zweilappige Unterlippe.

KLEINER KLAPPERTOPF
Rhinanthus minor
F: Orobanchaceae

Die halbparasitische Art zapft mit ihren Wurzeln die Wurzeln von Gräsern an. Die variable gelbblütige Art findet man auf Wiesen der nördlichen gemäßigten Breiten.

NIEDRIGE SCHUPPENWURZ
Lathraea clandestina
F: Orobanchaceae

Diese parasitische europäische Art hat keine grünen Blätter. Sie zapft die Wurzeln von Weiden und Pappeln an und entnimmt ihnen Nährstoffe.

WANDELRÖSCHEN
Lantana camara
F: Verbenaceae

Die Blüten dieses Strauchs sind anfangs gelb und färben sich dann orange oder rot. Er stammt aus Mittel- und Südamerika und ist in wärmeren Regionen invasiv.

ECHTES EISENKRAUT
Verbena officinalis
F: Verbenaceae

Diese ausdauernde Art trägt schlanke Ähren mit lila zweilippigen Blüten. In gemäßigten und tropischen Regionen ist sie an Wegen und in Hecken verbreitet.

BODINIERES SCHÖNFRUCHT
Callicarpa bodinieri
F: Lamiaceae

Dieser chinesische Zierstrauch ist mit der Amerikanischen Schönfrucht verwandt. Er trägt dekorative violette Beeren, die bitter schmecken, aber nicht giftig sind.

CLERODENDRUM SPLENDENS
F: Lamiaceae

Röhrenförmige rote Blüten trägt diese afrikanische Kletterpflanze. In ihrer Heimat windet sie sich um Bäume und Rankgitter in Gärten.

SOLANALES

Die Familie der Nachtschattengewächse (Solanaceae), eine wirtschaftlich bedeutende Familie mit bis zu 4000 Arten, dominiert die Ordnung. Viele Arten enthalten giftige Alkaloide. Zu den Windengewächsen (Convolvulaceae) gehören tropische Kletterpflanzen und niedrige Kräuter. Die drei übrigen Familien sind die Hydrolacaceae mit einer Gattung, fünf afrikanische Bäume der Familie Montiniaceae und ein pantropisch verbreitetes Kraut der Familie Sphenocleaceae.

CALYSTEGIA SYLVATICUS
F: Convolvulaceae

In Hecken und auf Brachland, auch in Städten, findet man diese großblütige Art aus der gemäßigten nördlichen Hemisphäre. Sie verbreitet sich mit der unterirdisch verlaufenden Sprossachse (Rhizom).

HIMMELBLAUE PRUNKWINDE
Ipomoea tricolor
F: Convolvulaceae

Diese Kletterpflanze aus Mittelamerika trägt trichterförmige Blüten, die sich nur am Morgen öffnen.

THYMIAN-SEIDE
Cuscuta epithymum
F: Convolvulaceae

Ein dichtes Netz aus fadenartigen, windenden Stängeln bildet die eurasische Thymian-Seide. Sie parasitiert auf Ginster, Heidekraut und anderen Arten.

»

» SOLANALES

WEISSER STECHAPFEL
Datura stramonium
F: Solanaceae

Diese hochgiftige, unangenehm riechende einjährige Art ist weit verbreitet. Vermutlich stammt sie aus dem Süden Nordamerikas.

ECHTE TOLLKIRSCHE
Atropa belladonna
F: Solanaceae

Diese hochgiftige Staude, die man in Wäldern und Gebüschen in Europa, Nordafrika und Westasien findet, enthält verschiedene narkotische Substanzen.

ROTE ENGELSTROMPETE
Brugmansia sanguinea
F: Solanaceae

Das immergrüne Gehölz aus dem Westen Südamerikas hat giftige Blätter. Seiner auffälligen Röhrenblüten wegen zieht man es häufig als Kübelpflanze.

SCHWARZES BILSENKRAUT
Hyoscyamus niger
F: Solanaceae

Auf Ödland in Europa, Asien und Nordafrika wächst die giftige und übel riechende einjährige Art vor allem auf Rinderweiden.

BLASENKIRSCHE
Physalis alkekengi
F: Solanaceae

Dieser Zierstrauch stammt aus Südamerika und ist mit der Kapstachelbeere verwandt. In der papierartigen Hülle entwickelt sich eine Beere.

TOMATE
Lypopersicon esculentum
F: Solanaceae

Wahrscheinlich wurde die Tomate aus gelbfrüchtigen Kirschtomaten gezüchtet, die aus Peru und Ecuador stammten. Sie wird ihrer essbaren Beeren wegen kultiviert.

APIALES

Die Ordnung Apiales wird von den wirtschaftlich bedeutenden Doldenblütlern (Apiaceae, früher Umbelliferae) dominiert. Ihr gehören mindestens 3500 Arten an. Die Araliaceae, zu denen Efeu und Ginseng gehören, sind eine weitere große Familie, die der Klebsamengewächse (Pittosporaceae) mit Sträuchern und Bäumen ist mittelgroß. Zur Ordnung gehören außerdem vier kleinere Familien mit jeweils weniger als 20 Arten.

GEWÖHNLICHE WALD-ENGELWURZ
Angelica sylvestris
F: Apiaceae

Dieser typische Doldenblütler bringt 15–40 schirmförmige Dolden hervor. Er wächst in Staudenfluren und Feuchtwiesen in Europa und gemäßigten Regionen Asiens.

GROSSE STERNDOLDE
Astrantia major
F: Apiaceae

Auffällige rosafarbene Hochblätter umgeben bei dieser Art südeuropäischer Bergwiesen und offener Wälder die kleinblütigen Blütenstände.

GEWÖHNLICHER WIESEN-BÄRENKLAU
Heracleum sphondylium
F: Apiaceae

Mit ihrem hohlen, behaarten Stängel und den schirmförmigen, 10–20 Blüten enthaltenden Dolden gedeiht die Art von Osteuropa bis zu den Britischen Inseln oft an Straßenrändern.

RIESENFENCHEL
Ferula communis
F: Apiaceae

Die robuste, große ausdauernde Art riecht aromatisch und hat einen hohlen Stängel. Sie ist in der Mittelmeerregion, in Asien und Nordafrika verbreitet.

GEFLECKTER SCHIERLING
Conium maculatum
F: Apiaceae

Diese zweijährige Art kommt an feuchten Standorten in Europa, Nordafrika und Asien vor und wurde andernorts eingeführt. Der hohle Stängel ist gefleckt. Alle Teile sind giftig.

WILDE MÖHRE
Daucus carota
F: Apiaceae

Der wilde Vorfahr der Karotte hat eine leicht verdickte Pfahlwurzel. Er kommt in Europa, gemäßigten Regionen Asiens und in Nordafrika vor.

CHILI
Capsicum frutescens
F: Solanaceae

Chili stammt aus Brasilien und Bolivien und wird im tropischen Asien und Amerika kultiviert. Die Früchte des kleinen Strauchs sind die Chili-Schoten.

VIRGINISCHER TABAK
Nicotiana tabacum
F: Solanaceae

Dieses Kraut, das aus Südamerika stammt, ist die häufigere der beiden Arten, deren nikotinhaltige Blätter zu Tabak verarbeitet werden.

KARTOFFEL
Solanum tuberosum
F: Solanaceae

Kartoffeln gehören zu den Grundnahrungsmitteln. Die nollen werden in der Sonne grün und giftig. Die Pflanze mmt von Vorfahren in den südamerikanischen Anden ab.

SCHMALBLÄTTRIGER KLEBSAME
Pittosporum tenuifolium
F: Pittosporaceae

In Wäldern und Buschsteppen beider Inseln Neuseelands ist dieser immergrüne Baum heimisch. Die Zweige sind fast schwarz und die Blüten duften nach Honig.

SEE-MANNSTREU
Eryngium maritimum
F: Apiaceae

Die ledrigen Blätter dieser Art vermindern den Wasserverlust und ertragen salzige Gischt. Sie wächst auf Sanddünen in Europa, Nordafrika und Südwestasien.

GEMEINER EFEU
Hedera helix
F: Araliaceae

Die immergrüne europäische und südostasiatische Pflanze klettert an anderen Pflanzen oder an Mauern hoch.

KOREANISCHER GINSENG
Panax ginseng
F: Araliaceae

Die Wurzeln dieses asiatischen Krauts sind ein traditionelles Heilmittel. Der Gattungsname *Panax* kommt vom griechischen *panacea*, was »Allheilmittel« bedeutet.

GEWÖHNLICHE STECHPALME
Ilex aquifolium
F: Aquifoliaceae

Dieser immergrüne Strauch oder Baum aus Wäldern in Europa, Nordafrika und Nordwestasien trägt stachelige Blätter zum Schutz vor Fraß.

AQUIFOLIALES

Zur vorwiegend tropischen Familie der Stechpalmengewächse (Aquifoliaceae) gehören Bäume und Sträucher mit typisch gezähnten Blättern. Sie sind die Hauptvertreter der Ordnung Aquifoliales. Weitere Mitglieder dieser kleinen Ordnung sind eine Familie windender Kräuter, die Cardiopteridaceae, drei asiatische Sträucher der Helwingiaceae, vier südamerikanische Gehölze der Phyllonomaceae und eine Familie tropischer Bäume, die Stemonuraceae.

ASTERALES

Elf Familien gehören zu den Asterales. Die größte ist die der Korbblütler (Asteraceae) mit etwa 25 000 Arten. Ein Blütenkörbchen ist aus vielen einzelnen Blüten zusammengesetzt, am Rand sitzen oft auffällige Strahlenblüten. Einige Arten der Glockenblumengewächse (Campanulaceae) zeigen ähnliche Merkmale. Zur Ordnung gehören die Fieberkleegewächse (Menyanthaceae), die Goodeniengewächse (Goodeniaceae) und sieben kleinere Familien.

GLATTBLATT-ASTER
Aster novi-belgii
F: Asteraceae
Diese variable Gartenpflanze stammt aus dem östlichen Nordamerika. Es gibt viele Sorten der dekorativen Art.

HAFERWURZEL
Tragopogon porrifolius
F: Asteraceae
Diese zweijährige Art aus der Mittelmeerregion trägt lila oder violettrote Blütenkörbe, die von längeren, spitzen Hüllblättern umgeben sind.

GEWÖHNLICHE SONNENBLUME
Helianthus annuus
F: Asteraceae
Die hohe Einjährige, die wahrscheinlich aus Mexiko stammt, wird als Zierblume und ihrer Samen wegen angebaut. Die »Sonnenblumenkerne« enthalten ungesättigte Fettsäuren und Proteine.

KORNBLUME
Centaurea cyanus
F: Asteraceae
Die Kornblume stammt wohl aus Südeuropa und Westasien. Vor dem Einsatz von Herbiziden wuchs sie häufig in Feldern. Ihre Samen und die des Getreides lassen sich kaum trennen.

GEWÖHNLICHES JAKOBS-GREISKRAUT
Jacobaea vulgaris
F: Asteraceae
Aus Europa und Westasien stammt diese Art, die für Weidetiere giftig ist und von Kaninchen gemieden wird. Sie hat sich fast weltweit ausgebreitet.

MAGERWIESEN-MARGERITE
Leucanthemum vulgare
F: Asteraceae
Die variable Art gehört in Europa und Westasien zu den häufigsten weißblütigen Asteraceen. Sie sät sich auf gestörten Flächen schnell aus.

12 cm

GÄNSEBLÜMCHEN
Bellis perennis
F: Asteraceae
Das Gänseblümchen, das in Europa und Westasien heimisch ist, kommt auf Weideland und Rasenflächen nahezu weltweit vor.

WIESEN-LÖWENZAHN
Taraxacum officinale
F: Asteraceae
Mit diesem Namen bezeichnet man eine Sektion der Gattung *Taraxacum*. In Europa und Asien gibt es ungefähr 1000 anerkannte sehr ähnliche Arten.

ROTER SCHEINSONNENHUT
Echinacea purpurea
F: Asteraceae
Diese Zierpflanze mit kegelförmigem Blütenstandsboden stammt aus dem östlichen Nordamerika. Sie wird angebaut, um pflanzliche Heilmittel gegen Erkältungen herzustellen.

GEWÖHNLICHE MARIENDISTEL
Silybum marianum
F: Asteraceae

Diese zweijährige Art mit weiß gezeichneten stacheligen Blättern wächst auf Brach- und Kulturland in Südeuropa, Nordafrika und Westasien.

KANADISCHE GOLDRUTE
Solidago canadensis
F: Asteraceae

Die nordamerikanische Art wurde in Gärten gepflanzt und hat sich in Europa in freier Natur stark ausgebreitet.

BANATER KUGELDISTEL
Echinops bannaticus
F: Asteraceae

In Südeuropa ist diese Art heimisch. Sie hat ein kugelförmiges Köpfchen mit bläulichen Röhrenblüten.

WILDE ARTISCHOCKE
Cynara cardunculus
F: Asteraceae

Der fleischige Blütenstand wird als Artischocke gegessen und stammt von der Unterart *C. c. scolymus*, einer mehrjährigen Ruderalpflanze aus dem östlichen Mittelmeerraum.

GEWÖHNLICHE PESTWURZ
Petasites hybridus
F: Asteraceae

Die Blütenstiele tragen entweder männliche oder weibliche Blüten. Sie kommt von Europa bis zum Iran in nassen Wiesen und an Bachläufen vor.

FILZBLUME
Otanthus maritimus
F: Asteraceae

Die buschige Filzblume wächst an Küsten in Südeuropa, Nordafrika und Südwestasien. Stängel und Blätter sind filzig behaart.

ÄHRIGE PRACHTSCHARTE
Liatris spicata
F: Asteraceae

Auf feuchten Böden im Osten der USA gedeiht diese Art. Am langen Blütenstand öffnen sich violettrosa Blüten.

GEWÖHNLICHE KRATZDISTEL
Cirsium vulgare
F: Asteraceae

Diese Kratzdistel ist auf Ödland in Europa und Westasien häufig. Die Art mit stacheligen Blättern wurde mit der Landwirtschaft weltweit verbreitet.

WIESEN-SCHAFGARBE
Achillea millefolium
F: Asteraceae

In Europa, Westasien und Nordamerika findet man diese Schafgarbe auf Wiesen, Weiden und an Wegrändern. Sie wurde in Australien und Neuseeland eingebürgert.

ZICHORIE
Cichorium intybus
F: Asteraceae

Von Europa, Westasien und Nordafrika aus wurde die Zichorie fast weltweit verbreitet. Aus einer Varietät zieht man Radicchio und Chicorée.

ESTRAGON
Artemisia dracunculus
F: Asteraceae

Die Blätter dieses aromatisch duftenden Krauts aus Südosteuropa, Asien und Nordamerika werden als Gewürz für Fisch und andere Speisen verwendet.

GRAUES HEILIGENKRAUT
Santolina chamaecyparissus
F: Asteraceae

Dieser aromatisch duftende, kleine, immergrüne Strauch mit grau behaarten Blättern ist an steinigen Standorten in der westlichen Mittelmeerregion heimisch.

GARTEN-RINGELBLUME
Calendula officinalis
F: Asteraceae

Diese Art wird schon so lange Zeit kultiviert, dass ihr Ursprung unbekannt ist. Mit einer Salbe aus den Blüten behandelt man gereizte Haut.

GAZANIE
Gazania spec.
F: Asteraceae

In Südafrika kommen 17 *Gazania*-Arten vor, die meisten an trockenen Standorten. Kultursorten wie diese kommen mit wenig Wasser aus.

GEÄUGTE GAZANIE
Gazania rigens
F: Asteraceae

Die Art bildet Matten auf Dünen und Felsen entlang der Küsten in der südafrikanischen Kapregion. Sie blüht oft üppig.

»

» ASTERALES

BLAUE KARDINALS-LOBELIE
Lobelia siphilitica
F: Campanulaceae
Von Manitoba bis Alabama findet man diese Art in Wäldern und auf Wiesen. Früher setzte man sie bei der Behandlung von Syphilis ein.

NESSELBLÄTTRIGE GLOCKENBLUME
Campanula trachelium
F: Campanulaceae
In Europa, dem Iran und Nordafrika gedeiht diese rau behaarte Art mit brennnesselartigen Blättern und glockenförmigen blauen Blüten.

WAHLENBERGIA GLORIOSA
F: Campanulaceae
Die Nationalblume der Australischen Hauptstadt-Territorien ist diese ausdauernde Art mit tiefblauen Blüten. Sie kommt auf Bergwiesen in Südaustralien vor.

GROSSBLÜTIGE BALLONBLUME
Platycodon grandiflorus
F: Campanulaceae
Das einzige Mitglied der Gattung ist eine asiatische Staude mit blauen oder weißen glockenförmigen Blüten. Es gibt davon viele Gartensorten.

FIEBERKLEE
Menyanthes trifoliata
F: Menyanthaceae
Der Fieberklee bildet bohnenähnliche Kapselfrüchte. Er wächst in Sümpfen und seichten Gewässern in Nordamerika, auf Grönland, in Nordeuropa und Asien.

KUGEL-TEUFELSKRALLE
Phyteuma orbiculare
F: Campanulaceae
Diese ausdauernde Art mit einem kugeligen dunkelblauen Blütenstand wächst von Südengland bis Griechenland in Magerrasen und Flachmoorwiesen auf Kalkböden.

SELLIERA RADICANS
F: Goodeniaceae
Dieses kriechende Kraut kommt an Sandstränden in Chile, Australien und Neuseeland vor. In Neuseeland wächst es auch an Gebirgsbächen.

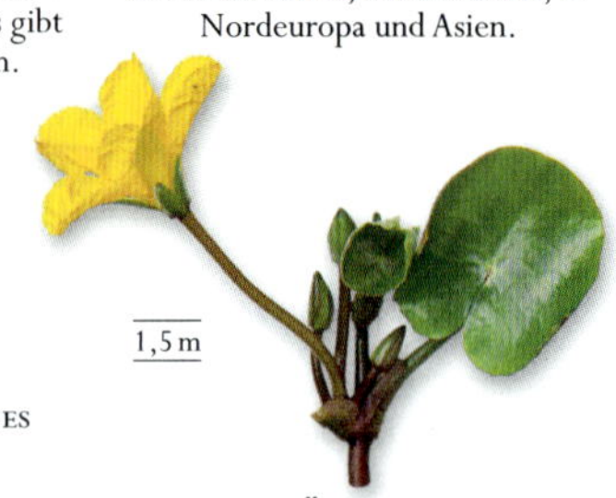

GEWÖHNLICHE SEEKANNE
Nymphoides peltata
F: Menyanthaceae
Diese Wasserpflanze ähnelt der Gelben Teichrose, hat aber kleinere Blüten mit fünf fransigen Kronblättern.

DIPSACALES

Die Mitglieder dieser Ordnung kommen weltweit vor, vor allem aber auf der Nordhalbkugel. Charakteristisch für sie sind kleine Blüten, die oft in kompakten Blütenständen stehen. Die Ordnung besteht aus zwei Familien. Die Moschuskrautgewächse (Adoxaceae) umfassen etwa 200 Arten und die Geißblattgewächse (Caprifoliaceae) rund 860 Arten. Unter ihnen befinden sich die früher in eigene Familien gestellten Baldriane und Karden.

MOSCHUSKRAUT
Adoxa moschatellina
F: Adoxaceae
Die Blütenstände dieser zierlichen Art, die in Europa, Asien und Nordamerika in Wäldern wächst, bestehen aus fünf Blüten, die in rechten Winkeln zueinander stehen (eine weist nach oben).

ROTE SPORNBLUME
Centranthus ruber
F: Caprifoliaceae
Schmetterlinge lieben die Blüten dieser Art. Sie kommt an Felsküsten und auf alten Mauern in der Mittelmeerregion vor und wurde andernorts eingebürgert.

GEWÖHNLICHER SCHNEEBALL
Viburnum opulus
F: Adoxaceae
Dieser Strauch, der in Europa und Asien heimisch ist, trägt Trugdolden mit großen sterilen äußeren und kleineren fertilen inneren Blüten.

SCHWARZER HOLUNDER
Sambucus nigra
F: Adoxaceae
Der Strauch oder kleine Baum mit oben abgeflachten Blütenständen ist in Europa, Westasien und Nordafrika verbreitet.

ECHTER ARZNEI-BALDRIAN
Valeriana officinalis
F: Caprifoliaceae
Von Nordeuropa bis Asien kommt diese Art auf Wiesen, Schuttfluren und in Wäldern vor. Die Blüten mit fünf Kronblättern stehen in Schirmrispen.

WALD-GEISSBLATT

Lonicera periclymenum

F: Caprifoliaceae

In Wäldern und Hecken in Europa und Nordafrika schlingt sich dieser Strauch an anderen Pflanzen hoch, um zum Sonnenlicht zu gelangen.

SCHÖNE LEYCESTERIE

Leycesteria formosa

F: Caprifoliaceae

Dieser Strauch, der aus dem Himalaya stammt, hat herabhängende Stängel und dicht stehende weiße Blüten mit rotvioletten Hochblättern.

TROMPETEN-GEISSBLATT

Lonicera sempervirens

F: Caprifoliaceae

Diese Art klettert im Osten der USA an Waldbäumen empor. Die trompetenförmigen roten Blüten sind innen gelb und locken Kolibris an, die sie bestäuben.

GEWÖHNLICHE SCHNEEBEERE

Symphoricarpos albus

F: Caprifoliaceae

Dieser Strauch, der von Alaska bis Colorado verbreitet ist, wird vielerorts gepflanzt. Die dicht stehenden rosa Blüten reifen zu weißen Beeren.

LIEBLICHE WEIGELIE

Weigela florida

F: Caprifoliaceae

Dieser aus China und Korea stammende Strauch trägt Blütenstände mit trichterförmigen Blüten, die außen dunkel- und innen manchmal gelblich sind.

WIESEN-WITWENBLUME

Knautia arvensis

F: Caprifoliaceae

In Blütenständen dieser Art, die auf trockenen Weiden von Europa bis Sibirien vorkommt, haben die äußeren Blüten größere Kronblätter als die inneren.

SCABIOSA PROLIFERA

F: Caprifoliaceae

Die Blütenstände dieser robusten Art aus dem östlichen Mittelmeergebiet bestehen aus blassgelben großen äußeren und kleineren inneren Blüten. Sie wächst auf Feldern.

GEWÖHNLICHER TEUFELSABBISS

Succisa pratensis

F: Caprifoliaceae

Der Legende nach hat der Teufel das Rhizom dieser ausdauernden Pflanze abgebissen. Sie wächst in Europa und Nordafrika auf feuchten Böden.

WILDE KARDE

Dipsacus fullonum

F: Caprifoliaceae

Diese kräftige zweijährige Art besiedelt Rohböden in Europa, Westasien und Nordafrika. Stängel, Blätter und Tragblätter der Blüten sind stachelig. Im Winter fressen Vögel die Samen.

PILZE

Früher ordnete man die Pilze dem Pflanzenreich zu, heute bilden diese Lebewesen ein eigenes Reich. Mit ihren Hyphen durchsetzen sie das Substrat, in dem sie wachsen, und nehmen aus ihm organische Stoffe auf. Oft werden sie erst dann sichtbar, wenn sie Fruchtkörper bilden. Pilze können sowohl Verbündete als auch Feinde anderer Lebewesen sein: Viele sind Wiederverwerter oder Symbiosepartner, aber auch Parasiten und Krankheitserreger gehören dieser großen Gruppe an.

» 212

BASIDIENPILZE

Arten dieser Gruppe bilden Fruchtkörper mit Stiel und Hut, aber auch Boviste und viele andere Formen. Die Sporen werden immer an speziellen Trägerzellen abgeschnürt, den Basidien.

» 238

SCHLAUCHPILZE

Diese Pilze bilden ihre Sporen in Schläuchen, die oft eine Schicht auf den Fruchtkörpern bilden. Viele sind becherförmig, aber auch Trüffeln, Morcheln und einzellige Hefen gehören zur Gruppe.

» 244

FLECHTEN

Eine Flechte ist eine Partnerschaft aus einem Pilz und einer Alge. Manche bilden Krusten, andere erinnern an kleine Sträucher. Die meisten wachsen langsam und sind außerordentlich langlebig.

BASIDIENPILZE

Zu den Basidienpilzen (Basidiomycota) gehören die meisten Pilze, deren Fruchtkörper einen Stiel mit Hut ausbilden. Man findet sie in nahezu jedem wichtigen Lebensraum. Sie bilden ihre Sporen in typischen Sporenständern, den Basidien.

STAMM	BASIDIOMYCOTA
KLASSEN	16
ORDNUNGEN	52
FAMILIEN	177
ARTEN	etwa 32 000

Diese typischen Basidienpilze haben einen Stiel und einen Hut mit Lamellen auf der Unterseite.

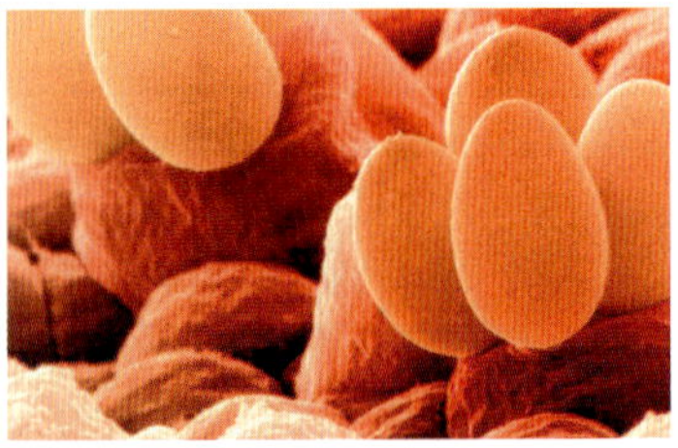

Die winzigen Sporen des Wiesenchampignons sind hier noch an den Trägerzellen (Basidien) befestigt.

Mit einer dunklen Sporenmasse ist diese Stinkmorchel bedeckt. Sie verströmt einen intensiven Verwesungsgeruch.

STREITFRAGE

RÄTSELHAFTE FARBEN

Viele Basidienpilze sind auffällig bunt. Man weiß noch nicht, welche Vorteile die Farben den Pilzen verschaffen. Anders als Blütenpflanzen müssen Pilze keine Bestäuber anlocken. Rötliche Pigmente könnten vor starker Sonneneinstrahlung schützen, andere Farben warnen dagegen Pilzfresser vor den Pilzgiften.

Wenige Pilzgruppen sind so formenreich wie die Basidiomycota. Die Fruchtkörper (die über der Erde erscheinenden Teile des Pilzes, in denen die Sporen gebildet werden) haben sich entwickelt, um die Sporen effizient zu verbreiten. Viele Fruchtkörper haben einen Stiel und einen Hut mit Lamellen. Es gibt aber auch einfacher gebaute, krustenartige Fruchtkörper und komplexere Formen. Noch exotischer erscheinen uns kugelige Pilze, wie die Stäublinge und Erdsterne. Daneben gibt es hübsche korallenähnliche Formen und die Rutenpilze, deren Gestalten oft bizarr anmuten. Im Fruchtkörper bilden spezialisierte Trägerzellen, die Basidien, die Sporen. Diese werden mit verschiedenen Mechanismen verbreitet. Lamellenpilze zum Beispiel setzen ihre Sporen frei, sodass diese mit dem Wind verdriften. Rutenpilze hingegen locken mit Verwesungsgerüchen und bunten Farben Insekten und andere wirbellose Tiere an. Diese fressen die Sporenmasse, die ihren Verdauungstrakt unbeschadet passiert und verbreiten die Sporen mit ihren Exkrementen.

WIE PILZE NÄHRSTOFFE AUFNEHMEN

Der größte Teil eines Pilzes ist meistens nicht zu sehen: Ein Netz aus feinen Pilzfäden, den Hyphen, bilden ein Mycel. Die Hyphen durchdringen die Substanz, auf der der Pilz wächst, sei es der Erdboden, alte Laubstreu, morsches Holz, lebendes Pflanzengewebe oder tote und verwesende Tiere. Das Mycel breitet sich über ein großes Gebiet aus und viele Pilze gehen mit Pflanzen eine Partnerschaft zum gegenseitigen Nutzen ein, die man Mycorrhiza nennt. Dabei umwachsen Pilzhyphen die Wurzeln der Pflanzen und dringen mitunter in sie ein, sodass der Pilz Kohlenhydrate aus der Pflanze aufnehmen kann. Die Pflanze kann im Gegenzug über das Mycel mehr Wasser und Mineralstoffe aufnehmen. Andere Pilze schließen tote organische Stoffe auf oder verdauen Lebewesen. Bei beiden Prozessen wird der Boden so verändert, dass bessere Wachstumsbedingungen für die Pflanzen geschaffen werden.

BASIDIENPILZE IN DER LAUBSTREU >
Viele Pilze ernähren sich von verrottenden Pflanzenresten. Ihre Fruchtkörper erscheinen, wo Feuchtigkeit und Nährstoffe vorhanden sind.

AGARICALES

Etliche bekannte Speisepilze gehören zur Ordnung Agaricales (Blätterpilze). Viele haben einen Stiel und einen Hut mit Lamellen, andere Poren statt Lamellen. Weitere Fruchtkörperformen sind die nestförmigen Teuerlinge, trüffelähnliche und breit am Substrat ansetzende Formen und die Stäublinge. Die meisten leben in der Laubstreu, im Erdboden oder auf Holz, das sie zersetzen. Andere leben parasitisch oder bilden mit den Wurzeln von Pflanzen eine Mycorrhiza aus.

WIESENCHAMPIGNON
Agaricus campestris
F: Agaricaceae
Auf Wiesen in Eurasien und Nordamerika ist dieser Speisepilz häufig. Die rosafarbenen Lamellen werden bei älteren Pilzen braun. Der Stiel mit vergänglichem Ring ist kurz.

KULTURCHAMPIGNON
Agaricus bisporus
F: Agaricaceae
In riesigen Mengen ist dieser bekannte Speisepilz weltweit im Handel. Der schuppige Hut ist weiß bis dunkelbraun.

KARBOL-CHAMPIGNON
Agaricus xanthodermus
F: Agaricaceae
Bei dieser unangenehm riechenden giftigen Art ist der Hut in der Mitte abgeflacht. In Eurasien und im westlichen Nordamerika ist sie häufig.

RIESENCHAMPIGNON
Agaricus augustus
F: Agaricaceae
Ein großer orangebrauner, schuppiger Hut und ein weißer, wollig-schuppiger Stiel mit einem hängenden Ring kennzeichnen diesen essbaren Pilz, der von Eurasien bis Nordamerika verbreitet ist.

SPITZSCHUPPIGER SCHIRMLING
Echinoderma asperum
F: Agaricaceae
In Wäldern und Gärten Eurasiens und Nordamerikas findet man diesen seltenen Giftpilz. Der Hut ist mit braunen spitzkegeligen Schuppen besetzt, die sich ablösen.

ANLAUFENDER EGERLINGSSCHIRMPILZ
Leucoagaricus badhamii
F: Agaricaceae
Der seltene eurasische Giftpilz wächst in Wäldern und Gärten mit nährstoffreichen Böden. Junge Pilze sind weiß. Die Art färbt sich beim Anfassen erst blutrot, dann schwarz.

WEISSER ANISCHAMPIGNON
Agaricus arvensis
F: Agaricaceae
Dieser Speisepilz, der in Parks in Eurasien und Nordamerika häufig ist, färbt sich schmutzig gelb. Der Stiel hat einen kräftigen hängenden Ring.

SCHOPFTINTLING
Coprinus comatus
F: Agaricaceae
In Eurasien und Nordamerika findet man diesen Pilz häufig an Wegen und auf Wiesen. Der unverkennbare hohe, schuppige Hut löst sich in eine tintenartige Flüssigkeit auf.

STINKSCHIRMLING
Lepiota cristata
F: Agaricaceae
Der gummiartige Geruch ist ein typisches Merkmal dieser giftigen Art, die in Eurasien und Nordamerika vor allem in Wäldern und Wiesen vorkommt.

FEUERFÜSSIGER SCHIRMLING
Lepiota ignivolvata
F: Agaricaceae
Der in Eurasien seltene Pilz hat einen Ring mit orangefarbenem Rand weit unten am keuligen weißen Stiel.

ROSABLÄTTRIGER EGERLINGSSCHIRMLING
Leucoagaricus leucothites
F: Agaricaceae
Auf Wiesen und an Straßenrändern in Eurasien und Nordamerika wächst dieser ungenießbare Pilz. Der elfenbeinweiße Fruchtkörper färbt sich später graubraun.

SAFRANSCHIRMLING
Chlorophyllum rhacodes
F: Agaricaceae
In Eurasien und Nordamerika ist der giftverdächtige Pilz häufig. Er hat einen schuppigen braunen Hut, einen Ring und ein sich rötendes Fleisch.

GELBER FALTENSCHIRMLING
Leucocoprinus birnbaumii
F: Agaricaceae
Die ungenießbare Art wächst weltweit in Töpfen von Zimmerpflanzen. Sie hat einen zarten goldgelben Hut und einen schlanken Stiel mit Ring.

BLEIGRAUER BOVIST
Bovista plumbea
F: Agaricaceae
Dieser kugelige Pilz ist glatt, wenn er jung ist. Später schuppt sich die Außenhülle und eine papierartige Innenhülle wird sichtbar. Er ist in Eurasien und Nordamerika häufig.

RIESENBOVIST
Calvatia gigantea
F: Agaricaceae
Der große, glatte weiße Fruchtkörper dieser jung essbaren Art, die man in Hecken, Feldern und Gärten in Eurasien und Nordamerika häufig findet, ist innen weiß bis gelb.

PARASOLPILZ
Macrolepiota procera
F: Agaricaceae

Der hohe Speisepilz, der in Wiesen in Eurasien und Nordamerika vorkommt, trägt einen schuppigen Hut. Der Stiel hat ein schlangenhautähnliches Muster und einen dicken Ring.

WIESEN-STÄUBLING
Lycoperdon pratense
F: Agaricaceae

Bei dieser kurzstieligen, jung essbaren Art trennt eine innere Zwischenwand die Sporenmasse vom Stiel. Man findet sie in Wiesen in Eurasien oft.

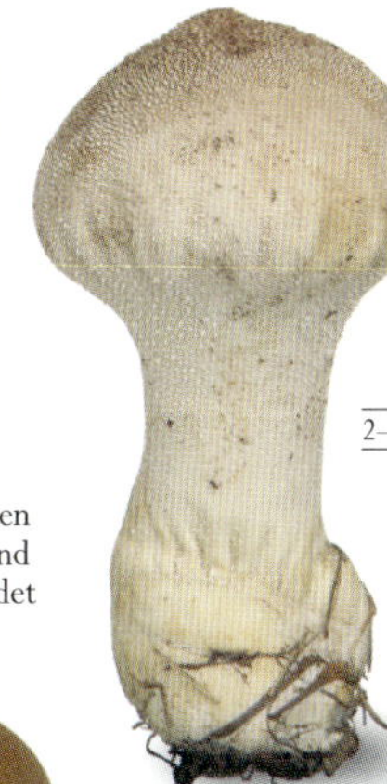

FLASCHENSTÄUBLING
Lycoperdon perlatum
F: Agaricaceae

Der häufigste weiße Stäubling kommt in Eurasien und Nordamerika vor und ist jung essbar. Die körnigen Stacheln fallen ab und hinterlassen ein netzartiges Muster.

IGELSTÄUBLING
Lycoperdon echinatum
F: Agaricaceae

In Birkenwäldern in Eurasien und Nordamerika kommt die ungenießbare Art vor. Gruppen der Stacheln sind an den Spitzen verbunden. Die Sporen sind rötlich braun.

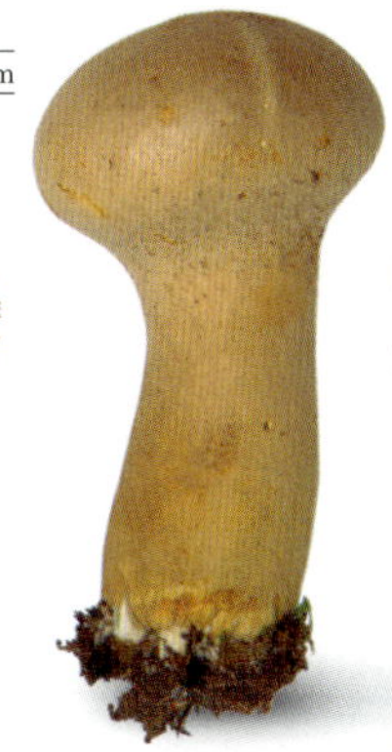

BEUTELSTÄUBLING
Lycoperdon excipuliforme
F: Agaricaceae

Der eurasische, jung ungiftige Pilz ist einer der größten Stäublinge. Der gelbbraune oder weißliche Stiel bleibt zurück, wenn die Sporen entlassen sind.

BIRNENSTÄUBLING
Apioperdon pyriforme
F: Agaricaceae

Die birnenförmige, in Eurasien und Nordamerika häufige Art wächst auf Holz. An der Basis erkennt man auffällige Mycelstränge. Junge Pilze sind fest und essbar.

STINKENDER STÄUBLING
Lycoperdon foetidum
F: Agaricaceae

Der gelblich braune Stäubling mit dunklen Stacheln ist in Heidegebieten und Wäldern mit sauren Böden in Eurasien häufig. Das Fleisch riecht unangenehm.

SÜDLICHER ACKERLING
Cyclocybe cylindracea
F: Bolbitiaceae

Der seltene Speisepilz kommt in Eurasien auf Pappelholz vor. Der Hut reißt ein, wenn er austrocknet.

RAUSTIELIGER ACKERLING
Agrocybe pediades
F: Bolbitiaceae

Meist findet man die eurasische ungenießbare Art auf Rasen. Sie hat einen glatten, gelblichen Hut und riecht mehlig.

VOREILENDER ACKERLING
Agrocybe praecox
F: Bolbitiaceae

Im Frühjahr ist der ungenießbare Pilz in Eurasien und Nordamerika häufig. Der Hut kann am Rand ein Velum tragen.

WINTER-STIELBOVIST
Tulostoma brumale
F: Agaricaceae

Den ungenießbaren Pilz findet man typischerweise auf Sandböden in Eurasien und Nordamerika. Er bildet kleine, weißlich gelbe runde »Köpfe« auf schlanken Stielen.

BATTAREOIDES DIGUETI
F: Tulostomataceae

Auf sehr trockenen, sandigen Böden in Nordamerika erscheint diese hohe Art aus einem ledrigen »Ei«. Im braunen Hut bilden sich die Sporen.

CONOCYBE APALA
F: Bolbitiaceae

Die ungenießbare Art findet man in Eurasien und Nordamerika häufig auf Rasen. Der kegelförmige elfenbeinweiße Hut hat orangebraune Lamellen und sitzt auf einem hohen Stiel.

GOLD-MISTPILZ
Bolbitius titubans
F: Bolbitiaceae

In Wiesen in Eurasien und Nordamerika erscheint die ungenießbare Art häufig. Der zarte, schleimige Hut hält sich nur etwa einen Tag.

»

KAISERLING
Amanita caesarea
F: Amanitaceae
Unter Eichen findet man die essbare Art v. a. vom Mittelmeergebiet bis nach Zentraleurasien. Hut und Stiel sind orangefarben.

GRÜNER KNOLLENBLÄTTERPILZ
Amanita phalloides
F: Amanitaceae
Der tödlich giftige Pilz ist in Eurasien und Teilen Nordamerikas häufig. Er hat einen Ring und eine große Scheide am Stiel und riecht unangenehm süßlich.

GELBER KNOLLENBLÄTTERPILZ
Amanita citrina
F: Amanitaceae
Dieser Giftpilz, der in Eurasien und dem östlichen Nordamerika vorkommt, hat einen Stiel mit charakteristisch gerandeter Knolle. Das Fleisch riecht nach rohen Kartoffeln.

ROTBRAUNER SCHEIDENSTREIFLING
Amanita fulva
F: Amanitaceae
Dem Hut des roh giftigen Pilzes, der in Wäldern in Eurasien und Nordamerika häufig ist, können Velumfetzen anhaften. Der Stiel ist von einer Scheide umgeben.

PERLPILZ
Amanita rubescens
F: Amanitaceae
In Mischwäldern in Eurasien und Nordamerika ist diese roh giftige Art häufig. Der Hut ist cremeweiß bis braun, das Fleisch verfärbt sich rötlich.

FLIEGENPILZ
Amanita muscaria
F: Amanitaceae
Der hochgiftige Fliegenpilz ist in Eurasien und Nordamerika verbreitet, besonders unter Birken. Die weißen »Tupfen« werden manchmal vom Regen abgespült.

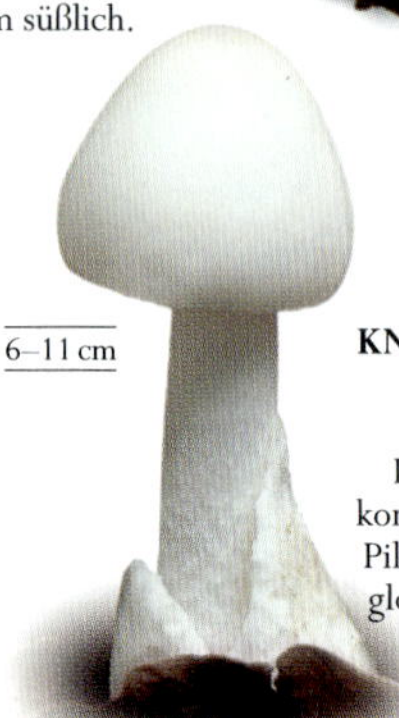

KEGELHÜTIGER KNOLLENBLÄTTERPILZ
Amanita virosa
F: Amanitaceae
Im nördlichen Eurasien kommt dieser tödlich giftige Pilz vor. Er ist reinweiß mit glockenförmigem Hut und weißer Scheide.

PANTHERPILZ
Amanita pantherina
F: Amanitaceae
Die hochgiftige Art trägt weiße Velumflocken auf dem Hut. Sie hat einen Stiel mit Ring, eine wulstig gerandete Knolle und ist in Eurasien und Nordamerika verbreitet.

GELBE WIESENKORALLE
Clavulinopsis corniculata
F: Clavariaceae
Der ungenießbare Pilz mit geweihähnlichen Ästen ist auf sauren, ungedüngten Wiesen und grasbewachsenen Waldlichtungen in Eurasien recht häufig.

GOLDGELBE WIESENKEULE
Clavulinopsis helvola
F: Clavariaceae
An grasigen Standorten in Eurasien und Nordamerika ist die ungenießbare Art häufig. Es gibt mehrere ähnliche Arten, die nur anhand der Sporen sicher bestimmt werden können.

AMETHYSTFARBENE KORALLE
Clavaria zollingeri
F: Clavariaceae
Auf vermoosten Wiesen und in Wäldern in Eurasien und Nordamerika findet man die ungenießbare seltene Art mit korallenförmigem Wuchs.

WURMFÖRMIGE KEULE
Clavaria fragilis
F: Clavariaceae
Dieser nicht genießbare Pilz bildet in Wäldern und Wiesen in Eurasien dicht stehende, weiße einfache Keulen.

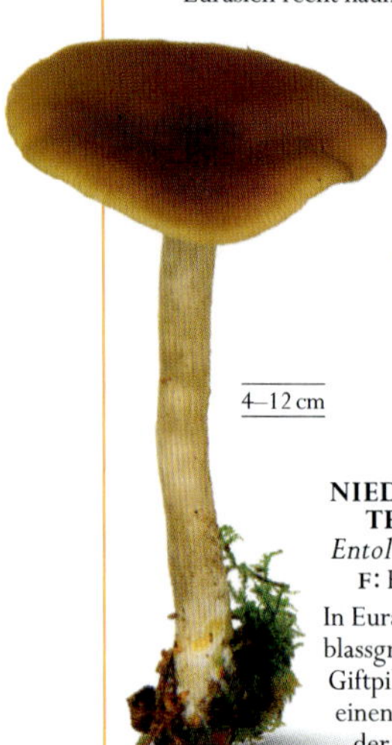

NIEDERGEDRÜCKTER RÖTLING
Entoloma rhodopolium
F: Entolomataceae
In Eurasien kommt dieser blassgraue bis graubraune Giftpilz vor. Der Hut hat einen zentralen Buckel, der Stiel ist schlank.

BLAUGRÜNER ZÄRTLING
Entoloma incanum
F: Entolomataceae
Nach Mäusen riecht der ungenießbare Pilz mit grünem Hut, der sich später braun färbt. Er wächst in ungedüngten Wiesen in Eurasien.

GESÄGTBLÄTTRIGER RÖTLING
Entoloma serrulatum
F: Entolomataceae
Der Pilz mit blauschwarzem Hut hat rosa-bläuliche Lamellen mit dunklen gesägten Schneiden. Er wächst in Wiesen und Parks in Eurasien und Nordamerika.

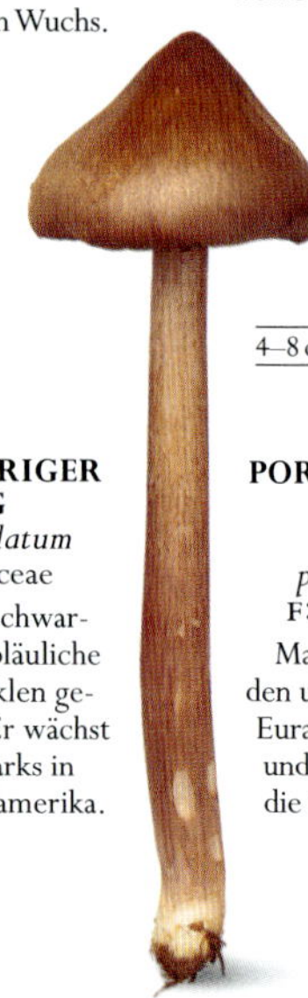

PORPHYRBRAUNER RÖTLING
Entoloma porphyrophaeum
F: Entolomataceae
Manchmal findet man den ungenießbaren Pilz in Eurasien in Wiesen. Hut und Stiel sind grau-lila, die Lamellen blassrosa.

MEHLPILZ
Clitopilus prunulus
F: Entolomataceae
In Mischwäldern ist der essbare, nach Mehl riechende Pilz in Eurasien und Nordamerika verbreitet. Der konvexe Hut ist später oft fast trichterförmig.

VIOLETTER RÖTELRITTERLING
Lepista nuda
F: Tricholomataceae

Der Speisepilz, der in Mischwäldern in Eurasien und Nordamerika häufig ist, hat einen violetten Hut, der braun verblasst.

LILASTIEL-RÖTELRITTERLING
Lepista personata
F: Tricholomataceae

Einen gelbbraunen Hut und einen lilablauen Stiel hat dieser ungiftige Ritterling. Er kommt in offenen Wiesen in Eurasien häufig vor.

NEBELGRAUER TRICHTERLING
Clitocybe nebularis
F: Tricholomataceae

Der nicht essbare Pilz hat dicht stehende Lamellen, die oft am Stiel herablaufen. Man findet ihn häufig in Hexenringen in Eurasien und Nordamerika.

GRÜNER ANIS-TRICHTERLING
Clitocybe odora
F: Tricholomataceae

Unverkennbar ist dieser in Eurasien und Nordamerika häufige Speisepilz, denn er riecht stark nach Anis. Die meergrüne Farbe verblasst zu Graugrün.

FELDTRICHTERLING
Clitocybe dealbata
F: Tricholomataceae

Die giftige Art wächst in Hexenringen in Wiesen in Eurasien und Nordamerika. Sie sieht bereift aus und hat leicht herablaufende Lamellen.

RIESEN-KREMPENTRICHTERLING
Leucopaxillus giganteus
F: Tricholomataceae

Oft wächst dieser ungenießbare Pilz in Eurasien und Nordamerika in großen Hexenringen. Der Hutrand ist anfangs eingerollt.

SCHWEFELRITTERLING
Tricholoma sulphureum
F: Tricholomataceae

Der unangenehme Geruch des schwefelgelben Giftpilzes erinnert an verbrannte Kohle. Er ist in Mischwäldern in Eurasien und Teilen Nordamerikas häufig.

SCHWARZFASERIGER RITTERLING
Tricholoma portentosum
F: Tricholomataceae

Meist findet man die essbare Art bei Nadelbäumen im nördlichen Nordamerika und Nordeurasien. Der glockenförmige Hut ist glatt, der weiße Stiel gelblich überzogen.

SEIFENRITTERLING
Tricholoma saponaceum
F: Tricholomataceae

Die variabel gefärbte Art (graubraun, grünlich oder rosa-grau bis gefleckt) riecht nach Seife. Sie kommt in Mischwäldern in Eurasien und Nordamerika häufig vor.

RÖHRIGE KEULE
Typhula fistulosa
F: Typhulaceae

In Eurasien und Teilen Nordamerikas findet man den ungenießbaren Pilz oft in großen Gruppen. Er bildet an herabgefallenen Ästen schlanke Keulen.

»

FLIEGENPILZ
Amanita muscaria

Der Fliegenpilz ist höchstwahrscheinlich der bekannteste Pilz. In Kinderbüchern aus aller Welt wird er dargestellt. An seinem leuchtend roten Hut, der meistens weiße Punkte aus Hüllresten trägt, ist er leicht zu erkennen. Ursprünglich war er in Europa, Nordasien und Nordamerika verbreitet. Heute wächst er überall, wo Menschen Birken und andere Baumarten gepflanzt haben, mit denen der Pilz eine Partnerschaft zum gegenseitigen Nutzen (Mycorrhiza) eingeht. Deshalb findet man ihn heute auch in Teilen Afrikas, Indiens und Australasiens. Alle Teile sind sehr giftig, Vergiftungen sind aber selten lebensbedrohlich.

GRÖSSE Hutdurchmesser 6–15 cm
LEBENSRAUM Laub- und Nadelwälder
VERBREITUNG nahezu weltweit
SPORENFARBE weiß

Die große Manschette reißt leicht ein.

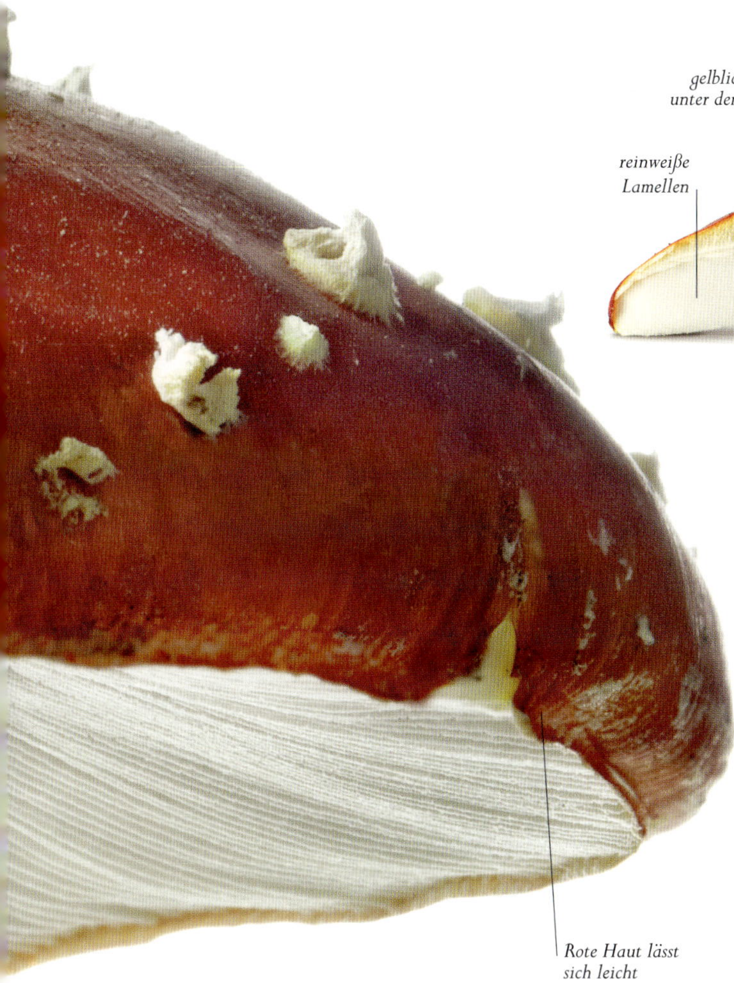

< **WOHLBEKANNTER PILZ**
Die Gestalt des Pilzes verändert sich während des Wachstums stark, die Farbe und die wesentlichen Merkmale bleiben jedoch erhalten. Der Hut kann gelb verblassen, wenn es längere Zeit regnet. Der deutsche Name verweist darauf, dass man die rote Haut des Huts früher in einer Schüssel mit Milch aufstellte, um lästige Stubenfliegen zu vergiften.

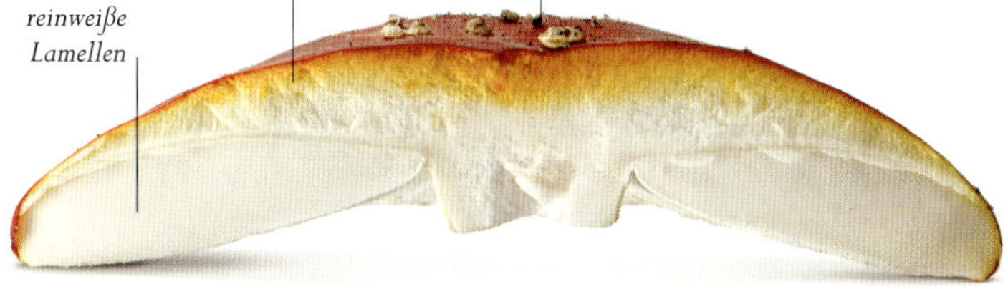

∨ **SCHNITT DURCH DEN HUT**
Im Schnitt sieht man das gelblich orangefarbene Fleisch unter der roten Haut. Die weißen Lamellen bilden einen Kontrast.

∨ **HÜLLRESTE**
Die weißen oder blassgelben warzigen Punkte sind die Reste einer Hülle, die einst den ganzen jungen Hut eingeschlossen hat.

STIELBASIS >
Die Knolle an der Basis ist durch mehrere Warzengürtel abgesetzt. Pilzhyphen (Zellfäden) überziehen die Spitzen der Baumwurzeln und bilden eine Mycorrhiza.

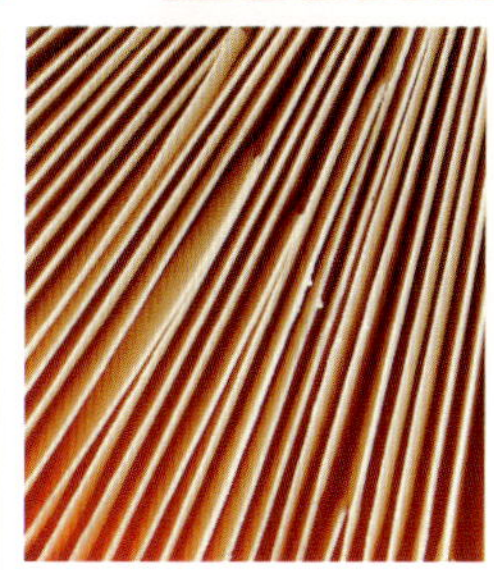

∧ **LAMELLEN**
Die Lamellen des Fliegenpilzes sind unterschiedlich lang, einige enden bereits deutlich vor dem Stiel. Sie füllen den vorhandenen Platz effizient, sodass möglichst viele Sporen gebildet werden können.

WACHSTUMSSTADIEN

∧ **JUNGE PILZE**
Der junge Pilz ist noch völlig in eine warzige Hülle eingeschlossen.

∧ **HÜLLRESTE**
Der Stiel beginnt zu wachsen und die Hülle bricht auf.

∧ **WACHSTUM**
Der Hut wird größer, die Hülle ist unterseits aber noch intakt.

∧ **DIE LAMELLEN**
Die Teilhülle zerreißt und bildet die Manschette. Die Lamellen liegen frei.

∧ **SPORENBILDUNG**
Die Sporen bilden sich an den Lamellen und werden dann in die Luft entlassen.

∧ **ALTER PILZ**
Zum Ende des Lebens verblasst der Hut und ist manchmal aufgewölbt.

ZIGEUNERPILZ
Cortinarius caperatus
F: Cortinariaceae
Aus dem Norden Eurasiens und Nordamerika stammt dieser Speisepilz, den man in Nadelwäldern findet. Der Hut ist bereift.

ROTSCHUPPIGER RAUKOPF
Cortinarius bolaris
F: Cortinariaceae
In Birkenwäldern in Eurasien ist dieser giftige Pilz häufig. Auf dem Hut und Stiel hat er kleine rotbraune Schuppen.

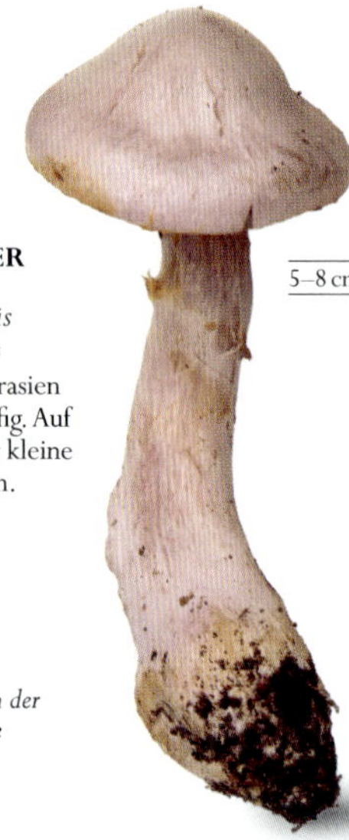

WEISSVIOLETTER DICKFUSS
Cortinarius alboviolaceus
F: Cortinariaceae
Die ungenießbare Art ist in Mischwäldern in Eurasien und Nordamerika häufig. Der Fruchtkörper ist lilafarben getönt. Die Lamellen färben sich später zimtbraun.

PRÄCHTIGER KLUMPFUSS
Cortinarius elegantissimus
F: Cortinariaceae
Dieser hochgiftige Pilz, der in Eurasien in Birkenwäldern auf kalkhaltigen Böden vorkommt, hat einen ockergelben Hut und einen gelben Stiel mit knolliger Basis.

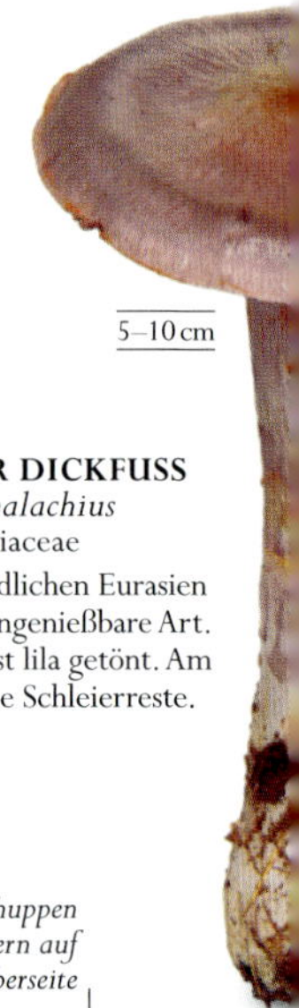

HYGROPHANER DICKFUSS
Cortinarius malachius
F: Cortinariaceae
Unter Kiefern im nördlichen Eurasien wächst diese seltene ungenießbare Art. Der blassbraune Hut ist lila getönt. Am Stiel findet man weiße Schleierreste.

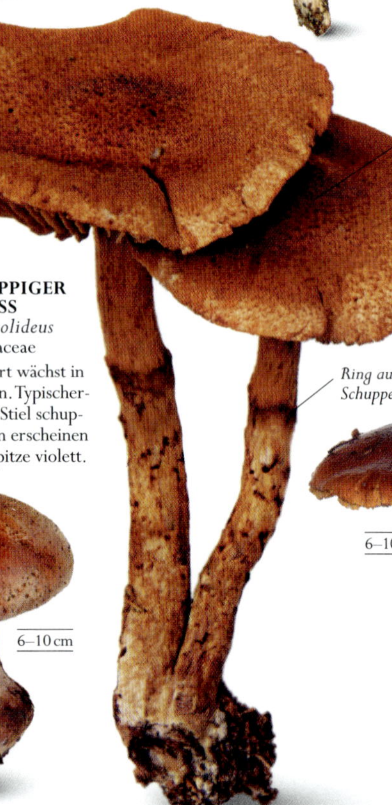

BRAUNSCHUPPIGER DICKFUSS
Cortinarius pholideus
F: Cortinariaceae
Die ungenießbare Art wächst in Eurasien unter Birken. Typischerweise sind Hut und Stiel schuppig. Bei jungen Pilzen erscheinen Lamellen und Stielspitze violett.

HEIDE-SCHLEIMFUSS
Cortinarius mucosus
F: Cortinariaceae
Nur im Norden Eurasiens und in Nordamerika kommt die ungenießbare Art in Kiefernwäldern vor. Der orangebraune Hut und der weiße Stiel sind sehr schleimig.

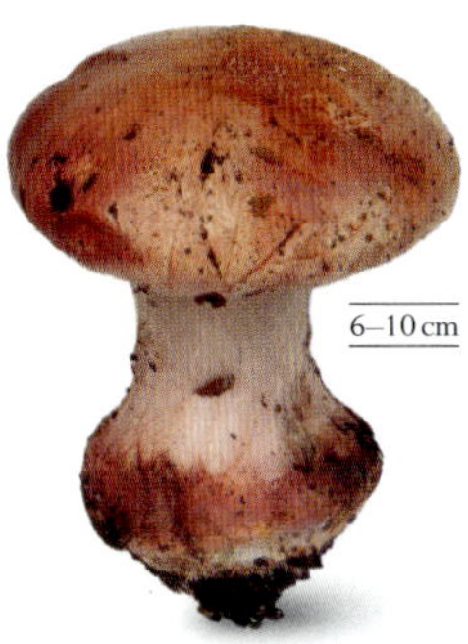

VIOLETTROTER KLUMPFUSS
Cortinarius rufoolivaceus
F: Cortinariaceae
Diese seltene, nicht essbare Art kommt in ganz Eurasien vor. Der kupferbraune Hut hat einen rosa oder olivgrünen Rand. Der knollige Stiel ist violett bis grüngelb.

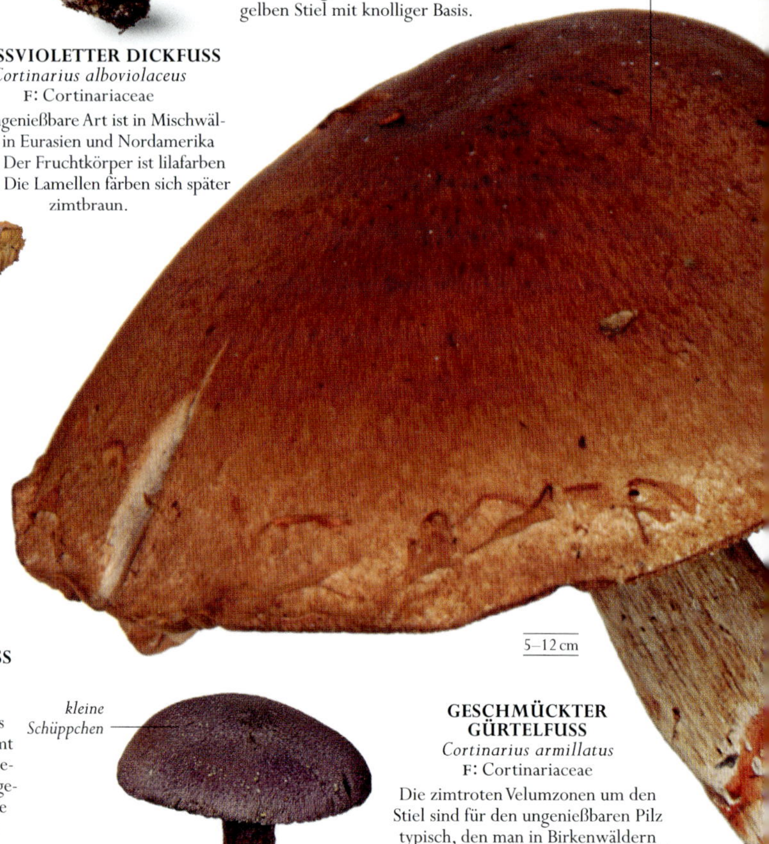

GESCHMÜCKTER GÜRTELFUSS
Cortinarius armillatus
F: Cortinariaceae
Die zimtroten Velumzonen um den Stiel sind für den ungenießbaren Pilz typisch, den man in Birkenwäldern in Eurasien und Nordamerika findet.

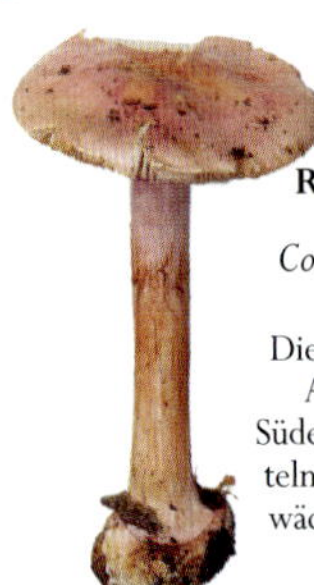

ROSAVIOLETTER KLUMPFUSS
Cortinarius sodagnitus
F: Cortinariaceae
Die seltene ungenießbare Art, die vor allem in Südengland und in der Mittelmeerregion vorkommt, wächst in Buchenwäldern auf Kalkböden.

SCHÖNGELBER KLUMPFUSS
Cortinarius splendens
F: Cortinariaceae
Der seltene eurasische Giftpilz hat einen goldgelben Hut und einen knolligen Stiel mit schwefelgelben Schleierresten. Er wächst in Eurasien v.a. in Birkenwäldern.

DUFTENDER GÜRTELFUSS
Cortinarius flexipes
F: Cortinariaceae
Ein Geruch nach Pelargonien und weiße Härchen auf dem spitzen Hut charakterisieren diese ungenießbare Art. Sie ist unter Birken in Nordeurasien und Nordamerika häufig.

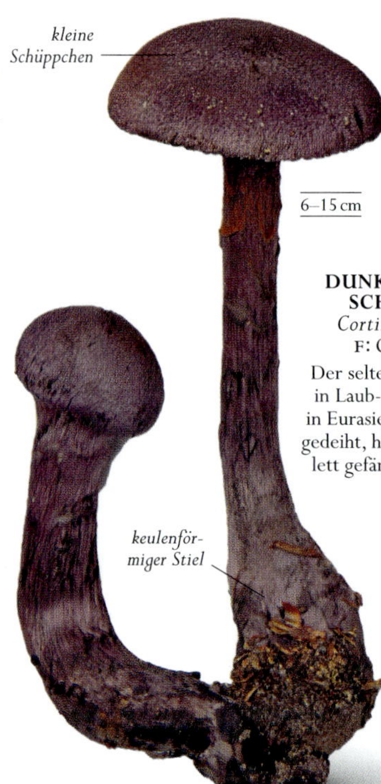

DUNKELVIOLETTER SCHLEIERLING
Cortinarius violaceus
F: Cortinariaceae
Der seltene essbare Pilz, der in Laub- und Nadelwäldern in Eurasien und Nordamerika gedeiht, hat einen intensiv violett gefärbten Hut und Stiel.

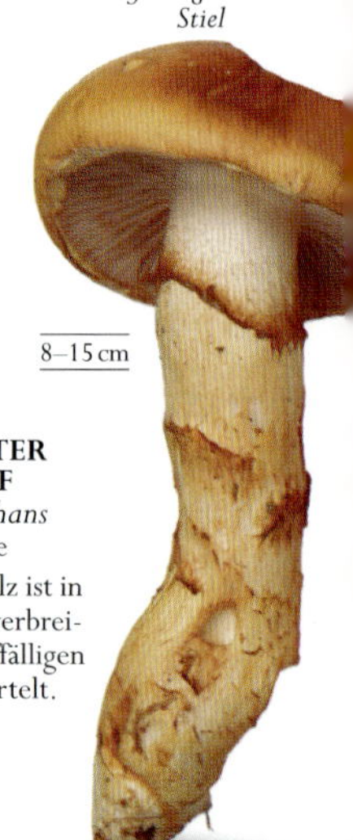

GELBGESTIEFELTER SCHLEIMKOPF
Cortinarius triumphans
F: Cortinariaceae
Dieser ungenießbare Pilz ist in Eurasien unter Birken verbreitet. Der Stiel ist mit auffälligen gelben Bändern gegürtelt.

GALLERTFLEISCHIGES KRÜPPELFÜSSCHEN
Crepidotus mollis
F: Crepidotaceae

Der Hut der ungenießbaren Art aus Eurasien und Nordamerika hat eine abziehbare Haut. Der Stiel fehlt oder ist sehr kurz.

GEWÖHNLICHES STUMMELFÜSSCHEN
Crepidotus variabilis
F: Crepidotaceae

Bei dieser von mehreren ähnlichen, in Eurasien und Nordamerika verbreiteten, nicht essbaren Art fehlt meist der Stiel.

GALERINA CALYPTRATA
F: Hymenogastraceae

Dieser eurasische giftige Pilz ist eine von vielen Arten, die nur unter dem Mikroskop bestimmbar sind. Der runde Hut ist orangebraun.

GIFTHÄUBLING
Galerina marginata
F: Hymenogastraceae

Einen orangebraunen Hut und einen kleinen Ring am Stiel hat dieser Giftpilz. Er wächst in Eurasien und Nordamerika auf morschem Holz.

WURZELNDER MARZIPAN-FÄLBLING
Hebeloma radicosum
F: Hymenogastraceae

Der hellbeige Hut ist mit angedrückten Schuppen besetzt. Der eurasische Giftpilz riecht nach Bittermandel.

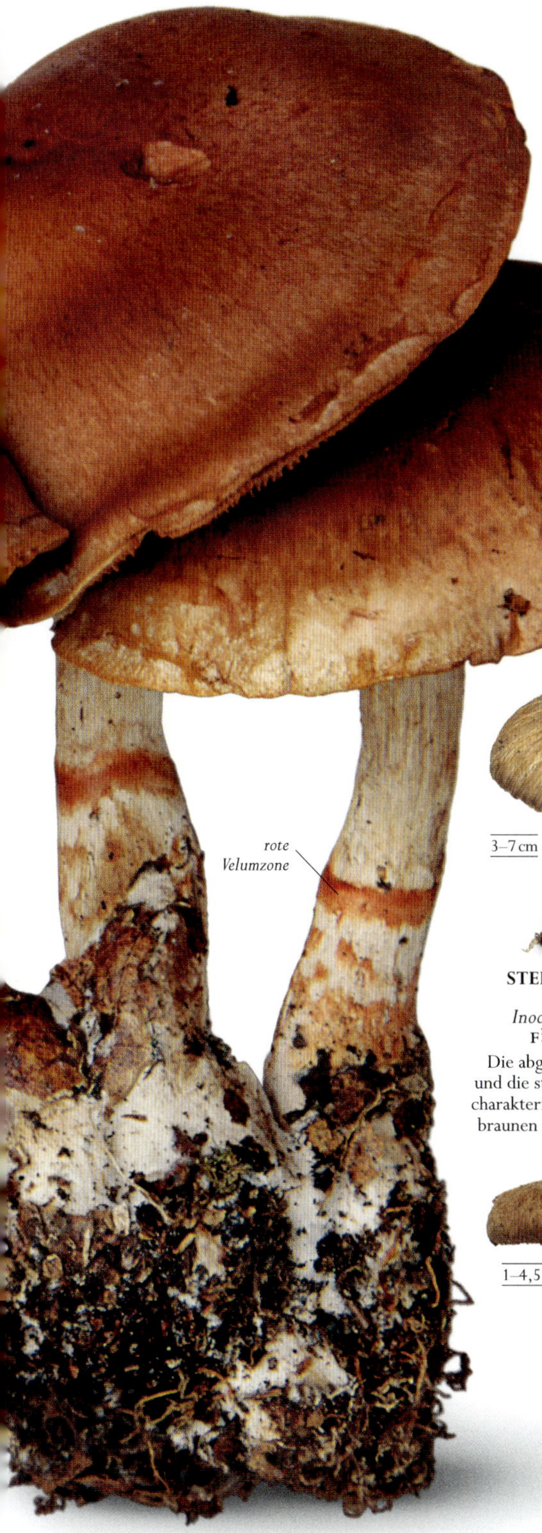

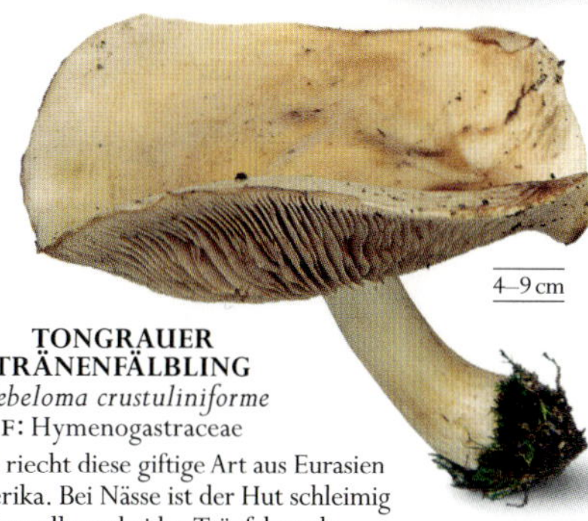

TONGRAUER TRÄNENFÄLBLING
Hebeloma crustuliniforme
F: Hymenogastraceae

Nach Rettich riecht diese giftige Art aus Eurasien und Nordamerika. Bei Nässe ist der Hut schleimig und die Lamellen scheiden Tröpfchen ab.

KEGELIGER RISSPILZ
Inocybe rimosa
F: Inocybaceae

Der spitzbuckelige Hut dieses Giftpilzes ist strohgelb, der Stiel hoch und schlank. Er ist in Mischwäldern in Eurasien und Nordamerika verbreitet.

STERNSPORIGER RISSPILZ
Inocybe asterospora
F: Inocybaceae

Die abgeflachte Stielknolle und die sternförmigen Sporen charakterisieren diesen kleinen braunen eurasischen Giftpilz.

ZIEGELROTER RISSPILZ
Inocybe erubescens
F: Inocybaceae

In Mischwäldern auf Kalk wächst dieser seltene Giftpilz. Der faserige Hut entfärbt sich im Alter. Der kräftige Stiel erscheint bei Druck rötlich.

ERDBLÄTTRIGER RISSPILZ
Inocybe geophylla
F: Inocybaceae

Dies ist eine der häufigsten *Inocybe*-Arten in den Wäldern Eurasiens und Nordamerikas. Er hat einen kegelförmigen seidig-glatten Hut und einen schlanken Stiel.

SPINDELSPORIGER RISSPILZ
Inocybe lacera
F: Inocybaceae

Dieser Gipfpilz, den man in Eurasien und Nordamerika findet, hat charakteristische zylindrische Sporen.

GRAUVIOLETTER RISSPILZ
Inocybe griseolilacina
F: Inocybaceae

Der in Buchenwäldern Eurasiens häufige Giftpilz hat einen schuppigen Hut und einen blassvioletten schlanken Stiel.

»

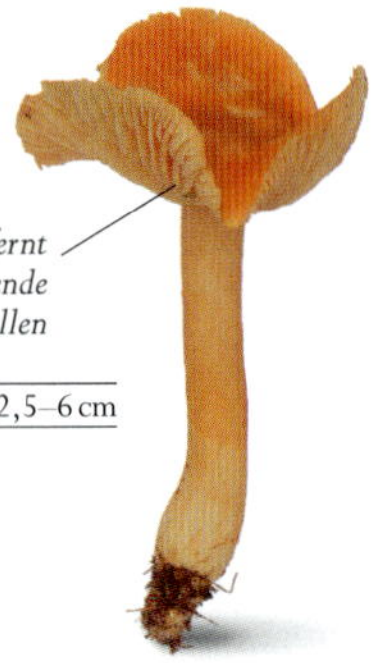

WIESENELLERLING
Cuphophyllus pratensis
F: Hygrophoraceae
Dies ist einer der größeren Ellerlinge, die in Wiesen wachsen. Man findet den essbaren Pilz in Eurasien und Nordamerika. Die Lamellen laufen am kräftigen Stiel herab.

JUNGFERN-ELLERLING
Cuphophyllus virgineus
F: Hygrophoraceae
Der essbare Ellerling ist an grasbewachsenen Standorten in Eurasien häufig. Der wachsartige Hut und der schlanke Stiel sind durchscheinend.

PAPAGEIGRÜNER SAFTLING
Gliophorus psittacinus
F: Hygrophoraceae
In Eurasien und Nordamerika kommt der ungenießbare Pilz vor. Der schleimige Hut ist meist lebhaft grün bis orangefarben und der Stiel oben kräftig grün.

ROSENROTER SAFTLING
Porpolomopsis calyptriformis
F: Hygrophoraceae
Einen rosa Hut, einen brüchigen hellen Stiel und wachsartige Lamellen hat dieser charakteristische, aber seltene, ungenießbare Pilz. Er kommt in Europa auf ungedüngten Wiesen vor.

SCHWÄRZENDER SAFTLING
Hygrocybe conica
F: Hygrophoraceae
In Wiesen und Wäldern in Eurasien und Nordamerika findet man die giftige Art häufig. Der kegelförmige orangerote Hut und der Stiel färben sich im Alter schwarz.

KIRSCHROTER SAFTLING
Hygrocybe coccinea
F: Hygrophoraceae
Mit ihrem hellroten Hut und Stiel wirkt die ungenießbare Art, die in ungedüngten Wiesen in Eurasien und Nordamerika wächst, auffällig.

KEULENFUSS-TRICHTERLING
Ampulloclitocybe clavipes
F: Hygrophoraceae
Die ungenießbare Art aus Eurasien und Nordamerika ist im Spätherbst in Mischwäldern häufig. Die Lamellen laufen am Stiel herab.

STUMPFER SAFTLING
Hygrocybe chlorophana
F: Hygrophoraceae
Dies ist die häufigste *Hygrocybe*-Art. Man findet den essbaren Pilz in Eurasien in Wiesen. Der orangegelbe Hut ist leicht schleimig.

GRÖSSTER SAFTLING
Hygrocybe punicea
F: Hygrophoraceae
Auf ungedüngten Wiesen in Eurasien und Nordamerika findet man die seltene große ungiftige Art. Der Stiel ist trocken und faserig mit weißlicher Basis.

ELFENBEIN-SCHNECKLING
Hygrophorus eburneus
F: Hygrophoraceae
In Buchenwäldern in Eurasien und Nordamerika findet man die ungenießbare Art. Hut und Stiel sind schleimig und die dicken Lamellen riechen blumig.

VIOLETTER LACKTRICHTERLING
Laccaria amethystina
F: Hydnangiaceae
Der fast unverkennbare, schlanke ungiftige Pilz aus Eurasien und Nordamerika ist frisch intensiv violett gefärbt.

MÄUSESCHWANZ
Baeospora myosura
F: Cyphellaceae
Der Mäuseschwanz ist einer der wenigen Pilze, die vor allem auf Kiefernzapfen wachsen. Er kommt in Eurasien und Nordamerika vor und hat eng stehende Lamellen.

RÖTLICHER LACKTRICHTERLING
Laccaria laccata
F: Hydnangiaceae
Dieser Speisepilz ist ziegelrot bis fleischfarben. Der trockene Hut hat dicke Lamellen. In gemäßigten Wäldern in Eurasien und Nordamerika ist er häufig.

FROSTSCHNECKLING
Hygrophorus hypothejus
F: Hygrophoraceae
Nach Frösten erscheint die essbare Art in Kiefernwäldern in Eurasien und Nordamerika. Der olivbraune Hut ist klebrig, der Stiel gelb.

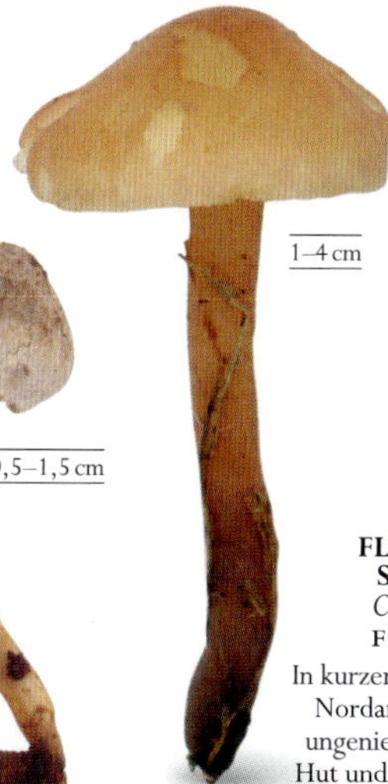

MAIRITTERLING
Calocybe gambosa
F: Lyophyllaceae
Die wollweiße bis hellbeige essbare Art aus Eurasien erscheint oft im späten Frühjahr in Hexenringen an Waldrändern. Die Pilze riechen nach frisch gemahlenem Mehl.

FLEISCHROTER SCHÖNKOPF
Calocybe carnea
F: Lyophyllaceae
In kurzem Gras in Eurasien und Nordamerika wächst dieser ungenießbare Pilz. Der glatte Hut und der Stiel sind rosa, die Lamellen weiß.

BESCHLEIERTER ZWITTERLING
Asterophora parasitica
F: Lyophyllaceae
Die ungenießbare Art ist eine von zwei bekannten Arten aus Eurasien und Nordamerika, die auf verfaulenden Fruchtkörpern von Faserlingen wachsen.

GESELLIGER RASLING
Lyophyllum decastes
F: Lyophyllaceae
An Straßen- und Wegrändern und auf Ödland in Eurasien und Nordamerika bildet dieser essbare Pilz Büschel. Der Hut ist zäh und der Stiel kräftig.

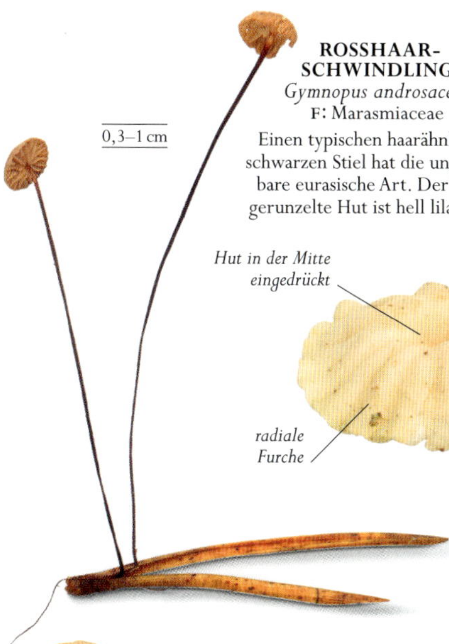

ROSSHAAR-SCHWINDLING
Gymnopus androsaceus
F: Marasmiaceae
Einen typischen haarähnlichen schwarzen Stiel hat die ungenießbare eurasische Art. Der radial gerunzelte Hut ist hell lilabraun.

BRAUNER HAARSCHWINDLING
Crinipellis scabella
F: Marasmiaceae
Auf abgestorbenen Gräsern findet man diese charakteristische eurasische Art. Der Hut ist klein und der lange, schlanke Stiel mit dichten stacheligen braunen Haaren bedeckt.

NELKENSCHWINDLING
Marasmius oreades
F: Marasmiaceae
Dieser klassische Hexenringpilz ist in offenem Grasland in Eurasien und Nordamerika verbreitet. Der Speisepilz hat einen fleischigen beigefarbenen Hut mit dicken Lamellen.

TIEGELTEUERLING
Crucibulum laeve
F: Nidulariaceae
Die in Eurasien und Nordamerika verbreitete ungenießbare Art bildet Nester mit »Eiern« (Peridiolen), die Sporen enthalten. Sie wächst auf morschem Holz und ist oft schwer zu entdecken.

LANGSTIELIGER KNOBLAUCH-SCHWINDLING
Mycetinis alliaceus
F: Marasmiaceae
In Buchenwäldern in Eurasien ist dieser essbare Schwindling verbreitet. Er hat einen hohen, schlanken schwärzlichen Stiel und riecht stark nach ranzigem Knoblauch.

HALSBAND-SCHWINDLING
Marasmius rotula
F: Marasmiaceae
Wie kleine Regenschirme sind die Hüte dieses ungenießbaren Pilzes radial gefurcht. Die kräftigen Stiele sitzen auf morschem Holz. Er kommt in Eurasien und Nordamerika vor.

STRIEGELIGER TEUERLING
Cyathus striatus
F: Nidulariaceae
In den haarigen braunen, großen Nestern dieser ungenießbaren Art befinden sich 10–15 eiförmige Peridiolen. Sie kommt auf morschem Holz in Eurasien und Nordamerika vor, ist aber nicht häufig.

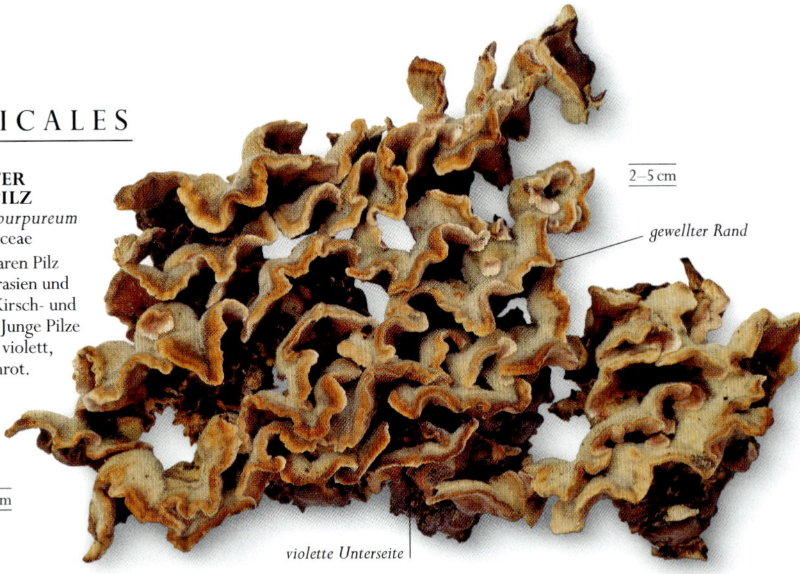

VIOLETTER RINDENPILZ
Chondrostereum purpureum
F: Cyphellaceae
Den ungenießbaren Pilz findet man in Eurasien und Nordamerika an Kirsch- und Pflaumenbäumen. Junge Pilze sind unterseits violett, ältere braunrot.

GELBMILCHENDER HELMLING
Mycena crocata
F: Mycenaceae
Die ungenießbare Art ist in Eurasien in Wäldern auf kalkhaltigen Böden verbreitet. Bei Verletzung tritt ein leuchtend safrangelber Saft aus.

ROSABLÄTTRIGER HELMLING
Mycena galericulata
F: Mycenaceae
Dieser variabel gefärbte ungenießbare Pilz ist in Wäldern in den gemäßigten Zonen Eurasiens und Nordamerikas häufig.

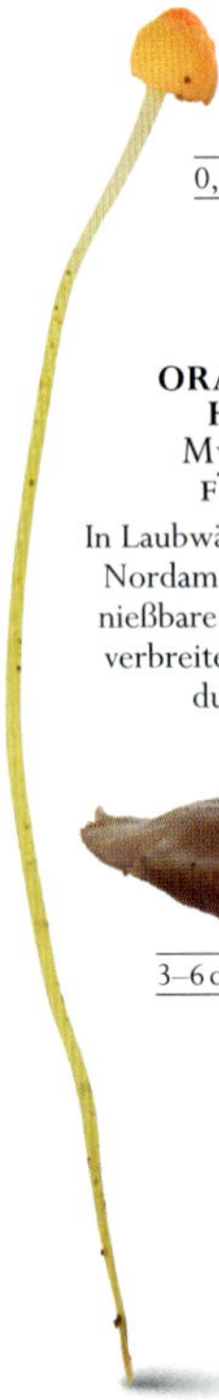

ORANGEGELBER HELMLING
Mycena acicula
F: Mycenaceae
In Laubwäldern in Eurasien und Nordamerika ist dieser ungenießbare Pilz in der Laubstreu verbreitet. Der kleine Hut ist durchscheinend.

DEHNBARER HELMLING
Mycena epipterygia
F: Mycenaceae
Den ungenießbaren Pilz findet man auf sauren Böden in Wäldern und Heiden in Eurasien und Nordamerika. Hut und Stiel sind mit einer abziehbaren Schicht überzogen.

BUNTSTIELIGER BÜSCHELHELMLING
Mycena inclinata
F: Mycenaceae
In dichten Büscheln wächst der ungenießbare Pilz in Eurasien und Nordamerika auf Holz. Der Hut mit gezähntem Rand riecht nach Seife.

ROSA RETTICHHELMLING
Mycena rosea
F: Mycenaceae
In Buchenwäldern in Eurasien findet man die giftige Art. Der rosa Hut und der Stiel sind dauerhaft. Der Pilz riecht nach Rettich.

SCHWARZGEZÄHNELTER HELMLING
Mycena pelianthina
F: Mycenaceae
In Eurasien wächst der ungenießbare Pilz, der nach Rettich riecht. Die violetten Lamellen haben schwarz gezähnelte Schneiden.

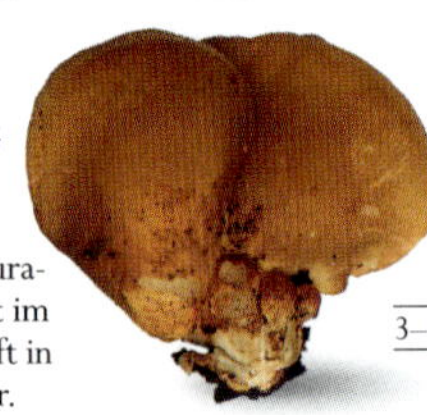

GELBSTIELIGER MUSCHELSEITLING
Sarcomyxa serotina
F: Mycenaceae
Die ungenießbare Art aus Eurasien und Nordamerika bildet im Winter an Baumstämmen, oft in Wassernähe, Fruchtkörper.

SPINDELIGER RÜBLING
Gymnopus fusipes
F: Omphalotaceae
Ab dem Frühsommer erscheint dieser ungenießbare Pilz in Eurasien in Eichenwäldern. Die zähen Fruchtkörper bilden auf Baumwurzeln große Büschel.

BRENNENDER BLASSSPORRÜBLING
Gymnopus peronatus
F: Omphalotaceae
Die nicht essbare Art, die in Eurasien verbreitet ist, hat steife Haare an der Basis des Stiels.

GEFLECKTER RÜBLING
Rhodocollybia maculata
F: Omphalotaceae
Hut, Stiel und Lamellen des nicht essbaren Pilzes, der in Mischwäldern in Eurasien und Nordamerika häufig ist, sind weiß. Die Lamellen stehen eng und färben sich bei alten Pilzen rostrot.

BUTTERRÜBLING
Rhodocollybia butyracea
F: Omphalotaceae
Der Speisepilz kommt in Wäldern in Eurasien und Nordamerika vor. Er kann schwärzlich, rotbraun oder dunkelockerfarben gefärbt sein. Der Hut fühlt sich fettig an.

LEUCHTENDER BAUMTRICHTERLING
Omphalotus illudens
F: Omphalotaceae
Der orangefarbene Giftpilz ist in Eurasien und Nordamerika verbreitet. Die Lamellen schimmern in der Dunkelheit grünlich, daher der deutsche Name.

GELBSCHUPPIGER HALLIMASCH
Armillaria lutea
F: Physalacriaceae

In Wäldern in Eurasien findet man die roh giftige Art meist am Boden. Sie parasitiert an Bäumen, in deren Umgebung die Fruchtkörper erscheinen.

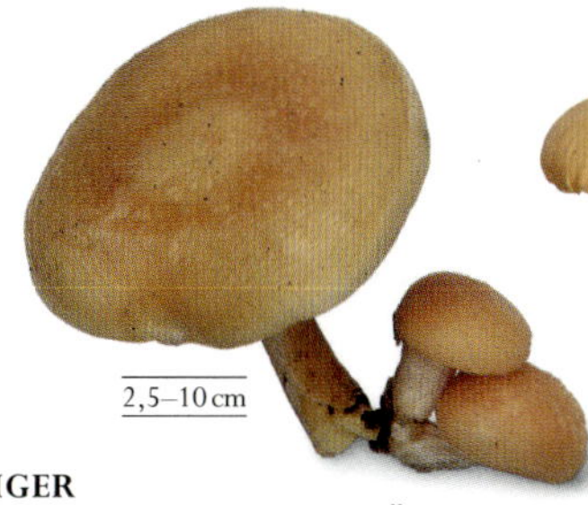

ORANGERÖTLICHER ADERNSEITLING
Rhodotus palmatus
F: Physalacriaceae

Häufig wächst die ungenießbare seltene Art an umgestürzten Ulmen in Eurasien und Nordamerika. Der pfirsichfarbene Hut ist runzelig.

SAMTFUSSRÜBLING
Flammulina velutipes
F: Physalacriaceae

Im Winter erscheint dieser in Eurasien und Nordamerika verbreitete Speisepilz. Der Hut ist oft klebrig und der Stiel samtig.

BUCHEN-RINGRÜBLING
Mucidula mucida
F: Physalacriaceae

Der essbare Pilz, den man meistens an Buchenstämmen findet, bildet einen grauweißen Hut, der nassschleimig ist. Am zähen Stiel befindet sich ein dünner Ring.

WURZEL-SCHLEIMRÜBLING
Hymenopellis radicata
F: Physalacriaceae

In Eurasien und Nordamerika ist die ungenießbare Art mit hohem Stiel verbreitet. Der Hut ist bei Nässe schleimig, die Lamellen stehen entfernt.

RILLSTIELIGER SEITLING
Pleurotus cornucopiae
F: Pleurotaceae

In Büscheln erscheint dieser Speisepilz auf umgefallenen Stämmen, meistens von Ulmen. Er kommt in Eurasien und Nordamerika vor. Die Hüte sind trompetenförmig, die Lamellen laufen weit an den kurzen Stielen herab.

AUSTERNSEITLING
Pleurotus ostreatus
F: Pleurotaceae

In Eurasien und Nordamerika findet man diesen Speisepilz an toten oder absterbenden Baumstämmen. Der Stiel ist kaum ausgebildet.

GLIMMERTINTLING
Coprinellus micaceus
F: Psathyrellaceae

Meist wächst der in Verbindung mit Alkohol giftige Pilz in Büscheln auf Holz. Er kommt in Eurasien und Nordamerika häufig vor. Die gerieften Hüte tragen jung glimmerige Velumflocken.

GESÄTER TINTLING
Coprinellus disseminatus
F: Psathyrellaceae

Oft erscheint dieser in Eurasien und Nordamerika verbreitete ungenießbare Pilz massenhaft an morschen Baumstümpfen. Die reifen Lamellen sind schwärzlich.

TRÄNENDER SAUMPILZ
Lacrymaria lacrymabunda
F: Psathyrellaceae

In Eurasien und Nordamerika ist der essbare Pilz auf gestörten Flächen verbreitet. Die schwarzen reifen Lamellen scheiden klare Tröpfchen aus.

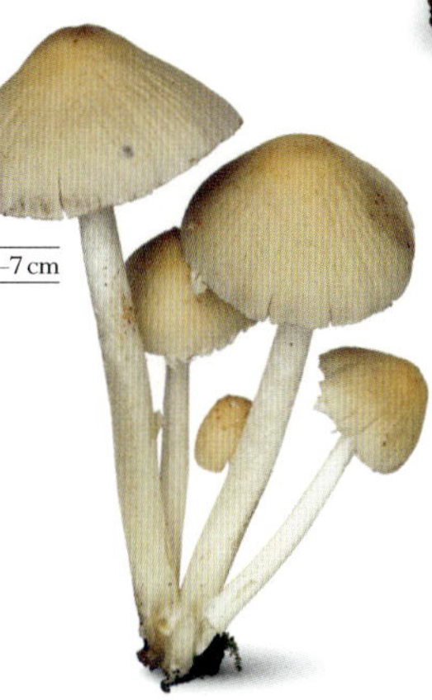

BEHANGENER SAUMPILZ
Psathyrella candolleana
F: Psathyrellaceae

Meist erscheint die genießbare Art im Frühsommer in Büscheln an morschem Holz. Die Stiele sind zerbrechlich und schlank, die Hüte hell- oder blassbraun.

BÜSCHELIGER FASERLING
Psathyrella multipedata
F: Psathyrellaceae

Die Stiele der ungenießbaren eurasischen Art sind an der Basis verwachsen. Meist findet man sie in offenem Grasland.

GRAUER FALTENTINTLING
Coprinopsis atramentaria
F: Psathyrellaceae

Der eurasisch-nordamerikanische ungenießbare Pilz bildet eiförmige Hüte, die in eine schwärzliche Flüssigkeit zerfließen.

SPECHTTINTLING
Coprinopsis picacea
F: Psathyrellaceae

Die seltene nicht essbare Art findet man auf kalkhaltigen Böden in Waldland in Eurasien. Der graubraune Hut trägt weiße Flecken.

4–10 cm

REHBRAUNER DACHPILZ
Pluteus cervinus
F: Pluteaceae

In Eurasien und Nordamerika ist der verschiedenfarbige Speisepilz verbreitet. Der Hut ist in der Mitte gebuckelt, die Lamellen nicht mit dem Stiel verwachsen.

1–6 cm

GOLDBRAUNER DACHPILZ
Pluteus chrysophlebius
F: Pluteaceae

Der gold- bis grüngelbe Hut, die gelben Lamellen, die sich rosa färben, und der helle Stiel kennzeichnen die ungenießbare eurasische Art. Sie wächst auf morschem Holz.

2,5–8 cm

GRAUGRÜNER DACHPILZ
Pluteus salicinus
F: Pluteaceae

Diese ungenießbare Art ist in Laubwäldern in Eurasien verbreitet. Der schlanke Stiel ist an der Basis graugrün getönt.

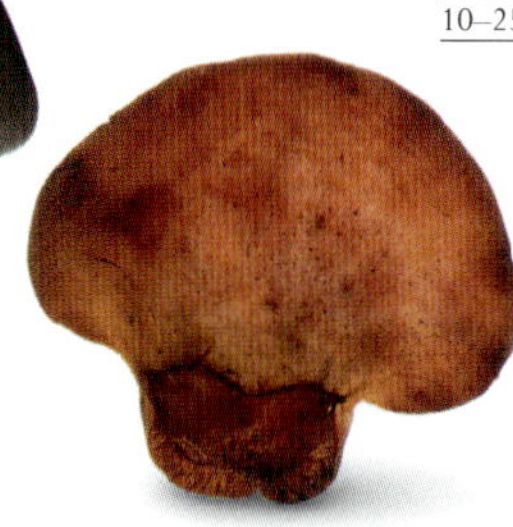

10–25 cm

LEBERREISCHLING
Fistulina hepatica
F: Schizophyllaceae

An ein Stück rohes Fleisch erinnert die essbare Art. Sie ist vor allem in wärmeren Regionen Eurasiens und Nordamerikas häufig.

Oberfläche seidig-wollig

10–25 cm

WOLLIGER SCHEIDLING
Volvariella bombycina
F: Pluteaceae

Auf Laubbäumen in Eurasien und Nordamerika wächst diese seltene ungiftige Art. Der Hut ist weiß bis hellgelb. Die Basis des Stiels ist in eine lappige dünne Scheide eingeschlossen.

1–5 cm

Hut (Oberseite)

Hut (Unterseite)

SPALTBLÄTTLING
Schizophyllum commune
F: Schizophyllaceae

Dieser fächerförmige ungenießbare Pilz, den man in Eurasien und Nordamerika findet, hat an der Hutunterseite Lamellen.

6–14 cm

GROSSER SCHEIDLING
Volvopluteus gloiocephalus
F: Pluteaceae

Recht häufig wächst die ungiftige Art auf Äckern, Komposthaufen und in Mulch aus Holzhackschnitzel in Eurasien und Nordamerika. Der graue Hut ist klebrig.

grünlich gelbe Lamellen

Hutmitte orangefarben

3–7 cm

GRAUBLÄTTRIGER SCHWEFELKOPF
Hypholoma capnoides
F: Strophariaceae

In Eurasien und Nordamerika wächst die seltene essbare Art auf Nadelholz. Die weißlichen Lamellen färben sich später graulila.

3–7 cm

GRÜNBLÄTTRIGER SCHWEFELKOPF
Hypholoma fasciculare
F: Strophariaceae

Häufig findet man den Giftpilz in Wäldern der gemäßigten Zonen Eurasiens und Nordamerikas. Die grünlich gelben Lamellen färben sich im Alter rotschwarz.

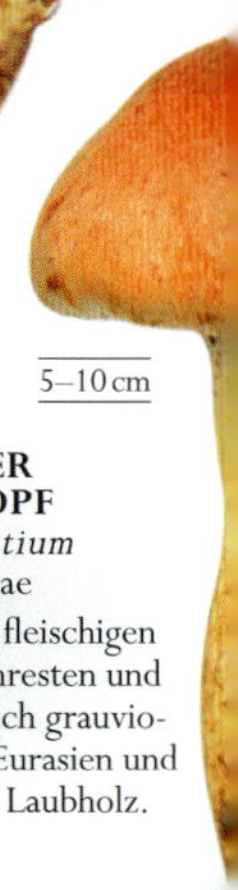

5–10 cm

ZIEGELROTER SCHWEFELKOPF
Hypholoma lateritium
F: Strophariaceae

Die giftige Art hat einen fleischigen Hut mit zerfetzten Velumresten und hellgelbe Lamellen, die sich grauviolett färben. Sie wächst in Eurasien und Nordamerika auf totem Laubholz.

STOCKSCHWÄMMCHEN
Kuehneromyces mutabilis
F: Strophariaceae

Oft wird dieser Speisepilz mit dem tödlich giftigen Nadelholzhäubling (*Galerina marginata*) verwechselt. Er hat einen bei Nässe klebrigen Hut, einen schuppigen Stiel und braune Lamellen.

ORANGEROTER TRÄUSCHLING
Leratiomyces ceres
F: Strophariaceae

Die nicht essbare Art (früher *Stropharia aurantiaca)* hat einen leuchtend roten Hut und einen rötlich angelaufenen Stiel. Sie wächst in Eurasien und Nordamerika auf Mulch aus Holzhackschnitzel.

ZITRONENGELBER ERLENSCHÜPPLING
Pholiota alnicola
F: Strophariaceae

In Eurasien findet man die ungenießbare Art, die am klebrigen Hut und büscheligem Wuchs zu erkennen ist.

GOLDFELL-SCHÜPPLING
Pholiota aurivella
F: Strophariaceae

Die häufige ungenießbare Art findet man an Buchenstämmen in Eurasien und Nordamerika. Die goldgelben Hüte sind mit orangebraunen Schuppen besetzt.

HALBKUGELIGER TRÄUSCHLING
Protostropharia semiglobata
F: Strophariaceae

Auf Kot von Tieren und auf Tierweiden ist die ungenießbare Art in Eurasien und Nordamerika verbreitet. Der Hut ist klebrig, der Stiel schlank.

SPARRIGER SCHÜPPLING
Pholiota squarrosa
F: Strophariaceae

Der ungenießbare Pilz aus Eurasien und Nordamerika hat einen trockenen, mit aufgerichteten Schuppen besetzten Hut und Stiel. Er riecht nach Mais oder Rettich.

SPITZKEGELIGER KAHLKOPF
Psilocybe semilanceata
F: Strophariaceae

Dieser halluzinogene Giftpilz hat einen kegelförmigen Hut mit typischem Buckel. Man findet ihn in Eurasien und Nordamerika im Spätherbst in Wiesen.

BRAUNSPORIGER TRÄUSCHLING
Stropharia cyanea
F: Strophariaceae

Der blaugrüne Hut dieser nicht essbaren Art verfärbt sich später ockergelb. Sie kommt in Eurasien und Nordamerika vor.

BREITBLÄTTRIGER RÜBLING
Megacollybia platyphylla
F: Incertae sedis

Die ungenießbare Art aus Eurasien und Nordamerika hat einen radialfaserigen graubraunen Hut und entfernt stehende Lamellen. Auffällig sind die Mycelstränge an der Basis.

DUNKELFLEISCHIGER WEICHRITTERLING
Melanoleuca polioleuca
F: Incertae sedis

An grasigen Standorten in Eurasien ist die essbare Art häufig. Der Hut ist graubraun, die Lamellen sind weißlich.

RÖTLICHER HOLZRITTERLING
Tricholomopsis rutilans
F: Incertae sedis

Oft wächst die ungenießbare Art an Kiefernstümpfen in Eurasien und Nordamerika. Hut und Stiel sind rotviolett, die Lamellen goldgelb.

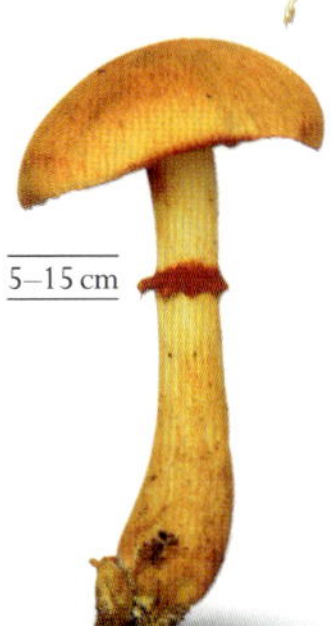

PRÄCHTIGER FLÄMMLING
Gymnopilus junonius
F: Incertae sedis

Dieser eurasische Giftpilz erscheint meistens in Büscheln an der Basis von Bäumen. Der Hut ist trocken, die eng stehenden Lamellen sind gelblich.

RINGDÜNGERLING
Panaeolus semiovatus
F: Incertae sedis

Auf dem Dung von Tieren findet man den ungenießbaren Pilz in Eurasien und Nordamerika. Er hat einen klebrigen grauen Hut. Der dünne Stiel trägt einen Ring.

GLOCKENDÜNGERLING
Panaeolus papilionaceus
F: Incertae sedis

Der Hutrand ist von Velumresten gefranst, die Lamellen sind schwarz marmoriert. Die ungenießbare Art ist in Eurasien und Nordamerika verbreitet.

KAFFEEBRAUNER GABELTRICHTERLING
Pseudoclitocybe cyathiformis
F: Incertae sedis

Die charakteristische essbare Art ist sehr dunkel gefärbt und hat einen hohen, faserigen Stiel. Im Spätherbst und Winter ist sie in Eurasien häufig.

ZINNOBERBRAUNER KÖRNCHENSCHIRMLING
Cystodermella cinnabarina
F: Incertae sedis

Den ungenießbaren Pilz mit ziegelrotem Hut und cremeweißen Lamellen findet man in Eurasien und Nordamerika. Hut und Stiel haben eine körnige Oberfläche.

MÖNCHSKOPF
Clitocybe geotropa
F: Incertae sedis

Einen trichterförmigen fleischigen Hut mit zentralem Buckel hat dieser essbare Pilz. Er ist in Eurasien verbreitet.

BOLETALES

Zur Ordnung Boletales (Röhrenpilze) gehören Pilze, deren Fruchtkörper sowohl Röhren als auch Lamellen haben können. Die meisten haben Hut und Stiel, aber es gibt auch krusten- und trüffelartige Formen und Boviste. Meist bilden sie eine Mycorrhiza mit Bäumen aus. Einige ernähren sich von totem Holz, andere leben parasitisch. Das Hymenium (Sporen bildende Fruchtschicht) lässt sich meist leicht vom Fleisch ablösen.

MARONEN-RÖHRLING
Imleria badia
F: Boletaceae

Den häufigen Speisepilz findet man in Eurasien und Nordamerika unter Nadelbäumen und Buchen. Die Farbe variiert von Orange- bis Rotbraun.

STEINPILZ
Boletus edulis
F: Boletaceae

Dieser Speisepilz kommt weltweit vor und ist am feinen Adernetz am Stiel, dem cremeweißen Fleisch, das sich nicht verfärbt, und den weißen, später olivgrünlichen Poren zu erkennen.

SOMMERSTEINPILZ
Boletus reticulatus
F: Boletaceae

Der mattbraune Hut reißt am Rand oft auf. Ein feines weißes Netz auf dem Stiel kennzeichnet die essbare Art aus Eurasien und dem östlichen Nordamerika.

SCHÖNFUSSRÖHRLING
Caloboletus calopus
F: Boletaceae

Die Poren und das Fleisch dieses in Eurasien und im westlichen Nordamerika verbreiteten ungenießbaren Pilzes färben sich bei Druck blau.

PARASITISCHER RÖHRLING
Pseudoboletus parasiticus
F: Boletaceae

Der kleine, in Eurasien und Nordamerika verbreitete ungenießbare Pilz wächst nur auf dem Dickschaligen Kartoffelbovist, der dann hohl wird.

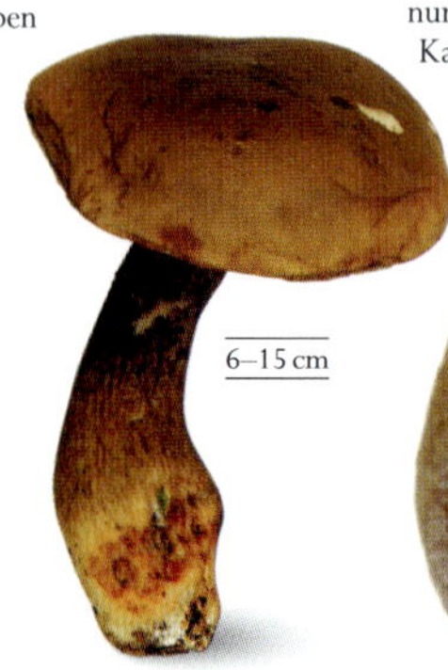

PFEFFERRÖHRLING
Chalciporus piperatus
F: Boletaceae

Häufig findet man die Art mit braunen Poren in Eurasien und Nordamerika gemeinsam mit dem Fliegenpilz unter Birken. Sie ist gekocht in kleinen Mengen essbar.

GALLENRÖHRLING
Tylopilus felleus
F: Boletaceae

Der bittere Pilz, der in Eurasien und Nordamerika vorkommt, ist daran zu erkennen, dass sich die Poren im Alter rosa färben. Die Netzzeichnung am Stiel ist kräftig.

STRUBBELKOPF-RÖHRLING
Strobilomyces strobilaceus
F: Boletaceae

Mit ihren schwarzen wolligen Schuppen auf dem Hut ist die seltene essbare Art aus Eurasien und Nordamerika unverwechselbar.

8–15 cm

HEIDEROTKAPPE
Leccinum versipelle
F: Boletaceae

Einen orangegelben Hut hat dieser eurasische Speisepilz. Der Stiel ist mit schwarzen Schüppchen bedeckt, das Fleisch färbt sich beim Anschnitt schwärzlich.

6–15 cm

BIRKENRÖHRLING
Leccinum scabrum
F: Boletaceae

Der essbare Pilz ist eine von vielen ähnlichen Arten, die man in Eurasien und Nordamerika findet. Das Fleisch kann sich beim Anschnitt rosa verfärben. Bei Nässe ist der Hut klebrig.

1–2 cm

CALOSTOMA CINNABARINUM
F: Calostomataceae

Der nordamerikanische, nicht essbare Pilz bildet eine bräunlich rote gestielte Kugel auf einer gallertartigen Masse.

5–100 cm

BRAUNER KELLERSCHWAMM
Coniophora puteana
F: Coniophoraceae

Der weltweit verbreitete Pilz bildet auf nassem Holz ein braunes wurzelartiges Strangmycel. Er kann Gebäudeschäden anrichten.

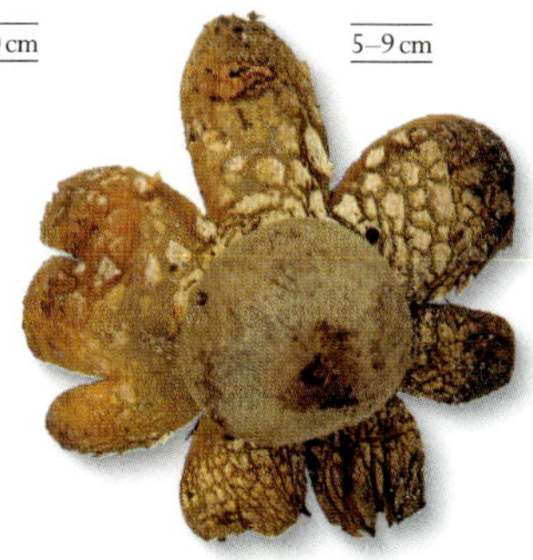

5–9 cm

WETTERSTERN
Astraeus hygrometricus
F: Diplocystidiaceae

Die Lappen der in Eurasien und Nordamerika häufigen ungenießbaren Art öffnen sich bei Feuchtigkeit sternförmig, sodass die Sporenkugel im Inneren frei liegt.

5–8 cm

KORNBLUMENRÖHRLING
Gyroporus cyanescens
F: Gyroporaceae

Auf sauren Böden findet man diese seltene essbare Art in Eurasien und dem östlichen Nordamerika. Der Stiel ist hohl.

1,5–5 cm

GROSSER GELBFUSS
Gomphidius roseus
F: Gomphidiaceae

Oft wächst dieser eurasische Pilz gemeinsam mit dem Kuhröhrling unter Kiefern. Der rosafarbene Hut ist schleimig, die Lamellen sind gräulich.

4–8 cm

KUPFERROTER GELBFUSS
Chroogomphus rutilus
F: Gomphidiaceae

Der unter Kiefern in Eurasien und im Westen Nordamerikas häufige ungenießbare Pilz hat einen kupferbraunen Hut.

6–15 cm

KAHLER KREMPLING
Paxillus involutus
F: Paxillaceae

In Mischwäldern Eurasiens und Nordamerikas ist der Giftpilz häufig, sein filziger Hutrand oft eingerollt. Die gelben Lamellen färben sich bei Druck braun.

2–8 cm

FALSCHER PFIFFERLING
Hygrophoropsis aurantiaca
F: Hygrophoropsidaceae

Die ungenießbare Art aus Eurasien und Nordamerika wird oft mit dem Pfifferling verwechselt. Die weichen, eng stehenden Lamellen sind gegabelt.

10–30 cm

SAMTFUSSKREMPLING
Tapinella atrotomentosa
F: Tapinellaceae

Die auf Kiefernstümpfen in Eurasien und Nordamerika häufige ungenießbare Art hat einen eingerollten Hutrand und dicke Lamellen.

4–10 cm

DICKSCHALIGER KARTOFFELBOVIST
Scleroderma citrinum
F: Sclerodermataceae

Der giftige Pilz kommt in feuchten Wäldern in Eurasien und Nordamerika vor. Die dicke Außenhülle trägt dunkle Schuppen.

2–5 cm

NETZSPORIGER KARTOFFELBOVIST
Scleroderma bovista
F: Sclerodermataceae

Die Außenhülle dieser in Wäldern Eurasiens und Nordamerikas häufigen Art springt in ein feines Mosaikmuster auf.

5–10 cm

ERBSENSTREULING
Pisolithus arhizus
F: Sclerodermataceae

Diesen ungenießbaren Pilz findet man weltweit auf mageren sandigen Böden unter Kiefern. Kugelige Gebilde im Inneren sind in eine schwärzliche gallertartige Masse eingebettet.

4–10 cm

KÖRNCHENRÖHRLING
Suillus granulatus
F: Suillaceae

Unter Kiefern in Eurasien und Nordamerika ist die Art häufig. Der ringlose Stiel ist mit Drüsenpunkten besetzt.

5–10 cm

BUTTERPILZ
Suillus luteus
F: Suillaceae

Der oft unverträgliche Pilz, den man in Eurasien und Nordamerika unter Kiefern findet, hat einen schleimigen Hut und gelbe Poren.

3–7 cm

KUHRÖHRLING
Suillus bovinus
F: Suillaceae

Häufig findet man den essbaren Pilz in Eurasien und Nordamerika unter Kiefern. Der Hut ist klebrig, die unregelmäßigen Poren sind eckig.

5–10 cm

GOLDRÖHRLING
Suillus grevillei
F: Suillaceae

Der Speisepilz, der in Lärchenwäldern in Eurasien und Nordamerika wächst, ist gelborange bis ziegelrot. Der Stiel trägt einen häutigen gelbweißen Ring.

7–13 cm

SANDRÖHRLING
Suillus variegatus
F: Suillaceae

Diese Art, die unter Kiefern in Eurasien häufig ist, hat einen filzig-schuppigen Hut und zimtbraune Poren. Der Stiel trägt keinen Ring.

CANTHARELLALES

Viele Arten der Ordnung Cantharellales (Leistenpilze) sehen ähnlich aus wie Arten der Agaricales, sie unterscheiden sich aber in wichtigen Merkmalen: Sie haben fleischige Fruchtkörper mit Hut und Stiel, aber keine Lamellen, sondern eine glatte, runzelige oder leistenartige (lamellenähnliche) Fruchtschicht (Hymenium) auf der Unterseite. Die Sporen sind glatt und meist weiß bis cremeweiß.

3–8 cm

KAMMKORALLE
Clavulina coralloides
F: Clavulinaceae
Sehr häufig wächst dieser Pilz in Wäldern in Eurasien und Nordamerika. Die ungenießbaren Fruchtkörper sehen aus wie weißliche, fein verzweigte Korallen.

0,5–2 cm

TOTENTROMPETE
Craterellus cornucopioides
F: Cantharellaceae
Die charakteristische essbare Art findet man in ganz Eurasien. Die trompetenförmigen Fruchtkörper erscheinen zu mehreren in der Laubstreu unter Buchen.

1–6 cm

TROMPETENPFIFFERLING
Craterellus tubaeformis
F: Cantharellaceae
In Gruppen findet man diesen essbaren Pilz in Mischwäldern in Eurasien und Nordamerika. Er ist variabel gefärbt und hat statt Lamellen flache Leisten.

2–12 cm

PFIFFERLING
Cantharellus cibarius
F: Cantharellaceae
In Eurasien und Nordamerika findet man den begehrten Speisepilz. Er hat unterseits lamellenähnliche stumpfe gerunzelte Leisten und riecht nach Aprikosen.

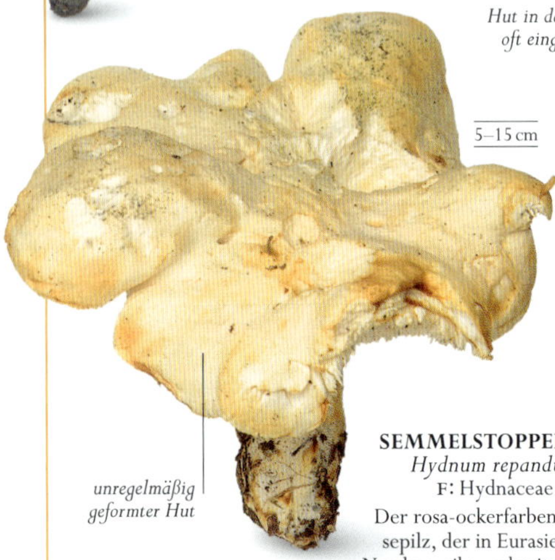

5–15 cm

SEMMELSTOPPELPILZ
Hydnum repandum
F: Hydnaceae
Der rosa-ockerfarbene Speisepilz, der in Eurasien und Nordamerika verbreitet ist, hat eine unregelmäßige Gestalt. An der Hutunterseite sitzen spröde Stacheln.

GEASTRALES

Die Geastrales oder Erdsterne weisen als gemeinsames Merkmal eine dicke Außenhülle (Peridium) auf, die in Lappen aufspringt, die sich sternförmig einrollen. Dabei wird eine bovistähnliche Innenkugel sichtbar, die die grobwarzigen Sporen durch einen Porus an der Spitze entlässt. Erdsterne findet man in der Laubstreu und auf blanken sandigen Böden.

KRAGEN-ERDSTERN
Geastrum striatum
F: Geastraceae
Diese eurasisch verbreitete Art ist einer der kleineren Erdsterne und wie alle Arten ungenießbar. Die Innenkugel ist gestielt und hat eine zugespitzte streifige Öffnung.

3–6,5 cm

4–12 cm

HALSKRAUSEN-ERDSTERN
Geastrum triplex
F: Geastraceae
Der in Eurasien und Nordamerika verbreitete Pilz ist der häufigste Erdstern. Die Außenhülle reißt auf und bildet eine aufgewölbte »Halskrause«.

3–6 cm

GEWIMPERTER ERDSTERN
Geastrum fimbriatum
F: Geastraceae
Der kugelige blassbraune Fruchtkörper dieser eurasisch-nordamerikanischen Art springt in fünf bis neun Arme auf. Der Porus der Innenkugel ist ausgefranst.

5–8 cm

GROSSER NEST-ERDSTERN
Geastrum fornicatum
F: Geastraceae
Die Arme der in Eurasien und Nordamerika verbreiteten Art bleiben an einer Gewebescheibe befestigt. Die Innenkugel hat eine auffällige Öffnung.

7–15 cm

SIEB-ERDSTERN
Myriostoma coliforme
F: Geastraceae
Diese seltene Art, die man auf trockenen, sandigen Böden in Eurasien und Nordamerika findet, hat eine charakteristische Innenkugel mit Löchern.

GOMPHALES

Einige frühere Arten wurden den Cantharellales zugeordnet. DNA-Analysen lassen aber darauf schließen, dass die Gomphales (Korallenpilze) näher mit den Rutenpilzen (Phallales) verwandt sind. Sie bilden oft große Fruchtkörper mit unterschiedlicher Gestalt. Bei der Gattung *Clavariadelphus* sind es einfache Keulen, bei der Gattung *Gomphus* trompeten- oder pfifferlingsähnliche Formen.

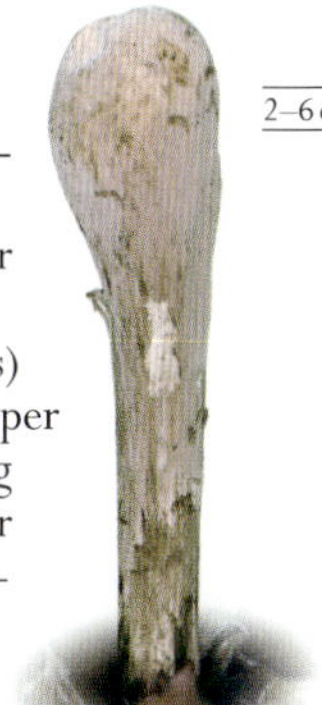

HERKULESKEULE
Clavariadelphus pistillaris
F: Clavariadelphaceae
Die seltene eurasisch-nordamerikanische ungenießbare Art bildet einen keulenförmigen Fruchtkörper mit glatter oder leicht gerunzelter Oberfläche, die sich bei Druck violettbraun verfärbt.

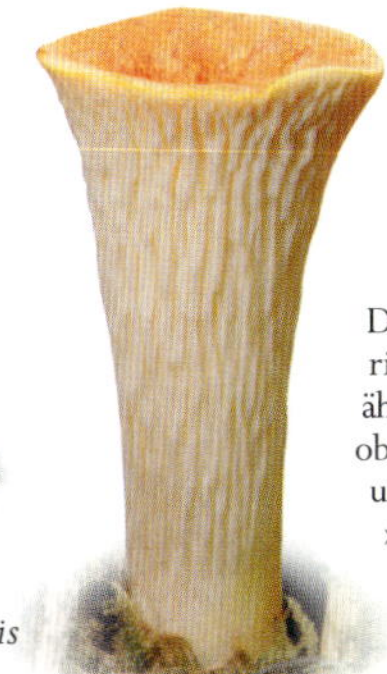

GOMPHUS FLOCCOSUS
F: Gomphaceae
Dieser in Nordamerika verbreitete Pilz ähnelt einer Vase, die oben schuppig ist und unterseits runzelige »Lamellen« trägt.

STEIFE KORALLE
Ramaria stricta
F: Gomphaceae
Die in Eurasien und Nordamerika verbreitete ungenießbare Art wächst auf Totholz oder Mulch aus Holzhackschnitzel. Die Äste sind hellockerfarben und verfärben sich bei Druck rötlich.

HAHNENKAMM
Ramaria botrytis
F: Gomphaceae
In Buchenwäldern in Eurasien und Nordamerika findet man die essbare seltene Art. Die Äste sind cremeweiß bis blassbraun mit weinroten Enden.

GRÜNFLECKENDE FICHTENKORALLE
Phaeoclavulina abietina
F: Gomphaceae
In Nadelwäldern in Eurasien und Nordamerika ist der ungenießbare Pilz verbreitet. Die dichten Äste verfärben sich bei Druck grün.

GLOEOPHYLLALES

Diese holzzersetzenden Pilze rufen Braunfäule hervor. Zur Ordnung gehört eine einzige Familie, die Gloeophyllaceae. Zur Gattung *Gloeophyllum* gehören einige bekannte Porlinge auf Nadelgehölzen.

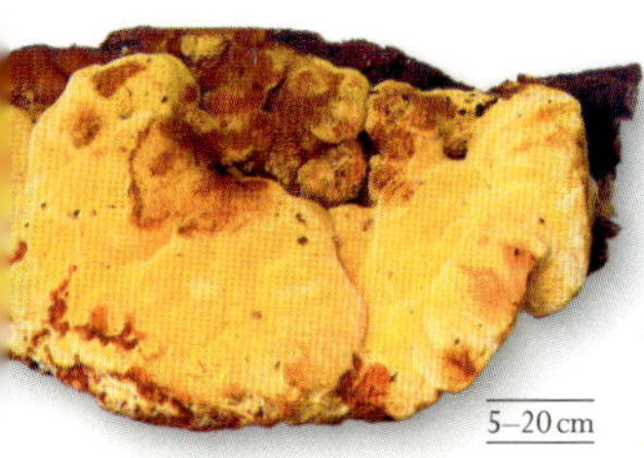

FENCHELPORLING
Gloeophyllum odoratum
F: Gloeophyllaceae
Dieser Pilz kommt in Eurasien und Nordamerika an toten Nadelgehölzen vor. Er bildet unregelmäßige Fruchtkörper mit gelben Poren und riecht nach Anis.

DACRYMYCETALES

Mitglieder dieser Ordnung bilden einfache runde oder verzweigte gelatinöse Fruchtkörper, die meistens leuchtend orangefarben sind. Sie können glatt oder gerunzelt sein. Die Dacrymycetales besitzen ungewöhnliche Basidien: Typischerweise bilden sie zwei Sterigmen, von denen jede eine Spore trägt. Sie leben vor allem auf Totholz.

KLEBRIGER HÖRNLING
Calocera viscosa
F: Dacrymycetaceae
Auf totem Nadelholz wächst dieser Pilz, den man in Eurasien und Nordamerika findet. Die verzweigten Äste sind gelatine- bis gummiartig.

HYMENOCHAETALES

Zu dieser Gruppe gehören verschiedene Pilztypen, darunter breit am Substrat ansetzende Formen wie *Mensularia* und *Phellinus* und einige Arten mit Hut und Stiel, wie *Rickenella*. Die Hymenochaetales (Gallerttränenpilze) wurden aufgrund molekularer Merkmale definiert und zeigen wenige gemeinsame morphologische Merkmale.

UMBERBRAUNER BORSTENSCHEIBLING
Hymenochaete rubiginosa
F: Hymenochaetaceae
Vor allem an umgestürzten Eichenstämmen bildet diese eurasische Art überlappende Fruchtkörper mit konzentrischer Zonierung.

FALSCHER ZUNDERSCHWAMM
Phellinus igniarius
F: Hymenochaetaceae
Der graue bis fast schwarze Pilz aus Eurasien und Nordamerika kann viele Jahre alt werden. Die hufförmigen Fruchtkörper sind sehr hart.

ERLEN-SCHILLERPORLING
Mensularia radiata
F: Hymenochaetaceae
Dieser rotbraune Pilz mit hellerem Rand bildet an Erlen und anderen Bäumen in Eurasien und Nordamerika oft senkrechte Ketten aus Fruchtkörpern.

DAUERPORLING
Coltricia perennis
F: Hymenochaetaceae
Häufig findet man diese Art in Heidegebieten in Eurasien und Nordamerika. Die Fruchtkörper sind trichterförmig und dünn mit konzentrischer Zonierung.

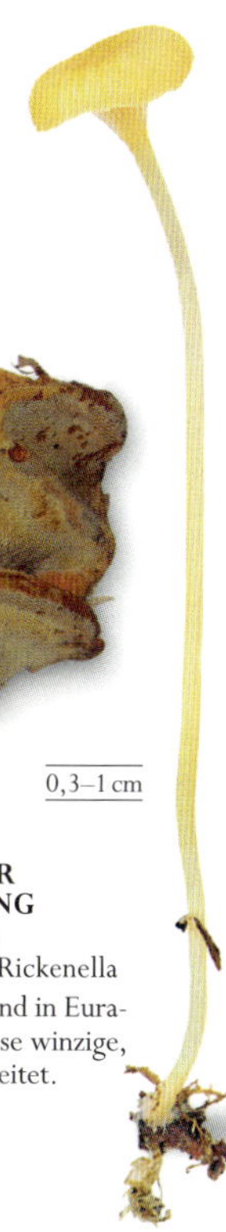

BLAUSTIELIGER HEFTELNABELING
Rickenella fibula
F: Incertae sedis im Kladus Rickenella
In moosbewachsenem Grasland in Eurasien und Nordamerika ist diese winzige, nicht essbare Art verbreitet.

POLYPORALES

Die Polyporales (Porenpilze) bilden eine große Gruppe vielfältiger Pilze. Die meisten sind Holzzersetzer, deren Sporen sich in Röhren (ähnlich wie bei den Boletales) oder manchmal in Stacheln bilden. Die meisten bilden keine voll entwickelten Stiele, sondern breit ansitzende oder krustenförmige Fruchtkörper auf Holz. Einige haben eine Art zentralen Stiel und wachsen am Grund von Bäumen.

geschichteter Fruchtkörper

15–30 cm

haarige Oberfläche

NADELHOLZ-BRAUNPORLING
Phaeolus schweinitzii
F: Fomitopsidaceae
Meist findet man diesen tellerförmigen Porling am Grund von Nadelbäumen in Eurasien und Nordamerika. Aus den großen, flaumigen Fruchtkörpern lässt sich ein gelbbraunes Pigment zum Färben gewinnen.

10–25 cm

ROTRANDIGER SCHICHTPORLING
Fomitopsis pinicola
F: Fomitopsidaceae
Dieser hufförmige Porling ist in Eurasien und Nordamerika verbreitet. Man findet ihn meist an Kiefern, manchmal an Birken.

Oberseite

10–30 cm

Unterseite

EICHENWIRRLING
Daedalea quercina
F: Fomitopsidaceae
Auf umgestürzten Eichen in Eurasien und Nordamerika findet man diese mehrjährige Art. Die Poren sind lamellenartig verlängert.

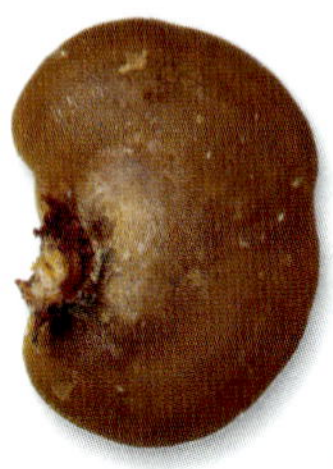

5–30 cm

BIRKENPORLING
Fomitopsis betulina
F: Fomitopsidaceae
Der nierenförmige Pilz ist hellbraun bis weiß. Er kann Birken zum Absterben bringen und ist in Eurasien und Nordamerika verbreitet.

10–50 cm

gewellter, gelappter Rand

SCHWEFELPORLING
Laetiporus sulphureus
F: Fomitopsidaceae
Die großen, geschichteten Fruchtkörper findet man meistens an Eichen, aber auch an anderen Bäumen in Eurasien und Nordamerika.

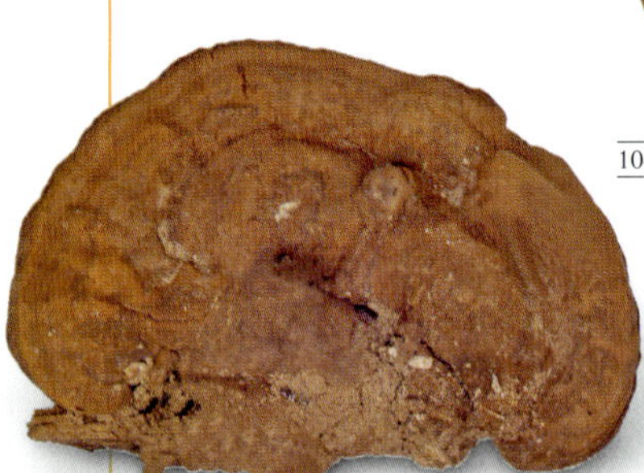

10–60 cm

FLACHER LACKPORLING
Ganoderma applanatum
F: Ganodermataceae
In Eurasien und Nordamerika findet man diesen Pilz, der viele Jahre alt und sehr groß werden kann. Die entlassenen Sporen sind zimtbraun.

10–30 cm

GLÄNZENDER LACKPORLING
Ganoderma lucidum
F: Ganodermataceae
Dieser rötliche bis violettbraune Pilz mit glänzender Oberfläche kann einen langen seitlichen Stiel ausbilden. Er kommt in Eurasien und Nordamerika vor.

10–50 cm

Oberfläche schwärzt sich bei Druck.

RIESENPORLING
Meripilus giganteus
F: Meripilaceae
Dies ist einer der größten Porlinge. Die überlappenden Fruchtkörper sind dick und fleischig. Er wächst an Buchen und anderen Bäumen in Eurasien und Nordamerika.

10–20 cm

GEZONTER BÜSCHELSCHWÄRZLING
Podoscypha multizonata
F: Meruliaceae
Diese seltene eurasische Art kommt am Boden über Eichenwurzeln vor. Sie bildet Rosetten aus zähen Lappen.

4–15 cm

GALLERTFLEISCHIGER FÄLTLING
Phlebia tremellosa
F: Meruliaceae
Die eurasische Art mit heller, samtiger Oberseite und gelber bis orangefarbener Unterseite findet man an Baumstämmen.

3–7 cm

ANGEBRANNTER RAUCHPORLING
Bjerkandera adusta
F: Meruliaceae
Dieser in Eurasien und Nordamerika häufige Porling ist an der rauchgrauen Porenschicht an der Unterseite zu erkennen.

5–30 cm

ECHTER ZUNDERSCHWAMM
Fomes fomentarius
F: Polyporaceae
Dieser hufförmige mehrjährige Pilz wächst an Birken und anderen Laubbäumen. Man findet ihn in Eurasien und Nordamerika.

8–15 cm

RÖTENDE TRAMETE
Daedaleopsis confragosa
F: Polyporaceae
Dies ist einer der häufigsten Porlinge in Eurasien und Nordamerika. Er wächst vor allem an Weiden. Die cremefarbenen Poren färben sich bei Druck rötlich.

OBERSEITE

3–10 cm

UNTERSEITE

LAUBHOLZ-BLÄTTLING
Lenzites betulina
F: Polyporaceae
Diese zähe Art, die man in Eurasien und Nordamerika meist an Birken findet, hat Poren, die oft stark verlängert sind und lamellenähnliche Strukturen bilden.

10–60 cm

SCHUPPIGER PORLING
Cerioporus squamosus
F: Polyporaceae
Im Frühsommer erscheinen diese halbrunden oder fächerförmigen Pilze in Eurasien und Nordamerika. Sie haben konzentrische Schuppen und unterseits Poren.

5–20 cm

SCHWARZROTER STIELPORLING
Polyporus durus
F: Polyporaceae
Der ungenießbare Pilz hat einen trichterförmigen, ledrigen Hut. Die Stielbasis ist schwarz. Er wächst in Eurasien und Nordamerika auf umgestürztem Buchenholz.

5–20 cm

SKLEROTIEN-PORLING
Polyporus tuberaster
F: Polyporaceae
Die jung essbare Art, die auf herabgestürzten Ästen wächst, kann im Erdboden verankert sein und eine große, knollige Masse bilden.

3–8 cm

WINTERPORLING
Lentinus brumalis
F: Polyporaceae
Der kleine Porling wächst in Eurasien und Nordamerika auf abgefallenen Ästen. Er hat recht große Poren. Der Stiel kann in der Mitte oder seitlich ansetzen.

3–10 cm

ZINNOBERROTE TRAMETE
Pycnoporus cinnabarinus
F: Polyporaceae
Diese seltene Art wächst auf toten Laubbäumen in Eurasien und Nordamerika. Die einjährigen zähen Fruchtkörper sind zinnoberrot.

2–4 cm

GEWÖHNLICHER VIOLETTPORLING
Trichaptum abietinum
F: Polyporaceae
Auf umgestürzten Nadelbäumen in Eurasien und Nordamerika findet man diese Art mit konzentrischer Zonierung und violettem Rand. Sie ist oft mit Grünalgen bewachsen.

5–12 cm

STRIEGELIGE TRAMETE
Trametes hirsuta
F: Polyporaceae
Dieser halbkreisförmige Pilz ist mit winzigen Härchen bedeckt. Er wächst in Eurasien und Nordamerika auf totem Laubholz.

SCHMETTERLINGSTRAMETE
Trametes versicolor
F: Polyporaceae
Diese Art kommt in Eurasien und Nordamerika in vielen Farben vor. Die Fruchtkörper weisen eine konzentrische Zonierung und eine weiße Röhrenschicht auf.

2–7 cm

10–30 cm

GEBUCKELTE TRAMETE
Trametes gibbosa
F: Polyporaceae
Dieser cremefarbene Pilz ist oft mit Grünalgen bewachsen. Die Poren sind typisch in die Länge gezogen. Er erscheint in Eurasien und Nordamerika auf umgestürzten Laubbäumen.

10–40 cm

KRAUSE GLUCKE
Sparassis crispa
F: Sparassidaceae
Die essbare Krause Glucke wächst in Eurasien und Nordamerika am Grund von Nadelbäumen. Die cremefarbenen Lappen erinnern an einen Blumenkohl.

2–6 cm

KLAPPERSCHWAMM
Grifola frondosa
F: Sparassidaceae
In Eurasien und Nordamerika bildet sich diese jung essbare Art an der Basis von Eichen. Sie hat büschelartige Fruchtkörper.

RUSSULALES

Die bekanntesten Gattungen der Ordnung Russulales (Sprödblättler) sind *Russula* und *Lactarius*, die zwar typischen Agaricales mit Hut und Stiel ähneln, aber nicht näher mit ihnen verwandt sind. Außer diesen Fruchtkörpern gibt es in der Ordnung noch viele weitere Formen. Die meisten Vertreter der Ordnung bilden warzige Sporen, die sich in Iodlösung blauschwarz färben. Schneidet man die *Lactarius*-Arten an, sondern sie weiße oder farbige Milch ab.

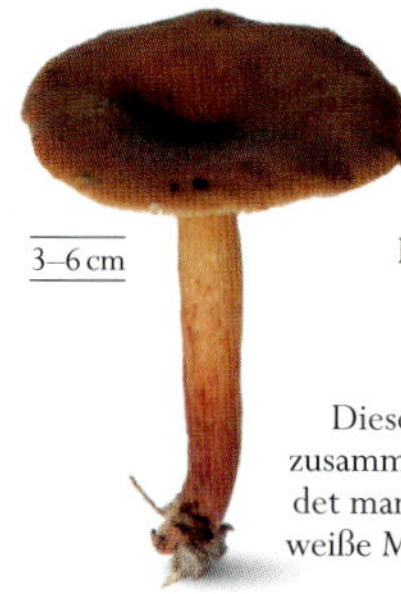

3–6 cm

LEBERBRAUNER MILCHLING
Lactarius hepaticus
F: Russulaceae
Dieser eurasische Pilz kommt zusammen mit Kiefern vor. Schneidet man die Lamellen an, tritt eine weiße Milch aus, die sich gelb färbt.

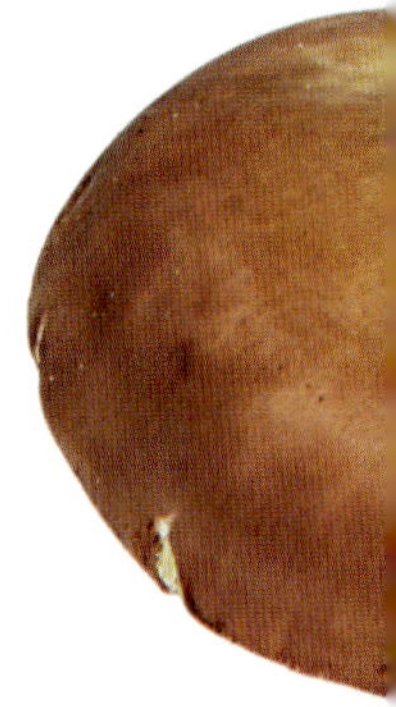

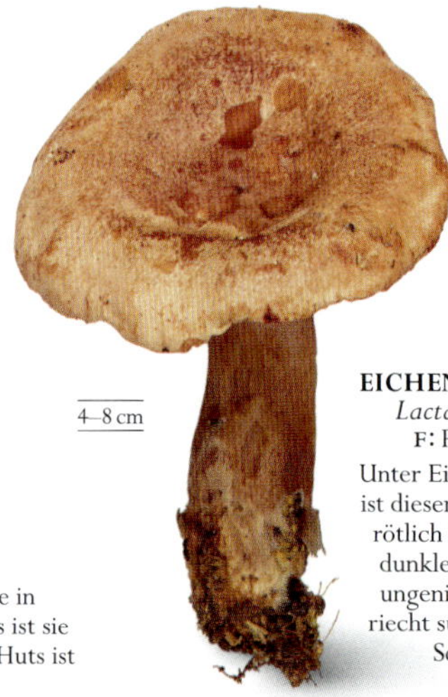

4–8 cm

EICHENMILCHLING
Lactarius quietus
F: Russulaceae
Unter Eichen in Eurasien ist dieser Pilz häufig. Der rötlich braune Hut hat dunklere Zonen. Das ungenießbare Fleisch riecht süßlich und nach Schmieröl.

4–9 cm

GRAUGRÜNER MILCHLING
Lactarius blennius
F: Russulaceae
Dies ist eine ungenießbare Art, die in Eurasien bei Buchen vorkommt. Nass ist sie schleimig. Der Rand des graugrünen Huts ist oft dunkel gefleckt.

5–15 cm

OLIVBRAUNER MILCHLING
Lactarius turpis
F: Russulaceae
Die in Birkenwäldern Eurasiens und Nordamerikas häufige giftige Art ist olivgrün bis fast schwarz und hat einen schleimigen Hut.

5–15 cm

EDELREIZKER
Lactarius deliciosus
F: Russulaceae
Unter Kiefern in Eurasien und Nordamerika findet man diesen Speisepilz. Er hat orangefarbene Zonen auf dem Hut, der blassgrün überlaufen sein kann. Die Milch ist orangerot.

5–15 cm

ZOTTIGER BIRKENMILCHLING
Lactarius torminosus
F: Russulaceae
Der giftige Pilz wächst in Eurasien und Nordamerika häufig unter Birken. Er hat einen fleischrosa, behaarten Hut mit dunkleren Zonen.

3–6 cm

KAMPFERMILCHLING
Lactarius camphoratus
F: Russulaceae
Wenn der Fruchtkörper dieser Art trocknet, riecht er lange Zeit nach Kampfer oder Maggi. Man findet diesen Gewürzpilz in Eurasien und Nordamerika.

6–10 cm

RUSSBRAUNER MILCHLING
Lactarius fuliginosus
F: Russulaceae
Der seltene ungenießbare Pilz mit dunkelbraunem Hut und Stiel gedeiht in den Laubwäldern Eurasiens. Die weiße Milch färbt sich rasch rosa.

8–20 cm

PFEFFERMILCHLING
Lactifluus piperatus
F: Russulaceae
Die seltene, manchmal unbekömmliche Art aus Mischwäldern Eurasiens und Nordamerikas hat einen trichterförmigen Hut mit sehr eng stehenden Lamellen. Die Milch ist weiß.

FRAUENTÄUBLING
Russula cyanoxantha
F: Russulaceae

In Mischwäldern in Eurasien und Nordamerika gedeiht dieser Speisepilz. Der Hut ist violett bis einheitlich grün. Die Lamellen sind gegabelt, biegsam und fühlen sich schmierig an.

BLUTROTER TÄUBLING
Russula sanguinaria
F: Russulaceae

Diese eurasische und nordamerikanische ungenießbare Art ist mit Kiefern vergesellschaftet. Der Hut ist hellrot, der Stiel rot streifig. Die Sporen sind blass ockergelb.

BUCHEN-SPEITÄUBLING
Russula mairei
F: Russulaceae

Dieser eurasische Giftpilz, den man nur bei Buchen findet, hat einen scharlachroten Hut und bläulich weiße Lamellen.

GRASGRÜNER BIRKENTÄUBLING
Russula aeruginea
F: Russulaceae

Häufig findet man diesen essbaren Pilz in Eurasien und Nordamerika unter Birken. Der oliv- bis grasgrüne Hut trägt kleine rostrote Flecken.

GELBER GRAUSTIELTÄUBLING
Russula claroflava
F: Russulaceae

Auf Moos in sumpfigen Birkenwäldern findet man den Speisepilz in Eurasien und Nordamerika. Der Hut, die gelblichen Lamellen und der weiße Stiel verfärben sich grauschwarz.

OCKERTÄUBLING
Russula ochroleuca
F: Russulaceae

Dies ist eine der häufigsten eurasischen Arten. Sie ist kein Speisepilz und hat einen matt ockergelben oder hellgelben Hut und weiße Lamellen.

KIRSCHROTER SPEITÄUBLING
Russula emetica
F: Russulaceae

Dieser Giftpilz wächst in feuchten Kiefernwäldern in Eurasien und Nordamerika. Er hat einen hellroten Hut, Stiel und Lamellen sind weiß.

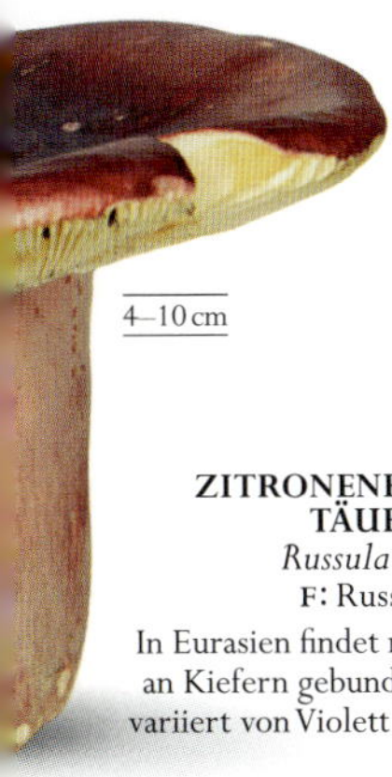

ZITRONENBLÄTTRIGER TÄUBLING
Russula sardonia
F: Russulaceae

In Eurasien findet man diesen Pilz, der an Kiefern gebunden ist. Die Färbung variiert von Violett bis Grün oder Gelb.

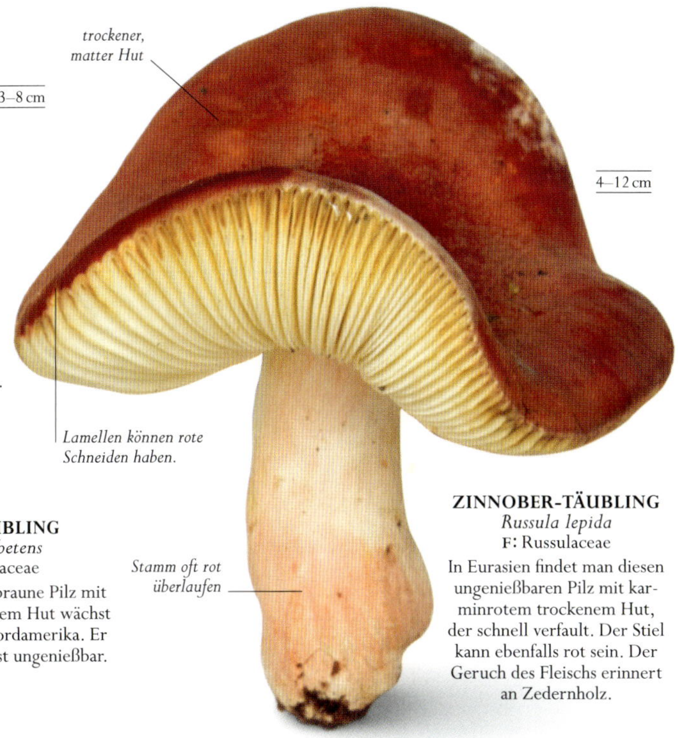

ZINNOBER-TÄUBLING
Russula lepida
F: Russulaceae

In Eurasien findet man diesen ungenießbaren Pilz mit karminrotem trockenem Hut, der schnell verfault. Der Stiel kann ebenfalls rot sein. Der Geruch des Fleischs erinnert an Zedernholz.

STINKTÄUBLING
Russula foetens
F: Russulaceae

Der große orangebraune Pilz mit gerieftem, gewölbtem Hut wächst in Eurasien und Nordamerika. Er riecht ranzig und ist ungenießbar.

HERINGSTÄUBLING
Russula xerampelina
F: Russulaceae

In Eurasien und Nordamerika ist der ungenießbare Pilz verbreitet, eine von vielen verwandten Arten, die man schwer unterscheiden kann.

OHRLÖFFEL-STACHELING
Auriscalpium vulgare
F: Auriscalpiaceae

Auf Kiefernzapfen in Eurasien und Nordamerika wächst diese nicht essbare Art. Sie sieht aus wie ein verbogener Löffel. Am filzigen Hut hängen Stacheln herab.

ZOTTIGER SCHICHTPILZ
Stereum hirsutum
F: Stereaceae

Dieser in Eurasien und Nordamerika verbreitete Pilz bildet Krusten oder überlappende Fruchtkörper. Oberseits ist er haarig-filzig, unterseits glatt.

BLUTENDER LAUBHOLZ-SCHICHTPILZ
Stereum rugosum
F: Stereaceae

Die in Eurasien und Nordamerika verbreitete Art bildet Krusten und manchmal kleine, breit ansitzende Fruchtkörper auf Holz. Beim Anschneiden rötet sich die Oberseite.

WURZELSCHWAMM
Heterobasidion annosum
F: Bondarzewiaceae

Die in Eurasien und Nordamerika verbreitete Art parasitiert meist an Nadelbäumen. Die rotbraune Oberfläche wird im Alter dunkler.

ÄSTIGER STACHELBART
Hericium coralloides
F: Hericiaceae

Meist findet man diese gefährdete essbare Art in Eurasien und Nordamerika unter Buchen. An der Unterseite der verzweigten Fruchtkörper hängen Stacheln.

AURICULARIALES

Obwohl man die Auriculariales (Ohrlappenpilze) oft mit anderen gallertartigen Pilzen zusammenfasst, bilden sie ihrer ungewöhnlichen Basidien wegen eine eigene Gruppe. Diese sind unterschiedlich geformt, aber bei allen Arten quer geteilt, und tragen vier Sporen.

HEXENBUTTER
Exidia nigricans
F: Auriculariaceae

In gemäßigten Zonen Eurasiens und Nordamerikas findet man diesen Pilz häufig an Laubbäumen. Er sieht aus wie runzeliger Teer. Trocken schrumpelt er zu einem harten schwarzen Gebilde.

GEZONTER OHRLAPPENPILZ
Auricularia mesenterica
F: Auriculariaceae

In Eurasien findet man diese Art häufig an Totholz, vor allem an Ulmenholz. Sie erinnert von oben an einen kleinen Porling, hat aber eine runzelige gummiartige grauviolette Unterseite.

JUDASOHR
Auricularia auricula-judae
F: Auriculariaceae

Der essbare Pilz wächst in Eurasien und Nordamerika häufig an toten Laubbäumen. Die dünnen, elastischen »Ohren« sind außen samtig und innen gerunzelt.

ZITTERZAHN
Pseudohydnum gelatinosum
F: Incertae sedis

Diese essbare Art aus Eurasien und Nordamerika ist transparent grau bis hellbraun. Gelegentlich findet man sie an den Stümpfen von Nadelbäumen.

THELEPHORALES

Zu dieser vielfältigen Gruppe gehören breit ansetzende, krusten- oder fächerförmige sowie Zähne tragende Formen. Viele haben zähes, ledriges Fleisch. Die Thelephorales (Warzenpilze) zeigen wenige gemeinsame morphologische Merkmale und wurden aufgrund molekularer Merkmale zu einer Ordnung zusammengefasst.

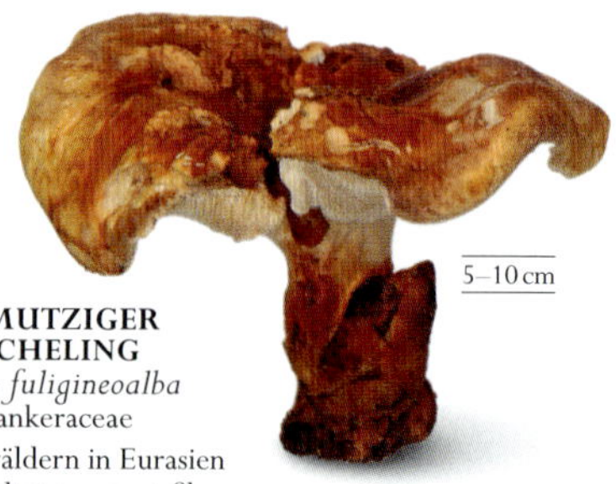

SCHMUTZIGER STACHELING
Bankera fuligineoalba
F: Bankeraceae

In Kiefernwäldern in Eurasien kommt die seltene ungenießbare Art vor. Sie hat einen kurzen, kräftigen Stiel. Der Hut trägt unterseits grauweiße Stacheln.

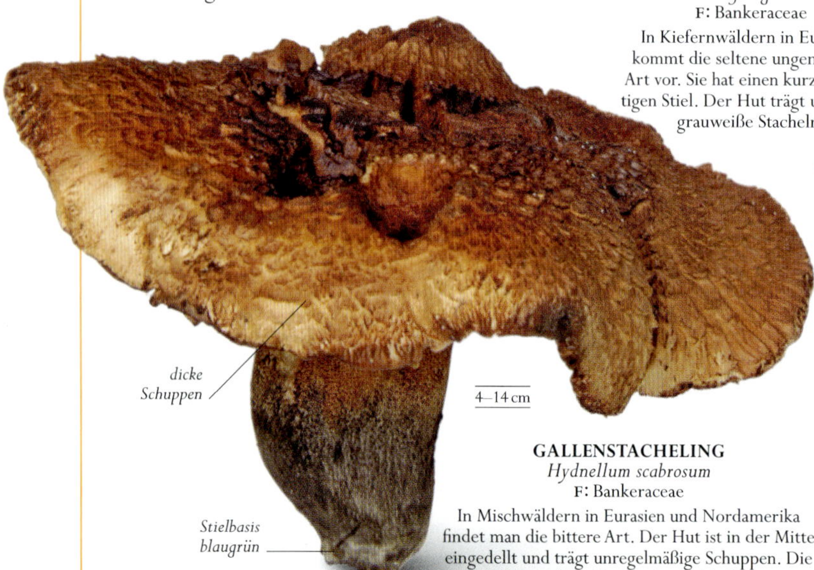

GALLENSTACHELING
Hydnellum scabrosum
F: Bankeraceae

In Mischwäldern in Eurasien und Nordamerika findet man die bittere Art. Der Hut ist in der Mitte eingedellt und trägt unregelmäßige Schuppen. Die Stacheln auf der Unterseite sind hellbraun.

SCHWARZER DUFTSTACHELING
Phellodon niger
F: Bankeraceae

In Mischwäldern in Eurasien und Nordamerika wächst die seltene, nicht genießbare Art. Sie riecht trocken nach Bockshornklee. Der unregelmäßige Hut ist grau bis rötlich schwarz und trägt unterseits graue Stacheln.

SCHARFER KORKSTACHELING
Hydnellum peckii
F: Bankeraceae

Die in Eurasien und Nordamerika verbreitete ungenießbare Art wächst in Nadelwäldern. Der wollig-filzige Hut sondert oft blutrote Tröpfchen ab. Unterseits ist er mit blassbraunen Stacheln besetzt.

ERDWARZENPILZ
Thelephora terrestris
F: Thelephoraceae

Recht häufig wächst dieser Pilz in Wäldern oder Heidegebieten in Eurasien und Nordamerika am Boden oder an morschem Holz. Die fächerförmigen Fruchtkörper überlappen und bilden Büschel mit helleren Rändern.

PHALLALES

Die Gestalt vieler Arten der Ordnung Phallales (Rutenpilze) erinnert an einen Phallus. Aber auch trüffelähnliche Formen gehören dazu. Rutenpilze »schlüpfen« oft innerhalb weniger Stunden aus einer eiförmigen Struktur, einem sogenannten Hexenei.

ROTER GITTERLING
Clathrus ruber
F: Clathraceae

In Parks und Gärten findet man die seltene, essbare eurasische Art. Der käfigartige Frucht ist innen mit einer schwarzen übel riechenden masse bedeckt. Er entspringt einem hellen »He

TINTENFISCHPILZ
Clathrus archeri
F: Clathraceae

Die ungenießbare Art wurde aus Australasien eingeführt. Selten sieht man sie im südlicher Eurasien. Die roten Arme erscheinen aus eine »Hexenei« und sind auf der Innenseite mit sti kendem schwarzem Sporenschleim bedeckt

EXOBASIDIALES

Diese kleine Gruppe besteht vor allem aus Gallen bildenden Pflanzenparasiten, deren Sporen bildende Zellen eine Schicht auf der Blattoberfläche bilden. Manche rufen Krankheiten an Kulturpflanzen der Gattung *Vaccinium* hervor, zu der die Heidelbeere gehört.

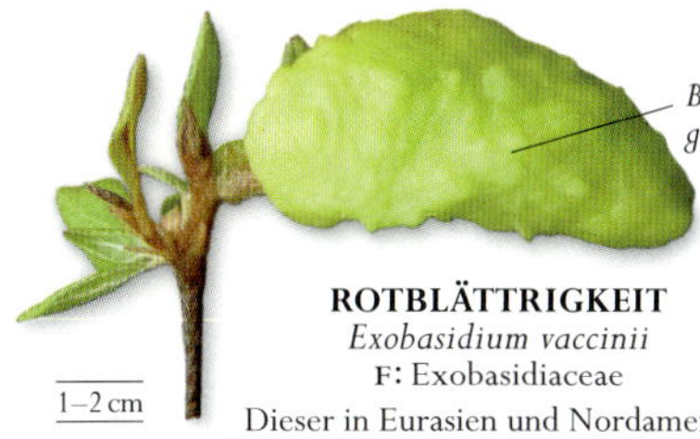

ROTBLÄTTRIGKEIT
Exobasidium vaccinii
F: Exobasidiaceae
Dieser in Eurasien und Nordamerika häufige Pilz infiziert Preiselbeeren. Die Blätter werden rot und bilden Gallen.

UROCYSTIDIALES

Zur Ordnung gehören bekannte Brandpilze, besonders die Arten der Gattung *Urocystis*. Sie parasitieren an Blütenpflanzen wie Anemonen, Zwiebeln, Weizen und Roggen. Oft entsteht an den Wirtspflanzen schwerer Schaden.

ANEMONENBRAND
Urocystis anemones
F: Urocystidaceae
Der Pilz bildet in Eurasien und Nordamerika auf den Blättern von Anemonen und einigen anderen Pflanzen dunkelbraune erhabene Pusteln.

HUNDSRUTE
Mutinus caninus
F: Phallaceae
Dieser häufige ungenießbare Rutenpilz wächst in Mischwäldern in Eurasien und Nordamerika. Die Spitze ist mit einer grünlich schwarzen Sporenmasse bedeckt. Der Stiel entspringt einem weißen »Hexenei«.

PHALLUS MERULINUS
F: Phallaceae
Die tropische Art findet man vor allem in Australasien. Sie entspringt einem weißen »Hexenei«. Es gibt viele ähnliche Arten, manche mit auffällig gefärbtem »Rock«.

STINKMORCHEL
Phallus impudicus
F: Phallaceae
In Mischwäldern in Eurasien kommt dieser Pilz vor. Der Hut auf dem porösen Stiel entspringt innerhalb weniger Stunden einem (essbaren) »Hexenei«. Den üblen Geruch kann man oft schon aus einiger Entfernung wahrnehmen.

PUCCINIALES

Zu den Rostpilzen, einer der größten Pilzordnungen mit über 7000 Arten, gehören viele Parasiten an Nutzpflanzen. Manche haben einen sehr komplexen Lebenszyklus mit Wirtswechsel. Sie bilden in verschiedenen Stadien unterschiedliche Sporentypen.

HIMBEERROST
Phragmidium rubi-idaei
F: Phragmidiaceae
Dieser Rost aus Eurasien und Nordamerika ruft Pusteln an der Oberseite der Blätter hervor. Er überwintert mit schwarzen Sporen an der Unterseite der Blätter.

ROSENROST
Phragmidium tuberculatum
F: Phragmidiaceae
Dieser häufige Rostpilz ist in Nordamerika und Eurasien verbreitet. Er verursacht orangefarbene Pusteln an den Unterseiten von Blättern und Trieben von Rosen. Die Pusteln färben sich im Spätsommer schwarz.

GELBDOLDENROST
Puccinia smyrnii
F: Pucciniaceae
In ganz Eurasien kommt dieser häufige Rostpilz vor. Er bildet erhabene Beläge oder Warzen an den Blättern der Schwarzen Gelbdolde (*Smyrnium olusatrum*).

MALVENROST
Puccinia malvacearum
F: Pucciniaceae
Dieser Pilz schädigt Stockrosen. Er kommt in Eurasien und Nordamerika vor und überzieht die Blätter mit kleinen Pusteln. Ältere Blätter sterben und fallen ab.

PORREROST
Puccinia allii
F: Pucciniaceae
Häufig befällt dieser Pilz in Eurasien und Nordamerika Zwiebeln, Knoblauch und Porree. Auf infizierten Blättern entstehen Pusteln mit Sporen.

JOHANNISKRAUT-ROST
Melampsora hypericorum
F: Melampsoraceae
Der in Eurasien häufige Pilz verursacht verstreute, erhabene Pusteln an der Blattunterseite.

TANNENNADELROST
Pucciniastrum epilobii
F: Pucciniastraceae
Dieser weltweit verbreitete Pilz lebt an einigen Tannen-Arten. Er infiziert ab Frühjahr die Blätter von Fuchsien und Weidenröschen.

SCHLAUCHPILZE

Die Ascomycota oder Schlauchpilze bilden ihre Sporen in sackartigen bis länglichen Schläuchen, den Asci, die sich auf der Oberfläche der Fruchtkörper befinden. Sie sind die größte Pilzgruppe. Die Fruchtkörper vieler Arten sind becher- oder schüsselförmig.

STAMM	ASCOMYCOTA
KLASSEN	7
ORDNUNGEN	56
FAMILIEN	226
ARTEN	etwa 33 000

Viele Schlauchpilze sind bunt gefärbt. Man weiß jedoch noch nicht, welche biologische Funktion die Farben haben.

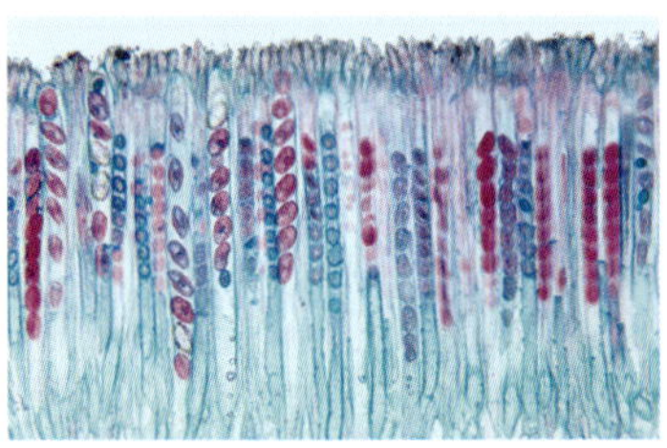

Hier sind Asci unter dem Mikroskop zu sehen. Dicht an dicht stehend, enthält jeder Ascus acht Sporen.

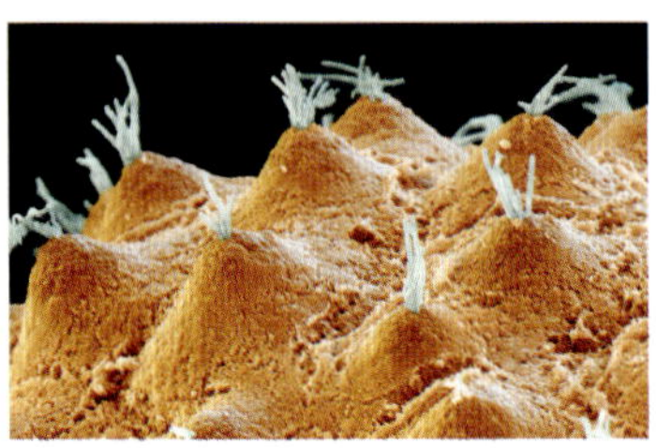

Bei vielen Arten bilden sich die Asci in schützenden Gebilden, den Perithecien. Sie entlassen später die Sporen.

STREITFRAGE

HELDEN ODER SCHURKEN?

Schlauchpilze gehen Partnerschaften zum gegenseitigen Nutzen mit Pflanzen, Algen und sogar Gliederfüßern wie Käfern ein. Auch einige gefährliche Krankheitserreger sind Schlauchpilze: *Cryphonectria* zum Beispiel ist dafür verantwortlich, dass in den letzten Jahren Millionen von Edelkastanienbäumen an dem Krebs gestorben sind.

Die Schlauchpilze, zu denen winzige bis etwa 20 cm hohe Arten gehören, kommen in einer Vielzahl von Lebensräumen vor. Sie wachsen an toten, absterbenden und lebenden Geweben, einige treiben in Süßgewässern und im Meer. Viele Arten sind parasitisch, einige richten schwere Schäden an Nutzpflanzen an. Andere bilden eine Mycorrhiza mit Pflanzen aus, eine Partnerschaft zum gegenseitigen Nutzen. Manche Arten spielen in der Medizin eine wichtige Rolle, wie *Penicillium notatum*, die erste Quelle des Antibiotikums Penicillin. Andere sind gefährliche Krankheitserreger. *Pneumocystis jirovecii* zum Beispiel kann bei Menschen mit geschwächtem Immunsystem Lungenentzündung hervorrufen. Zu den Ascomycota gehören auch die Hefen, die bei der Herstellung von Alkohol und Brot eine wichtige Rolle spielen.

Die Ascomycota bilden vielgestaltige Fruchtkörper aus, wie Becher, Keulen, kartoffelähnliche Formen, einfache Krusten, Pusteln, korallen- und schildartige Formen oder Pilze mit Stiel und Hut. Je nach Fruchtkörpertyp wachsen die Asci, in denen die Sporen gebildet werden, außen in einer spezialisierten Schicht oder innen. Nicht bei allen Arten gibt es ein sexuelles Stadium, viele vermehren sich ungeschlechtlich. Die meisten Hefen vermehren sich schnell, indem sie sich ungeschlechtlich teilen. Die Hefezelle schnürt eine Knospe ab, die sich zu einer neuen Zelle entwickelt.

BECHERFÖRMIGE FRUCHTKÖRPER

Viele Arten der Ascomycota haben becher- oder scheibenförmige Fruchtkörper. Da diese oben offen sind, können der Wind oder Regentropfen die Sporen verbreiten, die die Becher innen auskleiden. Bei manchen Pilzen nehmen die Asci, die die Sporen enthalten, Wasser auf, sodass sich Druck aufbaut und die Sporen bis zu 30 cm weit ausgeschleudert werden. Untersucht man die Oberflächen von morschen Baumstümpfen, herabgestürzten Ästen oder Falllaub, tut sich oft eine faszinierende Welt winziger Becher auf. Bei größeren Arten schleudern die Becher bei Berührung die Sporen manchmal so kraftvoll aus, dass man die Staubwolke nicht nur sehen, sondern die Entladung sogar hören kann.

ORANGEBECHERLING >
Dieser Pilz bildet einfache becherförmige Fruchtkörper, die für viele Arten dieser Gruppe charakteristisch sind.

HYPOCREALES

Die Pilze dieser Ordnung sind häufig an ihren auffällig gefärbten Sporen bildenden Strukturen zu erkennen. Sie sind meist gelb, orangefarben oder rot. Die Hypocreales leben oft parasitisch auf anderen Pilzen oder Insekten. Am bekanntesten ist die Gattung *Cordyceps* mit keuligen oder verästelten Fruchtkörpern. Einige Arten finden in der Medizin Anwendung.

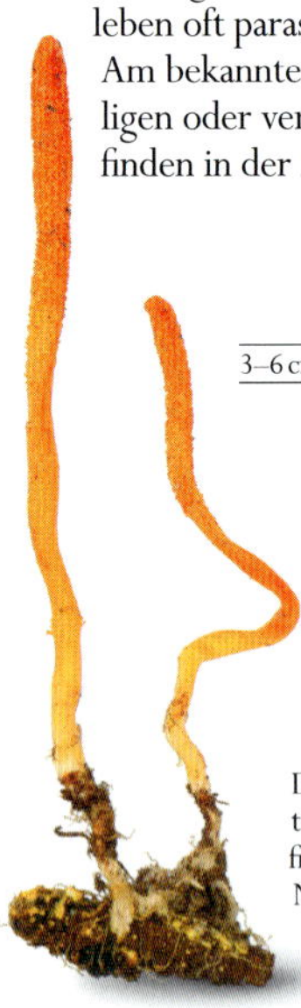

PUPPEN-KERNKEULE
Cordyceps militaris
F: Cordycipitaceae
Diese Art, die auf Schmetterlingspuppen parasitiert, findet man in Eurasien und Nordamerika. Im Kopfteil der Keule werden die Sporen gebildet.

ZUNGEN-KERNKEULE
Tolypocladium ophioglossoides
F: Ophiocordycipitaceae
Diese Art parasitiert an Hirschtrüffeln im Boden. Sie ist in Eurasien und Nordamerika verbreitet und bildet gelbe Keulen mit langen grünlich schwarzen Köpfen.

ROTPUSTELPILZ
Nectria cinnabarina
F: Nectriaceae
Auf feuchtem Holz in Eurasien und Nordamerika wächst dieser Pilz häufig. Unreif bildet er blassrote Pusteln, die rotbraun werden, wenn sie reifen.

MUTTERKORNPILZ
Claviceps purpurea
F: Clavicipitaceae
Diese Art hat in der Vergangenheit zu massenhaften Vergiftungen geführt. Sie parasitiert in Eurasien und Nordamerika auf Gräsern, vor allem Roggen.

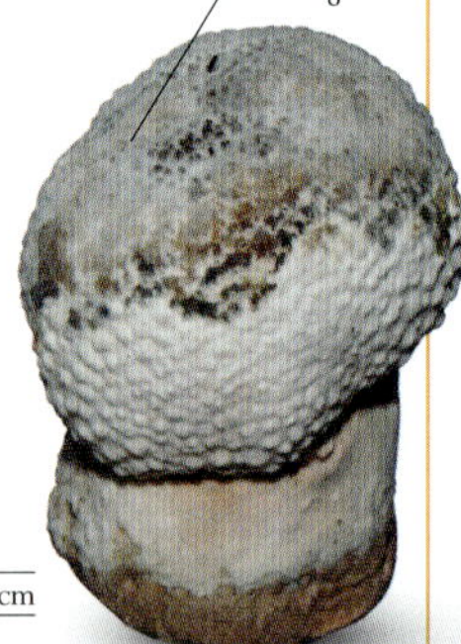

GOLDSCHIMMEL
Hypomyces chrysospermus
F: Hypocreaceae
Den Pilz findet man in Nordamerika und Eurasien auf Röhrlingen. Er bildet einen erst weißen, dann gelben Überzug.

XYLARIALES

Bei Mitgliedern dieser Ordnung befinden sich die Sporen bildenden Zellen oft in Kammern, die in ein sogenanntes Stroma eingebettet sind. Viele Arten leben auf Holz, einige auf Tierexkrementen, Früchten, Blättern, im Erdboden oder sind mit Insekten vergesellschaftet. Zur Ordnung gehören wirtschaftlich bedeutende Pflanzenparasiten.

ROSSAPFEL-KERNPILZ
Poronia punctata
F: Xylariaceae
Die seltener werdende Art wächst in Eurasien und Nordamerika auf Pferdemist. Aus den vielen Löchern in den Scheiben werden die Sporen entlassen.

GEWEIHFÖRMIGE HOLZKEULE
Xylaria hypoxylon
F: Xylariaceae
Diese geweihförmige Art findet man in Eurasien und Nordamerika häufig auf Totholz.

VIELGESTALTIGE HOLZKEULE
Xylaria polymorpha
F: Xylariaceae
Auf Totholz in Eurasien und Nordamerika bildet dieser Pilz spröde schwarze Keulen mit rauer Oberfläche. Sie haben winzige Poren und dickes weißes Fleisch.

KOHLENBEERE
Hypoxylon fragiforme
F: Xylariaceae
Diese in Europa und Nordamerika verbreitete Art bildet harte, runde Fruchtkörper. Sie wächst in Scharen auf totem Buchenholz.

KOHLIGER KUGELPILZ
Daldinia concentrica
F: Xylariaceae
Der Pilz aus Eurasien und Nordamerika hat rundliche Fruchtkörper. Schneidet man sie auf, wird eine konzentrische weiße Bänderung sichtbar. Die schwarzen Sporen werden ausgeschleudert.

ERYSIPHALES

Die Mitglieder dieser Ordnung leben parasitisch auf Blättern und Früchten von Blütenpflanzen und rufen Echten Mehltau hervor. Die Pilzfäden (Hyphen) dringen in die Zellen der Wirtspflanze ein und nehmen Nährstoffe auf.

ECHTER MEHLTAU AN EICHEN
Erysiphe alphitoides
F: Erysiphaceae
Der Pilz bedeckt in Eurasien und Nordamerika junge Blätter von Eichen, die dadurch verkrüppeln.

ECHTER MEHLTAU AN APFELBÄUMEN
Podosphaera leucotricha
F: Erysiphaceae
Der Pilz tritt in Eurasien und Nordamerika auf. Der Befall erscheint zunächst als weißliche Flecken auf den Blattunterseiten. Er breitet sich schnell aus.

GOLOVINOMYCES CICHORACEARUM
F: Erysiphaceae
In Eurasien und Nordamerika ist diese Art verbreitet. Sie erscheint auf verschiedenen Korbblütlern. Zuerst bilden sich Flecken auf den Blättern, dann sterben sie ab.

CAPNODIALES

Diese Schlauchpilze findet man häufig auf Blättern. Sie ernähren sich von Honigtau, den Insekten ausscheiden, oder von Flüssigkeiten, die die Blätter absondern, und bilden Rußtau. Einige verursachen beim Menschen Hautkrankheiten.

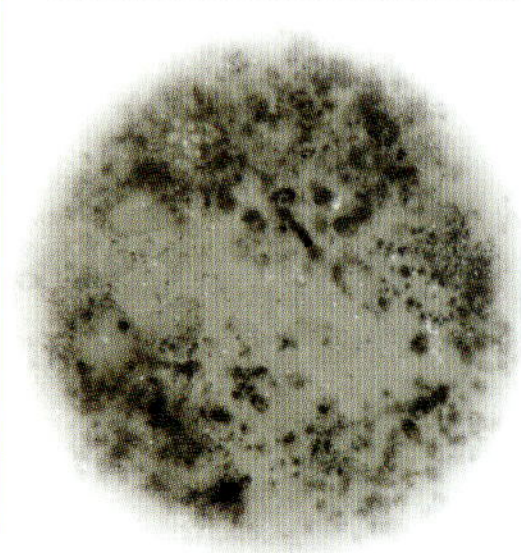

CLADOSPORIUM CLADOSPORIOIDES
F: Davidiellaceae
Dieser Schimmelpilz wächst in Eurasien und Nordamerika häufig an feuchten Wänden in Badezimmern. Bei manchen Menschen ruft er allergische Reaktionen hervor.

HELOTIALES

Die Pilze dieser Ordnung bilden meist scheiben- oder becherförmige Fruchtkörper. Ihre Sporen bildenden Asci haben kein Operculum (Deckel) an der Spitze, mit dem sie sich öffnen. Die meisten Arten leben in humusreichem Erdboden, an toten Baumstämmen und anderen organischen Stoffen. Zur Ordnung gehören Erreger von gefährlichen Pflanzenkrankheiten.

0,5–1,5 cm

HARTER STROMABECHERLING
Rutstroemia firma
F: Rutstroemiaceae

Dieser in Europa verbreitete Pilz mit hellbraunem Becher auf einem dünnen Stiel wächst an herabgefallenen Ästen, vor allem von Eichen. Er färbt das Holz schwarz.

In Pünktchen werden Sporen gebildet.

TROCHILA ILICINA
F: Dermateaceae

Auf den abgefallenen Blättern von Stechpalmen wächst dieser Pilz in Eurasien und Nordamerika. Auf der Blattoberseite erscheinen Pünktchen, in denen Sporen gebildet werden.

schwarze Flecken

STERNRUSSTAU
Diplocarpon rosae
F: Dermateaceae

Häufig findet man diese Art in Eurasien und Nordamerika auf den Blättern von Rosen. Sie verursacht schwarze Flecken, die zu großen schwarzen Feldern verschmelzen.

3–7 cm

TÄUSCHENDE ERDZUNGE
Geoglossum fallax
F: Geoglossaceae

Auf Wiesen in Eurasien und Nordamerika kommt dieser seltene Pilz vor. Er ist einer von mehreren Arten mit schwärzlichen abgeflachten Keulen, die man nur unter dem Mikroskop unterscheiden kann.

0,5–4 cm

SCHMUTZBECHERLING
Bulgaria inquinans
F: Bulgariaceae

Die Art ist in Eurasien und Nordamerika verbreitet. Der Becher ist außen braun, die Innenseite, die Sporen bildet, glatt, schwarz und gummiartig.

Sporen bildende Schicht

glatte Oberfläche

0,5–3 cm

ANEMONENBECHERLING
Dumontinia tuberosa
F: Sclerotiniaceae

Die in Eurasien häufige Art parasitiert vor allem an den Wurzelstöcken von Buschwindröschen. Auf einem langen Stiel sitzt ein brauner Becher.

0,5–3 cm

BLASSROTER GALLERTBECHER
Neobulgaria pura
F: Helotiaceae

Oft findet man diesen durchscheinenden Pilz in Eurasien auf umgestürzten Buchen. Er ist hellrosa bis blasslila. Die Scheiben sind oft deformiert, weil sie sehr dicht stehen.

blassbraune Pusteln an befallener Frucht

FRUCHTFÄULE
Monilia fructigena
F: Sclerotiniaceae

Der in Eurasien sehr häufige Pilz befällt vor allem Apfel- und Birnbäume, aber auch *Prunus*-Arten, an denen er ebenfalls Fruchtfäule hervorruft.

1–3 mm

ZITRONENGELBES REISIGBECHERCHEN
Bisporella citrina
F: Helotiaceae

Diese Art ist auf toten Laubhölzern in Eurasien sehr verbreitet. Die Fruchtkörper erscheinen in Herden.

0,3–1 cm

GRÜNGELBES GALLERTKÄPPCHEN
Leotia lubrica
F: Leotiaceae

In Mischwäldern in Eurasien und Nordamerika gedeiht dieser Pilz häufig. Er hat einen lappigen Kopf, dessen Rand sich einrollt.

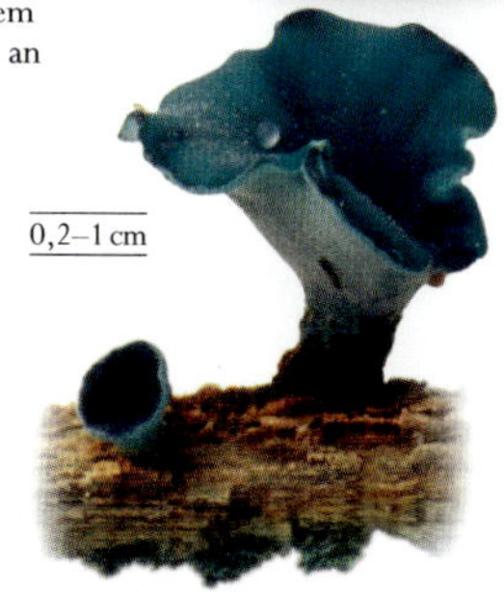

0,2–1 cm

KLEINSPORIGER GRÜNSPANBECHERLING
Chlorociboria aeruginascens
F: Helotiaceae

Die Becher der eurasisch-nordamerikanischen Art findet man selten, aber die grünen Verfärbungen auf totem Eichenholz sind leicht zu erkennen.

0,5–2 cm

GROSSSPORIGER GALLERTBECHERLING
Ascocoryne cylichnium
F: Helotiaceae

Auf totem Buchenholz in Eurasien ist diese Art recht häufig. Reif bildet sie gelatinöse unregelmäßige Scheiben.

0,2–1 cm

SUMPF-HAUBENPILZ
Mitrula paludosa
F: Helotiaceae

Die Art, die in Eurasien und Nordamerika vorkommt, wächst im Frühjahr und Frühsommer auf Pflanzenresten in seichtem Wasser. Sie bildet einen rundlichen Kopf aus.

PEZIZALES

Mitglieder dieser Ordnung bilden Asci, die sich am Scheitel mit einem Deckel öffnen. Die Sporen werden ausgeschleudert. Zur Ordnung gehören einige Arten mit wirtschaftlicher Bedeutung, wie Morcheln, Lorcheln und Trüffeln.

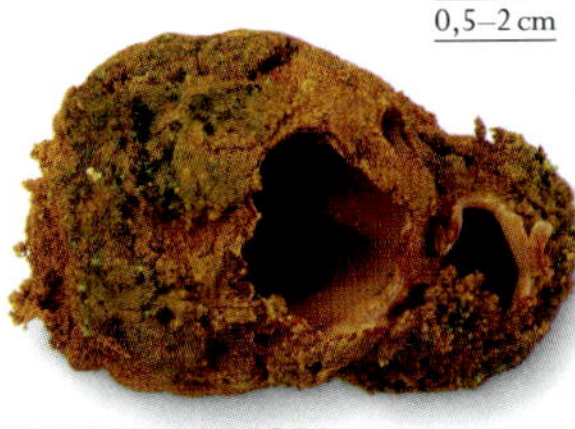

GROSSSPORIGER GALLERTBECHER
Geopora arenicola
F: Pyronemataceae

Der in Eurasien häufige, ungenießbare Pilz ist schwierig zu entdecken, da er sich in sandigen Böden entwickelt. Er hat eine glatte Fruchtschicht auf der Becherinnenseite.

ESELSOHR
Otidea onotica
F: Pyronemataceae

In Laubwäldern in Eurasien und Nordamerika findet man die essbare seltene Art in Gruppen. Die großen Becher reißen auf einer Seite ein.

GEWÖHNLICHER SCHILDBORSTLING
Scutellinia scutellata
F: Pyronemataceae

Eine von vielen ähnlichen ungenießbaren Arten wächst in Eurasien und Nordamerika auf morschem Holz. Die Becher haben einen Saum aus schwarzen Wimpern.

KERNBRANDIGER NAPFBECHERLING
Tarzetta cupularis
F: Pyronemataceae

Die auf alkalischen Böden in Wäldern häufige, nicht essbare Art bildet kelchförmige, gestielte Becher.

FRÜHJAHRSLORCHEL
Gyromitra esculenta
F: Discinaceae

Die giftige Art kommt in ganz Nordamerika und Eurasien vor. Meist erscheint sie im Frühjahr unter Nadelbäumen. Die glänzend braunen Hüte erinnern an Gehirne.

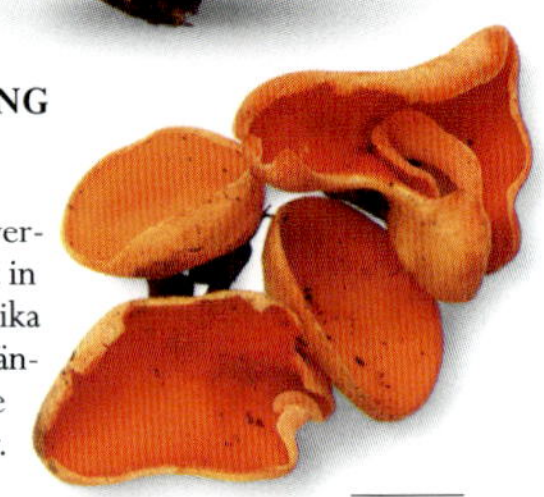

ORANGEBECHERLING
Aleuria aurantia
F: Pyronemataceae

Oft findet man diese unverwechselbare essbare Art in Eurasien und Nordamerika auf Pisten oder an Wegrändern. Sie bildet dünne orangefarbene Becher.

MORCHELBECHERLING
Disciotis venosa
F: Morchellaceae

Im Frühjahr erscheint dieser kurzstielige essbare Pilz in feuchten Wäldern in Eurasien und Nordamerika. Er riecht nach Chlor. Die runzelige Innenseite ist braun, die Außenseite blass.

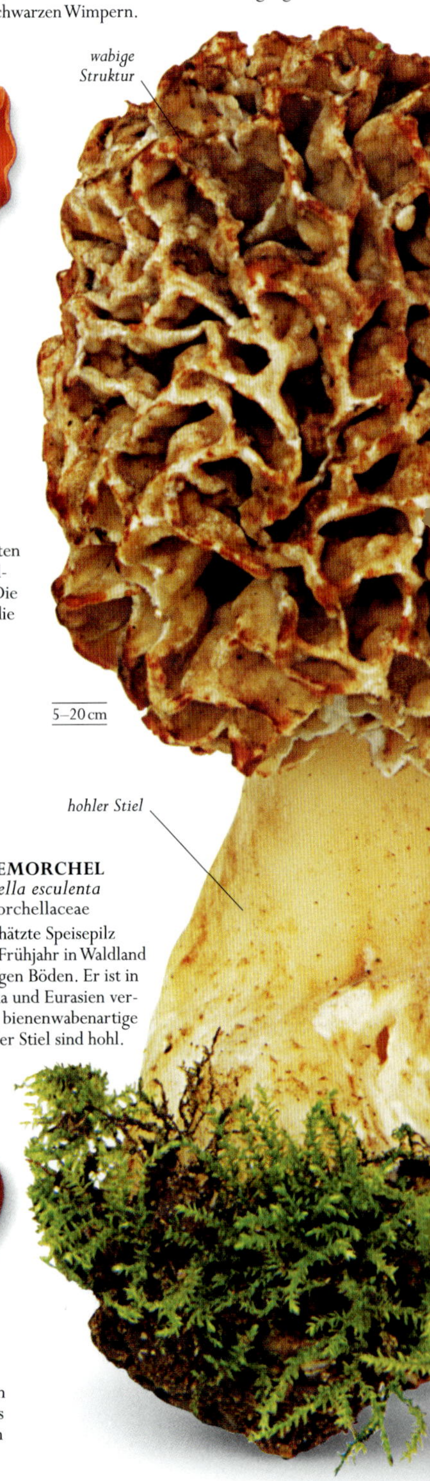

SPEISEMORCHEL
Morchella esculenta
F: Morchellaceae

Der geschätzte Speisepilz erscheint im Frühjahr in Waldland auf kalkhaltigen Böden. Er ist in Nordamerika und Eurasien verbreitet. Der bienenwabenartige Hut und der Stiel sind hohl.

FINGERHUT-VERPEL
Verpa conica
F: Morchellaceae

Der seltene, gekocht essbare Pilz wächst in Eurasien und Nordamerika in Wäldern und Hecken auf kalkhaltigen Böden. Der kleine Hut sitzt auf einem hohlen Stiel.

KÄPPCHEN-MORCHEL
Morchella semilibera
F: Morchellaceae

Wie ein durchbrochener Fingerhut auf einem Stiel sieht diese essbare Morchel aus. Sie tritt im Frühjahr in Mischwäldern in Eurasien und Nordamerika häufig auf.

SPITZMORCHEL
Morchella elata
F: Morchellaceae

Dieser geschützte Speisepilz ist in Eurasien und Nordamerika im Frühjahr in Wäldern häufig. Er hat einen hell rotbraunen bis schwarzen wabigen Hut und einen hohlen Stiel.

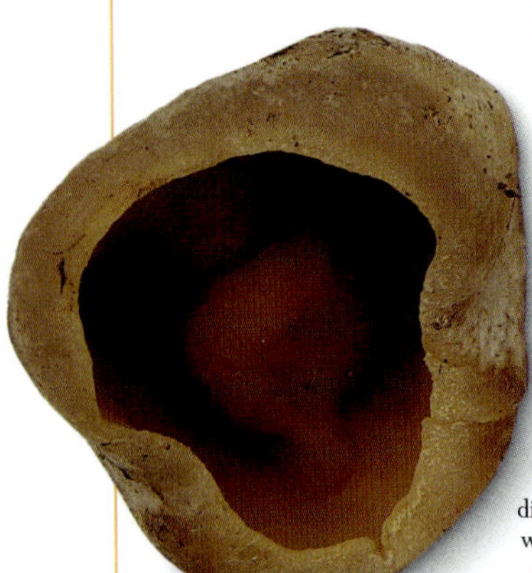

BLASENBECHERLING
Peziza vesiculosa
F: Pezizaceae

In Eurasien und Nordamerika ist dieser Pilz verbreitet. Typischerweise wächst er auf Komposthaufen, Stroh oder Dung. Die brüchigen Becher haben unregelmäßige Ränder.

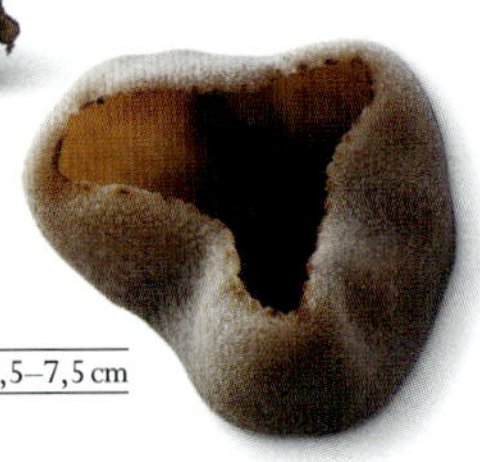

KELLERBECHERLING
Peziza cerea
F: Pezizaceae

Die Becher der in Eurasien und Nordamerika verbreiteten Art erscheinen oft an feuchtem Mauerwerk. Innen sind sie dunkelockergelb, außen hell.

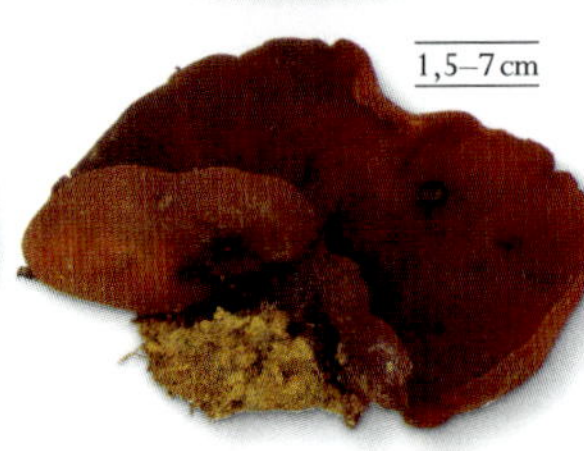

KASTANIENBRAUNER BECHERLING
Peziza badia
F: Pezizaceae

Der häufige Pilz, eine von vielen ähnlichen, in Wäldern Eurasiens und Nordamerikas verbreiteten Art, wird im Alter braun.

PÉRIGORD-TRÜFFEL
Tuber melanosporum
F: Tuberaceae
Diese sehr geschätzte Trüffel wächst in der Mittelmeerregion in der Umgebung von Eichen unter der Erde. Zur Suche setzt man Hunde und Trüffelschweine ein.

WEISSE TRÜFFEL
Tuber magnatum
F: Tuberaceae
In Italien und Frankreich gilt diese Trüffel als Delikatesse. Sie wächst in Südeuropa in alkalischen Böden. Bei Wirtsbäumen wie Eichen und Pappeln kann sie durch Animpfen kultiviert werden.

SOMMERTRÜFFEL
Tuber aestivum
F: Tuberaceae
In Süd- und Mitteleuropa findet man diese begehrte unterirdisch wachsende Trüffel in der Nähe verschiedener Laubbäume.

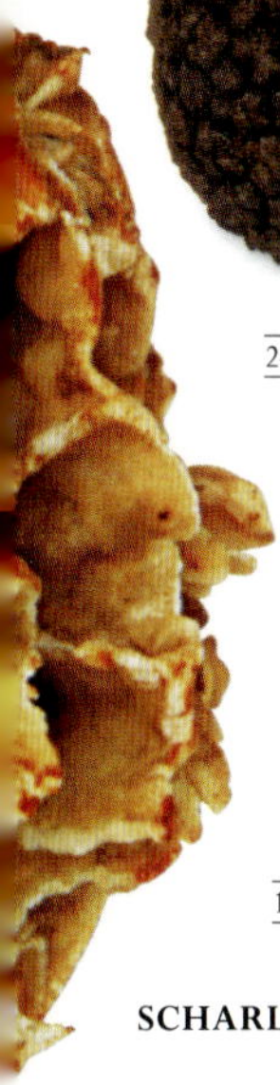

SCHARLACHROTER KELCHBECHERLING
Sarcoscypha austriaca
F: Sarcoscyphaceae
Auf heruntergestürzten Ästen kann man die ungenießbare Art im Winter und zeitigen Frühjahr in Eurasien und Nordamerika finden. Die hochroten Becher sind außen hell.

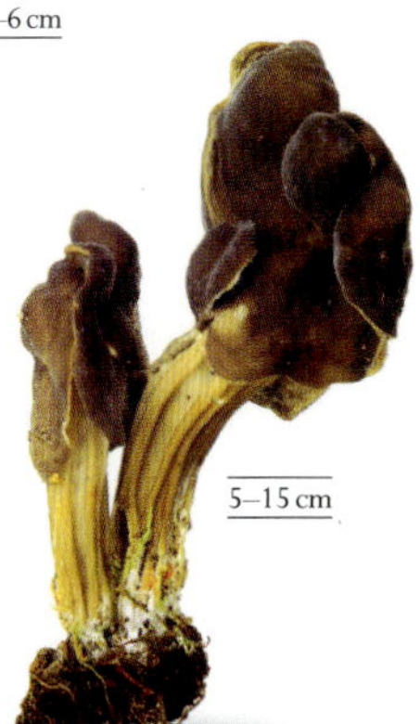

HERBSTLORCHEL
Helvella crispa
F: Helvellaceae
Diese möglicherweise giftige Art ist in Mischwäldern in Eurasien und Nordamerika häufig. Der sattelförmige Hut sitzt auf einem gefurchten Stiel.

GRUBENLORCHEL
Helvella lacunosa
F: Helvellaceae
In Mischwäldern in Eurasien und Nordamerika kommt die ungenießbare Art vor. Sie hat einen gelappten dunklen Hut und einen gerippten Stiel.

EUROTIALES

Zu dieser Ordnung gehören die Gattungen *Penicillium* (die Quelle des Antibiotikums Penicillin) und *Aspergillus* (einige Mitglieder sind gefährliche Krankheitserreger, die Menschen befallen können).

WARZIGE HIRSCHTRÜFFEL
Elaphomyces granulatus
F: Elaphomycetaceae
In sandigen Böden unter Nadelgehölzen findet man den ungenießbaren rotbraunen Pilz. Er hat eine raue Oberfläche und im Inneren eine rotschwarze Sporenmasse.

RHYTISMATALES

Die Arten dieser Ordnung infizieren Pflanzenteile wie Blätter, Zweige, Rinde, weibliche Zapfen von Nadelgehölzen und manchmal Beeren. Viele Arten befallen die Nadeln von Koniferen. Am häufigsten sieht man wahrscheinlich die Teerfleckenkrankheit an Ahornbäumen.

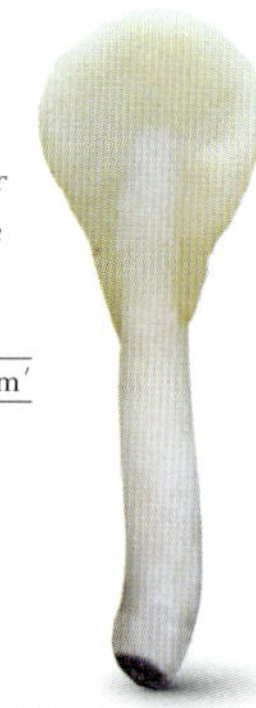

TEERFLECKENKRANKHEIT AN AHORN
Rhytisma acerinum
F: Rhytismataceae
An Ahorn-Arten in Nordamerika und Eurasien ruft der Pilz unregelmäßige Flecken mit hellen gelben Rändern hervor.

DOTTERGELBER SPATELING
Spathularia flavida
F: Cudoniaceae
Diesen Pilz findet man in feuchten Nadelwäldern in Eurasien und Nordamerika. Er bildet flache gelbe Köpfe.

TAPHRINALES

Zur Ordnung gehören viele Pflanzenparasiten. Die meisten Arten stehen in der Gattung *Taphrina*. Alle Arten haben zwei Stadien: Im saprophytischen Stadium sind sie hefeartig und vermehren sich durch Knospung. Im parasitischen Stadium erscheinen sie auf Pflanzengeweben und verursachen Gallen und verkrüppelte Blätter.

TAPHRINA BETULINA
F: Taphrinaceae
Die in Eurasien verbreitete Art befällt Birken und ruft Hexenbesen hervor. Bei dieser Krankheit bilden sich an den Enden der Äste dichte Büschel aus Zweigen.

TAPHRINA DEFORMANS
F: Taphrinaceae
Der Pilz ist der Erreger der Kräuselkrankheit, er infiziert die meisten Pfirsich- und Nektarinen-Sorten in Eurasien und Nordamerika. Die befallenen Blätter sind eingerollt und färben sich oft violettrot.

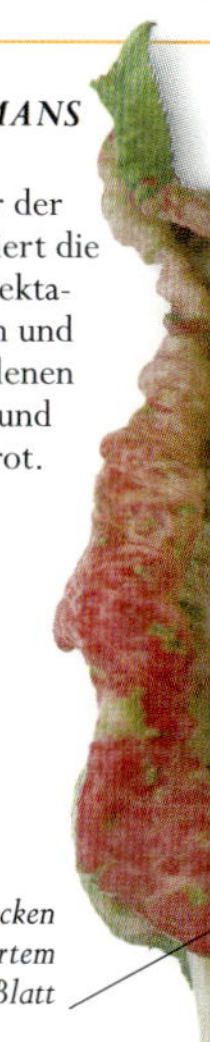

PLEOSPORALES

Typische Mitglieder dieser Ordnung bilden ihre Asci in flaschenähnlichen Fruchtkörpern. Die Asci haben eine zweischichtige Zellwand. Die Sporen werden ausgeschleudert. Viele Arten wachsen auf Pflanzen, andere sind Flechtenpartner.

BIRNENSCHORF
Venturia pyrina
F: Venturiaceae
Dieser parasitische Pilz befällt ganze Birnenplantagen in Eurasien und Nordamerika und ruft Schorf hervor. Die Früchte verkrüppeln und fallen manchmal ab, bevor sie reif sind.

LEPTOSPHAERIA ACUTA
F: Leptosphaeriaceae
Diese Art, die tote Stängel der Brennnessel befällt, ist in Eurasien und Nordamerika häufig. Sie bildet kleine, spitzkugelige Gebilde, die sich durch die Stängeloberfläche des Wirts schieben, um die Sporen auszuschleudern.

BOEREMIA HEDERICOLA
F: Didymellaceae
In Eurasien und Nordamerika verursacht der Pilz kreisförmige weiße Flecken auf den Blättern von Efeu, die braun werden und absterben.

FLECHTEN

Flechten überleben in den unwirtlichsten Gegenden, wie an Felsen, die der Meeresbrandung ausgesetzt sind, oder in Wüsten, wo nur die Steine selbst Lebensräume bieten. Sie sind Pionierorganismen und schaffen oft für nachfolgende Besiedler Wachstumsbedingungen.

STÄMME	ASCOMYCOTA BASIDIOMYCOTA
KLASSEN	10
ORDNUNGEN	15
FAMILIEN	40
ARTEN	etwa 18 000

Soredien sind Bündel aus Pilzhyphen und Algenzellen. Sie dienen der ungeschlechtlichen Fortpflanzung.

Isidien sind stiftförmige Verbreitungseinheiten, die abbrechen und zu neuen Flechten heranwachsen können.

Hier sind Sporen bildende Asci (Schläuche) unter dem Mikroskop zu sehen, darunter eine Algenschicht.

STREITFRAGE

EVOLUTION DER FLECHTEN

Wissenschaftler versuchen noch immer zu verstehen, wie und warum Pilze und Algen diese Lebensgemeinschaften gebildet haben. Vielleicht war es anfangs ein Angriff eines Partners auf den anderen, der sich dann zu einer Partnerschaft entwickelt hat. Nicht alle diese Gemeinschaften sind zum gegenseitigen Nutzen.

Eine Flechte ist keine einzelne Lebensform, sondern eine Lebensgemeinschaft aus einer Grünalge oder einem Cyanobakterium und einem Pilz, meist zum gegenseitigen Nutzen. Die Alge liefert Nährstoffe, die sie bei der Fotosynthese herstellt, der Pilz unterstützt die Alge bei der Wasser- und Mineralstoffaufnahme. Der Pilz ist meistens ein Vertreter der Schlauchpilze (Ascomycota), seltener der Basidienpilze (Basidiomycota). Die systematische Zuordnung der Flechten beruht auf der systematischen Stellung des beteiligten Pilzes. Typischerweise umschließt der Pilz die Algenzellen, die Fotosynthese betreiben. Die Gewebe der Flechten sind einzigartig, gemeinsam meistern beide Partner die extremsten Bedingungen. Flechten hat man nur 400 km vom Südpol entfernt gefunden, aber sie wachsen auch in unserer unmittelbaren Umgebung an Mauern, Felsen und Baumrinde.

Je nach Gestalt teilt man Flechten in drei Haupttypen ein: Krustenflechten mit Loben (Thalluslappen), Laubflechten und Strauchflechten. Aber es gibt auch Arten, die sich nicht in diese Kategorien einordnen lassen, wie Fadenflechten und Gallertflechten.

FORTPFLANZUNG

Viele Flechten pflanzen sich mit Sporen fort. Der Pilzpartner bildet sie, meistens in becher- oder scheibenförmigen Strukturen, den Apothecien. Sind die Sporen freigesetzt, müssen sie bei einem geeigneten Algenpartner landen, damit eine neue Flechte heranwachsen kann. Andere Flechten produzieren ihre Sporen in Gebilden, die man Perithecien nennt. Sie erinnern an winzige Vulkane und entlassen ihre Sporen durch ein Loch an der Spitze. Flechten können sich ungeschlechtlich durch Knospung oder abgebrochene Teile vermehren. Diese Gebilde, die sogenannten Soredien oder Isidien, enthalten sowohl Pilz- als auch Algenzellen. Landen diese in einem geeigneten Lebensraum, können neue Flechten wachsen. An Felsküsten in Nordamerika findet man riesige, mehrere Kilometer lange Flechtenkolonien. Es hat Jahrhunderte, vielleicht Jahrtausende gedauert, bis sie dieses Ausmaß erreicht haben.

EXTREME LEBENSRÄUME >
Diese *Rhizocarpon*-Art gehört zu den vielen Flechten, die unwirtliche Lebensräume wie trockene, exponierte Felsen besiedeln.

5–10 cm

ZITRONEN-SCHÖNFLECHTE
Caploplaca verruculifera
F: Teloschistaceae

Diese Flechte bildet ein rissig gegliedertes Lager mit Apothecien. Man findet sie an Felsen an Küsten in Eurasien und Nordamerika, oft dort, wo sich Vögel niedergelassen haben.

2,5–7,5 cm

GELBE GOLDFLECHTE
Teloschistes chrysophthalmus
F: Teloschistaceae

Die vom Aussterben bedrohte Flechte kommt in Eurasien, Amerika und in den Tropen vor. Sie wächst an Sträuchern und kleinen Bäumen in alten Hainen und Hecken. Am strauchigen Lager bilden sich orangerote Apothecien.

2,5–7,5 cm

rundliche Loben mit erhabenen Rändern

WAND-GELBFLECHTE
Xanthoria parientina
F: Teloschistaceae

An Bäumen, Mauern und Dächern in Nordamerika, Eurasien, Afrika und Australien findet man diese Flechte mit gelborangefarbenen Loben.

5–15 cm

GEWÖHNLICHER BAUMBART
Usnea filipendula
F: Parmeliaceae

Besonders in nordischen Regionen findet man diese Bartflechte. Sie bildet verzweigte Lager an Bäumen. An den Spitzen bilden sich Apothecien.

2,5–7,5 cm

SCHNEEFLECHTE
Flavocetraria nivalis
F: Parmeliaceae

In Heidegebieten und Mooren im Hochland gedeiht diese Flechte in Nordamerika und Eurasien. Sie hat bräunlich grüne Loben mit gezähnten Rändern.

2,5–7,5 cm

SCHÜSSELFLECHTE
Parmelia sulcata
F: Parmeliaceae

Diese Flechte hat ein blättriges graugrünes Lager. Die Fortpflanzungsstrukturen auf der Oberfläche sind pudrig. Man sieht sie in Nordamerika und Eurasien häufig an Baumrinde.

2,5–7,5 cm

PHYSCIA AIPOLIA
F: Physciaceae

Diese graue bis braungraue Flechte wächst in Eurasien und Amerika an Baumrinde. Sie bildet große Lager mit gelappten Rändern. Die Apothecien sind schwarz.

2,5–7,5 cm

RÖHRIGE BLASENFLECHTE
Hypogymnia tubulosa
F: Parmeliaceae

Diese Flechte wächst in Eurasien und Nordamerika an Zweigen und Baumstämmen. Die Loben sind oberseits graugrün und unterseits dunkel.

2,5–7,5 cm

LIPPEN-SCHÜSSELFLECHTE
Hypogymnia physodes
F: Parmeliaceae

Weltweit kommt diese Flechte an Bäumen, Felsen und Mauern vor. Die blass graugrünen Loben haben wellige Ränder. Die seltenen Apothecien sind rotbraun mit grauem Rand.

1–5 cm

ROTFRÜCHTIGE SÄULENFLECHTE
Cladonia floerkeana
F: Cladoniaceae

Die Art ist auf sumpfigen Böden in Eurasien und Nordamerika verbreitet. Sie bildet Krusten mit graugrünen Schuppen. An den Enden von Podetien erscheinen hochrote Apothecien.

2,5–12,5 cm

GRUBIGE ASTFLECHTE
Ramalina fraxinea
F: Ramalinaceae

Diese Art wächst an Bäumen in Eurasien und Nordamerika. Sie bildet flache graugrüne Äste, die mit Apothecien besetzt sind.

2,5–10 cm

KUGELTRÄGERFLECHTE
Sphaerophorus globosus
F: Sphaerophoraceae

An Felsen in Bergregionen im Norden Eurasiens und Nordamerikas entwickelt diese Flechte dichte strauchige Lager mit kopfartig verdickten Fruchtkörpern.

2,5–10 cm

TEPHROMELA ATRA
F: Mycoblastaceae

Diese Flechte bildet ein graues krustenförmiges Lager, das wie trockener Haferbrei aussieht. Die Apothecien sind schwärzlich. Man findet die Art an exponierten Felsen in Nordamerika und Eurasien.

2,5–10 cm

MAUER-KRUSTENFLECHTE
Lecanora muralis
F: Lecanoraceae

Häufig findet man diese Flechte auf Beton und Felsen. Das krustenförmige Lager ist am Rand lappig. Die Art kommt in Eurasien und Nordamerika vor.

2,5–10 cm

GRAUE RENTIERFLECHTE
Cladonia portentosa
F: Cladoniaceae

Dies ist eine von mehreren Rentierflechten. Sie ist in Heidegebieten und Mooren in Nordamerika und Eurasien verbreitet. Die dünnen, hohlen Äste sind mehrfach verzweigt.

VERRUCARIA MAURA
F: Verrucariaceae
Diese Flechte kommt an Klippen in Eurasien und Nordamerika vor. Auf der dunkelgrauen, aufgesprungenen Kruste bilden sich Apothecien.

SCHUPPEN-HUNDSFLECHTE
Peltigera praetextata
F: Peltigeraceae
Diese Flechte, die grauschwarze Loben mit helleren Rändern formt, wächst an Felsen in Eurasien und Nordamerika.

COLLEMA FURFURACEUM
F: Collemataceae
Diese Flechte bildet gelatinöse runzelige Loben. Man findet sie in Eurasien und Nordamerika in Gebieten mit starken Regenfällen an Felsen und Bäumen.

BRAUNE LUNGENFLECHTE
Lobaria pulmonaria
F: Lobariaceae
In Eurasien, Nordamerika und Afrika kommt diese Art v. a. an Baumrinde in Küstenregionen vor. Sie wird wegen Lebensraumverlust seltener. Die Lappen sind unterseits orangefarben.

PUSTELFÖRMIGE NABELFLECHTE
Lasallia pustulata
F: Umbilicariaceae
Die Flechte aus Eurasien und Nordamerika bildet auf nährstoffreichen Felsen (durch Staub oder Vogeldung) an Küsten oder im Inland Bestände. Die Oberseite ist graubraun mit vielen ovalen Pusteln.

UMBILICARIA POLYPHYLLA
F: Umbilicariaceae
Diese an Felsen in Gebirgen häufige Art ist in Eurasien und Nordamerika verbreitet. Sie hat glatte breite Loben, die oberseits dunkelbraun und unterseits schwarz sind.

SCHRIFTFLECHTE
Graphis scripta
F: Graphidaceae
Oft sieht man die Schriftflechte in Nordamerika und Eurasien an Baumrinde. Sie bildet eine dünne graugrüne Kruste mit schlitzförmigen Öffnungen.

PERTUSARIA PERTUSA
F: Pertusariaceae
An Baumrinde ist diese Flechte in Eurasien und Nordamerika häufig. Sie bildet graue Krusten mit hellen Rändern, die mit Warzen und kleinen Öffnungen bedeckt sind.

LECIDEA FUSCOATRA
F: Lecideaceae
Die Flechte ist an Silikatfelsen und alten Ziegelmauern in Nordamerika und Eurasien häufig. Sie bildet graue, aufgesprungene Krusten mit eingesunkenen schwarzen Apothecien.

LANDKARTENFLECHTE
Rhizocarpon geographicum
F: Rhizocarpaceae
In nordischen Regionen und in der Antarktis ist diese Flechte auf Felsen in Gebirgen verbreitet. Sie bildet krustige gelbgrüne Lager mit schwarzen Vorlagern, die Sporen freisetzen. Die Flechte ist durch Risse in kleine Felder geteilt.

OCHROLECHIA PARELLA
F: Ochrolechiaceae
Diese Flechte bildet an Mauern und Felsen in Nordamerika und Eurasien krustige Lager. An der Oberfläche findet man meist viele rosabraune Apothecien.

BRAUNE KÖPFCHENFLECHTE
Baeomyces rufus
F: Baeomycetaceae
Diese Flechte bildet auf sandigen Böden und an Felsen krustenförmige Lager. Die braunen pilzförmigen gestielten Apothecien sind einige Millimeter hoch. Man findet die Art in Eurasien und Nordamerika.

TIERE

Die Tiere bilden das größte Reich. Da sie Nahrung aufnehmen und sich vor ihren Fressfeinden schützen müssen, reagieren sie auf einzigartige Weise auf die Welt, die sie umgibt. Die meisten Tiere sind Wirbellose. Säugetiere und andere Chordatiere sind meist größer, kräftiger und schneller.

» 250

WIRBELLOSE

Zu den Wirbellosen gehören Tiere mit vielen verschiedenen Bauplänen. Die größte Gruppe bilden die Insekten. Andere Gruppen sind die Nesseltiere, verschiedene Würmer und die Weichtiere.

» 322

CHORDATIERE

Die meisten der größten Tiere sind Chordatiere. Viele von ihnen tragen ein Fell, Federn oder ein Schuppenkleid. Fast alle Chordatiere haben ein knöchernes Skelett mit einer Wirbelsäule.

WIRBELLOSE

Mit fast 1,4 Millionen bisher bekannten Arten bilden die Tiere das größte Reich. Die meisten Arten sind Wirbellose (Tiere ohne Wirbelsäule). Diese Gruppe ist sehr vielfältig. Einige Mitglieder sind winzig, die größten über 10 m lang.

Die ersten Tiere auf der Erde waren Wirbellose. Sie waren klein und lebten im Wasser. Diese Merkmale zeigen viele der heute lebenden Arten noch heute. Im Kambrium, das vor rund 485 Millionen Jahren endete, entstanden geradezu explosionsartig neue Tiergruppen. Lebewesen mit vielen verschiedenen Gestalten und unterschiedlichen Lebensweisen entwickelten sich damals. Fast alle großen Gruppen (oder Stämme) der Wirbellosen, die heute auf der Erde leben, entwickelten sich damals.

GROSSE VIELFALT

Es gibt kein typisches wirbelloses Tier und viele der Stämme weisen nur wenige gemeinsame morphologische Merkmale auf. Die einfachsten Formen haben weder Kopf noch Gehirn. Viele besitzen ein sogenanntes Hydroskelett. Gliederfüßer hingegen haben gut entwickelte Nervensysteme und leistungsfähige Sinnesorgane, wie Komplexaugen. An ihrem Außenskelett sitzen gegliederte Beine. Dieser Bauplan erwies sich als sehr erfolgreich, die Gliederfüßer konnten jeden natürlichen Lebensraum im Wasser, an Land und in der Luft besiedeln. Unter den Wirbellosen sind Tiere, die eine Schale besitzen, und solche, die ein Skelett aus mineralischen Strukturen haben. Anders als die Wirbeltiere besitzt aber keine der Gruppen ein knöchernes Innenskelett.

LEBENSZYKLEN

Die meisten Wirbellosen entwickeln sich aus Eiern. Einige sehen beim Schlüpfen bereits wie Miniaturausgaben ihrer Eltern aus, bei vielen anderen unterscheidet sich das Jugendstadium stark vom erwachsenen Tier. Seeigel-Larven etwa treiben im Wasser und filtern Nahrungspartikel aus dem Meer, während adulte Seeigel Algen von Gesteinen abweiden. Diese Metamorphose kann allmählich oder sehr schnell vonstattengehen. Im zweiten Fall wird der Körper der Larve gleichsam aufgelöst und zum erwachsenen Körper umgebildet. Wirbellose, die eine Metamorphose durchlaufen, können in verschiedenen Stadien unterschiedliche Nahrungsquellen nutzen und sich oft besser ausbreiten.

WIRBELLOSEN-STAMMBAUM

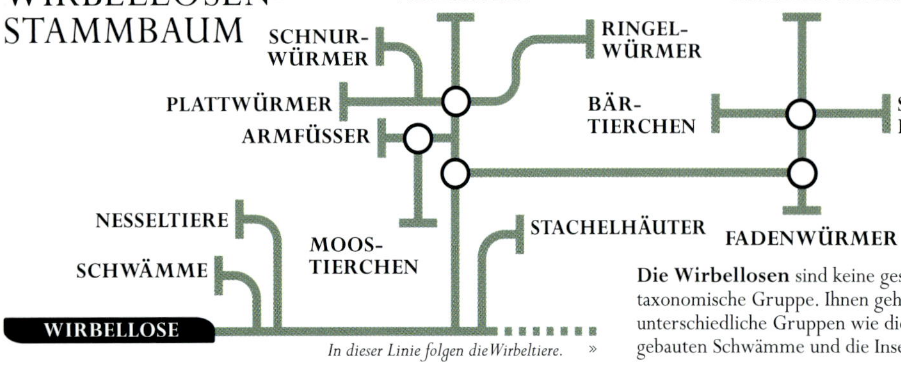

Die Wirbellosen sind keine geschlossene taxonomische Gruppe. Ihnen gehören so unterschiedliche Gruppen wie die einfach gebauten Schwämme und die Insekten an.

SCHWÄMME
Schwämme (Porifera) gehören zu den am einfachsten gebau Tieren. Ein inneres Skelett aus mineralischen Strukturen sti ihren Körper. Zum Stamm Porifera gehören über 9000 Art

GLIEDERFÜSSER
Der Stamm Gliederfüßer (Arthropoda) ist der größte im Tierreich. Über 1,2 Millionen Arten sind bekannt, darun ter Insekten, Spinnentiere, Hundert- und Tausendfüßer.

ESSELTIERE
ie Mitglieder des Stamms Nesseltiere (Cnidaria) sind irbellose mit weichen Körpern. Die meisten der etwa 000 bekannten Arten leben im Meer.

PLATTWÜRMER
Zum Stamm Plattwürmer (Plathelminthes) gehören etwa 30 000 Arten. Sie haben flache, dünne Körper. Kopf und Hinterende kann man bei dieser Gruppe unterscheiden.

RINGELWÜRMER
Dem Stamm Ringelwürmer (Annelida) gehören etwa 18 000 Arten an. Ihre Körper sind in Segmente untergliedert. Regenwürmer und Egel sind Annelida.

REBSTIERE
ie vorwiegend aquatischen Krebstiere (Crustacea) sind liederfüßer, die mit Kiemen atmen. Ihnen gehören etwa 000 Arten an, darunter Krabben und Garnelen.

WEICHTIERE
Zum sehr vielfältigen Stamm Weichtiere (Mollusca) gehören fast 72 000 Arten, darunter die Schnecken, Muscheln und Kopffüßer wie Kraken und Kalmare.

STACHELHÄUTER
An ihrer fünfstrahligen Radiärsymmetrie erkennt man die nahezu 7500 Mitglieder des Stamms Stachelhäuter (Echinodermata). Kleine Kalkplatten bilden ihre Hautskelette.

SCHWÄMME

Schwämme sind einfach gebaut. Adulte Schwämme sitzen an Felsen oder Korallen fest. Die meisten Arten kommen im Meer vor, wenige in Süßgewässern.

Manche Arten der Schwämme (Porifera) bilden dünne Krusten, andere entwickeln sich zu riesigen, vasenförmigen Gebilden. Alle haben jedoch denselben Grundbauplan: Sie bestehen aus verschiedenen spezialisierten Zelltypen, haben aber keine Organe.

Ein Schwamm ist von einem System aus Kanälen durchzogen. Wasser gelangt durch Poren in den Körper. In Hohlräumen oder Geißelkammern werden Nahrungspartikel wie Plankton-Organismen filtriert und einverleibt. Durch Öffnungen, die Oscula, werden Abfallstoffe ausgeschieden.

Manche Schwämme sind weich, andere steinhart. Ihr Stützskelett besteht aus kleinen Spicula aus Silicium oder Calcium-Carbonat. Die typisch geformten Spicula sind ein gutes Bestimmungsmerkmal.

STAMM	PORIFERA
KLASSEN	4
ORDNUNGEN	32
FAMILIEN	144
ARTEN	über 9000

KALKSCHWÄMME

Die Skelette der Kalkschwämme oder Calcera sind aus meist sternförmigen calcitischen Spicula aufgebaut. Sie bestehen aus je drei oder vier spitzen Strahlen, sind aber unterschiedlich geformt. Die meisten Kalkschwämme sind klein und unregelmäßig oder wie Röhren geformt.

8 cm

GELBER SCHWAMM
Leucetta chagosensis
F: Leucettidae
An steilen Korallenriffen im westlichen Pazifik bildet dieser beutelförmige Schwamm bunte Farbtupfer.

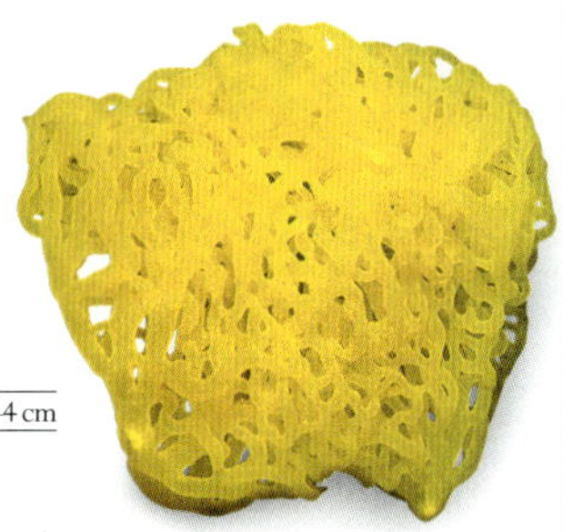

1–4 cm

CLATHRINA CLATHRUS
F: Clathrinidae
Aus vielen Röhren mit nur wenigen Millimetern Durchmesser setzt sich dieser gelbe Schwamm zusammen, den man im Mittelmeer findet.

2–5 cm

PAPILLEN-KALKSCHWAMM
Sycon ciliatum
F: Sycettidae
Dieser hohle Schwamm ist an Küsten des nordöstlichen Atlantiks verbreitet. Spitze Spicula aus Kalk umgeben das Osculum.

10 cm

***LEUCONIA* SPEC.**
F: Baeriidae
Die Form dieses Schwamms aus dem nordöstlichen Atlantik kann gelappt, kissen- oder krustenartig sein. Man findet ihn an Stellen mit starker Wasserbewegung.

8 cm

***GRANTESSA* SPEC.**
F: Heteropiidae
Dieser zierliche Schwamm ist wie ein kleiner Flaschenkürbis geformt. Er wächst an flachen Riffen um Malaysia und Indonesien zwischen Korallen.

HORNSCHWÄMME

Rund 85 % aller Schwamm-Arten gehören der Klasse Hornschwämme (Demospongiae) an. Obwohl sie unterschiedlich aussehen, haben die meisten ein Skelett, das aus Spicula aus Siliciumdioxid und dem elastischen Kollagen Spongin besteht. Einige krustenbildende Arten bilden kein Skelett aus.

1 m

BLAUER SCHWAMM
Haliclona spec.
F: Chalinidae
Diese Art ist einer der wenigen blauen Schwämme. Sie wächst im Norden Borneos in Gruppen an Korallenriffen und auf Felsen.

1 m

AGELAS TUBULATA
F: Agelasidae
Dieser Schwamm besteht aus ungleichmäßigen braunen Röhren. An Riffen in der Karibik und um die Bahamas ist er häufig.

35 cm

MITTELMEER-BADESCHWAMM
Spongia (Spongia) officinalis
F: Spongiidae
Dieser Schwamm hat ein elastisches Sponginskelett. Es behält seine Form, nachdem er gereinigt und getrocknet wurde. Er wird als Badeschwamm verwendet.

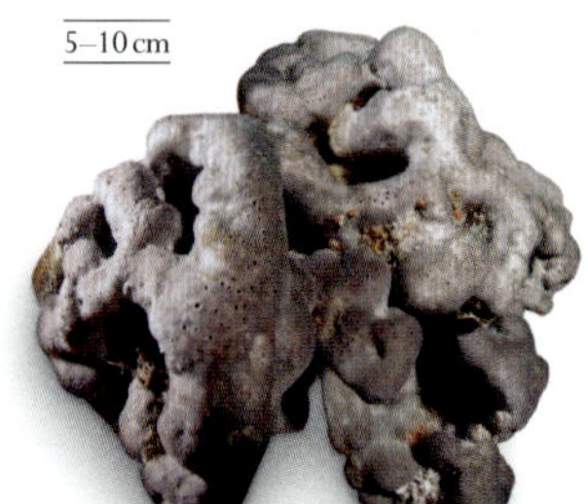

5–10 cm

PACHYMATISMA JOHNSTONIA
F: Geodiidae
Die Körper dieses recht harten Schwamms bedecken manchmal große Stellen an Felsen oder Schiffswracks. Er kommt in klaren Küstengewässern im nordöstlichen Atlantik vor.

12 cm

BEERENSCHWAMM
Paratetilla bacca
F: Tetillidae
Die Art ist eine von vielen tropischen kugeligen Schwämmen. Sie wächst an Korallenriffen im westlichen Pazifik.

30–40 cm

GIFTIGER FINGERSCHWAMM
Negombata magnifica
F: Podospongiidae
Versuche, diesen Schwamm zu züchten, zeigen Erfolge. Inhaltsstoffe sind von medizinischer Bedeutung.

50 cm

GELBER BOHRSCHWAMM
Cliona celata
F: Clionaidae

Ein großer Teil dieses europäischen Schwamms bleibt verborgen, denn er durchdringt Kalkschalen und -steine. An der Oberfläche bildet er gelbe klumpige Körper.

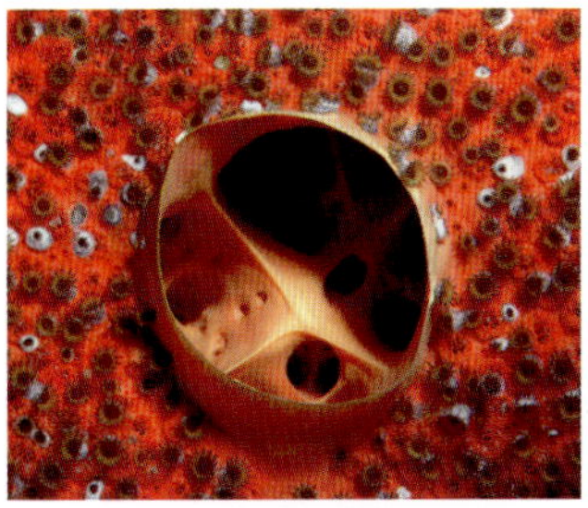

ROTER BOHRSCHWAMM
Cliona delitrix
F: Clionaidae

Das Wasser tritt bei diesem karibischen Schwamm durch mehrere große Oscula aus (wie abgebildet). Der Schwamm bohrt sich in Korallen, indem er eine Säure absondert.

15–30 cm

CALLYSPONGIA (CALLYSPONGIA) NUDA
F: Callyspongiidae

Chemische Stoffe verleihen diesem Schwamm aus dem tropischen Pazifik seine auffällige Farbe. Extrakte finden in der Pharmaindustrie Verwendung.

30–40 cm

1 cm

BROTKRUMENSCHWAMM
Halichondria panicea
F: Halichondriidae

Dieser Schwamm bildet an Felsenstränden im nordöstlichen Atlantik Krusten. Symbiotische Algen verleihen ihm seine Farbe.

1–2 cm

SPIRASTRELLA CUNCTATRIX
F: Spirastrellidae

Dies ist einer von vielen bunten, Krusten bildenden Schwämmen. Die Art bedeckt im Mittelmeer und im Nordatlantik Felsen in Küstennähe.

2 m

FASS-SCHWAMM
Xestospongia testudinaria
F: Petrosiidae

Fische und Wirbellose leben auf und in diesem riesigen Schwamm aus dem Indopazifik. In manchen Exemplaren findet ein Taucher Platz.

APLYSINA ARCHERI
F: Aplysinidae

Die eleganten langen Röhren dieser Art schwanken sanft in der Strömung. Sie wächst an Riffen in der Karibik.

0,8–2 m

45 cm

AZURBLAUER VASENSCHWAMM
Callyspongia plicifera
F: Callyspongiidae

In der Karibik ist diese Art häufig. Die hellblauen oder violetten Vasen bilden an Riffen Farbtupfer. Die Oberfläche ist mit Graten skulpturiert.

HOMOSCLEROMORPHA

Diese kleine Klasse von weniger als 130 Schwämmen findet man in gemäßigten und tropischen Gewässern. Sie besitzen nur kleine oder gar keine Spicula. Ihre planktonischen Larven besitzen eine einzigartige Form.

PLAKORTIS LITA
F: Plakinidae

Dieser Schwamm erinnert an eine Hühnerleber. Die dunkelbraunen, weichen Schwämme leben in westpazifischen Korallenriffen.

Weichkorallenpolypen

10–15 cm

GLASSCHWÄMME

Die Glasschwämme (Hexactinellida) sind eine kleine Gruppe von Schwämmen, von denen die meisten in großer Tiefe vorkommen. Manche Glasschwämme bilden riffähnliche, bis 20 m hohe Gebilde. Die sechsstrahligen sternförmigen Spicula sind meistens zu einem festen Gerüst verschmolzen.

20 cm

GLASSCHWAMM
Bolosoma sp.
F: Euplectellidae

Die wie ein Pilz aussehende Art lebt in der Tiefsee und trotzt den Strömungen mit ihrem langen Stiel.

35 cm

GIESSKANNEN-SCHWAMM
Euplectella aspergillum
F: Euplectellidae

In über 150 m Tiefe in tropischen Ozeanen kommt dieser Schwamm vor. In der zweiten Hälfte des 19. Jahrhunderts sammelte man die zarten Skelette.

Skelett aus Spicula

NESSELTIERE

Zum Stamm Cnidaria gehören Quallen, Korallen und Seeanemonen. Ihre Tentakel sind mit Nesselzellen besetzt. Damit fangen sie ihre Beute, die sie in einem einfachen Gastralraum verdauen.

Alle Nesseltiere (Cnidaria) sind aquatisch, die meisten leben im Meer. Sie bilden zwei Generationen, die unterschiedlich gebaut sind: ein frei schwimmendes Medusenstadium (zum Beispiel eine Qualle) und ein festsitzendes Polypenstadium (zum Beispiel eine Seeanemone). Weder Medusen noch Polypen haben einen Kopf. Tentakel umgeben die einzige Öffnung des Gastralraums.

Das Nervensystem ist einfach, ohne Gehirn. Das Verhalten der Tiere ist deshalb meist nicht komplex. Zwar sind die Tiere Fleischfresser, sie können ihre Beute aber nicht aktiv verfolgen (möglicherweise sind Würfelquallen eine Ausnahme). Die meisten Arten erbeuten Tiere, die in die Reichweite ihrer Tentakel schwimmen.

NESSELZELLEN

Die äußere Körperschicht der Nesseltiere – bei einigen Arten auch die innere – ist mit vielen kleinen, für den Tierstamm typischen Nesselzellen durchsetzt. An den Tentakeln sind diese Nesselzellen konzentriert. Bei Berührung oder durch ein chemisches Signal (beim Kontakt mit Beute oder einem Angriff) wird ein kleiner Schlauch ausgeschleudert, der wie eine Harpune Gift in das Fleisch des Opfers injiziert. Einige Nesselzellen können menschliche Haut durchschlagen und rufen starke Schmerzen hervor. Die meisten Nesseltiere sind aber für Menschen ungefährlich.

DER LEBENSZYKLUS

Viele Nesseltiere haben einen Lebenszyklus mit zwei Generationen: Ein Polypen- und ein Medusenstadium. Meist dominiert eine der beiden Formen und bei einigen Gruppen wird nur eine Generation ausgebildet. Die frei schwimmende Meduse ist das geschlechtliche Stadium. Bei den meisten Arten findet eine äußere Befruchtung statt: Die Spermien und Eier werden ins Wasser abgegeben. Nach der Befruchtung entwickeln sich planktonische Planulalarven. Sie setzen sich schließlich am Substrat fest und wachsen zu Polypen heran. Manche Polypen schnüren ungeschlechtlich eine neue Medusengeneration ab.

STAMM	CNIDARIA
KLASSEN	6
ORDNUNGEN	22
FAMILIEN	278
ARTEN	11 947

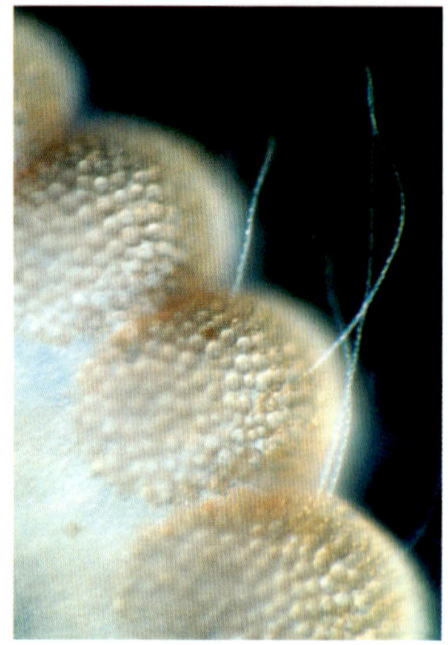

Hier sind Nesselzellen in starker Vergrößerung zu sehen, die ihre Schläuche ausgeschleudert haben.

WÜRFELQUALLEN

Die Arten der Würfelquallen (Cubozoa) kommen in tropischen und subtropischen Gewässern vor. Anders als andere Quallen können sie ihre Geschwindigkeit und die Richtung, in die sie sich fortbewegen, besser steuern, statt sich passiv mit den Strömungen verdriften zu lassen. Würfelquallen haben Augen, die in Gruppen an den Seiten des transparenten Schirms sitzen. Sie sehen so viel, dass sie Hindernisse meiden und Beute erkennen können.

SEEWESPE
Chironex fleckeri
F: Chirodropidae
Diese Art aus dem Indopazifik ist die größte Würfelqualle. Für Menschen ist der Kontakt mit ihr besonders schmerzhaft. Es kam bereits zu Todesfällen.

STIELQUALLEN

Die erwachsenen Tiere sind bei den Arten der Klasse Staurozoa im Gegensatz zu den Larven gut zu erkennen. Sie sitzen mithilfe eines Stiels auf dem Substrat. Acht an der Spitze Tentakelbüschel tragende Arme umgeben den Mund. Aus den Eiern schlüpfen wurmförmige Kriechlarven, die sich am Substrat anheften und zu Polypen werden.

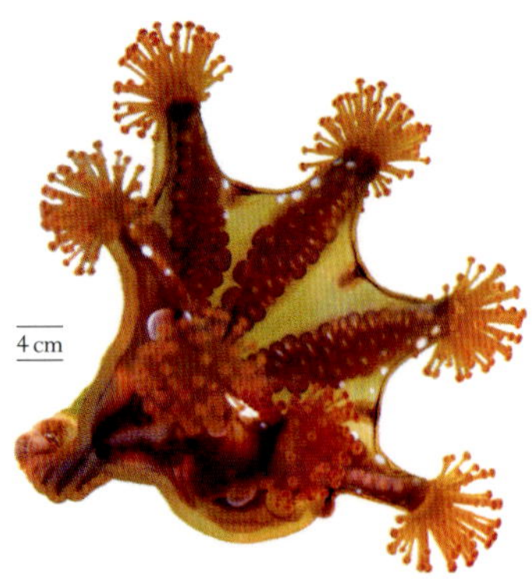

ÖHRCHEN-STIELQUALLE
Haliclystus auricula
F: Haliclystidae
Diese Art findet man auf Algen und Seegräsern in den seichten, kühlen Gewässern des Atlantiks und Pazifiks, wo sie mit den Nesselzellen ihrer Tentakel Nahrung erbeutet.

SCHEIBENQUALLEN

Die Qualle ist das Medusenstadium im Lebenszyklus der Arten aus der Klasse Scheibenquallen (Scyphozoa). Das Polypenstadium ist reduziert oder fehlt bei einigen Formen der Tiefsee ganz. Bei der sogenannten Strobilation werden neue kleine Medusen abgeschnürt.

OHRENQUALLE
Aurelia aurita
F: Ulmaridae
Diese weltweit verbreitete Gattung hat vier lange »Arme« und feine Tentakel am Schirmrand. Die Quallen pflanzen sich in Küstennähe fort. Die Polypen wachsen in Ästuaren heran.

MASTIGIAS PAPUA
F: Mastigiidae
Wie andere Wurzelmundquallen fängt diese Art, die Algen enthält, Plankton-Organismen mit Schleim. Im Südpazifik trifft man sie in Lagunen auf Inseln an.

MANGROVENQUALLE
Cassiopea andromeda
F: Cassiopeidae
Oberflächlich ähnelt diese Wurzelmundqualle, die im Indopazifik vorkommt, einer Seeanemone. Sie lebt am Grund von Lagunen. Die Mundöffnung weist nach oben und der Schirm pulsiert, um einen Wasserstrom zu erzeugen.

HYDROZOEN

Die meisten Tiere der Klasse Hydrozoen (Hydrozoa) leben als Kolonien im Meer. Ihre ungegliederten Hohlräume weisen eine Öffnung auf. Manche verankern sich mit kriechenden sogenannten Stolonen an Oberflächen. Viele Arten bilden eine Medusengeneration aus, nicht jedoch Süßwasserpolypen der Gattung *Hydra*. Stattdessen entwickeln sich die Eier und Spermien direkt in den zylindrischen Polypen.

STACHELPOLYP
Hydractinia echinata
F: Hydractiniidae
Zu einer Familie koloniebildender stacheliger Hydrozoen gehört diese Art aus dem nordöstlichen Atlantik. Sie wächst auf Schneckenhäusern, die von Einsiedlerkrebsen bewohnt sind.

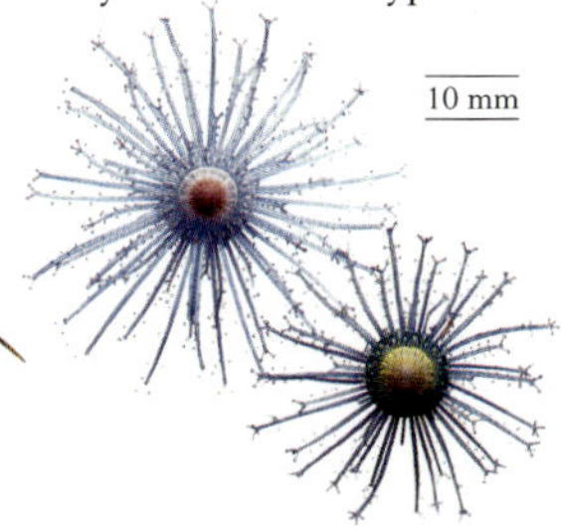

STRAHLENQUALLE
Porpita porpita
F: Porpitidae
Diese quallenähnliche Art ist eine Hydrozoenkolonie tropischer Ozeane. Mitunter wird sie als stark modifizierter einzelner Polyp angesehen.

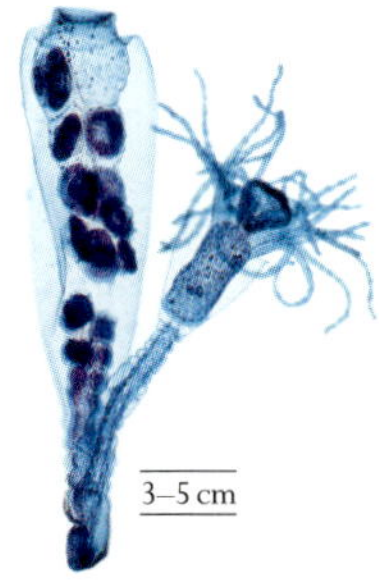

GLOCKENPOLYP
Obelia geniculata
F: Campanulariidae
Fast weltweit findet man diese Art, häufig an Algen in der Gezeitenzone. Die Kolonien wachsen zickzackförmig. Die Polypen sitzen in Theken an kriechenden Stolonen.

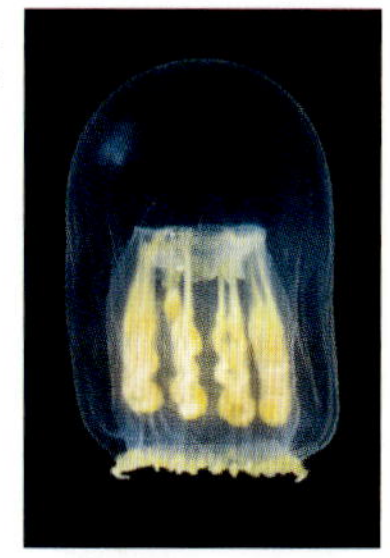

MELICERTUM OCTOCOSTATUM
F: Melicertidae
Im Nordatlantik und Nordpazifik kommt diese Art vor. Von ihr kennt man vor allem die Medusen.

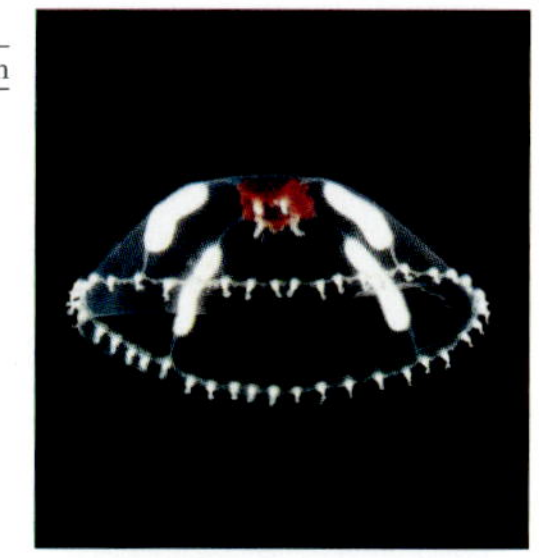

PHIALELLA QUADRATA
F: Phialellidae
Wie bei der verwandten *Obelia* schnüren Kolonien dieser weltweit verbreiteten Art frei schwimmende Medusen ab, die sich geschlechtlich fortpflanzen.

DISTICHOPORA VIOLACEA
F: Stylasteridae
Wie bei mehreren Hydrozoen sind die Polypen dieser Art auf verschiedene Aufgaben spezialisiert, wie die Nahrungsaufnahme oder Verteidigung.

PORTUGIESISCHE GALEERE
Physalia physalis
F: Physaliidae
Diese Hydrozoenkolonie, die einer Qualle ähnelt, lebt in den Meeren. An einem mit Gas gefüllten Segel hängen nesselnde Tentakel und spezialisierte Polypen herab.

FEDER-HYDROID
Aglaophenia cupressina
F: Aglaopheniidae
Diese Art gehört zu einer Gruppe von Hydrozoen, bei denen die Polypen der Kolonie von einer stützenden Theka umgeben sind. Sie lebt im Indopazifik.

GELBE HAARQUALLE
Cyanea capillata
F: Cyaneidae
Die vielen Tentakel dieser großen Art arktischer Meere sind in dichten Gruppen angeordnet. Sie nesselt stark und erbeutet auch Fische.

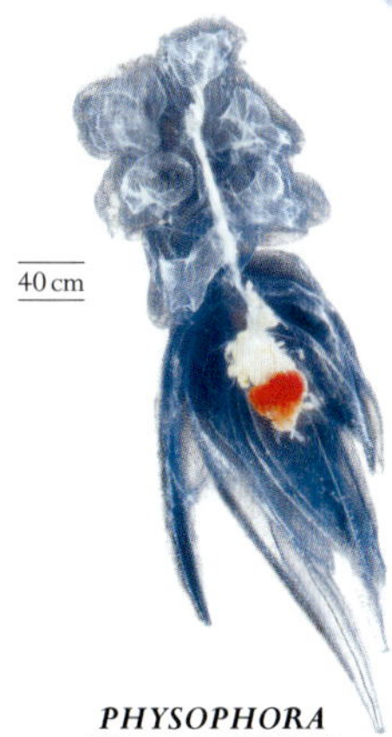

PHYSOPHORA HYDROSTATICA
F: Physophoridae
Diese weitverbreitete frei driftende Hydrozoenkolonie hat ein kleineres Segel als ihre Verwandte, die Portugiesische Galeere, dazu auffällige Schwimmglocken.

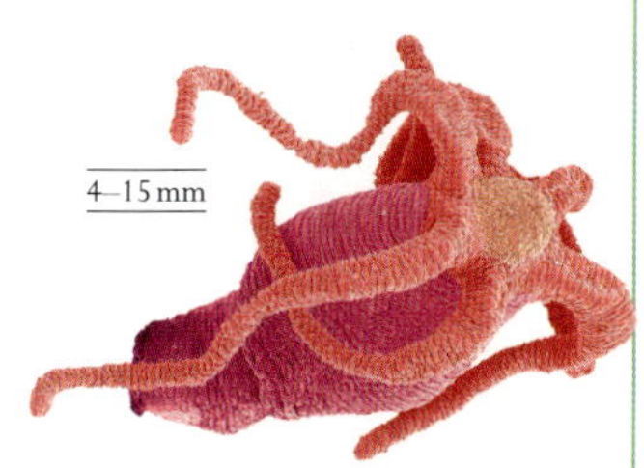

HYDRA VULGARIS
F: Hydridae
Hydra-Arten bilden keine Medusen-Generation aus. Die kleinen Süßwasserpolypen pflanzen sich ungeschlechtlich durch Knospung fort. Diese Kaltwasser-Art ist in weiten Teilen der Erde verbreitet. Hier ist sie in falschen Farben abgebildet.

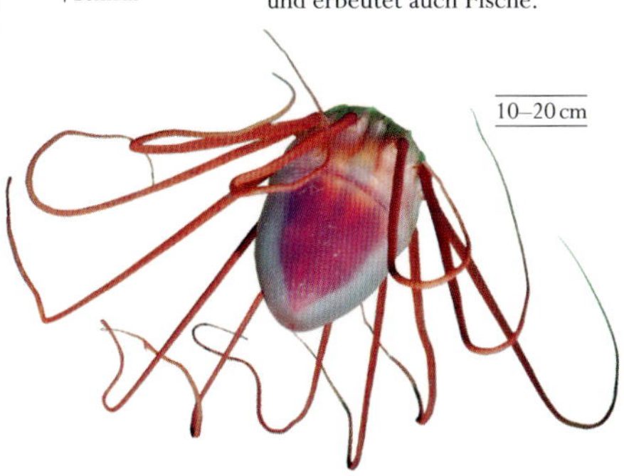

KRONENQUALLE
Periphylla periphylla
F: Periphyllidae
Dies ist eine von vielen wenig bekannten Arten einer Gruppe von Quallen, die in der Tiefsee leben. Der Schirm hat einen gelappten Rand.

***TUBULARIA* SPEC.**
F: Tubulariidae
Bei der Gattung *Tubularia* sitzen die Polypen an langen Stielen und besitzen zwei Tentakelringe, einen an der Basis des Polypen und einen um den Mund.

FEUERKORALLE
Millepora spec.
F: Milleporidae
Wie andere Mitglieder ihrer Familie bildet diese Art, die stark nesselt, ein verkalktes Skelett und ist eine Riffbildnerin. Sie ist aber nicht nah mit den Steinkorallen verwandt.

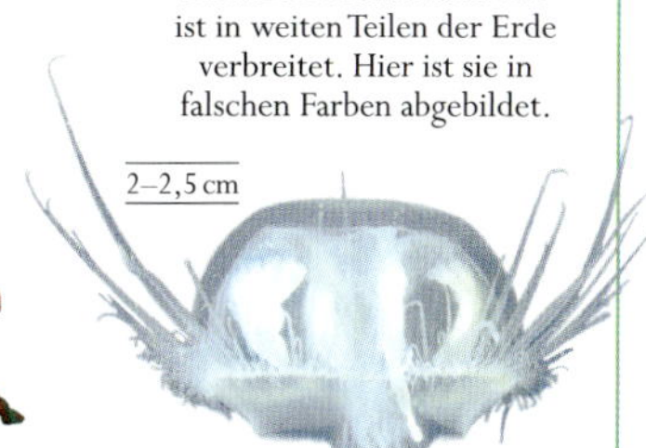

SÜSSWASSERQUALLE
Craspedacusta sowerbii
F: Olindiidae
Weltweit kommt diese Art sporadisch in Süßwasserteichen und Bächen vor. Die Polypen sind klein, die Medusen-Generation dominiert.

ANEMONEN UND KORALLEN

Die Blumentiere (Anthozoa) bilden kein frei schwimmendes Medusenstadium aus wie andere Nesseltiere, die meisten Arten sitzen während ihres ganzen Lebens fest. Die Polypen, die oft an Blumen erinnern, bilden Spermien und Eier. Zu den Mitgliedern dieser Klasse gehören solitäre Seeanemonen, Seefedern, die in Kolonien leben, Weichkorallen und Steinkorallen, die tropische Riffe bilden.

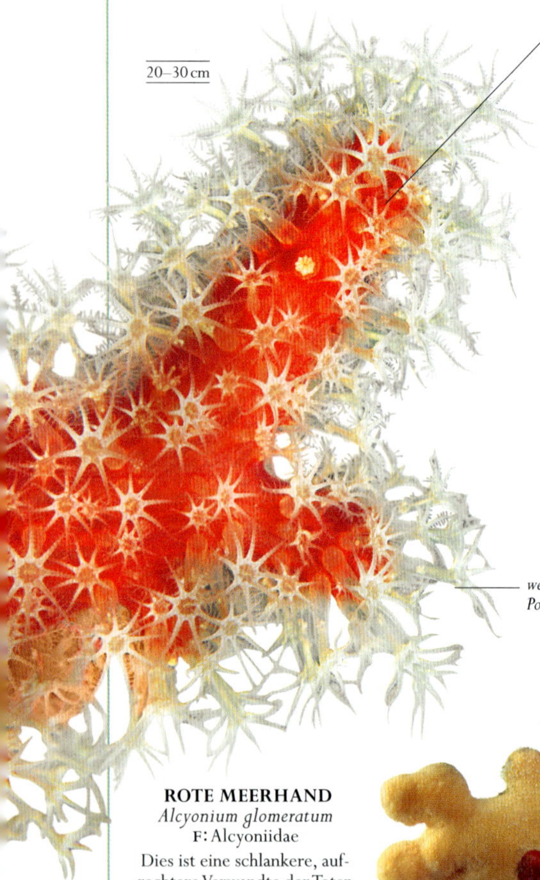

ROTE MEERHAND
Alcyonium glomeratum
F: Alcyoniidae
Dies ist eine schlankere, aufrechtere Verwandte der Toten Mannshand. Man findet sie an geschützten Felsenküsten Europas. Sie ist gelb bis rot gefärbt.

VENUSFÄCHER
Gorgonia ventalina
F: Gorgoniidae
Gorgonien wie diese karibische Art haben einen zentralen stützenden Stab, an der fächerförmige Kolonien sitzen. Gorgonin, eine hornige Substanz, stabilisiert den Stab.

DENDRONEPHTHYA SPEC.
F: Nephtheidae
Die bunte Art ist ein typisches Mitglied der Familie der gestielten Bäumchen-Weichkorallen, deren Polypen in Büscheln angeordnet sind. Sie kommt an tropischen Riffen im Indopazifik vor.

TROG-LEDERKORALLE
Sarcophyton trocheliophorum
F: Alcyoniidae
Diese Lederkoralle kann sehr große Kolonien in tropischen Riffen im Indopazifik bilden. Sie wächst schnell und bezieht Nährstoffe von Algen, die Fotosynthese betreiben.

GERSEMIA RUBIFORMIS
F: Nephtheidae
Leuchtend pinkfarbene Kolonien bildet diese Bäumchen-Weichkoralle. Sie kommt in nördlichen Teilen des Pazifischen und des Atlantischen Ozeans vor.

TOTE MANNSHAND
Alcyonium digitatum
F: Alcyoniidae
Bei dieser charakteristischen Weichkoralle sitzen Kolonien von Polypen auf Gewebe, das nicht von einem Skelett gestützt wird.

ROTE EDELKORALLE
Corallium rubrum
F: Coralliidae
Kolonien dieser Korallen aus dem Mittelmeer sondern ein Skelett aus kleinen miteinander verflochtenen Kalknadeln ab. Die Art wird zu Schmuck verarbeitet.

SARCOPTILUS GRANDIS
F: Pennatulidae
In Meeren gemäßigter Zonen ist diese Seefeder verbreitet. Ihre nierenförmigen Zweige stehen in Reihen seitlich am Körper.

ORANGE SEEFEDER
Ptilosarcus gurneyi
F: Pennatulidae
Dies ist eine von vielen bunten Seefedern. Die Art der Pazifikküste Nordamerikas zieht sich ins Sediment zurück, wenn sie Fressfeinde wahrnimmt.

JUNCEELLA FRAGILIS
F: Ellisellidae
Peitschenkorallen sind fadenförmige Verwandte der Seefedern. Sie haben eine hornige Achse, die mit Calcium verstärkt ist. Diese Art findet man an indonesischen Riffen.

***ELLISELLA* SPEC.**
F: Ellisellidae
Arten der Gattung *Ellisella* bilden verzweigte Kolonien und manchmal dichte Büschel. Sie kommen in Meeren der tropischen und gemäßigten Zonen vor.

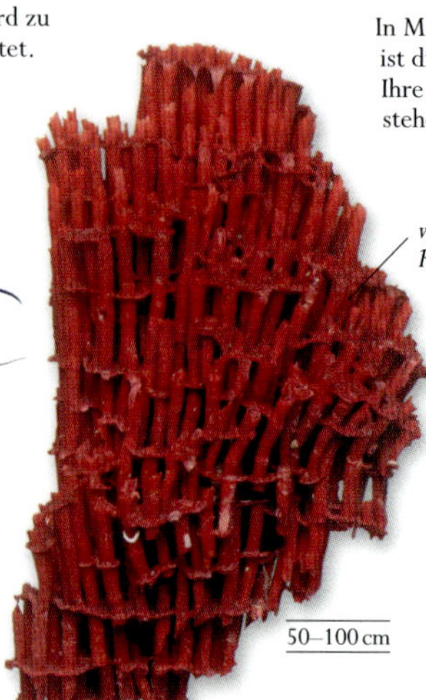

ORGELKORALLE
Tubipora musica
F: Tubiporidae
Bei dieser Weichkoralle aus dem Indopazifik sitzen die Polypen in aufrechten, verkalkten Röhren, die durch ein wurzelähnliches Geflecht mit der Kolonie verbunden sind.

BLAUE KORALLE
Heliopora coerulea
F: Helioporidae
Trotz ihres harten, verkalkten Skeletts ist diese Art näher mit den Weichkorallen verwandt als mit den Steinkorallen. Sie ist die einzige Art in ihrer Ordnung.

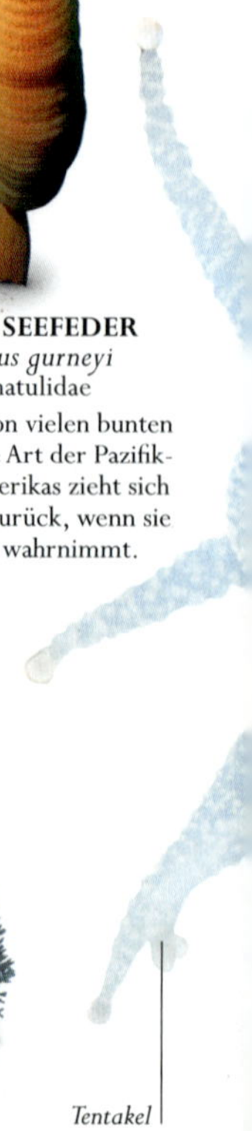

10–20 cm

GONIOPORA COLUMNA
F: Poritidae
An weiße Blütenkörbe erinnern die Polypen dieser Art, einer indopazifisch verbreiteten Verwandten der Porenkoralle.

4–5 m

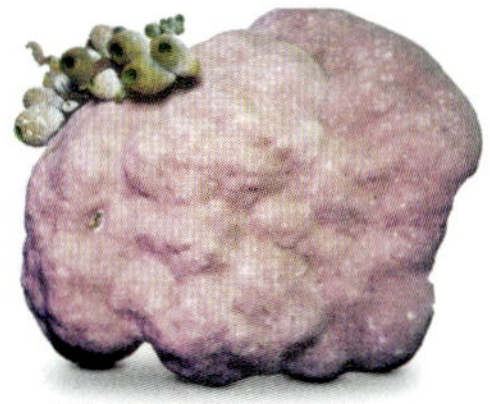

PORENKORALLE
Porites lobata
F: Poritidae
Zu den häufigsten Riffbildnern im Indopazifik gehört diese Koralle. Sie bildet an Stellen mit starker Wasserbewegung große Kolonien.

1–2 m

***LOBOPHYLLIA* SPEC.**
F: Lobophylliidae
Die massiven Kolonien dieser Steinkoralle sind entweder flach oder kuppelförmig. Sie wachsen an Riffen in tropischen Bereichen des Indopazifik.

10–12 cm

DICKHÖRNIGE SEEROSE
Urticina felina
F: Actiniidae
Klebrige Verdickungen dieser Seeanemone können mit Steinchen bedeckt sein, sodass sie mit eingezogenen Tentakeln wie ein Kieshaufen aussieht. Sie ist um den Nordpol verbreitet.

1–3 m

***ACROPORA* SPEC.**
F: Acroporidae
Die verzweigten Korallen dieser Familie gehören zu den bedeutendsten Riffbildnern der Tropen. Weil sie von fotosynthetisierenden Algen Nährstoffe beziehen, wachsen sie schnell.

1 m

***GONIOPORA* SPEC.**
F: Poritidae
Die Polypen der Steinkorallen der Gattung *Goniopora* haben meist 24 Tentakel. Diese Korallen erinnern stark an Blumen.

1–3 m

***COLPOPHYLLIA* SPEC.**
F: Faviidae
Die gehirnähnliche Struktur dieser Koralle ist für die Familie typisch. Sie ist ein tropischer Riffbildner mit symbiontischen Algen.

10–20 cm

FUNGIA FUNGITES
F: Fungiidae
Dies ist eine von vielen tropischen Pilzkorallen, die keine Riffbildner sind. Die solitären Polypen leben zwischen anderen Arten.

50–100 cm

PRACHTANEMONE
Heteractis magnifica
F: Stichodactylida
Diese riesige Seeanemone kommt an Riffen im Indopazifik vor. Sie geht Partnerschaften mit verschiedenen Riffbewohnern ein, darunter Anemonenfischen.

10–15 mm

100–200 m

DESMOPHYLLUM PERTUSUM
F: Caryophylliidae
Anders als viele Tiefseekorallen ohne symbiontische Algen bildet diese Art im Nordatlantik ausgedehnte Riffe, die aber sehr langsam entstehen.

2,5–15 cm

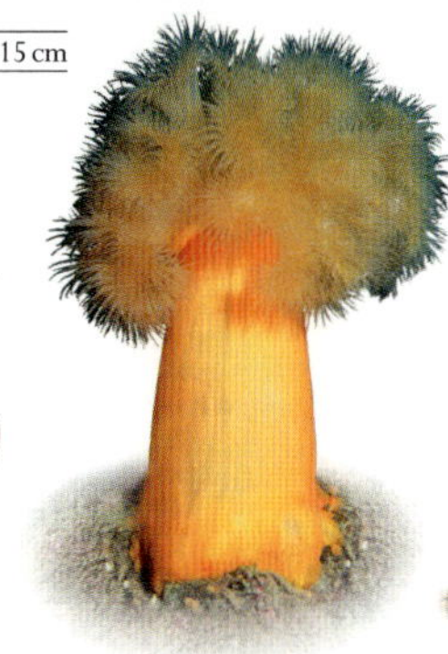

SEENELKE
Metridium senile
F: Metridiidae
Dies ist ein weltweit verbreitetes Mitglied einer Familie von Seeanemonen, deren Tentakel eine pelzige Masse bilden. Sie kann durch Knospung genetisch identische Populationen bilden.

5–7 cm

WACHSROSE
Anemonia viridis
F: Actiniidae
Diese Seeanemone zieht ihre auffälligen langen Tentakel selten ein, auch wenn sie bei Ebbe trocken liegt. Sie kommt in Europa in der Gezeitenzone vor.

CARYOPHYLLIA (CARYOPHYLLIA) SMITHII
F: Caryophylliidae
Diese im Nordostlantik verbreitete Steinkoralle ist ein Mitglied einer Familie, der Kaltwasserkorallen angehören. Die Polypen einiger Arten ähneln großen Seeanemonen. Oft hängen sich Seepocken an.

10–15 cm

ZYLINDERROSE
Cerianthus membranaceus
F: Cerianthidae
Zylinderrosen bohren sich ins Sediment. Mit ihren nicht nesselnden Cnidocysten (Nesselkapseln) bilden sie Röhren aus Schleim. Die Art lebt vor europäischen Küsten im Schlamm.

50–100 cm

***ANTIPATHES* SPEC.**
F: Antipathidae
Meist findet man die Korallen dieser Familie in tiefen Meeresbereichen. Die stacheligen Polypenkolonien sind von schlanken Außenskeletten aus einer hornartigen Substanz umgeben.

PLATTWÜRMER

Plattwürmer sind einfach gebaute Tiere. In feuchten Lebensräumen nehmen sie mit ihren, dünnen, flachen Körpern Sauerstoff und Nährstoffe auf.

Die als Plattwürmer bekannten Arten der Plathelminthes sind ein wichtiger Tierstamm. Sie leben im Meer, in Süßwasserteichen und in den Körpern anderer Tiere. Auf den ersten Blick ähneln sie Egeln, aber sie sind viel einfacher gebaut. Sie haben weder einen Blutkreislauf noch Atmungsorgane. Über die Körperoberfläche nehmen sie Sauerstoff auf und geben Kohlendioxid ab. Auch Nährstoffe gelangen bei den Arten, die keinen Darm haben, auf diese Weise in den Körper und zu allen Geweben, obwohl kein Blutkreislauf vorhanden ist. Einige Plattwürmer sind Detritusfresser, die auf mikroskopisch kleinen Haaren dahingleiten, andere Räuber, die wirbellose Tiere erbeuten.

PARASITISCHE FORMEN

Bandwürmer und Saugwürmer sind Parasiten. Ihre flachen Körper ohne Darmtrakt sind daran angepasst, in den Körpern ihrer Wirte Nährstoffe aufzunehmen. Viele Arten werden auf sehr komplizierte Weisen von einem Wirt zum anderen übertragen und befallen mehrere Tier-Arten. Mit infizierter Nahrung gelangen viele in ihren Wirt, manche dringen sogar in seine Haut ein. Sind die Parasiten erst in den Körper gelangt, können sie ihren Aufenthaltsort wechseln, indem sie sich durch die Darmwand bohren und in lebenswichtigen Organen festsetzen.

STAMM	PLATHELMINTHES
KLASSEN	6
ORDNUNGEN	41
FAMILIEN	etwa 420
ARTEN	etwa 30 000

STREITFRAGE

EIN NEUER STAMM?

Traditionell ordnet man die Acoela, kleine Meerestiere ohne Darm und Gehirn, den Plathelminthes zu. Nach neueren Untersuchungden gehören sie jedoch zu einem neuen Stamm. Sie sind wohl die einfachsten Tiere mit bilateraler Symmetrie, im Gegensatz zu den radiärsymmetrischen Nesseltieren.

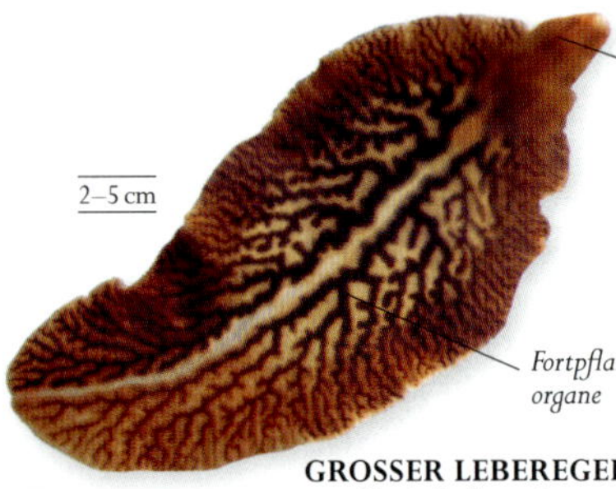

GROSSER LEBEREGEL
Fasciola hepatica
F: Fasciolidae
Leberegel sind Parasiten mit einem komplizierten Lebenszyklus. Diese Art infiziert über Süßwasserschnecken Schafe und Rinder. In diesen Endwirten parasitiert sie in der Leber.

RIESENDARMEGEL
Fasciolopsis buski
F: Fasciolidae
Diese Art aus Ostasien, die auch Menschen befällt, ist eines der größten Mitglieder der Familie. Sie lebt nur im oberen Darmtrakt und dringt nicht in andere Organe ein.

SCHWEINE-BANDWURM
Taenia solium
F: Taeniidae
Bandwürmer sind Darmparasiten. Ein Stadium kann in Muskelgewebe Zysten bilden. Der Zwischenwirt sind Schweine und über infiziertes Fleisch können auch Menschen befallen werden.

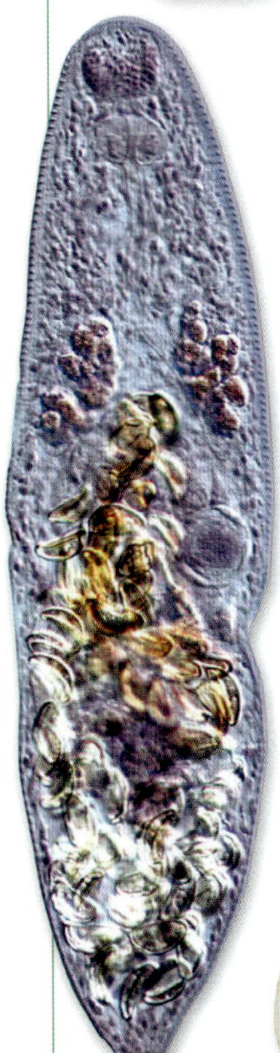

PROVITELLUS TURRUM
F: Monorchiidae
Provitellus-Arten leben im Darm von Fischen tropischer Riffe. Die hier in Falschfarben abgebildete Art hat man in Stachelmakrelen nachgewiesen.

SCHISTOSOMA NASALE
F: Schistosomatidae
Der parasitische Pärchenegel nutzt Süßwasserschnecken als Zwischenwirte. Er infiziert Rinder und ruft Auswüchse in der Nase hervor, die zum Schnarchen führen.

KORALLEN-STRUDELWURM
Aminoa spec.
F: Convolutidae
Diese Art lebt auf Korallen. Sie ist eine der vielen marinen kleinen Plattwürmer, die den planktonischen Larven der Nesseltiere ähneln.

KABURAKIA EXCELSA
F: Stylochidae
Wie andere Arten der Familie lebt diese Art, die an nordamerikanischen Küsten in der Gezeitenregion vorkommt, vor allem räuberisch. Sie stülpt ihren Darm über die Beute, um sie zu verdauen.

TIGERWURM
Prostheceraeus vittatus
F: Euryleptidae
Dieser Strudelwurm, der im Atlantik verbreitet ist, gehört zu einer Gruppe meist mariner Hermaphroditen, den Polycladida. Die Tiere befruchten sich gegenseitig.

GESTREIFTER STRUDELWURM
Pseudoceros dimidiatus
F: Pseudocerotidae

Die marinen Polycladida (Vielästige) sind große frei lebende Strudelwürmer. Bei vielen warnt die auffällige Färbung Fressfeinden vor Ungenießbarkeit. Diese Art stammt aus dem Indopazifik.

PSEUDOBICEROS FLOWERSI
F: Pseudocerotidae

Wie viele riffbewohnende Arten der Ordnung Polycladida schwimmt dieser Strudelwurm, indem er seinen Rand wellenförmig bewegt. Er ist im Indopazifik verbreitet und lebt unter Steinen in Lagunen.

BIPALIUM KEWENSE
F: Bipaliidae

Landlebende Plattwürmer sind vor allem in den Tropen verbreitet und brauchen feuchte Bedingungen. Diese asiatische Art wurde in Gewächshäusern auf der ganzen Erde eingeschleppt.

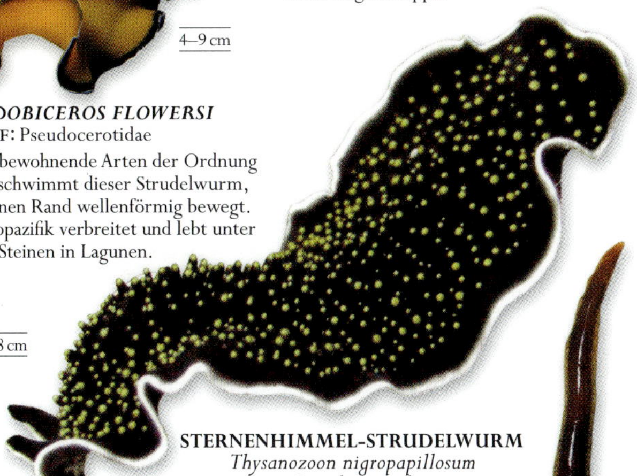

STERNENHIMMEL-STRUDELWURM
Thysanozoon nigropapillosum
F: Pseudocerotidae

Viele Arten der Gattung *Thysanozoon* sind mit Warzen bedeckt. Bei dieser samtschwarzen Art aus dem Indopazifik sind die Spitzen gelb.

TRAUER-STRUDELWURM
Dugesia lugubris
F: Planariidae

Tricladida sind Strudelwürmer, deren Darm in drei Äste verzweigt ist. Wie diese europäische Art leben viele in Süßgewässern. Einige Arten sind marin.

NEUSEELAND-PLATTWURM
Arthurdendyus triangulatus
F: Geoplanidae

Diese große Art, die im Boden lebt, stammt aus Neuseeland und wurde in Europa eingeschleppt. Sie erbeutet Regenwürmer.

TIGERPLANARIE
Dugesia tigrina
F: Planariidae

Diese Planarie ist in Süßgewässern in Nordamerika heimisch und wurde in Europa eingeschleppt.

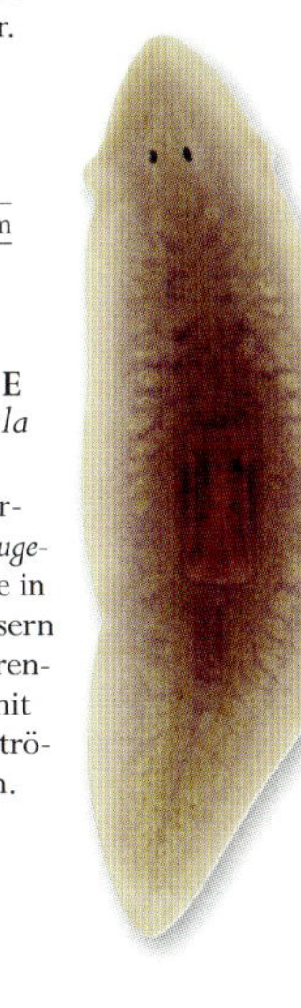

BACHPLANARIE
Dugesia gonocephala
F: Planariidae

Viele der Süßwasser-Arten der Gattung *Dugesia*, wie diese hier, die in Europa in Fließgewässern vorkommt, haben ohrenähnliche Anhänge, mit denen sie die Wasserströmung wahrnehmen.

FADENWÜRMER

Die einfach gebauten Fadenwürmer sind ausgesprochen erfolgreich. Sie kommen fast überall vor, überstehen Trockenheit und vermehren sich schnell.

STAMM	NEMATODA
KLASSEN	2
ORDNUNGEN	17
FAMILIEN	etwa 160
ARTEN	etwa 26 000

Überall kann man die Mitglieder des Stamms Fadenwürmer (Nematoda) antreffen. In einem Quadratmeter Erde leben oft Millionen. Auch in Süßgewässern und im Meer kommen sie vor, und viele sind Parasiten. Diese Würmer vermehren sich oft sehr schnell, manche Arten legen täglich Tausende von Eiern. Verschlechtern sich die Umweltbedingungen, überstehen die Tiere Hitze, Frost oder Trockenheit, indem sie Ruhestadien produzieren.

Fadenwürmer haben eine von Längsmuskeln umgebene Leibeshöhle, einen Mund und einen After. Die Körper sind mit einer robusten Cuticula umgeben, die von der Funktion her der der Arthropoden entspricht. Die Tiere häuten sich regelmäßig.

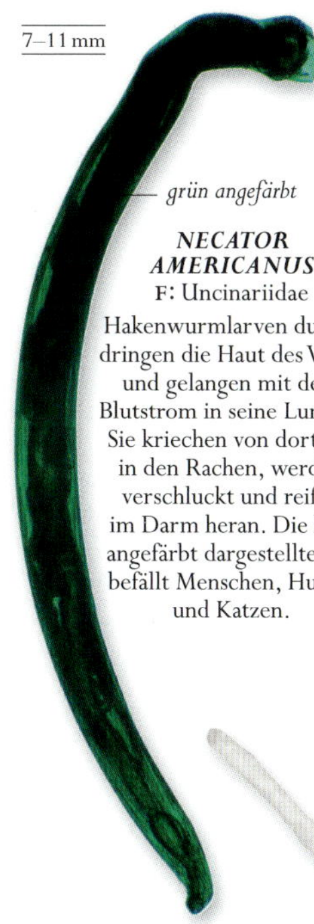

NECATOR AMERICANUS
F: Uncinariidae

Hakenwurmlarven durchdringen die Haut des Wirts und gelangen mit dem Blutstrom in seine Lungen. Sie kriechen von dort aus in den Rachen, werden verschluckt und reifen im Darm heran. Die hier angefärbt dargestellte Art befällt Menschen, Hunde und Katzen.

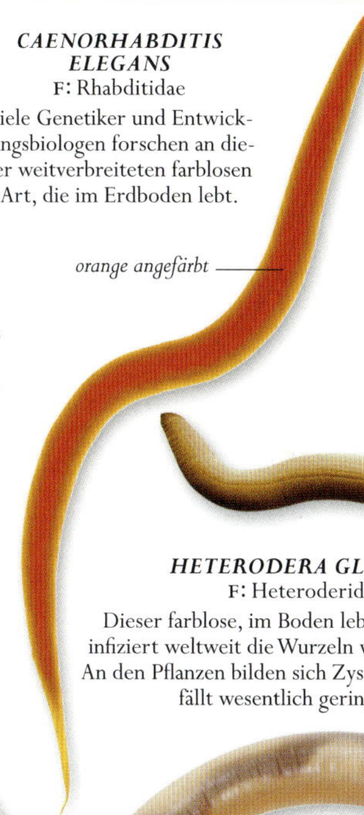

CAENORHABDITIS ELEGANS
F: Rhabditidae

Viele Genetiker und Entwicklungsbiologen forschen an dieser weitverbreiteten farblosen Art, die im Erdboden lebt.

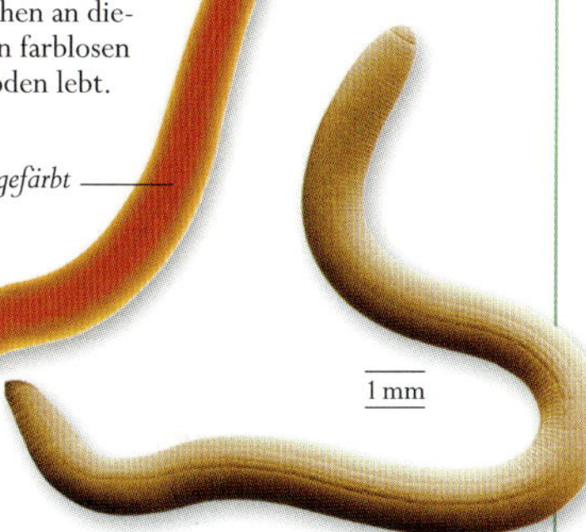

HETERODERA GLYCINES
F: Heteroderidae

Dieser farblose, im Boden lebende Nematode infiziert weltweit die Wurzeln von Leguminosen. An den Pflanzen bilden sich Zysten und der Ertrag fällt wesentlich geringer aus.

PEITSCHENWURM
Trichuris trichiura
F: Trichuridae

Wie viele Darmparasiten infiziert die vor allem tropisch verbreitete Art Menschen, die mit Fäkalien infizierte Lebensmittel essen. Im Darm des Wirts schließt der Peitschenwurm seinen Lebenszyklus ab.

SPULWÜRMER
Ascaris spec.
F: Acarididae

In Regionen mit schlechten sanitären Verhältnissen werden Menschen durch mit Fäkalien kontaminierte Nahrung infiziert. Die erwachsenen Würmer bewohnen ihren Darm.

RINGELWÜRMER

Muskulatur und Organe der Ringelwürmer (Annelida) sind komplizierter gebaut als die der Plattwürmer. Viele Arten des Stamms Annelida sind gute Schwimmer, andere graben Baue.

Zu den Ringelwürmern gehören die Regenwürmer, Vielborster und Egel. Ihr Blut zirkuliert meistens in Gefäßen und ein mit Flüssigkeit gefülltes Coelom verläuft durch ihren Körper. Die Bewegungen des Darms sind unabhängig von denen der Körperwand. Der Körper ist in Segmente gegliedert, von denen jedes einen eigenen Satz Muskeln aufweist. Ihre Bewegungsabläufe werden koordiniert, sodass Kontraktionswellen entlang des Körpers verlaufen. Ringelwürmer sind dadurch an Land und im Wasser sehr beweglich.

Die meisten im Meer lebenden Ringelwürmer tragen Borsten am Körper. Typischerweise entspringen sie in Bündeln an kleinen Anhängen, die zum Schwimmen, Graben oder sogar zum »Laufen« eingesetzt werden. Diese Gruppe der Ringelwürmer nennt man Polychaeten oder Vielborster.

Landlebende Regenwürmer haben spärlichere Borsten. Sie fressen Detritus und tote Pflanzenteile. Als Wiederverwerter und weil sie den Boden durchlüften, sind sie ökologisch bedeutend. Viele Egel sind stärker spezialisiert und besitzen Saugnäpfe, mit denen sie sich an ihrem Wirt festheften, um Blut zu saugen. Ihr Speichel enthält Stoffe, die die Blutgerinnung hemmen. Andere Egel sind Räuber. Regenwürmer und Egel haben ein Clitellum, eine drüsenreiche Epidermis-Region, die ein Sekret für die Hülle der Eikokons absondert.

STAMM	ANNELIDA
KLASSEN	4
ORDNUNGEN	17
FAMILIEN	etwa 130
ARTEN	etwa 18 000

2–7 cm

SCHLAMM-RÖHRENWURM
Tubifex spec.
F: Naididae
Dieser verbreitete Wurm lebt im Schlamm auf dem Gewässergrund. Das Hinterende ragt heraus, um Sauerstoff aufzunehmen.

50 cm

***GLOSSOSCOLEX* SPEC.**
F: Glossoscolecidae
Arten der Gattung *Glossoscolex* sind große Regenwürmer aus dem tropischen Mittel- und Südamerika. Viele kommen in Regenwäldern vor.

10–15 cm

KOMPOSTWURM
Eisenia foetida
F: Lumbricidae
Der in Europa verbreitete Bewohner verrottender Vegetation sondert zur Abwehr ätzende Flüssigkeit ab. Wie andere Regenwürmer hat er ein Clitellum, mit dem er Eikokons produziert.

15–25 cm

Clitellum

TAUWURM
Lumbricus terrestris
F: Lumbricidae
In Europa ist dieser Regenwurm heimisch, andernorts wurde er eingebürgert. Er zieht nachts Blätter in seinen Bau, um sie zu verspeisen.

4–7 cm

WEIHNACHTSBAUMWURM
Spirobranchus giganteus
F: Serpulidae
Diese Art filtriert mit ihren spiralförmig ansetzenden Tentakeln und nimmt mit ihnen auch Sauerstoff auf. Sie ist an tropischen Riffen verbreitet.

STUMMELFÜSSER

Diese Vettern der Gliederfüßer bewegen sich wie große Schmetterlingsraupen langsam auf dunklen Waldböden vorwärts. Sie sind hervorragende Jäger.

Stummelfüßer (Onychophora) haben einen regenwurmähnlichen Körper und viele Beine wie Tausendfüßer. Sie bilden aber einen eigenen Stamm. Die Tiere kommen in warmen Regenwäldern im tropischen Amerika, in Afrika und Australasien vor. Man sieht sie selten, denn sie verbergen sich meist in Spalten oder in der Laubstreu. Nachts und nach Regenschauern kommen sie heraus, um andere Wirbellose zu erbeuten. Die Tiere haben eine einzigartige Jagdmethode: Sie besprühen ihr Opfer mit klebrigem Schleim, um es an der Flucht zu hindern. Der Schleim wird in Drüsen gebildet und durch Poren der Mundpapillen versprüht.

STAMM	ONYCHOPHORA
KLASSEN	1
ORDNUNGEN	1
FAMILIEN	2
ARTEN	etwa 200

mit feinen Haaren bedeckte Haut

10 cm

PERIPATOPSIS MOSELEYI
F: Peripatopsidae
Diese Art gehört zu einer Familie, die auf der Südhalbkugel verbreitet ist.

10–20 cm

EPIPERIPATUS BROADWAYI
F: Peripatidae
Zu einer Familie, die in der Äquatorregion verbreitet ist, gehört diese Art. Die Mitglieder haben meist mehr Beine als Stummelfüßer, die in südlicheren Regionen vorkommen.

6–30 cm

BART-FEUERBORSTENWURM
Hermodice carunculata
F: Amphinomidae

Dieser Vielborster lebt an tropischen Küsten. Er saugt die weichen Gewebe aus den harten Skeletten von Korallen. Borsten an den Körperanhängen rufen ein starkes Brennen hervor.

10–20 cm

SEEMAUS
Aphrodita aculeata
F: Aphroditidae

Die Seemaus lebt im Schlamm. Man findet sie in seichten Meeren in Nordeuropa. Sie trägt dichte, haarähnliche Borsten.

2,5–3 cm

GASTROLEPIDIA CLAVIGERA
F: Polynoidea

Dieser im Indopazifik verbreitete Vielborster hat flache Schuppen am Rücken. Er parasitiert an Seegurken.

12–25 cm

WATTWURM
Arenicola marina
F: Arenicolidae

Der Vielborster lebt in Bauen an Stränden und in Watten. Er vertilgt Sedimente und ernährt sich von Detritus.

1–4 m

SABELLARIA ALVEOLATA
F: Sabellaridae

Dieser Röhrenwurm baut Röhren aus Sand und Muschelteilchen. Seine Populationen bilden im Atlantik und im Mittelmeer Riffe, die an Bienenwaben erinnern.

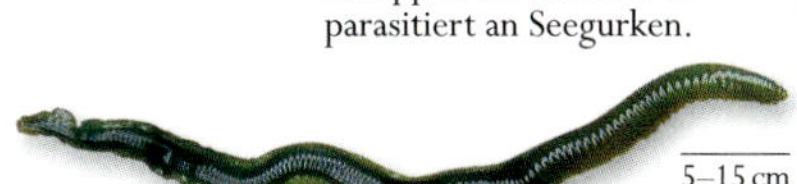

5–15 cm

GRÜNER BLATTWURM
Eulalia viridis
F: Phyllodocidae

Die Arten der Familie Phyllodocidae sind aktive Fleischfresser mit blattartigen Anhängen. Diese europäische Art lebt zwischen Steinen und Kelp in der Gezeitenzone.

8–10 cm

SABELLASTARTE SANCTIJOSEPHI
F: Sabellidae

Dieser Kalkröhrenwurm aus dem tropischen Indopazifik kommt an Küsten häufig vor. Man findet ihn an Korallenriffen und in Gezeitentümpeln.

25–40 cm

ALITTA VIRENS
F: Nereididae

Die Arten der Familie Nereididae, nahe Verwandte der Phyllodocidae, haben zweigeteilte Körperanhänge. Diese Art, die im Atlantik im Schlamm bohrt, kann schmerzhaft zubeißen.

5–7 cm

BUNTER KALKRÖHRENWURM
Serpula vermicularis
F: Serpulidae

Kalkröhrenwürmer bauen verkalkte Röhren. Wie die meisten hat diese weitverbreitete Art umgebildete Tentakel, mit denen sie die Röhre verschließen kann.

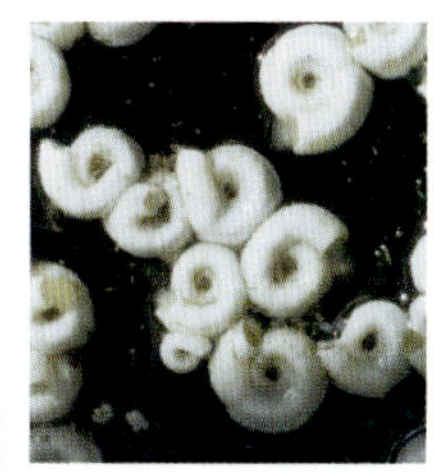

2–3 mm

SPIRORBIS BOREALIS
F: Serpulidae

Die kleine, aufgerollte Röhre dieser Art wird an braune *Fucus*-Tange und Kelp an den Küsten des Nordatlantiks zementiert.

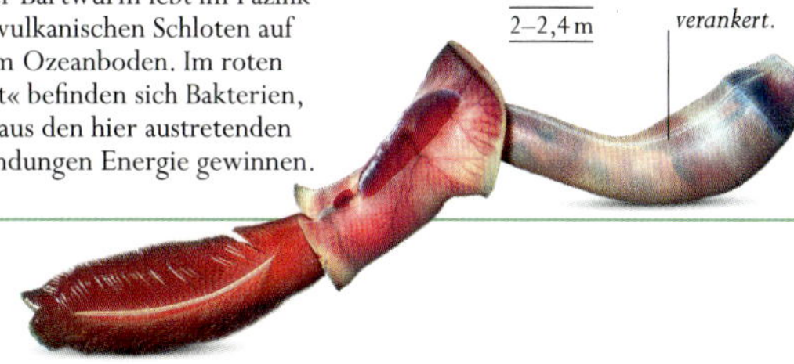

2–2,4 m

RIESEN-RÖHRENWURM
Riftia pachyptila
F: Siboglinidae

Dieser Bartwurm lebt im Pazifik bei vulkanischen Schloten auf dem Ozeanboden. Im roten »Bart« befinden sich Bakterien, die aus den hier austretenden Verbindungen Energie gewinnen.

BÄRTIERCHEN

Nur unter dem Mikroskop sind die stummelbeinigen Bärtierchen zu erkennen. Mit Mikroben und Wirbellosen teilen sie ihre Lebensräume im Wasser.

Die winzigen Bärtierchen oder Tardigrada (der Name bedeutet »langsame Geher«) klettern in kleinen Algen umher. Dank ihrer vier kurzen Beinpaare mit Krallen halten sie sich fest. Die meisten sind kürzer als ein Millimeter. In Moosen oder Algen kommen sie häufig vor. Viele stechen mit ihren nadelähnlichen Kiefern die Zellen von Pflanzen an, um sie auszusaugen. Von vielen Arten kennt man nur Weibchen, die sich über unbefruchtete Eiern vermehren. Trocknet sein Lebensraum aus, tritt ein Bärtierchen in eine Kryptobiose ein: Im sogenannten Tönnchenstadium kommt der Stoffwechsel fast zum Erliegen. Das Tier überdauert mitunter Jahre, bis es wieder regnet.

STAMM	TARDIGRADA
KLASSEN	3
ORDNUNGEN	5
FAMILIEN	20
ARTEN	etwa 1000

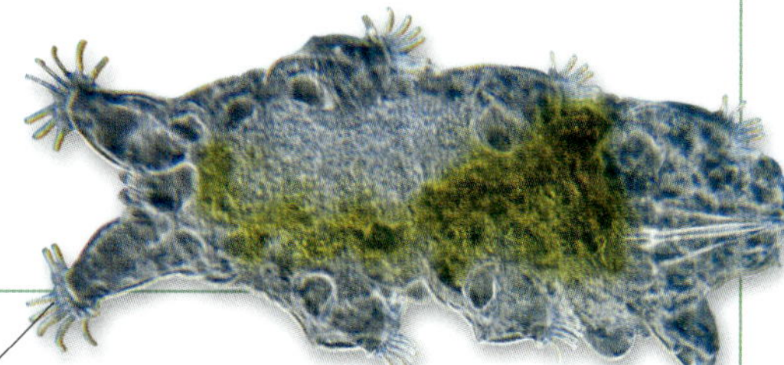

0,25 mm

ECHINISCOIDES SIGISMUNDI
F: Echiniscoididae

Diese Art ist eine von vielen wenig bekannten marinen Bärtierchen. Man hat sie vielerorts auf der Erde an Küsten zwischen Algen nachgewiesen.

0,25 mm

***ECHINISCUS* SPEC.**
F: Echiniscidae

Viele Bärtierchen leben in Moosen. Da sie in ausgetrocknetem Zustand überleben können, haben sich einige von ihnen auf der ganzen Erde ausgebreitet.

GLIEDERFÜSSER

Gliederfüßer (Arthropoda) haben gegliederte Beine und einen beweglichen Panzer. Sie entwickelten sich zu unübertroffener Formenvielfalt.

Es wurden mehr Gliederfüßer-Arten wissenschaftlich beschrieben als die Arten aller anderen Stämme des Tierreichs zusammen. Zweifellos sind sehr viele Arten der Wissenschaft noch gar nicht bekannt. In der Lebensweise zeigen Gliederfüßer eine außerordentliche Vielfalt: Viele sind Pflanzenfresser, andere Räuber, Filtrierer oder ernähren sich von Flüssigkeiten wie Nektar oder Blut. Gliederfüßer haben ein Außenskelett aus dem stabilen Stoff Chitin. An den Gelenken und zwischen den Segmenten ist dieser schützende Panzer biegsam, aber er ist nicht dehnbar. Wenn Gliederfüßer wachsen, müssen sie ihre Körperhülle in regelmäßigen Abständen abwerfen und durch eine etwas größere ersetzen.

KÖRPERTEILE

Gliederfüßer haben sich aus einem segmentierten Vorfahren entwickelt, vermutlich einem wurmähnlichen Tier. Alle Gruppen besitzen noch einen gegliederten Körper, besonders deutlich ist dies bei Tausend- und Hundertfüßern. Bei anderen Gruppen sind Segmente zu Körperabschnitten verschmolzen. Insekten haben einen Kopf mit Sinnesorganen, eine Brust (Thorax) mit Beinen und Flügeln und einen Hinterleib (Abdomen) mit den meisten inneren Organen. Bei Spinnentieren und einigen Krebstieren sind Kopf und Brust zu einem einzigen Abschnitt verschmolzen.

SAUERSTOFFAUFNAHME

Viele im Wasser lebende Gliederfüßer wie die meisten Krebstiere atmen mit Kiemen. Die Körper der landlebenden Insekten und Myriapoden sind mit winzigen, mit Luft gefüllten Röhren durchzogen, den Tracheen. Die Öffnungen an der Körperoberfläche werden als Stigmen bezeichnet. Meist weist jedes Segment des Körpers ein Stigmenpaar auf. Kleine Muskeln in den Stigmen regulieren den Luftein- und -austritt. So gelangt Sauerstoff direkt zu allen Zellen des Körpers und muss nicht mit dem Blutstrom transportiert werden. Einige Spinnentiere atmen mit Tracheen, andere mit Buchlungen, die sich aus den Kiemen ihrer aquatischen Vorfahren entwickelt haben. Die meisten kombinieren beide Atmungsweisen.

STAMM	ARTHROPODA
KLASSEN	19
ORDNUNGEN	123
FAMILIEN	etwa 2300
ARTEN	etwa 1,2 Millionen

STREITFRAGE

SCHUTZ DURCH TARNUNG UND MIMIKRY

Viele Gliederfüßer sind in ihrem Lebensraum hervorragend getarnt. Stabheuschrecken zum Beispiel sehen aus wie Zweige. Ein Fressfeind kann sie nur mit Schwierigkeiten erkennen. Wespen hingegen sind auffällig gefärbt und warnen Angreifer vor ihrer Ungenießbarkeit oder Wehrhaftigkeit. Der Hornissenschwärmer ist harmlos, imitiert aber das Aussehen und die Geräusche einer Hornisse. So schützt er sich vor Feinden. Zwar sehen Hornissenschwärmer und Wespen ähnlich aus, sie gehören aber zwei verschiedenen Ordnungen an: der Hornissenschwärmer den Lepidoptera, die Hornisse den Hymenoptera.

HUNDERT- UND TAUSENDFÜSSER

Hundert- und Tausendfüßer gehören zur Gruppe der Myriapoden, deren Mitglieder viele Segmente aufweisen. Bei Tausendfüßern entspringen an jedem Segment zwei Beinpaare, bei Hundertfüßern nur je eines. Tausendfüßer sind Pflanzenfresser, Hundertfüßer leben räuberisch.

ZEPHRONIA SPEC.
F: Zephroniidae
Riesenkugler wie diese Art aus Borneo haben 13 Körpersegmente, ihre kleineren Verwandten der Nordhalbkugel hingegen nur 12.

POLYXENUS LAGURUS
F: Polyxenidae
Der kleine Tausendfüßer der Nordhalbkugel, ein Mitglied einer Familie, die Borsten zur Abwehr besitzt, lebt unter Baumrinde und in der Laubstreu.

***BRACHYCYBE* SPEC.**
F: Andrognathidae
Dies ist ein nordamerikanischer Vertreter einer Familie kleiner, flacher Tausendfüßer, die in morschem Holz und in der Laubstreu leben.

***ZOOSPHAERIUM* SPEC.**
F: Sphaerotheriidae
Dies ist eine von vielen Riesenkugler-Arten der Südhalbkugel. Sie ist in Madagaskar heimisch.

GERANDETER SAFTKUGLER
Glomeris marginata
F: Glomeridae
Saftkugler wie diese europäische Art haben weniger Körpersegmente als andere Tausendfüßer und können sich bei Gefahr zu einer Kugel zusammenrollen.

SCHWARZER SCHNURFÜSSER
Tachypodoiulus niger
F: Julidae

Anders als seine nahen Verwandten verbringt dieser weißbeinige, in Westeuropa verbreitete Tausendfüßer viel Zeit an der Erdoberfläche. Er klettert sogar an Bäumen und Mauern empor.

NARCEUS AMERICANUS
F: Spirobolidae

Zu einer Familie vor allem in Amerika verbreiteter Tausendfüßer gehört diese große Art der Atlantikküste. Wie seine Verwandten verteidigt er sich mit abschreckenden Substanzen.

JULUS SCANDINAVIUS
F: Julidae

In Europa kommt dieses Mitglied einer großen Familie zylindrischer Tausendfüßer, der Schnurfüßer, in Wäldern vor, bevorzugt auf sauren Böden.

AFRIKANISCHER RIESENTAUSENDFÜSSER
Archispirostreptus gigas
F: Spirostreptidae

Dies ist einer der größten Tausendfüßer. Er ist vor allem im tropischen Ostafrika verbreitet. Zur Verteidigung sondert er reizende chemische Stoffe ab.

DEUTSCHE SAUGASSEL
Polyzonium germanicum
F: Polyzoniidae

Der ursprüngliche Tausendfüßer hat in Europa eine zerstreute Verbreitung. Er bewohnt Wälder und ähnelt zusammengerollt den Blattknospen von Buchen.

POLYDESMUS COMPLANATUS
F: Polydesmidae

Bandfüßer der Familie Polydesmidae haben Fortsätze an ihrer Cuticula, sodass sie abgeflacht aussehen. Die in Osteuropa verbreitete Art kann schnell laufen.

GEOPHILUS FLAVUS
F: Geophilidae

Die augenlosen Geophilidae haben mehr Segmente (und deshalb mehr Beine) als andere Hundertfüßer. Dieser europäische Bodenbewohner wurde in Amerika und Australien eingeschleppt.

COROMUS DIAPHORUS
F: Oxydesmidae

Die glänzende Oberfläche mit Grübchen ist typisch für viele der augenlosen abgeflachten Arten der Familie Oxydesmidae. Diese Art ist im tropischen Afrika verbreitet.

LITHOBIUS VARIEGATUS
F: Lithobiidae

Früher dachte man, diese Art wäre nur in Großbritannien verbreitet. Heute ist sie auch von Kontinentaleuropa bekannt. Hier haben die Populationen ungebänderte Beine.

GEWÖHNLICHER STEINLÄUFER
Lithobius forficatus
F: Lithobiidae

Steinläufer kann man unter Rinde und Steinen finden. Sie haben 15 Körpersegmente. Diese verbreitete Art kommt in Wäldern, Gärten und an Stränden vor.

SPINNENLÄUFER
Scutigera coleoptrata
F: Scutigeridae

Dieser unverkennbare langbeinige Hundertfüßer hat Facettenaugen und ist einer der schnellsten Läufer unter den Wirbellosen. Er ist in der Mittelmeerregion heimisch und wurde andernorts eingeschleppt.

SCOLOPENDRA HARDWICKEI
F: Scolopendridae

Viele Arten der Gattung *Scolopendra* haben auffällige Warnfarben. Dieser indische Riesenläufer ist eine von mehreren gestreiften Arten.

ETHMOSTIGMUS TRIGONOPODUS
F: Scolopendridae

Der nahe Verwandte der *Scolopendra*-Arten ist in Afrika weit verbreitet. Wie mehrere verwandte Arten hat er bläuliche Beine.

SPINNENTIERE

Spinnentiere (Arachnida) bilden eine Klasse innerhalb des Stamms Arthropoda. Ihr gehören die Spinnen, Skorpione, Milben, Zecken und andere an.

Die Spinnentiere und die verwandten Pfeilschwänze sind Cheliceraten. Diese Gliederfüßer sind nach ihren Mundwerkzeugen, den Cheliceren oder Kieferklauen benannt. Kopf und Brust sind zu einem einzigen Körperabschnitt mit Sinnesorganen, Gehirn und vier Laufbeinpaaren verschmolzen. Anders als andere Gliederfüßer haben Cheliceraten keine Antennen.

SPEZIALISIERTE RÄUBER

Skorpione, Spinnen und ihre Verwandten sind an Land lebende Räuber, die ihre Beute schnell außer Gefecht setzen und töten. Spinnen injizieren ihren Opfern mit den Cheliceren Gift. Viele Arten fangen die Beute mit einem gewebten Netz. Skorpione vergiften ihre Beute durch einen Stich mit ihrem Stachel. Zwischen den Cheliceren und dem ersten Beinpaar befindet sich ein Paar Pedipalpen. Diese Körperanhänge sind bei Skorpionen zu Scheren modifiziert.

WINZIG UND VIELFÄLTIG

Viele Milben sind mit bloßem Auge nicht zu erkennen. In fast jedem Lebensraum kommen sie in großer Zahl vor. Sie fressen Detritus, erbeuten andere Wirbellose oder leben parasitisch. Manche leben in der Haut, im Federkleid oder Fell. Die Zecken sind Blutsauger, die Krankheitserreger übertragen können.

STAMM	ARTHROPODA
KLASSE	ARACHNIDA
ORDNUNG	12
FAMILIEN	661
ARTEN	etwa 103 000

Dieses Wespenspinnen-Weibchen wartet in der Mitte ihres Netzes auf ein Opfer, dass sich hier verfangen könnte.

CENTROMACHETES POCOCKI
F: Bothriuridae
Der grabende Skorpion der Südhalbkugel kommt in Wäldern gemäßigter Zonen in Südamerika vor, oft unter morschem Holz.

NEOBISIUM MARITIMUM
F: Neobisiidae
An westeuropäischen Küsten ist dieser Pseudoskorpion häufig. Er lebt unter Steinen und Tangen in der Spritzwasser- und oberen Gezeitenzone.

DACTYLOCHELIFER LATREILLEI
F: Cheliferidae
Pseudoskorpione sind kleine Spinnentiere, die ihrer Beute mit ihren Scheren Gift injizieren. Diese europäische Art lebt an Strandgräsern.

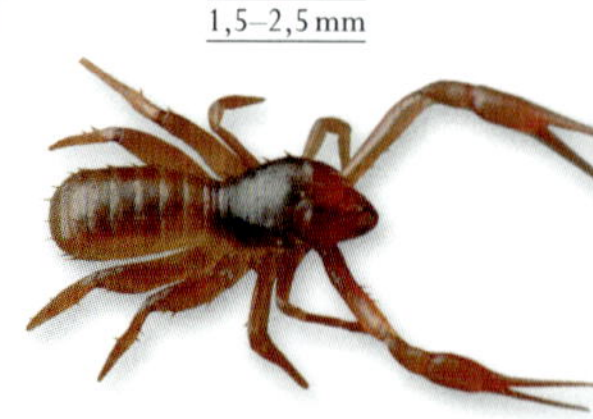

CHTHONIUS ISCHNOCHELES
F: Chthoniidae
Dieser europäische Pseudoskorpion hefet sich manchmal ins Fell oder Gefieder von Tieren und wird in deren Nester transportiert. Dort erbeutet er winzige Tiere.

FELDSKORPION
Buthus occitanus
F: Buthidae
In Nordafrika und in der Mittelmeerregion kommt diese Art vor. Das Gift der weiter südlich vorkommenden Tiere ist stärker als das der im Norden lebenden.

KAISERSKORPION
Pandinus imperator
F: Scorpionidae
Dies ist einer der größten Skorpione. Die Art afrikanischer Wälder ist weniger aggressiv und hat ein schwächeres Gift als viele wüstenbewohnende Arten.

HADOGENES PHYLLODES
F: Hemiscorpiidae
Wie viele Arten der Familie kann diese südafrikanische Art mit ihrem breiten, flachen Körper in Gesteinsspalten schlüpfen.

ANDROCTONUS AMOREUXI
F: Buthidae
Die meisten Dickschwanzskorpione sind klein, haben aber starke Gifte. Das dieser großen Art, die in der Sahara und im Nahen Osten vorkommt, kann für Menschen tödlich sein.

VONONES SAYI
F: Cosmetidae
Bei den Weberknechten, die keine Gifte besitzen, sind Pro- und Opisthosoma miteinander verschmolzen. Viele, wie diese amerikanische Art, schrecken mit übel schmeckenden Stoffen Fressfeinde ab.

***EREMOBATES* SPEC.**
F: Eremobatidae
Die Walzenspinnen der Gattung *Eremobates* haben besonders lange Kieferklauen. Diese nachtaktive Art lebt in warmen Gegenden in Nord- und Mittelamerika.

METASOLPUGA PICTA
F: Solpugidae
Walzenspinnen sind Verwandte der echten Spinnen. Die schnellen Läufer trifft man in Wüstengebieten an. Diese tagaktive Art stammt aus Namibia.

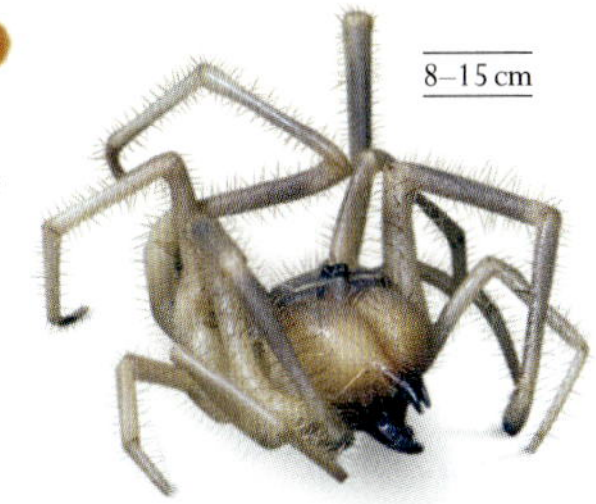

GALEODES ARABS
F: Galeodidae
Diese häufige Art der größten Walzenspinnen-Gattung kommt im Nahen Osten vor und überlebt Sandstürme.

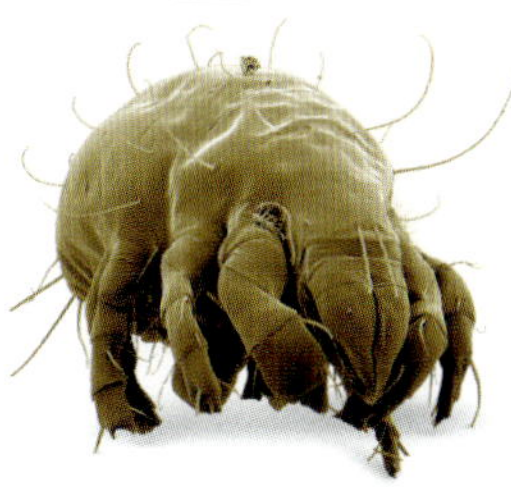

MEHLMILBE
Acarus siro
F: Acaridae
Die Mehlmilbe richtet in gelagerten Getreideprodukten oft ernsthafte Schäden an. Wie viele Milben ruft sie bei manchen Menschen allergische Reaktionen hervor.

HERBST-GRASMILBE
Neotrombicula autumnalis
F: Trombiculidae
Adulte Herbst-Grasmilben sind Pflanzenfresser, die Larven ernähren sich von der Haut anderer Tiere und befallen auch Menschen. Der Befall ruft starken Juckreiz hervor.

ROTE SAMTMILBE
Trombidium holosericeum
F: Trombidiidae
Dies ist eine in Eurasien verbreitete Samtmilben-Art. Die jungen Milben parasitieren an anderen Gliederfüßern. Später leben sie als aktive Räuber.

GEWÖHNLICHE SPINNMILBE
Tetranychus urticae
F: Tetranychidae
Spinnmilben-Arten saugen Pflanzensäfte. Sie schwächen die Pflanze und können Viruserkrankungen übertragen.

AMBLYOMMA AMERICANUM
F: Ixodidae
Wie andere blutsaugende Zecken kann diese Art, die in Wäldern in den USA häufig vorkommt, verschiedene Krankheitserreger übertragen.

VARROAMILBE
Varroa sp.
F: Varroidae
Die Larven dieser Milbe parasitieren an Bienenlarven. Die adulten Tiere heften sich an Arbeiterinnen, ernähren sich von ihnen und werden in andere Bienenstöcke transportiert.

SARCOPTES SCABIEI
F: Sarcoptidae
Diese Milbe lebt in der Haut verschiedener Säugetier-Arten und schließt hier ihren Lebenszyklus ab. Bei Menschen ruft sie Krätze hervor, bei Raubtieren Räude.

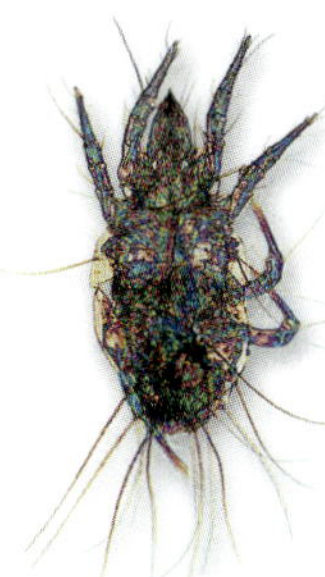

ROTE VOGELMILBE
Dermanyssus gallinae
F: Dermanyssidae
Diese Milbe saugt an Geflügel Blut. Sie hält sich in Spalten in der Nähe der Vögel auf und befällt ihre Wirte nachts.

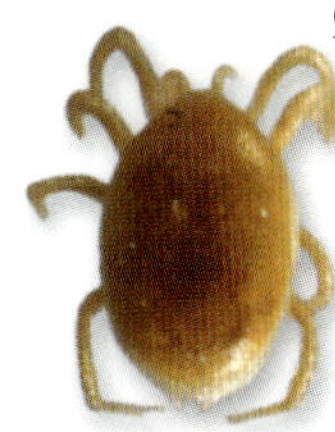

ARGAS PERSICUS
F: Argasidae
Diese Zecke ist eine Blutsaugerin, die Geflügel befällt, wie Haushühner. Sie verbreitet Krankheitserreger.

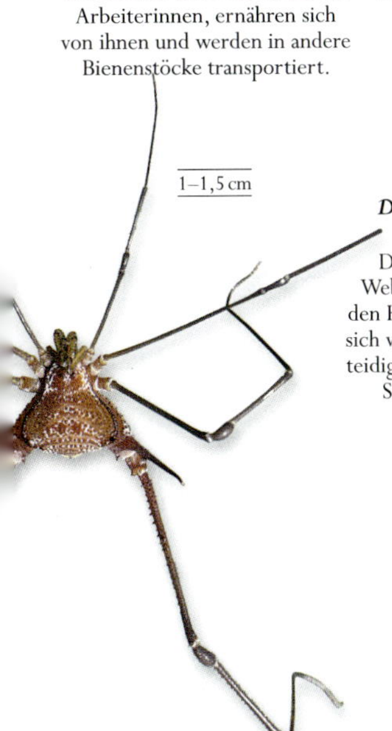

***DISCOCYRTUS* SPEC.**
F: Gonyleptidae
Dieser südamerikanische Weberknecht hat Stacheln an den Hinterbeinen, mit denen er sich wohl gegen Fressfeinde verteidigt. Er lebt in Wäldern unter Steinen und altem Holz.

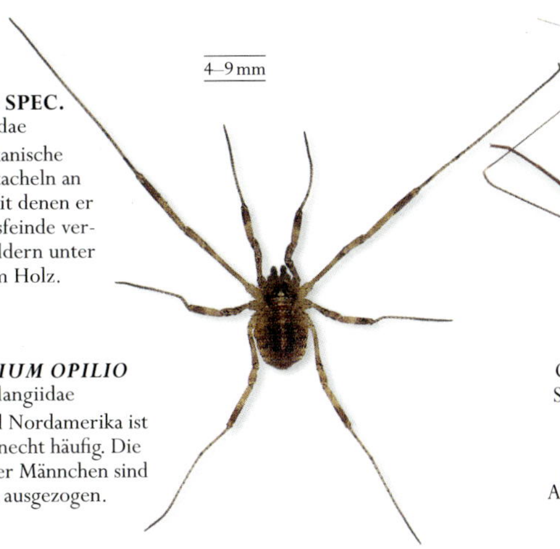

PHALANGIUM OPILIO
F: Phalangiidae
In Eurasien und Nordamerika ist dieser Weberknecht häufig. Die Kieferklauen der Männchen sind zu Spitzen ausgezogen.

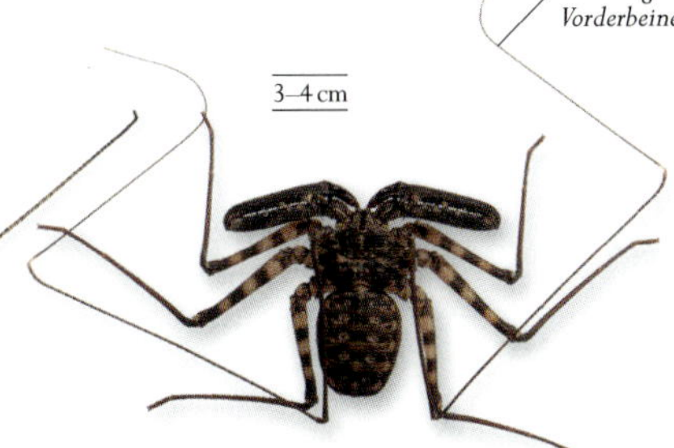

***PHRYNUS* SPEC.**
F: Phrynidae
Geißelspinnen sind keine echten Spinnen. Sie haben lange, geißelartige Vorderbeine und Fangzangen, mit denen sie Beute packen, sind aber ungiftig. Alle Arten kommen in den Tropen vor.

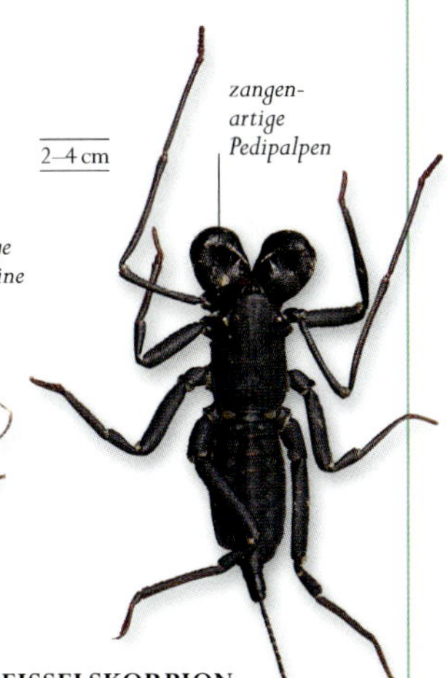

GEISSELSKORPION
Thelyphonus spec.
F: Thelyphonidae
Tropische Geißelskorpione haben einen geißelähnlichen Anhang am Hinterleib, aber keinen Giftstachel. Mit ihrem Hinterleib können sie Essigsäure versprühen.

2–5 cm

SYDNEY-TRICHTER-NETZSPINNE
Atrax robustus
F: Atracidae

Weibchen dieser aggressiven, giftigen australischen Art leben in Bauen mit trichterförmigen Eingängen. Meist beißen Männchen zu, die auf der Suche nach Partnerinnen umherwandern.

5–7,5 cm

MEXIKANISCHE ROTKNIE-VOGELSPINNE
Brachypelma smithi
F: Theraphosidae

Die vielen Arten der Familie Theraphosidae sind sehr groß. Vogelspinnen erbeuten vor allem große Insekten und nur selten kleine Wirbeltiere.

5–7,5 cm

ACANTHOSCURRIA INSUBTILIS
F: Theraphosidae

Viele große Vogelspinnen, wie diese südamerikanische Art, leben in verlassenen Bauen von Nagetieren. Sie sind Lauerjäger, die auf ihre Beute warten.

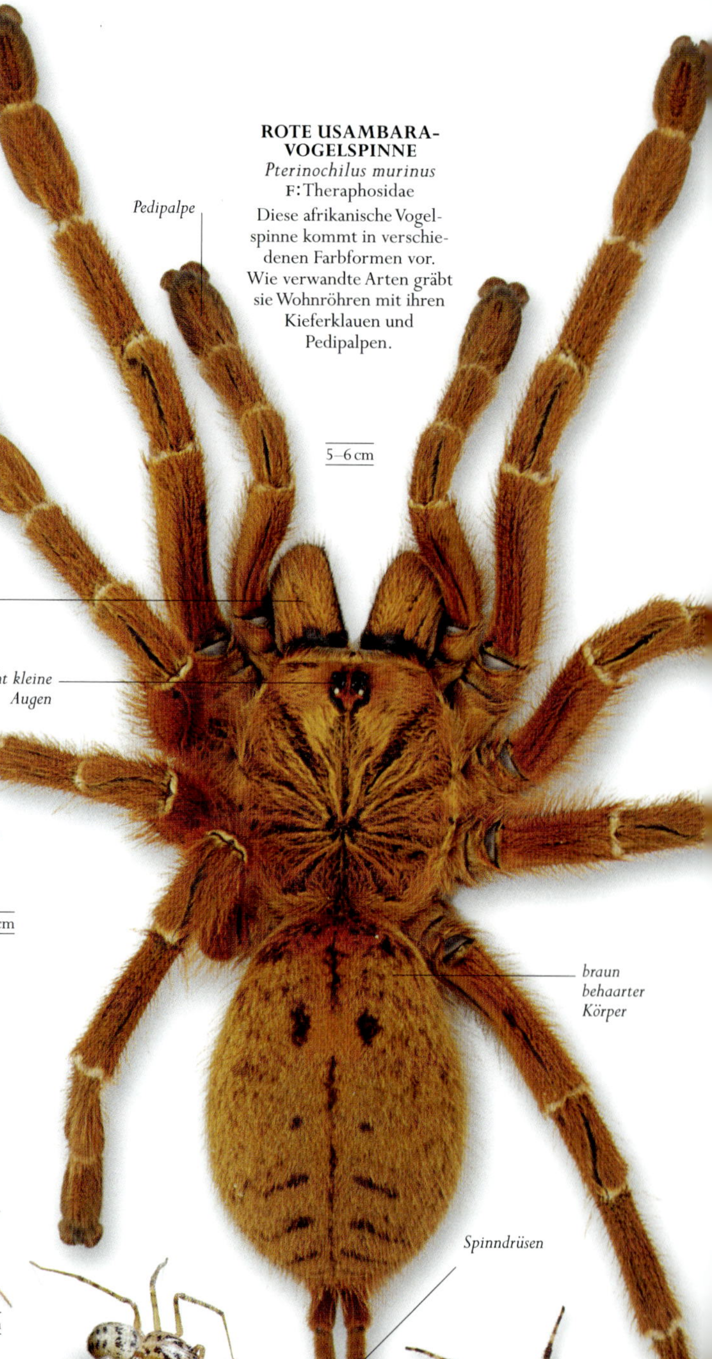

5–6 cm

ROTE USAMBARA-VOGELSPINNE
Pterinochilus murinus
F: Theraphosidae

Diese afrikanische Vogelspinne kommt in verschiedenen Farbformen vor. Wie verwandte Arten gräbt sie Wohnröhren mit ihren Kieferklauen und Pedipalpen.

1–2 cm

UMMIDIA AUDOUINI
F: Halonoproctidae

Diese nordamerikanische Spinne webt eine »Falltür« aus Seide, vor der sie Fallstricke spannt. Berührt ein Beutetier einen Fallstrick, kann die Spinne dies in ihrem Bau wahrnehmen.

1,5–2 mm

ZWERG-SECHSAUGENSPINNE
Oonops domesticus
F: Oonopidae

In den warmen Regionen Eurasiens kommt diese kleine rosafarbene Spinne vor. Weiter nördlich findet man sie nur in menschlichen Behausungen.

1–1,5 cm

KRABBENSPINNE
Dysdera crocata
F: Dysderidae

Die nachtaktive europäische Spinne hat große Kieferklauen, mit denen sie das harte Außenskelett von Asseln durchdringen kann. Wie ihre Beute lebt sie in feuchten Lebensräumen.

0,6–1,6 cm

ROTE RÖHRENSPINNE
Eresus kollari
F: Eresidae

Nur Männchen dieser eurasisch verbreiteten Spinne tragen das auffällige Marienkäfer-Muster. Die Art lauert u. a. in Heidegebieten in mit Spinnfäden ausgekleideten Bauen ihren Opfern auf.

3 mm

***GONATIUM* SPEC.**
F: Linyphiidae

Die Art der Nordhalbkugel baut flache Netze, was für Mitglieder der großen Familie der Baldachinspinnen typisch ist. Die Tiere verdriften an Seidenfäden mit dem Wind.

3–6 mm

SCYTODES THORACICA
F: Scytodidae

Speispinnen sind träge Spinnen, die eine zähe, giftige Flüssigkeit auf ihr Opfer sprühen, bevor sie zubeißen. Diese Art ist auf der ganzen Nordhalbkugel verbreitet.

4–13 mm

GARTENKREUZSPINNE
Araneus diadematus
F: Araneidae

Diese Spinne, die in den Wäldern, Heidegebieten und Gärten der Nordhalbkugel verbreitet ist, trägt ein weißes Kreuz auf dem variabel gefärbten Körper.

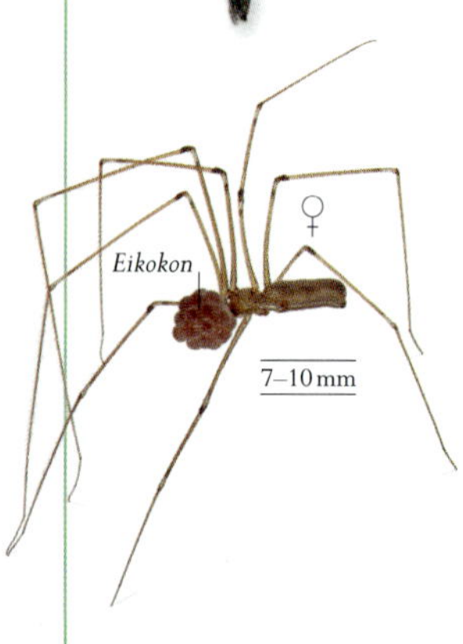

7–10 mm

GROSSE ZITTERSPINNE
Pholcus phalangioides
F: Pholcidae

Die dünnbeinigen Mitglieder der Familie vibrieren bei Gefahr im Netz. Viele leben in Höhlen, diese kosmopolitisch verbreitete Art kommt in Häusern vor. Weibchen tragen Eier in ihren Kieferklauen.

0,6–4,5 cm

NEPHILA CLAVIPES
F: Araneidae

Dies ist die einzige amerikanische Art einer Gruppe tropischer Seidenspinnen. Sie hat arttypische fiedrige Büschel an den Beinen.

2–9 mm

GASTERACANTHA CANCRIFORMIS
F: Araneidae

Dies ist eine von vielen amerikanischen Radnetzspinnen, die Stacheln zur Abwehr tragen. Sie kommt im Süden der USA und in der Karibik vor. Die Körperfärbung ist variabel.

LATRODECTUS MACTANS
F: Theridiidae

Dies ist eine der Arten, die man als Schwarze Witwen bezeichnet. Ihr Gift ist für Menschen gefährlich. Weibchen dieser nordamerikanischen Art fressen das Männchen oft nach der Paarung.

LYCOSA TARANTULA
F: Lycosidae

Diese Art ist ein großes Mitglied der Familie der Wolfsspinnen. Sie ist in der Mittelmeerregion verbreitet. Die Spinne ist trotz ihrer Größe nicht näher mit den Vogelspinnen verwandt.

DUNKLE WOLFSSPINNE
Pardosa amentata
F: Lycosidae

Ohne Netz jagt diese Wolfsspinne. Die Weibchen tragen die Eikokons und transportieren die Jungspinnen auf ihrem Rücken.

LISTSPINNE
Pisaura mirabilis
F: Pisauridae

Weibchen dieser eurasisch verbreiteten Spinne tragen ihre Eikokons in ihren Kieferklauen unter ihrem Körper. Später weben sie ein Netz aus Spinnfäden, in dem die Jungspinnen geschützt sind.

HÖHLEN-KREUZSPINNE
Meta menardi
F: Tetragnathidae

Viele Spinnen der Gattung *Meta*, wie diese europäische Art, leben in Höhlen, wo sie ihre tropfenförmigen Eikokons aufhängen.

WASSERSPINNE
Argyroneta aquatica
F: Dictynidae

Die einzige Spinne, die ständig unter Wasser lebt, kommt in Europa in Teichen vor. Sie hält sich in einer Luftblase im Wasser auf und verzehrt hier auch ihre Beute, etwa kleine Fische.

ERATIGENA DUELLICA
F: Agelenidae

Dieses Mitglied einer Gruppe von Spinnen, die flache Netze mit trichterförmigen Röhren als Rückzug weben, trifft man in Häusern auf der Nordhalbkugel häufig an.

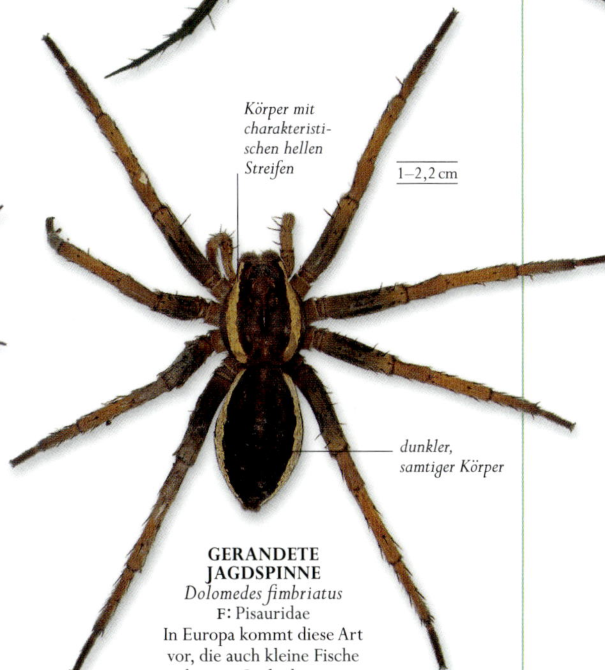

GERANDETE JAGDSPINNE
Dolomedes fimbriatus
F: Pisauridae

In Europa kommt diese Art vor, die auch kleine Fische erbeutet. Sie lockt sie an, indem sie mit ihren Beinen die Wasseroberfläche in Schwingungen versetzt.

BRASILIANISCHE WANDERSPINNE
Phoneutria nigriventer
F: Ctenidae

Wanderspinnen streifen nachts umher, daher ihr Name. Diese Art der brasilianischen Wälder soll die giftigste Spinne der Welt sein.

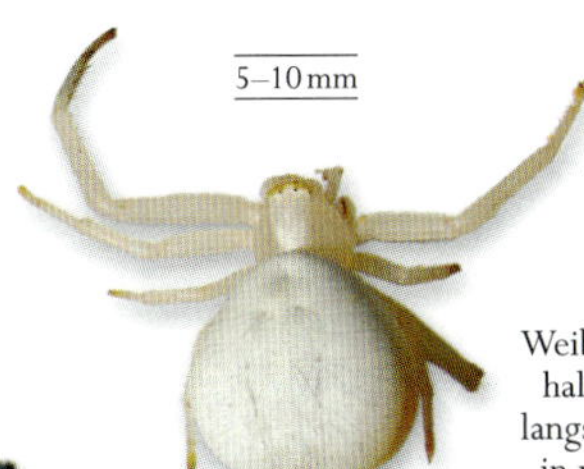

VERÄNDERLICHE KRABBENSPINNE
Misumena vatia
F: Thomisidae

Weibchen dieser Art der Nordhalbkugel können ihre Farbe langsam wechseln. Je nachdem, in welcher Blüte sie Insekten auflauern, sind sie weiß oder gelb gefärbt.

HETEROPODA VENATORIA
F: Sparassidae

In den tropischen und subtropischen Regionen ist diese große, aber harmlose Riesenkrabbenspinne weit verbreitet. In manchen Häusern ist sie gern gesehen, weil sie Schaben erbeutet.

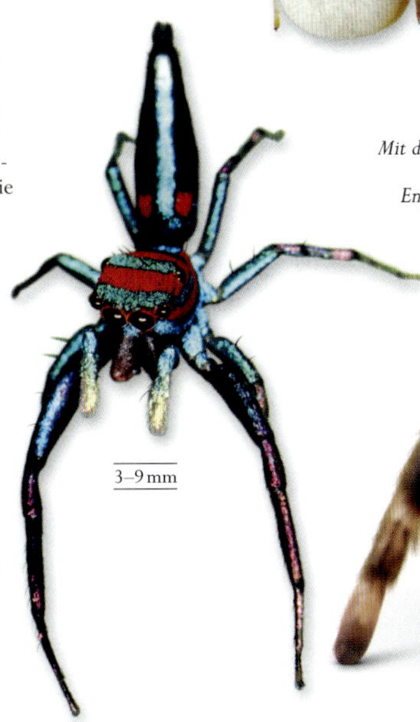

CHRYSILLA LAUTA
F: Salticidae

Springspinnen kommen in den Tropen in großer Vielfalt vor. Viele Arten, wie diese aus Ostasien, sind auffällig gefärbt, was manchmal der Kommunikation dient.

EVARCHA ARCUATA
F: Salticidae

In Grasländern in Eurasien ist diese Art verbreitet, eine von Tausenden Arten von Springspinnen mit binokularem Sehsinn und kompliziertem Balzverhalten.

MEXIKANISCHE ROTKNIE-VOGELSPINNE

Brachypelma smithi

Mit ihrem pelzigen Körper erinnert die Mexikanische Rotknie-Vogelspinne beinahe an ein Säugetier. Das Weibchen kann bis zu 30 Jahre alt werden, ein ungewöhnlich hohes Alter für ein wirbelloses Tier. Männchen werden nur sechs Jahre alt. Trotz ihres Namens erbeuten die Vogelspinnen-Arten keine Vögel. Ein großer Teil ihrer Nahrung besteht aus anderen Gliederfüßern, aber auch kleine Säugetiere und Reptilien gehören zum Beutespektrum. Diese Art ist in Mexiko heimisch, wo sie in Erdbauen in Böschungen lebt. Hier kann sie sich ungestört häuten, Eier legen und ihrer Beute auflauern. Wegen Lebensraumzerstörung ist diese Art gefährdet. Als »Haustiere« züchtet man die Spinnen in menschlicher Obhut.

GRÖSSE Länge 5–7,5 cm
LEBENSRAUM tropischer Laubwald
VERBREITUNG Mexiko
NAHRUNG vor allem Insekten

< AUGEN
Wie die meisten Spinnen hat diese Art acht Punktaugen. Dennoch sieht sie schlecht und ist auf ihren Tastsinn angewiesen, mit dem sie auch die Anwesenheit von Beute wahrnimmt.

< GELENKE
Wie alle Gliederfüßer haben Vogelspinnen gegliederte Beine. Jedes besteht aus sieben röhrenförmigen Abschnitten, die gelenkig verbunden sind. Muskeln in den Abschnitten ermöglichen die Bewegung.

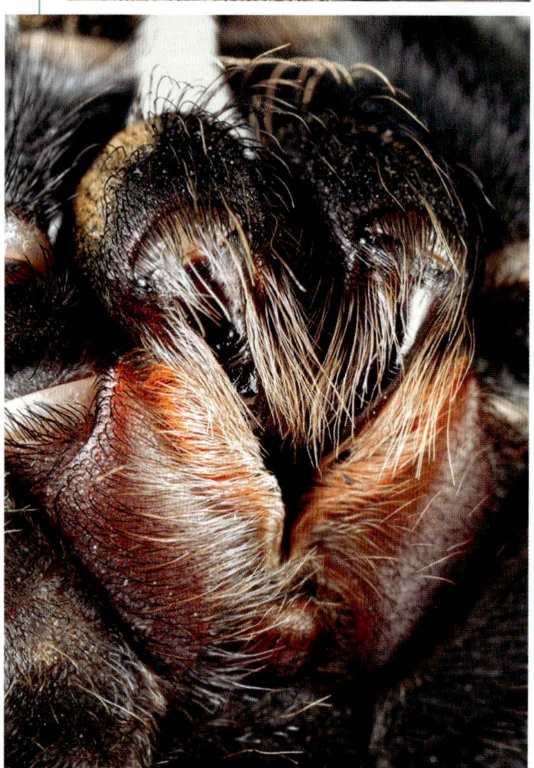

∧ GIFTIGER BISS
Die Vogelspinne öffnet ihre Kieferklauen, wenn sie Beute angreift. In den Giftdrüsen wird ein lähmendes Gift gebildet, das dem Opfer eingespritzt wird.

< FUSS
An der Spitze jedes Fußes sitzen zwei Krallen. Wie andere jagenden Spinnen hat sie außerdem »Sohlen« aus Härchen, die ihr auf glatten Oberflächen zusätzlich Halt verschaffen.

< SPINNDRÜSEN
Drüsen im Hinterleib produzieren flüssige Seide. Mit den hinteren Beinen zieht die Spinne den Spinnfaden heraus. Er verfestigt sich an der Luft, sodass das Tier Eikokons weben und seinen Bau mit Spinnfäden auskleiden kann.

∧ Brennhaare
Wie viele Vogelspinnen wehrt sich diese Art, indem sie ihre hinteren Beine am Hinterleib reibt, um Brennhaare abzubrechen, die hier wachsen. Die kleinen, leichten Haare fliegen dem Feind ins Gesicht und gelangen in Augen, Nase und Mund. Auf der Haut jucken sie höchst unangenehm.

UNTERSEITE >
Kopf und Brust sind zu einem einzigen Körperabschnitt verschmolzen, an dem die Beine und Mundwerkzeuge ansetzen. Am Hinterleib befinden sich Öffnungen zur Atmung und Fortpflanzung und zwei Paar Spinndrüsen.

ASSELSPINNEN

Diese fragil wirkenden Tiere leben zwischen Tangen in seichten Meeren und an Korallenriffen. Die größten Arten kommen in der Tiefsee vor.

Asselspinnen (Klasse Pycnogonida) sind keine echten Spinnen und unterscheiden sich so stark von anderen Gliederfüßern, dass einige Wissenschaftler der Ansicht sind, dass sie einer alten Gruppe angehören, die nicht näher mit einer der heute vorkommenden Gruppen verwandt ist. Andere halten sie für entfernte Verwandte der Spinnentiere. Die meisten Asselspinnen sind klein. Sie haben drei oder vier Beinpaare, Kopf und Brust sind miteinander verwachsen. Statt Kieferklauen haben sie einen Rüssel, mit der sie ihre Beutetiere (andere Wirbellose) wie mit einer Injektionsnadel aussaugen. Sie haben keine Kiemen. Sauerstoff kann durch die Oberfläche der dünnen Körperteile direkt in die Zellen diffundieren.

STAMM	ARTHROPODA
KLASSE	PYCNOGONIDA
ORDNUNGEN	1
FAMILIEN	13
ARTEN	1348

2 cm

COLOSSENDEIS MEGALONYX
F: Colossendeidae
Dies ist eine der größten Asselspinnen. Sie kommt in der Subantarktis in der Tiefsee vor und hat bis zu 70 cm Durchmesser.

8 mm

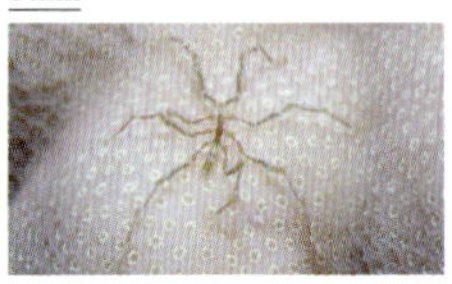

ENDEIS SPINOSA
F: Endeidae
An europäischen Küsten findet man diese Asselspinne. Vielleicht ist sie auch andernorts verbreitet. Ihr Körper ist besonders feingliedrig, der Rüssel lang und zylindrisch.

5 mm

KÜSTEN-ASSELSPINNE
Pycnogonum litorale
F: Pycnogonidae
Anders als die meisten Asselspinnen hat diese europäische Art einen dicken Körper und recht kurze Beine mit Krallen. Sie frisst Seeanemonen.

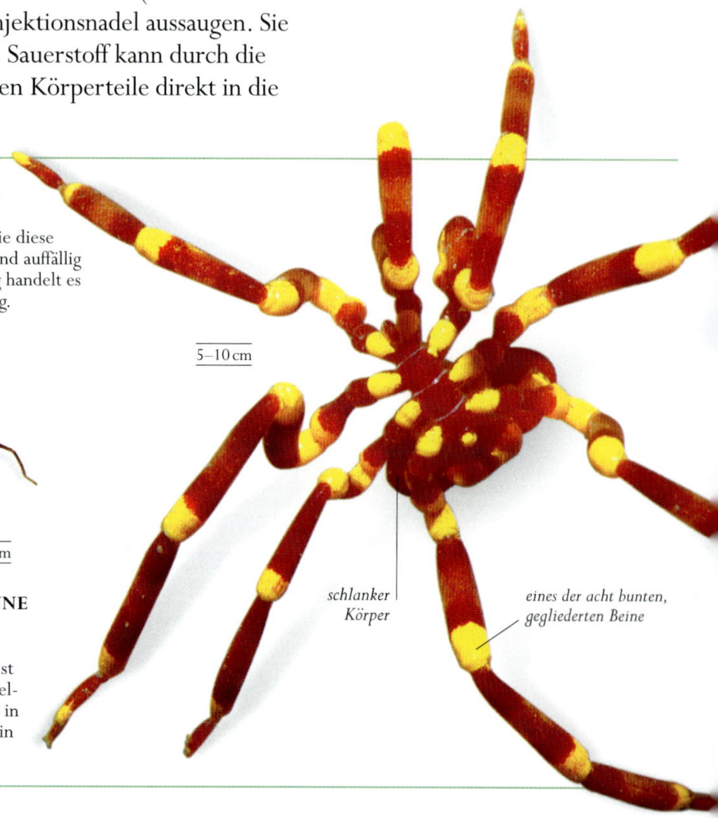

Unbekannte Art
F: Callipallenidae
Einige Asselspinnen-Arten, wie diese Bewohnerin australischer Riffe, sind auffällig gefärbt. In der bunten Umgebung handelt es sich um eine Tarnfärbung.

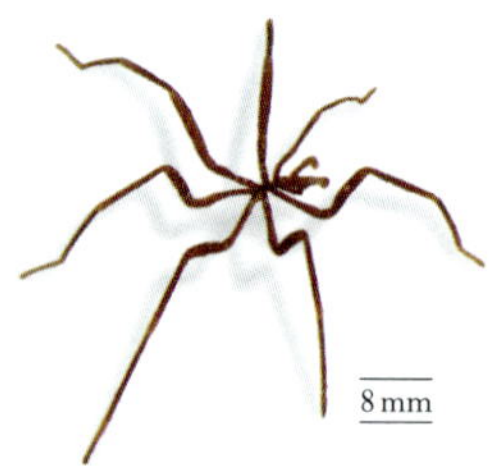

8 mm

SCHLANKE KREBSSPINNE
Nymphon brevirostre
F: Nymphonidae
Im nordöstlichen Atlantik ist dies eine der häufigsten Asselspinnen. Sie kommt sowohl in der Gezeitenzone als auch in Meeresuntiefen vor.

PFEILSCHWANZKREBSE

Pfeilschwanzkrebse (Merostomata) sind eine kleine Klasse im Meer lebende Verwandte der Spinnen und Skorpione. Diese Tiere sind »lebende Fossilien«.

In der Urzeit war die Gruppe der Pfeilschwanzkrebse wesentlich vielfältiger. Derartige Tiere könnten die ersten Cheliceraten (Kieferklauenträger) der Erde gewesen sein. Der Bau ihrer Mundwerkzeuge und das Fehlen der Antennen weisen darauf hin, dass diese Tiere trotz ihres harten Panzers am engsten mit den Spinnentieren verwandt sind. Die Buchkiemen an der Unterseite ihres Hinterleibs sind Vorläufer ähnlicher Strukturen, der Buchlungen, mit denen Spinnen auf dem Festland atmen. Die Pedipalpen werden als fünftes Laufbeinpaar eingesetzt. Pfeilschwanzkrebse erbeuten in schlammigen Meeren andere Tiere. Sie kommen in großer Zahl an Strände, um ihre Eier dort im Sand abzulegen.

STAMM	ARTHROPODA
KLASSE	MEROSTOMATA
ORDNUNGEN	1
FAMILIEN	1
ARTEN	4

40–60 cm

TACHYPLEUS TRIDENTATUS
F: Limulidae
In Ostasien an sandigen Stränden laicht diese Art. Wegen Lebensraumzerstörung und Verschmutzung sind die Bestände in Teilen ihres Verbreitungsgebiets kleiner geworden.

Kopf und Brust sind miteinander verwachsen und von einem Carapax bedeckt.

CARCINOSCORPIUS ROTUNDICAUDA
F: Limulidae
Die in schlammig-sandigen Biotopen in Südostasien lebende Art frisst Insektenlarven, verschiedene andere Wirbellose sowie kleine Fische.

KREBSTIERE

Die meisten Krebstiere (Crustacea) leben im Wasser und atmen mit Kiemen. Mit gegliederten Extremitäten laufen oder schwimmen sie. Einige leben als adulte Tiere festsitzend, andere sind Parasiten.

Der Körper der Krebstiere ist in Kopf, Brust und Hinterleib gegliedert, bei vielen Gruppen sind jedoch Kopf und Brust miteinander verwachsen. Bei Krabben, Hummern und Garnelen bedeckt eine Chitinfalte, die vom Kopfhinterrand nach hinten wächst, den Kopf und die Brust. Sie wird als Carapax bezeichnet. Krebstiere sind die einzigen Gliederfüßer, die zwei Antennenpaare und ursprüngliche Spaltbeine haben. Mit den an der Brust sitzenden Beinen bewegen sich die meisten Arten fort. Bei etlichen ist ein Paar zu Scheren umgewandelt, mit denen die Tiere fressen oder sich verteidigen. Viele Krebstiere haben auch am Hinterleib gut entwickelte Extremitäten. Die meisten Gruppen besitzen Kiemen und sind ans Wasser gebunden. Asseln und einige Krabben können mit umgebildeten Atmungsorganen in feuchten Lebensräumen auf dem Land leben.

Da Krebstiere im Wasser Auftrieb haben, können sie ein schweres Außenskelett ausbilden, das häufig mit Mineralien gehärtet ist. Viele wasserlebende Krebstiere konnten sich wegen des Auftriebs zu größeren Formen entwickeln als ihre landbewohnenden Verwandten. Der größte Gliederfüßer der Erde ist die Japanische Riesenkrabbe (Durchmesser 4 m). Am anderen Ende der Skala bilden winzige Krillkrebschen und Garnelen mit ihren Larven einen großen Teil des tierischen Planktons.

STAMM	ARTHROPODA
UNTERSTAMM	CRUSTACEA
ORDNUNGEN	56
FAMILIEN	etwa 1000
ARTEN	etwa 70 000

STREITFRAGE

ABSTAMMUNG

Krebstiere haben viele einzigartige Merkmale, wie zwei Antennenpaare und Spaltbeine. Dies lässt darauf schließen, dass sie von einem einzigen Vorfahren abstammen. Jüngere DNA-Analysen zeigen, dass sich die Insekten ebenfalls aus einer Gruppe der Krebstiere entwickelt haben.

BLATTFUSSKREBSE

Zu den Blattfußkrebsen (Branchiopoda) gehören ursprüngliche Süßwasserkrebse. Sie leben als Plankton in temporären Gewässern und ihre Eier überstehen lange Perioden der Austrocknung. An der Brust sitzen blattartige Extremitäten, mit denen sie atmen und filtrieren. Wasserflöhe haben einen durchsichtigen Carapax.

1–1,5 cm

SALINENKREBSCHEN
Artemia salina
F: Artemiidae
Weltweit findet man dieses Tier mit weichem Körper und Stielaugen in Salzwassertümpeln. Es schwimmt kopfüber. Die hartschaligen Eier überstehen jahrelange Austrocknung.

2–5 mm

DAPHNIA MAGNA
F: Daphniidae
Dieser nordamerikansiche Wasserfloh brütet wie seine Verwandten seine Eier im Carapax aus. Aus unbefruchteten Eiern schlüpfen Larven, sodass die Art Teiche schnell besiedeln kann.

1,5 mm

EVADNE NORDMANNI
F: Podonidae
Die meisten Wasserflöhe, die nach ihrer ruckartigen Schwimmweise benannt sind, leben in Süßwasserteichen. Diese Art ist jedoch ein mariner Plankton-Organismus.

5 cm

zwei Schwanzanhänge

LEPIDURUS PACKARDI
F: Triopsidae
Rückenschaler sind ursprüngliche, am Grund lebende Krebstiere temporärer Süßgewässer. Die Verwandten dieser kalifornischen Art haben sich seit 220 Millionen Jahren kaum verändert.

RANKENFÜSSER UND RUDERFUSSKREBSE

Wie andere marine Krebstiere entwickeln sich die Arten der Klasse Maxillipoda aus winzigen planktonischen Larven. Rankenfüßer heften sich später mit dem Kopf nach unten an Felsen. Die meisten Ruderfußkrebse leben frei schwimmend, einige parasitisch.

1–2,5 mm

WEISSER RIESENHÜPFERLING
Macrocyclops albidus
F: Cyclopidae
Ruderfußkrebse ernähren sich von Plankton. Diese Art erbeutet auch die Larven von Mücken und trägt zu deren Bekämpfung bei.

0,5–1,5 cm

GEWÖHNLICHE SEEPOCKE
Semibalanus balanoides
F: Archaeobalanidae
Die Art der Gezeitenzone, die sensibel auf Austrocknung reagiert, findet man an Felsenküsten des Nordatlantiks häufig.

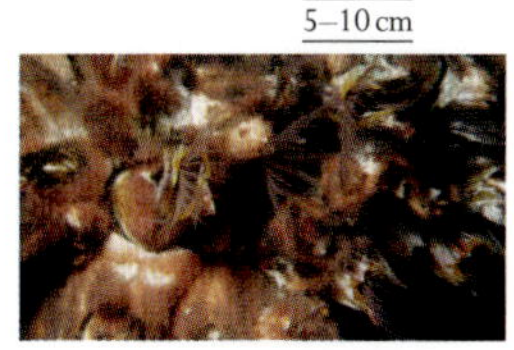

5–10 cm

BALANUS NUBILUS
F: Balanidae
Der größte Rankenfüßer der Erde setzt sich an Felsen unterhalb der Gezeitenzone fest. Er kommt an der nordamerikanischen Pazifikküste vor.

5–10 cm

***NEOLEPAS* SPEC.**
F: Eolepadidae
Diese Verwandte der Entenmuschel lebt in der Umgebung vulkanischer Schlote auf dem Ozeanboden. Sie filtriert unter anderem Bakterien.

8–90 cm

ENTENMUSCHEL
Lepas anatifera
F: Lepadidae
Entenmuscheln leben festsitzend – oft an Treibgut – und haben einen beweglichen Stiel. Diese Art ist in den gemäßigten Zonen des nordöstlichen Atlantiks verbreitet.

1,8 cm

***CALIGUS* SPEC.**
F: Caligidae
Die Vertreterin einer Gruppe mariner Ruderfußkrebse, die parasitisch an Fischen leben, befällt Lachse und verwandte Arten.

2–3 cm

TETRACLITA SQUAMOSA
F: Tetraclitidae
Diese Seepocke lebt im Indopazifik in der Gezeitenzone. Jüngere Forschungen haben dazu geführt, dass fünf Unterarten beschrieben worden sind.

0,5–1 cm

FISCHLAUS
Argulus spec.
F: Argulidae
Dieses flache, schnell schwimmende Krebstier hat einen ovalen Carapax. Mit Saugnäpfen heftet es sich an Fische, um deren Blut zu saugen.

3–5 mm

CALANUS GLACIALIS
F: Calanidae
Im Plankton des Arktischen Ozeans ist dieser Ruderfußkrebs ein wichtiger Bestandteil der Nahrungsketten.

MUSCHELKREBSE

Bei den Muschelkrebsen (Klasse Ostracoda) ist der ganze Körper in einem zweiklappigen Carapax eingeschlossen, aus dem nur die Extremitäten ragen. Bei Gefahr können die Tiere sich zurückziehen. Diese kleinen Krebstiere krabbeln im Meer und Süßgewässern durch die Vegetation. Einige schwimmen mit ihren Antennen.

GIGANTOCYPRIS SPEC.
F: Cypridinidae
Die meisten Muschelkrebse sind winzig mit zweiklappigem Carapax. Dies ist eine recht große Art der Tiefsee. Sie hat große Augen, mit denen sie biolumineszierende Beute jagt.

2–3 cm

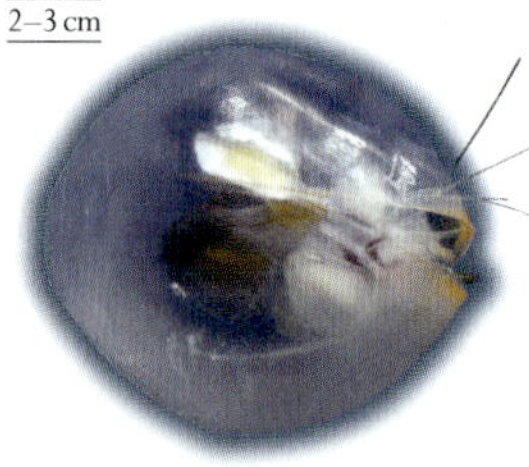

CYPRIS SPEC.
F: Cyprididae
Diese weitverbreitete Süßwasser-Art gehört zu einer Gruppe kleiner, hartschaliger Muschelkrebse, die im Detritus der Gewässer umherkrabbeln.

0,5–2 mm

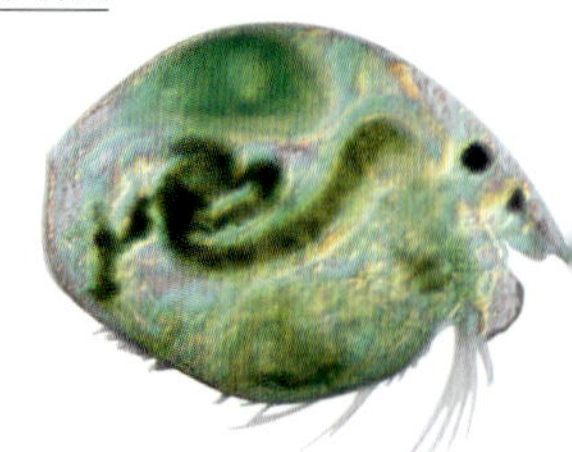

HÖHERE KREBSE

Die Grundmerkmale der vielfältigen Klasse Malacostraca sind eine Unterteilung in Kopf, Brust und Hinterleib und zahlreiche Extremitäten. Die Zehnfußkrebse bilden eine große Ordnung innerhalb der Klasse. Ein Carapax schließt Kopf und Brust ein und bildet eine Kiemenhöhle. Eine weitere große Ordnung bilden die Isopoden (Asseln und Verwandte). Ihr gehören die meisten landlebenden Krebstiere an.

4–6 cm

ANTARKTISCHER KRILL
Euphausia superba
F: Euphausiidae
Schwärme dieser Planktonfresser sind bedeutende Glieder der Nahrungsketten im Südlichen Ozean. An der Spitze dieser Nahrungsketten stehen die Wale, Robben und Seevögel.

1–1,8 cm

RELIKTKREBSCHEN
Mysis relicta
F: Mysidae
Die durchsichtigen Reliktkrebschen mit ihren gefiederten Beinen transportieren ihre Larven in einer Bruttasche. Die meisten leben im Küstenbereich der Meere, diese Art kommt jedoch in Süßgewässern auf der Nordhalbkugel vor.

1,5–2,2 cm

ORCHESTIA GAMMARELLUS
F: Talitridae
Dies ist einer von vielen seitlich abgeflachten Flohkrebsen. Er kommt an europäischen Küsten im Gezeitenbereich vor, wo man beobachten kann, dass er Sprünge macht.

1–2 cm

BACHFLOHKREBS
Gammarus pulex
F: Gammaridae
Dieser nordeuropäische Flohkrebs ist in Bächen häufig. Er gehört zu einer Familie von Süßwasserkrebsen, die sich von Detritus ernähren. Verwandte Arten kommen in Brackwasser vor.

13 mm

CAPRELLA ACANTHIFERA
F: Caprellidae
Wie andere Arten der Familie bewegt sich diese räuberische europäische Art, die nur wenige Beine hat, langsam vorwärts. Sie heftet sich an Algen in Gezeitentümpeln.

1–1,5 cm

WASSERASSEL
Asellus aquaticus
F: Asellidae
Dieses häufige europäische Mitglied einer Familie von Süßwasser-Asseln krabbelt in stehenden Gewässern im Detritus umher.

BATHYNOMUS GIGANTEUS
F: Cirolanidae
Die riesige marine Verwandte der Asseln ernährt sich auf dem Grund des Ozeans von Aas. Gelegentlich erbeutet sie lebende Tiere.

19–36 cm

2–3 cm

KLIPPENASSEL
Ligia oceanica
F: Ligiidae
Diese große Assel kommt an europäischen Küsten vor. Sie lebt in Felsspalten über der Gezeitenzone und ernährt sich von Detritus.

10–12 cm

DORNFÜHLERASSEL
Porcellio spinicornis
F: Porcellionidae
Die charakteristisch gezeichnete Assel lebt oft in der Nähe menschlicher Siedlungen, vor allem in kalkreichen Lebensräumen. Sie ist in Europa heimisch und wurde in Nordamerika eingeschleppt.

1–1,8 cm

GEWÖHNLICHE ROLLASSEL
Armadillidium vulgare
F: Armadillidiidae
Rollasseln können sich bei Gefahr zu einer Kugel zusammenrollen. Diese Art ist in Eurasien weit verbreitet und wurde in andere Regionen eingeschleppt.

20–36 cm

PENAEUS MONODON
F: Penaeidae

Diese Garnele aus dem Indopazifik wird vielerorts gezüchtet. Sie gehört zu einer Gruppe, die ihre befruchteten Eier nicht ausbrütet, sondern direkt ins Meer abgibt.

MOLUKKEN-FÄCHERGARNELE
Atyopsis moluccensis
F: Atyidae

Die meisten Mitglieder dieser Familie kommen in Flüssen vor. Dieser Filtrierer aus Südostasien ernährt sich von Partikeln, die er mit seinen fächerartigen Vorderbeinen einfängt.

5–7,5 cm

20–30 cm

PANULIRUS FEMORISTRIGA
F: Palinuridae

Anders als Hummerartige haben Langusten wie diese Art aus dem Indopazifik nur kleine Scheren. Ihr Außenskelett ist schwer und stachelig, die Antennen sind lang und kräftig.

BUNTER FANGSCHRECKENKREBS
Odontodactylus scyllarus
F: Odontodactylidae

Die Fangschreckenkrebse der warmen, seichten Meere sind intelligente Räuber. Diese Art aus dem Indopazifik zertrümmert mit zu Keulen umgebildeten Beinen Muschelschalen und Krabbenpanzer.

3–18 cm

7–11 cm

SÄGEGARNELE
Palaemon serratus
F: Palaemonidae

Wirtschaftliche Bedeutung hat dieses große Mitglied einer Familie von Garnelen mit an den Rändern gesägtem Carapax. Die Art kommt an den nordöstlichen Atlantikküsten vor.

4–5 cm

PANDALUS MONTAGUI
F: Pandalidae

Männchen dieser Garnele, die im kalten Nordatlantik vorkommt, wandeln sich oft nach 13–16 Monaten zu Weibchen um. Andere Individuen behalten ihr Geschlecht lebenslang.

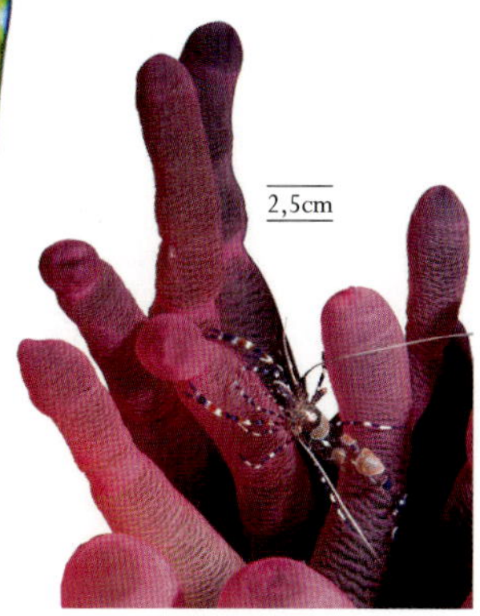

2,5 cm

PERICLIMENES YUCATANICUS
F: Palaemonidae

Diese karibische Partnergarnele lebt in Seeanemonen. Sie befreit wie viele andere riffbewohnende Garnelen Fische von toten Hautpartikeln und Parasiten.

8–12 cm

DOHLENKREBS
Austropotamobius pallipes
F: Astacidae

Flusskrebse sind kleine, meist nachtaktive Verwandte der Hummerartigen, die in Süßgewässern leben. Diese Art kommt in Europa in Bächen vor.

5 cm

GEWÖHNLICHE MARMORGARNELE
Saron marmoratus
F: Hippolytidae

Ein nachtaktiver Räuber ist diese Art, die im Indopazifik an Riffen lebt. Sie erbeutet kleinere Tiere und färbt sich nachts rot.

3–5 cm

NORDSEE-GARNELE
Crangon crangon
F: Crangonidae

Die Nordsee-Garnele, die in seichten Meeresregionen lebt, wird an einigen Küsten kommerziell gefangen. Sie versteckt sich im Sand, sodass nur Augen und Antennen sichtbar sind.

20–24 cm

KAISERGRANAT
Nephrops norvegicus
F: Nephropidae

Diese Art des Nordatlantiks gräbt Gänge in den Schlamm. Die Tiere werden im Fischhandel auch als Scampi, Langoustini oder Langustenschwänze angeboten.

5–20 cm

PARRIBACUS ANTARCTICUS
F: Scyllaridae

Diese Verwandten der Garnelen haben plattenartige Antennen. Sie sind nachtaktiv und leben an tropischen Riffen mit Sandböden.

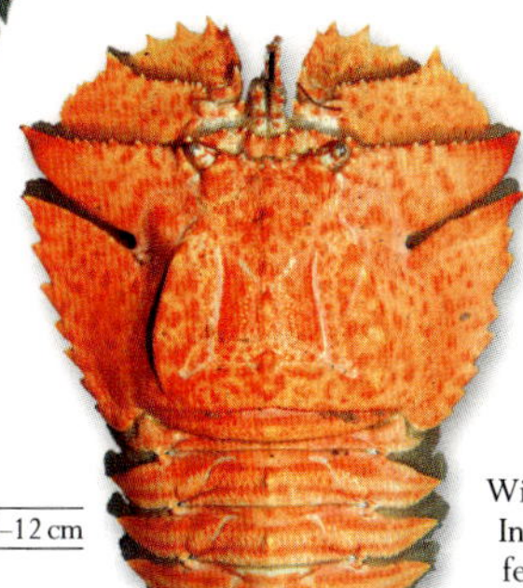

5–12 cm

IBACUS BREVIPES
F: Scyllaridae

Wie andere Arten der Familie kann dieses im Indopazifik verbreitete Krebstier vor Fressfeinden fliehen, indem es mit dem breiten, fächerförmigen Schwanz schlägt.

»

» KRABBEN UND VERWANDTE

PALMENDIEB
Birgus latro
F: Coenobitidae
Der Palmendieb ist der größte landbewohnende Gliederfüßer. Er bewohnt auf Inseln im Indopazifik Wälder. Hier bricht er mit seinen massiven Scheren Kokosnüsse auf, um sie zu fressen.

SCHWAMM-SPRINGKRABBE
Lauriea siagiani
F: Galatheidae
Viele tropische Arten der Familie sind mit Riffbewohnern assoziiert. Diese kleine, behaarte indonesische Art lebt auf Vasenschwämmen der Gattung *Xestospongia*.

BLAUSTREIFEN-SPRINGKREBS
Galathea strigosa
F: Galatheidae
Die Arten der Familie haben schlanke Scheren, wie diese europäische Art. Sie gehören zu den Decapoden (Zehnfußkrebsen), aber das letzte Beinpaar ist bei ihnen zurückgebildet.

NEOPETROLISTHES MACULATUS
F: Porcellanidae
Porzellankrebse sind kleine achtbeinige Decapoden. Diese Art aus dem Indopazifik lebt in riesigen Seeanemonen der Gattung *Stichodactyla*.

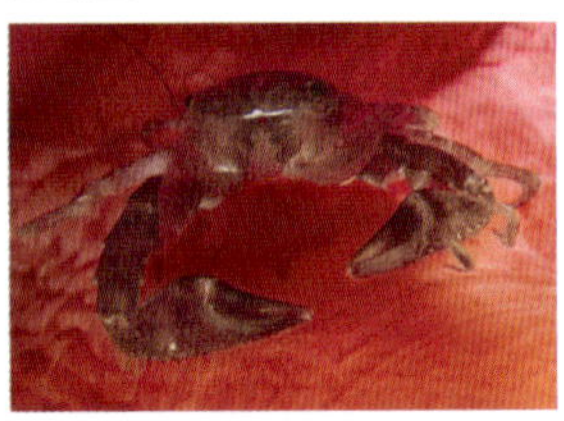

***PINNOTHERES* SPEC.**
F: Pinnotheridae
Die kleinen Erbsenkrabben schließen ihren Lebenszyklus auf oder im Körper anderer mariner Wirbelloser ab. Diese Art der Philippinen lebt auf Becherkorallen.

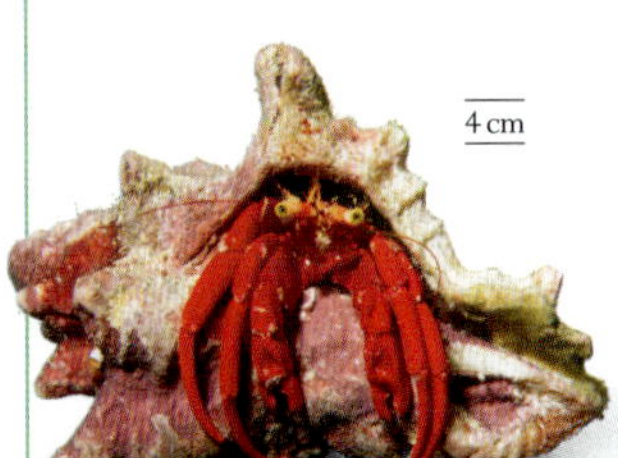

PAGURISTES CADENATI
F: Diogenidae
Einsiedlerkrebse leben in leeren Schneckenhäusern, in denen ihr weicher Hinterleib geschützt ist. Diese Art kommt im Indopazifik und östlichen Atlantik vor.

WEISSPUNKT-EINSIEDLER
Dardanus megistos
F: Diogenidae
Dieser Einsiedlerkrebs, der an Küsten des östlichen Atlantiks und Indopazifiks vorkommt, ist ein »Linkshänder«, dessen linke Schere vergrößert ist.

DARDANUS PEDUNCULATUS
F: Diogenidae
An Riffen im Indopazifik lebt dieser Einsiedlerkrebs. Er trägt immer zur Tarnung und als Schutz eine Seeanemone der Gattung *Calliactis* auf seinem Gehäuse, mit der er seine Nahrung teilt.

SAMTKRABBE
Necora puber
F: Polybiidae
Schwimmkrabben der Familie Portunidae haben paddelförmige hintere Beine. Diese aggressive rotäugige Art ist an Felsenküsten des nordöstlichen Atlantiks häufig.

PORTUNUS PELAGICUS
F: Portunidae
Die im Indopazifik verbreitete Schwimmkrabbe bevorzugt sandige oder schlammige Küsten. Die Jungtiere kommen in den Gezeitenbereich. Wie ihre Verwandten erbeutet die Art andere Wirbellose.

TASCHENKREBS
Cancer pagurus
F: Cancridae
Von wirtschaftlicher Bedeutung ist der Taschenkrebs. Die europäische Art lebt vor der Küste und hat einen charakteristischen breiten Panzer. Sie kann über 20 Jahre alt werden.

CARPILIUS MACULATUS
F: Carpiliidae
Dies ist eine von mehreren bunt gefärbten Krabben, die an Korallenriffen leben. In der Urzeit war die Gruppe vielfältig. Die große Art fand man bisher im Indischen und Pazifischen Ozean.

CALAPPA HEPATICA
F: Calappidae
Diese schildkrötenähnliche Krabbe des Indopazifiks gräbt Baue im Sand. Sie bedeckt ihr Gesicht oft mit den Scheren und wird deshalb auch »schüchterne Krabbe« genannt.

WOLLKRABBE
Dromia personata
F: Dromiidae
Diese im Atlantik verbreitete Krabbe tarnt sich oft mit Stücken von Schwämmen vor Fressfeinden. Wie bei den verwandten Einsiedlerkrebsen sind ihre Hinterbeine zurückgebildet.

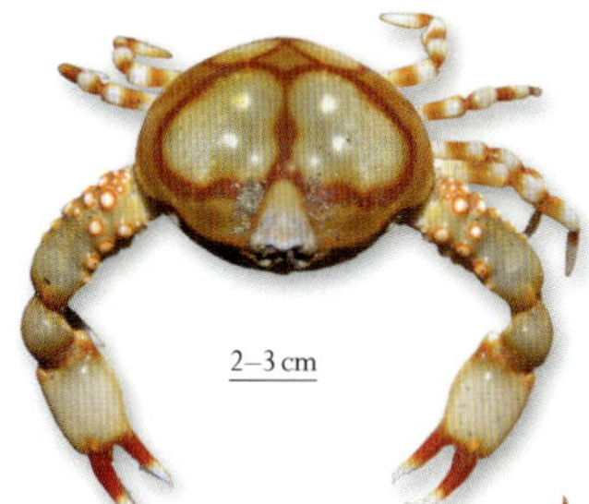

LEUCOSIA ANATUM
F: Leucosiidae
Zu einer Familie kleiner, meist rautenförmiger Krabben mit langen Scheren gehört diese bunte Art, die im Indischen Ozean vorkommt.

JAPANISCHE RIESENKRABBE
Macrocheira kaempferi
F: Inachidae
Mit einem Durchmesser von bis zu 4 m ist dies der größte Gliederfüßer der Erde. Er kommt im nordwestlichen Pazifik vor und kann angeblich 100 Jahre alt werden.

WEIHNACHTSINSEL-KRABBE
Gecarcoidea natalis
F: Gecarcinidae
Diese Krabbe lebt in Bauen an Land in den Wäldern der Weihnachtsinsel. Einmal im Jahr laufen die Tiere in riesigen Schwärmen zum Meer, um dort ihre Eier abzulegen.

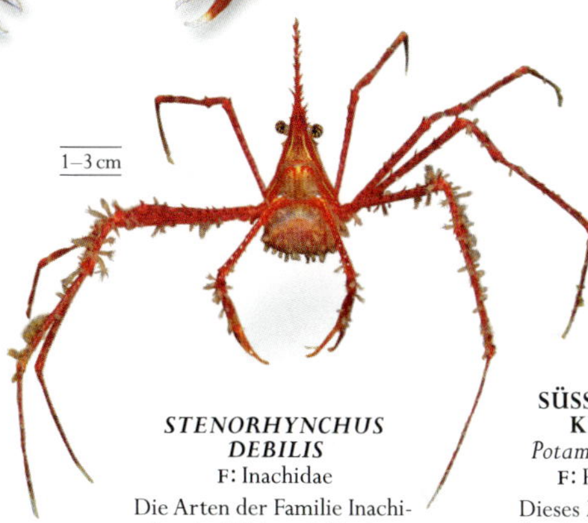

STENORHYNCHUS DEBILIS
F: Inachidae
Die Arten der Familie Inachidae sind kleine stieläugige, stachelige Krabben. Diese Art aus dem östlichen Pazifik lebt als Aasfresserin an Riffen.

SÜSSWASSER-KRABBE
Potamon potamios
F: Potamidae
Dieses Mitglied einer großen Familie, die in alkalischen Süßgewässern verbreitet ist, kommt in Südeuropa vor und verbringt viel Zeit an Land.

GELASIMUS VOCANS
F: Ocypodidae
Winkerkrabben wie diese Art graben an Stränden Baue. Männchen haben eine stark vergrößerte Schere, mit der sie Signale geben. Diese Art lebt an schlammigen Stränden des westlichen Pazifiks.

HARLEKINKRABBE
Ocypode (Cardisoma) armatum
F: Ocypodidae
Diese die westafrikanischen Küsten bewohnende Art frisst Früchte, Pflanzen und Tiere. Nur die Weibchen suchen zur Eiablage das Meer auf.

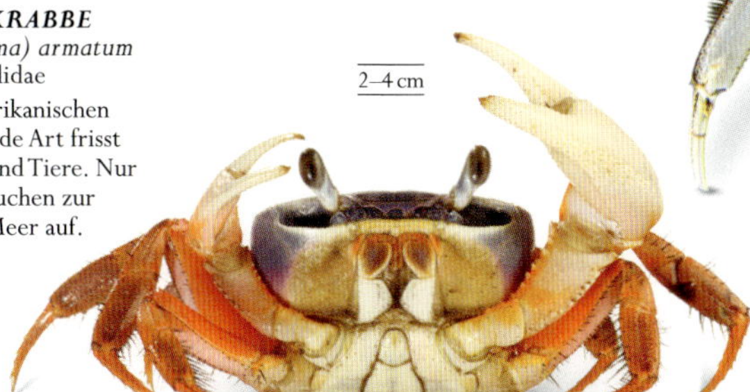

CHINESISCHE WOLLHAND-KRABBE
Eriocheir sinensis
F: Varunidae
Diese Art ist in Ostasien heimisch. Sie wurde in Nordamerika und Europa eingeschleppt, wo sie sich als Schädling erwies. Sie lebt vor allem in Süßwasser.

HARLEKIN-KRABBE
Ocypode (Cardisoma) armatum

Die afrikanischen Harlekinkrabben legen an Sandstränden, in Dünen, in Mangrovensümpfen und in Ästuaren einzelne Baue oberhalb der Wasserlinie an. Sie paaren sich in den Bauen oder in ihrer Nähe, und das Weibchen trägt die befruchteten Eier zwei bis drei Wochen lang unter seinem Abdomen, bevor es die Larven ins Meer entlässt. Jedes Weibchen kann Millionen von Larven produzieren, doch nur wenige von ihnen werden als Krabben wieder das Land erreichen.

∨ MUNDWERKZEUGE
Borsten (Setae) streifen den Sand von den Nahrungsteilchen, bevor sie zu den Mandibeln gelangen.

∧ AUGE
Die auf Stielen sitzenden Augen können gedreht werden, sodass sie rundum sehen und so Nahrung oder Fressfeinde rechtzeitig erkennen können.

∧ UNTERSEITE
Das hier gezeigte Abdomen des Männchens ist schmal. Bei Weibchen ist es breit, da sie die abgegebenen Eier tragen müssen.

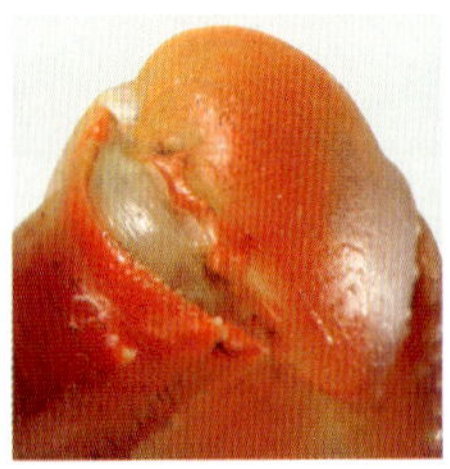

∧ GELENKE
Die Beingelenke bewegen sich nur jeweils in eine Richtung. Da sich jedes Gelenk aber in eine andere bewegt, ist das Bein sehr beweglich.

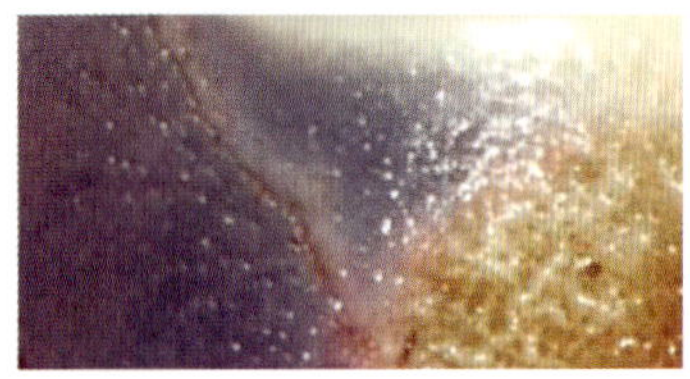

∧ AUSSENSKELETT
Um zu wachsen, muss sich die Krabbe häuten. Sie nimmt Wasser in den Körper auf, bis das Außenskelett aufreißt und sich löst, sodass sich darunter befindende neue Außenskelett ausdehnen kann.

GRÖSSE 10–15 cm
LEBENSRAUM sandige, schlammige Küsten
VERBREITUNG westafrikanische Küste
NAHRUNG opportunistisch, vor allem sich zersetzende Pflanzen und Tiere

∨ STRANDLÄUFER

Harlekinkrabben kommen vor allem nachts zur Nahrungssuche heraus. Bei Störungen verschwinden sie sofort wieder im Bau. Sie fressen tierische und pflanzliche Überreste, tote Fische und Insekten. Sie hinterlassen Sandkügelchen, die sie nach Nahrung durchsucht haben.

INSEKTEN

Die Insekten (Insecta) erschienen vor über 400 Millionen Jahren auf dem Festland. Heute gehören dieser Klasse die meisten Tierarten an.

Insekten haben unterschiedliche Lebensweisen entwickelt. Die meisten Arten leben auf dem Festland, viele andere in Süßgewässern, aber fast keine im Meer. Insekten haben mehrere charakteristische Merkmale: Sie sind klein und haben ein effizientes Nervensystem und eine hohe Fortpflanzungsrate. Viele von ihnen können fliegen. All dies hat zu ihrem Erfolg beigetragen.

Zu den Insekten gehören unter anderem die Käfer, Fliegen, Schmetterlinge, Ameisen, Bienen und Wanzen. Trotz der unglaublichen Vielfalt ist der Körperbau aller Gruppen sehr ähnlich. Ein Insekt hat drei Körperabschnitte: Kopf, Brust (Thorax) und Hinterleib (Abdomen). Im Kopf befindet sich das Gehirn. Die wichtigsten Sinnesorgane, die Komplexaugen, die Punktaugen (Ocellen) und die Antennen befinden sich ebenfalls am Kopf. Die Mundwerkzeuge sind an die jeweilige Ernährungsweise angepasst: Viele Insekten saugen Flüssigkeiten, andere nehmen feste Nahrung auf.

Die Brust besteht aus drei Segmenten, an denen je ein Beinpaar entspringt. Die beiden hinteren Segmente tragen bei den meisten Arten je ein Flügelpaar. Die Beine bestehen aus mehreren Gliedern und können stark modifiziert sein. Sie werden zum Laufen, Springen, Graben oder Schwimmen eingesetzt. Im Hinterleib, der meistens aus bis zu elf Segmenten besteht, befinden sich das Verdauungssystem und die Fortpflanzungsorgane.

STAMM	ARTHROPODA
KLASSE	INSECTA
ORDNUNGEN	29
FAMILIEN	etwa 1000
ARTEN	etwa 1,1 Millionen

STREITFRAGE

WIE VIELE ARTEN?

Die tatsächliche Zahl der Insektenarten überschreitet wohl die der beschriebenen 1,1 Millionen erheblich, und in jedem Jahr werden viele neue entdeckt. Untersuchungen in den artenreichen Regenwäldern deuten darauf hin, dass es tatsächlich zehn bis zwölf Millionen Arten geben könnte.

SILBERFISCHCHEN

Die lang gestreckten Körper der ursprünglichen flügellosen Insekten der Ordnung Zygentoma sind oft mit Schuppen besetzt. Die Tiere haben lange Antennen und kleine Augen. Der Hinterleib trägt Anhänge, die Styli.

1,2 cm

SILBERFISCHCHEN
Lepisma saccharina
F: Lepismatidae
Diese Art kommt in Häusern vor und wird manchmal als lästig empfunden. Sie ernährt sich von stärke- und zuckerhaltigen Stoffen.

1–1,5 cm

OFENFISCHCHEN
Thermobia domestica
F: Lepismatidae
Fast weltweit kann man das Ofenfischchen unter Steinen und in der Laubstreu finden. Im Haus bevorzugt es warme Stellen. Es kann in Bäckereien Schäden hervorrufen.

EINTAGSFLIEGEN

Die Arten der Ordnung Eintagsfliegen (Ephemeroptera) sind Insekten mit schlanken Beinen und zwei Flügelpaaren. Sie haben kurze Antennen und große Komplexaugen. Der Hinterleib trägt zwei oder drei Schwanzanhänge. Im Lebenszyklus dominiert die Larve, die im Wasser lebt. Die adulten Tiere werden nur Stunden oder Tage alt.

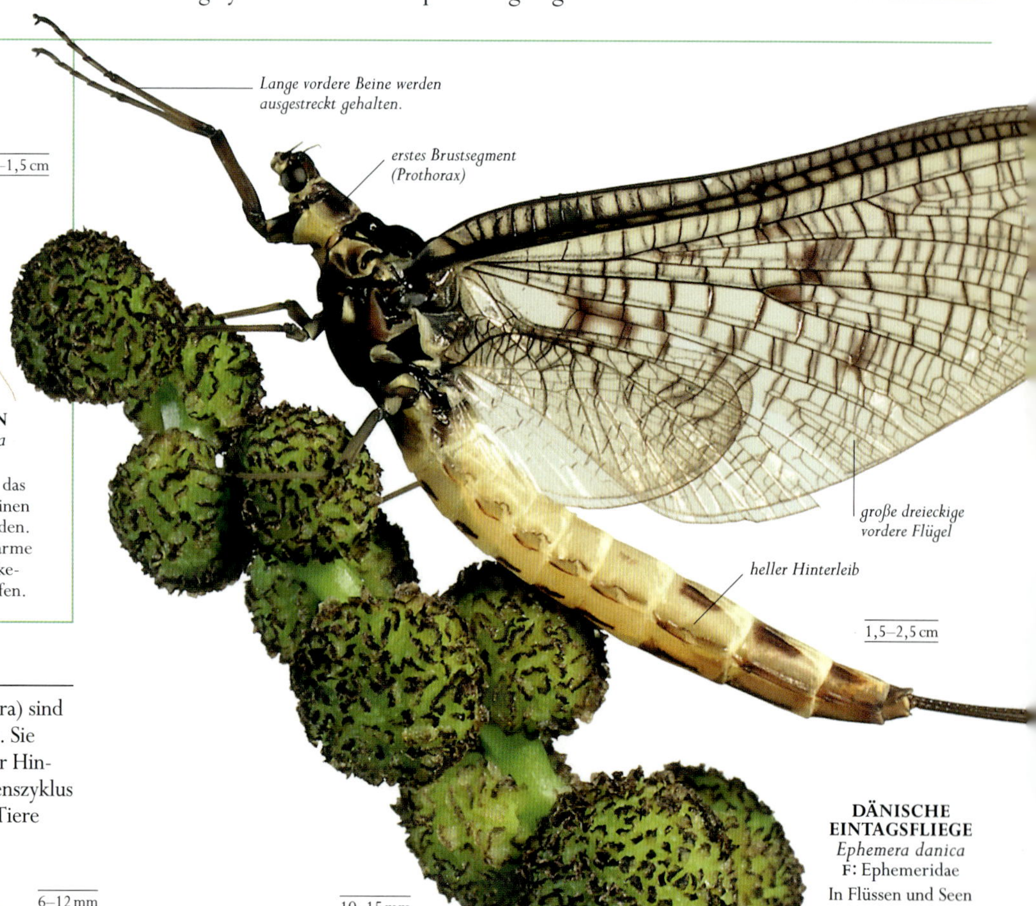

DÄNISCHE EINTAGSFLIEGE
Ephemera danica
F: Ephemeridae
In Flüssen und Seen mit schlammigem Grund leben die Larven dieser großen Art. Sie ist in Europa weit verbreitet. Die adulten Insekten haben drei Schwanzanhänge.

5–7 mm

FLIEGENHAFT
Cloeon dipterum
F: Baetidae
Die in Europa verbreitete Art pflanzt sich in verschiedenen Lebensräumen fort, in Teichen, Gräben, Trögen und Regentonnen.

6–12 mm

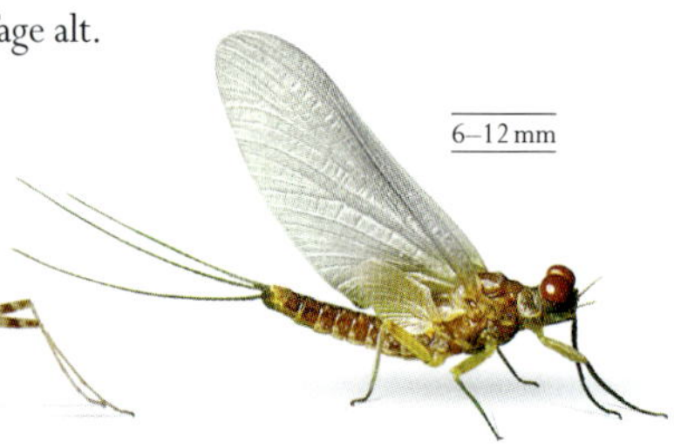

EPHEMERELLA IGNITA
F: Ephemerellidae
Ausgewachsene Insekten dieser nordeuropäischen Art haben drei Schwanzanhänge. Die runden Augen der Männchen sind zweigeteilt: Mit dem größeren oberen Teil halten sie nach Weibchen Ausschau.

10–15 mm

SIPHLONURUS LACUSTRIS
F: Siphlonuridae
In Nordeuropa ist diese Art in Seen höherer Lagen sehr häufig. Sie hat zwei Schwanzanhänge und grünlich graue Flügel. Die Hinterflügel sind klein.

LIBELLEN

Die Libellen (Ordnung Odonata) haben einen typischen langen, schlanken Körper. Mit den großen Augen am beweglichen Kopf sehen sie hervorragend. Adulte Libellen jagen im Flug andere Insekten. Die Larven leben im Wasser und fangen mit ihren zu einer Fangmaske umgebildeten Mundwerkzeugen Beute. Großlibellen sind untersetzt und haben rundliche Köpfe, Kleinlibellen sind schlanker und haben breitere Köpfe mit weit voneinander entfernt stehenden Augen.

HUFEISEN-AZURJUNGFER
Coenagrion puella
F: Coenagrionidae
Die blau-schwarz gezeichneten Männchen dieser Kleinlibelle aus dem nordwestlichen Europa rasten häufig auf Blättern von Schwimmpflanzen. Die Weibchen sind grün mit schwarzer Zeichnung.

CORDULEGASTER MACULATA
F: Cordulegastridae
Diese Großlibelle trifft man im Osten der Vereinigten Staaten und im südöstlichen Kanada an, vor allem in sauberen Bächen bewaldeter Gegenden.

EPITHECA PRINCEPS
F: Corduliidae
Die in Nordamerika weitverbreitete Großlibelle patrouilliert von der Morgen- bis zur Abenddämmerung an Teichen, Seen, Bächen und Flüssen.

GEWÖHNLICHE BINSENJUNGFER
Lestes sponsa
F: Lestidae
In einer breiten Zone in Europa und Asien ist diese Kleinlibelle häufig. Man findet sie an stehenden oder langsam fließenden Gewässern mit viel Vegetation.

GEBÄNDERTE PRACHTLIBELLE
Calopteryx splendens
F: Calopterygidae
Männchen dieser Kleinlibelle, die im nordwestlichen Europa verbreitet ist, haben einen blaugrün schillernden Körper und dunkelblau gebänderte Flügel. Die Flügel der grün schillernden Weibchen sind durchsichtig.

GOMPHUS EXTERNUS
F: Gomphidae
An warmen Sonnentagen fliegen diese in den USA verbreiteten Großlibellen. Die Larven leben in langsam fließenden, schlammigen Bächen und Flüssen.

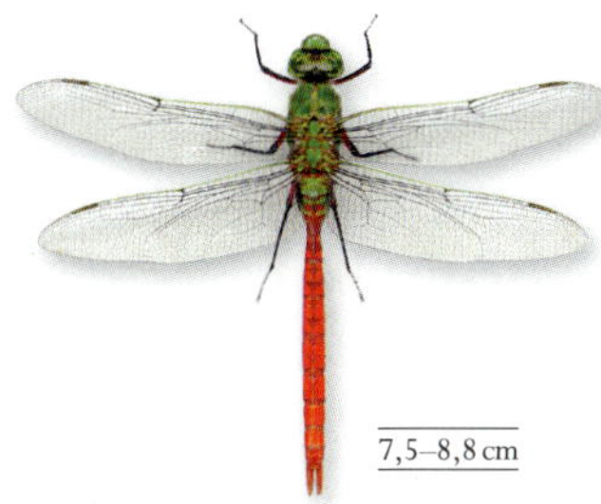

ANAX LONGIPES
F: Aeshnidae
Von Brasilien bis nach Massachusetts kommt diese Großlibelle vor. Man kann sie über Seen und großen Teichen fliegen sehen.

MACROMIA ILLINOIENSIS
F: Macromiidae
Die nordamerikanische Großlibelle patrouilliert über Flüssen und Bächen mit steinigen Betten, aber auch abseits von Gewässern kann man sie an Straßen und Pisten beobachten.

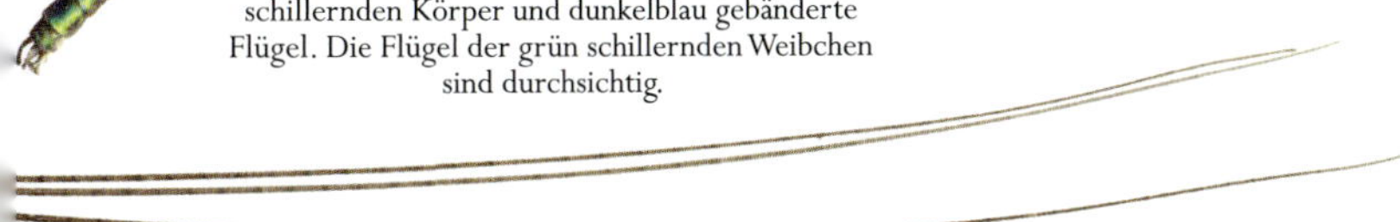

TACHOPTERYX THOREYI
F: Petaluridae
Diese beeindruckende Großlibelle kommt in feuchten Laubwäldern an der Ostküste Nordamerikas vor. Die Larven leben in sumpfigen Gebieten.

BLAUE FEDERLIBELLE
Platycnemis pennipes
F: Platycnemididae
Die Larven dieser in Mitteleuropa und Mittelasien verbreiteten Kleinlibelle leben in langsam fließenden Gewässern. Die verbreiterte Schiene des hinteren Beins (Tibia) ist mit Dornen besetzt.

PLATTBAUCH
Libellula depressa
F: Libellulidae
Die Larven dieser mitteleuropäischen Großlibelle leben in Gräben und Teichen. Der Hinterleib des Männchens ist oben blau, der des Weibchens gelbbraun.

LIBELLULA SATURATA
F: Libellulidae
Diese Großlibelle, die man an warmen Teichen und Bächen und sogar an heißen Quellen antrifft, ist im Südwesten der USA häufig.

STEINFLIEGEN

Die Mitglieder der Ordnung Steinfliegen (Plecoptera) haben schlanke Körper, zwei Schwanzanhänge und zwei Flügelpaare. Die Larven entwickeln sich im Wasser.

PERLA BIPUNCTATA
F: Perlidae
Die Männchen dieser Art, die in steinigen Bächen in höheren Lagen vorkommt, haben viel kürzere Flügel und sind oft nur halb so groß wie die Weibchen.

RAUTEN-UFERBOLD
Isoperla grammatica
F: Perlodidae
Die Art, die in Gegenden mit Kalkstein besonders häufig ist, bevorzugt saubere Bäche und Seen mit Kiesgrund. Männchen sind kürzer als Weibchen.

GESPENST-HEUSCHRECKEN

Die pflanzenfressenden Insekten der Ordnung Gespenstheuschrecken (Pseudophasmatidae) sehen aus wie Äste oder Blätter und bewegen sich langsam. Viele sind hervorragend getarnt.

ANISOMORPHA BUPRESTOIDES
F: Pseudophasmatidae
Im Süden der USA trifft man diese Stabheuschrecke an. Sie sondert zur Abwehr eine Säure ab, die sie in Drüsen in der Brust produziert.

MALAIISCHE RIESEN-GESPENSTSCHRECKE
Heteropteryx dilatata
F: Heteropterygidae
Diese beeindruckende Art kommt in Malaysia vor. Die flugunfähigen Weibchen sind grün, die kleineren geflügelten Männchen braun.

PHYLLIUM BIOCULATUM
F: Phylliidae
Die Weibchen dieser Art aus Südostasien sind groß, tragen Flügel und sehen aus wie Blätter. Die kleineren, schlankeren Männchen sind braun.

OHRWÜRMER

Die Insekten der Ordnung Ohrwürmer (Dermaptera) haben flache Körper und ernähren sich von Abfallstoffen. Unter den kurzen Vorderflügeln sind ihre großen, fächerförmigen Hinterflügel zusammengefaltet. Der Hinterleib trägt eine Zange.

GEWÖHNLICHER OHRWURM
Forficula auricularia
F: Forficulidae
Diese Art trifft man unter Baumrinde und in der Laubstreu an. Die Weibchen bewachen das Gelege und füttern die Larven.

SANDOHRWURM
Labidura riparia
F: Labiduridae
Der Sandohrwurm, der größte europäische Ohrwurm, ist an sandigen Flussufern und Küsten besonders häufig.

GOTTESANBETERINNEN

Die räuberischen Insekten der Ordnung Gottesanbeterinnen (Mantodea) haben dreieckige, sehr bewegliche Köpfe mit großen Augen. Die vorderen Beine sind zu stacheligen Fangbeinen umgebildet. Die robusten vorderen Flügel schützen die zusammengefalteten Hinterflügel.

EUROPÄISCHE GOTTESANBETERIN
Mantis religiosa
F: Mantidae
In einem Bruchteil einer Sekunde schlägt die Gottesanbeterin zu. Die Beute wird auf den Stacheln ihrer Fangbeine aufgespießt.

HAUBEN-FANGSCHRECKE
Empusa pennata
F: Empusidae
Diese schlanke Gottesanbeterin mit Haube auf dem Kopf kommt in Südeuropa vor. Sie kann grün oder braun gefärbt sein.

ORCHIDEENMANTIS
Hymenopus coronatus
F: Hymenopodidae
Die Beine der südostasiatischen Art ähneln Blütenblättern. So ist sie bestens getarnt, wenn sie im Blattwerk anderen Insekten auflauert.

GRILLEN UND HEUSCHRECKEN

Die meisten Geradflügler (Orthoptera) sind Pflanzenfresser. Die hinteren Beine sind meist groß und an das Springen angepasst. Die Tiere »singen«, indem sie ihre Vorderflügel aneinander- oder die hinteren Beine an einer Schrillleiste am Vorderflügel reiben.

BRAUNER GRASHÜPFER
Chorthippus brunneus
F: Acrididae

Den Grashüpfer trifft man auf trockenen Weiden in Europa, Nordafrika und Asien an. An sonnigen Tagen sind die Insekten am aktivsten.

WELLINGTON-BAUMWETA
Hemideina crassidens
F: Anostostomatidae

Dieses nachtaktive Insekt ist in Neuseeland heimisch. Es lebt in morschem Holz und Baumstümpfen und ernährt sich hier von Pflanzenteilen und kleinen Insekten.

PHAEOPHILACRIS BREDOIDES
F: Rhaphidophoridae

Eine Allesfresserin ist diese Art aus Zentralafrika. Ihre sehr langen Antennen sind eine Anpassung an das Leben in dunklen Höhlen.

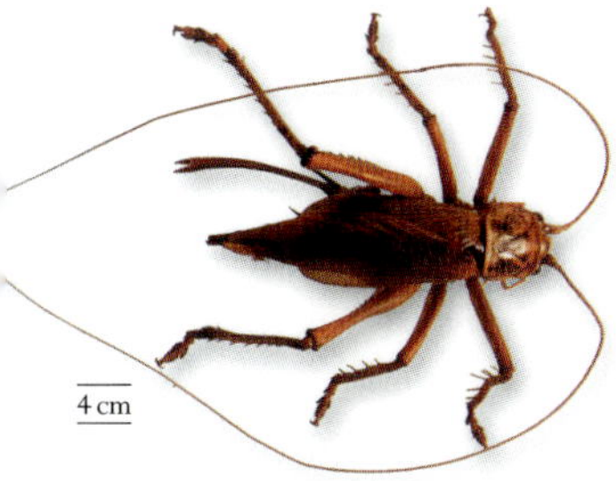

HYALOGRYLLACRIS SUBDEBILIS
F: Gryllacrididae

Diese Grille ist in Australien heimisch. Sie hat relativ lange Flügel. Die Antennen sind bis zu dreimal so lang wie ihr Körper.

WÜSTENHEUSCHRECKE
Schistocerca gregaria
F: Acrididae

Wenn die Populationsdichte dieser Art hoch ist, wandelt sich die Einzel- in die Schwarmphase um. Die Insekten schwärmen zu Milliarden und richten verheerende Schäden an.

GEWÖHNLICHE EICHENSCHRECKE
Meconema thalassinum
F: Tettigoniidae

An verschiedenen Laubbäumen findet man diese europäische Art, die nach Einbruch der Dunkelheit kleine Insekten erbeutet. Weibchen haben einen langen Legebohrer.

MAULWURFSGRILLE
Gryllotalpa gryllotalpa
F: Gryllotalpidae

Die europäische Art gräbt wie ein winziger Maulwurf mit ihren kräftigen Vorderbeinen. Sie lebt in Kulturböden und an Böschungen in Gewässernähe in feuchten, sandigen Böden.

HEIMCHEN
Acheta domesticus
F: Gryllidae

Das nachtaktive Heimchen zirpt hübsch. Es stammt aus dem südwestlichen Asien und Nordafrika und hat sich bis nach Europa ausgebreitet.

MITTELMEERFELDGRILLE
Gryllus bimaculatus
F: Gryllidae

Diese Grille ist in Südeuropa, Teilen Afrikas und Asiens weit verbreitet und lebt unter Holz und toten Pflanzenteilen.

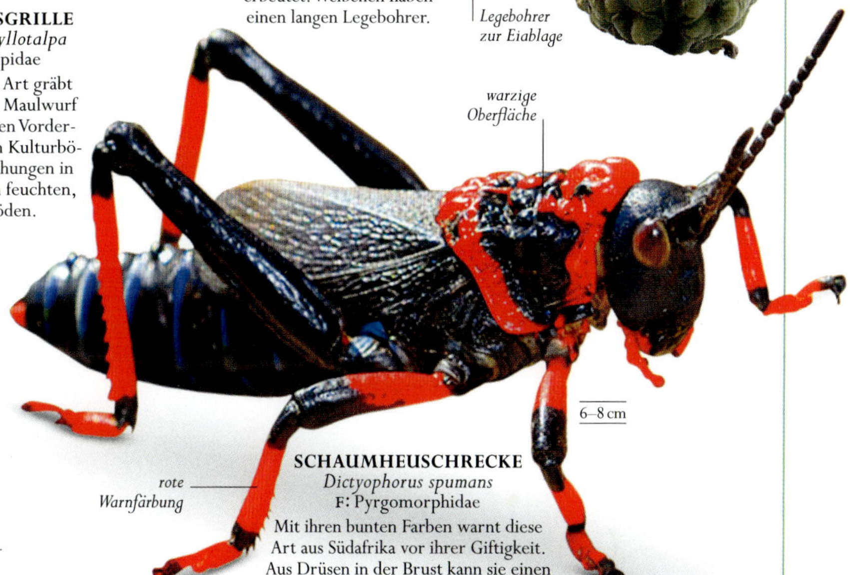

SCHAUMHEUSCHRECKE
Dictyophorus spumans
F: Pyrgomorphidae

Mit ihren bunten Farben warnt diese Art aus Südafrika vor ihrer Giftigkeit. Aus Drüsen in der Brust kann sie einen übel schmeckenden Schaum absondern.

SCHABEN

Die Mitglieder der Ordnung Schaben (Blattodea) haben ovale, flache Körper und fressen Abfälle. Der nach unten weisende Kopf ist meist unter dem Halsschild verborgen. Die meisten Arten haben zwei Flügelpaare. Am Hinterleib sitzen Anhänge (Cerci), die als Sinnesorgane fungieren.

MADAGASKAR-FAUCHSCHABE
Gromphadorhina portentosa
F: Blaberidae

Diese große, flügellose Schabe kennt man weltweit als »Haustier«. Die Männchen haben Höcker auf der Brust, die sie bei Kämpfen mit Rivalen einsetzen.

AMERIKANISCHE GROSSSCHABE
Periplaneta americana
F: Blattidae

Diese Art, die aus Afrika stammt, ist heute weltweit verbreitet. Sie lebt auf Schiffen und überall dort, wo Nahrungsmittel gelagert werden.

LAPPLAND-WALDSCHABE
Ectobius lapponicus
F: Ectobiidae

Die kleine europäische Art, eine schnelle Läuferin, findet man in der Laubstreu und gelegentlich auf Blättern. Sie wurde in den USA eingeschleppt.

TERMITEN

Die sozialen Insekten der Ordnung Termiten (Isoptera) leben in Kolonien mit verschiedenen Kasten: Könige und Königinnen, Arbeiter und Soldaten. Arbeiter sind flügellos. Könige und Königinnen tragen Flügel, die sie nach dem Paarungsflug abwerfen. Soldaten haben große Köpfe und Mandibeln.

COPTOTERMES FORMOSANUS
F: Rhinotermitidae

In Südchina, Taiwan und Japan ist diese invasive Art heimisch. Sie hat sich mittlerweile in andere Teile der Welt ausgebreitet, wo sie ernsthafte Schäden anrichtet.

ZOOTERMOPSIS ANGUSTICOLLIS
F: Archotermopsidae

Diese Termite, die man entlang der nordamerikanischen Pazifikküste findet, ernährt sich von einem Pilz, der Holz befällt.

∧ LARVE
An den kleinen Flügelanlagen erkennt man, dass dieses Weibchen noch eine Larve ist. Nach der nächsten Häutung wird es zur Imago mit kurzen Flügeln und einem funktionsfähigen Legebohrer. Nach der Paarung wird sein Hinterleib anschwellen, in dem sich die Eier entwickeln.

< UNTERSEITE
Die Unterseite des Weibchens ist dunkler und weniger stachelig als die Oberseite. Die Stacheln an den Beinen dienen der Verteidigung.

MALAIISCHE RIESENGESPENST-SCHRECKE
Heteropteryx dilatata

Weibchen dieser Art sind groß und hellgrün gefärbt, adulte (erwachsene) Männchen sind wesentlich kleiner, schlanker und dunkler. Beide Geschlechter haben Flügel, Weibchen sind aber flugunfähig. Larven und Adulte vertilgen die Blätter verschiedener Pflanzen, darunter Durian-, Guaven- und Mangobäume. Weibchen, die Eier gelegt haben, können sehr aggressiv sein. Fühlen sie sich bedroht, erzeugen sie mit ihren kurzen Flügeln ein lautes, zischendes Geräusch und gehen mit ihren stacheligen Hinterbeinen in Abwehrposition. Dieses nachtaktive Insekt wird gern als Haustier gehalten.

GRÖSSE bis 15,5 cm
LEBENSRAUM tropische Wälder
VERBREITUNG Malaysia
NAHRUNG verschiedene Pflanzen

MUNDWERKZEUGE >
In Ruhe sind die Mandibeln (Oberkiefer) unter den beiden Palpen (Tastern) mit Sinneszellen verborgen. Mit den Palpen nimmt das Insekt den Geschmack der Blätter wahr, die es frisst.

< KOMPLEXAUGE
Die Komplexaugen erzeugen kein scharfes Bild wie bei räuberischen Gliederfüßern. Mit ihnen nimmt das Insekt Bewegung wahr und kann Fressfeinde erkennen.

KÖRPERSEGMENTE >
Die stabilen, stacheligen Körpersegmente sind mit weichen, biegsamen Membranen verbunden.

∧ LEGEBOHRER
Ein Weibchen kann im Lauf seines Lebens mit dem Legebohrer bis zu 150 Eier ablegen. Sie sind groß, doch auf dem Substrat, etwa Laubstreu oder feuchter Erde, gut getarnt.

∧> FUSS
Der Fuß besteht aus mehreren kurzen Gliedern und einem langen, stacheligen Endsegment, an dem ein Paar scharfer, gekrümmter Krallen sitzt.

Mit den langen Antennen nimmt das Insekt seine Umgebung und auch Luftbewegung wahr.

SCHNABELKERFE

Die Mitglieder der Ordnung Schnabelkerfe (Hemiptera) sind in terrestrischen und aquatischen Lebensräumen verbreitet. Zur Gruppe gehören winzige Insekten sowie Riesenwanzen, die Fische und Frösche erbeuten. Mit den stechend-saugenden Mundwerkzeugen nehmen sie Flüssigkeiten wie Pflanzensäfte, die aufgelösten Gewebe ihrer Beutetiere oder Blut auf. Viele Arten richten Schäden an, einige übertragen Krankheitserreger.

GEWÄCHSHAUS-WEISSE-FLIEGE
Trialeurodes vaporariorum
F: Aleyrodidae
Dieses kleine Insekt kommt in den gemäßigten Zonen weltweit vor und richtet in Gewächshäusern mitunter ernsthafte Schäden an.

LUPINENBLATTLAUS
Macrosiphum albifrons
F: Aphididae
Blattläuse wie diese nordamerikanische Art vermehren sich auf befallenen Pflanzen schnell, denn die Weibchen können ohne Befruchtung Larven zur Welt bringen.

ANGAMIANA AETHEREA
F: Cicadidae
In Indien kommt diese Zikade vor. Wie bei allen Zikaden singen die Männchen laut, um Weibchen anzulocken oder Aggression zu signalisieren.

ERLEN-SCHAUMZIKADE
Aphrophora alni
F: Aphrophoridae
Auf verschiedenen Bäumen und Sträuchern in Europa kann man diese hell- bis dunkelbraun gefärbte Schaumzikade finden.

GEWÖHNLICHE BLUTZIKADE
Cercopis vulnerata
F: Cercopidae
Die Larven dieser auffällig gefärbten europäischen Art leben gruppenweise im Boden in einer schützenden schaumigen Masse. Sie saugen an Pflanzenwurzeln.

PLATYPLEURA ASSAMENSIS
F: Cicadidae
In Nordindien, Bhutan und Teilen Chinas findet man diese Art in gemäßigten Laubwäldern.

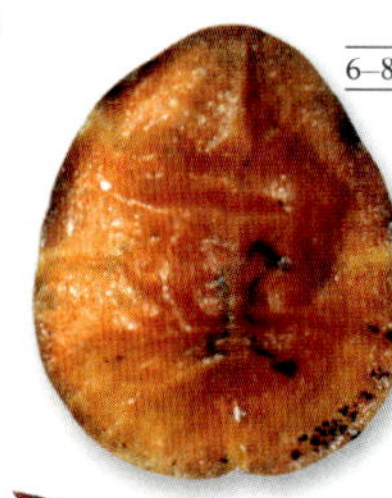

PULVINARIA REGALIS
F: Coccidae
Diese europäische Napfschildlaus kann man häufig auf der Rinde von Rosskastanien entdecken, sie befällt aber auch andere Pflanzen.

LATERNENTRÄGER
Fulgora laternaria
F: Fulgoridae
Diese Art ist in Mittel- und Südamerika und auf den Westindischen Inseln verbreitet. Früher dachte man, ihr aufgetriebener Kopf würde leuchten.

ECHTE OHRZIKADE
Ledra aurita
F: Cicadellidae
Mit ihrer fleckigen Färbung ist diese in Nordeuropa verbreitete Zikade auf mit Flechten bewachsener Rinde von Eichen kaum zu erkennen.

BINSEN-SCHMUCKZIKADE
Cicadella viridis
F: Cicadellidae
Von Gräsern und Seggen in Feuchtgebieten in Europa und Asien ernährt sich diese Zikade. Auch bei Gartenteichen kann man sie finden.

UMBONIA CRASSICORNIS
F: Membracidae
In Mittel- und Südamerika kommt diese Art vor. Der Körper ist fast völlig unter dem dornartigen, vergrößerten Halsschild verborgen.

PHRICTUS QUINQUEPARTITUS
F: Fulgoridae
Diese Art, die Einheimische »Drachenkopfwanze« nennen, ist in Costa Rica, Panama, Kolumbien und Teilen Brasiliens verbreitet.

ESCHEN-BLATTFLOH
Psyllopsis fraxini
F: Psyllidae
Häufig findet man diese Art an Eschen. Die Larven lösen beim Fressen die Bildung roter Gallen an den Blatträndern aus.

DISTEL-NETZWANZE
Tingis cardui
F: Tingidae
Die in Europa verbreitete Wanze frisst an verschiedenen Disteln. Ihr Körper ist mit einer mehligen Wachsschicht bedeckt.

GEWÖHNLICHE GETREIDEWANZE
Eurygaster maura
F: Scutelleridae
Diese Wanze ernährt sich von vielen verschiedenen Gräsern. An Getreide kann sie (meist unbedeutende) Schäden anrichten.

WIPFEL-STACHELWANZE
Acanthosoma haemorrhoidale
F: Acanthosomatidae
Von den Knospen und Beeren des Weißdorns ernährt sich diese europäische Art. Gelegentlich findet man sie an anderen Laubbäumen wie Eichen.

WALD-BLUMENWANZE
Anthocoris nemorum
F: Anthocoridae
Diese räuberische Blumenwanze lebt auf verschiedenen Pflanzen. Trotz ihrer geringen Größe kann sie die menschliche Haut durchstechen.

BIRKEN-RINDENWANZE
Aradus betulae
F: Aradidae
Mit ihrem flachen Körper lebt diese europäische Wanze unter der Rinde von Birken, wo sie sich von Pilzen ernährt.

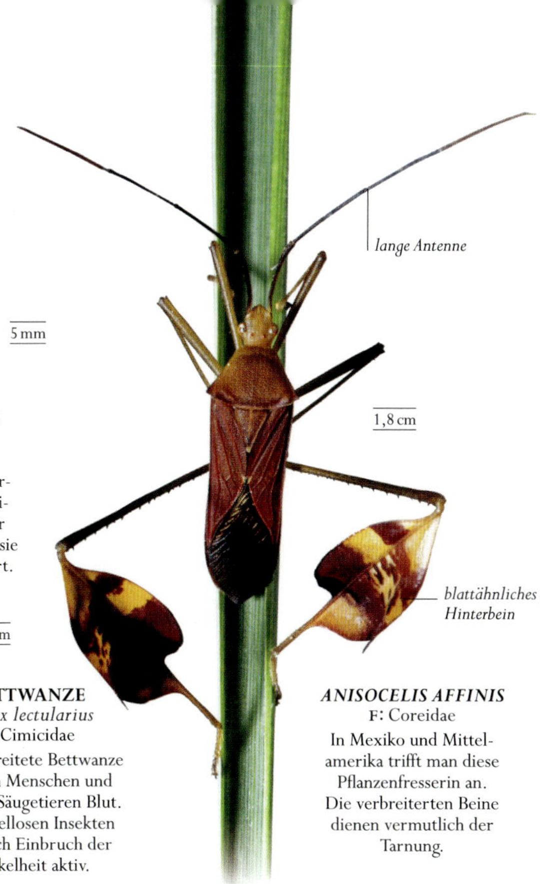

ANISOCELIS AFFINIS
F: Coreidae
In Mexiko und Mittelamerika trifft man diese Pflanzenfresserin an. Die verbreiterten Beine dienen vermutlich der Tarnung.

BETTWANZE
Cimex lectularius
F: Cimicidae
Die verbreitete Bettwanze saugt an Menschen und anderen Säugetieren Blut. Die flügellosen Insekten sind nach Einbruch der Dunkelheit aktiv.

RIESENWASSERWANZE
Lethocerus sp.
F: Belostomatidae
Mit ihren kräftigen Vorderbeinen und ihrem giftigen Speichel kann diese tropische Art größere Wirbeltiere wie Frösche und Fische überwältigen.

GEWÖHNLICHER WASSERLÄUFER
Gerris lacustris
F: Gerridae
Der Gewöhnliche Wasserläufer ist weit verbreitet und unverkennbar, wenn er über die Wasseroberfläche eilt. Seine Beute lokalisiert er an den Wellen, die sie erzeugt.

CORIXA PUNCTATA
F: Corixidae
Diese häufige europäische Ruderwanze schwimmt mit ihren kräftigen, padddelförmigen Hinterbeinen. Sie ernährt sich in Teichen von Algen und Detritus.

NERTHRA GRANDICOLLIS
F: Gelastocoridae
Mit ihrer warzigen Oberfläche und der Tarnfärbung verbirgt sich diese afrikanische Art im Schlamm, wo sie anderen Insekten auflauert.

ILYOCORIS CIMICOIDES
F: Naucoridae
Diese europäische Schwimmwanze nimmt unter ihren Flügeln Luftblasen mit unter Wasser. Sie jagt im Uferbereich von Seen und langsam fließenden Flüssen.

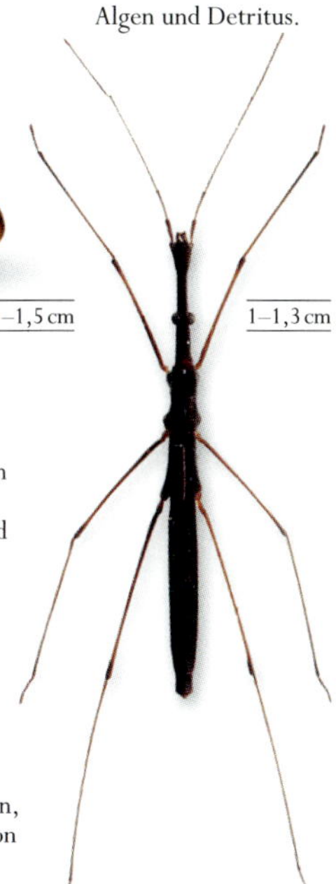

GEWÖHNLICHER TEICHLÄUFER
Hydrometra stagnorum
F: Hydrometridae
Die Art lebt an den Ufern von Teichen, Seen und Flüssen und ernährt sich von kleinen Insekten und Krebstieren.

GRÜNE FUTTERWANZE
Lygocoris pabulinus
F: Miridae
Diese verbreitete Wanze kann an vielen Pflanzen Schäden anrichten, darunter Nutzpflanzen wie Himbeeren, Birnen und Äpfel.

»

» WANZEN

FEUERWANZE
Pyrrhocoris apterus
F: Pyrrhocoridae
Diese unverwechselbare rote und schwarze Wanze ist eine gesellige flugunfähige Art, die in Mittel- und Südeuropa weit verbreitet ist. Sie ernährt sich von Samen.

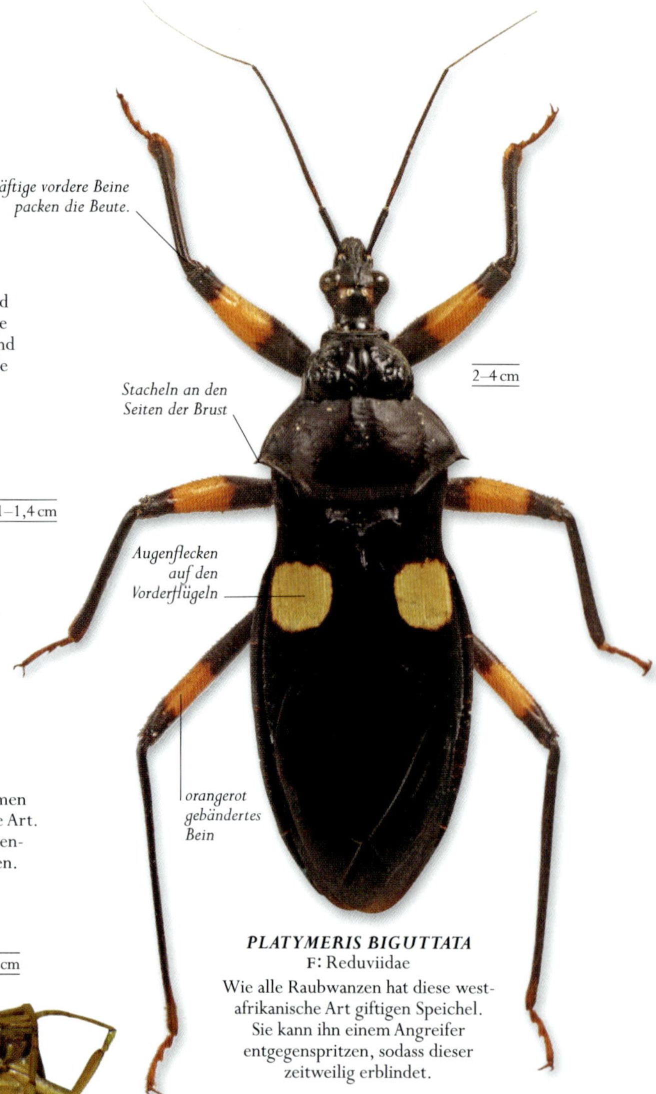

ZIERLICHE GEMÜSEWANZE
Eurydema dominulus
F: Pentatomidae
Diese europäische Art ist rot oder orangefarben. Sie frisst an Kreuzblütlern und kann Schäden anrichten.

GRÜNE STINKWANZE
Palomena prasina
F: Pentatomidae
In Europa ist diese Wanze sehr häufig und weit verbreitet. Sie frisst an verschiedenen Pflanzen und richtet manchmal unbedeutende Schäden an.

ROTBEINIGE BAUMWANZE
Pentatoma rufipes
F: Pentatomidae
In verschiedenen Laubbäumen findet man diese europäische Art. Sie ernährt sich von Pflanzensäften und kleinen Insekten.

PLATYMERIS BIGUTTATA
F: Reduviidae
Wie alle Raubwanzen hat diese westafrikanische Art giftigen Speichel. Sie kann ihn einem Angreifer entgegenspritzen, sodass dieser zeitweilig erblindet.

STABWANZE
Ranatra linearis
F: Nepidae
Mit ihren spezialisierten Vorderbeinen fängt die Stabwanze Beute, auch kleine Fische. Sie bevorzugt tiefere, gut zugewachsene Teiche.

WASSERSKORPION
Nepa cinera
F: Nepidae
Dieses aquatische Insekt erbeutet im Uferbereich seichter Teiche kleine Tiere. Mit dem langen Atemrohr atmet es Luftsauerstoff.

GEWÖHNLICHER RÜCKENSCHWIMMER
Notonecta glauca
F: Notonectidae
In Teichen, Seen und Gräben in Europa kommt dieser Rückenschwimmer vor, der auch kleine Wirbeltiere wie Kaulquappen und Fischchen erbeutet. Er schwimmt kopfüber.

TIERLÄUSE

Die flügellosen Insekten der Ordnung Tierläuse (Phthiraptera) sind Ektoparasiten, die am Körper von Vögeln und Säugetieren leben. Mit ihren umgebildeten Mundwerkzeugen fressen sie Hautpartikel oder saugen Blut. Mit ihren Beinen klammern sie sich an Haaren oder Federn fest.

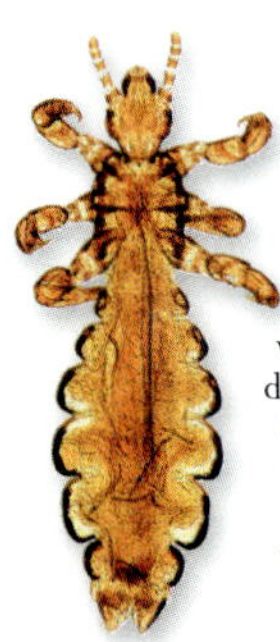

KOPFLAUS
Pediculus humanus capitis
F: Pediculidae
Die Kopflaus klebt ihre Eier (Nissen) an Kopfhaare. Bei Schulkindern kommt es immer wieder zu Befall. Eine verwandte Art befällt Schimpansen.

KLEIDERLAUS
Pediculus humanus humanus
F: Pediculidae
Diese Unterart hat sich vielleicht nach der Erfindung der Kleidung aus der Kopflaus entwickelt. Sie klebt ihre Eier an Kleidungsstücke und überträgt Krankheitserreger.

MENACANTHUS STRAMINEUS
F: Menoponidae
Diese Federlinge sind Ektoparasiten an Haushühnern und rufen Infektionen hervor. Manchmal fallen den Hühnern die Federn aus.

DAMALINIA CAPRAE
F: Trichodectidae
Weltweit befällt diese Laus Ziegen. Auch auf Schafen kann sie einige Tage überleben, sich aber auf ihnen nicht fortpflanzen.

STAUBLÄUSE

Die kleinen Insekten der Ordnung Staubläuse (Psocoptera) sind an Pflanzen und in der Laubstreu häufig. Sie haben fadenförmige Antennen und aufgewölbte Augen. Sie fressen winzige Pflanzenteile und Pilze. Einige Arten richten an gelagerten Lebensmitteln Schäden an.

4–6 mm

PSOCOCERASTIS GIBBOSA
F: Psocidae
Diese relativ große Art ist in Europa und Teilen Asiens heimisch und lebt an vielen verschiedenen Laub- und Nadelbäumen.

0,6–1,5 mm

LIPOSCELIS LIPARIUS
F: Liposcelididae
Die verbreitete Staublaus bevorzugt dunkle, feuchte Bedingungen und kann in Bibliotheken und Vorratslagern Schäden anrichten, wenn die Luft dort zu feucht ist.

THRIPSE

Mitglieder der Ordnung Thripse (Thysanoptera) sind winzige Insekten mit zwei Paaren schmaler, mit Haaren gesäumter Flügel. Sie haben große Komplexaugen und stechend-saugende Mundwerkzeuge.

1–1,5 mm

***FRANKLINIELLA* SPEC.**
F: Thripidae
Arten der Gattung *Frankliniella* kommen weltweit vor und können Nutzpflanzen wie Baumwolle, Süßkartoffeln und Kaffee schädigen.

KAMELHALSFLIEGEN

Kamelhalsfliegen (Ordnung Raphidioptera) sind Waldlandbewohner mit langem Prothorax (Vorderbrust) und zwei Flügelpaaren. Adulte und Larven fressen unter anderem Blattläuse.

1,6–1,8 cm

RAPHIDIA NOTATA
F: Raphidiidae
In Laub- und Nadelwäldern in Europa kann man diese Art beobachten. Meist findet man sie an Eichen, wo sie Blattläuse frisst.

SCHLAMMFLIEGEN

Schlammfliegen (Megaloptera) haben zwei Flügelpaare, die sie in Ruhe dachförmig über ihrem Körper falten. Die aquatischen Larven sind räuberisch und haben Kiemen am Hinterleib. Sie verpuppen sich an Land im Boden, in Moos oder morschem Holz.

10–14 cm

CORYDALUS CORNUTUS
F: Corydalidae
Diese Art kommt in Nordamerika vor. Die Männchen haben sehr lange Mandibeln, mit denen sie kämpfen und die Weibchen greifen.

1,4–2,6 cm

SIALIS LUTARIA
F: Sialidae
Weibchen dieser verbreiteten Art legen bis zu 2000 Eier an Zweigen oder Blättern in Gewässernähe ab.

NETZFLÜGLER

Die Insekten der Ordnung Netzflügler (Neuroptera) haben auffällige Augen und beißend-kauende Mundwerkzeuge. Ihre netzartig geäderten Flügel falten sie in Ruhe dachförmig über dem Körper. Die Mundwerkzeuge der Larven sind zu Saugzangen umgebildet.

1,4 cm

MANTISPA STYRIACA
F: Mantispidae
Wie eine kleine Gottesanbeterin jagt diese Art Fliegen. Man findet sie in Süd- und Mitteleuropa in lichten Wäldern.

4 cm

SCHWALBENSCHWANZ-SCHMETTERLINGSHAFT
Nemoptera sinuata
F: Nemopteridae
Die zarte Art, die in Südosteuropa mancherorts häufig ist, ernährt sich in Wäldern und auf Wiesen von Blütennektar und Pollen.

3 cm

ÖSTLICHER SCHMETTERLINGSHAFT
Libelloides macaronius
F: Ascalaphidae
Diese Art, die ihre Beute im Flug fängt, fliegt nur an warmen, sonnigen Tagen. Man trifft sie in Mittel- und Südeuropa und Teilen Asiens an.

1,3 cm

EUROPÄISCHER BACHHAFT
Osmylus fulvicephalus
F: Osmylidae
In schattigem Waldland an Bächen findet man diese europäische Art. Sie ernährt sich von kleinen Insekten und Pollen.

1–1,2 cm

FLORFLIEGE
Chrysopa perla
F: Chrysopidae
Diese verbreitete europäische Art ist charakteristisch grün mit schwarzer Zeichnung. Häufig sieht man sie in Laubwäldern.

5–5,5 cm

PALPARES LIBELLULOIDES
F: Myrmeleontidae
Die große tagaktive mediterrane Ameisenjungfer mit typisch gefleckten Flügeln findet man in Grasland, warmem Buschland und Sanddünen.

KÄFER

Die Käfer (Coleoptera) sind die größte Ordnung der Insekten. Viele Arten sind winzig, andere beeindruckend groß. Ein charakteristisches Merkmal sind die robusten Elytren oder Flügeldecken. Sie schützen die größeren Hinterflügel. Käfer kommen in sämtlichen Lebensräumen im Wasser und an Land vor. Unter ihnen sind Aasfresser, Pflanzenfresser oder Räuber.

VIOLETTER LAUFKÄFER
Carabus violaceus
F: Carabidae
Dieser nachtaktive Jäger ist in vielen Lebensräumen verbreitet, auch in Gärten. Er ist in Europa und Teilen Asiens häufig.

GEWÖHNLICHER NAGEKÄFER
Anobium punctatum
F: Anobiidae
Die Larven leben im Holz von Gebäuden und Möbeln. Die Art ist heute weit verbreitet und richtet oft Schäden an.

CHRYSOCHROA CHINENSIS
F: Buprestidae
Dieser schillernde Prachtkäfer ist in Indien und Südostasien heimisch. Die Larven fressen sich in Holz von Laubbäumen ein.

ROTGELBER WEICHKÄFER
Rhagonycha fulva
F: Cantharidae
Im Sommer sieht man diesen europäischen Käfer auf Blüten in Wiesen und an Waldrändern häufig.

GESPENSTLAUFKÄFER
Mormolyce phyllodes
F: Carabidae
Der flache Gespenstlaufkäfer krabbelt unter Konsolenpilze und in Rindenspalten, wo er Insektenlarven und Schnecken erbeutet.

AMEISENBUNTKÄFER
Thanasimus formicarius
F: Cleridae
Diese Art ist an Nadelbäume in Europa und Nordasien gebunden. Die Larven und die adulten Käfer erbeuten in Borke lebende Larven anderer Käfer-Arten.

SPECKKÄFER
Dermestes lardarius
F: Dermestidae
In Europa und Teilen Asiens kommt der Speckkäfer vor. Er ernährt sich von tierischen Überresten. In Gebäuden macht er sich über gelagerte Lebensmittel her.

GELBRANDKÄFER
Dytiscus marginalis
F: Dytiscidae
Dieser große Käfer lebt in Europa und Nordasien in zugewachsenen Teichen und Seen. Er erbeutet Insekten, Frösche, Molche und kleine Fische.

CHALCOLEPIDIUS LIMBATUS
F: Elateridae
In wärmeren Teilen Südamerikas kann man diesen Schnellkäfer in Wald- und Grasland antreffen. Die Larven leben räuberisch in morschem Holz und im Boden.

TAUMELKÄFER
Gyrinus marinus
F: Gyrinidae
Diese europäische Art lebt in Teichen und Seen. Mit ihren paddelförmigen Hinterbeinen schwimmen die Tiere in Kreisen oder Spiralen.

HYGROBIA HERMANNI
F: Hygrobiidae
In langsam fließenden Flüssen und schlammigen Teichen erbeutet diese europäische Art kleine Wirbellose. Wenn man den Käfer anfasst, gibt er ein quietschendes Geräusch von sich.

GROSSER LEUCHTKÄFER
Lampyris noctiluca
F: Lampyridae
Diesen auch als Glühwürmchen bezeichneten Käfer sieht man in Europa und Asien auf natürlichen Wiesen. Das flügellose Weibchen lockt mit grünlichem Licht Partner an.

VIERFLECK-GAUKLER
Hister quadrimaculatus
F: Histeridae
In Europa ist dieser Stutzkäfer weit verbreitet. Man findet ihn auf Dung und manchmal an Aas, wo er kleine Insekten und ihre Larven erbeutet.

STIERKÄFER
Typhoeus typhoeus
F: Geotrupidae
Die Art kommt in sandigen Gebieten in Westeuropa vor. Er vergräbt den Kot von Schafen und Kaninchen, von dem sich seine Larven ernähren.

LYCTUS OPACULUS
F: Bostrichidae

Die Larven dieses nordamerikanischen Splintholzkäfers leben in trockenem Holz. Sie hinterlassen feines Mehl.

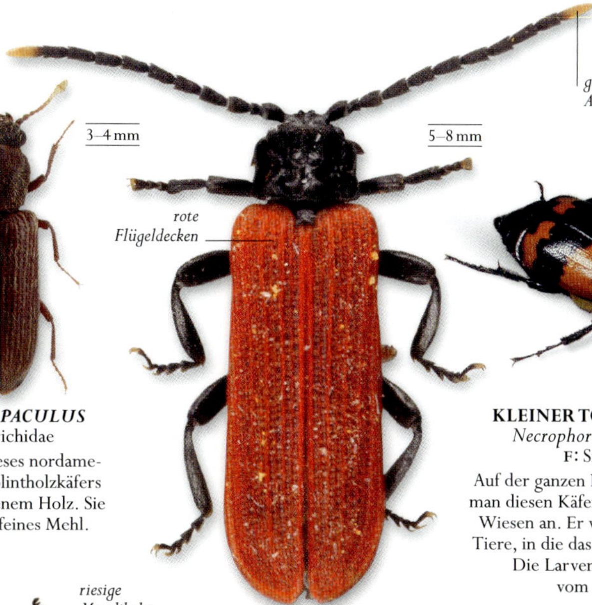

PLATYCIS MINUTUS
F: Lycidae

Dieser kleine Splintholzkäfer kommt an Totholz in alten Wäldern in Eurasien vor.

KLEINER TOTENGRÄBER
Necrophorus investigator
F: Silphidae

Auf der ganzen Nordhalbkugel trifft man diesen Käfer in Wäldern und auf Wiesen an. Er vergräbt tote kleine Tiere, in die das Weibchen Eier legt. Die Larven ernähren sich vom Kadaver.

HERKULESKÄFER
Dynastes hercules
F: Scarabaeidae

Die größte Art der Gattung *Dynastes* ernährt sich von faulenden Früchten. Sie kommt in Regenwäldern in Mittel- und Südamerika vor. Sie entwickeln sich in morschem Holz.

GOLIATHKÄFER
Goliathus cacicus
F: Scarabaeidae

Das schwerste Insekt der Erde lebt in Afrika in der Äquatorregion. Die Käfer ernähren sich von Früchten und Baumsäften.

HIRSCHKÄFER
Lucanus cervus
F: Lucanidae

Dieser beeindruckende Käfer lebt in Wäldern in Süd- und Mitteleuropa. Die Larven entwickeln sich in vier bis sechs Jahren vor allem in morschen Eichenstümpfen. Mit ihren vergrößerten, geweihartigen Mandibeln kämpfen die Männchen um die Weibchen.

GARTENGLANZKÄFER
Glischrochilus hortensis
F: Nitidulidae

Oft sieht man diesen Käfer an Blüten oder reifen Früchten fressen. Dieser westeuropäische Vertreter der Glanzkäfer ist an morsche Bäume wie Birken gebunden.

PHANAEUS DEMON
F: Scarabaeidae

In Mittelamerika kommt dieser sehr variable Blatthornkäfer vor. Die Larven leben auf Weiden und Wiesen im Kot großer Pflanzenfresser.

SCHWARZER MODERKÄFER
Staphylinus olens
F: Staphylinidae

Die europäische Art kommt in Waldland und in Gärten in der Laubstreu vor. Fühlt er sich bedroht, hebt der Käfer seinen Hinterleib zur Abschreckung.

EMUS HIRTUS
F: Staphylinidae

In Süd- und Mitteleuropa ist dieser behaarte Kurzflügelkäfer heimisch. Er erbeutet andere Insekten, die sich bei Pferde- oder Kuhmist oder Aas einfinden.

CHRYSINA AURIGANS
F: Scarabaeidae

Diesen Käfer findet man in Costa Rica und Panama in Laubwäldern, meist in verrottenden Baumstümpfen. Die erwachsenen Tiere sind nachtaktiv und lassen sich mit Licht anlocken.

»

» KÄFER

ANTHICUS FLORALIS
F: Anthicidae
In Europa und Teilen Asiens lebt dieser kleine Blütenmulmkäfer in verrottenden Pflanzenteilen, Dung und Komposthaufen.

GRÜNER SCHEINBOCKKÄFER
Oedemera nobilis
F: Oedemeridae
Oft kann man diesen Käfer auf Wiesen Blütenpollen fressen sehen. Er ist in Südwesteuropa heimisch. Die Larven entwickeln sich in Pflanzenstängeln.

SCHWARZBLAUER ÖLKÄFER
Meloe proscarabaeus
F: Meloidae
In warmen Wiesen, Heidegebieten und an Küsten kommt dieser europäische Käfer vor. Seine Larven entwickeln sich in den Nestern von Wildbienen.

BATOCERA RUFOMACULATA
F: Cerambycidae
Diesen Bockkäfer, der auch Mangobohrer oder Feigenbohrer genannt wird, trifft man in Indien und Südostasien an.

GIBBIFER CALIFORNICUS
F: Erotylidae
In feuchten Wäldern im Südwesten der USA findet man diese Art. Die Larven ernähren sich von Pilzen, die an Bäumen oder in morschem Holz wachsen.

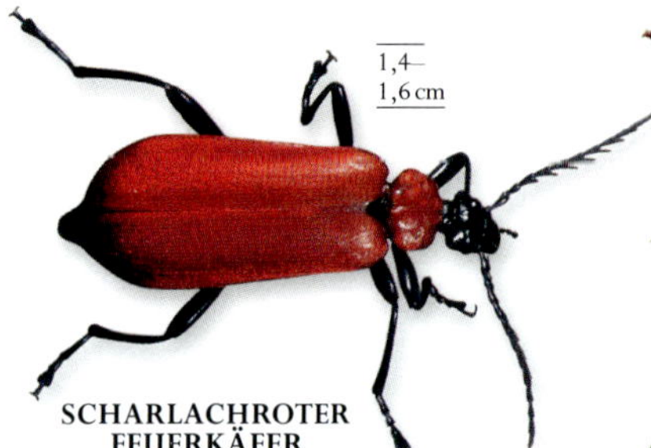

SCHARLACHROTER FEUERKÄFER
Pyrochroa coccinea
F: Pyrochroidae
Diesen europäischen Käfer kann man an alten Baumstümpfen finden, in denen sich seine Larven entwickeln.

PHOSPHORUS VIRESCENS
F: Cerambycidae
In Westafrika ist diese Art heimisch, deren Larven in einigen wirtschaftlich bedeutenden Baum-Arten wie dem Kolabaum fressen.

CYRIOPALUS WALLACEI
F: Cerambycidae
Dieser beeindruckende Bockkäfer kommt in den Regenwäldern Südostasiens vor, wo die Larven in bestimmten Baum-Arten fressen.

TAURHINA POLYCHROUS
F: Cetoniidae
In Ostafrika, vor allem in Tansania, ist dieser Rosenkäfer heimisch. Es gibt mehrere Farbformen. Eine blaue Form könnte eine Unterart sein.

DICRONORHINA DERBYANA
F: Cetoniidae
Dieser Rosenkäfer ist in Süd- und Ostafrika verbreitet. Die Larven ernähren sich von verrottenden Pflanzenteilen oder Exkrementen.

FROSCHKÄFER
Sagra buqueti
F: Chrysomelidae
Dieser Käfer entwickelt sich in bestimmten dickstämmigen Kletterpflanzen in Südostasien, vor allem in Thailand. Wie viele attraktive tropische Käfer ist die Art bei Sammlern beliebt.

LILIENHÄHNCHEN
Lilioceris lilii
F: Chrysomelidae
Das Lilienhähnchen stammt aus Europa und Asien und hat sich als Schädling in anderen Erdteilen ausgebreitet, wo Liliengewächse vorkommen oder angepflanzt werden.

AUGENFLECK-MARIENKÄFER
Anatis ocellata
F: Coccinellidae
Diese europäische Art ist an Nadelbäume gebunden, vor allem Fichten und Kiefern, und frisst Blattläuse.

SIEBENPUNKT-MARIENKÄFER
Coccinella septempunctata
F: Coccinellidae
In vielen verschiedenen Lebensräumen in Europa ist diese Art verbreitet. Sie wurde auch in Nordamerika eingeschleppt.

ACKERBOHNENKÄFER
Bruchus rufimanus
F: Chrysomelidae
Dieser Blattkäfer befällt Pferde- und Dicke Bohnen. Die adulten Käfer fressen den Pollen, die Larven fressen Gänge in die Samen.

NADELBAUM-MARIENKÄFER
Aphidecta obliterata
F: Coccinellidae
An Nadelbäumen wie Lärchen, Tannen und Kiefern lebt die europäische Art. Sie ernährt sich von Blattläusen und Schildläusen.

PILZ-MARIENKÄFER
Psyllobora vigintiduopunctata
F: Coccinellidae
An niedrigen Wiesenpflanzen lebt diese europäische Art. Anders als die meisten Marienkäfer ernährt dieser sich von Pilzen wie Mehltau.

TRICHAPION ROSTRUM
F: Brentidae
Der kleine Rüsselkäfer ernährt sich in den nordamerikanischen Prärien von Samen der Weißen Färberhülse und anderen Pflanzenarten der Gattung *Baptisia*.

GIRAFFENHALSKÄFER
Trachelophorus giraffa
F: Attelabidae
Dieser Käfer kommt in Regenwäldern auf Madagaskar vor. Er rollt die Blätter des *Dichaetanthera*-Baums auf und das Weibchen legt seine Eier in die Blattrolle.

CRATOSOMUS RODDAMI
F: Curculionidae
Dieser Rüsselkäfer lebt in Mittel- und Südamerika. Die Larven legen in Trieben und Rinde bestimmter Baum-Arten Fraßgänge an.

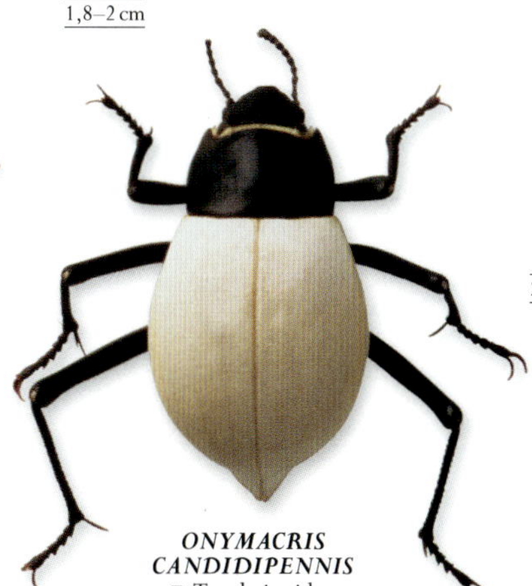

ONYMACRIS CANDIDIPENNIS
F: Tenebrionidae
Mit seinen langen Beinen und den weißen Flügeldecken kann dieser tagaktive Schwarzkäfer in den trockenen Wüsten an der Südwestküste Afrikas überleben.

TOTENKÄFER
Blaps mucronata
F: Tenebrionidae
Die flugunfähige Art ist meist nach Einbruch der Dunkelheit aktiv. Man findet sie an dunklen, feuchten Orten, wo sie verrottende Pflanzenteile vertilgt.

EUPHOLUS LINNEI
F: Curculionidae
Auf einigen Inseln im östlichen Indonesien kann man diesen Rüsselkäfer finden. Wie viele Arten seiner Gattung ernährt er sich von Yamspflanzen.

GEFURCHTER DICKMAULRÜSSLER
Otiorhynchus sulcatus
F: Curculionidae
In Europa, Nordamerika und Australasien schädigt dieser Rüsselkäfer Kulturpflanzen.

SCHNABELFLIEGEN

Die räuberischen Insekten der Ordnung Schnabelfliegen (Mecoptera) haben lang gestreckte, zylindrische Körper. Ihre großen, schmalen Flügel sind durchsichtig oder tragen dunkle Flecken oder Bänder. Die Köpfe mit den großen Augen und den fadenförmigen Antennen sind zu einem charakteristischen »Schnabel« verlängert, an dessen Ende sich die kauend-beißenden Mundwerkzeuge befinden.

GEWÖHNLICHE SKORPIONSFLIEGE
Panorpa communis
F: Panorpidae
In schattigen Hecken und an Waldrändern lebt dieses in Westeuropa heimische Insekt. Oft sieht man es auf Brennnesseln ruhen.

WINTERHAFT
Boreus hyemalis
F: Boreidae
Adulte Tiere sieht man nur im Herbst und Winter. Die flügellosen Insekten kommen in Europa vor. Die Larven entwickeln sich in Moos.

FLÖHE

Die Mitglieder der Ordnung Flöhe (Siphonaptera) sind seitlich abgeflachte, flügellose, Blut saugende Ektoparasiten an Säugetieren und Vögeln. Sie haben stechend-saugende Mundwerkzeuge und einfache Augen. Flöhe springen mit ihren großen Hinterbeinen.

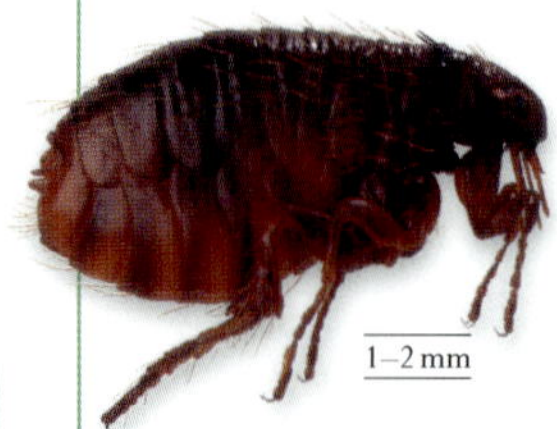

KATZENFLOH
Ctenocephalides felis
F: Pulicidae
Diese Art ist weltweit sehr häufig. Sie befällt neben Katzen andere Tiere, wie Hunde- und auch Menschen.

FLIEGEN UND MÜCKEN

Die Mitglieder der Ordnung Zweiflügler (Diptera) haben ein einziges Flügelpaar. Die Hinterflügel sind zu einem Paar Halteren reduziert, kleinen Organen, die den Flug stabilisieren. Die meisten Fliegen sind nützliche Bestäuber, beseitigen Abfallstoffe oder erbeuten Schadinsekten. Manche Arten können auf Tiere und Menschen aber Krankheitserreger übertragen. Andere richten Schäden an Nutzpflanzen an.

STECHMÜCKE
Culex spec.
F: Culicidae
Weltweit gibt es über 1000 Arten dieser Gattung. Einige übertragen Krankheitserreger, viele sind jedoch wichtige Glieder der Nahrungsketten.

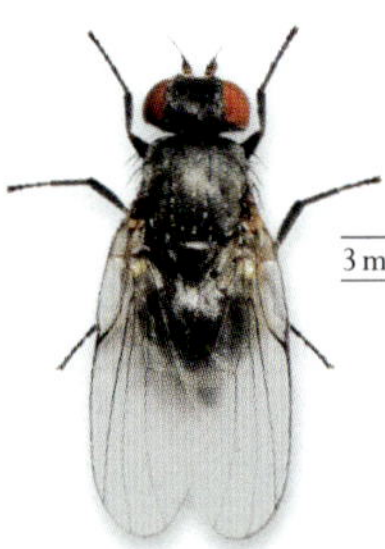

AGROMYZA RONDENSIS
F: Agromyzidae
Diese kleine Fliege findet man in ganz Europa. Die Larven minieren in verschiedenen Gräsern.

GROSSER WOLLSCHWEBER
Bombylius major
F: Bombyliidae
In gemäßigten Regionen der Nordhalbkugel ist diese Art weit verbreitet. Adulte Insekten trinken Nektar, die Larven leben parasitisch in Bienennestern.

BLEPHAROTES SPLENDIDISSIMUS
F: Asilidae
Diese große Raubfliege kommt im östlichen Australien vor. Sie erbeutet im Flug recht große Opfer. Sie fliegt mit einem typischen summenden Geräusch.

MÄRZFLIEGE
Bibio marci
F: Bibionidae
Im Frühjahr kann man die in Europa verbreiteten Märzfliegen in großer Zahl beobachten. Sie paaren sich auf Gräsern und anderen niedrigen Pflanzen.

PLATYURA MARGINATA
F: Keroplatidae
In Westeuropa ist diese Pilzmücke in bewaldeten Gebieten verbreitet. Die Larven leben in morschem Holz, wo sie andere kleine Insekten erbeuten.

DASINEURA SISYMBRII
F: Cecidomyiidae
Wenn diese kleine Gallmücke ihre Eier in die Blütenstände von bestimmten Kreuzblütlern legt, bilden sich helle Gallen, in denen die Larven heranwachsen.

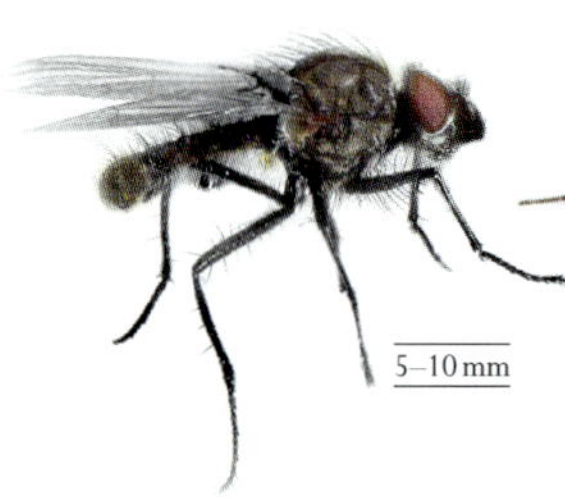

KLEINE KOHLFLIEGE
Delia radicum
F: Anthomyiidae
Die europäischen Kohlfliegen können an Kreuzblütlern wie Kopfkohl, Brokkoli, Rüben und Raps große Schäden anrichten.

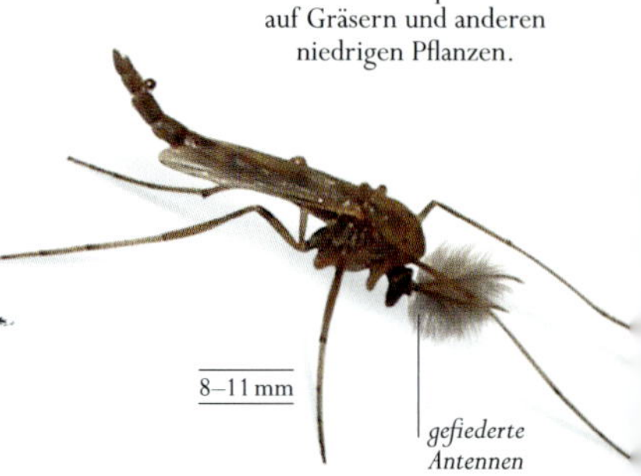

CHIRONOMUS PLUMOSUS
F: Chironomidae
Diese Zuckmücke findet man auf der gesamten Nordhalbkugel. Die Larven entwickeln sich in Teichen mit schlammigem Grund.

4–6 mm

MEROMYZA PRATORUM
F: Chloropidae

Diese Halmfliege kommt auf der Nordhalbkugel, vor allem an sandigen Küsten vor. Die Larven minieren in den Halmen von Strandhafer und anderen Gräsern.

STUBENFLIEGE
Musca domestica
F: Muscidae

Weltweit kommt die Stubenfliege vor. In und um menschliche Siedlungen ist sie die häufigste Fliege. Sie überträgt verschiedene Krankheitserreger auf Nahrungsmittel.

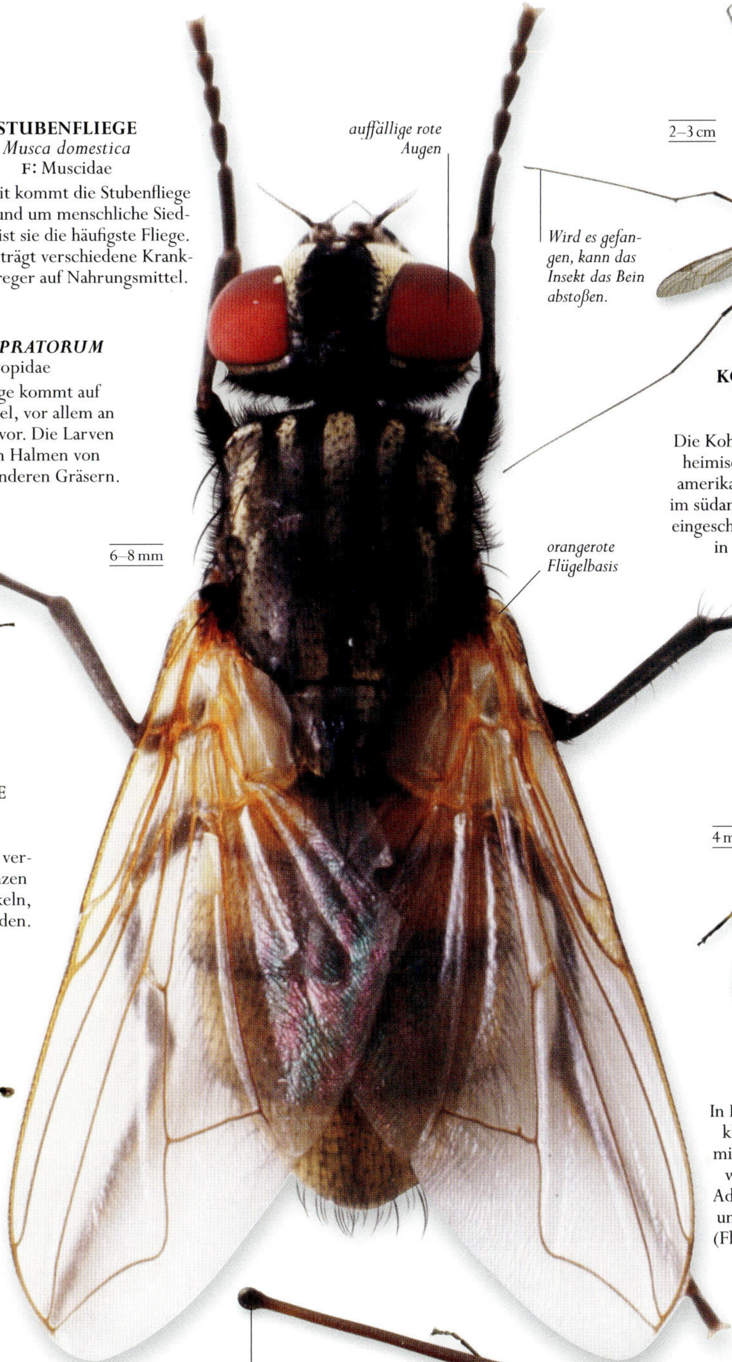

auffällige rote Augen

orangerote Flügelbasis

6–8 mm

2–3 cm

Wird es gefangen, kann das Insekt das Bein abstoßen.

KOHLSCHNAKE
Tipula oleracea
F: Tipulidae

Die Kohlschnake, die in Europa heimisch ist, wurde in Nordamerika und einigen Regionen im südamerikanischen Hochland eingeschleppt. Oft trifft man sie in Gewässernähe an.

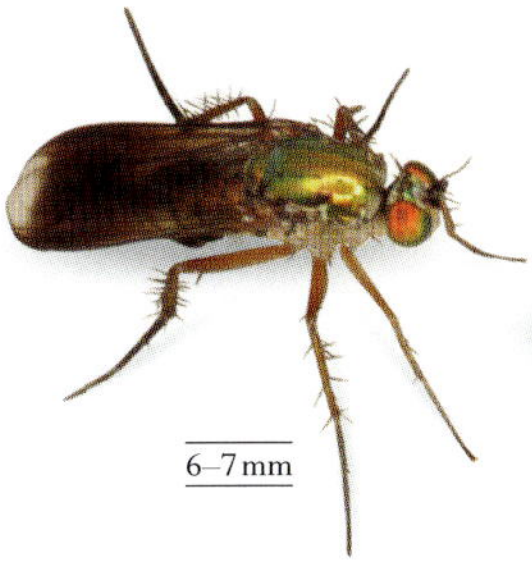

6–7 mm

POECILOBOTHRUS NOBILITATUS
F: Dolichopodidae

In Gewässernähe kann man diese europäische Langbeinfliege beobachten. Die Männchen präsentieren ihre abgespreizten Flügel an sonnigen Stellen.

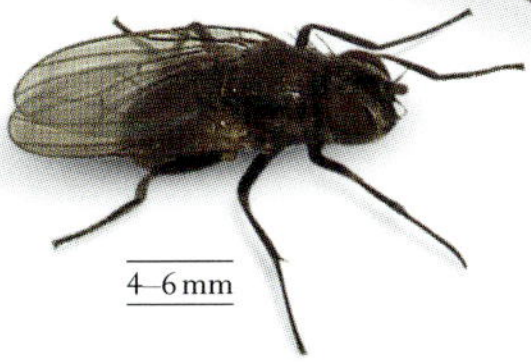

4–6 mm

KLEINE STUBENFLIEGE
Fannia canicularis
F: Fanniidae

Diese Art, deren Larven sich in verfaulenden, zähflüssigen Substanzen unterschiedlichster Art entwickeln, ist eng an den Menschen gebunden.

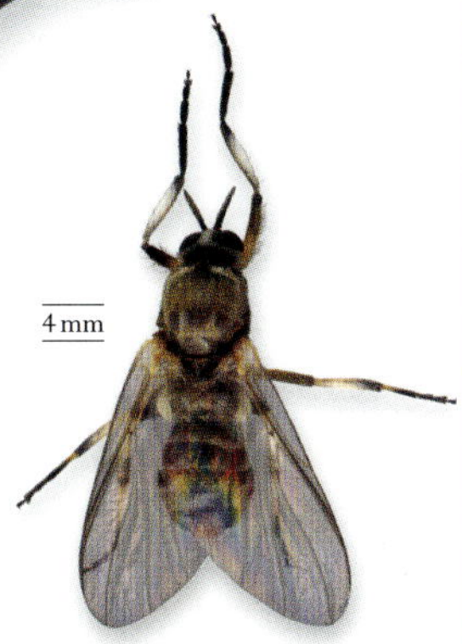

4 mm

SIMULIUM ORNATUM
F: Simuliidae

In Europa und Asien ist diese kleine Kriebelmücke heimisch, in anderen Regionen wurde sie eingeschleppt. Adulte Insekten saugen Blut und können Onchozerkose (Flussblindheit) übertragen.

3–5 mm

CLOGMIA ALBIPUNCTATA
F: Psychodidae

Diese Schmetterlingsmücke mit weiter Verbreitung sieht aus wie eine Motte. Die Larven entwickeln sich an dunklen, feuchten Orten wie in Gräben und Baumlöchern.

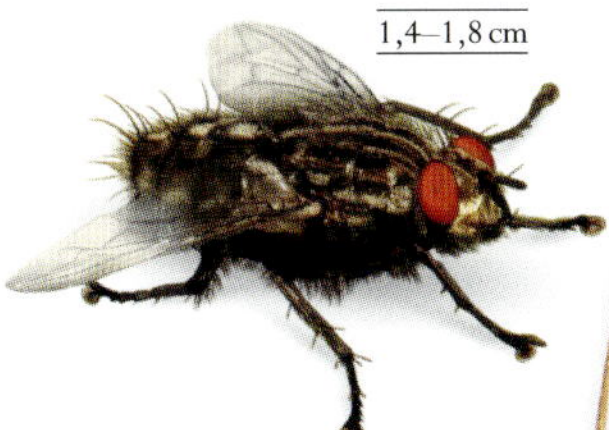

1,4–1,8 cm

GRAUE FLEISCHFLIEGE
Sarcophaga carnaria
F: Sarcophagidae

In Europa und Asien ist diese Art weit verbreitet. Sie ernährt sich von Nektar und gärenden Flüssigkeiten. Die Weibchen legen ihre kleinen Larven auf Regenwürmern ab.

Männchen mit besonders langen Augenstielen gewinnen Revierkämpfe.

1,5–1,8 cm

ACHIAS ROTHSCHILDI
F: Platystomatidae

Männchen dieser Breitmundfliege aus Papua-Neuguinea haben sehr lange Augenstiele, die wohl bei der Revierverteidigung und der Balz eingesetzt werden.

8–14 mm

heller Kopf mit großen Komplexaugen

SICUS FERRUGINEUS
F: Conopidae

Diese europäische Blasenkopffliege legt ihre Eier in den Hinterleib von Hummeln. Die Larve entwickelt sich in ihrem Wirt und tötet ihn schließlich.

1–2 mm

CULICOIDES NUBECULOSUS
F: Ceratopogonidae

Die Larven dieser verbreiteten europäischen Gnitze entwickeln sich in Schlamm, der mit Dung oder Abfällen verschmutzt ist. Die adulten Insekten saugen an Pferden und Rindern Blut.

1–1,2 cm

BLAUE SCHMEISSFLIEGE
Calliphora vicina
F: Calliphoridae

In Europa und Nordamerika trifft man diese Art an, häufig in städtischen Gebieten. Die Larven entwickeln sich in toten Tauben und Nagetieren.

»

GELBE DUNGFLIEGE
Scathophaga stercoraria
F: Scathophagidae

Diese häufige Fliege kommt in vielen Regionen auf der Nordhalbkugel vor. Die Larven entwickeln sich im Dung von Rindern und Pferden. Die adulten Fliegen erbeuten andere Insekten, die vom Dung angelockt werden.

6–11 mm

1,3–1,5 cm

GEWÖHNLICHE VIEHBREMSE
Tabanus bromius
F: Tabanidae

In Europa und im Nahen Osten ist diese Bremse verbreitet. Sie sticht Pferde und andere Tiere, auch Menschen.

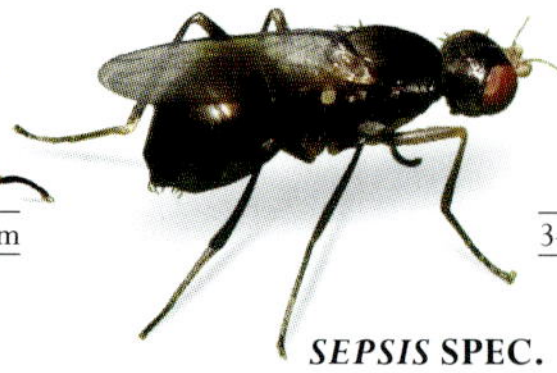

3–5 mm

***SEPSIS* SPEC.**
F: Sepsidae

Diese Schwingfliegen sind in vielen verschiedenen Lebensräumen verbreitet. Die Larven entwickeln sich in Exkrementen und fauligen Abfällen.

2–3 mm

SCHWARZBÄUCHIGE TAUFLIEGE
Drosophila melanogaster
F: Drosophilidae

Diese bei Genetikern beliebte Art hat einen dunklen Fleck auf dem Hinterleib. Die Larven entwickeln sich in fauligen Früchten.

8–14 mm

GOLDGELBE SCHNEPFENFLIEGE
Rhagio tringarius
F: Rhagionidae

Diese räuberische Fliege findet man in sumpfigem oder feuchtem Gelände auf niedriger Vegetation. Sie ist in weiten Teilen Europas verbreitet.

1–1,2 cm

GROSSE SCHWEBFLIEGE
Syrphus ribesii
F: Syrphidae

Die Larven dieser in der nördlichen Hemisphäre verbreiteten Schwebfliege sind wichtige Blattlaus-Vertilger. Die wespenähnliche Zeichnung schreckt Feinde ab.

0,9–1,2 cm

HAINSCHWEBFLIEGE
Episyrphus balteatus
F: Syrphidae

In einer Vielzahl von Lebensräumen, auch in Gärten, ernährt sich diese häufige Schwebfliege von Nektar und Pollen. Die Larven erbeuten Blattläuse.

1–1,2 cm

LEUCOZONA LEUCORUM
F: Syrphidae

Diese Schwebfliege der nördlichen Hemisphäre besucht im Frühjahr und Frühsommer in feuchten Wäldern Blüten. Ihre Larven vertilgen Blattläuse.

1,5–2 cm

MISTBIENE
Eristalis tenax
F: Syrphidae

Diese in Europa verbreitete Schwebfliege ahmt eine Honigbiene nach. Sie wurde in Nordamerika eingebürgert. Die Larven entwickeln sich in stehenden Gewässern.

8 mm

PFERDELAUSFLIEGE
Hippobosca equina
F: Hippoboscidae

Vor allem in bewaldeten Gebieten in Europa und Teilen Asiens kommt diese Blutsaugerin vor. Sie befällt Pferde, Rotwild und Rinder.

4–5 mm

PENICILLIDIA FULVIDA
F: Nycteribiidae

In Afrika südlich der Sahara ist diese flügellose, Blut saugende Fledermausfliege verbreitet. Sie lebt als Ektoparasit an verschiedenen Fledertier-Arten.

3,5–7 cm

GAUROMYDAS HEROS
F: Mydidae

Dieses südamerikanische Insekt ist die größte Fliege der Erde. Die Larven entwickeln sich in den Nestern von Blattschneiderameisen.

2,4–3 cm

CUTEREBRA FONTINELLA
F: Oestridae
Diese parasitische Dasselfliege kommt in Nordamerika vor. Die Larven entwickeln sich in toten Nagetieren wie Weißfußmäusen.

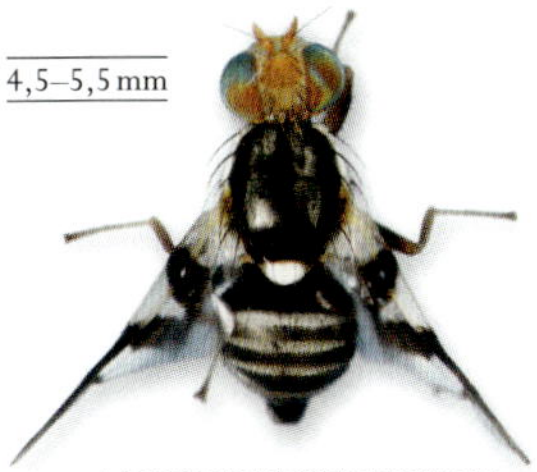

4,5–5,5 mm

APFELFRUCHTFLIEGE
Rhagoletis pomonella
F: Tephritidae
In Apfelplantagen richtet diese nordamerikanische Fliege Schäden an, befällt aber auch Pflaumen, Kirschen und verwandte Obstbäume.

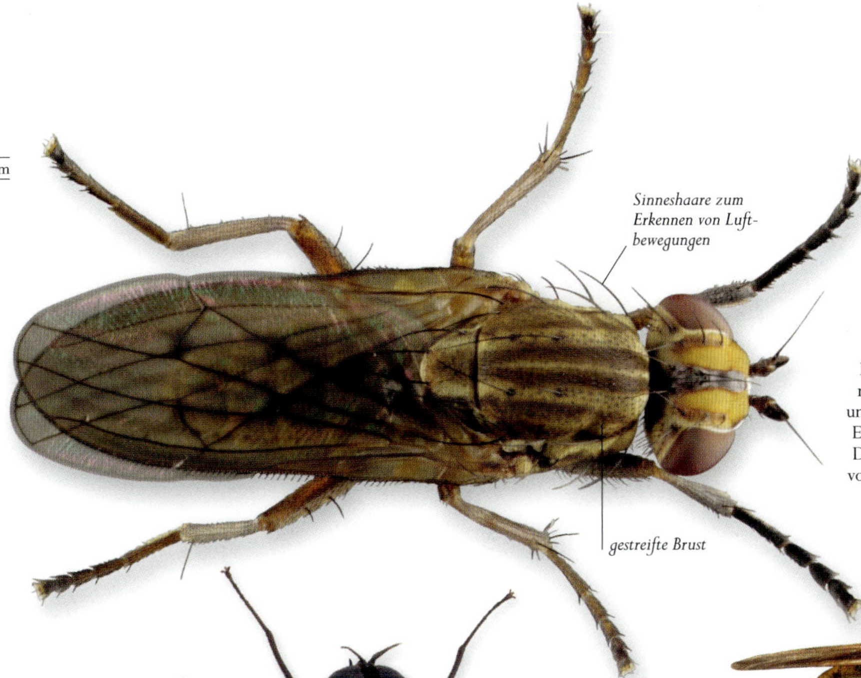

4–6 mm

PHERBELLIA CINERELLA
F: Sciomyzidae
Diese Hornfliege findet man in feuchten Wiesen und sumpfigen Gebieten in Europa und Teilen Asiens. Die Larven ernähren sich von Schnecken der Familie Helicidae.

8–15 mm

GLOSSINA MORSITANS
F: Glossinidae
Diese Tsetsefliege, die nur in bestimmten Regionen Afrikas vorkommt, überträgt Trypanosomen auf Menschen, die Erreger der Schlafkrankheit.

3–5 cm

PANTOPHTHALMUS BELLARDII
F: Pantophthalmidae
In den Regenwäldern in Costa Rica, Venezuela und Ecuador ernähren sich die Larven dieser Fliege vom Inneren von Baumwurzeln.

1–1,2 cm

EMPIS TESSELLATA
F: Empididae
In Europa und Asien ist diese Tanzfliege heimisch. Man kann sie in Wiesen und Hecken antreffen, wo sie sich von Nektar und anderen Insekten ernährt.

KÖCHERFLIEGEN

Die Insekten der Ordnung Köcherfliegen (Trichoptera) sind nahe mit den Lepidoptera verwandt, ihre Flügel sind jedoch statt mit Schuppen mit Haaren besetzt. Am Kopf sitzen lange, fadenförmige Antennen und schwach entwickelte Mundwerkzeuge. Die beiden Flügelpaare werden in Ruhe dachförmig über dem Körper gefaltet. Köcherfliegenlarven entwickeln sich im Wasser. Viele Arten umgeben sich mit einem artspezifischen Köcher aus Steinchen oder Pflanzenteilen.

3–4,5 mm

AGRAYLEA MULTIPUNCTATA
F: Hydroptilidae
Diese kleine, schmalflügelige Köcherfliege ist in Nordamerika weit verbreitet und häufig. Die Larven entwickeln sich in mit Algen bewachsenen Teichen und Seen.

2,8–3,2 cm

PHRYGANEA GRANDIS
F: Phryganeidae
Die Larven dieser europäischen Art leben in Seen und langsam fließenden Flüssen mit Wasserpflanzen. Sie bauen Köcher aus spiralförmig angeordneten Blattstückchen.

1,2–1,5 cm

HYDROPSYCHE CONTUBERNALIS
F: Hydropsychidae
Am Abend fliegt diese Köcherfliege. Sie legt ihre Eier in Flüssen und Bächen ab. Die Larven spinnen Netze, in denen sich Nahrung verfängt.

8–13 mm

PHILOPOTAMUS MONTANUS
F: Philopotamidae
Die Larven dieser europäischen Art entwickeln sich in schnell fließenden, steinigen Bächen. Sie weben an der Unterseite von Steinen trichterförmige Netze.

1,2–1,7 cm

GLYPHOTAELIUS PELLUCIDUS
F: Limnephilidae
In Seen und kleinen Teichen entwickeln sich die Larven dieser Art. Sie bauen aus welken Blattstückchen einen Köcher.

SCHMETTERLINGE

Die Flügel der Schuppenflügler (Lepidoptera) sind mit winzigen Schuppen bedeckt. Ihre Mundwerkzeuge bilden einen Saugrüssel. Schmetterlinge durchlaufen eine vollständige Verwandlung. Die Raupe verpuppt sich und dabei bildet sich ihr Körper zum Falter um. Nachtfalter ruhen meist mit über dem Körper gefalteten Flügeln, Tagfalter legen in Ruhe dagegen ihre Flügel meist aufrecht aneinander.

HERKULESSPINNER
Coscinocera hercules
F: Saturniidae
In Neuguinea und Australien kommt dieser Pfauenspinner vor, einer der größten Schmetterlinge der Erde.

ACTIAS LUNA
F: Saturniidae
Dieser lindgrüne nordamerikanische Pfauenspinner hat lange Schwanzanhänge. Die Raupen fressen an verschiedenen Laubbäumen.

ANTHERAEA POLYPHEMUS
F: Saturniidae
In den USA und im Süden Kanadas ist dieser Pfauenspinner häufig und weit verbreitet. Er trägt große Augenflecken auf den Flügeln, die Feinde erschrecken.

GROSSE LEOPARDENMOTTE
Hypercompe scribonia
F: Erebidae
Vom südöstlichen Kanada südlich bis nach Mexiko ist dieser auffällige Nachtfalter verbreitet. Die Raupen fressen an vielen verschiedenen Pflanzen.

EICHENSPINNER
Lasiocampa quercus
F: Lasiocampidae
Die Raupen dieses Nachtfalters, den man von Europa bis Nordafrika antreffen kann, fressen die Blätter von Brombeeren, Eichen, Heidekraut und anderen Pflanzen.

KUPFERGLUCKE
Gastropacha quercifolia
F: Lasiocampidae
Die Kupferglucke, die in Europa und Asien verbreitet ist, sieht aus wie welkes Eichenlaub, wenn sie auf einem Ast ruht.

KIEFERNSPINNER
Dendrolimus pini
F: Lasiocampidae
In Nadelwäldern in ganz Europa ist dieser Nachtfalter verbreitet. Die Raupen fressen an Kiefern, Fichten und Tannen.

NYCTEMERA AMICUS
F: Arctiidae
In Australien ist dieser Bärenspinner weit verbreitet und auch in Neuseeland kommt er vor. Die Raupen fressen unter anderem an Greis- und Kreuzkräutern.

PELZMOTTE
Tinea pellionella
F: Tineidae
In Westeuropa und Teilen Nordamerikas kann diese Art Kleidungsstücke und Teppiche aus Wolle zerstören.

BRAUNER BÄR
Arctia caja
F: Erebidae
Dieser unverkennbare Nachtfalter kommt auf der ganzen Nordhalbkugel vor. Die behaarten Raupen fressen an verschiedenen Sträuchern.

CATOCALA ILIA
F: Erebidae
Diese verbreitete nordamerikanische Eule hat charakteristische rote Bänder auf den Hinterflügeln. Die Raupen fressen Eichenlaub.

SCHLEHEN-BÜRSTENSPINNER
Orgyia antiqua
F: Erebidae
Die Weibchen dieser europäischen Art, die heute auf der ganzen Nordhalbkugel lebt, haben reduzierte Flügel.

RIESENEULE
Thysania agrippina
F: Noctuidae
In Mittelamerika und Teilen Südamerikas ist diese Art verbreitet. Sie ist einer der Nachtfalter mit der größten Flügelspannweite.

VITESSA SURADEVA
F: Pyralidae
In Indien, Teilen Südostasiens und Neuguinea ist dieser Zünsler verbreitet. Die Raupen fressen in einem Gespinst die jungen Blätter giftiger Sträucher.

DIVANA DIVA
F: Castniidae
In tropischen Wäldern Südamerikas kommt diese tagaktive Art vor. In Ruhe ist sie trotz ihrer bunten Hinterflügel gut getarnt.

BRENNNESSELZÜNSLER
Anania hortulata
F: Pyralidae
In Hecken und an Ruderalstellen fressen die Raupen dieser häufigen europäischen Art in zusammengerollten Blättern von Brennnesseln.

STHENOPIS ARGENTEOMACULATUS
F: Hepialidae
Dieser Wurzelbohrer kommt im südlichen Kanada und Teilen der USA vor. Die Raupen minieren in den Wurzeln von Erlen.

ENDOXYLA ENCALYPTI
F: Cossidae
Die dicken weißen Raupen dieses großen und charakteristischen australischen Nachtfalters aus der Familie der Holzbohrer fressen im Holz bestimmter Akazien-Arten.

BRAHMAEA WALLICHII
F: Brahmaeidae
Diesen großen Brahmaspinner kann man von Nordindien bis nach China und Japan antreffen. Die Raupen fressen die Blätter von Esche, Liguster und Flieder.

GRÜNES BLATT
Geometra papilionaria
F: Geometridae
Dieser Nachtfalter kommt in ganz Europa und in gemäßigten Zonen Asiens vor. Die Raupen fressen vor allem an den Blättern von Birken.

GROSSER SPEERSPANNER
Rheumaptera hastata
F: Geometridae
Dieser auffällig gemusterte Falter ist auf der Nordhalbkugel verbreitet. Er ist nach der Zeichnung auf seinen Flügeln benannt, die an Speerspitzen erinnert.

THALAINA CLARA
F: Geometridae
Die Raupen dieses Nachtfalters aus der Familie der Spanner, der in Ost- und Südostaustralien und im Norden Tasmaniens vorkommt, ernähren sich von Akazienlaub.

DYSPHANIA CUPRINA
F: Geometridae
Am Tag ist dieser bunte Nachtfalter aus der Familie der Spanner aktiv. Er kommt in Südostasien weitverbreitet vor. Vermutlich ist er für Vögel ungenießbar.

SEIDENSPINNER
Bombyx mori
F: Bombycidae
Der Seidenspinner stammt aus China. Seit Jahrtausenden züchtet man die Falter in Gefangenschaft und füttert die Raupen mit den Blättern des Weißen Maulbeerbaums.

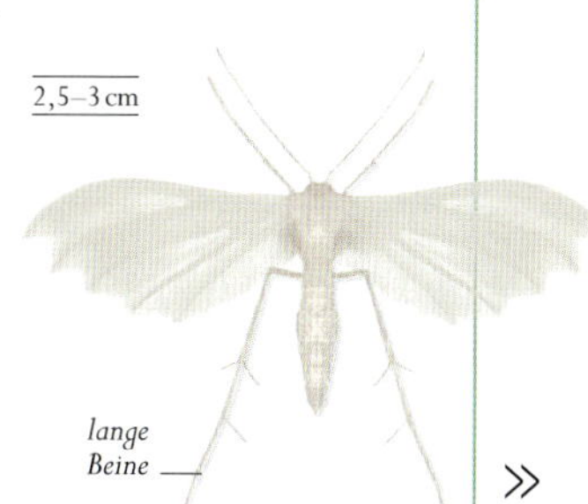

SCHLEHEN-FEDERGEISTCHEN
Pterophorus pentadactyla
F: Pterophoridae
In trockenem Grasland, Ödland und in Gärten ist diese charakteristische Art häufig. Die Larven fressen an Zaunwinden.

»

5–6 cm

EUSCHEMON RAFFLESIA
F: Hesperiidae
Dieser auffällig gefärbte Dickkopffalter ist in tropischen und subtropischen Wäldern im östlichen Australien heimisch, wo er an Blüten Nektar trinkt.

4,5–6,2 cm

PHOCIDES POLYBIUS
F: Hesperiidae
Vom südlichen Texas bis nach Argentinien kann man diesen Dickkopffalter antreffen. Die Raupen fressen in eingerollten Blättern von Guaven.

3,5–5 cm

HORNISSEN-GLASFLÜGLER
Sesia apiformis
F: Sesiidae
Um Fressfeinde abzuschrecken, ahmt dieser Falter Hornissen nach. Die Raupen fressen Gänge in Stämme und Wurzeln von Pappeln und Weiden in Europa und im Nahen Osten.

5,5–6,5 cm

MONDVOGEL
Phalera bucephala
F: Notodontidae
Dieser Nachtfalter kommt von Europa bis nach Sibirien vor. In Ruhe faltet er seine Flügel so, dass er aussieht wie ein abgebrochener Zweig.

6–7 cm

MITTLERER WEINSCHWÄRMER
Deilephila elpenor
F: Sphingidae
In gemäßigten Teilen Europas und Asiens ist dieser hübsche Schwärmer verbreitet. Die Raupen fressen an Weidenröschen, Labkräutern und Fuchsien.

9–12 cm

EUCHLORON MEGAERA
F: Sphingidae
In Afrika südlich der Sahara ist dieser charakteristische Schwärmer weit verbreitet. Die Raupen fressen an Weinrebengewächsen.

BLAUER MORPHOFALTER
Morpho peleides
F: Nymphalidae
In tropischen Wäldern in Mittel- und Südamerika kann man diese herrlichen Tagfalter beobachten. Sie ernähren sich von Säften faulender Früchte.

9,5–15 cm

Die schillernd blaue Färbung wirkt auf Partner attraktiv.

3–4 cm

SECHSFLECK-WIDDERCHEN
Zygaena filipendulae
F: Zygaenidae
Diesen tagaktiven Nachtfalter kann man auf Wiesen und Waldlichtungen in Europa beobachten. Seine Farben warnen Vögel vor seiner Ungenießbarkeit.

4,5–5 cm

EUPTYCHIA CYMELA
F: Nymphalidae
Von Südkanada bis Nordmexiko ist dieser Tagfalter verbreitet. Die Raupen fressen auf Lichtungen in Gewässernähe an Gräsern.

8,5–10 cm

MONARCHFALTER
Danaus plexippus
F: Nymphalidae
Der Monarchfalter ist sehr bekannt, denn er zieht über weite Strecken. Von Amerika hat er sich in viele Teile der Erde ausgebreitet. Seine Raupen ernähren sich von Seidenpflanzen.

5–6 cm

KLEINER EISVOGEL
Ladoga camilla
F: Nymphalidae
In den gemäßigten Zonen kann man diesen Tagfalter in Europa und Asien bis nach Japan antreffen. Die Raupen fressen an Heckenkirsche und Geißblatt.

Schwanzanhänge

lange Antennen

6–7 cm

HAMADRYAS ARETHUSA
F: Nymphalidae
Dieser Tagfalter, den man in Wäldern von Mexiko bis Bolivien antreffen kann, macht im Flug ein klickendes Geräusch.

7–9 cm

GROSSER SCHILLERFALTER
Apatura iris
F: Nymphalidae
In Eichenwäldern in Europa und Asien östlich bis nach Japan kommt dieser Falter vor. Die Männchen schillern violettblau, die Weibchen sind braun.

9–12 cm

INDISCHER BLATTSCHMETTERLING
Kallima inachus
F: Nymphalidae
Sitzend ist dieser Tagfalter perfekt getarnt, denn seine Flügelunterseiten ahmen ein welkes Blatt täuschend nach. Er ist in Indien und Südchina verbreitet.

3,5–5 cm

KLEINER KOHLWEISSLING
Pieris rapae
F: Pieridae

Diesen Tagfalter trifft man weltweit an. Die Raupen fressen an wilden und kultivierten Kreuzblütlern wie Kohl und Senf und können Schäden anrichten.

7,5–9,5 cm

CHRYSIRIDIA RHIPHEUS
F: Uraniidae

Dieser tagaktive Nachtfalter aus der Familie der Uraniafalter mit bunt schillernden Flügelschuppen ist auf Madagaskar endemisch. Die Raupen ernähren sich von giftigen Wolfsmilchgewächsen.

4–6,5 cm

ZERENE EURYDICE
F: Pieridae

Nur in bestimmten Regionen Kaliforniens und manchmal im westlichen Arizona kommt dieser Weißling vor. Die Nahrungspflanze der Raupen ist ein Strauch aus der Familie der Hülsenfrüchtler.

4–5 cm

AURORAFALTER
Anthocharis cardamines
F: Pieridae

Diesen Tagfalter kann man in Wiesen in gemäßigten Zonen Europas und Asiens bis nach Japan antreffen. Die Futterpflanzen der Raupen sind Wiesenschaumkraut und Knoblauchsrauke.

7–8,5 cm

ORANGEGEBÄNDERTER SCHWEFELFALTER
Phoebis philea
F: Pieridae

Das Verbreitungsgebiet dieses Tagfalters erstreckt sich vom südlichen Brasilien über Mittelamerika bis in den Süden der USA und weiter nördlich. Die Raupen fressen an *Senna*-Arten.

5–7 cm

DISMORPHIA AMPHIONE
F: Pieridae

Dieser bunte Tagfalter ahmt eine ungenießbare Art nach, um sich vor Fressfeinden zu schützen. Er ist von Mexiko bis nach Südamerika verbreitet.

6–8 cm

HELICONIUS ERATO
F: Nymphalidae

An Waldrändern und in offenem Gelände von Mittelamerika bis nach Südbrasilien ist dieser Tagfalter verbreitet. Seine Raupen fressen an Blättern von Passionsblumen.

10–15 cm

CALIGO IDOMENEUS
F: Nymphalidae

Auf den Flügelunterseiten trägt dieser in Südamerika heimische Tagfalter große Augenflecken. Sie sehen aus wie Eulenaugen und schrecken Fressfeinde ab, wenn der Schmetterling ruht.

5,5–7,5 cm

BAUMWEISSLING
Aporia crataegi
F: Pieridae

Die Futterpflanzen der Raupen dieser in Europa, Nordafrika und Asien bis nach Japan verbreiteten Art sind Rosengewächse wie Weißdorn, Schlehe, Obstbäume und Ebereschen.

5–7 cm

MITTELMEER-ZITRONENFALTER
Gonepteryx cleopatra
F: Pieridae

Im Mittelmeerraum ist diese Art verbreitet, vor allem in bewaldeten Küstengebieten und Buschland. Die Raupen fressen an Kreuzdorn-Arten.

»

7–8,5 cm

CRESSIDA CRESSIDA
F: Papilionidae
In Grasländern und trockeneren Wäldern in Australien und Papua-Neuguinea findet man diesen Ritterfalter dort, wo als Nahrung Pfeifenwinden wachsen.

6–10 cm

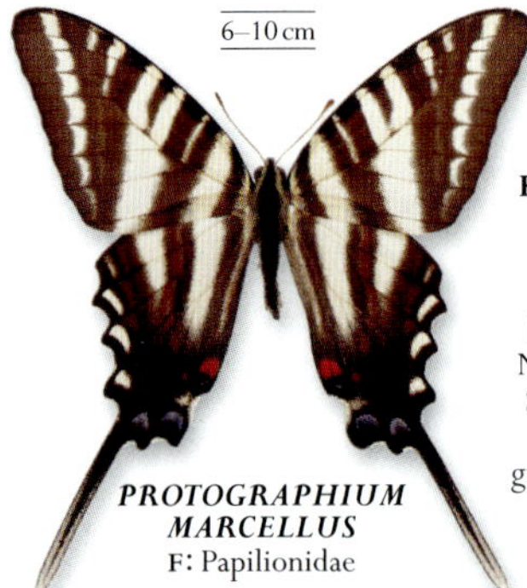

PROTOGRAPHIUM MARCELLUS
F: Papilionidae
Dieser Ritterfalter, der in feuchten Waldländern im östlichen Nordamerika vorkommt, hat eine charakteristische schwarz-weiße Zeichnung. Die Raupen fressen an Papaya-Blättern.

25–31 cm

KÖNIGIN-ALEXANDRA-VOGELFLÜGLER
Ornithoptera alexandrae
F: Papilionidae
Nur im südöstlichen Papua-Neuguinea östlich des Owen-Stanley-Gebirges findet man diese gefährdete Art. Der größte Tagfalter der Erde steht heute unter Schutz.

15–18 cm

TROIDES BROOKIANA
F: Papilionidae
In den tropischen Wäldern Borneos und Malaysias lebt dieser Tagfalter. Die adulten Schmetterlinge trinken Nektar und die Säfte von Früchten. Die Raupen fressen an Pfeifenwinden (*Aristolochia*-Arten).

12–19 cm

ORNITHOPTERA PRIAMUS
F: Papilionidae
Der große Vogelflügler kommt von Papua-Neuguinea und den Salomon-Inseln bis ins tropische Nordaustralien vor. Die Nahrungspflanzen der Raupen sind Pfeifenwinden (*Aristolochia*-Arten).

7,5–9 cm

SCHWALBENSCHWANZ
Papilio machaon
F: Papilionidae
Diese Art kann man auf feuchten Wiesen und in anderen offenen, sonnigen Lebensräumen auf der Nordhalbkugel beobachten. Die Raupen ernähren sich von Doldenblütlern.

4–4,5 cm

LAMPROPTERA MEGES
F: Papilionidae
Wenn er Blütennektar trinkt, steht dieser unverkennbare Tagfalter in der Luft still. Man kann ihn von Indien bis nach China und im südlichen und südöstlichen Asien antreffen.

6–9 cm

APOLLO
Parnassius apollo
F: Papilionidae
Auf blütenreichen Wiesen in bergigen Regionen Europas und Asiens kommt der Apollofalter vor. Die Raupen fressen an Fetthennen (*Sedum*-Arten).

8–9 cm

GRAPHIUM SARPEDON
F: Papilionidae
Von Indien bis nach China, Papua-Neuguinea und Australien ist dieser Ritterfalter verbreitet. Er trinkt Nektar und auch Wasser aus Pfützen.

7–8 cm

SEGELFALTER
Iphiclides podalirius
F: Papilionidae
Der Segelfalter ist in Europa und in den gemäßigten Zonen Asiens bis nach China verbreitet. Die Raupen fressen unter anderem an Schlehe und Weißdorn.

SPANISCHER OSTERLUZEIFALTER
Zerynthia rumina
F: Papilionidae
Diese Art lebt im südöstlichen Frankreich, in Spanien, Portugal und Teilen Nordafrikas auf Wiesen und an steinigen Hängen. Die Osterluzei ist die Nahrungspflanze der Raupen.

8–14 cm

PAPILIO GLAUCUS
F: Papilionidae
Dieser Ritterfalter ist in Nordamerika verbreitet. Die jungen Raupen sehen aus wie Vogelkot. Sie fressen an vielen verschiedenen Bäumen und Sträuchern.

KLEINER FEUERFALTER
Lycaena phlaeas
F: Lycaenidae
In Europa, Nordafrika und Asien bis nach Japan kommt dieser Tagfalter vor, auch in Nordamerika kann man ihn antreffen. Die Raupen fressen an Ampfer-Arten.

2,5–3 cm

3,5–4,5 cm

NIERENFLECK
Thecla betulae
F: Lycaenidae
Diesen Tagfalter sieht man in Hecken, Gebüschen und Wäldern in Europa und den gemäßigten Zonen Asiens. Die Raupen fressen in der Nacht unter anderem an Schlehen.

3–4 cm

MENANDER MENANDER
F: Lycaenidae
Der schnell fliegende Bläuling kommt in tropischen Wäldern von Panama bis ins nördliche Südamerika vor. Über den Lebenszyklus oder die Raupen ist wenig bekannt.

2,5–3,5 cm

HIMMELBLAUER BLÄULING
Lysandra bellargus
F: Lycaenidae
In Wiesen auf kalkhaltigem Boden kann man diese europäische Art beobachten. Die Raupen fressen an Hufeisenklee.

2–2,5 cm

PHILOTES SONORENSIS
F: Lycaenidae
Dieser seltene Bläuling kommt nur in steinigen Lebensräumen und Wüsten in Kalifornien vor. Die Raupen ernähren sich von Sukkulenten wie Fetthennen und Hauswurz.

3–4 cm

SCHLÜSSELBLUMEN-WÜRFELFALTER
Hamearis lucina
F: Lycaenidae
Diese Art kommt von Mitteleuropa bis zum Ural vor. Sie bevorzugt Wiesen, wo Schlüsselblumen wachsen, die Nahrungspflanzen der Raupen.

SÄGEWESPEN, WESPEN, BIENEN UND AMEISEN

Die Mitglieder der Ordnung Hautflügler (Hymenoptera) haben zwei Flügelpaare, die mit kleinen Häkchen verbunden sind. Viele Wespen sind Räuber oder Parasiten. Bienen sind wichtige Blütenbestäuber und Ameisen spielen in vielen Ökosystemen eine Schlüsselrolle.

CEPHUS NIGRINUS
F: Cephidae
Diese schlanke schwarze Halmwespe ist in Westeuropa weit verbreitet. Die Larven fressen in den Halmen von wild wachsenden und kultivierten Gräsern.

7–9 mm

7–9 mm

TENTHREDO ARCUATA
F: Tenthredinidae
In Wiesen ist diese schwarz-gelb gezeichnete europäische Pflanzenwespe verbreitet. Sie legt ihre Eier auf Klee ab.

1,8–2,2 cm

TRICHIOSOMA LUCORUM
F: Cimbicidae
Diese gedrungene europäische Pelzblattwespe kommt in Wäldern, Hecken und Gegenden mit Gebüschen vor. Die Larven fressen an Birken und Weiden.

PFLANZENWESPE
unbekannte Art
F: Pergidae
Die Pflanzenwespen der Familie Pergidae kommen in Australien und Südamerika vor. Etliche Arten befallen Eukalyptusbäume. Die jungen Larven fressen in großen Gruppen.

2 cm

7–10 mm

ROSENBÜRSTENHORNWESPE
Arge ochropus
F: Argidae
Diese europäische Pflanzenwespe ist an ihren schwarz gerandeten Flügeln zu erkennen. Die Nahrungspflanzen der Larven sind Wildrosen.

7–9 mm

ACANTHOLYDA ERYTHROCEPHALA
F: Pamphiliidae
Ursprünglich kam diese Gespinstblattwespe in Europa und Asien vor. Sie hat sich nach Nordamerika ausgebreitet. Die Larven fressen in Gruppen in seidigen Gespinsten zwischen Kiefernnadeln.

2–4 cm

RIESENHOLZWESPE
Urocerus gigas
F: Siricidae
Die beeindruckende Art trifft man auf der ganzen Nordhalbkugel an. Mit dem Legebohrer legt das Weibchen in Weichholzbäumen Eier ab.

»

» SÄGEWESPEN, WESPEN, BIENEN UND AMEISEN

1–3 mm

FEIGENWESPE
unbekannte Art
F: Agaonidae
Feigenwespen kommen in den Tropen und Subtropen vor. Viele sind an eine bestimmte Feigen-Art gebunden, deren Blüten sie bestäuben.

3–10 mm

BRACKWESPE
unbekannte Art
F: Braconidae
Brackwespen sind weltweit verbreitet. Die meisten Arten parasitieren in Schmetterlingsraupen, Käferlarven und Fliegenmaden. Die Weibchen einiger Arten haben einen langen Legebohrer.

1,8–2 cm

GLÄNZENDE DORNGOLDWESPE
Stilbum splendidum
F: Chrysididae
Diese große Goldwespe kommt in Nordaustralien vor und parasitiert in den Larven solitärer Wespen.

5–6,5 mm

EICHENSCHWAMM-GALLWESPE
Biorhiza pallida
F: Cynipidae
Diese Gallwespe ist in Europa und Asien verbreitet. Sie legt ihre Eier in Eichenknospen. Dadurch wird die Bildung einer Galle ausgelöst, in der sich die Larven entwickeln.

2–2,2 cm

***LISSONOTA* SPEC.**
F: Ichneumonidae
Zur Gattung *Lissonota* gehören viele sehr ähnliche Schlupfwespen. Diese Art legt ihre Eier in Schmetterlingsraupen ab, die im Holz fressen.

2–4 cm

HOLZWESPEN-SCHLUPFWESPE
Rhyssa persuasoria
F: Ichneumonidae
Diese große Schlupfwespe lebt in Kiefernwäldern auf der Nordhalbkugel. Sie bohrt in Baumrinde und legt ihre Eier in die Larven von Holzwespen.

1–3 mm

***TORYMUS* SPEC.**
F: Torymidae
Diese Wespe bohrt mit ihrem langen Legebohrer in Gallen und legt ihre Eier in die Larven, die sich im Inneren entwickeln.

3–4 mm

MESOPOLOBUS TYPOGRAPHI
F: Pteromalidae
In Europa und Asien ist dieser Hyperparasitoid verbreitet: Er parasitiert in einer anderen Wespen-Art, die sich wiederum parasitisch in Borkenkäferlarven entwickelt.

1–1,6 cm

CHALCIS SISPES
F: Chalcididae
Diese Erzwespe trifft man in Europa und Teilen Asiens an, wo ihre Larven in den aquatischen Larven großer Waffenfliegen parasitieren.

1,3–1,5 cm

BIENENWOLF
Philanthus triangulum
F: Crabronidae
In Süd- und Mitteleuropa kann man diese Art antreffen, die im Sandboden Röhren gräbt. Sie erbeutet Honigbienen als Nahrung für seine Larven.

6–8 cm

PEPSIS HEROS
F: Pompilidae
Diese große südamerikanische Wegwespe jagt Vogelspinnen, die sie lähmt und als Nahrung für ihre Larven vergräbt.

4,5–5,5 cm

MEGASCOLIA PROCER
F: Scoliidae
In Borneo, Java und Sumatra ist diese Dolchwespe heimisch. Sie lähmt die Larven von Blatthornkäfern und legt ihre Eier in ihnen ab.

9–14 mm

GROSSE SPINNENAMEISE
Mutilla europaea
F: Mutillidae
In sandigen Regionen und auf offenen Flächen kommt diese Art vor. Die Weibchen sind flügellos. Die Larven vertilgen Hummellarven.

7,5–12 mm

TRUGAMEISE
Methocha articulata
F: Tiphiidae

Die Weibchen dieser europäischen Rollwespe sind flügellos. Sie lebt in sandigen Gebieten, wo ihre Larven sich in den Larven von Sandlaufkäfern entwickeln.

HORNISSE
Vespa crabro
F: Vespidae

Diese große soziale Wespe lebt in Europa und Asien und wurde vielerorts eingeschleppt. Sie bevorzugt Wälder, wo sie in Baumlöchern nistet.

1,5–3 cm

1,4–2,2 cm

ERDHUMMEL
Bombus terrestris
F: Apidae

Diese soziale Hummel, die in Mittel- und Südeuropa und Nordafrika heimisch ist, wurde andernorts eingebürgert. Sie ist eine wichtige Bestäuberin von Nutzpflanzen.

GEWÖHNLICHE WESPE
Vespula vulgaris
F: Vespidae

Auf der Nordhalbkugel kommt diese Wespe vor, die ihre Nester aus einem papierähnlichen Material baut. Die Larven werden mit Insekten gefüttert.

1,2–1,9 cm

ROTPELZIGE SANDBIENE
Andrena fulva
F: Andrenidae

In Mitteleuropa trifft man diese Biene im zeitigen Frühjahr an. Sie gräbt in grasbewachsenen Gebieten Nester in den Boden.

9–15 mm

1,2–1,6 cm

WESTLICHE HONIGBIENE
Apis mellifera
F: Apidae

Die weltweit verbreitete Honigbiene ist eine wichtige Bestäuberin von Nutzpflanzen. In freier Natur nistet sie in hohlen Bäumen. Domestizierte Völker werden in Stöcken gehalten.

1,2–1,4 cm

EUGLOSSA ASAROPHORA
F: Apidae

Wie alle Pracht- oder Orchideenbienen lebt diese Art in Regenwäldern in Südamerika. Die Männchen sammeln Duftstoffe von Orchideen, um Partnerinnen anzulocken.

1,1–1,3 cm

***COLLETES* SPEC.**
F: Colletidae

Die solitären Seidenbienen, die im Boden nisten, sind auf der Nordhalbkugel häufig. Sie kleiden ihre Brutzellen mit einem seidenähnlichen Sekret aus.

3,3–3,6 cm

XYLOCOPA LATIPES
F: Anthophoridae

In ganz Südostasien kommt diese große Holzbiene vor. Sie legt Brutzellen in Ästen oder Holzstücken an.

5–9 mm

ROTE WALDAMEISE
Formica rufa
F: Formicidae

Überall in Europa ist diese Ameise in Wäldern verbreitet. Sie erbeutet Insekten und hat eine wichtige ökologische Funktion. Zur Verteidigung versprüht sie mit ihrem Hinterleib Ameisensäure.

1,6 cm

BLATTSCHNEIDER-AMEISE
Atta spec.
F: Formicidae

Blattschneiderameisen leben in Mittel- und Südamerika. In ihren riesigen unterirdischen Nestern kultivieren sie auf zerkauten Blattstückchen spezielle Pilze.

1,3–2 cm

1,1–1,7 cm

GROSSE WOLLBIENE
Anthidium manicatum
F: Megachilidae

Diese europäische Wildbiene nistet in Löchern in Holz oder Mauerwerk. Sie kleidet ihre Brutzellen mit gesammelten Pflanzenhaaren aus.

VIERBINDEN-FURCHENBIENE
Halictus quadricinctus
F: Halictidae

In Südeuropa und in der Mittelmeerregion lebt diese solitäre Biene. In unterirdischen Brutzellen wachsen die Larven heran.

3–12 mm

WANDERAMEISE
Eciton burchellii
F: Formicidae

Die südamerikanische Ameise bildet Kolonien mit bis zu zwei Millionen Individuen, die auch große Beutetiere angreifen.

SCHNURWÜRMER

Viele marinen Arten des Stamms Schnurwürmer (Nemertea) sind Räuber, die ihre Beute mit dem Rüssel packen und im Ganzen verschlingen oder aussaugen.

STAMM	NEMERTEA
KLASSEN	4
ORDNUNGEN	4
FAMILIEN	48
ARTEN	1350

Schnurwürmer sind weiche zylindrische oder etwas abgeflachte Tiere. Viele schlängeln sich über den Meeresgrund, einige Arten können schwimmen. Die Art *Lineus longissimus* kann bis 30 m lang werden. Sein Körper zerreißt leicht in Stücke. Auch bei anderen Arten ist das der Fall.

Der Rüssel eines Schnurwurms liegt in einer Scheide oberhalb des Darms. Bei einigen Arten ist er mit einem Stilett besetzt, mit denen die Tiere die Beute festhalten oder stechen und ihnen Gift injizieren. Diese Arten erbeuten andere Wirbellose wie Krebstiere, andere Würmer und Weichtiere. Andere Schnurwürmer ernähren sich von toten organischen Stoffen.

25–30 cm

BASEODISCUS HEMPRICHII
F: Valenciniidae
Dieser bunte Schnurwurm lebt an Riffen im Indopazifik. Er jagt am Meeresgrund Wirbellose.

8–10 cm

Kopf

NIPPONNEMERTES PULCHRA
F: Cratenemertidae
In vielen kalten Ozeanen kommt diese Art vor. Die Färbung ist orangefarben, rosa oder rot.

dünner, glatter Körper

RINGEL-SCHNURWURM
Tubulanus annulatus
F: Tubulanidae
Dieser große Schnurwurm lebt im nordöstlichen Atlantik und im Mittelmeergebiet im schlammigen Sediment der Gezeitenzone oder vor der Küste.

12–75 cm

MOOSTIERCHEN

Diese kleinen Tiere bilden Kolonien, die Korallen ähneln. Sie filtrieren mit kleinen Tentakeln Nahrungspartikel und sind selbst die Nahrung Wirbelloser.

STAMM	BRYOZOA
KLASSEN	3
ORDNUNGEN	7
FAMILIEN	etwa 160
ARTEN	6409

Viele Moostierchen (Bryozoa) ähneln Korallen, sie sind jedoch höher entwickelt als die Nesseltiere. Eine Kolonie, deren Individuen genetisch identisch sind, besteht aus Tausenden kleiner Einzelkörpern, den Zooiden. Ein einziehbarer Tentakelkranz umgibt einen Mund. Winzige schlagende Wimpern an den Tentakeln befördern Nahrungspartikel zum Mund, der in einen U-förmigen Darm mündet. Abfallstoffe werden durch den After abgegeben. Die Einzeltiere (Zooide) kann man nur mit einer Lupe erkennen, die Kolonien haben aber vielfältige, artspezifische Formen. Manche bilden an Felsen oder Tangen Krusten, andere formen Blätter oder lappige Gebilde. Viele sind verkalkt wie Steinkorallen, andere weich.

TRUGKORALLE
Myriapora truncata
F: Myriaporidae
Im Mittelmeer kommt dieses charakteristische Moostierchen vor. Die Kolonien bilden dicke, sich wiederholt verzweigende Zylinder.

3–4 cm

Tentakelkranz umgibt die Mundöffnung.

10–20 cm

BLÄTTER-MOOSTIERCHEN
Flustra foliacea
F: Flustridae
Wie viele Arten der Familie bildet diese blättrige Kolonien. Sie ist an felsigen Küsten in Nordeuropa häufig.

15–20 cm

IODICTYUM PHOENICEUM
F: Phidoloporidae
Die Arten der Familie Phidoloporidae bilden hohe, harte Kolonien. Diese bunte Art kommt an Küsten im südlichen und östlichen Australien vor.

5–20 cm

SEERINDE
Membranipora membranacea
F: Membraniporidae
Diese Moostierchen bilden Krusten. Die Kolonien dieser Art, die im nordöstlichen Atlantik auf Kelpwedeln leben, wachsen schnell.

ARMFÜSSER

Armfüßer (Brachiopoda) ähneln Muscheln, fangen ihre Nahrung aber mit Tentakeln. Sie gehören einem anderen Stamm an.

STAMM	BRACHIOPODA
KLASSEN	2
ORDNUNGEN	5
FAMILIEN	etwa 30
ARTEN	etwa 414

Der weiche Körper eines Armfüßers ist in eine zweiklappige Schale eingeschlossen. Eine der beiden Klappen ist dabei größer, eine setzt oben am Tier an, eine unten, nicht seitlich wie bei den Muscheln. Das Tier sitzt entweder mit einem elastischen Stiel am Meeresgrund fest oder zementiert seine Schale direkt an einen Felsen. Wie Weichtiere haben Armfüßer einen fleischigen Mantel, der innen an der Schale festgewachsen ist und eine Mantelhöhle bildet. In der Mantelhöhle transportiert ein Armapparat, der mit winzigen schlagenden Wimpern besetzt ist, Nahrungspartikel zu einer Mundöffnung, ähnlich wie bei Moostierchen.

Von Fossilien wissen wir, dass Armfüßer in den warmen, seichten Meeren des Paläozoikums vielfältiger und häufiger waren. Im Zeitalter der Dinosaurier gingen sie deutlich zurück und wurden viel seltener, vielleicht weil sich die Muscheln als erfolgreicher erwiesen.

2–3 cm

TEREBRATULINA RETUSA
F: Cancellothyrididae
Im nordöstlichen Atlantik und im Mittelmeer kommt diese Art vor. Sie hat birnenförmige Klappen und setzt sich mit einem kurzen Stiel an senkrechten Felsen fest.

3–5,5 cm

TEREBRATALIA TRANSVERSA
F: Terebrataliidae
Im nördlichen Pazifik ist diese Art häufig. Sie hat einen kurzen Stiel. Die Klappen können glatt sein oder Rippen tragen.

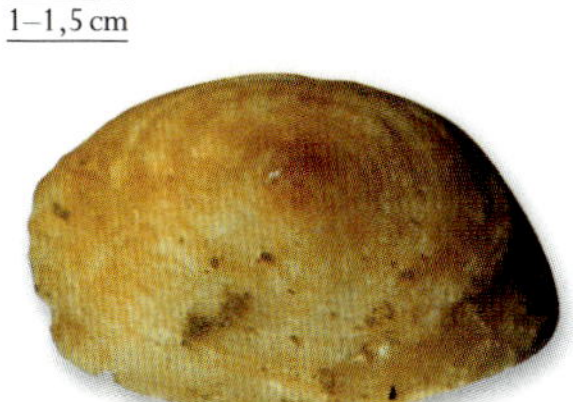

1–1,5 cm

NOVOCRANIA ANOMALA
F: Craniidae
Diese Art lebt im Nordatlantik. Sie zementiert sich an einen Felsen und ähnelt auf den ersten Blick einer Napfschnecke.

WEICHTIERE

Weichtiere oder Mollusken sind eine große, sehr vielfältige Gruppe. Ihr gehören die filtrierenden Muscheln wie auch die Schnecken und die intelligenten Kraken und Kalmare an.

STAMM	MOLLUSCA
KLASSEN	9
ORDNUNGEN	53
FAMILIEN	609
ARTEN	71 719

Ein typisches Weichtier hat einen weichen Körper mit einem großen muskulösen Fuß und einem Kopf. Es nimmt die Welt mit Augen und Tentakeln wahr. Die inneren Organe befinden sich in einem Eingeweidesack, der vom fleischigen Mantel überwachsen ist. Zwischen Mantel und Eingeweidesack befindet sich eine Mantelhöhle, die der Atmung dient. Bei den meisten Arten sondert eine Rinne am Mantelrand die Substanzen ab, aus denen die Schale besteht. Die meisten Weichtiere nehmen mit einer Raspelzunge (Radula) Nahrung auf. Diese mit Chitinzähnchen besetzte harte Struktur bewegt das Tier vor und zurück, um Nahrung abzuraspeln. Muscheln haben keine Radula. Sie leiten Wasser durch ihre Schale. Die meisten Arten filtern mit ihren Kiemen Nahrungspartikel aus dem Wasser.

Diese Napfschnecken haben den Felsen bereits abgeweidet. Die Grünalgen auf ihren Schalen erreichen sie aber nicht.

TIERE MIT UND OHNE SCHALEN

In eine Schale kann man sich bei Gefahr zurückziehen und sie schützt zudem vor Austrocknung. Einige Schnecken versiegeln die Öffnung ihres Gehäuses mit einem Deckel (Operculum). Die Schale besteht aus Mineralien, die das Tier mit der Nahrung oder aus dem Wasser der Umgebung aufnimmt. Sie ist mit einer robusten Proteinschicht bedeckt. Innen ist sie glatt, sodass der Körper hinein- und herausgleiten kann. Bei einigen Gruppen ist die Schale mit Perlmutt ausgekleidet. Viele Weichtiere, die keine Schale besitzen, verteidigen sich mit giftigen oder schlecht schmeckenden Stoffen. Mit einer Warnfärbung signalisieren sie dies ihren Fressfeinden. Die meisten Kopffüßer, wie Kalmare und Kraken, besitzen keine Schale außen am Körper. Die Mitglieder dieser Gruppe sind Räuber mit einem Hornschnabel. Mit ihren Armen greifen und schwimmen die Tiere.

SAUERSTOFFAUFNAHME

Sehr viele Weichtiere leben im Wasser und atmen mit Kiemen, die in die Mantelhöhle ragen. Bei den meisten landlebenden Schnecken ist die Mantelhöhle mit Luft gefüllt und fungiert als Lunge. Da sich viele Süßwasserschnecken wahrscheinlich aus dieser Gruppe entwickelt haben, besitzen auch sie Lungen und atmen Luftsauerstoff.

WURMMOLLUSKEN

Die Aplacophora sind kleine, grabende Weichtiere, die wie Würmer aussehen und sich in der Tiefsee von Detritus oder anderen Wirbellosen im Sediment ernähren. Sie besitzen keine Schale, doch ihre Radula verweist auf die Zugehörigkeit zu den Weichtieren. Die Mantelhöhle ist zu einer Öffnung hinten am Körper reduziert, um Exkremente auszuscheiden.

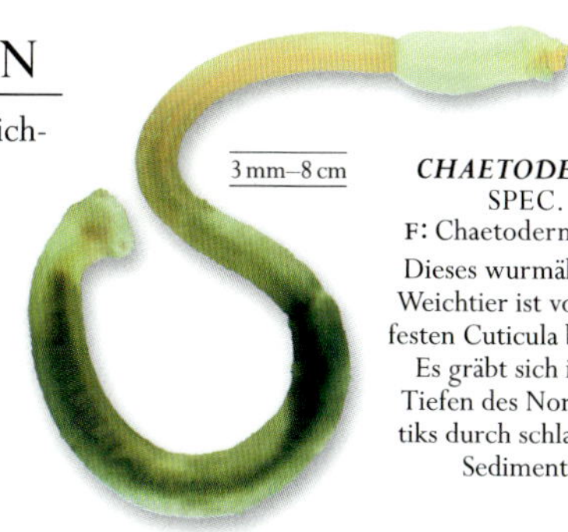

3 mm–8 cm

***CHAETODERMA* SPEC.**
F: Chaetodermatidae
Dieses wurmähnliche Weichtier ist von einer festen Cuticula bedeckt. Es gräbt sich in den Tiefen des Nordatlantiks durch schlammige Sedimente.

MUSCHELN

Muscheln (Bivalvia) sind hochspezialisierte, im Wasser lebende Weichtiere. Sie leiten sauerstoff- und nährstoffreiches Wasser durch ihre zweiklappige Schale.

Muscheln erkennt man an ihren Schalen, deren beide Klappen mit einem Schlossband verbunden sind. Um sich vor Fressfeinden und Austrocknung zu schützen, schließen die Tiere die Klappen, indem sie kräftige Muskeln zusammenziehen. Viele Arten, die an Küsten vorkommen, liegen bei Ebbe regelmäßig trocken.

Die Größe der Arten variiert stark: Winzige Erbsenmuscheln haben nur etwa 6 mm Durchmesser, die Große Riesenmuschel kann 1,4 m Durchmesser erreichen. Einige Muscheln heften sich mit sogenannten Byssusfäden an Felsen und anderen harten Oberflächen fest. Andere graben sich mit ihrem muskulösen Fuß in schlammige Sedimente. Einige Arten, wie Kammmuscheln, können nach dem Rückstoßprinzip schwimmen.

Muscheln leiten Wasser in ihre Mantelhöhle und wieder heraus. Die Kiemen nehmen aus dem Wasser, das über sie strömt, Sauerstoff auf und filtern Nahrungspartikel ab. Die Teilchen werden in Schleim eingebettet und mit schlagenden Wimpern zum Mund transportiert.

NUTZUNG DER MUSCHELN

Austern, Herzmuscheln und andere Arten werden in großen Mengen verzehrt. Einige Austern bilden Perlen, indem sie Fremdkörper mit Perlmuttschichten umkleiden. Viele Arten sind Indikator-Organismen, die in verschmutztem Wasser sterben.

STAMM	MOLLUSCA
KLASSE	BIVALVIA
ORDNUNGEN	19
FAMILIEN	105
ARTEN	9733

Eine Kleine Pilgermuschel schließt ihre Klappen, um vor einem räuberischen Seestern zu flüchten, der sich nähert.

AUSTERN UND KAMMMUSCHELN

Die Ostreoida ernähren sich von winzigen Nahrungspartikeln, die sie aus dem Meerwasser filtern. Viele Austern leben ständig unter Wasser. Mit der Fußdrüse, die bei anderen Muscheln Byssusfäden erzeugt, zementieren sie sich an Felsen. Kammmuscheln können schwimmen, indem sie ihre Schalen öffnen und schließen.

12–15 cm

GROSSE PILGERMUSCHEL
Pecten maximus
F: Pectinidae
Kammmuscheln können aktiv schwimmen und zeigen eine Fluchtreaktion. Diese Art, die auch gefischt wird, lebt an europäischen Küsten auf feinem Sand.

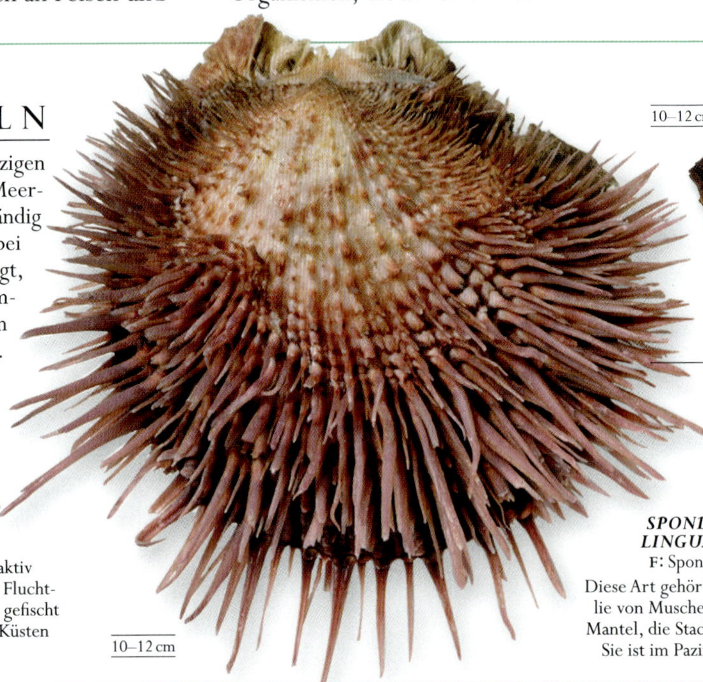

10–12 cm

Linke Klappe trägt Stacheln.

SPONDYLUS LINGUAFELIS
F: Spondylidae
Diese Art gehört zu einer Familie von Muscheln mit buntem Mantel, die Stacheln aufweisen. Sie ist im Pazifik verbreitet.

10–12 cm

HAHNENKAMM-AUSTER
Lopha cristagalli
F: Ostreidae
Viele Austern sind Perlenlieferanten und geschätzte Delikatessen. Diese Art kommt im Indopazifik vor.

8–10 cm

EUROPÄISCHE AUSTER
Ostrea edulis
F: Ostreidae
Früher war diese Art in Europa häufig. Sie ist wirtschaftlich bedeutend, heute aber in einigen Gebieten sehr selten geworden. Zur Fortpflanzungszeit im Sommer ist sie ungenießbar.

ARCHENMUSCHELN UND VERWANDTE

Zwei kräftige Muskeln schließen die Schalen dieser Muscheln, das Schloss der meisten Arten trägt viele gleichförmige Zähnchen. Die Arcoida haben einen reduzierten Fuß und große Kiemen, mit denen sie Nahrung filtern.

5–7 cm

ARCHE-NOAH-MUSCHEL
Arca noae
F: Arcidae
Archenmuscheln sind eckige Muscheln mit dicken Schalen. Diese Art setzt sich mit Byssusfäden an Felsküsten im östlichen Atlantik fest.

5–6 cm

MEERMANDEL
Glycymeris glycymeris
F: Glycymerididae
Meermandeln sind rundliche Verwandte der Archenmuscheln. Die Art aus dem Nordostatlantik, die gefischt wird, schmeckt süß. Zu lang gekocht wird sie zäh.

MIESMUSCHELN UND VERWANDTE

Die im Meer lebenden Mytiloida haben typisch längliche, asymmetrische Klappen und heften sich mit Byssusfäden an Felsen. Nur einer der beiden Schließmuskeln ist gut entwickelt.

8–10 cm

MIESMUSCHEL
Mytilus edulis
F: Mytilidae
Dies ist die europäische Muschel mit der größten wirtschaftlichen Bedeutung. Sie ist langlebig und erträgt den niedrigen Salzgehalt in Ästuaren.

STECKMUSCHELN UND VERWANDTE

Zu den Pterioida gehören Steckmuscheln sowie Arten mit langem Schloss und T-förmige Hammermuscheln. Auch Arten, die zur Perlenzucht verwendet werden, gehören zur Gruppe.

25–40 cm

SCHWARZE SCHINKENMUSCHEL
Atrina vexillum
F: Pinnidae
Steckmuscheln wie diese Art der Küsten Westeuropas haben dreieckige Schalen und verankern sich mit Byssusfäden in weichem Sediment.

FLUSSMUSCHELN UND VERWANDTE

Dies ist die einzige Ordnung, deren Mitglieder nur im Süßwasser vorkommen. Die Larven der Unionoida heften sich an die Kiemen von Fischen. Hier ernähren sie sich von Blut und Schleim, bis sie sich abfallen lassen.

9–10 cm

TEICHMUSCHEL
Anodonta spec.
F: Unionidae
Bitterlinge legen ihre Eier in lebende Teichmuscheln. Im Schutz der Atemhöhle entwickeln sich die Eier und Larven der Fische.

10–15 cm

FLUSSPERLMUSCHEL
Margaritifera margaritifera
F: Margaritiferidae
Die Flussperlmuschel bildet hochwertige Perlen. Sie lebt in Eurasien und Nordamerika vergraben in sandigen oder kiesigen Betten schnell fließender Flüsse.

KLAFF- UND BOHRMUSCHELN

Die Muscheln der Ordnung Myoida haben lange Siphos. Sie graben im Schlamm oder bohren sich durch Holz oder weiche Substrate. Bohrmuscheln setzen den vorderen Teil der Schale wie eine Feile ein. Schiffsbohrwürmer bohren mit ihren kleinen Klappen.

12–15 cm

GROSSE BOHRMUSCHEL
Pholas dactylus
F: Pholadidae
Die im nordöstlichen Atlantik verbreitete biolumineszierende Art lebt wie andere Arten in Gängen in Holz oder Lehm.

12–15 cm

SANDKLAFFMUSCHEL
Mya arenaria
F: Myidae
Diese essbare Muschel mit dünner Schale ist in schlammigen Ästuaren besonders häufig, wo sie sich durch weiches Sediment gräbt.

1,5–2 cm

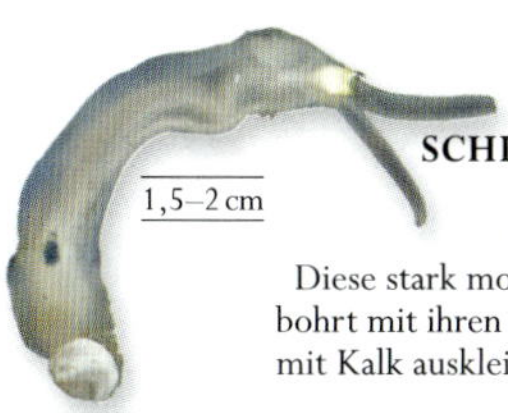

SCHIFFSBOHRWURM
Teredo navalis
F: Teredinidae
Diese stark modifizierte, weitverbreitete Art bohrt mit ihren Klappen Gänge in Holz, die sie mit Kalk auskleidet. Sie kann Schiffe zerstören.

PHOLADOMYOIDA

Zur Ordnung Pholadomyoida gehören Formen, die kaum als Muscheln zu erkennen sind. Wegen dem röhrenförmigen Gehäuse nennt man sie »Watering pots« (Gießkannen). Sie saugen durch eine perforierte Platte Detritus und Wasser in die Röhre.

15–17 cm

VERPA PHILIPPINENSIS
F: Penicillidae
Diese merkwürdige indopazifisch verbreitete Art gehört zu einer Familie mit röhrenförmigen Gehäusen. Sie lebt teilweise im Sediment vergraben.

HERZMUSCHELN UND VERWANDTE

Zur größten Muschelordnung, den Veneroida, gehören vielfältige Formen. Die meisten haben kurze Siphos, die miteinander verwachsen sind. Einige, vor allem Herzmuscheln, können sich flink eingraben oder sogar mit ihrem Fuß springen. Andere verankern sich mit Byssusfäden.

3–4 cm

WANDERMUSCHEL
Dreissena polymorpha
F: Dreissenidae
Die Süßwassermuschel verankert sich mit Byssusfäden, kann aber mit ihrem schlanken Fuß kriechen. Sie stammt aus Osteuropa und wurde andernorts eingeschleppt.

4–5 cm

ESSBARE HERZMUSCHEL
Cerastoderma edule
F: Cardiidae
Herzmuscheln haben Klappen mit fächerförmigen Rippen und graben im Sand. Diese Art aus dem nordöstlichen Atlantik, die man oft in großer Zahl findet, wird in Nordeuropa gefischt.

15–20 cm

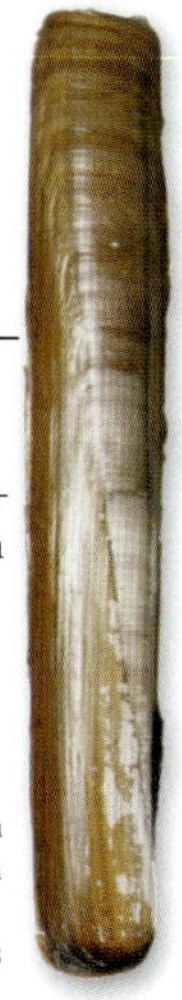

SCHOTENFÖRMIGE SCHEIDENMUSCHEL
Ensis siliqua
F: Pharidae
Scheidenmuscheln wie diese Art des nordöstlichen Atlantiks nehmen durch ihren aufragenden Sipho Wasser auf. Bei Störung ziehen sie ihn schnell zurück.

2–4 cm

DONAX CUNEATUS
F: Donacidae
Diese Art gehört zu einer Familie dreieckiger, schnell grabender Muscheln. Sie kommt im tropischen Indopazifik vor.

5–6 cm

TRAPEZIUM OBLONGUM
F: Trapezidae
Diese im Indopazifik verbreitete Trapezmuschel heftet sich mit Byssusfäden an Felsen, meistens in Spalten oder zwischen Korallentrümmern.

2,5–3 cm

HYSTEROCONCHA DIONE
F: Veneridae
Diese Venusmuschel kommt an Küsten im tropischen Amerika vor. Sie hat kammähnliche Stacheln am Gehäuse.

5–7 cm

TELLINA RADIATA
F: Tellinidae
Die Schalen dieser karibischen Art sind variabel gemustert. Man findet sie oft an Stränden.

8–9 cm

PERONAEA MADAGASCARIENSIS
F: Tellinidae
Arten der Familie Tellinidae, wie diese rosafarbene tropische Art, ernähren sich von Partikeln im Sediment, das sie durch ihre langen Siphos aufnehmen.

3–4 cm

TELLINELLA VIRGATA
F: Tellinidae
Die Schalen vieler Arten der Familie, wie die von dieser im Indopazifik verbreiteten Art, sind dekorativ gemustert.

5–8 cm

CALLISTA ERYCINA
F: Veneridae
Die Schalen vieler Venusmuscheln sind bei Sammlern geschätzt, auch die von dieser im Indopazifik verbreiteten Art.

6–8 cm

DOSINIA ANUS
F: Veneridae
An neuseeländischen Küsten findet man diese Venusmuschel. Sie ist eine der vielen Arten, die gefischt werden.

1–1,4 m

GROSSE RIESENMUSCHEL
Tridacna gigas
F: Cardiidae
Die größte Muschel der Erde ist eine langlebige und heute gefährdete Art, die Korallenriffe im Indopazifik besiedelt.

30–40 cm

SCHUPPIGE RIESENMUSCHEL
Tridacna squamosa
F: Cardiidae
Wie andere Riesenmuscheln des Indopazifiks öffnet diese Art ihre Klappen tagsüber, sodass die Algen in ihrem Mantelgewebe Fotosynthese betreiben können.

SCHNECKEN

Die Schnecken bilden die größte Klasse der Weichtiere. Der Name Gastropoda bedeutet »Magen-Fuß«, denn die Tiere scheinen auf dem Bauch zu kriechen.

Die meisten Schnecken gleiten auf ihrem muskulösen Fuß und weiden mit ihrer Raspelzunge (Radula) Nahrung ab. Die meisten Arten fressen Pflanzen, Algen oder den dünnen Mikrobenfilm, der im Wasser Felsen überzieht. Einige Arten sind Räuber. Die meisten haben einen deutlich erkennbaren Kopf mit gut entwickelten Fühlern. Gehäuseschnecken besitzen ein eingerolltes Gehäuse, in das sie sich zurückziehen können. Nacktschnecken haben im Lauf der Evolution ihr Gehäuse zurückgebildet. Zur Klasse gehören auch einige Tiere, die vom Grundbauplan abweichen, wie frei schwimmende Formen. Die Schnecken haben sich in den Ozeanen entwickelt und sind hier noch immer am vielfältigsten. Andere Arten leben in Süßgewässern oder auf dem Festland.

TORSION

Eine Schnecke macht in ihrer Entwicklung eine sogenannte Torsion durch: Der Eingeweidesack dreht sich um 180 Grad um seine Längsachse, sodass die Mantelhöhle schließlich auf der Körpervorderseite liegt. So kann das Tier seinen Kopf in das schützende Gehäuse zurückziehen. Bei Prosobranchiern oder Vorderkiemerschnecken bleibt dieser Bauplan bei adulten Tieren erhalten, die Kiemen liegen vor dem Herzen. Bei Opisthobranchiern oder Hinterkiemerschnecken findet eine teilweise Rückdrehung statt.

STAMM	MOLLUSCA
KLASSE	GASTROPODA
ORDNUNGEN	21
FAMILIEN	409
ARTEN	etwa 67 000

STREITFRAGE

SYSTEMATIK

Früher stellte man alle Vorderkiemerschnecken in eine Gruppe, denn während der Entwicklung verdreht sich ihr Körper so, dass die Kiemen vor dem Herzen liegen. Wahrscheinlich wies aber bereits der Vorfahr aller Schnecken dieses Merkmal auf. Heute werden die Verwandtschaftsverhältnisse neu diskutiert.

NAPFSCHNECKEN

Die ursprünglichen Patellogastropoda haben eine kegelförmige Schale. Mit kräftigen Muskeln heften sie sich an die Felsen der Gezeitenzone, sodass sie vor Fressfeinden, Austrocknung und Brandung geschützt sind. Sie weiden Algen ab.

3–5 cm

GEWÖHNLICHE NAPFSCHNECKE
Patella vulgata
F: Patellidae
Diese Art weidet an den Küsten des nordöstlichen Atlantiks Algen von Felsen ab. Sie gräbt mit der Zeit eine Mulde in den Fels, die genau die passende Größe hat.

KAHNSCHNECKEN UND VERWANDTE

Man kennt viele Fossilien der kleinen, aber vielfältigen Ordnung Cycloneritimorpha. Zu ihr gehören Meeres-, Süßwasser- und Landschnecken. Bei manchen ist das Gehäuse spiralig gewunden, bei anderen napfschneckenähnlich.

2–5 cm

1,2–2 cm

NERITINA COMMUNIS
F: Neritidae
Diese Art lebt in indopazifischen Mangrovensümpfen. In derselben Population kommen oft Tiere mit weißen, schwarzen, roten und gelben Schalen vor.

BLUTENDER ZAHN
Nerita peloronta
F: Neritidae
Die Art ist nach dem roten Fleck an der Gehäuseöffnung benannt. Sie lebt in karibischen Gezeitenzonen und kann längere Zeit trocken liegen.

KREISELSCHNECKEN UND VERWANDTE

Die Vetigastropoda sind Meeresbewohner, die mit ihrer bürstenartigen Radula Algen und Mikroben abweiden. Die Schalen der Schlüssellochschnecken sind nicht eingerollt, die anderer Arten sind spiralig zu kugeligen Gebilden oder Pyramiden eingerollt und können mit einem Operculum verschlossen werden.

8-12 cm

ROCHIA NILOTICA
F: Tegulidae
Die Gehäuse vieler Turbanschnecken sind innen mit einer dicken Perlmuttschicht ausgekleidet. Diese große, im Indopazifik verbreitete Art wird zu Schmuck verarbeitet.

DIODORA LISTERI
F: Fissurellidae
Schlüssellochschnecken sind eng mit den Seeohren und Kreiselschnecken verwandt. Sie stoßen das Wasser, dem sie den Sauerstoff entzogen haben, durch ihr »Schlüsselloch« aus.

1,5–4,5 cm

2–2,5 cm

WÜRFELSCHNECKE
Phorcus turbinatus
F: Trochidae
Kreiselschnecken der Familie Trochidae haben spitz zulaufende Gehäuse, die sie mit einem Operculum verschließen können. Diese Art kommt im Mittelmeer vor.

5–7 cm

SILBERMUND-TURBANSCHNECKE
Turbo argyrostomus
F: Turbinidae
Turbanschnecken sind nahe Verwandte der Kreiselschnecken, haben aber ein verkalktes Operculum. Diese Art kommt im Indopazifik vor.

20–30 cm

ROTES SEEOHR
Haliotis rufescens
F: Haliotidae
Seeohren haben ohrförmige Gehäuse, die mit einer dicken Perlmuttschicht ausgekleidet sind und Löcher aufweisen, um Atemwasser auszustoßen. Diese Art aus dem nordöstlichen Pazifik ist die größte.

TURMSCHNECKEN UND VERWANDTE

Diese Schnecken leben meist in schlammigem oder sandigem Sediment. Sie ernähren sich von Partikeln aus dem Wasser, das durch ihre Mantelhöhle zirkuliert. Die Arten der Ordnung Cerithioidea kommen im Meer und in Süßgewässern vor. Sie bewegen sich langsam und sammeln sich oft in großer Zahl.

2,5–5,5 cm

6–17 cm

GROSSE TURMSCHNECKE
Turritella terebra
F: Turritellidae

Diese im Indopazifik verbreitete Schnecke filtriert in schlammigen Sedimenten.

RHINOCLAVIS ASPERA
F: Cerithiidae

Arten der Familie Cerithiidae sind in Sedimenten in seichten tropischen Meeren häufig. Sie heften ihre Eischnüre an feste Gegenstände. Diese Art ist im Indopazifik verbreitet.

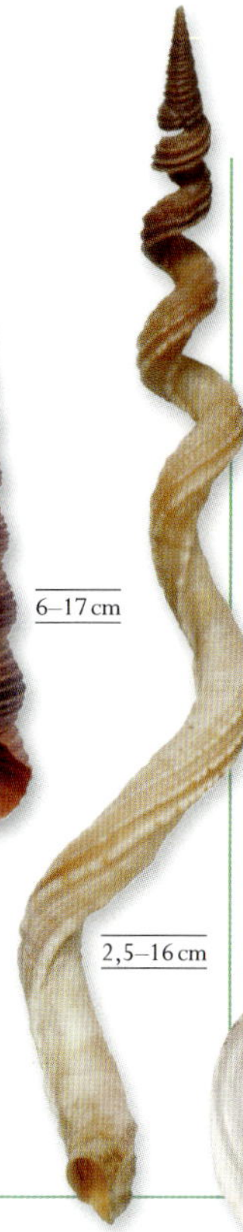

2,5–16 cm

VERMICULARIA SPIRATA
F: Turritellidae

Die frei schwimmenden Männchen dieser in der Karibik verbreiteten Art heften sich an feste Objekte und oft an Schwämme. Dann wandeln sie sich zu größeren festsitzenden Weibchen um.

6–13 cm

SONNENRADSCHNECKE
Stellaria solaris
F: Xenophoridae

Trägerschnecken wie diese Art heften zur Tarnung Steinchen oder die Schalen anderer Tiere an ihr Gehäuse. Die Sonnenradschnecke kommt im Indopazifik vor.

STRAND- UND WELLHORN-SCHNECKEN SOWIE VERWANDTE

Die größte und vielfältigste Ordnung der Meeresschnecken, die Caenogastropoda, unterteilt man in mehrere Gruppen: Die am Grund lebenden Wendeltreppenschnecken und die treibenden Veilchenschnecken erbeuten Nesseltiere. Die Littorinimorpha weiden Algen ab. Zu ihnen gehören die Strand- und Kaurischnecken. Die Neogastropoda (Neuschnecken) sind Räuber, die ihren langen Sipho durch einen Kanal im Gehäuse ausstrecken.

2,5–7 cm

ECHTE WENDELTREPPE
Epitonium scalare
F: Epitoniidae

Wendeltreppen erbeuten Seeanemonen und Korallen. Diese Art kommt im Indopazifik vor.

2–4 cm

VEILCHENSCHNECKE
Janthina janthina
F: Epitoniidae

Veilchenschnecken treiben in tropischen Ozeanen und erbeuten Nesseltiere. Ihr Schleim bildet Blasen und verschafft ihnen Auftrieb.

10–15 cm

TIGER-KAURISCHNECKE
Cypraea tigris
F: Cypraeidae

Die im Indopazifik verbreitete Art erbeutet Wirbellose. Der Mantel erstreckt sich bis auf das Gehäuse.

1,5–6 cm

UNGARNKAPPE
Capulus ungaricus
F: Capulidae

Diese im Nordatlantik verbreitete Schnecke ähnelt den nicht näher verwandten Napfschnecken. Sie heftet sich an Steine oder die Schalen anderer Weichtiere, wie Kammmuscheln.

2–5 cm

CREPIDULA FORNICATA
F: Calyptraeidae

Pantoffelschnecken sind Filtrierer, die »Paarungstürme« bilden: Oben befinden sich die kleineren Männchen, die sich später zu Weibchen umwandeln.

30–42 cm

PELIKANFUSS
Aporrhais pespelecani
F: Aporrhaididae

Pelikanfüße leben im Schlamm, wo sie sich von Detritus ernähren. Die Fortsätze an ihren Gehäusen erinnern an Füße mit Schwimmhäuten. Diese Art kommt im Mittelmeer und in der Nordsee vor.

2–3 cm

GEWÖHNLICHE STRANDSCHNECKE
Littorina littorea
F: Littorinidae

Strandschnecken wie diese europäische kommen in der Gezeitenzone vor. Die kugeligen Gehäuse werden mit einem Operculum verschlossen.

15–31 cm

GROSSE FECHTERSCHNECKE
Aliger gigas
F: Strombidae

Flügelschnecken leben vor allem in den Tropen. Diese Art aus dem Westatlantik hat ein Gehäuse mit einer auffälligen Lippe.

»

» STRAND- UND WELLHORN-SCHNECKEN SOWIE VERWANDTE

TUTUFA BUBO
F: Bursidae
Froschschnecken sind tropische Meeresschnecken mit warzigen Gehäusen. Diese im Indopazifik verbreitete Art lähmt mit ihrem Speichel Borstenwürmer, bevor sie sie mit ihrem Rüssel verspeist.

TRITONSHORN
Charonia tritonis
F: Charoniidae
Tritonschnecken, die in den Tropen in der Gezeitenzone vorkommen, und die verwandten Froschschnecken erbeuten andere Wirbellose. Diese im Indopazifik verbreitete Art stellt dem Korallen fressenden Dornenkronen-Seestern nach.

EUSPIRA NITIDA
F: Naticidae
Dies ist ein europäisches Mitglied der Familie der Nabelschnecken, im Sand grabender Räuber, die Muscheln erbeuten. Nabelschnecken legen ihren Laich in spitzenartigen Bändern ab.

GEWÖHNLICHE WELLHORNSCHNECKE
Buccinum undatum
F: Buccinidae
Diese Art, die im Nordatlantik lebt, erbeutet Weichtiere und Röhrenwürmer, frisst aber auch Aas. Sie gilt in manchen Regionen als Delikatesse.

DRUPA RICINUS
F: Muricidae
Dieses Mitglied der Familie der Stachelschnecken (Muricidae) lebt an Korallenriffen im Indopazifik, wo es Borstenwürmer erbeutet.

NUCELLA LAPILLUS
F: Muricidae
Die im Nordatlantik verbreitete Schnecke gehört zu einer Gruppe, deren Mitglieder mit ihrer Radula Löcher in die Schalen von Entenmuscheln und Weichtieren bohren.

TEXTIL-KEGELSCHNECKE
Conus textile
F: Conidae
Kegelschnecken harpunieren mit einem Zahn ihrer Radula die Beute und injizieren ihr Gift. Diese indopazifische Art ist auch für Menschen gefährlich.

OLIVA PORPHYRIA
F: Olividae
Die größte Olivenschnecke kommt an den Pazifikküsten von Mexiko und Südamerika vor. Ihr Gehäuse ist bunt glänzend.

CINCTURA LILIUM
F: Fasciolariidae
Dies ist eine in der Karibik verbreitete Art, die mit der Gattung *Buccinum* verwandt ist. Andere in Sand lebende Arten mit längerem Sipho nennt man Spindelschnecken.

HARPA COSTATA
F: Harpidae
Harfenschnecken leben im Sand und erbeuten Krabben. Sie überwältigen sie mit ihrem breiten Fuß und verdauen sie mit Speichel. Diese Art kommt im Indischen Ozean vor.

TEREBRA SUBULATA
F: Terebridae
Das gemusterte Gehäuse dieser indopazifischen Art ist typisch für Schraubenschnecken. Sie graben in den oberen Sandschichten nach Würmern.

APFEL- UND SUMPFDECKEL-SCHNECKEN SOWIE VERWANDTE

Die Architaenioglossa sind die einzige Ordnung Kiemen besitzender Schnecken, der keine im Meer lebenden Arten angehören. Die meisten leben im Süßwasser, einige an Land. Bei Apfelschnecken können die Kiemen in der Mantelhöhle als Lungen fungieren, sodass sie Perioden der Austrocknung überleben. Alle haben ein Operculum.

POMACEA CANALICULATA
F: Ampullariidae
Diese typische Apfelschnecke ist im tropischen Amerika heimisch und wurde andernorts eingeschleppt. In einigen Regionen wurde sie zur invasiven, schädlichen Art.

FLUSSDECKEL-SCHNECKE
Viviparus viviparus
F: Viviparidae
Diese europäische Süßwasserschnecke mit Kiemen ist eine Verwandte der Apfelschnecken. Wie diese verschließt sie ihr Gehäuse mit einem Operculum.

SEEHASEN

Die Organe, mit denen viele Schnecken im Wasser Geruchsstoffe wahrnehmen (Rhinophoren), erinnern an Hasenohren. Die Seehasen (Anaspidea) haben einen Schalenrest im Weichkörper und schwimmen mit Lappen am Fuß.

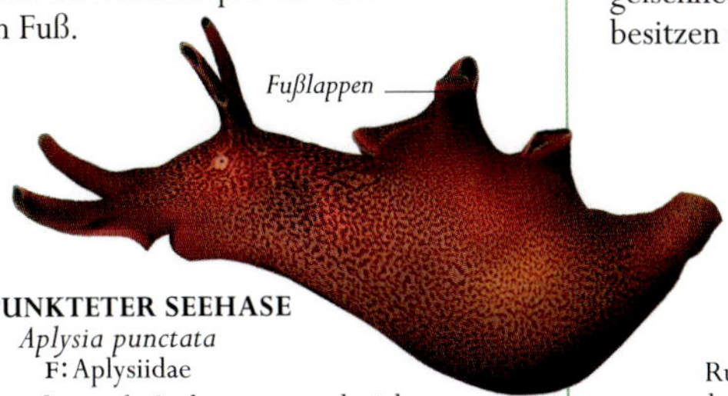

GEPUNKTETER SEEHASE
Aplysia punctata
F: Aplysiidae
Wie andere Algen fressende Seehasen sammelt sich diese europäische Art zur Fortpflanzung in Gruppen. Bei Bedrohung stößt sie zur Abwehr Tinte aus.

RUDER- UND FLÜGELSCHNECKEN

Ruderschnecken (Gymnosomata) gleiten mit Fortsätzen am Fuß (Parapodien) durchs Wasser. Die verwandten Flügelschnecken (Thecosomata) haben ebenfalls Parapodien, besitzen aber noch ein zartes Gehäuse.

CLIONE LIMACINA
F: Clionidae
Ruderschnecken schwimmen mit weichen, durchsichtigen Parapodien. Diese Art kalter Meere erbeutet die verwandte Schnecke *Limacina helicina*.

NACKTKIEMER

Nacktkiemer (Nudibranchia) sind die größte Gruppe der Meeresschnecken. Ihr Name verweist darauf, dass die Kiemen dieser Tiere frei liegen und nicht in eine Mantelhöhle eingeschlossen sind. Viele Arten warnen mit bunten Farben vor ihrer Giftigkeit.

SCHWARZRAND-PRACHTSTERNSCHNECKE
Doriprismatica atromarginata
F: Chromodorididae
Diese im Indopazifik häufige Schnecke lebt in seichtem Wasser und ernährt sich von Schwämmen. Sie ist weißlich bis hellgelb gefärbt.

HERMISSENDA CRASSICORNIS
F: Myrrhinidae
Diese Art der Gezeitenzone des Nordpazifiks gehört zu einer Gruppe von Schnecken, die zu ihrem eigenen Schutz funktionsfähige Nesselzellen ihrer Beutetiere im Körper einlagern.

PHYLLIDIA VARICOSA
F: Phyllidiidae
Diese indopazifische Warzenschnecke kommt zwischen Steinen und Sand in Küstennähe häufig vor. Sie vertilgt Schwämme.

CHROMODORIS ANNAE
F: Chromodorididae
Wie andere Arten der Gattung *Chromodoris* ist diese variable, im westlichen Pazifik verbreitete Art auf das Fressen von Schwämmen spezialisiert.

OKENIA ELEGANS
F: Goniodorididae
Diese Art ernährt sich von Seescheiden, was für die Familie typisch ist. Sie kommt in Meeren um Europa vor, auch im Mittelmeer.

NEMBROTHA KUBARYANA
F: Polyceridae
Diese im Indopazifik verbreitete Schnecke erbeutet Seescheiden und nimmt deren chemische Abwehrstoffe auf, um sich selbst mit ihnen zu schützen. Viele ihrer Verwandten erbeuten Moostierchen.

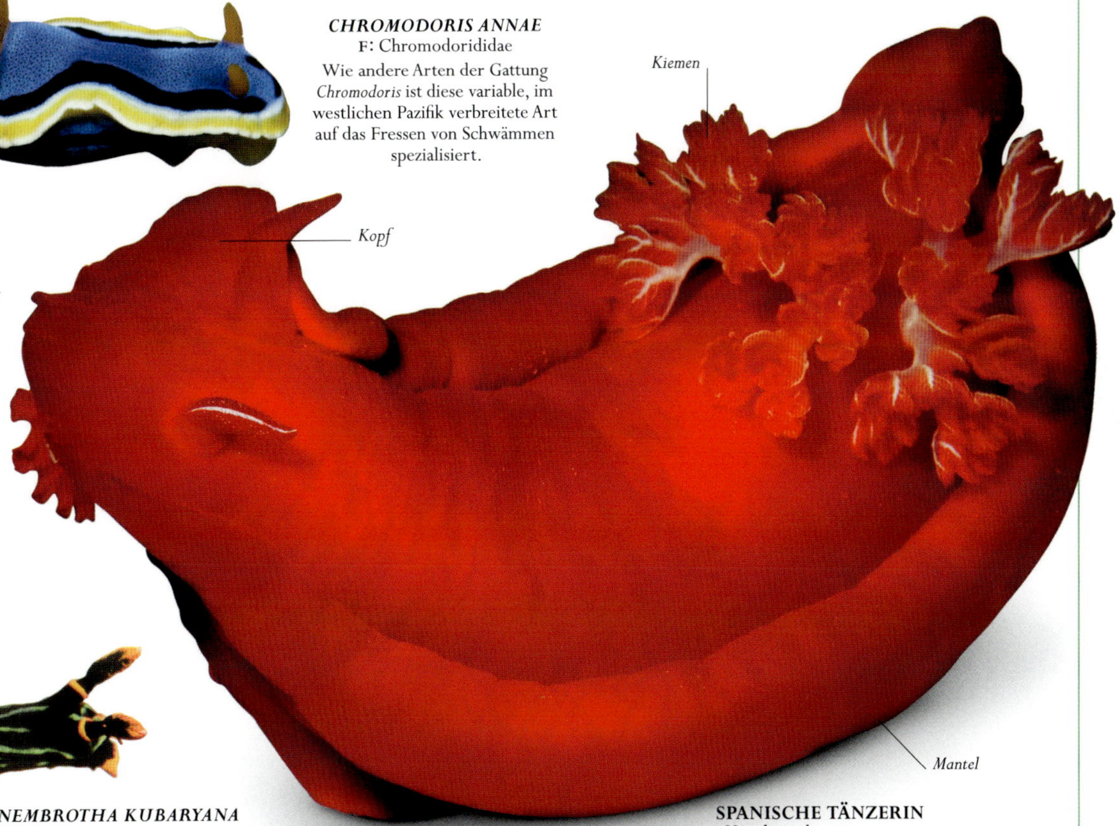

SPANISCHE TÄNZERIN
Hexabranchus sanguineus
F: Hexabranchidae
Diese große, im Indopazifik verbreitete Art ist nach ihren undulierenden Schwimmbewegungen benannt. Der rote Mantel erinnert an den Rock einer Flamenco-Tänzerin.

WASSERLUNGENSCHNECKEN

Bei den Süßwasserlungenschnecken (Hygrophila) fungiert die Mantelhöhle als Lunge. Anders als die meisten marinen Schnecken müssen die Tiere zur Wasseroberfläche kommen, um Luft zu atmen. Die meisten Arten sind Pflanzenfresser, die in stehenden oder langsam fließenden, dicht bewachsenen Gewässern leben.

SPITZSCHLAMMSCHNECKE
Lymnaea stagnalis
F: Lymnaeidae
Diese häufige Art ist in gemäßigten Zonen der Nordhalbkugel weit verbreitet. Sie lebt in stehenden oder langsam fließenden Süßgewässern.

SPITZE BLASENSCHNECKE
Physella acuta
F: Physidae
Die meisten Schnecken haben rechtsgewundene Gehäuse (wenn die Öffnung zum Betrachter weist), jene der Familie Physidae sind linksgewunden.

FLUSSMÜTZENSCHNECKE
Ancylus fluviatilis
F: Planorbidae
Dieses napfschneckenähnliche Mitglied der Tellerschnecken ist in schnell fließenden Gewässern in Europa häufig.

POSTHORNSCHNECKE
Planorbarius corneus
F: Planorbidae
Die gewundenen Gehäuse der Tellerschnecken sind flach. Die meisten leben, wie das in Eurasien verbreitete Posthörnchen, in stehenden Süßgewässern.

LANDLUNGENSCHNECKEN

Landlungenschnecken (Stylommatophora) sind Landschnecken mit oder ohne Gehäuse, die mit Lungenhöhlen Luftsauerstoff atmen. Das hintere Fühlerpaar trägt Augen. Viele Arten haben männliche und weibliche Geschlechtsorgane, sie sind somit Hermaphroditen. Vor der Paarung stimulieren sich die Tiere mit Kalkpfeilen.

GROSSE ACHATSCHNECKE
Lissachatina fulica
F: Achatinidae
Diese riesige ostafrikanische Landschnecke wurde in vielen warmen Regionen der Welt eingeschleppt, wo sie Schäden anrichtet.

POLYMITA PICTA
F: Cepolidae
Diese Schnecke findet man nur in Bergwäldern auf Kuba. Es gibt viele Formen mit unterschiedlich gefärbten Gehäusen.

GEFLECKTE WEINBERGSCHNECKE
Cornu aspersum
F: Helicidae
Diese variabel gefärbte Art mit runzeligem Gehäuse ist in Europa in Wäldern, Hecken, Dünen und Gärten weit verbreitet.

GRAUGELBE RUCKSACKSCHNECKE
Testacella haliotidea
F: Testacellidae
Dieses typische Mitglied einer Familie mit kleiner Schale erbeutet Regenwürmer.

DISCUS PATULUS
F: Discidae
Die Arten der Familie Discidae weisen ursprüngliche Merkmale auf und haben flache, gewundene Gehäuse. Diese Art kommt in Nordamerika in Wäldern vor.

SCHWARZE WEGSCHNECKE
Arion ater
F: Arionidae
Die Schwarze Wegschnecke ist in Nord- und Nordwesteuropa verbreitet. Die Pflanzenfresserin kommt bevorzugt in feuchten bewaldeten Gebieten vor.

WEINBERGSCHNECKE
Helix pomatia
F: Helicidae
Die größte in Mitteleuropa verbreitete Gehäuseschnecke kommt auf kalkreichen Böden vor. Weinbergschnecken werden zum Verzehr gezüchtet.

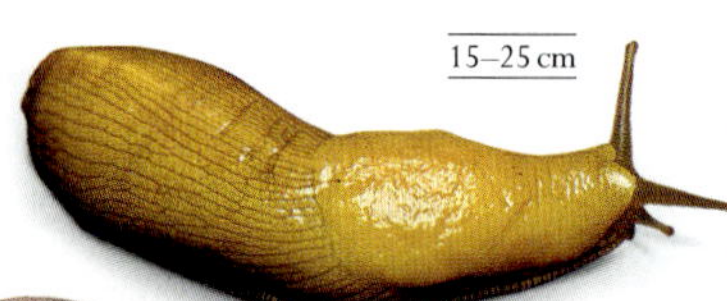

BANANENSCHNECKE
Ariolimax columbianus
F: Ariolimacidae
Nach ihrer gelben Färbung ist die Bananenschnecke benannt. Sie lebt in feuchten Nadelwäldern an der Westküste Nordamerikas.

HAIN-SCHNIRKELSCHNECKE
Cepaea nemoralis
F: Helicidae
Diese Verwandte der Weinbergschnecke ist in Westeuropa verbreitet. Die Gehäuse sind variabel gefärbt. Mit der Bänderung sind die Tiere in verschiedenen Lebensräumen getarnt.

SCHWARZER SCHNEGEL
Limax cinereoniger
F: Limacidae
Schnegel haben eine kleine Kalkschale im Weichkörper. Diese große Art lebt in europäischen Wäldern. Es gibt verschiedene Farbformen.

KOPFFÜSSER

Kopffüßer (Cephalopoda) sind flinke Räuber. Mit ihrem hochentwickelten Nervensystem können sie Beute jagen, die sich schnell bewegt.

Die intelligentesten wirbellosen Tiere sind Kopffüßer. Viele Arten signalisieren ihre Stimmung, indem sie mit Hautzellen, die Pigmente enthalten, ihre Farbe wechseln. An der Zahl der Arme kann man die Gruppen unterscheiden. Kalmare und Sepien haben acht Arme, mit denen sie schwimmen, und zwei längere, mit Saugnäpfen besetzte Tentakel, mit denen sie Beute ergreifen. Bei Kraken sind alle acht Arme mit Saugnäpfen besetzt. Zur Atmung nehmen Kopffüßer Wasser durch Spalten in die Mantelhöhle auf. Es fließt über die Kiemen und wird durch einen kurzen Trichter ausgestoßen. Die Tiere können sich außerdem schnell nach hinten katapultieren, indem sie Wasser durch den Trichter ausstoßen. Kalmare und Sepien haben einen Flossensaum oder seitliche Flossen, mit denen sie in offenem Wasser schwimmen. Die meisten Kraken leben auf dem Meeresgrund.

Nur das Perlboot, das im offenen Meer vorkommt, hat ein großes spiraliges, gekammertes Gehäuse. Bei Kalmaren ist das Gehäuse zu einer stützenden inneren Schale reduziert, bei Sepien zu einer inneren verkalkten Struktur, dem Schulp. Kraken haben ihr Gehäuse ganz zurückgebildet.

Kopffüßer sind schnelle Räuber. Mit den Armen greifen sie ihre Beute, die sie dann mit ihrem Schnabel zerteilen. Kalmare jagen frei schwimmende Beute, während Sepien und Kraken langsamere Tiere am Grund erbeuten, wie Krabben.

STAMM	MOLLUSCA
KLASSE	CEPHALOPODA
ORDNUNGEN	etwa 9
FAMILIEN	etwa 50
ARTEN	etwa 822

Ein Pazifischer Riesenkrake stößt schwarze Tinte zur Abschreckung aus, während er vor einem Fressfeind flieht.

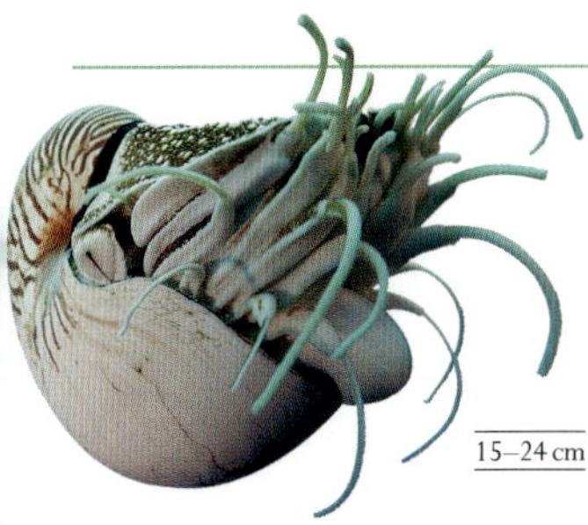

15–24 cm

PERLBOOT
Nautilus pompilius
F: Nautilidae
Diese indopazifische Art ist das bekannteste heute noch vorkommende Mitglied seiner Familie. Die meisten Arten sind nur als Fossilien bekannt.

45–50 cm

AUSTRALISCHE RIESENSEPIE
Sepia apama
F: Sepiidae
Die größte bekannte Sepie kommt vor den Südküsten Australiens vor. Sie lebt in Seegraswiesen und an Felsenriffen.

45–50 cm

BREITKEULEN-SEPIA
Sepia latimanus
F: Sepiidae
Diese große Sepie ist in der indopazifischen Region weit verbreitet. An Korallenriffen erbeutet sie Garnelen und andere Krebstiere.

40–50 cm

GEWÖHNLICHER TINTENFISCH
Sepia officinalis
F: Sepiidae
Wie viele ihrer Verwandten laicht diese Art auf schlammigen Sedimenten. Sie kommt vor den Küsten von Europa und Südafrika vor.

6–7 cm

FLAMMENDE SEPIA
Metasepia pfefferi
F: Sepiidae
Ungewöhnlicherweise läuft diese Art mit ihren Tentakeln auf dem Meeresboden. Sie kommt im Indopazifik vor. Vor Kurzem stellte sich heraus, dass sie giftig ist.

20–50 cm

Mit den Tentakeln wird die Beute ergriffen.

***MASTIGOTEUTHIS* SPEC.**
F: Mastigoteuthidae
Die Tiefseekalmare der Familie Mastigoteuthidae schweben mit ihren breiten Flossen in der Tiefe und lauern mit ausgestreckten Armen Beutetieren auf.

2–3 cm

BERRYS STUMMELSCHWANZSEPIA
Euprymna berryi
F: Sepiolidae
Stummelschwanzsepien wie diese im Indopazifik verbreitete Art sind kleine Verwandte der Sepien. Sie haben lappenförmige Flossen am rundlichen Körper.

25–35 cm

GROSSFLOSSEN-RIFFKALMAR
Sepioteuthis lessoniana
F: Loliginidae
Mit seinen großen paarigen Flossen ähnelt dieser Kalmar einer Sepie. Die Tiere kommunizieren mit Organen, in denen Bakterien Licht erzeugen.

30–45 cm

GEWÖHNLICER KALMAR
Loligo vulgaris
F: Loliginidae
Diese wirtschaftlich wichtige Art ist im Nordostlantik und im Mittelmeer häufig. Wie verwandte Arten besitzt sie auffällige Flossen.

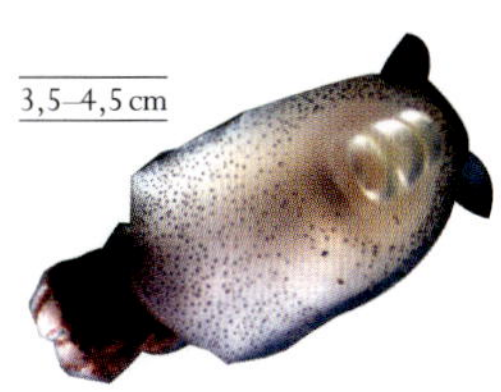

3,5–4,5 cm

POSTHÖRNCHEN
Spirula spirula
F: Spirulidae
In der Tiefsee lebt diese Art, deren Gehäuse mit Gas gefüllt ist. Das Tier steuert so seinen Auftrieb und steigt nachts zur Oberfläche empor.

»

GEWÖHNLICHER KRAKE
Octopus vulgaris

Dies ist einer der intelligentesten Wirbellosen. Das wird deutlich, wenn er äußerst geschickt einen Krebs aus einer Hummerreuse holt oder eine im Sediment verborgene Krabbe erbeutet. Der Krake hat hervorragende Augen und acht Greifarme, mit denen er läuft. Er kann blitzschnell seine Farbe wechseln und sich durch sehr enge Spalten zwängen. Mit seinem Hornschnabel zerteilt er seine Beute, und um seine Höhle sieht man oft verstreute Schalenreste. Ein Gewöhnlicher Krake wird nicht alt. Nach dem Schlüpfen lebt ein Jungtier mit einer halben Million Geschwistern im Plankton. Nach zwei Monaten begibt es sich auf den Meeresgrund. Nach über einem Jahr ist das Tier geschlechtsreif, wenn es bis dahin keinem Fressfeind zum Opfer gefallen ist. Nach der Eiablage stirbt es. Der Gewöhnliche Krake ist in Meeren der Tropen und warm gemäßigten Zonen verbreitet. Möglicherweise handelt es sich um eine Sammelart aus mehreren ähnlichen Arten.

GRÖSSE Tentakelspanne 1,5–3 m
LEBENSRAUM felsiger Meeresrand
VERBREITUNG in tropischen und warm gemäßigten Zonen
NAHRUNG Krebstiere, Muscheln

> EIN INTELLIGENTES WEICHTIER
Ein Krake ist ein flinker Räuber mit einem hochentwickelten Nervensystem. Zwei Drittel seiner Neuronen befinden sich in den Armen, die bemerkenswert unabhängig vom Gehirn agieren. Bei Experimenten bewiesen Kraken, dass sie Probleme lösen können und ein hervorragendes Langzeit- und Kurzzeitgedächtnis haben.

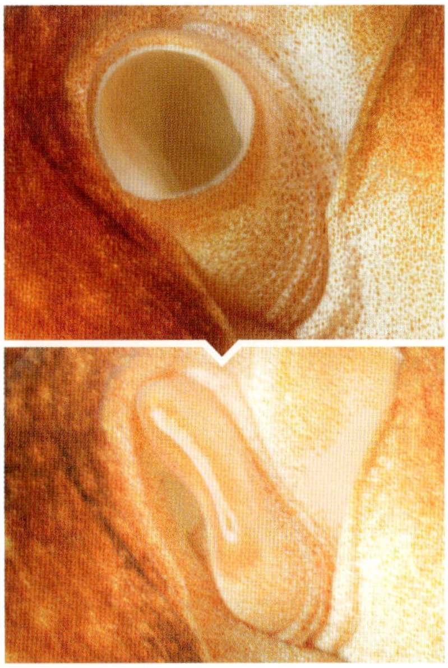

∨ UNTERSEITE
Der Krake ist ein Kopffüßer oder Cephalopode. Die acht beweglichen Arme befinden sich am Kopf. Die Mundöffnung ist in der Mitte der Armansätze zu sehen.

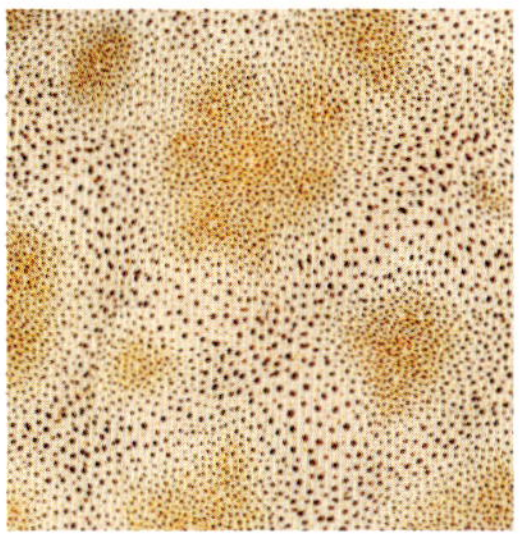

< HAUT
In der Haut befinden sich spezielle Zellen, die Chromatophoren, die Pigmente enthalten. Mit ihnen kann der Krake seine Farbe wechseln, um sich zu tarnen oder Aggression oder Angst zu signalisieren.

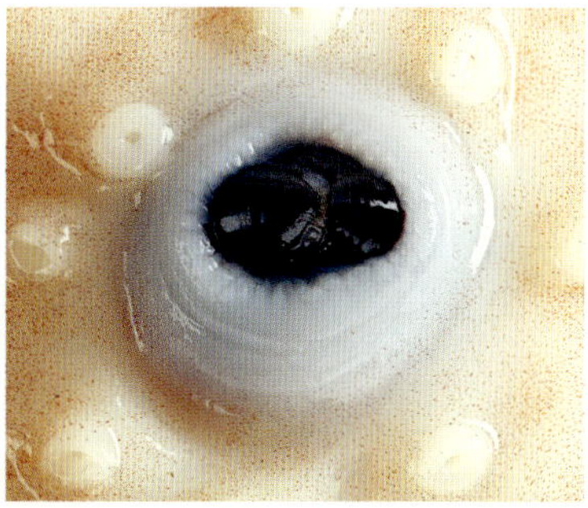

< SCHNABEL
Dieser Krake erbeutet unter anderem Krebstiere. Sein Schnabel ähnelt einem Papageienschnabel. Mit ihm kann das Tier den Panzer einer Krabbe oder Garnele knacken.

∧ SAUGNAPF
An jedem Arm sitzen Saugnäpfe in zwei Reihen. Mit ihnen kann sich der Krake hervorragend festheften und geschickt über den Meeresgrund und Korallenriffe laufen. Mit Rezeptoren an den Saugnäpfen schmeckt das Tier, was es berührt.

∧ TRICHTER
Auf einer Seite des Mantels, direkt hinter dem Kopf, befindet sich ein Trichter, der drei Zwecken dient: Aus ihm wird Wasser ausgeschieden, das über die Kiemen geströmt ist. Durch einen raschen Wasserausstoß kann das Tier fliehen. Auch Tintenwolken, die Feinde verwirren, werden durch den Trichter ausgeschieden.

» KOPFFÜSSER

TIEFSEEVAMPIR
Vampyroteuthis infernalis
F: Vampyroteuthidae

Diese Tiefsee-Art sieht wie eine Mischung aus Kalmar und Krake aus: Sie hat Flossen, und Organe, in denen Licht erzeugt wird, bedecken den Körper.

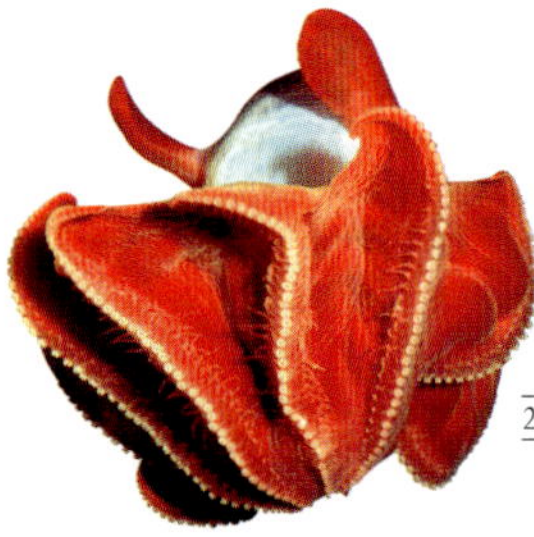

DUMBO-OKTOPUS
Grimpoteuthis plena
F: Opisthoteuthidae

Dieser Oktopus schwimmt mit seinen ohrähnlichen Flossen. Er erbeutet in Tiefen von 3000–4000 m andere Wirbellose.

GEFLÜGELTES PAPIERBOOT
Argonauta hians
F: Argonautidae

Papierboote sind mit den Kraken verwandt. Die Weibchen produzieren papierdünne Eibehälter, die einem Gehäuse ähneln. Diese Art ist weltumspannend verbreitet.

PAZIFISCHER RIESENKRAKE
Enteroctopus dofleini
F: Enteroctopodidae

Der wahrscheinlich größte Krake ist überraschend kurzlebig. Die Weibchen kümmern sich intensiv um ihre zahlreichen Nachkommen.

OCTOPUS SPEC.
F: Octopodidae

Dies ist einer von mehreren Kraken mit besonders langen Armen. Die adulten Tiere kann man in sandigen Lagunen antreffen, die durchsichtigen Jungtiere hingegen haben eine planktonische Lebensweise.

KARIBISCHER RIFFKRAKE
Octopus briareus
F: Octopodidae

Der im westlichen Atlantik und in der Karibik verbreitete Krake lebt an Korallenriffen. Oft fängt er Beute, indem er seine mit Häuten verbundenen Arme wie ein Netz ausbreitet.

GEWÖHNLICHER KRAKE
Octopus vulgaris
F: Octopodidae

Weltweit ist dieser Krake in tropischen und warm gemäßigten Meeren verbreitet. Er hat einen warzigen Körper. Die Saugnäpfe an seinen Armen bilden zwei Reihen.

OCTOPUS SPEC.
F: Octopodidae

Mit DNA-Analysen hat man mehrere ähnliche *Octopus*-Arten identifiziert, die mit dem Gewöhnlichen Kraken verwandt sind. Dies ist eine der Arten.

KARNEVALS-TINTENFISCH
Thaumoctopus mimicus
F: Octopodidae

Viele Kraken wechseln ihre Farbe, diese asiatische Art aber kann sogar ihre Gestalt ändern. Sie tarnt sich, indem sie ein anderes Meerestier, einen Schwamm, eine Koralle oder eine Qualle nachahmt.

GROSSER BLAUGERINGELTER KRAKE
Hapalochlaena lunulata
F: Octopodidae

Dieser Krake erbeutet im westlichen Pazifik Krebstiere und Fische. Er lähmt sie mit seinem giftigen Speichel, der auch für Menschen tödlich sein kann.

KÄFERSCHNECKEN

Käferschnecken (Polyplacophora) sind sehr ursprüngliche Weichtiere. Die meisten Arten weiden in Küstennähe Algen und Mikrobenfilme ab.

Die Schale einer Käferschnecke besteht aus bis zu acht Einzelplatten, die sich gegeneinander bewegen, wenn das Weichtier über unebene Steine kriecht. Bei Gefahr kann eine Käferschnecke sich zusammenrollen. Die Tiere haben weder Augen noch Tentakeln, in den Platten befinden sich aber Zellen, die Licht wahrnehmen. Die Platten sind vom Rand des Mantels umgeben, der den sogenannten Gürtel (Perinotum) bildet. Eine Mantelrinne, in der viele paarige Kiemen stehen, umgibt u-förmig den hinteren Teil des Körpers. Die Radula oder Raspelzunge ist mit winzigen Zähnchen besetzt, die mit Eisen und Siliciumdioxid gehärtet sind. Käferschnecken können deshalb auch harte Krustenalgen abweiden.

STAMM	MOLLUSCA
KLASSE	POLYPLACOPHORA
ORDNUNGEN	2
FAMILIEN	20
ARTEN	1026

8 cm

CHITON MARMORATUS
F: Chitonidae
Wie bei anderen Käferschnecken bestehen die Platten dieser in der Karibik verbreiteten Art aus Aragonit, einem Calcium-Carbonat.

4–5 cm

CHITON GLAUCUS
F: Chitonidae
Diese variabel gefärbte Art kommt an den Küsten von Neuseeland und Tasmanien vor. Wie die meisten Käferschnecken ist sie nachtaktiv.

2–8 cm

ACANTHOPLEURA GRANULATA
F: Chitonidae
Diese karibische Art mit stacheligem Gürtel erträgt es, der Sonne ausgesetzt zu sein. Sie kann weit oben in der Gezeitenzone überleben.

2,5 cm

ISCHNOCHITON COMPTUS
F: Ischnochitonidae
Käferschnecken der Gattung *Ischnochiton* haben einen stacheligen oder schuppigen Gürtel. Diese Art ist in der Gezeitenzone des westlichen Pazifiks häufig.

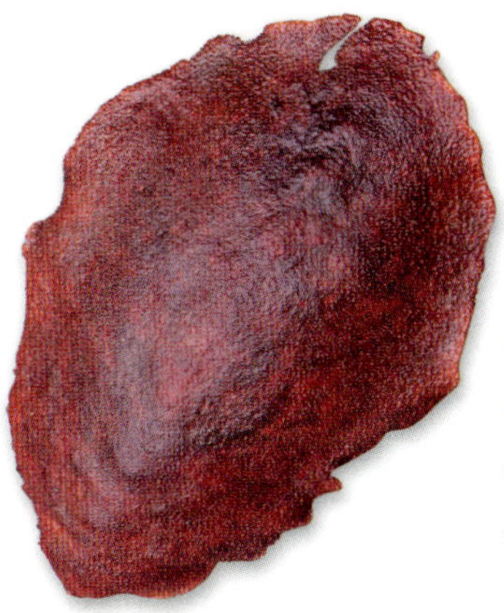

30–33 cm

CRYPTOCHITON STELLERI
F: Acanthochitonidae
Bei einer Familie der Käferschnecken überwächst der fleischige Gürtel die Platten. Bei dieser im Nordpazifik verbreiteten Art bildet er eine ledrige Haut.

5–8 cm

MOPALIA CILIATA
F: Mopaliidae
Diese Art hat einen mit haarähnlichen Borsten besetzten Gürtel. Sie kommt an der Pazifikküste Nordamerikas vor. Manchmal findet man sie unter vertäuten Booten.

4–7 cm

CHAETOPLEURA PAPILIO
F: Chaetopleuridae
Diese Art mit borstigem Gürtel hat braun gestreifte Platten. Man findet sie an südafrikanischen Küsten unter Felsen.

4–5 cm

LINIEN-KÄFERSCHNECKE
Tonicella lineata
F: Ischnochitonidae
Diese bunt gefärbte Käferschnecke kommt an Küsten des Nordpazifiks vor. Wenn sie rote Krustenalgen abweidet, ist sie gut getarnt.

KAHNFÜSSER

Kahnfüßer leben vergraben in marinen Sedimenten. Sie sind die einzigen Weichtiere mit einer röhrenförmigen, gekrümmten Schale, die an beiden Enden offen ist.

STAMM	MOLLUSCA
KLASSE	SCAPHOPODA
ORDNUNGEN	2
FAMILIEN	13
ARTEN	etwa 576

Kahnfüßer (Scaphopoda) sind nicht selten, aber man bekommt sie nicht oft zu Gesicht. Sie leben meist weit von der Küste entfernt und ein Teil ihrer Schale ist im Schlamm vergraben. Der augenlose Kopf und der Fuß befinden sich tief im Sediment. Mit Fangfäden suchen die Tiere Nahrung und mit Sinneszellen nehmen sie Geschmacksstoffe wahr. Wenn sie Nahrung – kleine Wirbellose oder Detritus – finden, befördern sie Fangfäden in den Mund, wo eine Radula sie zerkleinert. Kahnfüßer haben keine Kiemen. Wimpern erzeugen einen Wasserstrom in die Mantelhöhle, in der Sauerstoff aufgenommen wird. Ist der Sauerstoffgehalt im Atemwasser gering, zieht der Kahnfüßer seinen Weichkörper zusammen und stößt das Wasser durch das obere Ende der Schale wieder aus.

3–4 cm

ELEFANTENZAHN
Antalis dentalis
F: Dentaliidae
Diese Art aus dem nordöstlichen Atlantik ist in sandigen Gebieten in Küstennähe verbreitet. Manchmal findet man die leeren Schalen in großer Zahl. Die Art gehört wie die folgende zur Familie Dentaliidae.

5–8 cm

PICTODENTALIUM FORMOSUM
F: Dentaliidae
In Meeressedimenten in Japan, auf den Philippinen, in Australasien und Neukaledonien hat man diese bunte tropische Art nachgewiesen.

STACHELHÄUTER

Zu den Stachelhäutern gehören vielfältige Meerestiere, darunter Filtrierer wie die Haarsterne, die weidenden Seeigel und die räuberischen Seesterne.

Die Stachelhäuter (Echinodermata) bilden den einzigen großen Stamm wirbelloser Tiere, dessen Mitglieder nur im Meer vorkommen. Stachelhäuter sind Bewohner des Meeresbodens, die sich langsam bewegen. Die Körper der meisten Gruppen weisen eine fünfstrahlige Symmetrie auf. Der Name des Stamms bezieht sich auf die harten, verkalkten Ossikel, die das Hautskelett der Tiere bilden. Bei Seesternen sind die Ossikel in weiches Gewebe eingebettet, sodass die Tiere recht beweglich sind, bei Seeigeln sind sie hingegen zu einem festen Kalkskelett verschmolzen. Bei Seegurken sind die Ossikel sehr klein oder fehlen völlig.

EIN HYDRAULISCHES SYSTEM

Stachelhäuter weisen ein besonderes Wassergefäßsystem zur Fortbewegung auf: Meerwasser wird durch eine Siebplatte in den Körper aufgenommen, die sich meistens auf der Körperoberseite befindet. Die Körperflüssigkeit zirkuliert in einem System von Kanälen, die das Tier durchziehen, und wird in kleine, weiche Fortsätze an der Oberfläche gepresst. Diese sogenannten Ambulakralfüßchen können sich vor und zurück bewegen und an Oberflächen haften. Bei Federsternen weisen sie auf den gefiederten Armen nach oben und fangen Nahrungspartikel ein, die dann zum Mund befördert werden. Andere Stachelhäuter bewegen sich mit unzähligen nach unten weisenden Füßchen fort.

METHODEN DER ABWEHR

Die robuste, stachelige Haut der meisten Stachelhäuter bietet Schutz vor Fressfeinden, aber die Tiere haben auch andere Möglichkeiten der Verteidigung. Viele Seeigel sind mit kräftigen Stacheln besetzt, an denen sich auch Menschen ernsthaft verletzen können. Viele Arten haben winzige pinzettenähnliche, manchmal Gift enthaltende Anhänge, mit denen sie sowohl Schmutz entfernen als auch Angreifer abwehren können. Seegurken sind weich und müssen sich mit giftigen Chemikalien schützen. Oft tragen sie deshalb bunte Warnfarben. Als letzte Abwehr schleudern einige Arten sogar klebrige Fäden oder ihren Darm dem Angreifer entgegen.

STAMM	ECHINODERMATA
KLASSEN	5
ORDNUNGEN	35
FAMILIEN	173
ARTEN	7447

Die Ambulakralfüßchen, mit denen sich viele Stachelhäuter fortbewegen, sieht man bei diesem Dornenkronen-Seestern deutlich.

HAARSTERNE UND SEELILIEN

Ein Haarstern hat fünf Arme, mit denen er filtriert. Bei manchen Arten verzweigen sie sich zu einem dichten Büschel. Mundöffnung und Anus weisen in der Mitte nach oben. Einige Mitglieder der Klasse Haarsterne und Seelilien (Crinoidea) bewegen sich auf ihren Armen vorwärts.

10–15 cm

CENOMETRA EMENDATRIX
F: Colobometridae
Die Arme eines Haarsterns sind mit kleineren Fortsätzen gesäumt, den Pinnulae, die Nahrungspartikel einfangen. Bei dieser im tropischen Pazifik verbreiteten Art sind sie weiß.

10–20 cm

DAVIDASTER RUBIGINOSUS
F: Comatulidae
Wie andere Haarsterne ernährt sich diese Art aus dem westlichen Atlantik von schwebenden Partikeln. Er fängt mit seinen verzweigten Armen Plankton ein.

10–15 cm

TROPISCHER HAARSTERN
Anneissia bennetti
F: Comasteridae
Wie viele Haarsterne filtriert diese im westlichen Pazifik häufige Art vor allem nachts, wenn die Strömung besonders stark ist.

10–15 cm

ROBUSTER HAARSTERN
Himerometra robustipinna
F: Himerometridae
Diese Art kommt im tropischen Indopazifik in Küstennähe vor. Sie sitzt an Korallen oder Schwämmen fest. Eine Schildfisch-Art lebt zwischen den Armen, vielleicht, weil das Tier hier vor Feinden geschützt ist.

SEEIGEL UND VERWANDTE

Seeigel bilden die Klasse Echinoidea. Danach ist der Stamm Echinodermata benannt. Die plattenförmigen Ossikel sind zu einem Kalkskelett verwachsen. Die Stacheln dienen der Verteidigung und Fortbewegung. Der Mund weist meistens nach unten und der After nach oben. Zwischen beiden Polen verlaufen Reihen mit Ambulakralfüßchen.

10–11 cm

ZWEIKERBEN-SANDDOLLAR
Sculpsitechinus auritus
F: Astriclypeidae

Diese Art, die im Indopazifik im Sand an Küsten vorkommt, ist ein typisches Mitglied der Gruppe im Sand grabender Sanddollars.

4–5 cm

BLEISTIFT-DIADEMSEEIGEL
Echinothrix calamaris
F: Diadematidae

Die Stacheln dieser Art, die im Indopazifik an Riffen lebt, injizieren ein Gift, das Schmerzen hervorruft. Oft suchen Kardinalbarsche (Apogonidae) zwischen den Stacheln Schutz.

20 cm

ROTER DIADEMSEEIGEL
Astropyga radiata
F: Diadematidae

In Lagunen im Indopazifik lebt diese Art. Sie gehört zu einer Familie tropischer Seeigel mit langen, hohlen Stacheln. Oft trägt die Krabbe *Dorippe frascone* diese Seeigel mit sich herum.

8–10 cm

RIFFDACH-BOHRSEEIGEL
Echinometra mathaei
F: Echinometridae

Die im Indopazifik verbreitete Art gehört zu einer Gruppe von Seeigeln mit dicken Stacheln. Sie lebt an Korallenriffen in Spalten.

16–18 cm

ESSBARER SEEIGEL
Echinus esculentus
F: Echinidae

Dieser große, kugelige, im nordöstlichen Atlantik häufige Seeigel ist variabel gefärbt. Er vertilgt Wirbellose und Algen, vor allem Kelp.

FEUERSEEIGEL
Asthenosoma varium
F: Echinothuridae

Der Feuerseeigel lebt im Indopazifik in sandigen Lagunen. Er hat eine bewegliche Schale, mit dem er in Spalten gelangen kann. Stiche der Stacheln sind schmerzhaft.

20–25 cm

8–10 cm

PURPUR-SEEIGEL
Strongylocentrotus purpuratus
F: Strongylocentrotidae

Dieser Bewohner von Kelpwäldern an der nordamerikanischen Pazifikküste ist ein Objekt biomedizinischer Forschung.

7–8 cm

KLEINER HERZIGEL
Echinocardium cordatum
F: Loveniidae

Herzigel wie diese Art, die in vielen Meeren der Erde vorkommt, graben im Sediment, wo sie sich von Detritus ernähren. Sie sind nicht radiärsymmetrisch.

SEEGURKEN

Seegurken (Klasse Holothuriodea) sind Tiere mit weichem Körper. Die Mundöffnung ist von einem Ring von Tentakeln umgeben, mit denen das Tier Nahrung aufnimmt. Der After befindet sich am anderen Ende. Einige Arten graben mit ihren Tentakeln im Sediment, andere bewegen sich mit Ambulakralfüßchen am Meeresboden vorwärts.

5–8 cm

GELBE SEEWALZE
Colochirus robustus
F: Cucumariidae

Diese Stachelhäuter gehören zu einer Familie von Seewalzen mit dicker Haut. Wie die im Indopazifik verbreitete Art sind viele mit warzigen Fortsätzen bedeckt.

15–18 cm

SEEAPFEL
Pseudocolochirus violaceus
F: Cucumariidae

Seeäpfel sind bunt gefärbte, hochgiftige Riffbewohner. Diese Art hat gelbe oder orangefarbene Ambulakralfüßchen. Die Färbung ist variabel.

38–60 cm

AUGENFLECK-SEEWALZE
Bohadschia argus
F: Holothuriidae

Vom westlichen Indischen Ozean um Madagaskar bis zum Südpazifik ist diese große Art verbreitet. Die Exemplare sind unterschiedlich gefärbt, aber immer gepunktet.

25–30 cm

ROTE ESSBARE SEEWALZE
Holothuria (Halodeima) edulis
F: Holothuriidae

Große Seewalzen sind in tropischen Meeren besonders häufig. Diese im Indopazifik verbreitete wird getrocknet und ist eine begehrte Suppenzutat.

60 cm

GEFLECKTE WURMSEEGURKE
Synapta maculata
F: Synaptidae

Eine typische Vertreterin ihrer Familie ist diese im Indopazifik verbreitete Art. Sie hat einen wurmähnlichen Körper und gräbt in weichen Sedimenten.

35–40 cm

KALIFORNISCHE SEEGURKE
Apostichopus californicus
F: Stichopodidae

An der nordamerikanischen Pazifikküste ist diese Art eine der größten Seegurken. Sie gilt als Delikatesse.

60–75 cm

ANANAS-SEEWALZE
Thelenota ananas
F: Stichopodidae

Die Art gehört zu einer Familie von Seewalzen mit fleischigen Stacheln. Sie kommt im Indopazifik auf sandigen Meeresböden um Korallenriffe vor.

30 cm

KOLGA HYALINA
F: Elpidiidae

In Tiefen von bis zu 1500 m ist diese Art fast weltweit verbreitet. Sie ist eine der wenig bekannten Seegurken, die in der Tiefsee leben.

SCHLANGENSTERNE

Schlangensterne haben lange, dünne Arme, die leicht abbrechen. In der Zentralscheibe befindet sich eine nach unten weisende Mundöffnung. Manche Mitglieder der Klasse Schlangensterne (Ophiuroidea) fangen mit ihren Armen Nahrungspartikel, andere sind Räuber.

GLATTER SCHLANGENSTERN
Ophioderma spec.
F: Ophiodermatidae
Im westlichen Atlantik lebt diese Art in Seegraswiesen in Küstennähe. Sie erbeutet andere Wirbellose, unter anderem Garnelen.

ZERBRECHLICHER SCHLANGENSTERN
Ophiothrix fragilis
F: Ophiotrichidae
Dieser Schlangenstern kommt im nordöstlichen Atlantik vor, oft in dichten Populationen. Er breitet seine Arme aus, um Nahrungspartikel einzufangen.

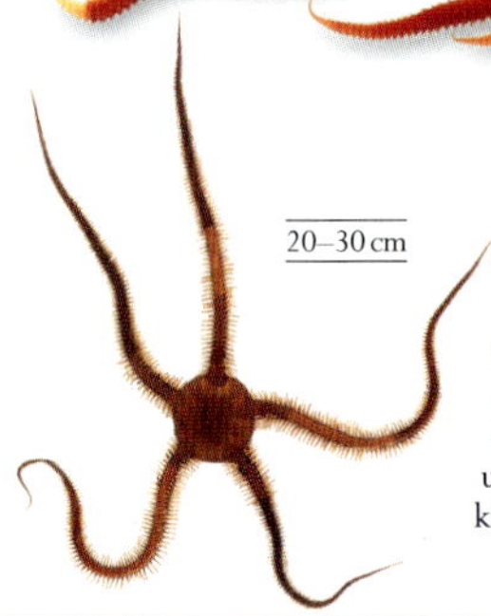

SCHWARZER SCHLANGENSTERN
Ophiocomina nigra
F: Ophiocomidae
Diese Art kommt in europäischen Meeren vor. Sie filtriert Nahrungspartikel und frisst Detritus. An Felsküsten mit starken Strömungen kann sie häufig sein.

GORGONENHAUPT
Gorgonocephalus caputmedusae
F: Gorgonocephalidae
Nach ihren eingerollten schlangenähnlichen Armen ist diese Art benannt. Sie ist an europäischen Küsten häufig. Größere Tiere findet man an Stellen mit starken Strömungen, wo sie mehr Nahrung einfangen können.

SEESTERNE

Wie die meisten Stachelhäuter bewegen sich Seesterne mit ihren Ambulakralfüßchen auf dem Meeresboden fort. Die meisten Arten der Klasse Seesterne (Asteroidea) haben fünf Arme, einige haben mehr. Manche Arten sind kugelig oder kissenförmig. Viele Seesterne erbeuten andere Wirbellose, die sich langsam fortbewegen, andere fressen Aas oder Detritus. Obwohl sich in ihrer Haut harte Ossikel befinden, sind sie sehr beweglich.

VIOLETTER SONNENSTERN
Solaster endeca
F: Solasteridae
Sonnensterne sind große, stachelige Seesterne mit vielen Armen. Sie sind auf der Nordhalbkugel verbreitet und leben auf Schlammböden kalter Meere in Küstennähe.

SIEBENARMIGER SEESTERN
Luidia ciliaris
F: Luidiidae
Anders als die meisten Seesterne hat diese große atlantische Art sieben Arme. Mit ihren Ambulakralfüßchen bewegt sie sich schnell fort.

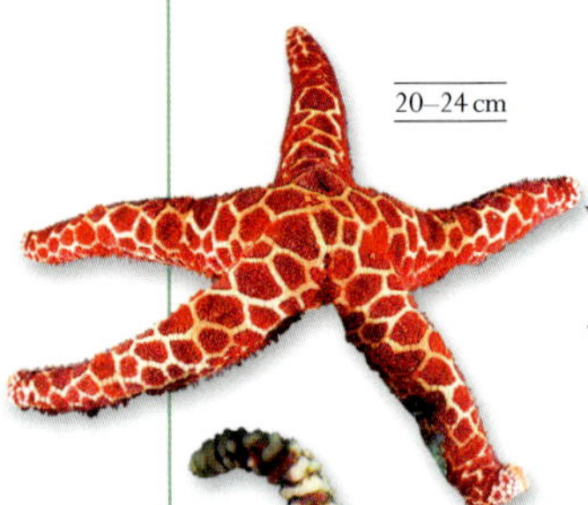

MOSAIKSEESTERN
Plectaster decanus
F: Echinasteridae
Wie einige andere Arten der Familie ist dieser auffällige Seestern, der an Felsenküsten im südwestlichen Pazifik vorkommt, sehr variabel gefärbt.

BLASENSEESTERN
Echinaster callosus
F: Echinasteridae
Zu einer Familie von Arten mit steifen Körpern und kegelförmigen Armen gehört diese westpazifische Art. Ungewöhnlicherweise ist sie mit rosa und weißen Warzen bedeckt.

KURZARMIGER SEESTERN
Porania (Porania) pulvillus
F: Poraniidae
Diese charakteristische Art mit glatter Oberfläche hat kurze Arme und einen Saum aus Stacheln. Sie lebt an europäischen Felsenküsten, oft an den Rhizoiden von Kelp.

BLUTSEESTERN
Henricia oculata
F: Echinasteridae
Dieser Verwandte des Blasenseesterns kommt in Gezeitentümpeln und Kelpwäldern im Nordostatlantik vor. Mit Schleim fängt er Nahrungspartikel ein.

OCKERSEESTERN
Pisaster ochraceus
F: Asteriidae
Im Atlantik kommt dieser Verwandte des Gewöhnlichen Seesterns vor. Er jagt Wirbellose, darunter andere Arten seiner Familie und Muscheln.

GEWÖHNLICHER SEESTERN
Asterias rubens
F: Asteriidae
Im nordöstlichen Atlantik ist diese Art, die andere Wirbellose erbeutet, häufig. Sie kommt auch im Brackwasser von Ästuaren vor. In vielen Regionen sind die Populationen sehr groß.

SONNENBLUMEN-SEESTERN
Pycnopodia helianthoides
F: Asteriidae
Dies ist einer der größten Seesterne. Er erbeutet Weichtiere und andere Stachelhäuter. Er lebt an den Küsten des nordöstlichen Pazifiks zwischen Tangen.

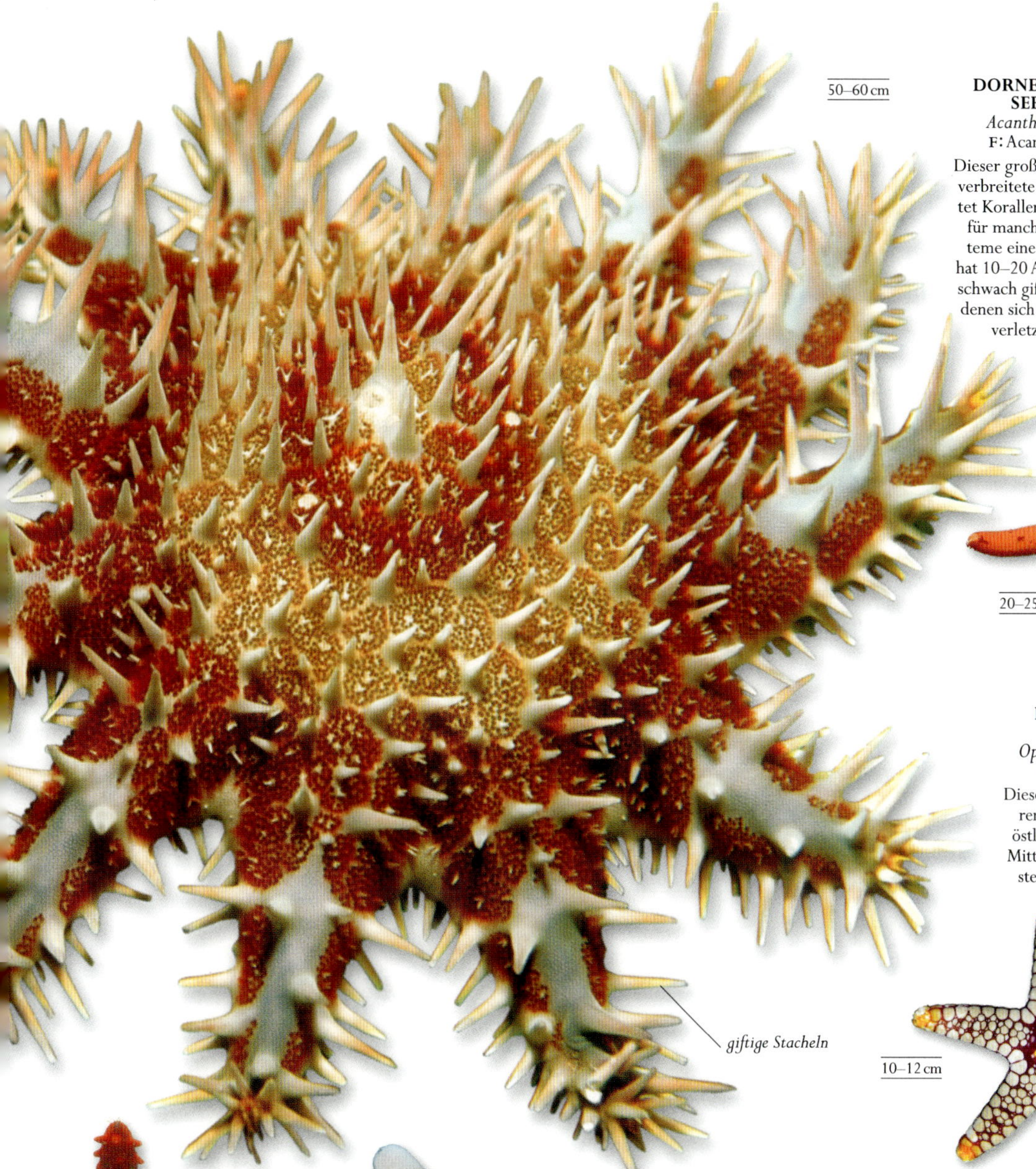

DORNENKRONEN-SEESTERN
Acanthaster planci
F: Acanthasteridae

Dieser große, im Indopazifik verbreitete Seestern erbeutet Korallenpolypen und ist für manche Riff-Ökosysteme eine Bedrohung. Er hat 10–20 Arme und spitze, schwach giftige Dornen, an denen sich auch Menschen verletzen können.

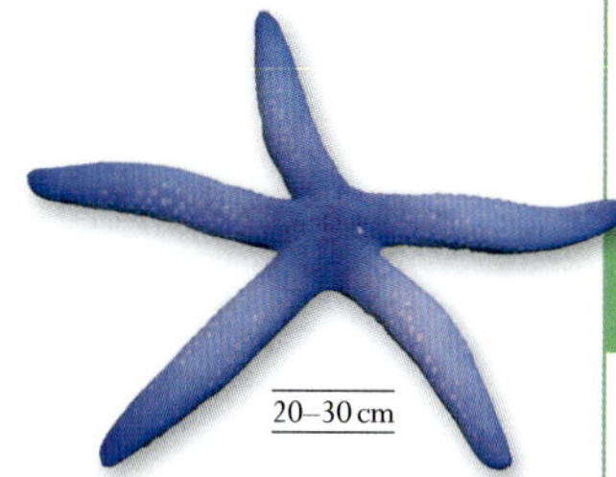

BLAUER SEESTERN
Linckia laevigata
F: Ophidiasteridae

Die Arten der Familie Ophidiasteridae haben eine dornenlose Oberfläche. Diese indopazifische Art ist meist blau, einige Individuen sind violett oder orangefarben.

PURPURROTER SEESTERN
Ophidiaster ophidianus
F: Ophidiasteridae

Diese Art kommt in wärmeren Bereichen des nordöstlichen Atlantiks und im Mittelmeer vor. Sie lebt auf steinigem Meeresgrund.

PANAMAISCHER NOPPENSEESTERN
Pentaceraster cumingi
F: Oreasteridae

Dieser große, auffällige Kissenseestern kommt auf sandigem und steinigem Grund vor. Er ist im tropischen mittleren und östlichen Pazifik verbreitet.

PERLSEESTERN
Fromia monilis
F: Goniasteridae

Es gibt 15 Fromia-Arten, die alle bunt sind, um Fressfeinde abzuschrecken. Die abgebildete Art ist in seichten Bereichen des Indopazifik weit verbreitet.

NEOFERDINA CUMINGI
F: Goniasteridae

Diese Art kommt in seichten Riffbereichen des Pazifik vor, doch andere Arten der Familie leben in über 1000 m Tiefe. Alle zeichnen sich durch die charakteristischen Platten auf ihrer Oberfläche aus.

ROTGRAUER NOPPENSEESTERN
Protoreaster lincki
F: Oreasteridae

Die Jungtiere dieser Art aus dem Indischen Ozean, die zur Familie der Kissenseesterne gehört, weiden Algen ab. Adulte Tiere erbeuten Wirbellose.

WALZENSEESTERN
Choriaster granulatus
F: Oreasteridae

Der große Stachelhäuter lebt auf steinigen Hängen und an Korallenriffen. Er weidet in seichtem Wasser Algen und Detritus.

GROSSER KISSENSTERN
Culcita novaeguineae
F: Oreasteridae

Im Indopazifik ist dieser Korallenfresser verbreitet. Er gehört zur Familie der Kissenseesterne, deren Arme im Alter kürzer werden, bis sie kissenförmig sind.

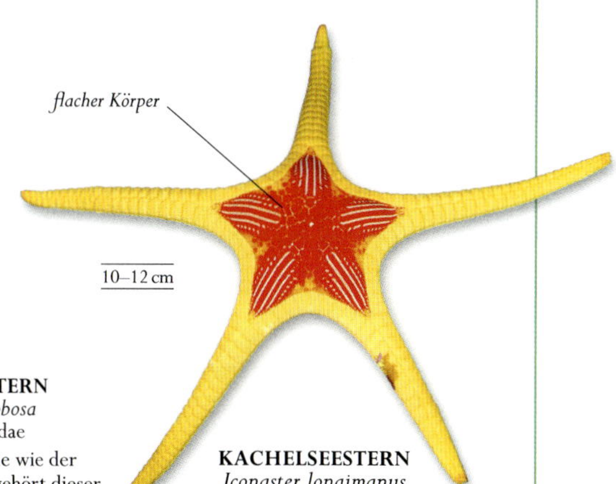

KACHELSEESTERN
Iconaster longimanus
F: Goniasteridae

Viele Stachelhäuter entwickeln sich aus planktonischen Larven, doch diese indopazifische Art hat kein Larvenstadium.

GÄNSEFUSS-SEESTERN
Anseropoda placenta
F: Asterinidae

Der dünne, flache Seestern, bei dem die Arme kaum zu erkennen sind, kommt im östlichen Atlantik vor. Er erbeutet am Grund lebende Krebstiere.

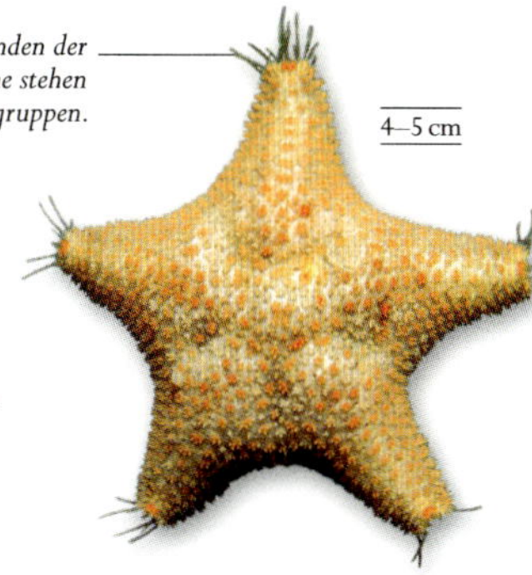

FÜNFECKSTERN
Asterina gibbosa
F: Asterinidae

Zur selben Familie wie der Gänsefuß-Seestern gehört dieser kurzarmige, variabel gefärbte Seestern. Er vertilgt an Felsenküsten des nordöstlichen Atlantiks tote organische Stoffe.

CHORDATIERE

Nur drei bis vier Prozent aller bekannten Tierarten sind Chordatiere. Dennoch gehören zu ihnen die größten, schnellsten und intelligentesten Tiere. Die meisten haben ein Skelett aus Knochen oder Knorpel. Definiert werden sie duch die Chorda dorsalis, die Vorläuferin der Wirbelsäule.

Fossilien deuten darauf hin, dass die ältesten Chordatiere stromlinienförmig und nur wenige Zentimeter lang waren. Sie lebten vor mindestens 500 Millionen Jahren. Außer einer biegsamen Chorda dorsalis hatten sie keine harten Strukturen in ihren Körpern. Die heute lebenden Chordatiere haben die Chorda geerbt und bei einigen bleibt sie lebenslang erhalten. Bei den meisten aber, von Fischen und Amphibien hin zu Reptilien, Vögeln und Säugetieren, ist dieser stützende Stab nur in einem frühen embryonalen Stadium ausgebildet. Später verschwindet er und wird durch ein knorpeliges oder knöchernes Skelett ersetzt. Diese Tiere werden als Wirbeltiere bezeichnet, denn entlang ihres Rückens verläuft eine Wirbelsäule.

Anders als eine Schale oder ein Chitinpanzer »funktionieren« Innenskelette bei sehr unterschiedlich großen Tieren. Der kleinste Fisch, *Paedocypris progenetica*, kommt in Süßgewässern vor und ist kürzer als 1 cm. Der Blauwal, das größte Chordatier und zudem das größte Tier, das je auf der Erde gelebt hat, wiegt mehrere Milliarden Male so viel.

VIELFÄLTIGE LEBENSWEISEN

Die am einfachsten gebauten Chordatiere, die Manteltiere, haben kein Skelett. Die Adulten leben festsitzend an einer Stelle. Als Larven besitzen sie jedoch eine Chorda. Im Gegensatz zu diesen einfachen Arten bewegen sich die meisten Chordatiere schnell fort und zeigen dank ihrer gut entwickelten Nervensysteme und verhältnismäßig großen Gehirne schnelle Reaktionen. Vögel, Säugetiere und einige Fische können mit aus der Nahrung gewonnener Energie eine gleichmäßige optimale Körpertemperatur aufrechterhalten.

Chordatiere pflanzen sich auf unterschiedliche Weise fort. Säugetiere mit Ausnahme der Ameisenigel und des Schnabeltiers gebären lebende Junge, doch die meisten anderen Wirbeltiere legen Eier. In allen Gruppen mit Ausnahme der Vögel gibt es auch lebendgebärende Arten. Die Zahl der Nachkommen steht in direktem Verhältnis zum Aufwand der Brutpflege. Einige Fische legen Millionen von Eiern und betreiben keine Brutpflege, während Säugetiere und Vögel viel weniger Junge großziehen.

CHORDATIERE

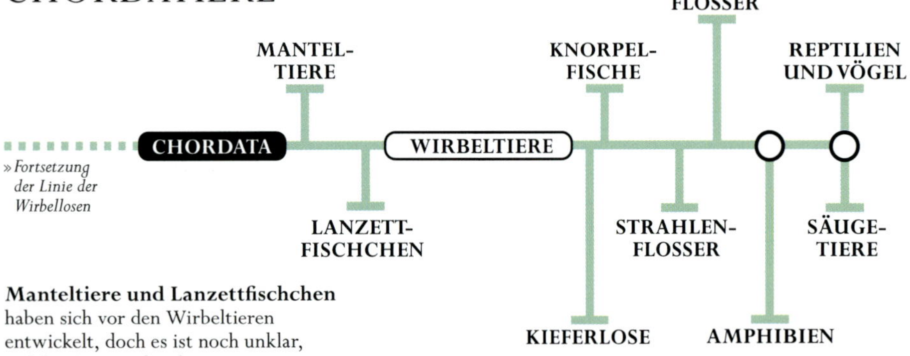

Manteltiere und Lanzettfischchen haben sich vor den Wirbeltieren entwickelt, doch es ist noch unklar, welche Gruppe die ältere ist.

MANTELTIERE
Dem Unterstamm Manteltiere (Tunicata) gehören etwas 3000 Arten an. Die Larven haben eine Chorda dorsalis u ähneln Kaulquappen. Die adulten Tiere sind Filtrierer.

AMPHIBIEN
Zu den über 8200 Amphibien-Arten gehören Frösche, Kröte Salamander, Molche und Blindwühlen. Meist entwickeln sic Larven im Wasser, die Adulten leben an Land.

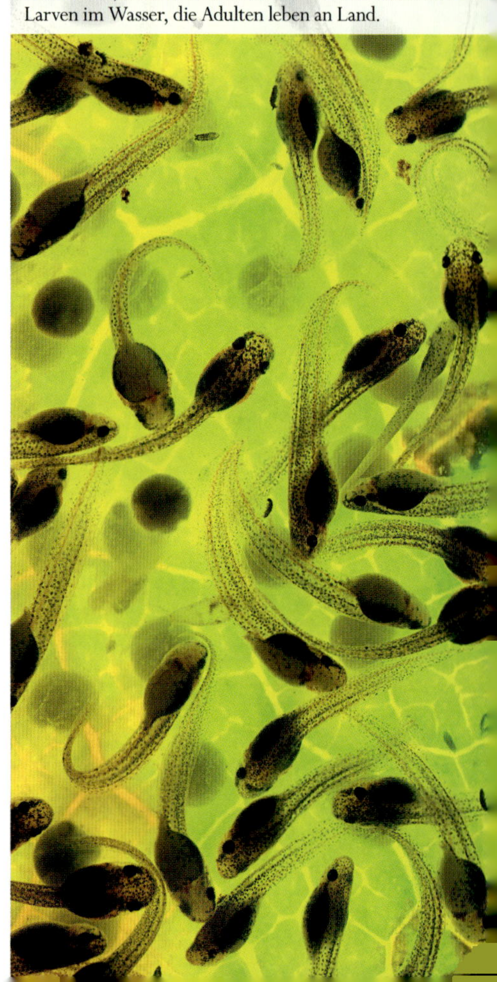

ANZETTFISCHCHEN
·iese kleinen Chordaten behalten ihre Chorda dorsalis n Leben lang und leben im Meeresgrund. 20 Arten ·hören zu den Lanzettfischchen (Cephalochordata).

FISCHE
Die Fische sind die vielfältigste und artenreichste Gruppe der Chordatiere. Man unterteilt sie in verschiedene Klassen innerhalb der Wirbeltiere, die manchmal zur Sammelgruppe der Pisces zusammengefasst werden. Es sind fast 34 000 heute lebende Arten beschrieben worden.

EPTILIEN
·ie Reptilien kommen mit über 11 000 Arten auf jedem ontinent außer der Antarktis vor. Anders als Vögel und iugetiere sind sie wechselwarm und tragen Schuppen.

VÖGEL
Die Vögel sind die einzigen heute lebenden Tiere mit Federn. Es gibt etwa 10 000 Arten, nach neueren Untersuchungen sogar bis zu 18 000. Alle legen Eier und die meisten betreiben Brutpflege.

SÄUGETIERE
Säugetiere haben Haare (sogar die Wale haben welche) und sind die einzigen Chordatiere, bei denen die Weibchen die Jungen mit Milch säugen. Es sind über 6300 Arten bekannt.

FISCHE

Die Fische weisen unter den Chordatieren die größte Vielfalt auf und kommen in fast jedem Gewässer vor, von kleinen Süßwasserpfützen bis zur Tiefsee. Fast ausnahmslos atmen sie über an Federn erinnernde Kiemen und schwimmen mithilfe von Flossen.

STAMM	CHORDATA
KLASSEN	PETROMYZONTI MYXINI ELASMOBRANCHII HOLOCEPHALI ACTINOPTERYGII COELACANTHI DIPNEUSTI
ORDNUNGEN	66–81
FAMILIEN	560–588
ARTEN	etwa 33 900

Sich überlappende Schuppen schützen den Körper eines Masken-Papageifischs vor Verletzungen.

Haie stürzen sich in einen großen Sardinenschwarm, dessen Tiere sich zum Schutz zusammendrängen.

Das große Maul eines Brunnenbauers schützt seine Eier. Während der Maulbrutzeit kann das Tier nicht fressen.

Fische stellen keine natürliche, in sich geschlossene Tiergruppe dar, sondern eine willkürliche Zusammenstellung von sieben im Wasser lebenden Chordatenklassen, von denen die der Strahlenflosser (Actinopterygii) die bekannteste ist. Die Mehrzahl der Fische ist wechselwarm, und so entspricht ihre Körpertemperatur der ihrer Umgebung. Einige wenige Top-Prädatoren wie der Weiße Hai können die Augen, das Gehirn und die wichtigsten Muskeln mit wärmerem Blut versorgen, sodass sie auch in kaltem Wasser effektiv jagen können. Die meisten Fische sind durch in die Haut eingebettete Schuppen oder Knochenplatten geschützt. Bei schnellen Schwimmern sind sie leicht und verleihen ihnen Stromlinienform und Schutz. Obwohl einige Fische auf dem Meeresboden leben, schwimmen die meisten mithilfe von Flossen. Bei der Mehrzahl der Fische sorgt die Schwanzflosse für den Antrieb. Die paarigen Brust- und Bauchflossen stabilisieren und steuern, wobei sie von den bis zu drei Rücken- und ein oder zwei Afterflossen unterstützt werden. Fische vermeiden auch in dichten Schwärmen Zusammenstöße, indem sie die Bewegungen anderer mit speziellen Sinnesorganen wahrnehmen. Bei den meisten Fischen sind diese Seitenlinienorgane an beiden Seiten jeweils in einer Reihe angeordnet. Auch einige ständig im Wasser lebende Amphibien verfügen über dieses System.

VERMEHRUNGSSTRATEGIEN

Fische verfolgen sehr unterschiedliche Vermehrungsstrategien. Die meisten Strahlenflosser mit äußerer Befruchtung geben Unmengen von Eiern und Spermien ins Wasser ab, um den Verlust der Jungfische zu kompensieren, die gefressen werden. Einige betreiben Brutpflege. Im Gegensatz dazu verfügen die Knorpelfische (Haie, Rochen und Chimären) über eine innere Befruchtung. Sie laichen bereits weiterentwickelte Eier ab oder gebären lebende Jungtiere. Das erfordert einen hohen Energieeinsatz – nur wenige Junge entstehen gleichzeitig, haben jedoch gute Überlebenschancen. Aus den Eiern der Neunaugen schlüpfen Larven, die sich erst nach einigen Monaten in einer Metamorphose in erwachsene Tiere umwandeln.

BUNTES SPEKTAKEL >
Die relativ leichte Vermehrung des maulbrütenden Banggai-Kardinalbarschs macht ihn für Meerwasser-Aquarianer interessant.

FISCHKLASSEN

Insbesondere bei Skelett und Kiemen weisen die sieben Fischklassen große Unterschiede auf. Dabei handelt es sich um Anpassungen an das Leben im Wasser.

KIEFERLOSE

≫ 326

KNORPELFISCHE

≫ 327

STRAHLENFLOSSER

≫ 334

FLEISCHFLOSSER

≫ 353

KIEFERLOSE

Anders als alle anderen Wirbeltiere besitzen Neunaugen (Petromyzontida) keine Kiefer. Die alte Tiergruppe umfasst nur noch wenige Vertreter.

Heute gibt es noch zwei Gruppen von Kieferlosen (Neunaugen und Schleimaale), deren Verwandtschaftsverhältnis noch nicht ganz klar ist. Neunaugen haben anstelle der Kiefer ein von Raspelzähnen umgebenes Saugmaul, während Schleimaale ein schlitzartiges Maul mit zahnbesetzter Zunge besitzen. An der Seite der Tiere befinden sich runde Kiemenöffnungen, sieben bei den Neunaugen und zwischen eine und 16 bei den Schleimaalen. Beide Gruppen besitzen als stützendes Element eine stabartige Chorda dorsalis, und Neunaugen verfügen über zusätzliche Knorpelelemente.

VERSCHIEDENE LEBENSZYKLEN

Während Schleimaale in der Tiefsee leben, kommen Neunaugen weltweit in gemäßigt temperierten Küsten- und Süßgewässern vor. Sie vermehren sich auch im Süßwasser. Die an der Küste lebenden Arten sind wie Lachse anadrome Fische – sie schwimmen zum Laichen die Flüsse hinauf und sterben danach. Aus den Eiern schlüpfen wurmförmige Querder, die im Schlamm leben und sich von Detritus ernähren. Nach etwa drei Jahren wandeln sich die Larven der anadromen Arten in erwachsene Tiere um und schwimmen zum Meer, wo sie einige Jahre lang heranwachsen. Die Süßwasserarten bleiben in Flüssen und Seen und vermehren sich dort. Schleimaale laichen auf dem Meeresboden ab.

UNERWÜNSCHTE PARASITEN

Viele Neunaugen ernähren sich als erwachsene Tiere parasitär von Fischen. Mit ihrem Saugmaul bohren sie sich durch ihre Haut und ernähren sich von Blut oder Fleisch. So können sie in der Aquakultur einigen Schaden anrichten. Allerdings fressen viele Neunaugen, vor allem die reinen Süßwasserarten, auch Wirbellose. Mit den Saugmäuler können sich die Tiere auch zum Ausruhen an Steinen festsaugen oder Nestgruben ausheben.

Schleimaale leben in Bauen im Meeresgrund und kommen nachts heraus, um sich von lebenden oder toten Wirbellosen zu ernähren. Sie fressen auch von Wal- oder Fischkadavern. Zur Verteidigung geben sie einen zähen, die Kiemen des Angreifers verstopfenden Schleim ab.

STAMM	CHORDATA
KLASSE	PETROMYZONTI MYXINI
ORDNUNGEN	2
FAMILIEN	4
ARTEN	128

STREITFRAGE

SIND NEUNAUGEN UND SCHLEIMAALE VERWANDT?

Traditionell sind Neunaugen und Schleimaale als Rundmäuler (Cyclostomata) zusammengefasst und von den Kiefermäulern getrennt worden. Morphologische Vergleiche und frühe molekulargenetische Untersuchungen ließen auf eine nähere Verwandtschaft der Neunaugen mit den Kiefermäulern schließen. Allerdings deuten seit 2010 neuere Techniken wieder darauf hin, dass Neunaugen und Schleimaale zusammengefasst werden sollten.

NEUNAUGEN UND SCHLEIMAALE

Die Petromyzontiformes und die Myxiniformes sind die einzigen heutigen Gruppen kieferloser Fische. Sie sind aalförmig und haben eine Chorda dorsalis. Es gibt aber zahlreiche morphologische Unterschiede. Neunaugen verbringen ihr Larvenstadium im Süßwasser, während aus den Eiern der Schleimfische auf dem Meeresgrund Miniaturausgaben der Erwachsenen schlüpfen.

MEERNEUNAUGE
Petromyzon marinus
F: Petromyzontidae
Lachse fallen im Nordatlantik manchmal diesem parasitären Fisch zum Opfer, der sich an ihnen festsaugt und sich von ihrem Fleisch ernährt.

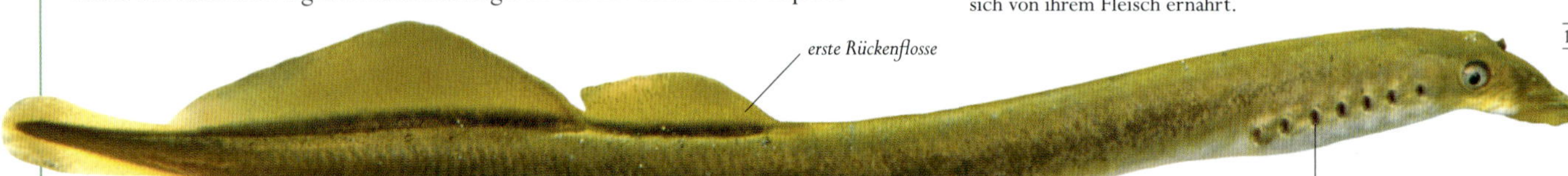

BACHNEUNAUGE
Lampetra planeri
F: Petromyzontidae
Die Larven und erwachsenen Tiere dieser verbreiteten nordeuropäischen Art leben in Flüssen und Bächen. Nach der Metamorphose fressen die erwachsenen Tiere nicht mehr. Sie sterben nach der Fortpflanzung.

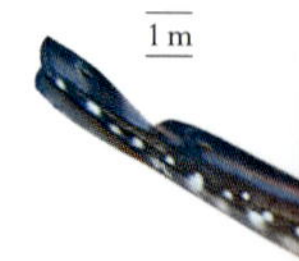

PAZIFISCHES NEUNAUGE
Entosphenus tridentatus
F: Petromyzontidae
Manche Populationen dieses Neunauges sind in Süßwasserseen eingeschlossen, doch die im Meer Lebenden fressen Blut und Fleisch von Fischen und Pottwalen.

NORDATLANTISCHER SCHLEIMAAL
Myxine glutinosa
F: Myxinidae
Schleimaale finden ihre Nahrung mit dem Geruchssinn und ihren Tentakeln. Sie verknoten ihren Körper, um ihm beim Fressen Halt zu verleihen und um Schleim abzugeben. Diese Art lebt im Nordatlantik und im Mittelmeer.

KNORPELFISCHE

Anstelle eines Knochenskeletts besitzen diese Fische ein Skelett aus biegsamem Knorpel. Die meisten sind Raubfische mit scharfen Sinnen.

Haie, Rochen und Chimären bilden die Knorpelfische (Chondrichthyes), obwohl sich Chimären von den anderen Gruppen deutlich unterscheiden. Bei ihnen ist der Oberkiefer mit dem Hirnschädel verbunden und kann nicht unabhängig bewegt werden. Ihre Zähne wachsen ständig nach. Dagegen verlieren Haie und Rochen ihre schmelzüberzogenen Zähne regelmäßig und ersetzen sie durch Zähne, die in Reihen flach dahinter liegen. Die Haut aller drei Gruppen – Haie, Rochen und Chimären – wird von kleinen Hautzähnchen geschützt.

NACH BEUTE SUCHEN

Die meisten Knorpelfische leben im Meer, wobei die Rochen meist den Meeresgrund und größere Haie das freie Wasser bevorzugen. Der Bullenhai und über 100 andere Arten können Flüsse hinaufschwimmen, und einige wenige Arten leben sogar vollständig im Süßwasser. Die meisten Knorpelfische des Freiwassers sind ständig in Bewegung, da sie anders als Knochenfische keine Schwimmblase besitzen und daher absinken, wenn sie nicht schwimmen. Der Walhai und andere in Nähe der Wasseroberfläche lebende Arten haben eine große, ölhaltige Leber, die das verhindert. Räuberische Haie sind dafür bekannt, dass sie Blut riechen und verwundete Fische und Säugetiere finden können. Knorpelfische können auch die schwachen elektrischen Felder wahrnehmen, die von Lebewesen ausgehen. Diese Eigenschaft findet man zwar auch in anderen Tiergruppen, doch bei den Knorpelfischen ist sie besonders stark ausgeprägt.

FORTPFLANZUNG

Alle Knorpelfische paaren sich und haben eine innere Befruchtung. Chimären sowie viele kleinere Rochen und Haie legen Eier, die von einer Eikapsel geschützt sind. Etwa 60 Prozent der Knorpelfische gebären jedoch lebende Junge, die sich im Körper der Mutter entweder von Eidotter, ihren Geschwistern, Uterinmilch oder über eine Plazenta ernähren. Anders als Säugetiere sind die Jungen von Geburt an unabhängig. Die Eltern kümmern sich nicht um sie.

STAMM	CHORDATA
KLASSE	ELASMOBRANCHII HOLOCEPHALI
ORDNUNGEN	14–17
FAMILIEN	57
ARTEN	1338

Ein Weißer Hai (*Carcharodon carcharias*) zeigt seine Zahnreihen. Sie machen ihn zum furchterregenden Räuber.

CHIMÄREN

Die wegen ihrer großen Augen auch als Seekatzen bezeichneten rund 56 Arten bilden die kleine Knorpelfischordnung Chimären (Chimaeriformes). Ein kräftiger Giftstachel vorn in der ersten der beiden Rückenflossen schützt die Tiere in ihrem Tiefseelebensraum.

LANGNASEN-CHIMÄRE
Rhinochimaera pacifica
F: Rhinochimaeridae
Die lange, spitze Schnauze dieser Chimäre enthält Elektrorezeptoren, mit deren Hilfe sie ihre Beute aufspürt.

PFLUGNASENCHIMÄRE
Callorhinchus milii
F: Callorhinchidae
Indem sie ihre Schnauze wie einen Pflug einsetzt, gräbt diese Chimäre Muscheln aus dem schlammigen Grund der Gewässer Südaustraliens und Neuseelands.

GEFLECKTE SEERATTE
Hydrolagus colliei
F: Chimaeridae
Wie die meisten Chimären benutzt diese nordostpazifische Art ihre großen Brustflossen, um über den Grund zu gleiten.

SEEKATZE
Chimaera monstrosa
F: Chimaeridae
Diese meist in über 300 m Tiefe im Mittelmeer und Ostatlantik lebende Chimäre sucht in kleinen Gruppen im Meeresgrund nach Wirbellosen.

KRAGEN- UND KAMMZÄHNERHAIE

Während die meisten Haie fünf Paar Kiemenspalten besitzen, verfügen die Arten der Ordnung Hexanchiformes entweder über sechs oder sieben Paare. Die sieben bekannten Arten leben hauptsächlich in großer Tiefe. Die beiden Kragenhaiarten werden in eine eigene Familie Chlamydoselachiidae gestellt.

STUMPFNASEN-SECHSKIEMERHAI
Hexanchus griseus
F: Hexanchidae
Felsige Seamounts auf der ganzen Welt bilden den Lebensraum dieses grünäugigen, bis zu 600 kg schweren Hais.

KRAGENHAI
Chlamydoselachus anguineus
F: Chlamydoselachidae
Die vereinzelten Funde dieses Hais deuten auf eine weltweite Verbreitung hin. Er hat leuchtend weiße Zähne, die Fische und Kalmare anlocken können.

HUNDSHAIE

Die große und vielfältige Ordnung Hundshaie (Squaliformes) umfasst mindestens 143 Arten, darunter Dorn-, Schlinger-, Laternen-, Schlaf-, Nagel- und Schweinshaie. Sie besitzen zwei Rückenflossen, aber keine Afterflosse. Alle bisher untersuchten Arten gebären lebende Junge.

DORNHAI
Squalus acanthias
F: Squalidae
Der früher in gemäßigten Gewässern häufige Dornhai ist durch Überfischung gefährdet. Er wird bis zu 100 Jahre alt, wächst und vermehrt sich aber nur langsam.

ZIGARRENHAI
Isistius brasiliensis
F: Dalatiidae
Dieser weitverbreitete tropische Hai ist ein Parasit von Delfinen und großen Fischen. Er saugt sich mit den Lippen an, dreht sich und reißt ein rundes Stück Fleisch heraus.

SCHWARZER DORNHAI
Etmopterus spinax
F: Etmopteridae
Dieser Laternenhai lebt in den Tiefen des östlichen Atlantiks. Leuchtorgane am Bauch helfen ihm bei der Partnersuche.

GRÖNLANDHAI
Somniosus microcephalus
F: Somniosidae
Der langsame Grönlandhai zählt zu den wenigen arktischen Haien und verzehrt oft das Aas ertrunkener Landtiere.

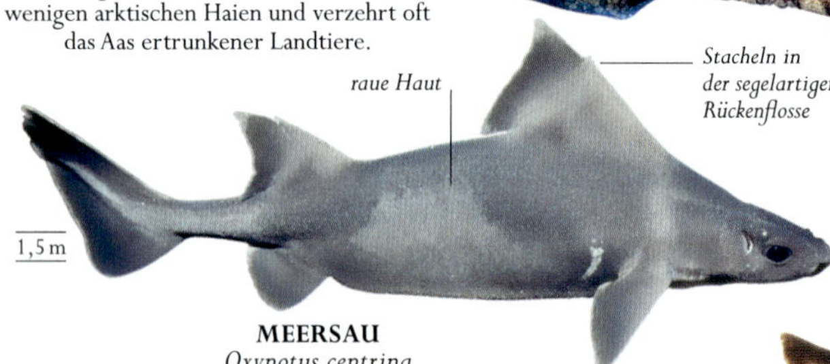

MEERSAU
Oxynotus centrina
F: Oxynotidae
Der nun in die Ordnung Echinorhiniformes gestellte Hai besitzt zwei segelartige Rückenflossen und eine sehr raue Haut. Er lebt im Ostatlantik in großen Tiefen.

TEPPICHHAIE UND VERWANDTE

Die etwa 46 Arten der Teppichhaiartigen (Orectolobiformes) haben zwei Rücken- und eine Afterflosse sowie Barteln, die von den Nasenlöchern herabhängen. Mit Ausnahme des Walhais leben sie auf dem Meeresgrund und ernähren sich von Fischen und Wirbellosen.

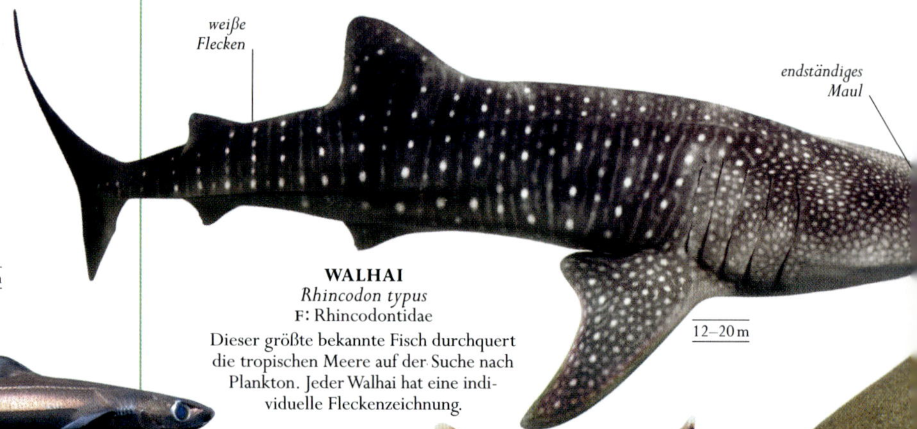

WALHAI
Rhincodon typus
F: Rhincodontidae
Dieser größte bekannte Fisch durchquert die tropischen Meere auf der Suche nach Plankton. Jeder Walhai hat eine individuelle Fleckenzeichnung.

EPAULETTENHAI
Hemiscyllium ocellatum
F: Hemiscylliidae
Der Augenfleck dieses langschwänzigen Hais mag Angreifer verwirren. Er lebt im Südpazifik und klettert mit den Flossen über die Korallen.

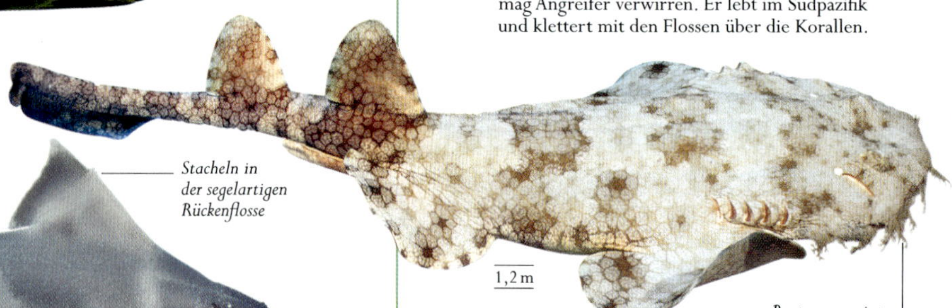

FRANSEN-TEPPICHHAI
Eucrossorhinus dasypogon
F: Orectolobidae
Mit seinen Hautanhängen, dem flachen Körper und der Tarnzeichnung ist dieser Bewohner südwestpazifischer Korallenriffe nur schwer zu entdecken.

ATLANTISCHER AMMENHAI
Ginglymostoma cirratum
F: Ginglymostomatidae
Tagsüber versteckt sich der Hai in Felsspalten und nachts jagt er in den warmen Küstengewässern des Atlantiks und des Ostpazifiks.

SÄGEHAIE

Sägehaie (Pristiophoriformes) besitzen einen flachen Kopf mit seitlichen Kiemen und ein langes bezahntes Rostrum. Die beiden Nasenbarteln helfen bei der Suche nach im Boden verborgener Nahrung. Die meisten der neun Arten leben in den Tropen.

LANGNASEN-SÄGEHAI
Pristiophorus cirratus
F: Pristiophoridae
Dieser Sägehai lebt im Süden Australiens auf sandigem Grund. Mit dem Rostrum mag er Fressfeinde abwehren und Beute töten.

STIERKOPFHAIE

Die Arten Stierkopfhaie (Heterodontiformes) sind kleine, am Boden lebende Haie mit paddelartigen Brustflossen. Sie besitzen einen stumpf endenden Kopf, Mahlzähne und zwei mit einem Stachel versehene Rückenflossen. Sie legen einzigartige schraubenförmige Eier.

PORT-JACKSON-STIERKOPFHAI
Heterodontus portusjacksoni
F: Heterodontidae
Mit den paddelartigen Brustflossen bewegt sich der Hai auf der Seeigelsuche vor der australischen Küste über den Grund.

1,5 m

ATLANTISCHER ENGELHAI
Squatina dumeril
F: Squatinidae

Sandige Meeresböden im Nordwestatlantik sind der Lebensraum des gut getarnten Jägers, der Fische blitzschnell erbeuten kann.

ENGELHAIE

Die Kiemenschlitze der Engelhaie (Squatiniformes) befinden sich an den Seiten ihrer Köpfe. Das unterscheidet die Ordnung von den ähnlich geformten Rochen, deren Kiemenschlitze auf der Unterseite liegen. Die Ordnung enthält nur eine Familie mit 25 Arten. Engelhaie stellen sich auf ihren großen Brustflossen auf, um ihre Beute zu überraschen.

GRUNDHAIE

Es gibt über 295 Arten der Ordnung Grundhaie (Carcharhiniformes), der größten und vielfältigsten Haiordnung. Die meisten sind große Raubfische, obwohl auch die kleineren, doch zahlreichen Katzenhaie zu ihnen gehören. Alle Arten besitzen zwei Rücken- und eine Afterflosse.

4 m

BLAUHAI
Prionace glauca
F: Carcharhinidae

Die elegante Art legt zwischen den Jagdrevieren und den Brutplätzen große Entfernungen zurück. Es werden mehr Blauhaie als Haie jeder anderen Art gefangen.

2 m

WEISSSPITZEN-RIFFHAI
Triaenodon obesus
F: Carcharhinidae

In den Riffen des Indiks und Pazifiks ist diese Art vielleicht der am häufigsten vorkommende Hai. Er jagt in der Nacht, machmal auch in Gruppen.

4 m

WEISS-SPITZEN-HOCHSEEHAI
Carcharhinus longimanus
F: Carcharhinidae

Der wegen seiner langen, mit einer weißen Spitze versehenen Rückenflosse und seiner langen Brustflossen stark befischte Hai ist nun vom Aussterben bedroht.

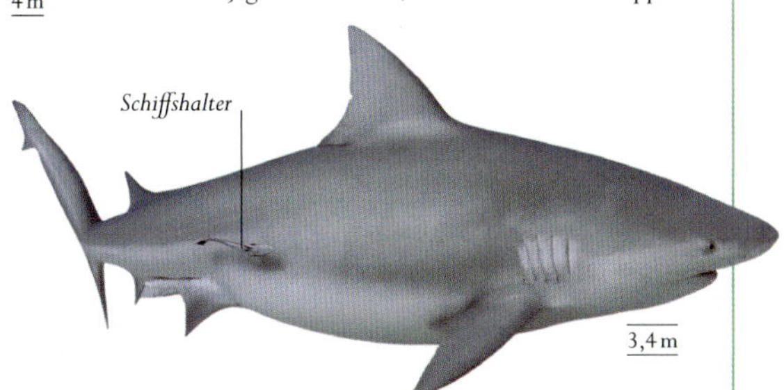

3,4 m

BULLENHAI
Carcharhinus leucas
F: Carcharhinidae

Dieser Hai gehört zu den gefährlichsten Meerestieren. Er bewohnt weltweit tropische Küsten und dringt auch in Flüsse vor.

TIGERHAI
Galeocerdo cuvier
F: Carcharhinidae

Der nach seinen Streifen benannte Hai frisst alles und hat auch schon Menschen angegriffen. Die gesägten Zähne sind wie ein Hahnenkamm geformt.

7,5 m

»

» GRUNDHAIE

WEISSGEFLECKTER GLATTHAI
Mustelus asterias
F: Triakidae
Der kleine, im nordöstlichen Atlantik häufige Hai hat eine glänzende Haut und flache Zähne, die ideal zum Knacken von Muscheln und Krabben geeignet sind.

KLEINGEFLECKTER KATZENHAI
Scyliorhinus canicula
F: Scyliorhinidae
Der im nordöstlichen Atlantik häufige kleine Hai ist eine der etwa 100 ähnlichen Arten seiner Familie. Die Eikapseln werden auch als Seemäuse bezeichnet.

GLATTER HAMMERHAI
Sphyrna zygaena
F: Sphyrnidae
Die weit außen befindlichen Augen ermöglichen eine Rundumsicht. Die Art lebt weltweit in warmen Gewässern.

MAKRELENHAIE

Die 16 Arten der Ordnung Makrelenhaiartige (Lamniformes) sind groß, haben zylindrische Körper und konische Köpfe. Viele der effektiven Jäger sind dazu fähig, eine erhöhte Körpertemperatur aufrechtzuerhalten, sodass sie auch in kalten Gewässern sehr schnell schwimmen können.

KOBOLDHAI
Mitsukurina owstoni
F: Mitsukurinidae
Die Kiefer dieses Hais schießen beim Fischfang nach vorn. Er lebt in den Tiefen des Atlantiks, des Pazifiks und des Westindiks, wo er die Beute mit den Elektrorezeptoren seiner Schnauze entdeckt.

SANDTIGERHAI
Carcharias taurus
F: Odontaspididae
Die bedrohlichen Zähne täuschen über die friedliche Natur dieser im warmen Wasser lebenden Haie hinweg. Sie werden oft in großen Schauaquarien gehalten.

RIESENMAULHAI
Megachasma pelagios
F: Megachasmidae
Der erst 1976 entdeckte große Hai ist ein Filtrierer. Er saugt planktonreiches Wasser ein und frisst die enthaltenen Krebschen. Es gibt nur rund 100 Nachweise der Art, doch sie lebt wohl in den gesamten Tropen.

KURZFLOSSEN-MAKO
Isurus oxyrinchus
F: Lamnidae
Dieser Mako kann 50 km/h erreichen und ist damit der schnellste aller Haie. Mit Ausnahme der Polarmeere kommt er auf der ganzen Welt vor, doch er ist mittlerweile gefährdet.

WEISSER HAI
Carcharodon carcharias
F: Lamnidae
Dieser Spitzenprädator unter den Hochseehaien ist bedroht. Weiße Haie legen weite Strecken zurück und kommen in den meisten Meeren vor.

GEMEINER FUCHSHAI
Alopias vulpinus
F: Alopiidae
Die fast weltweit vorkommenden Haie benutzen ihren körperlangen Schwanz, um durch Schläge Fische zu betäuben.

ROCHEN

Die meisten Rochen- (Rajiformes) und Stechrochenartigen (Myliobatiformes) leben auf dem Meeresgrund, doch sie können auch mithilfe ihrer flügelartigen Brustflossen schwimmen. Der flache, abgerundete Körper ist ideal für diese Lebensweise. Die Schwänze der Stechrochen sind mit giftigen Stacheln bewaffnet. Manche von ihnen sind ausdauernde Schwimmer und nur wenige Arten kommen im Süßwasser vor.

GEWÖHNLICHER STECHROCHEN
Dasyatis pastinaca
F: Dasyatidae
Während die meisten Stechrochen in den Tropen leben, ist dieser vom Mittelmeer bis nach Nordeuropa verbreitet.

BLAUPUNKTROCHEN
Taeniura lymma
F: Dasyatidae
Manche der in den meisten Korallenriffen des Indischen Ozeans und westlichen Pazifiks vorkommenden Rochen besitzen zwei anstelle von nur einem Giftstachel an ihrem Schwanz.

NAGELROCHEN
Raja clavata
F: Rajidae
Dieser Art ist einer der häufigsten europäischen Rochen. Er wird von Reihen gekrümmter Dornen auf seinem Rücken geschützt.

GLATTROCHEN
Dipturus flossada
F: Rajidae
Dieser größte europäische Rochen erbeutet Fische im mittleren Wasserbereich und Wirbellose auf dem Grund. Er besitzt eine spitze Schnauze und eine blaue Unterseite.

RIESENMANTA UND RIFFMANTA
Manta birostris und *Mobula alfredi*
F: Myliobatidae
Diese beiden Rochen sind die größten aller Rochen. Mit ihren Kopfflossen leiten sie Plankton in ihr Maul.

HALLERS RUNDROCHEN
Urobatis halleri
F: Urotrygonidae
Da die Tiere flache Sandböden bewohnen, stellt ihr giftiger Schwanzstachel eine Gefahr für Badende dar. Diese Rochen leben in den Küstengewässern von Kalifornien bis Kanada.

GEFLECKTER ADLERROCHEN
Aetobatus narinari
F: Myliobatidae
Diese tropischen Stechrochen graben Mollusken aus dem Sand. Sie schwimmen, indem sie mit ihren Brustflossen wie mit Flügeln schlagen.

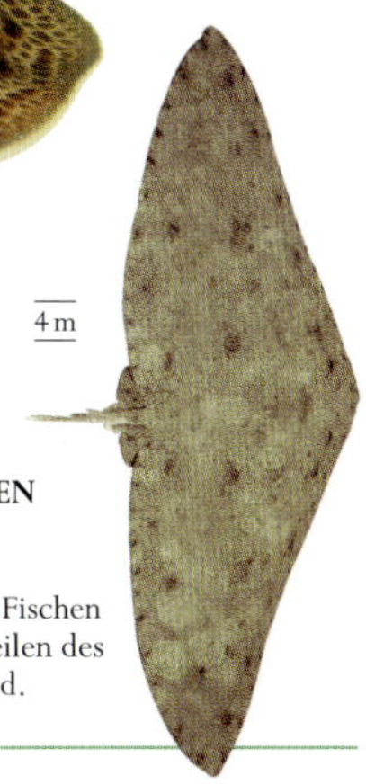

SCHMETTERLINGSROCHEN
Gymnura altavela
F: Gymnuridae
Auf der Suche nach Wirbellosen und Fischen gleitet dieser Rochen in wärmeren Teilen des Atlantiks über den Meeresgrund.

GEIGEN- UND SÄGEROCHEN

Geigen- und Sägerochen leben auf dem Meeresgrund. Sie haben einen abgeflachten Körper, schwimmen jedoch mithilfe ihres Schwanzes. Sägerochen haben eine schwertartige Schnauze, die mit Zähnen bestückt ist. Auf den ersten Blick gleichen sie Sägehaien, doch sie tragen wie Rochen ihre Kiemen auf ihrer Unterseite. Nach neueren Erkenntnissen werden die Sägerochen mit den Geigenrochen in die Ordnung Rhinopristiformes gestellt.

ATLANTISCHER GEIGENROCHEN
Pseudobatos lentiginosus
F: Rhinobatidae
Die schaufelartige Schnauze erlaubt dem Fisch das Ausgraben von Mollusken und Krebstieren. Die hauptsächlich im Golf von Mexiko vorkommende Art wird zunehmend seltener.

WESTLICHER SÄGEROCHEN
Pristis pectinata
F: Pristidae
Die immer seltener werdende Art schlägt mit ihrer Säge nach Fischen in Schwärmen und gräbt mit ihr Wirbellose aus dem Meeresgrund.

ZITTERROCHEN

Die Brustflossen der Zitterrochenartigen (Torpediniformes) enthalten elektrische Organe, mit denen sie Beute betäuben und Feinde abschrecken können. Die Tiere besitzen einen kräftigen Schwanz.

MARMOR-ZITTERROCHEN
Torpedo marmorata
F: Torpedinidae
Wenn er sich auf einen am Grund liegenden Fisch stürzt, kann dieser Rochen ihn mit bis zu 200 V betäuben. Sogar neugeborene Tiere können schon Stromschläge abgeben.

BLAUPUNKT-ROCHEN
Taeniura lymma

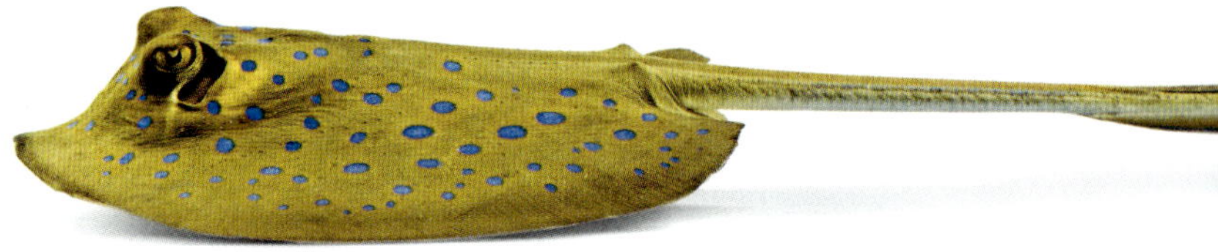

Stechrochen sind für die schmerzhaften Wunden bekannt, die sie mit ihren Schwanzstacheln verursachen und die in Ausnahmefällen sogar tödlich sein können. Der Blaupunktrochen benutzt seinen Stachel jedoch wie andere Stechrochen nur zur Verteidigung. Die meiste Zeit verbringt er bewegungslos auf Sandflächen zwischen den Korallen und versteckt sich unter Überhängen. Oft verrät ihn nur sein blau gerandeter Schwanz. Bei Störungen schwimmt er weg, indem er seine beiden Brustflossen wie Flügel einsetzt. Am besten kann man ihn bei Flut beobachten, wenn er sich der Küste nähert, um Wirbellose im flachen Wasser zu erbeuten.

GRÖSSE 70–90 cm mit Schwanz
LEBENSRAUM Sandflächen in Korallenriffen
VERBREITUNG Indischer Ozean, Westpazifik
NAHRUNG Mollusken, Krebstiere, Würmer

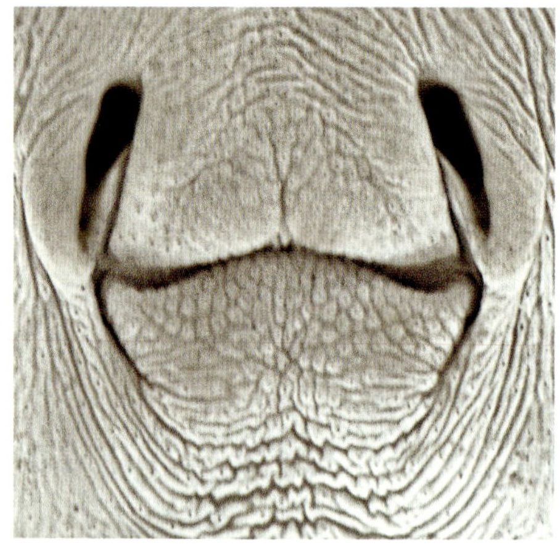

< MAUL
Das Maul befindet sich an der Unterseite des Rochens, sodass er im Sand versteckte Weich- und Krebstiere fressen kann. Mit seinen zwei Platten kleiner Zähne zerdrückt er die Schalen seiner Beute.

BAUCHFLOSSEN >
Bei diesem Weibchen kann man die Urogenitalöffnung zwischen den beiden Bauchflossen auf der Körperunterseite erkennen. Nach der Paarung bekommt das Weibchen bis zu sieben Junge, die nach einer von wenigen Monaten bis zu einem Jahr langen Schwangerschaft geboren werden.

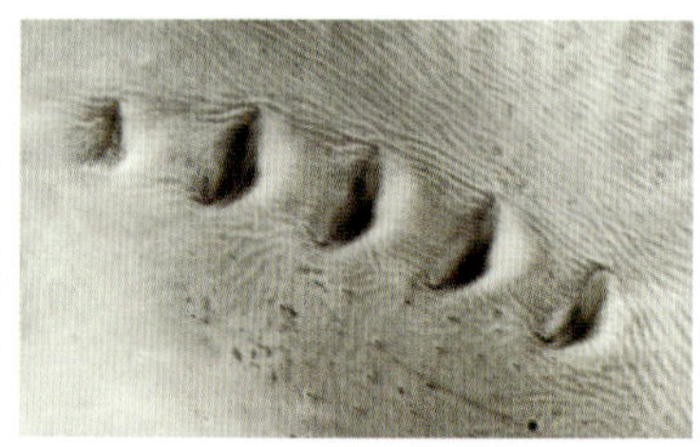

< KIEMENSCHLITZE
Nachdem das Wasser durch die Kiemen geflossen ist, verlässt es den Körper über fünf Paar Kiemenschlitze an der Unterseite.

∨ SPRITZLOCH
Sauerstoffreiches Wasser wird über zwei Spritzlöcher hinter den Augen angesaugt und über die Kiemenschlitze auf der Unterseite abgegeben. Die erhöhte Position der Spritzlöcher verhindert, dass Sand hineingerät.

< RÜCKENSTACHEL
Diese Art hat relativ glatte Haut, besitzt aber zwei Reihen kleiner Rückenstacheln sowie ein paar verstreute Stacheln.

∧ BEWAFFNETER SCHWANZ
Der Schwanz ist mit ein oder zwei mit Widerhaken versehenen, giftigen Stacheln bewaffnet, mit denen sich der Rochen verteidigt, wenn man ihn angreift oder auf ihn tritt.

∧ TARNENDE FLECKE
Anders als die meisten seiner Verwandten gräbt sich der Blaupunktrochen selten im Sand ein, denn er verlässt sich eher auf seine Tarnfärbung. Obwohl sie leuchten, lösen die blauen Flecke die Umrisse des Rochens auf, wenn man ihn von oben zwischen den Sonnenlichtreflexen im Korallenriff betrachtet.

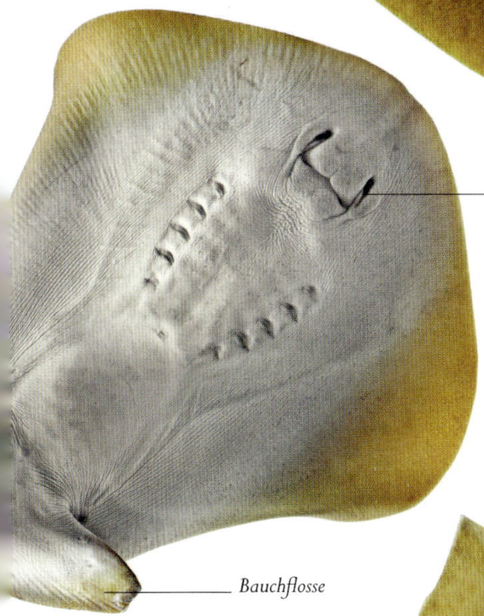

< UNTERSEITE
Das Maul, die Nasenlöcher und die Kiemenschlitze befinden sich auf der Unterseite. Die Haut ist hier weißlich, da sie normalerweise nicht zu sehen ist.

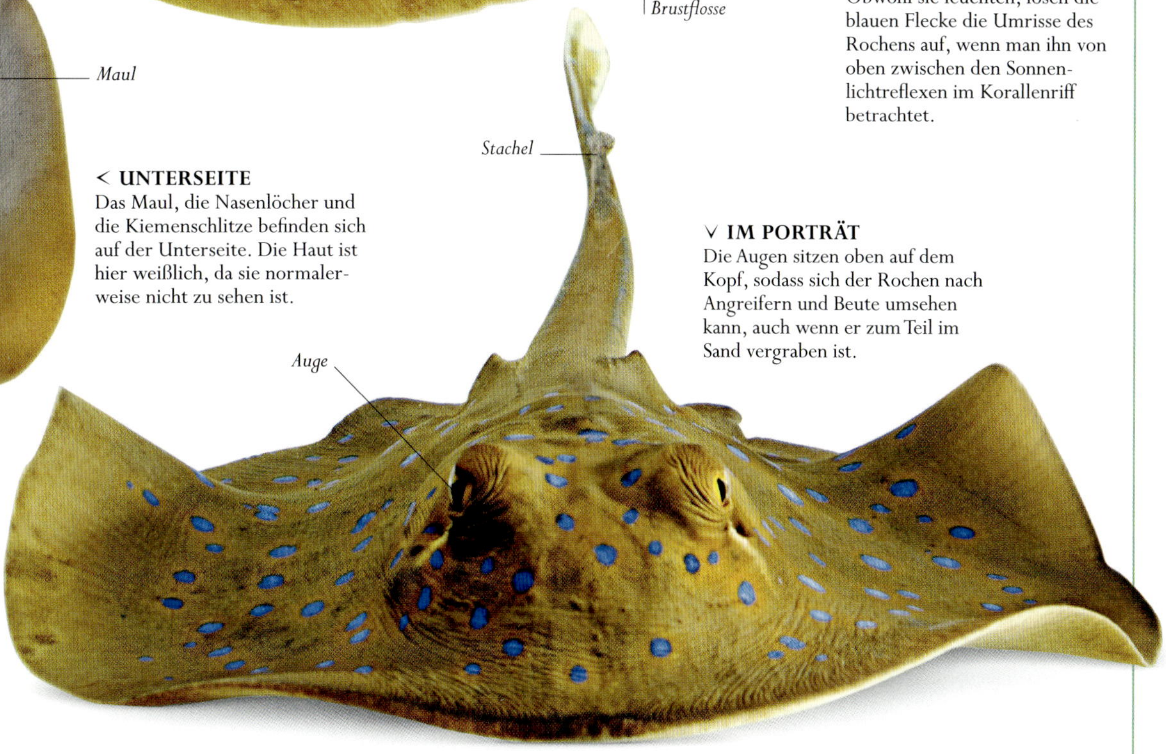

∨ IM PORTRÄT
Die Augen sitzen oben auf dem Kopf, sodass sich der Rochen nach Angreifern und Beute umsehen kann, auch wenn er zum Teil im Sand vergraben ist.

STRAHLENFLOSSER

Strahlenflosser (Actinopterygii) besitzen ein hartes, verkalktes Knochenskelett. Ihre Flossen werden von Flossenstrahlen aufgespannt, die aus Knochen oder Knorpel bestehen.

Strahlenflosser können präziser als Knorpelfische schwimmen. Mithilfe ihrer sehr beweglichen Flossen können sie auf der Stelle stehen, abbremsen und sogar rückwärts schwimmen. Die Flossen können zart und biegsam oder robust und stachelig sein. Oft dienen sie auch anderen Zwecken wie Verteidigung, Balz und Tarnung.

Mit Ausnahme der am Grund lebenden Arten regulieren die meisten Strahlenflosser ihren Auftrieb über eine Schwimmblase. Das erlaubt es ihnen, in einer bestimmten Tiefe zu bleiben und Auf- und Abtrieb über den Gasdruck zu regeln.

UNZÄHLIGE ANPASSUNGEN

Die überwiegende Mehrzahl der Fische gehört zu den Strahlenflossern – von winzigen Grundeln bis zum riesigen Mondfisch. Die Arten bewohnen nahezu jede ökologische Nische von tropischen Korallenriffen bis zum Meer unter dem Eis der Antarktis und von der Tiefsee bis zu seichten Wüstentümpeln. Pflanzen-, Fleisch- und Aasfresser sind hier gut vertreten und sie verfolgen viele Strategien der Nahrungssuche und Verteidigung bis hin zur Kooperation zwischen Arten.

SICHERHEIT IN DER MENGE

Die meisten Strahlenflosser geben Eier und Spermien ins Wasser ab, sodass die Befruchtung extern erfolgt. In manchen Fällen werden weniger Eier abgelegt und die Eltern betreiben Brutpflege. So schützen Brunnenbauer und einige Buntbarsche ihre Eier im Maul, wohingegen Stichlinge und manche Lippfische Nester aus Pflanzenteilen und organischen Resten bauen.

Die meisten Arten legen allerdings große Laichmengen ab. Die Millionen treibender Eier und Larven sind eine wichtige Nahrungsquelle für andere Wassertiere, doch die Überlebenden erweitern das Verbreitungsgebiet der Art. Diese Populationen sind gegenüber der Überfischung nicht so empfindlich, da ihre Zahl nach der Einstellung des Fangs wieder steigt. Wenn die Überfischung fortgesetzt wird, werden jedoch auch sich gut vermehrende Arten wie der Kabeljau verschwinden.

STAMM	CHORDATA
KLASSE	ACTINOPTERYGII
ORDNUNGEN	47–59
FAMILIEN	495–523
ARTEN	etwa 32 400

Ein Pärchen Masken-Falterfische (*Chaetodon semilarvatus*) schwimmt gemeinsam durch sein Revier im Korallenriff.

STÖRE UND LÖFFELSTÖRE

Innerhalb der 28 Arten der Ordnung Störartige (Acipenseriformes) findet man nur bei der Familie der Echten Störe marine Arten. Der Schädel und ein Teil des Stützskeletts der Flossen bestehen aus festen Knochen, doch der Rest vor allem aus biegsamem Knorpel. Wie bei den Haien ist der Schwanz asymmetrisch mit längerem oberem Lappen.

LÖFFELSTÖR
Polyodon spathula
F: Polyodontidae
Die nordamerikanische Art besitzt einen langen, löffelartigen Oberkiefer. Sie ist einer der wenigen Süßwasserfische, der sich von Plankton ernährt.

EUROPÄISCHER STÖR
Acipenser sturio
F: Acipenseridae
Die mit Reihen von Knochenplatten gepanzerte Art ist als Kaviarlieferant vom Aussterben bedroht. Sie bewohnt Küstengewässer und laicht in Flüssen ab.

KNOCHENHECHTE

Knochenhechte (Lepisosteiformes) sind nordamerikanische Süßwasser-Raubfische mit zylindrischen Körpern, die von eng aneinander liegenden Schuppen geschützt werden. Sie besitzen nadelartige Zähne.

GEWÖHNLICHER KNOCHENHECHT
Lepisosteus osseus
F: Lepisosteidae
Dieser Räuber lauert seiner Beute, versteckt in der Vegetation, bewegungslos auf.

TARPUNE UND FRAUENFISCHE

Die Arten der kleinen Ordnung Tarpunartige (Elopiformes) sind silbrig, haben nur eine Rückenflosse und einen gegabelten Schwanz. Sie besitzen spezielle Knochen in der Kehle (Gularen). Obwohl sie Meeresfische sind, schwimmen sie auch Flüsse hinauf.

ATLANTISCHER TARPUN
Megalops atlanticus
F: Megalopidae
Der an den Küsten des Atlantiks lebende Tarpun dringt manchmal in Flüsse vor. In stehenden Gewässern nimmt er Luft von der Wasseroberfläche auf.

FRAUENFISCH
Elops saurus
F: Elopidae
Frauenfische leben in großen Schwärmen vor den westatlantischen Küsten und springen bei Gefahr über das Wasser.

KNOCHENZÜNGLER UND VERWANDTE

Arten der Ordnung Knochenzünglerartige (Osteoglossiformes) besitzen viele scharfe Zähne auf der Zunge und dem Gaumendach, die sie beim Ergreifen der Beute unterstützen. Diese Fische leben in Süßwasser, vor allem in den Tropen. Zu ihnen gehören viele Arten mit ungewöhnlichen Formen.

ARAPAIMA
Arapaima gigas
F: Arapaimidae
Der bis zu 200 kg schwere Arapaima aus Südamerika ist einer der größten Süßwasserfische. Seine Schwimmblase dient ihm als Lunge, sodass er regelmäßig Luft schlucken muss.

ELEFANTENRÜSSELFISCH
Gnathonemus petersii
F: Mormyridae
Dieser afrikanische Fisch orientiert sich mit schwachen elektrischen Impulsen im trüben Wasser. Der lange Unterkiefer dient der Nahrungssuche.

TAUSENDDOLLARFISCH
Chitala ornata
F: Notopteridae
Dieser schmale Fisch stammt aus Südostasien. Er kann Luft schlucken und sie in der Schwimmblase veratmen.

AALE UND VERWANDTE

Die Arten der Ordnung Aalartige (Anguilliformes) besitzen schlangenähnliche Körper mit glatter Haut, in der die Schuppen entweder fehlen oder tief eingebettet sind. Oft umgibt ein langer Flossensaum Rücken, Schwanz und Bauch. Die Arten kommen in Süß- und Meerwasser vor.

ZEBRAMURÄNE
Gymnomuraena zebra
F: Muraenidae
Diese tropische Muräne besitzt dichte Pflasterzähne, um Krabben, Mollusken und Seeigel fressen zu können.

LEOPARDENMURÄNE
Muraena lentiginosa
F: Muraenidae
Die Muräne, die Korallenriffe im Ostpazifik bewohnt, öffnet und schließt bei der Atmung das Maul rhythmisch.

OHRFLECK-RÖHRENAAL
Heteroconger hassi
F: Congridae
In sandigen Flächen in der Nähe von Korallenriffen leben ganze Kolonien dieser Aale. Ihre Hinterleiber stecken in Röhren, in die sie sich bei Störungen blitzschnell zurückziehen.

MEERAAL
Conger conger
F: Congridae
Dieser Aal des Nordatlantiks und des Mittelmeers ist oft in Schiffswracks zu finden. Er versteckt sich tagsüber in Spalten und jagt meist nachts andere Fische.

GEISTERMURÄNE
Rhinomuraena quaesita
F: Muraenidae
Aus jungen Geistermuränen, die schwarz mit gelben Flossen sind, wachsen blaue Männchen heran, die später das Geschlecht wechseln und zu gelben Weibchen werden. Sie leben im Indischen und Westpazifischen Ozean.

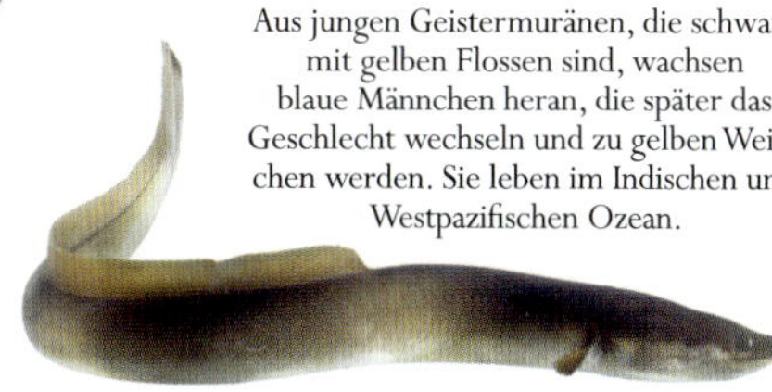

EUROPÄISCHER AAL
Anguilla anguilla
F: Anguillidae
Den größten Teil seines Lebens verbringt der gefährdete Aal im Süßwasser. Er durchquert zum Laichen den Atlantik bis zur Sargassosee, wo er schließlich stirbt.

RINGEL-SCHLANGENAAL
Myrichthys colubrinus
F: Ophichthidae
Der einer giftigen Seeschlange ähnliche, harmlose Aal des Indiks und des Westpazifiks wird von Raubfischen gemieden. Er lebt in Röhren im Sand und frisst kleine Fische.

PELIKAN-AALE UND VERWANDTE

Die in der Tiefsee lebenden Arten der Ordnung Saccopharyngiformes besitzen weder Schwanz- und Bauchflossen noch Schuppen. Ihnen fehlen die Rippen und ihre Kiefer lassen sich sehr weit öffnen. Man nimmt an, dass sie wie echte Aale einmal ablaichen und dann sterben.

PELIKAN-AAL
Eurypharynx pelecanoides
F: Eurypharyngidae
Dieser aalähnliche Tiefseefisch hat riesige Kiefer und einen dehnbaren Magen, sodass er Beute verschlingen kann, die fast so groß wie er selbst ist.

SANDFISCHE UND VERWANDTE

Mit zwei Ausnahmen, zu denen der Milchfisch gehört, leben die Sandfischartigen (Gonorynchiformes) im Süßwasser. Ihre Bauchflossen sitzen weit hinten am Körper.

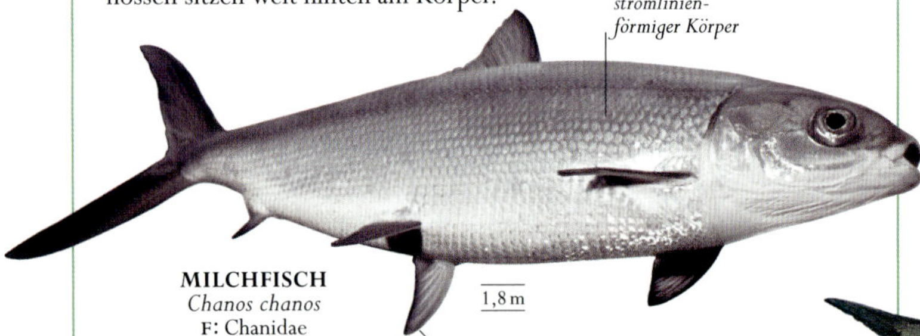

MILCHFISCH
Chanos chanos
F: Chanidae
Der schnelle Schwimmer hat eine tief gegabelte Schwanzflosse und frisst Plankton. Er wird in Südostasien auch gezüchtet.

GREYS SANDFISCH
Gonorynchus greyi
F: Gonorynchidae
Der bei Neuseeland und Australien lebende Fisch bewohnt seichte Buchten und taucht bei Gefahr in den Sand ein.

HERINGE UND VERWANDTE

Viele Arten der überwiegend marinen Ordnung Heringsartige (Clupeiformes) sind für die Fischerei wichtig. Die Fische besitzen lockere Schuppen, eine Rückenflosse, eine gegabelte Schwanzflosse und einen kielförmigen Bauch. Die meisten Arten leben in großen Schwärmen.

SÜDAMERIKANISCHE SARDELLE
Engraulis ringens
F: Engraulidae
Dieser Planktonfresser lebt in riesigen Schwärmen vor der südamerikanischen Westküste, wo er als Nahrung für Menschen, Pelikane und große Fische wichtig ist.

MAIFISCH
Alosa alosa
F: Clupeidae
Im Frühjahr wandern die Maifische aus dem Meer in europäische Flüsse, um zu laichen. Manchmal legen sie dazu große Entfernungen zurück.

ATLANTISCHER HERING
Clupea harengus
F: Clupeidae
Dieser silbern geschuppte Fisch sucht in großen Schwärmen nach Plankton. Die gefragten nordostatlantischen Bestände sind bereits überfischt.

KARPFENFISCHE

Mit über 4000 Arten sind die Karpfenfische (Cypriniformes) eine der größten Süßwasserfisch-Ordnungen weltweit. Sie haben meist eine typische Fischgestalt mit nur einer Rückenflosse. Die Zähne befinden sich im Schlund und nicht auf den Kiefern. Zu ihnen gehören viele bekannte Aquarienfische wie Schmerlen, Barben und Bärblinge.

PRACHTSCHMERLE
Chromobotia macracanthus
F: Cobitidae
Diese aus Südostasien stammende Schmerle sucht ihre Nahrung am Grund. Sie kann sich mit Dornen an den Augen verteidigen.

BORNEOBARBE
Puntigrus anchisporus
F: Cyprinidae
Der bekannte Aquarienfisch wird meist als Sumatrabarbe bezeichnet. Die Sumatrabarbe (*P. tetrazona*) ist jedoch wohl noch nie eingeführt worden.

BITTERLING
Rhodeus amarus
F: Cyprinidae
Dieser europäische Fisch legt seine Eier in die Mantelhöhle einer Muschel, in der die Larven schlüpfen.

GRASKARPFEN
Ctenopharyngodon idella
F: Cyprinidae
Die aus Asien stammende Art frisst Wasserpflanzen und ist in Europa und den USA eingeführt worden, um Entwässerungskanäle frei von Pflanzen zu halten.

GOLDFISCH
Carassius gibelio
F: Cyprinidae
Der vom eurasischen Giebel abstammende Goldfisch ist als Zuchtform weltweit verbreitet. Es gibt viele verschiedene Varianten.

KARPFEN
Cyprinus carpio
F: Cyprinidae
Mit seinem vorstreckbaren Maul und seinen Barteln findet der Karpfen seine Nahrung im Schlamm des Bodengrunds. Der heute weltweit vorkommende Fisch stammt aus Asien.

ZEBRABÄRBLING
Danio rerio
F: Cyprinidae
Dieser muntere kleine Fisch der südasiatischen Seen vermehrt sich schnell. Er wird in Aquarien und Laboratorien gezüchtet.

SALMLER

Diese mit gut ausgebildeten Zähnen ausgestatteten Süßwasserfische sind überwiegend Fleischfresser. Neben der Rückenflosse besitzen die meisten Arten eine kleine Fettflosse in der Nähe des Schwanzes. Unter den 23 Familien der Ordnung Salmler (Characiformes) sind die Piranhas die bekanntesten Raubfische.

BLINDER HÖHLENSALMLER
Astyanax mexicanus
F: Characidae
Während die normale Form dieses Salmlers in Bächen lebt und sehen kann, ist die aquaristisch bekannte Höhlenform blind.

ROTER PIRANHA
Pygocentrus nattereri
F: Serrasalmidae
Diese aus südamerikanischen Flüssen stammenden Salmler ernähren sich von Wirbellosen und Fischen, können in Schwärmen aber auch größere Säugetiere töten.

SILBER-BEILBAUCHFISCH
Gasteropelecus sternicla
F: Gasteropelecidae
Die großen Brustmuskeln dieses südamerikanischen Insektenfressers erlauben ihm kurze Flüge über die Wasseroberfläche.

TIGERSALMLER
Hydrocynus vittatus
F: Alestidae
Dieser afrikanische Raubfisch hat lange Zähne und kann Fische fressen, die halb so lang wie er selbst sind.

LANGSCHNAUZEN-DISTICHODUS
Distichodus lusosso
F: Distichodontidae
Anders als viele andere Salmler sind diese äquatorialafrikanischen Fische Pflanzenfresser.

WELSE

Diese überwiegend im Süßwasser lebenden Fische haben meist einen gestreckten Körper und viele Barteln. Die meisten Arten der Ordnung Welse (Siluriformes) besitzen wie die Salmler eine Fettflosse in der Nähe des Schwanzes.

GESTREIFTER KORALLENWELS
Plotosus lineatus
F: Plotosidae
Jungtiere dieses tropischen Meeresfischs bilden zu ihrem Schutz kugelförmige Schwärme. Die einzeln lebenden, erwachsenen Tiere verteidigen sich mit ihren giftigen Flossenstrahlen.

TIGERSPATELWELS
Pseudoplatystoma fasciatum
F: Pimelodidae
Die langen Barteln helfen diesem südamerikanischen Fisch, seine Nahrung zu finden, wenn er nachts über dem Grund kleine Fische jagt.

FLUSSWELS
Silurus glanis
F: Siluridae
Der in Mitteleuropa und Asien lebende Wels kann über 300 kg Gewicht erreichen, doch durch die starke Befischung gibt es keine Welse dieser Größe mehr.

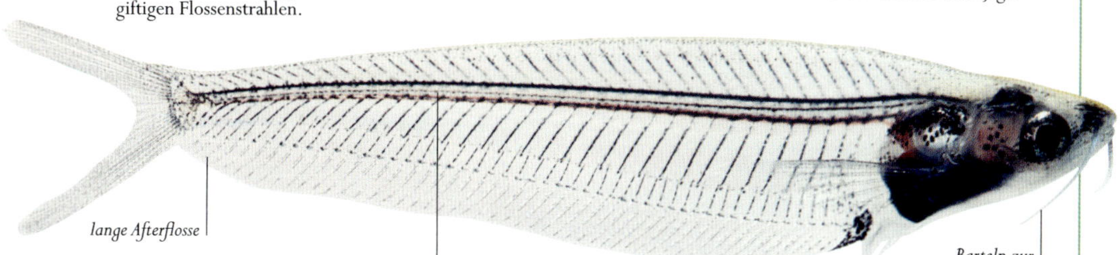

KATZENWELS
Ameiurus nebulosus
F: Ictaluridae
Dieser nordamerikanische Wels kann sich bei der Brutpflege mit seinen giftigen Flossenstrahlen verteidigen.

INDISCHER GLASWELS
Kryptopterus bicirrhis
F: Siluridae
Dieser südostasiatische Fisch steht oft bewegungslos im Wasser und ist dann für Fressfeinde nahezu unsichtbar.

LACHSFISCHE

Zu den Süß- und Meerwasserfischen der Ordnung Lachsartige (Salmoniformes) gehören viele anadrome Arten, die vom Meer zum Laichen ins Süßwasser wandern. Die kräftigen Fische besitzen eine große Schwanzflosse, eine einzelne Rückenflosse und eine viel kleinere Fettflosse.

ROTLACHS
Oncorhynchus nerka
F: Salmonidae
In seiner roten Laichfärbung wandert der nordpazifische Fisch in nordamerikanische und asiatische Flüsse ein, wo er ablaicht und stirbt. Viele Lachse werden von Bären erbeutet.

AMERIKANISCHE KLEINE MARÄNE
Coregonus artedi
F: Salmonidae
Der nordamerikanische Schwarmfisch frisst Plankton und Wirbellose.

SEESAIBLING
Salvelinus alpinus
F: Salmonidae
Dieser Fisch benötigt sauberes kaltes Wasser. Er lebt in hoch gelegenen Seen oder wandert vom Meer in die Flüsse ein.

REGENBOGENFORELLE
Oncorhynchus mykiss
F: Salmonidae
Die aus Nordamerika stammende Art ist als Nutzfisch und zum Angeln weltweit in Süßgewässern ausgesetzt worden.

HECHTE UND VERWANDTE

Die in den kühlen Süßgewässern der nördlichen Hemisphäre heimischen Arten der Ordnung Hechtartige (Esociformes) sind schnell und gewandt. Die Rücken- und die Afterflosse sitzen zur schnellen Beschleunigung sehr weit hinten.

EUROPÄISCHER HUNDSFISCH
Umbra krameri
F: Umbridae
Dieser Fisch ist selten geworden, da die kleinen Gräben und Kanäle in seiner Heimat, den Einzugsbereichen von Donau und Dnjestr, verschwinden.

EIDECHSENFISCHE UND VERWANDTE

Die Arten der Ordnung Eidechsenfischverwandte (Aulopiformes) bewohnen Küstengewässer und die Tiefsee. Mit ihren großen Mäulern können sie auch große Beutetiere bewältigen. Sie besitzen eine einzige Rücken- und eine kleinere Fettflosse.

RIFF-EIDECHSENFISCH
Synodus variegatus
F: Synodontidae
Dieser Bewohner der tropischen Riffe des Indiks und des Pazifiks ruht bewegungslos auf Korallen und schießt nur vor, um Fische zu erbeuten.

BUMMALO
Harpadon nehereus
F: Synodontidae
Während der indopazifischen Regenzeit versammeln sich Bummalo-Schwärme an Flussmündungen, um nach Nahrung zu suchen.

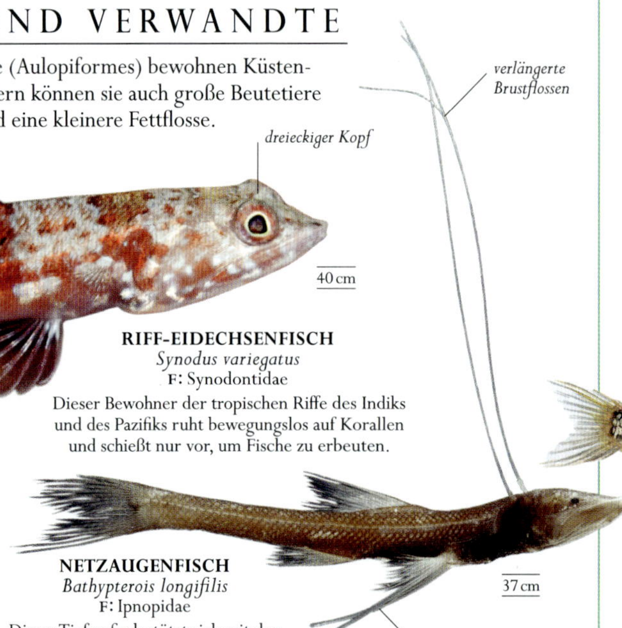

NETZAUGENFISCH
Bathypterois longifilis
F: Ipnopidae
Dieser Tiefseefisch stützt sich mit den Schwanz- und Brustflossen auf dem Grund ab und findet seine Nahrung mithilfe der fadenartigen Brustflossen.

LATERNENFISCHE

Die Arten der Ordnung Laternenfische (Myctophiformes) sind kleine, schlanke Fische mit vielen Photophoren (Leuchtorganen). Damit verständigen sie sich in ihren dunklen Lebensräumen in der Tiefsee. Sie haben große Augen, viele steigen nachts zum Fressen zur Oberfläche auf.

GEPUNKTETER LATERNENFISCH
Myctophum punctatum
F: Myctophidae
Der in den dunklen Tiefen des Atlantiks lebende Fisch benutzt seine Leuchtorgane oder Photophoren, um sich zu tarnen oder zu kommunizieren.

MAULSTACHLER

Die Mehrzahl dieser Tiefseefische besitzt Photophoren, die sie zur Jagd, zur Tarnung und zur Partnersuche einsetzen können. Die meisten Arten der Ordnung Maulstachler (Stomiiformes) sind furchterregend aussehende Räuber mit großen Zähnen und manchmal einer langen Kinnbartel.

SCHWARZER DRACHENFISCH
Malacosteus niger
F: Stomiidae
Die weltweit in gemäßigten, tropischen und subtropischen Meeren lebenden Fische strahlen rotes Licht aus, das ihre Garnelenbeute nicht sehen kann.

SLOANES VIPERFISCH
Chauliodus sloani
F: Stomiidae
Dieser Fisch hat transparente Fangzähne, die aus dem geschlossenen Maul ragen. Licht von seinen Photophoren verwirrt seine Beute in den Tiefen tropischer und subtropischer Ozeane.

SILBERPFEIL
Argyropelecus affinis
F: Sternoptychidae
Der silbrige, schmale Körper dieses Fischs hilft ihm, sich vor seinen Feinden zu verstecken. Er lebt in gemäßigten, tropischen und subtropischen Gewässern.

KETTENHECHT
Esox niger
F: Esocidae
Bei der Jagd steht dieser nordamerikanische Fisch mithilfe vorsichtiger Flossenbewegungen auf der Stelle, bevor er blitzschnell zustößt.

NEUWELT-MESSERFISCHE

Sie besitzen schmale, gestreckte Körper und eine lange Afterflosse, mit der sie vorwärts und rückwärts schwimmen können. Der lange, drehrunde Körper des Zitteraals bildet eine Ausnahme. Die Arten der Ordnung Neuwelt-Messerfische (Gymnotiformes) leben im Süßwasser und können elektrische Spannungen erzeugen.

ZITTERAAL
Electrophorus electricus
F: Gymnotidae
Dieser große südamerikanische Fisch kann elektrische Schläge von bis zu 600 V abgeben – genug, um Fische zu töten und Menschen zu betäuben.

GEBÄNDERTER MESSERFISCH
Gymnotus carapo
F: Gymnotidae
Der in trüben mittel- und südamerikanischen Gewässern lebende Fisch orientiert sich mit elektrischen Impulsen.

STINTARTIGE

Stinte ähneln kleinen Lachsen und tragen meistens ebenfalls eine Fettflosse zwischen Rücken- und Schwanzflosse. Manche Arten der Ordnung Stintartige (Osmeriformes) wie der Europäische Stint riechen nach frischen Gurken.

EUROPÄISCHER STINT
Osmerus eperlanus
F: Opisthoproctidae
Der wie eine Kreuzung von Hering und Forelle wirkende Stint ist in den Ästuaren der Nordsee häufig. Im Frühjahr schwimmt er zum Laichen die Flüsse hoch.

LODDE
Mallotus villosus
F: Osmeridae
Der in der Arktis und angrenzenden Gewässern lebende Fisch bildet große Schwärme, die eine wichtige Nahrungsquelle für Seevögel sind. Von seinen Beständen hängt der Bruterfolg der Vögel ab.

GLANZFISCHARTIGE

Die 23 Arten der marinen Ordnung Glanzfischartige (Lampridiformes) sind Hochseebewohner. Erwachsene Tiere besitzen meist dunkelrote Flossen. Viele Arten haben stark verlängerte Strahlen der Rückenflosse. Die meisten Arten sind selten zu beobachtende Wanderer der Meere.

RIEMENFISCH
Regalecus glesne
F: Regalecidae
Dieser längste Knochenfisch der Welt ist der Ursprung vieler Sagen über Seeschlangen. Er lebt weltweit in tropischen bis gemäßigten Gewässern.

GOTTESLACHS
Lampris guttatus
F: Lampridae
Dieser selten beobachtete Fisch der tropischen und gemäßigten Meere setzt seine Brustflossen wie Flügel ein. Er frisst Kalmare und Fische.

ARMFLOSSER

Zu den etwa 376 Arten der Ordnung Armflosser (Lophiiformes) gehören einige der bizarrsten Meeresfische. Ein modifizierter Flossenstrahl auf dem Kopf dient als Angel und lockt die Beute vor das riesige Maul. Bei Tiefsee-Arten leuchtet die Angel sogar.

20 cm

ROTLIPPEN-SEEFLEDERMAUS
Ogcocephalus darwini
F: Ogcocephalidae
Dieser Fisch bewegt sich mit seinen paarigen Brust- und Bauchflossen über den Grund. Seine roten Lippen sind ein Rätsel.

22 cm

SEEKRÖTE
Chaunax endeavouri
F: Chaunacidae
Diese Fische liegen auf schlammigem Grund im Südwest-Pazifik und lauern kleinen Fischen auf.

2 m

SEETEUFEL
Lophius piscatorius
F: Lophiidae
Die das Maul umgebenden algenähnlichen Fransen tarnen diesen nordostatlantischen Fisch. Er kann blitzschnell zustoßen.

11,5 cm

WARZEN-ANGLERFISCH
Antennarius maculatus
F: Antennariidae
Der gut getarnte Warzen-Anglerfisch klettert mit seinen beinähnlichen Brustflossen über die Korallenriffe.

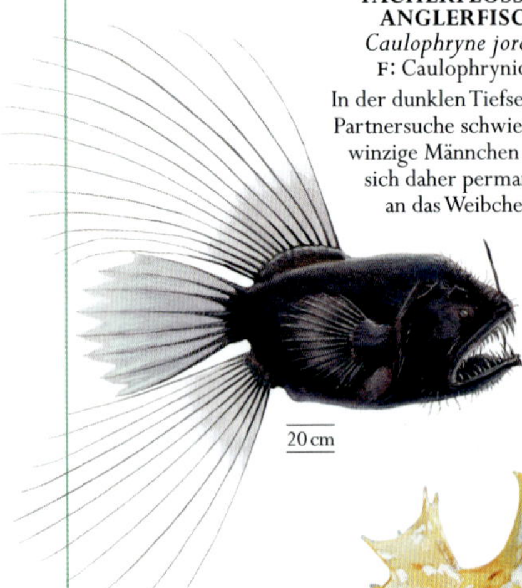

20 cm

FÄCHERFLOSSEN-ANGLERFISCH
Caulophryne jordani
F: Caulophrynidae
In der dunklen Tiefsee ist die Partnersuche schwierig. Das winzige Männchen heftet sich daher permanent an das Weibchen.

20 cm

der Tarnung dienende Hautlappen

große, zum Klettern geeignete Brustflossen

SARGASSUM-ANGLERFISCH
Histrio histrio
F: Antennariidae
Während die meisten Anglerfische auf dem Meeresgrund leben, versteckt sich dieser zwischen treibenden *Sargassum*-Algen.

DORSCHE UND VERWANDTE

Zur Ordnung Dorschartige (Gadiformes) gehören viele kommerziell wichtige Meeresfische. Die meisten besitzen zwei bis drei Rückenflossen und viele eine Kinnbartel. Grenadierfische leben in der Tiefsee und fallen durch ihren langen, dünnen Schwanz auf.

2 m

Kinnbart

KABELJAU
Gadus morhua
F: Gadidae
Die Überfischung hat das Durchschnittsgewicht des Kabeljaus von über 90 kg in früheren Zeiten auf 11 kg in der Gegenwart reduziert.

91 cm

PAZIFISCHER POLLACK
Gadus chalcogrammus
F: Gadidae
Durch die fehlende Kinnbartel und den vorspringenden Unterkiefer lässt sich dieser Fisch vom Kabeljau unterscheiden. Er lebt in arktischen Gewässern.

50 cm

farbig gesäumte Schwanzflosse

MITTELMEER-QUAPPE
Gaidropsarus mediterraneus
F: Lotidae
Die mit drei Barteln am Maul ausgestattete aalähnliche Quappe sucht ihre Nahrung in den Gezeitentümpeln des Nordostatlantiks.

1,2 m

QUAPPE
Lota lota
F: Lotidae
Anders als die meisten der Gadiformes lebt die Quappe im Süßwasser. Sie bewohnt tiefe Seen und Flüsse auf der nördlichen Hemisphäre.

1 m

PAZIFISCHER GRENADIER
Coryphaenoides acrolepis
F: Macrouridae
Wegen des langen, schuppigen Schwanzes wird dieser verbreitete Tiefseefisch auch als Pazifischer Rattenschwanz bezeichnet.

EINGEWEIDEFISCHE

Die meisten Arten der Ordnung Eingeweidefische (Ophidiiformes) leben als aalähnliche Fische im Meer. Sie besitzen schmale Bauch- sowie lange Rücken- und Afterflossen.

EINGEWEIDEFISCH
Carapus acus
F: Carapidae
Erwachsene Fische dringen mit dem Schwanz voran durch den After in eine Seegurke ein, die sie nachts zum Fressen verlassen.

MEERÄSCHEN

Meeräschen sind silbrige gestreifte Fische mit zwei voneinander getrennten Rückenflossen, von denen die erste Hart- und die zweite Weichstrahlen enthält. Die Arten der Ordnung Meeräschen (Mugiliformes) sind weltweit verbreitet und ernähren sich von Algen und Detritus.

GOLD-MEERÄSCHE
Liza aurata
F: Mugilidae
Häfen, Flussmündungen und Küstengewässer des Nordost-Atlantiks zählen zu den Lebensräumen dieser Meeräsche, die oft in Schwärmen auftritt.

KORALLEN-KRÖTENFISCH
Sanopus splendidus
F: Batrachoididae
Diesen seltenen Krötenfisch findet man nur in den Riffen, die eine einzige Insel vor der mexikanischen Küste umgeben. Er versteckt sich unter Korallen und in Spalten.

FROSCHFISCHE

Frosch- oder Krötenfische sind breit und flach, mit breitem Maul und oben auf dem Kopf gelegenen Augen. Von den beiden Rückenflossen ist die erste kurz und stachlig, die zweite lang und weich. Viele Arten der Ordnung Froschfischartige (Batrachoidiformes), besonders die Bootsmannfische, können mit ihren Schwimmblasen Töne erzeugen.

NÖRDLICHER BOOTSMANNFISCH
Porichthys notatus
F: Batrachoididae
Die an den Felsenküsten der nordamerikanischen Westküste lebenden Fische können bei Ebbe auch Luft atmen.

ÄHRENFISCHARTIGE

Diese schlanken, silbrigen Fische leben oft in großen Schwärmen. Die Ordnung Ährenfischartige (Atheriniformes) umfasst über 330 Arten, die Lebensräume im Meer wie im Süßwasser besiedeln. Die meisten haben zwei Rückenflossen, von denen die erste aus Weichstrahlen besteht, und eine einzige Afterflosse.

PRACHT-REGENBOGENFISCH
Iriatherina werneri
F: Melanotaeniidae
Männchen dieser Art präsentieren ihre langen Flossen bei der Balz. Die Fische leben auf Neuguinea und in Nordaustralien in verkrauteten Süßgewässern.

GRUNION
Leuresthes tenuis
F: Atherinopsidae
Die Fische laichen gemeinsam zu Tausenden in der Nacht und deponieren ihre Eier während einer Springflut am Strand.

HORNHECHTARTIGE

Mit ihren langen, dünnen Körpern und den lang ausgezogenen Kiefern sind diese silbrigen Fische auf dem offenen Meer gut getarnt. Auch die Fliegenden Fische mit ihren langen, paarigen Brust- und Bauchflossen gehören zur Ordnung Hornhechtartige (Beloniformes).

HORNHECHT
Belone belone
F: Belonidae
Der Hornhecht bleibt nahe der Wasseroberfläche des Nordostatlantiks und jagt kleine Fische, vor allem aus der Familie der Heringe.

ATLANTISCHER KINNBARTEL-FLUGFISCH
Cheilopogon heterurus
F: Exocoetidae
Wird dieser Fisch aufgeschreckt, springt er aus dem Wasser und fliegt kurze Strecken mit ausgestreckten Flossen.

ZAHNKÄRPFLINGE

Die meisten Arten der Ordnung Zahnkärpflinge (Cyprinodontiformes) sind kleine Süßwasserfische mit einer einzigen Rücken- und einer großen Schwanzflosse. Unter ihren zehn Familien ist die der Lebendgebärenden Zahnkarpfen vielleicht die bekannteste, da zu ihr viele beliebte Aquarienfische wie Guppys und Schwertträger gehören.

7 cm

bei der Balz wichtige Flosse

AMIETS PRACHTKÄRPFLING
Fundulopanchax amieti
F: Nothobranchiidae
Dieser kleine Fisch lebt in den Regenwaldbächen Kameruns in Afrika. Es gibt viele mit ihm verwandte Arten, die man als Killifische bezeichnet.

32 cm

VIERAUGENFISCH
Anableps anableps
F: Anablepidae
Die Augen dieses südamerikanischen Fischs sind geteilt, sodass er sowohl über als auch unter Wasser klar sehen kann.

7,5 cm

FLORIDAKÄRPFLING
Jordanella floridae
F: Cyprinodontidae
Sümpfe und Bäche in Florida sind die Heimat dieses friedlichen Fischs. Das Männchen balzt vor dem Weibchen und bewacht den Laich.

7 cm

SCHWARZER FÄCHERFISCH
Austrolebias nigripinnis
F: Rivulidae
Subtropische südamerikanische Flüsse sind die Heimat dieser Art sowie der übrigen Mitglieder dieser Familie.

5 cm

BREITFLOSSEN-KÄRPFLING
Poecilia latipinna
F: Poeciliidae
Die Rückenflosse des lebendgebärenden nordamerikanischen Fischs wird bei der Balz präsentiert.

SCHLEIMKOPFARTIGE

Diese Meeresfische sind hochrückig, haben große Schuppen, einen gegabelten Schwanz und spitze Flossenstrahlen. Die meisten Arten der Ordnungen Beryciformes und Trachichthyiformes sind nachtaktiv und häufig rot gefärbt, da der rote Spektralbereich im Wasser mit zunehmender Tiefe zuerst ausgelöscht wird. Ab einer bestimmten Tiefe wirken die Fische also schwarz.

DIADEM-HUSARENFISCH
Sargocentron diadema
F: Holocentridae
Neben diesem Husarenfisch gibt es viele ähnliche Arten in tropischen Riffen. Am Tag verstecken sie sich in Spalten.

17 cm

22 cm

TANNENZAPFENFISCH
Cleidopus gloriamaris
F: Monocentridae
Nur wenige Räuber werden einen derartigen Fisch angreifen, der mit dicken Schuppen gepanzert ist. Seine Färbung warnt davor, dass er ungenießbar ist.

12 cm

KLEINER LATERNENFISCH
Photoblepharon palpebratum
F: Anomalopidae
Nachts sendet dieser Fisch mit den Leuchtorganen unter den Augen Lichtsignale aus. Eine Membran kann die Lichtquelle abdecken und Blitzlichteffekte erzeugen.

FANGZAHNFISCH
Anoplogaster cornuta
F: Anoplogastridae
Die langen Zähne dieses Tiefseebewohners verhindern ein Entkommen der Beute, die unzerteilt geschluckt wird.

18 cm

75 cm

GRANATBARSCH
Hoplostethus atlanticus
F: Trachichthyidae
Dies ist einer der langlebigsten und am langsamsten wachsenden Fische. Er kann mindestens 150 Jahre alt werden.

PETERSFISCHARTIGE

Die 41 zur Ordnung Petersfischartige (Zeiformes) gehörenden Arten leben im Meer und sind hochrückige, aber schmale Fische mit langen Rücken- und Afterflossen. Petersfische haben vorstreckbare Kiefer, die sie bei der Jagd einsetzen. Sie fressen verschiedene kleine Fische.

vorstreckbarer Kiefer

90 cm

PETERSFISCH
Zeus faber
F: Zeidae
Von vorn ist dieser extrem schmale Fisch kaum zu sehen, sodass er sich leicht an seine Beute anschleichen kann.

STICHLINGSARTIGE

Die meisten Stichlingsartigen leben im stehenden oder langsam fließenden Süßwasser, doch gibt es auch Arten, die ins Meerwasser vordringen. Der lange, steife Körper der Stichlinge wird an den Seiten durch Knochenplatten und auf dem Rücken durch spitze Stacheln geschützt.

DREISTACHLIGER STICHLING
Gasterosteus aculeatus
F: Gasterosteidae
Dieser kleine Fisch ist im Süßwasser und im küstennahen Meerwasser weit verbreitet. Die Männchen führen einen komplizierten Balztanz auf.

SCHILDBÄUCHE UND VERWANDTE

Diese Arten sind kleine, überwiegend marine Bodenbewohner. Die meisten Arten der Ordnung Schildbäuche (Gobiesociformes) besitzen einen aus den Brustflossen entstandenen Saugnapf, mit dem sie sich an Felsen anheften können. Ihre Augen sitzen weit oben, und sie haben eine Rückenflosse.

CONNEMARA-SCHILDBAUCH
Lepadogaster candolii
F: Gobiesocidae
Der in den felsigen Untiefen des Nordostatlantiks lebende, kleine Fisch ist starken Wellen ausgesetzt, kann sich jedoch sehr gut festsaugen.

KLEINER FLÜGELROSSFISCH
Eurypegasus draconis
F: Pegasidae
Anders als die übrigen Seenadelartigen ist dieser Fisch flach und hat große Brustflossen.

SEENADELARTIGE

Die Seepferdchen und die übrigen Fische der Ordnung Seenadelartige (Syngnathiformes) sind von einem Knochenpanzer geschützt, der ihre Körper versteift. Die Gruppe umfasst sowohl Meer- als auch Süßwasser-Arten. Seepferdchen besitzen ein kleines Maul am Ende einer röhrenförmigen Schnauze, mit dem sie winzige planktonische Krebstierchen einsaugen.

SEEDRACHE
Phyllopteryx taeniolatus
F: Syngnathidae
Dieser bizarre australische Fisch verbirgt sich zwischen den Algen der Felsenriffe, wo er mit seinen Hautlappen sehr gut getarnt ist.

ROBUSTER GEISTERPFEIFENFISCH
Solenostomus cyanopterus
F: Solenostomidae
Die großen Brustflossen ermöglichen es dem Geisterpfeifenfisch, auf der Jagd nach winzigen Wirbellosen langsam zwischen Seegras und Algen dahinzutreiben.

ÄSTUAR-SEEPFERDCHEN
Hippocampus kuda
F: Syngnathidae
Wie bei allen Seepferdchen besitzt das Männchen eine Bauchtasche, in dem es die vom Weibchen abgelaichten Eier bis zum Schlupf der Jungen trägt.

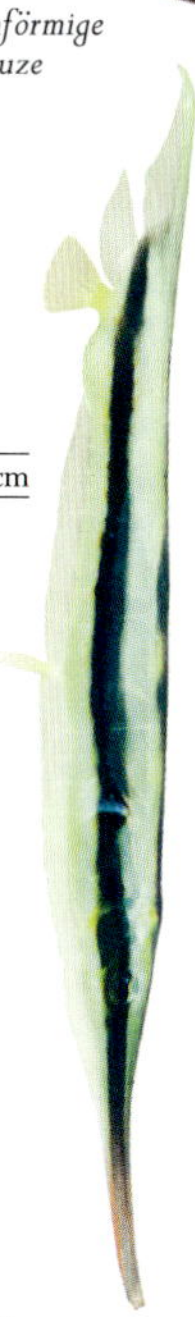

SCHNEPFEN-MESSERFISCH
Aeoliscus strigatus
F: Centriscidae
Diese Fische können sich mit dem Kopf nach unten zwischen Seeigelstacheln verstecken und schwimmen immer in dieser Position. Die Art stammt aus dem Indopazifik.

GEBÄNDERTE SEENADEL
Dunckerocampus dactyliophorus
F: Syngnathidae
Der lange, dünne Körper dieses Korallenriffbewohners ist für Seenadeln typisch. Sie leben unter und zwischen Korallen und Felsen.

PAZIFISCHER TROMPETENFISCH
Aulostomus chinensis
F: Aulostomidae
Trompetenfische folgen oft Muränen, um Fische zu erbeuten, die jene aufgescheucht haben.

KIEMENSCHLITZAALE

Diese Süßwasserfische haben einen aalähnlichen Körper. Die meisten Arten der Ordnung Synbranchiformes haben kleine oder keine Flossen. So können sie sich durch den Schlamm schlängeln und in ihm graben.

ROTSTREIFEN-STACHELAAL
Mastacembelus erythrotaenia
F: Mastacembelidae
Der in südostasiatischen Überschwemmungsgebieten und Flüssen lebende Fisch frisst Insektenlarven und Würmer.

MARMORIERTER KIEMENSCHLITZAAL
Synbranchus marmoratus
F: Synbranchidae
Der fast flossenlose, mittel- und südamerikanische Fisch kann auch Luft atmen und auf diese Weise überleben.

PLATTFISCHE

Die Arten der Ordnung Plattfische (Pleuronectiformes) beginnen ihr Leben im Plankton als normal gestaltete Fische, doch später plattet sich der Körper ab, sie liegen auf einer Seite auf dem Meeresgrund und das untere Auge wandert auf die andere Seite.

SCHOLLE
Pleuronectes platessa
F: Pleuronectidae
Dieser kommerziell wichtige nordatlantische Plattfisch liegt mit der rechten Seite nach oben auf dem Meeresgrund. Nachts schwimmt er zur Nahrungssuche umher.

HEILBUTT
Hippoglossus hippoglossus
F: Pleuronectidae
Der Heilbutt ist einer der größten Plattfische. Er liegt auf der linken Seite und die rechte weist nach oben.

SEEZUNGE
Solea solea
F: Soleidae
Obwohl Seezungen bis zu 30 Jahre alt werden können, überleben sie als gefragte Speisefische selten so lang.

STEINBUTT
Scophthalmus maximus
F: Scophthalmidae
Da der Steinbutt seine Färbung der des Meeresgrunds anpassen kann, kann er oft Raubfischen entgehen. Er lebt im Nordatlantik.

DRÜCKERFISCHE, KUGELFISCHE UND VERWANDTE

Zu dieser Gruppe von Meer- und Süßwasserfischen gehören der riesige Mondfisch und die giftigen Kugelfische. Anstelle normaler Zähne besitzen die Arten der Ordnung Kugelfischverwandte (Tetraodontiformes) miteinander verschmolzene Zahnschneiden oder große Einzelzähne. Die Schuppen sind zu schützenden Platten oder Stacheln modifiziert.

LEOPARD-DRÜCKERFISCH
Balistoides conspicillum
F: Balistidae
Dieser bunt gefärbte Korallenfisch kann sich in Spalten festklemmen, indem er den ersten Rückenflossenstrahl aufstellt und arretiert.

WEISSPUNKT-KOFFERFISCH
Ostracion meleagris
F: Ostraciidae
Dieser von Knochenplatten und giftiger Haut umgebene indopazifische Korallenfisch wird von Raubfischen gemieden.

WEISSFLECKEN-KUGELFISCH
Arothron hispidus
F: Tetraodontidae
Das in der Haut und den Organen enthaltene Neurotoxin kann einen Menschen töten und schreckt Raubfische ab.

BRAUNFLECKEN-IGELFISCH
Diodon holocanthus
F: Diodontidae
Der in allen tropischen Meeren heimische Fisch kann seinen Körper durch Wasserschlucken zu einer stachligen Kugel aufblasen – eine effektive Abschreckung.

MIMIK-FEILENFISCH
Paraluteres prionurus
F: Monacanthidae
Dieser Feilenfisch wird von Raubfischen gemieden, weil er den giftigen Sattel-Spitzkopfkugelfisch nachahmt.

BRAUNER DRACHENKOPF
Scorpaena porcus
F: Scorpaenidae
Dieser Drachenkopf ist durch Hautlappen gut getarnt und kann seine Färbung verändern, sodass er kaum zu sehen ist.

PANZERWANGEN

Die meist am Grund lebenden marinen Fische der großen Ordnung Panzerwangen (Scorpaeniformes) besitzen einen großen, Stacheln tragenden Kopf mit einer Knochenspange unterhalb des Auges. Die meisten Arten besitzen spitze, oft giftige Rückenflossenstrahlen. Viele sind hervorragend getarnt.

ROTER KNURRHAHN
Chelidonichthys lucerna
F: Triglidae
Der auf je drei einzelnen Strahlen seiner Brustflossen über den Meeresgrund laufende Knurrhahn sucht nach Wirbellosen.

ROTFEUERFISCH
Pterois volitans
F: Scorpaenidae
Die Farben warnen Raubfische davor, dass sogar Jungfische dieses Korallenfischs giftige Rückenflossenstrahlen besitzt. Erwachsene Tiere sind dunkler und können fast schwarz gefärbt sein.

SEEHASE
Cyclopterus lumpus
F: Cyclopteridae
Ein Saugnapf auf der Bauchseite erlaubt es diesem nordatlantischen Fisch, sich an wellenumspülte Felsen zu heften und sein Gelege zu bewachen.

GROSSER BAIKAL-ÖLFISCH
Comephorus baikalensis
F: Comephoridae
Etwa ein Viertel des Körpers dieses Fischs besteht aus Öl, das für seinen Auftrieb sorgt. Er ist im russischen Baikalsee endemisch.

MONDFISCH
Mola mola
F: Molidae
Der oft an der Wasseroberfläche auf der Seite liegende Fisch ist einer der schwersten Knochenfische. Den Rekord hält der verwandte *Mola alexandrini* mit 2300 kg.

LANGSTACHLIGER SEESKORPION
Taurulus bubalis
F: Cottidae
Abhängig vom Untergrund ist die Farbe dieses in Küstennähe lebenden Fischs unterschiedlich ausgeprägt. So sind die zwischen Rotalgen lebenden Tiere rot gefärbt.

STEINFISCH
Synanceia verrucosa
F: Synanceiidae
Diesen gut getarnten tropischen Riffbewohner zu entdecken ist sehr schwierig. Das Gift seiner Flossenstrahlen kann sogar für Menschen tödlich sein.

GROPPE
Cottus gobio
F: Cottidae
Die Groppe lebt in einem großen Teil Europas in Flüssen und Bächen zwischen Steinen und Pflanzen. Das Männchen bewacht den Laich.

FLUGHAHN
Dactylopterus volitans
F: Dactylopteridae
Dieser Fisch kann vom Grund aufsteigen und durch das Wasser »fliegen«, wenn er gestört wird.

ROTFEUERFISCH
Pterois volitans

Der nachtaktive Rotfeuerfisch patrouilliert auf der Suche nach kleinen Fischen und Krebstieren in den tropischen Riffen des Westpazifiks und des Indiks. Er drängt seine Beute mit den ausgebreiteten Brustflossen gegen das Riff, bevor er blitzschnell zuschnappt. Manchmal schleicht er sich auch im freien Wasser an und setzt auf den Endspurt. Gut geschützt durch seine giftigen Stacheln begegnet er dem Taucher oder einem potenziellen Fressfeind oft mit dem Kopf voran. Ein Männchen kann eine kleine Gruppe von Weibchen um sich versammeln und andere Männchen angreifen, wenn sie zu nahe kommen. Nachdem das Männchen vor einem Weibchen gebalzt hat, umkreisen sich die Fische und schwimmen zur Wasseroberfläche, um Laich und Spermien abzugeben. Nach wenigen Tagen schlüpfen aus den Eiern Larven, die mit dem Plankton etwa einen Monat lang mit der Strömung umhertreiben, bevor sie sich auf dem Grund niederlassen.

GRÖSSE 45 cm Länge
LEBENSRAUM Riffe
VERBREITUNG Pazifik, Indik, im Westatlantik eingeführt
NAHRUNG Fische, Krebstiere

> DEUTLICHE WARNUNG
Das kontrastreiche Streifenmuster warnt Raubfische davor, dass der Rotfeuerfisch giftig ist. An Land verwenden Bienen und Wespen eine ähnliche Warnzeichnung.

< BEEINDRUCKENDER RÄUBER
Dieser effektive Räuber ist in der Karibik eingeschleppt worden, wo er die einheimischen Fische bedroht. Er jagt in der Abenddämmerung. Dabei setzt er seine großen Augen und seinen guten Geruchssinn ein.

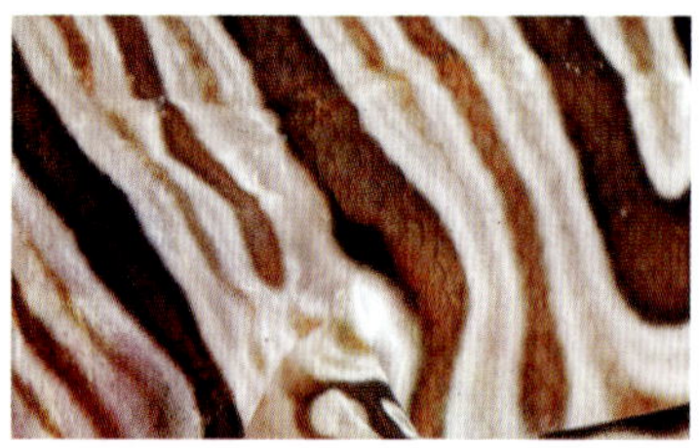

∧ STREIFENMUSTER
Das Muster ist bei jedem Fisch unterschiedlich und bei ablaichbereiten, sehr dunklen Männchen oft schwächer ausgeprägt.

< BRUSTFLOSSEN
Die Weichstrahlen der Brustflossen sind zu einem Teil durch die Flossenmembranen verbunden, auf denen sich runde, farbige Flecken befinden.

GIFTSTACHELN >
Die Hartstrahlen in den Rücken-, After- und Brustflossen dieser Fische können Gift injizieren, das bei Menschen starke Schmerzen hervorruft, aber sehr selten tödlich ist. Die Stacheln dienen nur der Verteidigung.

< SCHWANZ OBEN
Rotfeuerfische schwimmen oft mit gesenktem Kopf, um vorbeischwimmende Fische erbeuten zu können. Der Schwanz hilft diese Position zu halten und dient weniger dem schnellen Schwimmen.

Rückenflossen mit spitzen Hartstrahlen
Die Brustflossen werden gespreizt, wenn der Fisch seine Beute in die Enge treibt.
Schwanzflosse
Afterflosse

BARSCHFISCHE

Mit mindestens 162 Familien und über 11 500 Arten ist die Ordnung Barschfische (Perciformes) die größte und variabelste der Wirbeltiere. Die meisten tragen sowohl Hart- als auch Weichstrahlen in ihren Rücken- und Afterflossen. Die Bauchflossen sitzen weit vorn in der Nähe der Brustflossen. Nach neuesten Erkenntnissen werden wohl einige der hier gezeigten Familien in andere bestehende oder neue Ordnungen überführt werden.

LANGFLOSSEN-FLEDERMAUSFISCH
Platax teira
F: Ephippidae
Der in kleinen Gruppen in indopazifischen Korallenriffen lebende Fisch frisst Algen und Wirbellose.

VIERFLECK-FALTERFISCH
Chaetodon quadrimaculatus
F: Chaetodontidae
In den Korallenriffen der Welt findet man viele unterschiedliche Falterfisch-Arten. Die abgebildete stammt aus dem Westpazifik.

BLAUGEFLECKTE MEERBRASSE
Pagrus caeruleostictus
F: Sparidae
Mit ihrem steilen Kopfprofil, dem gegabelten Schwanz und den langen Rückenflossenstrahlen ist diese ostatlantische Art eine typische Meerbrasse.

ROTER BANDFISCH
Cepola macrophthalma
F: Cepolidae
Die in senkrechten Röhren im Grund lebenden nordostatlantischen Fische fressen vorbeitreibendes Plankton.

DOPPELSTREIFEN-KARDINALBARSCH
Ostorhinchus compressus
F: Apogonidae
Dieser nachtaktive Korallenfisch besitzt zwei Rückenflossen und große Augen. Die Männchen betreiben Maulbrutpflege.

STREIFENBARBE
Mullus surmuletus
F: Mullidae
Die in Mittelmeer und Nordostatlantik lebende Art entdeckt eingegrabene Beute mit den Barteln. Sie ist mit den tropischen Meerbarben verwandt.

GRASBARSCH
Lepomis cyanellus
F: Centrarchidae
Diese große, gut bekannte Art ist einer der häufigsten Fische in den Seen und Flüssen Nordamerikas.

SCHÜTZENFISCH
Toxotes jaculatrix
F: Toxotidae
Dieser häufig in brackigen Mangrovengürteln in Südostasien, Australien und im Westpazifik vorkommende Fisch schießt Insekten von überhängenden Ästen mit einem Wasserstrahl ab.

Jungtier mit braunem Körper und weißen Flecken

HARLEKIN-SÜSSLIPPE
Plectorhinchus chaetodonoides
F: Haemulidae
Die erwachsenen Tiere sind cremeweiß mit schwarzen Flecken. Die Farbe und Bewegungen des abgebildeten Jungfischs imitieren einen giftigen Plattwurm.

BLAUFISCH
Pomatomus saltatrix
F: Pomatomidae
Dieser weitverbreitete, gefräßige Räuber durchstreift tropische und subtropische Meere in Schwärmen, die kleinere Fische zusammentreiben und fressen.

GOLDSTIRN-BRUNNENBAUER
Opistognathus aurifrons
F: Opistognathidae
Das Männchen dieses karibischen Fischs betreibt Brutpflege.

FLUSSBARSCH
Perca fluviatilis
F: Percidae
Der in Eurasien weitverbreitete Raubfisch des Süßwassers ist als Sportfisch in Australien und anderen Ländern eingeführt worden, wo er sich zu einer Plage entwickelte.

IMPERATOR-KAISERFISCH
Pomacanthus imperator
F: Pomacanthidae

Diese Art lebt in indopazifischen Korallenriffen. Junge Tiere sind anders gezeichnet als die erwachsenen, sodass sie von deren Aggressionen verschont bleiben.

PFAUEN-KAISERFISCH
Pygoplites diacanthus
F: Pomacanthidae

Die auffälligen Farben dieses und anderer Korallenfische ermöglichen die gegenseitige Kommunikation.

PADDELBARSCH
Cromileptes altivelis
F: Serranidae

Wie die meisten Zackenbarsche wechselt der zunehmend seltene Paddelbarsch sein Geschlecht von weiblich zu männlich, wenn er heranwächst.

BLATTFISCH
Monocirrhus polyacanthus
F: Polycentridae

Mit dem großen Maul und dem Verhalten, wie ein totes Blatt durch das Wasser zu treiben, erbeutet dieser südamerikanische Räuber schnell kleinere Fische.

WRACKBARSCH
Polyprion americanus
F: Polyprionidae

Junge Tiere leben nomadisch zwischen an der Oberfläche treibendem Material, während die erwachsenen Wracks und Höhlen bevorzugen. Man findet sie in den meisten Meeren.

SILBERFLOSSENBLATT
Monodactylus argenteus
F: Monodactylidae

Diese kleine Schwärme bildende indopazifische Art lebt vor allem in brackigen Flussmündungen.

JUWELEN-FAHNENBARSCH
Pseudanthias squamipinnis
F: Serranidae

Diese kleinen Fische sammeln an den Hängen der Korallenriffe Plankton. Die Männchen verteidigen einen Harem von Weibchen.

MEERRABE
Sciaena umbra
F: Sciaenidae

Der zu einer als Trommler bezeichneten Familie gehörende Fisch des Nordatlantiks und des Mittelmeers kommuniziert über mit der Schwimmblase erzeugte Töne.

MALABAR-ZACKENBARSCH
Epinephelus malabaricus
F: Serranidae

Diese indopazifische Art kommt in verschiedenen Lebensräumen von Riffen bis zu Ästuaren vor. Die Tiere wechseln das Geschlecht von weiblich zu männlich im Alter von etwa zehn Jahren.

GEBÄNDERTER RITTERFISCH
Equetus lanceolatus
F: Sciaenidae

Die Korallenriffe des Westatlantiks sind die Heimat dieses durch Form und Zeichnung gut getarnten Fischs.

BLAUSTREIFEN-SCHNAPPER
Lutjanus kasmira
F: Lutjanidae

Dieser schnelle Schnapper bildet tagsüber in den Korallenriffen große Schwärme, die sich nachts bei der Nahrungssuche auflösen.

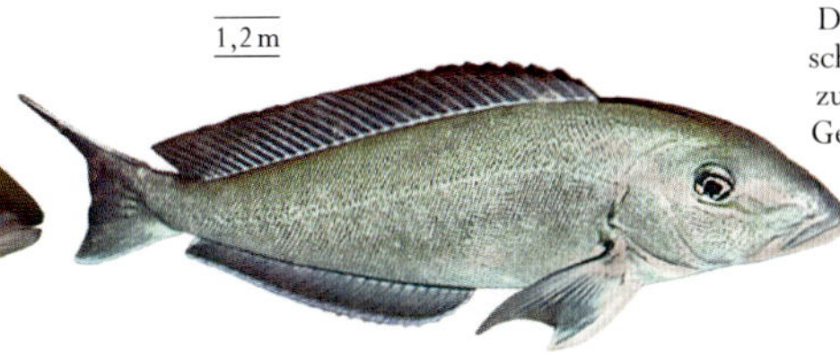

GRAUER ZIEGELBARSCH
Caulolatilus microps
F: Malacanthidae

Der über dem Schlamm vor der nordamerikanischen Ostküste lebende Fisch meidet zu kaltes Wasser und kommt nicht tiefer als 200 m vor.

»

» BARSCHFISCHE

KLEINER SANDAAL
Ammodytes tobianus
F: Ammodytidae
Diese Art und andere Sandaale sind für Seevögel eine wichtige Nahrungsquelle. Sie lebt in großen Schwärmen in den sandigen Buchten des Nordostatlantiks.

GESTREIFTER SEEWOLF
Anarhichas lupus
F: Anarhichadidae
Ein großes Maul und kräftige Zähne ermöglichen es dieser nordatlantischen Art, hartschalige Wirbellose zu fressen.

VIPERQUEISE
Echiichthys vipera
F: Trachinidae
Der giftige nordatlantische Fisch vergräbt sich im Sand und kann mit der schwarzen ersten Rückenflosse schmerzhafte Stiche austeilen.

SCHWARZER SCHLINGER
Chiasmodon niger
F: Chiasmodontidae
Die in der tropischen und subtropischen nahrungsarmen Tiefsee lebende Art kann Beute überwältigen, die größer als sie selbst ist.

KUCKUCKS-LIPPFISCH
Labrus mixtus
F: Labridae
Die blau gezeichneten Männchen (hier abgebildet) entwickeln sich aus großen, rosafarbenen Weibchen, die schwarze und weiße Zeichnungen auf dem Schwanz besitzen. Die Art lebt im Nordostatlantik und im Mittelmeer.

HARLEKIN-LIPPFISCH
Choerodon fasciatus
F: Labridae
Diese westpazifische Art kann ihre vorstehenden, eckzahnähnlichen Zähne einsetzen, um auf der Suche nach Wirbellosen Steine zu bewegen.

PUTZERLIPPFISCH
Labroides dimidiatus
F: Labridae
Dieser kleine Lippfisch unterhält eine mutualistische Beziehung zu anderen Fischen. Er säubert sie und frisst ihre Parasiten an speziellen Putzstationen im Riff.

ANTARKTISCHER KABELJAU
Dissostichus mawsoni
F: Nototheniidae
Wie viele andere Fische des Südpolarmeers wächst diese Art langsam, wird aber groß. Das Blut enthält ein natürliches Frostschutzmittel, das das Leben im eisigen Wasser ermöglicht.

MAORI-KABELJAU
Paranotothenia magellanica
F: Nototheniidae
Diese im Norden bis Argentinien und Neuseeland vorkommende Art des Südpolarmeers ist ein gefragter Speisefisch.

GROSSE GOLDMAKRELE
Coryphaena hippurus
F: Coryphaenidae
Dieser Räuber des offenen Meers kann bis zu 60 km/h schnell schwimmen. Er lebt weltweit in warmen Gewässern.

SCHIFFSHALTER
Echeneis naucrates
F: Echeneidae
Diese Art trägt einen Saugnapf auf dem Kopf und kann sich an große Fische, Delfine und Schildkröten anheften. Sie lebt von Nahrungsresten des Wirts.

LANGSCHNAUZEN-BÜSCHELBARSCH
Oxycirrhites typus
F: Cirrhitidae
Diese indopazifische Art lebt gut getarnt zwischen Gorgonien und Schwarzen Korallen, wo sie sich von kleinen Wirbellosen ernährt.

GROSSAUGEN-MAKRELE
Caranx sexfasciatus
F: Carangidae
Dieser schnelle Räuber jagt nachts in den Riffen des Indiks und des Pazifiks. Jungfische leben in Küstennähe und können in Flussmündungen eindringen.

ORANGERINGEL-ANEMONENFISCH
Amphiprion ocellaris
F: Pomacentridae

Dieser von einem speziellen Schleim geschützte bunte Fisch des tropischen Westpazifiks kann zwischen den Tentakeln der Seeanemonen sicher leben.

BLAUES SCHWALBEN-SCHWÄNZCHEN
Chromis cyanea
F: Pomacentridae

Die im tropischen Westatlantik lebende häufige Art legt ihre Eier mithilfe einer orangefarbenen Laichröhre.

GESTREIFTER SERGEANT
Abudefduf saxatilis
F: Pomacentridae

Dieser häufige Vertreter der Riffbarsche ist leicht in den Korallenriffen des Atlantiks zu beobachten.

NIL-TILAPIA
Oreochromis niloticus
F: Cichlidae

Diese in afrikanischen Seen verbreitete Tilapien-Unterart dient als Speisefisch. Das Weibchen brütet etwa 2000 Eier in seinem Maul aus.

CHIPOKA-MAULBRÜTER
Melanochromis chipokae
F: Cichlidae

Diese Art lebt nur an den Felsenküsten des afrikanischen Malawisees. In den ostafrikanischen Seen gibt es noch viele andere endemische Vertreter der Buntbarsche.

KÖNIG-SALOMON-ZWERGBARSCH
Pseudochromis fridmani
F: Pseudochromidae

Diese zu den buntesten Korallenfischen gehörende Art versteckt sich unter den Überhängen steiler Abhänge im Roten Meer.

ZEBRABUNTBARSCH
Amatitlania nigrofasciata
F: Cichlidae

Der aus Mittelamerika stammende Buntbarsch ist auch in anderen Ländern eingeschleppt worden und hat sich zu einem Schädling entwickelt.

SKALAR
Pterophyllum scalare
F: Cichlidae

Dieser als Aquarienfisch beliebte, ungewöhnlich hochrückige Buntbarsch stammt aus südamerikanischen Flüssen. Beide Eltern betreiben Brutpflege.

HIMMELSGUCKER
Kathetostoma laeve
F: Uranoscopidae

Die südlich von Australien lebende Art gräbt sich so tief im Sand ein, dass nur die Augen und das Maul herausschauen.

SCOTIA-SEE-EISFISCH
Chaenocephalus aceratus
F: Channichthyidae

Mit einem natürlichen Frostschutzmittel im Blut kann dieser Fisch des Südpolarmeers noch bei Temperaturen von –2 °C überleben.

BUTTERFISCH
Pholis gunnellus
F: Pholidae

Der oft in nordatlantischen Gezeitentümpeln zu findende Fisch ist schuppenlos und schlüpfrig, sodass er Räubern leicht entkommen kann.

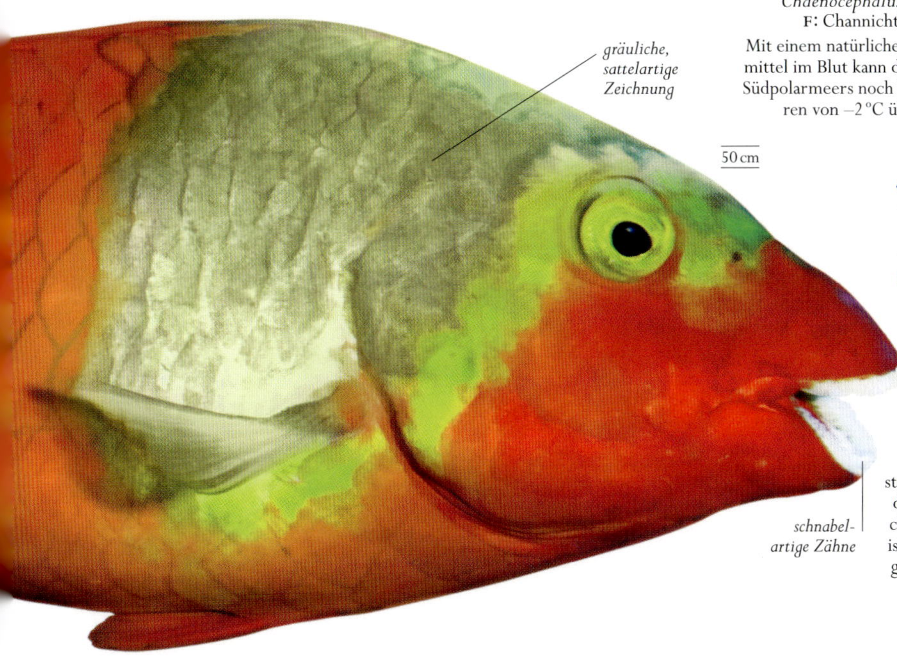

SEEPAPAGEI
Sparisoma cretense
F: Scaridae

Diese aus dem Mittelmeer stammende Papageifisch-Art ist die einzige, bei der das Weibchen bunter als das Männchen ist. Die meisten anderen Papageifische leben in den Tropen.

BÜFFELKOPF-PAPAGEIFISCH
Bolbometopon muricatum
F: Scaridae

Sein schnabelartiges Maul erlaubt es diesem großen Bewohner indopazifischer Korallenriffe, lebende Korallen zu zerbeißen und die Reste als Sand wieder auszuscheiden.

»

» BARSCHFISCHE

LEOPARD-BUSCHFISCH
Ctenopoma acutirostre
F: Anabantidae
Dieser Fisch stammt aus dem afrikanischen Kongobecken. Er nähert sich seiner Beute oft mit nach unten geneigtem Kopf.

SEESCHMETTERLING
Blennius ocellaris
F: Blenniidae
Wie viele andere Schleimfische lebt diese nordatlantische Art auf dem Grund und bewacht den Laich, der oft in leeren Muschelschalen abgelegt wird.

PRACHTSCHWERTGRUNDEL
Nemateleotris magnifica
F: Microdesmidae
Die über ihrem Bau im Korallenriff stehende Grundel frisst Plankton und verschwindet beim ersten Anzeichen von Gefahr.

SIAMESISCHER KAMPFFISCH
Betta splendens
F: Osphronemidae
Die ursprüngliche Verbreitung dieses südostasiatischen Fischs ist unklar, doch er wird schon seit langer Zeit gezüchtet.

MANDARINFISCH
Synchiropus splendidus
F: Callionymidae
Dieser pazifische Fisch ist einer der buntesten unter den tropischen Korallenfischen. Die Farben warnen Räuber vor dem scheußlichen Geschmack.

WEISSKEHL-DOKTORFISCH
Acanthurus leucosternon
F: Acanthuridae
Dieser aus dem Indischen Ozean stammende Fisch trägt an den Seiten des Schwanzstils einen abstellbaren, skalpellartigen Stachel, mit dem er Gegner verletzen kann.

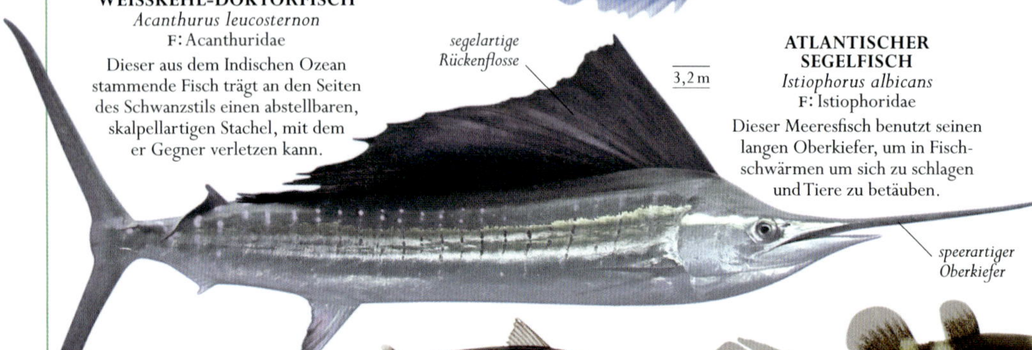

ATLANTISCHER SEGELFISCH
Istiophorus albicans
F: Istiophoridae
Dieser Meeresfisch benutzt seinen langen Oberkiefer, um in Fischschwärmen um sich zu schlagen und Tiere zu betäuben.

GROSSER BARRAKUDA
Sphyraena barracuda
F: Sphyraenidae
Der weltweit in tropischen und subtropischen Meeren lebende Einzelgänger beschleunigt beim Zustoßen rasant.

ATLANTISCHE MAKRELE
Scomber scombrus
F: Scombridae
Dieser nordatlantische Schwarmfisch ernährt sich von kleinen Fischen und Plankton. Der stromlinienförmige Körper macht ihn zum schnellen Schwimmer.

GOLDRINGELGRUNDEL
Brachygobius doriae
F: Gobiidae
Dieser südostasiatische Bodenbewohner verträgt auch Brackwasser und lebt in Flussmündungen und Mangrovensümpfen.

FLECKENGRUNDEL
Pomatoschistus pictus
F: Gobiidae
Diese und andere Grundeln sind in den seichten Sedimentgebieten des Nordostatlantiks verbreitet. Nach DNA-Untersuchungen sollten sie wohl in eine eigene Ordnung Gobiiformes gestellt werden.

ROTER THUN
Thunnus thynnus
F: Scombridae
Dieser weltweit vorkommende Fisch ist einer der am meisten gefragten Speisefische. Er ernährt sich von kleineren Fischen.

ATLANTISCHER SCHLAMMSPRINGER
Periophthalmus barbarus
F: Gobiidae
Dieser Fisch kann außerhalb des Wassers Sauerstoff über die Haut aufnehmen.

FLEISCHFLOSSER

Die einst als Vorfahren der Landwirbeltiere angesehenen Fleischflosser besitzen Flossen mit fleischigem Ansatz, die an Beine erinnern.

Wie die Strahlenflosser besitzen die Fleischflosser ein Knochenskelett, doch ihre Flossen sind anders gebaut. Die Membran sitzt an einem fleischigen Stiel, der kräftig genug ist, dass manche Fleischflosser auf den Flossen vorwärtskriechen können. An den Knochen und Knorpeln der Flossen befinden sich Ansatzstellen für Muskeln. Es gibt viele fossile Fleischflosser, doch heute leben nur noch Lungenfische und Quastenflosser.

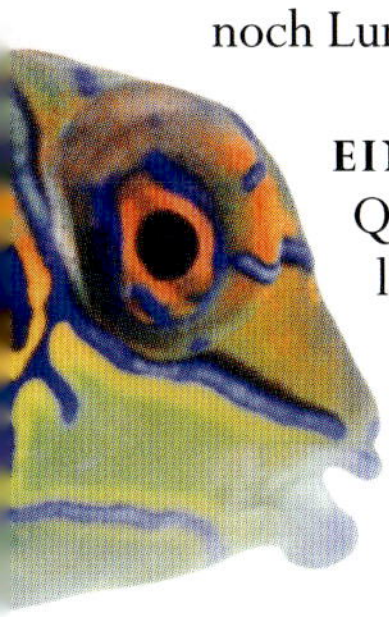

EIN LEBENDES FOSSIL

Quastenflosser sind nachtaktiv und leben versteckt. Das erste bekannte Exemplar ist 1938 gefangen worden (bis dahin kannte man nur über 65 Millionen Jahre alte Fossilien). Es gehörte zu einer im westlichen Indik lebenden Art. Eine zweite Art ist 1998 in indonesischen Gewässern gefunden worden. Die Entwicklung der Wirbelsäule aus der Chorda dorsalis ist unvollständig und die Schwanzflosse weist einen mittleren Lappen auf. Die Schuppen dieser sicher nicht zum Langstreckenschwimmer geeigneten Fische sind schwere Knochenplatten. Anders als die eierlegenden Lungenfische sind Quastenflosser lebendgebärend, da die Jungen noch im Körper schlüpfen. Die Entwicklungszeit kann bis zu drei Jahre dauern, was das Überleben der Art gefährdet, wenn sich die Tiere weiterhin in den Schleppnetzen der Fischer verfangen.

AUSSERHALB DES WASSERS ATMEN

Obwohl die meisten Vorfahren der Lungenfische im Meer gelebt haben, sind die heutigen Arten auf Süßwasserbiotope in Südamerika, Afrika und Australien beschränkt. Alle können über ihre Lungen Luft atmen, was nützlich ist, wenn die Gewässer je nach Jahreszeit austrocknen. Manche Arten können monatelang im Schlamm überleben und würden ständig in Wasser untergetaucht ertrinken, während andere vor allem über ihre Kiemen atmen. Wegen der Form und der Außenkiemen der Larven haben frühe Zoologen geglaubt, dass die Lungenfische Amphibien seien.

STAMM	CHORDATA
KLASSEN	COELACANTHI DIPNEUSTI
ORDNUNGEN	3
FAMILIEN	4
ARTEN	8

STREITFRAGE

FISCHE AN LAND

Obwohl es bekannt ist, dass Landwirbeltiere von fischähnlichen Meerestieren abstammen, ist es schwierig, die Vorfahren zu finden. Neuere Arbeiten legen nahe, dass die Lungenfische näher als die Quastenflosser mit den Tetrapoden (Vierfüßern) verwandt sind. Im Jahr 2002 ist ein fossiler Fleischflosser, *Styloichthys*, in China gefunden worden. Er scheint sowohl Eigenschaften der Lungenfische als auch der Tetrapoden aufzuweisen. Die Diskussion dauert an, doch zurzeit werden die Quastenflosser nicht als direkte Vorfahren der Tetrapoden betrachtet.

AFRIKANISCHE LUNGENFISCHE

Alle vier Arten der Ordnung Afrikanische Lungenfische (Lepidosireniformes) atmen über paarige Lungen und besitzen fadenartige, paarige Flossen.

AFRIKANISCHER LUNGENFISCH
Protopterus annectens
F: Protopteridae
Wenn die Seen seines Lebensraums austrocknen, gräbt sich dieser Fisch im Schlamm ein und bildet einen Kokon mit einem Lufteinlass.

AUSTRALISCHER LUNGENFISCH

Die einzige Art der Ordnung Australische Lungenfische (Ceratodontiformes) besitzt große Schuppen und paddelartige paarige Flossen. Sie kann für kurze Zeit nur über ihre Lungen atmen.

AUSTRALISCHER LUNGENFISCH
Neoceratodus forsteri
F: Neoceratodontidae
Dieser Lungenfisch kann mithilfe seiner unpaarigen Lunge in sauerstoffarmem Wasser überleben.

QUASTENFLOSSER

Die beiden Arten der Ordnung Quastenflosser (Coelacanthiformes) besitzen beinähnliche Brust- und Bauchflossen sowie große Knochenschuppen. Die Fische sind metallisch blau gefärbt und haben weiße Flecken, bleichen jedoch konserviert aus. Ein interessantes »Kopfstand-Verhalten« ist von Unterseebooten aus beobachtet worden.

MANADO-QUASTENFLOSSER
Latimeria menadoensis
F: Latimeriidae
Molekularbiologische Untersuchungen haben gezeigt, dass sich diese Art aus der Sulawesisee von ihrem südafrikanischen Verwandten unterscheidet, obwohl sie ihm sehr ähnlich sieht.

KOMOREN-QUASTENFLOSSER
Latimeria chalumnae
F: Latimeriidae
Dieser Fisch lebt in einem felsigen Lebensraum vor der Küste Südafrikas und Madagaskars und versteckt sich tagsüber in Höhlen in großer Tiefe.

AMPHIBIEN

Amphibien (Lissamphibia) sind wechselwarme Wirbeltiere, die im oder am Süßwasser leben. Manche verbringen das ganze Leben darin, andere suchen es nur zum Laichen auf. An Land benötigen sie Feuchtigkeit, da ihre Haut sie nicht vor dem Austrocknen schützt.

STAMM	CHORDATA
KLASSE	LISSAMPHIBIA
ORDNUNGEN	3
FAMILIEN	74
ARTEN	8212

Eine große Anzahl Goldkröten aus Costa Rica versammelt sich zur Paarung. Die Art ist mittlerweile ausgestorben.

Ein Weibchen des nordamerikanischen Jefferson-Querzahnmolchs befestigt den Laich an einem untergetauchten Ast.

Wenn die Kaulquappen schlüpfen, tragen die Eltern des Rotrücken-Baumsteigers sie zu den mit Wasser gefüllten Bromelientrichtern in den Baumkronen.

STREITFRAGE

DROHENDES AUSSTERBEN

Ein Drittel aller Amphibien-Arten ist vom Aussterben bedroht, was für den Naturschutz eine große Herausforderung bedeutet. Die Gefahr besteht v.a. in der Zerstörung und Verschmutzung der Lebensräume, doch Amphibien sind auch durch die weltweite Ausbreitung der Chytridiomykose bedroht, einer Pilzerkrankung der Haut.

Die drei Ordnungen der heutigen Amphibien haben vermutlich einen gemeinsamen, uns unbekannten Ahnen. Es gibt nämlich eine Lücke in den Fossilien zwischen den ersten von den Fischen abstammenden Landwirbeltieren – den vor etwa 375 Millionen Jahren erschienenen Tetrapoden – und einem froschähnlichen Tier, das vor 230 Millionen Jahren gelebt hat.

Amphibien besetzen in verschiedenen Lebensabschnitten unterschiedliche ökologische Nischen. Bei den meisten Arten schlüpfen aus den Eiern im Wasser lebende Larven, die bei Fröschen und Kröten Kaulquappen genannt werden und sich vor allem von pflanzlichem Material ernähren. Die Larven verändern ihre Form vollständig (Metamorphose) und werden zu landlebenden erwachsenen Tieren. Nun sind sie Fleischfresser und fressen vor allem Insekten und andere kleine Wirbellose. Sie leben meist versteckt und einzeln, außer wenn sie zum Ablaichen die Gewässer aufsuchen. Die meisten Amphibien benötigen daher zwei unterschiedliche Lebensräume: Wasser und Land. Während der Metamorphose machen sie viele morphologische und physiologische Änderungen durch und entwickeln sich von mit dem Schwanz schwimmenden und über Kiemen atmenden Wassertieren zu vierbeinigen, über Lungen atmenden Landtieren.

UNTERSCHIEDLICHE BRUTPFLEGE

Manche Amphibien produzieren große Mengen an Laich und kümmern sich nicht mehr um ihn, sodass nur wenige Junge aufwachsen. Andere haben verschiedene Formen der Brutpflege entwickelt. Sie bekommen meist weniger Nachwuchs, sodass der Reproduktionserfolg von der Fürsorge für eine überschaubare Zahl an Jungen abhängt. Bei der Brutpflege können die Eltern die Eier oder Jungen gegen Feinde verteidigen, Kaulquappen mit unbefruchteten Eiern füttern oder sie von einem Platz zu einem anderen tragen. Bei Arten wie der Geburtshelferkröte oder manchen Baumsteigerfröschen ist die Brutpflege die Aufgabe des Vaters. Nur die Mutter beschützt die Jungen bei vielen Schwanzlurchen und Blindwühlen. Bei einigen Froscharten gehen die Eltern eine Paarbindung ein und teilen sich die Brutpflege.

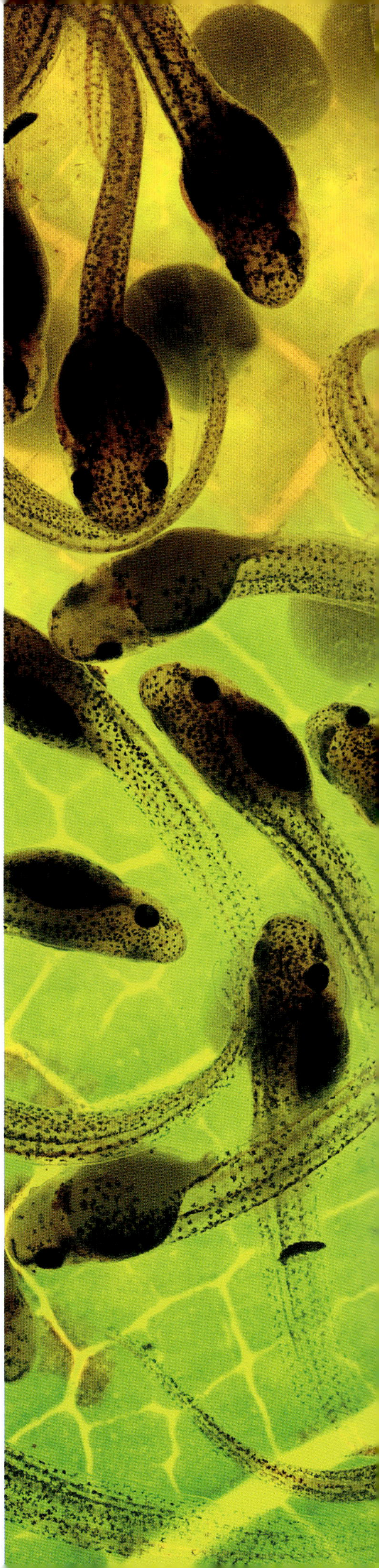

BEREIT ZUM SCHLUPF >
Kaulquappen von Mitchells Riedfrosch aus Tansania bewegen sich kurz vor dem Schlupf in ihren Eihüllen.

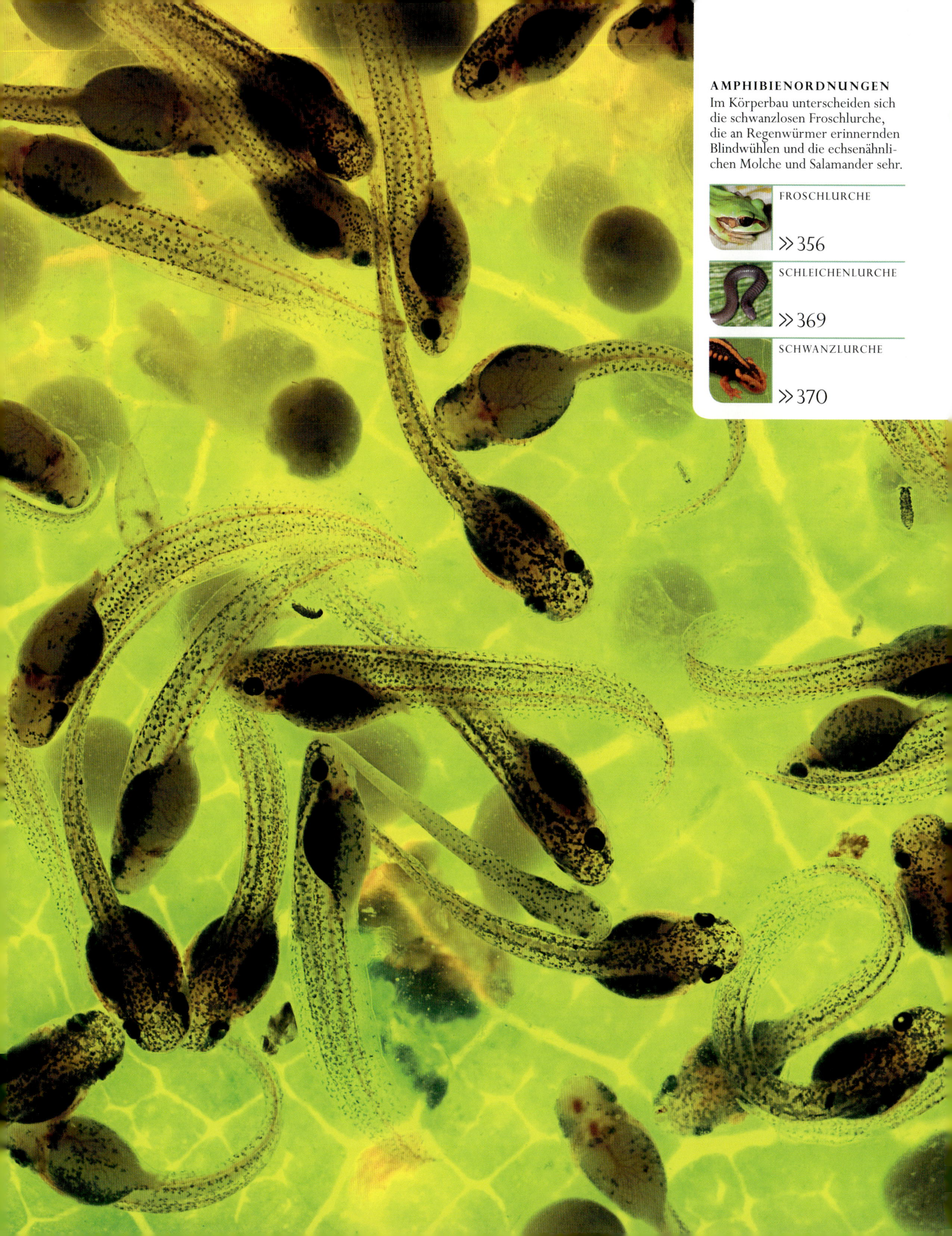

AMPHIBIENORDNUNGEN
Im Körperbau unterscheiden sich die schwanzlosen Froschlurche, die an Regenwürmer erinnernden Blindwühlen und die echsenähnlichen Molche und Salamander sehr.

FROSCHLURCHE
» 356

SCHLEICHENLURCHE
» 369

SCHWANZLURCHE
» 370

FROSCHLURCHE

Mit kräftigen Hinterbeinen, einem breiten Maul und vorstehenden Augen weist der typische Froschlurch einen unverwechselbaren Körperbau auf.

Die Bezeichnung der Ordnung der Froschlurche, Anura, bedeutet »ohne Schwanz«. Als erwachsene Tiere besitzen alle übrigen Amphibien einen ausgeprägten Schwanz, doch bei Fröschen und Kröten wird er während der Metamorphose zurückgebildet. Die als Kaulquappen bezeichneten Larven ernähren sich vor allem vegetarisch und haben einen rundlichen Körper, der den dafür erforderlichen langen Darm enthält. Die erwachsenen Tiere sind reine Fleischfresser, sie ernähren sich von Insekten und anderen Wirbellosen, wobei große Arten sogar kleine Reptilien, Säugetiere und andere Froschlurche erbeuten.

RAFFINIERTE ANPASSUNGEN

Froschlurche überfallen ihre Beute, häufig im Sprung. Daher sind bei vielen Arten die Hinterbeine länger als die Vorderbeine und sehr muskulös. Springend entkommen sie auch ihren zahlreichen Fressfeinden. Bei vielen Arten sind die Gliedmaßen auch an andere Fortbewegungsweisen angepasst, etwa ans Schwimmen, Graben und Klettern und bei manchen sogar an das Gleiten durch die Luft. Die meisten Froschlurche leben in feuchten Lebensräumen in der Nähe ihrer Laichgewässer, doch es gibt auch an trockene Umgebungen angepasste Arten. Die größte Diversität erreichen sie in den Tropen, besonders in den Regenwäldern. Viele Arten sind tag-, andere nachtaktiv. Manche sind sehr gut getarnt, während andere mit leuchtenden Farben warnen, dass sie schlecht schmecken oder giftig sind.

BALZ UND VERMEHRUNG

Froschlurche unterscheiden sich von anderen Amphibien darin, dass sie eine Stimme haben und sehr gut hören können. Die Männchen der meisten Arten rufen auf arttypische Weise, um Weibchen anzulocken. Mit Ausnahme weniger Arten ist die Befruchtung extern: Die Männchen besamen die von den Weibchen abgelegten Eier. Dazu umklammert das Männchen das Weibchen in einem sogenannten Amplexus. Die Dauer des Amplexus kann artabhängig von ein paar Minuten zu mehreren Tagen reichen.

STAMM	CHORDATA
KLASSE	LISSAMPHIBIA
ORDNUNG	ANURA
FAMILIEN	54
ARTEN	7244

STREITFRAGE

FROSCH ODER KRÖTE?

Der Unterschied zwischen Frosch und Kröte ist biologisch bedeutungslos und die beiden Begriffe werden in unterschiedlichen Ländern auch verschieden benutzt. In Europa und Nordamerika bezieht sich der Begriff »Kröte« auf die Arten der Familie Bufonidae, die jedoch auch die süd- und mittelamerikanischen Stummelfußfrösche umfasst. Meistens gelten rauhäutige, langsame und grabende Arten als Kröten, während Frösche glatthäutig, schnell und überwiegend wasserbewohnend sind. Eine Gruppe von Froschlurchen wird auch als Krötenfrösche bezeichnet, weil sie sowohl Kröten- als auch Froschmerkmale zeigt.

GEBURTSHELFERKRÖTEN

Die Männchen der Familie Geburtshelferkröten (Alytidae) rufen nachts, um Weibchen anzulocken, und heften sich die befruchteten Eier auf den Rücken. Wenn die Kaulquappen schlupfbereit sind, entlassen sie sie in ein Gewässer. Gelegentlich trägt ein Männchen den Laich von mehreren Weibchen. Bei den Scheibenzünglern lässt ein Weibchen den Laich von mehreren Männchen befruchten. Seine bis zu 1000 Eier deponiert es im Wasser.

GEMEINE GEBURTSHELFERKRÖTE
Alytes obstetricans
Die in West- und Mitteleuropa weitverbreitete Kröte hat kräftige, zum Graben geeignete Vorderbeine. Tagsüber versteckt sie sich in ihrem Bau.

LANGFINGERFRÖSCHE

Die Familie Langfingerfrösche (Arthroleptidae) umfasst verschiedene Arten, die in Afrika südlich der Sahara leben – in Wäldern und Steppen, manche in großer Höhe. Zu den Langfingerfröschen gehören Arten verschiedener Größe, von winzigen Pfeiffrosch- bis zu großen Waldsteiger-Arten.

RIO-BENITO-HERZZÜNGLER
Cardioglossa gracilis
Dieser Bewohner des Tieflandwalds laicht in Bächen. Die Männchen rufen an den nahe gelegenen Hängen.

KUPFERPFEIFFROSCH
Arthroleptis poecilonotus
Das Weibchen dieser kleinen Art legt Eier in Erdhöhlen ab. Das Männchen ist für seinen lauten Ruf bekannt.

KAMERUN-WALDSTEIGERFROSCH
Leptopelis nordequatorialis
Dieser große Frosch lebt in den höher gelegenen Grassteppen Westafrikas. Die Männchen rufen in der Nähe von Gewässern und der Laich wird in Teichen oder Sümpfen abgegeben.

BRAUNER WALDSTEIGERFROSCH
Leptopelis modestus
Diese Art lebt in der Nähe von Bächen in den Wäldern West- und Zentralafrikas.

GLASFRÖSCHE

Die in Mittel- und Südamerika heimischen Arten der Familie Glasfrösche (Centrolenidae) werden so genannt, da die Haut auf der Bauchseite oft durchsichtig ist, sodass die inneren Organe zu sehen sind.

GEISTER-GLASFROSCH
Sachatamia ilex
Dieser Frosch lebt in feuchter Vegetation in der Nähe von Bächen. Die dunkelgrünen Knochen schimmern durch die Haut.

FLEISCHMANNS GLASFROSCH
Hyalinobatrachium fleischmanni
Die Männchen verteidigen ihr Revier und locken Weibchen mit Rufen an. Die Eier werden auf Blättern über dem Wasser abgelegt.

WEISSGEFLECKTER GLASFROSCH
Sachatamia albomaculata
Diese Art lebt in feuchten Tieflandwäldern und laicht in Bächen. Die Männchen rufen in der nahe gelegenen niedrigen Vegetation.

NICARAGUA-GLASFROSCH
Espadarana prosoblepon
Die Männchen dieses Baumbewohners verteidigen ihr Revier durch Rufe und bekämpfen Rivalen gelegentlich, während sie an einem Ast hängen.

SÜDFRÖSCHE

Diese südamerikanischen Frösche der Familie Südfrösche (Ceratophryidae) haben sehr große Köpfe und breite Mäuler, sodass sie Tiere fressen können, die fast so groß wie sie selbst sind. Sie sind Lauerjäger, die gut getarnt darauf warten, dass ihre Beute in Reichweite kommt.

SCHMUCK-HORNFROSCH
Ceratophrys ornata
Dieser gefräßige Räuber lebt in der argentinischen Savanne und laicht nach starken Regenfällen in temporären Gewässern.

CHACO-HORNFROSCH
Ceratophrys cranwelli
Der einen großen Teil seines Lebens unterirdisch lebende Frosch erscheint nach starkem Regen, um in Pfützen abzulaichen.

GLATTER KOKONFROSCH
Lepidobatrachus laevis
Dieser Frosch übersteht Trockenzeiten unterirdisch in einem Kokon und erscheint erst dann zum Laichen, wenn es geregnet hat.

CRAUGASTORIDAE

Die in Nord-, Mittel- und Südamerika lebenden Arten der Familie Craugastoridae legen auf dem Boden oder in der Vegetation Eier, aus denen ohne Kaulquappenstadium kleine Frösche schlüpfen. Viele Arten betreiben Brutpflege.

BREITKOPF-PFEIFFROSCH
Craugastor megacephalus
Dieser mittelamerikanische Frosch versteckt sich tagsüber in Bauen. Seine Eier legt er im Falllaub ab.

ISLA-BONITA-PFEIFFROSCH
Craugastor crassidigitus
Der aus feuchten mittelamerikanischen Wäldern stammende Bodenbewohner lebt auch in Kaffeeplantagen und auf Weiden.

FITZINGERS PFEIFFROSCH
Craugastor fitzingeri
Bei diesem Waldbewohner ruft das Männchen von einem erhöhten Ansitz. Der auf dem Boden abgelegte Laich wird vom Männchen bewacht.

ECHTE KRÖTEN

Die weltweit verbreitete Familie Echte Kröten (Bufonidae) ist sehr groß und vielfältig. Die Arten zeichnen sich durch verkürzte Vorderbeine, zum Laufen oder Hüpfen benutzte Hinterbeine, trockene warzige Haut und Parotiden (Ohrdrüsen) hinter den Augen aus. Zur Familie gehören auch die schlankeren und langbeinigen südamerikanischen Stummelfußfrösche.

WECHSELKRÖTE
Bufotes viridis
Diese sandige Lebensräume bewohnende Kröte lebt in Europa und Westasien. Sie verlässt im Frühjahr ihren Bau, um in Teichen abzulaichen.

PANTHERKRÖTE
Sclerophrys regularis
Die in Afrika mit Ausnahme der trockensten Wüstengebiete weitverbreitete Kröte laicht in Stauseen und Teichen. Die Rufe der Männchen erinnern an Enten.

BAUMKRÖTE
Rentapia hosii
Diese ostasiatische Kröte lebt vor allem auf Bäumen. Die Haftscheiben an den Zehen ermöglichen den Tieren das Klettern.

KREUZKRÖTE
Epidalea calamita
Im Vergleich zu anderen Kröten hat diese Art kurze Beine, sodass sie wie eine Maus läuft. Die in Europa vorkommende Kröte laicht vom Frühjahr bis zum Sommer.

CERATOBATRACHIDAE

Die in Südostasien, China und auf verschiedenen pazifischen Inseln vorkommenden Frösche dieser Familie legen große Eier, aus denen unmittelbar kleine Frösche schlüpfen. Bei vielen Arten sind die Spitzen der Finger und Zehen vergrößert.

FIDSCHI-BODENFROSCH
Cornufer vitianus
Die auf verschiedenen Fidschi-Inseln lebenden Populationen dieser Art sind von eingeführten Mangusten ausgelöscht worden.

SALOMONEN-ZIPFELFROSCH
Cornufer guentheri
Diese Art hat eine spitze Schnauze und hornartige Fortsätze über den Augen. Sie versteckt sich im Falllaub.

UNKEN

Diese kleinen Arten der Familie der Unken (Bombinatoridae) kommen in Europa und Asien vor. Sie haben abgeplattete Körper und sind oft bunt gefärbt. Rotbauchunken sind tagaktiv, doch die Barbourfrösche auf den Philippinen und auf Borneo sind nachtaktiv.

CHINESISCHE ROTBAUCHUNKE
Bombina orientalis
Die in China und Korea lebende aquatische Art gibt ein Hautgift ab und zeigt die leuchtenden Bauchfarben, wenn sie angegriffen wird.

KURZKOPF-FRÖSCHE

Die Arten der Familie Kurzkopffrösche (Brevicipitidae) leben in Ost- und Südafrika. Das viel kleinere Männchen klebt die Eier auf den Rücken des Weibchens.

WÜSTEN-KURZKOPFFROSCH
Breviceps macrops
Dieser grabende Frosch lebt in den Sanddünen der Namib-Wüste, die nur gelegentlich vom Nebel des Meers Feuchtigkeit erhalten.

AMERIKANISCHE KRÖTE
Anaxyrus americanus
Die im östlichen Nordamerika lebende Kröte ist in ihrer Färbung sehr variabel. Sie laicht in Teichen, wo die Männchen trillernd rufen.

PRACHT-STUMMELFUSS
Atelopus varius
Diese aggressive Art aus Panama und Costa Rica ist leuchtend bunt und sehr variabel gefärbt. Sie lebt an Bächen und ist tagaktiv.

SCHWARZBAUCHKRÖTE
Rhaebo haematiticus
Die im mittel- und südamerikanischen Falllaub lebende breitköpfige Kröte legt ihre langen Laichschnüre in steinigen Tümpeln ab.

GUYANA-STUMMELFUSS
Atelopus barbotini
Diese Kröte aus Guyana hat einen abgeplatteten Körper. Sie laicht unabhängig von der Jahreszeit in Waldbächen.

PANAMA-STUMMELFUSS
Atelopus zeteki
Dieser Frosch aus Panama laicht nach starkem Regen in Pfützen. Vielleicht ist er in der Natur bereits ausgestorben.

ERDKRÖTE
Bufo bufo
Die in Europa und Nordafrika lebende Art laicht im Frühjahr, wobei die Zahl der Männchen die der viel größeren Weibchen etwa drei zu eins übertrifft.

GRÜNE BAUMSTEIGERKRÖTE
Incilius coniferus
Die in Mittel- und Südamerika heimische, nachtaktive Kröte klettert oft in den Pflanzen umher.

AGA-KRÖTE
Rhinella marina
Diese amerikanische Art ist eine der größten Kröten. Sie wurde in Australien eingeschleppt und bedroht dort die einheimische Tierwelt.

NASENFRÖSCHE

Zu der südamerikanischen Familie Rhinodermatidae gehören zwei Arten mit spitzer Schnauze und Tarnfärbung. Die Männchen tragen Eier und Kaulquappen im Kehlsack. Die Art *Rhinoderma rufum* ist sehr selten und wenig bekannt.

DARWINFROSCH
Rhinoderma darwinii
Dieser in Chile und Argentinien vorkommende Frosch betreibt eine einzigartige Form der Brutpflege: Die Jungen wachsen in der Schallblase des Vaters heran.

ELEUTHERODACTYLIDAE

Diese Froschfamilie, bei der sich die Eier unmittelbar zu kleinen Fröschchen entwickeln, findet man in der Karibik, dem Süden der USA und im nördlichen Südamerika. Manche der sehr kleinen Arten haben eine reduzierte Zehenzahl und legen nur sehr wenige Eier – manchmal nur ein einziges.

COQUI-PFEIFFROSCH
Eleutherodactylus coqui
Der aus Puerto Rico stammende Frosch verdankt seinen Namen seinem zweiteiligen Ruf – das »co« warnt die anderen Männchen und das »qui« lockt die Weibchen an.

CARETTA-PFEIFFROSCH
Diasporus diastema
Dieser kleine, sehr agile, nachtaktive Frosch lebt in den Bäumen. Er legt seine Eier in die wassergefüllten Trichter der Bromelien, die als Epiphyten wachsen.

AGA-KRÖTE
Rhinella marina

Als eine der größten Kröten der Welt ist die Aga-Kröte ein robustes Tier mit riesigem Appetit. Sie bewohnt überwiegend trockene Lebensräume, wie Buschland und Steppe, und lebt häufig in der Nähe menschlicher Ansiedlungen, wo sie unter der Straßenbeleuchtung auf herabfallende Insekten wartet. Das Weibchen ist größer als das Männchen, die größten Exemplare können 20 000 Eier auf einmal ablaichen. Die Männchen rufen mit einem langsamen, tiefen Triller. Die Kröten haben kaum Feinde, da sie in allen Lebensabschnitten schlecht schmecken oder giftig sind. In Australien gelten sie als Plage – sie sind für Haus- und einheimische Tiere giftig, für Menschen schädlich und vermehren sich so schnell, dass man sie nicht bekämpfen kann.

GRÖSSE 10–24 cm
LEBENSRAUM unbewaldete Gegenden
VERBREITUNG Mittel- und Südamerika, in Australien und anderswo eingeführt
NAHRUNG Landwirbellose

∧ HELLER BAUCH
Bauch und Kehle der Aga-Kröte sind verhältnismäßig glatt und überwiegend hell gefärbt. Die Haut ist wasserdurchlässig, sodass die Tiere sich am Tag verstecken müssen, um nicht auszutrocknen.

NÄCHTLICHER JÄGER >
Die von ihrem giftigen Hautsekret geschützten Aga-Kröten kommen nachts aus ihren Tagesverstecken hervor und hüpfen auf der Suche nach Beute umher.

STREITFRAGE
SCHÄDLINGSBEKÄMPFUNG

Die Aga-Kröte ist 1935 in Queensland, Australien, zur Insektenbekämpfung auf Zuckerplantagen eingeführt worden. Die Kröten gediehen, ließen sich die heimischen Tiere schmecken und bauten einen viel dichteren Bestand als in ihrer Heimat auf. Sich immer noch mit enormer Geschwindigkeit ausbreitend, kommen sie heute im ganzen Osten und Norden Australiens vor. Wissenschaftler suchen nun nach Methoden, um ihre Zahl und territoriale Ausbreitung zu begrenzen.

∨ IRISIERENDE IRIS
Wie die meisten Kröten besitzen auch die Aga-Kröten große, vorstehende Augen. Sie können kleine, sich bewegende Objekte leicht entdecken und Insekten mit gezieltem Sprung erbeuten.

OHRDRÜSEN >
Die riesigen Parotiden oder Ohrdrüsen geben ein starkes Gift ab, das manchen Räubern nur schlecht schmeckt, für die meisten jedoch tödlich ist.

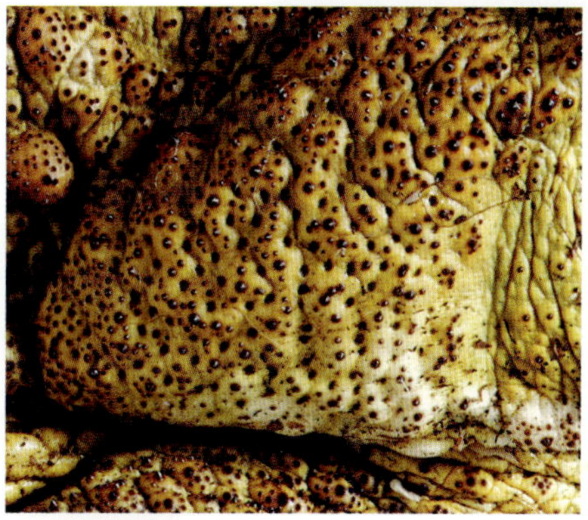

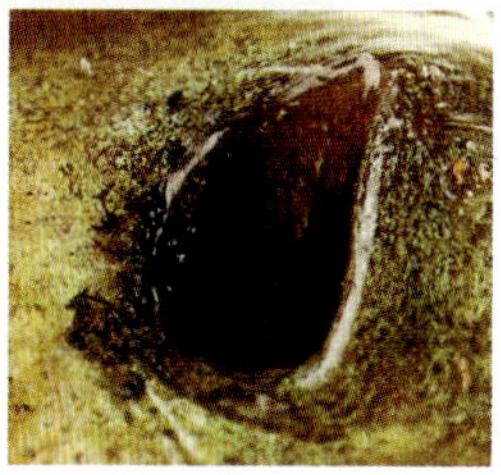

∧ NASENLOCH
Die Aga-Kröten orientieren sich bei der Beutesuche stärker am Geruch als andere Kröten und atmen mehr über die Lungen als über die Haut.

OHR >
Die Kröten verlassen sich bei der Erkennung von Feinden auf ihr Gehör. Nachts ist es für Weibchen wichtig, die Männchen anhand ihrer Rufe zu finden.

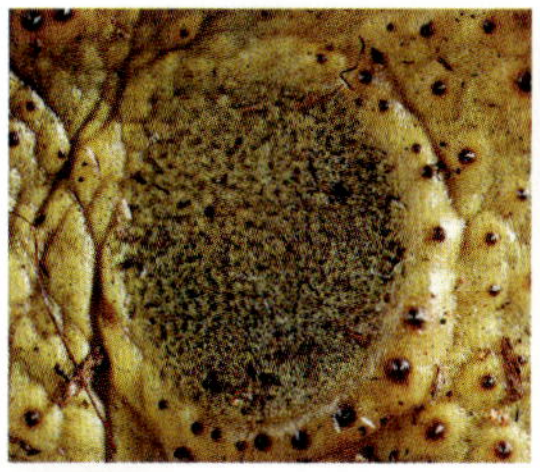

VORDERFUSS ∧
Zur Brutzeit entwickeln Männchen dunkle, hornige Schwielen auf den ersten drei Fingern. Mit ihnen halten sie die Weibchen beim Ablaichen fest.

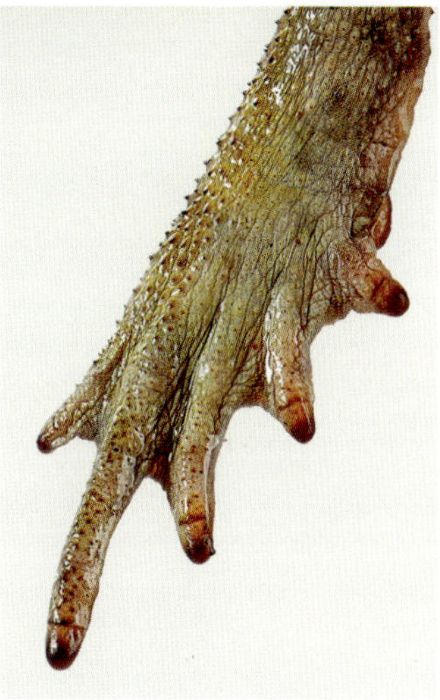

< HINTERFUSS
Die langen Zehen des Hinterfußes sorgen mit ihren hornigen Spitzen für festen Halt auf dem Boden, wenn sich eine Kröte zum Sprung abstößt.

SCHWIMMHÄUTE >
Im Vergleich zu vielen anderen Froschlurchen besitzen Aga-Kröten nur schwach ausgebildete Schwimmhäute. Das verdeutlicht, dass sie nur einen geringen Teil ihres Lebens im Wasser verbringen.

BAUMSTEIGER

Die auch als Pfeilgiftfrösche bezeichneten Arten der Familie Baumsteiger (Dendrobatidae) sind leuchtend bunt gefärbt. Das warnt Räuber vor dem starken Hautgift, das die Frösche aus ihrer Insektennahrung synthetisieren. Sie leben in den Wäldern Mittel- und Südamerikas und sind nachtaktiv.

FALSCHER FÜNFSTREIFEN-BAUMSTEIGER
Ranitomeya imitator
Die sehr variable peruanische Art kann in ihrer Färbung mindestens drei anderen Arten gleichen.

SWANSONS ANDENBAUMSTEIGER
Andinobates dorisswansonae
Die erst 2006 beschriebene Art lebt nur in einem kleinen Waldabschnitt der kolumbianischen Anden. Sie bewohnt den Waldboden und niedrig wachsende Bromelien.

GLANZSCHENKEL-BAUMSTEIGER
Allobates femoralis
Die Männchen dieser südamerikanischen Art bewachen die zwischen Blätter gelegten Eier und bringen die Kaulquappen später auf ihrem Rücken zu einem Gewässer.

DÜSTERER BLATTSTEIGER
Phyllobates lugubris
Dieser Frosch lebt im Falllaub der Tieflandwälder von Nicaragua bis Panama. Die Männchen kümmern sich um Eier und Larven.

GOLDENER BLATTSTEIGER
Phyllobates terribilis
Dieser vermutlich giftigste aller Pfeilgiftfrösche lebt auf dem Boden der kolumbianischen Tieflandwälder.

REGENWALD-RAKETENFROSCH
Silverstoneia flotator
Diese Art lebt in Costa Rica und Panama. Mit dem nach oben gerichteten Maul können die Kaulquappen besser von der Wasseroberfläche fressen.

DREISTREIFEN-BAUMSTEIGER
Ameerega trivittata
Dieser südamerikanische Frosch ruft am Tag, vor allem nach Regenfällen. Er legt die Eier in Falllaub ab und ist in der Nähe von Ansiedlungen häufig.

BEUTELFRÖSCHE

Die in Süd- und Mittelamerika lebenden Arten der Beutelfrösche (Hemiphractidae) tragen ihre Eier auf dem Rücken, wo aus ihnen bereits kleine Fröschchen schlüpfen. Manche tragen sie auch in einem Brutbeutel.

SUMACO-HORN-LAUBFROSCH
Hemiphractus proboscideus
Diese Art kommt in Kolumbien, Ecuador und Peru vor. Das Weibchen trägt die Eier auf dem Rücken, besitzt aber keinen Beutel.

RIEDFRÖSCHE

Zur großen afrikanischen Familie Riedfrösche (Hyperoliidae) gehören viele kletternde Arten, die sich in Bäumen, Büschen oder Schilf in Wassernähe versammeln, um dort abzulaichen. Manche Arten sind leuchtend gefärbt, mit deutlichen Unterschieden zwischen den Geschlechtern.

ROTBEINIGER RENNFROSCH
Kassina maculosa
Diese wasserlebende ostafrikanische Art hat Haftscheiben an den Zehen. Aus den in Wasserpflanzen gelegten Eiern schlüpfen große Kaulquappen.

ROTBEINIGER RENNFROSCH
Kassina maculata
Diese wasserlebende ostafrikanische Art hat Haftscheiben an den Zehen. Aus den in Wasserpflanzen gelegten Eiern schlüpfen große Kaulquappen.

GOLDBAUMSTEIGER
Dendrobates auratus
Die Männchen dieser Art kämpfen um ein Revier und verteidigen auch den Laich. Nach dem Schlupf tragen sie die Kaulquappen in die Wasser enthaltenden Bromelientrichter.

GELBGEBÄNDERTER BAUMSTEIGER
Dendrobates leucomelas
Der in den Regenwäldern des nördlichen Südamerikas lebende Frosch synthetisiert sein Gift aus den von ihm gefressenen Ameisen.

FÄRBERFROSCH
Dendrobates tinctorius
Dies ist die blaue Form dieser variablen südamerikanischen Art. Beide Eltern bewachen die Eier und verteidigen ihr Revier vehement.

ERDBEERFRÖSCHCHEN
Oophaga pumilio
Bei dieser Art trägt das Weibchen die geschlüpften Kaulquappen zu wassergefüllten Bromelientrichtern und füttert sie mit unbefruchteten Eiern.

BERNSTEIN-BAUMSTEIGER
Adelphobates galactonotus
Die im Falllaub brasilianischer Wälder lebenden Frösche legen ihre Eier am Boden ab und tragen die Kaulquappen zum Wasser.

FÜNFSTREIFEN-BAUMSTEIGER
Adelphobates quinquevittatus
Der aus Brasilien und Peru stammende Frosch trägt die Kaulquappen zu kleinen Wasserlöchern, wo das Weibchen sie mit unbefruchteten Eiern füttert.

GRANULIERTER BAUMSTEIGER
Oophaga granulifera
Diese Art lebt in Costa Rica und Panama. Das Weibchen füttert die Kaulquappen mit unbefruchteten Eiern.

PARANUSS-BAUMSTEIGER
Adelphobates castaneoticus
Die Männchen dieser brasilianischen Art setzen die sehr gefräßigen Kaulquappen einzeln in kleine, wassergefüllte Löcher in Bäumen.

GRÜNER RIEDFROSCH
Hyperolius tuberilinguis
Dieser lebhafte Frosch ruft sehr laut. Zur Laichzeit können sich Tausende von Männchen versammeln und einen ohrenbetäubenden Lärm erzeugen.

BOLIFAMBA-RIEDFROSCH
Hyperolius bolifambae
Dieser kleine westafrikanische Frosch lebt im Buschland und laicht in Tümpeln. Der Ruf ist ein hohes Summen.

AUSTRALISCHE SUMPFFRÖSCHE

Zur Familie Australische Sumpffrösche (Limnodynastidae) gehören viele an Land lebende, grabende Arten. Zwei vor kurzer Zeit ausgestorbene Arten brüteten ihren Laich im Magen aus.

BRAUNGESTREIFTER SUMPFFROSCH
Limnodynastes peronii
Dieser australische Frosch überlebt die Trockenzeit im Boden vergraben. Nach starkem Regen kommt er hervor und legt seine Eier in schwimmende Schaumnester.

LAUBFRÖSCHE

Die Familie der Laubfrösche (Hylidae) ist weltweit verbreitet, besonders in der Neuen Welt. Die Frösche haben lange, schlanke Beine und Haftscheiben an ihren Zehen. Die meisten sind Baumbewohner und nachtaktiv. Viele Arten versammeln sich zum Laichen in nicht zu überhörenden Gruppen.

5–9 cm

MITTELAMERIKANISCHER LAUBFROSCH
Cruziohyla calcarifer
Dieser in Bäumen lebende Frosch stammt aus Mittel- und dem nördlichen Südamerika. Mit den Spannhäuten seiner Füße gleitet er von Baum zu Baum.

2,5–4 cm

ROTAUGEN-BACHFROSCH
Duellmanohyla rufioculis
Dieser Frosch aus den Wäldern Costa Ricas laicht in schnell fließenden Bächen. Mit ihren modifizierten Mäulern können sich die Kaulquappen an Steinen festsaugen.

2–3 cm

FRÜHLINGSPFEIFER
Pseudacris crucifer
Der typische hochfrequente Ruf dieser aus den östlichen USA und Kanada stammenden kletternden Art kündigt den nahenden Frühling an.

5–7 cm

GROSSER HARLEKINFROSCH
Pseudis paradoxa
Die Kaulquappen dieses wasserlebenden Froschs sind bis zu viermal länger als die erwachsenen Tiere. Er lebt in Südamerika und auf Trinidad.

7–9 cm

BAUMHÖHLEN-KRÖTENLAUBFROSCH
Trachycephalus resinifictrix
Der in den Baumkronen südamerikanischer Regenwälder lebende Frosch legt seine Eier in wassergefüllte Baumhöhlen.

5,5–7,5 cm

ROSENBERGS LAUBFROSCH
Hypsiboas rosenbergi
Die Männchen dieses mittel- und südamerikanischen Froschs graben Löcher für ihre Eier in den feuchten Boden und verteidigen sie vehement gegen Rivalen.

4–5 cm

ORANGEFLANKEN-MAKIFROSCH
Phyllomedusa hypochondrialis
Dieser Bewohner trockener Biotope des nördlichen Südamerikas reibt ein wachsartiges Sekret auf seine Haut.

5,5–11 cm

GROSSER FLUGLAUBFROSCH
Ecnomiohyla miliaria
Dieser große mittelamerikanische Frosch besitzt Hautsäume an den Beinen, die möglicherweise Gleitflüge unterstützen.

3,5–5,5 cm

BOULENGERS KNICKZEHEN-LAUBFROSCH
Scinax boulengeri
Der in Mittelamerika und Kolumbien vorkommende Frosch laicht nach dem Regen in temporären Tümpeln. Die Männchen rufen jeden Tag vom gleichen Ort aus.

2,5–10 cm

KUBA-LAUBFROSCH
Osteopilus septentrionalis
Der auf Kuba, den Cayman-Inseln und den Bahamas lebende Frosch ist auch in Florida eingeführt worden, wo ihm viele der einheimischen Frösche zum Opfer fallen.

3–5 cm

EUROPÄISCHER LAUBFROSCH
Hyla arborea
Die Männchen versammeln sich im Frühjahr und rufen in lauten Chören. Die Paare laichen in nahe gelegenen Teichen.

4–7 cm

ROTAUGEN-LAUBFROSCH
Agalychnis callidryas
Diese hervorragenden Kletterer legen ihre Eier auf die Blätter von über Gewässer ragenden Bäumen. Die schlüpfenden Kaulquappen fallen dann ins Wasser.

3–5 cm

LEMUREN-LAUBFROSCH
Agalychnis lemur
Dieser mittelamerikanische Frosch schläft tagsüber auf Blattunterseiten. Er laicht auf Blättern über dem Wasser.

7–10 cm

MANAUS-KNOCHENKOPF-LAUBFROSCH
Osteocephalus taurinus
Dieser Baumbewohner lebt in südamerikanischen Wäldern. Er legt die Eier nach Regenfällen auf die Oberfläche von Tümpeln.

KLEINKÖPFIGER LAUBFROSCH
Dendropsophus microcephalus
Der tagsüber gelb und nachts rotbraun gefärbte Frosch aus Mittel- und Südamerika sowie Trinidad laicht in Tümpeln ab.

KORALLENFINGERLAUBFROSCH
Litoria caerulea
Der in Nordostaustralien und Neuguinea lebende gute Kletterer wird oft in der Nähe menschlicher Ansiedlungen angetroffen.

KRONENLAUBFROSCH
Anotheca spinosa
Der große, in Mittelamerika und Mexiko vorkommende Frosch lebt in Bromelien und Bananenstauden, wo er seine Eier in wassergefüllte Höhlungen legt.

MASKENLAUBFROSCH
Smilisca phaeota
Der nur nachtaktive Bewohner mittel- und südamerikanischer Regenwälder legt seine Eier in kleine Tümpel.

YUCATAN-PANZERKOPF-LAUBFROSCH
Triprion petasatus
Dieser Bewohner mexikanischer und mittelamerikanischer Tieflandwälder zieht sich in Baumhöhlen zurück und verschließt den Eingang mit seinem Kopffortsatz.

NEUSEELÄNDISCHE URFRÖSCHE

Die Familie Neuseeländische Urfrösche (Leiopelmatidae) besteht aus vier Arten. Die Frösche besitzen zusätzliche Rippen und bewegen die Hinterbeine beim Schwimmen abwechselnd. Sie leben in feuchten Wäldern und sind nachtaktiv.

ARCHEYS URFROSCH
Leiopelma archeyi
Die nur auf der neuseeländischen Nordinsel vorkommende und an Land lebende Art legt ihre Eier unter Totholz ab. Wegen des Lebensraumsverlusts und durch Krankheiten ist sie vom Aussterben bedroht.

PFEIFFRÖSCHE

Die Familie Leptodactylidae umfasst vor allem bodenbewohnende Arten aus Nord-, Mittel- und Südamerika sowie der Westindischen Inseln, die eine spitze Schnauze und lange, kräftige Hinterbeine besitzen. Es gibt unterschiedliche Formen der Brutpflege. Manche Arten legen ihre Eier in Schaumnestern ab.

TÚNGARA-FROSCH
Engystomops pustulosus
Während des Ablaichens produzieren die Weibchen dieser mittelamerikanischen Art ein Sekret, das die Männchen zu einem Schaumfloß für die Eier schlagen.

MADAGASKAR-BUNTFRÖSCHE

Viele der auf Madagaskar und Mayotte lebenden, tagaktiven Arten der Familie Madagaskarbuntfrösche (Mantellidae) warnen mit ihrer Färbung vor ihren Hautgiften. Oft sind sie durch Lebensraumverlust und Handel bedroht.

WEISSLIPPEN-MADAGASKARFROSCH
Boophis albilabris
Der große, auf Madagaskar lebende Baumbewohner lebt an den Bächen, in denen er ablaicht. Die Hinterfüße tragen vollständige Schwimmhäute.

ELEGANTER MADAGASKARFROSCH
Spinomantis elegans
Dieser Bewohner steinigen Ödlands lebt in großen Höhen, teilweise oberhalb der Baumgrenze.

GOLDFRÖSCHCHEN
Mantella aurantiaca
Die leuchtende Farbe dieses aus den madagassischen Regenwäldern stammenden winzigen Froschs warnt potenzielle Räuber vor seinem starken Hautgift.

MADAGASKAR-BUNTFRÖSCHCHEN
Mantella madagascariensis
Dieser madagassische Frosch laicht in Bergbächen und ist durch den Verlust seines Lebensraums bedroht. Sein Ruf besteht aus einem kurzen Zwitschern.

ENGMAULFRÖSCHE

Die Frösche der großen und vielfältigen Familie Engmaulfrösche (Microhylidae) leben in Amerika, Asien, Australien und Afrika. Die meisten sind Bodenbewohner und manche graben auch Baue. Oft zeichnen sie sich durch kurze Schnauzen, plumpe, oft tropfenförmige Körper und kräftige Hinterbeine aus.

INDISCHER OCHSENFROSCH
Kaloula pulchra
Die in Asien weitverbreitete Art ist zum Kulturfolger geworden. Sie schützt sich durch ein unangenehmes, klebriges Sekret.

TOMATENFROSCH
Dyscophus antongilii
Die auf Madagaskar lebende Art vergräbt sich tagsüber im Boden und sucht nachts nach Nahrung. Ihre klebrige Haut schützt sie vor Fressfeinden.

SCHWARZGEFLECKTER KLEBFROSCH
Kalophrynus pleurostigma
Dieser philippinische Frosch schützt sich durch ein unangenehmes Sekret. Er laicht nach Regenfällen in Tümpeln.

CAROLINA-ENGMAULFROSCH
Gastrophryne carolinensis
Diese aus dem Südosten der USA stammende Art laicht in Gewässern jeder Größe. Die Männchen rufen wie ein blökendes Schaf.

GROSSER ZWERG-ENGMAULFROSCH
Stumpffia grandis
Der madagassische Frosch lebt im Falllaub hoch gelegener Wälder.

ASIATISCHE KRÖTENFRÖSCHE

Die Arten der Familie Asiatische Krötenfrösche (Megophryidae) sind zwischen Blättern hervorragend getarnt. Sie sind meistens Bodenbewohner.

ZIPFELFROSCH
Pelobatrachus nasuta
Dieser Frosch lebt zwischen dem Falllaub, wo er auf Beute lauert. Weibchen laichen unter Steinen und Holz in Bächen.

SCHLAMMTAUCHER

Die fünf Arten der Schlammtaucher (Pelodytidae) sind auf Europa und den Kaukasus beschränkt. Nach starken Regenfällen legen die Frösche ihren Laich in breiten Bändern ab.

WESTLICHER SCHLAMMTAUCHER
Pelodytes punctatus
Beim Erklettern glatter Flächen benutzt dieser Frosch seine Unterseite als Saugnapf. Bei der Balz rufen beide Geschlechter.

ZUNGENLOSE

Diese aquatischen Arten sind sehr gut an ihren Lebensraum angepasst. Sie haben flache Körper, Schwimmhäute an den Hinterfüßen und nach oben gerichtete Augen. Wie der Name der Familie Zungenlose (Pipidae) verrät, besitzen die Tiere keine Zunge. Zum weiten Nahrungsspektrum gehört auch Aas.

FRASERS KRALLENFROSCH
Xenopus fraseri
Die in West- und Zentralafrika lebenden aquatischen Frösche gedeihen in von Menschen veränderter Umgebung und werden auch gegessen.

KLEINE WABENKRÖTE
Pipa parva
Bei dieser nur im Wasser lebenden Art aus Venezuela und Kolumbien entwickeln sich die Eier in der Rückenhaut des Weibchens.

EUROPÄISCHE SCHAUFELFUSSKRÖTEN

Arten der Familie Europäische Schaufelfußkröten (Pelobatidae) tragen an den Hinterbeinen hornige Fortsätze, mit denen sie sich bei Trockenheit eingraben.

KNOBLAUCHKRÖTE
Pelobates fuscus
Die in Eurasien lebende Art ist in ihrer Farbe sehr variabel. Die Tiere können ihren gedrungenen Körper bei Bedrohung aufblasen.

DICROGLOSSIDAE

Diese Familie findet man in Afrika, Asien und auf verschiedenen pazifischen Inseln. Die Arten leben am Boden, jedoch immer in Gewässernähe. Viele laichen im Wasser, wo dann die Kaulquappen aufwachsen.

6,5–17 cm

ASIATISCHER OCHSENFROSCH
Hoplobatrachus tigerinus
Dieser große, gefräßige südasiatische Frosch laicht in der Regenzeit. Die Männchen rufen besonders laut.

2,5–4,5 cm

RAJAMALLY-FROSCH
Fejervarya kirtisinghei
Die nur auf Sri Lanka vorkommende Art lebt im Falllaub in der Nähe von Bächen, aber auch in Gärten.

4–6,5 cm

INDISCHER SPORNFUSSFROSCH
Euphlyctis cyanophlyctis
Diese in Südasien verbreitete Art kann über die Wasseroberfläche schlittern.

1,5–2 cm

MARTENS' TÜMPELFROSCH
Occidozyga martensii
Die in China und Südostasien heimische Art lebt in Tümpeln in der Nähe von Bächen und Flüssen.

ECHTE FRÖSCHE

Die große Familie Echte Frösche (Ranidae) ist in den meisten Teilen der Welt vertreten. Die meisten ihrer Arten haben kräftige Hinterbeine, mit denen sie sehr gut springen und schwimmen können. Sie laichen meistens zum Anfang des Frühjahrs, wobei die Tiere vieler Arten ihre Eier gemeinsam ablegen.

8–12 cm

TEICHFROSCH
Pelophylax kl. *esculentus*
Dieser Frosch ist eine Hybride (kl. = Kleptospezies) aus dem Kleinen Wasserfrosch und dem Seefrosch. Er lebt in oder am Wasser.

6–7 cm

AMERIKANISCHER SUMPFFROSCH
Rana palustris
Der in Nordamerika weitverbreitete Frosch laicht im Frühjahr. Die Weibchen produzieren Laichballen von 2000 bis 3000 Eiern.

3,5–8 cm

WALDFROSCH
Rana sylvaticus
Dieser einzige amerikanische Frosch, der nördlich des Polarkreises lebt, laicht in temporären, fischfreien Tümpeln.

9–20 cm

AMERIKANISCHER OCHSENFROSCH
Rana catesbeianus
Der gefräßige Räuber braucht bis zu vier Jahre, um seine Endgröße zu erreichen. Er ist der größte nordamerikanische Frosch.

GOLIATHFRÖSCHE

Die Familie Conrauidae umfasst sechs Arten großer, meist semiaquatischer afrikanischer Frösche, die in schnell fließenden Bächen und Flüssen leben. Die Männchen sind vermutlich stumm und die Weibchen laichen zwischen Kies und Steinen im Bachbett.

10–40 cm

GOLIATHFROSCH
Conraua goliath
Dieser größte Frosch der Welt stammt aus Afrika und lebt aquatisch. Mit seinen kräftigen Beinen und den Schwimmhäuten ist er ein guter Schwimmer.

5–10 cm

GRASFROSCH
Rana temporaria
Diese europäische Art lebt überwiegend an Land und sucht im Frühjahr die Laichgewässer auf. Die Weibchen legen den Laich in Ballen ab.

PHRYNOBATRACHIDAE

Diese Familie kleiner, an Land lebender oder semiaquatischer Frösche stammt aus Afrika südlich der Sahara. Die meisten Arten laichen das ganze Jahr über und legen die Eier im Wasser ab. In fünf Monaten sind die Tiere erwachsen.

GOLDENER PFÜTZENFROSCH
Phrynobatrachus auritus
Dieser die Böden zentralafrikanischer Regenwälder bewohnende Frosch laicht in winzigen Tümpeln.

SPRINGFRÖSCHE

Zu den in Afrika sowie auf Madagaskar und den Seychellen im offenen Gelände lebenden Arten der Familie Springfrösche (Ptychadenidae) gehören viele sehr farbige Frösche. Stromlinienförmige Körper und kräftige Hinterbeine machen sie zu guten Springern.

MASKARENEN-SPRINGFROSCH
Ptychadena mascareniensis
Die auf landwirtschaftlich genutzter Fläche häufige Art hat lange Beine und ein spitzes Maul. Sie laicht in Pfützen, Wagenspuren und Gräben.

RUDERFRÖSCHE

Die Familie Ruderfrösche (Rhacophoridae) ist in Afrika und einem großen Teil Asiens verbreitet und umfasst vor allem baumbewohnende Arten. Viele legen ihre Eier in Schaumnestern ab, wo sie und ihre Kaulquappen vor Räubern geschützt sind.

LANGNASEN-RUDERFROSCH
Taruga longinasus
Die durch Lebensraumverlust bedrohte, baumbewohnende Art lebt in den übrig gebliebenen Regenwäldern Sri Lankas.

WALLACE-FLUGFROSCH
Rhacophorus nigropalmatus
Dieser Baumbewohner aus den südostasiatischen Regenwäldern kann mit den gespreizten Spannhäuten von Baum zu Baum gleiten.

RAUHÄUTIGER BAUMFROSCH
Chiromantis rufescens
Die in west- und zentralafrikanischen Wäldern lebende Art legt ihre Eier in Schaumnestern auf Ästen über dem Wasser ab.

VIETNAMESICHER MOOSFROSCH
Theloderma corticale
Seine Färbung tarnt den Frosch gut im Moos. Er kann sich bei Gefahr zu einer Kugel zusammenrollen.

GRABFRÖSCHE

Die verschiedene Lebensräume südlich der Sahara bewohnende Familie der Grabfrösche (Pyxicephalidae) umfasst große Arten wie den Ochsenfrosch, aber auch normale Teich- und winzige Moosbewohner. Die meisten laichen im Wasser, einige auch an Land.

AFRIKANISCHER OCHSENFROSCH
Pyxicephalus adspersus
Die Männchen dieser afrikanischen Art verteidigen ihre Eier und Kaulquappen vehement. Sie graben Rinnen, damit die Kaulquappen das offene Wasser erreichen können.

NASENKRÖTEN

Die Nasenkröte, die einzige Art der Familie Rhinophrynidae, ist auf das Graben im Boden spezialisiert und ernährt sich von Ameisen. Sie hat eine lange, dünne Zunge, die sie aus dem schmalen Maul herausstrecken kann.

6–8 cm

NASENKRÖTE
Rhinophrynus dorsalis
Diese ungewöhnlich geformte Art verbringt die meiste Zeit in einem unterirdischen Bau und laicht nach Regenfällen in temporären Tümpeln.

AMERIKANISCHE SCHAUFELFUSS-KRÖTEN

Die Arten der Familie Amerikanische Schaufelfußkröten (Scaphiopodidae) leben auf trockenem Land und können lange Zeit unterirdisch ruhen. Nach Regenfällen laichen sie in temporären Tümpeln, die rasch verdunsten.

5,5–9 cm

4–6 cm

FLACHLAND-SCHAUFELFUSS
Spea bombifrons
Der in trockenen nordamerikanischen und mexikanischen Ebenen lebende Frosch gräbt sich tagsüber ein und laicht nach Regenfällen.

SÜDLICHER SCHAUFELFUSS
Scaphiopus couchii
Diese nordamerikanische Art lebt in trockenen Lebensräumen weitgehend unterirdisch. Sie frisst nachts und laicht nach starken Regenfällen.

STRABOMANTIDAE

Die Arten dieser Familie stammen aus Südamerika und der Karibik. Es gibt keine Kaulquappen, da aus den Eiern unmittelbar Miniaturabbilder der erwachsenen Frösche schlüpfen.

1,5–3,5 cm

LIMON-PFEIFFROSCH
Pristimantis cerasinus
Die sich tagsüber im Falllaub versteckende Art klettert nachts in den Bäumen umher. Sie stammt aus den feuchten Tieflandwäldern Mittelamerikas.

2–4 cm

GOLDBAUCH-FROSCH
Pristimantis cruentus
Dieser an Land lebende Frosch stammt aus Mittel- und Südamerika und legt seine Eier in die Spalten von Baumstümpfen.

1,5–2,5 cm

ZWERG-PFEIFFROSCH
Pristimantis ridens
Dieser nachtaktive Frosch der mittel- und südamerikanischen Wälder besiedelt auch Gärten und legt seine Eier in Falllaub.

SCHLEICHENLURCHE

Schleichenlurche (Gymnophiona) sind lang gestreckte Amphibien, denen die Beine und meistens auch der Schwanz fehlen. Ringartige Hautfalten verleihen ihnen ein segmentiertes Aussehen.

Schleichenlurche leben in den Tropen und können von 12 cm bis 1,6 m lang sein. Die meisten benutzen ihren spitzen knochigen Kopf zum Graben. Sie kommen vor allem nach nächtlichen Regenfällen hervor, um Regenwürmer, Termiten und andere Insekten zu fressen. Wegen ihrer verkümmerten Augen verlassen sie sich auf ihren Geruchssinn. Ein Paar einziehbarer Fühler zwischen Augen und Nasenlöchern überträgt chemische Signale zur Nase. Alle Schleichenlurche verfügen über eine innere Befruchtung. Manche Arten legen Eier, doch bei anderen werden die Jungen entweder als Larven mit Kiemen oder als Miniaturausgaben der Eltern geboren.

STAMM	CHORDATA
KLASSE	LISSAMPHIBIA
ORDNUNG	GYMNOPHIONA
FAMILIEN	10
ARTEN	214

50 cm

PURPUR-ERDWÜHLE
Gymnopis multiplicata
Dieser mittelamerikanische Landbewohner besiedelt verschiedenste Lebensräume. Die Larven schlüpfen im Körper des Weibchens.

FISCHWÜHLEN

Die Arten der Familie Fischwühlen (Ichthyophiidae) legen ihre Eier in Wassernähe in die Erde. Die Weibchen verteidigen das Gelege, bis die Larven das Wasser aufgesucht haben.

33 cm

KOA-TAO-BLINDWÜHLE
Ichthyophis kohtaoensis
Diese in Südostasien vorkommende Fischwühle legt ihre Eier an Land ab, doch die Larven wachsen im Wasser auf.

DERMOPHIIDAE

Diese afrikanischen, lebendgebärenden Schleichenlurche leben unter der Erdoberfläche. Sie sind meistens braun, grau oder dunkelviolett gefärbt, manchmal auch gelb. Manchen Arten fehlen die Augen.

ERDWÜHLEN

Die meisten Arten der Erdwühlen (Caeciliidae) leben unterirdisch. Sie kommen in den meisten tropischen Regionen vor und variieren in der Länge. Manche werden länger als 1,5 m. Die Larven schlüpfen aus Eiern oder entwickeln sich im Körper des Weibchens.

37–91 cm

SANTA-ROSA-WURMWÜHLE
Caecilia attenuata
Die selten beobachtete, graublaue, grabende Art aus den feuchten Tieflandwäldern Ecuadors kommt auch in Plantagen und Gärten vor.

SCHWANZLURCHE

Anders als die übrigen Amphibien besitzen die Salamander und Molche echsenartige Körper, lange Schwänze und vier gleich große Beine.

Die als Schwanzlurche (Caudata) bezeichneten Salamander und Molche leben meist in feuchter Umgebung und sind weitgehend auf die nördliche Hemisphäre beschränkt. Von Kanada bis zum nördlichen Südamerika sind sie zahlreich vertreten. In der Größe reichen sie von über 1 m langen bis zu winzigen 2 cm messenden Tieren.

AMPHIBISCHE LEBENSWEISE

Manche Arten, vor allem die Molche, verbringen einen Teil ihres Lebens im Wasser und einen Teil auf dem Land. Manche Schwanzlurche leben ständig im Wasser, andere ausschließlich auf dem Land. Die meisten Arten haben eine glatte, feuchte Haut, über die sie auch in mehr oder weniger großem Umfang atmen können.

Die Salamander der Familie Plethodontidae besitzen gar keine Lungen und atmen nur über Haut und Gaumendach. Verglichen mit Froschlurchen haben Schwanzlurche relativ kleine Köpfe und auch kleinere Augen. Der Geruchssinn spielt bei der Nahrungs- und Partnersuche die wichtigste Rolle. Die meisten Arten, besonders die an Land lebenden, sind nachtaktiv und verstecken sich am Tag unter Steinen oder Totholz.

VERMEHRUNG

Die meisten Arten verfügen über eine innere Befruchtung. Die Männchen besitzen jedoch keinen Penis, sondern geben ihre Spermien in Form von als Spermatophoren bezeichneten Kapseln ab, die vom Weibchen aufgenommen werden. Das Weibchen kann sie natürlich auch zurückweisen. Bei vielen Molchen bekommen die Männchen zur Laichzeit Rückenkämme und leuchtende Farben.

Viele Schwanzlurche laichen im Wasser. Die geschlüpften Larven haben lange, schlanke Körper, hohe flossenähnliche Schwänze und große federähnliche Außenkiemen. Die fleischfressenden Larven ernähren sich von kleinen Wassertieren. An Land lebende Salamander-Arten sind oft lebendgebärend oder legen ihre Eier an Land ab. Das Larvenstadium wird in diesem Fall vollständig im Ei abgeschlossen, aus dem ein Miniaturebenbild der Eltern schlüpft.

STAMM	CHORDATA
KLASSE	LISSAMPHIBIA
ORDNUNG	CAUDATA
FAMILIEN	10
ARTEN	754

Ein Bergmolchmännchen riecht vor der Balz an einem Weibchen. So kann es Geschlecht und Art des Partners erkennen.

ARMMOLCHE

Die vollkommen aquatischen, aalähnlichen Molche der Familie Armmolche (Sirenidae) leben in den südlichen USA und in Mexiko. Sie zeigen auch als Erwachsene Larvenmerkmale und besitzen Außenkiemen, jedoch keine Hinterbeine.

GROSSER ARMMOLCH
Siren lacertina
Diese Art besitzt nur winzige Vorderbeine. Sie bewohnt seichte Flüsse, Seen und Teiche in den südöstlichen USA und im nordöstlichen Mexiko.

VULKAN-QUERZAHNMOLCHE

Die Familie Vulkan-Querzahnmolche (Rhyacotritonidae) besteht aus vier Arten. Die semiaquatisch lebenden Tiere legen ihre Eier unter Steine im Wasser.

COLUMBIA-QUERZAHNMOLCH
Rhyacotriton kezeri
Die in den Wäldern von Oregon und Washington vorkommende Art laicht im Frühjahr. Der Holzeinschlag hat zum deutlichen Rückgang des Bestands geführt.

ECHTE SALAMANDER UND MOLCHE

Die Familie Echte Salamander und Molche (Salamandridae) besteht aus kleineren bis mittleren Arten. Die Eier werden im Weibchen befruchtet, wobei die Spermien im Verlauf einer komplizierten Balz in Form einer Spermatophore übergeben werden.

KALIFORNISCHER GELBBAUCHMOLCH
Taricha torosa
Die nachtaktive Art laicht im Frühjahr in Teichen. Sie produziert ein tödliches Nervengift.

GEKNÖPFTER BIRMA-KROKODILMOLCH
Tylototriton verrucosus
Die mittelasiatische Art laicht nach dem Monsun. Ihre Warnfärbung weist auf schlecht schmeckende Sekrete hin.

SPANISCHER RIPPENMOLCH
Pleurodeles waltl
Diese in Spanien und Marokko lebende Art verteidigt sich, indem sie die scharfen Enden ihrer Rippen durch die Haut presst, wenn sie ergriffen wird.

FEUERSALAMANDER
Salamandra salamandra
Dieser europäische Salamander sucht das Wasser nur auf, um die lebend geborenen Larven abzusetzen. Mit den Kopfdrüsen kann er ein giftiges Sekret versprühen.

BERGMOLCH
Ichthyosaura alpestris
Der in Nordeuropa verbreitete Molch laicht Anfang des Frühjahrs. Das Weibchen legt die Eier einzeln in Wasserpflanzenblättern ab.

BRILLENSALAMANDER
Salamandrina terdigitata
Dieser versteckt lebende Salamander kommt nur in Bächen im italienischen Hügelland vor. Er hat einen langen, abgeplatteten Körper.

CHINESISCHER KURZFUSSMOLCH
Paramesotriton labiatus
Der in chinesischen Bergbächen vorkommende Molch besitzt einen großen Schwanz und klebt seine Eier an Steine.

SARDISCHER GEBIRGSMOLCH
Euproctus platycephalus
Die nur auf Sardinien vorkommende Art lebt in Bächen und laicht unter Steinen. Wegen des Rückgang des Lebensraums ist sie gefährdet.

ZAGROS-MOLCH
Neurergus kaiseri
Die nur im Iran vorkommende Art lebt in Bächen. Wegen des Lebensraumverlusts und des Handels ist sie vom Aussterben bedroht.

GRÜNLICHER WASSERMOLCH
Notophthalmus viridescens
Dieser in Teichen laichende Molch kommt im östlichen Nordamerika vor. Die Jungen leben an Land, sind leuchtend rot und sehr giftig.

JAPANISCHER FEUERBAUCHMOLCH
Cynops pyrrhogaster
Dieser überwiegend im Wasser lebende Molch warnt Feinde mit seinem leuchtend gefärbten Bauch vor den Giftdrüsen in seiner Haut.

TEICHMOLCH
Lissotriton vulgaris
Die in Europa und Westasien weitverbreitete Art laicht in Teichen. Dem geht eine komplizierte Balz voraus.

NÖRDLICHER KAMMMOLCH
Triturus cristatus
Die Männchen der in Europa und Zentralasien lebenden, in Teichen laichenden Art bekommen im Frühjahr auffällige Rückenkämme und balzen vor potenziellen Partnerinnen.

MARMORMOLCH
Triturus marmoratus
Der in Frankreich und Spanien vorkommende Molch lebt in Wäldern, Heiden und Hecken. Im Frühjahr laicht er in Teichen.

LUNGENLOSE SALAMANDER

Mit über 390 Arten ist die Familie Lungenlose Salamander (Plethodontidae) die größte unter den Schwanzlurchen. Ihre Arten haben keine Lungen, sondern atmen über ihre Mundschleimhaut und ihre Haut. Mit Ausnahme sechs europäischer Arten leben diese Salamander in verschiedenen Lebensräumen in Nord-, Mittel- und Südamerika und ernähren sich hauptsächlich von kleinen Wirbellosen.

GESTREIFTER KLETTER-SALAMANDER
Bolitoglossa striatula
Die kleine, Schwimmhäute besitzende Art ist nachtaktiv und versteckt sich am Tag unter Bananenblättern. Sie lebt in Costa Rica, Honduras und Nicaragua.

ALLEGHANY-BACHRANDSALAMANDER
Desmognathus ochrophaeus
Die überwiegend landlebenden Tiere sieht man nach Regenfällen oft in Wäldern nach Nahrung suchen. Manchmal klettern sie dabei auf Bäume und Büsche.

ROBBENSALAMANDER
Desmognathus monticola
Diese kräftig gebaute Art ist nachtaktiv und verbirgt sich am Tag in ihrem Bau.

DREISTREIFEN-GELBSALAMANDER
Eurycea guttolineata
Dieser Salamander ist ein sehr guter Schwimmer, verbringt aber viel Zeit in seinem Bau.

ALLENS WURMSALAMANDER
Oedipina alleni
Die im Falllaub der Tieflandwälder Costa Ricas lebende Art rollt bei Bedrohung den langen Körper und den Schwanz ein.

WILDERS GELBSALAMANDER
Eurycea wilderae
Die in der Nähe von Bächen lebende Art ist in den Bergwäldern der südlichen Appalachen verbreitet. Die Tiere paaren sich im Herbst und laichen im Winter.

MISSISSIPPI-SALAMANDER
Plethodon mississippi
Der in Laubwäldern lebende Salamander schützt sich mit einem klebrigen Hautsekret vor Fressfeinden. Er legt seine Eier an Land ab.

ROTRÜCKEN-WALDSALAMANDER
Plethodon cinereus
Die an Land lebende Art verbirgt sich am Tag unter Borkenstücken und jagt nachts.

RIESENSALAMANDER

Zur Familie Riesensalamander (Cryptobranchidae) gehören drei vollkommen im Wasser lebende Arten, je eine in Japan, China und Nordamerika. Sie ernähren sich von Würmern bis hin zu kleinen Säugetieren. Der Chinesische Riesensalamander ist der größte Salamander der Welt und wird etwa 1,8 m lang.

SCHLAMMTEUFEL
Cryptobranchus alleganiensis
Diese nordamerikanische Art benutzt den flachen Kopf, um unter Steinen Baue zu graben, in denen die Männchen die Eier bewachen. Die Haut ist sehr faltig.

JAPANISCHER RIESENSALAMANDER
Andrias japonicus
Diese im Wasser lebende Art ist durch den Verlust ihres Lebensraums bedroht. Bestimmte Männchen verteidigen die Höhlen, in denen die Weibchen ablaichen.

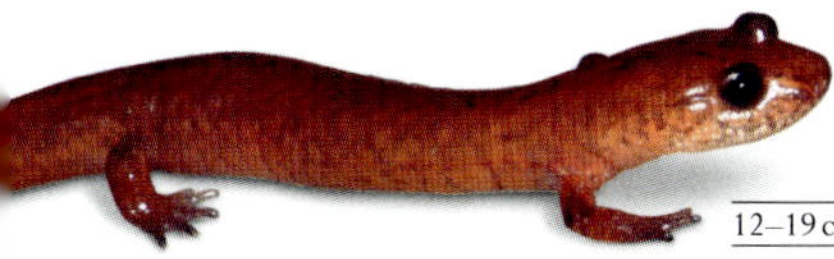

PORPHYRSALAMANDER
Gyrinophilus porphyriticus
Diesen lebhaften Bewohner von Bergquellen und -bächen findet man meistens versteckt unter Steinen oder Totholz.

ITALIENISCHER SCHLEUDER-ZUNGENSALAMANDER
Hydromantes italicus
Dieser norditalienische Salamander lebt in Spalten in der Nähe von Bergbächen.

ESCHSCHOLTZ-SALAMANDER
Ensatina eschscholtzii
Dieser nordamerikanische Salamander hat einen dicken, an der Basis schmaleren Schwanz. Um sich zu verteidigen, hält er ihn Feinden entgegen.

VIERZEHENSALAMANDER
Hemidactylium scutatum
Die erwachsenen Tiere leben im Moos, doch die Jungen wachsen im Wasser heran. An der Basis des Schwanzes befindet sich eine Einschnürung.

WINKELZAHN-MOLCHE

Etwa 50 kleine bis mittelgroße Arten zählen zur Familie Winkelzahnmolche (Hynobiidae). Sie leben in Asien, manche in Bergbächen, und laichen in Teichen oder Bächen und ihre Larven tragen Außenkiemen. Manche Arten haben Krallen.

DUNNS WINKELZAHNMOLCH
Hynobius dunni
Die Weibchen dieser gefährdeten japanischen Art legen »Laichsäcke« ab und die Männchen konkurrieren um die Besamung.

QUERZAHNMOLCHE

Diese Tiere leben meistens in Bauen und kommen nachts zum Fressen heraus. Die Familie Querzahnmolche (Ambystomatidae) umfasst 33 Arten, die alle in Nordamerika vorkommen. Manche, vor allem der Axolotl, leben auch als erwachsene Tiere im Wasser und behalten Larvenmerkmale wie die Außenkiemen.

AXOLOTL
Ambystoma mexicanum
Erwachsene Tiere verlassen niemals das Wasser und gleichen mit ihren hohen Schwänzen und Außenkiemen großen Salamanderlarven.

TIGERSALAMANDER
Ambystoma tigrinum
Diese in einem großen Teil Nordamerikas heimische Art sucht im Frühjahr zum Laichen Teiche auf.

MARMOR-QUERZAHNMOLCH
Ambystoma opacum
Dieser kurzschwänzige Salamander laicht im Herbst in ausgetrockneten Teichen, die sich im Winter mit Wasser füllen.

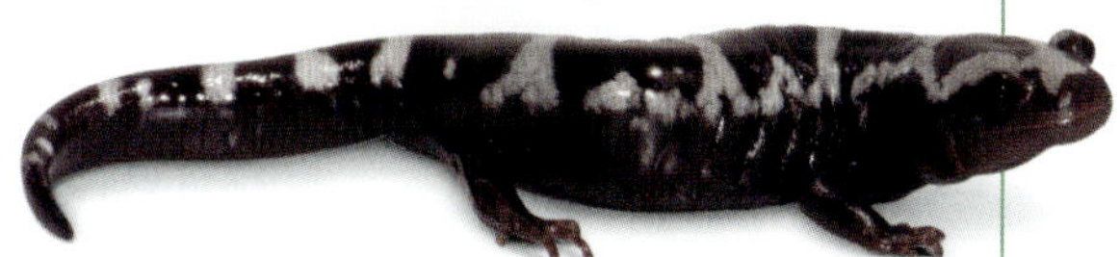

RIESEN-QUERZAHNMOLCHE

Die vier großen und aggressiven Arten der Familie Dicamptodontidae leben in den feuchten Nadelwäldern des westlichen Nordamerikas. Sie laichen in sauberen, dauerhaft Wasser führenden Bächen, in denen sich ihre Larven zwei bis vier Jahre lang entwickeln können, bevor sie sich zu erwachsenen Tieren umwandeln.

PAZIFISCHER RIESENQUERZAHN-MOLCH
Dicamptodon ensatus
Diese große, nachtaktive Art ist durch den Verlust ihrer Waldlebensräume bedroht. Sie weist ein aquatisches Larvenstadium auf.

OLME

Fünf der sechs Arten der Familie Olme (Proteidae) leben in Nordamerika, nur die sechste – der Grottenolm – in Europa. Diese Arten behalten auch als erwachsene Tiere Larvenmerkmale bei, wie lange, schmale Körper, Außenkiemen und kleine Augen.

GEFLECKTER FURCHENMOLCH
Necturus maculosus
Dieser gefräßige Räuber frisst verschiedene Wirbellose, Fische und Amphibien. Das Weibchen verteidigt seine sich entwickelnden Eier.

GROTTENOLM
Proteus anguinus
Dieser vollkommen aquatische, blinde Olm lebt in dunklen überfluteten Höhlen in Slowenien und Montenegro.

AALMOLCHE

Die im östlichen Nordamerika lebenden drei Arten der Familie Aalmolche (Amphiumidae) sind aquatische, aalähnliche Molche mit winzigen Beinen. Die Weibchen bewachen die Eier in einem Nest an Land. Aalmolche graben sich bei Trockenheit in Schlamm ein und bilden einen Kokon. Sie fressen Wirbellose, Fische, Schlangen und kleine Amphibien.

DREIZEHEN-AALMOLCH
Amphiuma tridactylum
Diese große, mit schleimiger Haut und langem Schwanz versehene Art kann sehr schmerzhaft zubeißen. Die Männchen paaren sich jedes Jahr, die Weibchen nur in jedem zweiten.

REPTILIEN

Reptilien (Reptilia) stellen eine erfolgreiche Gruppe unterschiedlicher wechselwarmer Wirbeltiere dar. Obwohl man sie gewöhnlich mit heißen, trockenen Gegenden in Verbindung bringt, leben sie weltweit in den verschiedensten Lebensräumen.

STAMM	CHORDATA
KLASSE	REPTILIA
ORDNUNGEN	4
FAMILIEN	92
ARTEN	11050

Reptilienschuppen schützen ihren Besitzer. Sie sind mit Keratin verstärkt und oft mit Knochen unterlegt.

Das beschalte Ei erlaubt den Reptilien die Vermehrung außerhalb des Wassers. Die Schale schützt vor Verdunstung.

Bei Panzerechsen und den anderen heutigen Reptilien sind die Beine anders als bei Säugetieren seitlich abgewinkelt.

Reptilien regeln ihre Körpertemperatur über ihr Verhalten. So sonnen sie sich morgens, um Wärme aufzunehmen.

Die ersten Reptilien sind vor über 295 Millionen Jahren aus Amphibien hervorgegangen. Sie sind nicht nur die Vorfahren der heutigen Reptilien, sondern auch die der Säugetiere und Vögel. Während des Mesozoikums beherrschten Dinosaurier, Ichthyosaurier, Plesiosaurier und Pterosaurier die Erde. Die heutigen Reptiliengruppen sind zu dieser Zeit entstanden und überlebten das Massenaussterben vor 66 Millionen Jahren, als die Dinosaurier ausstarben.

Alle Reptilien teilen Eigenschaften wie die schuppige Haut und die durch ihr Verhalten (Sonnenbad) geprägte Thermoregulation. Doch sie weisen auch Unterschiede auf. Schildkröten sind durch einen Panzer geschützt. Die meisten Reptilien besitzen vier Beine. In der Ordnung Squamata (Schuppenkriechtiere), zu der die Echsen und Schlangen gehören, sind jedoch mehrfach Formen ohne Beine entstanden.

In heißen Wüsten herrschen meist Echsen und Schlangen vor, doch Reptilien aller Gruppen findet man in allen Lebensräumen der Tropen und Subtropen. In kühleren Klimazonen leben weniger Arten. Innerhalb eines jeden Ökosystems spielen Reptilien sowohl als Räuber als auch als Beute eine wichtige Rolle. Die meisten von ihnen sind Fleischfresser. Einige Leguane und Schildkröten sind reine Pflanzenfresser, doch viele sind opportunistische Allesfresser.

VERHALTEN UND ÜBERLEBEN

Die Tiere mancher Arten sind Einzelgänger. Andere weisen ein hoch entwickeltes Sozialverhalten auf. Obwohl sie bei Kälte träge sind, können Reptilien sehr aktiv werden, wenn sie eine höhere Körpertemperatur erreicht haben. Die Männchen vieler Arten bilden Reviere und balzen. Obwohl manche Schuppenkriechtiere lebendgebärend sind, vergräbt das Weibchen die Eier meistens nach einer inneren Befruchtung im Boden. Reptilien sind von Geburt an selbstständig, auch wenn manche Krokodile sich zwei oder mehr Jahre lang um ihre Jungen kümmern.

Reptilien werden wegen ihrer Haut und als Nahrungsquelle verfolgt. Zusammen mit dem Verlust der Lebensräume, Umweltverschmutzung und Klimaveränderung bedroht dies das Überleben vieler Arten.

MEERESSCHILDKRÖTE IN IHREM ELEMENT >
Die Suppenschildkröte mag urtümlich wirken, doch ist ihr Körperbau sehr gut an das Leben im Meer angepasst.

REPTILIENGRUPPEN

Bereits im Mesozoikum gab es die heutigen Formen. Die Schildkröten sind eine alte Gruppe unklarer Abstammung. Die übrigen Reptiliengruppen entstanden später.

SCHILDKRÖTEN

Mit ihrem Panzer, den stämmigen Beinen und dem schnabelartigen Maul unterscheiden sich Schildkröten (Testudines) wenig von ihren vor 200 Millionen Jahren lebenden Vorfahren.

Zu den Schildkröten gehören Land-, Meeres- und Süßwasserbewohner. Manche der ausgestorbenen Arten waren Giganten, doch die heute lebenden sind meist von moderater Größe. Eine Ausnahme bilden die Meeresschildkröten und die auf einigen Inseln vorkommenden Riesenschildkröten.

SCHUTZ UND FORTBEWEGUNG

Der Panzer besteht aus miteinander verschmolzenen, mit Hornschilden bedeckten Knochen. Der obere Teil wird als Carapax, der untere als Plastron bezeichnet. Die Schutzwirkung des Panzers ist unterschiedlich und fällt bei manchen im Wasser lebenden Arten am geringsten aus. Nicht alle Arten können den Kopf einziehen. Manche legen ihn nur seitlich unter den Panzerrand.

Landschildkröten sind eher langsame Tiere, doch manche Meeresschildkröten können dank ihrer zu Flossen umgewandelten Vorderbeine Geschwindigkeiten von bis zu 30 km/h erreichen. Viele Arten kommen mit wenig Sauerstoff aus und können stundenlang unter Wasser bleiben. Schildkröten haben einen langsamen Stoffwechsel und sind generell langlebig.

Manche Arten sind Fleisch-, andere Pflanzen-, doch die meisten Allesfresser. Ihre tierische Beute ist oft langsam oder wird von der lauernden Schildkröte überrascht. Die Nahrung wird meist mit den Hornschneiden des Schnabels zerteilt.

VERMEHRUNG

Schildkröten verteidigen keine Reviere, können jedoch große Heimatgebiete besetzen und Rangordnungen aufbauen. Ansonsten versammeln sie sich oft zum Sonnenbad oder zur Eiablage. Die Männchen mancher Arten zeigen ein ausgeprägtes Balzverhalten. Die Eier können rund oder länglich sein und eine feste oder elastische Schale aufweisen. Das Gelege wird vom Weibchen an Land vergraben. Fast alle Meeresschildkröten kommen nur zur Eiablage an Land. Bei vielen Arten, jedoch nicht bei allen, hängt das Geschlecht des Jungtiers von der Inkubationstemperatur ab.

STAMM	CHORDATA
KLASSE	REPTILIA
ORDNUNG	TESTUDINES
FAMILIEN	14
ARTEN	353

Eine junge Suppenschildkröte erreicht das Meer. Obwohl Brutstrände oft geschützt sind, bleibt die Art gefährdet.

SCHLANGENHALS-SCHILDKRÖTEN

Die in Südamerika und Australasien vorkommende Familie Schlangenhalsschildkröten (Chelidae) umfasst fleisch- und allesfressende Arten. Der charakteristische lange Hals kann nicht eingezogen werden, sondern wird seitlich unter den Panzerrand gelegt. Die Eier sind länglich und haben eine ledrige Schale.

34 cm

OSTAUSTRALISCHE SPITZKOPF-SCHILDKRÖTE
Emydura macquarii
Die im Becken des Murray River verbreitete Schildkröte frisst Amphibien, Fische und Algen. Die Männchen sind kleiner als die Weibchen.

75 cm

REIMANNS SCHLANGEN-HALSSCHILDKRÖTE
Chelodina reimanni
Diese Art aus Neuguinea frisst Krebstiere und Mollusken. Bei Gefahr legt sie ihren großen Kopf unter den Rand des Panzers.

25 cm

GLATTRÜCKEN-SCHLANGENHALSSCHILDKRÖTE
Chelodina longicollis
Die scheue australische Schildkröte kann mit ihrem langen Hals auch Beute außerhalb des Wassers erreichen.

50 cm

FRANSENSCHILDKRÖTE
Chelus fimbriatus
Diese ungewöhnlich aussehende südamerikanische Schildkröte lauert gut getarnt auf Fische, die sie durch Saugschnappen erbeutet.

PELOMEDUSEN-SCHILDKRÖTEN

Die meisten Arten der Familie Pelomedusenschildkröten (Pelomedusidae) sind fleischfressend und leben im Süßwasser. Bei Bedrohung können sie Kopf und Hals unter dem Panzerrand verbergen. Die in Afrika und auf Madagaskar heimischen Schildkröten können Trockenheit überstehen, indem sie sich im Schlamm eingraben.

20 cm

STARRBRUST-PELOMEDUSE
Pelomedusa subrufa
Die in Afrika südlich der Sahara weit verbreitete fleischfressende Schildkröte ist sehr gesellig und jagt größere Beute oft in Gruppen.

GROSSKOPFSCHILDKRÖTEN

Diese einzige Art der Großkopfschildkröten (Platysternidae) ist gefährdet und kommt in südchinesischen und südostasiatischen Waldbächen vor. Sie sucht im Wasser nach Nahrung, wobei sie eher auf dem Grund läuft als schwimmt.

18 cm

GROSSKOPF-SCHILDKRÖTE
Platysternon megacephalum
Diese kleine, fleischfressende Art besitzt einen großen Kopf mit kräftigen Kiefern und einen langen Schwanz.

SCHIENENSCHILDKRÖTEN

Die nah mit den Pelomedusenschildkröten verwandte Familie Schienenschildkröten (Podocnemididae) stammt mit Ausnahme einer auf Madagaskar lebenden Art aus dem tropischen Südamerika. Diese pflanzenfressenden Schildkröten bewohnen verschiedene Süßwasserbiotope und können ihren Kopf nicht im Panzer verbergen.

ROTKOPF-SCHIENEN-SCHILDKRÖTE
Podocnemis erythrocephala
Diese Art lebt in den Sümpfen des südamerikanischen Rio-Negro-Einzugsgebiets.

32 cm

ALLIGATORSCHILDKRÖTEN

Die in Nord- und Mittelamerika lebenden aquatischen Schildkröten sind für ihre Aggressivität bekannt. Die beiden Arten der Familie Alligatorschildkröten (Chelydridae) haben einen massiven Panzer und einen großen Kopf mit ausgesprochen kräftigen Kiefern. Sie sind Räuber, fressen aber auch Pflanzen.

55 cm

SCHNAPPSCHILDKRÖTE
Chelydra serpentina
Diese Schildkröte liegt oft halb im Schlamm vergraben auf der Lauer. Sie bewohnt Süßwasser-Lebensräume vom östlichen Nordamerika bis nach Ecuador.

80 cm

GEIERSCHILDKRÖTE
Macrochelys temminckii
Diese nordamerikanische Art ist eine der größten Süßwasserschildkröten und benutzt einen wurmartigen Zungenfortsatz, um Beute anzulocken, wenn sie auf der Lauer liegt.

WEICHSCHILDKRÖTEN

Die Arten der Familie Weichschildkröten (Trionychidae) bewohnen Süßwasserlebensräume in Nordamerika, Afrika und Südasien. Die flachen Panzer sind nicht mit Schilden, sondern mit ledriger Haut bedeckt. Ihre Größe reicht von 25 cm bis zu über 1 m Panzerlänge.

55 cm

DORNRAND-WEICHSCHILDKRÖTE
Apalone spinifera
Die nordamerikanische Art frisst vor allem Insekten und andere Wirbellose.

27 cm

INDISCHE KLAPPEN-WEICHSCHILDKRÖTE
Lissemys punctata
Diese Art weist Klappen im Bauchpanzer auf, die die eingezogenen Hinterbeine schützen.

35 cm

CHINESISCHE WEICHSCHILDKRÖTE
Pelodiscus sinensis
Die wegen ihres Fleischs verfolgte ostasiatische Art ist in der Natur selten geworden, doch auf Farmen werden Zehntausende Tiere gezüchtet.

PAPUA-WEICHSCHILDKRÖTEN

Die einzige Art der Familie Papua-Weichschildkröten (Carettochelyidae) ist ein Allesfresser. Der Rückenpanzer trägt keine Schilde. Die Nase ist verlängert, um Luft atmen zu können, während der Körper untergetaucht bleibt.

PAPUA-WEICHSCHILDKRÖTE
Carettochelys insculpta
Diese nachtaktive Schildkröte lebt in Neuguinea und Nordaustralien. Wie bei den Meeresschildkröten sind die Vorderbeine zu Flossen umgewandelt.

SCHLAMM-SCHILDKRÖTEN

Diese Neuweltschildkröten geben bei Bedrohung einen strengen Geruch ab. Die Arten der Familie Schlammschildkröten (Kinosternidae) laufen eher auf dem Grund von Seen und Flüssen, als dass sie schwimmen. Sie sind opportunistische Allesfresser und legen längliche, hartschalige Eier.

PENNSYLVANIA-KLAPPSCHILDKRÖTE
Kinosternon subrubrum
Dieser Allesfresser lebt auf dem Grund langsam fließender, seichter Gewässer der südöstlichen USA.

GEWÖHNLICHE MOSCHUSSCHILDKRÖTE
Sternotherus odoratus
Dieser nordamerikanische Allesfresser gibt bei Bedrohung einen üblen Geruch ab und beißt auch zu.

LEDER-SCHILDKRÖTEN

Die einzige Art der Familie Lederschildkröten (Dermochelyidae) kann ihre Körpertemperatur über die der Umgebung erhöhen, sodass sie in kaltem Wasser leben kann. Der Panzer weist keine Schilde auf. Eine ledrige Haut bedeckt eine Schicht ölhaltigen, isolierenden Gewebes.

LEDERSCHILDKRÖTE
Dermochelys coriacea
Diese sich überwiegend von Quallen ernährende Schildkröte des offenen Meers ist die größte Schildkröten-Art der Welt. Sie ist weltweit verbreitet und dringt sogar in subarktische Gewässer vor.

MEERESSCHILDKRÖTEN

Die Arten der Familie Meeresschildkröten (Cheloniidae) leben überwiegend in den Küstengewässern der Meere. Mit stromlinienförmigen Körpern und flossenartigen Beinen sind sie an ihren Lebensraum sehr gut angepasst. Die Weibchen vergraben die Eier an Stränden. Die meisten Arten sind bedroht.

UNECHTE KARETTSCHILDKRÖTE
Caretta caretta
Diese fleischfressende Art lebt weltweit in Küstengewässern, unternimmt aber lange Wanderungen zu ihren Eiablagestränden.

SUPPENSCHILDKRÖTE
Chelonia mydas
Als einzige Meeresschildkröte sonnt sich diese Art auch an Land. Sie lebt in gemäßigten und tropischen Meeren und ist ein Pflanzenfresser.

OLIV-BASTARD-SCHILDKRÖTE
Lepidochelys olivacea
Die hauptsächlich in flachen tropischen Küstengewässern lebende Art frisst die verschiedensten Wirbellosen und Algen.

ECHTE KARETT-SCHILDKRÖTE
Eretmochelys imbricata
Mit ihren hornigen Kiefern frisst diese Art Mollusken und andere Beute. Sie lebt weltweit in tropischen Gewässern.

NEUWELT-SUMPF-SCHILDKRÖTEN

Unter den Arten der Familie Neuwelt-Sumpfschildkröten (Emydidae) gibt es vollständig im Wasser sowie vollständig an Land lebende. Die meisten kommen in Nordamerika vor, zwei jedoch in Europa (wenn man die Sizilianische Sumpfschildkröte, *Emys trinacris*, als eigene Art betrachtet). Zu dieser Familie gehören viele bunt gezeichnete Arten.

FALSCHE LANDKARTEN-SCHILDKRÖTE
Graptemys pseudogeographica
Die Weibchen dieser nordamerikanischen Art werden fast doppelt so groß wie die Männchen.

ROTWANGEN-SCHMUCKSCHILDKRÖTE
Trachemys scripta elegans
Diese nordamerikanische Unterart ist früher oft im Handel angeboten worden. Ausgesetzte Tiere sind heute in Europa und Asien heimisch geworden. Daher ist der Import in die EU verboten.

GELBWANGEN-SCHMUCKSCHILDKRÖTE
Trachemys scripta scripta
Diese aus den südlichen USA stammende Unterart ist ein tagaktiver Allesfresser.

DIAMANTSCHILDKRÖTE
Malaclemys terrapin
Diese tagaktive Art lebt in den Brackgewässern des östlichen Nordamerikas und erbeutet mit ihren kräftigen Kiefern Krebs- und Weichtiere.

ZIERSCHILDKRÖTE
Chrysemys picta
Die in Nordamerika weitverbreitete Süßwasserschildkröte ist im Sommer aktiv und überwintert bewegungslos unter Wasser.

CAROLINA-DOSENSCHILDKRÖTE
Terrapene carolina
Die gebogenen Krallen der Männchen erleichtern es ihnen, sich bei der Paarung am Panzer der Weibchen festzuhalten.

SCHMUCK-DOSENSCHILDKRÖTE
Terrapene ornata
Diese landbewohnende Schildkröte des mittleren Nordamerikas ist ein Allesfresser und weicht in Bauen starker Hitze oder Kälte aus.

TROPFENSCHILDKRÖTE
Clemmys guttata
Die gefleckte kleine Art frisst aquatische Wirbellose und Pflanzen in den Feuchtgebieten des östlichen Nordamerikas.

LANGHALS-SCHMUCKSCHILDKRÖTE
Deirochelys reticularia
Dieser scheue Sumpfbewohner des östlichen Nordamerikas erbeutet Krebse und andere Tiere.

EUROPÄISCHE SUMPFSCHILDKRÖTE
Emys orbicularis
Die früher in Europa weitverbreitete Art sonnt sich auf Holz oder Steinen, um bei Störungen blitzschnell im Wasser zu verschwinden.

WALDBACHSCHILDKRÖTE
Glyptemys insculpta
Diese Schildkröte bewohnt die feuchten Wälder des nordöstlichen Nordamerikas. Während der Balz führen Männchen und Weibchen einen eleganten »Tanz« auf.

AMERIKANISCHE SUMPFSCHILDKRÖTE
Emydoidea blandingii
Der vor allem im Gebiet der nordamerikanischen Großen Seen heimische Allesfresser erbeutet Krebse sehr geschickt.

FLORIDA-ROTBAUCH-SCHMUCKSCHILDKRÖTE
Pseudemys nelsoni
Diese Art lebt in den Gewässern Floridas. Bei der Balz streichelt das Männchen den Kopf des Weibchens mit den Vorderbeinen.

NÖRDLICHE ROTBAUCH-SCHMUCKSCHILDKRÖTE
Pseudemys rubriventris
Dieser in den nordöstlichen USA lebende tagaktive Allesfresser bevorzugt große, tiefe Gewässer.

ALDABRA-RIESEN-SCHILDKRÖTE
Aldabrachelys gigantea

Die Aldabra-Riesenschildkröte ist die letzte Art der großen Schildkröten des Indischen Ozeans und kann über 300 kg erreichen. Obwohl sie auf drei Inseln des Aldabra-Atolls vorkommt, bevölkern über 90 % der Tiere trotz der Wasser- und Pflanzenarmut Grande-Terre, die bei Weitem größte der Inseln. Die schlechten Lebensbedingungen behindern ihr Wachstum, sodass viele von ihnen nicht geschlechtsreif werden. Die Tiere sind geselliger als die Riesenschildkröten anderer Inseln. Die Männchen werden größer als die Weibchen, doch verläuft die Balz friedlich. Die Eier werden im Boden vergraben und die Jungtiere schlüpfen in der Regenzeit. Die gesamte Population ist durch Naturkatastrophen und steigende Meeresspiegel hochgradig gefährdet.

GRÖSSE 1,2 m
LEBENSRAUM Grasland
VERBREITUNG Aldabra, Indischer Ozean
NAHRUNG Pflanzen

∧ LEDRIGES GESICHT
Die Haut ist robust, ledrig und abhängig von der Insel grau oder braun. Am Hals legt sie sich in Falten. Bei Gefahr kann die Schildkröte den Kopf in den Panzer einziehen.

< HORNSCHNABEL
Da Schildkröten zahnlos sind, werden die Pflanzen mit scharfen Hornleisten abgeschnitten, mit der Zunge in das Maul aufgenommen und als Ganzes geschluckt.

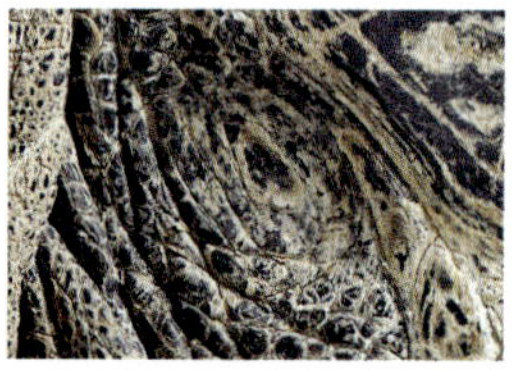

< OHR
Da Schildkröten keine Ohrmuscheln besitzen, liegt das Trommelfell in einer Vertiefung.

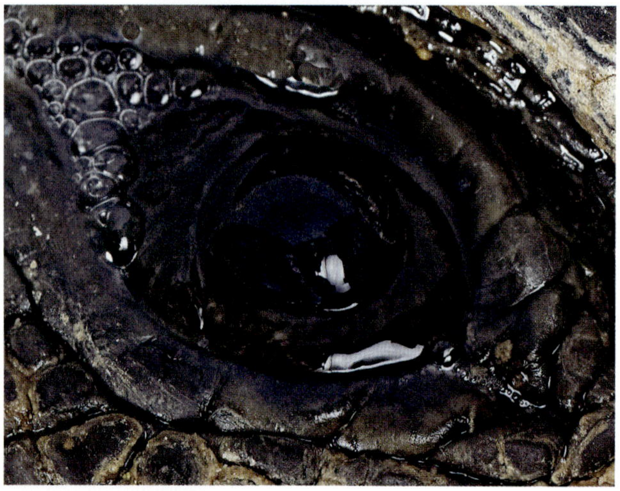

< AUGE
Das Auge ist relativ groß und verfügt über ein gut entwickeltes Augenlid. Schildkröten können Farben sehen, vor allem die roten und gelben Bereiche des Spektrums. So können sie vermutlich farbige Früchte finden.

∧ VORDERBEIN
Die zylindrisch geformten Vorderbeine sind länger als die Hinterbeine. So kann die Schildkröte ihren Körper beim Laufen vom Boden abheben. Die Beine sind mit großen Schuppen bedeckt.

< KRALLEN ZUM GRABEN
Die Schildkröten haben säulenartige Hinterbeine mit fünf Krallen am Fuß. Die Weibchen besitzen längere Krallen als die Männchen, da sie mit ihnen die Nestgrube graben.

< SCHWANZ
Die Schildkröten können ihren kurzen Schwanz seitlich unter den Panzer legen. Die Männchen besitzen längere Schwänze als die Weibchen.

DAUERHAFT ∨
Verglichen mit den Galapagos-Riesenschildkröten hat diese Art einen runderen Kopf, eine spitzere Schnauze und ein lächelndes Maul. Die Tiere können über 100 Jahre alt werden.

ALTWELT-SUMPFSCHILDKRÖTEN

Die in der Alten und der Neuen Welt vorkommenden Arten der Familie Altwelt-Sumpfschildkröten (Geoemydidae) leben im Süßwasser und an Land, wobei die Panzerlängen von 14 bis 50 cm reichen. Von Pflanzen bis zu Fleisch reicht das Nahrungsspektrum in dieser Gruppe. Bei vielen Arten werden die Weibchen größer als die Männchen.

BRAUNE ERD-SCHILDKRÖTE
Rhinoclemmys annulata
Dieser Pflanzenfresser lebt in den tropischen Wäldern Mittelamerikas und ist vor allem morgens und nach dem Regen aktiv.

DREISTREIFEN-SCHARNIERSCHILDKRÖTE
Cuora trifasciata
Diese fleischfressende Schildkröte stammt aus Südchina. Die Verwendung in der traditionellen chinesischen Medizin gefährdet den Bestand der Art.

GELBRAND-SCHARNIERSCHILDKRÖTE
Cuora flavomarginata
Dieser Allesfresser der chinesischen Reisfelder meidet tiefes Wasser und verbringt Stunden mit dem Sonnenbad an Land.

INDOMALAIISCHE BLATTSCHILDKRÖTE
Cyclemys dentata
Dieser Allesfresser lebt in Südostasien und verteidigt sich mit einer übel riechenden Flüssigkeit.

ZACKEN-ERDSCHILDKRÖTE
Geoemyda spengleri
Dieser Bewohner südchinesischer Bergwälder frisst kleine Wirbellose und Früchte. Der Rückenpanzer ist rechtwinklig, gekielt und stachlig.

LAND-SCHILDKRÖTEN

Die in Amerika, Afrika und dem südlichen Eurasien heimischen Arten der Familie Landschildkröten (Testudinidae) können recht groß werden. Die Köpfe lassen sich in die gewölbten Panzer einziehen. Die landlebenden Tiere legen hartschalige Eier.

KALIFORNISCHE GOPHERSCHILDKRÖTE
Gopherus agassizii
Diese Art lebt in Bauen in den Wüsten des südwestlichen Nordamerikas. Obwohl vor allem Vegetarier, frisst sie auch Tiere.

GELBKOPFSCHILDKRÖTE
Indotestudo elongata
Diese Art des tropischen Südostasiens frisst Früchte und Aas. Sie versteckt sich bei Trockenheit im Falllaub.

STACHELRAND-GELENKSCHILDKRÖTE
Kinixys erosa
Dieser Allesfresser lebt in den Sümpfen des tropischen Westafrikas. Ältere Tiere bekommen ein Gelenk im hinteren Teil des Carapax.

KÖHLERSCHILDKRÖTE
Chelonoidis carbonaria
Obwohl sie gelegentlich Aas frisst, ist diese Schildkröte überwiegend Vegetarier. Sie lebt im nordöstlichen Südamerika.

STRAHLENSCHILDKRÖTE
Astrochelys radiata
Diese nur im südlichen Madagaskar vorkommende, bedrohte Art frisst hauptsächlich Pflanzen und ist zu Beginn des Tages aktiv.

STERNSCHILDKRÖTE
Geochelone elegans
Diese pflanzenfressende Art der Trockengebiete Indiens und Sri Lankas paart sich und legt ihre Eier zur Monsunzeit.

SPALTEN-SCHILDKRÖTE
Malacochersus tornieri
Dieser ostafrikanische Allesfresser bewohnt felsige Lebensräume, wo er sich in Spalten verstecken kann.

ALDABRA-RIESENSCHILDKRÖTE
Aldabrachelys gigantea
Die nur auf dem Aldabra-Atoll im Indischen Ozean lebende große, pflanzenfressende Art kann durch ihre Nasenlöcher trinken.

GALAPAGOS-RIESENSCHILDKRÖTE
Chelonoidis nigra
Dieser zu den größten Schildkröten der Welt gehörende Pflanzenfresser bewohnt in elf Unterarten mehrere Inseln des Galapagos-Archipels.

GRIECHISCHE LANDSCHILDKRÖTE
Testudo hermanni
Diese pflanzenfressende Art besiedelt die trockenen Wälder eines Großteils des europäischen Mittelmeerraums und überwintert in den kalten Monaten.

VIERZEHEN-SCHILDKRÖTE
Agrionemys horsfieldii
Dieser Pflanzenfresser aus den trockenen Gebieten Zentralasiens entkommt der Tageshitze in seinem Bau.

BRÜCKENECHSEN

Die an Echsen erinnernden Brückenechsen gehören zu einer ursprünglicheren Ordnung. Ihre nächsten Verwandten starben vor 100 Millionen Jahren aus.

Brückenechsen (Ordnung Rhynchocephalia) unterscheiden sich in vielen Eigenschaften von den Echsen. Die Zähne sind zum Teil mit dem Kieferrand verschmolzen, sodass bei älteren Exemplaren durch Abrieb nur eine knöcherne Kauleiste übrig bleibt. Brückenechsen sind sehr langlebig, aber durch eingeführte Raubtiere gefährdet. Sie bewohnen Küstenwälder und sind schon bei niedrigen Temperaturen aktiv. Nachts jagen sie Wirbellose und erbeuten Vogeleier und Küken. Die Eier benötigen bis zu vier Jahre, um zu reifen, und nach der Ablage vergehen 11 bis 16 Monate bis zum Schlupf. Die Temperatur bestimmt das Geschlecht des Jungtiers.

STAMM	CHORDATA
KLASSE	REPTILIA
ORDNUNG	RHYNCHOCEPHALIA
FAMILIEN	1
ARTEN	1

BRÜCKENECHSEN

Die oft als lebendes Fossil bezeichnete Art der Familie Brückenechsen (Sphenodontidae) ist ein moderner Vertreter von Reptilien, die zur Zeit der Dinsosaurier lebten. Man findet sie nur noch auf den Inseln vor Neuseeland.

BRÜCKENECHSE
Sphenodon punctatus
Brückenechsen können ihren Schwanz abwerfen, um Feinde zu verwirren. Die Männchen präsentieren ihren Rückenkamm bei der Balz.

ECHSEN

Die Echsen gehören zur Gruppe der Schuppenkriechtiere (Squamata). Die meisten Echsen besitzen vier Beine und einen langen, dünnen Schwanz, aber es gibt auch Arten ohne Beine.

Echsen sind wechselwarm und beziehen die Wärme aus ihrer Umgebung. Obwohl sie überwiegend als Bewohner der Tropen oder Wüsten angesehen werden, sind sie weltweit verbreitet. Man findet sie jenseits des Nordpolarkreises und bis zur Südspitze Südamerikas. Sie sind sehr anpassungsfähig und haben die verschiedensten Landlebensräume erobert, wobei viele Arten Bäume oder Felsen besiedeln. Beinlose Arten sind oft an das Graben angepasst, einige Arten gleiten von Baum zu Baum und weitere sind semiaquatisch, etwa eine Echse der Galapagosinseln.

ÜBERLEBENSSTRATEGIEN

Es gibt etwa 1,5 cm lange Echsen, aber auch den bis zu 3 m langen Komodowaran, doch die Mehrzahl misst zwischen 10 und 30 cm. Obwohl die meisten Echsen Fleischfresser sind, ernähren sich etwa zwei Prozent der Arten vor allem von Pflanzen. Viele Echsen sind jedoch auch die Nahrung anderer Fleischfresser. Sie verteidigen sich durch Schnelligkeit, Tarnung und Täuschung. Viele können ihren Schwanz abwerfen, um ihre Verfolger zu verwirren. Der Schwanz wächst dann später nach. Manche Arten können die Farbe wechseln, um sich zu tarnen oder zu kommunizieren. Das der Zirbeldrüse entsprechende lichtempfindliche Pinealorgan auf dem Kopf dient bei vielen Echsen als »drittes Auge«.

VERSCHIEDENE LEBENSWEISEN

Obwohl manche Echsen Einzelgänger sind, weisen andere komplexe soziale Strukturen auf, und die Männchen verteidigen ihre Reviere. Viele Arten legen ihre Eier in Nester im Boden, während sie bei anderen bis zum Schlupf im Eileiter verbleiben. Es gibt auch echte lebendgebärende Arten, bei denen der Embryo über eine Plazenta ernährt wird. Männchen besitzen Hemipenes (paarige Geschlechtsorgane), doch es gibt auch parthenogenetische Arten, bei denen sich die Weibchen ohne Männchen fortpflanzen. Manche Echsen kümmern sich um das Gelege, doch nur wenige um die geschlüpften Jungen.

STAMM	CHORDATA
KLASSE	REPTILIA
ORDNUNG	SQUAMATA
FAMILIEN (ECHSEN)	38
ARTEN	6687

STREITFRAGE

SQUAMATA: EINE ALLES UMFASSENDE ORDNUNG

Echsen und Schlangen werden heute nicht mehr als eigene Gruppen betrachtet. Ihre Vorfahren waren echsenähnliche Tiere, die im Mitteljura auftauchten. Die Schlangen haben sich vermutlich in der Mitte der Kreidezeit aus Echsenvorfahren entwickelt. Zu dieser Zeit hatten sich aber bereits verschiedene Echsenfamilien voneinander getrennt, von denen manche nun näher mit den Schlangen verwandt sind. Die Schlangen sind daher wahrscheinlich die Schwestergruppe einer aus Leguan- und Schleichen-Arten bestehenden Gruppe.

CHAMÄLEONS

Die nur in der Alten Welt verbreiteten Arten der Familie Chamäleons (Chamaeleonidae) besitzen lange Beine mit Greiffüßen und einen Greifschwanz als Anpassung an das Leben im Geäst. Ihre Augen können sich unabhängig voneinander bewegen, um Insekten oder kleine Wirbeltiere zu entdecken. Sie fangen sie mit ihrer langen, klebrigen Zunge. Zur Kommunikation und zur Tarnung können Chamäleons ihre Färbung verändern. Viele Arten sind vom Aussterben bedroht.

TANSANIA-STUMMELSCHWANZCHAMÄLEON
Rieppeleon brevicaudatus
Dieses außergewöhnliche ostafrikanische Chamäleon imitiert ein abgestorbenes Blatt.

PARSONS CHAMÄLEON
Calumma parsonii
Dieses größte Chamäleon der Welt kommt nur auf Madagaskar vor. Es jagt in den Baumkronen der Bergwälder nach Wirbellosen.

DREIHORN-CHAMÄLEON
Trioceros jacksonii
Diese tagaktive baumbewohnende Art stammt aus Ostafrika. Das Männchen trägt drei Hörner auf seinem Kopf.

EUROPÄISCHES CHAMÄLEON
Chamaeleo chamaeleon
Dieses Chamäleon lebt in Nordafrika und im Mittelmeerraum, wo es in Büschen nach Insekten sucht.

WARZENCHAMÄLEON
Furcifer verrucosus
Dieses große Chamäleon stammt aus der Küstenregion Madagaskars. Die scheue Art vertraut bei der Jagd auf Insekten auf ihre Tarnung.

PANTHER-CHAMÄLEON
Furcifer pardalis
Die auf Madagaskar in trockenen Wäldern lebende Art jagt in den Bäumen nach Insekten. Männchen sind sehr territorial.

JEMENCHAMÄLEON
Chamaeleo calyptratus
Diese Art stammt von der Südküste der Arabischen Halbinsel. Der Helm der Männchen ist größer als der der Weibchen.

AGAMEN

Die in Afrika, Südasien und Australasien verbreiteten kleinen Echsenarten der Familie Agamen (Agamidae) sind das in der Alten Welt lebende Gegenstück zu den Leguanen. Stacheln und Kämme zieren oft die Köpfe und Rücken dieser weichschalige Eier legenden Echsen. Die Männchen sind bunter gefärbt als die Weibchen.

1 m

AUSTRALISCHE WASSERAGAME
Intellagama lesueurii
Diese größte australische Wasseragame lebt in Nähe des Wassers, in das sie auch auf der Flucht vor Räubern abtaucht. Erwachsene fressen Wirbellose und kleine Wirbeltiere.

40 cm

BLUTSAUGERAGAME
Calotes versicolor
Diese tagaktive Echse findet man oft auf der Insektenjagd in der Nähe menschlicher Ansiedlungen. Sie ist in Südasien häufig.

Der lange Schwanz verbessert die Balance beim Klettern.

1 m

lange Beine

Der seitlich abgeplattete Schwanz wird beim Schwimmen eingesetzt.

GRÜNE WASSERAGAME
Physignathus cocincinus
Dieser sehr gute Schwimmer flüchtet bei Gefahr ins Wasser. Er lebt in Bäumen an den Flussufern Südostasiens.

26 cm

MASKEN-NACKENSTACHLER
Acanthosaura crucigera
Diese langsame asiatische Echse lauert auf einem Ast liegend auf Insekten. Die Männchen setzen die langen Rückenstacheln bei Auseinandersetzungen ein.

40 cm

NORDAFRIKANISCHE DORNSCHWANZAGAME
Uromastyx acanthinura
Dieser Pflanzenfresser lebt in den nordafrikanischen Wüsten. Er verteidigt sich mit seinem stachligen Schwanz.

50 cm

STREIFENKÖPFIGE BARTAGAME
Pogona vitticeps
Die in trockenen australischen Wäldern lebende Echse trägt einen stachligen Bart und vergräbt ihre Eier im Boden.

20 cm

CHINESISCHE BERGAGAME
Diploderma splendidum
Diese bunte Echse jagt in feuchten chinesischen Bergwäldern Insekten. Die kleinen Gelege umfassen fünf bis sieben Eier.

40 cm

DORNTEUFEL
Moloch horridus
Diese australische Echse frisst ausschließlich Ameisen. Ihr Körper ist von Stacheln bedeckt, sodass sie kaum von Fressfeinden verschlungen werden kann. Die Stacheln leiten auch Tau oder Regenwasser ins Maul.

meißelförmige Zähne auf dem Außenrand

Durch den riesigen Kragen wirkt der Kopf größer.

Auf den kräftigen Hinterbeinen kann die Echse zweibeinig davonlaufen.

90 cm

KRAGENECHSE
Chlamydosaurus kingii
Die in subtropischen australischen Wäldern heimische Art jagt Insekten und andere Echsen in den Bäumen und am Boden. Bei Bedrohung spreizt sie ihren Kragen und öffnet das Maul weit.

40 cm

SIEDLERAGAME
Agama agama
Dieser verbreitete afrikanische Insektenfresser ist nachts grau, im Sonnenlicht aber bunt gefärbt. Die Männchen setzen ihre Farben bei den Revierkämpfen ein.

PANTHERCHAMÄLEON
Furcifer pardalis

Dieses große Chamäleon kam ursprünglich nur auf Madagaskar vor, ist aber auch auf Mauritius und Réunion eingeführt worden. Es lebt in den Bäumen des feuchten Buschlands, und seine Füße sind so gut an das Ergreifen von Ästen angepasst, dass es kaum über eine ebene Fläche laufen kann. Die tagaktive Echse bewegt sich auf der Suche nach Insekten langsam durch die Zweige. Eine einmal entdeckte Beute fokussiert sie mit beiden Augen. Dann schleudert sie ihre lange Zunge hervor und ergreift das Insekt. Seine Farbveränderung ist bei diesem Chamäleon ein Stimmungsbarometer und dient nicht der Tarnung. Bei der Begegnung mit einem Rivalen bläst es seinen Körper auf und verändert die Farbe. Diese Demonstration der Dominanz reicht meistens, um jegliche Auseinandersetzung im Keim zu ersticken.

GRÖSSE 40–56 cm
LEBENSRAUM Bäume in feuchtem Buschland
VERBREITUNG Madagaskar
NAHRUNG Gliederfüßer

AUGEN >
Einzigartig ist, dass Chamäleons ihre Augen unabhängig voneinander bewegen können. Mit den in verschiedene Richtungen weisenden Augen können sie sich gleichzeitig nach Fressfeinden und nach Beute umsehen. Chamäleons besitzen keine Ohren.

< ZUNGE
Die Zunge ist sehr lang und wird mit großer Geschwindigkeit aus dem Maul geschleudert. So kann das Chamäleon nichts ahnende Beute aus größerer Entfernung ergreifen.

∨ HAUTFARBE
Die Färbung der Haut wird durch bestimmte Zellen, sogenannte Chromatophoren, hervorgerufen, die verschiedene Pigmente und Reflektoren enthalten. Ihre Größe und die Verteilung der Pigmente in ihnen verändert sich mit der Stimmung des Chamäleons.

∨ KRALLENFÜSSE
Die Zehen des Chamäleons tragen Krallen und sind in Gruppen zu zweit und zu dritt auf gegenüberliegenden Seiten angeordnet. So kann das Tier Zweige fest umfassen.

SCHWANZ >
Das Leben in den Bäumen wird dem Chamäleon durch seinen Greifschwanz erleichtert. Er dient als fünftes Bein und wickelt sich beim Klettern um die Zweige.

∨ UNTERSEITE
Die Unterseite wurde durch eine Glasplatte hindurch aufgenommen. Ist das Chamäleon in einem seltenen Fall gezwungen, auf einer glatten Fläche zu laufen, muss es die Zehen spreizen.

GECKOS

Die in den Tropen und Subtropen weitverbreitete Familie Gekkonidae umfasst über 1000 Arten in 100 Gattungen (oft werden die Unterfamilien als eigene Familien aufgefasst). Sie können glatte Flächen hinaufklettern und legen meistens Eier, doch gibt es auch lebendgebärende Arten.

12 cm

GEBÄNDERTER WÜSTENGECKO
Coleonyx variegatus
Dieser Gecko jagt Wirbellose in den Wüsten der westlichen USA. Anders als viele andere Geckos hat er bewegliche Augenlider.

25 cm

AFRIKANISCHER FETTSCHWANZGECKO
Hemitheconyx caudicinctus
Die in der westlichen Sahara verbreitete Art nutzt den Schwanz als Fettspeicher. Ihr fehlen die typischen Haftzehen.

21 cm

LEOPARDGECKO
Eublepharis macularius
Die ursprünglich aus dem südlichen Zentralasien stammende Art ist ein beliebtes Terrarientier, von dem es verschiedene Zuchtformen gibt.

15 cm

MAUERGECKO
Tarentola mauritanica
Der im Mittelmeerraum häufige Gecko jagt Insekten. Er lebt an Felswänden, besucht aber auch oft Häuser.

20 cm

WUNDERGECKO
Teratoscincus scincus
Zur Verteidigung bewegt dieser zentralasiatische Gecko den Schwanz, sodass eine Schuppenreihe aneinanderreibt und ein zischendes Geräusch erzeugt.

leuchtende Farbe

Haftscheiben an den Zehen

25 cm

MADAGASKAR-TAGGECKO
Phelsuma madagascariensis
Diese tagaktive Art ist meistens auf Bäumen zu finden. Wie viele andere Geckos klebt sie ihre hartschaligen Eier an Äste.

20 cm

KUHLS FALTENGECKO
Ptychozoon kuhli
Die Spannhäute der Zehen und die Hautfalten dienen als Fallschirm, wenn sich dieser Gecko in den Regenwäldern Südostasiens von Bäumen fallen lässt.

40 cm

TOKEH
Gekko gecko
Die nach ihrem lauten, rauen Ruf benannte große südostasiatische Art sucht auch oft Häuser auf.

34 cm

BÄNDERSCHWANZ-NACKTFINGER
Cyrtodactylus louisiadensis
Dieser große, nachtaktive Gecko aus Neuguinea frisst Wirbellose und kleine Frösche.

15 cm

BROOKS HALBFINGER
Hemidactylus brookii
Dieser in Nordindien oft in der Nähe der Menschen lebende Gecko kommt heute auch in Hongkong, Schanghai und auf den Philippinen vor.

10 cm

EUROPÄISCHER HALBFINGER
Hemidactylus turcicus
Die kleine europäische, an ihrem miauenden Ruf zu erkennende Art jagt oft die in Häusern vom Licht angelockten Insekten.

FLOSSENFÜSSE

Alle 36 Arten der Familie Flossenfüße (Pygopodidae) haben lange Körper, keine Vorder- und stark reduzierte Hinterbeine. Sie leben in Australasien und jagen vor allem Insekten, grabend oder auf der Erdoberfläche. Sie sind mit den Geckos verwandt und legen weichschalige Eier.

12 cm

FRASERS FLOSSENFUSS
Delma fraseri
Diese insektenfressende australische Echse bewohnt Spinifex-Steppen. Sie kann sich gut durch den starren Bewuchs schlängeln.

21 cm

SCHLANGEN-FLOSSENFUSS
Pygopus lepidopodus
Die an eine Schlange erinnernde Art ist in Australien weit verbreitet. Sie ist tagaktiv und jagt Insekten und in Bauen lebende Spinnen.

60 cm

BURTONS SPITZKOPF-FLOSSENFUSS
Lialis burtonis
Diese australische Echse hat eine keilförmige Schnauze, mit der sie Skinke erbeutet.

BUNTLEGUANE

Die meisten Arten der Familie Buntleguane (Dactyloidae) kommen aus der Karibik und sind kleine, baumbewohnende Insektenfresser. Obwohl sie oft grün oder braun gefärbt sind, können sie ihre Färbung abhängig von Stimmung und Umgebung ändern. Beide Geschlechter verteidigen ein Revier.

50 cm

RITTERANOLIS
Anolis equestris
Dieser größte Buntleguan kommt nur auf Kuba vor. Mit seinen Haftscheiben an den Zehen kann er glatte Wände emporklettern.

20 cm

ROTKEHL-ANOLIS
Anolis carolinensis
Die Männchen imponieren mit nickenden Kopfbewegungen und indem sie ihre bunte Kehlwamme spreizen.

BERBERSKINK
Eumeces schneideri
Dieser tagaktive Skink frisst Insekten, kleine Wirbeltiere und Aas. Er lebt in Nordafrika und in den südwestasiatischen Wüsten.

APOTHEKERSKINK
Scincus scincus
Dieser insektenfressende nordafrikanische Skink kann in den lockeren Sand abtauchen, um vor Feinden und der Hitze zu fliehen.

VIELSTREIFENSKINK
Eutropis multifasciata
Diese südasiatische Echse jagt in sonnigen Waldlichtungen Insekten und ist lebendgebärend.

BLAUZUNGEN-SKINK
Tiliqua scincoides
Der an der blauen Zunge zu erkennende Skink ist ein tagaktiver Allesfresser. Er ist lebendgebärend.

KLEINER BRAUNSKINK
Scincella lateralis
Dieser im Falllaub des Walds lebende nordamerikanische Skink jagt Insekten. Das Weibchen kann die Spermien zur Befruchtung der Eier speichern.

WICKELSCHWANZ-SKINK
Corucia zebrata
Dieser gesellige Skink ist der größte der Welt. Er lebt auf Bäumen, ist Pflanzenfresser und hat einen Greifschwanz.

SCHILDECHSEN

Die 32 Arten der Familie Schildechsen (Gerrhosauridae) stammen alle aus Afrika südlich der Sahara und legen Eier. Mit ihren zylindrischen Körpern und gut entwickelten Beinen jagen sie Insekten in Felsengebieten und in der Steppe. Die Einzelgänger verhalten sich gegenüber anderen Mitgliedern ihrer Art oft aggressiv.

SUDAN-SCHILDECHSE
Broadleysaurus major
Dieser Allesfresser ist in den ostafrikanischen Steppen weit verbreitet. Er bewohnt Spalten in felsigen Gebieten oder Termitenbaue.

MADAGASSISCHE RINGEL-SCHILDECHSE
Zonosaurus madagascariensis
Diese Art stammt von Madagaskar und sucht in offenen, trockenen Lebensräumen auf dem Boden nach Insekten.

GÜRTELSCHWEIFE

Die auf Süd- und Ostafrika beschränkten Arten der Familie Gürtelschweife (Cordylidae) sind nach den Ringen stachliger Schuppen auf ihren Schwänzen benannt. Der flache Körper lässt bei lebendgebärenden Arten nur geringe Wurfgrößen und bei eierlegenden nur zwei Eier zu.

KAP-GÜRTELSCHWEIF
Cordylus cordylus
Die nur in Südafrika vorkommende Echse lebt in dichten Kolonien. Die erwachsenen Tiere bilden eine Hierarchie mit einem dominanten Männchen aus.

ZWERGTEJUS

Die 165 Arten der Familie Zwergtejus (Gymnophthalmidae) leben im tropischen Südamerika. Die kleinen Tiere tragen auf dem Rücken große Schuppen. Sie sind tagaktive und versteckt lebende Insektenfresser, die durch ihre Färbung im Falllaub gut getarnt sind. Die meisten Arten legen Eier.

BROMELIENECHSE
Anadia ocellata
Dieser mittelamerikanische Baumbewohner jagt Insekten und versteckt sich zwischen den Blättern.

KROKODIL-SCHWANZECHSEN

Dies ist die einzige Art der Familie Shinisauridae. Es gibt jeweils eine Unterart in China und in Nordvietnam. Die wenig erforschte Art ist gefährdet, da sie für den Handel gefangen wird und ihre Lebensräume zerstört werden.

CHINESISCHE KROKODILSCHWANZECHSE
Shinisaurus crocodilurus crocodilurus
Die Echse kommt nur in der Guangxi-Region in Südchina vor. Sie lebt im Wasser, frisst Fische und Kaulquappen und sonnt sich in Büschen am Ufer.

HÖCKERECHSEN

Viele Schuppen der vor allem in Mexiko lebenden Höckerechsen (Xenosauridae) sind durch unter ihnen liegende kegelförmige Hautknochenplatten verstärkt. Sie gebären lebende Junge in Bauen und fressen Insekten und andere Tiere.

GEWÖHNLICHE HÖCKERECHSE
Xenosaurus grandis
Diese Echse lebt auf dem Boden mexikanischer Regenwälder und fängt nachts fliegende Insekten. Tagsüber lebt sie versteckt.

NACHTECHSEN

Etwa 30 Arten der Familie Nachtechsen (Xantusiidae) gibt es in Nord-und Mittelamerika. Die versteckt lebenden, lebendgebärenden Echsen sind eher dämmerungs- oder tagaktiv als nachtaktiv. Sie besitzen große Kopfschilde.

KROKODIL-NACHTECHSE
Lepidophyma flavimaculatum
Diese Art sucht im verrottenden Totholz der mittelamerikanischen feuchten Wälder Insekten.

RINGEL-SCHLEICHEN

Die nur in den Wüsten des westlichen Nordamerikas lebende Familie Ringelschleichen (Anniellidae) besteht aus zwei Arten. Beide haben drehrunde Körper und jagen grabend Wirbellose.

KALIFORNISCHE RINGELSCHLEICHE
Anniella pulchra
Die insektenfressende wurmähnliche Echse gräbt in lockerem Boden. Sie kann den Schwanz abwerfen, um Räuber zu verwirren.

WARANE

Die im tropischen Afrika, Asien und Australien weitverbreiteten Arten der Familie Warane (Varanidae) sind die größten heute lebenden Echsen. Sie besitzen lange Körper und kräftige Beine, viele Arten erzeugen giftigen Speichel. Die Art der Beute hängt von ihrer Größe ab.

ROSENBERGS WARAN
Varanus rosenbergi
Die an den Küsten Südaustraliens lebende Art ernährt sich von verschiedener Beute. Sie gräbt gut und sucht oft im Boden nach Nahrung.

BINDENWARAN
Varanus salvator
Dieser Waran lebt in den Regenwäldern und Feuchtgebieten Südasiens. Seine Größe erlaubt es ihm, die verschiedenste Beute zu überwältigen.

STEPPENWARAN
Varanus exanthematicus
Die in den afrikanischen Steppen südlich der Sahara lebende Art jagt Wirbellose und alle anderen Tiere, die sie überwältigen kann.

SCHLEICHEN

Zu den Arten der Familie Schleichen (Anguidae) gehören Formen sowohl mit als auch ohne Beine. Die meisten leben an der Erdoberfläche in verschiedenen Lebensräumen der Alten und der Neuen Welt. Obwohl sie meist Insektenfresser sind, nehmen sie auch andere Nahrung an.

BLINDSCHLEICHE
Anguis fragilis
Diese beinlose Echse findet man in pflanzenreichen Lebensräumen in ganz Europa. Oft sucht sie auf dem Kompost nach Wirbellosen.

SCHELTOPUSIK
Pseudopus apodus
Die in trockenen südeuropäischen Lebensräumen vorkommende, beinlose Echse jagt tagsüber große Insekten und kleine Echsen.

KRUSTENECHSEN

Die in den trockenen Bereichen des westlichen Nordamerikas lebenden Arten der Familie Krustenechsen (Helodermatidae) übertragen ein Gift über Furchen in ihren Zähnen. Die nachtaktiven Tiere erbeuten verschiedene Wirbeltiere und fressen auch Aas.

GILA-KRUSTENECHSE
Heloderma suspectum
Diese Echse der Wüsten des südwestlichen Nordamerikas legt Eier. Sie jagt Insekten und am Boden lebende Wirbeltiere, darunter auch kleine Säugetiere.

RIESENWARAN
Varanus giganteus
Diese größte australische Echse ist scheu und bewohnt trockene Gebiete. Sie erzeugt einen leicht giftigen Speichel.

NILWARAN
Varanus niloticus
Als zweitgrößtes afrikanisches Reptil erbeutet dieser Waran verschiedene Wirbel- und Weichtiere, er frisst auch Aas.

SMARAGDWARAN
Varanus prasinus
Dieser Waran lebt auf Neuguinea und jagt in den Baumkronen Wirbellose. Ein Greifschwanz und die langen Krallen helfen ihm beim Klettern.

ARGUSWARAN
Varanus panoptes
Diese Art aus Australien und Süd-Neuguinea ist selten weit entfernt von einem permanenten Gewässer zu finden. Sie jagt andere Reptilien.

KOMODOWARAN
Varanus komodoensis
Diese größte Echse der Welt lebt nur auf einigen indonesischen Inseln. Ihre Beute sind große Säugetiere.

DOPPELSCHLEICHEN

Obwohl sie an beinlose Echsen erinnern, unterscheiden sich die Reptilien der Unterordnung Doppelschleichen (Amphisbaenia) in ihrem Körperbau und Verhalten sehr von ihnen.

Doppelschleichen sind vollständig an eine unterirdische Lebensweise angepasst. Die meisten Arten haben ihre Beine vollständig verloren und besitzen lange Körper mit glatten Schuppen. Sie jagen mit Geruchssinn und Gehör nach im Boden lebenden Wirbellosen und töten sie mit ihren kräftigen Kiefern. Sie graben, indem sie den Körper zusammenziehen und wieder strecken, wobei sich der Kopf in den Boden bohrt. Ihre Augen werden von einer durchsichtigen Haut geschützt. Die Befruchtung ist eine innere, wobei manche Arten Eier legen und andere lebendgebärend sind. Doppelschleichen leben in Südamerika, Florida, Afrika, dem Nahen Osten und Südeuropa.

STAMM	CHORDATA
KLASSE	REPTILIA
ORDNUNG	SQUAMATA
FAMILIEN (DOPPELSCHLEICHEN)	6
ARTEN	195

DOPPELSCHLEICHEN

Alle Arten der Doppelschleichen (Amphisbaenidae) sind grabende Reptilien mit daran angepassten Köpfen. Sie leben in Europa, in Afrika südlich der Sahara und in Südamerika. Bei der Jagd von Wirbellosen orientieren sie sich am Geruch und an Geräuschen.

MAURISCHE NETZWÜHLE
Blanus cinereus
Die selten außerhalb des Bodens zu sehende, grabende Art kommt von Spanien bis nach Marokko vor und sucht im Falllaub nach Wirbellosen, vor allem Ameisen.

GEFLECKTE DOPPELSCHLEICHE
Amphisbaena fuliginosa
Diese wurmartige Echse jagt im Falllaub südamerikanischer Regenwälder Wirbellose. Bei starkem Regen kommt sie an die Oberfläche.

LANGS DOPPELSCHLEICHE
Chirindia langi
Die in Südafrika lebende Art gräbt in sandigen Böden nach Termiten. Wenn sie gefangen wird, kann sie den Schwanz abwerfen, um ihrem Fressfeind zu entkommen.

SCHLANGEN

Schlangen (Serpentes) sind Räuber mit lang gestreckten Körpern und sich überlappenden Schuppen. Eine Reihe von Arten besitzt Giftzähne.

Obwohl Schlangen in den Tropen am zahlreichsten sind, haben sie sich auch an ein Leben in kälteren Breiten und Höhen angepasst. Man findet sie auf allen Kontinenten mit Ausnahme der Antarktis. Sie leben meist an Land und oft in Bäumen, manche Arten graben, manche leben teils im Wasser und andere ganz im Meer. Die kleinsten Schlangen sind winzige fadenartige Tiere, die größten erreichen 10 m Länge. Die meisten Arten sind zwischen 30 cm und 2 m lang.

BESONDERE SINNE

Manche Schlangen besitzen rudimentäre Hinterbeine, doch sie bewegen sich durch Muskelkontraktionen, die Reibung erzeugen. Die schuppige Haut wird regelmäßig abgestreift, um Wachstum zu ermöglichen. Viele Schlangen besitzen nur einen Lungenflügel, während der Darm ein einfaches Rohr mit einem großen, muskulösen Magen ist. Anstelle von Augenlidern wird das Auge durch eine durchsichtige Schuppe geschützt. Das Sehvermögen kann gut sein, was aber sehr von der Lebensweise abhängt. Schlangen erkennen Schall als Vibrationen des Bodens und der Luft. Am wichtigsten ist ihr Geruchssinn. Dabei spielen die Nasenlöcher allerdings keine Rolle – die in der Luft schwebenden Moleküle werden mit der gegabelten Zunge eingesammelt. Manche Arten erkennen sogar die Körperwärme ihrer Beute.

TÖTEN, UM ZU LEBEN

Alle Schlangen sind Fleischfresser. Ihre spitzen Zähne sind nach hinten gekrümmt, um die Beute festzuhalten. Unabhängig davon, ob sie diese Tiere lebend fressen oder mit Gift oder durch Ersticken töten, verschlingen sie sie am Stück. Ihre elastischen Kiefer können Tiere bewältigen, die größer als ihr Kopf sind. Schlangen verteidigen sich mit Tarnung, Warnfarben oder Mimikry. Bei Bedrohung stoßen sie zu und beißen.

Die Arten kalter Lebensräume sind oft lebendgebärend, während jene wärmerer Zonen meist Eier legen. Zur inneren Befruchtung besitzen die Männchen paarige Geschlechtsorgane, die Hemipenes.

STAMM	CHORDATA
KLASSE	REPTILIA
ORDNUNG	SQUAMATA
FAMILIEN (SCHLANGEN)	30
ARTEN	3789

Bei Bedrohung benutzt die Mojave-Klapperschlange ihre Rassel, zeigt die Giftzähne und ist zum Zustoßen bereit.

BOAS

Die meisten Arten der Familie Boas (Boidae) leben in Mittel- und Südamerika, einige jedoch auch auf Madagaskar und in Neuguinea. Sie kommen sowohl in Wäldern als auch in Feuchtgebieten vor, wo sie Wirbeltiere durch Umschlingen töten. Zur Familie Boidae gehört auch die Anakonda, die größte heute lebende Schlange. Die meisten Arten gebären lebende Junge.

DUMERILS BOA
Acrantophis dumerili
Die in den feuchten Wäldern Madagaskars lebende Schlange verbringt die trockenen kalten Monate in ihrem Bau in Starre.

GRÜNE HUNDSKOPFBOA
Corallus caninus
Dieser in den südamerikanischen Regenwäldern lebende Baumbewohner erbeutet Kleinsäuger und manchmal Vögel. Die Grüne Hundskopfboa hat einen schlanken Körper, einen langen Greifschwanz und einen großen Kopf. Die lebend geborenen Jungen sind ziegelrot oder orangegelb. Erst im Alter von zwölf Monaten färben sie sich grün.

ABGOTTSCHLANGE
Boa constrictor
Diese große Boa kommt in verschiedenen Lebensräumen in Mittel- und Südamerika vor. Sie ist ein nachtaktiver Jäger kleiner Säugetiere.

COOKS GARTENBOA
Corallus cookii
Die nur auf der karibischen Insel St. Vincent vorkommende Schlange jagt nachts in Bäumen nach Vögeln und Säugetieren.

ÄGYPTISCHE SANDBOA
Gongylophis colubrinus
Diese afrikanische Schlange lauert in ihrem Bau auf ahnungslose Beute, wobei nur ihr Kopf zu sehen ist.

ERDPYTHON
Calabaria reinhardtii
Die in Westafrika lebende Schlange ist die einzige eierlegende Boa und im Widerspruch zu ihrem deutschen Namen kein Python.

REGENBOGENBOA
Epicrates cenchria
Mikroskopisch kleine Strukturen auf den Schuppen dieser südamerikanischen Art brechen das Licht und erzeugen einen bunten Schimmer. Sie jagt in den Wäldern nach Säugetieren.

GUMMIBOA
Charina bottae
Die Art bevorzugt kühle, feuchte Umgebungen. Sie lebt in Nordamerika in großen Höhen, im Norden bis British Columbia.

NEUGUINEA-BOA
Candoia aspera
Die spitze Schnauze erleichtert die Identifizierung dieser Schlange von Neuguinea. Sich langsam bewegend, jagt sie kleine Wirbeltiere.

GROSSE ANAKONDA
Eunectes murinus
Diese aquatische südamerikanische Art ist die größte Schlange der Neuen Welt. Sie lauert im Wasser und tötet ihre Beute durch Umschlingen.

ROSENBOA
Lichanura trivirgata
Diese langsame Schlange aus den Wüsten der westlichen USA überfällt Säugetiere und tötet sie durch Umschlingen.

ABGOTTSCHLANGE
Boa constrictor

Diese Boa ist ein Landbewohner des tropischen Mittel- und Südamerikas. Obwohl sie oft in Wald- und Buschland gefunden wird, passt sie sich leicht an unterschiedliche andere Lebensräume an. Bewegungslos auf dem Boden liegend, lauert die Schlange auf Säugetiere. Sie ergreift die Beute mit den Kiefern, umschlingt sie und tötet sie durch Ersticken, indem sie die Schlingen bei jedem Ausatmen des Opfers enger zieht. Die Beute wird mit dem Kopf voran verschlungen. Die Unterkieferäste sind nicht verbunden, sodass sie sehr große Beute bewältigen kann. Die Tiere sind Einzelgänger, doch suchen die Männchen zur Paarungszeit eine Partnerin, wobei sie sich an dem vom Weibchen abgegebenen Geruch orientieren. Die Weibchen sind größer als die Männchen und gebären 30 bis 50 etwa 30 cm lange lebende Junge. Diese Schlange wird oft als Terrarientier gehalten, doch ihre Neigung zu beißen macht sie unberechenbar.

GRÖSSE bis zu 2,5 m
LEBENSRAUM offenes Wald- und Buschland
VERBREITUNG Mittel- und Südamerika
NAHRUNG Säugetiere, Vögel, Reptilien

∧ FARBFORMEN
Es gibt viele Unterarten dieser Boa, die man anhand ihrer Größe und Zeichnung definiert. Auch die Färbung unterscheidet sich bei verschiedenen Populationen.

> TARNUNG
Die Pigmentierung der Schuppen erzeugt farbige Flächen, die die Umrisse der Schlange auflösen. So tarnt sie sich vor ihrer Beute und vor möglichen Fressfeinden.

∧ BAUCHSCHUPPEN
Die Bauchschuppen finden fast überall Halt und erlauben der Schlange, sich vorwärtszubewegen und auf Bäume zu klettern. Sie häutet sich regelmäßig.

> BEACHTLICHER GEGNER
Die Abgottschlange jagt mithilfe ihrer Augen und ihres Geruchssinns. Sie frisst unregelmäßig – ein kleines Beutetier kann zwei bis drei Wochen ausreichen. Hat eine große Schlange ein Reh erlegt, braucht sie mindestens ein halbes Jahr lang nichts zu fressen.

< AUGE
Die Abgottschlange kann gut sehen, die Pupillen verengen sich bei hellem Licht zu einem Schlitz. Um die Augen herum ist der Kopf mit kleinen, aus Keratin bestehenden Schuppen besetzt.

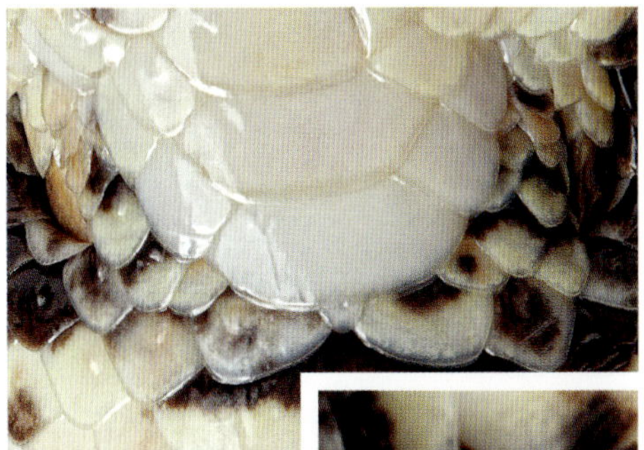

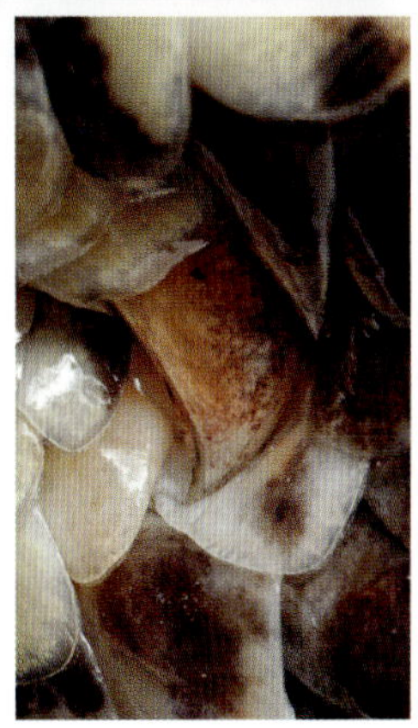

RESTE DER BEINE ∧ >
Allen Schlangen fehlen die Beine, doch die ursprünglichen Arten wie diese Boa besitzen noch Reste eines Beckens sowie winzige, spornartige Überreste der Hinterbeine auf jeder Seite der Kloake.

ZÜNGELN ∧
Die gegabelte Zunge ist ein wichtiges Sinnesorgan. Die Schlangen züngeln, um Chemikalien aus der Luft aufzunehmen. Sie werden im Jacobson'schen Organ im Gaumendach analysiert.

NATTERN

Mit über 2000 Arten auf der ganzen Welt bilden die Nattern (Colubridae) die am weitesten verbreitete Schlangenfamilie. Tiere der Familie bewohnen verschiedene Lebensräume von Wüsten bis zu Feuchtgebieten. Viele Nattern-Arten legen Eier.

KÜSTEN-LYRASCHLANGE
Trimorphodon biscutatus
Diese nachtaktive Art aus dem westlichen Nordamerika lebt in felsigen Gegenden. Sie jagt Fledermäuse, andere kleine Säuger und Echsen.

STRUMPFBANDNATTER
Thamnophis sirtalis
Diese tagaktive nordamerikanische Natter jagt in verschiedenen Lebensräumen Wirbeltiere. In Manitoba versammeln sich die Tiere nach der Winterstarre in großen Mengen zur Paarung.

RUTHVENS KÖNIGSNATTER
Lampropeltis ruthveni
Diese eierlegende Art stammt von der mexikanischen Hochebene, wo sie im trockenen Waldland Nagetiere und Echsen jagt.

KURZKOPF-ERDSCHLANGE
Geophis brachycephalus
Diese kleine, nachtaktive mittelamerikanische Art frisst vor allem Regenwürmer und Insektenlarven.

LANGNASENNATTER
Rhinocheilus lecontei
Die scheue, nachtaktive, an der spitzen Schnauze zu erkennende Art jagt in den trockenen Grasländern Nordamerikas Echsen.

KORALLEN-KÖNIGSNATTER
Lampropeltis zonata
Diese scheue Schlange bevorzugt hoch gelegene, bewaldete Lebensräume. Sie ist nur dann tagaktiv, wenn die Nächte zu kalt sind.

AFRIKANISCHE EIERSCHLANGE
Dasypeltis scabra
Diese Schlange ist auf Eier spezialisiert, die sie während der Brutzeit erbeutet. Den Rest des Jahres fastet sie.

KIEFERNNATTER
Pituophis melanoleucus
Bei Bedrohung kann diese lange, kräftige Schlange der nordamerikanischen Wälder eine übel riechende Flüssigkeit aus ihrer Kloake ausscheiden.

GRÜNE RENNNATTER
Drymobius chloroticus
Diese schnelle, agile Schlange stammt aus den mittelamerikanischen Regenwäldern. Sie lebt meist in Wassernähe und ernährt sich von Fröschen.

INDIGONATTER
Drymarchon corais
Dies ist eine der längsten nordamerikanischen Schlangen. Sie teilt sich oft einen Bau mit der Gopherschildkröte.

SIEGELRING-SCHWIMMNATTER
Nerodia sipedon
Diese im Wasser lebende lebendgebärende Art aus dem östlichen Nordamerika ist am Tag und in der Nacht aktiv. Sie frisst Amphibien und Fische.

GEBÄNDERTE SCHMUCKBAUMNATTER
Chrysopelea pelias
Diese südasiatische Schlange fliegt nicht aktiv, gleitet aber von Ästen aus durch die Luft, indem sie die Rippen spreizt.

FALSCHE KORALLENOTTER
Erythrolamprus mimus
Mit ihrer auffälligen Zeichnung ahmt diese harmlose südamerikanische Schlange die hochgiftigen Korallenottern nach.

MOELLENDORFFS KLETTERNATTER
Elaphe moellendorffi
Diese Art stammt aus den Kalksteingebieten Chinas und Vietnams. Sie hat eine verlängerte Schnauze und einen langen Schwanz.

SCHLAMMNATTER
Farancia abacura
Diese nordamerikanische Schlange erbeutet im Wasser lebende Schwanzlurche mithilfe ihrer stark gekrümmten Zähne. Die Weibchen ringeln sich bis zum Schlupf um ihre Eier.

ROTRÜCKEN-KAFFEESCHLANGE
Ninia sebae
Diese harmlose mittelamerikanische Schlange streckt ihren Hals, um ihre Feinde einzuschüchtern.

GEBÄNDERTE KATZENAUGENNATTER
Leptodeira septentrionalis
Mit seinen großen Augen sucht dieser nachtaktive Baumbewohner nach Wirbeltieren und dem Laich der Laubfrösche.

RIEMENNATTER
Imantodes cenchoa
Ihre großen Augen ermöglichen dieser schlanken Schlange die nächtliche Echsenjagd. Sie lebt in den tropischen amerikanischen Regenwäldern.

ROTRÜCKEN-KAFFEESCHLANGE
Ninia sebae
Diese harmlose mittelamerikanische Schlange streckt ihren Hals, um ihre Feinde einzuschüchtern.

BRASILIANISCHE GLATTNATTER
Hydrodynastes gigas
Diese semiaquatische Schlange stammt aus den südamerikanischen Regenwäldern. Wie Kobras kann sie den Hals abplatten, um beeindruckender zu wirken.

GLANZSPITZNATTER
Oxybelis fulgidus
Die schlanke Baumbewohnerin stammt aus den mittel- und südamerikanischen Regenwäldern. Sie hält ihre Beute in der Luft fest, bis ihr Gift sie gelähmt hat.

MONDNATTER
Oxyrhopus petolarius
Diese Art frisst Echsen und andere kleine Wirbeltiere. Sie ist ein tagaktiver Bewohner der südamerikanischen Regenwälder.

RINGELNATTER
Natrix natrix
Die in Europa weitverbreitete Art stellt sich bei Bedrohung tot. Die im Wasser lebende Natter frisst vor allem Amphibien.

»

» NATTERN

INDISCHE SCHMUCKNATTER
Coelognathus helena
Diese Art verbreitert ihren Hals und richtet sich auf, um ihre Feinde zu beeindrucken. Sie jagt meist bei Nacht Säugetiere.

RAUE GRASNATTER
Opheodrys aestivus
Der in den Wäldern des südöstlichen Nordamerikas lebende tagaktive Baumbewohner jagt Insekten und ist lebendgebärend.

SPITZKOPFNATTER
Gonyosoma oxycephalum
Die schnelle Schlange jagt in den Bäumen Vögel und Säugetiere. Sie lebt in den Regenwäldern Südostasiens.

SCHLINGNATTER
Coronella austriaca
Dieser versteckt lebende europäische Heidebewohner erwürgt seine Beute. Die Jungen schlüpfen im Körper des Weibchens aus den Eiern.

BALKAN-ZORNNATTER
Hierophis gemonensis
Die nur auf dem Balkan vorkommende Schlange lebt in trockenem Buschland und Olivenhainen. Sie ist tagaktiv und jagt Echsen.

SCHLANKNATTER
Platyceps najadum
Diese Natter lebt in trockenen, steinigen Lebensräumen des Mittelmeerraums. Tagsüber jagt sie kleine Eidechsen und Heuschrecken.

GEBÄNDERTE WASSERNATTER
Nerodia fasciata
Die in den Feuchtgebieten der südlichen USA lebende Schlange erbeutet Amphibien und Fische.

GESTREIFTE SCHWARZKOPFNATTER
Tantilla ruficeps
Diese grabende Schlange lebt in den tropischen Wäldern Mittelamerikas. Sie ist ein überwiegend tagaktiver Insektenfresser.

DIADEMNATTER
Spalaerosophis diadema cliffordi
Diese in den nordafrikanischen Wüsten lebende Unterart ist in den kühleren Monaten tagaktiv, in den Sommermonaten jedoch nachtaktiv.

KORNNATTER
Pantherophis guttatus
Die im südöstlichen Nordamerika verbreitete Schlange sieht man nur selten. Sie jagt in Waldgebieten kleine Säugetiere.

HÜHNERFRESSER
Spilotes pullatus
Die große Schlange jagt kleine Wirbeltiere und entfernt sich selten weit vom Wasser. Sie ist in Süd- und Mittelamerika weit verbreitet.

WESTLICHE HAKENNASENNATTER
Heterodon nasicus
Diese in den nordamerikanischen Prärien lebende Natter sticht mit ihren vergrößerten Zähnen die Lungen von Kröten an, damit sie sie besser schlucken kann.

LAMPROPHIIDAE

Die überwiegend afrikanischen Arten dieser Familie bewohnen unterschiedliche Lebensräume an Land, in den Bäumen und teils im Wasser. Sie überwältigen Wirbeltiere und Wirbellose entweder durch Umschlingen oder durch Gift.

MAULWURF-ERDVIPER
Atractaspis fallax
Diese ostafrikanische Schlange hat große Giftzähne. Sie jagt andere grabende Wirbeltiere unterirdisch.

EUROPÄISCHE EIDECHSENNATTER
Malpolon monspessulanus
Die schlanke Natter bewohnt trockene, buschbestandene und steinige Hügel des Mittelmeerraums. Sie jagt tagsüber kleine Wirbeltiere.

MADAGASKAR-HAKENNASENNATTER
Leioheterodon madagascariensis
Diese tagaktive, an ihrer aufgeworfenen Schnauze zu erkennende madagassische Natter jagt Echsen und Amphibien.

WALZENSCHLANGEN

Die auf Sri Lanka und in Südostasien vorkommenden grabenden Schlangen der Familie Walzenschlangen (Cylindrophiidae) besitzen drehrunde Körper und glatte Schuppen. Sie leben in feuchten Gebieten, verstecken sich in Bauen und jagen nachts Schlangen und Aale. Sie sind lebendgebärend.

CEYLON-WALZENSCHLANGE
Cylindrophis maculatus
Die auf Sri Lanka lebenden Schlangen fressen Wirbellose und ahmen mit dem abgeplatteten Schwanz Bewegungen der giftigen Kobra nach.

SEE-SCHLANGEN

Diese extrem giftigen Schlangen der tropischen Küstengewässer des Indiks und Pazifiks gehören zur Unterfamilie Seeschlangen (Hydrophiinae) in der Familie Giftnattern (Elapidae). Mit ihrem abgeplatteten Schwanz können sie sehr gut schwimmen und Fische jagen.

NATTERN-PLATTSCHWANZ
Laticauda colubrina
Diese Schlange jagt nachts Fische im tropischen Indopazifik. Sie kann sich auch gut an Land fortbewegen.

GIFTNATTERN

Die Arten der Familie Giftnattern (Elapidae) tragen vorn im Maul kurze, ständig aufgerichtete Giftzähne. Sie haben sich an unterschiedliche Lebensräume angepasst. Manche Arten legen Eier, andere sind lebendgebärend.

ZENTRALAMERIKANISCHE KORALLENOTTER
Micrurus nigrocinctus
Diese mittelamerikanische Giftschlange sucht im Falllaub tropischer Wälder nach Beute. Die leuchtende Färbung dient der Warnung.

GELBKOPF-BRAUNSCHLANGE
Demansia psammophis
Die in Australien weitverbreitete Schlange ist ein tagaktiver Echsenjäger. Sie bevorzugt trockene, offene Lebensräume.

ÖSTLICHE SCHILDNASENKOBRA
Aspidelaps scutatus fulafulus
Dieser nachtaktive Jäger kleiner Echsen und Säugetiere lebt in den südafrikanischen Steppen. Er gräbt in sandigem Boden.

ROSENS SCHLANGE
Suta fasciata
Die in westaustralischen Trockengebieten lebende Schlange jagt Echsen.

MONOKELKOBRA
Naja kaouthia
Die in Südostasien verbreitete große Schlange jagt andere Schlangen und Ratten in Wäldern und Reisfeldern, oft in der Nähe menschlicher Ansiedlungen.

WÜSTEN-TODESOTTER
Acanthophis pyrrhus
Diese Schlange der westaustralischen Wüsten lockt kleine Echsen und Säugetiere an, indem sie den Schwanz hin- und herbewegt.

GERINGELTE BRAUNSCHLANGE
Pseudonaja modesta
Die in steinigen australischen Wüsten lebende Schlange frisst Skinke. Durch den Verlust ihres Lebensraums ist ihr Bestand bedroht.

BERTHOLDS AUSTRALISCHE KORALLENOTTER
Simoselaps bertholdi
Die in Westaustralien weitverbreitete Schlange gräbt nach Echsen. Ihre Zeichnung soll Fressfeinde abschrecken.

URÄUSSCHLANGE
Naja haje
Diese große Kobra jagt in den Wüsten Nord- und Zentralafrikas kleine Wirbeltiere. Bei Bedrohung richtet sie sich auf und spreizt den Halsschild.

KÖNIGSKOBRA
Ophiophagus hannah
Diese massige, waldbewohnende Art des tropischen Asiens jagt vor allem andere Schlangen. Für Schlangen ungewöhnlich, verteidigen beide Geschlechter das Gelege.

ROTE SPEIKOBRA
Naja pallida
Diese afrikanische Kobra spreizt bei Bedrohung nicht nur den Halsschild, sondern spuckt auch Gift in das Gesicht des Angreifers.

PYTHONS

Die Arten der Familie Pythons (Pythonidae) leben in Afrika, Asien und Australien und erkennen warmblütige Beute mit den Grubenorganen. Mit den Zähnen ergreifen sie sie, doch sie töten sie durch Umschlingen. Manche Arten bebrüten ihre Eier, indem sie durch Muskelzittern die Körpertemperatur erhöhen.

GRÜNER BAUMPYTHON
Morelia viridis
Die in den tropischen Wäldern Australasiens lebende baumbewohnende Schlange liegt meist auf einem Ast und lauert Echsen und kleinen Säugetieren auf.

KURZSCHWANZ-PYTHON
Python curtus
Dieser relativ kurze Python der südostasiatischen Regenwälder bebrütet sein Gelege.

SCHWARZKOPF-PYTHON
Aspidites melanocephalus
Die in Australien endemische Art kommt in den verschiedensten Lebensräumen vor. Sie jagt Schlangen und andere Reptilien.

TIGERPYTHON
Python molurus
Die in ihrer asiatischen Heimat seltene Schlange kommt heute sehr häufig in den Everglades in Florida vor. Wegen ihres großen Nahrungsspektrums (Vögel, Säugetiere und Reptilien) stellt sie für viele der dort heimischen Tiere eine Gefahr dar.

BLINDSCHLANGEN

Die Augen der Arten der Familie Blindschlangen (Typhlopidae) sind mit Schuppen bedeckt, sodass sie nahezu blind sind. Die kleinen, im Falllaub tropischer Wälder grabenden Schlangen fressen vor allem Wirbellose und tragen nur im Oberkiefer Zähne. Die meisten legen Eier.

AUSTRALISCHE BLINDSCHLANGE
Anilios nigrescens
Robuste Schuppen widerstehen dem Angriff von Ameisen, wenn diese grabende Schlange deren Larven und Eier frisst.

BLÖDAUGE
Xerotyphlops vermicularis
Diese wurmähnliche europäische Schlange bewohnt trockene, offene Gebiete. Sie gräbt nach Wirbellosen, vor allem Ameisenlarven.

SCHLANKBLINDSCHLANGEN

Die kleinen, schlanken Schlangen der Familie Schlankblindschlangen (Leptotyphlopidae) graben nach Wirbellosen. Sie leben in den amerikanischen, afrikanischen und südostasiatischen Tropen.

SENEGAL-SCHLANKBLINDSCHLANGE
Myriopholis rouxestevae
Diese Art lebt im Boden der westafrikanischen Wälder. Sie ist erst 2004 beschrieben worden.

VIPERN

Für die Arten der Familie Vipern (Viperidae) sind dicke Körper, gekielte Schuppen und ein dreieckiger Kopf typisch. Die hohlen Giftzähne sind umklappbar. Grubenottern besitzen Grubenorgane zwischen Augen und Nasenlöchern, mit denen sie Wärme wahrnehmen. Die meisten Vipern sind lebendgebärend.

GEWÖHNLICHE LANZENOTTER
Bothrops atrox
Die in den Wäldern des tropischen Amerikas lebende Schlange erkennt man am spitzen Kopf. Sie jagt nachts Vögel und Säugetiere.

WÜSTEN-HORNVIPER
Cerastes cerastes
Die in Nordafrika und auf der Sinai-Halbinsel lebende Schlange lauert im Sand vergraben auf kleine Säugetiere und Echsen.

STÜLPNASEN-LANZENOTTER
Porthidium nasutum
Diese tagaktive mittelamerikanische Schlange bevorzugt feuchte offene Wälder. Grubenottern wie diese Art gebären lebende Junge.

FLECKENPYTHON
Antaresia maculosa
Dieser Python lebt an den felsigen Hängen Nordaustraliens. Er fängt Fledermäuse am Eingang ihrer Höhlen.

NETZPYTHON
Python reticulatus
Die zu den längsten Schlangen der Welt gehörende Art bewohnt asiatische Regenwälder und tötet große Säugetiere durch Umschlingen.

ERD-SCHLANGEN

Die an den schillernden Schuppen zu erkennenden beiden Arten der Familie Erdschlangen (Xenopeltidae) leben in Südostasien. Sie bewohnen Baue in Wäldern und jagen Amphibien, andere Reptilien und kleine Säugetiere. Sie legen Eier zur Vermehrung.

REGENBOGEN-ERDSCHLANGE
Xenopeltis unicolor
Mit ihrem flachen Kopf kann sich die Schlange in verrottende Vegetation graben. Sie jagt Amphibien und Kleinsäuger.

NORDAMERIKANISCHER KUPFERKOPF
Agkistrodon contortrix
Ihre Zeichnung tarnt diese Schlange im Falllaub des bewaldeten Berglands. Sie lebt im östlichen Nordamerika.

ASPISVIPER
Vipera aspis
Diese europäische Viper bevorzugt warme, trockene Lebensräume und jagt kleine Säugetiere. Sie gebärt bis zu 20 lebende Junge.

KREUZOTTER
Vipera berus
Diese tagaktive Art jagt kleine Säugetiere und Echsen. Sie ist in den verschiedensten eurasischen Lebensräumen weit verbreitet.

WESTLICHE KLAPPERSCHLANGE
Crotalus viridis
Diese Schlange aus dem mittleren Westen der USA jagt in der Morgen- und Abenddämmerung Säugetiere. Tagsüber versteckt sie sich in Spalten.

WESTLICHE GABUNVIPER
Bitis rhinoceros
Die in den tropischen afrikanischen Regenwäldern lebende, kräftige und schwere Schlange lauert Säugetieren auf.

TEXAS-KLAPPERSCHLANGE
Crotalus atrox
In der Nacht jagt diese Schlange Säugetiere. Sie ist in den trockenen Regionen des westlichen Nordamerikas verbreitet.

PUFFOTTER
Bitis arietans
Die überwiegend nachtaktive Giftschlange lauert meist bewegungslos Wirbeltieren auf. Sie kommt in felsigen afrikanischen Grassteppen vor.

MALAIISCHE MOKASSINOTTER
Calloselasma rhodostoma
Die südostasiatische Art jagt nachts in offenen Gebieten in Waldnähe Nagetiere und Echsen.

PANZERECHSEN

Panzerechsen (Crocodylia) sind im Wasser lebende Reptilien. Ihre robuste Haut und die kräftigen Kiefer machen sie zu sehr guten Jägern, doch sind sie gesellig und betreiben Brutpflege.

Alle Panzerechsen – Krokodile, Alligatoren und Gaviale – weisen den gleichen Körperbau auf: eine mit scharfen, unspezialisierten Zähnen bewaffnete, lange Schnauze, einen stromlinienförmigen Körper, einen muskulösen Schwanz und eine mit Knochenplatten verstärkte Haut. Das Leistenkrokodil ist das größte lebende Reptil.

SCHWIMMEN UND FRESSEN

Panzerechsen findet man in den Tropen der ganzen Welt, wo sie Süß- und Meerwasserlebensräume bewohnen. Da sich Augen, Ohren und Nasenlöcher oben auf dem Kopf befinden, können die Tiere bei der Jagd fast vollständig untergetaucht bleiben. Der kräftige Schwanz wird zum Schwimmen eingesetzt und die Beine erlauben das Laufen an Land.

Obwohl Panzerechsen unspezialisierte Fleischfresser sind, die sich von Fischen, Reptilien, Vögeln und Säugetieren ernähren, weisen sie besondere Fähigkeiten bei der Jagd auf bestimmte Beute auf, etwa wandernde Säugetiere oder Fische. Kleinere Tiere verschlingen sie ganz, doch große ertränken sie zuerst, bevor sie, sich im Wasser um die eigene Achse drehend, Fleischstücke herausreißen. Die Verdauung wird durch Steine im Magen und starke Magensäuren unterstützt.

SOZIALVERHALTEN UND BRUTPFLEGE

Vom Verhalten her ähneln Panzerechsen eher Vögeln (ihren nächsten Verwandten) als den übrigen Reptilien. Erwachsene Tiere bilden besonders an guten Beuteplätzen lockere Gruppen und können mit verschiedenen Lauten und Verhaltensweisen kommunizieren.

Während der Paarungszeit bilden Männchen Reviere und balzen vor den Weibchen. Die Befruchtung ist eine innere und die Weibchen vergraben Gelege hartschaliger Eier in einem Nest. Das Geschlecht der Jungen hängt von der Inkubationstemperatur ab. Sie rufen beim Schlupf, damit das Weibchen sie ausgräbt und zum Wasser trägt. Ihre Sterblichkeit ist hoch, doch sobald sie größer als 1 m sind, haben sie kaum noch natürliche Feinde.

STAMM	CHORDATA
KLASSE	REPTILIA
ORDNUNG	CROCODYLIA
FAMILIEN	3
ARTEN	25

Indem sie die Strömung ausnutzen, lauern diese Brillenkaimane mit geöffnetem Maul auf in Reichweite kommende Fische.

GAVIALE

Die beiden bedrohten Arten der Familie Gaviale (Gavialidae) kommen in Indien und Südostasien vor. Die schmalen Kiefer und spitzen Zähne eignen sich gut zum Fischfang.

GANGESGAVIAL
Gavialis gangeticus
Der Gavial gehört zu den größten Panzerechsen, frisst aber trotz seiner beeindruckenden Zähne nur Fische und greift keine Menschen an.

KROKODILE

Die in Lebensweise, Lebensraum und Ernährung eher unspezialisierten Arten der Familie Krokodile (Crocodylidae) kann man gut an dem bei geschlossenem Maul sichtbaren vierten Unterkieferzahn erkennen. Die tropischen Reptilien bewohnen viele Lebensräume in der Nähe von Flüssen und Küsten.

STUMPFKROKODIL
Osteolaemus tetraspis
Dieses kleine Krokodil aus den Wäldern des tropischen Afrikas ist auf dem Nacken und Rücken durch starke Schuppen gut geschützt. Es jagt in der Nacht Fische und Frösche.

RAUTENKROKODIL
Crocodylus rhombifer
Dieses nur auf Kuba vorkommende mittelgroße Krokodil bewohnt Sümpfe und jagt Fische und kleine Säugetiere. Es legt seine Eier in Löcher im Boden.

SIAM-KROKODIL
Crocodylus siamensis
Das nur in Südostasien vorkommende Krokodil ist in der Natur vom Aussterben bedroht. Es lebt in Feuchtgebieten und erbeutet verschiedene Nahrung.

ALLIGATOREN

Die Arten der Familie Alligatoren (Alligatoridae) ernähren sich von den verschiedenen Fischen, Vögeln und Säugetieren, die in ihrem Gewässer vorkommen. Diese Reptilien sind in den Sümpfen und Flüssen des tropischen Amerikas verbreitet. Die einzige in der Alten Welt vorkommende Art dieser Familie ist der seltene China-Alligator.

MISSISSIPPI-ALLIGATOR
Alligator mississippiensis
Schutzbemühungen haben es ermöglicht, dass diese nordamerikanische Art heute wieder verbreitet ist. Sie frisst Vögel, kleine Säugetiere und Schildkröten.

KROKODILKAIMAN
Caiman crocodilus
Dieser Kaiman hat ein großes Beutespektrum. Die in Mittel- und Südamerika verbreitete Art scheint die einzige Panzerechse zu sein, die von Menschen gemachte Gewässer besiedelt.

CHINA-ALLIGATOR
Alligator sinensis
Diese vom Aussterben bedrohte Art des chinesischen Yangtse-Tals verbringt den Winter in Kältestarre in selbst gegrabenen Bauen.

BREITSCHNAUZENKAIMAN
Caiman latirostris
Diese in Mittelamerika weitverbreitete Art legt Bruthügel an. Sie ist gut an ihrer breiten Schnauze zu erkennen. Sie jagt Säugetiere und Vögel.

BRAUEN-GLATTSTIRNKAIMAN
Paleosuchus palpebrosus
Dieser südamerikanische Kaiman ist die kleinste Art der Neuen Welt unter den Panzerechsen. Sein Schädel erinnert an den eines Hunds.

KEILKOPF-GLATT-STIRNKAIMAN
Paleosuchus trigonatus
Dieser kleine Kaiman der südamerikanischen Regenwälder lebt semiterrestrisch. Er baut sein Nest an einem Termitenbau, sodass die Eier warm bleiben.

LEISTENKROKODIL
Crocodylus porosus
Dieses größte heute lebende Reptil ist im indopazifischen Raum verbreitet und kann das offene Meer durchqueren. Es hat ein großes Nahrungsspektrum.

NILKROKODIL
Crocodylus niloticus
Dieses in Afrika weitverbreitete große Krokodil lebt im Süßwasser, ist aber auch schon an der Küste beobachtet worden. Die Nahrung variiert abhängig vom Alter.

RAUTENKROKODIL
Crocodylus rhombifer

Dieses auffällig gezeichnete Krokodil kommt nur auf Kuba vor. Es ist mittelgroß und wird von Schilden mit darunter liegenden Knochenplatten geschützt. Es ist besser als andere Panzerechsen an das Land angepasst und kann hochbeinig gehen. Seine bevorzugte Beute sind Schildkröten, die mit den kräftigen Zähnen hinten im Rachen geknackt werden. Wegen der Jagd auf die Tiere und des Lebensraumverlusts sind die in der Natur verbliebenen Exemplare in den 1960er-Jahren eingefangen und im Zapata-Sumpf ausgesetzt worden, einem Schutzgebiet im Süden der Insel. Trotz des Schutzes bleibt die Population klein und die Bastardisierung mit den auch im Reservat vorkommenden Spitzkrokodilen gefährdet ihren Bestand.

GRÖSSE 3–3,5 m
LEBENSRAUM Sümpfe
VERBREITUNG Kuba
NAHRUNG Fische, Schildkröten, kleine Säugetiere

KRÄFTIGE BEINE ∨ >
Mithilfe seiner starken Hinterbeine kann dieses Krokodil über kurze Distanzen rennen. Da sie eher zum Laufen als zum Schwimmen dienen, tragen die Füße keine Schwimmhäute.

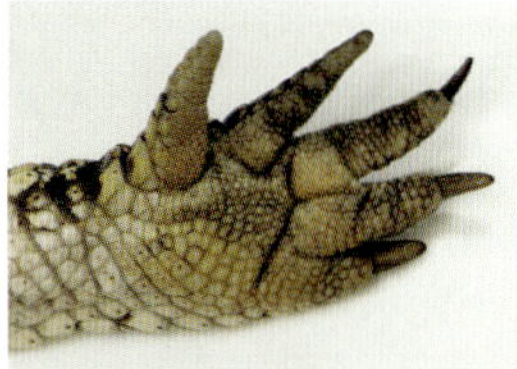

∨ NASENLÖCHER
Die paarigen Nasenlöcher liegen in einer erhöhten Gewebefläche am Ende der Schnauze. Unter Wasser können sie verschlossen werden.

∧ SCHUPPENKAMM
Schuppen mit großen Fortsätzen vergrößern die Höhe des Schwanzes und verbessern den Antrieb im Wasser. Die vielen Blutgefäße nehmen beim Sonnenbad Wärme auf.

∧ FURCHTBARE KIEFER
Panzerechsen können ihre Nahrung nicht kauen, doch sie ergreifen die Beute mit ihren kräftigen Kiefern. Die Geschmacksknospen auf der Zunge ermöglichen ihnen, schlecht schmeckende Nahrung zurückzuweisen. Die Verdunstung bei geöffnetem Maul kühlt ihren Körper.

< BAUCHSCHUPPEN
Die Bauchschuppen sind klein und in Größe und Färbung gleich. In der Lederverarbeitung werden sie sehr geschätzt.

∧ ÜBERRASCHUNGSANGRIFF
Scharfe Augen und empfindliche Ohren befinden sich auf der Kopfoberfläche, sodass die Beute auch entdeckt werden kann, wenn sich der Körper unter Wasser befindet. So kann das Krokodil sein Opfer überraschen. Den langen Unterkiefer kann es mit großer Kraft schließen, sodass die Beute nicht entkommen kann.

VÖGEL

Vögel (Aves) sind aktive Tiere. Viele Arten sind sehr attraktiv, andere singen komplexe Melodien. Was ihre Intelligenz und ihr Brutpflegeverhalten betrifft, sind sie den Säugetieren ähnlich, aber sie weisen auch viele Merkmale ihrer Reptilienvorfahren auf.

STAMM	CHORDATA
KLASSE	AVES
ORDNUNGEN	40
FAMILIEN	250
ARTEN	10 770

Die Schwungfedern sind asymmetrisch, die äußere Fahne ist schmaler. So kann der Vogel in der Luft steuern.

Viele Küken sind Nesthocker: Sie sind nach dem Schlüpfen blind und nackt und auf die Fürsorge ihrer Eltern angewiesen.

Webervogel-Männchen bauen komplizierte Nester. Diese Kunstwerke zeugen von der Intelligenz der Vögel.

STREITFRAGE

SIND VÖGEL DINOSAURIER?

Traditionell stehen Vögel in einer anderen Klasse als die Reptilien, zu denen auch die Dinosaurier gehören. Heute vertreten Wissenschaftler jedoch die Meinung, dass man alle Nachfahren eines gemeinsamen Vorfahren derselben systematischen Gruppe zuordnen sollte. Demnach sind die Vögel ebenso wie *Tyrannosaurus* Dinosaurier.

Vögel sind die einzigen heute lebenden Tiere, die Federn tragen. Sie sind Wirbeltiere mit gleichmäßiger Körpertemperatur. Sie laufen auf zwei Beinen, ihre Vordergliedmaßen sind zu Flügeln umgebildet. Die Federn machen das Fliegen möglich und isolieren zudem den Körper. Deshalb können viele Vögel bei Kälte aktiv sein, ähnlich wie Säugetiere, die ein wärmendes Fell haben. Das Gefieder ist oft bunt, sodass der Vogel mit ihm visuelle Signale geben kann. Die Vögel haben sich aus einer Gruppe auf zwei Beinen laufender, fleischfressender Dinosaurier entwickelt, der auch *Tyrannosaurus* angehört. Es ist möglich, ja sogar wahrscheinlich, dass diese Vorfahren bereits Federn trugen.

ABHEBEN UND FLIEGEN

Keiner weiß genau, wie und weshalb sich die ersten Vögel in die Lüfte erhoben. Dieses Verhalten schlug sich jedoch für immer im Vogelkörper nieder. Die Handknochen veränderten sich stark, als sich die Arme zu Flügeln entwickelten. Schon die Vorfahren der Vögel unter den Dinosauriern hatten mit Luft gefüllte, aber starke Knochen. Bei den Vögeln entwickelte sich zudem ein leistungsfähiges Herz-Kreislauf-System, das von einem vierkammerigen Herzen angetrieben wird. Mit ihrer hohen Stoffwechselrate können Vögel viel Energie erzeugen. Da bei ihnen ein System aus Luftsäcken mit der Lunge in Verbindung steht, ist ihre Atmung effizienter als die der Säugetiere.

Viele Reptilienmerkmale sind noch erhalten. Die unbefiederten Teile der Beine und Zehen sind mit Hornschuppen besetzt wie die Haut der Reptilien. Vögel scheiden Harnsäure aus, nicht in Wasser gelösten Harnstoff wie Säugetiere. Abfallstoffe aus Nieren und Darm werden über eine gemeinsame Öffnung abgegeben, die Kloake. Vogelgehirne sind höher entwickelt als die Gehirne heute lebender Reptilien. Deshalb sind Vögel nicht nur hervorragende Flieger, sondern zeigen bei der Aufzucht ihrer Jungen ein hoch entwickeltes Verhalten. Ihre Küken schlüpfen aus Eiern wie Reptilien, sie werden aber von intelligenten Elternvögeln großgezogen, die ihrem Nachwuchs viel Zeit und Energie widmen. Nach 60 Millionen Jahren der Evolution sind die Vögel mehr als nur Reptilien mit Federn.

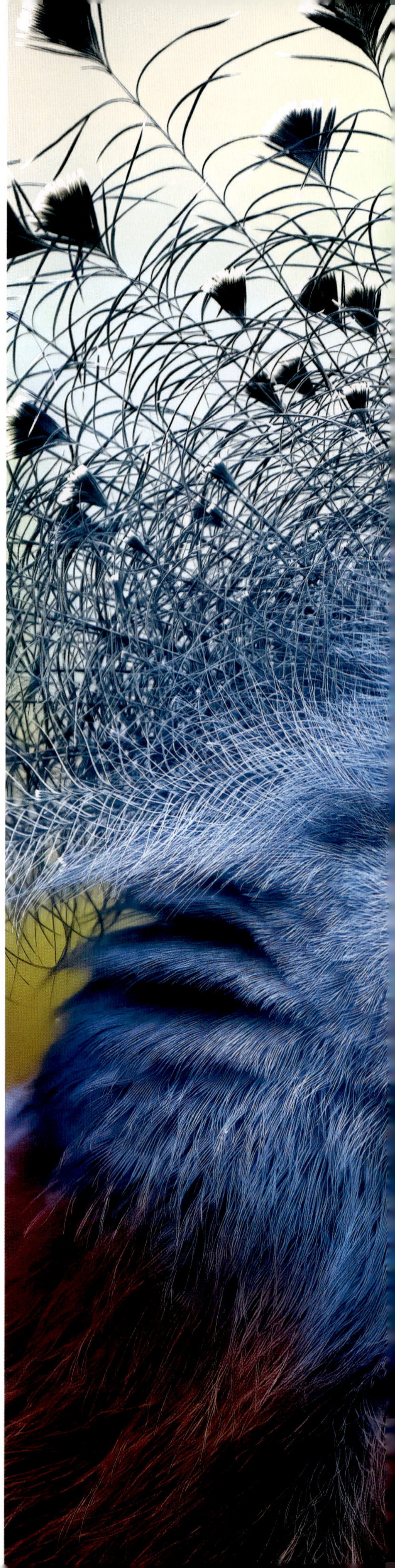

KRONENSCHMUCK >
Die Federn und Farben vieler Vögel sind auffällig und extravagant, etwa der Kopfschmuck dieser Krontaube.

VOGELGRUPPEN

Zu den Mitgliedern der 40 Ordnungen gehören sowohl bodenbewohnende, zum Teil flugunfähige Vögel als auch Meisterflieger wie die segelnden Albatrosse oder aber Kolibris mit ihrem Schwirrflug. Sie besuchen sowohl die Tiefsee als auch die Berggipfel, die Wüsten und die Regenwälder.

STEISSHÜHNER

Die bodenlebenden Steißhühner Mittel- und Südamerikas ähneln den Hühnervögeln der Alten Welt, ihre nächsten Verwandten sind jedoch die Laufvögel.

STAMM	CHORDATA
KLASSE	AVES
ORDNUNG	TINAMIFORMES
FAMILIEN	1
ARTEN	47

Die Steißhühner, die einzige Familie der Ordnung Tinamiformes, sind kleine bodenbewohnende Vögel mit rundlichen Körpern und kurzen Beinen. Alle Arten haben einen sehr kurzen Schwanz und wirken untersetzt. Einige tragen eine Haube.

Anders als die Laufvögel haben Steißhühner einen Brustbeinkamm, an dem die Flugmuskeln ansetzen, ein Merkmal, das auch alle anderen Vögel aufweisen. Ihre Flügel sind viel besser entwickelt als die der Laufvögel und sie können fliegen, wenn auch nur über kurze Entfernungen. Meist fliegen sie bei Gefahr nicht auf, sondern laufen vor Fressfeinden davon. Herz und Lunge der Steißhühner sind verhältnismäßig klein. Das ist wahrscheinlich der Grund, warum die Vögel schnell erschöpft sind.

Einige Gruppen kommen in Wäldern vor, andere in offenem Grasland. Alle Steißhühner ernähren sich von Samen, Früchten, Insekten und manchmal kleinen Wirbeltieren. Mit ihrem Tarngefieder sind die meisten Arten in der Natur schwierig zu entdecken. Leichter erkennt man sie an ihren charakteristischen Rufen.

ATTRAKTIVE EIER

Steißhuhn-Männchen paaren sich mit vielen Weibchen und kümmern sich um die Eier und Jungen. Die Nester werden in der Laubstreu am Boden gebaut. Die Eier sind türkis, rot oder violett und glänzen wie Porzellan.

STREITFRAGE

URSPRUNG DER GRUPPE

Traditionell trennt man die Steißhühner von den Laufvögeln. Beide Gruppen weisen Merkmale der Schädelknochen auf, die man bei anderen Vögeln nicht findet, was auf einen gemeinsamen Vorfahren schließen lässt. Wissenschaftler sind sich nicht sicher, ob dieser Vorfahr fliegen konnte, es ist aber wahrscheinlich.

40 cm

PERLSTEISSHUHN
Eudromia elegans
F: Tinamidae
Diese Vögel kommen von Südchile bis nach Argentinien in hoch gelegenem Buschland vor. Anders als andere Steißhühner leben sie oft in Trupps.

31–35 cm

PISACCA-STEISSHUHN
Nothoprocta ornata
F: Tinamidae
In hoch gelegenen Grasländern der Anden lebt diese Art. Sie ist im westlichen Südamerika von Peru bis Nordargentinien verbreitet.

LAUFVÖGEL

Zu dieser Gruppe gehören die größten heute lebenden Vögel. Laufvögel sind flugunfähig. Einige leben in Trupps in offenen Lebensräumen, andere in Wäldern.

STAMM	CHORDATA
KLASSE	AVES
ORDNUNGEN	4
FAMILIEN	4
ARTEN	13

Die Laufvögel haben sich auf der Südhalbkugel entwickelt. Bestimmte Merkmale lassen darauf schließen, dass ihre Vorfahren fliegen konnten. Einige Merkmale, die mit dem Fliegen in Verbindung stehen, fehlen, andere sind noch vorhanden. Laufvögel haben keinen Brustbeinkamm, an dem bei anderen Vögeln die kräftigen Flugmuskeln ansetzen. Sie haben jedoch Flügel und der Teil ihres Gehirns, der das Fliegen steuert, ist gut entwickelt.

Die Strauße (Ordnung Struthioniformes) leben in offenen trockenen Lebensräumen in Afrika. Sie haben kräftige Beine und können in der Ebene schnell rennen. Ähnlich sehen die Nandus (Ordnung Rheiformes) aus, die aber nicht so schwer gebaut sind. Sie bewohnen südamerikanische Steppen. Wie bei den meisten Laufvögeln sind bei diesen beiden Gruppen die Zehen reduziert: Ein Nandu hat drei Zehen, ein Strauß nur zwei. Die Vögel haben große Flügel, mit denen sie balzen und beim Rennen das Gleichgewicht halten.

ARTEN AUS AUSTRALASIEN

Zu diesen Laufvögeln gehören die Kasuare und Emus (Ordnung Casuariiformes) und die Kiwis (Ordnung Apterygiformes). Alle Arten sind Waldvögel, nur der Emu bewohnt Busch- und Grasländer. Die winzigen Flügel dieser Vögel sind unter dem Gefieder, das eher an ein zottiges Fell erinnert, nicht zu erkennen. Die nachtaktiven Kiwis, die Nationalvögel Neuseelands, sind die einzigen Laufvögel, bei denen keine Zehen reduziert sind.

Das Straußen-Männchen scharrt eine flache Nistmulde, in die die Weibchen seines Harems bis zu 50 Eier legen.

50–65 cm

STREIFENKIWI
Apteryx mantelli
F: Apterygidae
Dies ist eine der Kiwi-Arten Neuseelands. Die nachtaktiven Vögel spüren mit ihrem Geruchssinn Wirbellose im Boden auf. Die Nasenlöcher sitzen vorn am Schnabel.

65–70 cm

SÜDLICHER STREIFENKIWI
Apteryx australis
F: Apterygidae
Der Cousin von *A. mantelli* kommt auf der Südinsel Neuseelands vor und ist heller. Aufgrund von DNA-Analysen hat man ihn zu einer eigenen Art erklärt.

HELMKASUAR
Casuarius casuarius
F: Casuariidae
Kasuare sind Früchte fressende Regenwaldbewohner. Diese Art hat das größte Verbreitungsgebiet: Es erstreckt sich von Neuguinea bis nach Nordaustralien.

EMU
Dromaius novaehollandiae
F: Dromaiidae
Der größte heute lebende Vogel Australiens lebt in offenem Grasland. Wie bei den verwandten Kasuaren tragen die Küken ein gestreiftes Tarngefieder.

DARWINNANDU
Rhea pennata
F: Rheidae
Die Art, die kleiner ist als der Nandu (*Rhea americana*), kommt in den südlichen Anden und in Patagonien vor, wo sie in kleinen Trupps lebt.

NANDU
Rhea americana
F: Rheidae
Der Laufvogel aus dem zentralen Südamerika hat ein Brutsystem, bei dem das Männchen ein großes Nest umsorgt, in das viele Weibchen Eier gelegt haben.

STRAUSS
Struthio camelus
F: Struthionidae
Der Strauß ist der größte Vogel der Erde. Er lebt in Savannen und Halbwüsten in Afrika. Männchen paaren sich mit mehreren Weibchen.

SOMALI-STRAUSS
Struthio molybdophanes
F: Struthionidae
Diese Form mit grauem Hals, die durch den ostafrikanischen Grabenbruch von anderen Populationen abgetrennt ist, wird heute als eigene Art geführt.

HAASTKIWI
Apteryx haastii
F: Apterygidae
Dies ist eine der beiden Kiwi-Arten mit grau scheckigem Gefieder. Sie kommt nur in Bergregionen im Westen der Südinsel Neuseelands vor.

ZWERGKIWI
Apteryx owenii
F: Apterygidae
Eingeführte Säugetiere haben diesen Kiwi fast ausgerottet. Er überlebt auf kleinen Inseln vor Neuseeland, auf denen keine Fressfeinde leben.

HÜHNERVÖGEL

Hühnervögel (Galliformes) sind an ein breites Spektrum von Lebensräumen angepasst. Die meisten leben auf dem Boden und fressen vor allem Pflanzen.

Obwohl einige Arten gute Flieger sind, erheben sich Hühnervögel meistens nur in die Luft, wenn Gefahr droht. Außer der in Westeurasien verbreiteten Wachtel und der Japanwachtel zieht keine Art weite Strecken. Die meisten Hühnervögel verbringen ihr Leben am Boden. Nur die Hokkohühner aus dem tropischen Amerika leben in Bäumen und bauen auch ihre Nester dort. Die ursprünglichsten Vögel der Gruppe sind die Großfußhühner, die in Wäldern in der indopazifischen Region leben. Sie vergraben ihre Eier in Haufen aus Pflanzenresten oder im Sand, sodass sie von der Wärme ausgebrütet werden, die beim Verfaulen der Pflanzenteile oder der vulkanischen Aktivität in der Region frei wird. Alle anderen Hühnervögel betreiben Brutpflege, aber nur die Weibchen ziehen die Jungen groß. Diese sind Nestflüchter, die bald nach dem Schlüpfen umherlaufen und Nahrung suchen.

Viele Männchen dieser Gruppe haben ein auffälliges Gefieder, mit dem sie bei der Balz einen Harem von Weibchen anlocken. Einige Arten tragen Sporne an den Füßen, um mit Rivalen zu kämpfen.

DOMESTIZIERTE ARTEN

Da man einige Arten, wie das Truthuhn, recht unkompliziert in Gefangenschaft halten kann, erlangten diese Vögel in vielen Ländern wirtschaftliche Bedeutung. Unsere Haushühner stammen vom Bankivahuhn aus Südostasien ab.

STAMM	CHORDATA
KLASSE	AVES
ORDNUNG	GALLIFORMES
FAMILIEN	5
ARTEN	300

STREITFRAGE

DEUTSCHE NAMEN

Oft spiegeln die deutschen Namen der Tierarten die biologischen Verwandtschaftsverhältnisse nicht deutlich wider. Verschiedene Vögel, wie die Steiß-, Flug- und Blässhühner, werden beispielsweise als Hühner bezeichnet, obwohl sie mit den Hühnervögeln nicht näher verwandt sind.

55 cm

HAMMERHUHN
Macrocephalon maleo
F: Megapodiidae
Dieses Großfußhuhn kommt auf der indonesischen Insel Sulawesi vor. Es legt seine Eier in den Sandboden, wo sie von der Sonne oder vulkanischer Aktivität ausgebrütet werden.

70 cm

BUSCHHUHN
Alectura lathami
F: Megapodiidae
Männchen dieses Großfußhuhns aus dem östlichen Australien regeln die Temperatur in den Bruthaufen aus verrottenden Pflanzenteilen, indem sie sie vergrößern oder verkleinern.

78–92 cm

TUBERKEL-HOKKO
Crax rubra
F: Cracidae
Dieser große Hokko, der von Mexiko bis Ecuador verbreitet ist, hat eine Haube aus gelockten Federn. Männchen sind schwarz, Weibchen braun.

60 cm

THERMOMETERHUHN
Leipoa ocellata
F: Megapodiidae
Diese Art baut einen Haufen aus Pflanzenteilen für seine Eier. Das Huhn frisst verschiedene Sämereien, ist aber vermutlich ein Allesfresser.

84 cm

NACKTGESICHT-HOKKO
Crax fasciolata
F: Cracidae
Das Gesicht dieser südamerikanischen Art ist spärlich befiedert. Anders als verwandte Arten hat sie weder Hautlappen noch einen Schnabelhöcker.

BRAUNFLÜGELGUAN
Ortalis vetula
F: Cracidae
Dieses Mitglied der amerikanischen Hokkohühner ist die Art mit der nördlichsten Verbreitung. Man trifft sie von Texas bis Costa Rica an.

GRAUKOPFGUAN
Ortalis cinereiceps
F: Cracidae
Die Arten der Gattung *Ortalis* werden ihrer Rufe wegen auch Chakalakas genannt. Diese Art kommt in Buschland von Honduras bis Kolumbien vor.

BLAUKEHLSCHAKUTINGA
Pipile cumanensis
F: Cracidae
Das glänzende schwarze Gefieder ist typisch für die baumbewohnende Gattung. Zur Brutzeit ruft dieser südamerikanische Vogel schrill.

SCHLUCHTENGUAN
Penelopina nigra
F: Cracidae
Der Vogel aus Mittelamerika verbringt mehr Zeit auf dem Boden als andere Guans. Wahrscheinlich ist er das einzige am Boden nistende Mitglied seiner Familie.

SPIXGUAN
Penelope jacquacu
F: Cracidae
Die südamerikansche Art gehört zu einer Gruppe, die der Gattung *Ortalis* ähnelt, die Vögel sind aber kurzbeiniger. Die Art nistet in Bäumen und hat einen lauten Ruf.

BARTGUAN
Penelope barbata
F: Cracidae
Wie verwandte Arten seiner Gattung lebt dieser Guan mit gestrichelter Brust in Regenwäldern. Er kommt in Ecuador und Peru vor.

CAUCA-GUAN
Penelope perspicax
F: Cracidae
Nur in der Gegend des Cauca-Tals im westlichen und nördlichen Kolumbien lebt dieser bronzefarben schimmernde Verwandte des Spixguans.

BRONZEGUAN
Penelope obscura
F: Cracidae
Dies ist der einzige braune Guan mit dunklen, statt rötlichen Beinen. Er ist von Brasilien bis ins nördliche Argentinien verbreitet.

ROTBRUSTGUAN
Penelope ochrogaster
F: Cracidae
Der für die Gattung typische Kehllappen ist bei dieser Art aus dem südlichen Zentralbrasilien besonders gut entwickelt.

GEIERPERLHUHN
Acryllium vulturinum
F: Numididae
Perlhühner sind afrikanische Hühnervögel, die in Trupps leben, aber monogam sind. Sie haben kahle Köpfe. Dies ist die größte Art. Sie ist im östlichen Afrika verbreitet.

BERGHAUBENWACHTEL
Oreortyx pictus
F: Odontophoridae
Die in den Rocky Mountains heimischen Vögel sind wie andere amerikanische Wachteln monogame Bodenbrüter.

SCHOPFWACHTEL
Callipepla californica
F: Odontophoridae
Von Oregon bis nach Kalifornien ist diese Art mit dem charakteristischen nickenden Schopf verbreitet, der aus sechs Federn gebildet wird.

GAMBELWACHTEL
Callipepla gambelii
F: Odontophoridae
Die Verwandte der Schopfwachtel hat einen längeren Schopf. Sie lebt in Wüsten im Süden von Kalifornien, wo die Schopfwachtel nicht vorkommt.

»

CHUKARHUHN
Alectoris chukar
F: Phasianidae

Dies ist das Steinhuhn mit der weitesten Verbreitung: Es kommt in ganz Zentralasien vor, typischerweise in trockenen Regionen. Typisch ist das schwarze Streifenmuster.

SCHWARZKOPF-STEINHUHN
Alectoris melanocephala
F: Phasianidae

Diese große rotbeinige Art bewohnt Halbwüsten auf der Arabischen Halbinsel und im Jemen. Sie bevorzugt Strauchvegetation mit Wacholderbüschen.

JAVA-WALDREBHUHN
Arborophila javanica
F: Phasianidae

In den Regenwäldern Südostasiens leben Waldrebhühner, kleine Hühnervögel mit Tarnfärbung und sehr kurzen Schwänzen. Viele, wie diese auf Java verbreitete Art, haben typisch gezeichnete Köpfe.

REBHUHN
Perdix perdix
F: Phasianidae

Das Rebhuhn ist die am weitesten verbreitete Art aus der kleinen Gattung eurasischer Hühnervögel.

WACHTELFRANKOLIN
Francolinus pondicerianus
F: Phasianidae

Wie beim verwandten Bankivahuhn haben die Männchen dieser südostasiatischen Art Sporne, die sie bei Kämpfen einsetzen.

ROTKEHLFRANKOLIN
Francolinus afer
F: Phasianidae

Dieser Bodenbrüter kommt in Wäldern und Grasländern vor und ist in Afrika von der Demokratischen Republik Kongo bis zum Kap verbreitet.

STRAUSSWACHTEL
Rollulus rouloul
F: Phasianidae

Die südostasiatische Straußwachtel ist mit den Waldrebhühnern verwandt, hat aber ein bunteres Gefieder. Männchen sind dunkelblau mit rötlicher Haube, die grünen Weibchen haben keine Haube.

GRAUBRAUEN-BAMBUSHUHN
Bambusicola thoracicus
F: Phasianidae

Es gibt zwei Arten von Bambushühnern. Die ostasiatischen Vögel sind mit den Frankolinen und dem Bankivahuhn verwandt. Diese Art ist in China heimisch.

WACHTEL
Coturnix coturnix
F: Phasianidae

Die Art, die in Grasländern und Halbwüsten Westeurasiens lebt, ist in den nördlichen Teilen ihres Verbreitungsgebiets ein Zugvogel.

TANNENHUHN
Canachites canadensis
F: Phasianidae

Wie andere in Wäldern lebende Raufußhühner kann dieser nordamerikanische Vogel die Nadeln von verschiedenen Koniferen verdauen, die die meisten Tiere verschmähen.

FELSENGEBIRGSHUHN
Dendragapus fuliginosus
F: Phasianidae

Dies ist eines von mehreren nordamerikanischen Raufußhühnern mit aufblasbaren Luftsäcken. Die dunkle Art lebt in Kiefernwäldern an der Pazifikküste.

SCHWEIFHUHN
Tympanuchus phasianellus
F: Phasianidae

Ein nördlicher Verwandter des Präriehuhns ist diese Art. Die Männchen haben violette Luftsäcke, die sie bei der Balz einsetzen.

PRÄRIEHUHN
Tympanuchus cupido
F: Phasianidae

Diese Art ist im Zentrum der USA verbreitet. Wie andere Präriehühner balzen die Männchen in Gruppen und blähen dabei ihre bunten Luftsäcke auf.

KLEINES PRÄRIEHUHN
Tympanuchus pallidicinctus
F: Phasianidae

Im südlichen Nordamerika kann man diese kleine Art antreffen. Sie bringt hohl klingende, brummende Rufe hervor, die typisch für die Gattung *Tympanuchus* sind.

SCHOTTISCHES MOORSCHNEEHUHN
Lagopus lagopus scotica
F: Phasianidae

Anders als seine Verwandten färbt sich diese britische Unterart des zirkumpolar verbreiteten Moorschneehuhns im Winter nicht weiß.

KALIFASAN
Lophura leucomelanos
F: Phasianidae

Dieser Fasan kommt in Wäldern vom Himalaya bis nach Myanmar vor. Auch auf den Hawaii-Inseln lebt eine eingebürgerte Population.

AUERHUHN
Tetrao urogallus
F: Phasianidae

Im westlichen Eurasien ist das größte Raufußhuhn in Nadelwäldern verbreitet. Die Männchen singen zur Balz mit trillernden und wetzenden Lauten.

ALPENSCHNEEHUHN
Lagopus muta
F: Phasianidae

Dies ist eine von drei verwandten Arten, die sich im Winter weiß färben. Die Art ist zirkumpolar in der Tundra und in Gebirgen verbreitet.

PRÄLATFASAN
Lophura diardi
F: Phasianidae

Wie viele Fasane hat dieser Vogel aus Südostasien nackte rote Hautpartien im Gesicht. Wie bei anderen *Lophura*-Arten zeigen beide Geschlechter dieses Merkmal.

SATYRTRAGOPAN
Tragopan satyra
F: Phasianidae

Der Gattung *Tragopan* gehören asiatische baumbrütende Fasane an. Diese Art ist im Himalaya verbreitet. Männchen haben einen Kehllatz, den sie bei der Balz präsentieren.

FASAN
Phasianus colchicus
F: Phasianidae

Die Art, die in Wäldern in Zentral- und Osteurasien heimisch ist, wurde im westlichen Europa eingebürgert, wo sie in Agrarland mancherorts häufig vorkommt.

DIAMANTFASAN
Chrysolophus amherstiae
F: Phasianidae

Wie bei vielen anderen Fasanen haben nur Männchen dieser Art ein auffälliges Gefieder und nur die Weibchen kümmern sich um die Jungen. Die Art ist in China und Myanmar verbreitet.

PALAWAN-PFAUFASAN
Polyplectron napoleonis
F: Phasianidae

Die Männchen dieser Art balzen mit ihren Schwanzfedern, die schillernde Augenflecken tragen.

BLAUER PFAU
Pavo cristatus
F: Phasianidae

Die tropische Art kommt in Indien und Sri Lanka vor. Männchen schlagen bei der Balz mit ihren langen Oberschwanzdecken ein schillerndes Rad.

BANKIVAHUHN
Gallus gallus
F: Phasianidae

Anders als die verwandten Frankoline paaren sich die Männchen der Stammart des Haushuhns mit vielen Weibchen. Nur die Männchen tragen einen Kamm und rote Hautlappen.

TRUTHUHN
Meleagris gallopavo
F: Phasianidae

Truthühner sind große Hühnervögel, die in Nordamerika heimisch sind. Diese Art aus dem Süden der USA ist die Stammart des domestizierten Truthuhns.

GÄNSEVÖGEL

Die Arten dieser Gruppe haben Schwimmhäute zwischen den Zehen und sind an das Schwimmen auf der Wasseroberfläche angepasst.

Die meisten Gänsevögel (Anseriformes) haben kurze Beine, die weit hinten am Körper ansetzen. Zwischen den Zehen sind Schwimmhäute ausgebildet. Alle Arten halten ihr Gefieder mit Öl aus ihrer Bürzeldrüse wasserdicht. Die südamerikanischen Wehrvögel und die Spaltfußgans aus Australasien haben unvollständig ausgebildete Schwimmhäute und leben an Land oder waten in Sümpfen. Sie gehören zwei alten Familien an. Alle anderen Gänsevögel werden einer Familie zugeordnet, deren ursprünglichste Mitglieder die Pfeifgänse sind.

SCHWÄNE, GÄNSE UND ENTEN

Bei Schwänen und Gänsen haben beide Geschlechter ein ähnliches Gefieder. Diese Vögel mit langen Hälsen und Flügeln sind vor allem außerhalb der Tropen verbreitet. Viele Arten brüten hoch im Norden und ziehen im Winter weiter in den Süden. Enten sind allgemein kleiner und haben kürzere Hälse als andere Gänsevögel. Die Erpel der meisten Arten sind im Prachtkleid auffälliger gefärbt als die Weibchen.

Die typischen Schnäbel der Gänsevögel haben Lamellen am Schnabelinnenrand, die eine Anpassung an das Filtern von Nahrung aus dem Wasser sind. Alle Arten weisen dieses Merkmal noch auf, auch solche, die sich an eine andere Ernährungsweise angepasst haben. Gänse weiden in Wiesen. Schwäne sind enger ans Wasser gebunden. Viele Enten gründeln: Sie tauchen beim Fressen mit dem Vorderkörper ins Wasser ein, sodass ihr Hinterkörper noch über die Wasseroberfläche ragt. Andere, wie die Tauchenten, tauchen bei der Nahrungssuche. Die Mitglieder einer Entengruppe, zu der Säger und Eiderenten gehören, tauchen auch im Meer. Säger haben schmale Schnäbel mit gesägten Rändern, mit denen sie glitschige Fische fangen können.

BRUTVERHALTEN

Die meisten Gänsevögel sind monogam, und manche Ehen halten ein Vogelleben lang. Fast alle Arten brüten auf dem Boden, nur wenige in Bäumen. Die Küken aller Gänsevögel können schon bald nach dem Schlüpfen laufen und schwimmen.

STAMM	CHORDATA
KLASSE	AVES
ORDNUNG	ANSERIFORMES
FAMILIEN	3
ARTEN	177

Der Formationsflug ist aerodynamisch günstig. Schneegänse verbrauchen deshalb auf ihrem Zug weniger Energie.

ROTHALSGANS
Branta ruficollis
F: Anatidae
Von den dunklen Gänsen der Gattung *Branta* ist diese Art die bunteste. Sie brütet im nordwestlichen Sibirien in der Nähe von Greifvögeln. Wahrscheinlich schützt sie dieses Verhalten vor Füchsen.

KANADA-GANS
Branta canadensis
F: Anatidae
Die größte Art der Gattung *Branta* ist in Nordamerika heimisch und mittlerweile auch im nördlichen Europa verbreitet.

WEISSWANGENGANS
Branta leucopsis
F: Anatidae
In Grönland und Russland brütet diese Art in der arktischen Tundra auf Kliffen. Hier sind ihre Gelege vor Fressfeinden sicher.

HAWAII-GANS
Branta sandvicensis
F: Anatidae
Nur auf den Hawaii-Inseln kommt diese Gans vor. Mit ihren reduzierten Schwimmhäuten und den kräftigen Krallen können sie bestens auf Lavafeldern klettern.

KURZSCHNABELGANS
Anser brachyrhynchus
F: Anatidae
Diese kleine graue Gans brütet in Grönland und Island in der Tundra auf Felsen. Sie überwintert im westlichen Europa.

STREIFENGANS
Anser indicus
F: Anatidae
Diese Vögel sind an die dünne Luft der Gebirge Zentralasiens angepasst. Sie ziehen über den Himalaya und verbringen den Winter in Indien und Myanmar.

GRAUGANS
Anser anser
F: Anatidae
Weit verbreitet ist diese typische Art der Gattung *Anser* auf Wiesen und in Feuchtgebieten Eurasiens. Sie ist die Stammart der Hausgänse.

KAISERGANS
Anser canagicus
F: Anatidae
In Nordostsibirien und in Alaska trifft man diese Gans an. Sie weidet an Küsten Gräser und Algen und ist weniger gesellig als andere Gänse.

GRAUKOPFGANS
Chloephaga poliocephala
F: Anatidae
Die südamerikanischen Gänse der Gattung *Chloephaga* sind wahrscheinlich näher mit den Enten verwandt als andere Gänse. Diese Art kommt in Chile und Argentinien vor.

NILGANS
Alopochen aegyptiaca
F: Anatidae
Die Nilgans gehört zu einer Gruppe der Südhalbkugel, die nah mit den Enten verwandt ist. Sie ist in Afrika weit verbreitet.

SICHELPFEIFGANS
Dendrocygna eytoni
F: Anatidae
Pfeifgänse sind nach ihren sehr typischen pfeifenden Rufen benannt. Die Sichelpfeifgans kommt in Australien vor.

BLAUFLÜGELGANS
Cyanochen cyanoptera
F: Anatidae
Das dichte Gefieder dieser Gans ist eine Anpassung an die kühlen Hochländer ihrer Heimatgebiete in Eritrea und Äthiopien.

COSCOROBA-SCHWAN
Coscoroba coscoroba
F: Anatidae
Der kleinste Schwan ähnelt einer Gans. Er lebt nur in Sümpfen in den südlichen Teilen Chiles und Argentiniens.

SPALTFUSSGANS
Anseranas semipalmata
F: Anseranatidae
In Sumpfgebieten in Australien lebt diese langbeinige Art mit nur teilweise ausgebildeten Schwimmhäuten. Sie ist nicht eng mit anderen Gänsevögeln verwandt.

HÜHNERGANS
Cereopsis novaehollandiae
F: Anatidae
Die charakteristische Gans kommt nur im südlichen Australien und auf vorgelagerten Inseln vor, wo sie in kleinen Trupps auf Wiesen weidet.

TRAUERSCHWAN
Cygnus atratus
F: Anatidae
Der grauschwarze Schwan mit weißen Flügelspitzen brütet manchmal in riesigen Kolonien. Er ist in Australien und Tasmanien heimisch und wurde in Neuseeland, Europa und Nordamerika eingebürgert.

TROMPETERSCHWAN
Cygnus buccinator
F: Anatidae
Mit dem eurasischen Singschwan (*C. cygnus*) ist diese Art aus Nordamerika verwandt. Die Rufe der Vögel sind laut und trompetend.

HÖCKERSCHWAN
Cygnus olor
F: Anatidae
In Europa und Zentralasien brütet der Höckerschwan. Wie andere Schwäne taucht er mit dem Kopf und Hals ins Wasser ein, um Pflanzen abzuweiden.

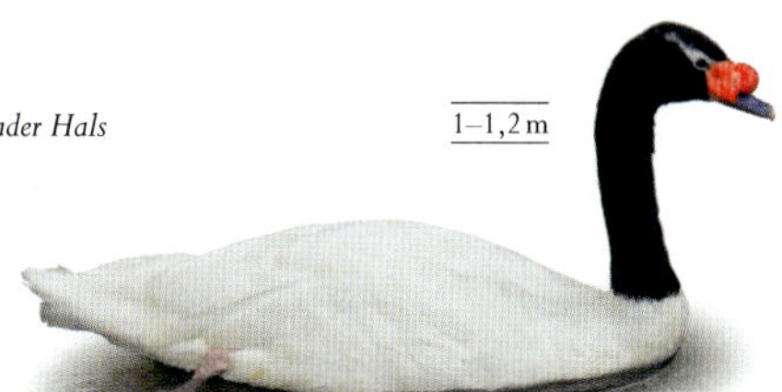

SCHWARZHALSSCHWAN
Cygnus melancoryphus
F: Anatidae
Die südamerikanische Art verbringt mehr Zeit im Wasser als andere Schwäne und nistet auf schwimmendem Pflanzenwuchs.

WEISSRÜCKEN-PFEIFGANS
Thalassornis leuconotos
F: Anatidae
Dieser Vogel aus Afrika und Madagaskar ist mit den eigentlichen Pfeifgänsen der Gattung *Dendrocygna* verwandt, verbringt aber mehr Zeit im Wasser.

AFRIKANISCHE ZWERGENTE
Nettapus auritus
F: Anatidae
Wie andere Zwergenten nistet diese afrikanische Art in Baumhöhlen. Meist trifft man sie in Feuchtgebieten mit Seerosen an.

ORINOCO-GANS
Neochen jubata
F: Anatidae
Diese südamerikanische Entenverwandte lebt in tropischen Feuchtsavannen und in Wäldern an Flussufern.

HALSBANDWEHRVOGEL
Chauna torquata
F: Anhimidae
Wehrvögel sind große Vögel, die in Sumpfgebieten in Südamerika leben. Wie alle Arten hat dieser Vogel Knochensporne am Flügel, die er im Kampf einsetzt.

»

45–56 cm

NORDAMERIKANISCHE PFEIFENTE
Mareca americana
F: Anatidae

In seichten Gewässern schnattert diese Art und gründelt gelegentlich. Riesige Schwärme ziehen nach der Brutsaison von Nordamerika in die Karibik.

39–43 cm

BAIKAL-ENTE
Sibirionetta formosa
F: Anatidae

Diese charakteristische Ente brütet in kühlen offenen Wäldern in Sibirien. Den Winter verbringt sie in Ostasien.

43–56 cm

LÖFFELENTE
Spatula clypeata
F: Anatidae

Bei Schwimmenten haben beide Geschlechter ein buntes Feld am Flügel, den Spiegel. Bei dieser in Feuchtgebieten auf der Nordhalbkugel verbreiteten Art ist er grün.

50–65 cm

STOCKENTE
Anas platyrhynchos
F: Anatidae

Diese auf der Nordhalbkugel weitverbreitete Schwimmente kann sich mit verwandten Arten kreuzen. Vielleicht ist dies ein Hinweis darauf, dass sich die Gruppe vor nicht allzu langer Zeit aufgespalten hat.

55–65 cm

INDISCHE LAUFENTE
Anas platyrhynchos
F: Anatidae

Diese domestizierte Rasse der Stockente wurde im 19. Jahrhundert erstmals auf der Malaiischen Halbinsel und in Indien gezüchtet.

50–65 cm

HAUSENTE
Anas platyrhynchos
F: Anatidae

Die meisten domestizierten Enten stammen von der Stockente ab. Man hält sie ihrer Eier und Federn wegen oder als Fleischlieferanten.

38–51 cm

BAHAMA-ENTE
Anas bahamensis
F: Anatidae

In Ästuaren und Mangrovensümpfen mit salzhaltigem Wasser lebt diese südamerikanische Art. Beide Geschlechter sehen gleich aus.

33–40 cm

BÜFFELKOPFENTE
Bucephala albeola
F: Anatidae

In Baumhöhlen, manchmal in aufgegebenen Spechthöhlen, nistet die kleinste Meerente Nordamerikas.

38–51 cm

KRAGENENTE
Histrionicus histrionicus
F: Anatidae

Diese Meerente schwimmt auch auf schwerer See und brütet an Bächen im östlichen Nordamerika, auf Island und im westlichen Russland.

43–51 cm

BRAUTENTE
Aix sponsa
F: Anatidae

Die Brautente nistet in hoch gelegenen Baumhöhlen. Die Küken springen später hinab ins Wasser unter dem Baum.

41–51 cm

MANDARINENTE
Aix galericulata
F: Anatidae

Weil man fälschlich dachte, dieser Baumhöhlenbrüter sei monogam, ist die Art im nordöstlichen Asien ein Symbol für die Liebe. Sie wurde in Europa und Kalifornien eingebürgert.

43–46 cm

STURZBACHENTE
Merganetta armata
F: Anatidae

Die südamerikanische Ente lebt in den Anden in großen Höhen an schnell fließenden Gebirgsbächen und brütet zwischen Steinen am Ufer.

35–38 cm

ROTSCHULTERENTE
Callonetta leucophrys
F: Anatidae

Wie andere tropische Enten zieht diese südamerikanische Art nicht. Sie trägt das ganze Jahr über ihr Prachtkleid.

BRILLENENTE
Melanitta perspicillata
F: Anatidae
Die nordamerikanische Art brütet in der Nähe von Süßgewässern und überwintert auf dem Meer. Der Körper des Männchens ist völlig schwarz.

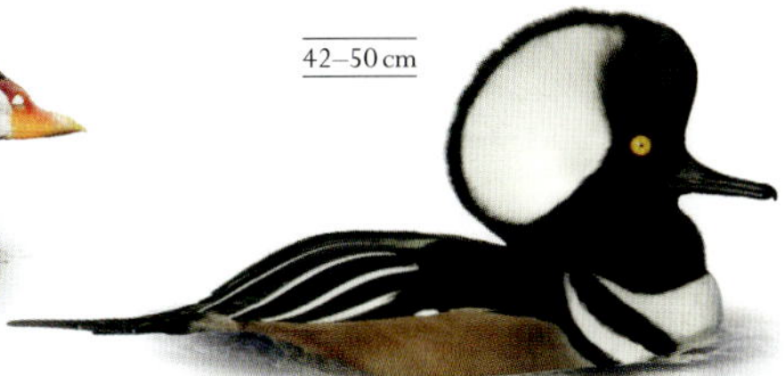

KAPPENSÄGER
Lophodytes cucullatus
F: Anatidae
Dieser nordamerikanische Vogel fängt mit seinem Schnabel, der gesägte Ränder hat, Fische. Er taucht mithilfe der Füße.

KUPFER-SPIEGELENTE
Speculanas specularis
F: Anatidae
An den Flüssen Südamerikas kommt diese Ente vor. Der Ruf des Weibchens erinnert an das Bellen eines Hunds.

ROSENOHRENTE
Malacorhynchus membranaceus
F: Anatidae
Die rosa Tupfen am Kopf der australischen Art sind weniger charakteristisch als das Zebramuster. Sie filtert mit Membranen am Schnabel Plankton aus dem Wasser.

SCHWARZKOPF-RUDERENTE
Oxyura jamaicensis
F: Anatidae
Die in Nordamerika heimische Ente wurde in Europa eingeführt. Sie hat einen steifen Schwanz, der ihr beim Tauchen als Ruder dient.

REIHERENTE
Aythya fuligula
F: Anatidae
Vorwiegend von wirbellosen Tieren ernährt sich diese eurasische Tauchente, anders als ihre Verwandten, die vor allem Pflanzen fressen.

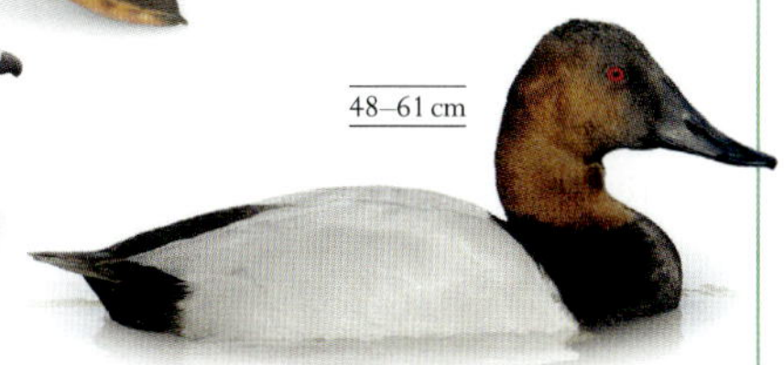

RIESEN-TAFELENTE
Aythya valisineria
F: Anatidae
Der nordamerikanische Vogel ist die größte Tauchente. Tauchenten haben typisch untersetzte Körper und große Köpfe.

EISENTE
Clangula hyemalis
F: Anatidae
Anders als die meisten Meerenten der Arktis brütet die Eisente in Lebensräumen am Salzwasser und am Süßwasser. Die Männchen haben verlängerte Schwanzfedern.

ZWERGSÄGER
Mergellus albellus
F: Anatidae
Dieses Mitglied der Säger ist der einzige kleine weiße Gänsevogel im nördlichen Eurasien.

BRANDGANS
Tadorna tadorna
F: Anatidae
Die meisten Mitglieder dieser Art sind Standvögel an den Küsten Europas. Asiatische Populationen ziehen im Winter von Gebieten im Binnenland in den Süden.

MITTELSÄGER
Mergus serrator
F: Anatidae
Auf der Nordhalbkugel ist diese Art weit verbreitet. Sie brütet an Küsten und verbringt mehr Zeit auf dem Meer als andere Säger.

PRACHT-EIDERENTE
Somateria spectabilis
F: Anatidae
An den Küsten der arktischen Tundra brütet dieser Vogel. Mit dem großen Körper kann er tief tauchen. Er fängt Wirbellose.

PEPOSAKA-ENTE
Netta peposaca
F: Anatidae
Die südamerikanische Art gehört zu den Tauchenten, verbringt aber mehr Zeit mit dem Fressen an der Wasseroberfläche.

SCHOPFENTE
Lophonetta specularioides
F: Anatidae
Die Schopfente der Anden ist wahrscheinlich eine reliktäre Art einer südamerikanischen Linie, von der die Schwimmenten (wie die Stockente) abstammen.

SCHECKENTE
Polysticta stelleri
F: Anatidae
Wie verwandte Meerenten der Arktis und Subarktis überwintert diese Ente in riesigen Schwärmen von manchmal 20 000 Vögeln weiter im Süden.

PINGUINE

Typisch für Pinguine sind das schwarz-weiße Gefieder, die aufrechte Haltung und der watschelnde Gang. Sie sind ein Symbol der Meere der Südhalbkugel.

Alle Pinguine (Sphenisciformes) kommen in Küstenregionen der Südhalbkugel vor und sind an ein Leben im kalten Wasser angepasst. Die meisten Arten leben auf Inseln um die Antarktis, einige an den Küsten Südamerikas, Afrikas und Australasiens.

Die flugunfähigen Vögel der Ordnung Sphenisciformes haben vielleicht einen gemeinsamen Vorfahren mit den Albatrossen. Auch mit den Seetauchern der Nordhalbkugel könnten sie verwandt sein.

SPEZIELLE ANPASSUNGEN

Bei Pinguinen sitzen die Beine weit hinten am Körper an. Dieses Merkmal weisen auch See- und Lappentaucher auf. Die Vögel können deshalb mit ihren Beinen im Wasser gut Antrieb erzeugen. An Land laufen Pinguine aufrecht, ihr watschelnder Gang auf den mit Schwimmhäuten versehenen Füßen wirkt unbeholfen. Wie andere flugunfähige Vögel haben Pinguine reduzierte Flügel, die bei ihnen zu Flossen umgebildet sind. Sie »fliegen« sozusagen unter Wasser. Die kurzen, dicht stehenden Federn sind an der Basis fein verästelt und speichern warme Luft. Eine Fettschicht unter der Haut sorgt ebenfalls für Isolierung. Die Federspitzen sind wasserdicht, denn die Vögel fetten sie mit Öl aus ihrer Bürzeldrüse ein. Das Blutgefäßsystem in Beinen und Füßen stellt sicher, dass der Körper des Vogels nicht auskühlt, wenn er auf Eis steht. Die größten Pinguin-Arten brüten ihre Eier auf den Füßen aus. Bei allen Pinguinen ist der Rücken dunkel und der Bauch hell. Wenn sie im Meer schwimmen, sind sie sowohl von oben als auch von unten gegen die helle Wasseroberfläche für Fressfeinde wie Seeleoparden kaum zu erkennen.

NAHRUNGSSUCHE UND BRUT

Pinguine tauchen bis 200-mal am Tag nach Fischen, Garnelen und Krill. Während des Brütens und der Aufzucht der Jungen wechseln sich die Elternvögel mit der Nahrungssuche ab. Nur wenige Arten brüten wie die Kaiserpinguine auf antarktischem Packeis. Die Männchen brüten das einzige Ei im Polarwinter aus, während die Weibchen im Meer Nahrung fangen. Die meisten Pinguine brüten in Kolonien, zu denen sie regelmäßig zurückkehren.

STAMM	CHORDATA
KLASSE	AVES
ORDNUNG	SPHENISCIFORMES
FAMILIEN	1
ARTEN	18

STREITFRAGE

FLIEGENDE VORFAHREN?

Im frühen 20. Jahrhundert glaubte man, flugunfähige Vögel wären primitiv. Man hoffte, bei der Untersuchung ihrer Embryos einen direkten Hinweis auf Dinosauriervorfahren zu finden. Pinguineier waren begehrt. Die Mitglieder von Robert Falcon Scotts letzter Expedition (1910–1913) unternahmen eine wagemutige Exkursion zu einer Brutkolonie von Kaiserpinguinen. Als man die Eier, die sie gesammelt hatten, wissenschaftlich untersuchte, wurde die Embryotheorie widerlegt. Jüngere Untersuchungen der Anatomie und DNA der Vögel und von Fossilien zeigen, dass die Vorfahren der Pinguine fliegen konnten.

KÖNIGSPINGUIN
Aptenodytes patagonicus
F: Spheniscidae
Diese subantarktische Art ähnelt dem Kaiserpinguin. Sie hat eine orangegelbe Zeichnung an Kopf und Brust und brütet auf ihren Füßen ein einziges Ei aus.

90–100 cm

KAISERPINGUIN
Aptenodytes forsteri
F: Spheniscidae
Der größte Pinguin nistet in Kolonien auf dem antarktischen Eis. Die Männchen brüten die Eier im bitterkalten Polarwinter allein aus.

Weißer Bauch bildet zum schwarzen Rücken einen Konstrast.

1,1–1,2 m

45–58 cm

FELSENPINGUIN
Eudyptes chrysocome
F: Spheniscidae
Der kleinste der subantarktisch verbreiteten Schopfpinguine klettert häufig über Felsen, daher sein Name.

gelbe Federn

70 cm

35–40 cm

ZWERGPINGUIN
Eudyptula minor
F: Spheniscidae
Die kleinste Pinguin-Art nistet in Erdlöchern. Sie kommt an den Küsten von Südaustralien und Neuseeland vor.

55–60 cm

DICKSCHNABELPINGUIN
Eudyptes pachyrhynchus
F: Spheniscidae
In kühlen Wäldern an den Südküsten Neuseelands nistet diese Art. Die gelben Federn über den Augen und der rote Schnabel sind typisch für Pinguine der Gattung.

GOLDSCHOPFPINGUIN
Eudyptes chrysolophus
F: Spheniscidae
Dieser Vogel lebt auf Inseln im südlichen Atlantik und Indischen Ozean. Er ist die einzige Art der Gattung *Eudyptes*, die auf der Antarktischen Halbinsel brütet.

ZÜGELPINGUIN
Pygoscelis antarcticus
F: Spheniscidae
Der Zügelpinguin taucht nach Krill und Fischen. Er brütet an den Küsten der Antarktis und auf Inseln im Südatlantik.

ESELSPINGUIN
Pygoscelis papua
F: Spheniscidae
Der Eselspinguin brütet auf der Antarktischen Halbinsel und auf Inseln im Südlichen Ozean. Das Nest ist eine einfache Ansammlung aus Steinen, Stöckchen und Federn.

ADELIE-PINGUIN
Pygoscelis adeliae
F: Spheniscidae
Dies ist eine von drei *Pygoscelis*-Arten, die in der Antarktis und auf vorgelagerten Inseln verbreitet sind. Die Pinguine brüten in Kolonien von über 200 000 Paaren.

GELBAUGENPINGUIN
Megadyptes antipodes
F: Spheniscidae
Dieser Verwandte der *Eudyptes*-Pinguine ist eine seltene Art, die auf Neuseeland in Gebüschen nistet, nicht in dichten Kolonien wie die *Eudyptes*-Arten.

GALAPAGOS-PINGUIN
Spheniscus mendiculus
F: Spheniscidae
Dies ist der einzige Pinguin, der in tropischen Regionen brütet. Der Humboldt-Strom, der entlang der Westküste Südamerikas fließt, kühlt hier das Meerwasser. Die Art nistet in Felsspalten.

HUMBOLDTPINGUIN
Spheniscus humboldti
F: Spheniscidae
An der Pazifikküste Südamerikas kommt diese Art vor. Sie gehört zu einer Gruppe von Arten, die in Erdhöhlen nisten. Die Streifen auf den Oberschenkeln sind charakteristisch.

MAGELLANPINGUIN
Spheniscus magellanicus
F: Spheniscidae
Dieser gebänderte Pinguin ist nah mit dem Humboldtpinguin verwandt. Er lebt in Kolonien an der Südspitze Südamerikas und auf den Falklandinseln.

BRILLENPINGUIN
Spheniscus demersus
F: Spheniscidae
Dies ist der einzige Pinguin, der in Afrika brütet. Die Brutkolonien findet man an den Südwestküsten. Die Rufe der Vögel erinnern an das Geschrei von Eseln.

KÖNIGSPINGUIN
Aptenodytes patagonicus

Der Königspinguin ist die zweitgrößte Pinguin-Art. Nur sein naher Verwandter, der Kaiserpinguin, ist größer. Anders als dieser lebt der Königspinguin auf Inseln der Subantarktis. Er jagt Fische, nicht aber Krill wie viele Pinguine, und taucht dabei manchmal bis in über 200 m Tiefe ins Meer hinab. Ein Weibchen legt immer nur ein einziges Ei und das einzige Junge ist erst nach über einem Jahr selbstständig. Aus diesem Grund können die Paare nicht jedes Jahr brüten. Die riesigen Brutkolonien mit Jungvögeln verschiedenen Alters trifft man auf einigen Inseln der südlichen Ozeane zu jeder Jahreszeit an.

GRÖSSE 90–100 cm
LEBENSRAUM flache Küsten subantarktischer Inseln
VERBREITUNG Inseln im Südatlantik und südlichen Indischen Ozean
NAHRUNG vor allem Laternenfische, auch Kalmare

< STACHELIGE ZUNGE
Die muskulöse Zunge eines Pinguins ist stachelig: Papillen auf der Oberfläche haben sich zu nach hinten weisenden Häkchen entwickelt. So kann der Vogel Fische besser packen.

∨ GUTE AUGEN
Pinguine jagen auf Sicht. Ihre wichtigste Beute sind Laternenfische. Die Vögel tauchen nachts nach diesen biolumineszierenden Fischen.

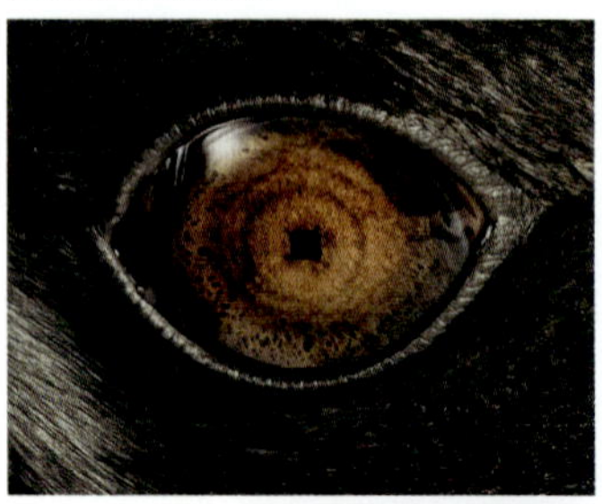

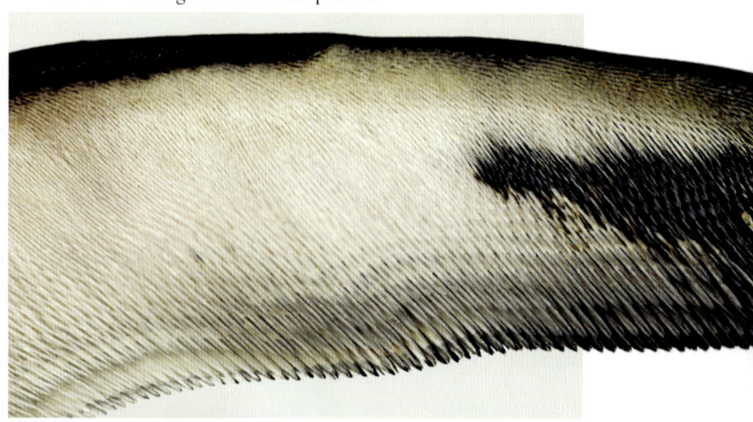

∧ FLOSSENÄHNLICHE FLÜGEL
Pinguine sind flugunfähige Vögel, die beim Tauchen mit Füßen und Flügeln Antrieb erzeugen. Mit den umgebildeten Flügeln »fliegen« sie unter Wasser.

∧ SCHUPPIGE HAUT
Schuppen an Beinen und Füßen erinnern daran, dass die Vögel von Reptilien abstammen. Die dunkle Haut speichert wahrscheinlich Wärme.

< DICHTES GEFIEDER
Die Federn bilden eine wasserdichte äußere und eine isolierende innere Schicht, eine Anpassung an das Tauchen im kalten Wasser.

∧ SCHÜTZENDE BAUCHFALTE
Das einzige Ei wird auf den Füßen unter einer wärmenden Hautfalte ausgebrütet, der Bruttasche. Ist das Küken einmal geschlüpft, sucht es in der Bruttasche Schutz.

SCHWIMMHÄUTE >
Stöße der Füße, die mit Schwimmhäuten versehen sind, verschaffen dem Vogel unter Wasser Antrieb.

< SCHWANZ
Der kurze Schwanz besteht aus steifen Federn. Er dient beim Tauchen als Ruder, für kleine Arten an Land als Stütze.

∨ IM MEER GETARNT
Der Königspinguin sieht ebenso wie alle Pinguine aus wie ein Vogel im Frack: Der Bauch ist weiß und der Rücken dunkel. Beim Tauchen ist er deshalb getarnt: Fressfeinde erkennen ihn von unten mit seinem weißen Bauch vor der hellen Meeresoberfläche kaum. Blickt ein Räuber von oben auf ihn herab, ist sein dunkler Rücken über den dunklen Meerestiefen ebenfalls kaum zu erkennen.

SEETAUCHER

Diese Fischfresser tauchen in arktischen Gewässern. Sie haben Schwimmhäute zwischen den Zehen und bewegen sich an Land ungelenk, sind aber hervorragende Schwimmer.

Die Seetaucher sind die einzige Familie der Ordnung Gaviiformes. Während der Brutsaison stoßen sie klagende Rufe aus. Die Beine setzen bei ihnen weit hinten am Körper an. Die Vögel bewegen sich deshalb an Land unbeholfen, im Wasser jedoch sind sie geschickte und wendige Schwimmer und Taucher. Mit ihren stromlinienförmigen Körpern und den speerförmigen Schnäbeln erinnern sie ein wenig an Pinguine, die eine ähnliche Lebensweise haben. Womöglich stammen beide Vogelgruppen von einem gemeinsamem Vorfahren ab.

Obwohl die spitzen Flügel im Verhältnis zum Körper relativ klein sind, können Seetaucher schnell fliegen. Vor dem Abheben müssen größere Arten über die Wasseroberfläche laufen. Nur der Sterntaucher kann vom Land aus starten. Alle Arten ziehen im Winter in den Süden.

GEMEINSAME BRUTPFLEGE

Die Männchen wählen Nistplätze in der Ufervegetation arktischer Seen aus. Dort brüten beide Elternvögel und kümmern sich um die Jungen. Die Küken reiten auf dem Rücken ihrer Eltern, aber sie können bald nach dem Schlüpfen schwimmen und tauchen. Nach der Brutzeit verlieren die Vögel das auffällige Gefieder an Hals und Kopf. Im Schlichtkleid sind die verschiedenen Arten schwieriger zu unterscheiden.

STAMM	CHORDATA
KLASSE	AVES
ORDNUNG	GAVIIFORMES
FAMILIEN	1
ARTEN	5

Seetaucher fliegen mit ausgestrecktem Hals. Sie halten ihn ein wenig unterhalb des Körpers und wirken deshalb buckelig.

EISTAUCHER
Gavia immer
F: Gaviidae
Dies ist einer der größten Seetaucher. Er brütet auf Seen in den subarktischen Regionen Nordamerikas und auf Island. Den Winter verbringt er an Küsten weiter südlich.

GELBSCHNABELTAUCHER
Gavia adamsii
F: Gaviidae
Diese große Art arktischer Gewässer kann man am gelblich weißen Schnabel von anderen Seetauchern unterscheiden.

STERNTAUCHER
Gavia stellata
F: Gaviidae
Der kleinste Seetaucher nistet auf kleinen Teichen in der Tundra. Er ist zirkumpolar verbreitet und zieht zum Überwintern nach Europa, China oder den Südosten der USA.

PAZIFIK-TAUCHER
Gavia pacifica
F: Gaviidae
Diese Art hat ein ähnlich gestreiftes Gefieder wie der Prachttaucher. Bei beiden Arten ist die Kehle außerhalb der Brutsaison weiß.

PRACHTTAUCHER
Gavia arctica
F: Gaviidae
Diese Art brütet vor allem in Eurasien. Manchmal erreicht sie Alaska, überwintert aber weiter im Süden.

ALBATROSSE, STURMVÖGEL UND VERWANDTE

Die langflügeligen Albatrosse und ihre Verwandten verbringen einen großen Teil ihres Lebens in der Luft. Während sie die Meeresoberfläche nach Fischen absuchen, legen sie weite Entfernungen zurück.

Die Vögel der Ordnung Röhrennasen (Procellariiformes) sind hervorragende Flieger, die außerhalb der Brutsaison kaum an Land kommen. Diese weltweit verbreiteten Seevögel haben röhrenartig verlängerte Nasenlöcher auf dem Schnabel, daher der Name der Ordnung. Die meisten Arten leben auf der Südhalbkugel.

Ihre im Meer weit verstreute Beute spüren diese Vögel ungewöhnlicherweise mit dem Geruchssinn auf. Außer den kleinsten Arten haben alle sehr lange Flügel, und bei fast allen sitzen die Beine so weit hinten am Körper, dass sie nicht gut laufen können. Um Fressfeinde zu vertreiben, würgen viele der Vögel ein widerliches Öl aus, das sie im Magen produzieren. Mit diesem nährstoffreichen Öl füttern sie auch ihre Jungen.

NUR WENIGE JUNGE

Röhrennasen gehen Paarbindungen ein, manchmal für ein ganzes Leben, das bei größeren Arten mehrere Jahrzehnte dauern kann. Viele Arten nisten in Kolonien auf abgelegenen Inseln, kleinere oft in Höhlen. Diese Vögel haben wenig Nachwuchs, aber die Elternvögel umsorgen ihre Jungen sehr. Typischerweise brüten sie nur einmal pro Brutsaison ein einziges Ei aus. Trotz der langen Brutzeit sind die Jungen nach dem Schlüpfen Nesthocker und werden erst sehr spät flügge.

STAMM	CHORDATA
KLASSE	AVES
ORDNUNG	PROCELLARIIFORMES
FAMILIEN	4
ARTEN	147

Die langlebigen Wander-Albatrosse sind monogam. Mit komplizierten Balztänzen festigen sie die Partnerbindung.

WANDER-ALBATROS
Diomedea exulans
F: Diomedeidae
Die größte der *Diomedea*-Arten, die im Südlichen Ozean vorkommen, bindet sich für ihr ganzes Leben an einen Partner. Nur jedes zweite Jahr legt das Weibchen ein einziges Ei.

LAYSAN-ALBATROS
Phoebastria immutabilis
F: Diomedeidae
Zu den Albatrossen des nördlichen Pazifiks gehören Arten, die in den Tropen brüten. Diese kleine Art nistet auf Inseln, auch auf den Hawaii-Inseln.

SCHWARZFUSS-ALBATROS
Phoebastria nigripes
F: Diomedeidae
Wie die anderen Albatrosse des nördlichen Pazifiks unterbricht diese kleine dunkle Art ihren Gleitflug häufig mit Schlagflugphasen.

EISSTURMVOGEL
Fulmarus glacialis
F: Procellariidae
Dieser möwenähnliche Sturmvogel ist auf der Nordhalbkugel häufig. Er nistet auf Klippen und kann ein übel riechendes Magenöl ausstoßen, um Angreifer abzuwehren.

SCHWARZBRAUEN-ALBATROS
Thalassarche melanophrys
F: Diomedeidae
Dies ist einer von mehreren Albatrossen mit dunklen Schnäbeln, die auf der Südhalbkugel vorkommen. Er nistet in dichten Kolonien. Weibchen legen jedes Jahr nur ein Ei.

»

» ALBATROSSE, STURMVÖGEL UND VERWANDTE

AUDUBON-STURMTAUCHER
Puffinus lherminieri
F: Procellariidae
Dieser kleine Vogel brütet auf Inseln in den tropischen Ozeanen. Manchmal werden einzelne Populationen als eigenständige Arten klassifiziert.

ROSAFUSS-STURMTAUCHER
Ardenna creatopus
F: Procellariidae
Die variable Art kommt in dunklen und hellen Formen vor. Sie nistet auf Inseln vor Chile. Im Sommer ziehen die Vögel in den östlichen Pazifik.

GRAUNACKEN-STURMTAUCHER
Ardenna bulleri
F: Procellariidae
Auf Inseln vor dem nördlichen Neuseeland brütet dieser Sturmtaucher. Außerhalb der Brutsaison streift er über dem Pazifik umher.

ANTARKTIS-WALVOGEL
Pachyptila desolata
F: Procellariidae
Die Art ist einer der kleinen grauen Walvögel der antarktischen Ozeane, die mit ihren breiten Schnäbeln Plankton aus dem Meerwasser schöpfen.

GELBSCHNABEL-STURMTAUCHER
Calonectris diomedea
F: Procellariidae
Dieser große Sturmtaucher segelt weit über das Wasser. Er brütet auf Inseln im östlichen Atlantik, bewohnt aber im Winter ein größeres Verbreitungsgebiet.

JOUANIN-STURMVOGEL
Bulweria fallax
F: Procellariidae
Die tropische Art des nordwestlichen Indischen Ozeans hat einen wellenförmigen Flug.

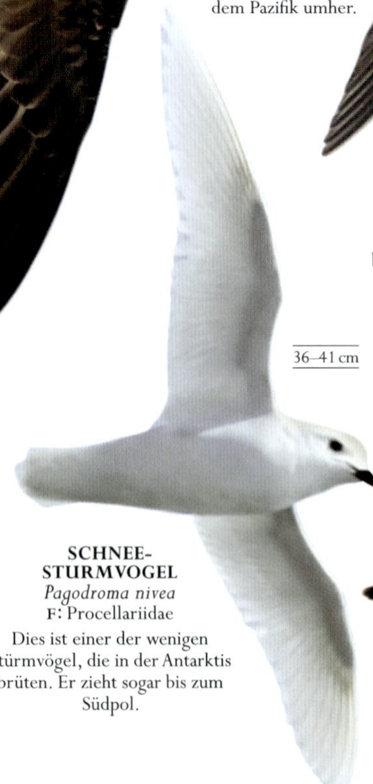

SCHNEE-STURMVOGEL
Pagodroma nivea
F: Procellariidae
Dies ist einer der wenigen Sturmvögel, die in der Antarktis brüten. Er zieht sogar bis zum Südpol.

WEISSFLÜGEL-STURMVOGEL
Thalassoica antarctica
F: Procellariidae
Dieser Vogel subantarktischer Meere taucht nach Fischen und Kalmaren. Er brütet auf Inseln um die Antarktis.

TEUFELS-STURMVOGEL
Pterodroma hasitata
F: Procellariidae
Wie viele der kleinen, schnellen *Pterodroma*-Arten ist diese tropisch verbreitet. Sie brütet auf einigen der karibischen Inseln.

KAP-STURMVOGEL
Daption capense
F: Procellariidae
Der Kap-Sturmvogel gehört zu einer Familie, deren Mitglieder vor allem auf der Südhalbkugel verbreitet sind. Er brütet auf Inseln um die Antarktis und überwintert weiter nördlich.

RIESEN-STURMVOGEL
Macronectes giganteus
F: Procellariidae
Im Südatlantik brütet der Riesen-Sturmvogel, der auch Aas frisst. Anders als viele andere Sturmvögel hat er kräftige Beine und kann an Land gut laufen.

MADEIRA-WELLENLÄUFER
Oceanodroma castro
F: Hydrobatidae
Der kleine Vogel hat einen weißen Bürzel und einen gegabelten Schwanz. Dies ist typisch für Sturmvögel der Nordhalbkugel. Man trifft ihn über dem Atlantik und dem Pazifik an.

LAPPENTAUCHER

Auf Teichen und Seen trifft man diese Vögel an, die beim Schwimmen tief im Wasser liegen. Sie tauchen nach kleinen Wassertieren.

Wie bei vielen tauchenden Vögeln sitzen bei Lappentauchern (Podicipediformes) die Beine weit hinten am Körper. An Land wirken sie deshalb unbeholfen, im Wasser aber sind sie sehr wendig. Mit den Lappen an ihren Zehen können die Vögel beim Tauchen mehr Antrieb erzeugen. Wenn sie ihre Füße nach vorn bewegen, ist der Wasserwiderstand gering. Lappentaucher können mit ihren Füßen auch steuern. Andere Vögel setzen dazu ihren Schwanz ein.

Der Schwanz eines Lappentauchers ist nicht mehr als ein Büschel Federn. Er dient vor allem dazu, Signale zu geben und wird oft aufgestellt. Ihr Gefieder halten die Vögel mit Ölen aus ihrer Bürzeldrüse wasserdicht. Das Sekret besteht zur Hälfte aus Paraffin, ein einzigartiges Merkmal dieser Gruppe. Lappentaucher haben kleine Flügel und viele Arten fliegen nur ungern.

Traditionell gelten die Arten der Ordnung als nahe Verwandte der Seetaucher, Pinguine und Albatrosse. Jüngere Untersuchungen lassen aber auf eine Verwandtschaft zu den Flamingos schließen.

BALZ UND FORTPFLANZUNG

Während der Brutsaison zeigen einige Lappentaucher ein kompliziertes Balzverhalten. Sie nisten auf schwimmenden Vegetationsinseln in Süßgewässern. Die Jungen können nach dem Schlüpfen bereits schwimmen, suchen aber in den ersten Wochen oft auf dem Rücken der Eltern Zuflucht.

STAMM	CHORDATA
KLASSE	AVES
ORDNUNG	PODICIPEDIFORMES
FAMILIEN	1
ARTEN	23

Die Balz der Haubentaucher erreicht ihren Höhepunkt, wenn beide Vögel sich im Wasser aufrichten und Pflanzenteile präsentieren.

23–29 cm

ZWERGTAUCHER
Tachybaptus ruficollis
F: Podicipedidae
In der Alten Welt ist dies die am weitesten verbreitete Art der kleinen, rundlichen Lappentaucher. Zur Brutsaison hat sie einen rötlichen Hals.

24–36 cm

ROLLANDTAUCHER
Rollandia rolland
F: Podicipedidae
Der im südlichen Südamerika heimische Vogel lebt auf offenen Seen mit vielen Wasserpflanzen. Eine verwandte kurzflügelige Art der Anden ist flugunfähig.

30–38 cm

BINDENTAUCHER
Podilymbus podiceps
F: Podicipedidae
Dieser amerikanische Vogel ist untersetzter und hat einen gedrungeneren Schnabel als andere Lappentaucher. Vögel aus dem Norden ziehen im Winter in die Karibik, tropische Populationen sind Standvögel.

40–50 cm

ROTHALSTAUCHER
Podiceps grisegena
F: Podicipedidae
Diese Art brütet in Eurasien und Nordamerika. Sie überwintert an Küsten weiter südlich. Wie andere Lappentaucher ziehen die Vögel nachts.

28–34 cm

SCHWARZHALSTAUCHER
Podiceps nigricollis
F: Podicipedidae
Wie andere Arten der Gattung *Podiceps* hat diese Art während der Brutsaison ein buntes Kopfgefieder. Sie ist auf der Nordhalbkugel verbreitet.

46–51 cm

HAUBENTAUCHER
Podiceps cristatus
F: Podicipedidae
Wegen ihrer eindrucksvollen Balz ist diese Art der Alten Welt bekannt. Wie bei anderen Lappentauchern sind beide Geschlechter auffällig gefärbt.

25–29 cm

INKATAUCHER
Podiceps occipitalis
F: Podicipedidae
Auf alkalischen oder sehr salzhaltigen Seen brütet diese südamerikanische Art in Kolonien. Sie ist von den Anden bis zu den Falklandinseln verbreitet.

55–75 cm

RENNTAUCHER
Aechmophorus occidentalis
F: Podicipedidae
Dies ist eine von zwei ähnlichen im westlichen Nordamerika verbreiteten Arten. Man trifft sie von Kanada bis Mexiko an. Nördliche Populationen überwintern vor der Pazifikküste.

FLAMINGOS

Diese bemerkenswerten Vögel leben an Salzwasserlagunen und alkalischen Seen. Früher stellte man sie in eine Gruppe mit den Störchen, heute gelten sie als Verwandte der Lappentaucher.

Die Flamingos (Ordnung Phoenicopteriformes) sind sehr gesellige Vögel. Sie sammeln sich in riesigen Schwärmen, manchmal zu Hunderttausenden. Oft stehen die Tiere so dicht gedrängt, dass sie sich kaum in die Luft erheben können und bei Bedrohung zunächst weglaufen. Die vielen Individuen im Schwarm bemerken nahende Fressfeinde leicht.

Nur im Schwarm wird das Brutverhalten der Vögel ausgelöst. Jedes Brutpaar baut später ein Schlammnest, die Größe des Territoriums ist dadurch bestimmt, wie weit der im Nest sitzende Vogel mit ausgestrecktem Hals gelangen kann. Einige Tage nach dem Schlüpfen sammeln sich Flamingo-Küken in großen Gruppen. Die Eltern füttern ihre Jungen mit nahrhafter Kropfmilch.

NAHRUNG AUS DEM WASSER FILTERN

Die Schnäbel der Flamingos sind auf einzigartige Weise an das Filtrieren angepasst. Ein Flamingo taucht seinen lamellenbesetzten Schnabel ins Wasser und filtert winzige Algen und Krebstiere heraus. Pigmente aus der aufgenommenen Nahrung verleihen dem Gefieder die typische rosa Färbung. Die Vögel haben kaum Nahrungskonkurrenten, denn die Binnengewässer sind sehr salzhaltig oder ätzend und für die meisten Tiere lebensfeindlich.

STAMM	CHORDATA
KLASSE	AVES
ORDNUNG	PHOENICOPTERIFORMES
FAMILIEN	1
ARTEN	6

Im ostafrikanischen Grabenbruch kann man riesige Schwärme von Zwergflamingos beim Fressen beobachten.

CHILE-FLAMINGO
Phoenicopterus chilensis
F: Phoenicopteridae
Den in Südamerika am weitesten verbreiteten Flamingo kann man von Peru bis Feuerland antreffen. Charakteristisch sind seine grauen Beine mit rosa Knien.

KUBA-FLAMINGO
Phoenicopterus ruber
F: Phoenicopteridae
Diese karibische Unterart ist etwas kleiner als der ähnliche Rosaflamingo und sein Gefieder ist kräftiger rosa gefärbt.

ROSAFLAMINGO
Phoenicopterus roseus
F: Phoenicopteridae
Den größten und am weitesten verbreiteten Flamingo kann man in Afrika, Südeuropa und Zentralasien antreffen.

ANDEN-FLAMINGO
Phoenicoparrus andinus
F: Phoenicopteridae
Die Art mit gelben Beinen ist eine von zwei Flamingo-Arten, die nur in den Hochanden vorkommen. Die Vögel ziehen nomadisch zwischen verschiedenen Seen umher.

ZWERGFLAMINGO
Phoeniconaias minor
F: Phoenicopteridae
Die kleinste Flamingo-Art sammelt sich in Afrika und Südostasien in riesigen Schwärmen auf stark alkalischen Seen.

STÖRCHE

Die meisten Arten dieser Gruppe haben lange Beine, um in Sümpfen und auf Wiesen zu schreiten, sowie lange Schnäbel, mit denen sie Beute packen.

Die Vögel der Ordnung Ciconiiformes sind große, aufrecht gehende Vögel, die meist offenes Gelände bewohnen. Während manche Störche am Wasser leben, bevorzugen andere trockenen Untergrund. Sie laufen mit langen Schritten, können aber auch auf Ästen sitzen, und viele brüten in Bäumen. Sie fressen Fische, Amphibien, kleine Reptilien und Säugetiere sowie große Insekten. In Afrika erbeuten sie vor Buschfeuern fliehende Tiere und schwärmende Heuschrecken.

Storche haben starke und meist spitze Schnäbel. Der Marabu kann seinen starken Schnabel zum Verscheuchen von Geiern vom Aas oder auch zur Nahrungssuche auf Müllkippen einsetzen. Andere Störche haben schmalere Schnäbel mit einer nach oben oder nach unten gebogenen Spitze.

Alle Störche haben breite Flügel mit gefingerten Spitzen. Sie lassen sich von Aufwinden emportragen, bevor sie weite Strecken auf der Nahrungssuche oder bei der Migration segeln. Große Schwärme überqueren das Mittelmeer an seinen schmaleren Bereichen.

BRUTKOLONIEN

Viele Vögel dieser Gruppe brüten in Kolonien, manchmal gemeinsam mit anderen Arten. Die Jungen aller Storcharten sind Nesthocker und werden mehrere Wochen lang im Nest gefüttert.

STAMM	CHORDATA
KLASSE	AVES
ORDNUNG	CICONIIFORMES
FAMILIEN	1
ARTEN	19

Störche nisten typischerweise in Bäumen. In Europa nehmen Weißstörche aber gern Nistplattformen auf hohen Gebäuden an.

WALDSTORCH
Mycteria americana
F: Ciconiidae
Dieser nordamerikanische Vogel gehört zu einer Gruppe von Störchen mit ibisähnlichen Schnäbeln. Er taucht seinen geöffneten Schnabel ins Wasser und schnappt zu, wenn er Beute wahrnimmt.

SATTELSTORCH
Ephippiorhynchus senegalensis
F: Ciconiidae
Dieser afrikanische Storch, der mit dem Jabiru verwandt ist, hat einen leicht nach oben gebogenen Schnabel mit gelbem »Sattel«. Die Vögel bilden Brutpaare.

WEISSSTORCH
Ciconia ciconia
F: Ciconiidae
Der europäische Weißstorch ist eine von drei *Ciconia*-Arten, die außerhalb der Tropen brüten. Er nutzt bei seinem Zug nach Afrika Aufwinde über dem Festland.

WOLLHALSSTORCH
Ciconia episcopus
F: Ciconiidae
In Afrika und Asien kommt der am weitesten verbreitete tropische Storch vor. Meist jagt er in Feuchtgebieten, manchmal auch in Weideland.

KLAFFSCHNABEL
Anastomus lamelligerus
F: Ciconiidae
Klaffschnäbel sind kleine Störche tropischer Feuchtgebiete. Mit ihren charakteristischen Schnäbeln fangen und bearbeiten sie Weichtiere. Diese Art kommt in Afrika und Madagaskar vor.

MARABU
Leptoptilos crumeniferus
F: Ciconiidae
Wie andere Störche der Gattung *Leptoptilos* hat diese afrikanische Art einen kahlen Kopf, sodass beim Fressen in den Kadavern toter Tiere das Gefieder nicht verklebt.

JABIRU
Jabiru mycteria
F: Ciconiidae
Der Jabiru, ein großer Storch, ist der größte flugfähige Vogel Südamerikas. Bei Erregung bläht er seinen kahlen Kehlsack auf.

»

IBISSE, REIHER, DOMMELN UND PELIKANE

Die meisten Arten der Ordnung Pelecaniformes haben lange Beine, mit denen sie sich in ihrem feuchten Lebensraum fortbewegen können. Dank ihrer langen Zehen können sie sich bei der Jagd nach vorn beugen oder auf Ästen Halt finden. Mit ihrem langen Schnabel fangen sie ihre Beute.

Die meisten Vögel dieser Gruppe fressen Amphibien oder Fische, manche aber auch kleine Säugetiere und Insekten. Reiher und Dommeln besitzen modifizierte Wirbel, die eine s-förmige Wirbelsäule bilden und ein schnelles Zustoßen (aber kein Speeren) ermöglichen. Ibisse benutzen ihren schmalen Schnabel zum Stochern, während Löffler ihren abgerundeten Schnabel halb geöffnet seitwärts durchs Wasser bewegen. Der Schnabel schließt sich, wenn er Beute berührt. Reiher legen ihren Hals im Flug anders als Löffler und Ibisse s-förmig an.

Pelikane sind käftig gebaut, fliegen aber hervorragend. Sie besitzen einen langen Schnabel mit einem dehnbaren Kehlsack. Beim Fressen (meist schwimmend, wenn auch der Braunpelikan ein Stoßtaucher ist) nehmen sie sehr viel Wasser auf. Beim Entleeren des Schnabels bleibt dann die Beute im Kehlsack zurück.

STAMM	CHORDATA
KLASSE	AVES
ORDNUNG	PELECANIFORMES
FAMILIEN	5
ARTEN	118

Dieser junge Pelikan holt sich eine vorverdaute Fischmahlzeit tief aus dem Kehlsack eines Elternvogels.

GRÜNREIHER
Butorides virescens
F: Ardeidae
Dieser kleine Reiher nordamerikanischer Feuchtgebiete lockt manchmal am Gewässerrand mit einem Köder Fische an.

SILBERREIHER
Ardea alba
F: Ardeidae
In Sumpfgebieten in weiten Teilen der Erde ist dieser große weiße Reiher verbreitet.

GRAUREIHER
Ardea cinerea
F: Ardeidae
Häufig sieht man den Graureiher in Eurasien und Afrika. Wie andere größere Reiher brütet er in Kolonien. Er baut seine Nester auf Bäumen.

ROHRDOMMEL
Botaurus stellaris
F: Ardeidae
Wie ihre Verwandten hört man diese Dommel häufiger, als man sie sieht. Ihre lauten, tiefen Rufe klingen hohl.

ZWERGDOMMEL
Ixobrychus minutus
F: Ardeidae
Zu den kleinsten Dommeln gehört diese scheue Art der Alten Welt. Sie klettert im Schilf umher und erstarrt manchmal in aufrechter Pfahlstellung, ein typisches Verhalten von Dommeln.

WEISSHALSREIHER
Ardea pacifica
F: Ardeidae
Dieser große Reiher jagt in Sumpfgebieten und Grasländern in Australien und Neuguinea Insekten und kleine Wirbeltiere.

SEIDENREIHER
Egretta garzetta
F: Ardeidae
Die Art der Alten Welt beginnt sich in Amerika auszubreiten. Schnabel und Beine sind schwarz, eine Rasse hat gelbe Füße.

WEISSWANGENREIHER
Egretta novaehollandiae
F: Ardeidae
Dieser Reiher kommt in Indonesien, Australien und Neuseeland vor. Zur vielfältigen Nahrung gehören Insekten und Frösche.

DREIFARBENREIHER
Egretta tricolor
F: Ardeidae
Wie alle verwandten Arten spießt dieser Bewohner amerikanischer Sumpfgebiete mit seinem dolchförmigen Schnabel kleine Tiere auf.

BLAUREIHER
Egretta caerulea
F: Ardeidae
Der violette Kopf und Hals dieser amerikanischen Art färben sich nach der Brutsaison graublau.

KUHREIHER
Bubulcus ibis
F: Ardeidae

Weltweit ist dieser kleine Reiher verbreitet. Er sucht in Grasländern Nahrung und folgt Weidetieren, um Kleintiere zu fangen, die sie aufscheuchen.

PADDYREIHER
Ardeola grayii
F: Ardeidae

Dieser in Südasien häufige Reiher lauert seiner Beute auf. Manchmal fliegt er auch niedrig über die Wasseroberfläche und packt Fische.

RÖTELREIHER
Egretta rufescens
F: Ardeidae

Der amerikanische Reiher kommt in weißen und rötlich grauen Formen vor. Wenn die Vögel Fische fangen, breiten sie oft die Flügel so aus, dass sie die Sonne auf der Wasseroberfläche nicht blendet.

KAHNSCHNABEL
Cochlearius cochlearius
F: Ardeidae

Der breite Schnabel dieser Art ist an das Herausschöpfen und Töten der Beute angepasst. Sie ist in Mittel- und Südamerika verbreitet.

NACHTREIHER
Nycticorax nycticorax
F: Ardeidae

Nachtreiher sehen nachts sehr gut. Dies ist die am weitesten verbreitete Art. Sie kommt in den meisten wärmeren Regionen außer in Australien vor.

STACHEL-IBIS
Threskiornis spinicollis
F: Threskiornithidae

Der deutsche Name dieser Art bezieht sich auf die Federn an der Basis des Halses. Die Art ist in Neuguinea und Australien verbreitet.

HEILIGER IBIS
Threskiornis aethiopicus
F: Threskiornithidae

In Feuchtgebieten und Steppen Afrikas und Madagaskars trifft man diesen Vogel häufig an. In Amerika und Europa wurde er eingebürgert.

MOLUKKEN-IBIS
Threskiornis molucca
F: Threskiornithidae

In ganz Australien ist diese Art häufig. Oft taucht sie in Stadtgebieten auf, wo sie mancherorts als Schädling gilt.

SCHARLACHSICHLER
Eudocimus ruber
F: Threskiornithidae

Der Nationalvogel von Trinidad ist im tropischen Amerika verbreitet. Das rote Pigment in seinem Gefieder stammt aus Krebstieren, die Teil seiner Nahrung sind.

HAGEDASCH
Bostrychia hagedash
F: Threskiornithidae

Die häufige afrikanische Art kommt in Grasland, Wäldern, Parks und Gärten vor. Der deutsche Name spielt auf seinen Ruf im Flug an.

SCHWARZZÜGEL-IBIS
Theristicus melanopis
F: Threskiornithidae

In Südamerika ist diese Art in Grasländern gemäßigter Zonen von den Anden bis nach Patagonien verbreitet.

BRAUNER SICHLER
Plegadis falcinellus
F: Threskiornithidae

Den Sichler mit der weitesten Verbreitung trifft man in wärmeren Ländern an. Er nistet manchmal gemeinsam mit Reihern in Kolonien auf Bäumen.

»

AFRIKANISCHER LÖFFLER
Platalea alba
F: Threskiornithidae
Der einzige Löffler der Feuchtgebiete Afrikas hat rote Wangen und Beine.

LÖFFLER
Platalea leucorodia
F: Threskiornithidae
Die Art brütet in Eurasien und überwintert in Afrika. Erwachsene Vögel haben eine breite gelbe Spitze am ansonsten schwarzen Schwanz.

SCHUHSCHNABEL
Balaeniceps rex
F: Balaenicipitidae
Diese Watvögel, die in Sümpfen vom Sudan bis nach Sambia vorkommen, schöpfen mit ihren gewaltigen Schnäbeln Wirbeltiere aus Gewässern.

ROSALÖFFLER
Platalea ajaja
F: Threskiornithidae
Wie andere Löffler ernährt sich diese charakteristische amerikanische Art von kleinen Wassertieren, indem sie ihren Schnabel im Wasser schwenkt.

HAMMERKOPF
Scopus umbretta
F: Scopidae
Dieser Vogel afrikanischer Feuchtgebiete baut aus Ästen und Schlamm riesige Nester mit dicken Mauern. So sind die Jungen geschützt, die oft lange Zeit allein im Nest warten.

NASHORNPELIKAN
Pelecanus erythrorhynchos
F: Pelecanidae
Dieser Pelikan brütet auf Binnenseen in Nordamerika und überwintert an den Küsten. Zur Brutzeit entwickelt sich ein flaches »Horn« auf seinem Schnabel.

GRAUPELIKAN
Pelecanus philippensis
F: Pelecanidae
Diese Art aus Südasien schöpft wie die meisten Pelikane ihre Beute aus dem Wasser, während sie auf der Wasseroberfläche schwimmt.

BRAUNPELIKAN
Pelecanus occidentalis
F: Pelecanidae
Dieser Pelikan ist vom Süden der USA bis Südamerika verbreitet. Er brütet an Küsten und ist der einzige Stoßtaucher unter den Pelikanen.

KORMORANE, TÖLPEL UND VERWANDTE

Zu den Suliformes gehören marine Arten, obwohl Schlangenhalsvögel und manche Kormorane auch im Süßwasser leben. Alle Arten besitzen Schwimmhäute zwischen allen vier Zehen.

Fregattvögel überqueren große Meeresabschnitte, lassen sich aber kaum auf dem Wasser nieder. Sie fangen Flugfische oder stehlen Nahrung von anderen Seevögeln. Kormorane und Schlangenhalsvögel tauchen von der Wasseroberfläche nach Beute, während Tölpel Stoßtaucher sind.

STAMM	CHORDATA
KLASSE	AVES
ORDNUNG	SULIFORMES
FAMILIEN	5
ARTEN	61

BLAUFUSSTÖLPEL
Sula nebouxii
F: Sulidae
Dieser Tölpel, der an Felsenküsten von Kalifornien bis Peru und auf den Galapagosinseln lebt, präsentiert bei der Balz seine blauen Füße.

MASKENTÖLPEL
Sula dactylatra
F: Sulidae
Dies ist der größte tropisch verbreitete Tölpel. Mit seinem schwarz-weißen Gefieder und dem langen gelben Schnabel ähnelt er den verwandten Tölpeln kalter Gewässer am meisten.

BASSTÖLPEL
Morus bassanus
F: Sulidae
Drei ähnliche Arten nisten in großen Kolonien an Felsenküsten kalter Meere. Der Basstölpel kommt im Nordatlantik vor.

AMERIKANISCHER SCHLANGENHALSVOGEL
Anhinga anhinga
F: Anhingidae
Diese amerikanische Art hat einen langen, gekrümmten Hals und einen geraden Schnabel, mit dem sie Fische aufspießt.

ROTGESICHTSSCHARBE
Phalacrocorax urile
F: Phalacrocoracidae
Von Japan bis in die Beringsee trifft man diese Art an. Sie gehört zu einer Gruppe von Kormoranen des Nordpazifiks, die hervorragend an ihren marinen Lebensraum angepasst sind.

KRÄUSELSCHARBE
Microcarbo melanoleucos
F: Phalacrocoracidae
Dies ist ein in Australasien verbreitetes Mitglied einer ursprünglichen kurzschnäbeligen Gruppe kleiner Kormorane. Die meisten sind an Süßgewässer oder Ästuare gebunden.

PRACHT-FREGATTVOGEL
Fregata magnificens
F: Fregatidae
Da sie unregelmäßig Nahrung finden, ziehen Fregattvögel wie diese amerikanische Art nur wenige Junge groß. Bei ihnen dauert die Aufzucht der Küken länger als bei allen anderen Vögeln.

TROPIKVÖGEL

STAMM	CHORDATA
KLASSE	AVES
ORDNUNG	PHAETHONTIFORMES
FAMILIEN	1
ARTEN	3

Tropikvögel sind an Seeschwalben erinnernde Vögel mit verlängerten Schwanzfedern, die auf tropischen Inseln nisten und auf dem Meer nach Nahrung suchen.

Die drei Arten der Ordnung Phaethontiformes besitzen wie Tölpel vier mit Schwimmhäuten verbundene Zehen, können aber nicht auf ihnen stehen. Sie erbeuten Fische als Stoßtaucher. Die Männchen kreisen über den Brutkolonien und versuchen die Weibchen mit ihren Schwanzfedern zu beeindrucken.

WEISSSCHWANZ-TROPIKVOGEL
Phaethon lepturus
F: Phaethontidae
Tropikvögel sind Seevögel mit so schwachen Beinen, dass sie an Land auf dem Bauch vorwärts rutschen. Diese Art sieht man an vielen tropischen Küsten.

ROTSCHNABEL-TROPIKVOGEL
Phaethon aethereus
F: Phaethontidae
Diese Art ist ein vom östlichen Pazifik bis zum Atlantik verbreiteter Höhlenbrüter. Er zieht ein einziges Junges auf, eine Anpassung an das weit verteilte Nahrungsangebot in den Ozeanen.

GREIFVÖGEL

Fast alle Mitglieder dieser größten und bedeutendsten Gruppe am Tag jagender Vögel fressen ausschließlich Fleisch. In einigen Lebensräumen sind sie die Spitzenprädatoren.

Große Greifvögel wie die Harpyje oder der Philippinenadler der tropischen Regenwälder sind so kräftig, dass sie Affen und kleine Hirsche töten können. Die größten Arten, zu denen die Geier der Alten Welt und der amerikanische Kondor gehören, fressen tote Tiere. Viele wie die Weihen und Bussarde verfolgen aber auch lebende Beute. Eine Ausnahme bildet der überwiegend vegetarische afrikanische Palmgeier.

Greifvögel können meist sehr gut sehen und erkennen so ihre Beute. Der Truthahngeier entdeckt Aas mit dem Geruchssinn, und andere Arten folgen ihm zu versteckt liegenden Kadavern. Greifvögel haben einen starken Hakenschnabel, um ihre Beute zu zerlegen. Größere Geier können Haut und Fleisch zerreißen, haben aber relativ schwache Beine. Die meisten Arten haben einen nackten Kopf, sodass die Federn nicht durch das Fressen in Kadavern verschmutzt werden. Möglicherweise sind die Neuweltgeier näher mit den Storchen verwandt als mit den ähnlich aussehenden Geiern der Alten Welt. Adler, Falken, Bussarde und Weihen besitzen starke Füße mit langen, spitzen Krallen, mit denen sie ihre Beute fangen und töten. Der Sekretär der afrikanischen Steppen jagt dagegen zu Fuß.

Manche Weihen haben einen gegabelten Schwanz, mit dem sie ihren Flug insbesondere zwischen den Bäumen besser kontrollieren können. Andere Arten nutzen mit ihren breiten Flügeln die Aufwinde und können mühelos weite Strecken segeln. So können schwere Geier jeden Tag Nahrung finden, und manche Arten überwinden beim Vogelzug lange Distanzen. Die gefingerten Flügelspitzen verringern Turbulenzen, sodass die Vögel effizienter fliegen.

STAMM	CHORDATA
KLASSE	AVES
ORDNUNG	ACCIPITRIFORMES
FAMILIEN	4
ARTEN	266

Die helle Unterseite eines Truthahngeiers leuchtet im Sonnenlicht auf, wenn er sich in der Luft dreht, um den Boden nach Nahrung abzusuchen.

TRUTHAHNGEIER
Cathartes aura
F: Cathartidae
Dieser verbreitete amerikanische Geier spürt Aas ungewöhnlicherweise mit dem Geruchssinn auf. Er nistet oft in dunklen Höhlungen, etwa unter großen Felsen.

KÖNIGSGEIER
Sarcoramphus papa
F: Cathartidae
Dieser große Vogel segelt hoch über Wäldern der amerikanischen Tropen und hält nach Aas Ausschau. Kopf und Schnabelwarzen sind bunt.

RABENGEIER
Coragyps atratus
F: Cathartidae
Der Rabengeier ist geselliger als der verwandte Truthahngeier. Der opportunistische Aasfresser ist vom Zentrum der USA bis nach Chile verbreitet.

ANDENKONDOR
Vultur gryphus
F: Cathartidae
Der größte flugfähige Vogel Südamerikas segelt in den Anden auf Aufwinden. Er hält nach Aas Ausschau oder folgt anderen Aasfressern, wie Truthahngeiern.

WESPENBUSSARD
Pernis apivorus
F: Accipitridae
Der Wespenbussard gehört zu einer Gruppe tropischer Jäger, die Bienen- und Wespenlarven fressen. Er brütet in Eurasien und überwintert in Afrika.

MÄUSEBUSSARD
Buteo buteo
F: Accipitridae
Der häufige Greifvogel kommt in hellen und dunklen Formen vor. Die nördlichen Populationen überwintern im tropischen Afrika und Asien.

ADLERBUSSARD
Buteo rufinus
F: Accipitridae
In Halbwüsten und Gebirgen kommt dieser Bussard vor. Er brütet in Mitteleuropa und Zentralasien. Einige Populationen verbringen den Winter in Nordafrika.

WEISSSCHWANZAAR
Elanus leucurus
F: Accipitridae
Dieser Aar hat einen strengen Blick, was typisch für die Gattung ist. Er rüttelt im Flug. Die Art ist von den USA bis nach Südamerika verbreitet.

WEISSAUGENBUSSARD
Butastur teesa
F: Accipitridae
Dieser kleine Bussard aus Südasien lebt terrestrischer als verwandte Arten. Er jagt kleine Insekten und andere Tiere auf dem Boden.

SCHWALBENWEIH
Elanoides forficatus
F: Accipitridae
Der insektenfressende Greifvogel ist ein wendiger Flieger. Er brütet im Südosten der USA und in Mittelamerika, den Winter verbringt er in Südamerika.

BRAHMINENWEIH
Haliastur indus
F: Accipitridae
Von Indien bis Australasien ist dieser Aasfresser verbreitet, den man an Flussufern und Küsten sieht. Er jagt auch lebende Fische und kleine Säugetiere.

FISCHADLER
Pandion haliaetus
F: Accipitridae
Der fast weltweit verbreitete Fischadler taucht beim Fangen seiner Beute meist ins Wasser ein. Er kann seine äußere Zehe nach hinten drehen, um glitschige Fische zu packen.

PALMGEIER
Gypohierax angolensis
F: Accipitridae
Ungewöhnlicherweise ernährt sich dieser afrikanische Geier fast ausschließlich vegetarisch. Er frisst vor allem Ölpalmenfrüchte, aber auch Fische und Aas.

SEKRETÄR
Sagittarius serpentarius
F: Accipitridae
Dieser langbeinige Vogel afrikanischer Savannen jagt ungewöhnlicherweise auf dem Boden. Oft stampft er auf kleine Tiere, sodass sie nicht mehr fliehen können.

»

WEISSKOPF-SEEADLER
Haliaeetus leucocephalus
F: Accipitridae

Dieser nordamerikanische Seeadler, der Nationalvogel der USA, erbeutet Fische und frisst auch Aas. Manchmal kooperieren die Vögel bei der Jagd.

WEISSBAUCH-SEEADLER
Haliaeetus leucogaster
F: Accipitridae

Von Indien bis Australasien lebt dieser Fischfänger an Seen und Flüssen. Wie andere große Adler baut er gewaltige Horste aus Ästen.

HABICHTSADLER
Aquila fasciatus
F: Accipitridae

Diese Art lebt in Wäldern und Gebirgen. Der langflügelige, bussardähnliche Adler ist vom südlichen Eurasien bis nach Nordafrika verbreitet.

WOLLKOPFGEIER
Trigonoceps occipitalis
F: Accipitridae

In Nord-, Ost- und Südafrika sieht man Wollkopfgeier oft in Paaren. Andere Geier-Arten sind beim Fressen an einem Kadaver meist in der Überzahl.

SCHMUTZGEIER
Neophron percnopterus
F: Accipitridae

Dieser Verwandte des Palmgeiers kommt in Südeurasien und Afrika vor. Er benutzt Steine, um Straußeneier zu knacken.

ÖSTLICHER KAISERADLER
Aquila heliaca
F: Accipitridae

Echte Adler der Gattung *Aquila* wie diese eurasische Art haben befiederte Läufe, die man auch als Hosen bezeichnet.

AFRIKANISCHER HABICHTSADLER
Aquila spilogaster
F: Accipitridae

Dieser kleine Greifvogel aus dem Afrika südlich der Sahara jagt in bewaldeten Savannen und hügeligem Gelände.

STEINADLER
Aquila chrysaetos
F: Accipitridae

In offenen und halb offenen Landschaften auf der Nordhalbkugel lebt dieser eindrucksvolle Adler.

EINFARB-HAUBENADLER
Spizaetus cirrhatus
F: Accipitridae

Dieser Vogel hat eine Haube und jagt in Wäldern. Die Art kommt in dunklen und hellen Formen vor. Sie ist vom Himalaya bis nach Indonesien verbreitet.

90–98 cm

WEISSRÜCKENGEIER
Gyps africanus
F: Accipitridae

Einer der häufigsten Geier in den afrikanischen Savannen südlich der Sahara ist diese Art. Die Vögel sammeln sich in großer Zahl bei toten Tieren. Man sieht sie auch in Städten und Dörfern.

1–1,2 m

OHRENGEIER
Torgos tracheliotus
F: Accipitridae

Wie die verwandten Geier der Gattung *Gyps* hat dieser Aasfresser einen langen Hals und einen kahlen Kopf. Er ist in trockenen Regionen Afrikas verbreitet.

85–97 cm

SPERBERGEIER
Gyps rueppelli
F: Accipitridae

Der afrikanische Verwandte des Gänsegeiers ist dunkler. Er bewohnt trockene Gebiete. Diese Art soll von allen Vögeln am höchsten fliegen.

1–1,3 m

BARTGEIER
Gypaetus barbatus
F: Accipitridae

In Gebirgen Afrikas und Eurasiens ist dieser Geier verbreitet, der sich vor allem von Knochenmark ernährt. Er lässt die Knochen aus der Luft auf Felsen fallen, sodass sie zersplittern.

GÄNSEGEIER
Gyps fulvus
F: Accipitridae

Dieser Geier kommt in Gebirgsregionen im Südwesten Eurasiens und im Nordosten Afrikas vor. Er brütet zwischen Felsen und auf Felsbändern.

0,9–1,1 m

46–51 cm

FISCHBUSSARD
Busarellus nigricollis
F: Accipitridae

Dieser Verwandte des Schneckenweihs bewohnt Feuchtgebiete in Mittel- und Südamerika. Er stößt mit den Fängen voran ins Wasser, um Fische zu erbeuten.

46–56 cm

SCHNEEBUSSARD
Pseudastur albicollis
F: Accipitridae

In Wäldern in Mittel- und Südamerika jagt dieser Bussard Reptilien, v. a. Schlangen. Er gilt als lethargisch und lässt Menschen nahe kommen.

GRAUBÜRZEL-SINGHABICHT
Melieras melabates
F: Accipitridae

In trockenen, offenen Regionen Afrikas trifft man diese Art an, die im Flug einer Weihe ähnelt. Sie hat einen pfeifenden, melodischen Ruf.

43–56 cm

36–40 cm

SCHNECKENWEIH
Rostrhamus sociabilis
F: Accipitridae

Der in Sümpfen in Florida, Mittel- und Südamerika verbreitete Vogel hat einen gekrümmten Schnabel zum Fressen von Wasserschnecken.

60–66 cm

HÖHLENWEIHE
Polyboroides typus
F: Accipitridae

Südlich der Sahara lebt diese Art, die Ölpalmenfrüchte frisst und kleine Wirbeltiere jagt. Mit den gelenkigen Beinen kann der Vogel Beute aus Baumhöhlen holen.

»

SPERBER-GEIER
Gyps rueppelli

Der Sperbergeier gehört zu den Aasfressern, die geradezu ein Sinnbild für die afrikanischen Ebenen vom Senegal bis zum Sudan und nach Tansania sind. Wenn er nach Kadavern Ausschau hält, fliegt er in so großen Höhen, dass sein Blut daran angepasst ist, in der dünnen Luft ausreichend Sauerstoff aufzunehmen. Dieser Geier sucht mit seinen scharfsichtigen Augen trockenes, bergiges Terrain ab. Am frühen Morgen verlässt er seinen Ruheplatz auf einem Kliff, um mit dem Aufwind in den Himmel aufzusteigen. Oft wartet er geduldig, wenn nötig mehrere Tage lang, bis Raubtiere ihren Riss verlassen. Mit seinem besonders langen Hals gelangt er tiefer in die Kadaver als viele seiner Nahrungskonkurrenten.

GRÖSSE 85–97 cm
LEBENSRAUM trockenes, offenes Gelände
VERBREITUNG Nord- und Ostafrika
NAHRUNG Aas

> NICKHAUT
Die Nickhaut, das typische Vogelmerkmal, reinigt die Oberfläche des Augapfels und schützt das Auge beim gierigen Fressen vor Spritzern.

∨ HALSKRAUSE
Weiße flauschige Federn bilden eine Halskrause. Sie ist häufig mit Staub und Blut beschmutzt.

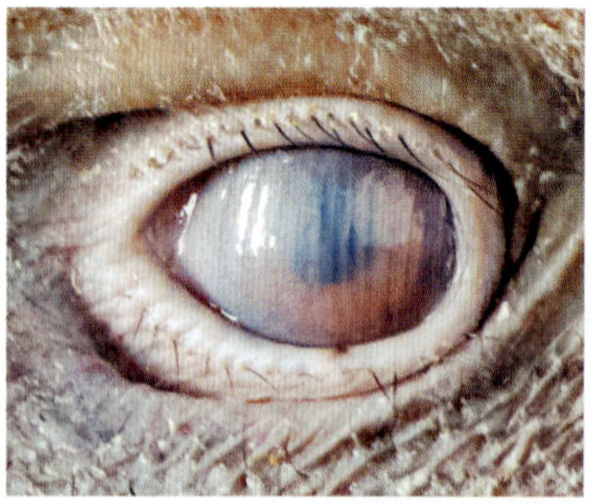

< WELLENMUSTER
Die dunklen Schwungfedern sind an den Spitzen hell, sodass das Gefieder aus der Entfernung ein Wellenmuster aufweist.

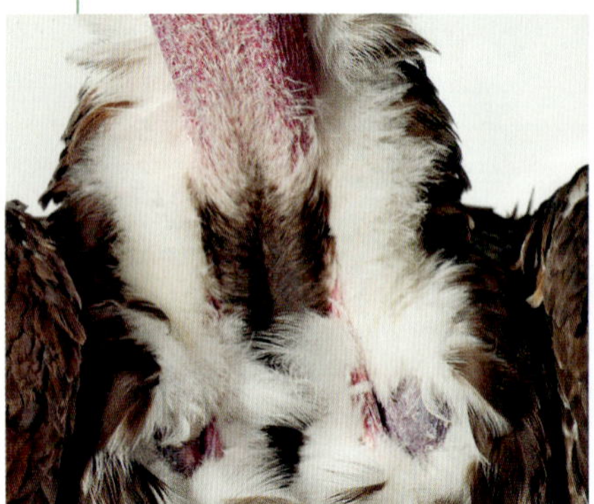

< GEFIEDER
Unter den Konturfedern, die dem Körper seine äußere Form verleihen, speichern flauschige Dunenfedern die Wärme. In großer Höhe ist dies lebenswichtig.

∧ FLÜGEL
Mit seinen langen, breiten Flügeln gleitet und segelt der Geier. Nach einer ausgiebigen Mahlzeit gestaltet sich das Abheben oft schwierig.

< BEIN
Die Oberschenkel sind befiedert, die kräftigen unteren Beinabschnitte aber kahl. Deshalb bleiben sie verhältnismäßig sauber, wenn der Vogel Aas frisst.

> HALS UND KOPF
Die spärlichen Dunen am Kopf sind oft blutbefleckt. Wäre der Kopf völlig befiedert, würden die Federn verkleben, wenn der Vogel beim Fressen Kopf und Hals tief in die Körper großer Säugetiere steckt. Mit seinem Hakenschnabel zerteilt er halb verwestes Fleisch und stochert im Aas.

< FUSS
Da Geier ihre Füße nicht zum Töten von Beutetieren einsetzen, tragen sie keine mächtigen Krallen an den Zehen wie andere Greifvögel.

Die Haut an Kopf und Hals ist spärlich mit Dunen bedeckt.

WIESENWEIHE
Circus pygargus
F: Accipitridae
Eurasisch verbreitete Weihen wie die Wiesenweihe ziehen im Winter nach Afrika und Südasien. Diese Art lebt in offenen, grasbewachsenen Landschaften.

ROHRWEIHE
Circus aeruginosus
F: Accipitridae
Rohrweihen-Männchen sind nicht völlig grau wie die anderer Weihen, sondern braun wie die Weibchen mit grauen Partien an Flügeln und Stoß.

KORNWEIHE
Circus hudsonius
F: Accipitridae
Weihen haben schmale Stöße, schmale, spitze Flügel und lange Beine. Die Kornweihe ist in Nordamerika weit verbreitet.

SPERBERBUSSARD
Kaupifalco monogrammicus
F: Accipitridae
In den Savannen Afrikas lebt der Sperberbussard. Er erbeutet große Insekten wie Heuschrecken und kleine Wirbeltiere.

SCHWARZBRUST-SCHLANGENADLER
Circaetus pectoralis
F: Accipitridae
In afrikanischen Grasländern fängt dieser Adler Echsen, kleine Säugetiere und Schlangen.

HABICHT
Accipiter gentilis
F: Accipitridae
Dieser große Vertreter der Gattung *Accipiter* aus Nordamerika und Eurasien erbeutet in Wäldern Eichhörnchen und Vögel.

SPERBER
Accipiter nisus
F: Accipitridae
Der Sperber ist eine der fast 50 Arten der Gattung *Accipiter*. Er jagt kleine Vögel und kommt von Europa bis nach Japan vor.

SCHIKRA-SPERBER
Accipiter badius
F: Accipitridae
Einen langen Stoß und kurze Schwingen hat dieses typische Mitglied der Gattung *Accipiter*. Es stößt auf kleine Tiere herab, auch auf Vögel.

ROTMILAN
Milvus milvus
F: Accipitridae
Wie andere Arten der Gattung *Milvus* hat der in Europa und dem Nahen Osten verbreitete Rotmilan relativ schwache Beine, ist aber ein hervorragender Segelflieger.

SCHWARZMILAN
Milvus migrans
F: Accipitridae
Den Schwarzmilan sieht man in Eurasien, Afrika und Australasien in offenem Gelände. Seine vielfältige Nahrung besteht aus Fischen, kleinen Säugetieren, Aas und manchmal Abfällen.

SCHLANGENWEIHE
Spilornis cheela
F: Accipitridae
Diese Art kommt häufig in der Nähe von Süßgewässern vor. Sie ist von Indien bis zu den Philippinen verbreitet.

GAUKLER
Terathopius ecaudatus
F: Accipitridae
Der Vogel afrikanischer Savannen ist der einzige in der Gruppe der Schlangenadler, der regelmäßig Aas frisst. Er fliegt sehr wendig und kunstvoll, daher sein deutscher Name.

FALKEN UND KARAKARAS

Die Falken zählt man nicht mehr zu den Greifvögeln (der heutigen Ordnung Accipitriformes). Stattdessen sind sie in der Ordnung Falconiformes verblieben.

Ähnlich wie die Greifvögel besitzen die Falken einen Hakenschnabel, der aber eine zusätzliche Kerbe aufweist, die das Töten der mit den Füßen gehaltenen Beute erleichtert. Die Füße tragen starke, gekrümmte Krallen. Die meisten Arten besitzen lange Flügel und sind hervorragende Flieger. Manche Falken fangen große Insekten und Vögel aus der Luft, während andere sich auf am Boden lebende Tiere herabstürzen. Manche erbeuten sogar größere Vögel in dramatischen Sturzflügen. Einige Arten können im Rüttelflug über einem Punkt am Boden stehen. Ihre Beute können sie oft am ultravioletten Licht erkennen, das zum Beispiel Mäuseurin abgibt. Karakaras jagen auch am Boden und suchen dort nach Aas. Anders als Greifvögel bauen Falken keine Nester, sondern brüten auf Vorsprüngen oder in Nestern anderer Arten.

STAMM	CHORDATA
KLASSE	AVES
ORDNUNG	FALCONIFORMES
FAMILIEN	3
ARTEN	67

WANDERFALKE
Falco peregrinus
F: Falconidae
Der schnellste Greifvogel der Welt stößt im Sturzflug auf seine Beute herab. Er kommt weltweit in offenem Gelände vor, einschließlich der Tundra und der Halbwüsten.

AMURFALKE
Falco amurensis
F: Falconidae
Amurfalken sammeln sich in Schwärmen, was für Falken ungewöhnlich ist. Die Art brütet in sumpfigem Waldland in Sibirien und China, sie überwintert im südlichen Afrika.

BUNTFALKE
Falco sparverius
F: Falconidae
Wie andere kleine Falken rüttelt der Buntfalke im Flug. Die Art ist in Nord- und Südamerika einschließlich der karibischen Inseln verbreitet.

MERLIN
Falco columbarius
F: Falconidae
Dieser geschickte Greifvogel erbeutet in der Luft andere Vögel. Er jagt auf der Nordhalbkugel über Hügelland und Mooren.

FLEDERMAUSFALKE
Falco rufigularis
F: Falconidae
Dieser amerikanische Falke jagt in der Dämmerung Vögel, Fledermäuse und Insekten. Er ist von Mexiko bis nach Argentinien verbreitet.

TURMFALKE
Falco tinnunculus
F: Falconidae
Wie andere kleine Falken »steht« der Turmfalke über offenem Gelände im Rüttelflug in der Luft, wenn er den Boden nach Beute absucht. Er ist in Eurasien und Afrika verbreitet.

HALSBAND-ZWERGFALKE
Polihierax semitorquatus
F: Falconidae
Dieser afrikanische Falke stößt auf Insekten und Echsen auf dem Boden herab. Er brütet in den Nestern von Webervögeln. Die Vögel kooperieren manchmal bei der Aufzucht der Jungen.

GELBKOPF-KARAKARA
Milvago chimachima
F: Falconidae
Diesen habichtähnlichen Aasfresser, der auch die Früchte von Ölpalmen nicht verschmäht, trifft man im südlichen Südamerika in Savannen und an Waldrändern an.

BERG-KARAKARA
Phalcoboenus megalopterus
F: Falconidae
Karakaras sind langbeinige, eher träge Falkenverwandte. Wie andere Karakaras ist diese Art der Hochanden ein Aasfresser, er erbeutet aber auch kleine Tiere.

KARIBIK-KARAKARA
Caracara cheriway
F: Falconidae
In offenem Gelände lebt dieser häufige Karakara. Er nistet in Bäumen oder am Boden. Die Art ist im Süden der USA und im nördlichen Südamerika verbreitet.

FALKLAND-KARAKARA
Phalcoboenus australis
F: Falconidae
Weil dieser auf den Falklandinseln heimische Karakara auch neugeborene Lämmer angreift, hat man ihn stark bejagt.

TRAPPEN

Trappen sind mittel- bis sehr große bodenbewohnende Vögel (darunter einige der schwersten flugfähigen Vögel) mit langen, kräftigen Beinen.

Die Vögel der Ordnung Otidiformes sind gute Läufer. Sie nehmen Insekten, Reptilien, kleine Säugetiere und Pflanzenmaterial in Halbwüsten, Steppen und Feldern vom Boden auf. Im Flug fallen die großen weißen Bereiche ihrer langen, breiten Flügel auf. Größere Arten sind starke, ausdauernde Flieger, während die kleineren ähnlich wie viele Hühnervögel mit einer hohen Schlagfrequenz fliegen. Als gesellige Vögel bilden Trappen dort Schwärme, wo sie noch in großen Zahlen vorkommen.

STAMM	CHORDATA
KLASSE	AVES
ORDNUNG	OTIDIFORMES
FAMILIEN	1
ARTEN	26

1–1,4 m

RIESENTRAPPE
Ardeotis kori
F: Otidae

Die Riesentrappe, einer der größten flugfähigen Vögel, ist in Ost- und Südafrika verbreitet. Sie wird bis zu 19 kg schwer. Ihre Nahrung besteht aus kleinen Wirbeltieren, Aas und Sämereien.

0,8–1,5 m

WAMMENTRAPPE
Ardeotis australis
F: Otidae

Die Wammentrappe lebt in Grasländern und offenen Wäldern in Australien und im Süden Neuguineas. Die Männchen blasen ihren Kehlsack bei der Balz auf.

55–65 cm

KRAGENTRAPPE
Chlamydotis undulata
F: Otidae

In Ebenen und Wüstengebieten in Nordafrika und auf den Kanarischen Inseln trifft man diese Art trockener Lebensräume an.

70–110 cm

GROSSTRAPPE
Otis tarda
F: Otidae

Bei Trappen sind die Männchen größer als die Weibchen. Bei der in eurasischen Steppen verbreiteten Großtrappe ist der Größenunterschied besonders deutlich.

40–45 cm

ZWERGTRAPPE
Tetrax tetrax
F: Otidae

Diese kleine Trappe brütet in offenen Lebensräumen in Eurasien und zieht im Winter in den Süden. Im Flug ähnelt sie einer Brandgans.

53 cm

ROTSCHOPFTRAPPE
Lophotis ruficrista
F: Otidae

Wie andere Trappen balzt diese südafrikanische Art spektakulär. Die Männchen fliegen gaukelnd umher und Paare rufen im Duett.

KRANICHE UND RALLEN

Von den graziösen Kranichen bis zu den versteckt lebenden Rallen umfasst die Ordnung Gruiformes Bodenbewohner trockener und feuchter Lebensräume.

Die meist langbeinigen und -schnäbeligen Vögel der Ordnung Gruiformes unterscheiden sich sehr im Verhalten. Kraniche bewohnen den Boden, sitzen nicht auf Ästen und haben kurze Zehen, wobei der hintere verkümmert ist oder fehlt. Blässhühner und Binsenrallen besitzen Schwimmlappen an den Zehen. Rallen haben längere Zehen und einen schmalen Körper, mit dem sie sich durch dichte Vegetation bewegen können. Einige Arten abgelegener Inseln können nicht fliegen.

STAMM	CHORDATA
KLASSE	AVES
ORDNUNG	GRUIFORMES
FAMILIEN	6
ARTEN	188

65–70 cm

RALLENKRANICH
Aramus guarauna
F: Aramidae

Dieser kleine Vetter der Kraniche ist vor allem nachtaktiv. Er kommt in Feuchtgebieten im tropischen Amerika vor. Mit seinem Pinzettenschnabel holt er Schnecken aus ihren Häusern.

15 cm

ROTNACKEN-LAUFHÜHNCHEN
Turnix tanki
F: Turnicidae

Wie andere Laufhühnchen bewohnt diese ostasiatische Art tropische Grasländer. Die Weibchen sind bunter und balzen um die Männchen, die für die Aufzucht der Jungen zuständig sind.

19–23 cm

MOHRENRALLE
Amaurornis flavirostra
F: Rallidae

Die Mohrenralle ist in Afrika südlich der Sahara weit verbreitet. Anders als viele ihrer scheuen Verwandten sieht man sie oft außerhalb der Deckung.

22–30 cm

WACHTELKÖNIG
Crex crex
F: Rallidae

Sein knarrender Ruf verrät den scheuen Wachtelkönig. Er kommt u. a. in Pfeifengraswiesen und Niedermooren vor und brütet in Eurasien.

28–33 cm

BINDENRALLE
Gallirallus philippensis
F: Rallidae

Einige Arten der indopazifisch verbreiteten Gattung *Gallirallus* können nicht oder nur sehr schlecht fliegen. Doch diese Art war dazu fähig, viele Inseln von den Philippinen bis nach Neuseeland zu besiedeln.

13–18 cm

GELBRALLE
Coturnicops noveboracensis
F: Rallidae

Die scheue nordamerikanische Art ist eine von mehreren ähnlich kräftig gestrichelten Rallen. Mit nächtlichen klickenden Rufen verrät sie ihre Anwesenheit.

38–48 cm

KÖNIGSRALLE
Rallus elegans
F: Rallidae

Die Art kommt im östlichen Nordamerika, in Mexiko und auf Kuba vor. Sie sucht in der Deckung nach Insekten, Spinnen, Krebstieren und Schnecken.

»

23–28 cm

WASSERRALLE
Rallus aquaticus
F: Rallidae

Arten der Gattung *Rallus* schlüpfen mit ihren seitlich zusammengedrückten Körpern mühelos durch Schilfbestände. Diesen eurasisch verbreiteten Vogel sieht man selten außerhalb der Deckung.

20–27 cm

VIRGINIA-RALLE
Rallus limicola
F: Rallidae

Dieser Langstreckenzieher ist von Nordamerika bis ins nördliche Südamerika verbreitet. Den scheuen Vogel bekommt man selten zu Gesicht.

32–41 cm

KLAPPERRALLE
Rallus longirostris
F: Rallidae

Anders als viele Rallen bevorzugt diese Art des tropischen Amerikas Salzmarschen und Mangrovensümpfe. Ihr klappernder Ruf ist charakteristisch.

39–40 cm

AMERIKANISCHES BLÄSSHUHN
Fulica americana
F: Rallidae

Diesen Vogel trifft man in Nordamerika und im nördlichen Südamerika an. Er sucht in seichtem Wasser und an Land Nahrung.

26–33 cm

ZWERGBINSENRALLE
Heliornis fulica
F: Heliornithidae

Diese Binsenralle kommt im tropischen Amerika vor. Wie alle Binsenrallen ist sie scheu und ernährt sich von kleinen Tieren langsam fließender Gewässer.

30–36 cm

ZWERGSULTANSHUHN
Porphyrio martinica
F: Rallidae

In Sumpfgebieten des tropischen Amerikas kommt diese Art vor. Sie ist mit ihrem blauvioletten Gefieder und dem blauen Stirnschild leicht zu erkennen.

21–27 cm

ZIMTSUMPFHUHN
Porzana fusca
F: Rallidae

In Feuchtgebieten, Mangrovensümpfen und trockeneren Lebensräumen im östlichen Asien trifft man diese Art an. Ihre Brust ist zimtbraun.

20–25 cm

CAROLINASUMPFHUHN
Porzana carolina
F: Rallidae

Die Art ist das häufigste nordamerikanische Mitglied der Familie der Rallen. Sie brütet in Feuchtgebieten und überwintert in der Karibik.

18–22 cm

WEISSBRAUEN-SUMPFHUHN
Porzana cinerea
F: Rallidae

Arten der Gattung *Porzana* haben relativ kurze Schnäbel und rufen charakteristisch. Diese Art ist eine typische Vertreterin. Sie ist von der Malaiischen Halbinsel bis nach Polynesien verbreitet.

32–35 cm

TEICHHUHN
Gallinula chloropus
F: Rallidae

Teichrallen der Gattung *Gallinula* sind laute Vögel mit dunklem Gefieder und ruckartigen Bewegungen. Das Teichhuhn ist fast weltweit verbreitet.

GRAUFLÜGEL-TROMPETERVOGEL
Psophia crepitans
F: Psophiidae
Trompetervögel sind nach ihren lauten Rufen benannt. Die geselligen Bodenbewohner der Amazonas-Region können nur schlecht fliegen. Wie diese Art mit schwarzem Körper wirken sie buckelig.

BROLGA-KRANICH
Grus rubicunda
F: Gruidae
Dieser australische Kranich hat einen kahlen roten Kopf und eine schwarze Wamme. Seine Balztänze sind sehr eindrucksvoll.

PARADIESKRANICH
Anthropoides paradiseus
F: Gruidae
Außerhalb der Brutsaison zieht der vorwiegend weiße Paradieskranich nomadisch zwischen Seen, Grasländern und Agrarland hin und her.

MANDSCHUREN-KRANICH
Grus japonensis
F: Gruidae
Mandschuren-Kraniche brüten in Sibirien und überwintern in Korea und China. Die Art wird seltener. Wie verwandte Arten haben die Vögel einen kahlen roten Oberkopf.

GRAUHALS-KRONENKRANICH
Balearica regulorum
F: Gruidae
Afrikanische Kronenkraniche sind die einzigen Kraniche, die sich auf Bäumen niederlassen und Äste umgreifen können.

KANADA-KRANICH
Grus canadensis
F: Gruidae
Der Kanada-Kranich ist von Nordamerika bis nach Sibirien verbreitet. Die Vögel ziehen in Familiengruppen in den Süden, einige bis nach Mexiko.

KRANICH
Grus grus
F: Gruidae
In Marschen, Heidegebieten und in der Tundra lebt dieser Kranich. Er brütet in Eurasien und zieht nach Nordafrika und Südasien, oft in V-Formation.

KAGU UND SONNENRALLE

Die erst vor kurzer Zeit von den Kranichen und Rallen (Ordnung Gruiformes) getrennten Arten Kagu und Sonnenralle leben in feuchten Wäldern in einem sehr begrenzten Verbreitungsgebiet.

Eine Handvoll von Arten lässt sich nur schwer in die Verwandtschaft anderer einordnen. Der Kagu und die Sonnenralle scheinen nah verwandt zu sein, sehen aber völlig unterschiedlich aus. Der Kagu zeigt eine breite grau-weiße Bänderung der Flügel, wenn er sie bei der Balz spreizt. Die Sonnenralle besitzt stattdessen unerwartete Flecke auf den Flügeln und dem Schwanz, wenn sie bei der Balz horizontal ausgebreitet werden, um ein durchgehendes Muster zu erzeugen.

STAMM	CHORDATA
KLASSE	AVES
ORDNUNG	EURYPYGIFORMES
FAMILIEN	2
ARTEN	2

SONNENRALLE
Eurypyga helias
F: Eurypygidae
Dieser Jäger bewohnt feuchte Wälder in Mittel- und Südamerika. Bei der Balz, und um Angreifer abzuschrecken, präsentiert er seine Augenflecken auf den Flügeln.

KAGU
Rhynochetos jubatus
F: Rhynochetidae
Der Kagu, der nur in Wäldern auf Neukaledonien im südwestlichen Pazifik vorkommt, hat keine kräftige Flugmuskulatur. Er kann nur gleiten und setzt seine Flügel bei der Balz ein.

∧ KRONE UND KOPFFÄRBUNG
Diese Art hat eine goldene Krone, eine schwarze Stirn und kahle weiße Wangen mit rotem Fleck, der bei Vögeln aus Ostafrika breiter ist. Männchen und Weibchen können ihre roten Kehlsäcke aufblasen. Wenn sie die Luft entweichen lassen, erklingt ein dumpfer Ruf.

GRAUHALS-KRONENKRANICH

Balearica regulorum

Der Grauhals-Kronenkranich gehört zur Familie Gruidae, deren Mitglieder für ihre spektakulären Balztänze bekannt sind. In der offenen Savanne springen die Vögel umher, schlagen mit den Flügeln und verneigen sich. Manchmal scheint es, als würden sie Aggressionen ausagieren oder die Paarbindung festigen. Vor allem aber umwerben sie ihre Partnerinnen und präsentieren dabei ihren eindrucksvollen Kopfschmuck. Kronenkraniche haben keine lange gewundene Luftröhre wie Kranich-Arten mit längeren Schnäbeln und lassen keine trompetenden Laute erschallen. Bei der Balz stoßen sie Luft aus ihrem aufgeblähten roten Kehlsack aus, sodass ein dumpfer Laut ertönt. Zum Brüten ziehen sich Paare in feuchtere Lebensräume zurück, wo dichtere Vegetation die Nester tarnt. Die Nistplattformen bestehen aus Gräsern. Hier sind die Jungvögel vor Fressfeinden verborgen. Die Elternvögel ruhen versteckt in Bäumen.

GRÖSSE 1,1 m
LEBENSRAUM offene Landschaften
VERBREITUNG Ost- und Südafrika
NAHRUNG Gräser, Sämereien, Wirbellose, kleine Wirbeltiere

Schwarze Federn am Kopf wirken wie eine gewölbte Stirn.

Nasenloch

Schnabel kürzer und kräftiger als der anderer Kranich-Arten

NICKHAUT >
Die Bezeichnung Nickhaut kommt vom lateinischen *nictare*, das »blinzeln« bedeutet. Dieses durchsichtige »dritte Augenlid« reinigt die Oberfläche des Augapfels, wenn es sich über das Auge bewegt.

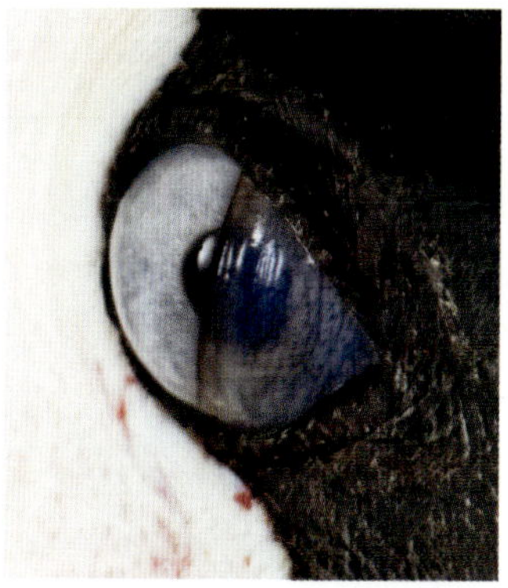

SCHMUCKFEDERN >
Sind die Flügel angelegt, hängen lange goldene Federn über den Schwungfedern seitlich am Körper herab.

∨ PRÄCHTIGER KRAGEN
Lange, spitze Konturfedern im oberen Teil des Körpers und dem unteren Halsbereich bilden einen Kragen. Das Gefieder ist vorwiegend grau.

FÜSSE >
Kronenkraniche haben anders als andere Kranich-Arten eine lange hintere Zehe und können sich dadurch in Bäumen niederlassen. Vielleicht ist die Kralle ein Relikt baumbewohnender Vorfahren.

∧ LANGE BEINE
Die langen Beine sind beim Waten von Vorteil. Kronenkraniche haben aber kürzere Beine als andere Kranich-Arten.

weiße Deckfedern

schwarze Handschwingen

braune Armschwingen

∧ FLÜGEL
Im Flug sind die weißen Partien der Unterflügel deutlich sichtbar. Obwohl sie kräftige Flügel haben, ziehen diese tropischen Vögel nicht über weite Strecken wie andere Kranich-Arten.

WATVÖGEL, MÖWEN UND ALKEN

Die meisten Vögel dieser Gruppe trifft man an Küsten an. Viele sind daran angepasst, im Schlamm und seichten Wasser zu waten und mit den Schnäbeln nach Nahrung zu stochern.

Die Vögel der Ordnung Regenpfeiferartige (Charadriiformes) bilden drei Hauptgruppen. Zwei leben vor allem an Stränden: Regenpfeifer und Verwandte sind meist kurzbeinig und kurzschnäbelig, sie ernähren sich von Wirbellosen im Boden oder Schlamm. Einige Vögel dieser Gruppe, wie der Kiebitz, bevorzugen trockenere Lebensräume im Binnenland. Andere wie die Regenpfeifer sind stärker an Feuchtgebiete angepasst. Säbelschnäbler und Stelzenläufer schwenken ihre dünnen Schnäbel in seichtem Wasser, während Austernfischer mit ihren kräftigen Schnäbeln Muschelschalen öffnen. Die Vögel der zweiten Gruppe, zu der Strandläufer, Schnepfen und Verwandte gehören, stochern mit ihren langen Schnäbeln im Schlamm. Einige, wie Wasserläufer und Brachvögel, waten mit ihren langen Beinen bei der Nahrungssuche durch tieferes Wasser.

SEEVÖGEL

Zur dritten Gruppe dieser Ordnung gehören Möwen, Seeschwalben, Raubseeschwalben und Alken. Sie haben Schwimmhäute zwischen den Zehen und sind am stärksten ans Meer gebunden. Manche verbringen einen großen Teil ihres Lebens auf dem Meer, einige legen auf ihrem Zug enorme Strecken zurück. Möwen sind opportunistische Räuber, die man auch im Binnenland antrifft. Die arktisch verbreiteten Alken tauchen in den Meeren.

STAMM	CHORDATA
KLASSE	AVES
ORDNUNG	CHARADRIIFORMES
FAMILIEN	19
ARTEN	383

STREITFRAGE

ARTBILDUNG BEI MÖWEN

Neue Arten entstehen, wenn sich Populationen so stark auseinanderentwickeln, dass sich die Tiere nicht mehr untereinander paaren. Man dachte, dass sich die Silbermöwe von asiatischen Vorfahren abgetrennt hat. Neuen Forschungen zufolge stammt sie von im Nordatlantik isolierten Möwen ab.

TRIEL
Burhinus oedicnemus
F: Burhinidae
Der vorwiegend nachtaktive Triel ist mit den Regenpfeifern verwandt. Die eurasische Art lebt im Binnenland in trockenen, steinigen Gebieten.

KRABBENTRIEL
Esacus recurvirostris
F: Burhinidae
Die Arten der Gattung *Esacus* fangen mit ihren meißelartigen Schnäbeln Beute, wie Krebse, am Wasser. Diese Art ist in Südasien verbreitet.

WEISSGESICHT-SCHEIDENSCHNABEL
Chionis albus
F: Chionidae
Dies ist einer von zwei weißen Scheidenschnäbeln. Sie kommen in der Antarktis vor und fressen Aas und Jungvögel anderer Arten.

MAGELLAN-REGENPFEIFER
Pluvianellus socialis
F: Chionidae
Dieser ungewöhnliche südamerikanische Watvogel, der einzige, der Nahrung für seine Jungen auswürgt, ist näher mit den Scheidenschnäbeln verwandt als andere Regenpfeifer.

IBISSCHNABEL
Ibidorhyncha struthersii
F: Ibidorhynchidae
Der Ibisschnabel ist der einzige Regenpfeifer-Verwandte mit langem, nach unten gebogenem Schnabel. Er stochert in steinigen Flussbetten zentralasiatischer Gebirge nach Wirbellosen.

KLIPPEN-AUSTERNFISCHER
Haematopus bachmani
F: Haematopodidae
Schwarze Austernfischer haben im Allgemeinen begrenztere Verbreitungsgebiete als mehrfarbige Arten. Diese Art trifft man nur an der Westküste Nordamerikas an.

AUSTERNFISCHER
Haematopus ostralegus
F: Haematopodidae
Der am weitesten verbreitete Austernfischer brütet im nördlichen Eurasien. Wie andere Arten öffnet er mit seinem langen Schnabel die Schalen von Muscheln.

REIHERLÄUFER
Dromas ardeola
F: Dromadidae
Der Reiherläufer ist wahrscheinlich enger mit den Möwen verwandt als mit den Regenpfeifern. Man trifft ihn an den Küsten des Indischen Ozeans an, wo er Krebstiere frisst.

SCHLAMMSTELZER
Cladorhynchus leucocephalus
F: Recurvirostridae

Diese australische Art fängt kleine schwimmende Wirbellose. Die Vögel sammeln sich in Schwärmen an Salzseen, wo sie Salinenkrebschen fressen.

ROTKOPF-SÄBELSCHNÄBLER
Recurvirostra novaehollandiae
F: Recurvirostridae

Der nomadische Vogel australischer Feuchtgebiete ist ein charakteristisch gezeichneter Watvogel. Die gesellige Art sucht in Schwärmen Nahrung.

SÄBELSCHNÄBLER
Recurvirostra avosetta
F: Recurvirostridae

Der eurasisch verbreitete Watvogel ist ein typischer Säbelschnäbler: Er schwenkt seinen Schnabel durchs Wasser, um kleine Wassertiere zu fangen.

STELZENLÄUFER
Himantopus himantopus
F: Recurvirostridae

Fast weltweit ist diese sehr variable Art verbreitet. Es gibt Formen mit weißem und schwarzem Hals, die verschiedene Arten sein könnten.

SCHIEFSCHNABEL
Anarhynchus frontalis
F: Charadriidae

Mit den Kiebitzen ist der neuseeländische Vogel verwandt, der einzige mit zur Seite gekrümmtem Schnabel. Mit ihm holt er Wirbellose unter Steinen hervor.

RING-RENNVOGEL
Peltohyas australis
F: Charadriidae

Diesen Verwandten der Kiebitze findet man in trockenen Teilen Australiens, oft weit von Gewässern entfernt.

SPORNKIEBITZ
Vanellus spinosus
F: Charadriidae

In Feuchtgebieten in Afrika und dem Nahen Osten kommt dieser Kiebitz vor. Wie der Masken- und Bronzekiebitz hat er am Flügelgelenk einen Sporn.

KIEBITZ-REGENPFEIFER
Pluvialis squatarola
F: Charadriidae

Das einzige Mitglied der Gattung *Pluvialis* mit grau, statt gelb geflecktem Rücken brütet in der Tundra in der Nähe der arktischen Küsten.

GOLDREGENPFEIFER
Pluvialis apricaria
F: Charadriidae

Die Gattung *Pluvialis* ist näher mit Stelzenläufern und Austernfischern verwandt als mit anderen Regenpfeifern. Diese Art hat im Brutkleid einen schwarzen Bauch.

MASKENKIEBITZ
Vanellus miles
F: Charadriidae

Viele Kiebitze haben gelbe Hautlappen am Kopf. Bei diesen in Australasien verbreiteten Vögeln sind sie besonders auffällig.

KIEBITZ
Vanellus vanellus
F: Charadriidae

Der eurasische Kiebitz hat eine charakteristische spitze Haube. Seine nasalen Rufe klingen wie *i-wit* oder *wiit*.

SANDREGENPFEIFER
Charadrius hiaticula
F: Charadriidae

Dies ist einer der am weitesten verbreiteten Arten der Gattung *Charadrius.* Sie brütet in der Arktis und verbringt den Winter in Afrika und Südwestasien.

KEILSCHWANZ-REGENPFEIFER
Charadrius vociferus
F: Charadriidae

Die meisten Populationen dieses Regenpfeifers ziehen zwischen Nord- und Südamerika hin und her.

MORNELL-REGENPFEIFER
Charadrius morinellus
F: Charadriidae

Die Weibchen dieser Art, die in der Tundra brütet, sind auffälliger gefärbt als die Männchen. Im Winter sind sie unscheinbarer.

»

28–31 cm

HINDU-BLATTHÜHNCHEN
Metopidius indicus
F: Jacanidae

Diese Art ist in Indien und Südostasien verbreitet. Die Männchen haben einen abgeflachten Knochen im »Unterarm«, sodass sie ihre Jungen hochheben können.

23–31 cm

BLAUSTIRN-BLATTHÜHNCHEN
Actophilornis africanus
F: Jacanidae

Der Vogel afrikanischer Feuchtgebiete hat wie alle Arten der Familie stark verlängerte Zehen, um über Pflanzen auf dem Wasser zu laufen.

20–27 cm

KAMM-BLATTHÜHNCHEN
Irediparra gallinacea
F: Jacanidae

Von Asien bis Australien findet man diese Art. Wie bei anderen Blatthühnchen brüten die Männchen die Eier aus und kümmern sich um die Jungen.

31–58 cm

FASAN-BLATTHÜHNCHEN
Hydrophasianus chirurgus
F: Jacanidae

Im südlichen Asien ist diese Art verbreitet, das einzige Blatthühnchen, das sein Gefieder wechselt: Nach der Brutsaison verliert es seinen langen Schwanz.

17–23 cm

ROTSTIRN-BLATTHÜHNCHEN
Jacana jacana
F: Jacanidae

Die dominanten Weibchen dieser südamerikanischen Art paaren sich mit vielen Männchen.

23–26 cm

BUNT-GOLDSCHNEPFE
Rostratula benghalensis
F: Rostratulidae

Mit den Blatthühnchen ist diese Art tropischer Feuchtgebiete der Alten Welt verwandt. Wie bei diesen paaren sich die dominanten Weibchen mit mehreren Männchen.

15–19 cm

STEPPENLÄUFER
Pedionomus torquatus
F: Pedionomidae

Der wachtelähnliche Vogel, der in Grasländern in Afrika lebt, ist das einzige Mitglied seiner Familie. Er ist mit den Blatthühnchen verwandt.

23–25 cm

KLEINER SCHLAMMLÄUFER
Limnodromus griseus
F: Scolopacidae

Schlammläufer sind mit den Schnepfen verwandt und im Prachtkleid rötlich gefärbt. Diese Art ist in Nord- und Südamerika verbreitet.

23–25 cm

KNUTT
Calidris canutus
F: Scolopacidae

Wie viele ziehende Watvögel verliert der Knutt, der in der Arktis brütet, sein charakteristisches Sommerkleid im Winter und wirkt dann unauffälliger.

16–20 cm

ALPENSTRANDLÄUFER
Calidris alpina
F: Scolopacidae

Der Alpenstrandläufer ist ein typischer Watvogel, der in der Arktis brütet und im Herbst in Schwärmen in den Süden zieht.

25–27 cm

BEKASSINE
Gallinago gallinago
F: Scolopacidae

Jungen dieser weitverbreiteten Art sind bald nach dem Schlüpfen aktiv. Anders als andere Watvögel füttern Schnepfenvögel ihre Jungen.

17–19 cm

ZWERGSCHNEPFE
Lymnocryptes minimus
F: Scolopacidae

Eigentliche Schnepfen und Bekassinen haben lange Schnäbel, kurze Beine und ein Tarngefieder. Diese in der Alten Welt verbreitete Art ist die kleinste der Gruppe.

20–21 cm

SANDERLING
Calidris alba
F: Scolopacidae

Der Sanderling brütet nördlich des Polarkreises. Im Winter zieht er in Schwärmen zu Sandstränden weiter im Süden.

37–42 cm

HUDSON-SCHNEPFE
Limosa haemastica
F: Scolopacidae

Dies ist eine der beiden amerikanischen Arten der Gattung *Limosa*. Sie ist nach ihrem Brutgebiet benannt, das die Strände der Hudson Bay einschließt.

40–44 cm

UFERSCHNEPFE
Limosa limosa
F: Scolopacidae

Einen leicht aufgebogenen Schnabel hat diese Art der Alten Welt, der typisch für diese Gattung ist. Sie sucht auch im Binnenland auf Wiesen, Weiden und Heideflächen Nahrung.

18–19 cm

ODINSHÜHNCHEN
Phalaropus lobatus
F: Scolopacidae

Das Odinshühnchen brütet in weiten Teilen der Arktis. Die bunten Weibchen balzen zur Brutzeit um die Männchen. Nur die Männchen ziehen die Jungen groß.

AMERIKANISCHER BRACHVOGEL
Numenius americanus
F: Scolopacidae
Der typische Brachvogel stochert mit seinem langen, gebogenen Schnabel im Schlamm nach Wirbellosen.

REGENBRACHVOGEL
Numenius phaeopus
F: Scolopacidae
Einen trillernden Ruf hat dieser mittelgroße Brachvogel. Er brütet in zirkumpolaren Regionen. Einige Vögel überwintern in Australien.

GRASLÄUFER
Tryngites subruficollis
F: Scolopacidae
Dieser Watvogel brütet in der nordamerikanischen Tundra und im östlichen Sibirien. Er überwintert in den Grasländern Südamerikas.

ROTSCHENKEL
Tringa totanus
F: Scolopacidae
Die meisten Watvögel brüten an Süßgewässern. Der in der Alten Welt verbreitete Rotschenkel brütet manchmal in Salzmarschen.

KLEINER GELBSCHENKEL
Tringa flavipes
F: Scolopacidae
In Wäldern in Alaska und Kanada brütet der Kleine Gelbschenkel. Er überwintert in der Karibik.

KAMPFLÄUFER
Calidris pugnax
F: Scolopacidae
Kampfläufer-Männchen, die man in in feuchtem Grünland der Alten Welt antrifft, verändern sich im Frühjahr stark: Das graue Wintergefieder wird durch ein rotbraunes Prachtkleid mit auffälligem Kragen ersetzt.

WANDER-WASSERLÄUFER
Tringa incana
F: Scolopacidae
Diese Art brütet in Alaska und hat zu dieser Zeit eine gebänderte Brust. Sie überwintert weiter südlich an der amerikanischen Pazifikküste.

KANADA-SCHNEPFE
Scolopax minor
F: Scolopacidae
Wie andere Schnepfen ist dieser amerikanische Vogel hervorragend getarnt. Die Augen sitzen weit oben am Kopf, sodass er eine gute Rundumsicht hat.

DROSSEL-UFERLÄUFER
Actitis macularius
F: Scolopacidae
Wie der verwandte eurasische Flussuferläufer hat diese amerikanische Art einen kurzen Schnabel, mit dem sie Nahrung von trockenem Boden aufpickt.

STEINWÄLZER
Arenaria interpres
F: Scolopacidae
Der Steinwälzer, der auf der Nordhalbkugel brütet, dreht auf der Suche nach Nahrung Gegenstände um.

LÖFFEL-STRANDLÄUFER
Calidris pygmaea
F: Scolopacidae
Wie Löffler haben diese Watvögel aus Ostasien einen löffelförmigen Schnabel, den sie in seichtem Wasser schwenken, um Wirbellose zu fangen.

FLECKEN-HÖHENLÄUFER
Attagis malouinus
F: Thinocoridae
Vier Arten kurzschnäbeliger pflanzenfressender Höhenläufer leben in offenen Lebensräumen in Südamerika. Diese Art lebt nur an der Südspitze des Kontinents.

»

19–21 cm

RENNVOGEL
Cursorius cursor
F: Glareolidae

Rennvögel sind unauffällige langbeinige, oft nachtaktive Bodenbewohner, die Regenpfeifern ähneln. Diese in Afrika und Asien verbreitete Art ist ein Zugvogel.

19–24 cm

STELZEN-BRACHSCHWALBE
Stiltia isabella
F: Glareolidae

Diese Art aus Australien und Indonesien hält sich meist in der Nähe von Süßgewässern auf. Sie kann auch Salzwasser trinken.

24–28 cm

SCHWARZFLÜGEL-BRACHSCHWALBE
Glareola nordmanni
F: Glareolidae

Wie alle Brachschwalben ist diese Art ein Zugvogel. Sie brütet in Osteuropa und Zentralasien und verbringt den Winter in Afrika.

23–26 cm

ROTFLÜGEL-BRACHSCHWALBE
Glareola pratincola
F: Glareolidae

Wie die meisten Brachschwalben sammeln sich diese südeuropäischen Vögel in lauten Schwärmen in Feuchtgebieten.

27–28 cm

BINDEN-RENNVOGEL
Rhinoptilus cinctus
F: Glareolidae

Die meisten Rennvögel leben nur in Wüsten und Buschland. Diese afrikanische Art kann man auch in Waldgebieten antreffen.

17–19 cm

SAND-BRACHSCHWALBE
Glareola lactea
F: Glareolidae

Diese kleine in Südasien verbreitete Brachschwalbe mit gegabeltem Schwanz fängt wie ihre Verwandten Insekten im Flug.

50–60 cm

GABELSCHWANZMÖWE
Creagrus furcatus
F: Laridae

Die einzige nachtaktive Möwe brütet auf den Galapagosinseln und überwintert in Südamerika. Sie fängt Fische und Kalmare.

42–44 cm

BLUTSCHNABEL-MÖWE
Leucophaeus scoresbii
F: Laridae

Diese Möwe ist anderen Vögeln gegenüber sehr aggressiv. Sie kommt nur an der Südspitze Südamerikas und auf den Falklandinseln vor.

36–41 cm

AZTEKENMÖWE
Leucophaeus atricilla
F: Laridae

Diese amerikanische Möwe hat einen lachenden Ruf. Sie brütet in Kolonien bei Ästuaren und in Salzmarschen.

45–47 cm

GRAUMÖWE
Leucophaeus modestus
F: Laridae

Nur in Peru und Chile kommt diese Art vor. Sie brütet in der Atacama-Wüste, einer der trockensten Wüsten der Erde.

27–32 cm

SCHWALBENMÖWE
Xema sabini
F: Laridae

In der Arktis brütet die Verwandte der Elfenbein-Möwe. Sie zieht weit, um den Winter in Südamerika und Afrika zu verbringen.

38–40 cm

ROSENMÖWE
Rhodostethia rosea
F: Laridae

Diese Möwe ist rosa getönt. Sie brütet in der arktischen Tundra und überwintert an den Küsten und auf dem Meer.

28–30 cm

BONAPARTE-MÖWE
Chroicocephalus philadelphia
F: Laridae

Diese nordamerikanische Möwe brütet in feuchten Nadelwäldern in Kanada und überwintert an den Küsten der Karibik.

34–37 cm

LACHMÖWE
Chroicocephalus ridibundus
F: Laridae

Wie andere Möwen dieser Gruppe hat die Lachmöwe im Winter einen weißen Kopf. Man trifft sie auf der Nordhalbkugel häufig an.

40–45 cm

SILBERKOPFMÖWE
Chroicocephalus novaehollandiae
F: Laridae

Obwohl sie anders aussieht, ist diese australische Möwe mit der häufigen Lachmöwe verwandt. Sie sucht auch auf Müllhalden nach Nahrung.

STURMMÖWE
Larus canus
F: Laridae
Die Art der Nordhalbkugel hat einen charakteristischen hohen, nasalen Ruf. Sie brütet im Binnenland in Mooren und an der Küste.

DICKSCHNABELMÖWE
Larus pacificus
F: Laridae
Zu einer Gruppe auf der Südhalbkugel verbreiteter Möwen gehört diese australische Art. Sie lässt Muscheln auf Felsen herabfallen, sodass deren Schalen zerspringen.

WESTMÖWE
Larus occidentalis
F: Laridae
Die große Möwe kommt an der Pazifikküste Nordamerikas vor. Sie nistet in Kolonien, meist auf Inseln oder Felsen vor der Küste.

MANTELMÖWE
Larus marinus
F: Laridae
Die größte Möwe kommt an den Küsten des Nordatlantiks vor. Die aggressive Räuberin erbeutet die Jungen anderer Seevögel.

FISCHMÖWE
Ichthyaetus ichthyaetus
F: Laridae
Dieses Mitglied einer asiatischen Gruppe schwarzköpfiger Möwen brütet in Russland und überwintert im Mittelmeergebiet und an den Küsten des Indischen Ozeans.

EISMÖWE
Larus hyperboreus
F: Laridae
In der Arktis brütet diese große Art. Sie ist viel heller als die meisten verwandten weißköpfigen Möwen der Nordhalbkugel.

RINGSCHNABELMÖWE
Larus delawarensis
F: Laridae
Diese Art, die in Nordamerika brütet und in der Karibik überwintert, hat einen dunklen Schnabelring. Sie sucht in Agrarland nach Nahrung.

SILBERMÖWE
Larus argentatus
F: Laridae
Diese Art, die mit der Heringsmöwe (*L. fuscus*) verwandt ist, sieht man in Europa und im östlichen Nordamerika oft in Küstenstädten.

HEERMANNMÖWE
Larus heermanni
F: Laridae
Diese Möwe ist in Nordamerika verbreitet. Oft sucht sie zusammen mit Braunpelikanen Nahrung und jagt ihnen die Beute ab.

HEMPRICHMÖWE
Ichthyaetus hemprichii
F: Laridae
Wie viele Möwen wärmerer Regionen hat diese in Afrika und Asien verbreitete Art ein dunkles Gefieder, vielleicht eine Anpassung an die Sonneneinstrahlung.

ELFENBEINMÖWE
Pagophila eburnea
F: Laridae
Die arktische Möwe trifft man selten weit vom Packeis entfernt an. Sie folgt Eisbären, um an ihrem Riss zu fressen.

WEISSAUGENMÖWE
Ichthyaetus leucophthalmus
F: Laridae
Nur am Roten Meer kommt die Weißaugenmöwe vor, wo sie wegen Ölverschmutzung gefährdet ist.

KLIPPENMÖWE
Rissa brevirostris
F: Laridae
Diese Art brütet auf Inseln in der Beringsee im Nordpazifik und verbringt den Winter weiter im Süden.

DREIZEHENMÖWE
Rissa tridactyla
F: Laridae
Die häufigste Möwen-Art der Erde nistet in Kolonien auf Klippen. Man trifft sie im Nordatlantik und Pazifik an.

»

» WATVÖGEL, MÖWEN UND ALKEN

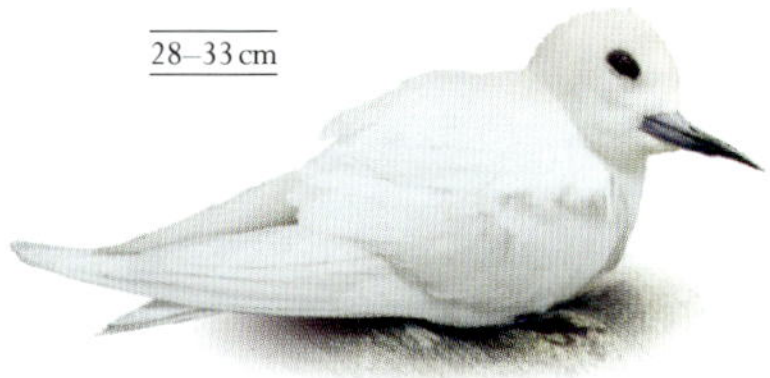

FEEN-SEESCHWALBE
Gygis alba
F: Laridae
Die kleine weiße Art lebt auf Inseln im tropischen Atlantik und Indischen Ozean. Sie legt ihre Eier manchmal direkt auf Äste von Bäumen.

INKA-SEESCHWALBE
Larosterna inca
F: Laridae
Die unverwechselbare Inka-Seeschwalbe trifft man in Peru und Chile an. Sie brütet an steinigen Küsten.

TRAUER-SEESCHWALBE
Chlidonias niger
F: Laridae
In Feuchtgebieten der Nordhalbkugel brütet diese kleine Seeschwalbe. Sie verbringt den Winter in Südamerika oder Afrika.

RÜPPELL-SEESCHWALBE
Thalasseus bengalensis
F: Laridae
Bei dieser Verwandten der Eil-Seeschwalbe färbt sich der sonst gelbe Schnabel zur Brutsaison orangefarben.

EIL-SEESCHWALBE
Thalasseus bergii
F: Laridae
Die in der Alten Welt verbreitete Art gehört zu einer Gruppe von Seeschwalben mit Hauben.

RAUB-SEESCHWALBE
Hydroprogne caspia
F: Laridae
Die größte Seeschwalbe kann man auf fast allen Kontinenten antreffen. Sie brütet wie die meisten Seeschwalben in Kolonien am Boden.

ZWERG-SEESCHWALBE
Sternula albifrons
F: Laridae
Diese Seeschwalbe der Alten Welt gehört zu einer Gruppe küstenbewohnender Arten mit weißer Stirn.

ORIENT-SEESCHWALBE
Sternula saundersi
F: Laridae
Rund um das Rote Meer und den Indischen Ozean ist diese kleine Seeschwalbe verbreitet. Früher klassifizierte man sie als Unterart der Zwerg-Seeschwalbe.

RUSS-SEESCHWALBE
Onychoprion fuscatus
F: Laridae
Diese Seeschwalbe mit weißer Blesse auf der Stirn brütet in lärmenden Kolonien auf tropischen Inseln.

ROSEN-SEESCHWALBE
Sterna dougallii
F: Laridae
Wie bei verwandten Seeschwalben verblasst der Oberkopf dieser Art im Winter. Der Zugvogel ist vor allem auf der Südhalbkugel verbreitet.

ZÜGEL-SEESCHWALBE
Onychoprion anaethetus
F: Laridae
In tropischen und subtropischen Regionen ist diese Art mit weißer Blesse über den Augen verbreitet. Sie verbringt viel Zeit auf dem Meer.

WEISSWANGEN-SEESCHWALBE
Sterna repressa
F: Laridae
Die am Roten Meer und Indischen Ozean verbreitete Art hat ein dunkleres Gefieder als andere graue Seeschwalben.

SCHWARZNACKEN-SEESCHWALBE
Sterna sumatrana
F: Laridae
Im Indischen und Pazifischen Ozean findet man diese Art. Sie nistet in kleinen Kolonien.

KÜSTEN-SEESCHWALBE
Sterna paradisaea
F: Laridae
Kein Tier legt weitere Strecken zurück als dieser Vogel: Von den Brutgebieten in der Arktis zieht er bis in die Antarktis. Er fängt Fische und Krebstiere.

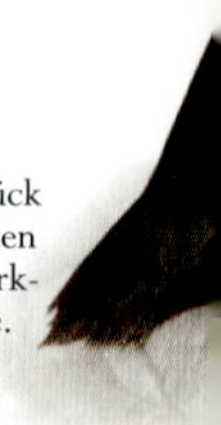

SCHWARZMANTEL-SCHERENSCHNABEL
Rynchops niger
F: Laridae
Bei Scherenschnäbeln ist der Unterschnabel länger als der Oberschnabel. Sie durchpflügen mit ihm die Wasseroberfläche. Diese Art lebt in Nord- und Südamerika.

NODDI-SEESCHWALBE
Anous stolidus
F: Laridae
Noddi-Seeschwalben sind dunkle oder weiße tropische Seeschwalben. Dies ist die größte Art. Sie ist weit verbreitet.

SÜDPOLAR-SKUA
Stercorarius maccormicki
F: Stercorariidae
Der große Vogel attackiert andere Seevögel. Er gehört zu den wenigen Regenpfeiferartigen, die an den Küsten der Antarktis brüten.

SPATEL-RAUBMÖWE
Stercorarius pomarinus
F: Stercorariidae
Raubmöwen sind aggressive möwenähnliche Vögel. Diese arktische Art tötet und frisst andere Seevögel. Auch Menschen greift sie an, wenn sie sich ihrem Nest nähern.

FALKEN-RAUBMÖWE
Stercorarius longicaudus
F: Stercorariidae
Wie andere Arten ist das kleinste Mitglied der Raubmöwen ein Zugvogel. Er brütet in zirkumpolaren Regionen und überwintert weiter südlich.

SCHMAROTZER-RAUBMÖWE
Stercorarius parasiticus
F: Stercorariidae
Dies ist die häufigste arktische Raubmöwe. Wie viele ihrer Verwandten jagt sie anderen Vögeln die Beute ab.

TORDALK
Alca torda
F: Alcidae
Der im Nordatlantik vorkommende Tordalk hat eine weiße Linie auf dem Schnabel. Wie andere Alken legt er stark zugespitzte Eier, die nicht von Klippen rollen können.

SCHOPFALK
Aethia cristatella
F: Alcidae
Wie andere Alken ernährt sich diese Art aus dem nördlichen Pazifik von planktonischen Krebstieren. Die Vögel reiben ihr Gefieder bei der Balz mit einem nach Zitrus riechenden Sekret ein.

MARMELALK
Brachyramphus marmoratus
F: Alcidae
In Nadelwäldern auf Bäumen nistet die amerikanische Art. Flügge Junge verlassen nachts das Nest und machen sich zum Meer auf.

KRABBENTAUCHER
Alle alle
F: Alcidae
Der kleine Alk brütet auf arktischen Inseln und überwintert weiter südlich auf dem Meer. Er ernährt sich von Fischchen und Krebstieren.

GRYLLTEISTE
Cepphus grylle
F: Alcidae
Diese Art der Nordküsten Nordamerikas und Eurasiens brütet in kleineren Kolonien als andere Alken und verbringt den Winter vor allem an Land.

NASHORNALK
Cerorhinca monocerata
F: Alcidae
Dieser Papageitaucher-Verwandte nistet wie diese Vögel in Erdhöhlen. Altvögel haben zur Brutzeit ein »Horn« auf dem Schnabel, daher der Name.

TAUBENTEISTE
Cepphus columba
F: Alcidae
Im Nordpazifik trifft man die Taubenteiste an, die an kaltes Klima angepasst ist. Sie kann keine wärmeren Gewässer passieren, um in den Süden zu ziehen.

PAPAGEITAUCHER
Fratercula arctica
F: Alcidae
Dieses kleine, im Nordatlantik verbreitete Mitglied der Familie der Alkenvögel nistet wie andere Lunde in Kolonien in Erdhöhlen.

GELBSCHOPFLUND
Fratercula cirrhata
F: Alcidae
Wie der verwandte Papageitaucher fängt der im Pazifik verbreitete Gelbschopflund kleine Fische. Er hält sie überkreuzt im Schnabel und kann viele zugleich transportieren.

TROTTELLUMME
Uria aalge
F: Alcidae
Das typische Mitglied der Familie der Alkenvögel brütet an den Küsten des Nordatlantiks und Pazifiks. Er überwintert auf dem Meer.

FLUGHÜHNER

Mit ihrem bräunlichen Gefieder sind diese Vögel in Wüstenlebensräumen getarnt. Sie sind gut an das Leben in dieser trockenen Umgebung angepasst.

Mit ihren rundlichen Körpern und den kurzen Beinen könnte man Flughühner für Hühnervögel halten, bis sie sich schnell und gewandt in die Luft erheben. Die Vögel der Ordnung Pterocliformes trifft man in trockenen Regionen in Asien, Afrika, Madagaskar und Südeuropa an. Sie sind nicht mit den subarktischen Raufußhühnern verwandt, sondern stehen den Tauben näher.

Flughühner haben lange, spitze Flügel. Alle Arten tragen ein Tarngefieder, das am Rücken gefleckt ist. Auffällige Bänder schmücken Kopf, Brust und Bauch vieler Arten. Die geselligen Vögel sammeln sich am frühen Morgen und manchmal am Abend in Schwärmen, um zu Wasserlöchern zu fliegen, oft über weite Strecken. Sie ernähren sich ausschließlich von Sämereien.

WASSERTRANSPORT

Flughühner brüten während der Regenzeit, wenn die Samen reifen. Das Nest ist nichts weiter als eine flache Mulde im Boden. Beide Elternvögel brüten und kümmern sich um die Jungen. Die Männchen versorgen die Küken in den trockenen Brutgebieten mit Wasser. Wenn die männlichen Elternvögel ein Wasserloch besuchen, saugen sich ihre Bauchfedern mit Wasser voll. Sind sie zurück im Nest, saugen die Küken dieses Wasser aus dem Bauchgefieder des Elternvogels auf.

STAMM	CHORDATA
KLASSE	AVES
ORDNUNG	PTEROCLIFORMES
FAMILIEN	1
ARTEN	16

Nama-Flughühner trinken an einem Wasserloch. Wie alle Flughühner sammeln sie sich dort in großen Schwärmen.

STEPPENFLUGHUHN
Syrrhaptes paradoxus
F: Pteroclidae
Dies ist eine der beiden Flughuhn-Arten Zentralasiens. Die große Art hat befiederte Zehen, einen langen Schwanz und an jedem Flügel eine verlängerte Schwungfeder.

DOPPELBAND-FLUGHUHN
Pterocles bicinctus
F: Pteroclidae
In Savannen und offenen Wäldern im südlichen Afrika ist diese Art verbreitet. Wie bei vielen Flughühnern haben die Männchen auffällige Bänder auf der Brust.

BRAUNBAUCHFLUGHUHN
Pterocles exustus
F: Pteroclidae
Vom Senegal bis nach Kenia und östlich bis nach Indien ist diese Art verbreitet. Die Vögel offener Wüsten sammeln sich in riesigen Schwärmen.

KRONENFLUGHUHN
Pterocles coronatus
F: Pteroclidae
Dieses Flughuhn mit gelber Kehle kommt in steinigen Wüstengebieten von der Sahara bis nach Pakistan vor. Es erträgt hohe Temperaturen und sogar Brackwasser.

WELLENFLUGHUHN
Pterocles lichtensteinii
F: Pteroclidae
Der kleine Vogel ist weniger gesellig als andere Flughuhn-Arten. Er kommt in Buschland und Halbwüsten von Nord- und Ostafrika bis nach Pakistan vor.

TAUBENVÖGEL

Die erfolgreiche Gruppe Samen und Früchte fressender Vögel ist fast weltweit verbreitet. Nur in den kältesten Regionen trifft man keine Tauben an.

Nach den Papageienvögeln sind die Taubenvögel (Columbiformes) die größte Gruppe pflanzenfressender baumbewohnender Vögel. Anders als die Hakenschnäbel der Papageien, mit denen die Tiere große Nüsse knacken, sind Taubenschnäbel weniger robust. Die Vögel ernähren sich von kleineren Sämereien. Einige tropische Gruppen, wie die Fruchttauben der indopazifischen Region, sind spezialisierte Früchtefresser, die in der Kronenregion der Regenwälder leben.

Die meisten Vögel dieser Ordnung sind kurzbeinig und einige Arten verbringen die meiste Zeit auf dem Boden. Tauben sind die einzigen Vögel, die beim Trinken nicht den Kopf zurückwerfen. Sie können Wasser einsaugen und »in einem Zug« trinken. In trockenen Regionen verschafft ihnen dies einen Vorteil. In ihrem Kropf speichern sie Nahrung. Ihre Jungen füttern sie mit Kropfmilch, einem Sekret, das der Milch der Säugetiere ähnelt.

AUSGESTORBENE TAUBEN

Der Erfolg vieler Tauben-Arten hat mit der hohen Zahl ihrer Nachkommen zu tun. Dennoch sind einige Arten gefährdet und andere bereits ausgestorben. Im 17. Jahrhundert starb die flugunfähige Dronte aus, verantwortlich war der Mensch. Die Wandertaube, einst einer der häufigsten Vögel Nordamerikas, wurde im 19. Jahrhundert durch rücksichtslose Bejagung ausgerottet.

STAMM	CHORDATA
KLASSE	AVES
ORDNUNG	COLUMBIFORMES
FAMILIEN	1
ARTEN	344

STREITFRAGE

DIE DRONTE

Zur Mitte des 19. Jahrhunderts stellten Wissenschaftler die ausgestorbene Dronte von Mauritius in die Ordnung der Taubenvögel. Jüngere Untersuchungen weisen auf eine Verwandtschaft zur Kragentaube hin. Die Dronte war also tatsächlich eine Taube mit Vorfahren aus dem indopazifischen Raum.

TURTELTAUBE
Streptopelia turtur
F: Columbidae
Die in Afrika und Eurasien verbreiteten Turteltauben sind kleine Verwandte der Feldtauben der Gattung *Columba*. Viele von ihnen haben einen typisch gezeichneten Hals.

PALMTAUBE
Streptopelia senegalensis
F: Columbidae
In Dörfern und Oasen in Afrika und im südlichen Asien ist die Palmtaube häufig. Ihr Gesang erinnert an ein Kichern.

GUINEA-TAUBE
Columba guinea
F: Columbidae
Diese große afrikanische Taube ist in offenem Gelände südlich der Sahara häufig. Die Vögel sammeln sich oft um Dörfer und Städte.

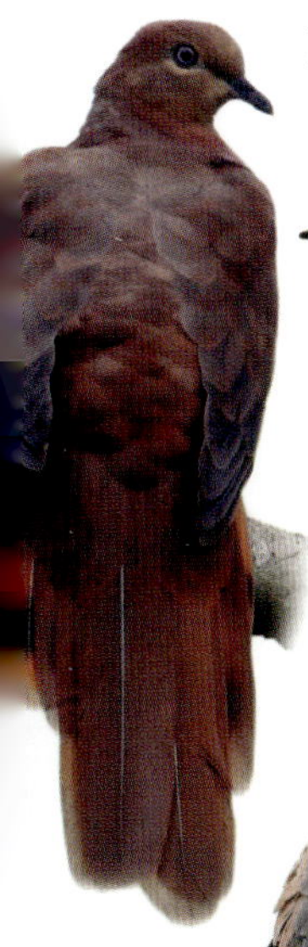

ROSABRUST-KUCKUCKSTAUBE
Macropygia amboinensis
F: Columbidae
Die Tauben der Gattung *Macropygia* sind kuckucksähnliche Vögel in Regenwäldern der indopazifischen Region. Diese Art ist auf den Molukken, in Neuguinea und Australien verbreitet.

KAPTÄUBCHEN
Oena capensis
F: Columbidae
Diese Art, die am Boden Nahrung sucht, ist von Afrika bis nach Madagaskar und Saudi-Arabien verbreitet.

ROSENTAUBE
Nesoenas mayeri
F: Columbidae
Dieser seltene Vogel kommt nur auf Mauritius vor. Er war vom Aussterben bedroht. Dank eines Nachzuchtprogramms scheint die Art im Moment gerettet zu sein.

RINGELTAUBE
Columba palumbus
F: Columbidae
Diese große Taube ist im westlichen Eurasien in Wäldern und Agrarland häufig. Oft sieht man sie auch in Parks und Gärten.

FELSENTAUBE
Columba livia
F: Columbidae
Felsentauben brüten in freier Natur auf Klippen. Das natürliche Verbreitungsgebiet dieser Art sind bergige Regionen Europas und Asiens.

STRASSENTAUBE
Columba livia
F: Columbidae
In Städten auf der ganzen Welt sieht man die domestizierten Nachfahren der Felsentauben. Man findet sie in vielen Gefiederfärbungen und -mustern.

»

KRAGENTAUBE
Caloenas nicobarica
F: Columbidae

Diese Taube, die möglicherweise mit der ausgestorbenen Dronte von Mauritius verwandt ist, kommt von Malaysia bis Neuguinea vor.

INKATÄUBCHEN
Columbina inca
F: Columbidae

Das Inkatäubchen trifft man in trockenen Regionen vom Süden der USA bis nach Mittelamerika an. Die Art gehört zu einer Gruppe meist unscheinbar gefärbter amerikanischer Kleintauben.

DIAMANTTÄUBCHEN
Geopelia cuneata
F: Columbidae

Gruppen der kleinen, nomadischen Taube trifft man im trockenen Binnenland Australiens an. An Wasserlöchern sammeln sich die Vögel in großer Zahl.

WOMPU-FRUCHTTAUBE
Ptilinopus magnificus
F: Columbidae

Fruchttauben sind vielfarbige Verwandte der Imperialtauben (*Ducula* spec.). Diese große Art aus Neuguinea und Australien lebt in den Baumkronen des Regenwalds.

BLAURINGTAUBE
Leptotila verreauxi
F: Columbidae

In Mittel- und Südamerika ist diese tropische Verwandte der Carolina-Taube weit verbreitet. Man trifft sie nördlich bis Texas an.

BARTLETT-DOLCHSTICHTAUBE
Gallicolumba criniger
F: Columbidae

Die fünf Dolchstichtauben-Arten der Philippinen sind nach dem blutroten Fleck auf ihrer Brust benannt. Dieser Vogel lebt auf den südlichen Inseln des Archipels.

HOPFTAUBE
Gallicolumba tristigmata
F: Columbidae

Der terrestrische Vogel aus den Wäldern Sulawesis (Indonesien) ist mit den Dolchstichtauben der Philippinen verwandt, ebenso vielleicht mit Arten des trockenen Australiens.

CAROLINA-TAUBE
Zenaida macroura
F: Columbidae

In offenen Lebensräumen in Nord- und Mittelamerika und in der Karibik trifft man die langschwänzige Carolina-Taube an.

GRÜNFLÜGELTAUBE
Chalcophaps indica
F: Columbidae

Am Boden sucht diese grün schillernde Taube nach Früchten und Sämereien. Sie ist von Indien bis auf Inseln im südwestlichen Pazifik in Regenwäldern verbreitet.

HAUBEN-FRUCHTTAUBE
Lopholaimus antarcticus
F: Columbidae

Diese große greifvogelähnliche Taube des östlichen Australiens ist nach der Haube auf dem Oberkopf benannt.

BRONZE-FRUCHTTAUBE
Ducula aenea
F: Columbidae

In der Kronenregion der Regenwälder von Indien bis nach Südostasien kann man den tiefen Ruf dieser Taube hören, die vor allem Früchte frisst.

ZWEIFARBEN-FRUCHTTAUBE
Ducula bicolor
F: Columbidae

Imperialtauben oder Große Fruchttauben sind Früchte fressende Regenwaldvögel. Das weiße Gefieder dieser Art aus Südost-Asien und Australasien ist oft mit Resten ihrer Nahrung befleckt.

VICTORIA-KRONTAUBE
Goura victoria
F: Columbidae

Krontauben sind die größten Tauben. Dieser Vogel aus dem nördlichen Neuguinea hat anders als die Rotbrust-Krontaube eine Haube mit weißen Spitzen.

WONGA-TAUBE
Leucosarcia melanoleuca
F: Columbidae

Diese charakteristisch gefärbte Taube kommt nur im östlichen Australien vor. Sie bewohnt vom südlichen Queensland bis nach Victoria Wälder und Gebüsche.

FASANTAUBE
Otidiphaps nobilis
F: Columbidae

Jüngere Forschungen weisen darauf hin, dass diese bodenbewohnende Taube Neuguineas zur selben Gruppe wie die Krontauben und vielleicht die ausgestorbene Dronte gehört.

ROTBRUST-KRONTAUBE
Goura scheepmakeri
F: Columbidae

Diese Art lebt im südlichen Neuguinea in Wäldern. Sie hat einen blaugrauen Rücken, eine kastanienbraune Brust und eine spitzenartige Haube.

GLANZ-ERDTAUBE
Geotrygon chrysia
F: Columbidae

Amerikanische Erdtauben sind Waldvögel der amerikanischen Tropen. Diese schillernde Art kommt in der Karibik einschließlich der Bahamas vor.

ROTNASEN-GRÜNTAUBE
Treron calvus
F: Columbidae

Über 20 Arten der Gattung *Treron* leben in den tropischen Regionen Afrikas und Asiens. Diese Art ist südlich der Sahara weit verbreitet.

BRONZEFLÜGELTAUBE
Phaps chalcoptera
F: Columbidae

Die schnell fliegenden Tauben aus Australien suchen auf dem Boden nach Nahrung. Die schillernden Flecken auf den Flügeln fallen bei dieser Waldbewohnerin besonders groß aus.

ROTSCHOPFTAUBE
Geophaps plumifera
F: Columbidae

Diese australische Taube kommt in trockenen, felsigen Lebensräumen vor, die mit Spinifexgras bewachsen sind, in dem sie nistet.

AUSTRALISCHE SCHOPFTAUBE
Ocyphaps lophotes
F: Columbidae

Dies ist eine von mehreren australischen Tauben mit schillernden Flügelfeldern. Die Art ist in offenen Lebensräumen auf dem ganzen Kontinent weit verbreitet.

PAPAGEIEN UND KAKADUS

Die meisten Papageienvögel (Psittaciformes) leben in tropischen Wäldern. Zur Ordnung gehören vielfältige und oft sehr bunte Arten.

Das charakteristischste Merkmal eines Papageienvogels ist sein gekrümmter Schnabel. Ober- und Unterschnabel sind gelenkig mit dem Schädel verbunden. So können die Vögel nicht nur harte Samen und Nüsse knacken, sondern sich mit dem Schnabel auch festhalten, wenn sie in Bäumen klettern. Die Beine sind kräftig. Mit den Füßen mit zwei nach vorn und zwei nach hinten weisenden Zehen greifen die Vögel Nahrung und bearbeiten sie. Oft sind beide Geschlechter bunt gefärbt, die Farbe Grün herrscht vor. Sie kommt durch eine Kombination von gelbem Pigment und blauem Streulicht zustande, das aufgrund der Struktur der Federn entsteht. Bei den Kakadus Australasiens findet man diese Federstruktur nicht, deshalb fehlen die Grün- und Blautöne in ihren Federkleidern.

Die Papageienvögel Australasiens sind sehr vielfältig. Dies lässt darauf schließen, dass die Gruppe ihren Ursprung in diesem Teil der Welt hat. Die ursprünglichsten Papageienvögel, der Kea und der flugunfähige Kakapo, leben auf Neuseeland.

GESELLIGE VÖGEL

Papageienvögel sind gesellig und leben oft in großen Schwärmen. Fast alle Arten gehen enge Paarbindungen ein. Die intelligenten und aufgeweckten Vögel sind beliebte Haustiere. Leider sind wegen des internationalen Handels mit Haustieren viele Arten vom Aussterben bedroht.

STAMM	CHORDATA
KLASSE	AVES
ORDNUNG	PSITTACIFORMES
FAMILIEN	4
ARTEN	398

Dunkelrote Aras sammeln sich an einer Lehmlecke. Hier nehmen sie Natrium auf, denn in der Region sind Mineralien rar.

KEA
Nestor notabilis
F: Psittacidae
Der opportunistische Allesfresser, der in Gebirgen lebt, frisst Aas und erbeutet die Jungen von Sturmvögeln. Er gehört mit dem Kakapo zu einer alten neuseeländischen Papageien-Gruppe.

KAKAPO
Strigops habroptila
F: Psittacidae
Der einzige flugunfähige Papagei ist nachtaktiv. Er lebt auf kleinen Inseln vor der Küste Neuseelands. Männchen locken mit nebelhornähnlichen Rufen Weibchen an.

ROSAKAKADU
Eolophus roseicapilla
F: Psittacidae
Der einzige Kakadu mit rosafarbenem Hals und Bauch ist ein kleiner Verwandter der Weißkakadus. Er ist in Australien in Gebieten mit lichtem Baumbewuchs weit verbreitet.

FRÜHLINGSPAPAGEI
Loriculus vernalis
F: Psittacidae
Fledermaus-Papageien sind in der indopazifischen Region verbreitet. Genetische Untersuchungen weisen aber auf nahe Verwandtschaft zu den afrikanischen Unzertrennlichen hin. Diese Art lebt in Indien und Thailand.

BLAUKRÖNCHEN
Loriculus galgulus
F: Psittacidae
Fledermaus-Papageien sind die einzigen Vögel, die im Schlaf kopfüber hängen. Viele haben wie dieser kleine Waldvogel Südostasiens einen kurzen Schwanz und ein vorwiegend grünes Gefieder.

GELBHAUBENKAKADU
Cacatua galerita
F: Psittacidae
Weißkakadus sind kreischende Papageienvögel, deren Verbreitungsgebiet sich von Indonesien bis in den pazifischen Raum erstreckt. Diese Art kommt in Neuguinea und Australien vor.

ROTSCHWANZ-RABENKAKADU
Calyptorhynchus banksii
F: Psittacidae
Dies ist einer von mehreren australischen schwarzen Kakadus mit bunten Schwanzbinden. Der Ruf der Art ist typisch klagend.

NYMPHENSITTICH
Nymphicus hollandicus
F: Psittacidae
Der Nymphensittich ist im trockenen Binnenland Australiens verbreitet. Die Art ähnelt einem Sittich. DNA-Analysen zufolge ist sie aber ein kleiner Kakadu.

GELBMANTELLORI
Lorius garrulus
F: Psittacidae
Diese Art der Molukken gehört zu einer Gruppe grünflügeliger roter Loris, die auf Neuguinea und Inseln in der weiteren Region vorkommen.

WEISSBÜRZELLORI
Pseudeos fuscata
F: Psittacidae
Die braun-scheckige Färbung dieser Art ist für Loris einzigartig. Die Art kommt in Neuguinea und auf nahe gelegenen Inseln vor.

BLAUOHRLORI
Eos cyanogenia
F: Psittacidae
Die Loris der Gattung *Eos* sind rot und violett gefärbte indonesische Vögel. Dies ist die Art mit der östlichsten Verbreitung. Man findet sie nur in der Geelvink-Bay-Region in Neuguinea.

GELBKOPFLORI
Trichoglossus euteles
F: Psittacidae
Dieser langschwänzige Verwandte des Allfarbloris kommt auf der Insel Timor vor. Sein Gefieder ist wie bei vielen Papageienvögeln leuchtend grün.

BUNTLORI
Psitteuteles versicolor
F: Psittacidae
Der kleine Lori ist in Wäldern im Norden Australiens verbreitet. Er nistet in Höhlen in Eukalyptus-Bäumen, so wie viele andere Papageien in diesen Lebensräumen.

KÖNIGSSITTICH
Alisterus scapularis
F: Psittacidae
Königssittiche sind Regenwaldvögel des tropischen Australasiens. Es gibt eine evolutionäre Verbindung zu asiatischen Sittichen. Diese Art ist im östlichen Australien verbreitet.

ALLFARBLORI
Trichoglossus haematodus
F: Psittacidae
Die variable Art trifft man in vielen Lebensräumen mit nektarreichen Blüten an. Ihr Verbreitungsgebiet umfasst weite Teile Australasiens und die Inseln im südwestlichen Pazifik.

EDELPAPAGEI
Eclectus roratus
F: Psittacidae
Männchen und Weibchen dieser Art sehen so unterschiedlich aus, dass man sie früher für verschiedene Arten hielt. Man findet sie in Regenwäldern im tropischen Australasien.

WELLENSITTICH
Melopsittacus undulatus
F: Psittacidae
Die kleinen Vögel sind mit den Nektar trinkenden Loris verwandt. Sie leben nomadisch in trockenen Regionen Australiens. Sie sammeln sich in Schwärmen an Wasserlöchern.

ZIEGENSITTICH
Cyanoramphus novaezelandiae
F: Psittacidae
Kleine Sittiche mit bunter Stirn haben sich im südwestlichen Pazifik entwickelt. Diese Art ist die einzige, die auf Neuseeland vorkommt.

RINGSITTICH
Barnardius zonarius
F: Psittacidae
Nach seinem gelben Nackenring ist dieser australische Vogel benannt. Es gibt Formen mit schwarzem und grünem Kopf. In Wäldern ist die Art weit verbreitet.

»

» PAPAGEIEN UND KAKADUS

FÄCHERPAPAGEI
Deroptyus accipitrinus
F: Psittacidae
Wahrscheinlich ist dieser südamerikanische Papagei näher mit den Aras als mit anderen kurzschwänzigen Papageien verwandt. Bei Erregung stellt er seinen roten Kragen auf.

SCHÖNSITTICH
Neophema pulchella
F: Psittacidae
Dieses Mitglied einer australischen Gruppe kleiner grüner Grassittiche kommt in offenen Wäldern im Südosten des Kontinents vor.

MASKENSITTICH
Prosopeia personata
F: Psittacidae
Nur auf den Fidschi-Inseln kommt dieser Sittich mit zwei verwandten Arten vor. Weil die Wälder in seinem Heimatgebiet schrumpfen, wird er seltener.

ROSELLA-SITTICH
Platycercus eximius
F: Psittacidae
Rosella-Sittiche sind variabel gefärbte Vögel, die in Australien und auf den pazifischen Inseln der Region verbreitet sind.

HALSBANDSITTICH
Psittacula krameri
F: Psittacidae
Diesen am weitesten verbreiteten asiatischen Sittich trifft man westlich bis nach Nordafrika an. In Europa leben Populationen verwilderter Gefangenschafts-Flüchtlinge.

ALEXANDRA-SITTICH
Polytelis alexandrae
F: Psittacidae
Die nomadischen Vögel aus dem Zentrum Australiens folgen Wasserläufen. Sie brüten oft in kleinen Kolonien in Eukalyptus-Bäumen.

SCHILDSITTICH
Polytelis swainsonii
F: Psittacidae
Zu einer Gruppe langschwänziger Papageien gehört dieser Vogel aus dem Südosten Australiens. Er brütet in Eukalyptus-Wäldern. Die Population schrumpft schnell.

GRAUPAPAGEI
Psittacus erithacus
F: Psittacidae
Der in afrikanischen Regenwäldern heimische Papagei ist sehr intelligent und ahmt Sprache hervorragend nach. Deshalb gelangen leider noch immer Wildfänge in den Tierhandel.

SCHWARZKÖPFCHEN
Agapornis personatus
F: Psittacidae
Die Art aus Tansania zählt zu den Unzertrennlichen – kleinen afrikanischen Papageienvögel, die in kleinen Schwärmen leben. Anders als die meisten Papageien baut dieser ein überdachtes Nest in einer Baumhöhle.

ROSENKÖPFCHEN
Agapornis roseicollis
F: Psittacidae
Dieser sehr gesellige Unzertrennliche bewohnt trockene Wälder und Halbwüsten im Südwesten Afrikas. Die Vögel sammeln sich bei Wasserstellen.

KAP-PAPAGEI
Poicephalus robustus
F: Psittacidae
Das größte Mitglied einer Gruppe v. a. gröngrauer afrikanischer Papageien kommt in Wäldern von Gambia bis zum Kap der Guten Hoffnung vor.

GELBBRUST-ARA
Ara ararauna
F: Psittacidae

Aras sind große, langschwänzige Papageienvögel mit spärlich befiederten Gesichtspartien. Dies ist eine der beiden blau-gelben Arten. Sie kommt im nördlichen Südamerika vor.

BLAUSTIRN-AMAZONE
Amazona aestiva
F: Psittacidae

Dieses Mitglied einer großen Gruppe vorwiegend grüner Papageien kommt in offenen Wäldern im östlichen Zentrum Südamerikas vor.

KÖNIGS-AMAZONE
Amazona guildingii
F: Psittacidae

Mehrere karibische Papageien der Gattung *Amazona* sind vom Aussterben bedroht. Diese Art versucht man mit einem Nachzuchtprogramm auf ihrer Heimatinsel St. Vincent zu retten.

ROTOHR-ARA
Ara rubrogenys
F: Psittacidae

Nur im trockenen Buschland im Zentrum Boliviens kommt dieser kleine Ara vor. Die kleinen Populationen sind wegen Lebensraum-Zerstörung und Tourismus bedroht.

HELLROTER ARA
Ara macao
F: Psittacidae

Wie alle Aras hat dieser laute Vogel einen mächtigen Schnabel, mit dem er Nüsse knackt. Er sammelt sich in Schwärmen und ist vom Süden Mexikos bis nach Brasilien verbreitet.

SCHWARZOHRPAPAGEI
Pionus menstruus
F: Psittacidae

Der Verwandte der *Amazona*-Arten ist ein kleiner Papagei, der in Tieflandwäldern von Costa Rica bis Bolivien häufig ist.

BLAUGENICK-SPERLINGSPAPAGEI
Forpus coelestis
F: Psittacidae

Sperlingspapageien sind kleine amerikanische Papageien. Nur die Spechtpapageien Neuguineas sind kleiner. Die Art kommt in Ecuador und Peru vor.

HYAZINTH-ARA
Anodorhynchus hyacinthinus
F: Psittacidae

Dieser große brasilianische Ara hat nur einen unbefiederten Augenring, ähnlich wie die verwandten *Aratinga*-Arten. Andere Aras haben größere kahle Gesichtspartien.

JENDAYA-SITTICH
Aratinga jandaya
F: Psittacidae

Aratinga ist eine Gattung vorwiegend grüner »Mini-Aras« aus dem nordöstlichen Brasilien. Einige haben ausgedehnte goldgelbe Gefiederpartien.

FELSENSITTICH
Cyanoliseus patagonus
F: Psittacidae

Diese Ara-Verwandten aus Patagonien brüten in Kolonien in Röhren in Erdböschungen. Die meisten Paare binden sich treu aneinander.

KANARIENFLÜGEL-SITTICH
Brotogeris chiriri
F: Psittacidae

Diese Art stammt aus dem Zentrum Südamerikas. Entflogene Käfigvögel haben in wärmeren Teilen der USA verwilderte Populationen gebildet.

MÖNCHSSITTICH
Myiopsitta monachus
F: Psittacidae

In gemäßigten Regionen Südamerikas lebt dieser Koloniebrüter. Er ist der einzige Papagei, der ein Nest aus Ästen baut, oft ein großes Gemeinschaftsnest.

BRAUNOHRSITTICH
Pyrrhura frontalis
F: Psittacidae

Die Gattung *Pyrrhula* ist mit der Gattung *Aratinga* verwandt. Die Vögel haben auffällige rotbraune oder rote Flecken, wie diese Art aus dem östlichen Südamerika.

TURAKOS

Die auf Afrika beschränkte Ordnung Musophagiformes enthält die auffällig bunten, meist grün, blau oder violett gefärbten Turakos und die mehr oder weniger grauen Lärmvögel.

Die Arten der Ordnung Musophagiformes ähneln ein wenig den Kuckucken, zum Beispiel im Fußaufbau. Das scheint aber eher ein Zufall als ein Hinweis auf eine Verwandtschaft zu sein. Turakos und Lärmvögel leben in den Wäldern und ernähren sich vor allem von saisonal verfügbaren Früchten. Obwohl die Schnäbel recht kurz sind, können die Vögel mit den langen Schwänzen Balance halten, wenn sie sich nach Früchten in den Baumwipfeln recken. Sie bewegen sich lautstark durch die Blätter und durchqueren Lichtungen im Flug. Die Farbe der Turakos beruht auf grünen und roten Pigmenten auf Kupferbasis. Die meisten Arten tragen eine kurze Haube.

STAMM	CHORDATA
KLASSE	AVES
ORDNUNG	MUSOPHAGIFORMES
FAMILIEN	1
ARTEN	23

HARTLAUBTURAKO
Tauraco hartlaubi
F: Musophagidae
In Wäldern im Hochland Ostafrikas kann man diesen Helmturako mit blauer Haube beobachten.

ROTHAUBENTURAKO
Tauraco erythrolophus
F: Musophagidae
Diese Art, eine der wenigen mit roter Haube, ist weniger leuchtend als andere grüne Turakos gefärbt. Sie lebt in den immergrünen Wäldern Angolas.

FEDERHELMTURAKO
Tauraco corythaix
F: Musophagidae
Der südafrikanische Verwandte des Guinea-Turako hat ebenfalls weiße Streifen um die Augen. Seine Haube weist jedoch eine weiße Spitze auf.

RUSPOLI-TURAKO
Tauraco ruspolii
F: Musophagidae
Ein sehr begrenztes Verbreitungsgebiet hat dieser Turako mit weißer Haube: Er kommt nur in Wäldern im südlichen Äthiopien vor.

GUINEA-TURAKO
Tauraco persa
F: Musophagidae
Dieser Turako ist die am weitesten verbreitete Art einer Gruppe von Helmturakos mit weinroten Schwungfedern. Man findet ihn vom Senegal bis nach Angola.

ROSSTURAKO
Musophaga rossae
F: Musophagidae
Der zweitgrößte Turako hat eine aufrechte rote Haube. Er ist das ostafrikanische Gegenstück zum Schildturako.

SCHILDTURAKO
Musophaga violacea
F: Musophagidae
Diese Art, eine der beiden Turakos mit glänzend violettem Gefieder, ist in Wäldern West- und Zentralafrikas verbreitet.

GRAUER LÄRMVOGEL
Corythaixoides concolor
F: Musophagidae
Die südafrikanische Art ist ein typischer Lärmvogel mit spitzer, zerzauster Haube.

NACKTKEHL-LÄRMVOGEL
Corythaixoides personatus
F: Musophagidae
Wie andere Lärmvögel trifft man diese ostafrikanische Art in Baumsavannen an. Bei Erregung stellen die Vögel die Haube auf.

RIESENTURAKO
Corythaeola cristata
F: Musophagidae
Dieser Turako mit fächerförmiger Haube aus West- und Zentralafrika ist das größte Mitglied seiner Familie.

BINDENLÄRMVOGEL
Crinifer zonurus
F: Musophagidae
Wie alle Lärmvögel ist diese Art unauffällig gefärbt. Man trifft sie in Ostafrika an.

HOATZIN

Der Hoatzin ist ein rätselhafter südamerikanischer Vogel, der sich nur von Blättern ernährt.

STAMM	CHORDATA
KLASSE	AVES
ORDNUNG	OPISTHOCOMIFORMES
FAMILIEN	1
ARTEN	1

In einigen Eigenschaften wie den kräftigen Füßen und dem kurzen Schwanz ähnelt der Hoatzin den Hühnervögeln. Allerdings stimmt er auch in manchen Eigenschaften mit den Kuckucken überein. Diese Verwandtschaft schien auch durch DNA-Untersuchungen unterstützt zu werden. Spätere Ergebnisse ließen daran zweifeln, sodass der Hoatzin heute in einer eigenen Ordnung geführt wird.

HOATZIN
Opisthocomus hoazin
F: Opisthocomidae
Die systematische Stellung dieses Vogels, der in Auwäldern in Südamerika lebt, ist unklar. Die Jungen des Pflanzenfressers haben Krallen an den Flügeln, die sie beim Klettern im Geäst einsetzen.

61–66 cm

KUCKUCKE

Kuckucke sind eher kurzbeinige, langflügelige Vögel. Zu ihnen gehören graue Arten, aber auch eine kleine Gruppe von smaragdgrünen Vögeln.

Alle Mitglieder der Ordnung Kuckucksvögel (Cuculiformes) haben zwei nach vorn und zwei nach hinten weisende Zehen. Die ursprünglichsten Kuckucke sind untersetzte amerikanische Vögel, die in Bodennähe Nahrung suchen. Der Wegekuckuck hat diese Lebensweise auf die Spitze getrieben. Nicht alle Kuckuck-Arten legen ihre Eier in die Nester anderer Vögel. Fast alle bodenlebenden Kuckucke bauen Nester und ziehen ihre Jungen selbst groß, und auch viele ihrer Verwandten der Alten Welt, wie die tropischen Sporn- und Seidenkuckucke, tun dies. Kuckucke, die ihre Eier in die Nester anderer Vögel legen, nennt man Brutparasiten. Dieses Verhalten hat sich bemerkenswerterweise bei den altweltlichen Kuckucken zweimal unabhängig voneinander entwickelt. Die Jungen der Gattung *Clamator* wachsen so schnell, dass die Jungen ihrer Zieheltern neben ihnen verhungern. Die einer anderen Linie, darunter der in Eurasien verbreitete Kuckuck, werfen Eier und Junge ihrer Wirte aktiv aus dem Nest.

STAMM	CHORDATA
KLASSE	AVES
ORDNUNG	CUCULIFORMES
FAMILIEN	1
ARTEN	149

28–34 cm

HOPFKUCKUCK
Cuculus saturatus
F: Cuculidae
Die Art aus Asien und Australien ist ein typisches Mitglied einer Gruppe Kuckucke der Alten Welt, die Sperbern ähneln. Vielleicht hilft dies dabei, Wirtsvögel von ihren Nestern aufzuscheuchen.

35–40 cm

HÄHERKUCKUCK
Clamator glandarius
F: Cuculidae
Der in Europa und Afrika verbreitete Kuckuck legt seine Eier in die Nester von Elstern. Wie die anderen *Clamator*-Arten werfen die Jungen den Nachwuchs der Wirte nicht aus dem Nest.

34 cm

JAKOBINER-KUCKUCK
Clamator jacobinus
F: Cuculidae
Zur Gattung *Clamator* gehören Altweltvögel mit großer Haube. Einige fressen wie diese tropische Art aus Afrika und Asien behaarte Schmetterlingsraupen, die von vielen Tieren gemieden werden.

32–34 cm

KUCKUCK
Cuculus canorus
F: Cuculidae
Die in Eurasien weitverbreitete Art überwintert in Afrika und Südasien. Sie ist nach ihrem bekannten Ruf benannt.

24–28 cm

FÄCHERSCHWANZ-KUCKUCK
Cacomantis flabelliformis
F: Cuculidae
In Wäldern in Australasien kommt diese Art vor. Er ist einer der wenigen Kuckucke auf pazifischen Inseln und der einzige, der auf den Fidschi-Inseln lebt.

30–33 cm

BLASSKUCKUCK
Cacomantis pallidus
F: Cuculidae
Viele Kuckucke der Alten Welt haben ein gebändertes Gefieder. Bei einigen, wie bei dieser australischen Art, ist die Bänderung nur bei Jungvögeln ausgebildet.

17–19 cm

GOLDKUCKUCK
Chrysococcyx caprius
F: Cuculidae
Das afrikanische Mitglied einer Gruppe kleiner bronzefarben schimmernder tropischer Kuckucke legt seine Eier in die Nester von Webervögeln.

16–18 cm

KLAASKUCKUCK
Chrysococcyx klaas
F: Cuculidae
Eng mit dem Goldkuckuck ist dieser kleine afrikanische Kuckuck verwandt. Er hat keine weißen Flecken auf den Flügeln wie dieser.

24 cm

GRAUBAUCHKUCKUCK
Cacomantis passerinus
F: Cuculidae
Von der Malaiischen Halbinsel bis Australien findet man diese Art, eine von vielen im indopazifischen Raum verbreiteten *Cacomantis*-Arten.

23 cm

BUSCHKUCKUCK
Cacomantis variolosus
F: Cuculidae
Die Art ist mit den asiatischen *Cacomantis*-Arten verwandt. Sie brütet im südlichen Asien. Populationen der Bergregionen ziehen im Winter ins wärmere Tiefland.

»

» KUCKUCKE

GELBSCHNABEL-KUCKUCK
Coccyzus americanus
F: Cuculidae
Diese Art gehört zu einer Gruppe amerikanischer baumbewohnender Kuckucke mit braunem Gefieder und weiß gefleckten Schwänzen.

SCHWARZBAUCH-KUCKUCK
Piaya melanogaster
F: Cuculidae
Wie andere amerikanische baumbewohnende Kuckucke baut diese Art ihre eigenen Nester und zieht ihre Jungen selbst groß. Man trifft sie von Kolumbien bis nach Bolivien an.

RIESEN-SEIDENKUCKUCK
Coua gigas
F: Cuculidae
Die bodenbewohnenden Seidenkuckucke Madagaskars haben blaue Hautpartien im Gesicht. Diese Art lebt in trockenen Küstenwäldern.

GUIRA-KUCKUCK
Guira guira
F: Cuculidae
Dieser struppig aussehende Vogel gehört mit den Anis zu den südamerikanischen Madenkuckucken. Die Vögel nisten in Gruppen in Bäumen.

SPORNKUCKUCK
Centropus sinensis
F: Cuculidae
Wie alle Spornkuckucke ist diese südasiatische Art ein Vogel mit kräftigen Beinen und langer gerader hinterer Fußkralle.

FASANENKUCKUCK
Dromococcyx phasianellus
F: Cuculidae
Im tropischen Südamerika lebt dieser Erdkuckuck auf dem Waldboden. Dort legt er seine Eier in die Nester kleinerer Sperlingsvögel.

FASAN-SPORNKUCKUCK
Centropus phasianinus
F: Cuculidae
Vor allem die Männchen kümmern sich bei Spornkuckucken um die Jungen. Diese in Australasien verbreitete Art hat zur Brutsaison einen schwarzen Körper und baut napfförmige Nester im Gras.

PFAUEN-KUCKUCK
Dromococcyx pavoninus
F: Cuculidae
Der kleinere Verwandte des Fasanenkuckucks ist im tropischen Südamerika verbreitet. Er erbeutet auf dem Boden Wirbellose.

RIEFENSCHNABEL-ANI
Crotophaga sulcirostris
F: Cuculidae
Dieser Ani ist von Kalifornien bis Argentinien verbreitet. Die Vögel nisten in Gruppen. Sie sind keine wendigen Flieger, aber schnelle Läufer.

RENAULDKUCKUCK
Carpococcyx renauldi
F: Cuculidae
Dies ist eine von drei Arten von asiatischen Laufkuckucken, die mit den Seidenkuckucken Madagaskars verwandt sind. Dieser Vogel lebt in Regenwäldern in Südostasien.

WEGEKUCKUCK
Geococcyx californianus
F: Cuculidae
Am Boden jagt dieser schnelle Läufer seine Beute. Der Wegekuckuck lebt in Wüsten und nistet in Kakteen. Er ist von den USA bis nach Mexiko verbreitet.

INDISCHER KOEL
Eudynamys scolopaceus
F: Cuculidae
Von Asien bis Australasien trifft man diesen tropischen Brutparasiten an, der Früchte frisst. Die Männchen sind schwarz, die Weibchen graubraun.

EULEN

Mit Augen, Gehör und lautlosem Flug sind Eulen (Strigiformes) hervorragend an das Jagen in der Nacht angepasst. Nur einige Arten jagen auch tagsüber.

Obwohl Eulen nicht mit den Greifvögeln verwandt sind, haben auch sie Hakenschnäbel und kräftige Krallen. Die meisten Arten sind unauffällig gefärbt und am Tag, wenn sie ruhen, gut getarnt. Schleiereulen haben einen herzförmigen Gesichtsschleier. Eulen mit rundem Gesichtsschleier sind typischer. Dieser Familie gehören vielfältige Arten an, von winzigen Käuzen hin zu den eindrucksvollen Uhus.

AUGEN UND GEHÖR

Alle Eulen haben große, nach vorn weisende Augen, die viel Licht einfangen. Die Vögel sehen deshalb in der Dämmerung gut. Mit ihrem binokularen Gesichtsfeld können sie die Entfernung präzise einschätzen, wenn sie angreifen. Die Augen sind aber nicht beweglich, deshalb muss die Eule den Kopf drehen, um ihre Beute im Blick zu behalten. Der lange, bewegliche Hals, der unter dem Federkleid verborgen ist, macht dies möglich. Eulen hören außerdem hervorragend. Dazu trägt der Gesichtsschleier bei, der Geräusche zu den großen Ohröffnungen leitet. Eine Eule kann ihre Beute anhand der Geräusche sehr genau lokalisieren. Bei den meisten nachtaktiven Arten sitzt eine Ohröffnung etwas höher, sodass die Vögel auch die Höhe genau einschätzen können, aus der die Geräusche kommen.

LEISE JÄGER

Eulen stoßen auf ihre Beute herab und strecken die Fänge vor, um sie zu packen. Sie nähern sich fast lautlos, denn sie schlagen selten mit ihren großen, runden Flügeln. Die Ränder der Schwungfedern sind weich und fein gezähnt, sodass die Flügelschläge fast lautlos sind. Einige tagaktive Arten haben keine gezähnten Schwungfederränder. Die meisten Eulen erbeuten kleine Säugetiere wie Mäuse und Wühlmäuse, einige Käuze zudem große Insekten. Eine Handvoll Arten sind auf Fische spezialisiert. Eine Eule zerteilt größere Beutetiere mit ihrem Hakenschnabel, kleinere verschlingt sie im Ganzen. Die unverdaulichen Teile der Mahlzeit, wie Knochen und Fell, werden später als Gewölle ausgewürgt.

STAMM	CHORDATA
KLASSE	AVES
ORDNUNG	STRIGIFORMES
FAMILIEN	2
ARTEN	243

STREITFRAGE

KREISCHEULEN

Der Eulengattung *Otus* gehören über 60 Arten an. In ihren Waldlebensräumen erkennt man diese kleinen Vögel mit Tarngefieder am zuverlässigsten an ihrem Ruf. Man kann die *Otus*-Eulen in zwei Gruppen einteilen: Die Zwergohreulen der Alten Welt rufen tiefer. Bei den amerikanischen Kreischeulen sind die Rufe schneller, trillernder und schriller. Einige Ornithologen stellten die Kreischeulen deshalb in die getrennte Gattung *Megascops*. Jüngere Forschungen untermauern diese Abtrennung aufgrund von DNA-Unterschieden.

SCHLEIEREULE
Tyto alba
F: Tytonidae
Die Schleiereule ist die Eule mit der weitesten Verbreitung. Sie kommt weltweit mit Ausnahme von Wüsten und Polargebieten vor. Ihr unheimlicher Schrei ist berüchtigt.

HISPANIOLA-SCHLEIEREULE
Tyto glaucops
F: Tytonidae
Nur auf der karibischen Insel Hispaniola lebt diese Eule in trockenen Wäldern. Sie ist gefährdet, denn sie wird von der kräftigeren Schleiereule verdrängt.

ZWERGOHREULE
Otus scops
F: Strigidae
Die kleine, flinke Eule aus dem westlichen Eurasien ist eine typische Art der Alten Welt mit Federohren. Sie nistet in Höhlen, in Bäumen oder Gebäuden.

MADAGASKAR-ZWERGOHREULE
Otus rutilus
F: Strigidae
Nur in bewaldeten Gebieten in Madagaskar kommt diese Eule vor. Die meisten Vögel sind grau, die selteneren rötlich braunen Formen trifft man nur in Regenwäldern an.

WESTKREISCHEULE
Megascops kennicottii
F: Strigidae
Diese im westlichen Nordamerika häufige Art bevorzugt bewaldete Gebiete in Flussnähe. Man trifft sie aber auch in Parks und Städten an.

OSTKREISCHEULE
Megascops asio
F: Strigidae
Im östlichen Nordamerika ist diese Eule weit verbreitet. Es gibt graue und rötlich braune Formen. Die rötlich braunen Vögel kommen weiter im Osten vor.

»

BARTKAUZ
Strix nebulosa
F: Strigidae
In zirkumpolaren Regionen in Nadelwäldern ist der große Bartkauz verbreitet. Er jagt manchmal tagsüber. Seine Beutetiere sind große Nager und Vögel.

MALAIENKAUZ
Strix leptogrammica
F: Strigidae
Diese Eule bewohnt tropische Tieflandwälder in Indien und Südostasien. Man entdeckt sie selten, kann sie aber an ihrem charakteristischen Ruf erkennen.

HABICHTSKAUZ
Strix uralensis
F: Strigidae
Dieser Verwandte des Bartkauzes ist eine eurasische Art, die in Laub- und Nadelwäldern vorkommt, manchmal auch in Städten.

WALDKAUZ
Strix aluco
F: Strigidae
In ganz Eurasien kommt der Waldkauz in mit Bäumen bestandenem Agrarland, städtischen Gebieten und Gärten vor.

STREIFENKAUZ
Strix varia
F: Strigidae
Im östlichen Nordamerika ist dieser große Kauz heimisch. Die aggressive Art breitet sich nach Westen aus und verdrängt den kleineren Fleckenkauz.

FLECKENKAUZ
Strix occidentalis
F: Strigidae
Im westlichen Nordamerika lebt dieser Kauz in alten Nadelwäldern, wo er Gleithörnchen und kleinere Beute jagt.

WÜSTENUHU
Bubo ascalaphus
F: Strigidae
Der Wüstenuhu kommt in der Sahara vor. Die Art ist ein kleiner, hellerer und langbeinigerer Verwandter des Uhus.

SALVIN-KREISCHEULE
Megascops ingens
F: Strigidae
Dieser kaum erforschte Vogel aus feuchten Bergwäldern im nördlichen Südamerika ist größer als viele Kreischeulen und hat kleinere Federohren.

CHOLIBA-KREISCHEULE
Megascops choliba
F: Strigidae
Von Costa Rica bis nach Argentinien kommt die am weitesten verbreitete Kreischeule vor. Es gibt braune und graue Formen.

VIRGINIA-UHU
Bubo virginianus
F: Strigidae
Die am weitesten verbreitete amerikanische Eule findet man von Alaska bis Argentinien in sehr vielfältigen Lebensräumen.

UHU
Bubo bubo
F: Strigidae
Der Uhu, eine der größten Eulen, ist in ganz Eurasien verbreitet. Er jagt Beutetiere bis zur Größe von Rehkitzen.

SCHWARZKAPPEN-KREISCHEULE
Megascops atricapilla
F: Strigidae
In den Wäldern Nord- und Südamerikas haben sich die verschiedenen Kreischeulen entwickelt. Viele tragen auffällige Federohren. Diese Art lebt in Zentral- und Südbrasilien.

MILCHUHU
Bubo lacteus
F: Strigidae
Dies ist die größte afrikanische Eule. Im Süden der Sahara ist sie verbreitet. Zum breiten Beutespektrum gehören Schliefer und Perlhühner.

SÜDLICHE WEISS-GESICHTSEULE
Ptilopsis granti
F: Strigidae
Wie viele Eulen brütet dieser Vogel in Afrika südlich der Sahara in den Nestern anderer Vögel.

STREIFENOHREULE
Pseudoscops clamator
F: Strigidae
Die südamerikanische Eule lebt in offenen, sumpfigen Lebensräumen und nistet in der Bodenvegetation in Baumlöchern.

SPERBEREULE
Surnia ulula
F: Strigidae
Diese Verwandte der Sperlingskäuze findet man in Wäldern der Subarktis. Mit ihrem kleinen Kopf, dem langen Schwanz und der tagaktiven Lebensweise ähnelt sie einem Sperber.

ELFENKAUZ
Micrathene whitneyi
F: Strigidae
Wie andere Insektenfresser ist die kleine Eule mexikanischer Wüsten nicht auf einen lautlosen Flug angewiesen. Sie hat keine gezähnten Schwungfederränder, die die Fluggeräusche dämpfen.

SCHNEE-EULE
Nyctea scandiaca
F: Strigidae
Die große, arktisch verbreitete Schneeeule brütet in der offenen Tundra am Boden. Sie erbeutet Lemminge und Moorschneehühner.

BRILLENKAUZ
Pulsatrix perspicillata
F: Strigidae
Dies ist eine charakteristische Art mittel- und südamerikanischer Wälder. Die Jungen sind weiß mit schwarzem Gesicht.

ZWERG-SPERLINGSKAUZ
Glaucidium minutissimum
F: Strigidae
Wie verwandte kleine Eulen ist dieser Vogel aus Paraguay und dem Südosten Brasiliens am Tag und in der Nacht aktiv.

GNOMEN-SPERLINGSKAUZ
Glaucidium gnoma
F: Strigidae
Sperlingskäuze greifen oft furchtlos Beute an, die größer ist als sie selbst. Der kleine Kauz aus dem westlichen Nordamerika attackiert manchmal Raufußhühner.

BRASIL-SPERLINGSKAUZ
Glaucidium brasilianum
F: Strigidae
Die amerikanische Art hat hinten am Kopf Augenflecken, die Angreifer verwirren. Bei Erregung zuckt sie mit dem Schwanz.

KUBA-SPERLINGSKAUZ
Glaucidium siju
F: Strigidae
Viele Eulen nisten in Löchern in morschen Bäumen. Sperlingskäuze wählen Spechthöhlen. Diese Art kommt nur auf Kuba vor.

SUNDA-FISCHUHU
Ketupa ketupu
F: Strigidae
Dieser südostasiatische Uhu erbeutet mit seinen langen Krallen im Wasser Fische und andere Tiere.

» EULEN

RAUFUSSKAUZ
Aegolius funereus
F: Strigidae

Dieser Kauz der nördlichen zirkumpolaren Wälder ist daran angepasst, kleine Säugetiere unter der Schneedecke aufzufinden. Er jagt tagsüber.

KANINCHENKAUZ
Athene cunicularia
F: Strigidae

In Grasländern und Wüsten in Nord- und Südamerika kommt diese langbeinige Eule vor, die teilweise tagaktiv ist. Sie nistet in Bauen von Präriehunden und anderen Tieren.

WALDOHREULE
Asio otus
F: Strigidae

In Wäldern und Heidegebieten in weiten Teilen der Nordhalbkugel ist die Waldohreule verbreitet. Sie kann ihre langen Federohren anlegen.

SUMPFOHREULE
Asio flammeus
F: Strigidae

Die Sumpfohreule lebt in Nord- und Südamerika, Eurasien und Nordafrika und sogar auf vielen pazifischen Inseln in offenem Gelände.

BINDENFISCHEULE
Scotopelia peli
F: Strigidae

Diese afrikanische Eule jagt in Flusswäldern von niedrigen Ansitzen aus in langsam fließenden Gewässern. Sie erbeutet vor allem Fische, aber auch Krabben und Frösche.

KLÄFFERKAUZ
Ninox connivens
F: Strigidae

Von den indonesischen Molukken bis nach Australien ist dieser Kauz verbreitet, der nach seinem bellenden Ruf benannt ist.

NEUSEELAND-KUCKUCKSKAUZ
Ninox novaeseelandiae
F: Strigidae

Der Vogel hat große gelbe Augen, was typisch für die Buschkäuze Australasiens ist. Die Männchen sind ungewöhnlicherweise größer als die Weibchen.

BINDENHALSKAUZ
Ciccaba nigrolineata
F: Strigidae

Diese gebänderte Eule dichter tropischer Wälder ist nah mit der Gattung *Strix* verwandt. Sie ist von Mexiko bis nach Ecuador verbreitet.

STELZENRALLEN

Diese kleinen insektenfressenden Vögel leben auf Madagaskar und können fast oder gar nicht fliegen.

STAMM	CHORDATA
KLASSE	AVES
ORDNUNG	MESITORNITHIFORMES
FAMILIEN	1
ARTEN	3

Die Arten der Familie Mesithornithidae verteidigen ihr Revier ähnlich wie Singvögel mit ihrem Gesang, doch sind sie gesellig. Oft fressen und rasten kleine Gruppen zusammen. Zwei Arten sind monogam und beide Geschlechter gleichen sich. Eine ist polygam. Hier gibt es deutliche Unterschiede zwischen Männchen und Weibchen.

KURZFUSS-STELZENRALLE
Mesitornis variegatus
F: Mesitornithidae

Dieser Vogel kommt nur in drei isolierten Gebieten ungestörten Laubwalds vor. Hier suchen kleine Gruppen der Vögel im Falllaub nach Insekten, Spinnen und Samen.

NACHTSCHWALBEN UND SCHWALME

Alle Nachtschwalben und ihre Verwandten sind nachtaktiv. Die meisten sind Insektenfresser und fangen ihre Beute mit ihrem breiten Schnabel im Flug.

Diese Vögel jagen in der Nacht und sind am Tag mit ihrem Tarngefieder kaum zu entdecken. Sie ähneln in dieser Hinsicht den Eulen und einige Ornithologen nahmen eine Verwandtschaft beider Gruppen an. Jüngeren Forschungen zufolge sind sie aber mit den Seglern und Kolibris verwandt. Merkmale wie die schwachen Beine und die Tatsache, dass einige Arten in eine Starre fallen können, stützen dies.

Die Vögel der Ordnung Schwalmartige (Caprimulgiformes) haben große Köpfe und lange Flügel, mit denen sie in der Luft gewandt manövrieren. Ihre kurzen Schnäbel können sie beeindruckend weit aufsperren, um im Flug Insekten zu fangen. Die Eulenschwalme Australasiens, die kleine Wirbeltiere fangen, halten den Rekord. Der Fettschwalm ist der einzige Pflanzenfresser der Gruppe: Er ernährt sich von Früchten.

Alle diese Vögel sind Meister der Tarnung. Nachtschwalben verschmelzen mit der Laubstreu, wenn sie am Boden ruhen. Auf Bäumen lassen sie sich parallel zum Ast nieder. Eulenschwalme und Tagschläfer »erstarren« bei Störung und sehen dann aus wie abgebrochene Äste.

EINFACHE NESTER

Alle Vögel dieser Gruppe unternehmen beim Nestbau minimale Anstrengungen. Viele Nachtschwalben legen die Eier einfach in die Laubstreu und Tagschläfer nisten in Mulden auf Ästen.

STAMM	CHORDATA
KLASSE	AVES
ORDNUNG	CAPRIMULGIFORMES
FAMILIEN	4
ARTEN	122

Der Riesentagschläfer sperrt seinen beachtlichen Schnabel auf. Dies ist ein kennzeichnendes Merkmal der Vogelgruppe.

FETTSCHWALM
Steatornis caripensis
F: Steatornithidae
Dieser Früchte fressende Verwandte der Nachtschwalben nistet im nördlichen Südamerika in Höhlen. Der nachtaktive Vogel orientiert sich mit Echoortung.

EULENSCHWALM
Podargus strigoides
F: Podargidae
Dieser nachtaktive australische Vogel jagt von einer Sitzwarte aus. Wie andere Eulenschwalme ruht er am Tag unbeweglich und sieht dann aus wie ein abgebrochener Ast.

FALKEN-NACHTSCHWALBE
Chordeiles minor
F: Caprimulgidae
Die Falkennachtschwalbe hat keine Borsten am Schnabelgrund. Womöglich ist das bei der Jagd auf Insekten im Flug von Vorteil. Die Art zieht zwischen Nord- und Südamerika hin und her.

URUTAU-TAGSCHLÄFER
Nyctibius griseus
F: Nyctibiidae
Tagschläfer sind nachtaktive Insektenfresser Mittel- und Südamerikas. Diese Art hat einen eindringlichen Ruf. Mit ihrem Gefieder ist sie auf Baumrinde perfekt getarnt.

AUGEN-NACHTSCHWALBE
Nyctiphrynus ocellatus
F: Caprimulgidae
Dies ist eine kleine amerikanische Nachtschwalbe. Ihre Rufe sind klagend und monoton. Diese dunkle Art kommt in tropischen Wäldern vor.

WINTER-NACHTSCHWALBE
Phalaenoptilus nuttallii
F: Caprimulgidae
In trockenen Teilen der USA und Mexikos kommt diese Art vor. Sie ist einer der wenigen Vögel, die im Winter in eine Starre fallen.

PAURAQUE
Nyctidromus albicollis
F: Caprimulgidae
Diese Art aus Mittel- und Südamerika hält sich in Buschland auf. Oft sieht man sie nachts auf Schotterpisten ruhen.

»

ZIEGENMELKER
Caprimulgus europaeus
F: Caprimulgidae
Wie viele Nachtschwalben der nördlichen gemäßigten Breiten ist diese Art ein Zugvogel. Im Sommer lebt sie in Heiden und Wäldern, im Winter zieht sie nach Afrika.

FLECKSCHWANZ-NACHTSCHWALBE
Caprimulgus maculicaudus
F: Caprimulgidae
Von Mexiko bis Paraguay findet man diese Nachtschwalbe, die wahrscheinlich nah mit Arten des tropischen Amerikas verwandt ist.

LANGSCHWANZ-NACHTSCHWALBE
Caprimulgus macrurus
F: Caprimulgidae
Zu den altweltlichen Nachtschwalben mit der weitesten Verbreitung gehört diese Art, die von Pakistan bis nach Australien und Neuguinea vorkommt.

MARMOR-NACHTSCHWALBE
Caprimulgus inornatus
F: Caprimulgidae
Dieser Vogel kommt von Mauretanien bis nach Saudi-Arabien vor und zieht südlich bis Liberia, in den Kongo und nach Tansania.

BERG-NACHTSCHWALBE
Caprimulgus saturatus
F: Caprimulgidae
Die Bergnachtschwalbe lebt in montanen Wäldern in Costa Rica und Panama.

SCHLEPPEN-NACHTSCHWALBE
Caprimulgus climacurus
F: Caprimulgidae
Einige Nachtschwalben setzen ihre langen Schwanzfedern bei der Balz ein. Diese afrikanische Art ist vom Senegal bis nach Äthiopien verbreitet.

STAFFELSCHWANZ-NACHTSCHWALBE
Hydropsalis climacocerca
F: Caprimulgidae
Die Art der Amazonas-Region gehört zu einer Gruppe südamerikanischer Nachtschwalben, bei denen die Männchen lange, gegabelte Schwänze mit weißer Zeichnung haben. Sie beeindrucken mit ihnen wahrscheinlich die Weibchen.

MADAGASKAR-NACHTSCHWALBE
Caprimulgus madagascariensis
F: Caprimulgidae
Der Ruf dieser Nachtschwalbe aus Madagaskar und Aldabra (Seychellen) ähnelt dem Geräusch einer Glasmurmel, die auf hartem Boden kullert.

BINDENSCHWANZ-NACHTSCHWALBE
Lurocalis semitorquatus
F: Caprimulgidae
Dies ist eine der Nachtschwalben aus dem tropischen Amerika. Mit ihrem kurzen Schwanz und den langen Flügeln ähnelt sie bei der Jagd auf Insekten einer Fledermaus.

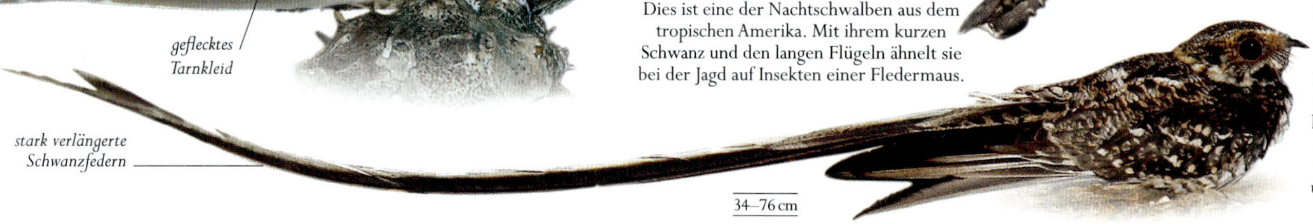

SCHEREN-NACHTSCHWALBE
Macropsalis creagra
F: Caprimulgidae
Männchen vieler Nachtschwalben haben auffällige Schwänze. Diese Art stammt von Vögeln des tropischen Amerikas ab und kommt nur im östlichen Südamerika vor.

FAHNEN-NACHTSCHWALBE
Macrodipteryx longipennis
F: Caprimulgidae
Die afrikanische Art fängt u. a. Nachtfalter und Käfer. Männchen im Prachtkleid haben Flaggenfedern, die weit länger sind als ihr Körper. Bei ihren Balzflügen stellen sie sie auf.

KOLIBRIS UND SEGLER

Zur Ordnung gehören hervorragende Flieger: Segler erreichen die höchsten Geschwindigkeiten und Kolibris können im Schwirrflug in der Luft stehen.

Die Mitglieder der Ordnung Seglervögel (Apodiformes) haben kleine Füße, mit denen sie sich nur festhalten können. Doch diese Vögel können außerordentlich gut fliegen. Segler fangen im Flug Insekten. Kolibris können sogar rückwärts fliegen, und einige Arten schlagen über 70-mal in der Sekunde mit den Flügeln. Die Energie für diese beachtliche Leistung liefert ihnen der Blütennektar, den sie trinken. Ihre Jungen füttern diese Vögel mit proteinreichen Insekten und Spinnen. Kolibris weben in ihre fingerhutgroßen Nester Spinnweben zur Stabilisierung ein, Seglern dient ihr eigener Speichel als Klebstoff. Die Segler sind fast weltweit verbreitet, auch auf ozeanischen Inseln. Die Kolibris kommen nur in Nord- und Südamerika vor.

STAMM	CHORDATA
KLASSE	AVES
ORDNUNG	APODIFORMES
FAMILIEN	4
ARTEN	405

MAUERSEGLER
Apus apus
F: Apodidae
Der eurasisch verbreitete Mauersegler nistet in Höhlen und Nischen in Felsen oder an Gebäuden. In Städten sieht man ihn häufig. Er überwintert in Afrika.

WEISSBRUSTSEGLER
Aeronautes saxatalis
F: Apodidae
In Canyons und Gebirgen im westlichen Nordamerika und in Mittelamerika sammeln sich diese Vögel am Abend, um dort in Schwärmen zu schlafen.

SCHORNSTEINSEGLER
Chaetura pelagica
F: Apodidae
Die Art aus dem östlichen Nordamerika, die ursprünglich in Höhlen und Baumlöchern nistete, baut ihre Nester heute vor allem in offenen Kaminen in Städten. Sie überwintert in Südamerika.

ALPENSEGLER
Tachymarptis melba
F: Apodidae
Der Alpensegler, der einen weißen Bauch hat, kommt im südlichen Eurasien, in Afrika und Madagaskar vor. Er fängt große Insekten.

ADLERKOLIBRI
Eutoxeres aquila
F: Trochilidae
Das Verbreitungsgebiet dieses Vogels erstreckt sich von Costa Rica bis nach Peru. Mit seinem gebogenen Schnabel trinkt er Nektar aus *Heliconia*-Blüten.

SCHUPPENKEHL-EREMIT
Phaethornis eurynome
F: Trochilidae
Eremiten sind matt gefärbte Kolibris. Mit ihren langen, gebogenen Schnäbeln trinken sie aus *Heliconia*-Blüten. Diese Art lebt im östlichen Südamerika.

GRÜNSTIRN-LANZENSCHNABEL
Doryfera ludovicae
F: Trochilidae
In Wäldern der Anden lebt diese Art, die Nektar aus fünf Epiphyten-Arten (Pflanzen, die auf anderen Pflanzen wachsen) Nektar trinkt. Eine der Pflanzen ist eine Mistel.

AMETHYSTOHRKOLIBRI
Colibri serrirostris
F: Trochilidae
Dies ist ein Mitglied der Gruppe der Veilchenohrkolibris, von denen die meisten in Wäldern im Hochland vorkommen. Diese Art lebt in südamerikanischen Savannen.

VIOLETTDEGENFLÜGEL
Campylopterus hemileucurus
F: Trochilidae
Degenflügel sind nach den verdickten Schäften ihrer Schwungfedern benannt. Diese Art aus Mittelamerika ist der größte Kolibri, der außerhalb Südamerikas verbreitet ist.

»

MOSKITOKOLIBRI
Chrysolampis mosquitus
F: Trochilidae
Diese südamerikanische Art offener Lebensräume hat einen rubinroten Oberkopf und eine gelbe Kehle. Bei wenig Licht kann der Vogel schwarz wirken.

GOLDMASKEN-KOLIBRI
Augastes lumachella
F: Trochilidae
Maskenkolibris tragen Gesichtsmasken. Sie kommen in trockenen Lebensräumen vor, wie in Savannen im Hochland. Diese Art ist im östlichen Brasilien verbreitet.

RUBINKOLIBRI
Clytolaema rubricauda
F: Trochilidae
Im Südosten Brasiliens kann man diesen nach der rubinroten Kehle der Männchen benannten Kolibri antreffen. Er ist eng mit Arten der Anden verwandt.

RUBINKEHLKOLIBRI
Archilochus colubris
F: Trochilidae
Die kleine Art ist der einzige Kolibri, der in den östlichen USA brütet. Er fliegt nonstop zum Golf von Mexiko, wo er den Winter verbringt.

HIMMELSSYLPHE
Aglaiocercus kingi
F: Trochilidae
Dieser Vogel, der zu einer vielfältigen Gruppe von Kolibris der Anden gehört, bewohnt Waldränder und Gärten. Die Männchen haben lange, tief gegabelte Schwänze.

FAHLSCHWANZ-KOLIBRI
Boissonneaua flavescens
F: Trochilidae
In Kolumbien, Venezuela und Ecuador trinkt diese Kolibri-Art aus den Blüten von Bäumen, oft in Gesellschaft von anderen Vogel-Arten.

YUKATAN-AMAZILIE
Amazilia yucatanensis
F: Trochilidae
Zu einer großen Gruppe von grünen Kolibris aus Mittelamerika gehört diese Art. Sie ist in offenen Wäldern in Mexiko verbreitet.

BLAUKINN-SMARAGDKOLIBRI
Chlorostilbon notatus
F: Trochilidae
Diese Art ist eine von vielen Smaragdkolibris. Man trifft sie in Wäldern und Agrarland im nördlichen Südamerika an.

BRUSTBAND-ANDENKOLIBRI
Coeligena torquata
F: Trochilidae
Waldnymphen sind waldbewohnende Kolibris der Anden. Diese weitverbreitete Art trifft man von Kolumbien bis nach Bolivien an.

SCHWARZOHRNYMPHE
Adelomyia melanogenys
F: Trochilidae
Dieser häufige Kolibri aus den Anden hat ein unauffälligeres Gefieder als viele seiner Verwandten. Beide Geschlechter sehen ähnlich aus.

BLAUKEHLNYMPHE
Lampornis clemenciae
F: Trochilidae
Zur Gruppe der Bergjuwelen, die in Mittelamerika ihren Ursprung hat, gehört dieser große mexikanische Kolibri. Die nördlichen Populationen sind Zugvögel.

ANNAKOLIBRI
Calypte anna
F: Trochilidae
Die Art aus dem westlichen Nordamerika überwintert weiter nördlich als andere Kolibris. Die Vögel trinken Nektar aus vielen verschiedenen Blüten.

WEISSOHR-KOLIBRI
Basilinna leucotis
F: Trochilidae

Der smagagdgrüne Kolibri kommt in montanen Kiefern- und Eichenwäldern vor, oft in der Nähe von Bächen. Er ist vom südlichen Arizona bis nach Nicaragua verbreitet.

ESTELLA-ANDENKOLIBRI
Oreotrochilus estella
F: Trochilidae

Dieser Andenkolibri lebt in höheren Lagen als andere Arten der Gattung. Die Luft ist hier so dünn, dass er nicht schwirren kann.

LUZIFER-KOLIBRI
Calothorax lucifer
F: Trochilidae

Dieser kleine Kolibri ist vom Süden der USA bis nach Mexiko verbreitet. Er lebt in Halbwüsten, vor allem dort, wo Agaven wachsen.

GABEL-THALURANIA
Thalurania furcata
F: Trochilidae

Der südamerikanische Verwandte der mittelamerikanischen Smaragdkolibris kommt in Tieflandwäldern südlich bis ins nördliche Argentinien vor.

BREITSCHNABEL-KOLIBRI
Cynanthus latirostris
F: Trochilidae

Männchen dieser mexikanischen Smaragdkolibri-Art pendeln im Balzflug vor und zurück, um Weibchen anzulocken.

SCHWERTSCHNABEL-KOLIBRI
Ensifera ensifera
F: Trochilidae

Dies ist der einzige Vogel, dessen Schnabel länger ist als sein Körper. Er bevorzugt die Blüten von Passionsblumen.

BIENENELFE
Mellisuga helenae
F: Trochilidae

Dieser kleine Kolibri kommt nur auf Kuba vor, ist aber mit nordamerikanischen Arten verwandt, die als Zugvögel leben. Die Männchen sind die kleinsten Vögel der Erde.

FLAGGENSYLPHE
Ocreatus underwoodii
F: Trochilidae

In Wäldern der Anden lebt dieser bienengroße Kolibri. Er besucht gern Blütenstände in der Form von Flaschenbürsten.

ROTRÜCKEN-ZIMTELFE
Selasphorus rufus
F: Trochilidae

Unter den Arten vergleichbarer Größe zieht diese die weitesten Strecken, von Alaska bis nach Mexiko. Sie verteidigt ihre Reviere aggressiv.

TEMMINCK-KOLIBRI
Heliomaster squamosus
F: Trochilidae

Männchen dieser Art haben ein auffällig buntes Band um den Hals. Die Art ist mit den mittelamerikanischen Bergjuwelen verwandt, kommt aber im östlichen Brasilien vor.

WEISSBAUCHKOLIBRI
Florisuga mellivora
F: Trochilidae

Genetische Untersuchungen lassen darauf schließen, dass diese große Art tropischer Tiefländer zu einer kleinen Linie gehört, die sich unabhängig von anderen Gruppen entwickelt hat.

WEISSBAND-SONNENNYMPHE
Heliangelus strophianus
F: Trochilidae

Sonnennymphen leben in Bergregionen in Südamerika. Diese Kolibri-Art trifft man von Kolumbien bis Ecuador an.

STERNELFE
Stellula calliope
F: Trochilidae

Die Sternelfe ist ein Zugvogel. Dieser Kolibri brütet in offenen Wäldern im westlichen Nordamerika und überwintert in Halbwüsten in Mexiko.

SPITZHAUBENELFE
Stephanoxis lalandi
F: Trochilidae

Dieser Vogel könnte mit den mittelamerikanischen Degenflügeln verwandt sein. Er bewohnt Bergwälder im östlichen Südamerika.

TROGONE

Trogone sind bunte Vögel tropischer Wälder. Die Fruchtfresser haben breite Schnäbel und einzigartig gebaute Füße.

STAMM	CHORDATA
KLASSE	AVES
ORDNUNG	TROGONIFORMES
FAMILIEN	1
ARTEN	43

Krähengroße Vögel gehören der Ordnung Trogone (Trogoniformes) an, die im tropischen Amerika, in Afrika und Asien verbreitet ist. Das Gefieder der Männchen ist bunter als das der Weibchen. Die langschwänzigen, kurzflügeligen Trogone sind gute Flieger, sie verlassen aber ungern die Deckung. Die erste und zweite Zehe am Fuß eines Trogons weisen nach hinten, die dritte und vierte nach vorn. Bei keiner anderen Vogelgruppe ist das der Fall. Diese ungewöhnlichen Kletterfüße sind so schwach, dass Trogone schlechte Läufer sind.

Trogone haben breite Schnäbel, mit denen sie große Früchte und Wirbellose wie Schmetterlingsraupen vertilgen. Mit ihren Schnäbeln graben sie außerdem Nisthöhlen in morschem Holz oder Termitenhügel.

QUETZAL
Pharomachrus mocinno
F: Trogonidae
Der Quetzal ist ein bunt schillernder Trogon. Der lange Schwanz des Männchens dieser mittelamerikanischen Art ist viel länger als sein Körper.

ROTKOPFTROGON
Harpactes erythrocephalus
F: Trogonidae
Diesen Trogon kann man vom Himalaya bis nach Sumatra antreffen. Der scheue Vogel sitzt wie viele seiner Verwandten oft lange Zeit unbeweglich still.

ORANGEBRUSTTROGON
Harpactes oreskios
F: Trogonidae
Die Färbung dieses Vogels ist typisch für viele asiatische Trogone: Der Rücken ist unauffällig, der Bauch bunt. Diese Art ist im südöstlichen Asien heimisch.

KUBA-TROGON
Priotelus temnurus
F: Trogonidae
Dies ist eine von zwei *Priotelus*-Arten, die nur in der Karibik vorkommen. Sie ist der Nationalvogel von Kuba.

KUPFERTROGON
Trogon elegans
F: Trogonidae
Der einzige Trogon, dessen Verbreitungsgebiet sich bis in die USA erstreckt, lebt vom südlichen Arizona bis Mittelamerika in Bergwäldern.

MASKENTROGON
Trogon personatus
F: Trogonidae
Das Gefieder der Männchen dieser Art, die in Bergwäldern in Südamerika verbreitet ist, ähnelt dem des Kupfertrogons.

MAUSVÖGEL

Diese Vögel huschen ähnlich wie Mäuse durchs Gebüsch. Diese kleine Gruppe unauffällig gefärbter Vögel ist nur in Afrika südlich der Sahara verbreitet.

STAMM	CHORDATA
KLASSE	AVES
ORDNUNG	COLIIFORMES
FAMILIEN	1
ARTEN	6

Mitglieder der einzigen Familie der Mausvögel (Coliiformes) haben ein weiches Gefieder in Braun- oder Grautönen, aufstellbare Hauben und lange Schwänze. Sie sind gesellig und flink und ähneln in ihrem Verhalten Sittichen. Die Baumbewohner bauen aus Zweigen napfförmige Nester. Die Jungen sind beim Schlüpfen weit entwickelt. Vermutlich sind die Mausvögel Überlebende einer vielfältigeren Gruppe, die in der Vergangenheit auch außerhalb Afrikas vorkam. Man hat in Europa versteinerte Mausvögel gefunden. Ihre systematische Stellung ist noch unklar: Sie könnten den Trogonen, den Eisvögeln oder den Spechten nahestehen.

BRAUNFLÜGEL-MAUSVOGEL
Colius striatus
F: Coliidae
Dies ist der größte und einer der am weitesten verbreiteten Mausvögel. Er kommt von Nigeria bis Südafrika in Savannen und offenen Wäldern vor.

BLAUNACKEN-MAUSVOGEL
Urocolius macrourus
F: Coliidae
Die Mausvögel der Gattung *Urocolius* sind bessere Flieger und weniger »mausähnlich« als die der Gattung *Colius*. Diese Art trifft man vom Senegal bis nach Tansania in Buschland an.

EISVÖGEL UND VERWANDTE

Die Rackenvögel (Ordnung Coraciiformes) sind weltweit verbreitet. Bei allen Angehörigen sind beim Sitzen drei Zehen wie bei den Singvögeln nach vorn gerichtet, die jedoch teilweise an der Basis verschmolzen sind.

Eisvögel zeigen oft leuchtend grüne oder blaue Farben, die durch die Lichtbrechung an mikroskopisch kleinen Strukturen ihrer Federn hervorgerufen werden. Fischfressende Arten erkennen ihre Beute mit den Augen und stürzen sich entweder von einem Ansitz oder aus der Luft auf sie. Andere Arten jagen Landtiere wie Echsen, Nagetiere und Insekten. Ein großer Kopf und ein kräftiger Hals ermöglichen das effektive Tauchen, und der scharfkantige, lange Schnabel ermöglicht das Festhalten schlüpfriger Beute. Fischfresser haben einen schmalen Schnabel, während die Waldbewohner mit ihren breiteren, löffelartigen Schnäbeln Tiere auf dem trockenen Boden ergreifen können. Ihre kurzen Beine sind ideal, um sich auf Zweige zu setzen, doch laufen können die Vögel mit ihnen nicht. Dafür eignen sich die Füße gut, um Bruthöhlen in Sand oder Erde zu graben.

VERWANDTE ARTEN

Die anderen Arten der Ordnung wie die namensgebenden Racken und Sägeracken jagen ihre Beute an Land. Rackenvögel zeigen eine große Vielfalt an Schnabelformen. So benutzen die Bienenfresser ihre langen Schnäbel, um die stechenden Insekten auf Distanz zu halten und um das Bienengift auszudrücken.

STAMM	CHORDATA
KLASSE	AVES
ORDNUNG	CORACIIFORMES
FAMILIEN	6
ARTEN	177

Trotz ihres spitzen Schnabels speeren Eisvögel ihre Beute nicht, sondern ergreifen sie wie fast alle fischfressenden Vögel.

32–36 cm

GABELRACKE
Coracias caudatus
F: Coraciidae
Wie andere Racken der Gattung *Coracias* ist dieser afrikanische Vogel ein Jäger: Er stößt auf den Boden herab, um Eidechsen, Nagetiere und große Wirbellose zu erbeuten.

28–30 cm

OPALRACKE
Coracias cyanogaster
F: Coraciidae
Diese zentralafrikanische Racke nistet wie viele ihrer Verwandten in Baumhöhlen. In ihrem ausgedehnten Verbreitungsgebiet ist sie häufig.

36–38 cm

SPATELRACKE
Coracias spatulatus
F: Coraciidae
Die Fahnen der äußeren Schwanzfedern dieser charakteristischen Racke aus Ostafrika sind spatelförmig.

29–32 cm

BLAURACKE
Coracias garrulus
F: Coraciidae
Die am weitesten verbreitete Art der Gattung *Coracias* überschlägt sich bei der Balz in der Luft. Sie kommt im westlichen Eurasien vor und überwintert in Afrika.

36–41 cm

STICHELRACKE
Coracias naevius
F: Coraciidae
Im Vergleich zu anderen Arten ist diese Racke eher unauffällig gefärbt. Sie kommt in trockenen Regionen in Afrika südlich der Sahara vor.

26 cm

BLAUKOPF-ERDRACKE
Atelornis pittoides
F: Brachypteraciidae
Wie der Name sagt, halten sich Erdracken meist auf dem Erdboden auf. Dieser Regenwaldvogel ist die bunteste Art der Familie.

27–30 cm

DOLLARVOGEL
Eurystomus orientalis
F: Coraciidae
Nach den hellen Feldern auf den Unterflügeln, die mit Fantasie an das Dollarzeichen erinnern, ist dieser Vogel benannt. Er lebt in Wäldern vom Himalaya bis Australien.

27–30 cm

ZIMTROLLER
Eurystomus glaucurus
F: Coraciidae
Die Mitglieder dieser Gattung haben wie diese afrikanische Art längere Flügel und verfolgen ihre Beute gewandter als die der Gattung *Coracias*.

47–52 cm

LANGSCHWANZ-ERDRACKE
Uratelornis chimaera
F: Brachypteraciidae
Wie andere Erdracken nistet diese Art der trockenen Wälder im südwestlichen Madagaskar in Erdhöhlen, die sie selbst gräbt.

»

» EISVÖGEL UND VERWANDTE

GRÜNTODI
Todus todus
F: Todidae
Todis sind kleine grüne Vögel aus der Karibik, die mit ihren flachen Schnäbeln Insekten im Flug fangen. Diese Art kommt nur in Wäldern auf Jamaika vor.

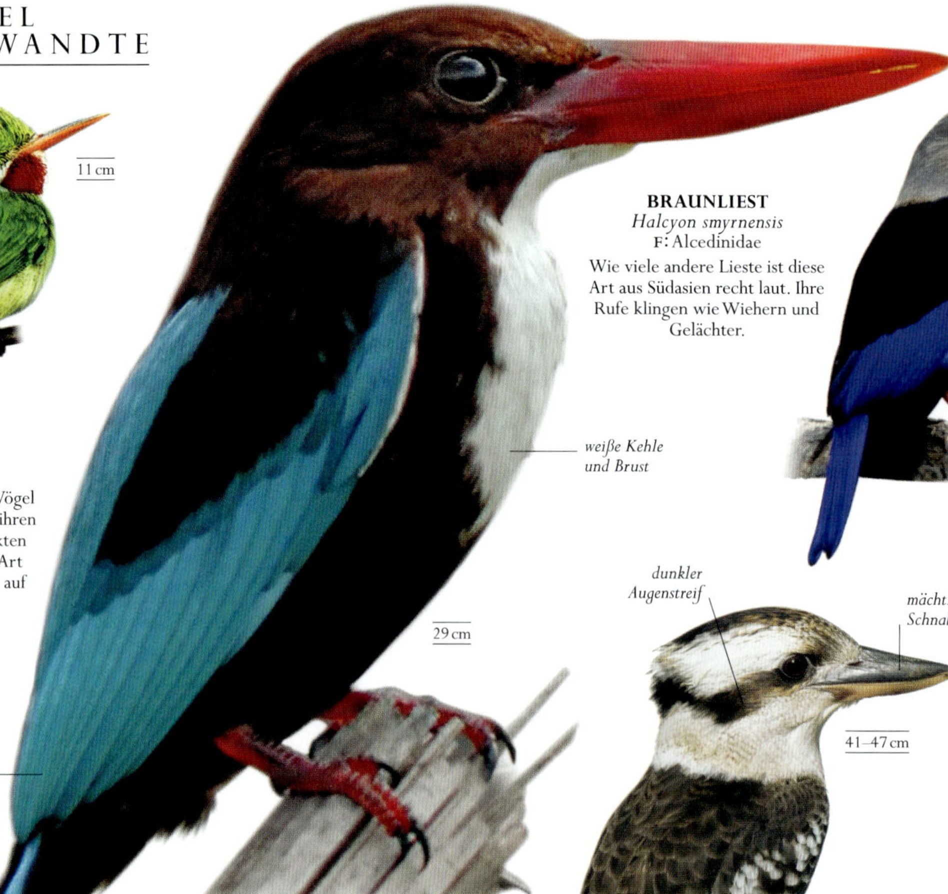

BRAUNLIEST
Halcyon smyrnensis
F: Alcedinidae
Wie viele andere Lieste ist diese Art aus Südasien recht laut. Ihre Rufe klingen wie Wiehern und Gelächter.

GRAUKOPFLIEST
Halcyon leucocephala
F: Alcedinidae
Lieste sind Waldvögel, die vor allem Insekten fressen. Der Graukopfliest ist eine afrikanische Art, die auch Fische fängt.

ZWERGKÖNIGSFISCHER
Ispidina picta
F: Alcedinidae
Der afrikanische Vogel gehört zu den Eisvögeln, ernährt sich aber vor allem von Insekten. Er lebt abseits von Gewässern in Wäldern und Savannen.

JÄGERLIEST
Dacelo novaeguineae
F: Alcedinidae
In australischen Wäldern ist dieser große Liest verbreitet, der Reptilien und Wirbellose erbeutet. Sein Ruf ist laut und erinnert an menschliches Kichern.

GRÜNFISCHER
Chloroceryle americana
F: Alcedinidae
Dieser Vogel aus dem tropischen Amerika ist ein Stoßtaucher, der Fische und Wasserinsekten fängt. Oft nutzt er Steine am Ufer als Sitzwarte.

GELBSCHNABELLIEST
Syma torotoro
F: Alcedinidae
Dieser Liest lebt in Regenwäldern in Neuguinea und im nördlichen Australien. Er erbeutet vor allem Insekten, aber auch Würmer und kleine Eidechsen.

AZURFISCHER
Ceyx azureus
F: Alcedinidae
Wie viele Eisvögel nistet diese Art in Höhlen in der Uferböschung. Man trifft ihn an Bächen und in Mangrovensümpfen in Australien und Neuguinea an.

PAPUA-FISCHER
Ceyx pusillus
F: Alcedinidae
Diese kleine australische Art lebt in Mangrovensümpfen. Sie fängt Fischchen, Insektenlarven und kleine Krebstiere.

EISVOGEL
Alcedo atthis
F: Alcedinidae
Der bekannte Eisvogel ist in Eurasien und Nordafrika verbreitet. Er ist ein typisches Mitglied einer Gruppe scheuer Eisvögel der Alten Welt.

GRAUFISCHER
Ceryle rudis
F: Alcedinidae
In Afrika und Südasien begegnet man dem Graufischer an Flüssen und Seen. Die Vögel sammeln sich oft in kleinen Schwärmen. Sie können im Rüttelflug in der Luft auf einer Stelle stehen.

GÜRTELFISCHER
Megaceryle alcyon
F: Alcedinidae
Dieser Fischereisvogel aus Nordamerika ist auf den Fang von Fischen spezialisiert. Oft rüttelt er über dem Wasser, bevor er hinabstößt.

PARADIESLIEST
Tanysiptera sylvia
F: Alcedinidae
Viele Lieste, wie diese Art aus Neuguinea und Nordaustralien, nisten in Höhlen in Termitenhügeln.

BRAUNFLÜGELLIEST
Pelargopsis amauroptera
F: Alcedinidae
Der Braunflügelliest ist in Mangrovenwäldern von Indien bis zur Malaiischen Halbinsel verbreitet.

STORCHSCHNABELLIEST
Pelargopsis capensis
F: Alcedinidae
Im südlichen Asien kommt dieser Vogel vor, den man in Wassernähe in Wäldern antrifft, vor allem außerhalb des Verbreitungsgebiets des verwandten Braunflügelliests.

HALSBANDLIEST
Todiramphus chloris
F: Alcedinidae
Der Halsbandliest ist vom südlichen Asien bis zum Pazifik vor allem in Mangrovensümpfen an Küsten verbreitet.

ZIMTBRUST-MOTMOT
Baryphthengus martii
F: Momotidae
Dieser Vogel mit kräftigem Schnabel fliegt plötzlich auf, um große Insekten und kleine Wirbeltiere zu erbeuten. Er ist in Mittel- und Südamerika verbreitet.

BLAUSCHEITEL-MOTMOT
Momotus momota
F: Momotidae
Wie die verwandten Spinte und viele Eisvögel nistet dieser bunt gefärbte Motmot aus dem tropischen Amerika in Röhren an Flussböschungen.

TÜRKISBRAUEN-MOTMOT
Eumomota superciliosa
F: Momotidae
Die spatelförmige Schwanzspitze dieser mittelamerikanischen Art entsteht, weil die Strahlen der Fahne davor an Sollbruchstellen abbrechen.

BIENENFRESSER
Merops apiaster
F: Meropidae
Wie andere Spinte fängt die im südwestlichen Eurasien und Afrika verbreitete Art Insekten im Flug. Bevor sie ihre Beute verschluckt, entfernt sie den Stachel.

REGENBOGENSPINT
Merops ornatus
F: Meropidae
Dies ist der einzige Spint Australiens. Die südlichsten Populationen ziehen in den Norden, um in Nordaustralien und Indonesien zu überwintern.

WEISSSTIRNSPINT
Merops bullockoides
F: Meropidae
Dieser afrikanische Spint brütet in großen Kolonien. Vögel, die selbst nicht brüten, helfen anderen Paaren, die Jungen großzuziehen.

SMARAGDSPINT
Merops orientalis
F: Meropidae
In trockenen, offenen Lebensräumen Afrikas und Südasiens nistet der Smaragdspint in lockereren Kolonien als andere Spinte.

KUROL

Die Ordnung Leptosomiformes enthält nur eine Art. Sie ist wohl mit den südamerikanischen Trogonen verwandt, doch ansonsten ist ihre Stellung unklar.

STAMM	CHORDATA
KLASSE	AVES
ORDNUNG	LEPTOSOMIFORMES
FAMILIEN	1
ARTEN	1

Der Kurol, der in fragmentierten Waldresten lebt, scheint weniger gefährdet als viele andere Arten Madagaskars zu sein. Er erbeutet große Insekten, aber auch kleine Reptilien. Ähnlich wie die Kuckucke kann er haarige Raupen verdauen, die von den meisten Vögeln gemieden werden. Er ähnelt ihnen auch dadurch, dass er zwei nach vorn und zwei nach hinten weisende Zehen besitzt.

KUROL
Leptosomus discolor
F: Leptosomatidae
Oberflächlich ähnelt der madagassische Kurol einem Kuckuck. Er erbeutet kleine Tiere und nistet in Baumhöhlen.

SCHAUFELSCHNABEL ∨
Dieser Eisvogel der Waldränder wartet auf einem erhöhten Ansitz auf Beute. Mit seinem schaufelförmigen Schnabel und den kräftigen Nackenmuskeln überwältigt er kleine Schlangen und Nagetiere. Größere Beute schlägt er dazu auf den Boden.

JÄGERLIEST
Dacelo novaeguineae

Der Jägerliest ist für seine Rufe bekannt. Sein lautes Lachen wird sofort von Artgenossen aufgenommen, bis der australische Busch davon widerhallt. »Lachender Hans« ist daher ein bekannter Name dieses großköpfigen, kurzbeinigen Vogels. Regelmäßig hört man seine Rufe in der Morgen- und Abenddämmerung. Sein Nest ist eine nicht ausgekleidete Höhle in einem Baumstamm oder ein mit dem Schnabel in einen Termitenhügel gegrabenes Loch. Wie bei anderen Eisvögeln sind die drei bis fünf Eier reinweiß. Wenn die Nahrung knapp ist, ist das letzte Ei klein, und das aus ihm schlüpfende schwache Küken wird von seinen stärkeren Geschwistern getötet. Die erwachsenen Vögel bleiben ihr Leben lang zusammen. Sie werden von bis zu fünf halbwüchsigen Vögeln aus den vorigen Jahren unterstützt, die sich am Brüten und am Füttern der Küken beteiligen. Der Jägerliest ist weit verbreitet und nicht selten, doch die Buschfeuer der letzten Jahre haben viele seiner Populationen beeinträchtigt.

GRÖSSE 41–47 cm
LEBENSRAUM offenes Buschland und Eukalyptuswälder
VERBREITUNG Ostaustralien, in anderen Teilen Australiens und Neuseelands eingeführt
NAHRUNG Echsen, Schlangen, kleine Säugetiere, Insekten, Würmer, Schnecken und andere Wirbellose

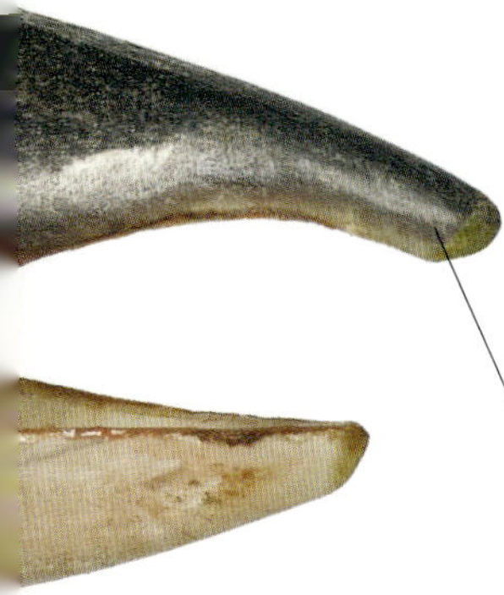

zu einer Spitze ausgezogener Oberschnabel

AUGE >
Ein spezieller Bereich der Netzhaut in jedem Auge erlaubt ein besonders scharfes Sehen. Der Jägerliest bewegt seinen Kopf, um mit einem zweiten empfindlichen Bereich in jedem Auge bei der Suche nach Beute unter ihm eine binokulare Sicht zu erzielen.

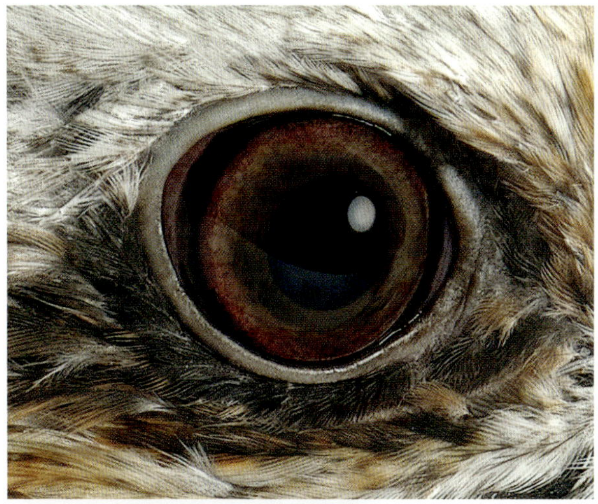

∨ ZUNGE
Die breite, spitze Zunge sitzt passgenau im Unterschnabel. Durch den Speichel ist sie klebrig, und sie hat einen kleinen Haken im hinteren Bereich, mit dem der Vogel zappelnde oder kräftige Beute bewältigen und schlucken kann.

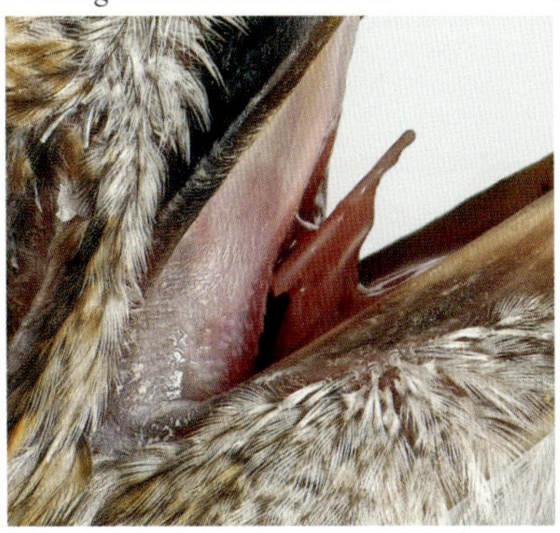

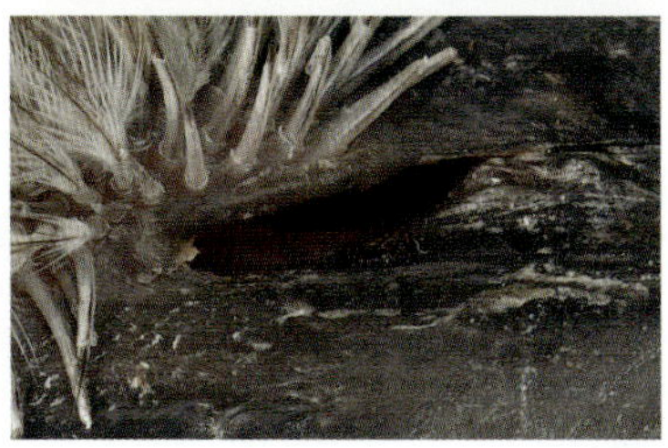

< NASENLOCH
Die Position der Nasenlöcher an der Schnabelbasis verhindert, dass Schmutz hineingelangt. Die haarartigen Federn schützen die Augen.

∨ FUSS
Wie bei anderen Eisvögeln sind der lange äußere Zeh und der mittlere miteinander verwachsen. Die sehr kurzen Beine ermöglichen einen sicheren Halt auf einem Ast, sind aber zum Laufen nicht gut geeignet.

SCHWANZ ∨
Der Schwanz des Jägerliest ist für einen Eisvogel recht lang. Beim Flug wird er gespreizt, sodass man alle zwölf Federn sieht.

Die äußeren Schwanzfedern zeigen mehr weiße Bänder als die inneren.

FLÜGEL ∧
Die kurzen und breiten Flügel sind zu einer Tragfläche gebogen: Der muskulöse »Arm« verjüngt sich zu den flachen Handschwingen.

NASHORNVÖGEL, HOPFE UND HORNRABEN

Nashornvögel, Wiede-, Sichel- und Baumhopfe sowie die Hornraben bilden die nur in der Alten Welt vorkommende Ordnung Bucerotiformes. Einige Arten sind auffällig gefärbt.

Wiedehopfe suchen mit ihren schmalen, gebogenen Schnäbeln auf dem Boden nach Wirbellosen und kleinen Reptilien, während Baumhopfe die lose Borke der Bäume untersuchen. Nashornvögel haben einen größeren und längeren Schnabel mit einem Hornaufsatz. Es gibt mittelgroße bis große Arten. Einige von ihnen nisten in Baumhöhlen, und die Männchen mauern die Weibchen mit Schlamm ein und füttern sie durch eine kleine Öffnung, bis die Jungen geschlüpft sind. Hornraben sind sehr große, schwere Vögel, die ihre Nahrung ausschließlich am Boden suchen.

STAMM	CHORDATA
KLASSE	AVES
ORDNUNG	BUCEROTIFORMES
FAMILIEN	4
ARTEN	74

ROTSCHNABELTOKO
Tockus erythrorhynchus
F: Bucerotidae
Tokos sind kleine afrikanische Jäger mit meist roten oder gelben Schnäbeln. Diese Art kommt vom Senegal bis nach Namibia in offenen Wäldern und Savannen vor.

TROMPETER-HORNVOGEL
Bycanistes bucinator
F: Bucerotidae
Der Trompeter-Hornvogel lebt in Wäldern im östlichen und südlichen Afrika. Er ähnelt dem verwandten Silberwangen-Hornvogel.

SILBERWANGEN-HORNVOGEL
Bycanistes brevis
F: Bucerotidae
Diesen Fruchtfresser trifft man in Wäldern im östlichen Afrika an. Wie bei anderen Nashornvögeln sind die Schnäbel der Männchen größer mit auffälligem Aufsatz.

ORIENT-HORNVOGEL
Anthracoceros albirostris
F: Bucerotidae
Dieser asiatische Nashornvogel ist vom Himalaya bis auf Bali (Indonesien) in Kulturland und in Wäldern verbreitet.

MALABAR-HORNVOGEL
Anthracoceros coronatus
F: Bucerotidae
Wie die meisten anderen asiatischen Nashornvögel ist diese Art aus Indien und Sri Lanka ein Allesfresser. Früchte machen einen großen Teil der Nahrung aus.

NÖRDLICHER HORNRABE
Bucorvus abyssinicus
F: Bucorvidae
Zwei Hornraben-Arten jagen in afrikanischen Steppen. Diese kommt vom Senegal bis Kenia vor und erträgt trockenere Bedingungen als der Südliche Hornrabe.

WIEDEHOPF
Upupa epops
F: Upupidae
Der Wiedehopf nistet in Afrika und Eurasien in Baumhöhlen. Er hat einen flatternden, unregelmäßigen Flug und stochert im Erdreich nach Insekten.

BAUMHOPF
Phoeniculus purpureus
F: Phoeniculidae
Der afrikanische Baumhopf klettert wie ein Specht in Bäumen umher. Mit seinem Schnabel stochert er in morschem Holz nach Wirbellosen.

SPECHTE UND TUKANE

Bei den Vögeln der Ordnung Spechtvögel (Piciformes), von denen die meisten in Höhlen brüten, sind die Füße gleich gebaut.

Die Spechte sind fast weltweit verbreitet. Diese Vögel halten sich mit ihren zygodactyl gestellten Zehen (zwei weisen nach vorn, zwei nach hinten) an Ästen fest. Mit ihrem steifen Stützschwanz stemmen sie sich fest, während sie mit ihren kräftigen Schnäbeln ins Holz hämmern. Dank ihrer langen, mit Häkchen besetzten Zunge holen sie Insektenlarven aus der Rinde. Andere Vögel der Gruppe trifft man vorwiegend in den Tropen an. Honiganzeiger fressen Bienenwachs. Glanzvögel jagen große Insekten, während Faulvögel Fliegen fangen. Bartvögel haben einen gesägten Schnabel zum Fressen von Früchten. Honiganzeiger sind Brutparasiten, die ihre Eier in die Nester anderer Vögel legen, auch in die von Spechten. Andere Arten der Ordnung nisten in Baumhöhlen oder graben Baue im Boden oder in Termitenhügeln.

STAMM	CHORDATA
KLASSE	AVES
ORDNUNG	PICIFORMES
FAMILIEN	9
ARTEN	445

WEISSBRUSTTUKAN
Ramphastos tucanus
F: Ramphastidae
Wie alle Tukane nistet diese Art aus dem nördlichen Südamerika in Baumhöhlen. Oft nutzt sie verlassene Spechthöhlen.

BUNTTUKAN
Ramphastos dicolorus
F: Ramphastidae
Zu den kleinsten Tukanen der Gattung *Ramphastos* gehört der Bunttukan aus dem östlichen Südamerika. Er ist der einzige Tukan mit ausgedehnten roten Bauchpartien.

CUVIER-TUKAN
Ramphastos tucanus cuvieri
F: Ramphastidae
Dieser Vogel der Amazonas-Region wird oft als Unterart des Weißbrusttukans klassifiziert. Er hat einen dunkleren Schnabel als dieser.

DOTTERTUKAN
Ramphastos vitellinus
F: Ramphastidae
Tukane der Gattung *Ramphastos* sind schwarz mit weißer oder gelber Brust. Bei den Unterarten dieser südamerikanischen Art variiert die Färbung der Brust.

RIESENTUKAN
Ramphastos toco
F: Ramphastidae
Dieser Vogel aus dem nördlichen Südamerika ist der größte Tukan. Er bewohnt nicht nur Wälder wie andere Arten, sondern auch offenere Waldlebensräume.

LAUCH-ARASSARI
Aulacorhynchus prasinus
F: Ramphastidae
Die am weitesten verbreitete Art aus einer Gruppe kleiner Grünarassaris kommt von Mexiko bis Bolivien vor. Es gibt mehrere Unterarten.

FLECKEN-ARASSARI
Selenidera maculirostris
F: Ramphastidae
Diese Art aus dem südlichen Brasilien ist eine von mehreren kleinen Tukanen, bei denen die Geschlechter unterschiedlich gefärbt sind. Die Weibchen haben eine braune Färbung.

GOLDTUKAN
Pteroglossus bailloni
F: Ramphastidae
Im Südosten Brasiliens trifft man diesen Tukan mit dunkelgelbem Gefieder an. Er ist mit den Arassaris verwandt.

HALSBAND-ARASSARI
Pteroglossus torquatus
F: Ramphastidae
Diese Art ist der am nördlichsten verbreitete Arassari. Er kommt in feuchten Wäldern vom südlichen Mexiko bis ins nördliche Südamerika vor.

BRAUNOHR-ARASSARI
Pteroglossus castanotis
F: Ramphastidae
Arassaris sind langschwänzige, gesellige Tukane. Die meisten haben einen roten Bürzel und einen gebänderten Bauch. Diese Art lebt im nordwestlichen Südamerika.

»

TUPFENBARTVOGEL
Capito niger
F: Ramphastidae
Diesen Bartvogel aus dem nördlichen Südamerika sieht man selten. Sein Ruf, der wie das Quaken eines Froschs klingt, ist jedoch oft zu hören.

ROTKOPFBARTVOGEL
Eubucco bourcierii
F: Ramphastidae
Von Costa Rica bis nach Peru ist diese Art verbreitet. Meist ist sie still, was für Bartvögel ungewöhnlich ist.

PURPURMASKENBARTVOGEL
Lybius guifsobalito
F: Ramphastidae
Viele afrikanische Bartvögel kommen in offeneren Lebensräumen vor als die amerikanischen und asiatischen Arten, die Wälder bewohnen. Diese Art ist im östlichen Afrika verbreitet.

FURCHENSCHNABEL-BARTVOGEL
Lybius dubius
F: Ramphastidae
Bartvögel haben sensorische Borsten am Schnabelgrund. Bei dieser Art aus West- und Zentralafrika sind sie besonders lang.

BLAUWANGENBARTVOGEL
Psilopogon asiaticus
F: Ramphastidae
Asiatische Bartvögel suchen oft gemeinsam mit anderen Fruchtfressern in der Kronenregion nach Nahrung. Diese Art kann man vom Himalaya bis nach Thailand beobachten.

KUPFERSCHMIED
Psilopogon haemacephala
F: Ramphastidae
Dies ist ein weit verbreiteter Bartvogel, den man an Waldrändern und in Gebüschen antrifft. Im südlichen Afrika ist sein unablässiger »hämmernder« Ruf ein vertrautes Geräusch.

MALABARSCHMIED
Psilopogon rubricapillus
F: Ramphastidae
Dieser kleine asiatische Bartvogel kommt nur auf Sri Lanka und im südwestlichen Indien vor. Die häufige Art lebt auch in Städten.

CEYLON-GRÜNBARTVOGEL
Psilopogon zeylanicus
F: Ramphastidae
Dieser typische asiatische Bartvogel hat ein Verbreitungsgebiet vom Himalaya bis nach Indien und Sri Lanka. Der Fruchtfresser liebt Feigen besonders.

HEULBARTVOGEL
Psilopogon virens
F: Ramphastidae
Der größte asiatische Bartvogel ist ein lauter Geselle. Er kommt vom östlichen Himalaya bis zum Hochland in Thailand vor.

FEUERSTIRNBARTVOGEL
Pogoniulus pusillus
F: Ramphastidae
Nur in Wäldern entlang Flüssen an der Küste Ostafrikas lebt diese Art, die Insekten und Früchte frisst, auch die Beeren von Misteln.

BINDENZWERGBÄRTLING
Pogoniulus bilineatus
F: Ramphastidae
Zwergbärtlinge sind kleine schwarzweiße afrikanische Bartvögel. Ihre wiederholten Rufe hört man den ganzen Tag. Diese Art ist südlich der Sahara weit verbreitet.

GELBSTIRNBARTVOGEL
Pogoniulus chrysoconus
F: Ramphastidae
Den weiter verbreiteten Verwandten des Feuerstirnbartvogels trifft man in trockenen, offenen Wäldern und in Savannen in Afrika südlich der Sahara an.

22 cm

DIADEMHAARBÄRTLING
Tricholaema diademata
F: Ramphastidae

Dieser ostafrikanische Bartvogel, der mit dem Tränenbartvogel verwandt ist, kommt in trockeneren Lebensräumen vor. Wie alle Bartvögel nistet er in Baumhöhlen.

22 cm

TRÄNENBARTVOGEL
Tricholaema lacrymosa
F: Ramphastidae

Der Bartvogel feuchter Wälder in Zentral- bis Ostafrika ernährt sich vor allem von Feigen und Beeren.

15–16 cm

23 cm

OHRFLECK-BARTVOGEL
Trachyphonus darnaudii
F: Ramphastidae

Die afrikanischen Bartvögel der Gattung *Trachyphonus* leben in offenen Lebensräumen und verbringen viel Zeit am Boden. Diese Art ist im östlichen Afrika verbreitet.

20 cm

TUKANBARTVOGEL
Semnornis ramphastinus
F: Ramphastidae

In Regenwäldern in Kolumbien und Ecuador kommt diese Art vor, die zwischen Bartvögeln und Tukanen steht. Sie frisst ausschließlich Früchte.

28 cm

ROTBÜSCHEL-BARTVOGEL
Psilopogon pyrolophus
F: Ramphastidae

Dieser Bartvogel mit gestaffeltem Schwanz ist in Südostasien verbreitet. Sein Ruf erinnert an den Gesang einer Zikade.

FLAMMENKOPF-BARTVOGEL
Trachyphonus erythrocephalus
F: Ramphastidae

Dieser typische bodenbewohnende Bartvogel frisst Insekten, Früchte, Samen und kleine Eidechsen. Oft gräbt er Nisthöhlen in Termitenhügel.

12–13 cm

GRAUBAUCH-LAUBPICKER
Prodotiscus zambesiae
F: Indicatoridae

Honiganzeiger wie diese Art fressen Insekten, Früchte und sogar Bienenwachs. Diese afrikanische Art legt Eier in die Nester von Brillenvögeln, kleinen Waldlandbewohnern.

17 cm

WENDEHALS
Jynx torquilla
F: Picidae

Dieser eurasisch verbreitete Ameisenfresser hat einen schwächeren Schnabel als echte Spechte. Er kann seinen Kopf sehr weit drehen, daher sein Name.

10 cm

GOLDSTIRN-ZWERGSPECHT
Picumnus aurifrons
F: Picidae

Zwergspechte sind kleine kleiberähnliche Mitglieder der Familie der Spechte. Mit ihren kurzen Schnäbeln holen sie Insekten aus morschem Holz. Diese Art kommt im Zentrum Südamerikas vor.

10 cm

GOLDSCHUPPEN-ZWERGSPECHT
Picumnus exilis
F: Picidae

Dieser südamerikanische Zwergspecht hat wie alle Zwergspechte keinen steifen Stützschwanz. Er verbringt deshalb weniger Zeit an senkrechten Baumstämmen.

10 cm

OCKERZWERGSPECHT
Picumnus limae
F: Picidae

Nur im östlichen Brasilien trifft man diese Art an. Wie andere Zwergspechte nistet sie in verlassenen Höhlen größerer Specht-Arten.

10 cm

BÄNDER-ZWERGSPECHT
Picumnus temminckii
F: Picidae

In Wäldern im östlichen Paraguay, im Südosten Brasiliens und im Nordosten Argentiniens ist diese Art mit ihrer Färbung gut getarnt.

10 cm

KLEINSTER ZWERGSPECHT
Picumnus pygmaeus
F: Picidae

Dieser Zwergspecht kommt nur in den tropischen Wäldern im Nordosten Brasiliens vor.

»

» SPECHTE UND TUKANE

30 cm

ERDSPECHT
Geocolaptes olivaceus
F: Picidae

Ungewöhnlicherweise lebt der Erdspecht auf dem Boden. Der südafrikanische Ameisenfresser bewohnt steinige, öde Gebiete und gräbt seine Nisthöhlen in Böschungen.

18 cm

NUBIERSPECHT
Campethera nubica
F: Picidae

Dieser Verwandte des europäischen Grünspechts kommt in trockenen Regionen im nordöstlichen Afrika vor, wo er oft in Paaren auftritt.

18–22 cm

GELBBAUCH-SAFTLECKER
Sphyrapicus varius
F: Picidae

Saftlecker hämmern Löcher in Baumstämme, um Baumsaft zu trinken. Diese Art brütet in Nordamerika und zieht in die Karibik.

28 cm

FEUERRÜCKEN-SPECHT
Dinopium javanense
F: Picidae

Diesen tropischen Specht trifft man in vielen Waldtypen an, sogar in Mangrovenwäldern. Er ist von Indien in östlicher Richtung bis nach Borneo und Java verbreitet.

15–17 cm

RUNDSCHWANZ-SPECHT
Hemicircus canente
F: Picidae

Dies ist einer von zwei verwandten Spechten aus Südostasien mit Hauben. Der sehr kurze Schwanz ist gerundet, daher sein Name.

45–57 cm

♀

SCHWARZSPECHT
Dryocopus martius
F: Picidae

Dieser große Specht kommt in Wäldern im nördlichen Eurasien vor. Er gehört zu einer kleinen Gruppe vorwiegend schwarzer Arten mit rotem Oberkopf.

40–49 cm

HELMSPECHT
Dryocopus pileatus
F: Picidae

Der Helmspecht ist der größte Specht Nordamerikas. Anders als der eurasische Schwarzspecht haben amerikanische Mitglieder der Gattung *Dryocopus* eine deutliche Haube.

23 cm

BRONZESPECHT
Piculus chrysochloros
F: Picidae

Dieser Vogel folgt oft Schwärmen aus verschiedenen Vogel-Arten, die die Rinde von Bäumen nach Nahrung absuchen. Er ist ein typisches Mitglied der grünlichen Bänderspechte aus dem tropischen Amerika.

31–33 cm

GRÜNSPECHT
Picus viridis
F: Picidae

Der Grünspecht ist ein europäisches Mitglied einer altweltlichen Gruppe von Spechten mit grünem Rücken. Sein lachender Ruf ist unverkennbar.

19–23 cm

ROTKOPFSPECHT
Melanerpes erythrocephalus
F: Picidae

Dieser charakteristische nordamerikanische Specht ist eine aggressive Art: Sie zerstört die Nester und Eier anderer Vögel in ihrem Revier.

24 cm

CAROLINA-SPECHT
Melanerpes carolinus
F: Picidae

Wie andere Spechte der Gattung *Melanerpes* legt diese nordamerikanische Art Vorratslager in Rindenspalten an. Der Bauch ist rötlich getönt.

19 cm

GOLDMASKENSPECHT
Melanerpes flavifrons
F: Picidae

Die meisten Spechte der Gattung *Melanerpes* haben ein teilweise gebändertes Gefieder. Manche sind auffällig gefärbt wie diese südamerikanische Art.

31 cm

SCHARLACHKOPF-SPECHT
Campephilus robustus
F: Picidae

Die Spechte der Gattung *Campephilus* sind schwarz-weiße Vögel mit roten Köpfen. Diese kräftige Art kommt nur im östlichen Südamerika vor.

GOLDSPECHT
Colaptes auratus
F: Picidae

Dieser Specht und verwandte Arten haben bunte Unterflügel, die man im Flug aufblitzen sieht. Von dieser Art gibt es Formen mit roten und gelben Schwungfederschäften, die sich untereinander kreuzen.

HAARSPECHT
Picoides villosus
F: Picidae

Der Bestand des nordamerikanischen Verwandten des Dreizehenspechts wird größer, weil seine Beutetiere, die Larven von Borkenkäfern, häufiger vorkommen.

BUNTSPECHT
Dendrocopos major
F: Picidae

Dieses verbreitete Mitglied der eurasischen Gruppe der Buntspechte sieht man in Wäldern und Gärten von Europa bis nach Südostasien häufig.

MITTELSPECHT
Dendrocoptes medius
F: Picidae

Dieses Mitglied der Buntspechte kommt nur in Europa und im südwestlichen Asien vor. Die Art trommelt seltener als der verwandte Buntspecht.

DREIZEHEN-GLANZVOGEL
Jacamaralcyon tridactyla
F: Galbulidae

Der am unauffälligsten gefärbte Glanzvogel lebt in trockenen Wäldern und nistet in Böschungen. Zwei seiner Zehen weisen nach vorn, eine nach hinten.

BREITMAUL-GLANZVOGEL
Jacamerops aureus
F: Galbulidae

Dies ist der größte Glanzvogel. Er kommt von Costa Rica bis nach Bolivien vor. Er frisst Insekten und manchmal kleine Eidechsen.

ROTSCHWANZ-GLANZVOGEL
Galbula ruficauda
F: Galbulidae

Diese Art aus Mittel- und Südamerika ist am Rücken schillernd grün und unterseits rotbraun gefärbt. Dies ist typisch für die Gattung.

KURZSCHWANZ-GLANZVOGEL
Galbalcyrhynchus purusianus
F: Galbulidae

Glanzvögel sind auf das Erbeuten großer Insekten in der Luft spezialisiert. Dies ist eine von zwei kastanienbraunen Arten aus Südamerika.

SCHWARZSTIRN-TRAPPIST
Monasa nigrifrons
F: Bucconidae

Trappisten sind Verwandte der Faulvögel mit schwarzem Körper. Die laute südamerikanische Art hält sich oft unterhalb von Affenhorden auf. Hier fängt sie kleine Tiere, die die Affen aufscheuchen.

WEISSOHRFAULVOGEL
Nystalus chacuru
F: Bucconidae

Wie andere Faulvögel hat diese Art aus dem Zentrum Südamerikas einen großen Kopf. Mit ihrem schweren Schnabel fängt sie kleine Tiere.

ROTKEHLFAULVOGEL
Nonnula rubecula
F: Bucconidae

Die Arten der Gattung *Nonnula* sind kleine, unscheinbar gefärbte Faulvögel. Diese typische südamerikanische Art lebt in Wäldern mit Lianensaum.

SCHWALBENFAULVOGEL
Chelidoptera tenebrosa
F: Bucconidae

Dieser Vogel ähnelt im Sitzen einer Schwalbe und im Flug einer Fledermaus. Er fängt im nördlichen Südamerika entlang Flussläufen fliegende Insekten.

SERIEMAS

Die Seriemas der Ordnung Cariamiformes sind langbeinige, laute Bewohner der südamerikanischen Savannen. Die Verwandtschaft zu anderen Vögeln ist unklar.

STAMM	CHORDATA
KLASSE	AVES
ORDNUNG	CARIAMIFORMES
FAMILIEN	1
ARTEN	2

Die einst zu den Kranichen gerechneten Seriemas sind später auch in die Nähe der Falken gestellt worden. Die beiden Arten gehören zu den größten bodenbewohnenden Vögeln Südamerikas. Sie fliegen meist nur, um in einer Baumkrone zu übernachten oder zu nisten. Ihre lauten Rufe sind öfter zu hören als die Vögel zu sehen sind.

ROTFUSS-SERIEMA
Cariama cristata
F: Cariamidae

Seriemas, die mit den ausgestorbenen Terrorvögeln verwandt sind, bewohnen südamerikanische Grasländer. Diese Art hat eine sichelförmige Kralle, mit der sie kleine Beutetiere zerteilt.

SPERLINGSVÖGEL

Zu dieser großen Ordnung gehören etwa 60 Prozent aller Vogelarten. Die Füße der Sperlingsvögel sind hoch spezialisiert.

Wie viele Vögel haben Sperlingsvögel vier Zehen. Drei weisen nach vorn und eine nach hinten. Wenn sich ein Sperlingsvogel auf einem Ast niederlässt, rasten die Beugesehnen der Zehen ein, sodass sie nur aktiv gelöst werden können. In dieser Sitzhaltung kann der Vogel sogar schlafen.

Die Vögel der Ordnung Sperlingsvögel (Passeriformes) kommen weltweit in fast allen Lebensräumen vor: auf dem Festland, in Regenwäldern, Wüsten oder der Tundra. Manche sind winzig, wie die Goldhähnchen. Die größte Art ist der Kolkrabe.

VIELFALT

Zur Ordnung gehören Vögel, die an vielfältige Nahrungsquellen angepasst sind. Viele Insektenfresser haben nadelfeine Schnäbel, mit denen sie die Tiere von Blättern picken. Andere können ihren Schnabel weit aufsperren, um im Flug Insekten zu fangen. Etliche Arten haben dicke Schnäbel, mit denen sie Sämereien knacken. Die Schnäbel der Nektartrinker sind meist lang und gekrümmt. Die Stoffwechselrate ist bei diesen Vögeln hoch und das Gehirn verhältnismäßig groß. Einige Arten sind so intelligent, dass sie einfache Werkzeuge einsetzen. Die Jungen sind zunächst hilflos und werden in Nestern großgezogen. Dies können einfache napfförmige Gebilde, komplizierte Schlammnester oder hängende Beutel aus verwobenen Gräsern sein. Einige Sperlingsvögel sind Brutparasiten, die ihre Eier in die Nester anderer Vogelarten legen.

SINGVÖGEL

Sperlingsvögel kann man vor allem aufgrund des Baus ihres Stimmbildungsorgans in zwei Gruppen einteilen. Zur ersten Gruppe, den Suboscines oder Schreivögeln, gehören etwa ein Fünftel der Arten. Man trifft sie in den Tropen der Alten Welt an, am vielfältigsten sind sie aber in Amerika. Zu ihnen gehören die Breitrachen, Pittas, Ameisenvögel und Tyrannen. Zur zweiten Gruppe, den Oscines oder Singvögeln, gehören die restlichen Familien. Singvögel können komplizierte Gesänge hervorbringen, die bei der Balz und der Verteidigung der Reviere eine wichtige Rolle spielen. Die Melodien sind arttypisch.

STAMM	CHORDATA
KLASSE	AVES
ORDNUNG	PASSERIFORMES
FAMILIEN	141
ARTEN	6456

STREITFRAGE

AUSTRALISCHE SÄNGER

Aufgrund früher DNA-Analysen unterschied man zwei Singvogelgruppen: die Corvida und die Passerida. Zu den Corvida gehören Fleisch- und Fruchtfresser wie die Krähen und Paradiesvögel. Zu den weltweit verbreiteten Passerida gehören über ein Viertel aller Vogelarten. Mit neueren Methoden hat man mehrere ursprüngliche australische Gruppen identifiziert, wie die Leierschwänze, die zu keiner dieser beiden Gruppen gehören. Auch Fossilien stützen die Hypothese, dass die Singvögel in Australasien diversifizierten, bevor sich die Corvida und Passerida entwickelten.

BREITRACHEN

Zu den Familien Calyptomenidae und Eurylaimidae gehören Waldvögel aus dem tropischen Afrika und Asien. Die meisten fangen mit ihren breiten Schnäbeln Insekten in Bäumen. Die Arten einer asiatischen Gruppe sind Fruchtfresser.

SMARAGDBREITRACHEN
Calyptomena viridis
Dies ist einer von drei südostasiatischen grünen Breitrachen. Der Vogel ist ein Fruchtfresser und baut kugelige, hängende Nester.

KELLENSCHNABEL
Cymbirhynchus macrorhynchos
Wälder in Gewässernähe bewohnt dieser charakteristisch gefärbte südostasiatische Vogel. Seine beutelförmigen Nester hängen von Zweigspitzen herab.

HALSBAND-BREITRACHEN
Eurylaimus ochromalus
In den mittleren und oberen Stockwerken der Regenwälder von Myanmar bis Borneo und Sumatra sucht dieser Insektenfresser nach Nahrung.

JALAS

Die pinselförmigen Zungenspitzen der madagassischen Jalas (Philepittidae) lassen vermuten, dass ihre Vorfahren Nektartrinker waren. Heute gehören einer Gattung Fruchtfresser an. Die Mitglieder der anderen ähneln den nicht näher verwandten Nektarvögeln.

LANGSCHNABEL-NEKTARJALA
Neodrepanis coruscans
Dies ist eine von zwei langschnäbeligen echten Nektarvogel-Arten aus dem östlichen Madagaskar, die sich von Blütennektar ernährt.

PITTAS

Vögel dieser altweltlichen Familie erbeuten in tropischen Regionen auf dem Waldboden Insekten. Die Pittas (Pittidae) haben rundliche Körper und kurze Schnäbel, viele Arten sind leuchtend bunt. Beide Elternvögel brüten die Eier aus.

BLAUFLÜGELPITTA
Pitta moluccensis
Von Südchina bis Borneo und Sumatra brütet diese Art in dichten Wäldern. Den Winter verbringen die Vögel in Gebüschen an Küsten.

BENGALENPITTA
Pitta brachyura
Wie seine Verwandten baut dieser Pitta, den man im südlichen Himalaya, Indien und Sri Lanka findet, überdachte Nester in Bodennähe.

SCHNURRVÖGEL

Die Schnurrvögel (Pipridae) sind mit den Schmuckvögeln verwandt. Die bunten Männchen balzen in Gruppen auf sogenannten Leks (Balzplätzen). Viele Arten vollführen dabei komplizierte Tänze. Die Weibchen bauen die Nester und ziehen die Jungen allein groß.

ARARIPE-PIPRA
Antilophia bokermanni
Erst 1998 wurde diese Art beschrieben. Sie ist vom Aussterben bedroht und kommt nur in der Araripe-Hochebene im Nordosten Brasiliens vor.

BLAUBRUSTPIPRA
Chiroxiphia caudata
In den Regenwäldern im Süden Brasiliens lebt dieser farbenprächtige Vogel, dessen klagender Ruf an das Miauen einer Katze erinnert.

ROTBÜRZELPIPRA
Ilicura militaris
Bei den Männchen dieses Pipras aus Südostbrasilien sind die mittleren Schwanzfedern verlängert. Die Vögel stellen bei der Balz die Federn am Bürzel auf.

STREIFENPIPRA
Machaeropterus regulus
Die unauffällige Art stammt aus dem nördlichen Südamerika. Männchen geben bei der Balz summende insektenähnliche Geräusche von sich.

GOLDKOPFPIPRA
Pipra erythrocephala
Das Männchen dieser südamerikanischen Art springt bei der Balz, schwirrt mit den Flügeln und rutscht hin und her.

SCHMUCKVÖGEL

Zur vielfältigen Gruppe der Schmuckvögel (Cotingidae) aus dem tropischen Amerika gehören Frucht- und Insektenfresser. Die bunten Männchen sind sehr stimmfreudig. Einige Arten balzen in Bäumen, andere auf dem Boden.

NACKTKEHL-GLOCKENVOGEL
Procnias nudicollis
Glockenvögel sind nach ihren metallisch klingenden Rufen benannt. Die Männchen dieser Art aus dem östlichen Südamerika haben ein weißes Gefieder.

ORANGEKEHL-KOTINGA
Pipreola chlorolepidota
Grünkotingas wie diese kleine Art aus den Anden sind untersetzte grüne Vögel. Die Männchen haben meist einen schwarzen Kopf und eine rote oder gelbe Kehle.

PURPURBRUST-KOTINGA
Querula purpurata
Männchen dieser Art der Amazonas-Region haben einen schillernd violettroten Fleck auf der Kehle. Sie können im Rüttelflug Früchte pflücken.

SCHWARZNACKEN-TITYRA
Tityra cayana
Dieser Vogel der Kronenregion gehört zu einer Gruppe großköpfiger Fruchtfresser. Er nistet oft in verlassenen Spechthöhlen.

ANDEN-KLIPPENVOGEL
Rupicola peruvianus
Die Männchen dieser großen Art aus den Anden tragen Hauben und balzen in Gruppen um die Weibchen. Diese nisten zwischen Felsen und ziehen die Jungen allein groß.

TYRANNEN

In den Vogelgesellschaften Südamerikas sind oft ein Drittel aller Arten Tyrannen (Tyrannidae). Die Insektenfresser dieser Familie jagen ihre Insektenbeute typischerweise von einer Sitzwarte aus oder picken sie von Blättern ab.

17–21 cm

GELBBAUCH-SCHOPFTYRANN
Myiarchus crinitus
Der verbreitete große Tyrann ist ein Zugvogel. Wie seine Verwandten fängt er im Flug Insekten. Oft rüttelt er bei der Jagd.

15 cm

ÖSTLICHER WALD-SCHNÄPPERTYRANN
Contopus virens
Dieser Vogel harrt an einer Sitzwarte aus und fliegt plötzlich auf, um ein Insekt in der Luft zu fangen. Er brütet im östlichen Nordamerika.

22 cm

TRAUERTYRANN
Tyrannus melancholicus
Aggressiv und territorial ist dieser große Tyrann. Er nistet vom südlichen Nordamerika bis nach Südamerika in offenen Lebensräumen.

15 cm

RUBINTYRANN
Pyrocephalus rubinus
Diese Art offener Landschaften sucht in Bodennähe Nahrung. Die Männchen sind lebhaft rot, die Weibchen vorwiegend grau und weiß.

10 cm

GELBBAUCH-SPATELTYRANN
Todirostrum cinereum
Der kleine Tyrann aus Mittel- und Südamerika gehört zu einer Gruppe, deren Mitglieder auffliegen, um Insekten zu erbeuten. Er bewohnt offenere Lebensräume als seine Verwandten.

19 cm

SCHWALBENTYRANN
Hirundinea ferruginea
Dieser Tyrann aus dem nördlichen und zentralen Südamerika fängt ähnlich wie eine Schwalbe Insekten im Flug. Als Sitzwarte dienen Felsen.

17 cm

SCHWARZKOPF-PHOEBETYRANN
Sayornis nigricans
In den Tropen sucht diese Art in Bodennähe Nahrung, oft bei Gewässern, und taucht in Teiche, um Fischchen zu fangen.

AMEISENVÖGEL

Die Arten der Familie Ameisenvögel (Thamnophilidae) jagen in Wäldern im tropischen Amerika nahe am Boden Insekten. Einige folgen Treiberameisen und erbeuten Insekten, die vor den Räubern fliehen. Andere halten sich an senkrechten Stämmen fest.

18 cm

WEISSBART-AMEISENWÜRGER
Biatus nigropectus
Nur im südöstlichen Brasilien kommt diese wenig bekannte Art vor. Sie fängt in Bambuswäldern Insekten und ist wegen Waldrodungen bedroht.

AMEISENPITTAS UND -DROSSELN

Die kurzschwänzigen Ameisenpittas (Grallariidae) verbringen mehr Zeit am Boden als die baumbewohnenden Ameisendrosseln (Formicariidae). Beide Familien sind Insektenfresser südamerikanischer Wälder.

18 cm

BARTSTREIF-AMEISENPITTA
Grallaria alleni
Die seltene Art kommt in isolierten Gebieten in Kolumbien und Ecuador vor. Sie lebt im Unterholz feuchter Bergwälder.

STAFFELSCHWÄNZE

Die Staffelschwänze (Maluridae) sind kleine Insektenfresser, die den Zaunkönigen der Nordhalbkugel ähneln. Sie sind aber näher mit den Honigfressern verwandt. Männchen der Staffelschwänze sind blau und schwarz. Borstenschwänze und Grasschlüpfer sind bräunlicher; sie leben in Grasländern.

STREIFEN-GRASSCHLÜPFER
Amytornis striatus
Wie die meisten Grasschlüpfer bevorzugt diese Art aus Zentralaustralien mit Spinifex-Gräsern bewachsene Lebensräume.

15–18 cm

15 cm

WEISSBAUCH-STAFFELSCHWANZ
Malurus lamberti
Der australische Staffelschwanz mit der weitesten Verbreitung baut ein überdachtes Nest. Oft helfen die Jungen den Eltern bei der Aufzucht der nächsten Brut.

BÜRZELSTELZER UND BANDVÖGEL

Die Bürzelstelzer (Rhinocryptidae) und Bandvögel (Melanopareiidae) sind keine guten Flieger. Sie gehören zu den am stärksten ans Bodenleben angepassten südamerikanischen Sperlingsvögeln. Sie suchen in der Laubstreu nach Nahrung.

14–15 cm

ROTNACKEN-BANDVOGEL
Melanopareia torquata
Bandvögel haben längere Schwänze als Bürzelstelzer und gelten als eigene Familie. Diese brasilianische Art kommt in trockenen Lebensräumen vor.

MÜCKENFRESSER

Die untersetzten kurzschwänzigen und langbeinigen Insektenfresser der Familie Mückenfresser (Conophagidae) bewohnen das Unterholz von Wäldern. Die scheuen Vögel suchen in Bodennähe Nahrung.

ROTKEHL-MÜCKENFRESSER
Conopophaga lineata
Diesen Vogel aus dem östlichen Südamerika, der häufiger ist als andere Mückenfresser, sieht man oft in gemischten Schwärmen.

13 cm

TÜRKIS-STAFFELSCHWANZ
Malurus splendens
Staffelschwänze gehen enge Paarbindungen ein, beide Partner paaren sich mitunter aber auch mit anderen Vögeln. Die Art lebt vorwiegend im südlichen Australien.

14 cm

BENTEVI
Pitangus sulphuratus
Diese Art ist im tropischen Amerika weit verbreitet. Sie fliegt von einer Sitzwarte auf, um Insekten zu fangen, sucht aber auch in Bodennähe Beute.

LAUBENVÖGEL

Der in Australasien verbreiteten Familie Laubenvögel (Ptilonorhynchidae) gehören vorwiegend Fruchtfresser an. Die bunten Männchen bauen aufwendige sogenannte Lauben, um Weibchen anzulocken. Sie paaren sich mit vielen Partnerinnen und beteiligen sich nicht an der Aufzucht der Jungen.

GRÜNLAUBENVOGEL
Ailuroedus crassirostris
Die Männchen drapieren Blätter auf dem Boden, um Weibchen anzulocken. Diese Art kommt in Neuguinea und im östlichen Australien vor.

SÄULENGÄRTNER
Prionodura newtoniana
Die Männchen dieser kleinen Art aus dem nördlichen Australien locken Partnerinnen an, indem sie einen bis 3 m hohen Turm aus Ästen bauen.

LEIERSCHWÄNZE

Die Leierschwänze (Menuridae) sind große australische Vögel, die am Boden Insekten fangen. Sie können Geräusche des Walds hervorragend nachahmen. Männchen balzen mit ihren prächtigen Schwanzfedern.

GRAURÜCKEN-LEIERSCHWANZ
Menura novaehollandiae
Den häufigsten Leierschwanz trifft man in Wäldern im südöstlichen Australien und Tasmanien an. Die äußeren Schwanzfedern sind leierförmig.

BAUMRUTSCHER

Die Vögel der australischen Familie Baumrutscher (Climacteridae) ähneln den Baumläufern (Certhiidae), sind aber nicht näher mit ihnen verwandt. Anders als diese stützen sie sich beim Klettern nicht mit ihrem Schwanz ab.

BRAUNBAUM-RUTSCHER
Climacteris picumnus
Von dieser im Osten Australiens häufigen Art gibt es eine nördliche Form mit dunklem Rücken und eine südliche mit braunem Rücken.

TÖPFERVÖGEL

Die amerikanischen Vögel der Familie Töpfervögel (Furnariidae) erbeuten geschickt Wirbellose. Bekannt sind ihre vielfältigen, oft komplizierten Nester. Manche bestehen aus Zweigen, andere sind Röhren oder ähneln einem Lehmofen.

WEISSZÜGEL-BAUMSPÄHER
Automolus leucophthalmus
Dieser südamerikanische Vogel mit charakteristischer weißer Iris jagt wie viele Insektenfresser in gemischten Trupps, die die Beute aufscheuchen.

ROSTTÖPFER
Furnarius rufus
Im zentralen und südlichen Südamerika ist diese Art verbreitet. Ihr Schlammnest sieht aus wie ein Lehmofen, was typisch für die Gattung ist.

HONIGFRESSER

Die Familie Melophagidae lebt in Australien und auf den südwestlichen Pazifik-Inseln. Die lange Zunge mit pinselartiger Spitze dient zum Trinken von Nektar. Die Vögel sind wichtige Blütenbestäuber. Andere Nektartrinker, wie Nektarvögel, zeigen ähnliche Merkmale.

SCHARLACH-HONIGFRESSER
Myzomela sanguinolenta
Dieser Vogel ist ein Mitglied einer Gruppe langschnäbeliger Nektartrinker, deren Stirn oft mit Pollen bestäubt ist. Er lebt im östlichen Australien.

BLAUOHR-HONIGFRESSER
Entomyzon cyanotis
In Australien und Neuguinea trifft man diesen großen, lauten Honigfresser an. Er frisst mehr Insekten als viele seiner Verwandten, aber auch Früchte.

GOLDOHR-HONIGFRESSER
Meliphaga lewinii
Dieses Mitglied einer kurzschnäbeligen Gruppe lebt im östlichen Australien. Es frisst Insekten, Früchte und Beeren.

ROTNACKEN-HONIGFRESSER
Acanthorhynchus tenuirostris
Die Art gehört zu einer alten Gruppe hochspezialisierter Nektartrinker, die Heidegebiete bewohnt. Sie lebt im östlichen Australien.

TUI
Prosthemadera novaeseelandiae
Der Tui kommt nur in Neuseeland vor, ist aber mit den kurzschnäbeligen Honigfressern Australiens verwandt. Sein Repertoire an Rufen ist beachtlich.

WEISSAUGEN-HONIGFRESSER
Phylidonyris novaehollandiae
Wie andere Honigfresser ernährt sich diese Art aus Südaustralien und Tasmanien unter anderem von zuckerhaltigem Honigtau, den Pflanzensaft saugende Insekten ausscheiden.

BAUMSTEIGER

Die Vögel der Familie Baumsteiger (Dendrocolaptidae) aus dem tropischen Amerika sind darauf spezialisiert, an Baumstämmen emporzuklettern. Sie haben steife Stützschwänze und kräftige Krallen zum Festhalten.

LEPIDOCOLAPTES FALCINELLUS
Den typischen beigebraunen Baumsteiger trifft man nur in den Wäldern im südöstlichen Südamerika an.

SÜDSEEGRASMÜCKEN

Die kleine Familie grasmückenähnlicher Insektenfresser kommt in Australien und den Inseln der Region vor. Auch der kleinste Vogel Australiens, der Stutzschnabel, gehört zur Familie Südseegrasmücken (Acanthizidae). Die Vögel haben kurze Flügel und Schwänze und recht lange, unauffällig gefärbte Beine.

GOLDHÄHNCHEN-DORNSCHNABEL
Acanthiza reguloides
Dornschnäbel sind meist grau, braun oder gelb. Diese östliche Art hat eine getüpfelte Stirn wie viele Arten der Gruppe.

WEISSBRAUEN-SERICORNIS
Sericornis frontalis
Die Arten dieser Gattung leben in Australasien im Gebüsch. Die meisten sind braun. Einige haben eine weiße Kopfzeichnung wie dieser Vogel, der in Australien und Tasmanien verbreitet ist.

PANTHERVÖGEL

Die Panthervögel (Pardalotidae), untersetzte australische Vögel, sammeln mit ihren dicken Schnäbeln Pflanzensaft saugende Schildläuse von Bäumen ab.

FLECKENPANTHERVOGEL
Pardalotus punctatus
Drei der vier Panthervogel-Arten sind weiß gefleckt. Dieser aktive Vogel kommt in trockenen Wäldern im Süden und Osten Australiens vor.

SCHWALBEN-, WÜRGER- UND KRÄHENSTARE

Zu den aus Südostasien, Neuguinea und Australasien stammenden Arten der Familie Artamidae gehören die Schwalbenstare, die Insekten im Flug fangen können und zu den wenigen kleinen Sperlingsvögeln zählen, die segeln können. Die australasiatischen Würger- und Krähenstare sowie der bodenbewohnende Flötenvogel sind intelligente Allesfresser.

MASKEN-SCHWALBENSTAR
Artamus personatus
Diese Art mit dunklem Gesicht lebt nomadisch in trockeneren Teilen des australischen Binnenlands. Die Vögel sammeln sich oft in großen Schwärmen.

FLÖTENVOGEL
Gymnorhina tibicen
Diese in Australien weitverbreitete Art hat ein sehr variables schwarz-weißes Gefieder. Ihr Gesang ist melodisch und vielfältig und sie kann Geräusche gut nachahmen.

IORAS

Diese Regenwaldvögel leben meist hoch oben in der Kronenregion. Mit ihrem grünen oder gelben Gefieder sind die Ioras (Aegithinidae) gut getarnt, wenn sie Insekten fangen. Die Balzrituale der Männchen sind kompliziert.

SCHWARZFLÜGEL-IORA
Aegithina tiphia
Den kleinsten und am weitesten verbreiteten Iora trifft man im gesamten tropischen Asien von Indien bis nach Borneo an. Der Vogel baut napfförmige Nester.

RABENVÖGEL

Der weltweit verbreiteten Familie der Rabenvögel (Corvidae) gehören einige der größten Sperlingsvögel an. Diese intelligenten, opportunistischen Vögel haben komplizierte Sozialsysteme und gehen starke Paarbindungen ein. Krähen können Werkzeuge einsetzen und zeigen spielerisches Verhalten.

DOHLE
Corvus monedula
Der kleine Rabenvogel kommt im westlichen Eurasien und Nordafrika vor. Er nistet in Löchern in Felsen, Mauern oder Bäumen.

KOLKRABE
Corvus corax
In offenen Lebensräumen auf der Nordhalbkugel trifft man den größten Sperlingsvogel der Erde an. Er ist der Rabenvogel mit dem größten Verbreitungsgebiet.

SCHILDRABE
Corvus albus
Dieser Verwandte des Kolkraben ist in Afrika und Madagaskar wahrscheinlich das häufigste Mitglied der Familie der Rabenvögel.

BLAUHÄHER
Cyanocitta cristata
In Familiengruppen, die enge Bindungen eingehen, lebt dieser farbenprächtige nordamerikanische Häher. Er liebt Eicheln und trägt zu ihrer Verbreitung bei.

ELSTER
Pica pica
Von offenen Wäldern bis in Halbwüsten trifft man die häufige Elster an. Sie ist in Eurasien verbreitet. Sie ist mit den *Corvus*-Arten näher verwandt als asiatische Elstern.

SAATKRÄHE
Corvus frugilegus
Das ganze Jahr über sammeln sich Saatkrähen in Schwärmen. Die eurasische Art mit kahlem Schnabelgrund nistet in Kolonien in Bäumen.

AASKRÄHE
Corvus corone
Die häufige eurasische Art lebt meist einzelgängerisch und hat ein breites Nahrungsspektrum. Sie vertilgt kleine Tiere, pflanzliche Kost und Aas.

PIROLE

Die Familie Pirole (Oriolidae) ist in der Alten Welt verbreitet. Die Vögel leben in der Kronenregion und fressen Insekten und Früchte. Viele Arten sind auffällig gelb-schwarz gefärbt. Die Weibchen sind meistens grüner als die Männchen.

24 cm

EUROPÄISCHER PIROL
Oriolus oriolus
In Wäldern in West- und Zentraleurasien kommt der Pirol vor. Den Winter verbringen die Vögel in Afrika.

27–29 cm

AUSTRALISCHER FEIGENPIROL
Sphecotheres vieilloti
Die Feigenpirole mit ihren kräftigen Schnäbeln sind Fruchtfresser. Diese Art trifft man im nördlichen und östlichen Australien an.

WÜRGER

Die Mitglieder der Familie Würger (Laniidae) jagen in offenen Landschaften. Viele Arten spießen Insekten und kleine Wirbeltiere als Vorräte auf Dornen auf. Die meisten Arten leben in Afrika und Eurasien, zwei in Nordamerika.

17–18 cm

NEUNTÖTER
Lanius collurio
Dieser Vogel brütet von Europa bis nach Sibirien und überwintert in Afrika. Wie andere Würger der Gattung *Lanius* hat er einen melodischen Ruf.

BUSCHWÜRGER

Nur in Afrika ist die Familie Buschwürger (Malaconotidae) verbreitet. Man begegnet den Vögeln meist in offenem Waldland mit Gebüschen. Mit ihren Hakenschnäbeln fangen sie große Insekten.

ROTBAUCHWÜRGER
Laniarius atrococcineus
Diese Art hat ein auffälliges rotschwarzes Gefieder Sie ist im südlichen Afrika verbreitet, bevorzugt in trockenen Gebieten.

23 cm

67 cm

orange-roter Schnabel

ROTSCHNABELKITTA
Urocissa erythrorhyncha
In Wäldern vom Himalaya bis Ostasien plündert diese Art Küken aus Nestern und frisst Aas.

29 cm

GRÜNHÄHER
Cyanocorax yncas
Dieser Vogel ernährt sich von Früchten und Samen. Südamerikanische Populationen unterscheiden sich deutlich von mittelamerikanischen und könnten getrennte Arten sein.

31–35 cm

BLAUELSTER
Cyanopica cyanus
Die gesellige Blauelster brütet in Kolonien. Zwei getrennte Populationen (in Portugal und in Ostasien) könnten verschiedene Arten sein.

34 cm

EICHELHÄHER
Garrulus glandarius
Der Eichelhäher ist mit den Rabenvögeln der Alten Welt näher verwandt als mit den amerikanischen Hähern. Er legt im Herbst Vorratslager mit Eicheln an.

DRONGOS

Die schwarzen, langschwänzigen Drongos (Dicruridae) fliegen plötzlich auf, um Insekten zu erbeuten. Die aggressiven Vögel greifen manchmal größere Arten an, um ihre Nester vor ihnen zu verteidigen.

26 cm

GABELDRONGO
Dicrurus forficatus
Wie viele Drongos hat diese madagassische Art einen langen, gegabelten Schwanz und rote Augen. An der Schnabelbasis hat sie typische Federbüschel.

VANGAWÜRGER

Zu den räuberischen Sperlingsvögeln der Familie Vangidae zählen die afrikanischen Brillenwürger und die madagassischen Vangawürger. Sie fangen Wirbellose, Reptilien und Frösche. Ihre Schnäbel sind je nach Nahrung und Art und Weise der Nahrungsaufnahme meißel-, sichel- oder dolchförmig.

20 cm

BRILLENWÜRGER
Prionops plumatus
In Afrika südlich der Sahara ist der Brillenwürger verbreitet. Oft sammeln die Vögel sich in kleinen Trupps. Sie beherrschen viele verschiedene Rufe.

20 cm

ROTVANGA
Schetba rufa
Dieser Vogel, der in Wäldern auf Madagaskar häufig ist, ähnelt den Würgern (Laniidae), ist aber nicht näher mit ihnen verwandt.

SCHNÄPPERWÜRGER

Die Schnäpperwürger (Platysteiridae) sind in Afrika verbreitete Insektenfresser. Sie haben flache Hakenschnäbel mit Borsten an der Basis und schnappen, ebenso wie die Fliegenschnäpper, plötzlich nach ihrer Beute.

BRAUNKEHL-LAPPENSCHNÄPPER
Platysteira cyanea
Lappenschnäpper haben rote Hautpartien um die Augen. Diese Art kann man in Wäldern in Afrika südlich der Sahara häufig antreffen.

13 cm

VIREOS

Oberflächlich ähneln die Vögel der Familie Vireos (Vireonidae) den amerikanischen Waldsängern, ihre Schnäbel sind jedoch dicker. Sie sind aber näher mit den Rabenvögeln, den Pirolen und Würgern der Alten Welt verwandt. Sie picken Insekten oder fangen sie im Flug.

11 cm

SCHWARZKOPFVIREO
Vireo atricapilla
Die Art brütet in Nordamerika und zieht nach Mexiko. Die Geschlechter unterscheiden sich, anders als bei anderen Vireos. Männchen haben eine schwarze, Weibchen eine graue Kappe.

12–13 cm

ROTAUGENVIREO
Vireo olivaceus
Nordamerikanische Populationen der sehr stimmfreudigen Art ziehen nach Südamerika, wo sie sich Gruppen anschließen, die als Standvögel leben.

MEISEN

Diese gewandt kletternden Vögel nisten meist in Höhlen. Die Familie Meisen (Paridae) kommt in Nordamerika, Eurasien und Afrika in bewaldeten Lebensräumen vor. Oft hängen die Vögel kopfüber, wenn sie Insekten aus dem Laub picken oder Sämereien fressen.

12–14 cm

BUNTMEISE
Sittaparus varius
Diese Art bewohnt Waldlebensräume wie Nadel- und Bambuswälder im nordöstlichen Asien, in Japan und auf Taiwan.

12–15 cm

SCHWARZKOPFMEISE
Poecile atricapillus
In Nordamerika sieht man diese neugierige und geschickte Meise häufig. Wie andere Meisen legt sie Samenvorräte an.

14–16 cm

INDIANERMEISE
Baeolophus bicolor
Die Meise aus dem östlichen Nordamerika ergänzt wie viele Meisen ihre Insektennahrung mit Samen. Sie hält sie fest, um sie mit dem Schnabel zertrümmern zu können.

14 cm

KOHLMEISE
Parus major
Die eurasische Kohlmeise kommt in verschiedenen Lebensräumen vor, von Wäldern bis in Heidegebiete und Siedlungen.

11–12 cm

BLAUMEISE
Cyanistes caeruleus
Die in mit Laubbäumen bestandenen Gegenden in Europa, der Türkei und Nordafrika häufige Blaumeise besucht gern Futterspender in Gärten.

BEUTELMEISEN

Die dünnschnäbeligen Vögel der Familie Beutelmeisen (Remizidae) kommen in Afrika und Eurasien vor, eine Art in Amerika. Die meisten bauen aus Spinnweben und weichen Materialien beutel- oder flaschenförmige Nester, oft über dem Wasser.

11 cm

BEUTELMEISE
Remiz pendulinus
Das einzige Mitglied der Familie, das in weiten Teilen Eurasiens verbreitet ist, kommt in Sümpfen mit Bäumen vor, wo es hängende Nester baut.

9–11 cm

GOLDKÖPFCHEN
Auriparus flaviceps
Anders als die meisten Beutelmeisen baut diese Art kugelige Nester. Man findet sie im Gestrüpp von Halbwüsten im Süden der USA und in Mexiko.

PARADIESVÖGEL

Die meisten Mitglieder der Familie Paradiesvögel (Paradisaeidae), die man vor allem in Regenwäldern Neuguineas antreffen kann, ernähren sich von Früchten. Die Männchen spreizen ihre bunten, prächtigen Schmuckfedern in komplizierten Ritualen. Die Weibchen ziehen die Jungen später allein groß.

32 cm

KLEINER PARADIESVOGEL
Paradisaea minor
Diese Art lebt im Norden und Westen Neuguineas. Die Männchen balzen mit ihren langen gelben Schmuckfedern an den Flanken.

SÜDSEESCHNÄPPER

Die Südseeschnäpper (Petroicidae) sind untersetzte, rundköpfige Insektenfresser. Verbreitet sind sie von Australasien bis zu den Inseln im südwestlichen Pazifik. Bei einigen Arten helfen die Jungvögel ihren Eltern bei der Aufzucht der nächsten Brut.

13 cm

WEISSSCHWANZSCHNÄPPER
Microeca fascinans
Die häufige Art fängt mit ihrem breiten Schnabel Fliegen. Sie bewohnt Wälder in Australien und Neuguinea.

15 cm

GOLDBAUCHSCHNÄPPER
Eopsaltria australis
In Wäldern und Gärten im östlichen Australien stößt dieser Vogel von niedrigen Sitzwarten auf Wirbellose herab, die er am Boden fängt.

SEIDENSCHWÄNZE

Die Arten der Familie Seidenschwänze (Bombycillidae) sind Beerenfresser. Drei Arten kommen in den kühlen Wäldern im nördlichen Nordamerika und Eurasien vor.

18 cm

SEIDENSCHWANZ
Bombycilla garrulus
Die herrliche Art ist beigefarben mit rosa Tönung. Sie brütet in der Taiga. Auf ihrem Zug in den Süden werden die Vögel von beerentragenden Sträuchern angelockt.

SCHWANZMEISEN

Vögel der Familie Schwanzmeisen (Aegithalidae) sind rastlose Insektenfresser, die raffinierte hängende Nester bauen. Sie werden mit Spinnweben stabilisiert und mit Federn ausgelegt.

14 cm

SCHWANZMEISE
Aegithalos caudatus
Die Schwanzmeise mit der weitesten Verbreitung trifft man in Nord- und Zentralasien an. Außerhalb der Brutsaison sammeln sich die Vögel in Trupps.

SEIDENSCHNÄPPER

Zur Familie der Seidenschnäpper (Ptilogonatidae) aus Mittelamerika gehören nur vier Arten. Die Vögel sind nach ihrem weichen Gefieder (es ähnelt dem der verwandten Seidenschwänze) und ihrer Ernährungsweise benannt.

18–21 cm

TRAUER-SEIDENSCHNÄPPER
Phainopepla nitens
Dieser Vogel aus den südlichen USA und Mexiko nistet in Wäldern in Kolonien. In der Wüste nistet er territorial.

MONARCHEN

Die langschwänzigen Mitglieder der Monarchen (Monarchidae) haben breite Schnäbel, mit denen sie Fliegen fangen. Die meisten Arten kommen in tropischen Wäldern der Alten Welt vor. Außer der Drosselstelze sind sie Baumbewohner, die ihre napfförmigen Nester mit Flechten dekorieren.

GRAUBRUST-PARADIESSCHNÄPPER
Terpsiphone viridis
In verschiedenen Farbformen kommt dieser Vogel vor, alle Männchen haben aber lange Schwanzfedern. Diese Art ist in Savannen südlich der Sahara verbreitet.

DROSSELSTELZE
Grallina cyanoleuca
Anders als andere Mitglieder der Familie der Monarchen verbringt dieser australische Vogel viel Zeit auf dem Boden und baut ein großes Schlammnest.

DROSSELHÄHER

Zur Familie Drosselhäher (Corcoracidae) gehören zwei Arten sozialer Vögel, die auf dem Boden Nahrung suchen und große napfförmige Grasnester in Bäumen bauen, die sie mit Schlamm verkleistern.

GIMPELHÄHER
Struthidea cinerea
Diese bodenlebende Art sammelt sich in Trupps aus 6–20 Vögeln. Er kommt in Wäldern im nördlichen und östlichen Australien vor.

LERCHEN

Die braunen Vögel mit melodischen Rufen der Familie Lerchen (Alaudidae) kommen in offenen Lebensräumen vor. Die meisten sind in Afrika verbreitet, eine Art in Nordamerika. Viele haben eine lange hintere Kralle, die ihnen beim Laufen auf dem Boden Halt verschafft.

OHRENLERCHE
Eremophila alpestris
Die Ohrenlerche brütet im arktischen Nordamerika und in der Tundra Eurasiens. Sie überwintert weiter südlich an Küsten.

WÜSTENLÄUFER-LERCHE
Alaemon alaudipes
Diese Lerche hat einen gekrümmten Schnabel. Sie kommt in trockenen Lebensräumen in Nordafrika und im Nahen Osten vor und läuft oft am Boden.

FELDLERCHE
Alauda arvensis
Von den Britischen Inseln bis nach Japan ist die Art verbreitet. Sie bewohnt offene Lebensräume. Der Singflug der Männchen ist berühmt.

BÜLBÜLS

In wärmeren Teilen Eurasiens und Afrikas trifft man die Arten der Familie Bülbüls (Pycnonotidae) an. Die meisten Bülbüls sind gesellige, laute Fruchtfresser. Das weiche Gefieder vieler Arten ist außer roten oder gelben Unterschwanzfedern unauffällig gefärbt.

ROTSCHNABEL-BÜLBÜL
Hypsipetes leucocephalus
In Wäldern und Gärten in Indien, China und Thailand trifft man diese Art häufig an. Es gibt Formen mit dunklen und weißen Köpfen.

ROTOHRBÜLBÜL
Pycnonotus jocosus
Dieser häufige asiatische Bülbül ist von Indien bis zur Malaiischen Halbinsel verbreitet. Die opportunistische Art lebt in Wäldern und in Dörfern.

SCHWALBEN

Die Schwalben (Familie Hirundinidae) haben lange Flügel und gegabelte Schwänze. Mit ihren kurzen Schnäbeln, die sie weit aufsperren können, fangen sie Insekten im Flug. Sie bauen Schlammnester oder nisten in Baumlöchern oder Röhren in Erdböschungen.

KAPSCHWALBE
Cecropis cucullata
Diese Schwalbe trifft man in afrikanischen Grasländern an. Sie brütet im Süden des Kontinents und zieht im Winter in den Norden.

UFERSCHWALBE
Riparia riparia
Wie andere Schwalben zieht diese Art im Winter in die Tropen. Sie nistet auf der Nordhalbkugel in Kolonien an Flussufern.

SUMPFSCHWALBE
Tachycineta bicolor
Die nordamerikanische Art bewaldeter Sumpfgebiete ergänzt ihre Insektennahrung mit Beeren. Deshalb kann sie weiter nördlich brüten als andere Schwalben.

RAUCHSCHWALBE
Hirundo rustica
Fast weltweit kommt die Rauchschwalbe vor. Ursprünglich war sie eine Höhlenbrüterin, heute nutzt sie auch Gebäude.

TIMALIEN, HÄHERLINGE UND VERWANDTE

Im Allgemeinen sind die Timalien und Häherlinge der Familie Timaliidae und Leiothrichidae im Vergleich zu den Grasmücken weniger gesellig, lauter und ziehen seltener. Sie haben sich zu vielfältigen drossel- oder grasmückenähnlichen Formen entwickelt. Einige Arten sind leuchtend bunt gefärbt.

ROTKÄPPCHEN-TIMALIE
Timalia pileata
In niedrigem Gestrüpp in Südostasien ist dieser Vogel verbreitet, oft in Wassernähe und gemeinsam mit anderen Timalien.

SILBEROHR-SONNENVOGEL
Leiothrix argentauris
Der in Bergwäldern Südostasiens verborgen lebende Vogel gehört einer Gruppe von Timalien an, zu der auch die Sivas und Häherlinge zählen.

WEISSOHRTIMALIE
Heterophasia auricularis
Arten der Gattung *Heterophasia* sind Nektartrinker. Diese Art kommt nur auf Taiwan vor, wo man ihren Ruf in Gebirgswäldern oft hört.

ROTSCHWANZSIVA
Minla ignotincta
Einer Meise ähnelt diese kleine Art. Sie ist eine laute Bewohnerin der Baumkronen in den Bergwäldern von Nepal, China und Myanmar.

BRUSTBANDHÄHERLING
Garrulax pectoralis
Häherlinge sind große, waldbewohnende Timalien, die lachend rufen. Sie ziehen oft in gemischten Schwärmen umher. Diese Art kommt im Himalaya und in Südostasien vor.

MÜCKENFÄNGER

Die kleinen Insektenfresser der amerikanischen Familie Mückenfänger (Polioptilidae) sind mit den Zaunkönigen verwandt, ähneln aber Grasmücken. Wie viele Zaunkönige stelzen einige Arten bei der Nahrungssuche ihren Schwanz.

BLAUMÜCKEN-FÄNGER
Polioptila caerulea
Dieser nordamerikanische Mückenfänger stelzt seinen weiß gesäumten Schwanz, vielleicht, um Insekten aufzuscheuchen.

BAUMLÄUFER

Die kleinen Insektenfresser der Familie Baumläufer (Certhiidae) sind auf der Nordhalbkugel verbreitet. Sie suchen an aufrechten Baumstämmen Nahrung und stützen sich mit dem Schwanz ab.

WALDBAUMLÄUFER
Certhia familiaris
Dies ist die am weitesten verbreitete Art der Gattung *Certhia*. Man kann sie von den Britischen Inseln bis nach Japan in Laub- und Nadelwäldern antreffen.

GRASMÜCKENARTIGE UND VERWANDTE

Zu verschiedenen Familien wie den weitverbreiteten Grasmückenartigen (Sylviidae) und den selteneren Madagaskarsängern (Bernieridae) gehören schmalschnäblige Insektenfresser. Manche leben in Wäldern, andere zwischen Büschen und dichten Gräsern oder Schilf. Viele sind unauffällig gefärbt und nur schwer voneinander zu unterscheiden.

GELBSPÖTTER
Hippolais icterina
Einen melodischeren Ruf als die verwandten Rohrsänger der Familie Acrocephalidae hat diese Art. Sie lebt in eurasischen Wäldern und zieht im Winter nach Südafrika.

SCHILF-ROHRSÄNGER
Acrocephalus schoenobaenus
Dies ist einer von vielen Rohrsängern, die in Feuchtgebieten leben. Er brütet in Eurasien und zieht nach Afrika.

KAP-GRASSÄNGER
Sphenoeacus afer
Im südafrikanischen Busch kommt die Art vor. Sie gehört zur alten afrikanischen Familie Macrosphenidae, die sich unabhängig von anderen altweltlichen Grasmücken entwickelt hat.

SCHWARZBAUCH-LERCHENSÄNGER
Cincloramphus cruralis
Der australische Vogel der Familie Locustellidae nomadisiert in offenen Lebensräumen. Wie eine Lerche steigt er in den Himmel auf.

CHAPERRAL-TIMALIE
Chamaea fasciata
Der unscheinbare Vogel mit gestelztem Schwanz ist das einzige amerikanische Mitglied der Familie Sylviidae und vielleicht mit den Papageimeisen verwandt.

BRAUNKOPF-PAPAGEIMEISE
Sinosuthora webbiana
Trotz des kurzen Samenfresserschnabels gehört die langschwänzige Art zu den insektenfressenden Grasmücken der Alten Welt (Sylviidae). Sie kommt in China und Korea vor.

MÖNCHS-GRASMÜCKE
Sylvia atricapilla
Männchen der Gattung *Sylvia* besitzen meist schwarze oder braune Gefiederpartien. Weibchen haben einen braunen Oberkopf.

WEISSBART-GRASMÜCKE
Sylvia cantillans
Wie viele Grasmücken der Gattung *Sylvia* brütet diese Art in mediterranen Lebensräumen mit Gebüschen und überwintert in Afrika.

BARTMEISEN

Die Bartmeise ist die einzige Art der Familie Panuridae. Sie ist auf den Schilfgürtel der Gewässer als Lebensraum spezialisiert, frisst im Sommer Insekten und im Winter Sämereien.

BARTMEISE
Panurus biarmicus

BRILLENVÖGEL

Bei den meisten Arten der Brillenvögel (Zosteropidae) sind die Augen von einem Ring weißer Federn umgeben. Die Nektartrinker haben bürstenartige Zungenspitzen.

ROTKOPFYUHINA
Yuhina bakeri
Wie die eng verwandten Brillenvögel sind Yuhinas an das Trinken von Nektar angepasst. Diese Art trifft man im östlichen Himalaya an.

HEUGLIN-BRILLENVOGEL
Zosterops poliogastrus
Diese Art offener Waldländer kommt nur in isolierten Gebirgszügen in Äthiopien, Kenia und Tansania vor. Es gibt verschiedene Unterarten.

FEENVÖGEL

Beide Arten der Familie Feenvögel (Irenidae) trifft man in Südostasien an, wo sie in der Kronenregion Früchte fressen, bevorzugt Feigen. Die Männchen sind leuchtend blau gefärbt, die Weibchen mattgrün.

TÜRKIS-FEENVOGEL
Irena puella
Der Türkisfeenvogel ist von Indien bis Indonesien verbreitet. Oft frisst er mit anderen Fruchtfressern wie Nashornvögeln und Tauben in Bäumen.

GOLDHÄHNCHEN

Zur Familie Goldhähnchen (Regulidae) zählen die kleinsten Sperlingsvögel. Sie besitzen bunte Hauben und leben in kühlen nördlichen Wäldern. Wegen ihrer hohen Stoffwechselrate müssen sie ständig fressen, wenn sie wach sind. Mit ihren feinen Schnäbeln picken sie weiche Wirbellose von Blättern.

WINTER-GOLDHÄHNCHEN
Regulus regulus
Alle Goldhähnchen sind an Nadelwälder angepasst. Dieses hat gekerbte Füße und vorn verbreiterte Zehen, mit denen es an Nadeln Halt findet.

RUBINGOLDHÄHNCHEN
Regulus calendula
Wenn es die Federn am Oberkopf aufstellt, ist die rote Haube dieses nordamerikanischen Goldhähnchens deutlich sichtbar.

KLEIBER UND VERWANDTE

Die Kleiber der Familie Sittidae und der Mauerläufer als einzige Art der Familie Tichodromidae sind geschicktere Kletterer als die verwandten Baumläufer und benötigen nicht den Schwanz als Stütze. Sie fressen Samen und Insekten. Manche legen in Rindenspalten Vorräte an.

MAUERLÄUFER
Tichodroma muraria
Der im zentralen Eurasien verbreitete Gebirgsvogel pflückt mit seinem Schnabel Insekten von Felsen.

KLEIBER
Sitta europaea
Wie andere Kleiber öffnet dieser verbreitete Waldvogel Nüsse, indem er sie in Rindenspalten klemmt und aufhämmert.

KANADA-KLEIBER
Sitta canadensis
Diese nordamerikanische Art ist ähnlich gefärbt wie der eurasische Kleiber, die Männchen sind aber bunter.

ZAUNKÖNIGE

Mit Ausnahme des in Eurasien verbreiteten Zaunkönigs kommen alle Arten der Familie Zaunkönige (Troglodytidae) in Amerika vor. Die meisten sind stimmfreudige, aber unauffällige kurzflügelige Vögel, die im Unterholz Insekten fangen. Manche schlafen auf dem Erdboden.

ZAUNKÖNIG
Troglodytes troglodytes
Den einzigen in Eurasien verbreiteten Zaunkönig kann man auf der ganzen Nordhalbkugel antreffen. Es gibt viele Unterarten.

KAKTUSZAUNKÖNIG
Campylorhynchus brunneicapillus
Der größte Zaunkönig lebt in Wüsten in Kalifornien und Mexiko, wo er in Trupps auf dem Boden Nahrung sucht.

BUSCHZAUNKÖNIG
Thryomanes bewickii
Der langschwänzige Vogel hält sich in trockenen Lebensräumen in Kalifornien und Mexiko auf. Er verfügt über ein großes Gesangsrepertoire.

SPOTTDROSSELN

Die Familie Spottdrosseln (Mimidae) kommt in weiten Teilen Amerikas, in der Karibik und auf den Galapagosinseln vor. Die Vögel mit kräftigen Beinen sind meistens grau oder braun und sehr stimmfreudig. Manche Arten können Geräusche hervorragend nachahmen.

KRUMMSCHNABEL-SPOTTDROSSEL
Toxostoma curvirostre
In trockenen Lebensräumen mit Gesträuch im Süden der USA und in Mexiko stochert dieser Vogel im Boden nach Wirbellosen.

SPOTTDROSSEL
Mimus polyglottos
Sein großes Gesangsrepertoire gibt dieser nordamerikanische Vogel am Tag und in der Nacht zum Besten.

KATZENVOGEL
Dumetella carolinensis
Nach ihrem miauenden Ruf ist diese nordamerikanische Art benannt, die auf dem Boden Nahrung sucht. Sie verbringt den Winter in Mittelamerika und in der Karibik.

STARE

Die meisten Arten der Familie Stare (Sturnidae) sind gesellige, laute Vögel. Viele von ihnen haben ein prächtiges, metallisch glänzendes Gefieder. Stare lebten ursprünglich nur in der Alten Welt. Aus diesen Heimatgebieten wurden sie in Amerika und Australien eingeführt.

BEO
Gracula religiosa
In Wäldern im tropischen Asien ist dieser beliebte Käfigvogel heimisch. Er ahmt die menschliche Sprache hervorragend nach.

WEISSHALS-ATZEL
Streptocitta albicollis
Diese elsternähnliche Art lebt nur in Regenwäldern auf Sulawesi, Indonesien und Inseln der Region. Meist trifft man Paare an.

BALI-STAR
Leucopsar rothschildi
Der Bali-Star kommt nur in Regenwäldern auf Bali (Indonesien) vor. Die Art ist wegen Lebensraumzerstörung und Wildfängen für den Tierhandel vom Aussterben bedroht.

MADENHACKER

Die Madenhacker der Familie Buphagidae überqueren die afrikanischen Savannen in wellenförmigem Flug. Obwohl sie sich beim Fressen an der Haut von Großtieren festhalten können, sind die kurzen Beine nicht zum Laufen auf dem Boden geeignet.

GELBSCHNABEL-MADENHACKER
Buphagus africanus
In Savannen in Afrika südlich der Sahara sieht man diesen Vogel auf großen Säugetieren sitzen. Er frisst deren Parasiten und pickt in offenen Wunden.

FLIEGENSCHNÄPPER

Mit den Drosseln ist die Familie Fliegenschnäpper (Muscicapidae) verwandt, die man in zwei Gruppen unterteilt: Eigentliche Fliegenschnäpper mit breiten Schnäbeln, die fliegende Insekten fangen, und Schmätzer, zu denen Rotkehlchen, Nachtigallen und Steinschmätzer zählen. Einige Arten sind bunt gefärbt, bei den meisten dieser kleinen Vögel herrschen aber graue und braune Farben vor.

JAPANSCHNÄPPER
Cyanoptila cyanomelaena
Zu einer großen Gruppe auffällig blauer Fliegenschnäpper gehört diese Art aus dem tropischen Ostasien. Sie sucht hoch oben in der Kronenregion Nahrung.

AFRIKANISCHES SCHWARZKEHLCHEN
Saxicola torquatus
Der kleine, aufrecht sitzende Insektenfresser hat einen rauen Ruf, der typisch für Schmätzer ist. In Grasland in Eurasien und Afrika ist er häufig.

ROTKEHLCHEN
Erithacus rubecula
Mit den Schmätzern ist das Rotkehlchen verwandt, das sich in Hecken und Wäldern aufhält. Man trifft es im westlichen Eurasien und in Nordafrika an.

STEINSCHMÄTZER
Oenanthe oenanthe
Steinschmätzer besitzen einen weißen Bürzel und leben in offenen Landschaften. Diese in Eurasien am weitesten verbreitete Art überwintert in Afrika.

ROTBAUCHSCHMÄTZER
Thamnolaea cinnamomeiventris
Dieser Vogel, der zu einer Gruppe dunkel gefärbter afrikanischer Schmätzer gehört, kommt in felsigen Lebensräumen mit Gebüsch vor.

BERGKURZFLÜGEL
Brachypteryx montana
Die nun zu den Fliegenschnäppern gehörenden Kurzflügel sind laufende Vögel asiatischer Wälder. Diese Art ist vom Himalaya bis nach Java verbreitet.

GARTENROTSCHWANZ
Phoenicurus phoenicurus
Nach ihren Schwänzen sind die vorwiegend asiatischen Rotschwänze benannt. Diese Art kommt von Europa bis nach Zentralasien vor und zieht nach Ostafrika.

STAR
Sturnus vulgaris
Der in Eurasien heimische Star wurde in Nordamerika eingebürgert. Die Vögel schlafen in Gruppen, nachdem die Schwärme spektakuläre Flugmanöver vollführt haben.

PRACHT-GLANZSTAR
Lamprotornis splendidus
Diese Art, die in Afrika südlich der Sahara weit verbreitet ist, gehört zu einer Gruppe afrikanischer Stare mit metallisch glänzendem Gefieder.

SMARAGD-GLANZSTAR
Lamprotornis iris
Diese glänzende westafrikanische Art ernährt sich vor allem von Früchten, besonders von Feigen, frisst aber auch Ameisen.

HILDEBRANDT-GLANZSTAR
Lamprotornis hildebrandti
In bewaldeten Savannen lebt dieser ostafrikanische Star, wo er große Insekten auf dem Boden erbeutet. Oft sammelt er sich mit anderen Staren-Arten in Schwärmen.

SCHATTEN-SCHMÄTZER
Myiomela leucura
Die Art bewohnt Flusswälder vom Himalaya bis nach Indochina. Meist hält sie sich in Bodennähe auf.

BLAUKEHLCHEN
Luscinia svecica
Dieser Verwandte der Nachtigall brütet in feuchten Regionen im nördlichen Eurasien und zieht nach Afrika und Südostasien.

NACHTIGALL
Luscinia megarhynchos
Wegen ihres lauten, abwechslungsreichen Gesangs ist diese in West- und Zentraleurasien verbreitete Art berühmt. Sie singt nachts oder am Tag.

TRAUERSCHNÄPPER
Ficedula hypoleuca
Die Gattung vorwiegend asiatischer Schnäpper ist eng mit den Schmätzern verwandt. Diese Art kommt von Europa bis Sibirien vor.

DROSSELN

Die meisten Drosseln (Familie Turdidae) sind Waldbewohner, die auf dem Boden Wirbellose wie Regenwürmer, Schnecken und Insekten suchen. Sie sind weltweit verbreitet, die meisten Arten kommen jedoch in der Alten Welt vor. Viele singen sehr schön.

DAMADROSSEL
Zoothera citrina
Dies ist eine der vielen *Zoothera*-Arten der altweltlichen Tropen. Sie bewohnt Wälder vom Himalaya bis nach Bali (Indonesien).

ROTKEHL-HÜTTENSÄNGER
Sialia sialis
In offenem Waldland und auf Feldern im östlichen Nordamerika lebt diese Art. Manchmal nistet sie in alten Spechthöhlen.

HALSBANDDROSSEL
Ixoreus naevius
In alten Nadelwäldern im westlichen Nordamerika trifft man diesen Vogel an, der den Winter in Parks und Gärten verbringt. Wie viele Drosseln sucht er in der Laubstreu Nahrung.

SINGDROSSEL
Turdus philomelos
Von Europa bis nach Sibirien ist die Singdrossel verbreitet. Sie benutzt Steine als Amboss, um auf ihnen Schneckenhäuser zu zertrümmern.

WANDERDROSSEL
Turdus migratorius
Diese nordamerikanischen Drosseln sammeln sich im Winter manchmal in riesigen Schwärmen aus über 200 000 Vögeln an Schlafplätzen.

AMSEL
Turdus merula
Von Europa bis Nordafrika und Indien ist dieses bekannte langschwänzige Mitglied der Drosselfamilie verbreitet. Amseln sind sehr territoriale Vögel.

WACHOLDERDROSSEL
Turdus pilaris
Diese Art brütet im nördlichen Eurasien und überwintert weiter südlich, wo sich Trupps auf Feldern sammeln.

BLATTVÖGEL

Die Fruchtfresser der Familie Blattvögel (Chloropseidae) trifft man in Wäldern im südöstlichen Asien an. Mit den bürstenförmigen Spitzen ihrer Zungen nehmen sie Nektar auf, um ihre Nahrung zu ergänzen. Männchen sind charakteristisch grün mit blauer oder schwarzer Kehle.

20 cm

ORANGEBAUCH-BLATTVOGEL
Chloropsis hardwickei
Einen attraktiven Gesang hat dieser Vogel, der in Wäldern in hohen Lagen lebt. Er ist vom Himalaya bis zur Malaiischen Halbinsel verbreitet.

PRACHTFINKEN

Die Familie Prachtfinken (Estrildidae), der kleine, sehr gesellige, oft bunt gefärbte Samenfresser angehören, ist im tropischen Afrika, Asien und Australien verbreitet. Viele Vögel leben in Grasland oder offenen Wäldern. Beide Eltern kümmern sich um die Jungen.

10 cm

ZEBRAFINK
Taeniopygia guttata
In den trockeneren Teilen Australiens ist der Zebrafink heimisch. Er ist ein beliebter Ziervogel.

16 cm

REISFINK
Lonchura oryzivora
Die gefährdete Art kommt auf Java und Bali vor. Sie plündert Getreide- und Reisfelder. Deshalb wird sie gejagt und für den Tierhandel gefangen.

14 cm

VEILCHEN-ASTRILD
Uraeginthus ianthinogaster
Dieser ostafrikanische Vogel trockener Wälder gehört zu einer Gattung vorwiegend blauer Prachtfinken.

10 cm

WELLENASTRILD
Estrilda astrild
In ganz Afrika ist dieser kleine Prachtfink häufig. Wie seine Verwandten sucht der rastlose Vogel in Schwärmen in offenen Landschaften nach Sämereien.

12 cm

BUNTASTRILD
Pytilia melba
Männchen der Gattung *Pytilia* haben rote Flecken auf den Flügeln. Die afrikanische Art ist der Wirt der Spitzschwanz-Paradieswitwe (*Vidua paradisaea*), eines Brutparasiten.

10 cm

GRÜNER TROPFENASTRILD
Mandingoa nitidula
Im westlichen bis südlichen Afrika kommt diese Art vor. Sie hat einen weiß gefleckten Bauch und ist scheuer als andere Prachtfinken.

12 cm

schwärzlicher Schnabel

schwarz-weiße Schuppenzeichnung

MUSKAT-AMADINE
Lonchura punctulata
In Buschland in Südasien ist dieser Vogel häufig. Männchen und Weibchen sehen ähnlich aus.

12 cm

ROTKÖPFIGE PAPAGEI-AMADINE
Erythrura psittacea
Papagei-Amadinen sind vorwiegend grüne Prachtfinken, die in Südostasien und auf pazifischen Inseln verbreitet sind. Diese Art lebt in Grasland auf der Insel Neukaledonien.

WITWENVÖGEL

Die afrikanischen Witwenvögel (Familie Viduidae) sind wie Kuckucke Brutparasiten. Ihre Wirte sind Prachtfinken. Wenn die Jungen ihre Schnäbel aufsperren, zeigen sie eine ähnliche Rachenzeichnung wie die Jungen der Zieheltern, die so hinters Licht geführt werden.

12–38 cm

SPITZSCHWANZ-PARADIESWITWE
Vidua paradisaea
Männchen dieser ostafrikanischen Art haben im Prachtkleid sehr lange Schwanzfedern, die sie bei ihren Balzflügen präsentieren.

MISTELFRESSER

Die Vögel der Familie Mistelfresser (Dicaeidae) sind mit den im tropischen Asien und Australasien verbreiteten Nektarvögeln verwandt. Wie diese trinken die Fruchtfresser auch Nektar, sie haben aber kürzere Schnäbel.

10–11 cm

ROTSTEISS-MISTELFRESSER
Dicaeum hirundinaceum
Diese australische Art hat einen kurzen Darm, in dem sie die Beeren von Misteln schnell verdaut. So trägt sie zur Verbreitung der Samen bei.

SPERLINGE

Die dickschnäbeligen Samenfresser der Familie Sperlinge (Passeridae) sind in Afrika und Eurasien verbreitet. Neben den Sperlingen gehören die Schneefinken zur Familie, die von den Pyrenäen bis nach Tibet in Gebirgen verbreitet sind.

15 cm

HAUSSPERLING
Passer domesticus
Der Haussperling, der ursprünglich in Eurasien und Nordafrika heimisch war, hat sich als Kulturfolger fast weltweit ausgebreitet.

WASSERAMSELN

Die Vögel der Familie Wasseramseln (Cinclidae) sind die einzigen Sperlingsvögel, die unter Wasser tauchen und schwimmen können. Ihr gut eingefettetes Gefieder ist wasserdicht und ihr Blut kann viel Sauerstoff aufnehmen.

18 cm

WASSERAMSEL
Cinclus cinclus
In gemäßigten Regionen Eurasiens ist die Wasseramsel verbreitet. Sie brütet bei schnell fließenden Bächen. Im Winter hält sie sich manchmal an langsamer fließenden Gewässern auf.

BAND-AMADINE
Amadina fasciata
Der rote Fleck am Hals des Männchens sieht aus, als hätte es eine durchgeschnittene Kehle. Die Art ist in trockenen Waldlandschaften in Afrika häufig.

GOULD-AMADINE
Erythrura gouldiae
Der bunte Verwandte der Papagei-Amadinen, der im nördlichen Australien nomadisch lebt, ist gefährdet. Männchen haben rote oder schwarze Gesichter.

STELZEN UND PIEPER

Mitglieder der Familie Stelzen und Pieper (Motacillidae) kommen auf jedem Kontinent in offenen Lebensräumen vor. Sie fressen Insekten. Die meisten Stelzen haben längere Schwänze und sind bunter als die eher unauffälligen Pieper.

ROTKEHLPIEPER
Anthus cervinus
In der arktischen Tundra brütet dieser Pieper. Zur Brutzeit haben Männchen eine rötliche und Weibchen eine rosa Kehle.

PAZIFISCHER WASSERPIEPER
Anthus rubescens
Dieser typische Pieper brütet in der arktischen Tundra und überwintert auf Feldern und an Küsten weiter im Süden.

GOLDPIEPER
Tmetothylacus tenellus
Den Goldpieper trifft man im östlichen Afrika vom Sudan bis nach Tansania in offenem Busch- und Grasland an.

SCHAFSTELZE
Motacilla flava
Diese verbreitete eurasische Art überwintert in Afrika, Indien und Australien. Es gibt viele Unterarten, deren Köpfe grau oder schwarz gezeichnet sein können.

BACHSTELZE
Motacilla alba
Die Bachstelze ist in Eurasien weit verbreitet. Oft sieht man sie in Agrarland und in Siedlungen.

NEKTARVÖGEL

Die kleinen, flinken Nektartrinker der Familie Nektarvögel (Nectariniidae) ähneln den amerikanischen Kolibris: Auch sie haben lange, gebogene Schnäbel und lange Zungen. Sie sind in den Tropen der Alten Welt verbreitet. Die Männchen schillern meist in bunten Farben. Die Vögel sind sehr territorial.

GRAUBRUST-SPINNENJÄGER
Arachnothera affinis
Spinnenjäger sind unauffällig gefärbte, langschnäbelige Mitglieder der Familie der Nektarvögel. Wie alle anderen frisst diese Art aus Südostasien außer Nektar auch Insekten.

ROTBRUST-GLANZKÖPFCHEN
Chalcomitra senegalensis
In weiten Teilen Afrikas südlich der Sahara ist dieser große Nektarvogel häufig. Man trifft ihn in bewaldeten Lebensräumen an.

PURPURNEKTARVOGEL
Cinnyris asiaticus
Wie alle Nektarvögel füttert diese Art aus dem südlichen Asien ihre Jungen vor allem mit Insekten. Die Männchen verlieren nach der Brutsaison ihr auffälliges Gefieder.

WEBERVÖGEL

Die geselligen Samenfresser der Familie Webervögel (Ploceidae) bauen komplizierte Nester. Nur die Männchen widmen sich dieser Aufgabe und die Weibchen wählen ihre Partner nach deren Fertigkeiten.

MARONENWEBER
Ploceus rubiginosus
Die meisten Webervögel gehören zur Gattung *Ploceus*. Diese Art ist im östlichen Afrika verbreitet.

BLUTSCHNABELWEBER
Quelea quelea
Die afrikanischen Vögel gehören zu den häufigsten Vögeln der Erde. Die riesigen Schwärme richten bedeutende Ernteschäden an.

SCHILDWIDA
Euplectes ardens
Männchen der Witwenvögel sind im Prachtkleid schwarz, und einige fächern bei ihren Balzflügen ihre langen Schwänze. Diese Art ist in Afrika südlich der Sahara weit verbreitet.

NAPOLEONWEBER
Euplectes afer
Dieser afrikanische Vogel ist mit den Witwenvögeln verwandt. Männchen im Prachtkleid sind auffällig. Außerhalb der Brutsaison sind sie wie die Weibchen rot oder schwarz.

BRAUNELLEN

Die eurasischen Braunellen (Prunellidae) sind meist bodenbewohnende Sperlingsvögel mit schmalen Schnäbeln. Die meisten Arten sind an Höhenlagen angepasst, kommen im Winter aber in tiefere Regionen, wo sie ihre Insektennahrung mit Sämereien ergänzen.

HECKEN-BRAUNELLE
Prunella modularis
Die Art lebt anders als viele Braunellen im Tiefland. Sie ist in den gemäßigten Zonen Eurasiens verbreitet.

FINKEN

Vielfältige Vögel der Familie Finken (Fringillidae) kommen in Eurasien, Afrika und im tropischen Amerika vor. Sie haben sich an ein breites Spektrum von Nahrungsquellen angepasst. Unter ihnen sind dünnschnäbelige Nektartrinker und Samenfresser mit dicken Schnäbeln.

STIEGLITZ
Carduelis carduelis
Stieglitze holen mit ihren spitzen Schnäbeln die Samen aus den Fruchtständen hoher Pflanzen wie Disteln und Karden. Sie sind in Eurasien verbreitet.

GOLDZEISIG
Carduelis tristis
Vor allem in Südamerika kommen vielfältige, auffällig gelbe Zeisigarten vor. Dieser Zugvogel ist eine nordamerikanische Art.

BUCHFINK
Fringilla coelebs
Dem häufigsten europäischen Finken kann man auch in Nordasien begegnen. Im Winter sucht er oft gemeinsam mit anderen Finken-Arten Nahrung.

FICHTEN-KREUZSCHNABEL
Loxia curvirostra
Kreuzschnäbel holen mit ihren überkreuzten Schnabelspitzen Samen aus Zapfen. Der Fichten-Kreuzschnabel kommt in Nadelwäldern der Nordhalbkugel vor.

MOSAMBIK-GIRLITZ
Serinus mozambicus
Zu einer Gruppe vor allem gelb gefärbter afrikanischer Girlitze gehört dieser Vogel. Er ist in Afrika südlich der Sahara häufig.

GRAUKOPF-SCHNEEGIMPEL
Leucosticte tephrocotis
Dieser nordamerikanische Gebirgsvogel ist mit den Gimpeln (*Pyrrhula*) verwandt. Der Vogel lebt in felsigen Gebirgslandschaften.

ABENDKERNBEISSER
Hesperiphona vespertina
Kernbeißer haben mächtige Schnäbel, mit denen sie Samen knacken. Der Abendkernbeißer ist in Nordamerika verbreitet.

STÄRLINGE UND VERWANDTE

Die amerikanischen Arten der Familie Stärlinge (Icteridae) ähneln oberflächlich der Amsel, mit der sie nicht näher verwandt sind. Diese Gruppe steht wohl eher den Finken nahe. Dank ihrer kräftigen Schnäbel kommen die Vögel mit harter Nahrung zurecht.

PURPURGRACKEL
Quiscalus quiscula
Dieser opportunistische nordamerikanische Vogel sucht auf Müllkippen Nahrung und plündert Getreidefelder.

GELBKOPF-SCHWARZSTÄRLING
Xanthocephalus xanthocephalus
In Feuchtgebieten im westlichen Nordamerika brütet dieser Vogel in Kolonien. Seine Nester baut er über dem Wasser, vielleicht zum Schutz vor Fressfeinden.

ROTSCHULTERSTÄRLING
Agelaius phoeniceus
In sumpfigen Lebensräumen lebt dieser nordamerikanische Vogel. Er nistet in Kolonien, oft gemeinsam mit dem dominanteren Gelbkopf-Schwarzstärling.

LERCHENSTÄRLING
Sturnella magna
Die Art aus dem östlichen Nordamerika baut ihre überdachten Nester in offenen Lebensräumen auf dem Boden.

BRAUNKOPF-KUHSTÄRLING
Molothrus ater
Der nordamerikanische Vogel legt viele Eier in die Nester anderer Sperlingsvögel. Verschiedene Wirtsarten ziehen seine Jungen groß.

BALTIMORE-TRUPIAL
Icterus galbula
Im Sommer ernährt sich dieser Vogel von Insekten, etwa Schmetterlingsraupen. Im Winter ergänzt er seine Nahrung mit Nektar und Beeren.

BOBOLINK
Dolichonyx oryzivorus
Nach seinem Gesang im Flug ist dieser nordamerikanische Bodenbrüter benannt. Er verbringt den Winter im zentralen Südamerika.

KRÄHEN-STIRNVOGEL
Psarocolius decumanus
Wie alle Stirnvögel des tropischen Amerikas webt diese Art in lichten Wäldern lang gestreckte Nester, die von Zweigspitzen herabhängen.

GRÜNORGANIST
Chlorophonia cyanea
Die Fruchtfresser der Gattung *Chlorophonia* sind vorwiegend grün. Diese Art ist in südamerikanischen Wäldern verbreitet und baut kuppelförmige Nester.

PURPURKEHL-ORGANIST
Euphonia chlorotica
Arten der Gattung *Euphonia* sind kleine Vögel, die vor allem Früchte fressen, besonders die Beeren von Misteln. Die Art lebt im nördlichen Südamerika.

HAUSGIMPEL
Carpodacus mexicanus
Die nordamerikanische Art gehört zu den Karmingimpeln, von denen einige Arten in den gemäßigten Zonen Asiens vorkommen. Die Männchen sind rot oder blass gefärbt.

HAKENGIMPEL
Pinicola enucleator
Der Hakengimpel lebt in Nadelwäldern der Nordhalbkugel. Sein Schnabel ähnelt dem der nah verwandten Gimpeln der Gattung *Pyrrhula*.

GIMPEL
Pyrrhula pyrrhula
Gimpel haben kurze, sehr kräftige Schnäbel und dicke Köpfe. Dies ist die am weitesten verbreitete Art. Man trifft sie in Wäldern in gemäßigten Regionen Eurasiens an.

IIWI
Drepanis coccinea
Nur auf Hawaii kommt dieser langschnäbelige Nektartrinker vor. Er bewohnt Bergwälder. Die größten Populationen halten sich in höheren Lagen auf.

MASKENKERNBEISSER
Eophona personata
Der auffällige Maskenkernbeißer brütet in kalten nördlichen Wäldern in Sibirien und Japan. Zur Überwinterung zieht er nach Südchina.

WALDSÄNGER

Die Waldsänger (Familie Parulidae) sind Insektenfresser, die mit den Finken verwandt sind. Die tropischen Arten leben als Standvögel, die Arten gemäßigter Zonen sind Zugvögel. Die Männchen verlieren im Winter ihr buntes Gefieder.

BAUMLÄUFER-WALDSÄNGER
Mniotilta varia
Die nordamerikanische Art läuft an Baumstämmen empor wie ein Baumläufer. Mit seinen langen hinteren Krallen findet der Vogel Halt.

GELBBRUST-WALDSÄNGER
Icteria virens
Der nordamerikanische Vogel ist für einen Waldsänger relativ groß. Er singt nachts und am Tag, außerdem ahmt er andere Vögel nach.

GOLD-WALDSÄNGER
Setophaga petechia
Von Nordamerika bis in die Karibik ist diese Art verbreitet. Es gibt viele lokale Unterarten.

BRAUNBRUST-WALDSÄNGER
Setophaga castanea
In Fichtenwäldern im östlichen Nordamerika nistet dieser Vogel. Je nach Vorhandensein seiner Nahrung, den Raupen einer Wickler-Art, schwanken die Populationsgrößen.

KAPUZEN-WALDSÄNGER
Setophaga citrina
Wie der Schnäpper-Waldsänger erbeutet dieser Vogel im Flug Fliegen. Er lebt in Laubwäldern im Osten der USA.

SCHNÄPPER-WALDSÄNGER
Setophaga ruticilla
Dieser Vogel zuckt mit seinem orange-schwarzen Schwanz und den Flügeln, um Insekten aufzuscheuchen, die er auch in der Luft fängt.

UFER-WALDSÄNGER
Parkesia noveboracensis
Die große nordamerikanische Art lebt in Bodennähe. Sie sucht in feuchten Wäldern in der Laubstreu Nahrung und nistet im Gebüsch.

ZITRONEN-WALDSÄNGER
Protonotaria citrea
Diese Art nistet ungewöhnlicherweise in Baumhöhlen, manchmal in alten Spechthöhlen. Sie kommt in dicht bewaldeten Sumpfgebieten vor.

WEIDEN-GELBKEHLCHEN
Geothlypis trichas
Dieser Bewohner von Feuchtgebieten ist ein Zugvogel. Er verbringt den Winter in Kalifornien und Mexiko.

GOLDFLÜGEL-WALDSÄNGER
Vermivora chrysoptera
Dieser Waldsänger aus dem östlichen Nordamerika nistet in offenen Lebensräumen mit Gebüsch. Er profitiert von Waldrodungen.

AMMERN

Die Ammern der Alten Welt in der Familie Emberizidae ernähren sich meistens von Sämereien am Boden. Die Sporn- und Schneeammern der Alten und Neuen Welt (Calcaridae) sind ähnlich kurzbeinige Bodenbewohner, die von Steppen und Tundren bis hin zu Berggipfeln leben.

17 cm

KAPPENAMMER
Emberiza melanocephala
Diese Bewohnerin von Gebüschen und Olivenhainen brütet im Nahen Osten und überwintert in Indien.

15 cm

SPORNAMMER
Calcarius lapponicus
Die Spornammern sind nach ihren langen hinteren Krallen benannt. Die Art ist während der Brutsaison zirkumpolar verbreitet.

NEUWELTAMMERN

Die Arten der Familie Passerellidae erinnern sehr an die Ammern der Alten Welt. Das trifft vor allem auf die Schnäbel zu, die einen kleinen, spitzen Oberschnabel mit einer leicht abgeknickten Schneidkante aufweisen. Bei vielen ist der Kopf gestreift, bei manchen auch die Flanken. Andere Arten sind eher einfarbig. Die Vögel ernähren sich von Samen, die sie auf dem Boden umherhüpfend suchen.

15–16 cm

JUNKO
Junco hyemalis
Junkos sind graubraune Neuweltammern, die in Trupps am Boden Nahrung suchen. Diese Art besucht im Winter gern Futterspender in Gärten.

19 cm

GELBSCHENKEL-BUSCHAMMER
Pselliophorus tibialis
Nur in montanen Regenwäldern in Costa Rica und Panama lebt dieser laute tropische Vogel, der zu den Neuweltammern gehört.

22 cm

GRUNDAMMER
Pipilo maculatus
Alle Grundammer-Arten sind langschwänzige Neuweltammern. Die Grundammer mit ihren rotbraunen Flanken lebt in Dickichten in Nordamerika.

TANGAREN

Zur amerikanischen Familie Tangaren (Thraupidae) gehören bunte Vögel, die in Wäldern im tropischen Südamerika leben. Die Finkenverwandten haben sich an unterschiedliche Nahrungsquellen angepasst (Früchte, Insekten, Samen und Nektar).

11 cm

WECHSELPFÄFFCHEN
Sporophila corvina
Zu einer Gruppe von Samenfressern gehört diese Art mit variabler Gefiederfärbung. Sie lebt im tropischen Amerika.

14 cm

CAMPOS-AMMER
Coryphaspiza melanotis
In Grasländern im zentralen Südamerika kann man diese Art beobachten, die zur Familie der Tangaren gehört.

14 cm

KAPPENNASCHVOGEL
Chlorophanes spiza
Die untersetzte Art lebt in den Baumkronen, wo sie mit ihrem gekrümmten Schnabel Früchte frisst. Oft sieht man sie mit anderen Tangaren in Schwärmen.

18–19 cm

SCHARLACHTANGARE
Piranga olivacea
Bei den meisten Arten der Gattung *Piranga* sind die Männchen wie bei dieser Scharlachtangare im Prachtkleid rot. Dieser Zugvogel kommt in Nordamerika vor.

18 cm

KIEFERNTANGARE
Piranga ludoviciana
Der Vogel brütet im westlichen Nordamerika und überwintert in Mittelamerika. Er ist die einzige Art der Gattung *Piranga*, bei der Männchen im Prachtkleid vorwiegend gelb sind.

15 cm

GROSS-GRUNDFINK
Geospiza magnirostris
Auf den Galapagosinseln ist dieser Samenfresser heimisch. Die Art sucht seltener auf dem Erdboden Nahrung als andere Grundfinken.

15 cm

JELSKI-TANGARE
Iridosornis jelskii
Das Mitglied einer Gruppe von Tangaren der Wälder der Anden kommt in Peru und Bolivien vor. Es hat eine gelbe Kopfzeichnung.

18 cm

BLAUSCHWINGEN-BERGTANGARE
Anisognathus somptuosus
Die meisten Bergtangaren im nördlichen Südamerika sind blau und gelb gefärbt wie dieser Bewohner montaner Regenwälder.

FUCHSAMMER
Passerella iliaca
In Nordamerika ist die große Ammer weit verbreitet. Rücken und Brust sind rot gestrichelt. Meist suchen die Vögel in niedriger Vegetation Nahrung.

PRÄRIE-AMMER
Calamospiza melanocorys
Dieser Vogel nordamerikanischer Prärien ist eine bodenbrütende amerikanische Ammer.

DACHSAMMER
Zonotrichia leucophrys
In niedriger Vegetation hält sich die nordamerikanische Dachsammer auf. Die schwarzweiße Kopfzeichnung ist charakteristisch.

SINGAMMER
Melospiza melodia
Von Alaska bis Mexiko sieht man die Singammer häufig, die nach ihrem schönen Gesang benannt ist. Es gibt viele Unterarten.

SCHWIRRAMMER
Spizella passerina
Die Schwirrammer mit ihrem rotbraunen Oberkopf ist in offenem Waldland in Nordamerika häufig. Sie hat einen trillernden Ruf.

GRAUKARDINAL
Paroaria coronata
Die Vögel der Gattung *Paroaria* kommen in Südamerika vor. Diese Art tritt in offenen Wäldern häufig auf.

TÜRKISNASCHVOGEL
Cyanerpes cyaneus
Naschvögel des tropischen Amerikas trinken Nektar. Diese Art ist am weitesten verbreitet. Nach der Brutsaison haben Männchen ein unauffälliges mattgrünes Gefieder wie die Weibchen.

AZURKOPFTANGARE
Tangara cyanicollis
Diese Art offener Wälder im nördlichen Südamerika gehört zu einer Gruppe von Tangaren mit besonders buntem, schillerndem Gefieder.

KARDINÄLE

Diese meist dickschnäbeligen Vögel sind Samenfresser wie die Ammern, viele sind aber ähnlich bunt wie Tangaren. Mit beiden Gruppen sind die Kardinäle (Cardinalidae) verwandt. Sie gehören zu einer großen Gruppe von amerikanischen Sperlingsvögeln.

ROSENBRUST-KERNKNACKER
Pheucticus ludovicianus
Dieser Zugvogel hat einen mächtigen Schnabel, wie er für Arten typisch ist, die große Samen knacken. Er verschmäht auch Insekten nicht.

ROTKARDINAL
Cardinalis cardinalis
Die Männchen dieses Standvogels aus dem Osten der USA und Mexiko sind rot. Die farbgebenden Carotinoide stammen aus ihrer Nahrung.

PAPSTFINK
Passerina ciris
Im Süden der USA brütet der Papstfink, der den Winter in Mittelamerika und der Karibik verbringt. Nur die Männchen sind auffällig dreifarbig.

INDIGOFINK
Passerina cyanea
Diese Art zieht zwischen Kanada und Südamerika hin und her. Die Männchen verlieren im Winter ihr blaues Prachtkleid.

SÄUGETIERE

Die Säugetiere (Mammalia) sind eine sehr erfolgreiche Tiergruppe. Sie können fast jeden Landlebensraum besiedeln. Mit einem Alter von 210 Millionen Jahren sind Säugetiere eine relativ junge Gruppe.

STAMM	CHORDATA
KLASSE	MAMMALIA
ORDNUNGEN	28
FAMILIEN	160
ARTEN	etwa 6300

Ein einziger Unterkieferknochen verleiht Säugetieren wie dem Beutelteufel einen kraftvollen Biss.

Die Barten bestehen aus einem Protein namens Keratin und filtern die Nahrung der Bartenwale aus dem Wasser.

Durch das Säugen erhalten junge Warzenschweine alle Nährstoffe, die sie in den ersten Lebenswochen benötigen.

STREITFRAGE

GLEICH GUT ANGEPASST

Beuteltier-Eigenschaften werden oft als primitiv bezeichnet. Das erweckt den Anschein, dass Beuteltiere, deren Junge in einem embryonalen Zustand geboren werden, weniger fortgeschritten als Plazentatiere seien. Tatsächlich sind beide Linien aber etwa zur gleichen Zeit vor rund 175 Millionen Jahren entstanden.

Säugetiere verdanken ihren Erfolg einer besonderen Merkmalskombination, die es ihnen ermöglicht hat, die Reptilien als beherrschende Lebensform abzulösen. Wie die heutigen Reptilien atmen sie Luft, doch anders als sie sind sie warmblütig und können durch die Verarbeitung von Nahrung eine konstant hohe Körpertemperatur erhalten. So verlaufen die biochemischen Prozesse effektiv, ohne von der Sonnenwärme abhängig zu sein. Eine Besonderheit ist das Haar der Säugetiere, das es ihnen ermöglicht, auch bei Kälte und nachts aktiv zu sein. Da das Haarkleid sich erneuert, kann es sich auch den Jahreszeiten anpassen.

VARIATIONEN EINES THEMAS

Das Säugetierskelett wird von senkrecht unter dem Körper befindlichen Gliedmaßen gestützt. Das erlaubt es den landlebenden Tieren zu gehen, zu laufen und zu springen, doch die Grundstruktur ist sehr anpassungsfähig. Bei Robben und Walen dient sie dem Schwimmen, bei Fledermäusen dem Fliegen und bei Primaten dem Klettern oder Hangeln. Säugetierschädel besitzen kräftige Kiefer, wobei der aus einem Knochen bestehende Unterkiefer unmittelbar gelenkig mit dem Schädel verbunden ist. Die Bezahnung ist an den Nahrungstyp angepasst. Bestimmte Knochen, die bei Reptilien Teile des Unterkiefers bilden, haben bei Säugetieren eine neue Funktion bekommen. Sie sind zu zwei kleinen Knochen des Innenohrs geworden, die das einzige Gehörknöchelchen der Reptilien ergänzen und zum verbesserten Hörvermögen beitragen. Der Schädel dient auch dem Schutz des Gehirns, das größer und leistungsfähiger als bei anderen Gruppen ist. Damit verbunden sind Intelligenz und eine größere Lernfähigkeit, ein besseres Erinnerungsvermögen und komplexe Verhaltensweisen.

Diese Fähigkeiten müssen individuell angepasst werden, und junge Säugetiere tun das während der verlängerten Brutpflegezeit, die mit dem Säugen beginnt. Die Milchdrüsen sind aus Talgdrüsen entstanden, deren Sekrete dazu dienen, die Haut zu pflegen und vielleicht auch die Eier vor dem Austrocknen zu bewahren. Nach ihnen ist die gesamte Tiergruppe der Säugetiere (Mammalia) benannt worden.

FELL ZUR ISOLATION >
Die Luft, die im dichten Fell des Seeotters eingeschlossen ist, schützt ihn vor dem kalten Wasser seines Lebensraums.

SÄUGETIERGRUPPEN

Es gibt drei Säugetiergruppen – die eierlegenden Kloakentiere, die Beuteltiere und die Plazentatiere. Die letzte Gruppe ist die vielfältigste und wird hier in weitere Gruppen unterteilt.

KLOAKENTIERE

In der Säugetiergruppe der Kloakentiere (Monotremata) gibt es nur fünf Arten. Sie fallen durch ihre spezialisierten Schnauzen auf und legen Eier.

Schnabeltiere sowie Kurz- und Langschnabeligel, die auch als Ameisenigel bezeichnet werden, bewohnen verschiedene Lebensräume in Neuguinea, Australien und Tasmanien. Sie legen weichschalige Eier, aus denen die Jungen nach etwa zehn Tagen Brutzeit schlüpfen. Sie werden mit Milch aus den Milchdrüsen der Weibchen ernährt. Zitzen besitzen Kloakentiere jedoch nicht. Junge Schnabeligel leben im Beutel der Mutter, bis ihre Stacheln erscheinen, und werden dann wie junge Schnabeltiere einige Monate lang in einem Bau aufgezogen.

Kloakentiere finden und fressen ihre Beute mit ihren spezialisierten Schnauzen. Das teils im Wasser lebende Schnabeltier hat einen mit Elektrorezeptoren ausgestatteten Entenschnabel, mit dem es auch in trübem Wasser Wirbellose entdecken kann. Die langen Schnauzen und Zungen der Schnabeligel sind ideal, um Baue von Ameisen und Termiten zu durchsuchen und Würmer zu finden. Das Schnabeltier und die Schnabeligel besitzen keine Zähne, sondern verhornte Mahlflächen oder stachelige Zungen.

BEDEUTUNG DES NAMENS

Sowohl der deutsche als auch der wissenschaftliche Name beziehen sich auf die als Kloake bezeichnete einzige Öffnung, in die Darm, Harnleiter und Geschlechtsorgane münden.

STAMM	CHORDATA
KLASSE	MAMMALIA
ORDNUNG	MONOTREMATA
FAMILIEN	2
ARTEN	5

Die Schwimmhäute der Vorderbeine des Schnabeltiers sorgen für den Vortrieb. Hinterfüße und Schwanz dienen der Steuerung.

SCHNABELTIER

Diese einzige Art der Familie Schnabeltiere (Ornithorhynchidae) ist sehr gut an den semiaquatischen Lebensstil angepasst. Sie hat einen stromlinienförmigen Körper, ein wasserdichtes Fell, Schwimmhäute und einen flachen Schwanz. Die Männchen tragen einen Giftsporn an jedem Hinterfuß.

SCHNABELTIER
Ornithorhynchus anatinus
Die in den Flüssen und Bächen Ostaustraliens und Tasmaniens lebende seltene Art benutzt ihren mit Elektrorezeptoren ausgestatteten weichen Schnabel zur Jagd auf Wirbellose.

SCHNABELIGEL

Zur Familie Schnabeligel (Tachyglossidae) gehören die Kurz- und die Langschnabeligel. Ihre Körper sind mit Fell und Stacheln bedeckt. Mit den langen Schnauzen suchen sie nach Ameisen, anderen Insekten und Würmern.

KURZSCHNABELIGEL
Tachyglossus aculeatus
Der in Australien sowie auf Tasmanien und Neuguinea weitverbreitete Kurzschnabeligel trägt ein einziges Ei in seiner Bauchtasche.

ÖSTLICHER LANGSCHNABELIGEL
Zaglossus bartoni
Diese größte Art der Kloakentiere lebt in den bewaldeten Hochländern des östlichen Neuguineas.

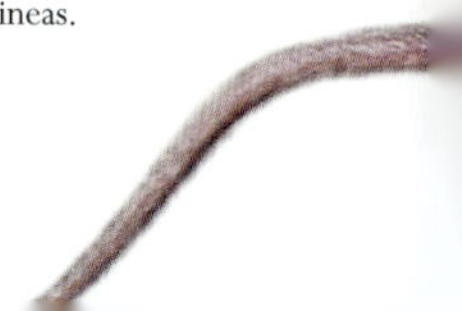

BEUTELTIERE

Beuteltiere sind Säugetiere und gebären lebende Junge in noch sehr unreifem Zustand, die dann meistens im Beutel der Mutter heranwachsen.

Beuteltiere bewohnen ein breites Spektrum an Lebensräumen, von der Wüste über trockenes Buschland bis zum tropischen Regenwald. Die meisten Arten sind Boden- oder Baumbewohner, einige Gleitflieger, eine lebt im Wasser und zwei ähnlich wie Maulwürfe unterirdisch. Die Ernährung ist ähnlich vielseitig: Es gibt Fleisch-, Insekten-, Pflanzen- und Allesfresser. Einige Beuteltiere fressen sogar Nektar und Pollen. Die Arten unterscheiden sich auch deutlich in der Größe, von den zu den kleinsten Säugetieren zählenden weniger als 4,5 g wiegenden Beutelmäusen bis zum Roten Riesenkänguru, dessen Männchen über 90 kg schwer werden können.

FRÜHE ENTWICKLUNG

Junge Beuteltiere werden blind und nackt geboren. Sie kriechen durch das Fell der Mutter und saugen sich an einer Zitze fest. Bei etwa der Hälfte der Beuteltier-Arten befinden sich diese Zitzen in einem schützenden Beutel. Manche Beuteltiere haben nur ein Junges zur gleichen Zeit, andere ein Dutzend oder mehr. Die Zeit, die die Jungen im Beutel verbringen, entspricht der Schwangerschaft der Plazentatiere.

Kängurus und einige andere Beuteltiere sind in der Lage, die Entwicklung eines Embryos vor der Einnistung in die Gebärmutter zu unterbrechen, wenn der Beutel bereits besetzt ist. Ist er wieder frei, entwickelt sich der Embryo weiter.

SIEBEN ORDNUNGEN

Beuteltiere werden heute in sieben große Gruppen eingeteilt: die Beutelratten (Didelphimorphia), die Mausopossums (Paucituberculata), die Bergopossums mit der Chiloé-Beutelratte als einziger Art (Microbiotheria), die Raubbeutlerartigen (Dasyuromorphia), die Nasenbeutler (Paramelemorphia), die Beutelmulle (Notoryctemorphia) und die australischen Arten der Ordnung Diprotodontia. Zu dieser größten Ordnung der Beuteltiere gehören der Koala, die Wombats, die Gleit-, Kletter- und Rüsselbeutler, die Beutelratten und die Kängurus.

STAMM	CHORDATA
KLASSE	MAMMALIA
ORDNUNGEN	7
FAMILIEN	18
ARTEN	über 350

STREITFRAGE

GAR NICHT PRIMITIV?

Beuteltiere sind früher als primitiv angesehen worden, da ihre Jungen in einem frühen Stadium geboren und nicht eine längere Zeit im Mutterleib über eine Plazenta ernährt werden. Man weiß heute, dass das eine Anpassung an unwirtliche Lebensräume ist und dass die Beuteltiere genauso weit entwickelt wie die Plazentatiere sind. Kängurus können zwei Jungtiere verschiedenen Alters tragen. Ein befruchtetes Ei entwickelt sich unmittelbar, wenn den beiden etwas geschieht. Diese Strategie bedeutet, dass sich die Population einer Beuteltier-Art unter ungünstigen Umweltbedingungen schneller erholen kann.

MAUSOPOSSUMS

Die geringere Zahl der Schneidezähne unterscheidet die Arten der Familie Mausopossums (Caenolestidae) von den anderen amerikanischen Beuteltieren. Alle acht Arten leben in den Anden im westlichen Südamerika.

9–14 cm

ECUADOR-OPOSSUMMAUS
Caenolestes fuliginosus
Die in großen Höhen in Kolumbien, Ecuador und Venezuela lebende Art tötet ihre Beute mit ihren vergrößerten unteren Schneidezähnen.

BERGOPOSSUMS

Die einzige Art der Familie Microbiotheriidae, die Chiloé-Beutelratte, ist gut an die Kälte angepasst. Sie verfällt bei Kälte oder Nahrungsmangel in einen täglichen Torpor und hält Winterschlaf.

8–13 cm

CHILOÉ-BEUTELRATTE
Dromiciops gliroides
Diese in kühlen Bambus- und gemäßigten Regenwäldern Chiles und Argentiniens lebende Art verringert den Wärmeverlust durch ihr Fell.

BEUTELMULLE

Zwei australische Arten bilden die Familie Beutelmulle (Notoryctidae). Lange Krallen und der verhornte Nasenschild ermöglichen ihnen das Graben. Sie haben keine Ohrmuscheln, die Augen sind zurückgebildet.

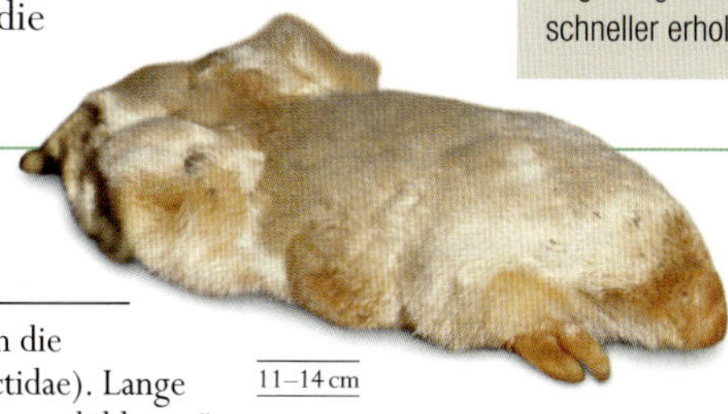

11–14 cm

GROSSER BEUTELMULL
Notoryctes typhlops
Diese Art ist auf das Graben in den Sandwüsten und im Spinifex-Grasland Zentralaustraliens spezialisiert.

BEUTELRATTEN

Die Beutelratten (Familie Didelphidae) haben spitze Schnauzen mit empfindlichen Tasthaaren und nackte Ohren. Viele Arten besitzen einen Greifschwanz zum Klettern und manchen fehlt der Beutel.

37–50 cm

VIRGINIA-OPOSSUM
Didelphis virginiana
Dieses größte amerikanische Beuteltier lebt in den Steppen sowie den gemäßigten und tropischen Wäldern der USA, Mexikos und Mittelamerikas.

20–32 cm

ROTE WOLL-BEUTELRATTE
Caluromys lanatus
Dieser baumbewohnende Einzelgänger lebt in den feuchten Wäldern des westlichen und mittleren Südamerikas.

16–28 cm

NACKTSCHWANZ-WOLLBEUTELRATTE
Caluromys philander
Der lange Greifschwanz hilft dieser Art, sich durch die Bäume der feuchten Regenwälder des östlichen und mittleren Südamerikas zu bewegen.

»

» BEUTELRATTEN

11–14,5 cm

MAUS-ZWERGBEUTELRATTE
Marmosa murina
Die in Wäldern, der Pampa und Plantagen in Südamerika weitverbreitete nachtaktive Art besitzt einen langen Greifschwanz.

12–22 cm

WOLLIGE ZWERGBEUTELRATTE
Marmosa spec.
Die in Mittel- und Südamerika lebenden beutellosen Tiere mit ihrem dicken, wolligen Fell sind nachtaktive Baumbewohner und Allesfresser.

26–40 cm

SCHWIMMBEUTLER
Chironectes minimus
Diese Art ist das einzige wasserlebende Beuteltier und stammt aus Mittel- und Südamerika. Beide Geschlechter haben einen Beutel, der nur bei Weibchen wasserdicht ist.

9–14 cm

FETTSCHWANZ-BEUTELRATTE
Thylamys elegans
Wie viele andere Beutelratten speichert diese chilenische Art Fett im Schwanz, wenn der Winter naht.

12–14,5 cm

PATAGONISCHE BEUTELRATTE
Lestodelphys halli
Die argentinische Art, die im Busch, in Savannen und Steppen lebt, weist die südlichste Verbreitung aller Beutelratten auf.

20–33 cm

GRAUE VIERAUGEN-BEUTELRATTE
Philander opossum
Diese Art trägt weiße Flecken auf der Stirn, sodass es wirkt, als ob sie vier Augen habe. Sie lebt in Mexiko, Mittel- und Südamerika.

12–18 cm

HAUS-SPITZMAUS-BEUTELRATTE
Monodelphis domestica
Die in Argentinien, Brasilien, Bolivien und Paraguay lebende kurzschwänzige Art bewohnt menschliche Behausungen, Wälder, Busch- und Grasland.

AMEISENBEUTLER

Der Ameisenbeutler oder Numbat ist die einzige Art der Familie Myrmecobiidae. Er trägt eine Streifenzeichnung, hat starke Krallen zum Graben und eine sehr lange Zunge, mit der er Termiten aus ihrem Bau holt.

22–29 cm

AMEISENBEUTLER
Myrmecobius fasciatus
Die nur in Eukalyptus- und anderen Wäldern in Westaustralien lebende tagaktive Art ist auf Termiten spezialisiert.

KANINCHEN-NASENBEUTLER

Zur Familie Kaninchennasenbeutler (Thylacomyidae) gehört wahrscheinlich nur noch eine Art. Die in trockenen Gebieten lebenden Tiere trinken nicht, sondern nehmen Flüssigkeit mit der Nahrung auf.

30–55 cm

GROSSER KANINCHEN-NASENBEUTLER
Macrotis lagotis
Diese grabende Art der zentralaustralischen Wüsten besitzt einen dreifarbigen Schwanz.

RAUBBEUTLER

Die Familie Raubbeutler (Dasyuridae) besteht aus über 70 mit starken Kiefern und spitzen Eckzähnen ausgerüsteten kleinen und großen Arten von Fleischfressern. Die Tiere besitzen auch scharfe Krallen an allen Zehen mit Ausnahme der ersten.

9,5–10,5 cm

MACDONNELL-FETTSCHWANZ-BEUTELMAUS
Pseudantechinus macdonnellensis
Der nachtaktive mittel- und westaustralische Insektenfresser speichert Fett an der Schwanzbasis.

57–65 cm

BEUTELTEUFEL
Sarcophilus harrisii
Dieses größte fleischfressende Beuteltier der Welt ist nachtaktiv und lebt auf der Insel Tasmanien.

7–14 cm

STUARTS BREITFUSS-BEUTELMAUS
Antechinus stuartii
Die Männchen sterben nach der ersten Brutzeit an Stress und Erschöpfung. Die Art lebt nur in ostaustralischen Wäldern.

19–24 cm

STREIFEN-BEUTELMARDER
Myoictis spec.
Die Färbung dieser Art trägt zu ihrer Tarnung auf dem Boden der Regenwälder Indonesiens und Neuguineas bei.

26–40 cm

SCHWARZSCHWANZ-BEUTELMARDER
Dasyurus geoffroii
Dieser südwestaustralische nächtliche Jäger ist ein Bodenbewohner, kann aber auch klettern.

10,5–12,5 cm

KLEINER PINSELSCHWANZBEUTLER
Phascogale calura
Die fleischfressende Art mit schwarzer Quaste an ihrem rötlichen Schwanz bewohnt die Wälder in Südwestaustralien.

12–23 cm

KAMMSCHWANZ-BEUTELMAUS
Dasycercus cristicauda
Dieser west- und zentralaustralische Fleischfresser bewohnt Wüsten, Heide und Grassteppen. Er speichert Fett in seinem Schwanz.

7–10 cm

SPRING-BEUTELMAUS
Antechinomys laniger
Diese schnellen Tiere hüpfen mit ihren langen Hinterbeinen durch Wälder, Steppen und Halbwüsten in Zentral- und Südaustralien.

5,5–7,5 cm

SÜDLICHE FLACHKOPF-BEUTELMAUS
Planigale tenuirostris
Diese nachtaktive Art lebt in Südostaustralien in Busch- und Grasland.

5–7,5 cm

WONGAI-NINGAUI
Ningaui ridei
Diese spitzmausähnliche nachtaktive Art jagt im trockenen Spinifex-Grasland Zentralaustraliens Insekten.

6–9 cm

DICKSCHWÄNZIGE SCHMALFUSS-BEUTELMAUS
Sminthopsis crassicaudata
Die im Grasland Südaustraliens lebende Art speichert Fett in ihrem Schwanz.

EIGENTLICHE LANGNASEN-BEUTLER

Neben verschmolzenen zweiten und dritten Hinterfußzehen und drei Paaren unterer Schneidezähnen besitzen die Arten der Familie Eigentliche Langnasenbeutler (Peramelidae) raues oder stacheliges Haar.

22,5–38 cm

FLACH-STACHEL-NASENBEUTLER
Echymipera kalubu
Dieser waldbewohnende nachtaktive Insektenfresser Neuguineas besitzt ein stacheliges Fell und einen nackten Schwanz.

28–36 cm

KLEINER KURZNASENBEUTLER
Isoodon obesulus
Dieser Kurznasenbeutler lebt in der buschigen Heide des südlichen Australiens und verschiedener Inseln, einschließlich der Känguru-Insel und Tasmaniens.

31–44,5 cm

GROSSER LANGNASENBEUTLER
Perameles nasuta
Die in den Regenwäldern und Wäldern des ostaustralischen Küstengebiets lebende nachtaktive Art gräbt nach Insekten.

27–35 cm

TASMANISCHER LANGNASEN-BEUTLER
Perameles gunnii
Dieser Langnasenbeutler lebt im Grasland und im grasbewachsenen Waldland Australiens und Tasmaniens.

KOALAS

Die einzige Art der Familie Koalas (Phascolarctidae) ist mit kräftigen Armen, opponierbaren Fingern und Zehen sowie scharfen gebogenen Krallen an das Klettern angepasst. Die Tiere schlafen jeden Tag bis zu 20 Stunden lang, da ihre Nahrung aus Eukalyptusblättern sehr nährstoffarm ist.

KOALA
Phascolarctos cinereus
Der sich fast ausschließlich von Eukalyptusblättern ernährende Koala lebt in den Wäldern Ostaustraliens. Er ist ein nachtaktiver Einzelgänger.

BILCHBEUTLER

Diese nachtaktiven, einen Greifschwanz besitzenden Allesfresser ernähren sich von Insekten, Früchten, Nektar und Pollen. Vier Arten der Familie Bilchbeutler (Burramyidae) sind in Australien endemisch, die fünfte lebt in Australien und Neuguinea.

NEUGUINEA-SCHLAFBEUTLER
Cercartetus caudatus
Dieser Baumbewohner lebt in den gemäßigten Regenwäldern Neuguineas und Nordost-Queenslands.

BERG-BILCHBEUTLER
Burramys parvus
Dieser Bodenbewohner felsiger hoch gelegener australischer Lebensräume überwintert mehrere Monate lang unter dem Schnee.

RINGBEUTLER

Die Familie Ringbeutler (Pseudocheiridae) besteht aus den Ringbeutlern und dem lemurenähnlichen Riesengleitbeutler. Alle Arten sind auf das Fressen von Blättern spezialisierte Baumbewohner. Sie besitzen am Anfang des Dickdarms eine Aussackung zur Fermentierung der Zellulose in ihrer Nahrung.

GEWÖHNLICHER RINGBEUTLER
Pseudocheirus peregrinus
Diese Art lebt in verschiedenen Lebensräumen Ostaustraliens und Tasmaniens. In Neuseeland ist sie zum Schädling geworden.

LEMUREN-RINGBEUTLER
Hemibelideus lemuroides
Der nur in einem kleinen Regenwald-Bereich in Nordost-Queensland lebende Ringbeutler ist nachtaktiv.

WOMBATS

Die Beuteltiere der Familie Wombats (Vombatidae) haben kurze Schwänze und Beine, aber große Vorderpfoten mit langen Krallen zum Graben. Sie fressen Gras, das sie mit ihren kräftigen Kiefern zerkleinern und mit ihrem langen Darm verdauen.

NACKTNASENWOMBAT
Vombatus ursinus
Die in den Wäldern, der Heide und dem Küstenbuschland Südaustraliens lebende Art kann bis zu 200 m lange Tunnel graben.

SÜDLICHER HAARNASENWOMBAT
Lasiorhinus latifrons
Dieser Bewohner des mittleren Südaustraliens lebt gesellig in Bauen, geht aber allein auf Nahrungssuche.

KLETTERBEUTLER

Zur Familie Kletterbeutler (Phalangeridae) gehören die Kuskus- und Kusu-Arten sowie ihre Verwandten. Die meisten sind Baumbewohner mit opponierbaren Daumen an den Hinterfüßen und einem Greifschwanz. Bei den Kuskus-Arten ist der Schwanz teilweise oder vollständig nackt, bei den Kusus dagegen behaart.

47–57 cm

BÄRENKUSKUS
Ailurops ursinus
Diese größte Kuskus-Art bewohnt die Baumkronen der gemäßigten Regenwälder auf Sulawesi und mehreren anderen indonesischen Inseln.

42–74 cm

kräftige gekrümmte Krallen

TÜPFELKUSKUS
Spilocuscus maculatus
Bei diesem Kuskus sehen Männchen und Weibchen unterschiedlich aus, denn nur das Männchen ist gefleckt. Die Tiere leben in den Regenwäldern Neuguineas und Nordostaustraliens.

große Augen zum Sehen bei Nacht

haariger Schwanz

49–54 cm

CUNNINGHAMS KUSU
Trichosurus cunninghami
Dieser Kusu bewohnt dichte feuchte Wälder im Südosten Australiens, meist in Höhen von über 300 m.

30–47 cm

SCHUPPENSCHWANZ-KUSU
Wyulda squamicaudata
Dieser nur in den nordwestaustralischen Kimberleys lebende nachtaktive Kusu ist ein Einzelgänger und bekommt immer nur ein Junges gleichzeitig.

33–60 cm

KUSKUS
Phalanger spec.
Die Arten dieser Gattung leben auf Neuguinea und den umgebenden Inseln in verschiedenen Höhen, um nicht miteinander zu konkurrieren.

34–45 cm

RIESEN-GLEITBEUTLER
Petauroides volans
Dieser größte Gleitflieger unter den Beuteltieren kann in der Luft über 100 m zwischen Bäumen zurücklegen. Er kommt in Ostaustralien vor.

grünlich graues Fell

32–40 cm

Greifschwanz

GRÜNER RINGBEUTLER
Pseudochirops archeri
Der nach seinem dicken, grünlich grauen Fell benannte Einzelgänger kommt nur in den Regenwäldern im Norden von Queensland vor.

34–37 cm

DAINTREE-RIVER-RINGBEUTLER
Pseudochirulus cinereus
Dieser an einen Lemuren erinnernde Ringbeutler lebt in den Bergregenwäldern des Daintree-River-Gebiets im nordöstlichen Queensland.

GLEITBEUTLER

Zur Familie Gleitbeutler (Petauridae) gehören mit Ausnahme des Riesengleitbeutlers (links) und der Zwerggleitbeutler (S. 514) die Gleit- und Streifenbeutler sowie der Hörnchenbeutler. Gleitbeutler besitzen eine behaarte Membran zwischen den Vorder- und Hinterbeinen. Streifenbeutler riechen streng und erbeuten mit dem langen vierten Finger im Holz bohrende Käfer.

grauer Körper mit Rückenstreifen

15–17 cm

HÖRNCHENBEUTLER
Gymnobelideus leadbeateri
In feuchten Wäldern von Victoria in großer Höhe leben diese Tiere. Sie ernähren sich von Insekten und Baumsäften.

keulenförmiger Schwanz

24–28 cm

GROSSER STREIFENBEUTLER
Dactylopsila trivirgata
Die auch im Geruch an ein Stinktier erinnernde Art ist ein nachtaktiver Baumbewohner aus dem Nordosten Queenslands und aus Neuguinea.

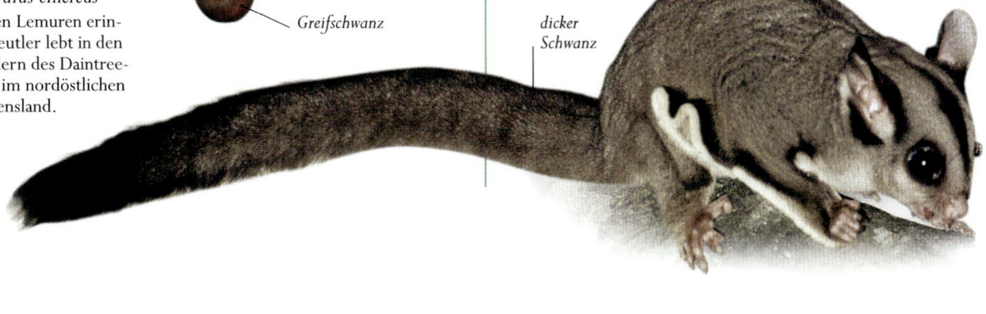

15–21 cm

dicker Schwanz

KURZKOPF-GLEITBEUTLER
Petaurus breviceps
Die Art ernährt sich vom Saft der Eukalyptusbäume. Sie lebt im Nordosten Australiens, auf Neuguinea und den Nachbarinseln.

RÜSSELBEUTLER

Diese kleine Art ist die einzige der Familie Rüsselbeutler (Tarsipedidae). Sie besitzt weniger Zähne als die Beutelratten, dafür aber eine lange, bürstenartige Zunge, mit der sie sich von Nektar und Pollen ernährt.

HONIGBEUTLER
Tarsipes rostratus
Dieser die Heide und Wälder in Südwestaustralien bewohnende Rüsselbeutler ist auf Nektar und Pollen spezialisiert.

ZWERG-GLEITBEUTLER

Die Familie Zwerggleitbeutler (Acrobatidae) umfasst drei Arten: den Federschwanzbeutler sowie Breitfuß- und den Schmalfuß-Gleitbeutler. Alle besitzen mit steifen Haaren gesäumte Schwänze.

SCHMALFUSS-FEDER-SCHWANZ-GLEITBEUTLER
Acrobates pygmaeus
Diese Art ist der kleinste Gleitbeutler. Er lebt in ostaustralischen Wäldern und frisst Nektar.

KÄNGURUS

Die Kängurus (Familie Macropodidae) sind mittelgroße bis große Tiere, die zum Springen große Hinterbeine besitzen. An den Hinterfüßen fehlt der erste Zeh, und eine fleischige Hülle umfasst den zweiten und den dritten, die zur Fellpflege verwendet werden. Die starken vierten und fünften Zehen tragen das Gewicht.

ROTES RIESENKÄNGURU
Osphranter rufus
Dieses größte heute noch lebende Beuteltier ist in Australien weit verbreitet und lebt in Steppen und Wüsten.

BERGKÄNGURU
Osphranter robustus
Die über einen großen Teil des australischen Festlands verbreitete Art sucht oft den Schatten felsiger Überhänge auf.

ROTNACKEN-WALLABY
Notmacropus rufogriseus
Diese Art lebt im küstennahen Wald- und Buschland des südöstlichen Australiens, einschließlich Tasmaniens und der Bass-Straße.

PARMAWALLABY
Notmacropus parma
Die im Australischen Bergland vorkommende Art bewohnt verschiedene Waldlebensräume.

FLINKWALLABY
Notmacropus agilis
Diese Art kommt sowohl in Australien als auch auf Neuguinea vor, wo sie Gras- und offenes Waldland besiedelt.

ÖSTLICHES GRAUES RIESENKÄNGURU
Macropus giganteus
Die im Osten Australiens weitverbreitete Art lebt in trockenem Wald- und Buschland. Eine Unterart gibt es auf Tasmanien.

WESTLICHES GRAUES RIESENKÄNGURU
Macropus fuliginosus
Dies ist die einzige Känguru-Art, die nicht die verzögerte Einnistung des Embryos in die Gebärmutter beherrscht. Sie lebt in Südaustralien einschließlich der Känguru-Insel.

RATTENKÄNGURUS

Zur Familie Rattenkängurus (Potoroidae) gehören Kaninchen-, Ratten- und Bürstenkängurus, die den Kängurus der Familie Macropodidae ähneln. Anders als sie besitzen sie einen sägeartigen oberen und unteren Prämolar auf beiden Seiten des Kiefers.

LANGSCHNAUZEN-KANINCHENKÄNGURU
Potorous tridactylus
Die im Südosten Australiens lebende Art hat kräftige Krallen, mit denen sie nach Pilzen gräbt.

BÜRSTENSCHWANZ-RATTENKÄNGURU
Bettongia penicillata
Diese Art lebt in Südwestaustralien. Mit ihrem Greifschwanz kann sie Nistmaterial transportieren.

MOSCHUS-RATTENKÄNGURUS

Die Familie Hypsiprymnodontidae umfasst nur eine Art. Ihr Hinterfuß weist einen ersten Zeh auf, der opponierbar und zum Greifen geeignet ist.

MOSCHUS-RATTENKÄNGURU
Hypsiprymnodon moschatus
Diese tagaktive Art bewohnt die tropischen Regenwälder Nord-Queenslands, wo sie nach Fallobst, Samen und Pilzen sucht.

NÖRDLICHES NAGELKÄNGURU
Onychogalea unguifera
Dieses mittelgroße Känguru findet man in ganz Nordaustralien.

KURZNAGELKÄNGURU
Onychogalea fraenata
Diese nachtaktive Art hat man für ausgestorben gehalten. Die einzige übrig gebliebene Population lebt heute in einem kleinen Areal in Queensland.

ROTHALSFILANDER
Thylogale thetis
Dieses waldbewohnende Känguru aus Ostaustralien sucht nachts den Waldrand auf, um Gras, Blätter und Schösslinge zu fressen.

SUMPFWALLABY
Wallabia bicolor
Dieses Känguru ist dunkler als andere Arten und lebt in tropischen und gemäßigten Wäldern sowie im Sumpfland von Ostaustralien.

ZOTTEL-HASENKÄNGURU
Lagorchestes hirsutus
Die früher das gesamte australische Festland bewohnende Art lebt in der Natur nur noch auf zwei Inseln in Westaustralien.

BRAUNES BUSCHKÄNGURU
Dorcopsis muelleri
Diese Art ist in den Tieflandregenwäldern Westneuguineas und auf drei Inseln vor der Küste endemisch.

QUOKKA
Setonix brachyurus
Das auf dem australischen Festland seltene Känguru lebt auf den Inseln Rottnest und Bald vor der Südwestküste.

DORIA-BAUMKÄNGURU
Dendrolagus dorianus
Diese schwerste Art unter den Baumkängurus sucht regelmäßig den Boden auf. Sie lebt in den Bergwäldern Neuguineas.

BÜRSTENSCHWANZ-FELSKÄNGURU
Petrogale penicillata
Die schwieligen Hinterfüße verbessern bei dieser südostaustralischen Art den Halt in felsigen Lebensräumen.

GOODFELLOWS BAUMKÄNGURU
Dendrolagus goodfellowi
Dieses Baumkänguru lebt in den Bergregenwäldern Neuguineas, wo es sich von Blättern und Früchten ernährt.

LUMHOLTZ-BAUMKÄNGURU
Dendrolagus lumholtzi
Dieses kleinste Baumkänguru lebt in den Regenwäldern Nord-Queenslands.

∨ GROSSE JUNGS
Die Männchen der Roten Riesenkängurus sind deutlich schwerer als die Weibchen und manchmal doppelt so schwer. Nur die Männchen sind rot, die Weibchen eher blaugrau gefärbt. Die Männchen kämpfen in einem Boxkampf um die Weibchen.

ROTES RIESENKÄNGURU
Osphranter rufus

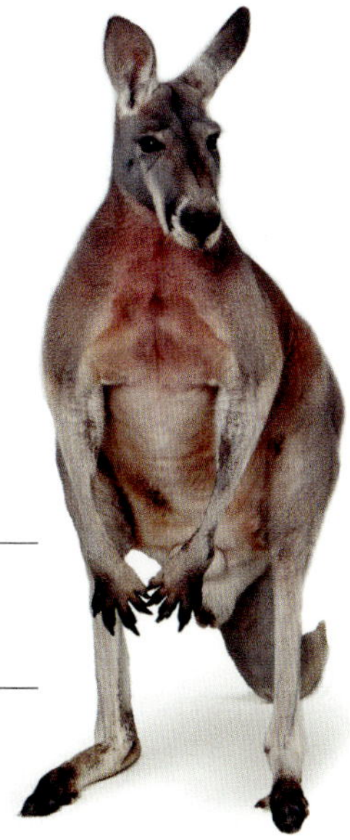

Kängurus haben sich in Australien entwickelt, wo sie die ökologische Nische besetzen, die ansonsten von Weidetieren wie den Antilopen eingenommen wird. Gemeinsam ist diesen Arten, dass sie einen großen Magen zur Aufnahme von Gras besitzen. Das Leben im offenen Gelände ist gefährlich, und daher haben sowohl Kängurus als auch Antilopen eine Vielzahl an Anpassungen entwickelt, um Raubtieren aus dem Weg zu gehen. Sie leben in Gruppen, haben scharfe Sinne, sind groß genug, um die Umgebung nach Gefahren abzusuchen, und sind sehr schnell. Das Rote Riesenkänguru ist das größte und mit bis zu 50 km/h das schnellste Känguru. Das Weibchen trägt das Junge die ersten sieben Monate seines Lebens im Beutel. Rote Riesenkängurus sind gut an Dürre angepasst und können sogar für andere Tiere giftige Pflanzen fressen.

GRÖSSE 0,7–1,4 m
LEBENSRAUM Busch, Wüste
VERBREITUNG Australien
NAHRUNG Pflanzen

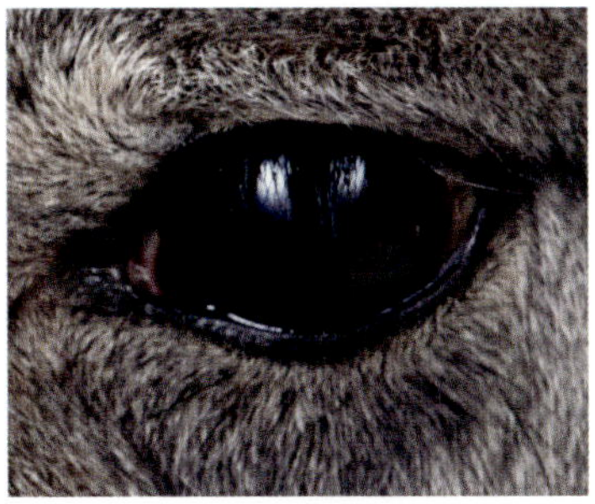

< AUGE
Die sich seitlich am Kopf befindenden Augen schaffen ein großes Gesichtsfeld. So kann das Känguru Raubtiere besser wahrnehmen.

> OHREN
Die Ohren sind groß und empfindlich. Sie sind drehbar, um zu erkennen, aus welcher Richtung Gefahr droht.

∨ GUTE KÄMPFER
Die Männchen haben eine breite, muskulöse Brust. Mit den Vorderfüßen schlagen sie beim Kampf ihre Rivalen, aber kräftige Doppeltritte teilen die Hinterbeine aus.

∧ KRALLEN
Die Füße tragen scharfe Krallen. Sie geben beim Springen Halt, dienen aber auch der Verteidigung und der Fellpflege.

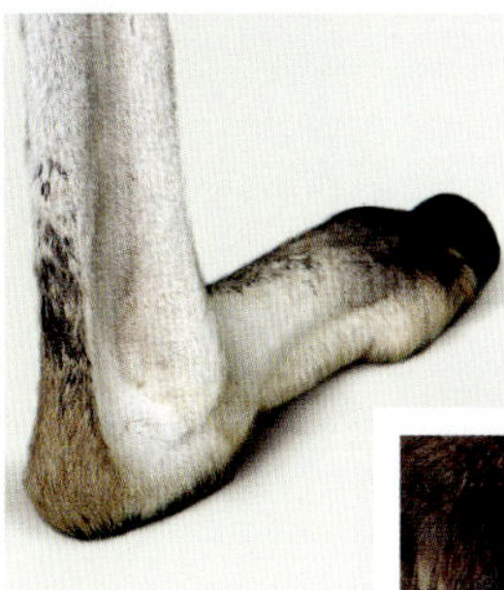

<∨ HINTERFUSS
Der Name *Macropus* bedeutet »großer Fuß«. Jeder Hinterfuß besitzt vier Zehen: ein äußeres, das Gewicht tragendes Paar und ein inneres, dass der Fellpflege dient.

Der Schwanz dient beim Springen als Gegengewicht und beim Sitzen als stützendes fünftes Bein.

∧ SPRINGEN
Rote Riesenkängurus springen mit scheinbar müheloser Eleganz. Sie können 9 m mit einem einzigen Sprung überwinden.

RÜSSELSPRINGER

Rüsselspringer einschließlich der Elefantenspitzmäuse bilden die Ordnung Macroscelididea. Sie ähneln Spitzmäusen, sind aber nicht mit ihnen verwandt.

Die an ihrer langen, beweglichen Schnauze zu erkennenden Tiere sind klein und haben einen langen Schwanz. Sie laufen auf allen vieren und hüpfen zur schnellen Fortbewegung auf den Hinterbeinen. Sie leben als Paare in einem bestimmten Gebiet, obwohl zwischen den Partnern wenig Kontakt besteht. Männchen und Weibchen legen sogar oft getrennte Nester an und verteidigen das Revier gegen Eindringlinge des gleichen Geschlechts. Die hauptsächlich tagaktiven Tiere legen Pfade an, auf denen sie Beute suchen und die sie zur schnellen Flucht benutzen. Die nur in Afrika vorkommenden Rüsselspringer bewohnen Wälder und Steppen, aber auch extrem trockene Wüsten. Manche Arten schützen sich in Felsspalten oder in Nestern aus trockenen Blättern, während die größeren flache Baue anlegen.

Rüsselspringer sind vor allem Insektenfresser, doch manche Arten erbeuten auch Spinnen und Würmer. Mit ihren empfindlichen Nasen suchen sie auf dem Boden und im Falllaub nach Nahrung und nehmen sie mit ihren langen Zungen auf.

SELBSTSTÄNDIGE JUNGTIERE

Je nach Art kann ein Pärchen Rüsselspringer mehrmals im Jahr Junge bekommen. Die Würfe sind klein und umfassen nur ein bis drei Junge, die bei Geburt weit entwickelt und bald selbstständig sind.

STAMM	CHORDATA
KLASSE	MAMMALIA
ORDNUNG	MACROSCELIDIDEA
FAMILIEN	1
ARTEN	20

STREITFRAGE

NÄCHSTE VERWANDTE

Früher sind die Rüsselspringer in die Verwandtschaft von Spitzmäusen und Igeln, Hasenartigen und sogar Huftieren gestellt worden. Nun stehen sie in einer eigenen Ordnung, und die nächsten Verwandten sind wohl die Tanreks und Goldmulle der Ordnung Afrosoricida.

RÜSSELSPRINGER

Die Familie der Rüsselspringer (Macroscelididae) kommt in verschiedenen afrikanischen Lebensräumen von Wüsten über Berge bis zu Wäldern vor. Die hauptsächlich insektenfressenden Rüsselspringer benutzen ihre lange, bewegliche Schnauze, um nach Nahrung zu suchen, die sie mithilfe ihrer Zunge ins Maul befördern.

SAVANNEN-ELEFANTENSPITZMAUS
Elephantulus intufi
Die im trockenen Buschland Südafrikas weitverbreitete Art beansprucht große Reviere, die sie gegen gleichgeschlechtliche Rivalen verteidigt.

WESTLICHE FELSEN-ELEFANTEN-SPITZMAUS
Elephantulus rupestris
Die im felsigen südafrikanischen Buschland lebende tagaktive Art verlässt ihre Felsspalten nur zur Nahrungssuche.

ROTE ELEFANTENSPITZMAUS
Elephantulus rufescens
Die in Süd- und Ostafrika lebende Art hat einen Schwanz, der so lang wie Körper und Kopf zusammen ist.

SCHWARZFUSS-ELEFANTENSPITZMAUS
Elephantulus fuscipes
Die in den trockenen Grassteppen Zentralafrikas lebende Art gehört vielleicht einer anderen Rüsselspringergattung an.

NORDAFRIKANISCHE ELEFANTENSPITZMAUS
Petrosaltator rozeti
Diese Art schlägt bei Bedrohung mit dem Schwanz und trommelt mit den Füßen.

RÜSSELRATTE
Petrodromus tetradactylus
Die in feuchten Lebensräumen vorkommende zentral- und südafrikanische Art ist eine der am weitesten verbreiteten Elefantenspitzmäuse.

RÜSSELHÜNDCHEN
Rhynchocyon petersi
Dieser riesige Rüsselspringer bewohnt die ostafrikanischen Küstenwälder. Die orangefarbene Zeichnung der Schnauze geht in Rot und Schwarz über.

KURZOHR-RÜSSELSPRINGER
Macroscelides proboscideus
Die mittelgroße südafrikanische Art bewohnt einige der trockensten Lebensräume der Welt. Die strikt monogamen Männchen bewachen ihre Weibchen.

TANREKS UND GOLDMULLE

Die Ordnung Afrosoricida besteht aus drei Familien: Die Goldmulle weisen eine grabende Lebensweise auf, die Tanreks besetzen verschiedene Nischen und die Otterspitzmäuse leben an Flüssen und in Feuchtgebieten.

Die meisten Arten der Ordnung leben auf dem afrikanischen Festland, wobei die Tanreks auch auf Madagaskar vorkommen. Die Goldmull-Arten ähneln sich mit ihren an das Graben angepassten Körpern sehr. Dagegen zeigen Tanreks verschiedene Eigenschaften, die ihre Lebensräume widerspiegeln. Manche Arten kommen in tropischen Wäldern vor, wo sie den Boden oder die Bäume bewohnen. Außerdem gibt es grabende Arten. Die Otterspitzmäuse leben an Flüssen und Bächen. Bis vor kurzer Zeit sind die Arten der Ordnung Afrosoricida den Insektenfressern zugeordnet worden. Heute betrachtet man die Ordnung als Schwestergruppe der Rüsselspringer, sodass ihre Arten auch mit den Elefanten, Seekühen und Schliefern verwandt sind.

UNGEWÖHNLICHE EIGENSCHAFTEN

Einige Eigenschaften der Tanreks und Goldmulle sind früher als primitiv angesehen worden, werden heute aber als Anpassungen an unwirtliche Umgebungen betrachtet. Dazu gehören ein geringer Gesamtumsatz und eine niedrige Körpertemperatur. Die Tiere können auch für bis zu drei Tage in einen Torpor verfallen, um bei Kälte Energie zu sparen. Ihre Nieren arbeiten sehr effizient, um ihren Wasserbedarf zu verringern.

STAMM	CHORDATA
KLASSE	MAMMALIA
ORDNUNG	AFROSORICIDA
FAMILIEN	3
ARTEN	55

Ein Wüstengoldmull frisst eine Heuschrecke. Nachts sucht er auf der Erdoberfläche vor allem nach Termiten.

GOLDMULLE

Die aus dem südlichen Afrika stammenden Arten der Familie Goldmulle (Chrysochloridae) haben kurze Beine mit kräftigen Krallen, ein dichtes, Feuchtigkeit abweisendes Fell und eine besonders auf dem Kopf verdickte Haut. Ihre Augen sind funktionslos und mit Haut bedeckt, äußere Ohrmuscheln fehlen. Goldmulle ähneln den Maulwürfen (Talpidae) aus Europa, Asien und Nordamerika sowie den Beutelmullen (Notoryctemorphia) aus Australien, die alle eine grabende Lebensweise aufweisen.

9–11 cm

JULIANAS GOLDMULL
Neamblysomus julianae
Die nur im trockenen südafrikanischen Hochland meist in sandigem Boden lebende Art sucht auch gut bewässerte Gärten auf.

weiches, dichtes, glänzendes Fell

ledriger, die Nasenlöcher bedeckender Schild

Spannhäute an den Zehen, um Erde nach hinten zu drücken

mit einer dicken Hautschicht bedeckte Augen

9–12 cm

KAP-GOLDMULL
Chrysochloris asiatica
Obwohl versteckt lebend, ist diese Art in Teilen Südafrikas häufig. Sie benutzt den vergrößerten zweiten Vorderzeh zum Graben.

10–14 cm

HOTTENTOTTEN-GOLDMULL
Amblysomus hottentotus
Dieser Goldmull bewohnt bis zu 200 m lange Tunnelsysteme und benutzt die zweiten und dritten Vorderzehen zum Graben.

7,5–8,5 cm

WÜSTEN-GOLDMULL
Eremitalpa granti
Diese Art bewohnt die Dünen der südwestafrikanischen Küste, einen der trockensten Lebensräume der Erde. Sie »schwimmt« eher durch den Sand, als dass sie Tunnel gräbt.

TANREKS

Die in Afrika und auf Madagaskar lebenden Tanreks ähneln den nicht mit ihnen verwandten Mäusen, Spitzmäusen, Igeln und Ottern. Ihr Gewicht reicht von 5 g bis über 1 kg. Die meist nachtaktiven Insektenfresser sehen schlecht und finden ihre Nahrung mit den Tasthaaren.

STREIFENTANREK
Hemicentetes semispinosus
Diese schwanzlose Art besitzt ein zweifarbiges Stachelkleid – schwarz mit gelben Streifen und Kopfborsten.

GROSSER TANREK
Tenrec ecaudatus
Die Weibchen dieser großen, landlebenden, rotbraun gefärbten Art haben bis zu 29 Zitzen, mehr als jedes andere Säugetier.

KLEINER IGELTANREK
Echinops telfairi
Mit den zu Stacheln modifizierten Haaren ähneln die Tiere verblüffend einem echten Igel. Sie rollen sich sogar zu einer Kugel zusammen.

REISWÜHLER
Oryzorictes spec.
Diese grabende Art mit ihren langen Krallen und kleinen Augen und Ohren kann in Feuchtgebieten und Reisfeldern sehr zahlreich vorkommen.

GROSSER IGELTANREK
Setifer setosus
Die auf Madagaskar selbst in Städten weitverbreitete Art frisst verschiedenste Nahrung von Insekten über Regenwürmer bis zu Aas und Früchten.

ERDFERKEL

Das Erdferkel ist die einzige lebende Art der Ordnung Röhrenzähner (Tubulidentata). Es hat eine dicke Haut, lange Ohren und eine zylindrische Schnauze.

STAMM	CHORDATA
KLASSE	MAMMALIA
ORDNUNG	TUBULIDENTATA
FAMILIEN	1
ARTEN	1

Die Zehen des Erdferkels (vier an den Vorder-, fünf an den Hinterfüßen) tragen einen flachen Nagel zum Graben und zum Öffnen von Insektenbauen, die das Tier mit seinem guten Geruchssinn findet. Mit seiner langen, dünnen Zunge frisst es große Mengen von Insekten. Die außergewöhnlichen Zähne sind der Hauptgrund, die Art in eine eigene Ordnung zu stellen. Jungtiere werden mit Schneide- und Eckzähnen geboren, die jedoch bald ausfallen und nicht wieder ersetzt werden. Die hinteren Zähne haben keinen Schmelz, sind wurzellos und wachsen lebenslang.

ERDFERKEL

Die einzige Art der Familie Erdferkel (Orycteropodidae) ist ein nachtaktiver Einzelgänger. Mit den kräftigen Vorderbeinen graben sie die Baue von Ameisen und Termiten auf.

ERDFERKEL
Orycteropus afer
Die gelbliche Haut des Erdferkels ist oft von der Erde rot gefärbt, in der es gräbt. Es besitzt eine spärliche Behaarung, die aus Borsten besteht.

SEEKÜHE

Diese kleine Ordnung vollständig im Wasser lebender Säugetiere bewohnt verschiedene tropische Lebensräume, von Sümpfen und Flüssen bis zu marinen Küstengewässern. Die beiden Familien werden nach der Form ihres Schwanzes unterschieden.

STAMM	CHORDATA
KLASSE	MAMMALIA
ORDNUNG	SIRENIA
FAMILIEN	2
ARTEN	4

Seekühe (Sirenia) sind hervorragend an das Leben im Wasser angepasst. Ihre paddelartigen Vorderbeine eignen sich besonders zum Steuern. Die Hinterbeine sind dagegen unsichtbar und auf zwei in der Muskulatur verborgene Knochen reduziert. Der Schwanz treibt den stromlinienförmigen Körper an. Eine Fettschicht unter der Haut sorgt für Isolation, doch die Knochen sind sehr dicht, um dem Auftrieb entgegenzuwirken. Die Lungen und das Zwerchfell dehnen sich über fast die gesamte Länge der Wirbelsäule aus. Seekühe bewegen sich zwar langsam, können aber ihre Position im Wasser präzise einhalten oder verändern. Alle vier Arten sind vom Aussterben bedroht.

GABELSCHWANZSEEKÜHE

Die einzige Art der Familie Gabelschwanzseekühe (Dugongidae) benutzt ihre muskulöse Schnauze, um Seegraswiesen abzuweiden.

2,5–3 m

DUGONG
Dugong dugon
Die im indopazifischen Bereich lebenden Dugongs besitzen weder eine Rückenflosse noch Hinterbeine, jedoch eine waagerechte Schwanzflosse.

RUNDSCHWANZSEEKÜHE

Die Arten der Familie Rundschwanzseekühe (Trichechidae) haben kürzere Schnauzen. Sie verbringen viel Zeit damit, unter Wasser zu schlafen und alle 20 Minuten zum Atmen aufzutauchen.

2,5–3,9 m

FLORIDA-MANATI
Trichechus manatus latirostris
Diese größte heute noch lebende Seekuh bewohnt Süß- und marine Küstengewässer im Südosten der USA. Sie ernährt sich von Wasserpflanzen.

2–3 m

AMAZONAS-MANATI
Trichechus inunguis
Diese Süßwasser-Art aus dem Amazonasbecken trägt meistens einen charakteristischen weißen Fleck auf der Brust.

2,5–3,9 m

KARIBIK-MANATI
Trichechus manatus manatus
Diese von Mexiko bis Brasilien vorkommende Unterart ist kleiner und eher weiter von der Küste entfernt zu finden als der Florida-Manati.

SCHLIEFER

Die heutigen Schliefer gehören alle zu einer einzigen Familie der Ordnung Hyracoidea. Einst waren Schliefer die wichtigsten landlebenden Pflanzenfresser der Alten Welt. Heute gibt es nur noch fünf Arten.

STAMM	CHORDATA
KLASSE	MAMMALIA
ORDNUNG	HYRACOIDEA
FAMILIEN	1
ARTEN	5

Unter den aus asiatischen, afrikanischen und europäischen Fossilien sehr gut bekannten Schliefern gab es bis zu 1 m hohe Arten. Anders als die meisten grasenden Tiere benutzen Schliefer statt der Schneidezähne ihre Backenzähne, um Pflanzen vor dem Kauen abzuschneiden. Die schwer verdauliche Nahrung erfordert ein komplexes und effektives Verdauungssystem, in dem Bakterien die Fermentierung unterstützen.

Schliefer weisen verschiedene ursprüngliche Säugetier-Eigenschaften wie die schlechte Kontrolle der Körpertemperatur auf, ähneln aber auch den Elefanten: Die oberen Schneidezähne sind oft wie kleine Stoßzähne verlängert, die Sohlen tragen Polster und ihre Gehirne sind überaus leistungsfähig.

KLETTERSCHLIEFER

Die Arten der Familie Kletterschliefer (Procaviidae) leben in Afrika und im Nahen Osten. Man sieht die Tiere oft beim Sonnenbad oder wie sie sich wärmend aneinanderdrängen. Bei Hitze suchen sie den Schatten auf. So können sie ihre Temperatur regulieren.

44–57 cm

GEWÖHNLICHER BAUMSCHLIEFER
Dendrohyrax dorsalis
Diese meist dunkle, teils baumbewohnende Art aus West- und Zentralafrika hat einen typischen weißen Fleck am unteren Rücken und Steiß.

32–56 cm

BUSCHSCHLIEFER
Heterohyrax brucei
24 Unterarten des Buschschliefers bewohnen die felsigen Lebensräume Afrikas. Sie fressen Gras und Früchte sowie kleine Wirbeltiere.

32–60 cm

SAVANNEN-BAUMSCHLIEFER
Dendrohyrax arboreus
Dieser gute südafrikanische Kletterer bewohnt meist hohle Bäume. Nachts sind oft seine schrillen Rufe zu hören, mit denen er sein Revier verteidigt.

39–58 cm

KLIPPSCHLIEFER
Procavia capensis
Die von Afrika bis zum Nahen Osten lebenden geselligen Tiere nehmen lange Sonnenbäder. Ihre gummiartigen Sohlen geben ihnen auf Felsen Halt.

^ HOHE INTELLIGENZ
Man hat Elefanten schon immer ein gutes Gedächtnis nachgesagt, doch sie können auch Probleme lösen, Werkzeuge gebrauchen und zusammenarbeiten. Sie zählen zu den intelligentesten Landtieren.

Die verlängerte Nase und die Oberlippe bilden den Rüssel.

AFRIKANISCHER STEPPENELEFANT
Loxodonta africana

Erwachsene Bullen des Afrikanischen Steppenelefanten sind größer als jedes andere Landtier und können in Ausnahmefällen bis zu zehn Tonnen wiegen. Der Kopf allein kann mit Gehirn, Augen, Rüssel, Ohren, Stoßzähnen und Zähnen über 400 kg auf die Waage bringen. Die kleineren Weibchen bilden Herden mit einer Leitkuh, nahen Verwandten und ihrem Nachwuchs. Bullen bilden nur lockere Gruppen, die von einem älteren Tier angeführt werden. Wenn sie in der Paarungszeit in die Musth kommen, werden sie zu Einzelgängern, die um paarungsbereite Kühe kämpfen. Elefanten können über 60 Jahre alt werden.

AUGE ∨
Lange Wimpern schützen die kleinen, seitlich positionierten Augen, die etwa 10 m weit scharf sehen können. Andere Sinne gleichen die relativ schlechten Augen aus.

HAUT DES RÜSSELS ∨
Der Rüssel weist auf der ganzen Länge kurze Haare auf, die die Empfindlichkeit des Tastsinns verstärken.

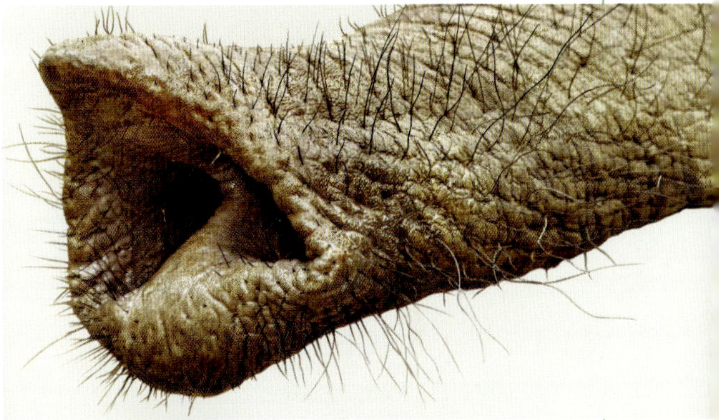

∧ GREIFORGAN
Die fingerartigen Spitzen des Rüssels sind extrem empfindlich und geschickt. Mit ihnen kann der Elefant sogar eine Erdnuss aufnehmen!

< SCHWANZ
Mit dem Schwanz vertreiben Elefanten Insekten. Die Luftwirbel verhindern ihre Landung und manche werden auch erschlagen.

OHR >
Die großen, dünnhäutigen Ohren tragen zur Regulation der Körpertemperatur bei. Sie können auch Stimmungen wie etwa Aggressionen ausdrücken.

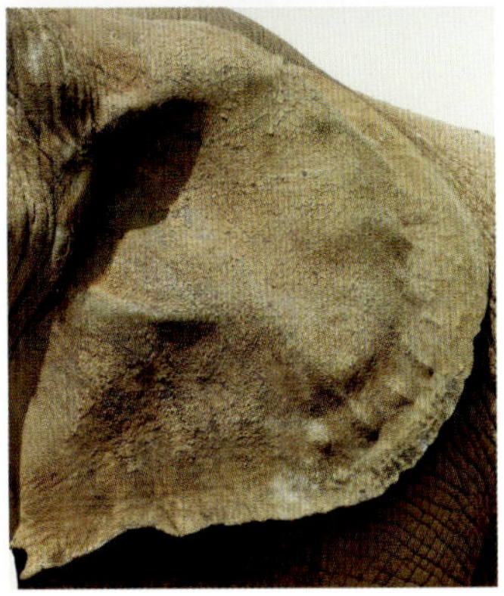

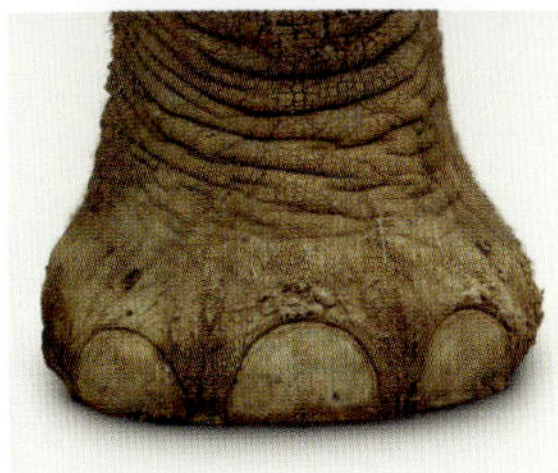

∧ FÜSSE
Elefantenfüße besitzen an ihren Rändern Sinneszellen, die tieffrequente, sich über weite Entfernungen fortsetzende Schallwellen wahrnehmen können.

Die Stoßzähne sind die verlängerten zweiten Schneidezähne.

Die Schläfendrüsen sind bei beiden Geschlechtern vorhanden.

Die große Bauchhöhle enthält rund 19 m an Därmen.

GROSS UND SCHWER >
Der massive Körper wird von säulenförmigen Beinen getragen, sodass der Elefant langsam zu sein scheint. Er kann aber bei einem Angriff rund 25 km/h schnell laufen.

GRÖSSE 2,6–4 m
LEBENSRAUM Busch- und Baumsteppe, Savanne
VERBREITUNG Ost- und Südafrika südlich der Sahara
NAHRUNG Blätter, Wurzeln, Borke, Früchte und Samen

ELEFANTEN

Elefanten sind die größten Landsäugetiere und werden durch ihren gewaltigen Körper, den flexiblen Rüssel, die großen Ohren und die aus Elfenbein bestehenden Stoßzähne charakterisiert.

Elefanten sind die einzigen Mitglieder der Ordnung Proboscidea. Sie bewohnen die Steppen und Wälder der afrikanischen und asiatischen Tropen. Die Beinknochen der manchmal über 5 t wiegenden Tiere sind besonders kräftig und die Zehen werden von einem Gewebepolster verbunden. Ein Elefant frisst bis zu 16 Stunden am Tag und nimmt dabei bis zu 250 kg Pflanzen zu sich.

OHREN, NASE UND MUND

Der aus einer Fusion von Nase und Oberlippe entstandene Rüssel kann selbst kleinste Futterbrocken aufnehmen. Er kann Wasser ins Maul spritzen und dient beim Schwimmen als Schnorchel. Der Rüssel nimmt Gerüche und Vibrationen wahr und unterstützt so die Kommunikation. Mit Ohren werden ebenfalls Signale abgegeben. Abgespreizt signalisieren sie Aggressivität. Das Fächeln mit den Ohren wiederum trägt zur Wärmeabgabe bei. Die Stoßzähne sind ununterbrochen wachsende Schneidezähne. Sie werden benutzt zum Graben, um den Weg freizumachen und um Reviere zu markieren.

SOZIALVERHALTEN

Miteinander verwandte Kühe und ihre Kälber bilden eine von einer älteren Leitkuh geführte Herde. Bullen formen kurzlebige Gemeinschaften, kämpfen jedoch während der Paarungszeit mit jedem Rivalen.

STAMM	CHORDATA
KLASSE	MAMMALIA
ORDNUNG	PROBOSCIDEA
FAMILIEN	1
ARTEN	3

STREITFRAGE

EINE ART ODER ZWEI?

Die Aufteilung des Afrikanischen Elefanten in zwei Arten, den Steppenelefanten und den kleineren Waldelefanten, wurde ursprünglich morphologisch begründet, ist nun aber auch mit genetischen Methoden untermauert worden. Allerdings stehen einige Biologen dieser Aufteilung skeptisch gegenüber, da sich die beiden Arten fruchtbar kreuzen können.

ELEFANTEN

Die Familie Elephantidae umfasst die Elefanten und die ausgestorbenen Mammuts. Der charakteristische Rüssel wird zum Fressen, Trinken, zur Körperpflege und zu sozialen Interaktionen benutzt. Elefanten erzeugen Töne vom Trompeten bis zum Rumpeln im Infraschallbereich, mit denen sie über weite Entfernungen kommunizieren können.

ASIATISCHER ELEFANT
Elephas maximus
Die oft gezähmten Tiere haben kleinere Ohren als afrikanische Elefanten. Die Stoßzähne der Weibchen und mancher Männchen sind schwach ausgeprägt.

AFRIKANISCHER STEPPENELEFANT
Loxodonta africana
Beide Geschlechter dieses größten Landtiers tragen gut entwickelte, gebogene Stoßzähne.

AFRIKANISCHER WALDELEFANT
Loxodonta cyclotis
Dieser kleine Elefant besitzt fünf Nägel an den Vorder- und vier an den Hinterfüßen sowie gerade Stoßzähne und stammt aus den Regenwäldern Zentralafrikas.

GÜRTELTIERE

Die an ihrer Panzerung zu erkennenden Gürteltiere treten in verschiedenen Größen, Formen und Farben auf. Alle Arten stammen aus der Neuen Welt.

Die Gürteltiere sind die einzigen Arten der Ordnung Cingulata und kommen in verschiedenen Lebensräumen vor. Sie fressen hauptsächlich Insekten und andere Wirbellose. Trotz ihrer kurzen Beine können sie auf der Flucht vor Raubtieren schnell laufen und sich eingraben. Ihr Knochenpanzer ist mit Hornplatten bedeckt und schützt den Rücken. Bei den meisten Arten besteht er aus festen Schilden auf Schultern und Hüften und aus beweglich verbundenen Gürteln auf Rücken und Flanken. Manche Arten können sich auch zum Schutz der verletzlichen, behaarten Unterseite zusammenrollen. Gürteltiere haben wenige natürliche Feinde. Ungeachtet der Bedrohung durch Jäger und Lebensraumverlust vergrößert sich das Verbreitungsgebiet mancher Arten.

Trotz der Panzerung können die Tier gut schwimmen. Indem sie Luft in Magen und Därme pressen, erhöhen sie ihren Auftrieb. Sie können die Luft mehrere Minuten lang anhalten, sodass sie über den Grund eines Gewässers laufen können.

VERHALTEN

Die meisten Gürteltier-Arten sind nachtaktiv, obwohl man sie manchmal auch tagsüber sieht. Sie sind größtenteils Einzelgänger und nur während der Paarungszeit gemeinsam aufzufinden. Männchen verhalten sich manchmal gegenüber Rivalen aggressiv.

STAMM	CHORDATA
KLASSE	MAMMALIA
ORDNUNG	CINGULATA
FAMILIEN	2
ARTEN	20

Im Gegensatz zur üblichen Meinung können sich nur die Gürteltiere der Gattung *Tolypeutes* zusammenrollen.

GÜRTELTIERE

Als einzige Überlebende ihrer Ordnung ist die Familie Gürteltiere (Dasypodidae) in der Neuen Welt zu finden. Der Rücken der Tiere ist durch Knochenplatten geschützt, und mit ihren scharfen Krallen graben sie nach Wirbellosen und heben Baue aus. Von den etwa 20 Arten können sich manche bei Gefahr zu einer Kugel zusammenrollen, um ihre verletzliche Unterseite zu schützen.

LANGNASEN-GÜRTELTIER
Dasypus spec.
Die sieben Arten dieser Gattung bewohnen schattige, felsige Gegenden. Anders als andere haben sie ein spärliches, gelbliches Fell, vor allem am Bauch.

KLEINES BORSTENGÜRTELTIER
Chaetophractus vellerosus
Diese Art trägt Haare zwischen ihren Gürteln und bewohnt hoch gelegene Grasländer. Sie wird wegen des Fleischs und des Panzers gejagt.

BRAUNES BORSTENGÜRTELTIER
Chaetophractus villosus
Die in trockenen südamerikanischen Lebensräumen lebenden Tiere besitzen lange, grobe Haare zwischen ihren etwa 18 Gürteln.

ZWERGGÜRTELTIER
Zaedyus pichiy
Dieses kleine Gürteltier hat dicke Rückenplatten. Es verkeilt sich bei Gefahr in seinem Bau und zeigt die gezackten Schuppen zur Verteidigung.

SECHSBINDENGÜRTELTIER
Euphractus sexcinctus
Diese Art ist tagsüber aktiver als die meisten anderen. Die Tiere suchen in Grasländern und Wäldern pflanzliche und tierische Nahrung.

GÜRTELMULL
Chlamyphorus truncatus
Dieses winzige Gürteltier aus Zentralargentinien lebt unterirdisch und »schwimmt« durch lockeren Sand. Der Kopf ist gegen Abschürfungen geschützt.

RIESENGÜRTELTIER
Priodontes maximus
Dieses größte Gürteltier benutzt die lange, gebogene dritte Vorderkralle zur Nahrungssuche und zur Verteidigung.

MITTELAMERIKANISCHES NACKTSCHWANZGÜRTELTIER
Cabassous centralis
Die Gürtel dieses mittel- und südamerikanischen Gürteltiers reichen nicht bis zum Schwanz. Es verlässt sich zum Schutz vor Feinden auf gute Deckung.

SECHSBINDEN-GÜRTELTIER
Euphractus sexcinctus

Trotz seines Namens kann dieses Gürteltier sechs bis acht Gürtel um seinen Leib tragen. Seine Oberseite ist von einem robusten Panzer geschützt. Er besteht aus Knochenplatten, die mit einer dünnen Schicht aus hornigem Material bedeckt und in die Haut des Tiers eingebettet sind. Die Gürtel dienen als Gelenke des Panzers und verleihen dem Tier Beweglichkeit, obwohl es sich nicht wie andere Gürteltier-Arten vollständig zu einer Kugel zusammenrollen kann. Das Sechsbindengürteltier läuft tagsüber in seinem Lebensraum umher und sucht nach Nahrung, die von Wurzeln und Schösslingen bis zu Wirbellosen und Aas reicht.

GRÖSSE 40–50 cm
LEBENSRAUM Wälder und Steppen
VERBREITUNG Südamerika, vor allem der Süden Amazoniens
NAHRUNG Allesfresser

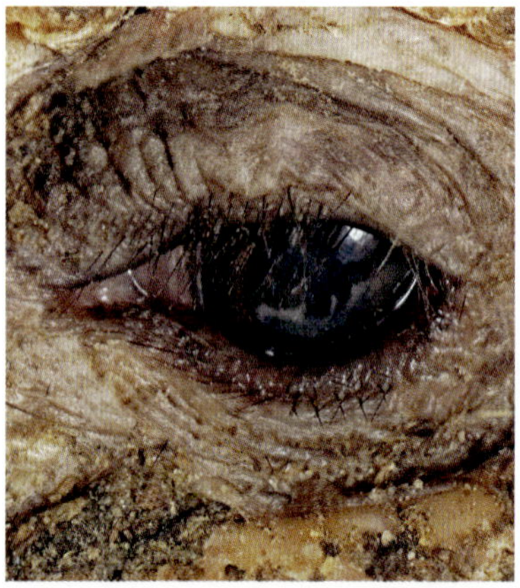

< GESCHÜTZTES AUGE
Auf Kosten eines eingeschränkten Gesichtsfelds wird das Auge durch den Kopfschild geschützt. Da das Tier ohnehin schlecht sieht, macht das keinen großen Unterschied.

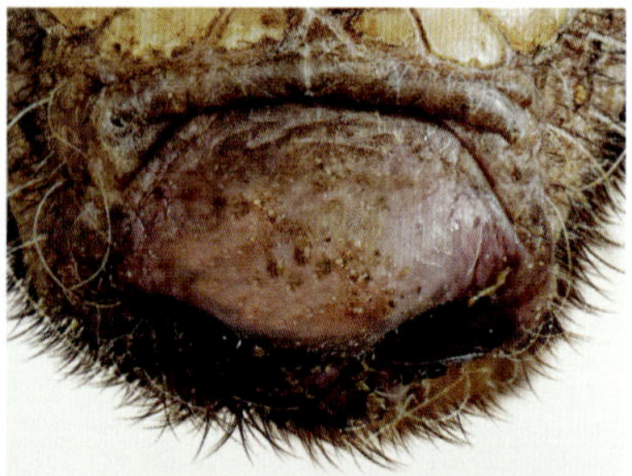

< NASE
Gürteltiere haben einen sehr guten Geruchssinn, mit dem sie den Weg zu ihrer Nahrung finden, selbst wenn sie im Boden vergraben ist.

Der Kopf ist schmal und spitz und wird von verschmolzenen Knochenplatten geschützt.

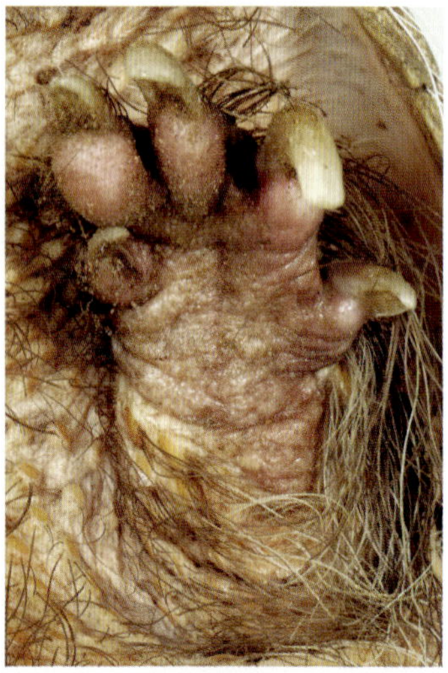

< STARKE BEINE
Dieses Gürteltier hat kurze, aber kräftige Beine. Beim Graben wird die von den Vorderbeinen gelockerte Erde mit den Hinterfüßen weggeschoben.

∧ HAARIGE HAUT
Der Knochenpanzer wird von sechs bis acht Gürteln unterbrochen, die mit beweglicher Haut verbunden sind.

SCHWANZ >
Drüsen an der Schwanzbasis geben durch kleine Löcher im Panzer Duftstoffe ab, mit denen das Gürteltier sein Revier markiert.

∧ KRALLEN
Lange, starke Krallen erlauben dem Gürteltier, sich schnell einzugraben. Im Handumdrehen kann es eine Grube ausheben, in der es Schutz findet.

∨ GEPANZERT GRABEN
Der charakteristische Panzer schützt vor Fressfeinden, auch wenn Gürteltiere lieber fliehen. Beim Graben verhindert der Panzer Abschürfungen. Gürteltiere graben, um Nahrung zu finden und um Baue zu errichten, in denen sie leben oder sich für kurze Zeit schützen.

Die nicht von Knochenplatten geschützten Körperteile weisen eine spärliche Behaarung auf.

ZAHNARME

Obwohl sie sich stark unterscheiden, haben Faultiere und Ameisenbären eins gemeinsam: Ihnen fehlt die normale Bezahnung der Säugetiere.

Die Arten der Ordnung Zahnarme (Pilosa) sind überwiegend Baumbewohner – nur der Große Ameisenbär lebt am Boden. Sie alle stammen aus Mittel- oder Südamerika.

Die beiden Ameisenbären-Familien ernähren sich von Ameisen, Termiten und anderen Kerbtieren. Sie besitzen keine Zähne, sondern fangen Insekten mit ihrer langen, klebrigen Zunge und zerdrücken sie vor dem Schlucken im Maul.

Die sich langsam bewegenden Faultiere sind Vegetarier. Sie besitzen keine Schneide- und Eckzähne, sondern zylindrische, wurzellose Zähne, die zum Zermahlen der Nahrung dienen. Ein Faultier kann bis zu einen Monat zur Verdauung benötigen, da das faserhaltige Blattmaterial langsam verschiedene Magenabteilungen passiert und von Bakterien verarbeitet wird.

LEBEN AUF BÄUMEN

Die langen Greifschwänze der baumbewohnenden Ameisenbären erlauben ihnen ein aktiveres Leben als den Faultieren. Einige dieser Arten können auch sehr gut schwimmen. Beim Laufen werden sie durch ihre großen, gekrümmten Krallen behindert, mit denen sich die Faultiere wie mit Haken an Äste hängen. Die Ameisenbären haben nur an den Vorderfüßen vergrößerte Krallen. Mit ihnen brechen sie Insektenbaue auf und sie können sich sehr gut damit verteidigen.

STAMM	CHORDATA
KLASSE	MAMMALIA
ORDNUNG	PILOSA
FAMILIEN	4
ARTEN	16

Zur Verteidigung stellen sich *Tamandua*-Arten auf die Hinterbeine und schlagen mit den Vorderfüßen zu.

DREIFINGERFAULTIERE

Die Arten der Familie Dreifingerfaultiere (Bradypodidae) besitzen drei Zehen mit langen Krallen an jedem Fuß. Wegen der darin wachsenden Algen hat ihr Fell einen grünen Schimmer.

59–72 cm

KRAGENFAULTIER
Bradypus torquatus
Dieses kleine brasilianische Faultier besitzt ein langes, dunkles Fell, das oft Algen, Zecken und Schmetterlinge beherbergt.

52–54 cm

BRAUNKEHLFAULTIER
Bradypus variegatus
Diese Art mittel- und südamerikanischer Wälder ist die am weitesten verbreitete ihrer Familie. Weibchen locken Männchen mit schrillen Schreien an.

45–76 cm

WEISSKEHLFAULTIER
Bradypus tridactylus
Die in den südamerikanischen Regenwäldern lebende Art ist ein Einzelgänger und ruht über 18 Stunden pro Tag.

ZWEIFINGERFAULTIERE

Die Arten der Familie Zweifingerfaultiere (Megalonychidae) haben an den Vorderfüßen nur zwei Krallen und keinen Schwanz.

54–88 cm

ZWEIFINGERFAULTIER
Choloepus didactylus
Diese große Art kann gut schwimmen und sogar Flüsse durchqueren. Ihre hauptsächlichen Fressfeinde sind große Greifvögel wie die Harpyien.

54–88 cm

HOFFMANN-ZWEIFINGERFAULTIER
Choloepus hoffmanni
Dieser südamerikanische, ungesellige Pflanzenfresser lebt in den Regenwäldern des Amazonas- und des Orinokobeckens, wo er die meiste Zeit in den Baumkronen schläft oder ruht.

ZWERGAMEISENBÄREN

Die Familie Zwergameisenbären (Cyclopedidae) umfasst sieben Arten. Die langen Krallen und der Greifschwanz helfen dem Zwergameisenbär auf Bäumen zu leben, wo er Nester in Baumhöhlen anlegt. Sie fressen Ameisen und Termiten.

18–22 cm

ZWERGAMEISENBÄR
Cyclopes spec.
Die nachtaktiven, sich langsam bewegenden Baumbewohner leben in bewaldeten Gebieten Mittel- und Südamerikas. Mit ihren Krallen können sie sich gegen Angreifer verteidigen.

AMEISENBÄREN

Die in Mittel- und Südamerika heimischen Arten der Familie Ameisenbären (Myrmecophagidae) besitzen lange Schnauzen und Zungen. Mit ihren Krallen brechen sie Termiten- und Ameisenbaue auf. Die Insekten erbeuten sie mit ihrer stacheligen, mit klebrigem Speichel bedeckten Zunge.

47–77 cm

SÜDLICHER TAMANDUA
Tamandua tetradactyla
Dieser südamerikanische Einzelgänger hat einen Greifschwanz. Er kann zu allen Tageszeiten aktiv sein, verschläft aber rund 17 Stunden pro Tag.

buschiger Schwanz

steifes, strohiges Haar

lange, röhrenförmige Schnauze

1–1,4 m

GROSSER AMEISENBÄR
Myrmecophaga tridactyla
Der Schwanz dieses größten Ameisenbärs ist fast so lang wie sein Körper. Mit seiner klebrigen Zunge erbeutet er bis zu 30 000 Insekten am Tag.

HASENARTIGE

Die Ordnung Hasenartige (Lagomorpha) besteht aus zwei Familien von Pflanzenfressern und bildet wahrscheinlich die Schwestergruppe der Nagetiere.

Die Hasenartigen besiedeln von tropischen Wäldern bis zur arktischen Tundra die verschiedensten Lebensräume. Alle sind landbewohnende Pflanzenfresser und nutzen die gleiche Nahrung wie viele Nagetiere. Wie bei ihnen wachsen die Zähne der Kaninchen, Hasen und Pikas das ganze Leben lang nach. Sie besitzen vier Schneidezähne im Oberkiefer, die Nagetiere nur zwei.

Da sie sich auf schwer verdauliche Nahrung spezialisiert haben, besitzen sie ein besonderes Verdauungssystem. Sie produzieren zwei verschiedene Arten Kot: feuchte Pellets, die gefressen werden, um weitere Nährstoffe aus ihnen zu gewinnen, und trockene als Abfall.

FRESSFEINDEN ENTKOMMEN

Pfeifhasen, die nagetierähnlichsten Arten der Hasenartigen, verstecken sich vor Fressfeinden in Bauen oder Spalten, nachdem sie sich mit einem Pfiff alarmiert haben. Dagegen besitzen Hasen und Kaninchen lange Ohren zum Erkennen von Gefahr und kräftige Beine zur Flucht. Ihre an den Seiten des Kopfs befindlichen Augen liefern einen nahezu 360° abdeckenden Rundumblick. Wenn sie einen Fressfeind bemerken, trommeln Hasen zur Warnung mit den Hinterbeinen auf den Boden.

STAMM	CHORDATA
KLASSE	MAMMALIA
ORDNUNG	LAGOMORPHA
FAMILIEN	2
ARTEN	über 90

Um im Winter zu überleben, sammelt der Pfeifhase verschiedene Pflanzen und lagert sie getrocknet in seinem Bau.

HASEN

Die nahezu weltweit heimischen Arten der Familie Hasen (Leporidae) haben lange Ohren und große Hinterbeine, um Feinde zu entdecken und ihnen zu entkommen. Die großen Augen verraten die überwiegende Nachtaktivität. Kaninchen bewohnen oft dauerhafte Baue, Hasen eher kurzfristige.

36–38 cm

pelzige Pfote

WILDKANINCHEN
Oryctolagus cuniculus
Die von der Iberischen Halbinsel stammende Art ist mit verheerenden Folgen für die lokalen Lebensräume weltweit eingeführt worden.

13–18 cm

ZWERGKANINCHEN
Oryctolagus cuniculus
Zwergkaninchen gibt es in vielen Farben und Zeichnungen. Das runde Gesicht und die kleinen Ohren machen sie zum beliebten Haustier.

25–38 cm

ANGORAKANINCHEN
Oryctolagus cuniculus
Die wegen ihres zu Wolle gesponnenen Haars geschätzte Rasse stammt aus Anatolien in der heutigen Türkei.

15–30 cm

WIDDER-KANINCHEN
Oryctolagus cuniculus
Diese Rasse ist im England des 19. Jahrhunderts entstanden und hat lange Hängeohren. In Bezug auf die Farbe und Größe gibt es viele Variationen.

»

Die Haare sind lang und zottelig, und der Scheitel befindet sich auf dem Bauch.

Die starken Vorder- und Hinterbeine sind etwa gleich lang.

KOPFÜBER >
Das an das Leben in den Baumkronen angepasste Hoffmann-Zweifingerfaultier sucht den Waldboden nur auf, um alle drei bis fünf Tage Kot abzusetzen. Die starken Finger mit den hakenartigen Krallen ermöglichen es ihm, an Ästen hängend zu fressen, sich zu paaren, Junge zu gebären und zu schlafen.

HOFFMANN-ZWEIFINGERFAULTIER
Choloepus hoffmanni

Das kleine, baumbewohnende Hoffmann-Zweifingerfaultier hat wenig mit seinen riesigen, bodenbewohnenden Vorfahren gemein, die vor etwa 10 000 Jahren ausgestorben sind. Es ist eins der sich am langsamsten bewegenden Säugetiere und schläft rund 13 Stunden pro Tag. Dabei rollt es sich oft in einer Astgabel zusammen und wacht in der Nacht auf, um Blätter zu fressen. In seinem Fell leben einzigartige Mikroorganismen, Grünalgen und verschiedene Insekten. In feuchter Umgebung bekommt das Fell wegen der in den Rillen der Haare wachsenden Algen einen grünlichen Schimmer.

GRÖSSE 54–88 cm
LEBENSRAUM Tieflandregenwald
VERBREITUNG Orinoko- und Amazonasbecken, Südamerika
NAHRUNG vor allem Blätter

AUGE >
Die Augen sind groß und nach vorn gerichtet. Faultiere sind allerdings kurzsichtig und farbenblind, und ihre Sehschärfe ist gering.

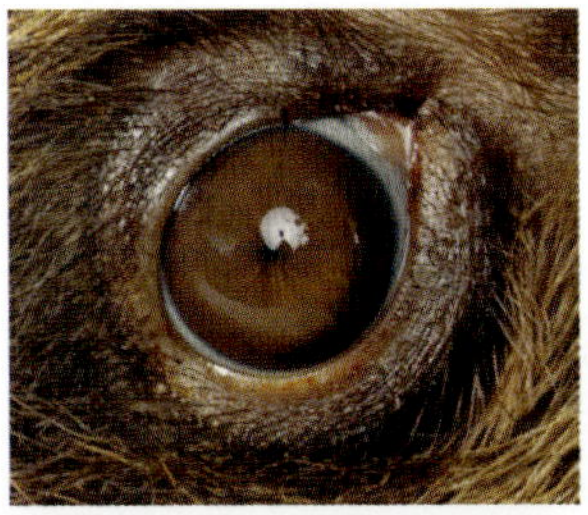

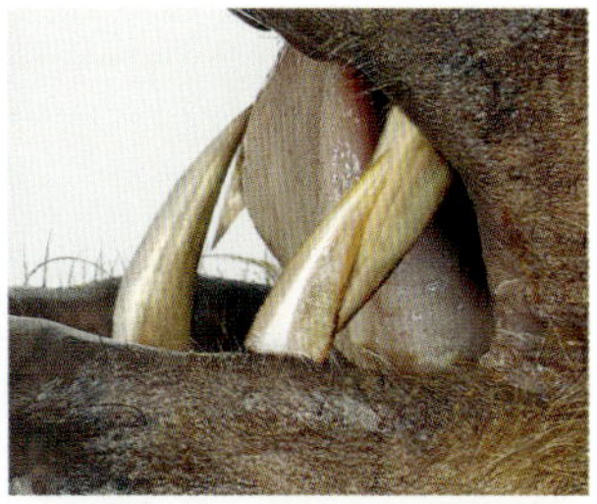

< ZÄHNE
Die zehn Oberkiefer- und acht Unterkieferzähne haben keinen Schmelz und wachsen lebenslang. Die vorderen Zähne haben die Form von Eckzähnen. Es sind keine Schneidezähne vorhanden.

NASE >
Die kurze Schnauze trägt eine Stupsnase, mit der das Faultier hervorragend riechen kann.

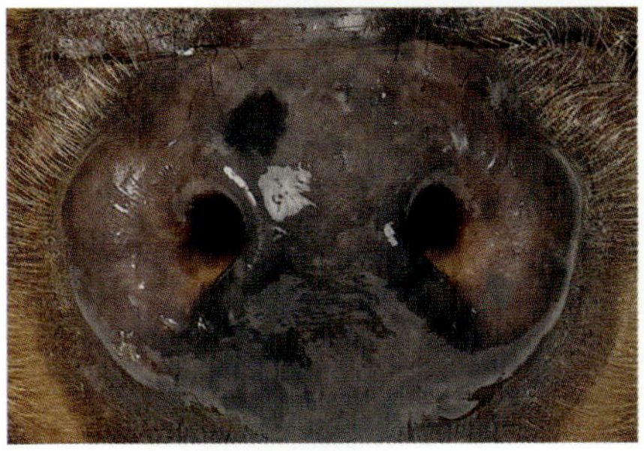

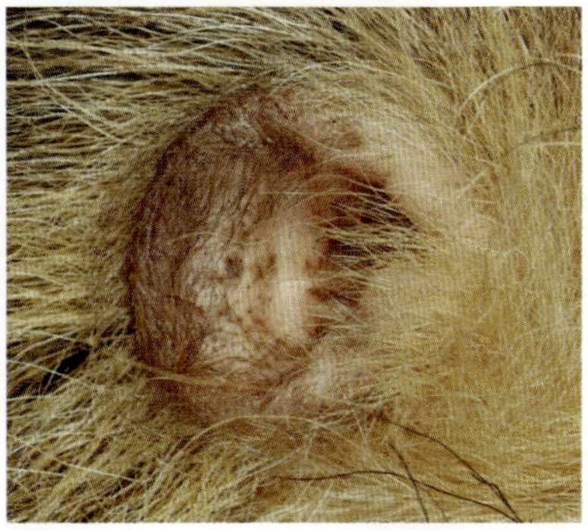

< OHR
Das Gehör ist auf die tieferen Frequenzen beschränkt. Die Ohrmuschel ist winzig und verschwindet im Fell.

KRALLEN ∨ >
Der Vorderfuß läuft in zwei Zehen aus, die mit 8–10 cm langen, hakenartigen Krallen bestückt sind. Der Hinterfuß besitzt drei Zehen.

MITTELSCHEITEL >
Wegen ihrer Lebensweise tragen Faultiere den Scheitel auf der Brust und dem Bauch, sodass die Haare zum Rücken hin herabhängen und der Regen abläuft.

» HASEN

37–40 cm

AUDUBON-BAUMWOLL-SCHWANZKANINCHEN
Sylvilagus audubonii
Das in den trockenen Regionen der südwestlichen USA sowie Nord- und Zentralmexiko lebende Kaninchen lebt vorwiegend oberirdisch.

50–70 cm

FELDHASE
Lepus europaeus
Der Feldhase ernährt sich im Sommer von Gras und im Winter von Borke und Knospen. Er ist ein scheuer Einzelgänger, außer bei den Boxkämpfen zur Paarungszeit. Die Weibchen wehren Rammler ab, wenn sie nicht paarungsbereit sind.

42–44 cm

MARSCHKANINCHEN
Sylvilagus palustris
Die Art aus nordamerikanischen Feuchtgebieten kann gut schwimmen. Anders als ihre Verwandten läuft sie, anstatt zu hüpfen.

56–66 cm

PRÄRIEHASE
Lepus townsendii
Diese Art ist im westlichen Nordamerika weit verbreitet. Die nördliche Population wird im Winter weiß, während die südliche nur an den Flanken weißliche Flecken bekommt.

55–67 cm

ANTILOPENHASE
Lepus alleni
Die langen Ohren und das reflektierende Fell helfen dieser Art, in den Wüsten und Grasländern Mexikos kühl zu bleiben.

36–52 cm

SCHNEESCHUHHASE
Lepus americanus
Die an das nordamerikanische Klima angepasste Art bekommt im Winter ein weißes Fell. Die großen Hinterfüße ermöglichen das Laufen auf lockerem Schnee.

55–70 cm

POLARHASE
Lepus arcticus
Die an polare und Berggebiete angepasste Art überlebt dank ihres im Winter weißen, dicken Fells und der Löcher im Schnee, die sie zum Schutz gräbt.

51–55 cm

SCHNEEHASE
Lepus timidus
Der aus den Polar- und Bergregionen Eurasiens stammende Hase bekommt ein weißes Winterfell. Der Schwanz bleibt immer weiß.

45–55 cm

KAPHASE
Lepus capensis
Der in den offenen Lebensräumen Afrikas und des Nahen Ostens lebende Hase ähnelt dem nah verwandten Feldhasen.

52–61 cm

KALIFORNISCHER ESELHASE
Lepus californicus
Die in den Prärien und dem Agrarland des westlichen Nordamerikas weit verbreitete Art unterliegt starken lokalen Populationsschwankungen.

PFEIFHASEN

Die Arten der Familie Pfeifhasen (Ochotonidae) sind kleine Pflanzenfresser, die an felsigen Hängen und in offenen Steppen in Nordamerika und Asien leben. Wenn sie vor Feinden in ihren Bau flüchten, stoßen sie einen schrillen Alarmpfiff aus.

16–21 cm

AMERIKANISCHER PFEIFHASE
Ochotona princeps
Dieser nordamerikanische Bewohner von Geröllabhängen trocknet Nahrungshaufen in der Sonne und lagert sie in seinem Bau für den Winter ein.

NAGETIERE

Von winzigen Mäusen bis zu schweinegroßen Tieren leben Nagetiere in fast jedem Lebensraum. Sie stellen fast die Hälfte aller Säugetier-Arten.

Die Arten der Ordnung Nagetiere (Rodentia) besitzen je ein Paar auffällige, oft orange oder gelb gefärbte Schneidezähne im Ober- und Unterkiefer, die lebenslang wachsen. Das Nagen nutzt die Zähne so schnell ab, wie sie nachwachsen. Nagetiere besitzen keine Eckzähne, nur eine große Lücke zwischen den Schneide- und den drei oder vier Backenzähnen. Die systematische Einteilung der Nagetiere beruht auch auf von außen nicht sichtbaren Eigenschaften der Kiefer und Zähne.

ARTENVIELFALT

In Anpassung an ihre unterschiedlichen Lebensweisen besitzen Nagetiere oft Merkmale wie Schwimmhäute, große Ohren oder lange, zum Springen geeignete Hinterbeine. Manche legen Baue an, andere leben in Bäumen oder im Wasser, aber kein einziges im Meer. Viele Nagetiere bewohnen Wüsten und beziehen die nötige Feuchtigkeit nur aus ihrer Nahrung.

EINFLUSS DER NAGETIERE

Verschiedene Nagetier-Arten verbreiten Krankheiten, andere fressen oder kontaminieren große Mengen menschlicher Nahrung. Durch ihre Nähe zum Menschen ist die Hausmaus das am weitesten verbreitete nicht domestizierte Säugetier geworden. Sie besiedelt jeden Kontinent mit Ausnahme der Antarktis und überlebt sogar in Bergwerken und Kühlhäusern. Manche Nagetiere richten an Ernten und Bäumen sowie durch ihr Graben Schäden an. Biber können ganze Landschaften verändern und Hunderte anderer Tier- und Pflanzen-Arten beeinflussen.

Auf der anderen Seite sind Nagetiere eine wichtige Nahrungsquelle für viele Raubtiere und auch für den Menschen. Viele kleine Arten, besonders die Hamster, werden als Haustiere gezüchtet.

STAMM	CHORDATA
KLASSE	MAMMALIA
ORDNUNG	RODENTIA
FAMILIEN	34
ARTEN	etwa 2500

STREITFRAGE

NAGETIER-SYSTEMATIK

Die große Diversität der Ordnung Rodentia macht eine systematische Gliederung schwierig. Die 34 Familien werden in die fünf Unterordnungen Hörnchen- (Sciuromorpha), Biber- (Castorimorpha), Dornschwanzhörnchen- (Anomaluromorpha), Mäuse- (Myomorpha) und Stachelschweinverwandte (Hystricomorpha) eingeteilt. Ein neueres Modell schlägt nur zwei Unterordnungen vor: Sciurognathi (Hörnchenkiefer) mit Hörnchen, Bibern und Mäusen sowie Hystricognathi (Stachelschweinkiefer) mit Meerschweinchen, Stachelschweinen, Chinchillas und Wasserschwein.

BIBERHÖRNCHEN

Nur eine Art der einst weitverbreiteten Familie Aplodontiidae hat bis in die heutige Zeit überlebt. Das Biberhörnchen lebt in Bauen in feuchten Wäldern und Pflanzungen im westlichen Nordamerika.

30–40 cm

BIBERHÖRNCHEN
Aplodontia rufa
Diese unter heutigen Nagetieren ursprünglichste Art bewohnt bewaldete Küstenberge in Westkanada und den USA.

HÖRNCHEN

Die mit Ausnahme der Polarregionen, Australiens und der Sahara fast überall vorkommenden Arten der Familie Hörnchen (Sciuridae) sind vom tropischen Regenwald bis zur arktischen Tundra und von den Baumwipfeln bis zu unterirdischen Tunneln zu Hause. Zu ihnen gehören die Eichhörnchen, die Präriehunde, die Streifenhörnchen und die Murmeltiere.

23–30 cm

GRAUHÖRNCHEN
Sciurus carolinensis
Diese Art aus den östlichen USA ist in Teilen Europas eingeführt worden, wo sie die einheimischen Eichhörnchen verdrängt.

20–26 cm

EICHHÖRNCHEN
Sciurus vulgaris
Wenn das Eichhörnchen sein Sommerfell bekommt, verliert es die langen Haarbüschel auf den Ohren.

17–20 cm

GEWÖHNLICHES ROTHÖRNCHEN
Tamiasciurus hudsonicus
Die zwitschernden Rufe und das scharfe Bellen dieser Tiere sind in den Nadelwäldern Kanadas und der nördlichen USA häufig gehörte Laute.

11–14 cm

SÜDLICHES GLEITHÖRNCHEN
Glaucomys volans
Dieser ausschließlich nachtaktive Bewohner der östlichen USA lebt in Baumhöhlen und auf Dachböden, im Winter oft in Gruppen.

30–38 cm

HELLES RIESENHÖRNCHEN
Ratufa affinis
Dies ist eine der vier Riesenhörnchen-Arten. Sie bewohnt die Wälder der Malaiischen Halbinsel, Borneos und Sumatras.

32–39 cm

SRI-LANKA-RIESENHÖRNCHEN
Ratufa macroura
Diese Art ist eins der größten Baumhörnchen und lebt in Südindien und auf Sri Lanka. Es frisst Früchte, Blüten und Insekten.

20–26 cm

PREVOSTS HÖRNCHEN
Callosciurus prevostii
Von diesem dreifarbigen Hörnchen gibt es 17 Unterarten. Sie leben auf der Malaiischen Halbinsel, auf Borneo und Sumatra sowie auf Sulawesi.

»

» HÖRNCHEN

GRAUFUSSHÖRNCHEN
Heliosciurus gambianus
Die Art kommt in Waldgebieten afrikanischer Savannen von Senegal bis Simbabwe vor. Sie ernährt sich hauptsächlich von Akaziensamen.

KAP-BORSTENHÖRNCHEN
Geosciurus inauris
Dieses grob behaarte Hörnchen schützt sich in Bauen vor den extremen Temperaturen der südafrikanischen Halbwüsten.

GOLDMANTEL-ZIESEL
Spermophilus lateralis
Die wie ein zu groß geratenes Streifenhörnchen aussehende Art ist in den Wäldern und Bergen der westlichen USA ein gewohnter Anblick.

COLUMBIA-ZIESEL
Spermophilus columbianus
Dieses relativ große Erdhörnchen lebt in Kolonien auf Weiden und an Waldrändern von Idaho bis in den Westen Kanadas.

KLEINES STREIFENHÖRNCHEN
Tamias minimus
Bis auf eine leben die rund 25 Streifenhörnchen-Arten in Nordamerika. Diese gehört zu den kleinsten und lebt in den nördlichen und westlichen bis mittleren Bereichen.

STREIFEN-BACKENHÖRNCHEN
Tamias striatus
Dieser gestreifte Bodenbewohner ist auf den Waldcampingplätzen der östlichen USA häufig zu beobachten.

BIBER

Die Familie Biber (Castoridae) umfasst nur zwei Biber-Arten. Eine ist in Nordamerika weit verbreitet, die andere weist Inselvorkommen in Europa auf. Beide bauen Dämme aus Steinen, Schlamm, Baumstämmen und Ästen und schaffen so Lebensräume für andere Arten.

BIBER
Castor spec.
Der Europäische und der Amerikanische Biber sind unterschiedliche Arten, die aber beide ein semiaquatisches Leben führen.

TASCHENRATTEN

Die nordamerikanischen Arten der Familie Taschenratten (Geomyidae) leben allein in flachen Bauen mit Zugang zu Wurzeln und Blättern. Sie sammeln die Nahrung in Backentaschen.

GEBIRGS-TASCHENRATTE
Thomomys bottae
Diese Art legt ihre Baue in weichen Böden und Wiesen an und häuft dabei Hügel auf, die landwirtschaftliche Maschinen beschädigen können.

BILCHE

Die Arten der Familie Bilche (Gliridae) leben in Wäldern Europas und in Afrika südlich der Sahara sowie in einigen Gebieten Zentralasiens. Eine Art kommt in Japan vor. Bilche wirken wie nachtaktive Eichhörnchen und sind bis auf eine Art Baumbewohner. Viele Arten sind bedroht.

AFRIKANISCHER BILCH
Graphiurus spec.
Es gibt 15 Arten afrikanischer Bilche. Sie ähneln sich sehr und besiedeln die Wälder Afrikas südlich der Sahara.

MURMELTIER
Marmota spec.
Verschiedene Murmeltier-Arten bevölkern die Bergwiesen und felsigen Gebiete Nordamerikas und Eurasiens. Murmeltiere halten abhängig von der Art bis zu acht Monate lang Winterschlaf.

SCHWARZSCHWANZ-PRÄRIEHUND
Cynomys ludovicianus
Die tagaktiven Tiere leben in großen Gruppen in »Städten«, die aus gemeinsamen Bauen bestehen.

HARRIS-ANTILOPENZIESEL
Ammospermophilus harrisii
Dieser agile Bewohner der Sonora-Wüste und Nordmexikos ist in der Tageshitze aktiv und hält im Winter einen Winterschlaf.

TASCHENMÄUSE UND KÄNGURURATTEN

Die Familie Taschenmäuse (Heteromyidae) umfasst wenige seltene Arten. Sie kommt von Kanada bis Mittelamerika vor, wobei die Kängururatten überwiegend Wüsten bewohnen. Taschenmäuse laufen meist, während Kängururatten auf den Hinterbeinen hüpfen.

WÜSTEN-TASCHENMAUS
Chaetodipus penicillatus
Diese Art bewohnt wie viele andere nachtaktive Nagetiere die offenen Sandwüsten der südwestlichen USA und Nordmexikos.

MERRIAMS KÄNGURURATTE
Dipodomys merriami
Dieser mit ausgestrecktem Schwanz hüpfende nachtaktive Bewohner nordamerikanischer Wüsten ähnelt einem Miniaturkänguru.

SPRINGMÄUSE

Die Familien Spring- (Dipodidae), Hüpf- (Zapodidae) und Birkenmäuse (Sminthidae) umfassen Nagetiere mit langen Schwänzen und kräftigen Hinterbeinen, die wie kleine Kängurus hüpfen können.

KLEINE WÜSTENSPRINGMAUS
Jaculus jaculus
Dieser Wüstenbewohner kommt in Nordafrika vom Senegal bis Ägypten, im Süden bis Somalia und im Osten bis zum Iran vor.

WIESENHÜPFMAUS
Zapus hudsonius
Von der in kühlen Grasländern im nördlichen Nordamerika lebenden Art gibt es Inselpopulationen in den Bergen von Arizona und New Mexico.

SIEBENSCHLÄFER
Glis glis
Der Siebenschläfer hält tatsächlich über sechs Monate lang Winterschlaf. In manchen Mittelmeerländern wie Slowenien werden die Tiere auch gegessen.

HASELMAUS
Muscardinus avellanarius
Dieser nachtaktive Kletterer und Springer, der in buschigem Waldland in ganz Europa lebt, ernährt sich von Blüten, Früchten und Insekten.

WÜHLER

Etwa 765 gedrungene, kurzschwänzige Arten wie Hamster, Wühlmäuse, Lemminge und Bisamratten bilden die Familie Wühler (Cricetidae). Sie leben in der Alten Welt von Westeuropa bis Sibirien und bis zur Pazifikküste sowie in der Neuen Welt von Alaska bis Feuerland.

RÖTELMAUS
Myodes glareolus
Diese hauptsächlich in der Morgendämmerung und der Nacht aktive Wühlmaus bewohnt Buschland, Wälder und Gärten in den meisten Teilen Westeuropas und im Osten bis Russland.

FELDMAUS
Microtus arvalis
Dieser in den meisten Teilen Europas verbreitete grabende Graslandbewohner kommt auch weiter östlich und in Russland vor.

OST-SCHERMAUS
Arvicola amphibius
In Großbritannien und Teilen Europas lebt diese Art in der Nähe von Gewässern, doch in Russland und im Iran legt sie ausgedehnte Baue entfernt vom Wasser an.

BERGLEMMING
Lemmus lemmus
Die schwankende Populationsstärke dieses kleinen Säugetiers der europäischen Tundra beeinflusst die Vermehrungserfolge vieler arktischer Raubtiere.

STEPPENLEMMING
Lagurus lagurus
Diese einzige Art ihrer Gattung lebt in trockenen Grasebenen, die sich von der Ukraine bis in die westliche Mongolei erstrecken.

BISAMRATTE
Ondatra zibethicus
Dieser Bewohner der nordamerikanischen Flüsse, Teiche und Bäche ist in Europa eingeführt worden und hier heute weit verbreitet.

»

7–12 cm

relativ langer Schwanz

DAURISCHER ZWERGHAMSTER
Cricetulus barabensis
Da er die Feldfrüchte auf der Suche nach Samen plündert, kann dieser Hamster zum Schädling werden. Landwirte zerstören beim Pflügen seine Baue.

6–8 cm

17–32 cm

ROBOROWSKI-ZWERGHAMSTER
Phodopus roborovskii
Diese Art aus den Steppen Zentralasiens ist ein beliebtes Haustier. In einer Saison können die Tiere drei bis vier Würfe bekommen.

FELDHAMSTER
Cricetus cricetus
Dieser eurasische grabende Einzelgänger überwintert unterirdisch. Sein Bau kann bis zu 65 kg an Vorräten enthalten.

goldgelbes Fell

12–17 cm

17–18 cm

LANGHAAR-GOLDHAMSTER
Mesocricetus auratus
Aus dem Goldhamster sind viele ausgefallene Formen gezüchtet worden, die in der Natur keine Überlebenschance hätten.

SYRISCHER GOLDHAMSTER
Mesocricetus auratus
Die aus Syrien stammende Art, die in ihrer Heimat heute bedroht ist, hält man in Europa und Nordamerika als Haustier.

9–11 cm

12–20 cm

WEISSFUSSMAUS
Peromyscus leucopus
Diese weitverbreitete und anpassungsfähige Art bewohnt fast jeden Landlebensraum in den mittleren und östlichen USA.

RAUHAAR-BAUMWOLLRATTE
Sigmodon hispidus
Dieser kurzlebige, oberirdisch lebende Pflanzenfresser stammt aus den Grassteppen der südlichen USA und Mexikos.

LANGSCHWANZ-MÄUSE

Ein Fünftel aller Säugetier-Arten gehört zur Familie Langschwanzmäuse (Muridae). Sie ist weltweit verbreitet, sogar in den Polarregionen. Manche Arten übertragen gefährliche Krankheiten, andere sind landwirtschaftliche Schädlinge. Einige werden für die medizinische Forschung gezüchtet oder als Haustiere gehalten.

10–12 cm

ÄGYPTISCHE STACHELMAUS
Acomys cahirinus
Wie andere Stachelmäuse besitzt diese Art steife, schützende Haare am Körper und eine sehr dünne Haut, die in ihrem heißen, trockenen Lebensraum eine leichtere Kühlung ermöglicht.

8–13 cm

SINAI-STACHELMAUS
Acomys dimidiatus
Diese Art betrachtete man früher als mit der Ägyptischen Stachelmaus identisch. Sie kommt jedoch östlich des Roten Meers vor.

10–18 cm

9–14 cm

SHAWS RENNMAUS
Meriones shawi
Die in den Wüsten Nordafrikas und des Nahen Ostens verbreitete Art hält keinen Winterschlaf, sondern lebt von bis zu 10 kg an Nahrungsvorräten.

MONGOLISCHE RENNMAUS
Meriones unguiculatus
Die in den trockenen Steppen Zentralasiens lebende Art bildet große Gruppen. Viele Rennmäuse werden auch als Haustiere gehalten.

5–13 cm

FLOWERS RENNMAUS
Gerbillus floweri
Wie die meisten kleinen Nagetiere der Wüste sind diese Rennmäuse hell gefärbt. Sie sind in Nordafrika und im Nahen Osten weit verbreitet.

10–13 cm

FETTSCHWANZ-RENNMAUS
Pachyuromys duprasi
Wie viele andere Wüstensäugetiere speichert diese Art Fett im Schwanz. Der Schwanz ist unbehaart, damit er überschüssige Wärme abgeben kann.

NÖRDLICHE RIESENBORKENRATTE
Phloeomys pallidus
Die beiden Arten von Riesenborkenratten leben in hoch gelegenen Wäldern der Philippinen. Sie sind die größten mausartigen Nagetiere.

SÜDLICHE RIESENBORKENRATTE
Phloeomys cumingi
Wie die kleinere nördliche Art verbringt diese den Tag in hohlen Bäumen oder Bauen und bekommt nur ein Junges zur gleichen Zeit.

HAUSMAUS
Mus musculus
Dieses kleine, schlanke Nagetier ist als sehr anpassungsfähige Art den Menschen um die ganze Welt gefolgt und überlebt sogar in der Subantarktis.

ALBINO-HAUSMAUS
Mus musculus
Diese Albino-Zuchtform der Hausmaus ist ein verbreitetes Haustier und wird auch in der Forschung genutzt.

GELBHALSMAUS
Apodemus flavicollis
Dieser nachtaktive Waldbewohner ist in einem großen Teil seines europäischen Verbreitungsgebiets leicht mit der Waldmaus zu verwechseln.

WALDMAUS
Apodemus sylvaticus
Dies ist die am häufigsten vorkommende wilde Maus in Europa. Sie bewohnt jeden Landlebensraum, sogar in den Bergen.

ZWERGMAUS
Micromys minutus
Diese kleinste europäische Maus lebt in den verschiedensten mit Gras bewachsenen Lebensräumen, einschließlich Schilf und Getreidefeldern.

WANDERRATTE
Rattus norvegicus
Diese Ratte ist ein weltweit verbreiter Schädling, da sie sich über den Schiffsverkehr verbreitet und selbst entlegene Inseln besiedelt hat.

HAUSRATTE
Rattus rattus
Wegen ihrer Fähigkeit, an Bord von Schiffen zu leben, wird die Art auch als Schiffsratte bezeichnet. Ihre Flöhe können die Pest übertragen.

STREIFENGRASMAUS
Lemniscomys striatus
Diese auffällig gezeichnete Art ist ein verbreiteter Bewohner grasbewachsener Lebensräume Afrikas südlich der Sahara.

MADAGASSISCHE RIESENRATTE
Hypogeomys antimena
Diese einzige Art ihrer Gattung ist das größte Nagetier auf Madagaskar. Sie lebt nur in den sandigen Wäldern der Westküste.

BAMBUSRATTEN, BLINDMÄUSE

Zur Familie Spalacidae zählen Blindmäuse und -mulle sowie Bambus- und Maulwurfsratten. Große Schneidezähne zeichnen die unterirdisch lebenden Blindmäuse aus, die keine sichtbaren Augen und Ohren besitzen. Die Augen der Bambusratten sind zu erkennen.

17–35 cm

OSTBLINDMAUS
Spalax microphthalmus
Diese blinde Art hat Tasthaare von der Schnauze bis zu den Augenhöhlen. Sie lebt in den Steppen der Ukraine und Südostrusslands.

15–26 cm

KLEINE BAMBUSRATTE
Cannomys badius
Die von Nepal bis Vietnam zu findende einzige Art ihrer Gattung legt in Wäldern, Grasland und manchmal Gärten Baue an.

SPRINGHASEN

Die in Größe und Verhalten an Kaninchen erinnernden Arten der Familie Springhasen (Pedetidae) bringen nur ein einzelnes Junges zur Welt. Sie vermehren sich das ganze Jahr über, sind in ihren trockenen offenen Lebensräumen aber von Räubern bedroht.

33–46 cm

OSTAFRIKANISCHER SPRINGHASE
Pedetes surdaster
Springhasen entkommen ihren Verfolgern mit känguruartigen Sprüngen. Diese Art ist seltener als *Pedestes capensis* und lebt in der afrikanischen Serengeti.

SÜDAFRIKANISCHER SPRINGHASE
Pedetes capensis
Diese Art verlässt nachts ihren Bau und frisst die im trockenen südlichen Afrika wachsenden Gräser und Kräuter.

33–46 cm

SANDGRÄBER

Die unterirdisch lebenden Arten der Sandgräber (Bathyergidae) und Nacktmulle (Heterocephalidae) graben in Sand und lockerer Erde mithilfe ihrer Schneidezähne nach Wurzeln. Die Lippen schließen sich hinter den Zähnen, damit keine Erde ins Maul gelangt.

7–11 cm

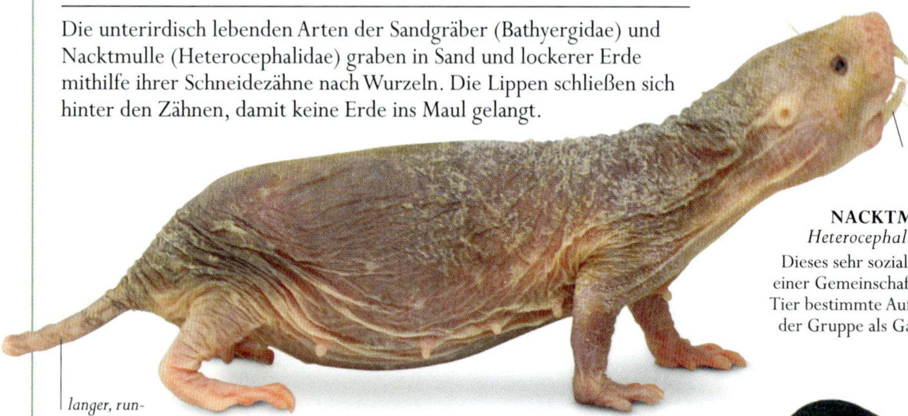

NACKTMULL
Heterocephalus glaber
Dieses sehr soziale Tier lebt in einer Gemeinschaft, in der jedes Tier bestimmte Aufgaben hat, die der Gruppe als Ganzes nützen.

10–19 cm

AFRIKANISCHER GRAUMULL
Cryptomys hottentotus
Die von Tansania bis Südafrika vorkommende Art lebt in lockerer Erde und Ackerland, wo sie sich vor allem von Wurzeln ernährt.

NAMAQUA-STRANDGRÄBER
Bathyergus janetta
Die in Namibia und im südwestlichen Südafrika lebende Art benutzt eher die Vorderfüße als die Zähne zum Graben.

17–24 cm

BAUMSTACHLER

Die in amerikanischen Wäldern lebenden Baumbewohner der Familie Baumstachler (Erethizontidae) besitzen kurze Stacheln, die meist nicht länger als 10 cm sind. Die meisten haben auch einen Greifschwanz.

0,6–1,3 m

NORDAMERIKANISCHER BAUMSTACHLER
Erethizon dorsatus
Dieser Baumbewohner lebt in ganz Nordamerika, von Alaska bis Mexiko. Die Stacheln sind unter dem zottigen Fell versteckt.

44–56 cm

GREIFSTACHLER
Coendou prehensilis
Diese nachtaktive Art bewohnt die Wälder Südamerikas und Trinidads. Sie schläft tagsüber und sucht in der Abenddämmerung nach Blättern und Schösslingen.

STACHELSCHWEINE

In den größten Teilen Afrikas und Südasiens kommen die 11 Arten der Familie Stachelschweine (Hystricidae) vor, die in Bauen leben. Sie tragen lange, steife Stacheln, die sie gegen die meisten Räuber schützen. Bei einer Bedrohung rasseln sie mit ihnen, um Feinde auf sie aufmerksam zu machen.

45–93 cm

GEWÖHNLICHES STACHELSCHWEIN
Hystrix cristata
Die im nördlichen Afrika mit Ausnahme der Sahara weitverbreitete Art ist ein bekanntes nachtaktives Nagetier.

75–100 cm

SÜDAFRIKANISCHES STACHELSCHWEIN
Hystrix africaeaustralis
Diese Art der südafrikanischen Steppen sucht nachts nach Wurzeln und Beeren.

CHINCHILLAS UND HASENMÄUSE

Alle sechs Arten der südamerikanischen Familie Chincillas (Chinchillidae) besitzen einen auffälligen Schwanz und große Hinterbeine. Sie bewohnen meistens in Gruppen Baue oder felsige Aufschlüsse. Die meisten von ihnen sind heute selten, da sie als Pelztiere und als Schädlinge verfolgt werden.

CHINCHILLA
Chinchilla spec.
Das feine, dicke Fell der Chinchillas, das auch als Pelz geschätzt wird, schützt sie in ihrer Heimat in den Anden vor Kälte.

22–38 cm

30–45 cm

CUVIER-HASENMAUS
Lagidium viscacia
Sein Fell schützt dieses aktive Nagetier vor der nächtlichen Kälte. Es lebt an steilen, steinigen Berghängen.

FELSENRATTEN

Die einzige Art der Familie Felsenratten (Petromuridae) lebt nur im südlichen Afrika. Der seltsame flache Schädel und die biegsamen Rippen sind Anpassungen an das Leben in Spalten und unter Steinen.

13–25 cm

FELSENRATTE
Petromus typicus
Die an trockenen, steinigen Hängen lebende Art kommt in der Dämmerung aus ihren Spalten hervor, um Samen und Schösslinge zu suchen.

ROHRRATTEN

Die beiden Arten der Familie Rohrratten (Thryonomyidae) besitzen ein hellbraunes, anliegendes Fell, das im trockenen Gras oder Schilf kaum auffällt. Die Tiere werfen zweimal pro Jahr gut entwickelte Junge.

41–77 cm

ROHRRATTE
Thryonomys spec.
Es gibt in Afrika zwei Arten: Die eine lebt in der Grassteppe, die andere in Schilfgürteln und Feuchtgebieten.

PAKARANAS

Die einzige Art der Familie Pakaranas (Dinomyidae) ist ein scheues, langsames und nahezu wehrloses Tier. Es lebt allein oder in Paaren in Bergwäldern, wo es von Jaguaren und Menschen gejagt wird.

PAKARANA
Dinomys branickii
Durch den Verlust ihres Lebensraums in Südamerika und die Jagd sind die Pakaranas mittlerweile bedroht.

70–80 cm

MEERSCHWEINCHEN, MARAS UND CAPYBARAS

Die Familie Caviidae enthält einige der häufigsten südamerikanischen Nagetiere. Sie leben auf Bergwiesen wie in tropischen Überschwemmungsebenen und vermehren sich das ganze Jahr über. Alle außer den Maras und den Capybaras sind kurzbeinig.

20–40 cm

WILD-MEERSCHWEINCHEN
Cavia aperea
Meerschweinchen leben vor allem im Tiefland, doch diese Art kommt auch von Peru bis Chile in den Anden vor.

20–40 cm

ROSETTEN-MEERSCHWEINCHEN
Cavia aperea
Bei den Haustieren gibt es einige Fellvarianten. Diese hier besitzt Fellwirbel am ganzen Körper.

20–40 cm

LANGHAAR-MEERSCHWEINCHEN
Cavia aperea
Diese oft als Haustiere gehaltenen Meerschweinchen müssen regelmäßig gekämmt werden, damit ihr Fell nicht verfilzt.

20–40 cm

HAUS-MEERSCHWEINCHEN
Cavia aperea
Die vor über 500 Jahren als Nahrungstier domestizierte Art ist weltweit ein beliebtes Haustier geworden.

60–80 cm

MARA
Dolichotis spec.
Ausgedehnte gemeinsame Baue und die gemeinsame Aufzucht der Jungen gehören zu den ungewöhnlichen Eigenschaften dieser langbeinigen Nagetiere.

GEWÖHNLICHES STACHELSCHWEIN
Hystrix cristata

Mit seinen drohend aufgerichteten Stacheln sieht das Stachelschwein recht beeindruckend aus. Ein einmal gestochener Fressfeind wird kaum einen weiteren Angriff riskieren. Löwen, Hyänen und sogar Menschen sind schon an den darauf folgenden Infektionen gestorben. Trotzdem handelt es sich bei Stachelschweinen um friedliche und sogar schreckhafte Tiere, die schnell die Flucht ergreifen. Stachelschweine leben allein oder in Familienverbänden, die sich ausgedehnte Bausysteme teilen. Das Gewöhnliche Stachelschwein kommt in einem großen Teil Nordafrikas vor und war sogar einmal in Südeuropa verbreitet. Die heute noch in Italien lebende Population kann ein Relikt dieser Zeit oder ein neuerer Import sein.

GRÖSSE 45–93 cm
LEBENSRAUM Grassteppe, lichte Wälder, felsige Gegenden
VERBREITUNG Nordafrika, im Süden bis Tansania mit Ausnahme der Sahara, Italien
NAHRUNG Wurzeln, Früchte und Knollen, gelegentlich Aas

< STACHELIGES KLEID
Das Aufstellen der Stacheln vermittelt den Eindruck von Größe. Ein in die Enge getriebenes Tier versucht so seinen Gegner zu täuschen. Schlägt das fehl, dreht es sich um und greift rückwärts an, um seine stachelige Rückseite ins Gesicht des Angreifers zu schieben.

OHR >
Die kleinen Ohren liegen im groben Haar verborgen. Das Stachelschwein kann gut hören und verschwindet in der nächtlichen Dunkelheit, wenn es hört, wie sich ein anderes Tier nähert.

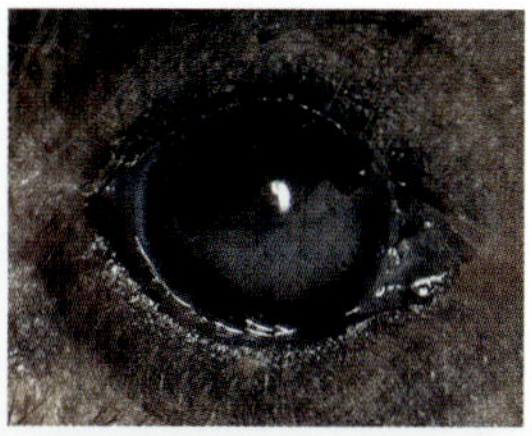

∨ AUGE
Das Stachelschwein kann schlecht sehen, doch ist das auch meistens nicht nötig. Mit dem Gehör und dem Geruchssinn findet es sich zurecht.

STACHELN >
Die Stacheln der Stachelschweine sind stark vergrößerte Haare. Sie werden von kräftigeren Versionen der gleichen Muskeln aufgerichtet, die beim Menschen Gänsehaut erzeugen können.

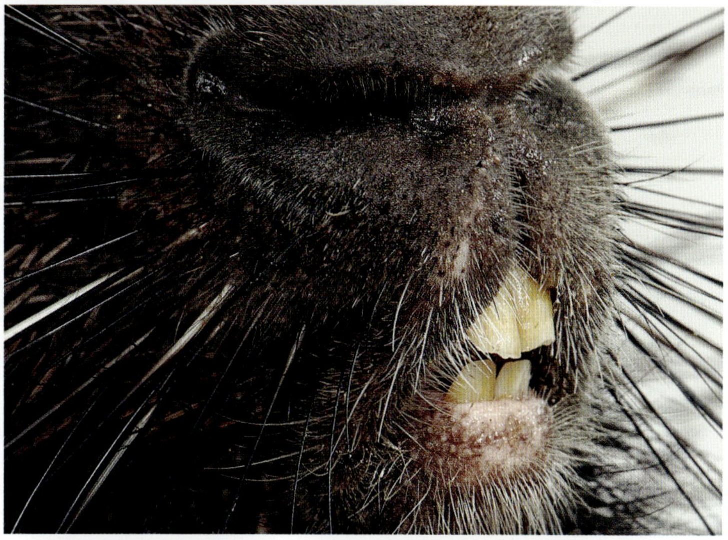

∨ MAUL UND ZÄHNE
Stachelschweine haben typische Nagetierzähne, mit denen sie grobe Wurzeln und Knollen zernagen können. Ihre Kiefermuskulatur ist ausgesprochen kräftig.

Wie die Stacheln kann auch die spärliche Behaarung bei Bedrohung aufgerichtet werden.

SCHWANZRASSELN ∧
Die verdickten Stacheln des Schwanzes sind hohl. Das Stachelschwein schüttelt sie bei Gefahr und warnt mit dem rasselnden Geräusch seine Feinde.

< ∧ FÜSSE UND KRALLEN
Stachelschweine laufen auf ihren flachen Sohlen mit einem leicht unbeholfenen Gang. Die Sohlen sind unbehaart und voller Schwielen. Die kurzen Zehen tragen zum Graben gut geeignete Krallen.

CAPYBARAS

Die Unterfamilie Hydrochoerinae umfasst vier Arten und mit dem Capybara oder Wasserschwein das größte Nagetier. Wasserschweine bekommen am Ende der Regenzeit Junge, wenn das Gras am nahrhaftesten ist. Sie werden bis zu sechs Jahre alt.

CAPYBARA
Hydrochoerus hydrochaeris
Dieses Nagetier wird so groß wie ein Schwein und lebt halbaquatisch in den Sümpfen Südamerikas.

STACHELRATTEN

Die in Mittel- und Südamerika vorkommende Familie Echimyidae umfasst 99 Arten, die verschiedene Lebensräume bewohnen. Zu ihnen gehören die baumbewohnenden und die grabenden Arten der Stachelratten sowie die semiaquatische Nutria. Trotz der Unterschiede in Größe, Fell, Bezahnung und Nahrung gehören sie zur gleichen Gruppe.

STACHELRATTE
Proechimys spec.
Diese Arten haben ein stacheliges Fell, das sich unabhängig von dem der afrikanischen Stachelmäuse entwickelt hat.

KUBA-BAUMRATTE
Capromys pilorides
Diese Art ist in Kuba weit verbreitet. Andere Baumratten-Arten sind wegen des Verlusts ihres Lebensraums und der Jagd bedroht.

NUTRIA
Myocastor coypus
Diese Art mit struppigem Fell fällt durch ihre orangefarbenen Schneidezähne auf. Sie hat Schwimmhäute an den Hinterfüßen und einen schuppigen Schwanz.

PAKAS

Zu den Pakas (Cuniculidae) gehören zwei nachtaktive Arten aus Mittel- und Südamerika. Wenn sie auf dem Waldboden nach Früchten, Wurzeln und Samen suchen, erinnern sie an kleine Schweine.

PAKA
Cuniculus paca
Diese überwiegend waldbewohnende Art lebt im nördlichen Teil Südamerikas von Mexiko bis Paraguay.

TRUGRATTEN

Die Backenzähne dieser kleinen Arten bilden ein achtförmiges Muster, wenn sie abgenutzt werden. Das hat der Familie Trugratten (Octodontidae) ihren wissenschaftlichen Namen gegeben. Die Arten sind im südlichen Südamerika weit verbreitet.

DEGU
Octodon degus
Diese Art lebt in Chile an den Westflanken der Anden. Der Schwanz reißt leicht ab, wenn ein Räuber ihn ergreift.

AGUTIS

Die langbeinigen Arten der Familie Agutis (Dasyproctidae) sind sehr scheu. Sie vermehren sich das ganze Jahr über, bekommen aber nur zwei Junge pro Wurf, die innerhalb einer Stunde laufen können.

GOLD-AGUTI
Dasyprocta leporina
Die in den Wäldern des nördlichen Südamerikas und der Kleinen Antillen lebende Art ist an ihrem orangefarbenen Steiß zu erkennen.

MITTELAMERIKANISCHES AGUTI
Dasyprocta punctata
Die von Mexiko bis Argentinien vorkommende Art frisst vor allem Früchte, aber auch Krabben. Paare sollen ihr Leben lang zusammenbleiben.

AZARA-AGUTI
Dasyprocta azarae
Dieser Bewohner der Wälder Südbrasiliens, Paraguays und Nordargentiniens bellt bei Gefahr. Er frisst verschiedene Samen und Früchte.

SPITZHÖRNCHEN

Diese kleinen Säuger ähneln Eichhörnchen und benehmen sich auch so. Sie sind tagaktiv und verbringen viel Zeit mit der Futtersuche auf dem Boden.

Spitzhörnchen leben in den südostasiatischen Regenwäldern. Sie sind weder mit Spitzmäusen noch mit Hörnchen verwandt, sondern bilden die eigene Ordnung Scandentia. Mit ihren spitzen Krallen können sie sehr schnell auf Bäume klettern, die aber nur einen Teil ihres Lebensraums bilden. Zu ihrer gemischten Nahrung gehören Insekten, Würmer, Früchte, manchmal kleine Säugetiere, Reptilien und Vögel.

Manche Spitzhörnchen sind Einzelgänger, während andere in Paaren oder Gruppen leben. Sie vermehren sich schnell und ziehen ihre Jungen in Nestern in Baumspalten oder auf Ästen groß. Die Weibchen besuchen ihre Jungen nur ab und zu, um sie zu säugen.

STAMM	CHORDATA
KLASSE	MAMMALIA
ORDNUNG	SCANDENTIA
FAMILIEN	2
ARTEN	23

FEDERSCHWANZ-SPITZHÖRNCHEN

Die Familie Federschwanz-Spitzhörnchen (Ptilocercidae) umfasst nur eine Art. Sie ist nach dem langen Schwanz benannt, der an eine Schreibfeder erinnert. Er sorgt beim Klettern für eine gute Balance.

FEDERSCHWANZ-SPITZHÖRNCHEN
Ptilocercus lowii
Anders als bei den meisten Spitzhörnchen ist der Schwanz dieser Art dünn mit einer bürstenartigen Spitze.

SPITZHÖRNCHEN

Die Arten der Familie Spitzhörnchen (Tupaiidae) besitzen lange Schnauzen, mit denen sie Insekten und andere Wirbellose sowie Früchte und Blätter finden. Mit ihren spitzen Krallen können sie schnell auf Bäume klettern.

TANA
Tupaia tana
Spitzhörnchen sind tagaktive Bewohner südostasiatischer Wälder. Diese Art lebt auf Borneo und Sumatra sowie auf benachbarten Inseln.

RIESENGLEITER

Die beiden Arten der Riesengleiter (Dermoptera) sind eher gleitende als fliegende Säugetiere. Sie leben in den südostasiatischen Regenwäldern.

Riesengleiter erkennt man an der fellbedeckten Membrane, die vom Hals über die Beine bis zum Schwanz reicht. Die Beine spannen diese Haut auf und ermöglichen das Manövrieren, wenn das Tier von Baum zu Baum segelt. Es kann dabei über 100 m zurücklegen. Die Tiere leben in den Baumkronen, wo sie tagsüber an Ästen hängen oder sich in Baumspalten verstecken. Nachts suchen sie nach Früchten und Blättern. Auf dem Boden sind sie kaum in der Lage sich fortzubewegen.

Die Zähne der Riesengleiter unterscheiden sich von denen anderer Säugetiere. Die unteren Schneidezähne sind kammartig geformt und dienen wohl sowohl als Putzkamm der Fellpflege als auch der Aufnahme von Nahrung.

STAMM	CHORDATA
KLASSE	MAMMALIA
ORDNUNG	DERMOPTERA
FAMILIE	1
ARTEN	2

RIESENGLEITER

Die beiden Arten der Riesengleiter (Cynocephalidae) besitzen nach vorn gerichtete Augen, mit denen sie Entfernungen abschätzen können, wenn sie von Baum zu Baum gleiten. Mit ihren kammartigen Unterkieferzähnen können sie Früchte und Blüten ernten.

MALAIEN-RIESENGLEITER
Cynocephalus variegatus
Diese Art lebt allein oder in kleinen Gruppen. Sie bewohnt Baumhöhlen oder schläft in Baumkronen in den tropischen Wäldern Malaysias und Indonesiens.

PHILIPPINEN-RIESENGLEITER
Cynocephalus volans
Diese zweite Art ist ebenfalls nachtaktiv und lebt in den Wäldern der südlichen Philippinen, wo sie sich vor allem von jungen Blättern ernährt.

PRIMATEN

Die Arten der Ordnung der Primaten, zu denen auch die Menschen gehören, haben ein relativ großes Gehirn und nach vorn gerichtete Augen, die dreidimensionales Sehen ermöglichen.

Mit Ausnahme weniger Arten einschließlich des Menschen sind Primaten auf die tropischen und subtropischen Regionen Amerikas, Afrikas und Asiens beschränkt. Ihre Größe reicht vom 30 g wiegenden Mausmaki bis zum bis zu 200 kg schweren Gorilla. Primaten verlassen sich eher auf ihre Augen als auf ihre Nase. Viele sind Baumbewohner und können stereoskopisch sehen, was ihnen beim Springen eine gute Abschätzung der Entfernung ermöglicht. Opponierbare Daumen und Greifschwänze sowie lange Arme und Beine sind weitere Anpassungen an das Leben in Bäumen.

WICHTIGE GRUPPEN

Primaten teilt man in zwei Unterordnungen ein. Zu den Nackt- oder Feuchtnasenaffen (Strepsirhini) gehören die eher nachtaktiven Lemuren, Loris, Galagos und ihre Verwandten. Sie haben einen besser entwickelten Geruchssinn als andere Primaten. Zu den Haar- oder Trockennasenaffen (Haplorhini) gehören die Neu- und die Altweltaffen mit den Menschenaffen, die meist tagaktiv und daher stärker vom Sehen abhängig sind.

SOZIALVERHALTEN

Die meisten Primaten leben in kleinen Familiengruppen, Harems mit einem einzigen Männchen oder großen Trupps gemischten Geschlechts. Die sexuelle Selektion bevorzugt die stärksten Männchen, was zu einem Geschlechtsdimorphismus führt, wie zum Beispiel in der Größe des Körpers oder der Eckzähne. Männchen und Weibchen können auch unterschiedlich gefärbt sein, was man als Geschlechts-Dichromatismus bezeichnet.

Die meisten Neuweltaffen sind monogam und die Eltern ziehen die Jungen gemeinsam auf. Altweltaffen leben oft in von verwandten Weibchen geführten Gruppen. Die Männchen beteiligen sich kaum oder gar nicht an der Aufzucht der Jungen. Primaten wachsen meist allmählich heran und vermehren sich langsam, sind aber auch recht langlebig. Die Großen Menschenaffen können in der Natur bis zu 45 Jahre alt werden und in zoologischen Gärten noch älter.

STAMM	CHORDATA
KLASSE	MAMMALIA
ORDNUNG	PRIMATES
FAMILIEN	16
ARTEN	etwa 506

STREITFRAGE

PRIMATEN-HOTSPOTS

Heute unterscheiden die Wissenschaftler viel mehr Primaten-Arten als noch vor einem Jahrzehnt, meist weil Unterarten als Arten anerkannt worden sind. Im Amazonasbecken können die durch Flüsse und Gebirge getrennten Populationen sich auf subtile Weise unterscheiden – etwa bei der Struktur der Chromosomen. Manche Wissenschaftler nehmen an, dass diese Affen durch geologische Veränderungen vor vielen Tausend Jahren isoliert wurden. Manche Wälder könnten viele auf diese Weise entstandene Arten enthalten und sind für Naturschutzgruppen, die die Biodiversität erhalten möchten, von besonderem Interesse.

GALAGOS

Die in Afrika südlich der Sahara lebenden Arten der Familie Galagos (Galagidae), die auch als Buschbabys bezeichnet werden, bewohnen verschiedene bewaldete Flächen, darunter Busch- und Baumsavannen. Ihre Hinterbeine sind länger als die Vorderbeine, sodass sie große Sprünge machen können. Sie waschen ihre Hände und Füße oft mit Urin, sodass diese griffiger sind und Duftmarken hinterlassen. Alle Arten sind nachtaktiv.

28–47 cm

SILBERNER RIESENGALAGO
Otolemur monteiri
Diese Art teilt ihr Verbreitungsgebiet mit dem Großohr-Riesengalago, bevorzugt jedoch dichtere Vegetation. Trotz des Namens treten schwarze Tiere häufig auf.

26–40 cm

GROSSOHR-RIESENGALAGO
Otolemur crassicaudatus
Diese zu den größten Galagos gehörende Art bewohnt südafrikanische Wälder. Der Allesfresser kratzt mit seinen kammartigen Zähnen Gummi von Bäumen.

LORIS, POTTOS UND BÄRENMAKIS

Diese kleinen nachtaktiven Allesfresser haben kurze Schwänze, ihre Vorder- und Hinterbeine sind gleich lang. Die Arten der Familie Lorisidae haben zum Greifen von Ästen opponierbare Daumen und bewegen sich bedächtiger als die Galagos. Sie klettern eher, als dass sie springen.

ROTER SCHLANKLORI
Loris tardigradus
Diese schlanke Art von Sri Lanka bewegt sich mit ihren langen Beinen vorsichtig durch das Blätterdach.

SUNDA-PLUMPLORI
Nycticebus coucang
Dieser Lori bewegt sich sehr bedächtig durch die Bäume. Er bewohnt die Wälder Südostasiens.

ZWERGLORI
Nycticebus pygmaeus
Diese Art lebt in dichten Regen- und Bambuswäldern in Laos, Kambodscha, Vietnam und Südchina.

POTTO
Perodicticus potto
Diese scheue Art lebt in den Regenwäldern Äquatorialafrikas. Die verlängerten Dornfortsätze der Halswirbel dienen zur Abwehr von Fressfeinden.

GOLDENER BÄRENMAKI
Arctocebus aureus
Diese Art bewohnt das Unterholz der feuchten Tieflandwälder im äquatorialen West- und Zentralafrika.

SENEGAL-GALAGO
Galago senegalensis
Die in Zentralafrika und Teilen Ostafrikas weitverbreitete Art bewohnt trockene Waldgebiete in Savannen.

DEMIDOFF-GALAGO
Galagoides demidoff
Dieser kleine Galago springt mit seinen langen Hinterbeinen durch die Baumkronen der Regenwälder West- und Zentralafrikas.

MOHOLI-GALAGO
Galago moholi
Das kleine, scheue Tier lebt in kleinen Gruppen im südlichen Afrika. Er springt von Baum zu Baum und frisst Insekten sowie gummihaltige Säfte von Bäumen.

KOBOLDMAKIS

Die kleine Familie Koboldmakis (Tarsiidae) trägt ihren Namen wegen ihrer verlängerten Fußwurzel (Tarsus). Die Knochen der Beine, Finger und Zehen sowie der Schwanz sind ebenfalls verlängert. In den runden Köpfen befinden sich sehr große Augen, mit deren Hilfe die Tiere nachts Insekten jagen können.

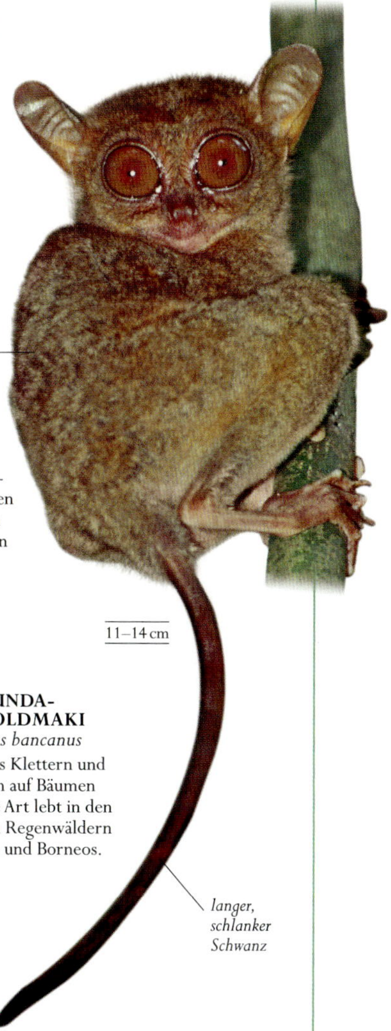

PHILIPPINEN-KOBOLDMAKI
Tarsius syrichta
Die nur in verschiedenen Regenwäldern und im Buschland der Philippinen heimische Art besitzt in Relation zu ihrer Körpergröße die größten Augen aller Säugetiere.

SUNDA-KOBOLDMAKI
Tarsius bancanus
Die an das Klettern und Springen auf Bäumen angepasste Art lebt in den tropischen Regenwäldern Sumatras und Borneos.

LEMUREN

Die in den Wäldern Madagaskars lebenden Arten der Familie Echte Lemuren (Lemuridae) sind überwiegend Baumbewohner. Die meisten sind kathemeral, also sowohl tag- als auch nachtaktiv. Bei verschiedenen Arten sind die Männchen und Weibchen unterschiedlich gefärbt.

ALAOTRA-BAMBUSLEMUR
Hapalemur alaotrensis
Diese vom Aussterben bedrohte Art lebt in den Schilf- und Papyrussümpfen um Madagaskars größten See, den Lac Alaotra.

GROSSER BAMBUSLEMUR
Prolemur simus
Diese Art aus dem Südosten Madagaskars ist einer der seltensten Lemuren. Sie ernährt sich fast ausschließlich von Riesenbambus.

KATTA
Lemur catta
Die in Gruppen von bis zu 25 Tieren lebende Art hält sich oft auf dem Boden auf. Ihre Nahrung besteht aus Früchten, Pflanzen, Pflanzensäften und Borke.

SCHWARZ-WEISSER VARI
Varecia variegata
Dieser größte Lemur frisst überdurchschnittlich viele Früchte. Für Lemuren ungewöhnlich, legt er ein Blätternest für die Jungen an.

ROTBAUCHMAKI
Eulemur rubriventer
Diese monogame Art lebt in Gruppen, die sich aus einem Paar und den noch nicht selbstständigen Jungen zusammensetzen.

HALSBANDMAKI
Eulemur collaris
Diese Art besitzt Duftdrüsen an den Handgelenken, mit denen sie ihren langen, buschigen Schwanz zur Kommunikation einreibt.

WEISSKOPFMAKI
Eulemur albifrons
Nur das Männchen besitzt das weiße Fell, das sein schwarzes Gesicht umrahmt. Das Weibchen hat ein graues Gesicht.

MOHRENMAKI
Eulemur macaco
Bei dieser Art unterscheiden sich die Farben der Männchen und Weibchen. Das Männchen ist schwarz, das Weibchen graubraun mit weißen Ohrbüscheln.

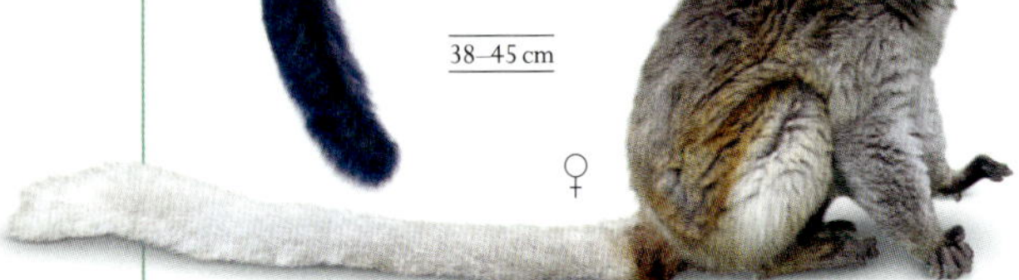

MONGOZMAKI
Eulemur mongoz
Die während der Trockenzeit überwiegend nachtaktiven Tiere werden mit dem Beginn der Regenzeit zunehmend tagaktiv.

KATZENMAKIS

Die zu den kleinsten Primaten gehörenden Arten der Familie Katzenmakis (Cheirogaleidae) haben kurze Beine und große Augen. Alle sind nachtaktive Bewohner von Bäumen in den Wäldern Madagaskars und verfallen in eine als Torpor bezeichnete Starre, um die Trockenzeit zu überleben.

WESTLICHER GABELSTREIFENMAKI
Phaner pallescens
Die Art ernährt sich von Baumsäften. Sie hat eine lange Zunge und große Prämolaren zum Schälen der Borke.

BRAUNER FETTSCHWANZMAKI
Cheirogaleus major
Dieser Einzelgänger frisst hauptsächlich Früchte und Nektar. In der Regenzeit speichert er Fett in seinem Schwanz.

GRAUER MAUSMAKI
Microcebus murinus
Die Nahrung dieser Art besteht aus Insekten, Blüten und Früchten. Die Jungen werden im Maul getragen und halten sich nicht im Fell fest.

BRAUNER MAUSMAKI
Microcebus rufus
Diese omnivore Art bewohnt verschiedene Waldlebensräume. Sie frisst Früchte, Insekten und gummiartige Baumsäfte.

WIESELMAKIS

Zur Familie Wieselmakis (Lepilemuridae) zählen die mittelgroßen Wieselmakis. Sie haben vorstehende Schnauzen und große Augen, sind strikte Baumbewohner und nachtaktiv. Ihre energiearme Blattnahrung bewirkt, dass sie zu den am wenigsten aktiven Primaten gehören.

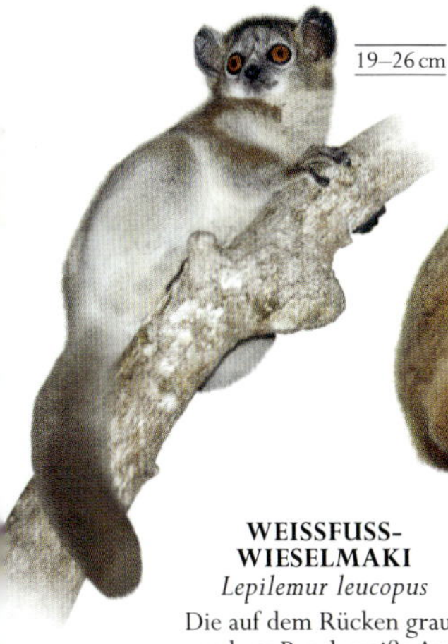

WEISSFUSS-WIESELMAKI
Lepilemur leucopus
Die auf dem Rücken graue und am Bauch weiße Art verbringt die längeren Pausen bei der Nahrungssuche senkrecht an Baumstämmen hängend.

GRAURÜCKEN-WIESELMAKI
Lepilemur dorsalis
Diese Art lebt in den feuchten Wäldern Nordwest-Madagaskars und nahe gelegener Inseln. Sie hat eine stumpfe Schnauze und kleine Ohren.

AYE-AYE

In der Familie Daubentoniidae gibt es nur eine Art – das Aye-Aye oder Fingertier von Madagaskar. Es hat lange, nackte Ohren, ein zottiges Fell, ständig nachwachsende Schneidezähne und sehr lange Finger.

AYE-AYE
Daubentonia madagascariensis
Mit dem besonders langen Mittelfinger finden und erbeuten die Tiere Insektenlarven in morschem Holz.

INDRIARTIGE

Die größten Lemuren – der Indri und die Sifakas – sowie die kleineren Wollmakis bilden die madagassische Familie Indriartige (Indriidae). Alle Arten können mit ihren kräftigen Beinen von Baum zu Baum springen und besitzen mit Ausnahme des Indris einen langen Schwanz.

EDWARDS-SIFAKA
Propithecus edwardsi
Die im Südosten von Madagaskar in kleinen Familiengruppen lebenden Tiere können sich mit ihren opponierbaren Daumen an Baumstämmen festhalten.

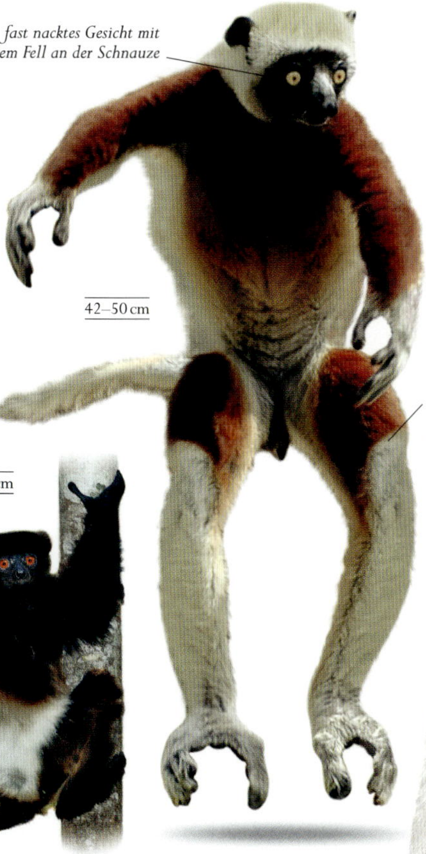

COQUERELS SIFAKA
Propithecus coquereli
Wie andere Sifakas überwindet auch diese Art offene Flächen auf den Hinterbeinen hüpfend und balanciert dabei mit den Armen.

LARVEN-SIFAKA
Propithecus verreauxi
Dieser im Südwesten Madagaskars lebende Sifaka kann mit seinen langen Beinen durch die stachelige Vegetation springen, ohne sich zu verletzen.

INDRI
Indri indri
Diese größte Lemuren-Art ist die einzige, die nur einen kleinen, rudimentären Schwanz besitzt.

KLAMMERSCHWANZAFFEN

Die Brüll-, Klammer- und Wollaffen der Familie Klammerschwanzaffen (Atelidae) sind die größten Neuweltaffen. Sie alle besitzen einen Greifschwanz, der ihnen beim Klettern als fünftes Bein dient. Die Beine der Klammeraffen sind länger als die der anderen Arten der Familie.

GUATEMALA-BRÜLLAFFE
Alouatta pigra
Die auf der Halbinsel Yucatán sowie in Belize und Guatemala lebende Art bildet Gruppen von bis zu elf Tieren.

MANTELBRÜLLAFFE
Alouatta palliata
Dieser Brüllaffe trägt seinen Namen wegen des »Mantels« langer Haare an den Seiten. Er lebt in Mittel- und im nördlichen Südamerika.

ROTER BRÜLLAFFE
Alouatta seniculus
Dieser Brüllaffe besitzt ein vergrößertes Zungenbein, das ihm erlaubt, mehrere Kilometer weit hörbare Rufe zu erzeugen.

KOLUMBIEN-BRAUNKOPFKLAMMERAFFE
Ateles fusciceps rufiventris
Wie allen Klammeraffen fehlen dieser Unterart die Daumen. Sie lebt in Kolumbien und Panama.

GEOFFROY-KLAMMERAFFE
Ateles geoffroyi
Die tagaktive, Früchte fressende Art lebt in relativ großen Gruppen von bis zu 35 Tieren in Wäldern in ganz Mittelamerika.

SÜDLICHER SPINNENAFFE
Brachyteles arachnoides
Die auch als Schwarzgesicht-Spinnenaffe bezeichnete brasilianische Art ist wegen des Verlusts ihres Lebensraums vom Aussterben bedroht.

GRAUER WOLLAFFE
Lagothrix cana
Diese kräftig gebaute Art lebt in großen Trupps in den Primärwäldern Brasiliens, Boliviens und Perus.

BRAUNER WOLLAFFE
Lagothrix lagotricha
Diese Art ist einer der größten Neuweltaffen und lebt in den Tiefland-Primärwäldern des oberen Amazoniens.

NACHTAFFEN

Die Arten der Familie Nachtaffen (Aotidae) sind die einzigen nachtaktiven Affen der Neuen Welt. Sie sind klein und besitzen große Augen in flachen, runden, dicht behaarten Gesichtern. Sie verfügen außerdem über einen gut entwickelten Geruchssinn.

35–42 cm

SCHWARZKÖPFIGER NACHTAFFE
Aotus nigriceps
Diese monogame Art bewohnt das zentrale und das obere Amazonasbecken sowie die Sekundärwälder in Brasilien, Bolivien und Peru.

30–38 cm

ÖSTLICHER GRAUKEHL-NACHTAFFE
Aotus trivirgatus
Diese Nachtaffen-Art ist vor allem bei hellem Mondlicht aktiv. Sie lebt in den Wäldern Venezuelas und des nördlichen Brasiliens.

SAKIS

Die Familie Sakiaffen (Pitheciidae) besteht aus verschiedenen kleinen bis mittelgroßen Affen, die tagaktive, gesellige Baumbewohner sind. Alle weisen die gleiche Bezahnung auf. Die ausgeprägten Schneide- und Eckzähne helfen ihnen bei der Bewältigung harter Samen und Früchte.

34–42 cm

SATANSAFFE
Chiropotes satanas
Diese Art lebt im südlichen Amazonien. Die Männchen haben einen Bart und eine »hochtoupierte« Frisur.

schwarze Haare mit weißen Spitzen

36–53 cm

KAHL-GESICHTIGER SAKI
Pithecia irrorata
Diese Art lebt in Westbrasilien, Nordbolivien und Ostperu. Sie ernährt sich überwiegend von Samen.

32–42 cm

WEISSKOPFSAKI
Pithecia pithecia
Die Männchen sind schwarz und tragen ein helles Fell um das Gesicht herum. Die Weibchen sind graubraun.

37–48 cm

MÖNCHSAFFE
Pithecia monachus
Diese scheue Art lebt im Kronendach der Wälder Nordwestbrasiliens, Perus, Kolumbiens und Ecuadors.

31–42 cm

SCHWARZSTIRN-SPRINGAFFE
Callicebus nigrifrons
Dieser Fruchtfresser bewohnt die atlantischen Küstenwälder um São Paulo in Südostbrasilien.

28–36 cm

HALSBAND-SPRINGAFFE
Callicebus torquatus
Diese Art bevorzugt nicht überflutete Wälder auf sandigen Böden in Brasilien. Die Tiere fressen hauptsächlich Früchte und Samen.

nacktes rotes Gesicht

langes, zottiges Fell

36–57 cm

ROTER UAKARI
Cacajao calvus rubicundus
Mehrere Unterarten des Roten Uakari bewohnen die saisonal überfluteten Wälder des Amazonasbeckens. Ihre roten Gesichter signalisieren vermutlich ihre Gesundheit.

27–34 cm

ROTER SPRINGAFFE
Plecturocebus cupreus
Die in den Regenwäldern des südwestlichen Amazonasbeckens lebende Art ist monogam und territorial. Sie ernährt sich vor allem von Früchten.

35–56 cm

SPIX-SCHWARZKOPF-UAKARI
Cacajao ouakary
Die sehr gesellige Art lebt in Gruppen von 30 oder mehr Tieren im Nordwesten des Amazonasbeckens.

MARMOSETTEN UND TAMARINE

Die Familie Krallenaffen (Callitrichidae) besteht aus kleinen geselligen Affen des tropischen und subtropischen Mittel- und Südamerikas. Die tagaktiven Baumbewohner besitzen nach vorn gerichtete Augen und kurze Schnauzen sowie lange, nicht zum Greifen geeignete Schwänze. Sie haben Krallen anstelle der Nägel und ihnen fehlt der dritte Backenzahn.

19–25 cm

SPRINGTAMARIN
Callimico goeldii
Die Art bewohnt dichtes Unterholz wie die Bambuswälder im oberen Amazonien. Sie unternimmt auf der Suche nach Früchten auch Ausflüge in die Baumkronen.

20–23 cm

SILBERÄFFCHEN
Mico argentatus
Dieser spezialisierte Baumsaftfresser besitzt große Ohren, schmale Kiefer und kurze Eckzähne zum Aufreißen der Borke.

16–21 cm

WEISSBÜSCHELAFFE
Callithrix jacchus
Die Weibchen paaren sich meist mit zwei Männchen, die sich beide an der Pflege der meistens als Zwillinge geborenen Jungen beteiligen.

18–23 cm

WEISSKOPF-BÜSCHELAFFE
Callithrix geoffroyi
Diese Art benutzt Duftmarken, um Artgenossen von den Löchern abzuhalten, die sie in die Borke genagt haben, um an Pflanzensaft von Bäumen zu kommen.

20–23 cm

SCHWARZBÜSCHELAFFE
Callithrix penicillata
Die monogame Art ist tagaktiv und lebt im Kronendach des Regenwalds, wo sie sich von Baumsäften ernährt.

12–15 cm

ZWERGSEIDENÄFFCHEN
Cebuella pygmaea
Dieser kleinste Affe der Welt ernährt sich in den saisonal überfluteten Wäldern des oberen Amazonasbeckens vom Saft der Bäume.

23–26 cm

KAISERSCHNURRBART-TAMARIN
Saguinus imperator
Der an seinem langen Schnurrbart zu erkennende Tamarin lebt in den tropischen Wäldern Perus, Brasiliens und Boliviens.

21–28 cm

ROTBAUCH-TAMARIN
Saguinus labiatus
Das dominante Weibchen dieser Art gibt als Pheromone bezeichnete Duftstoffe ab. Diese unterdrücken die Vermehrung anderer Weibchen der gleichen Gruppe.

23–33 cm

ZWEIFARBEN-TAMARIN
Saguinus bicolor
Dieser baumbewohnende Tamarin lebt in den Tieflandwäldern Zentralamazoniens in der Nähe der brasilianischen Stadt Manaus.

20–25 cm

LISZTAFFE
Saguinus oedipus
Die auf ein sehr kleines Gebiet in Nordwestkolumbien und Panama beschränkte Art ernährt sich vor allem von Insekten und Früchten.

21–28 cm

ROTHANDTAMARIN
Saguinus midas
Dieser im nordöstlichen Südamerika lebende Tamarin hat auffällig gefärbte Füße. Mit Ausnahme des Großzehs tragen alle anderen Zehen Krallen.

geringelter Schwanz

20–27 cm

BRAUNRÜCKEN-TAMARIN
Saguinus fuscicollis
Diese Art lebt in Sekundärwäldern und an Waldrändern des oberen Amazonasbeckens. Sie frisst Insekten, Früchte, Nektar, Säfte von Bäumen.

26–33 cm

GOLDENES LÖWENÄFFCHEN
Leontopithecus rosalia
Die Art zählt zu den am meisten gefährdeten Affen der Welt und lebt nur in den atlantischen Küstenwäldern Südostbrasiliens.

22–26 cm

GOLDKOPF-LÖWENÄFFCHEN
Leontopithecus chrysomelas
Die auf die atlantischen Wälder des südlichen Bahia im Nordosten Brasiliens beschränkte Art stellt bei Gefahr die Mähne auf, um größer zu wirken.

KAPUZINER- UND TOTENKOPFAFFEN

Zur Familie Kapuzinerartige (Cebidae) zählten einst verschiedene Gruppen, heute jedoch nur noch die Kapuziner- und Totenkopfaffen. Die Arten haben große Ohren, einen langen Schwanz und kürzere Vorder- als Hinterbeine. Die acht Arten der Totenkopfaffen gehören zur Gattung *Saimiri*, die Ungehaubten Kapuziner zur Gattung *Cebus*, die Gehaubten zur Gattung *Sapajus*.

nacktes Gesicht

Greifschwanz

37–46 cm

BRAUNER KAPUZINER
Cebus olivaceus
Die vom Norden bis zur Mitte Südamerikas vorkommende Art hängt oft an ihrem Schwanz, um beim Fressen die Hände frei zu haben.

33–45 cm

WEISSSCHULTER-KAPUZINER
Cebus capucinus
Dieser einzige in Mittelamerika lebende Kapuziner hat ein Verbreitungsgebiet von Honduras bis zu den Küsten Kolumbiens und Ecuadors.

25–37 cm

leuchtend gelbe Beine

Zehennägel

GEWÖHNLICHER TOTENKOPFAFFE
Saimiri sciureus
Diese gesellige Art lebt in großen Gruppen in unterschiedlichen Wäldern vom nördlichen bis zum nordöstlichen Südamerika.

27–32 cm

langer Schwanz mit schwarzer Spitze

BOLIVIANISCHER TOTENKOPFAFFE
Saimiri boliviensis
Die Männchen dieser Art setzen zur Paarungszeit um Hals und Schultern Fett an, wenn sie sich um die Weibchen streiten.

GEWÖHNLICHER TOTENKOPFAFFE

Saimiri sciureus

Die neugierigen und intelligenten Totenkopfaffen haben unter den Primaten das im Verhältnis zu ihrem Körper größte Gehirn. Männchen und Weibchen leben in gemischten Gruppen von 15–50 Tieren. Alle Jungen werden während einer einzigen Woche in der Regenzeit (Januar bis Februar) nach einer Trächtigkeit von etwa sechs Monaten geboren. Die Jungen halten sich zuerst am Bauch der Mutter fest, reiten aber mit zwei Wochen bereits auf ihrem Rücken. Ihre Entwicklung verläuft sehr schnell, sodass sie im Alter von sechs Monaten entwöhnt und bereits einen Monat später selbstständig sind. Totenkopfaffen können 20 Jahre alt werden.

GRÖSSE 25–37 cm
LEBENSRAUM Tieflandregenwald, Mangroven
VERBREITUNG Französisch-Guayana, Guyana, Surinam und Brasilien nördlich des Amazonas
ERNÄHRUNG vor allem Insekten, Spinnen, Früchte und Blüten

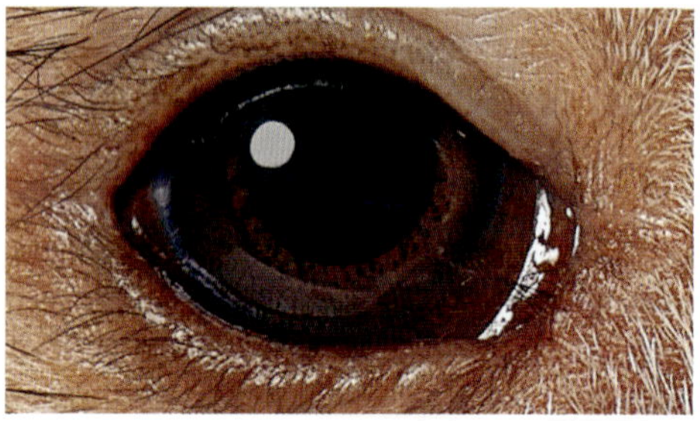

AUGE >
Große, nach vorn gerichtete Augen ermöglichen ein gutes räumliches und scharfes Sehen. Das ist für einen Affen, der sein Leben in den Bäumen verbringt, natürlich besonders wichtig.

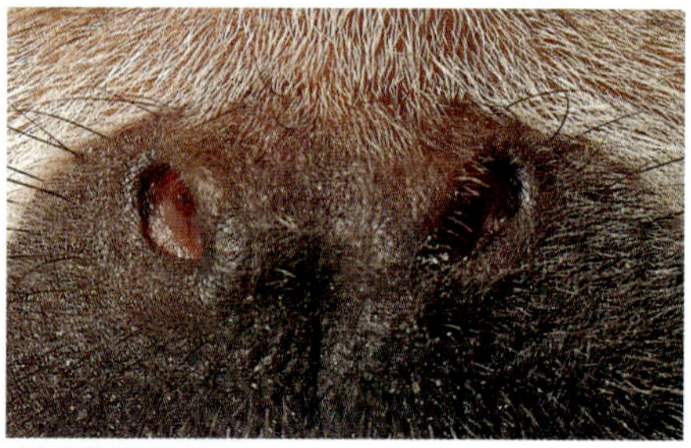

< NASENLÖCHER
Die großen, zur Seite gerichteten Nasenlöcher verraten einen guten Geruchssinn. Das Riechen ist wichtig für die Kommunikation in der Gruppe, und um Partner und vermisste Jungtiere zu finden.

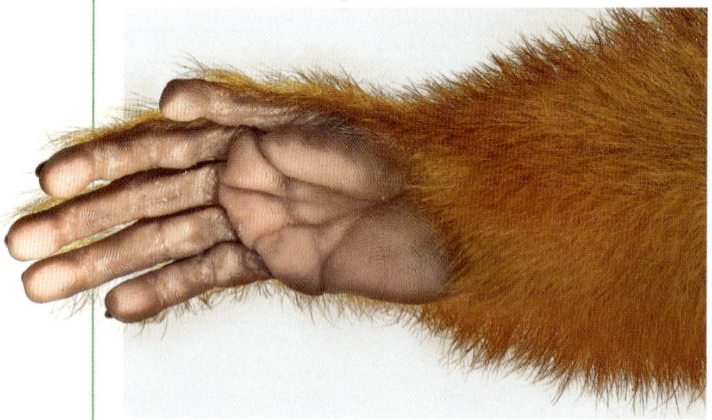

∧ HAND
Obwohl die Hand zum Ergreifen von Ästen oder Nahrung, zur Fellpflege oder zu anderen Zwecken geeignet ist, können die Finger nicht unabhängig voneinander bewegt werden. Daumen und Zeigefinger können keine Gegenstände aufheben.

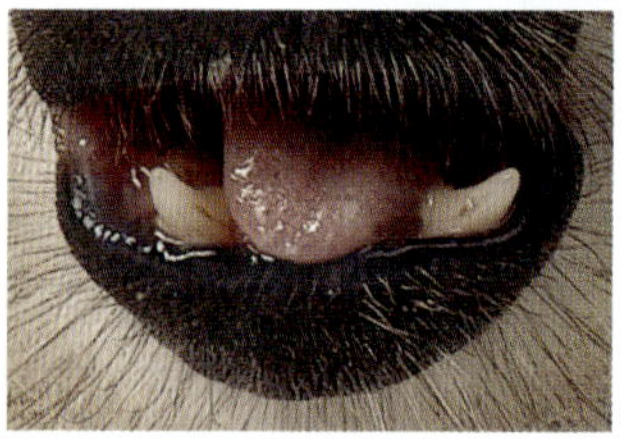

∧ ZÄHNE
Totenkopfaffen haben 36 kleine, spitze Zähne. Die Eckzähne sind länger und auffälliger als die anderen Zähne und bei Männchen länger als bei Weibchen.

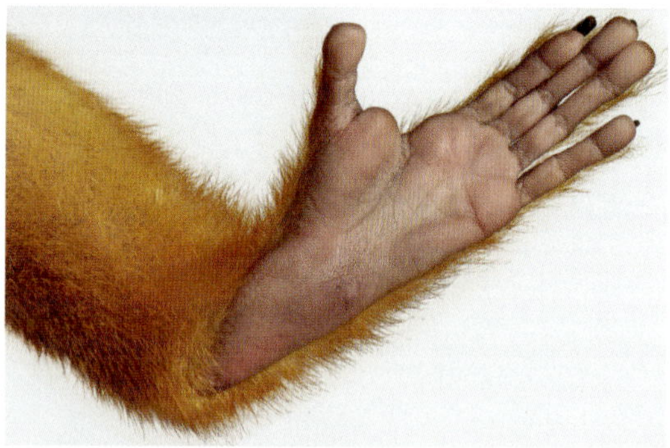

∧ FUSS
Anders als die Hand besitzt der Fuß einen großen, opponierbaren Zeh. Als Gegenspieler der anderen vier Zehen ermöglicht er das Ergreifen von Ästen.

BALANCEAKT >
Der Schwanz ist mindestens so groß wie Kopf und Körper zusammen. Er dient zum Balancieren, wenn die Totenkopfaffen auf allen vieren laufen.

∨ MARKANTES GESICHT Das Gesicht des Totenkopfaffens weist einige typische Merkmale auf: das in Bögen verlaufende Haar auf der Stirn, die mit Haarbüscheln geschmückten Ohren und die dunklen Tasthaare (Vibrissen) genau über den Augen.

HUNDSAFFEN

Die in Afrika und Asien weitverbreiteten Arten der Familie Hundsaffen (Cercopithecidae) besitzen eng nebeneinanderliegende, nach unten weisende Nasenlöcher. Mit Ausnahme der Paviane sind die meisten tagaktive Baumbewohner. Meerkatzen, Paviane und Makaken sind Allesfresser mit Backentaschen und einem einfachen Magen. Stummelaffen und Languren sind Blattfresser mit komplexen Mägen und besitzen keine Backentaschen.

CEYLON-HUTAFFE
Macaca sinica
Diese kleinste Makaken-Art kommt nur in den feuchten Wäldern der Insel Sri Lanka vor.

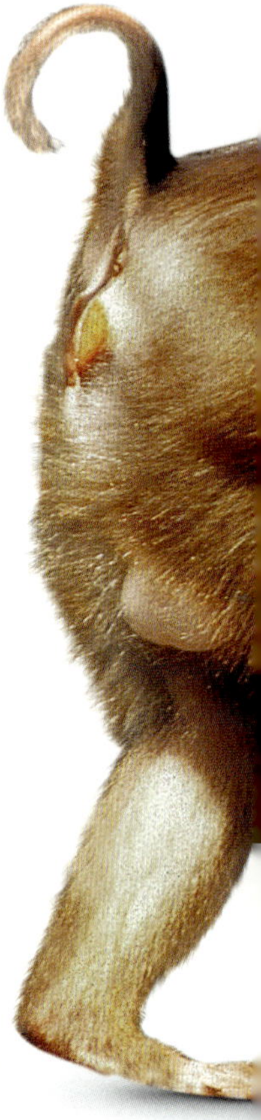

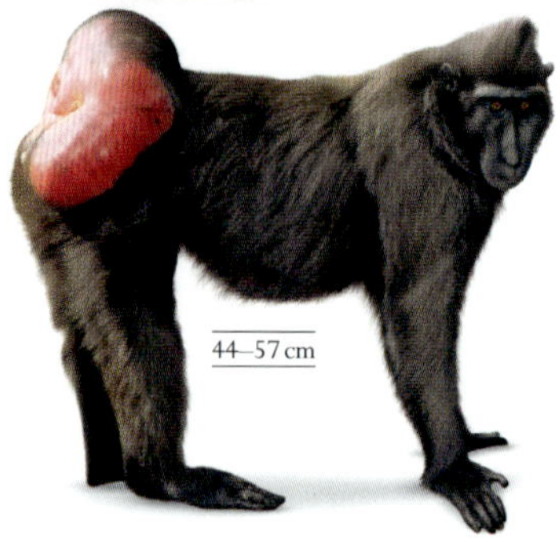

SCHOPFMAKAK
Macaca nigra
Die nur auf der indonesischen Insel Sulawesi vorkommenden Affen haben nackte, rosa Hinterteile. Bei paarungsbereiten Weibchen schwellen sie deutlich an.

BERBERAFFE
Macaca sylvanus
Der einzige außerhalb von Asien vorkommende Makake lebt in höher gelegenen Zedern- und Eichenwäldern Algeriens und Marokkos.

JAVANERAFFE
Macaca fascicularis
Diese allesfressende südostasiatische Art ernährt sich von Insekten, Fröschen, Krabben, Früchten und Samen.

BARTAFFE
Macaca silenus
Der in den West-Ghats (Bergen im Südwesten Indiens) heimische Baumbewohner lebt vor allem in den feuchten Monsunwäldern.

RHESUSAFFE
Macaca mulatta
Dieser Makake lebt in trockenen offenen Gebieten von Westafghanistan über Indien bis Nordthailand und China. Erwachsene Tiere können bis zu 800 m schwimmend überwinden.

BÄRENMAKAK
Macaca arctoides
Die auf Bäumen und auf dem Boden lebende Art kommt in den tropischen und subtropischen Feuchtwäldern Südostasiens vor.

SÜDLICHER SCHWEINSAFFE
Macaca nemestrina
Diese Art bewohnt Feuchtgebiete wie die südostasiatischen Regenwälder und Sümpfe. Sie frisst vor allem Früchte.

INDISCHER HUTAFFE
Macaca radiata
Die südindische Art ist ein Allesfresser und verlässt sich manchmal auf den Menschen bei der Futtersuche.

JAPANMAKAK
Macaca fuscata
Diese Art besiedelt den nördlichsten Lebensraum eines nichtmenschlichen Primaten und wärmt sich im Winter in heißen Quellen Japans auf.

WEISSKEHL-MEERKATZE
Cercopithecus albogularis
Dieser baumbewohnende Allesfresser ist in Ost- und Südostafrika verbreitet, einschließlich der Inseln Sansibar und Mafia.

ROTSCHWANZMEERKATZE
Cercopithecus ascanius
Diese baumbewohnende Art feuchter zentralafrikanischer Waldlebensräume hat große Backentaschen, in denen sie Nahrung sammelt.

ÖSTLICHE VOLLBARTMEERKATZE
Allochrocebus lhoesti
Dieser Baumbewohner lebt in den meisten Primärwäldern der zentralafrikanischen Hochländer.

DIANAMEERKATZE
Cercopithecus diana
Dieser Bewohner des hohen Kronendachs der westafrikanischen Primärwälder steigt nur selten auf den Boden herab.

BRAZZA-MEERKATZE
Cercopithecus neglectus
Bei dieser teils auf dem Boden lebenden Art der zentralafrikanischen Sumpfwälder sind die Männchen größer als die Weibchen und haben einen blauen Hodensack.

DIADEMMEERKATZE
Cercopithecus mitis
Diese afrikanische Art lebt in Gruppen von bis zu 40 Tieren, die aus einem Männchen, den Weibchen und ihrem Nachwuchs bestehen.

MONAMEERKATZE
Cercopithecus mona
Dieser Baumbewohner lebt in den Regenwäldern und Mangrovengürteln von Ghana bis Kamerun.

GOLDBAUCHMANGABE
Cercocebus chrysogaster
Diese vor allem bodenbewohnende Mangabe lebt in den Regen- und Sumpfwäldern des Kongobeckens. Sie sucht tagsüber in Gruppen von mindestens 35 Tieren nach Nahrung.

SCHOPFMANGABE
Lophocebus aterrimus
Dieser Baumbewohner bevorzugt den Regenwald. Er kommt in der Demokratischen Republik Kongo vor.

»

SÜDLICHE GRÜNMEERKATZE
Chlorocebus pygerythrus
Dieser Bewohner der Steppe und offener Wälder ist von Äthiopien über Ostafrika bis nach Südafrika verbreitet.

ÄTHIOPISCHE GRÜNMEERKATZE
Chlorocebus aethiops
Diese teils am Boden lebende nordostafrikanische Art ist an einem grünen Schimmer in der oberen Gesichtshälfte zu erkennen.

HUSARENAFFE
Erythrocebus patas
Die langen Beine und kurzen Zehen dieser Art sind eine Anpassung an das Laufen. Sie ist von West- bis Ostafrika verbreitet.

SÜDLICHE ZWERGMEERKATZE
Miopithecus talapoin
Dieser kleinste Altweltaffe lebt in nassen und sumpfigen Wäldern in West- und Zentralafrika.

MANDRILL
Mandrillus sphinx
Die Gesichtszeichnung der in den Regenwäldern des westlichen Zentralafrikas lebenden Art ist bei Weibchen und Jungtieren blasser.

DRILL
Mandrillus leucophaeus
Dieser große Bodenbewohner der älteren Tieflandregenwälder lebt nur in Kamerun, Nigeria und Äquatorialguinea.

BÄRENPAVIAN
Papio ursinus
Dies ist einer der größten Paviane. Er bewohnt Wälder, Steppen, Halbwüsten und Berggebiete im südlichen Afrika.

STEPPENPAVIAN
Papio cynocephalus
Zur Nahrung dieser opportunistischen Art gehören Samen, Wurzeln, Insekten und andere Affen. Er lebt in Süd- und Ostafrika.

MANTELPAVIAN
Papio hamadryas
Diese Art lebt in Ost- und Zentralafrika, vor allem in Äthiopien. Das Männchen besitzt einen langen silbergrauen Schulterumhang.

GUINEA-PAVIAN
Papio papio
Als einer der kleinsten Paviane hat dieser im westlichen Äquatorialafrika auch eins der kleinsten Verbreitungsgebiete.

ANUBISPAVIAN
Papio anubis
Diese Art bildet in den Savannen und Steppen Zentralafrikas südlich der Sahara Trupps von bis zu 100 Tieren.

DSCHELADA
Theropithecus gelada
Diese sich von Gras ernährende Art des äthiopischen Hochlands trägt einen nackten, roten Hautfleck auf der Brust.

GOLDSTUMPFNASE
Rhinopithecus roxellana
Diese Art hat ein dichtes Fell, das ihr das Überleben in den hoch gelegenen Bergwäldern West- und Zentralchinas ermöglicht.

NASENAFFE
Nasalis larvatus
Dieser gute Schwimmer bewohnt Mangroven- und flussnahe Regenwälder auf Borneo. Er ist nach der langen Nase des Männchens benannt.

GUEREZA
Colobus guereza
Diese auch als Mantelaffe bezeichnete Art ist in den feuchten tropischen Wäldern Zentral- und Ostafrikas weit verbreitet.

ANGOLA-STUMMELAFFE
Colobus angolensis
Dieser überwiegende Baumbewohner lebt in den Wäldern Angolas, des Kongos und anderer angrenzender Staaten.

BENGALISCHER HANUMAN-LANGUR
Semnopithecus entellus
Dieser graue Affe lebt in Südasien einschließlich Indien und Pakistan.

SÜDLICHER HANUMAN-LANGUR
Semnopithecus priam
Die im Südosten Indiens und auf Sri Lanka lebende Art kommt in verschiedenen Lebensräumen vor und frisst vor allem Blätter.

SCHWARZER HAUBENLANGUR
Trachypithecus auratus
Die meisten Männchen und Weibchen dieser Art sind schwarz, doch manche behalten das orangefarbene Jugendkleid.

»

MANDRILL
Mandrillus sphinx

Wenn man von den Menschenaffen absieht, ist der Mandrill der größte Affe. Er lebt in Trupps, die meistens aus einem dominanten Männchen, mehreren Weibchen, einer Schar Jungtiere und verschiedenen sich nicht fortpflanzenden Männchen niedrigen Rangs bestehen. Manchmal vermischen sich mehrere Trupps zu Gruppen von über 200 Tieren. Es gibt eine strikte Hierarchie. Die Tiere signalisieren ihren Status mit farbiger Haut im Gesicht und am Steiß. Die Pigmentierung der Haut wird durch Hormone kontrolliert und ist ein guter Indikator für die Stärke des Tiers. Ein Rivale muss sich seiner Sache sehr sicher sein, bevor er ein eindrucksvoll gefärbtes Tier herausfordert. Ernsthafte Kämpfe gibt es nur zwischen gleichwertigen Gegnern.

GRÖSSE 55–110 cm
LEBENSRAUM dichter Regenwald
VERBREITUNG westliches Zentralafrika von Südkamerun bis zum Südwesten der Demokratischen Republik Kongo
NAHRUNG hauptsächlich Früchte

∨ LANGES ANSTARREN
Durch die nach vorn gerichteten Augen hat der Mandrill eine stereoskopische Sicht. Er sieht farbig, sodass er reife Früchte und die visuellen Signale anderer Tiere erkennen kann.

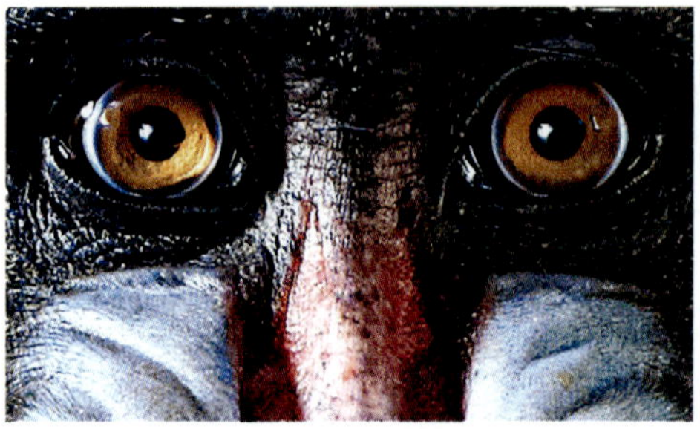

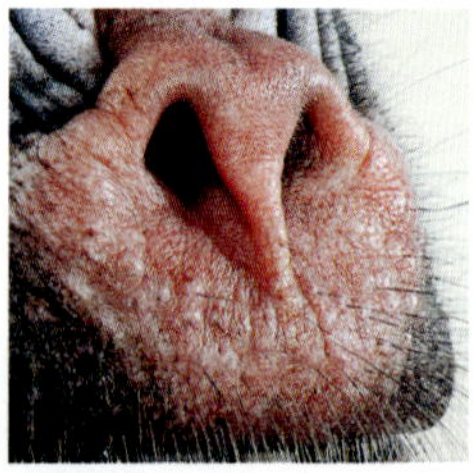

< NASE
Bei erwachsenen Männchen ist die Haut um die Nasenlöcher herum und in der Mitte der Schnauze hellrot. Weibchen und Jungtiere haben eine schwarze Nase.

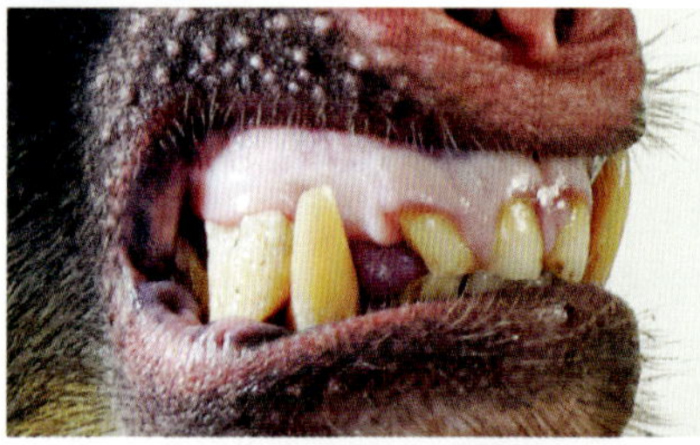

< ZÄHNE
Die langen Eckzähne werden hauptsächlich zum Kämpfen und Drohen benutzt. Die kleineren Backenzähne tragen ausgeprägte Höcker zum Zerkleinern von Pflanzenmaterial.

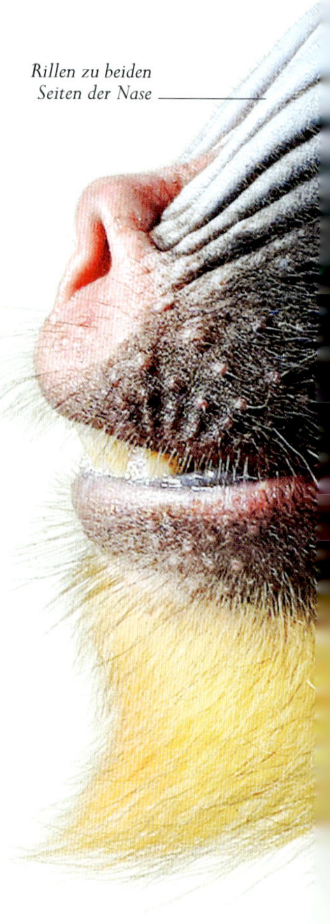

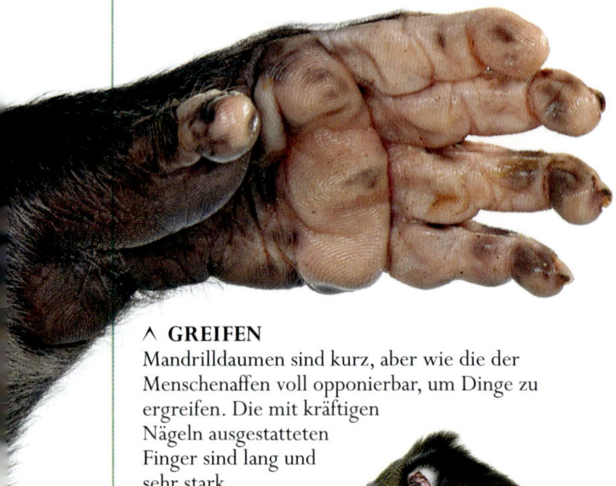

∧ GREIFEN
Mandrilldaumen sind kurz, aber wie die der Menschenaffen voll opponierbar, um Dinge zu ergreifen. Die mit kräftigen Nägeln ausgestatteten Finger sind lang und sehr stark.

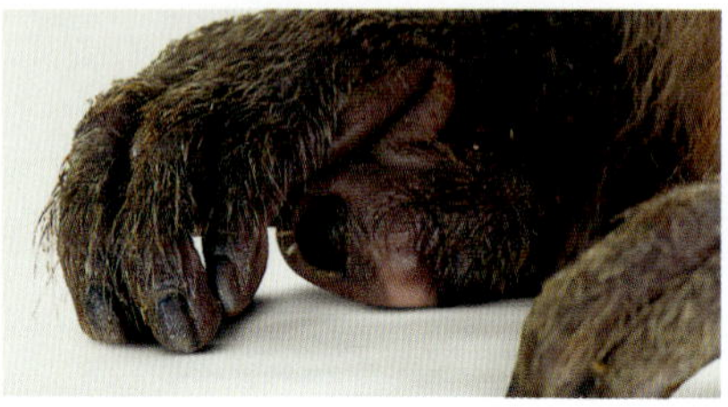

∧ HINTERFÜSSE
Die Hinterfüße ähneln den Händen, denn die Zehen sind lang und zum Greifen geeignet. Mandrills können gut klettern und schlafen oft in den Ästen eines Baums.

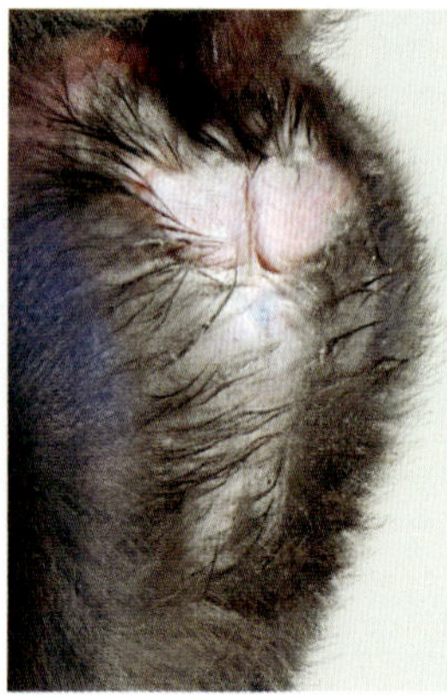

∧ NACKTER STEISS
Mandrills haben einen unbehaarten Steiß. Der Steiß eines rangniedrigen Männchens ist schwächer gefärbt.

VIERBEINIG >
Mandrills verbringen die meiste Zeit auf dem Boden, wo sie sich auf allen vieren fortbewegen und am Tag 5–10 km zurücklegen.

ALPHA-TIER >
Die von einem Tier gezeigte Färbung ändert sich abhängig von der Stimmung. Das Alpha-Männchen weist die lebhaftesten Farben im Gesicht und auf dem Steiß auf.

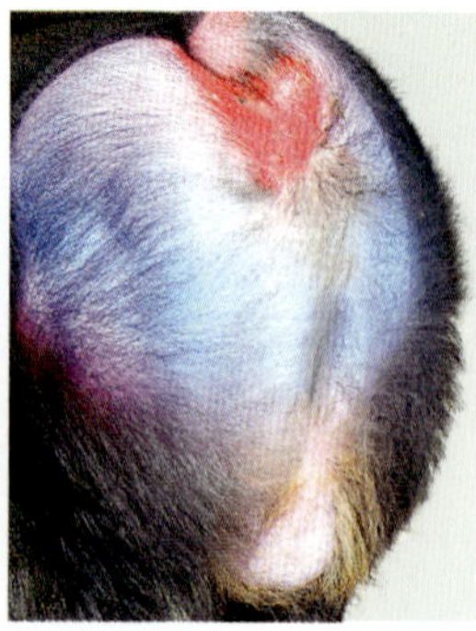

> STARKES PROFIL
Der große Kopf des Mandrills bietet den Ansatz für die kräftigen Kiefermuskeln, mit denen er seine Pflanzennahrung zerkleinert. Die Ohrmuscheln sind relativ klein, obwohl die Tiere sehr gut hören. Nur hochrangige Männchen haben einen orangefarbenen Bart.

GIBBONS

Die Gibbons oder Kleinen Menschenaffen (Familie Hylobatidae) sind mittelgroße fruchtfressende Primaten. Sie haben keinen Schwanz und bewegen sich in der Regel durch Schwinghangeln (Brachiation) vorwärts. Jeden Tag singen Gibbonfamilien, um ihre Familien- und Paarbindungen zu verstärken und ihr Revier zu verteidigen. Manche Arten verstärken die Rufe mit ihren Kehlsäcken.

SCHWARZHAND-GIBBON
Hylobates agilis
Trotz variabler Fellfarbe haben alle Tiere weiße Brauen, die Männchen auch weiße Wangen. Die Art lebt in Thailand, Indonesien und Malaysia.

45–64 cm

KAPPENGIBBON
Hylobates pileatus
Weibchen sind silbergrau mit schwarzem Gesicht, schwarzer Brust und Kappe. Männchen sind vollkommen schwarz. Die Art lebt in Thailand, Kambodscha und Laos.

44–64 cm

SILBERGIBBON
Hylobates moloch
Die Männchen und Weibchen dieser im Westen von Java endemischen Art sind silbergrau mit einer schwarzen Kappe.

45–64 cm

44–64 cm

GRAUER GIBBON
Hylobates muelleri
Dieser Gibbon stammt von Borneo. Die monogamen Paare verbringen im Durchschnitt pro Tag 15 Minuten mit dem Duettgesang.

81 cm

WEISS-BRAUENGIBBON
Hoolock hoolock
Männchen der auch Hulock genannten Gibbons sind schwarz, Weibchen braun mit dunkelbraunen Wangen. Sie leben in China, Nordostindien und im Nordwesten Myanmars.

42–59 cm

WEISSHANDGIBBON
Hylobates lar
Der in der Fellfarbe variable, auch Lar genannte Gibbon lebt in den Wäldern von Thailand, Malaysia, Sumatra, Myanmar und Laos.

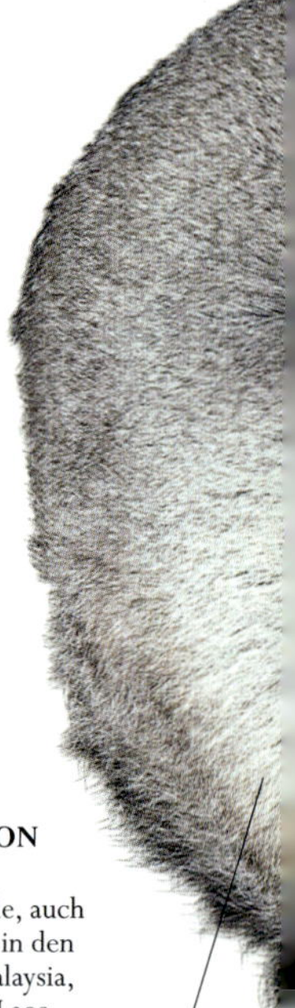

45–64 cm

NÖRDLICHER WEISSWANGEN-SCHOPFGIBBON
Nomascus leucogenys
Die Jungen sind bei der Geburt cremefarben. Sie färben sich im Alter von zwei Jahren um.

45–64 cm

GELBWANGEN-SCHOPFGIBBON
Nomascus gabriellae
Männchen sind schwarz mit weißen Wangen, Weibchen gelbbraun mit schwarzer Kappe. Die Art lebt in Kambodscha, Laos und Vietnam.

71–90 cm

SIAMANG
Symphalangus syndactylus
Dieser größte aller Gibbons lebt auf der indonesischen Insel Sumatra und auf der Malaiischen Halbinsel.

MENSCHENAFFEN

Zur Familie Menschenaffen (Hominidae) gehören die größten Primaten – die Großen Menschenaffen einschließlich des Menschen. Orang-Utans sind Baum-, Schimpansen, Gorillas und Menschen eher Bodenbewohner. Schimpansen und Gorillas laufen auf den Knöcheln ihrer Hände. Kein Menschenaffe besitzt einen Schwanz. Die Männchen sind meist größer als die Weibchen, und alle Arten haben relativ große Hirnschädel.

ÖSTLICHER GORILLA
Gorilla beringei
Die beiden Unterarten dieses größten Menschenaffen bewohnen den Bergnebelwald im Osten der Demokratischen Republik Kongo, in Ruanda und in Uganda.

BORNEO-ORANG-UTAN
Pongo pygmaeus
Dieser große Fruchtfresser lebt in den Baumkronen des Primärregenwalds auf der Insel Borneo.

SUMATRA-ORANG-UTAN
Pongo abelii
Dieser größte baumbewohnende Menschenaffe kommt nur noch in den Resten des Regenwalds im Norden Sumatras vor.

WESTLICHER GORILLA
Gorilla gorilla
Zwei Unterarten leben in den Tiefland- und Sumpfwäldern im westlichen Zentralafrika. Erwachsene Männchen bezeichnet man als Silberrücken.

BONOBO
Pan paniscus
Der Bonobo ist ein wenig schlanker als der Schimpanse und lebt in den feuchten tropischen Wäldern der Demokratischen Republik Kongo.

SCHIMPANSE
Pan troglodytes
Die vier Unterarten des Schimpansen sind in den trockenen und feuchten Wäldern und Steppen in Äquatorialafrika verbreitet.

MENSCH
Homo sapiens
Der durch seinen zweibeinigen Gang und seine schwache Behaarung charakterisierte Mensch bewohnt jedes Land mit Ausnahme der Antarktis.

FLEDERTIERE

Die meist nachtaktiven Fledertiere sind die einzigen aktiv fliegenden Säugetiere. Viele Arten benutzen die Echoortung zur Navigation und zur Jagd.

Fledertiere (Chiroptera) gibt es nahezu weltweit in den verschiedensten Lebensräumen. Die Ordnung wird oft in zwei Unterordnungen geteilt, Megachiroptera (Flughunde) und Microchiroptera (Fledermäuse), was jedoch heute umstritten ist (siehe Streitfrage). Die meisten Flughunde sind Fruchtfresser, während sich die Fledermäuse überwiegend von Insekten ernähren. Manche Fledertiere trinken aber auch Nektar und fressen Pollen, einige saugen Blut und andere fressen kleine Wirbeltiere.

Die stark verlängerten Arm-, Hand- und Fingerknochen spannen eine elastische Flugmembran auf. Viele Arten besitzen auch eine Schwanzflughaut. Fledertiere ruhen meist mit dem Kopf nach unten, wobei sie an ihren Krallen hängen.

ECHOORTUNG

Flughunde orientieren sich meist mit den Augen und mit der Nase, Fledermäuse dagegen mithilfe der Echoortung. Sie stoßen Schallwellen durch ihr Maul oder ihre Nase aus und bilden ihre Umgebung anhand der reflektierten Echos ab. Die Arten, die ihre Nase benutzen, haben oft auffällige Nasenblätter, um den Schall zu bündeln. Das Gehör der Fledermäuse ist auf die Frequenz der Echos abgestimmt. Manche Arten achten auch auf die von der Beute erzeugten Geräusche.

LEBENSWEISE

Fledermäuse sind sehr gesellige Tiere, die zu Hunderten oder Tausenden, in Ausnahmefällen auch Millionen von Tieren zusammenleben. Sie schlafen in Bäumen, Höhlen, Gebäuden, Bergwerken und unter Brücken. Die Arten gemäßigter Lebensräume ziehen im Winter in wärmere Gebiete oder überwintern. Sie können auch in Starre verfallen, wenn die Nahrung zu anderen Jahreszeiten knapp wird. Viele Anpassungen haben sich in Bezug auf die Reproduktion entwickelt, wie Spermaspeicherung, verzögerte Befruchtung und verzögerte Einnistung, damit die Jungen zur richtigen Jahreszeit geboren werden.

STAMM	CHORDATA
KLASSE	MAMMALIA
ORDNUNG	CHIROPTERA
FAMILIEN	21
ARTEN	etwa 1400

STREITFRAGE

EVOLUTIONS-DEBATTE

Die morphologischen und genetischen Analysen der Fledertier-Systematik stimmen nicht immer überein. Die genetischen Daten deuten darauf hin, dass alle Fledertiere von einem gemeinsamen Vorfahren abstammen und die Flugfähigkeit nur einmal entstanden ist. Sie deuten aber auch darauf hin, dass die echoortenden Hufeisennasen und die Flughunde als Gruppe (Yinpterochiroptera) den übrigen echoortenden Fledermäusen (Yangochiroptera) gegenüberstehen. Die Echoortung müsste also zweimal entstanden oder bei den Flughunden verloren gegangen sein.

FLUGHUNDE

Die Arten der Familie Flughunde (Pteropodidae) sind über die tropischen und subtropischen Regionen der Alten Welt verbreitet. Sie besitzen hundeartige Gesichter mit großen Augen und setzen die Augen und die Nase ein, um Nahrung zu finden. Nur die Gattung *Rousettus* benutzt Zungenklicks zur Echoortung. Flughunde fressen Früchte, Nektar und Pollen. Sie tragen Krallen am Daumen und am zweiten Finger.

5–7,5 cm

LANGZUNGEN-FLUGHUND
Syconycteris australis
Diese Art kommt von Papua-Neuguinea bis zur australischen Ostküste vor. Mithilfe ihrer pinselartigen Zunge ernährt sie sich von Nektar.

11–18 cm

elastische Flugmembran

FRANQUET-EPAULETTENFLUGHUND
Epomops franqueti
Die Männchen dieser in West- und Zentralafrika vorkommenden Art stoßen hochfrequente Rufe aus.

4–8 cm

ZWERG-LANGZUNGEN-FLUGHUND
Macroglossus minimus
Dieser südostasiatische Flughund frisst mit seiner langen Zunge Nektar und Pollen.

8–11 cm

INDISCHER KURZNASENFLUGHUND
Cynopterus sphinx
Dies ist die einzige Flughund-Art, die aus Palmblättern Zelte baut. Sie lebt in Südostasien und in Indien.

13–20 cm

NIL-FLUGHUND
Rousettus aegyptiacus
Die Art setzt Zungenklicks zur Echoortung ein und kommt im Nahen Osten und in Afrika vor, mit Ausnahme der Sahara.

12–16 cm

GEOFFROYS FLUGHUND
Rousettus amplexicaudatus
Wie die anderen *Rousettus*-Arten frisst dieser südostasiatische Flughund Früchte und Nektar. Er schläft in Höhlen.

18–21 cm

MOLUKKEN-NACKTRÜCKEN-FLUGHUND
Dobsonia moluccensis
Diese auf den Molukken weitverbreitete Art kommt selten in Nordaustralien vor.

10–19 cm

WAHLBERGS EPAULETTEN-FLUGHUND
Epomophorus wahlbergi
Die in Wäldern und Steppen südlich der Sahara lebende Art trägt weiße Abzeichen auf den Schultern und über den Augen.

14–22 cm

PALMENFLUGHUND
Eidolon helvum
Die Kolonien dieses Flughunds können eine Million Tiere umfassen. Die wandernde Art ist in Afrika südlich der Sahara weit verbreitet.

16–30 cm

HAMMERKOPF
Hypsignathus monstrosus
Die Männchen dieser Art sind größer als die Weibchen und besitzen eine stark vergrößerte Schnauze. Die Art lebt in West- und Zentralafrika.

13–20 cm

KLEINER ROTER FLUGHUND
Pteropus scapulatus
Diese nomadische australische Art frisst überwiegend Eukalyptusblüten. Gelegentlich wird sie auch in Papua-Neuguinea beobachtet.

15–20 cm

RODRIGUES-FLUGHUND
Pteropus rodricensis
Dieser Mangroven- und Regenwaldbewohner lebt ausschließlich auf der Insel Rodrigues im Indischen Ozean.

16–24 cm

HINTERINDISCHER FLUGHUND
Pteropus lylei
Die in Kambodscha, Thailand und Vietnam heimische Art kann Bäume schädigen, indem sie Blätter abstreift.

22–29 cm

KALONG
Pteropus vampyrus
Diese größte Art der Fledertiere findet man auf dem Festland und den Inseln Südostasiens.

22–25 cm

INDISCHER RIESENFLUGHUND
Pteropus medius
Die in Indien und Teilen Südostasiens vorkommende Art lebt in großen Kolonien in Wäldern und Sümpfen.

18–28 cm

SCHWARZER FLUGHUND
Pteropus alecto
Diese Art hat eine Flügelspannweite von über einem Meter. Sie lebt in Indonesien, Neuguinea und Nordaustralien.

23–30 cm

BRILLENFLUGHUND
Pteropus conspicillatus
Dieser Flughund bewohnt den primären und den sekundären Regenwald auf den Molukken (Indonesien), auf Neuguinea und im Nordosten Queenslands (Australien).

23–29 cm

GRAUKOPF-FLUGHUND
Pteropus poliocephalus
Dieses größte australische Fledertier lebt in gemeinsamen Ruheplätzen im Regenwald und in anderen Wäldern.

HINTERINDISCHER FLUGHUND

Pteropus lylei

Der Hinterindische Flughund ist ein mittelgroßer Vertreter der Familie Pteropodidae. Flughunde sind gesellige Tiere, die sich tagsüber zu Hunderten zum Schlafen in einem Baum versammeln können, um in der Abenddämmerung auf der Suche nach reifen Früchten auszuschwärmen. Obwohl sie manchmal Bäume beschädigen, sind Flughunde für die Bestäubung und Samenverbreitung vieler Pflanzen wichtig, auch für die vieler Kulturpflanzen. Flughunde leben in den Tropen Afrikas, Asiens und Australiens, obwohl diese Art nur in Kambodscha, Thailand und Vietnam vorkommt. Sie bewohnt bewaldete Gebiete, darunter auch Mangroven und Obstplantagen.

GRÖSSE 16–24 cm
LEBENSRAUM Wälder
VERBREITUNG Ost-, Südostasien
NAHRUNG Früchte und Blätter

Alle Fledertiere besitzen eine Daumenkralle, doch nur die Flughunde haben auch eine Kralle am zweiten Finger.

∨ HUNDEGESICHT
Flughunde besitzen große Augen zur Navigation und große Nasen zum Finden von Früchten, Pollen und Nektar, sodass sie ein hundeähnliches Aussehen aufweisen.

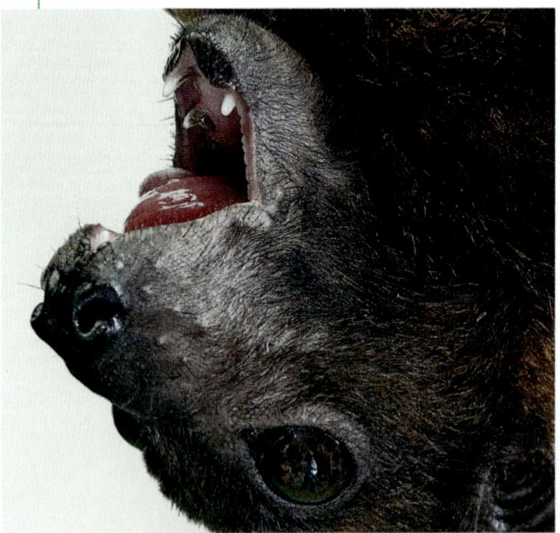

< GREIFKRALLEN
Die scharfen gebogenen Krallen sind perfekt geeignet, um an Ästen zu hängen. Dabei halten die Sehnen die Position, sodass die Krallen ohne Einsatz von Muskelkraft gekrümmt bleiben.

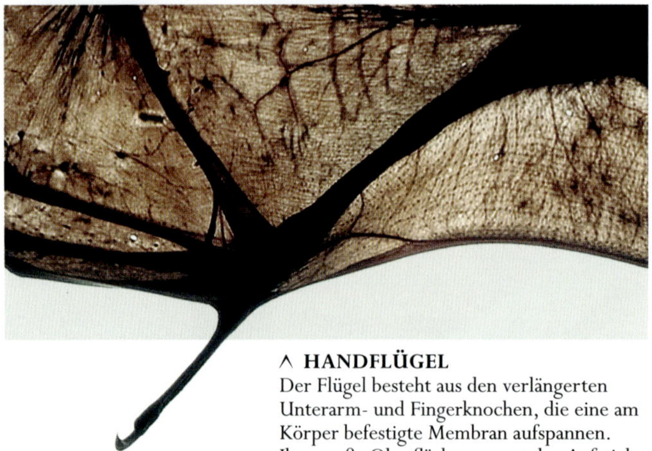

∧ HANDFLÜGEL
Der Flügel besteht aus den verlängerten Unterarm- und Fingerknochen, die eine am Körper befestigte Membran aufspannen. Ihre große Oberfläche erzeugt den Auftrieb.

∧ SCHWANZ ODER NICHT?
Pteropus-Arten haben keinen Schwanz, doch bei manchen wird eine Membran von einem Calcar genannten Sporn aufgespannt.

KOPFÜBER LAUFEN >
Flughunde benutzen ihre große Daumenkralle, um sich entlang der Äste zu bewegen. Mithilfe der Kralle können sie auch beim Fressen Früchte halten.

∧ EINGEWICKELT
Beim Schlafen hängen die meisten Flughunde mit dem Kopf nach unten und wickeln sich in ihre Flugmembran ein. Unbeschattet schlafende Flughunde riskieren Überhitzung, sodass sie mit den Flügeln schlagen und sich einspeicheln, um sich abzukühlen.

< ABHÄNGEN
Nur wenige Fledertiere können sich gut auf dem Boden bewegen oder von einer ebenen Fläche auffliegen. Aus der hängenden Position können sie jedoch sofort losfliegen. Tagsüber hängen sie beim Schlafen mit dem Kopf nach unten und drängen sich oft aneinander, um warm zu bleiben.

HUFEISENNASEN

Arten der Familie Hufeisennasen (Rhinolophidae) sind über Europa, Afrika, Asien und Australasien verbreitet. Ihr Nasenblatt ist charakteristisch hufeisenförmig. Sie besitzen die am weitesten entwickelte Echoortung aller Fledertiere, in Bezug auf die Schallabstrahlung und auf den Empfang.

KLEINE HUFEISENNASE
Rhinolophus hipposideros
Die in Europa, Nordafrika und Westasien vorkommende Kleine Hufeisennase ist eine der kleinsten Fledermäuse der Welt.

MEHELEY-HUFEISENNASE
Rhinolophus mehelyi
Diese Höhlen bewohnende mittelgroße Art kommt in Inselpopulationen in Süd- und Osteuropa sowie im Nahen Osten vor.

GROSSE HUFEISENNASE
Rhinolophus ferrumequinum
Diese größte europäische Hufeisennase kommt von Europa über Asien bis nach Japan vor.

RUNDBLATTNASEN

Die in einem großen Teil Afrikas, Asiens und Australasiens lebenden Arten der Familie Rundblattnasen (Hipposideridae) weisen kompliziert gebaute Nasenblätter auf. Wie bei den Hufeisennasen sind die Hinterfüße nur sehr schwach entwickelt.

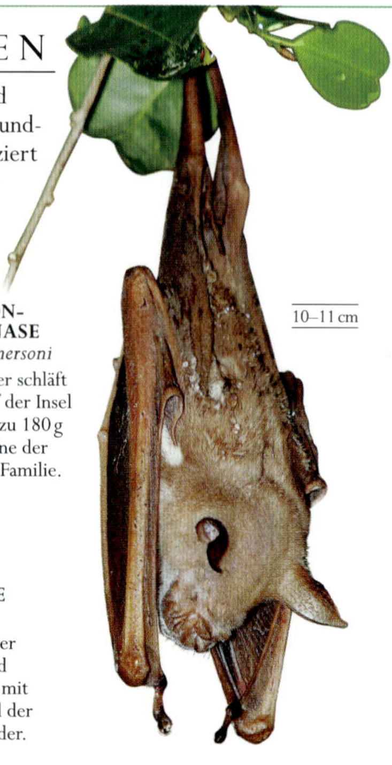

COMMERSON-RUNDBLATTNASE
Hipposideros commersoni
Dieser Waldbewohner schläft in hohlen Bäumen auf der Insel Madagaskar. Mit bis zu 180 g Gewicht ist dies eine der größten Arten ihrer Familie.

GEWÖHNLICHE RUNDBLATTNASE
Hipposideros caffer
Diese Savannenbewohner schlafen in Höhlen und Gebäuden in ganz Afrika mit Ausnahme der Sahara und der zentralafrikanischen Wälder.

MAUSSCHWANZ-FLEDERMÄUSE

Die Schwänze sind fast so lang wie ihre Körper und stellen ein typisches Merkmal der Familie Mausschwanzfledermäuse (Rhinopomatidae) dar. Die Tiere haben fleischige Schnauzen und ihre großen Ohren sind an der Basis verbunden.

MAUSSCHWANZ-FLEDERMAUS
Rhinopoma spec.
Sechs Arten dieser schnellen insektenfressender Fledermäuse leben in trockenen und halb trockenen Regionen Nordafrikas, des Nahen Ostens und Indiens.

HUMMELFLEDERMÄUSE

Die einzige Art der Familie Hummelfledermäuse (Craseonycteridae) hat lange breite Flügel, mit denen sie im Rüttelflug auf der Stelle schweben kann. Ihr fehlt sowohl ein Schwanz als auch der Calcar genannte knorpelige Sporn am Knöchel.

HUMMELFLEDERMAUS
Craseonycteris thonglongyai
Die auch als Schweinsnasen-Fledermaus bezeichnete Art ist eins der kleinsten Säugetiere und lebt in an Flüssen gelegenen Höhlen in Thailand und Myanmar.

GROSSBLATTNASEN

Zur Familie Großblattnasen (Megadermatidae) gehören sechs relativ große echoortende Arten. Diese Insektenfresser besitzen große Ohren und Augen sowie eine breite Schwanzflughaut, aber einen kleinen oder gar keinen Schwanz.

AUSTRALISCHE GESPENSTFLEDERMAUS
Macroderma gigas
Die nur in Nordaustralien vorkommende Art gehört zu den größten Fledermäusen und jagt kleine Wirbeltiere.

GLATTNASIGE FREISCHWÄNZE

Die Arten der Familie Glattnasige Freischwänze (Emballonuridae) tragen ihren deutschen Namen, weil ihre Schwanzspitze durch die Schwanzmembran hindurchragt. Wegen der sackartigen Duftdrüsen an den Flügeln werden sie auch als Sackflügel-Fledermäuse bezeichnet.

7,5–8,5 cm

HILDEGARDS GRABFLATTERER
Taphozous hildegardeae
Die in Höhlen schlafende Art ernährt sich in den Küstenwäldern von Kenia und Tansania von Insekten.

4–5 cm

KLEINER GLATTNASEN-FREISCHWANZ
Emballonura monticola
Der kurze Schwanz dieser Art scheint in einer Scheide zu verschwinden. Sie lebt in Indonesien, Malaysia, Myanmar und Thailand.

3,5–5 cm

NASENFLEDERMAUS
Rhynchonycteris naso
Diese Art schläft tagsüber in Gruppen an der Unterseite von Ästen. Sie lebt in den tropischen Wäldern Mittel- und Südamerikas.

4,5–6 cm

GROSSE SACKFLÜGEL-FLEDERMAUS
Saccopteryx bilineata
Die Männchen dieser mittel- und südamerikanischen Art locken Weibchen mit dem Sekret ihrer Flügelsäcke an.

BLATTNASEN

Die Arten der Familie Blattnasen (Phyllostomidae) sind vom Südwesten der USA bis ins nördliche Argentinien verbreitet. Die meisten besitzen große Ohren und ein Nasenblatt, das wie eine Lanzenspitze geformt ist, um die Echoortung zu unterstützen.

6,5–10 cm

KLEINE LANZENNASE
Phyllostomus discolor
Diese Art gibt ihre Echoortungs-Rufe durch ihre Nase ab. Sie kommt in Mittel- und Südamerika vor.

5,5–7,5 cm

GELBOHR-FLEDERMAUS
Uroderma bilobatum
Die in den Tieflandwäldern von Mexiko bis zum zentralen Südamerika lebende Art baut sich Unterstände aus Blättern.

4,5–6 cm

GERVAIS' FRUCHTVAMPIR
Artibeus cinereus
Die besonders gern in Palmen schlafende Art lebt in Südamerika, einschließlich Venezuela, Brasilien und den Guyana-Staaten.

4,5–7 cm

SEBAS KURZSCHWANZ-BLATTNASE
Carollia perspicillata
Die Art lebt in den feuchten und trockenen Laubwäldern eines großen Teils von Mittel- und Südamerika. Sie ist ein nicht spezialisierter Fruchtfresser.

4,5–6 cm

SEIDIGE KURZSCHWANZ-BLATTNASE
Carollia brevicauda
Diese Art ist in Mittelamerika und Amazonien weit verbreitet. Indem sie die Samen der Früchte tragenden Bäume verbreitet, unterstützt sie die Aufforstung.

8–10,5 cm

KALIFORNISCHE GROSSOHR-FLEDERMAUS
Macrotus californicus
Die eher nach Sicht als nach Echoortung Nachtfalter jagende Art lebt im Norden Mexikos und im Südosten der USA.

6–7,5 cm

GEOFFROYS BLÜTEN-FLEDERMAUS
Anoura geoffroyi
Dieser spezialisierte Nektarfresser hat längliche Backenzähne und eine pinselartige Zungenspitze. Er lebt in Mittel- und Südamerika.

7–9,5 cm

FRANSENLIPPEN-FLEDERMAUS
Trachops cirrhosus
Diese Fledermaus jagt Frösche, die sie an ihren Rufen erkennt. Sie lebt in Mittel- und Südamerika.

6–8 cm

STREIFEN-FRUCHTVAMPIR
Platyrrhinus lineatus
Die Art weist weiße Streifen auf Kopf und Rücken auf. Sie lebt in den feuchten Wäldern des zentralen Südamerikas.

7–9,5 cm

VAMPIRFLEDERMAUS
Desmodus rotundus
Diese für das Trinken von Säugetierblut berüchtigte Fledermaus lebt in den verschiedensten Lebensräumen in Mittel- und Südamerika.

NACKTRÜCKEN-FLEDERMÄUSE

Die Flügel der Arten der Familie Mormoopidae setzen meist auf dem daher »nackten« Rücken an. Steife Haare säumen die Schnauze.

4,5–6 cm

KLEINE NACKT-RÜCKENFLEDERMAUS
Pteronotus davyi
Anders als bei anderen Fledermäusen treffen sich die Flügel auf dem Rücken. Die Art lebt in Mexiko und Südamerika.

HASENMÄULER

Beide Arten der Familie Hasenmäuler (Noctilionidae) haben lange Beine, große Füße, Krallen und volle Lippen. Sie können mit ihren Backentaschen Nahrung im Flug transportieren.

8–10 cm

GROSSES HASENMAUL
Noctilio leporinus
Die Art ist darauf spezialisiert, mit den Krallen Fische von der Wasseroberfläche zu fangen. Sie lebt im tropischen Mittel- und Südamerika.

TRICHTEROHREN

Die Arten der Familie Trichterohren (Natalidae) sind klein und schlank. Die erwachsenen Männchen tragen zur Sinneswahrnehmung ein sogenanntes Natalidenorgan auf der Schnauze.

3,8–4,3 cm

MEXIKANISCHES TRICHTEROHR
Natalus mexicanus
Diese insektenfressende, meist in Höhlen schlafende Fledermaus lebt in Mittel- und Südamerika. Sie schläft in Höhlen und manchmal in aufgegebenen Minen.

SCHLITZ-NASEN

Die Arten der Familie Schlitznasen (Nycteridae) haben eine Furche von ihren Nasenlöchern bis zur Grube zwischen den Augen. Der Knorpel am Schwanzende endet in Form eines »Y«.

6,5–7,5 cm

MALAIISCHE SCHLITZNASE
Nycteris tragata
Die Furche im Gesicht hilft dem Tier die Echoortungs-Rufe zu bündeln. Die Art lebt in tropischen Wäldern in Myanmar, Malaysia, Sumatra und Borneo.

NEUSEELAND-FLEDERMÄUSE

Die einzige Art der Familie Neuseeland-Fledermäuse (Mystacinidae) kann ihre Flughäute einrollen, da sie sich oft auf dem Boden bewegt.

6–8 cm

KLEINE NEUSEELAND-FLEDERMAUS
Mystacina tuberculata
Knapp über dem Waldboden fliegend, findet die Kleine Neuseeland-Fledermaus ihre Beute mit dem Geruchssinn im Falllaub.

HAFTSCHEIBEN-FLEDERMÄUSE

Zur Familie Thyropteridae gehören fünf Arten, die sich mit Haftscheiben an Handgelenken und Knöcheln an glatten Blättern festhalten können.

4–5 cm

DREIFARBIGE HAFTSCHEIBEN-FLEDERMAUS
Thyroptera tricolor
Dieser Insektenfresser bewohnt Tieflandwälder vom Süden Mexikos bis zum Südosten Brasiliens. Er schläft mit nach oben gerichtetem Kopf in gefalteten Blättern.

BULLDOGG-FLEDERMÄUSE

Die Arten der Familie Bulldoggfledermäuse (Molossidae) besitzen einen Schwanz, der über das Ende der Schwanzflughaut hinausragt. Sie sind robuste Arten mit langen, schmalen Flügeln zum schnellen Flug.

8–9 cm

EUROPÄISCHE BULLDOGGFLEDERMAUS
Tadarida teniotis
Das Verbreitungsgebiet dieser einzigen europäischen Bulldoggfledermaus reicht vom Mittelmeer bis nach Süd- und Südostasien.

11–14 cm

GROSSOHRIGE RIESENBULLDOGGFLEDERMAUS
Otomops martiensseni
Die Rufe dieser afrikanischen Art sind wie die der Europäischen Bulldoggfledermaus ungewöhnlich tieffrequent und daher von Menschen leicht zu hören.

4,5–6,5 cm

MEXIKANISCHE BULLDOGGFLEDERMAUS
Tadarida brasiliensis
Kolonien mit Millionen Tieren dieser Art findet man in Höhlen und unter Brücken in Texas und Mexiko.

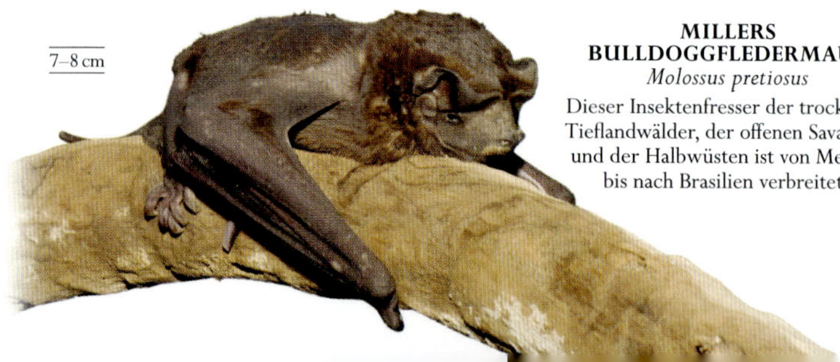

7–8 cm

MILLERS BULLDOGGFLEDERMAUS
Molossus pretiosus
Dieser Insektenfresser der trockenen Tieflandwälder, der offenen Savannen und der Halbwüsten ist von Mexiko bis nach Brasilien verbreitet.

GLATTNASEN

Mit 496 Arten ist die Familie Glattnasen (Vespertilionidae) die größte der Fledertiere. Mit Ausnahme der Polarregionen ist sie weltweit verbreitet. Die meisten Arten ernähren sich von Insekten. Sie besitzen glatte Nasen sowie kleine Augen.

5–6 cm

LANGFLÜGEL-FLEDERMAUS
Miniopterus schreibersii
Diese Art hat lange Fingerknochen und breite Flügel. Sie ist in Inselpopulationen in Südwesteuropa und Nord- und Westafrika verbreitet.

4–6 cm

GRAUES LANGOHR
Plecotus austriacus
Die Ohren dieser Art sind fast genauso lang wie ihr Körper. Sie lebt in Mittel- und Südeuropa sowie in Nordafrika.

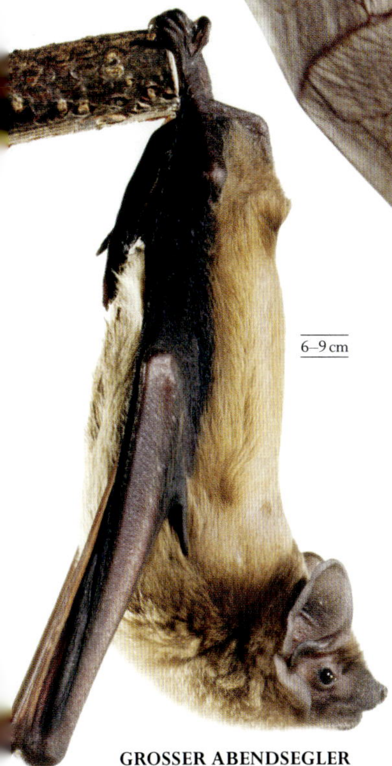

6–9 cm

GROSSER ABENDSEGLER
Nyctalus noctula
Dieser schnelle und kräftige Flieger mit schmalen, schwarzbraunen Flügeln ist über Nordosteuropa und Teile Asiens verbreitet.

5–8,5 cm

GROSSE BRAUNE FLEDERMAUS
Eptesicus fuscus
Die oft in Gebäuden schlafende insektenfressende Art ist von Südkanada bis nach Nordbrasilien und einigen karibischen Inseln verbreitet.

4,5–6,5 cm

ZWEIFARBFLEDERMAUS
Vespertilio murinus
Diese hellbäuchige, dunkelrückige Art lebt in Bergen, Steppen und Wäldern von Ost- und Mitteleuropa bis nach Asien. Sie ist auch in Städten zu finden.

4–5 cm

FRANSEN-FLEDERMAUS
Myotis nattereri
Die von Nordwestafrika über Europa bis Südwestasien vorkommende Art fängt bei langsamem, rüttelndem Flug Insekten in ihrer mit Haaren gesäumten Schwanzflughaut.

4–5 cm

AMERIKANISCHE ZWERGFLEDERMAUS
Pipistrellus subflavus
Diese Art überwintert in Felsspalten, Höhlen und Minen. Sie kommt im Osten Nordamerikas von Südkanada bis Honduras vor.

3,5–5,5 cm

ZWERGFLEDERMAUS
Pipistrellus pipistrellus
Diese Art ist die am weitesten verbreitete Zwergfledermaus. Sie kommt von Westeuropa bis Zentralchina und bis nach Nordafrika vor.

4,5–6 cm

NORDAMERIKANISCHE FRANSENFLEDERMAUS
Myotis thysanodes
Die Schwanzflughaut der im westlichen Nordamerika lebenden Art ist ebenfalls mit Haaren gesäumt.

4,5–5,5 cm

RAUHAUTFLEDERMAUS
Pipistrellus nathusii
Diese Art ist im Frühjahr und Herbst zu Wanderungen von über 1900 km Länge in der Lage. Sie kommt vor allem in Mittel- und Osteuropa vor.

4,5–5,5 cm

WASSERFLEDERMAUS
Myotis daubentonii
Diese eurasische Art hat recht große Füße, mit denen sie von Wasserflächen aufsteigende Insekten fängt.

IGEL, MAULWÜRFE UND SPITZMÄUSE

Vier Familien in zwei Ordnungen sind zu der neu gruppierten Ordnung der Insektenfresser (Eulipotyphla) zusammengefasst worden. Sie umfasst vor allem kleine, langschnauzige Arten.

Die vier Familien der Eulipotyphla sind die Erinaceidae (Igel), Solenodontidae (Schlitzrüssler), Talpidae (Maulwürfe) und Soricidae (Spitzmäuse). Die meisten Arten der Erinaceidae tragen Stacheln (nur die Rattenigel haben ein Fell) und sind meist bodenbewohnend und nachtaktiv. Die Solenodontidae ist die kleinste Familie mit den beiden größten Arten, die beide auf karibischen Inseln leben. Die Familie Talpidae ist die vielseitigste der vier Familien. Zu ihr gehören 54 Arten mit verschiedenen Formen grabender Maulwürfe und am Wasser lebender Desmane. Die Familie Soricidae ist mit 450 Arten die größte der Familien, doch zu ihr gehört mit der Etruskerspitzmaus das kleinste Säugetier.

GIFTIGER SPEICHEL

Die gut an die Insektennahrung angepasste lange, bewegliche Schnauze der Spitzmäuse, Maulwürfe, Desmane und Schlitzrüssler enthält viele spitze Zähne, mit denen die Tiere ihre Beute fangen und töten, etwa Regenwürmer, andere Wirbellose und kleine Wirbeltiere. Einige Arten produzieren giftigen Speichel, der bei den Schlitzrüsslern über eine Furche in den zweiten unteren Schneidezähnen abgegeben wird und die Beute lähmt. Igel sind selbst nicht giftig, doch manche sind weitgehend gegen Schlangengifte immun.

STAMM	CHORDATA
KLASSE	MAMMALIA
ORDNUNG	EULIPOTYPHLA
FAMILIEN	4
ARTEN	530

Ihre Immunität gegen viele Schlangengifte erlaubt es Igeln auch, gelegentlich Schlangen zu verzehren.

IGEL UND RATTENIGEL

Die Arten der Familie Igel (Erinaceidae) besitzen lange, empfindliche Schnauzen und behaarte Schwänze. Sie fressen nahezu alles, von Wirbellosen und Früchten bis zu Eiern und Aas. Die eurasischen und afrikanischen Igel tragen spitze Stacheln, während die südostasiatischen Rattenigel normale Haare besitzen und an Ratten oder Opossums erinnern. Die Rattenigel besitzen Duftdrüsen, die einen starken Knoblauchgeruch zur Reviermarkierung abgeben.

KAP-IGEL
Atelerix frontalis
Der Gras- und Buschland sowie Gärten bewohnende südafrikanische Igel trägt ein weißes Band auf der Stirn, das einen guten Kontrast zu seinem dunklen Gesicht herstellt.

ALGERISCHER IGEL
Atelerix algirus
Der in verschiedenen Lebensräumen des Mittelmeergebiets lebende, langbeinige Igel hat ein helles Gesicht und einen hellen Bauch sowie einen stachellosen »Scheitel« auf dem Kopf.

WESTEUROPÄISCHER IGEL
Erinaceus europaeus
Die in ganz Westeuropa zu findende Art bewohnt Wälder, Ackerland und Gärten. In kühleren Regionen überwintert sie in einem Nest aus Blättern und Gras.

WEISSBAUCHIGEL
Atelerix albiventris
Der innerste Zeh der Hinterfüße fehlt bei dieser Art wie auch bei den anderen Afrikanischen Igeln der Gattung *Atelerix*.

ÄTHIOPISCHER IGEL
Paraechinus aethiopicus
Dieser kleine, in Afrika und dem Nahen Osten lebende Igel ist gegen die Gifte von Schlangen und Skorpionen immun, die einen großen Teil seiner Nahrung ausmachen.

STREITFRAGE

VERWANDTSCHAFT

Genetische Untersuchungen der Arten der Eulipotyphla deuten darauf hin, dass sie einen gemeinsamen Vorfahren haben. Die Spitzmäuse sind demnach enger mit den Igeln verwandt und nicht mit den Maulwürfen und Schlitzrüsslern, wie man es früher angenommen hatte. Allerdings müssen die genauen Verwandtschaftsverhältnisse der Maulwürfe zu den Spitzmäusen und Igeln noch genauer untersucht werden.

16–28 cm

LANGOHR-IGEL
Hemiechinus auritus
Lange Ohren helfen diesem nachtaktiven Igel Wärme abzustrahlen und sich in den nordafrikanischen und zentralasiatischen Wüsten abzukühlen.

25–46 cm

GROSSER RATTENIGEL
Echinosorex gymnurus
Die an eine Ratte erinnernde hell gefärbe, nachtaktive Art bewohnt Sümpfe und andere Feuchtgebiete in Malaysia.

30–40 cm

KURZSCHWANZ-RATTENIGEL
Hylomys suillus
Die einzelgängerische südostasiatische Art lebt in Wäldern mit dichtem Unterholz. Mit ihrer langen, beweglichen Schnauze sucht sie nach Wirbellosen, frisst aber auch Früchte.

SCHLITZRÜSSLER

Die Schlitzrüssler (Solenodontidae) bilden die älteste Gruppe der Insektenfresser. Sie haben sich von den übrigen Eulipotyphla vor etwa 75 Millionen Jahren getrennt. Sie haben lange, biegsame Schnauzen, nackte, schuppige Schwänze, kleine Augen und ein raues Fell. Ungewöhnlich für Säugetiere, besitzen sie giftigen Speichel, mit dem sie Beute von Wirbellosen bis zu kleinen Reptilien überwältigen können.

27–49 cm

HISPANIOLA-SCHLITZRÜSSLER
Solenodon paradoxus
Dies ist eine von zwei heute noch lebenden Arten der Familie der Schlitzrüssler. Sie ist nur von Hispaniola bekannt, der Karibikinsel, die östlich von Kuba liegt.

20–36 cm

KUBA-SCHLITZRÜSSLER
Solenodon cubanus
Im 20. Jahrhundert meinte man irrtümlich, dass diese nachtaktive Art, die ein längeres Fell als ihr Verwandter besitzt, ausgestorben sei.

MAULWÜRFE UND DESMANE

Die kleinen, dunklen Insektenfresser der Familie Maulwürfe (Talpidae) sind mit ihren zylindrischen Körpern, dem kurzen, dichten Fell und den empfindlichen unbehaarten Schnauzen gut an eine grabende Lebensweise angepasst. Die schaufelartigen Vorderfüße mit ihren starken Krallen sind ständig nach außen gebogen. Dagegen besitzen die im Wasser lebenden Desmane mit steifen Haaren gesäumte Schwimmhäute und lange, flache Schwänze.

STERNMULL
Condylura cristata
Dieser halbaquatische nordamerikanische Maulwurf besitzt elf Paare fleischiger Nasenanhänge und erkennt seine Beute durch Berührung.

9,5–13 cm

11–16 cm

10–15,5 cm

KLEINER JAPANISCHER MAULWURF
Mogera imaizumii
Diese Art lebt in lockerer Erde. Anhand der Bezahnung kann man sie von nahen Verwandten unterscheiden.

EUROPÄISCHER MAULWURF
Talpa europaea
Diese scheue Art gräbt ausgedehnte Tunnelnetze, die an der Oberfläche oft an den typischen Hügeln zu erkennen sind.

19–24 cm

RUSSISCHER DESMAN
Desmana moschata
Diese größte Art ihrer Familie besitzt als Anpassung an das Schwimmen einen langen, platten Schwanz und Schwimmhäute an den Hinterfüßen.

11–16 cm

13–15,5 cm

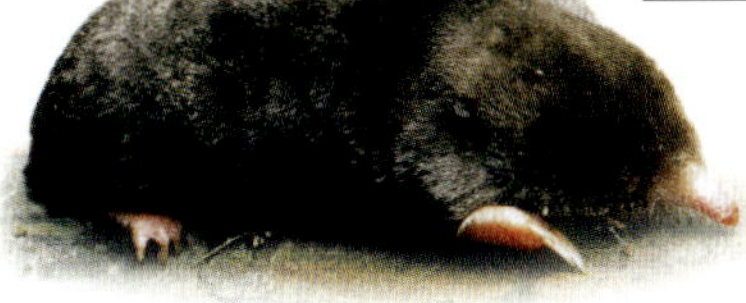

OSTAMERIKANISCHER MAULWURF
Scalopus aquaticus
Bei diesem gern in feuchten, sandigen Böden grabendem Maulwurf sind Ohren und Augen mit Fell bedeckt.

PYRENÄEN-DESMAN
Galemys pyrenaicus
Die in den Gebirgsbächen der Pyrenäen lebende Art gräbt selten Baue. Sie versteckt sich in Felsspalten oder Bauen von Wasserspitzmäusen.

SPITZMÄUSE

Mit ihren spitzen Schnauzen und Zähnen sind die Arten der Familie Spitzmäuse (Soricidae) überwiegend Insektenfresser, nehmen aber auch Samen, Früchte und Aas an. Die meist an Land lebenden Tiere müssen pro Tag mindestens 80 % ihres eigenen Körpergewichts fressen. Sie können schlecht sehen, aber hervorragend hören und riechen. Sie setzen sogar Echoortung ein.

GARTENSPITZMAUS
Crocidura suaveolens
Wie andere Arten ihrer Gattung besitzt auch diese nicht die Eiseneinlagerungen, die bei vielen Spitzmäusen für rote Zahnspitzen sorgen.

4,5–8 cm

6,5–9,5 cm

helle Füße

SÜDAFRIKANISCHE SPITZMAUS
Crocidura cyanea
Die Männchen benutzen einen starken Moschusduft zur Reviermarkierung.

9–16 cm

MOSCHUSSPITZMAUS
Suncus murinus
Die in Südasien heimische, aber auch in anderen Teilen Asiens und Afrikas eingeschleppte anpassungsfähige Art lebt oft in der Nähe menschlicher Behausungen.

9–11,5 cm

NÖRDLICHE KURZSCHWANZSPITZMAUS
Blarina brevicaudus
Diese große, giftige nordamerikanische Art sucht ihre Nahrung in gegrabenen Tunneln oder unter Falllaub und Schnee.

5–7 cm

GRAUE WÜSTENSPITZMAUS
Notiosorex crawfordi
Die in trockenen Gebieten Nordamerikas lebende Art kommt ohne zu trinken aus. Sie produziert hoch konzentrierten Urin.

3,5–5 cm

ETRUSKERSPITZMAUS
Suncus etruscus
Mit nur 2 g Gewicht gehört die Art zu den kleinsten Säugetieren. Sie kommt in Südeuropa und im Nahen Osten vor. Es gibt nah verwandte Arten in Asien.

5,5–8 cm

WALDSPITZMAUS
Sorex araneus
Diese in Nordeuropa am weitesten verbreitete Spitzmaus ist auf der Nahrungssuche ganzjährig Tag und Nacht aktiv.

4–6,5 cm

ZWERGSPITZMAUS
Sorex minutus
Die Art ist kleiner als die Waldspitzmaus, mit der sie oft gemeinsam lebt, hat aber einen im Verhältnis längeren, stärker behaarten Schwanz.

6–7,5 cm

ALPENSPITZMAUS
Sorex alpinus
Der Schwanz dieser mitteleuropäischen Art ist so lang wie Kopf und Körper zusammen und dient der Balance.

kurzes, samtartiges Fell

5–7 cm

KLEINOHRSPITZMAUS
Cryptotis parvus
Diese Art überwältigt verschiedenste Beute. Sie beißt auch in die Schwänze von Eidechsen und frisst sie, wenn sie abgeworfen werden.

WASSERSPITZMAUS
Neomys fodiens
Die steifen Haare auf den Füßen und dem Schwanz verbessern die Schwimmfähigkeit dieser großen Spitzmaus, die vor allem im Wasser jagt.

7,5–10,5 cm

SCHUPPENTIERE

Wenn man von den großen Hornschuppen absieht, erinnern diese Tiere wegen ihres Erscheinungsbilds und ihrer Nahrung an Ameisenbären.

Die überwiegend nachtaktiven, aber nur kleine Augen besitzenden Schuppentiere finden ihre Nahrung mit ihrem sehr guten Geruchssinn. Trotz der Ähnlichkeit mit den Ameisenbären gehören sie in eine ganz andere Ordnung (Pholidota) und sind die nächsten Verwandten der Raubtiere.

Die hornigen, den gesamten Körper bedeckenden Schuppen können ein Fünftel des Körpergewichts ausmachen. Trotzdem sind die Tiere hervorragende Schwimmer. Sie leben am Erdboden oder in den Bäumen. Bodenbewohner schlafen in tiefen Bauen, Baumbewohner in Baumhöhlen.

Mit ihren kräftigen Klauen können Schuppentiere Insektenbaue öffnen. Die Nahrung erbeuten sie mit der klebrigen Zunge, die sie bis zu 40 cm weit aus dem Maul strecken können. Wegen der Größe der Vorderkrallen laufen die Tiere mit eingeklappten Zehen auf den Handgelenken.

VOR ANGRIFFEN SICHER

Die Schuppen dienen als Schutz vor Angriffen. Zusätzlich rollen sich die Tiere bei Bedrohung und im Schlaf zusammen. Außerdem können sie eine übel riechende Flüssigkeit aus ihren Analdrüsen abgeben, mit der sie auch ihr Revier markieren. Trotzdem werden sie wegen ihres Fleischs, der Schuppen und ihrem angeblichen Wert in der traditionellen chinesischen Medizin verfolgt.

STAMM	CHORDATA
KLASSE	MAMMALIA
ORDNUNG	PHOLIDOTA
FAMILIEN	1
ARTEN	8

Mit der langen, klebrigen Zunge kann dieses Steppenschuppentier sowohl trinken als auch Insekten fangen.

SCHUPPENTIERE

Die acht Arten der Familie Schuppentiere (Manidae) leben im tropischen Afrika und Asien. Ihre Haut ist von großen Hornschuppen geschützt. Bei Bedrohung können sie sich zu einer Kugel zusammenrollen, wobei die scharfen Schuppenränder einen zusätzlichen Schutz bieten. Mit den Krallen der Vorderbeine öffnen sie die Baue der Ameisen und Termiten, um sie mit dem klebrigen Speichel ihrer langen Zungen zu erbeuten.

MALAIISCHES SCHUPPENTIER
Manis javanica
Weibchen dieser teils baumbewohnenden Art bekommen meist nur ein Junges, das schon im Alter von wenigen Tagen auf dem Schwanz getragen wird.

WEISSBAUCHSCHUPPENTIER
Manis tricuspis
Dieser äquatorialafrikanische Baumbewohner hat ein helles Fell und dreispitzige Schuppen, doch nutzen sich die Spitzen oft im Alter ab.

LANGSCHWANZ-SCHUPPENTIER
Manis tetradactyla
Die westafrikanische Art lebt in den Baumkronen. Der Greifschwanz macht zwei Drittel seiner Gesamtlänge aus.

VORDERINDISCHES SCHUPPENTIER
Manis crassicaudata
Die überlappenden Schuppen und die zur Verteidigung abgegebene Flüssigkeit schützen diese Art sogar vor dem Tiger.

STEPPEN-SCHUPPENTIER
Manis temminckii
Diese einzige in Süd- und Ostafrika vorkommende Art ist sehr scheu. Sie ist nachtaktiv und läuft auf vier Beinen, beim Fressen auch nur auf zweien.

RAUBTIERE

Die Körper der überwiegend fleischfressenden Raubtiere sind an die Jagd und ihre Zähne an das Ergreifen und das Töten der Beute angepasst.

Die ersten bekannten Fossilien der Raubtiere (Carnivora) sind etwa 55 Millionen Jahre alt. Es handelte sich um kleine Baumbewohner, doch ihre Nachkommen, zu denen einige der größten Räuber der Welt gehören, weisen die verschiedensten Formen und Lebensweisen auf. In der Größe reichen sie vom 26 cm kleinen Mauswiesel bis zum Südlichen See-Elefant mit bis zu 5 m Länge. Zu den Raubtieren gehört mit dem Gepard das schnellste Landsäugetier, aber auch der berühmte Große Panda. Mit Ausnahme von Australien, wo sie durch den Menschen eingeführt worden sind, kommen Raubtiere auf jedem Kontinent vor. Und sie leben nicht nur auf dem Trockenen: Die 34 Robben-Arten sind in den Meeren zu Hause.

EIGENSCHAFTEN

Bei einer solchen Vielfalt ist es nicht leicht, die Gemeinsamkeiten herauszustellen. Zu den wichtigsten Merkmalen gehören die Zähne. Alle Raubtiere besitzen vier lange Eckzähne und spezielle, als Reißzähne bezeichnete Backenzähne zum Zerteilen von Fleisch. Ihre scharfen Kanten wirken wie Scheren. Die meisten Raubtiere fressen zumindest etwas Fleisch, doch nur wenige ernähren sich ausschließlich davon. Verschiedene Arten wie die Füchse und Waschbären sind Allesfresser und nur eine Art, der Große Panda, ist ein nahezu reiner Pflanzenfresser. Seine Nahrung besteht hauptsächlich aus Bambus.

EINZELGÄNGER ODER RUDELTIER

Raubtiere können wie die meisten Marder und Bären Einzelgänger oder sehr gesellig sein, wie es die Wölfe oder die Erdmännchen sind. Gesellige Arten leben in gut organisierten Gruppen und teilen sich die Verantwortung für die Jagd, die Aufzucht der Jungen und die Verteidigung des Reviers. Robben sind meistens während der Paarungszeit gesellig, wenn sie sich auf dem Trockenen paaren und auch ihre Jungen gebären. Manche Arten versammeln sich an beliebten Plätzen zu Hunderten oder sogar zu Tausenden.

STAMM	CHORDATA
KLASSE	MAMMALIA
ORDNUNG	CARNIVORA
FAMILIEN	16
ARTEN	288

STREITFRAGE

ROBBEN ALS RAUBTIERE?

Auf den ersten Blick scheint es unglaublich zu sein, dass die Robben der früheren Ordnung Pinnipedia zur gleichen Gruppe wie die Marder und Wildkatzen gehören sollen. Doch der Aufbau der Schädel und Zähne sowie ihre DNA erzählen eine andere Geschichte. Robben besitzen zum Schwimmen umgebildete Gliedmaßen, müssen aber anders als Wale zur Vermehrung an Land kommen. Fossile und molekulare Daten deuten darauf hin, dass alle Robben einen gemeinsamen bären- oder marderähnlichen Vorfahren besitzen, der sich von den anderen Raubtieren vor etwa 23 Millionen Jahren getrennt hat.

HUNDE

Die Arten der Familie Hunde (Canidae) sind mittelgroße, langbeinige Säugetiere, die meistens einen buschigen Schwanz und aufrechte Ohren besitzen. Sie sind schnelle, intelligente Raubtiere, nehmen meistens aber auch pflanzliche Nahrung zu sich. Der sehr gesellige Wolf ist der Vorfahre des Haushunds, der von Menschen vor über 14 000 Jahren domestiziert worden ist.

POLARFUCHS
Alopex lagopus
Dieser stämmige Fuchs lebt in den nördlichsten Regionen der Welt. Zu seinen variablen Farben gehört auch ein strahlendes Schneeweiß.

AFGHANFUCHS
Vulpes cana
Diese strikt nachtaktive Art bewohnt die Steppen der Arabischen Halbinsel und des Nahen Ostens. Sie frisst Wirbellose und Früchte.

STEPPENFUCHS
Vulpes corsac
Dieser in Rudeln lebende Fuchs der asiatischen Steppen ist ein opportunistischer Jäger kleiner Tiere. Er frisst auch pflanzliche Nahrung.

BENGALFUCHS
Vulpes bengalensis
Dieser Allesfresser bewohnt offene Gebiete in Nepal und Indien. Paare bleiben mehrere Jahre lang zusammen und ziehen mehrere Würfe auf.

KITFUCHS
Vulpes macrotis
Der in den südwestlichen USA lebende Fuchs kann sehr gut graben. Familien leben in Bauen mit bis zu 20 Eingängen.

SWIFTFUCHS
Vulpes velox
Dieser Verwandte des Steppenfuchses lebt in den mittleren USA und ist in Kanada wieder eingeführt worden, wo er 1938 ausgestorben war.

FENNEK
Vulpes zerda
Die großen Ohren des kleinen, nachtaktiven Fuchses dienen einem doppelten Zweck. Sie unterstützen das Hören und erleichtern die Wärmeabgabe.

SANDFUCHS
Vulpes rueppellii
Diese kleine, gesellige, von Nordafrika bis Pakistan vorkommende Art überlebt in der Wüste, indem sie die verschiedensten Pflanzen und Tiere frisst.

ROTFUCHS
Vulpes vulpes
Dieser sehr anpassungsfähige Jäger und Aasfresser ist das am weitesten verbreitete Raubtier der Welt und kommt fast auf der gesamten Nordhalbkugel vor.

LÖFFELHUND
Otocyon megalotis
Dieser Fuchs bewohnt offenes Gras- und Buschland in Süd- und Ostafrika. Das gesellige Tier frisst überwiegend Termiten und Käfer.

PAMPASFUCHS
Lycalopex gymnocercus
Dieser Einzelgänger der gemäßigten südamerikanischen Steppen jagt kleine Tiere und gelegentlich Schafe.

FESTLAND-GRAUFUCHS
Urocyon cinereoargenteus
Dieser relativ häufige Bewohner nord- und südamerikanischer Waldgebiete meidet Bereiche, in denen auch Kojoten und Luchse leben.

ANDENSCHAKAL
Pseudalopex culpaeus
Dieser große Einzelgänger des südamerikanischen Hochlands jagt größere Beute als die meisten Füchse.

MAIKONG
Cerdocyon thous
Dieser anpassungsfähige Allesfresser der südamerikanischen Grassteppen sowie der gemäßigten und tropischen Wälder frisst Früchte, Aas und kleine Tiere.

MARDERHUND
Nyctereutes procyonoides
Der ungewöhnliche Marderhund bewohnt ostasiatische Feuchtgebiete. Er klettert gut und hält als einzige Hunde-Art eine Winterruhe.

»

GOLDSCHAKAL
Canis aureus
Der Goldschakal ist eine schnelle, gesellige, sich opportunistisch ernährende Art, die in Afrika und Asien weit verbreitet ist.

SCHABRACKENSCHAKAL
Lupulella mesomelas
Dieser größte der afrikanischen Schakale ist ein anpassungsfähiger Allesfresser, der in Familiengruppen lebt. Er ist tag- und nachtaktiv.

STREIFENSCHAKAL
Lupulella adusta
Dieser weitverbreitete afrikanische Schakal ist ein nächtlicher Aasfresser und Jäger. Er wird oft von Farmern verfolgt.

KOJOTE
Canis latrans
Die in Nord- und Mittelamerika weitverbreitete und häufige Art jagt in Rudeln und kreuzt sich gelegentlich mit dem Wolf.

ÄTHIOPISCHER WOLF
Canis simensis
Rudel dieser zurzeit als seltenster Wolf betrachteten Art haben nur in den abgelegenen äthiopischen Hochländern überlebt.

POLARWOLF
Canis lupus arctos
Diese an ihrem hellen Fell zu erkennende Unterart des Wolfs lebt in Teilen Kanadas, Alaskas und Grönlands.

ROTWOLF
Canis rufus
Diese stark bedrohte Art der südöstlichen USA hat dank der Zuchtprojekte der 1980er-Jahre in besonderen Schutzgebieten überlebt.

WOLF
Canis lupus
Dieser anpassungsfähige Vorfahre des Haushunds hat ein großes Verbreitungsgebiet, das den größten Teil der Nordhalbkugel umfasst.

DINGO
Canis lupus dingo
Die Vorfahren dieses verwilderten Hundes sind vor etwa 4000 Jahren nach Australien gebracht worden, wo er schnell der Spitzenprädator geworden ist.

GOLDEN RETRIEVER
Canis lupus
Der in Schottland gezüchtete Jagdhund ist treu und intelligent und auch ein guter Haushund. Er liebt das Wasser.

BASSET
Canis lupus
Dieser Hund ist zur Spurensuche gezüchtet worden. Auf seinen kurzen Beinen bewegt er sich gut durch das Unterholz.

DALMATINER
Canis lupus
Die ursprünglich als Wach- und Jagdhunde gezüchteten Tiere haben später Pferdekutschen begleitet. Heute werden sie als Haustiere gehalten.

ALASKAN MALAMUTE
Canis lupus
Die in Alaska als Schlittenhund gezüchtete Rasse erinnert an den Wolf und gehört vielleicht zu den frühesten Hunderassen.

MÄHNENWOLF
Chrysocyon brachyurus
Dieser Allesfresser bewohnt die südamerikanischen Savannen, wo er dank seiner langen Beine das Gras überblicken kann.

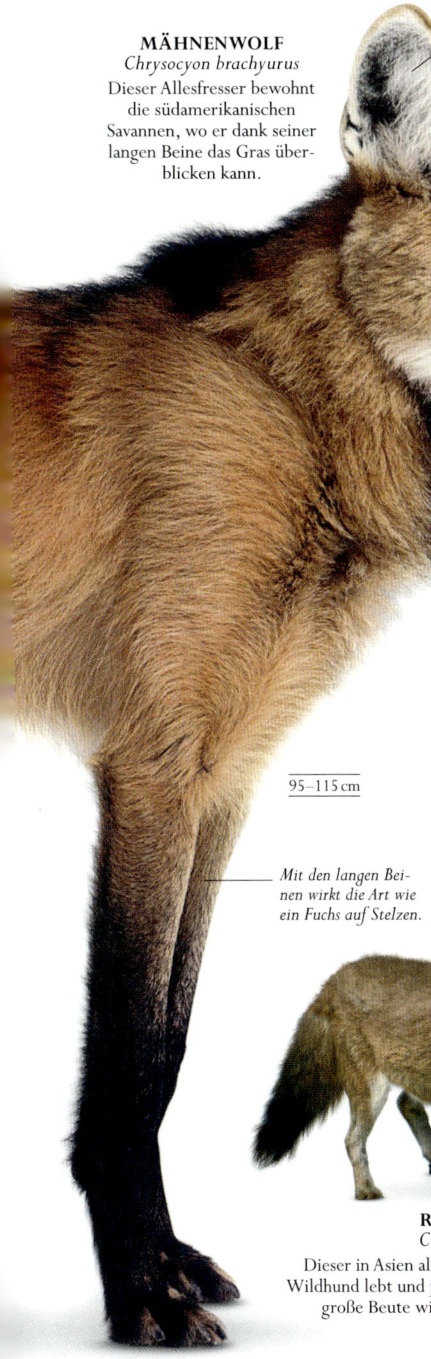

GLATTHAAR-FOXTERRIER
Canis lupus
Der gut grabende Hund ist klein genug, um in Fuchsbauten einzudringen. Er ist zur Bekämpfung von Schädlingen gezüchtet worden.

LANGHAAR-COLLIE
Canis lupus
Der kräftige Körperbau dieser als Hütehund im schottischen Hochland gezüchteten Rasse wird von ihrem dicken Fell verborgen.

CHIHUAHUA
Canis lupus
Diese kleinste Hunderasse ist trotzdem mutig. Chihuahuas stammen aus Mexiko und können nahezu jede Fellfarbe aufweisen.

ROTHUND
Cuon alpinus
Dieser in Asien als aggressiver Jäger bekannte Wildhund lebt und jagt in Rudeln und greift sogar große Beute wie Hirsche und Ziegen an.

AFRIKANISCHER WILDHUND
Lycaon pictus
Dieser bedrohte Wildhund lebt in Rudeln, deren Mitglieder gemeinsam jagen, die Jungen aufziehen und kranke oder verletzte Verwandte unterstützen.

WALDHUND
Speothos venaticus
Diese kurzbeinige Art ist ein Jäger der Amazonas-Region. Er erbeutet hauptsächlich Nagetiere, entweder allein oder im Rudel.

EISBÄR
Ursus maritimus

Im Gegensatz zu anderen Bären hat der Eisbär eine konvexe »römische« Nase.

Dieses eindrucksvolle Tier ist sowohl im Meer als auch an Land zu Hause. Es ist das größte Landraubtier der Welt und macht einen schwerfälligen Eindruck, doch im Wasser verwandelt es sich in ein Geschöpf müheloser Eleganz. Eisbären sind Nomaden und verbringen einen großen Teil des Jahrs in den Eiswüsten des Nordpolarmeers. Im Sommer zwingt sie das schmelzende Eis, sich auf das Land zurückzuziehen, wo sie manchmal mit Menschen in Kontakt kommen. Junge Eisbären werden im Winter in der von ihrer Mutter gegrabenen Höhle geboren. Sie wacht bei der Geburt kaum aus der Winterruhe auf, säugt die Jungen aber im Schlaf drei Monate lang und verwendet ihre Fettreserven zur Erzeugung nahrhafter Milch. Im Frühjahr haben die Jungen deutlich zugenommen, während die Mutter fast verhungert ist. In den nächsten beiden Jahren wird sie ihnen beibringen, wie man schwimmt, Robben jagt, sich verteidigt und Schneehöhlen baut. Die globale Erwärmung gefährdet den Lebensraum der Eisbären, sodass sie möglicherweise aussterben werden.

GRÖSSE 1,8–2,8 m
LEBENSRAUM arktisches Eis
VERBREITUNG Nordpolarmeer, Polargebiete Russlands, Alaskas, Kanadas, Norwegens und Grönlands
NAHRUNG vor allem Robben

BEHAARTE OHREN >
Die kleinen Ohren sind vollkommen behaart und so vor Erfrierungen geschützt. Eisbären können gut hören, verlassen sich aber bei der Jagd meist auf ihren Geruchssinn, um die Beute zu finden.

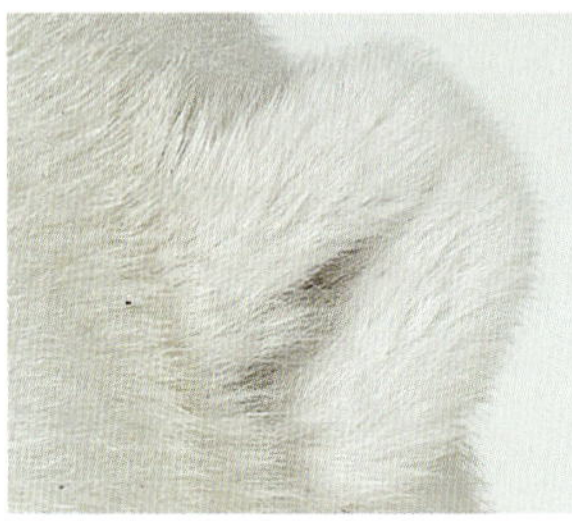

< DUNKLES AUGE
Die dunklen Augen und die Nase sind die auffälligsten Teile des Körpers. Eisbären können in etwa so gut wie Menschen sehen.

∧ TÖDLICHER SCHLAG
Die Vorderpfoten sind das wichtigste Werkzeug, um die Beute zu erlegen. Eisbären können Robben in ihren Schneehöhlen riechen, sich auf den Hinterbeinen aufrichten, mit den Vorderpfoten zuschlagen und die Robbe herausziehen.

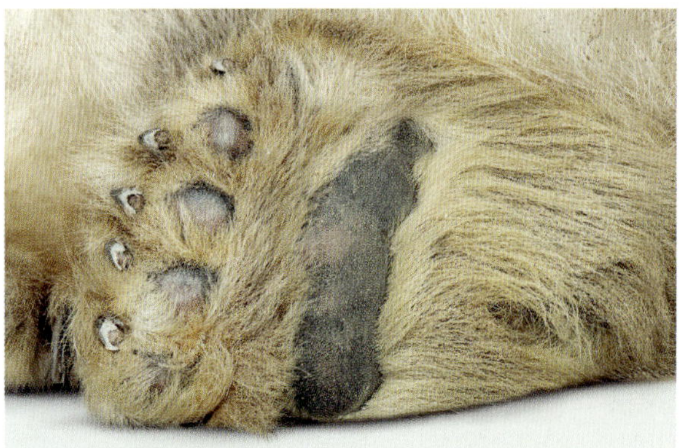

∧ PFOTEN ZUM PADDELN
Die Fußsohlen sind behaart, sodass sie vor der Kälte geschützt sind. Außerdem sorgen sie dafür, dass die Bären nicht auf dem Eis ausrutschen.

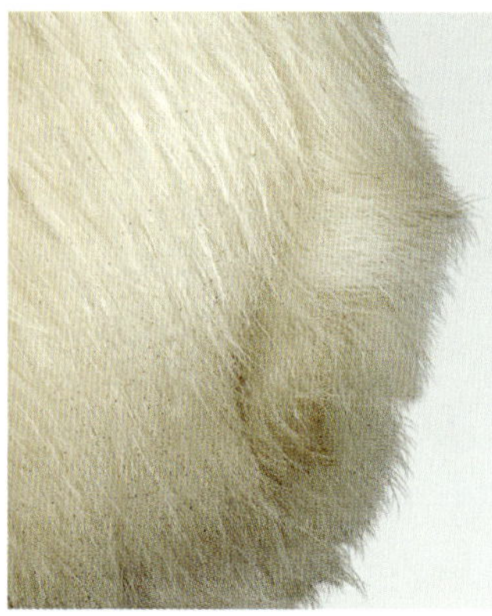

∧ STUMMELSCHWANZ
Der Eisbär benötigt keinen langen Schwanz, und der kurze Stummel ist im Fell verborgen.

∧ EINDRUCKSVOLLER BÄR
Die größten Eisbären können 800 kg Gewicht erreichen, doch ihre scheinbare Größe wird auch durch das dicke Fell erreicht. Sie sind in der Lage, bei kurzen Sprints 40 km/h schnell zu laufen. Eisbären bieten einen eindrucksvollen Anblick, doch in der Natur gibt es nur noch 20 000–25 000 Exemplare, und ihre Zahl nimmt infolge der globalen Erwärmung immer weiter ab.

BÄREN

Zur Familie Bären (Ursidae) gehören plump wirkende, aber sehr bewegliche Arten, die in Europa, Asien und Amerika leben. Die meisten sind Allesfresser, wobei Pflanzenkost den größten Nahrungsanteil ausmacht. Der Eisbär ist jedoch ein reiner Fleisch- und der Große Panda fast ein reiner Pflanzenfresser. Mit Ausnahme säugender Weibchen sind Bären Einzelgänger.

BRAUNBÄR
Ursus arctos
Das Verbreitungsgebiet des Bärs umfasst Asien, Nordeuropa und Nordamerika und begründet ein großes Nahrungsspektrum. So frisst er saisonabhängig Beeren und laichende Lachse.

1,2–1,8 m

1,5–2,8 m

GROSSER PANDA
Ailuropoda melanoleuca
Dieser gefährdete Bär lebt in zentralchinesischen Wäldern. Er frisst vor allem Bambus und hat sich in seiner Lebensweise an seine energiearme Nahrung angepasst.

OHRENROBBEN

Die Arten der Familie Ohrenrobben (Otariidae) unterscheiden sich von den Hundsrobben durch ihre Ohrmuscheln und die Flossen, mit denen sie sich auf dem Land bewegen können, wenn auch nicht sehr elegant. Ohrenrobben sind hervorragende Schwimmer, doch ihre Tauchgänge sind verglichen mit denen einiger Hundsrobben kurz. Sie leben in den meisten Meeren mit Ausnahme des Nordatlantiks.

2–3,3 m

STELLERSCHER SEELÖWE
Eumetopias jubatus
Diese nordpazifische Art ist die größte Ohrenrobbe. Sie frisst vor allem Fische, kann aber auch kleinere Robben angreifen.

NEUSEELÄNDISCHER SEELÖWE
Phocarctos hookeri
Diese seltene, nur bei Neuseeland lebende Art vermehrt sich nur auf wenigen Inseln vor der Küste.

1,8–2,7 m

1,3–2,5 m

AUSTRALISCHER SEELÖWE
Neophoca cinerea
Diese relativ seltene Art lebt in West- und Südaustralien. Kleine Gruppen bleiben auch außerhalb der Paarungszeit zusammen.

1,8–2,6 m

MÄHNENROBBE
Otaria byronia
Dieser kräftige Bewohner Südamerikas und der südatlantischen Falklandinseln jagt in Gruppen und dringt auf der Suche nach Fischen auch in Flüsse vor.

2–2,4 m

KALIFORNISCHER SEELÖWE
Zalophus californianus
Diese bekannte Art ist sowohl im Wasser als auch an Land sehr beweglich und springt gern zum Teil aus dem Wasser.

NÖRDLICHER SEEBÄR
Callorhinus ursinus
Außer in der Paarungszeit lebt diese Art küstenfern im Nordpazifik. Männchen können fünfmal so schwer wie die Weibchen werden.

1,5–2,1 m

SCHWARZBÄR
Ursus americanus
Mit etwa 850 000–950 000 in verschiedenen nordamerikanischen Lebensräumen lebenden Exemplaren ist diese Art der häufigste Bär der Welt.

KRAGENBÄR
Ursus thibetanus
Dieser Waldbewohner ist in Bezug auf Lebensraum und Verhalten variabel. In den Tropen halten nur schwangere Weibchen eine Winterruhe.

EISBÄR
Ursus maritimus
Der Eisbär ist das größte Landraubtier und auch im Wasser zu Hause. Er verbringt den überwiegenden Teil seines Lebens auf dem arktischen Meereis.

MALAIENBÄR
Helarctos malayanus
Dieser scheue südostasiatische Waldbewohner frisst Insekten, Honig, Früchte und Schösslinge. Er ist tagaktiv, wird jedoch bei Störungen nachtaktiv.

BRILLENBÄR
Tremarctos ornatus
Dieser bedrohte Bewohner der Nebelwälder der Anden kann hervorragend klettern. Zur Nahrung gehören Früchte, Schösslinge und Fleisch.

LIPPENBÄR
Melursus ursinus
Dieser zottige indische Bär lebt in verschiedenen Lebensräumen. Mit den großen Krallen öffnet er Termitenbaue und saugt dann die Insekten heraus.

SÜDAFRIKANISCHER SEEBÄR
Arctocephalus pusillus
Eine Population lebt in Südafrika, die andere in Australien. Beide haben unter der Jagd gelitten.

GALAPAGOS-SEEBÄR
Arctocephalus galapagoensis
Diese kleinste Ohrenrobbe ist in der Gestalt am wenigsten variabel. Die Männchen sind kaum größer als die Weibchen.

GUADALUPE-SEEBÄR
Arctocephalus townsendi
Die an ihrer langen, spitz zulaufenden Nase zu erkennende Art vermehrt sich an nur von See aus zugänglichen Felsküsten und Höhlen.

NEUSEELÄNDISCHER SEEBÄR
Arctocephalus forsteri
Diese Art gebärt auf den Felsenküsten Australiens und Neuseelands ihre Jungen. Da sie nun geschützt ist, nimmt ihr Bestand langsam wieder zu.

ANTARKTISCHER SEEBÄR
Arctocephalus gazella
Diese Art vermehrt sich auf den verstreuten Inseln des Südpolarmeers. Sie erholt sich langsam von der exzessiven Bejagung.

SÜDAMERIKANISCHER SEEBÄR
Arctocephalus australis
Dieser Jäger von Fischen, Kalmaren und Krebstieren vermehrt sich an den felsigen Stränden Südamerikas und der Falklandinseln.

KALIFORNISCHER SEELÖWE
Zalophus californianus

Der Kalifornische Seelöwe lebt in polaren, gemäßigten und subtropischen Gewässern sowie an Land, sodass er einem großen Spektrum an verschiedenen Umweltbedingungen begegnet. Das Wasser mag kalt, doch die Strände können heiß sein, sodass er seine Körpertemperatur entsprechend regulieren muss. Zur Isolation bei der Jagd im Meer besitzt er eine 2,5 cm starke Fettschicht, und wenn es ihm an Land zu warm wird, kann er wieder ins Wasser zurückkehren. Die Flossen, die kaum behaart und nicht durch Fett isoliert sind, dienen als Wärmetauscher. Sie können die Körperwärme durch einen Austausch zwischen Arterien und Venen an der Flossenbasis zurückhalten oder abgeben und die Durchblutung der Haut kontrollieren. Die Vorderflossen können auch zur Kühlung durch die Luft bewegt werden. Dieses Verhalten ist bei Seelöwen an Land und im Wasser zu beobachten. Kalifornische Seelöwen werden von Haien und Schwertwalen gejagt.

∧ TAUCHEN
Ein Tauchgang kann bis zu zehn Minuten dauern. Die Pulsfrequenz fällt dabei auf etwa 20 Schläge pro Minute.

OHR >
Anders als Seehunde haben Seelöwen kleine, spitze Ohrmuscheln, die sie an den Kopf anlegen können. Sie können sowohl über als auch unter Wasser gut hören.

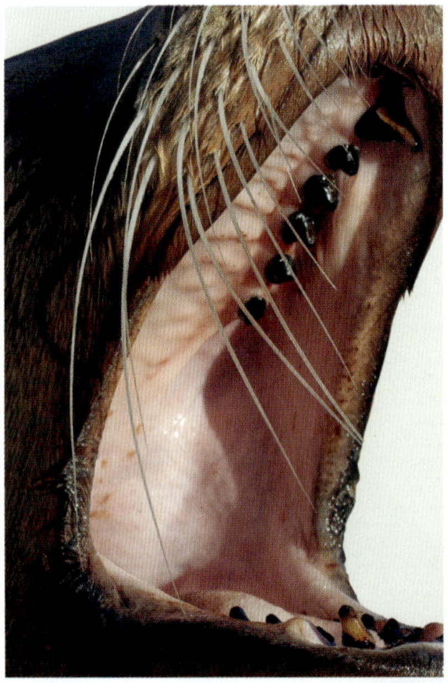

∧ MAUL
Das Maul enthält 34 Zähne. Sie sind ursprünglich weiß, werden aber mit fortschreitendem Alter schwarz. Mit den vier großen, spitzen Eckzähnen halten die Tiere ihre Beute fest.

∧ NASE
Die Nasenlöcher werden nur zum Atmen geöffnet. Die Tasthaare helfen die Form und Größe von Objekten unter Wasser zu erkennen.

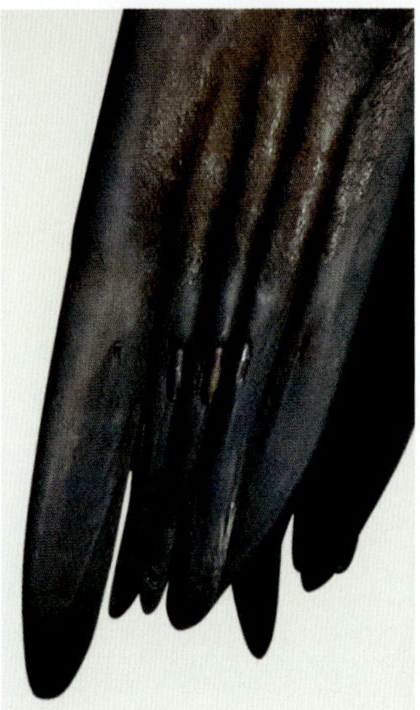

HINTERFLOSSE >
Im Wasser werden die Hinterflossen hinterhergezogen und dienen der Steuerung, doch zum Laufen an Land werden sie nach vorn gedreht und zusammen mit den Vorderflossen eingesetzt.

∨ VORDERFLOSSE
Seelöwen schwimmen mithilfe der Vorderflossen, wobei sie Geschwindigkeiten von über 20 km/h erreichen können.

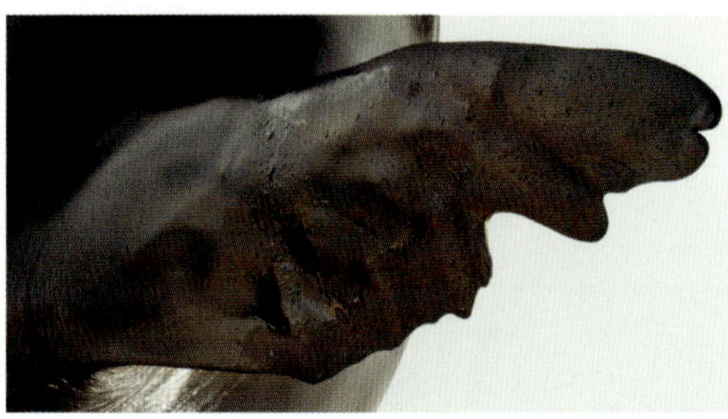

> WEIBLICHER SEELÖWE
Die Geschlechter unterscheiden sich deutlich. Weibchen sind kleiner und vor allem im Hals- und Schulterbereich weniger muskulös, und ihr Fell ist heller. Ihre Stirn fällt auch etwas weniger steil ab als die der Männchen.

GRÖSSE 2–2,4 m
LEBENSRAUM Küsten und offenes Meer
VERBREITUNG östlicher Nordpazifik
NAHRUNG überwiegend Fisch

Seelöwen können gut an Land und noch besser unter Wasser sehen.

kurzes Fell

Die Tasthaare (Vibrissen) können bis zu 20 cm lang werden.

WALROSSE

Das Walross ist die einzige Art der Familie Walrosse (Odobenidae). Diese riesige arktische Robbe hat einen mit Blubber isolierten Körper, in beiden Geschlechtern Stoßzähne und einen Schnurrbart aus Tasthaaren zur Nahrungssuche. Tausende von Tieren kommen oft gemeinsam aus dem Wasser und ruhen auf Stränden und Eisschollen.

WALROSS
Odobenus rosmarus
Das Walross kommt in den seichteren arktischen Gewässern vor. Das Männchen ist doppelt so groß wie das Weibchen und balzt mit unter Wasser erzeugten Klicks und Glockenlauten.

HUNDSROBBEN

Die Arten der Familie Hundsrobben (Phocidae) sind stärker als die übrigen Robben an das Leben im Wasser angepasst. Anstelle von Ohrmuscheln besitzen sie nur kleine Öffnungen an den Seiten des Kopfs. Die Flossen sind an Land nutzlos, machen die Tiere aber zu geschickten Schwimmern. Die meisten Arten bewohnen kühle Gewässer und ernähren sich von Fischen und Wirbellosen.

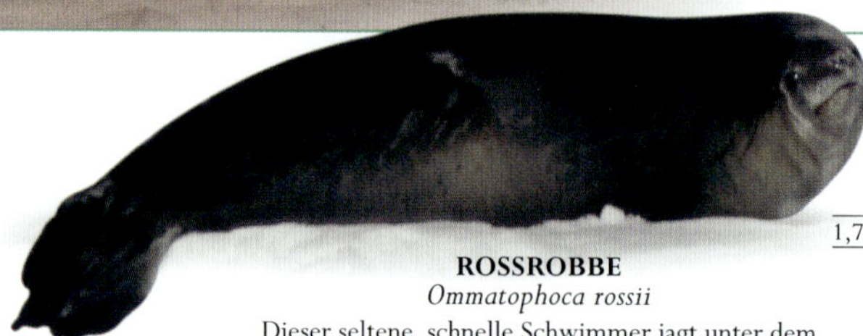

ROSSROBBE
Ommatophoca rossii
Dieser seltene, schnelle Schwimmer jagt unter dem antarktischen Packeis Kalmare. Die Männchen sind kleiner als die Weibchen.

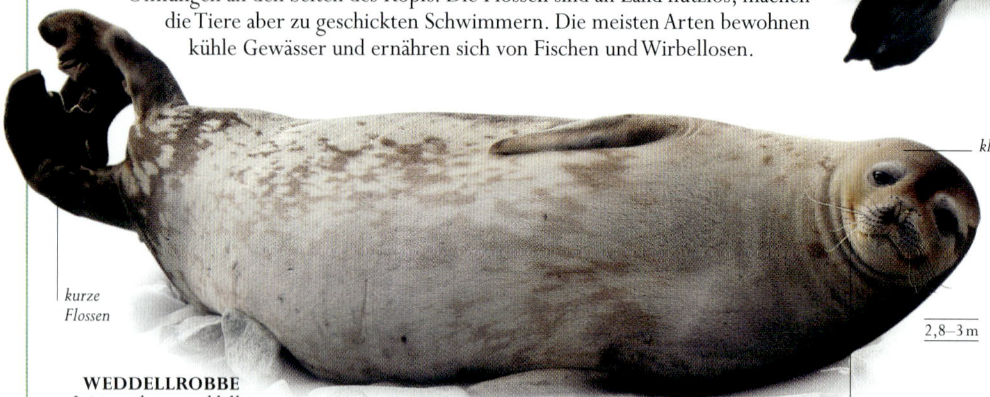

WEDDELLROBBE
Leptonychotes weddellii
Diese hervorragend tauchende Robbe ist auf lange, tiefe Tauchgänge unter dem antarktischen Schelfeis spezialisiert. Die Weibchen können größer als die Männchen sein.

SEELEOPARD
Hydrurga leptonyx
Dieser furchterregende Räuber überfällt kleinere Robben, Fische und Pinguine am Rand des antarktischen Packeises, frisst aber auch Krill.

KEGELROBBE
Halichoerus grypus
Viele Tiere dieser nordatlantischen Robbe leben im Bereich der Britischen Inseln. Die Männchen werden bis zu dreimal so schwer wie die Weibchen.

BARTROBBE
Erignathus barbatus
Diese große arktische Robbe frisst am Grund lebende Fische und Wirbellose, die sie zum Teil mit ihren langen, steifen Tasthaaren aufspürt.

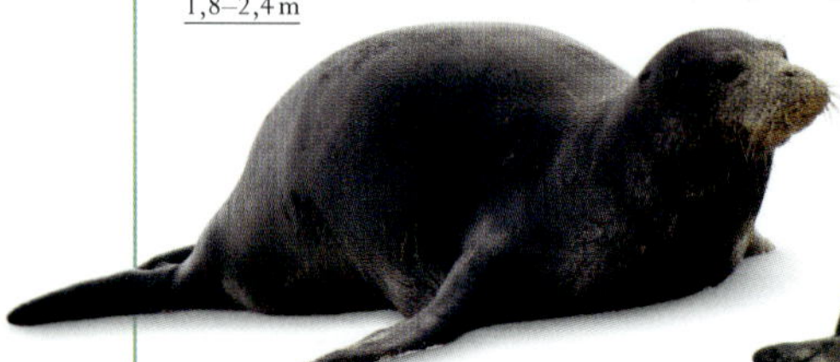

HAWAII-MÖNCHSROBBE
Monachus schauinslandi
Neben ihrer Verwandten im Mittelmeer ist dies die zweite heute noch lebende Mönchsrobben-Art. Es gibt von ihr nur noch weniger als 1000 Tiere.

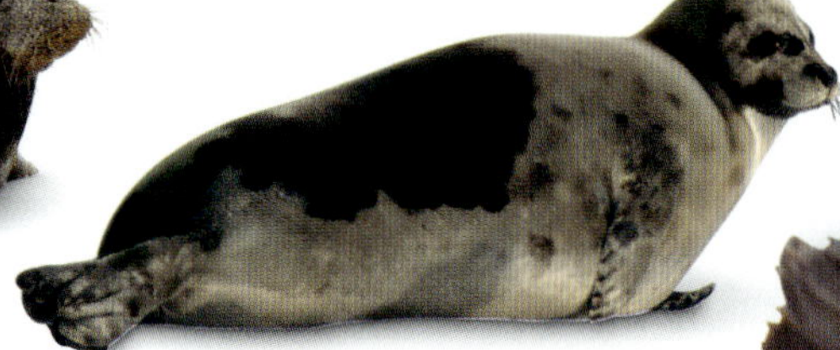

SATTELROBBE
Pagophilus groenlandicus
Diese Robbe wandert im Winter nach Süden in lauten Grupppen. Sie folgt dem arktischen Packeis, auf dem sie auch ausruht.

2–2,4 m

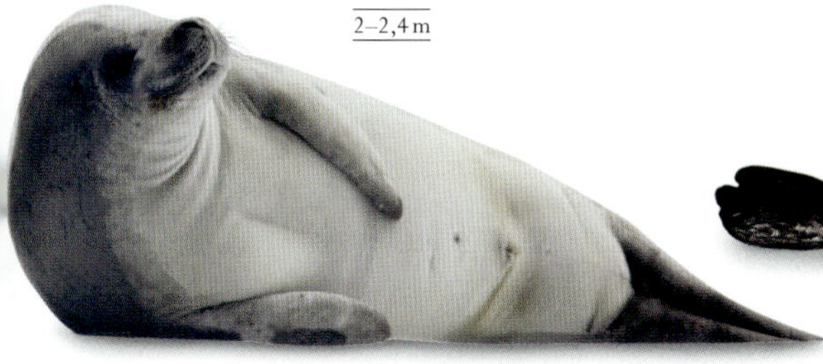

KRABBENFRESSER
Lobodon carcinophaga
Trotz ihres Namens ernährt sich diese antarktische Art überwiegend von Krill, den sie mit ihren speziellen Zähnen aus dem Wasser filtert.

2–2,7 m

aufblasbare Nase des Männchens

KLAPPMÜTZE
Cystophora cristata
Die Männchen dieses arktischen Einzelgängers besitzen eine aufblasbare Nasenwucherung. Die Jungen sind schon im Alter von fünf Tagen selbstständig.

2,1–4 m

♀ ♂

NÖRDLICHER SEE-ELEFANT
Mirounga angustirostris
Die Männchen dieser großen nordpazifischen Art haben eine rüsselartige Nase. Wie ihre südlichen Verwandten sind sie fast ausgerottet worden.

3–5 m

SÜDLICHER SEE-ELEFANT
Mirounga leonina
Die großen Männchen dieser Art des Südpolarmeers haben eine rüsselartige Nase. Mit bis zu 3 t Gewicht sind sie die größten Raubtiere der Welt.

1,5–1,8 m

LARGHA-ROBBE
Phoca largha
Diese Robbe lebt auf den Eisschollen vor den Nordküsten von Sibirien und Yukon, Kanada. Erwachsene Tiere gehen eine stabile Paarbindung ein.

große, weit hinten liegende Augen

1,2–2 m

Flecken und Ringe in der Zeichnung

GEWÖHNLICHER SEEHUND
Phoca vitulina
Diese kleine Hundsrobbe ist an gemäßigten Küsten weit verbreitet. Sie ruht sich auf Sandstränden und in geschützten Riffen aus.

1,1–1,6 m

RINGELROBBE
Pusa hispida
Diese Art bewohnt vor allem das arktische Schelfeis. Die Jungen werden zu ihrem Schutz in Höhlen unter dem Eis geboren.

1,2–1,5 m

BAIKAL-ROBBE
Pusa sibirica
Diese kleine Süßwasserrobbe lebt im sibirischen Baikalsee. Im Winter hält sie mit den Zähnen und Krallen Atemlöcher im Eis offen.

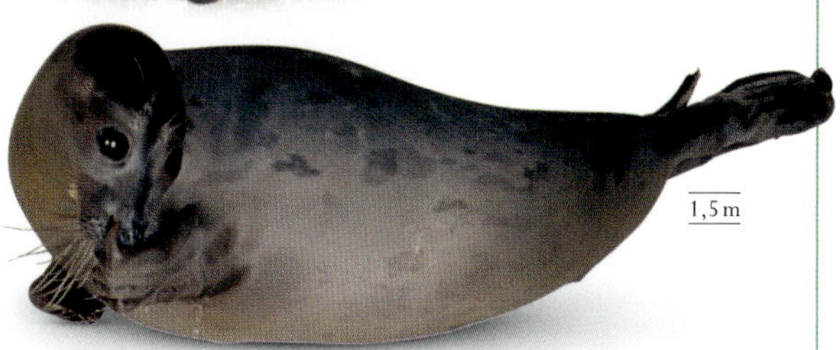

1,5 m

KASPISCHE ROBBE
Pusa caspica
Etwa 100 000 dieser kleinen Robben leben im Kaspischen Meer. Das Männchen soll nur eine Partnerin wählen – ohne mit anderen Männchen zu kämpfen.

STINKTIERE

Diese kleine Gruppe amerikanischer Raubtiere ist nach ihrer auffälligsten Eigenschaft benannt worden – dem Besprühen eines Angreifers mit übel riechendem Sekret. Der Familienname für die Stinktiere, Mephitidae, ist vom lateinischen Wort für »schädliche Ausdünstung der Erde« abgeleitet.

20–32 cm

PATAGONISCHER SKUNK
Conepatus humboldtii
Dieser kleine Bewohner Südchiles und Argentiniens entdeckt Wirbellose im Boden mithilfe des Geruchssinns und gräbt sie aus.

32–49 cm

PALAWAN-STINKDACHS
Mydaus marchei
Diese plumpe Art lebt nur auf den philippinischen Inseln Palawan und Calamian. Sie frisst vor allem Wirbellose.

28–31 cm

HAUBENSKUNK
Mephitis macroura
Die mittelamerikanische Art bewohnt verschiedene Lebensräume und frisst opportunistisch Früchte, Eier und kleine Tiere.

19–31 cm

ÖSTLICHER FLECKENSKUNK
Spilogale putorius
Diese relativ kleine wieselähnliche Art aus dem Osten der USA ist beweglicher als andere Stinktiere und klettert gut.

17–40 cm

Die Streifen warnen den Angreifer vor den üblen Sekreten.

Die langen Rücken- und Schwanzhaare richten sich bei Bedrohung auf.

STREIFENSKUNK
Mephitis mephitis
Dieser nachtaktive Allesfresser kommt von Kanada bis nach Mexiko vor. Er hält keinen Winterschlaf, kann aber im Winter in Torporphasen verfallen.

KLEINBÄREN

Die Katzenfrette, Maki-, Wickel-, Wasch- und Nasenbären der Familie Kleinbären (Procyonidae) bewohnen die Neue Welt. Die Allesfresser ernähren sich vor allem von Pflanzen, besonders Früchten. Sie fressen ebenso Insekten, Schnecken sowie kleine Vögel und Säugetiere. Der Waschbär ist die größte Art.

43–58 cm

SÜDAMERIKANISCHER NASENBÄR
Nasua nasua
Diese Art lebt in lockeren, von Weibchen dominierten Gruppen. Der gute Kletterer frisst Früchte und ergänzt die Nahrung mit erbeuteten Tieren.

43–68 cm

WEISSRÜSSEL-NASENBÄR
Nasua narica
Dieser mittelamerikanische Allesfresser sucht tagsüber oft auf dem Boden nach Nahrung, schläft aber oft in den Bäumen.

schwache dunkle Ringe

KATZENBÄREN

Dieser baumbewohnende Pflanzenfresser wird in eine eigene Familie Katzenbären (Ailuridae) eingeordnet. Früher wurde er zu den Bären gezählt, doch heute nimmt man an, dass er näher mit den Mardern, Kleinbären und Stinktieren verwandt ist.

51–78 cm

KLEINER PANDA
Ailurus fulgens
Diese auch als Katzenbär bezeichnete Art bewohnt die gemäßigten Wälder des Himalayas. Sie frisst Bambus, Früchte, Kleintiere und Eier.

MARDER UND WIESEL

Die Arten der Familie Marder (Mustelidae) leben in Eurasien, Afrika und Amerika. Sie sind an ihren kurzen Beinen und dem gestreckten Körper zu erkennen, Dachs und Vielfraß wirken gedrungener. Die meisten sind gute Jäger und Schwimmer.

20–36 cm

EUROPÄISCHER NERZ
Mustela lutreola
Dieser semiaquatische Räuber war einst in Mittel- und Westeuropa weit verbreitet, ist heute aber viel seltener als der eingeführte Amerikanische Nerz.

30–43 cm

AMERIKANISCHER NERZ
Neovison vison
Dieser aggressive und versteckt lebende Räuber schwimmt auch gut. Durch Pelzfarmen ist er weltweit verbreitet worden.

Schwanz mit auffälliger schwarzer Spitze

ANDEN-MAKIBÄR
Bassaricyon neblina
Dieser nachtaktive Fruchtfresser ist eine von vier Arten der Makibären. Er lebt in den Nebelwäldern der Anden in Ecuador und Kolumbien.

WICKELBÄR
Potos flavus
Dieser mittel- und südamerikanische Baumbewohner pflückt mit seiner langen Zunge Früchte und sammelt Honig aus Wildbienenstöcken.

WASCHBÄR
Procyon lotor
Diese anpassungsfähige Art bevorzugt Wald- und Buschlebensräume in Nordamerika, sucht aber auch in Städten nach Abfällen.

NORDAMERIKANISCHES KATZENFRETT
Bassariscus astutus
Dieser mittelamerikanische Allesfresser sucht nachts nach Früchten und Tieren, wobei er oft sein Revier markiert.

EUROPÄISCHER ILTIS
Mustela putorius
Diese lebhafte nachtaktive Art findet man in den Wäldern und auf Wiesen in Mittel- und Westeuropa. Sie ist der Vorfahre des domestizierten Frettchens.

HERMELIN
Mustela erminea
Dieser geschmeidige kleine Räuber lebt in den meisten Teilen der Nordhalbkugel. Die nördlichen Populationen bekommen im Winter ein weißes Fell.

SCHWARZFUSSILTIS
Mustela nigripes
Die in der Natur im späten 20. Jahrhundert ausgestorbene Art ist in Schutzgebieten im mittleren Westen der USA wieder angesiedelt worden.

MAUSWIESEL
Mustela nivalis
Dieses kleinste Raubtier ist trotzdem ein effektiver Jäger und hat sich auf Mäuse spezialisiert.

LANGSCHWANZ-WIESEL
Mustela frenata
Die in der Neuen Welt weitverbreitete Art jagt Mäuse und Wühlmäuse. Tiere der nördlichen Populationen werden im Winter weiß.

»

» MARDER UND WIESEL

55–70 cm

SCHWEINSDACHS
Arctonyx collaris
Dieser südostasiatische Dachs wühlt sich mit seiner langen Schnauze durch die fressbaren Dinge auf dem Waldboden.

42–72 cm

SILBERDACHS
Taxidea taxus
Dieser Dachs bewohnt Grasländer und Wälder im ganzen mittleren Nordamerika. Er frisst die verschiedensten Pflanzen und Tiere.

56–90 cm

EURASISCHER DACHS
Meles meles
Dieser gedrungene Dachs bewohnt bewaldete Gebiete in einem großen Teil Eurasiens. Er lebt gesellig in ausgedehnten Bauen.

74–96 cm

HONIGDACHS
Mellivora capensis
Dieser reizbare Dachs lebt in West- und Südasien sowie in Afrika. Er bricht Bienenstöcke auf, frisst aber auch Termiten, Skorpione und Stachelschweine.

47–55 cm

GROSSGRISON
Galictis vittata
Dieser anpassungsfähige Allesfresser mit dachsähnlicher Zeichnung lebt in den tropischen Wäldern und Grassteppen Mittel- und Südamerikas.

65–105 cm

VIELFRASS
Gulo gulo
Dieser große Marder ist in Nordamerika und Eurasien weit verbreitet. Sein Name leitet sich vom Wort »Fjellfräs« ab, was »Gebirgskatze« bedeutet.

ZOBEL
Martes zibellina
Dieser Jäger aus den Wäldern Sibiriens, Chinas und Japans wird von Menschen wegen seines weichen, seidigen Fells gejagt.

35–56 cm

45–65 cm

FISCHERMARDER
Martes pennanti
Dieser in nordamerikanischen Wäldern lebende Marder frisst selten Fische, wagt sich aber an Stachelschweine heran.

45–58 cm

BAUMMARDER
Martes martes
Die in den meisten europäischen Wäldern verbreitete Art bekommt man selten zu sehen, da sie nachtaktiv ist und den Menschen scheut.

40–54 cm

STEINMARDER
Martes foina
Dieser eurasische Marder taucht abends aus einer Felsspalte oder einem hohlen Baum auf, um kleine Säugetiere, Vögel und Früchte zu suchen.

BANDILTIS
Ictonyx striatus
Dieser gestreifte afrikanische Iltis jagt in der Nacht. Bei Tag ruht er in hohlen Baumstämmen oder Bauen.

WEISSNACKENWIESEL
Poecilogale albinucha
Die im mittleren und südlichen Afrika heimische Art lebt in selbst gegrabenen Bauen. In der Nacht jagt sie vor allem Nagetiere, die sie mit dem Geruchssinn findet.

RIESENOTTER
Pteronura brasiliensis
Dieser südamerikanische Räuber benötigt am Tag 3 kg Fisch. Es gibt nur noch 1000–5000 Exemplare der bedrohten Art.

KAP-FINGEROTTER
Aonyx capensis
Die Art lebt in wassernahen Wäldern und Feuchtgebieten in einem großen Teil Afrikas südlich der Sahara. Sie frisst vor allem Krebstiere, Frösche und Fische.

KURZKRALLENOTTER
Aonyx cinereus
Dieser kleinste Otter lebt in den Feuchtgebieten Indiens und Südostasiens. Sein Überleben ist durch Lebensraumverlust und Umweltverschmutzung gefährdet.

EURASISCHER FISCHOTTER
Lutra lutra
Fischotter leben sowohl in Flüssen als auch an der Küste, wenn sie genug Süßwasser zum Trinken und zum Waschen haben.

NORDAMERIKANISCHER FISCHOTTER
Lontra canadensis
Die nordamerikanische Art bewohnt gut bewachsene Fluss- und Seeufer. Sie frisst vor allem Fische und Krebse, jagt aber auch kleine Landtiere.

SEEOTTER
Enhydra lutris
Der Seeotter sucht im kühlen Nordpazifik nach Fischen und Muscheln, wobei ihn sein unglaublich dichtes Fell warm hält.

KATZEN

Die Arten der Familie Katzen (Felidae) gehören zu den spezialisiertesten Fleischfressern und viele von ihnen nehmen überhaupt keine pflanzliche Nahrung zu sich. Katzen können mit ihren muskulösen Körpern gut laufen, klettern, springen und schwimmen. Die kurzen Kiefer enthalten scharfe Zähne zum Zubeißen (Eckzähne) und Schneiden (Reißzähne). Die Krallen sind einziehbar.

LEOPARD
Panthera pardus
Diese anpassungsfähigste Großkatze lebt in ganz Afrika und Südasien. Sie versteckt ihre Beute oft vor anderen Raubtieren in Bäumen.

NEBELPARDER
Neofelis nebulosa
Der Bestand dieses großen, nachtaktiven, südostasiatischen Waldbewohners mit der wolkenartigen Zeichnung geht durch Jagd und Lebensraumverlust zurück.

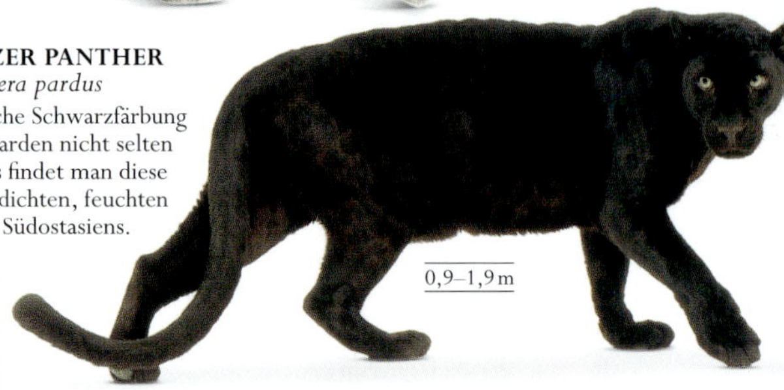

SCHWARZER PANTHER
Panthera pardus
Die melanistische Schwarzfärbung tritt bei Leoparden nicht selten auf. Meistens findet man diese Tiere in den dichten, feuchten Wäldern Südostasiens.

TIGER
Panthera tigris
Diese größte Katze der Welt kann Beute von der Größe eines Büffels überwältigen. In Asien leben nur noch 3900 Tiere in der Natur.

JAGUAR
Panthera onca
Diese einzige südamerikanische Großkatze ist ein hervorragender Kletterer und Schwimmer. Sie erbeutet Hirsche, Schildkröten und Fische.

LÖWE
Panthera leo
Dieser afrikanische Spitzenprädator lebt in Rudeln. Die Weibchen kooperieren bei der Jagd, um Beute wie Zebras oder Antilopen zu erlegen.

0,9–1,2 m

SCHNEELEOPARD
Uncia uncia
In den abgelegenen hohen Bergen Zentralasiens lebt diese Art als Einzelgänger und jagt wilde Schafe und Ziegen, Hirsche und Murmeltiere.

80–110 cm

EURASISCHER LUCHS
Lynx lynx
Dieser Luchs ist groß genug, um Rehe zu überwältigen. Eins dieser Beutetiere ernährt ihn eine Woche lang.

68–82 cm

PARDELLUCHS
Lynx pardinus
Die nun auch von Menschen nachgezüchtete Katze ist vermutlich die am meisten bedrohte der Welt, da in Spanien nur noch weniger als 400 Tiere in der Natur leben.

große Pinselohren

61–106 cm

KARAKAL
Caracal spec.
Dieser nächtliche Jäger mittelgroßer Beute wie Schliefer und kleiner Antilopen bewohnt trockenes Buschland in Afrika und Südwestasien.

kurzer Schwanz

65–105 cm

ROTLUCHS
Lynx rufus
Dieser anpassungsfähige Jäger kommt in ganz Nordamerika vor. Er jagt hauptsächlich Kaninchen.

53–67 cm

BORNEO-GOLDKATZE
Catopuma badia
Von dieser seltenen Katze gibt es eine graue und eine häufigere rote Farbform. Diese Art lebt nur auf der Insel Borneo.

76–107 cm

KANADISCHER LUCHS
Lynx canadensis
Diese Art bewohnt dichte Wälder und die Tundra. Sein Bestand schwankt abhängig von dem seiner wichtigsten Beute, dem Schneeschuh-Hasen.

ASIATISCHE GOLDKATZE
Catopuma temminckii
Diese goldbraune Katze bewohnt bewaldete südostasiatische Gebiete. Pärchen kooperieren bei der Jagd und der Jungtieraufzucht.

66–105 cm

kleiner Kopf mit hoch gelegenen Augen

GEPARD
Gepard jubatus
Dieser schnellste Vierbeiner erreicht 102 km/h und kann Antilopen in der afrikanischen Steppe verfolgen und erbeuten.

1,2–1,5 m

langer Schwanz zur Balance

»

Die Ohren können unabhängig voneinander bewegt werden, um Gefahr oder Beute wahrzunehmen.

TIGER
Panthera tigris

Diese größte und eindrucksvollste Großkatze ist ein mächtiger Jäger von nahezu übernatürlicher Eleganz. Ihr Verbreitungsgebiet reicht von den tropischen Wäldern Indonesiens bis zu den Eiswüsten Sibiriens, wo die größten Exemplare leben. Ein ausgewachsenes Männchen kann 300 kg schwer werden und trotzdem mit einem Sprung 10 m zurücklegen. Erwachsene Tiger sind Einzelgänger, mit Ausnahme der Weibchen und ihren Jungen. Sie leben mit ihnen zwei oder mehr Jahre zusammen, um ihnen die lebenswichtigen Fähigkeiten beizubringen.

GRÖSSE 1,4–2,9 m
LEBENSRAUM Wald- und Buschland, Sümpfe, Savannen, Felslandschaften
VERBREITUNG Indien bis China, Sibirien, Malaiische Halbinsel, Sumatra
NAHRUNG vor allem Huftiere wie Hirsche und Schweine, auch kleinere Säugetiere und Vögel

Der Geruchssinn ist erstaunlich schwach ausgeprägt, obwohl Tiger ihr Revier mit Duftmarken markieren.

Mit den langen Tasthaaren kann der Tiger auch in nahezu völliger Dunkelheit seinen Weg durch das dichte Unterholz finden.

< GESTREIFTER KILLER
Das leuchtend orangefarbene, schwarz gestreifte Fell bietet eine hervorragende Tarnung, wenn sich der Tiger in den Sonnenflecken zwischen den Pflanzen bewegt. Die manchmal im Zoo zu sehenden weißen Tiger sind Züchtungen. Tiger sind fast bis zum Aussterben gejagt worden. In der Natur leben höchstens noch 3900 Tiere.

RUNDE PUPILLE >
Anders als die Pupillen der Kleinkatzen, die sich zu senkrechten Schlitzen zusammenziehen, sind die der Tiger immer rund. Sie vergrößern sich nachts und verkleinern sich tagsüber.

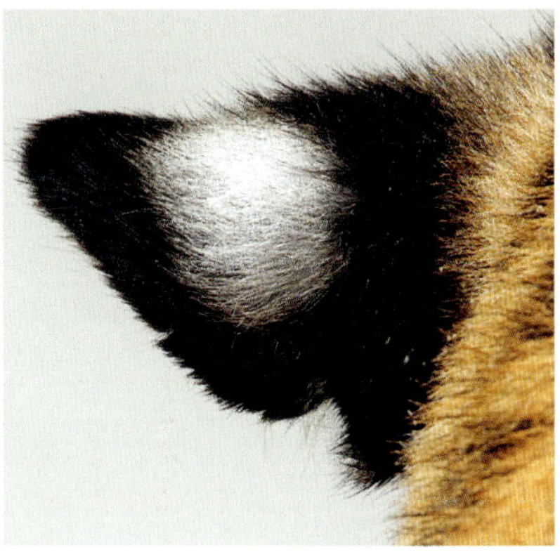

WEISSER OHRENFLECK ∨
Der auffällige weiße Fleck auf der Ohrenrückseite soll der Kommunikation dienen. Die Jungen nehmen die Ohrbewegungen ihrer Mutter wahr, die auf Gefahr hindeuten.

VORDERBEINE >
Der Tiger hat lange Beine und große Füße, sodass er schnell laufen, weit springen und Beute von der Größe eines Ochsen mit einem einzigen tödlichen Schlag zu Boden werfen kann.

∧ STECHEN UND SCHNEIDEN
Vier lange Eckzähne sind für den tödlichen Biss verantwortlich. Die als Reißzähne bezeichneten Backenzähne schneiden leicht durch das Fleisch.

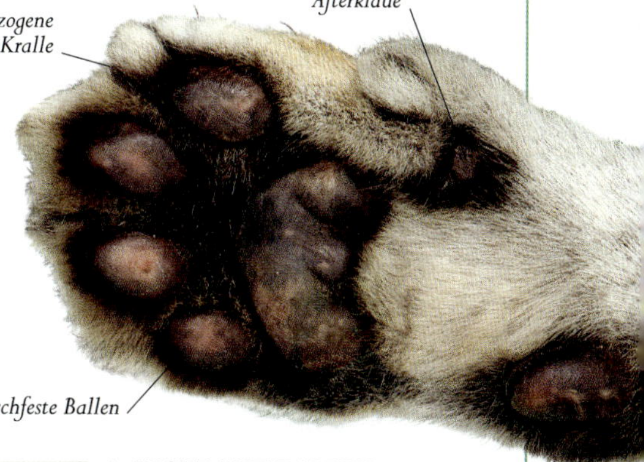

∧ PFOTE MIT BALLEN
Tiger haben fünf Zehen. Vier tragen das Gewicht und die fünfte ist die Afterklaue. Die Krallen können vollständig eingezogen werden.

< SCHWANZENDE
Der lange Schwanz wird meist knapp über dem Boden gehalten. Der Tiger hält mit ihm bei der Jagd oder beim Klettern die Balance.

35–50 cm

SIAMKATZE
Felis lybica lybica
Diese elegante Rasse stammt aus Thailand. Die Jungen werden cremefarben geboren und bekommen später die dunklen Abzeichen.

35–50 cm

EUROPÄISCH KURZHAAR
Felis lybica lybica
Das Zeichnungsmuster dieser Rasse geht auf das der Wildform zurück.

35–50 cm

SPHYNX-KATZE
Felis lybica lybica
Diese bis auf einen leichten Flaum haarlose Rasse ist in Kanada gezüchtet worden. Da ihnen leicht kalt wird, werden sie meist vollständig im Haus gehalten.

35–50 cm

CORNISH REX
Felis lybica lybica
Das Fell dieser Rasse besteht ausschließlich aus Wollhaaren. Das gekräuselte Fell ist das Ergebnis einer Mutation.

35–50 cm

PERSERKATZE
Felis lybica lybica
Diese lange bekannte und beliebte Rasse zeichnet sich durch ihr langes Fell und die verkürzte Schnauze aus.

35–50 cm

MANX-KATZE
Felis lybica lybica
Kurzschwänzige Katzen sind auf der Isle of Man vor über 300 Jahren zufällig entstanden. Die Eigenschaft hat sich in der Inselpopulation schnell verbreitet.

47–66 cm

EUROPÄISCHE WILDKATZE
Felis silvestris
Diese Wildkatze geht in ihrem Bestand wegen Verfolgung, Lebensraumverlust und der Vermischung mit verwilderten Hauskatzen zurück.

47–74 cm

ASIATISCHE WILDKATZE
Felis lybica ornata
Diese kleine Katze kann von den beiden afrikanischen Unterarten ihrer Art anhand ihres braun gefleckten sandfarbenen Fells unterschieden werden.

61–85 cm

ROHRKATZE
Felis chaus
Die große und von Ägypten bis Indonesien relativ häufige Katze bevorzugt mit Gras bewachsene und sumpfige Lebensräume.

39–52 cm

SANDKATZE
Felis margarita
Diese kleine Wüstenkatze lebt in Nordafrika, Arabien und Kasachstan. Sie jagt Rennmäuse und andere nachtaktive Nagetiere.

36–52 cm

SCHWARZFUSSKATZE
Felis nigripes
Dieser opportunistische Einzelgänger ist in seiner südafrikanischen Heimat durch Verfolgung und Lebensraumverlust bedroht.

46–65 cm

MANUL
Otocolobus manul
Diese kurzbeinige Katze lebt in den steinigen Wüsten Zentralasiens. Das Fell ist bei der Jagd auf Rennmäuse, Pfeifhasen und Raufußhühner eine gute Tarnung.

59–92 cm

SERVAL
Leptailurus serval
Die in Grassteppen im größten Teil Afrikas heimische, charakteristisch gezeichnete Art jagt hauptsächlich kleine Säugetiere.

45–62 cm

MARMORKATZE
Pardofelis marmorata
Dieser seltene südostasiatische Waldbewohner ist an das Leben in Bäumen angepasst, klettert sehr gut und jagt vor allem Vögel.

35–48 cm

ROSTKATZE
Prionailurus rubiginosus
Diese lebhafte, in Indien und auf Sri Lanka vorkommende Art jagt vor allem auf dem Boden, kann aber auch sehr gut klettern.

57–115 cm

FISCHKATZE
Prionailurus viverrinus
Diese bedrohte, nur noch an einzelnen Stellen in Süd- und Südostasien vorkommende Art jagt neben Fischen auch Wasservögel und Landtiere.

45–52 cm

FLACHKOPFKATZE
Prionailurus planiceps
Diese südostasiatische, das Wasser liebende Art jagt vor allem Fische und Krebstiere, indem sie den Kopf ins Wasser steckt oder sie mit den Pfoten ergreift.

»

PUMA
Puma concolor
Der auch als Berglöwe bezeichnete Puma bewohnt zerklüftete Lebensräume in einem weiten Gebiet von Kanada bis nach Argentinien.

JAGUARUNDI
Herpailurus yagouaroundi
Dies ist eine der größten und am weitesten verbreiteten südamerikanischen Katzen. Sie jagt tagsüber kleine Säugetiere.

HYÄNEN

Die kleine Familie Hyänen (Hyaenidae) umfasst drei aasfressende Hyänen-Arten und den Erdwolf, der sich auf Insekten spezialisiert hat. Hyänen besitzen einen gedrungenen, hundeartigen Körper mit kurzen Hinterbeinen und knochenbrechenden Kiefern. Sie sind sehr intelligent und leben in Familiengruppen zusammen. Der leichter gebaute Erdwolf lebt allein oder in Paaren.

ERDWOLF
Proteles cristata
Dieser Verwandte der Hyänen ernährt sich ausschließlich von Insekten. Er lebt in Ost- und Südafrika in trockenem Grasland, das auch die Termiten bevorzugen.

TÜPFELHYÄNE
Crocuta crocuta
Dieser Aasfresser ist auch ein erfolgreicher Jäger von Huftieren. Er lebt in den unbewaldeten Gebieten Afrikas südlich der Sahara.

STREIFENHYÄNE
Hyaena hyaena
Diese kleine Hyäne lebt in offenen Gebieten von Nordafrika bis Indien. Sie ernährt sich von Aas, kleinen Beutetieren und Früchten.

SCHABRACKENHYÄNE
Hyaena brunnea
Dieser gesellige südafrikanische Aasfresser überlebt Wüstenbedingungen, indem er in der Nacht jagt und zusätzlich wasserhaltige Früchte frisst.

BERGKATZE
Leopardus jacobita
Diese sehr seltene Art lebt nur in abgelegenen Hochländern. Sie erbeutet chinchillaähnliche Nagetiere, die Viscachas.

SALZKATZE
Leopardus geoffroyi
Dieser Jäger von kleinen Säugetieren, Fischen und Vögeln durchstreift Grasländer, Wälder und Feuchtgebiete von Bolivien bis Südargentinien.

PAMPASKATZE
Leopardus colocolo
Diese überwiegend nachtaktive Art lebt in südamerikanischen Lebensräumen, von Wäldern über Steppen bis zu Sümpfen.

ONCILLA
Leopardus tigrinus
Dieser waldbewohnende nachtaktive Einzelgänger ist von Costa Rica bis Argentinien verbreitet und jagt Nagetiere, Opossums und Vögel.

OZELOT
Leopardus pardalis
Die Art bewohnt die Wälder Mittel- und Südamerikas. Sie jagt in der Nacht Nagetiere und andere Beute an Land und im Wasser.

MARGAY
Leopardus wiedii
Die wegen ihres spärlichen Vorkommes und der Vorliebe für dichtes Unterholz seltene Art kommt von Mexiko bis zum nördlichen Südamerika vor.

MADAGASSISCHE RAUBTIERE

Die Insel Madagaskar wurde von den anderen Landmassen vor etwa 88 Millionen Jahren getrennt, sodass sich ihre Säugetiere unabhängig von den übrigen entwickeln konnten. Ihre Raubtiere wurden in eine eigene Familie Madagassische Raubtiere (Eupleridae) gestellt. Sie sehen sehr unterschiedlich aus, da sie die Nischen von Räubern wie Katzen, Mardern und Schleichkatzen besetzen.

FANALOKA
Fossa fossana
Diese kleine, an die Zibetkatze erinnernde Art bewohnt die nassen Wälder Madagaskars. Sie jagt an Land und im Wasser Wirbellose.

FOSSA
Cryptoprocta ferox
Die katzenartige Fossa ist das größte Raubtier Madagaskars. Sie jagt vor allem Lemuren, frisst aber auch andere kleine Tiere.

RINGELSCHWANZMUNGO
Galidia elegans
Dieses madagassische Gegenstück zum Mungo ist ein lebhafter Waldbewohner. Der Ringelschwanzmungo frisst je nach Angebot Pflanzen und tierische Nahrung.

FALANUK
Eupleres goudotii
Dieser am Boden lebende, nachtaktive Waldbewohner kann sehr gut graben. Mit den großen Füßen gräbt er Wirbellose aus.

∨ ZERLEGUNGSEXPERTE
Dieser robuste Aasfresser kann einen Körper im Handumdrehen in seine Bestandteile zerlegen. Er wird versuchen, vor der Ankunft anderer Aasfresser große Fleischstücke herunterzuschlingen. Wenn es die Zeit erlaubt, wird er nun die Reste zerlegen und Teile in der Nähe verstecken. Oft bleibt von einem Pflanzenfresser nur der grüne Mageninhalt übrig.

Der Kamm langer Haare ist angelegt, wenn das Tier entspannt ist.

Die kürzeren Hinterbeine tragen zu dem typischen Erscheinungsbild bei.

GRÖSSE 1–1,2 m
LEBENSRAUM Steppen und Savannen, offener Busch bis Halbwüste
VERBREITUNG Nord- und Ostafrika, Naher Osten bis Ostindien
NAHRUNG überwiegend Aas

STREIFENHYÄNE
Hyaena hyaena

Die in Erzählungen als hinterlistige, feige Aasfresser dargestellten Hyänen sind selbst sehr gute Jäger. Die Streifenhyäne ist weniger gesellig als ihre getüpfelte Verwandte. Zumindest in Ostafrika neigt sie zu einem Einzelgängerdasein, außer wenn sie Junge hat. In Indien und Israel leben Streifenhyänen öfter in Familiengruppen, die von einem einzelnen Weibchen angeführt werden. Aas macht den größten Teil der Nahrung aus, aber Früchte, vor allem Melonen, liefern wertvolles Wasser. Streifenhyänen sind bei den Farmern unbeliebt, da diese befürchten, dass sie sich an den Nutztieren vergreifen und die Felder verwüsten. Doch sie benötigen zunehmend Schutz, da heute von ihnen vermutlich nur noch weniger als 10 000 Tiere in der Natur vorkommen.

∧ MAUL UND ZÄHNE
Die kräftigen Kiefer werden von außergewöhnlich starken Muskeln bewegt. Mit den großen Backenzähnen können die Hyänen mit Leichtigkeit Knochen zertrümmern.

∧ NASE FÜR PROBLEME
Der Geruchssinn ist für Hyänen sehr wichtig. Die Tiere unterbrechen ihre Tätigkeiten oft, um ein Sekret aus einer Drüse unter dem Schwanz auf Steinen und Grasbüscheln zu verreiben.

∨ KEHLE
Der schwarze Kehlfleck scheint zur Tarnung des Tiers beizutragen. Das dickere Haar in diesem Bereich mag auch bei Kämpfen vor ernsten Verletzungen schützen.

< FELL
Die Streifenhyäne ist kleiner als die Tüpfelhyäne und von ihr an den schwarzen Streifen auf den Beinen und Flanken gut zu unterscheiden.

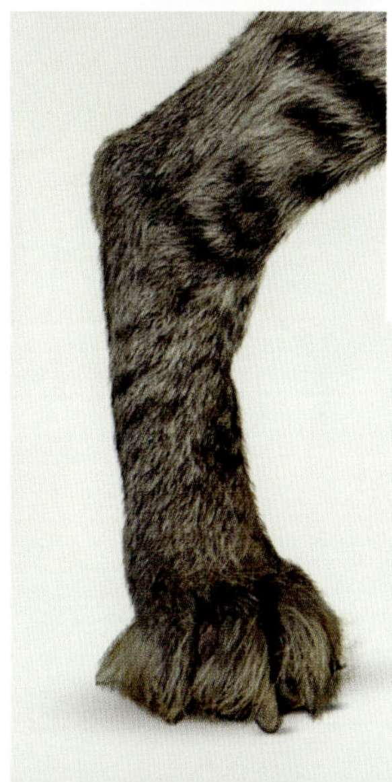

< ∧ BEINE UND FÜSSE
Die Vorderbeine sind länger als die Hinterbeine. Ihre kompakten Pfoten besitzen vier Zehen. Die kurzen, stumpfen und nicht einziehbaren Krallen ähneln denen von Hunden.

MANGUSTEN

Mangusten (Herpestidae) sind kleine, meist bodenbewohnende Raubtiere, die in den warm gemäßigten bis tropischen Teilen Afrikas und Eurasiens oft in komplexen Gemeinschaften leben. Zusammen mit den Madagassischen Raubtieren sind Mangusten vielleicht die nächsten Verwandten der ursprünglichen Raubtiere.

FUCHS-MANGUSTE
Cynictis penicillata
Diese die trockenen Steppen Südafrikas bewohnende Art lebt in Gruppen, die von einem dominanten Männchen angeführt werden.

WEISSSCHWANZ-MANGUSTE
Ichneumia albicauda
Der in trockenen Gebieten in Afrika und im Süden der Arabischen Halbinsel lebende Insektenfresser verzehrt auch Wirbeltiere und reife Beeren.

SCHLANKMANGUSTE
Galerella sanguinea
Die in Afrika weitverbreitete Art lebt meistens allein. Sie ist tagaktiv und vor allem vor der Abenddämmerung munter.

ERD-MÄNNCHEN
Suricata suricatta
Diese Art bewohnt Halbwüsten. Alle Gruppenmitglieder helfen bei der Jungenbetreuung, pflegen den Bau und halten Wache.

SÜDLICHE ZWERGMANGUSTE
Helogale parvula
Dieses kleine Raubtier jagt in Gruppen im afrikanischen Gras-, Busch- und Waldland. Es frisst große Wirbellose wie etwa Grillen und Skorpione.

DUNKEL-KUSIMANSE
Crossarchus obscurus
Dieser westafrikanische Waldbewohner lebt und jagt in wandernden Gruppen. Er soll auch ein gutes Haustier sein.

ZEBRAMANGUSTE
Mungos mungo
Die in Wäldern südlich der Sahara lebenden Tiere bewohnen oft in Termitenhügel gegrabene Baue. Männchen und Weibchen können ihre Gruppe in das Revier einer Nachbargruppe führen, um sich mit diesen Tieren zu paaren.

ICHNEUMON
Herpestes ichneumon
Dieser grau gesprenkelte Mungo kommt von Spanien bis Südafrika in offenem Grasland vor.

INDISCHER MUNGO
Urva edwardsii
Die meistens in Wäldern und Plantagen lebende Art jagt oft in der Nähe menschlicher Ansiedlungen nach Mäusen und Ratten.

INDISCHE KURZSCHWANZMANGUSTE
Urva fusca
Diese Art bewohnt die Wälder Indiens und Sri Lankas. Sie kann Schlangen töten, bevorzugt aber leichtere Beute.

INDISCHE ROTMANGUSTE
Urva smithii
Dieser wenig bekannte indische Waldbewohner jagt Vögel, Reptilien und kleinere Säugetiere. Sein Schwanz ist manchmal länger als der Körper.

PARDELROLLER

Der scheue und nachtaktive Pardelroller ist die einzige Art der Familie Nandiniidae, die sich vermutlich vor 44,5 Millionen Jahren von den Vorfahren der Schleichkatzen und denen der Katzen getrennt hat.

PARDELROLLER
Nandinia binotata
Dieser häufige, aber scheue Baumbewohner lebt in Zentralafrika. Er ist ein Allesfresser, verzehrt aber vor allem Früchte.

SCHLEICHKATZEN UND LINSANGS

Die meisten Schleichkatzen (Viverridae) und Linsangs (Prionodontidae) besitzen eine kräftige Zeichnung und erinnern an langschwänzige Katzen, sind aber weniger als sie auf Fleischnahrung spezialisiert. Bei Bedrohung verspritzen diese scheuen und nachtaktiven Arten eine übel riechende Flüssigkeit aus einer Drüse am Schwanzansatz.

BINTURONG
Arctictis binturong
Die südostasiatische Art, die einen Greifschwanz besitzt, klettert auf der Suche nach Früchten und kleinen Tieren durch die Baumkronen.

AFRIKANISCHE ZIBETKATZE
Civettictis civetta
Dieser große, bodenbewohnende opportunistische Allesfresser ist ein Einzelgänger und markiert sein Revier mit einem strengen Moschusgeruch.

LARVENROLLER
Paguma larvata
Dieser baumbewohnende indochinesische Einzelgänger frisst Früchte, Insekten und kleine Wirbeltiere.

FLECKENMUSANG
Paradoxurus hermaphroditus
Dieser Fruchtfresser ist von Pakistan bis nach Indonesien verbreitet und wird in Palmöl- und Bananenplantagen als Schädling betrachtet.

KLEINE INDISCHE ZIBETKATZE
Viverricula indica
Dieser Bodenbewohner lebt in Wäldern, Grasland und Bambusdickichten von Pakistan über China bis nach Indonesien.

KLEINFLECK-GINSTERKATZE
Genetta genetta
Dieser weitverbreitete Jäger kleiner Säugetiere und Vögel bewohnt Wälder und Buschland Afrikas und Südeuropas.

GROSSFLECK-GINSTERKATZE
Genetta tigrina
Diese Art lebt im östlichen Südafrika und in Lesotho. Sie frisst überwiegend Wirbellose, überwältigt aber auch gänsegroße Beute.

MALAIISCHE ZIBETKATZE
Viverra tangalunga
Diese auf die tropischen Wälder Malaysias, Indonesiens und der Philippinen beschränkte nachtaktive Art sucht ihre Nahrung vor allem auf dem Boden.

BÄNDER-LINSANG
Prionodon linsang
Diese scheue Art lebt in Baumhöhlen in südostasiatischen Wäldern, wo sie Ratten, Eichhörnchen, Echsen und Vögel jagt.

UNPAARHUFER

Alle Arten der Ordnung Unpaarhufer (Mesaxonia) sind Pflanzenfresser. Sie weisen auf den ersten Blick wenige Übereinstimmungen auf, stammen aber von gemeinsamen Vorfahren ab.

Zu den heutigen Unpaarhufern zählen Pferde, Tapire und Nashörner. Anders als die Paarhufer besitzen sie einen relativ einfachen Magen und verlassen sich auf Bakterien in ihrem Blind- und Grimmdarm, um die in den Pflanzen enthaltene Zellulose verdauen zu können.

In früheren Zeiten gehörten die Unpaarhufer zu den wichtigsten pflanzenfressenden Säugetieren und waren manchmal die dominierenden Pflanzenfresser in Steppen und Wäldern. Aus verschiedenen Gründen, zu denen auch die Konkurrenz der Paarhufer gehört, kennt man die meisten Arten heute nur noch als Fossilien.

BELASTBARE ZEHEN

Unpaarhufer belasten vor allem die dritten Zehen eines jeden Fußes mit ihrem Gewicht. Pferde haben sogar die übrigen Zehen zurückgebildet, und der einzige noch zum Laufen benutzte Zeh wird von einem hornigen Huf geschützt. Die anderen beiden Familien haben mehr funktionale Zehen – drei an allen Füßen bei den Nashörnern, drei an den Hinterbeinen und vier an den Vorderbeinen bei den Tapiren.

PFERDESTÄRKEN

Die mit Ausnahme der Antarktis und Australasiens über die ganze Welt verbreiteten heutigen Unpaarhufer sind vor allem Bewohner Afrikas und Asiens. Nur einige Tapir-Arten gibt es heute in Amerika, und obwohl dort die Familie der Pferde einst entstanden war, starb sie vor rund 10 000 Jahren am Ende des Pleistozäns aus. Die spanischen Konquistadoren führten dann das moderne domestizierte Pferd im 15. Jahrhundert in Amerika ein. Pferde haben eine lange Zeit der Domestikation hinter sich, vor allem als Transporttiere und als Zugtiere in der Land- und Forstwirtschaft. Als erster Equide wurde der Esel vor etwa 5000 Jahren domestiziert, das Pferd folgte vor etwa 4000 Jahren. Heute gibt es etwa 250 Pferderassen.

STAMM	CHORDATA
KLASSE	MAMMALIA
ORDNUNG	MESAXONIA
FAMILIEN	3
ARTEN	18

Das Spitzmaulnashorn besitzt eine bewegliche Oberlippe, mit der es Zweige und Blätter ergreifen kann.

NASHÖRNER

Der ein oder zwei Hörner tragende große Kopf macht die fünf Arten der Familie Nashörner (Rhinocerotidae) unverwechselbar. Obwohl der Körperbau, die Hörner und die dicke Haut dafür sorgen, dass sie kaum natürliche Feinde besitzen, sind diese meist als Einzelgänger lebenden Tiere durch die Jagd und die Vernichtung ihrer Lebensräume bedroht. Diese Pflanzenfresser können ihre Nahrung im hinteren Teil ihres Dickdarms aufschließen.

SUMATRA-NASHORN
Dicerorhinus sumatrensis
Diese vom Aussterben bedrohte Art der südostasiatischen Wälder ist das kleinste Nashorn. Das kleinere der beiden Hörner ist nur ein Stumpf.

SPITZMAULNASHORN
Diceros bicornis
Diese vom Aussterben bedrohten in Afrika südlich der Sahara lebenden Tiere sind kleiner und aggressiver als das Breitmaulnashorn. Mit ihrer Oberlippe ziehen sie Zweige und Blätter ins Maul.

TAPIRE

Die Arten der Familie Tapire (Tapirida) bewohnen tropische Wälder in Südost-Asien sowie in Mittel- und Südamerika. Diese Pflanzenfresser benutzen eine zum Rüssel umgestaltete Nase zum Ergreifen von Blättern und unter Wasser als Schnorchel. Typisch sind die ovalen Ohren und der vorstehende Steiß. Junge Tapire tragen ein gestreiftes Fell. Die gespreizten Zehen, von denen sich vier an den Vorder- und drei an den Hinterfüßen befinden, unterstützen das Laufen auf weichem Grund.

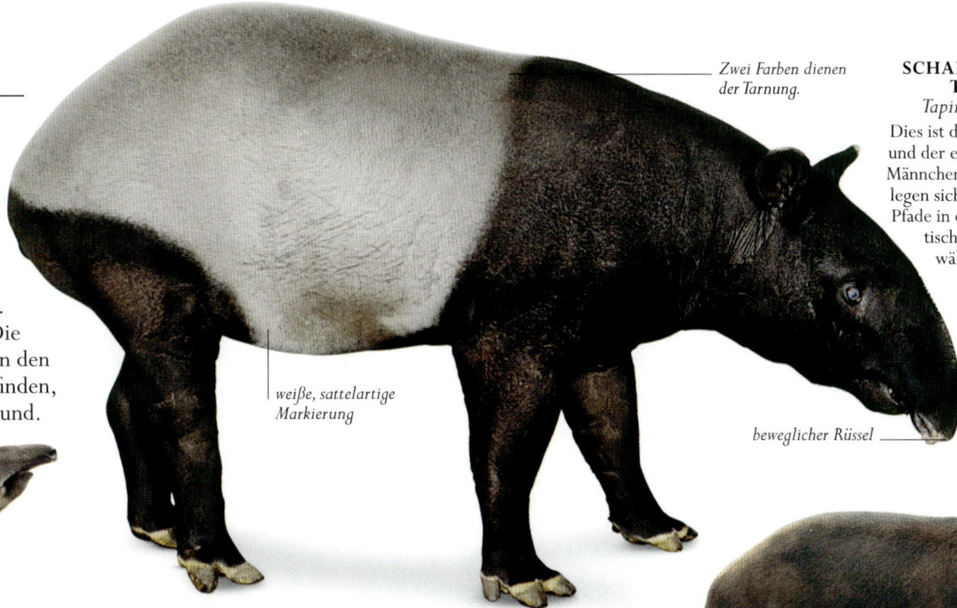

SCHABRACKEN-TAPIR
Tapirus indicus
Dies ist der größte Tapir und der einzige in Asien. Männchen und Weibchen legen sich überlappende Pfade in den südostasiatischen Regenwäldern an.

FLACHLANDTAPIR
Tapirus terrestris
Trotz seiner Größe ist dieser Tapir unauffällig. Er bewegt sich leicht durch das Unterholz, wird aber auch von Krokodilen erbeutet.

MITTELAMERIKA-NISCHER TAPIR
Tapirus bairdii
Dieses größte Säugetier Mittel- und Südamerikas bevorzugt wassernahe Lebensräume im dichten Wald und Sümpfe.

BERGTAPIR
Tapirus pinchaque
Dieser kleinste Tapir bewohnt den Bergnebelwald der nördlichen Anden. Er hat ein dichtes, wolliges Fell und eine weiße Unterlippe.

BREITMAULNASHORN
Ceratotherium simum
Diese Art der afrikanischen Savanne ist das schwerste Nashorn. Es wird auch als weißes Nashorn bezeichnet, wobei das »weiß« auf das Burenwort »wyd« (breit) zurückgeht.

PANZERNASHORN
Rhinoceros unicornis
Dieser in den Grasländern, Wäldern und Feuchtgebieten Indiens und Nepals lebende einhörnige Einzelgänger trägt am Hals dicke Hautfalten.

JAVA-NASHORN
Rhinoceros sondaicus
Dieser einst in Südostasien weitverbreitete Einzelgänger ist eins der seltensten Tiere der Welt. Das kleine Horn wird nicht über 20 cm lang.

»

BREITMAUL-NASHORN
Ceratotherium simum

Trotz seines beunruhigenden Erscheinungsbilds ist dieser Riese der afrikanischen Steppen ein gemächlicher Vegetarier. Die großen Hörner dienen fast ausschließlich der Selbstverteidigung und dem Schutz der Jungen. Erwachsene Nashörner leben meistens allein, obwohl sie auch lockere Gruppen bilden. Bullen markieren ihre Reviere mit Urin und Kot. Sie konkurrieren um ein bestimmtes Weibchen, doch die meisten Auseinandersetzungen dienen dem Imponierverhalten, sodass sich das schwächere Tier zurückziehen kann. Durch die Jagd und den Verlust des Lebensraums ist der Bestand dieser Art stark zurückgegangen.

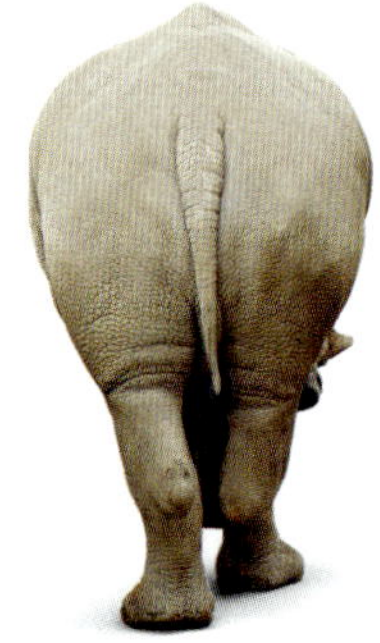

GRÖSSE 1,5–1,8 m
LEBENSRAUM Steppe
VERBREITUNG Mittel- und Südafrika
NAHRUNG Gras

∨ KURZSICHTIG
Nashörner sind ein wenig kurzsichtig. Die Augen auf den Seiten des Kopfs bieten ihnen ein großes Gesichtsfeld, erschweren aber die Sicht unmittelbar nach vorn.

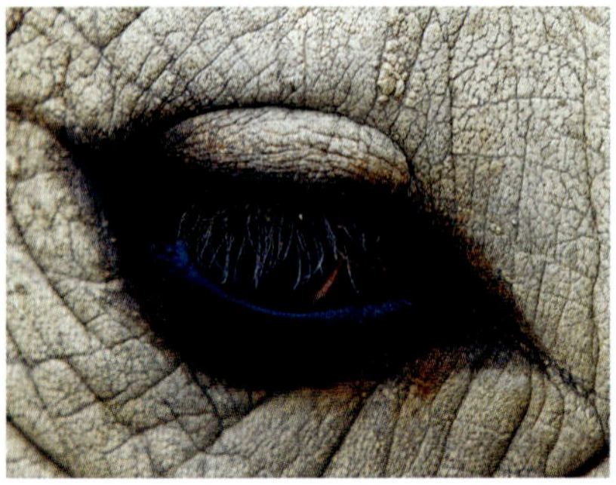

∨ HAARIGE OHREN
Die Ohren sind der haarigste Teil eines Nashornkörpers. Das Tier kann sehr gut hören und die Ohrmuscheln in jede Richtung drehen.

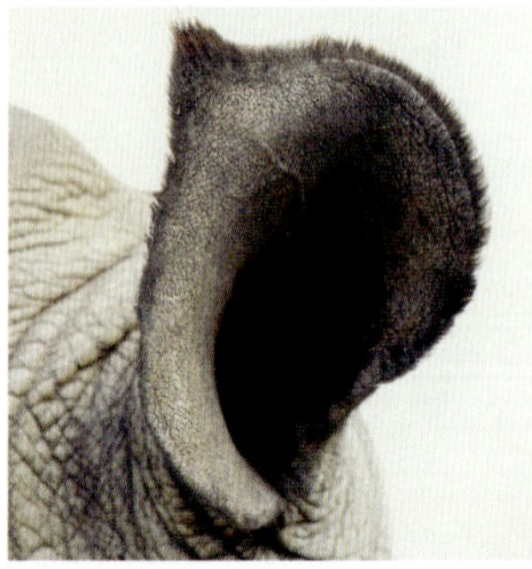

BREITES MAUL >
Das Breitmaulnashorn ist das größte Tier, das sich ausschließlich von Gras ernährt. Das gerade Maul ist zum Abweiden kurzen Grases ideal.

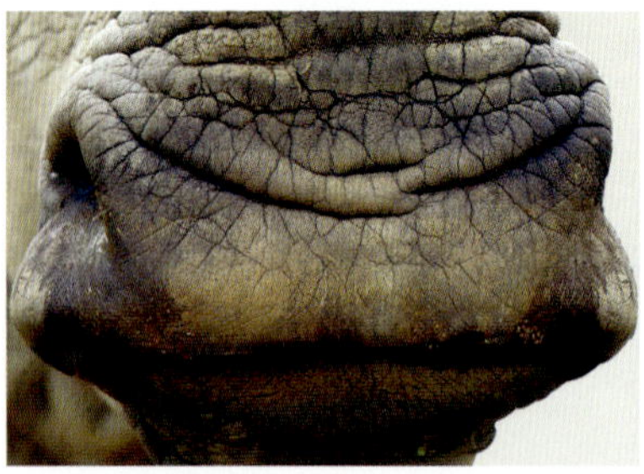

< HORN AUS HAAREN
Das Nasenhorn besteht aus einem als Keratin bezeichneten Eiweiß. Den gleichen Stoff findet man auch in Haaren und Nägeln. So ist das Horn nicht viel mehr als ein kompaktes Haarbüschel.

Das vordere Horn eines erwachsenen Tiers kann bis zu 1,5 m lang werden.

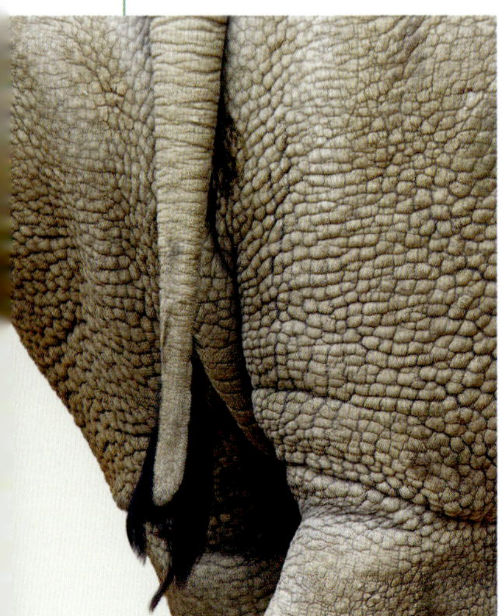

∧ KURZER SCHWANZ
Der kurze Schwanz hängt bei einem entspannten Tier herab und stellt sich bei Erregung auf, beispielsweise bei der Paarung.

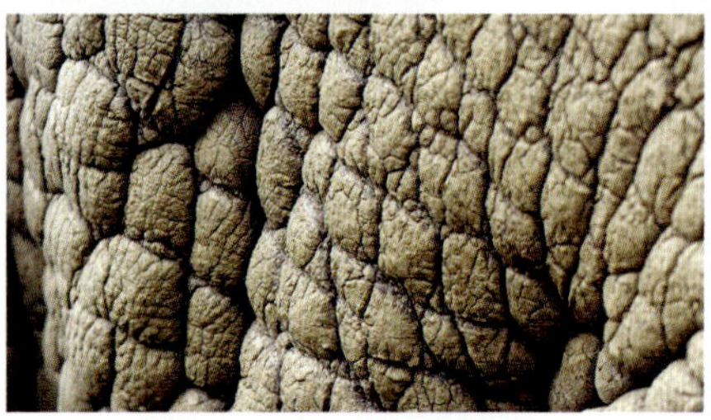

< DICKE HAUT
Trotz des zweiten Namens »Weißes Nashorn« ist die dicke faltige Haut grau gefärbt. Die insgesamt bis zu 2 cm dicke Haut wird durch sich überkreuzende Kollagenfasern verstärkt.

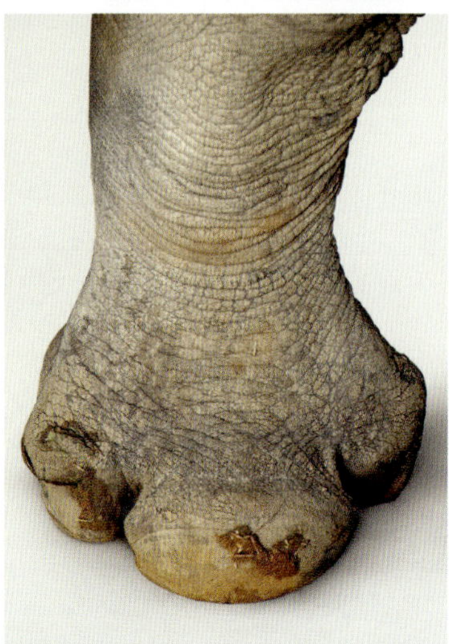

< FUSS-UNTERSEITE
Durch die ungewöhnliche Fußform sind die Spuren leicht zu erkennen. Erfahrene Spurensucher können sogar die einzelnen Tiere an ihren Fußabdrücken erkennen.

< DREI ZEHEN
Nashörner besitzen an jedem Fuß drei Zehen. Das meiste Gewicht trägt der mittlere, während die anderen für Balance und guten Halt sorgen.

> SANFTER RIESE
Breitmaulnashörnern wird zu Unrecht eine üble Laune nachgesagt. Tatsächlich sind sie friedfertig und manchmal scheu. Sie greifen meist nur an, wenn sie provoziert werden oder verwirrt sind. Spitzmaulnashörner sind viel aggressiver.

Der ausgesprochen gute Geruchssinn ist ein Ausgleich für die Kurzsichtigkeit.

PFERDE

Obwohl die Familie Pferde (Equidae) unter den Fossilien gut vertreten ist, gibt es heute nur noch neun Pferde-, Esel- und Zebra-Arten. Ihre Herden leben in Steppen und Wüsten. Sie können rundum sehen und ihre beweglichen Ohren ermöglichen es ihnen, Raubtiere frühzeitig wahrzunehmen. Die schnellen Tiere besitzen schlanke Beine mit einem einzigen Huf, das Fell ist mit Ausnahme der Mähne und des Schwanzes kurz.

DAMARA-ZEBRA
Equus quagga burchellii
Dieses südafrikanische Zebra ist eine Unterart des Steppenzebras. Es zeigt zwischen den schwarzen Streifen noch verwaschene Mittelstreifen.

BERGZEBRA
Equus zebra
Diese südwestafrikanische Art lebt in trockenen Berglebensräumen. Die breiten Streifen auf dem Steiß stehen im Kontrast zu den engen auf dem restlichen Körper.

BÖHM-ZEBRA
Equus quagga boehmi
Diese kleinste der sechs Unterarten des Steppenzebras hat breite, gut abgegrenzte Streifen. Sie lebt in den Savannen Ostafrikas.

GREVY-ZEBRA
Equus grevyi
Diese größte wilde Pferde-Art lebt in Ostafrika und besitzt große Ohren sowie schmale, variable Streifen und einen weißen Bauch.

KHUR
Equus hemionus khur
Dieser schnelle Läufer der trockenen asiatischen Steppen lebt in der Natur nur noch in einem Schutzgebiet im indischen Gujarat.

KULAN
Equus hemionus kulan
Diese Unterart des Asiatischen Esels ist größer als die meisten Esel und hat einen weiß gerahmten Rückenstreifen sowie eine kurze, aufrechte Mähne.

ONAGER
Equus hemionus onager
Die in ihrem asiatischen Lebensraum weitgehend ausgestorbene und heute noch im Iran lebende Unterart trägt einen Rückenstreifen.

KIANG
Equus kiang
Dieser größte Wildesel bewohnt das tibetische Hochland. Mit dem kastanienbraunen, im Winter wolligen Fell ist er der dunkelste der in Asien lebenden Esel.

SOMALISCHER WILDESEL
Equus asinus somaliensis
Dieser nordostafrikanische Vorfahre des Hausesels hat ein kurzes graues Fell und gestreifte Beine.

HAUSESEL
Equus asinus
Dies ist die domestizierte Form des Afrikanischen Wildesels. Er ist als Transport- und Lastentier weltweit verbreitet.

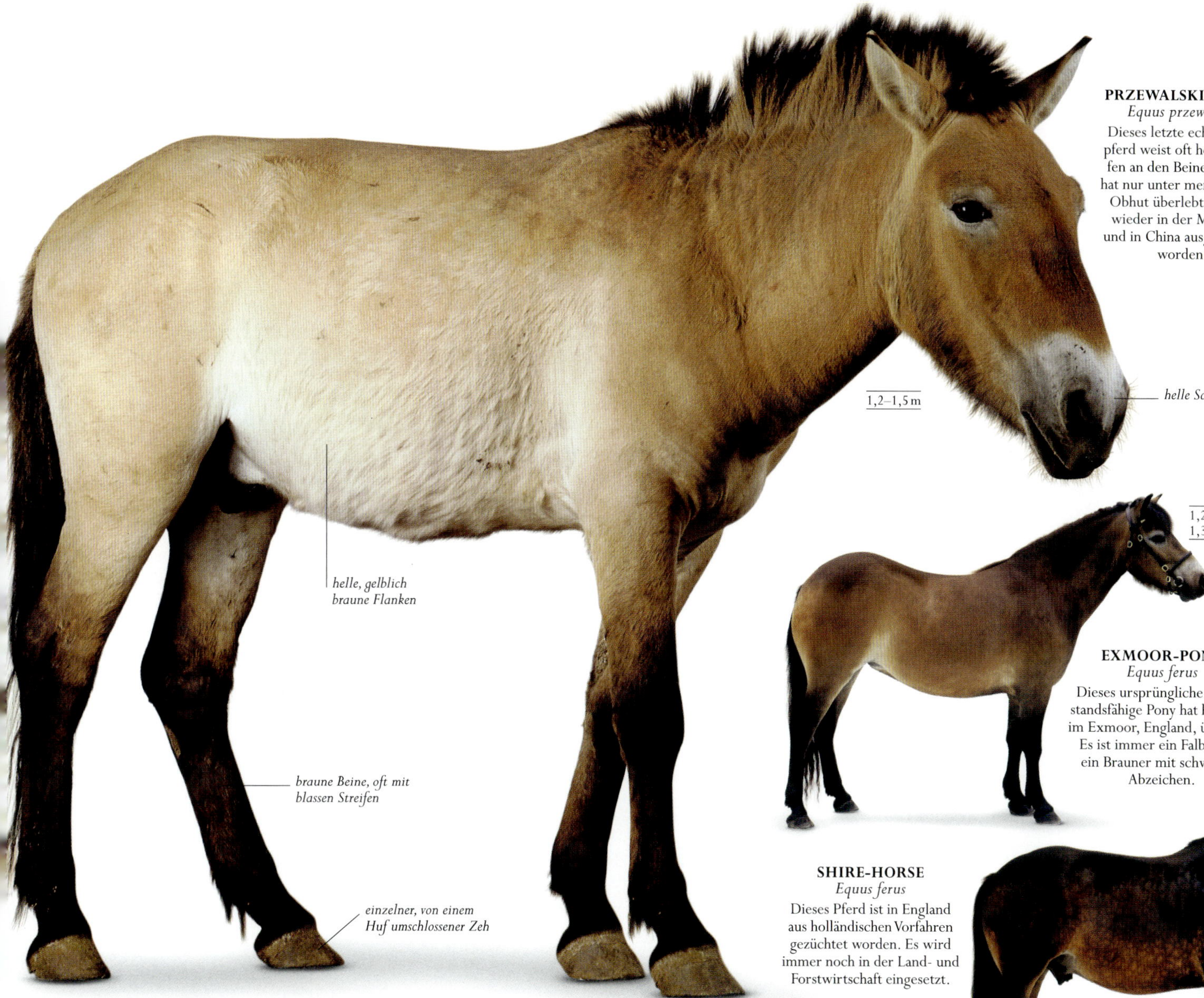

PRZEWALSKI-PFERD
Equus przewalskii
Dieses letzte echte Wildpferd weist oft helle Streifen an den Beinen auf. Es hat nur unter menschlicher Obhut überlebt, ist aber wieder in der Mongolei und in China ausgewildert worden.

EXMOOR-PONY
Equus ferus
Dieses ursprüngliche widerstandsfähige Pony hat halbwild im Exmoor, England, überlebt. Es ist immer ein Falbe oder ein Brauner mit schwarzen Abzeichen.

SHIRE-HORSE
Equus ferus
Dieses Pferd ist in England aus holländischen Vorfahren gezüchtet worden. Es wird immer noch in der Land- und Forstwirtschaft eingesetzt.

ARABER
Equus ferus
Diese schnelle Wüstenrasse hat einen großen Einfluss auf die Entwicklung des modernen Rennpferds gehabt.

PAINT HORSE
Equus ferus
Diese amerikanische Rasse vereinigt ein kastanienbraunes bis schwarzes Fell mit verschieden ausgeprägten weißen Bereichen.

MAULTIER
Equus asinus × E. ferus
Die meist sterile Kreuzung hat den Körper eines Pferds, den Kopf und die Ohren des Esel-Vaters und ist ein kräftiges Lasttier.

MAULESEL
Equus ferus × E. asinus
Dieser Nachkomme eines Pferdehengsts und einer Eselsstute hat einen Eselskörper und den Kopf, die Ohren und die Mähne eines Pferds.

PAARHUFER

Die Paarhufer (Artiodactyla) stehen auf zwei oder vier Zehen. Die meisten sind Pflanzenfresser mit einem vielkammerigen Magen.

Paarhufer werden auch als Spalthufer bezeichnet, da jede Zehenspitze ihren eigenen Huf (oder Klaue) hat – eine harte, gummiartige Sohle, die von einer dicken Hornplatte umgeben ist. Der Huf nutzt sich zwar ab, wächst aber auch ständig nach. Nur die Familie Camelidae besitzt keine Hufe. Die Tiere laufen zwar auf zwei Zehen, die Platten sind jedoch auf kleine Nägel reduziert.

WIEDERKÄUEN

Paarhufer wandern auf der Nahrungssuche oft weite Strecken durch Grasland und Wälder. Die meisten Arten fressen entweder Gräser und Kräuter oder Schösslinge und Blätter. Ihr Verdauungstrakt ist sehr gut an grobe Pflanzenkost angepasst. Der Magen hat drei oder vier Kammern, deren Bakterien die in pflanzlichen Zellwänden enthaltene Zellulose verdauen und die enthaltenen Nährstoffe freisetzen können. Um das zu unterstützen, würgen die Tiere zum Teil verdaute Nahrung wieder hervor und kauen sie noch einmal, ein Vorgang, den man als Wiederkäuen bezeichnet. Paarhufer besitzen große, breite Zähne zur Zerkleinerung der Nahrung und einen langen Darm. Schweine wiederkäuen dagegen nicht, haben weniger spezialisierte Zähne und sind oft Allesfresser. Manchmal sind ihre Eckzähne als Waffen oder zur Nahrungssuche verlängert.

DOMESTIKATION

Da Paarhufer in Australasien eingeführt worden sind, gibt es sie heute auf jedem Kontinent mit Ausnahme der Antarktis. Mit einer Schulterhöhe von 20 cm bei den Hirschferkeln bis zu nahezu 4 m bei den Giraffen variieren Paarhufer sehr in Bezug auf Größe und Gestalt. Viele Arten werden von Menschen gejagt, doch andere sind als Haustiere wirtschaftlich wichtig – Rinder, Lamas, Schafe und Schweine liefern Fleisch, Leder, Wolle, Milchprodukte und dienen als Transporttier. Durch Domestikation sind viele Rassen entstanden, die sich für bestimmte Zwecke eignen.

STAMM	CHORDATA
KLASSE	MAMMALIA
ORDNUNG	ARTIODACTYLA
FAMILIEN	10
ARTEN	384

STREITFRAGE

EINE ART ODER MEHR?

In den letzten zehn Jahren sind über 100 neue Arten der Paarhufer beschrieben worden, oft weil Taxonomen Unterarten in den Rang einer Art erhoben haben. Genetische Untersuchungen bestätigen diese Einordnungen oder weisen sie auch zurück. Giraffen sind zum Beispiel früher als eine einzige Art mit verschiedenen Unterarten betrachtet worden. Aktuelle Untersuchungen der DNA deuten jedoch auf eine Unterscheidung in vier Arten hin – die Massaigiraffe (*Giraffa tippelskirchi*), die Netzgiraffe (*G. reticulata*), die Nordgiraffe (*G. camelopardalis* mit drei Unterarten) und die Südgiraffe (*G. giraffa* mit zwei Unterarten).

NABELSCHWEINE

Die Arten der Familie Nabelschweine (Tayassuidae) der Neuen Welt teilen viele Merkmale mit den übrigen Schweinen. Doch sie haben einen komplexer aufgebauten Magen und kurze, gerade Eckzähne.

CHACO-PEKARI
Catagonus wagneri
Dieser große Pekari aus der Chaco-Region im zentralen Südamerika ist zuerst nach Fossilien beschrieben und erst 1975 lebend entdeckt worden.

WEISSBART-PEKARI
Tayassu pecari
Die in großen Herden lebende mittel- und südamerikanischen Tiere rotten sich im Angesicht eines Feinds zusammen, können aber auch schnell fliehen.

HALSBAND-PEKARI
Pecari tajacu
Die in tropischen und subtropischen Teilen Amerikas verbreitete tagaktive Art ist sehr gesellig. Allerdings gilt sie bei Farmern als Schadtier, da sie die Felder verwüstet.

SCHWEINE

Die in der Alten Welt lebenden Arten der Familie Schweine (Suidae) haben als einzige ihrer Ordnung vier Zehen, obwohl sie nur auf den mittleren laufen, und besitzen auch nur einen einfachen Magen. Sie sind größtenteils Allesfresser und suchen mit der Schnauze und den Eckzähnen nach Nahrung. Der kurze Schwanz endet in einer Quaste.

HIRSCHEBER
Babyrousa babyrussa
Die Eckzähne der Männchen dieser Art wachsen nach oben, durchbohren die Schnauze und krümmen sich nach hinten. Die Tiere leben auf mehreren indonesischen Inseln.

WARZENSCHWEIN
Phacochoerus africanus
Dieses Schwein hat ein warziges Gesicht und lange Eckzähne. Es frisst oft auf den Vorderbeinen knieend und hält beim Laufen den Schwanz aufrecht.

RIESENWALDSCHWEIN
Hylochoerus meinertzhageni
Anders als die meisten Schweine hat diese nachtaktive Art ein dichtes schwarzes und gelbbraunes Fell.

BUSCHSCHWEIN
Potamochoerus larvatus
Dieses in afrikanischen Wäldern und Schilfgürteln lebende Schwein hat ein braunes Fell und eine helle Mähne, die es aufstellt, wenn es erregt ist.

PINSELOHRSCHWEIN
Potamochoerus porcus
Diese zentralafrikanische Art trägt zwei Warzen auf der Schnauze und hat eine typische Gesichtszeichnung.

ZWERGWILDSCHWEIN
Porcula salvania
Diese einst zwischen Indien und Nepal verbreitete kleine Art mit der spitz zulaufenden Schnauze ist heute vom Aussterben bedroht.

VISAYAS-PUSTELSCHWEIN
Sus cebifrons
Drei Paar fleischiger Warzen im Gesicht schützen den Eber vor den Zähnen des Rivalen. Hier ist jedoch eine Bache abgebildet.

BARTSCHWEIN
Sus barbatus
Diese Art wandert oft in Herden durch die südostasiatischen Wälder. Sie hat einen weißen Bart und typische Schwanzquasten.

WILDSCHWEIN
Sus scrofa
Die in Eurasien weitverbreitete Art ist der hauptsächliche Vorfahr der Hausschweine. Die Jungen sind gestreift, um sich im Dickicht verstecken zu können.

PIÉTRAIN
Sus scrofa
Diese belgische Rasse liefert qualitativ hochwertiges Fleisch und trägt dunkle Flecken in helleren Körperbereichen.

MIDDLE WHITE
Sus scrofa
Das in England als Fleischlieferant gezüchtete Schwein ist unpigmentiert und hat eine nach oben gerichtete Schnauze.

MOSCHUSHIRSCHE

Die vor allem in asiatischen Bergwäldern lebenden ungeselligen, nachtaktiven Arten der Familie Moschushirsche (Moschidae) sind nach der Moschusdrüse der erwachsenen Männchen benannt worden. Die kleinen Hirsche besitzen lange obere Eckzähne.

GELBBAUCH-MOSCHUSTIER
Moschus chrysogaster
Die Männchen dieses großen Moschustiers aus Wäldern des südostchinesischen und nordindischen Hochlands markieren mithilfe ihrer Moschusdrüse ihr Revier.

HIRSCHFERKEL

Die Arten der Familie Hirschferkel (Tragulidae) leben in afrikanischen und asiatischen Tropenwäldern. Sie ähneln kleinen Hirschen, tragen jedoch kein Geweih. Bei Männchen ragen die verlängerten Eckzähne des Oberkiefers über den Unterkiefer hinaus. Wie Schweine haben die Tiere vier Zehen an jedem Fuß und relativ kurze Beine. Der Magen ist gekammert, um grobe Pflanzennahrung verarbeiten zu können.

FLECKENKANTSCHIL
Moschiola meminna
Die kleine, nachtaktive und scheue Art lebt in Indien und Sri Lanka. Ihr Körper weist weiße Flecken und Streifen auf.

AFRIKANISCHES HIRSCHFERKEL
Hyemoschus aquaticus
Diese mit Streifen und Flecken gezeichnete Art der west- und zentralafrikanischen Wälder kann gut schwimmen und tauchen.

GROSSKANTSCHIL
Tragulus napu
Trotz seiner geringen Größe ist dies das größte asiatische Hirschferkel. Auf dem Kopf verlaufen schwarze Streifen von den Augen bis zur Nase.

KLEINKANTSCHIL
Tragulus javanicus
Dies ist das kleinste Huftier der Welt. Das Verwandtschaftsverhältnis zu anderen Kantschilen der südostasiatischen Wälder ist unklar.

HIRSCHE

Die fast weltweit vorkommenden Arten der Hirsche (Cervidae) fehlen nur weitgehend in Afrika und sind in Australien eingeführt worden. Sie bewohnen bewaldete und offene Lebensräume, bevorzugen jedoch oft die Übergangsbereiche. Größe und Form der Geweihe sind artspezifisch. Anders als die Hornträger werfen die Männchen jedes Jahr ihr Geweih ab und bekommen ein neues. Die Weibchen tragen bis auf eine Ausnahme kein Geweih, können aber kurze Stümpfe haben.

MÄHNENHIRSCH
Rusa timorensis
Dieser indonesische Waldbewohner ist in das trockene australische Buschland eingeführt worden. Er besitzt ein relativ großes Geweih.

SAMBAR
Rusa unicolor
Dieser große, dunkelbraune Hirsch mit einer auffälligen Mähne lebt in den südasiatischen Wäldern bis hin zum Fuß des Himalayas.

PRINZ-ALFRED-HIRSCH
Rusa alfredi
Die auf den Philippinen endemische nachtaktive Art hat kurze Beine und helle Flecken. Sie bewegt sich in charakteristischer gebückter Haltung.

CHINESISCHER MUNTJAK
Muntiacus reevesi
Die ostasiatische Art ist auch in Westeuropa eingeführt worden. Trotz ihrer geringen Größe richtet sie Schäden durch Verbiss an.

INDISCHER MUNTJAK
Muntiacus muntjak
Diese südasiatische Art verteidigt sich mit dem kurzen einendigen Geweih und den langen Eckzähnen im Oberkiefer gegen Fressfeinde und Rivalen.

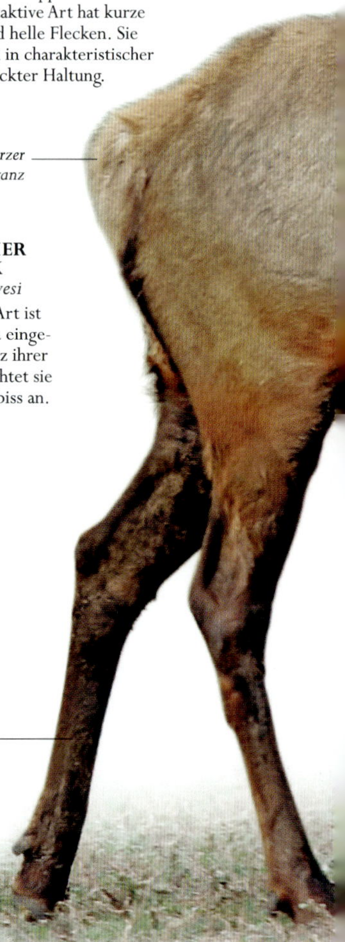

DAVIDSHIRSCH
Elaphurus davidianus
Die nur aus menschlicher Obhut bekannte Art ist 1865 vom Missionar Armand David beschrieben worden. Sie ist in China wieder ausgewildert worden.

AXISHIRSCH
Axis axis
Dieser in Australien und Nordamerika eingeführte indische Waldbewohner ist eine beliebte Beute des Tigers.

SCHWEINSHIRSCH
Axis porcinus
Dieser asiatische Waldbewohner erinnert mit dem Verhalten an Schweine, mit gesenktem Kopf Hindernisse zu durchbrechen.

SCHOPFHIRSCH
Elaphodus cephalophus
Diese Art lebt in asiatischen Bergwäldern. Die Männchen tragen kleine Geweihe und verlängerte Eckzähne sowie ein schwarzes Haarbüschel auf der Stirn.

DAMHIRSCH
Dama dama
Die oft als Wildbret gezüchtete Art ist an dem schaufelartigen Geweih und dem gefleckten Fell zu erkennen.

BARASINGHA
Rucervus duvaucelii
Dieser Bewohner indischer Feuchtgebiete ist in den USA eingeführt worden. Die Geweihe sind geschätzte Trophäen.

WAPITI-HIRSCH
Cervus canadensis
Obwohl sich diese Tiere kaum vom Rothirsch unterscheiden, ergaben genetische Untersuchungen, es müsse sich um eine eigene Art handeln.

ROTHIRSCH
Cervus elaphus
Diese in Europa, der Türkei und Nordafrika lebende Art ist in Bezug auf Größe von Körper und Geweih sowie der Mähne variabel.

SIKA-HIRSCH
Cervus nippon
Die an ihrem kräftigen Geweih zu erkennende Art kreuzt sich mit Rothirschen, vor allem außerhalb ihrer ostasiatischen Heimat.

MAULTIERHIRSCH
Odocoileus hemionus
Diese Art unterscheidet sich vom Weißwedelhirsch, mit dem sie im westlichen Nordamerika gemeinsam vorkommt, durch die schwarze Schwanzspitze und das Geweih.

WEISSWEDELHIRSCH
Odocoileus virginianus
Die Art kommt von Kanada bis Peru vor und ist in Europa und Neuseeland eingeführt worden. Der Schwanz dient als Warnsignal.

»

» HIRSCHE

REH
Capreolus capreolus
Das Fell dieser Wälder und Gebüsch bewohnenden Art ist im Sommer rötlich braun und wird im Winter dunkler, manchmal fast schwarz.

RENTIER
Rangifer tarandus
Die Sohlen dieser arktischen Art schrumpfen im Winter, sodass die exponierten Hufränder auf dem Eis Halt finden.

SUMPFHIRSCH
Blastocerus dichotomus
Diese Art der Feuchtgebiete ist der größte südamerikanische Hirsch. Er kann gut schwimmen und mit den Häuten zwischen zwei Zehen eines jeden Fußes auf weichem Boden laufen.

KANADISCHER ELCH
Alces americanus
Dieser größte Hirsch bewohnt nordamerikanische Wälder. Die Schaufeln der Bullen können eine Spannweite von 2 m bekommen und bis zu 20 Enden aufweisen.

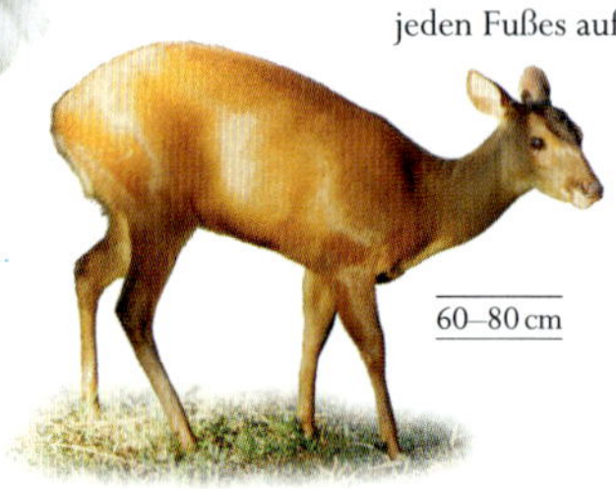

GROSSMAZAMA
Mazama americana
Dieser kleine Einzelgänger der südamerikanischen Wälder zieht Früchte den Blättern vor. Männchen tragen ein kurzes, unverzweigtes Geweih.

BRAUNMAZAMA
Mazama gouazoubira
Dieser in mittel- und südamerikanischen Dickichten lebende Hirsch frisst in der Trockenzeit vor allem Früchte und Kakteen.

PAMPASHIRSCH
Ozotoceros bezoarticus
Dieser schlanke Hirsch der südamerikanischen Grasländer und Feuchtgebiete stellt sich auf die Hinterbeine, um Laub an Ästen zu erreichen.

SÜDPUDU
Pudu puda
Dies ist eine der kleinsten Hirsch-Arten. Sie lebt in gemäßigten Regenwäldern in Argentinien und Chile.

WASSERREH
Hydropotes inermis
Bei dieser Art bekommen weder Männchen noch Weibchen ein Geweih. Die Eckzähne des Oberkiefers können bei Männchen bis zu 8 cm lang werden.

GABELBÖCKE

Die unter nordamerikanischen Fossilien gut vertretene Familie Gabelböcke (Antilocapridae) enthielt Arten mit bizarr geformten oder mehreren Hörnern. Heute ist der Gabelbock ihr einziger Vertreter. Mit seinem Körperbau und den gespaltenen Hufen ähnelt er den Antilopen, doch fehlen ihm die äußeren Zehen und er wirft das Geweih nach der Paarungszeit ab.

GABELBOCK
Antilocapra americana
Dieses schnellste Säugetier der Neuen Welt bildet in offenem Grasland große Herden und ist das Gegenstück zu den Antilopen der Alten Welt.

HORNTRÄGER

Die vielfältige Familie Hornträger (Bovidae) ist mit Ausnahme der Antarktis auf allen Kontinenten vertreten. Trotz ihrer Vielfalt haben die Arten einige Gemeinsamkeiten. Sie tragen dauerhaft unverzweigte, oft gedrehte und geriffelte Hörner und haben einen vierkammerigen Wiederkäuermagen.

NILGAU-ANTILOPE
Boselaphus tragocamelus
Der Körper dieser größten asiatischen Antilope fällt von der Schulter an ab. Männchen sind blaugrau und Weibchen gelbbraun gefärbt.

ELEN-ANTILOPE
Taurotragus oryx
Die Art mit spiraligen Hörnern ist die größte Antilope. Sie lebt in den Steppen von Äthiopien bis Südafrika. Männchen tragen manchmal weiße Streifen auf den Flanken.

BONGO
Tragelaphus eurycerus
Die Weibchen der in den dichten west- und zentralafrikanischen Wäldern gut getarnten Art sind meist leuchtender gefärbt als die Männchen. Beide Geschlechter tragen spiralförmige Hörner.

VIERHORN-ANTILOPE
Tetracerus quadricornis
Dieser Einzelgänger der asiatischen Wälder trägt meistens zwei Paar Hörner, eins zwischen den Ohren und eins auf der Stirn.

NYALA
Tragelaphus angasii
Diese Antilope der südafrikanischen Wälder hat spiralige Hörner und ein dunkelbraunes Fell mit senkrechten weißen Streifen.

SÜDLICHE SCHIRRANTILOPE
Tragelaphus sylvaticus
Die in Wäldern südlich der Sahara verbreitete Art trägt auf Gesicht, Ohren und Schwanz Streifen und Flecken.

SAMBESI-SITATUNGA
Tragelaphus selousi
Dieser hervorragende Schwimmer bewohnt südafrikanische Sümpfe. Er flüchtet vor Raubtieren oft in das Wasser.

SÜDLICHER KLEINKUDU
Ammelaphus australis
Männchen und Weibchen dieser Antilope des trockenen nordostafrikanischen Buschlands tragen 7–14 senkrechte weiße Streifen auf dem Fell.

SAMBESI-GROSSKUDU
Strepsiceros zambesiensis
Die Männchen dieses Kudus besitzen eins der schönsten Gehörne unter den Antilopen, mit zweieinhalb Wendeln bei erwachsenen Tieren.

»

» HORNTRÄGER

1,5–1,8 m

KAFFERNBÜFFEL
Syncerus caffer
Dieser unberechenbare, gefährliche Büffel kann nicht domestiziert werden. Die Steppenform hat stärker gebogene Hörner und ist größer als die Waldform.

1,5–1,9 m

WASSERBÜFFEL
Bubalus arnee
Obwohl sie großenteils wegen ihrer Milch und ihrer Kraft domestiziert wurden, gibt es in Asien auch noch einige wilde Wasserbüffel. Die Farbe und die Hörner sind variabel.

60–100 cm

FLACHLAND-ANOA
Bubalus depressicornis
Dieser kleinste Wildbüffel bewohnt die Regenwälder Sulawesis. Verglichen mit anderen Büffeln sind seine Hörner gerade und stehen aufrecht.

1,5–2 m

BISON
Bison bison
Von den großen Herden der in Nordamerika lebenden Bisons sind wenige Wildtiere verblieben. Zahlreicher sind Nutztiere, die ihrer Häute und des Fleischs wegen gehalten werden.

WISENT
Bison bonasus
Die Art hat ein kürzeres Fell, aber längere Hörner als die Bisons. Ihr Vorkommen ist heute auf osteuropäische und russische Primärwälder beschränkt.

1,5–2 m

1,6 m

BANTENG
Bos javanicus
Unterschenkel, Schnauze, Steiß und Augenflecken dieses braunen südostasiatischen Büffels sind weiß. Mancherorts wird er als Zugtier gehalten.

1,4–2 m

YAK
Bos mutus
Diese isolierte Art mit zottigem Fell bewohnt die Gebirge Zentralasiens. Das Wildtier ist meist dunkel, doch die domestizierten Tiere sind variabler und weisen oft weiße Abzeichen auf.

1,7–2,2 m

GAUR
Bos gaurus
Diese größte, waldbewohnende Wildrind-Art ist dunkelbraun, an der Schnauze und den Unterschenkeln jedoch heller gefärbt.

TEXANISCHES LONGHORN
Bos primigenius
Die farblich variable Rasse mit den charakteristischen langen Hörnern ist robust und gut für extensive Weidehaltung geeignet.

HEREFORD-RIND
Bos primigenius
Diese englische Fleischrasse hat einen muskulösen Vorderkörper und zeichnet sich durch ihre Gutmütigkeit aus.

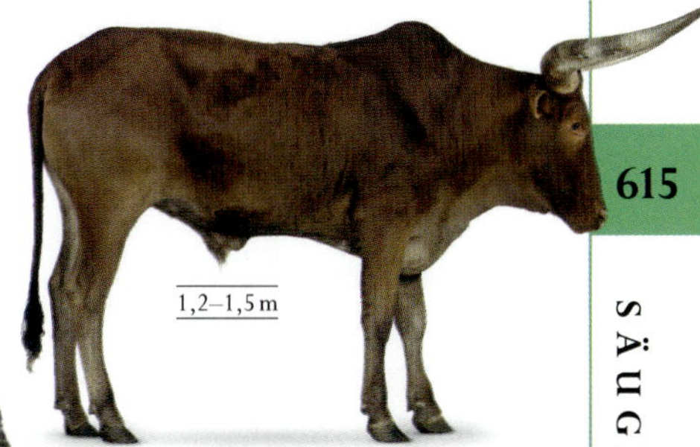

WATUSSI-RIND
Bos primigenius
Die bis zu 1,8 m langen, dicken Hörner dieser afrikanischen Rasse helfen den Tieren bei der Thermoregulation.

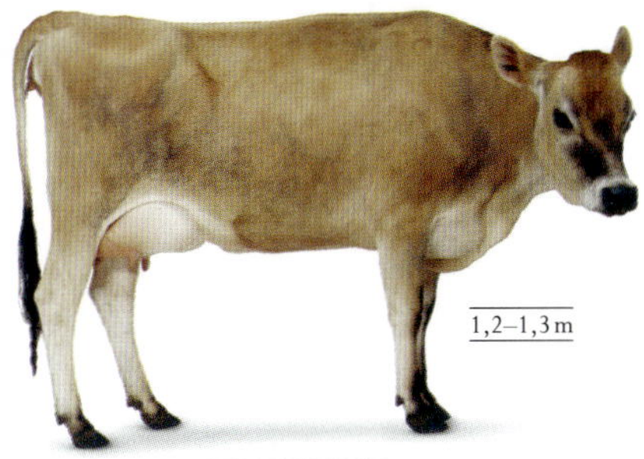

JERSEY-RIND
Bos primigenius
Die für ihre cremige Milch berühmte Rasse ist zuerst auf der Insel Jersey aus französischen Rindern gezüchtet worden.

MAXWELLDUCKER
Philantomba maxwellii
Diese kleine, graubraune Art des westafrikanischen Regenwalds hat neben ihrer hellen Gesichtszeichnung wenige charakteristische Merkmale.

SIMBABWE-BLAUDUCKER
Philantomba bicolor
Dieser kleine Bewohner südostafrikanischer Wälder hat einfache konische Hörner. Er frisst frisch gefallenes Laub, Früchte und Samen, aber auch Insekten und Pilze, wenn sie verfügbar sind.

ZEBRADUCKER
Cephalophus zebra
Dies ist der einzige Ducker mit ungewöhnlicher Zeichnung. Sie dient an den Waldrändern seines westafrikanischen Lebensraums der Tarnung.

BRAHMAN
Bos primigenius indicus
Diese ursprünglich asiatische Rasse wird heute überall in den Tropen gehalten. Sie ist eine Form des Zebus und trägt auch den typischen Buckel.

GELBRÜCKENDUCKER
Cephalophus silvicultor
Die von West- bis Zentralafrika vorkommende Art hat ein dunkelgraues Fell mit einem auffälligen weißen oder gelben Rückenfleck.

SCHWARZSTIRNDUCKER
Cephalophus nigrifrons
Die dunkle Stirn und die dunklen Augendrüsen bilden einen Kontrast zu den helleren Brauen und geben diesem zentralafrikanischen Waldbewohner ein charakteristisches Gesicht.

OGILBY-DUCKER
Cephalophus ogilbyi
Dieser Ducker der westafrikanischen Regenwälder hat gut entwickelte Hinterviertel und einen rotbraunen Steiß.

KRONENDUCKER
Sylvicapra grimmia
Diese südlich der Sahara weitverbreitete Antilope besitzt kleine Hörner. Sie bewohnt verschiedene Lebensräume und frisst oft abgefallene Früchte.

BOHOR-RIEDBOCK
Redunca bohor
Die schlanken Weibchen dieser zentralafrikanischen Art bilden einen Kontrast zu den Männchen mit ihren kräftigen Hälsen und Hörnern.

GROSSRIEDBOCK
Redunca arundinum
Diese kräftige Antilope der Steppen des südlichen Zentralafrikas hat charakteristische schwarze Zeichnungen an den Vorderbeinen. Nur die Männchen tragen Hörner.

»

ELLIPSEN-WASSERBOCK
Kobus ellipsiprymnus ellipsiprymnus
Trotz des Namens lebt diese Unterart in Savannen und Wäldern, flüchtet aber vor Raubtieren ins Wasser.

DEFASSA-WASSERBOCK
Kobus ellipsiprymnus defassa
Diese west- und zentralafrikanische Unterart hat einen weißen Steiß, nicht die Ellipse der anderen Unterart.

LETSCHWE
Kobus leche
Diese gesellige Antilope lebt in Feuchtgebieten im südlichen Zentralafrika, wo sie auf ihren langen Beinen durch seichtes Wasser laufen kann.

UGANDA-KOB
Kobus thomasi
Diese gesellige ostafrikanische Antilope besitzt einen weißen Kehlfleck. Die Männchen haben geriffelte, leierförmige Hörner.

PUKU
Kobus vardonii
Diese dem Kob sehr ähnliche Antilope stammt aus dem südlichen Zentralafrika und ist etwas kleiner und gedrungener.

MENDES-ANTILOPE
Addax nasomaculatus
Diese gefährdete Antilope der Sahara besitzt lange Hörner mit zwei oder drei Wendeln und ein hellsandfarbenes oder weißliches Fell.

PFERDE-ANTILOPE
Hippotragus equinus
Die geriffelten Hörner dieser in den Savannen südlich der Sahara lebenden Antilope sind leicht gekrümmt. Das Gesicht ist schwarz-weiß gefärbt.

SÄBELANTILOPE
Oryx dammah
Diese einst über die Sahara verbreitete Art wurde im 20. Jahrhundert fast ausgerottet. Man hat sie in einigen Gegenden wieder ausgewildert.

RAPPEN-ANTILOPE
Hippotragus niger
Die Hörner dieser kräftigen dunklen und mit weißer Gesichtszeichnung versehenen Antilope können über einen Meter lang werden.

ARABISCHE ORYX
Oryx leucoryx
Diese Antilope mit geraden Hörnern ist vor kurzer Zeit in einem Teil ihres früheren Lebensraums im Nahen Osten wieder ausgewildert worden.

GALLA-ORYX
Oryx gallarum
Dieser graubraune ostafrikanische Wüstenbewohner trägt schwarze Zeichnungen und besitzt sehr lange, kaum gekrümmte Hörner.

SPIESSBOCK
Oryx gazella
Diese größte Art ihrer Gattung bewohnt trockene südafrikanische Lebensräume, ist aber auch in Nordamerika angesiedelt worden.

WESTAFRIKA-KUHANTILOPE
Alcelaphus major
Die große, langschädelige Antilope lebt in den ostafrikanischen Steppen. Die Arten unterscheiden sich in Bezug auf Farbe und Hornform.

SÜDAFRIKANISCHE KUHANTILOPE
Alcelaphus caama
Diese kastanienbraune Antilope hat ein dunkleres Gesicht und einen dunklen Schwanz. Sie ist in der Dämmerung am aktivsten.

KLIPPSPRINGER
Oreotragus spec.
Diese Art bewohnt felsige Gebiete von Süd- über Ostafrika bis Äthiopien und kann zehnmal so weit springen, wie sie groß ist.

LICHTENSTEIN-ANTILOPE
Alcelaphus lichtensteinii
Die an ihren stark gekrümmten, nach innen gerichteten Hörnern zu erkennende Art lebt in den Savannen und Überschwemmungsgebieten Zentralafrikas.

SERENGETI-ORIBI
Ourebia hastata
Diese von Ostafrika bis nach Angola vorkommende Art weist eine weiße Brauenlinie und eine große dunkle Drüse im Gesicht auf.

STREIFENGNU
Connochaetes taurinus
Diese in großen Herden lebende Unterart kommt in den Savannen des südlichen Afrikas vor und wird auch als Südliches Streifengnu bezeichnet.

BUNTBOCK
Damaliscus pygargus dorcas
Die südafrikanische Antilope mit weißem Gesichtsfleck ist fast bis zur Ausrottung gejagt worden. Sie lebt heute nur noch in Schutzgebieten.

SERENGETI-TOPI
Damaliscus jimela
Die Männchen der ostafrikanischen Art stellen sich oft auf Termitenhügel, um sich nach Rivalen und Raubtieren umzuschauen.

»

KALAHARI-SPRINGBOCK
Antidorcas hofmeyi

Die Antilope mit leierartigem Geweih lebt in trockenen Gebieten Südafrikas. Ihr Bestand ist durch die Jagd stark zurückgegangen.

WESTLICHE THOMSON-GAZELLE
Eudorcas nasalis

Diese häufigste Gazelle der ostafrikanischen Ebenen trägt einen schwarzen Streifen an der Seite.

HIRSCHZIEGEN-ANTILOPE
Antilope cervicapra

Geschwindigkeiten bis zu 80 km/h erreicht die Art, die Gras- und offenes Waldland in Indien und Pakistan bewohnt.

SANDGAZELLE
Gazella marica

Wie bei der nah verwandten Kropfgazelle (*Gazella subgutturosa*) tragen auch bei dieser zentralasiatischen Art nur die Männchen Hörner.

DORKASGAZELLE
Gazella dorcas

Diese Art bewohnt die Wüsten von Nordafrika bis zum Nahen Osten. Sie kann ohne zu trinken überleben und nutzt die Feuchtigkeit der Nahrung.

EDMI-GAZELLE
Gazella gazella

Die in den Bergen und Ebenen des Nahen Ostens lebende Art gliedert sich in mehrere isolierte Unterarten, die allerdings durch Wilddiebe bedroht sind.

GÜNTHERS DIKDIK
Madoqua guentheri

Diese Art der ostafrikanischen Halbwüsten hat eine lange, bewegliche Schnauze, die sie zur Thermoregulation aufblasen kann.

DAMARA-DIKDIK
Madoqua damarensis

Diese Antilope hat wie andere Dikdiks eine verlängerte, bewegliche Schnauze. Pärchen besetzen eigene Reviere.

SAIGA-ANTILOPE
Saiga tatarica

Die große Nase der nur in den westasiatischen Steppen lebenden, bedrohten Art wärmt die Atemluft im Winter und filtert im Sommer den Staub heraus.

SÜDLICHE GIRAFFENGAZELLE
Litocranius walleri

Auf den Hinterbeinen stehend kann diese ostafrikanische Gazelle Blätter außerhalb der Reichweite anderer Antilopen erreichen.

MOSCHUSBÖCKCHEN
Neotragus moschatus

Diese winzige rötliche südostafrikanische Antilope ist nachtaktiv und versteckt sich die meiste Zeit im dichten Buschwerk.

DAMA-GAZELLE
Nanger dama
Diese seltene Gazelle der Sahara ist zweifarbig. Im Weißanteil unterscheiden sich die Unterarten, doch alle haben einen weißen Kehlfleck.

GRANT-GAZELLE
Nanger granti
Diese Art der ostafrikanischen Ebenen kann ohne zu trinken überleben und folgt daher nicht den Wanderrouten vieler ihrer Verwandten.

SÖMMERRINGS GAZELLE
Nanger soemmerringii
Diese der Grant-Gazelle ähnliche, aber seltenere ostafrikanische Art unterscheidet sich von ihr durch die Gesichtszeichnung und den größeren weißen Steißfleck.

STEINBÖCKCHEN
Raphicerus campestris
Diese kleine ostafrikanische Antilope hat besonders große, innen weiße Ohren mit schwarzen Rändern und schwarzer Zeichnung der Innenseite.

SHARPE-GREISBOCK
Raphicerus sharpei
Dieser scheue, kurze Hörner tragende, nachtaktive Einzelgänger lebt in Ostafrika und flüchtet vor Raubtieren in die Baue von Erdferkeln.

IMPALA
Aepyceros melampus
Diese Antilope der afrikanischen Ebenen, deren Männchen leierförmige Hörner tragen, ist für die großen Raubkatzen eine wichtige Nahrungsquelle.

GÄMSE
Rupicapra rupicapra
Die in den Bergen von Anatolien, Mittel- und Südeuropa lebende Art bildet voneinander isolierte Populationen, deren Angehörige ein jeweils leicht voneinander abweichendes Aussehen aufweisen.

GRAUER GORAL
Naemorhedus goral
Der ziegenähnliche Pflanzenfresser hat gebogene Hörner und lebt in kleinen Herden in den Wäldern des Himalayas.

INDOCHINESISCHER SERAU
Capricornis maritimus
Die Art besitzt ein grobes Fell und eine charakteristische Mähne. Der Indochinesische Serau frisst Blätter und Schösslinge und manchmal etwa Gras.

SCHNEEZIEGE
Oreamnos americanus
Dieser hervorragende Kletterer der nördlichen Rocky Mountains besitzt ein dichtes weißes Fell, das ihn vor niedrigen Temperaturen und starkem Wind schützt.

»

» HORNTRÄGER

MÄHNENSPRINGER
Ammotragus lervia
Dieser Bewohner trockener nordafrikanischer Bergregionen steht bei Gefahr regungslos still und ist dann sehr schwer zu erkennen.

MOSCHUSOCHSE
Ovibos moschatus
Diese Ziegen-Art der arktischen Tundra hat ein zottiges Fell mit dichter isolierender Unterwolle, das sie vor den Elementen schützt.

BHUTAN-TAKIN
Budorcas whitei
Die in kleinen Herden in den Bergwäldern Nordostindiens, Chinas und Bhutans lebende Art hat ein zottiges Fell und eine gewölbte Schnauze.

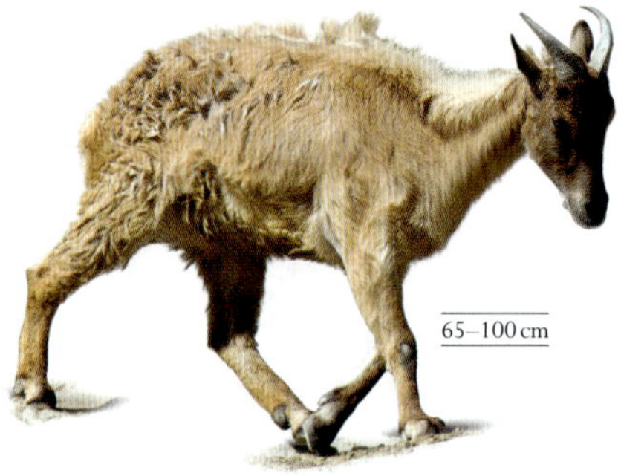

HIMALAYA-TAHR
Hemitragus jemlahicus
Die Art lebt an den Felsenhängen des Himalayas. Sie hat Hufe mit gummiartigen Sohlen, die ihr auf abschüssigem oder instabilem Grund zusätzlichen Halt verleihen.

BLAUSCHAF
Pseudois nayaur
Die in den Wüsten und an den Abhängen der tibetischen Hochebene lebende Art bleibt nah an Felsen und schützt sich so vor Raubtieren.

ÄTHIOPISCHER STEINBOCK
Capra walie
Weil Jahreszeiten in den Bergen Äthiopiens nicht ausgeprägt sind, kann sich dieser seltene Steinbock das ganze Jahr über vermehren.

ALPENSTEINBOCK
Capra ibex
Diese oberhalb der Baumgrenze der Alpen lebende Art hat bis zu 1 m lange, gebogene Hörner, die besonders bei den Männchen eindrucksvoll sind.

SYRISCHER STEINBOCK
Capra nubiana
Diese Art bewohnt die Wüstengebirge des Nahen Ostens. Die Männchen können mehr als doppelt so schwer wie die Weibchen werden.

SCHRAUBENZIEGE
Capra falconeri
Diese größte Wildziege lebt in den zentralasiatischen Bergen und ist wegen der Jagd auf ihre Korkenzieherhörner und ihr Fleisch gefährdet.

ANGORAZIEGE
Capra aegagrus
Das Fell dieser aus der Türkei stammenden Ziegenrasse ist als Mohair bekannt, eine leichte und robuste Wolle.

BAGOT-ZIEGE
Capra aegagrus
Diese englische Rasse ist eine von über 300 Ziegenrassen und stammt von Tieren ab, die Kreuzfahrer im 13. Jahrhundert mitgebracht hatten.

GOLDEN-GUERNSEY-ZIEGE
Capra aegagrus
Diese kleine, seltene, oft langhaarige Milchrasse wird auch für Ausstellungen gezüchtet und stammt von der Kanalinsel Guernsey.

MUFFLON
Ovis orientalis
Aus Anatolien stammt die Art mit rötlichem Fell und hellem Sattel. Sie ist seit der Jungsteinzeit auf verschiedenen Mittelmeerinseln angesiedelt worden.

MANX-LOAGHTAN-SCHAF
Ovis orientalis
Diese von der Isle of Man stammende, widerstandsfähige Fleisch- und Wollrasse hat meistens vier Hörner.

COTSWOLD-SCHAF
Ovis orientalis
Diese aus England stammende weißgesichtige Rasse ist genügsam und wird wegen der Wolle und des Fleischs gehalten.

JACOB-SCHAF
Ovis orientalis
Diese alte, genügsame Rasse hat ein geflecktes Fell und soll aus Palästina stammen. Sie kann drei Paar Hörner tragen.

MARCO-POLO-ARGALI
Ovis polii
Dieses Schaf ist nach Marco Polo (etwa 1254–1324) benannt worden, dem Ersten, der ein zentralasiatisches Wildschaf beschrieben hat. Die Böcke haben die größten Hörner aller Argalis.

FETTSCHWANZSCHAF
Ovis orientalis
Diese hauptsächlich in Afrika und Asien lebende Rasse erträgt trockene Bedingungen und zehrt vom Fett in ihrem Schwanz und Hinterteil.

DICKHORNSCHAF
Ovis canadensis
In Nordamerika leben Berg- und Wüstenformen dieser Art. Die Männchen nutzen die eindrucksvollen Hörner für Rangkämpfe und nur die hochrangigen können sich den Zugang zu den Weibchen sichern.

DALLSCHAF
Ovis dalli
Ein weißes oder braunes Fell sowie gebogene gelbliche Hörner trägt die Art, die in den subarktischen Bergen Kanadas und Alaskas lebt.

SCHNEESCHAF
Ovis nivicola
Dieses sibirische Schaf hat helle Wolle und dunkle Beine und kann sich in rauem, bergigem Gelände sehr schnell bewegen.

UGANDAGIRAFFE
Giraffa camelopardalis rothschildi

Die Ugandagiraffe ist eine Unterart der Nordgiraffe. Sie lebt in kleinen, jeweils aus Bullen oder Kühen bestehenden Gruppen. Die Kühe wechseln oft von einer Gruppe in eine andere, wohingegen die Bullen auch Einzelgänger sein können. Kühe und Bullen treffen nur zur Paarung aufeinander, und ein einzelnes Kalb wird nach einer Trächtigkeit von etwa 450 Tagen geboren. Entwöhnt wird es nach ungefähr zwölf Monaten. Giraffen können nur gehen oder galoppieren – das Traben ist ihnen nicht möglich. Als Passgänger bewegen sie die Beine einer Seite gleichzeitig, und ein erwachsenes Tier kann etwa 4,5 m mit einem Schritt zurücklegen. Wenn Giraffen im Galopp vor Raubtieren fliehen (etwa Löwen oder Afrikanischen Wildhunden), können sie Geschwindigkeiten von bis zu 55 km/h erreichen.

GRÖSSE 1,5–1,7 m
LEBENSRAUM Savanne, Busch- und Baumsteppe
VERBREITUNG Südsudan, Kenia und Uganda
NAHRUNG Blätter, Schösslinge, Samen und Früchte der Bäume

Die Knochenzapfen erwachsener Bullen haben eine kahle Spitze. Die der Weibchen sind mit Büscheln schwarzen Haars bedeckt.

Große, bewegliche Ohren informieren über die Umgebung.

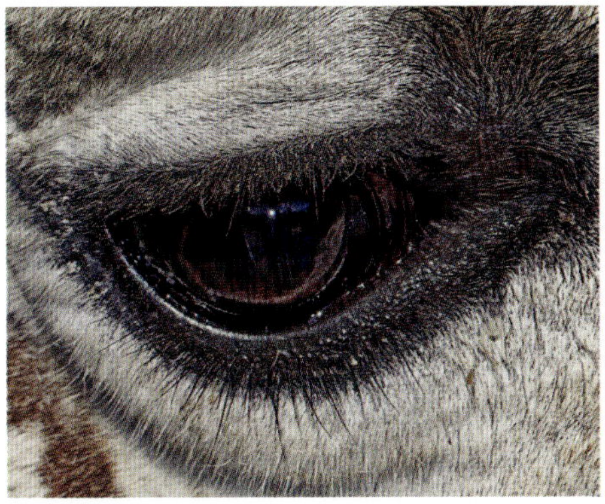

∧ AUGE
Die großen, seitlich am Kopf sitzenden Augen können sehr gut sehen. Durch ihre Körperhöhe kann die Giraffe daher Raubtiere schon aus großer Entfernung erkennen.

∨ NASE
Die Nasenlöcher können bei Sand- und Staubstürmen das Eindringen von Schmutz verhindern und beim Fressen vor Ameisen schützen.

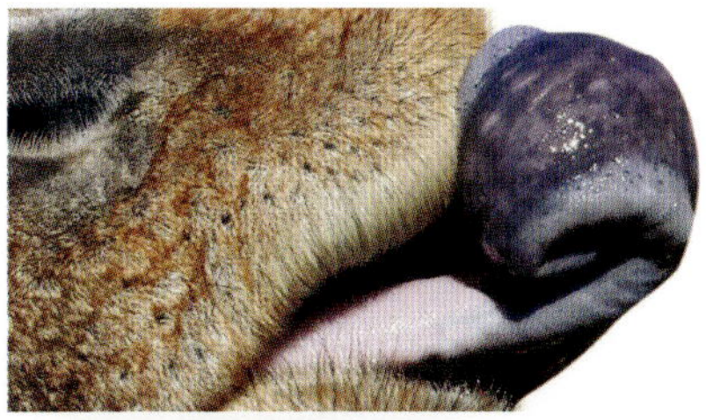

< ZUNGE
Mit der beweglichen Zunge und der Oberlippe können Giraffen Knospen zwischen den Stacheln eines Baums herauspflücken und die Blätter von einem Zweig streifen.

SCHWANZ >
Der Schwanz kann bis zu 2,5 m lang werden, und die schwarze Schwanzquaste dient zum Verscheuchen von Insekten.

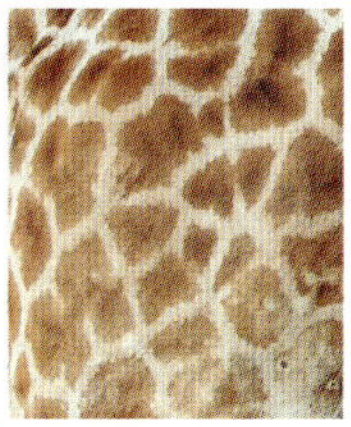

∧ HAUT
Die dunklen Flecke besitzen große Schweißdrüsen, die durch Verdunstung eine gleichmäßige Körpertemperatur ermöglichen.

FUSS >
Jedes Bein endet in einem Fuß mit paarigem Huf, der von zwei Zehen gebildet wird.

∧ VOLL AUSGESTRECKT
Lange Hälse, Köpfe und Zungen erlauben den Giraffen, höhere Bäume als andere Tiere zu erreichen und so die Konkurrenz zu reduzieren. Die Länge des Gesichts schützt außerdem die Augen beim Fressen vor Dornen.

> KOPF
Alle Giraffen tragen mindestens zwei Knochenzapfen, die bei der Geburt noch weich sind. Bullen der Ugandagiraffe bekommen einen dritten, kleineren Knochenzapfen auf der Stirn.

GIRAFFEN

Die in den Fossilien sehr vielfältige Familie Giraffenartige (Giraffidae) wird heute nur noch von fünf Arten repräsentiert, die in Afrika südlich der Sahara leben. Obwohl Giraffen in einem anderen Lebensraum als das Okapi vorkommen, teilen sie doch viele gemeinsame Eigenschaften, darunter die lange, dunkle Zunge, die mit Haut bedeckten Hörner und die zweilappigen Eckzähne. Andererseits erinnern sie mit ihren gespaltenen Hufen, dem vierkammerigen Magen und den durch eine hornige Platte ersetzten oberen Schneidezähnen an die Hornträger.

OKAPI
Okapia johnstoni
Die auf die zentralafrikanischen Regenwälder beschränkte Art ist mit dem langen Hals und der beweglichen blauen Zunge der Giraffe ähnlich.

NETZGIRAFFE
Giraffa reticulata
Diese vom nördlichen Kenia bis nach Äthiopien vorkommende Art hat oft mit hellen Zentren versehene vieleckige Flecken auf einem hellen Untergrund.

UGANDAGIRAFFE
Giraffa camelopardalis rothschildi
Ungewöhnlich für eine Giraffe sind die »weißen Socken« dieser Art. Die Flecken reichen nicht bis zum Unterschenkel.

MASSAIGIRAFFE
Giraffa tippelskirchi
Mit einem bis zu 2,4 m langen Hals zusätzlich zur Schulterhöhe sind Giraffen die größten Säugetiere der Welt.

ANGOLAGIRAFFE
Giraffa giraffa angolensis
Die Angolagiraffe ist eine von zwei Unterarten der Südgiraffe. Sie lebt in Namibia, Sambia, Botswana und Simbabwe.

KAMELE

Als einzige innerhalb ihrer Ordnung besitzen die Arten der Familie Kamele (Camelidae) nur zwei Zehen, aber keine Hufe. Jeder Zeh hat einen kleinen Nagel an der Spitze und eine weiche Sohle, die beweglich ist, um in bergigem Gelände Halt zu finden und nicht im Sand zu versinken. Kamele haben auch charakteristische Zähne, ovale rote Blutkörperchen, einen dreikammerigen Magen und eine Beinmuskulatur, die so gestaltet ist, dass sie kniend ruhen.

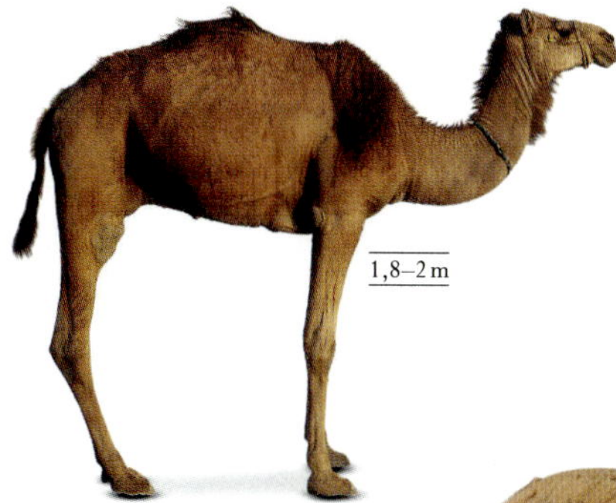

1,8–2 m

DROMEDAR
Camelus dromedarius
Diese als Transporttier dienende arabische Art ist an das Leben in der Wüste angepasst. Nur die verwilderte australische Population zeigt Eigenschaften von Wildtieren.

1,8–2 m

TRAMPELTIER
Camelus ferus
Dieses zweihöckrige Kamel ist in domestizierter Form weitverbreitet. Als Wildtier existiert es nur noch in kritisch kleinen Populationen in den Wüsten Asiens.

85–90 cm

VIKUNJA
Vicugna vicugna
Diese kleinere der beiden in den Anden vorkommenden Kamel-Arten liefert eine feine Wolle, die Anlass der Zucht des Alpakas gewesen ist.

102–106 cm

LAMA
Lama guanicoe
Die vom Guanako abstammende Zuchtform dient als Lasttier und Fleischlieferant. Diese ursprünglich aus den Anden stammenden Tiere werden heute auch in Europa und Nordamerika gehalten.

90–130 cm

GUANAKO
Lama guanicoe
Die ursprünglich in den trockenen südamerikanischen Bergen vorkommende Art weist eine hohe Konzentration des Sauerstoff transportierenden Hämoglobins in ihrem Blut auf, sodass sie in großen Höhen leben kann.

85–90 cm

ALPAKA
Vicugna vicugna
Die hoch in den Anden und heute auch in anderen Teilen der Welt grasenden Herden dieser Zuchtform sind wichtige Woll-Lieferanten.

FLUSSPFERDE

Unter den Paarhufern besitzen nur die Arten der Familie Flusspferde (Hippopotamidae) vier Zehen an jedem Fuß. Sie haben tonnenförmige Körper, kurze, kräftige Beine und große Köpfe. Die breiten Mäuler mit den riesigen Eckzähnen dienen dem Fressen, Kämpfen und der Verteidigung. Die amphibische Lebensweise ist an den hoch gelegenen Augen und Nasenlöchern sowie der schweißdrüsenlosen, glatten Haut zu erkennen.

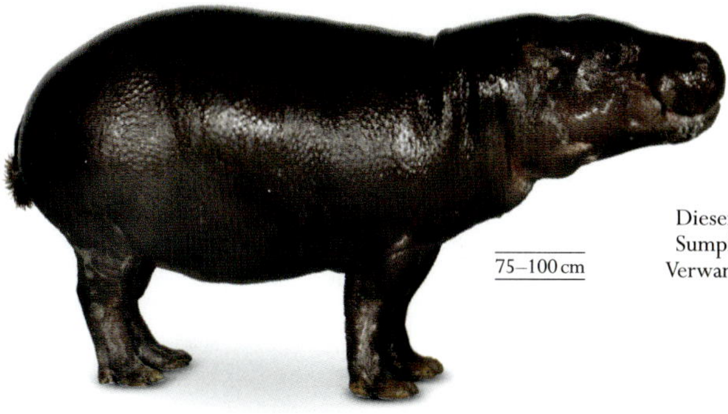

75–100 cm

ZWERG-FLUSSPFERD
Choeropsis liberiensis
Dieser Bewohner westafrikanischer Sumpfwälder ähnelt seinem großen Verwandten, hat aber eine im Verhältnis kleinere Schnauze.

1,5–1,65 m

FLUSSPFERD
Hippopotamus amphibius
Diese Art grast nachts allein und hält sich tagsüber gesellig im Wasser auf. Heute kommt sie nur noch im östlichen und südlichen Afrika vor.

TRAMPELTIER
Camelus ferus

Das Trampeltier oder Zweihöckrige Kamel ist extrem genügsam und lebt in den rauen südasiatischen Wüsten, in denen die Temperaturen zwischen 40 °C im Sommer und –29 °C im Winter schwanken. Die Tiere sind daran gewöhnt, auf der Suche nach Gras, Blättern und Büschen weite Entfernungen durch unwirtliches Gelände zurückzulegen. Wenn Wasser zur Verfügung steht, kann das Trampeltier über 100 l in 10 Minuten trinken. Wenn nichts anderes zur Verfügung steht, gibt es sich auch mit salzhaltigem Wasser zufrieden. Fast alle Trampeltiere der Welt sind domestiziert. In der Natur gibt es nur noch weniger als 1000 Exemplare in abgelegenen und unwirtlichen Gebieten Chinas und der Mongolei. Neuere Untersuchungen haben ergeben, dass sich diese Wildkamele genetisch von den domestizierten Tieren unterscheiden, sodass es umso dringender ist, etwas zu ihrem Schutz zu unternehmen.

GRÖSSE 1,8–2 m
LEBENSRAUM Steinwüste, Steppe und steinige Ebenen
VERBREITUNG Asien
NAHRUNG Pflanzenfresser

∨ WIMPERN
Zwei Reihen sehr dichter Wimpern schützen die Augen vor starkem Sonnenlicht und Flugsand, sodass kein kostbares Wasser als Tränenflüssigkeit verschwendet wird.

∨ SCHWIELEN
Kamele ruhen auf den Knien, wobei sie die Beine unterschlagen. Die Knie werden dabei von dicken Schwielen geschützt.

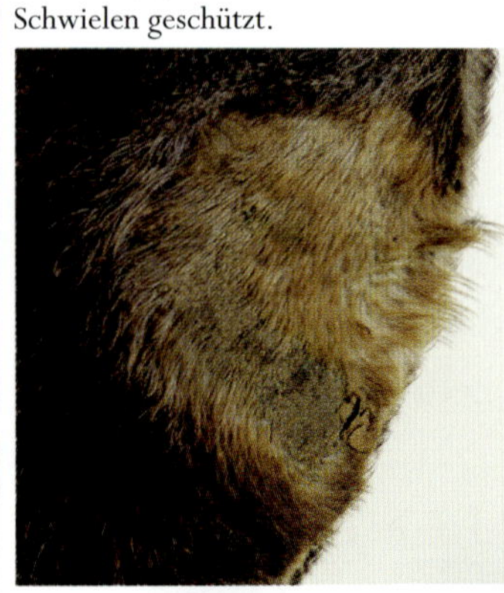

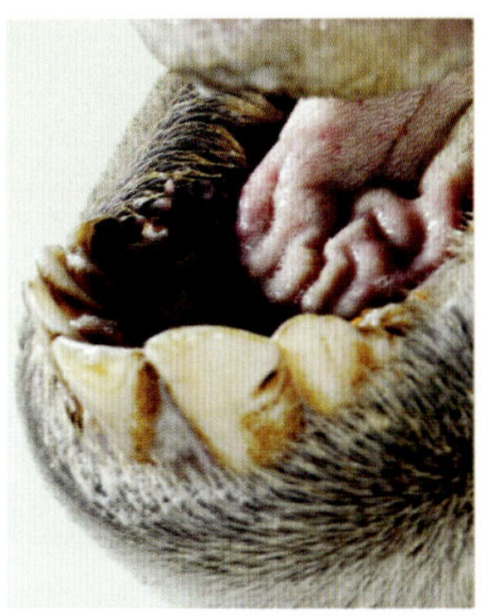

∧ ZÄHNE
Kamele verschlucken die Nahrung ganz, würgen sie wieder hervor und kauen sie, um die Verdauung zu unterstützen. Verhungernde Tiere haben schon schwer verdauliche Seile und Leder gefressen.

∧ BEWEGLICHE LIPPEN
Jede Hälfte der geteilten Oberlippe kann unabhängig von der anderen bewegt werden, was vermutlich beim Fressen von dornigen Pflanzen ohne den Einsatz der Zunge von Vorteil ist. Auf diese Weise verhindern die Tiere den Verlust von Feuchtigkeit.

< ∧ FÜSSE
Die Füße haben zwei Zehen und eine Schwielensohle, die das Kamel mit steinigem Boden, heißem Sand oder kompaktem Schnee zurechtkommen lässt.

∧ REISEN DURCH DIE WÜSTE
Trampeltiere sind langbeinige Nomaden, können 50 km am Tag zurücklegen und eine Woche oder länger ohne Nahrung und Wasser auskommen. Diese ungewöhnliche Widerstandsfähigkeit macht sie in trockenen Gebieten zu idealen Lasttieren. Sie fressen die verschiedensten Pflanzen und haben einen großen dreikammerigen Magen, in dem schwer verdauliche Nahrung langsam zerlegt wird. Bei unterernährten Kamelen sind die Höcker schlaff, weil die Fettreserven aufgebraucht sind.

WALE UND DELFINE

Wale und Delfine (Cetacea) sind vollkommen an das Wasser gebunden. Mit Ausnahme von sechs Arten kommen alle im Meer oder in Küstengewässern vor.

Der hervorragend an das Wasser angepasste Walkörper ist stromlinienförmig und besitzt in Flossen umgewandelte Vorderbeine. Es gibt keine sichtbaren Hinterbeine, doch der Schwanz trägt als Antrieb eine waagerechte Fluke. Viele Arten haben auch eine Rückenflosse. Die Haut ist nahezu unbehaart und der Körper von einer dicken Blubberschicht isoliert, die bei Arten, die in kaltem Wasser leben, besonders dick ist.

ATMEN UND KOMMUNIZIEREN

Wale können zwar wegen ihrer Fähigkeit, Sauerstoff im Muskelgewebe zu speichern, tief und lange tauchen, müssen aber zum Atmen an die Wasseroberfläche kommen. Sie atmen über die als Blaslöcher bezeichneten Nasenlöcher auf der Kopfoberseite. Aus der ausgeatmeten Luft entsteht der durch kondensierende Feuchtigkeit sichtbare Blas, an dessen Eigenschaften man einige Arten eindeutig erkennen kann. Die meisten Wal-Arten erzeugen Töne, und einige auch der Echoortung dienende Klicks. Die Klicks werden von Objekten reflektiert und informieren den Wal über Hindernisse. Andere kommunizieren über Klänge, die von Pfiffen und Grunzen bis zu den komplexen Gesängen mancher großer Wal-Arten reichen. Das Gehör ist gut, obwohl die Ohren zu einfachen Öffnungen hinter den Augen reduziert sind. Ohrmuscheln wären störend, da sie den Widerstand im Wasser erhöhen, und unnötig, da Wasser Schall sehr gut leitet.

JÄGER ODER FILTRIERER

Auf der Basis ihrer Ernährungsweise teilt man Wale in zwei Gruppen ein. Zahnwale fangen als Jäger von Fischen, großen Wirbellosen, Seevögeln, Robben und manchmal kleineren Krebstieren ihre Beute mit den spitzen Zähnen und verschlucken sie meist unzerkaut. Bartenwale besitzen dagegen vom Oberkiefer herabhängende hornige Barten, die als Siebe dienen. Das Wirbellose und kleine Fische enthaltende Wasser wird aufgenommen und mit der Zunge durch die Barten gepresst, sodass die Nahrungstiere im Maul verbleiben.

STAMM	CHORDATA
KLASSE	MAMMALIA
ORDNUNG	CETACEA
FAMILIEN	14
ARTEN	etwa 90

STREITFRAGE

VORFAHREN AN LAND

Die systematische Stellung der Wale ist lange diskutiert worden. Ihre vollständige Anpassung an das Leben im Wasser verschleiert die mit anderen Ordnungen übereinstimmenden Merkmale. Heute ist allgemein akzeptiert, dass sie die nächsten Verwandten der Paarhufer sind, insbesondere der Familie der Flusspferde. Daher werden Wale und Paarhufer auch als Ordnung oder Überordnung Cetartiodactyla zusammengefasst. Begründet wird das durch molekularbiologische Studien, aber auch durch morphologische Erkenntnisse wie die Übereinstimmung des Sprunggelenks bei Paarhufern und einigen fossilen Walvorfahren.

GLATTWALE

Die in kühlen gemäßigten und polaren Gewässern lebenden Arten der Familie Glattwale (Balaenidae) waren eine beliebte Beute der Walfänger, da man sich ihnen leicht nähern kann, sie oft in Küstennähe leben und eine dicke Blubberschicht besitzen. Glattwalen fehlen die Rückenflosse sowie die Kehlfurchen. Ihre stark gekrümmten Kiefer enthalten die längsten Barten aller Wale.

SÜDKAPER
Eubalaena australis
Der nur auf der Südhalbkugel vorkommende Südkaper besitzt Hornschwielen auf seinem großen Kopf. An ihnen kann man einzelne Individuen erkennen.

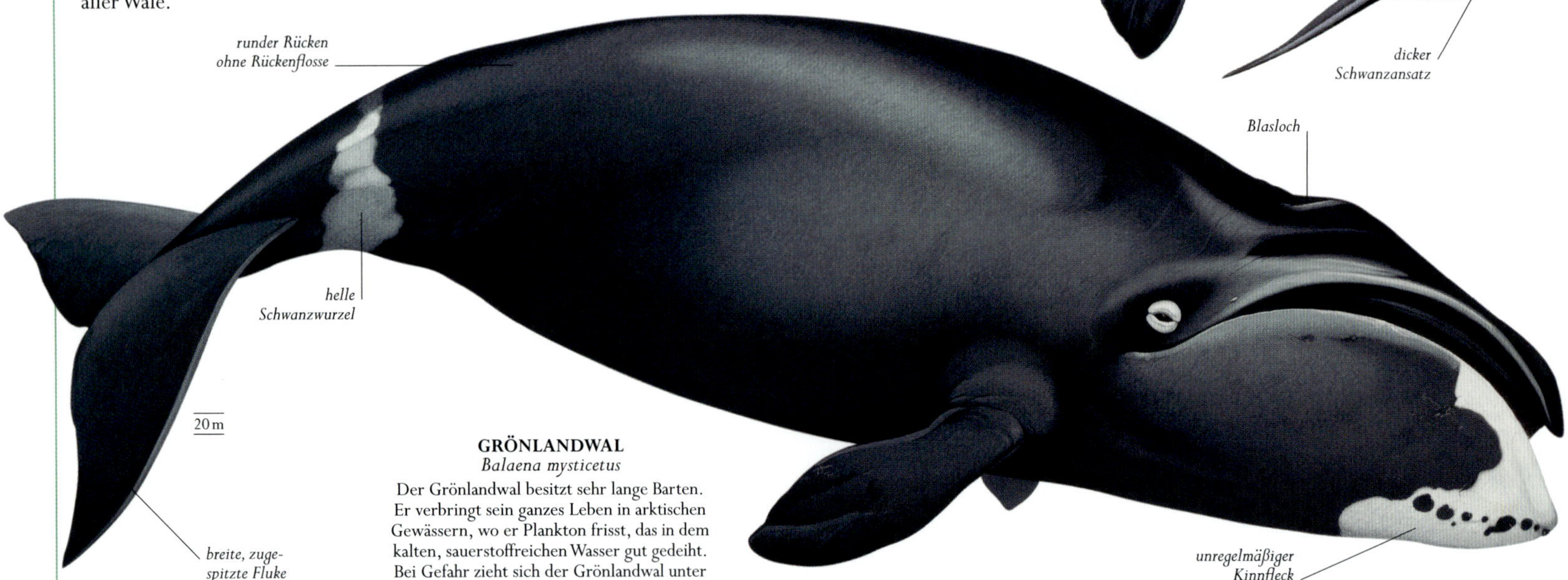

GRÖNLANDWAL
Balaena mysticetus
Der Grönlandwal besitzt sehr lange Barten. Er verbringt sein ganzes Leben in arktischen Gewässern, wo er Plankton frisst, das in dem kalten, sauerstoffreichen Wasser gut gedeiht. Bei Gefahr zieht sich der Grönlandwal unter das Eis zurück.

ZWERGGLATTWALE

Die einzige Art der Familie Zwergglattwale (Neobalaenidae) ist auf die Gewässer der südlichen Hemisphäre beschränkt. Im Gegensatz zu den echten Glattwalen besitzt der Zwergglattwal eine kleine Rückenflosse, aber keine Hornschwielen auf dem Kopf.

ZWERGGLATTWAL
Caperea marginata
Über diesen kleinsten Bartenwal ist wegen seines geringen Bestands nur wenig bekannt. Er besitzt kurze Flossen und einen nur schwach gebogenen Kiefer.

FURCHENWALE

Diese größte Familie der Bartenwale ist nach den Furchen an ihrer Kehle benannt, die beim Filtrieren das Maul erweitern. Die meisten Arten der Familie Furchenwale (Balaenopteridae) bekommen ihre Jungen in gemäßigten Gewässern und wandern im Sommer zur Nahrungssuche in die Polarregionen. Sie sind schlank und stromlinienförmig, haben lange Vorderflossen und eine weit hinten angesetzte Rückenflosse.

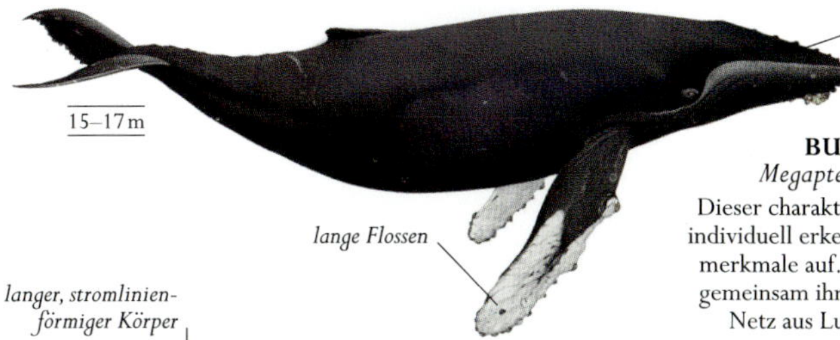

BUCKELWAL
Megaptera novaeangliae
Dieser charakteristische Wal weist oft individuell erkennbare Schwanzflossenmerkmale auf. Mehrere Wale können gemeinsam ihre Beutefische in einem Netz aus Luftblasen einkesseln.

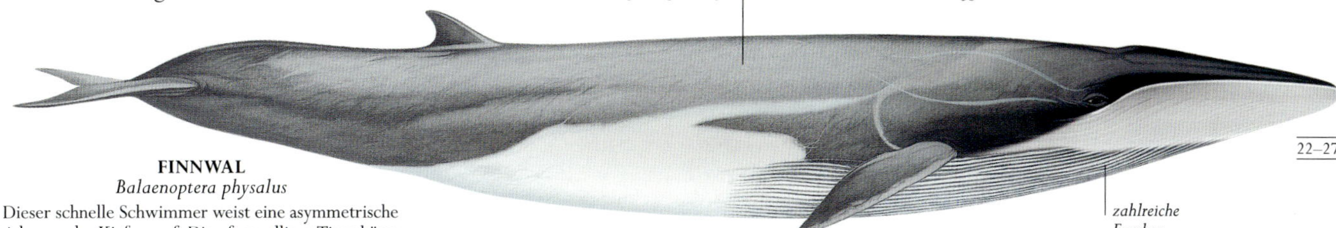

FINNWAL
Balaenoptera physalus
Dieser schnelle Schwimmer weist eine asymmetrische Zeichnung des Kiefers auf. Die oft geselligen Tiere können in Gruppen von sechs oder mehr Tieren auftreten.

EDENWAL
Balaenoptera edeni
Den weltweit in flachen tropischen und subtropischen Gewässern lebenden Wal erkennt man an den drei Furchen auf seiner Schnauze.

BLAUWAL
Balaenoptera musculus
Der Blauwal ist das größte Tier der Welt und besitzt einen stärker gestreckten Körper als jeder andere große Wal sowie eine kleine Rückenflosse.

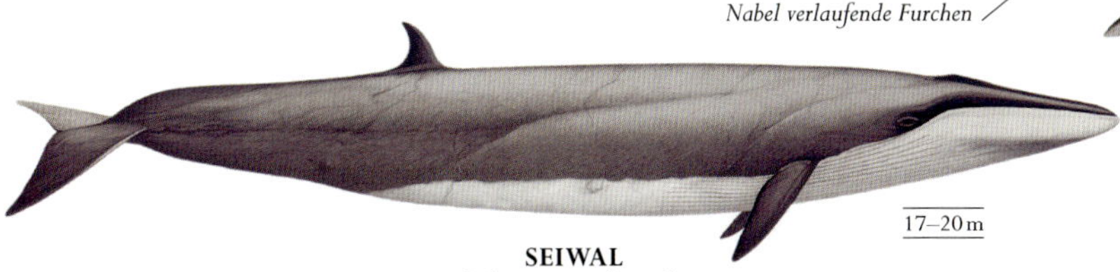

SEIWAL
Balaenoptera borealis
Der vor allem in gemäßigten Gewässern lebende Seiwal hat eine dunkelgraue Ober- und eine helle Unterseite sowie eine große, aufgerichtete Rückenflosse.

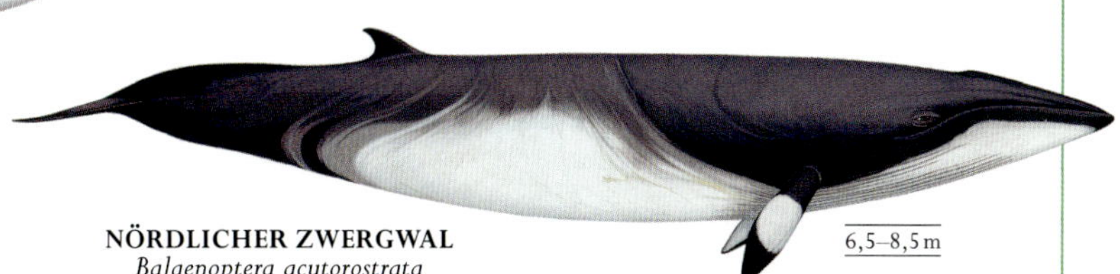

NÖRDLICHER ZWERGWAL
Balaenoptera acutorostrata
Dieser kleinste Furchenwal weist eine vom Blasloch ausgehende Furche auf. Die Vorderflossen tragen meistens weiße Flecken.

GRAUWALE

Die einzige Art der Familie Grauwale (Eschrichtiidae) ist nun auf den östlichen Nordpazifik beschränkt, da sie im Atlantik ausgerottet worden ist. Sie unternimmt zur Vermehrung weite jährliche Wanderungen vom Beringmeer in die Tropen, besonders in die Gewässer vor Niederkalifornien (Mexiko).

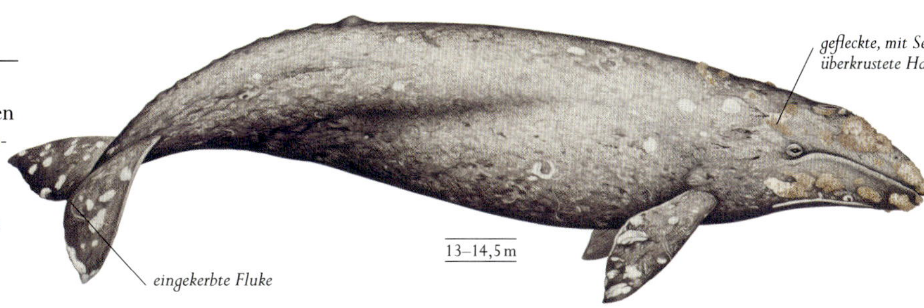

GRAUWAL
Eschrichtius robustus
Der Rücken weist keine Rückenflosse, aber einen Buckel und eine Reihe buckelartiger Wölbungen dahinter auf. Die Furchen der Kehle sind schwach entwickelt.

SCHNABELWALE

Die Arten der Familie Schnabelwale (Ziphiidae) leben im offenen Meer, meist in kleinen Gruppen, die sich um Meeresgräben versammeln. Sie fressen in Nähe des Meeresgrunds und tauchen eine Stunde lang und länger. Die meist ein oder zwei Paar Zähne dienen den Auseinandersetzungen der Männchen – die Nahrung wird einfach eingesaugt. Manche der 22 Arten sind noch nie lebend beobachtet worden.

GRAY-SCHNABELWAL
Mesoplodon grayi
Diese nur auf der Südhalbkugel lebende Art ist einer der wenigen Schnabelwale, die viele Zähne besitzen. Der schlanke Schnabel ist oft weißlich gefärbt.

BLAINVILLE-SCHNABELWAL
Mesoplodon densirostris
Diese verbreitete Art gehört mit ihrem geschwungenen Unterkiefer zu den leichter zu erkennenden Schnabelwalen.

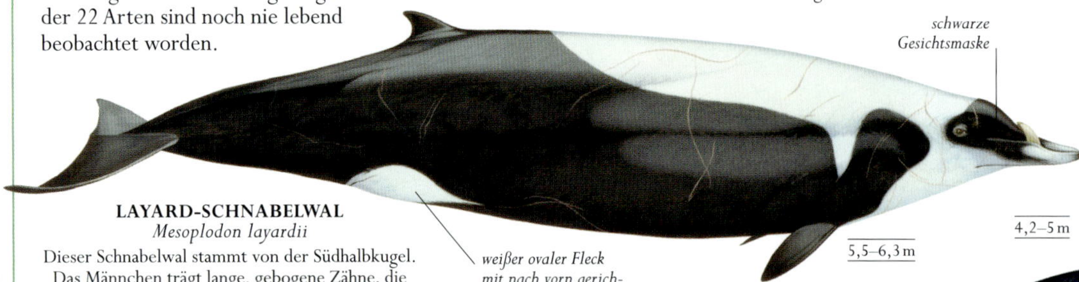

LAYARD-SCHNABELWAL
Mesoplodon layardii
Dieser Schnabelwal stammt von der Südhalbkugel. Das Männchen trägt lange, gebogene Zähne, die sich über dem Oberkiefer treffen können.

HUBBS-SCHNABELWAL
Mesoplodon carlhubbsi
Die vermutlich den Nordpazifik bewohnende Art trägt auf Schnabel und Kopf weiße Flecken. Das Männchen besitzt zwei auffällige Zähne.

JAPANISCHER SCHNABELWAL
Mesoplodon ginkgodens
Diese Art kennt man vor allem von gestrandeten Exemplaren im Pazifischen und Indischen Ozean. Die Männchen tragen breite, dreieckige Zähne.

GERVAIS-SCHNABELWAL
Mesoplodon europaeus
Dieser Wal wird am häufigsten in der Nähe der Kanarischen Inseln beobachtet. Die Zähne der Männchen befinden sich an der Schnabelspitze.

POTTWALE

Mit dem schmalen Unterkiefer und der massiven Stirn vermittelt die einzige Art der Pottwale (Physeteridae) einen frontlastigen Eindruck. Der große Kopf enthält das Spermaceti-Organ, dessen Ölfüllung beim Tauchen der Tarierung dient und die Beutesuche durch Echoortung ermöglicht. Pottwale fressen vor allem in großer Tiefe lebende Kalmare. Die Nasenknochen sind asymmetrisch und das Blasloch befindet sich links.

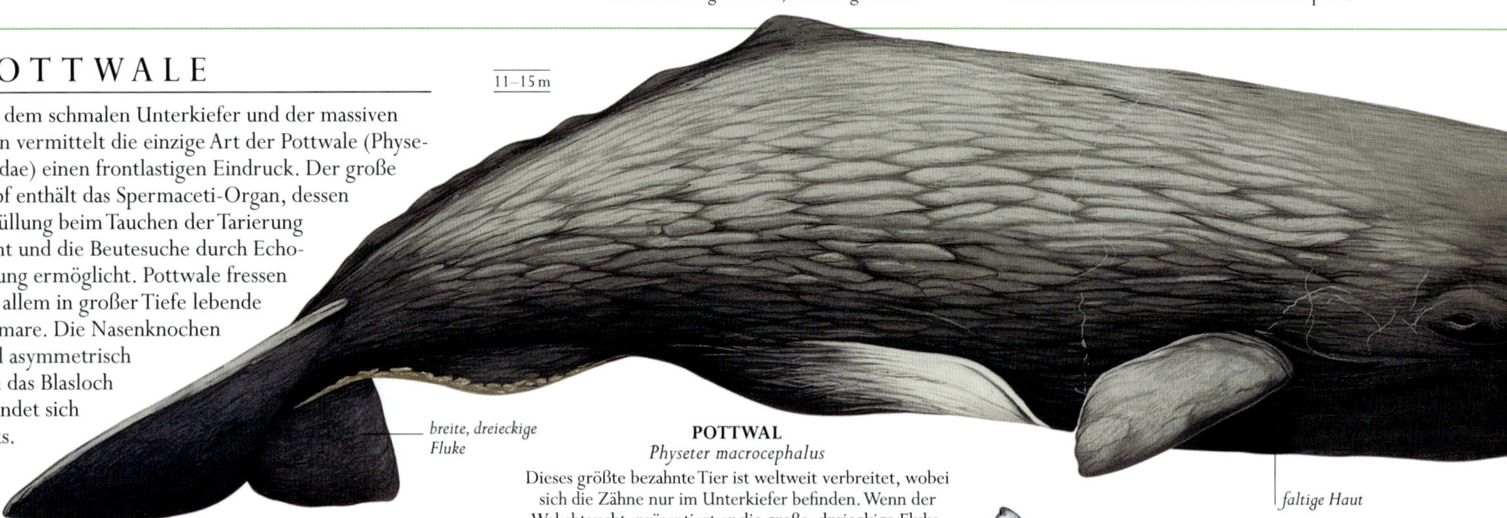

POTTWAL
Physeter macrocephalus
Dieses größte bezahnte Tier ist weltweit verbreitet, wobei sich die Zähne nur im Unterkiefer befinden. Wenn der Wal abtaucht, präsentiert er die große, dreieckige Fluke.

SCHWEINSWALE

Die Arten der Familie Schweinswale (Phocoenidae) sind kleiner und gedrungener als Delfine. Die Rückenflosse ist eher dreieckig als gebogen. Am auffälligsten sind die seitlich abgeflachten Zähne. Diese Jäger von Fischen, Kalmaren und Krebstieren benutzen Schall zur Ortung der Beute und zur Kommunikation. Die sieben Arten leben vor allem in flachen Küstengewässern.

WEISSFLANKEN-SCHWEINSWAL
Phocoenoides dalli
Diese nordpazifische Art hat einen zweifarbigen Körper und einen kleinen Kopf. Sie bevorzugt das offene Meer.

BRILLENSCHWEINSWAL
Phocoena dioptrica
Obwohl sie selten beobachtet wird, ist diese subantarktische Art leicht an ihrer Zeichnung zu erkennen. Die schwarzblaue Oberseite tarnt die Tiere von oben.

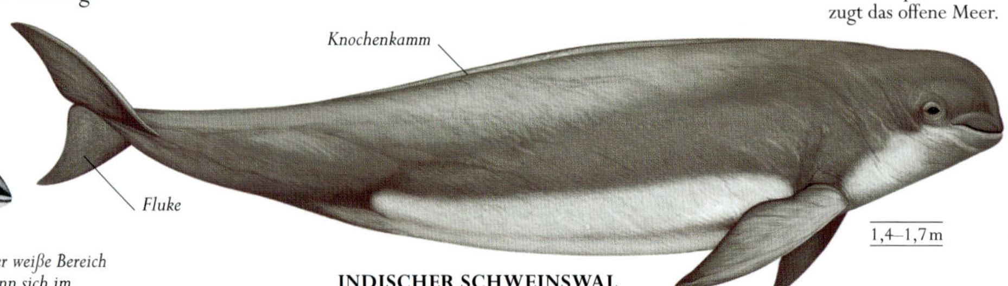

INDISCHER SCHWEINSWAL
Neophocaena phocaenoides
Die Art lebt in allen asiatischen Küstengewässern und es gibt sogar eine chinesische Süßwasser-Population. Anstelle der Rückenflosse trägt sie einen Knochenkamm.

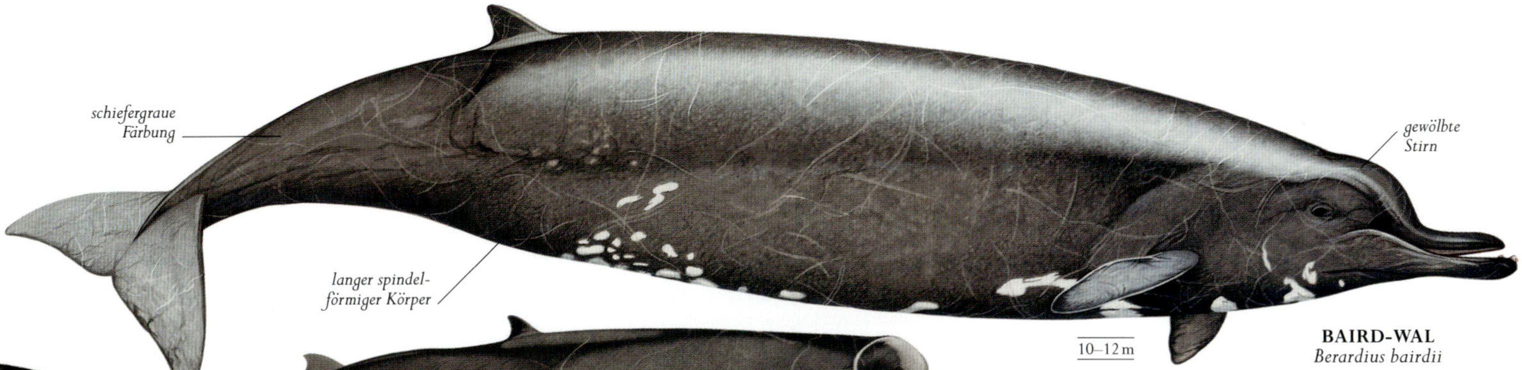

BAIRD-WAL
Berardius bairdii
Der Unterkiefer dieser nordpazifischen langschnäbeligen Art ist länger als der Oberkiefer, sodass die vorderen Zähne immer sichtbar sind.

NÖRDLICHER ENTENWAL
Hyperoodon ampullatus
Neben der gewölbten Stirn und der kleinen Rückenflosse besitzt diese nordatlantische Art einen langen Schnabel, der bei Männchen weiß und bei Weibchen grau ist.

SHEPHERD-SCHNABELWAL
Tasmacetus shepherdi
Diese vor allem durch gestrandete Tiere in Australasien und Südamerika bekannte Art hat eine diffuse Körperzeichnung und zahlreiche kleine Zähne.

CUVIER-SCHNABELWAL
Ziphius cavirostris
Diese weltweit verbreitete Art hat einen kürzeren Schnabel als andere ihrer Familie. Die Farbe ist variabel, wobei Kopf und Rücken immer weißlich sind.

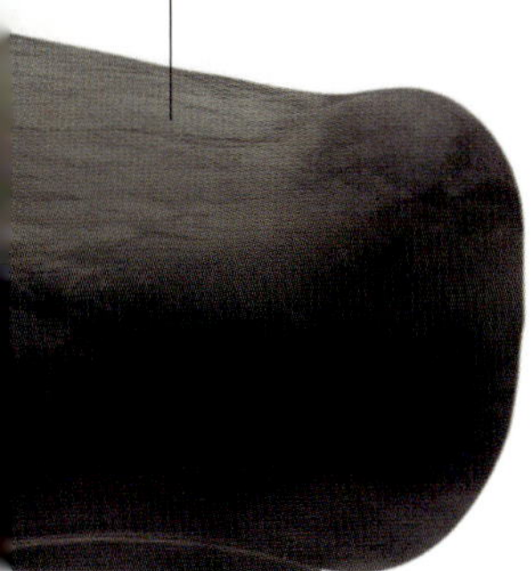

ZWERGPOTTWALE

Die Arten der Familie Kogiidae sind kleine Wale mit nach hinten gebogener Rückenflosse. Sie tragen eine halbmondförmige helle Markierung hinter jedem Auge, die an die Kiemenspalten eines Hais erinnert.

ZWERGPOTTWAL
Kogia breviceps
Dies ist einer der kleinsten Wale. Er bewohnt tiefe gemäßigte und tropische Gewässer und ist vor allem von gestrandeten Exemplaren her bekannt.

GEWÖHNLICHER SCHWEINSWAL
Phocoena phocoena
Die weit über die Nordhalbkugel verbreitete Art ist einer der bekanntesten Wale. Sie lebt oft an Flussmündungen und wandert manchmal in die Flüsse ein.

BURMEISTER-SCHWEINSWAL
Phocoena spinipinnis
Diese dunkle Art hat eine weit hinten angesetzte Rückenflosse und ist einer der häufigsten Wale der südamerikanischen Küsten.

KALIFORNISCHER SCHWEINSWAL
Phocoena sinus
Die im Golf von Kalifornien endemische Art ist einer der kleinsten und seltensten Schweinswale. In flachen Lagunen ragt oft ihre Rückenflosse aus dem Wasser.

GRÜNDELWALE

Die kleine Familie Gründelwale (Monodontidae) besteht aus nur zwei ungewöhnlichen, mittelgroßen, arktischen Wal-Arten. Die sehr geselligen, manchmal in mehrere Hundert Tiere zählenden Schulen lebenden Wale bewohnen Buchten, Flussmündungen, Fjorde und den Rand des Packeises. Keine der beiden Arten hat eine ausgeprägte Rückenflosse. Beide besitzen eine runde Stirn, die sich verformt, wenn die Tiere ihr weites Spektrum an Tönen produzieren.

NARWAL
Monodon monoceros
Die gefleckte Art hat nur zwei Zähne, von denen einer bei erwachsenen Männchen zu einem gedrehten Stoßzahn von bis zu 3 m Länge heranwächst.

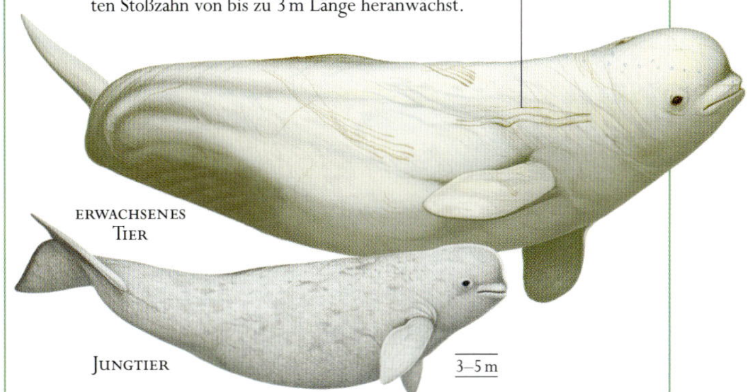

WEISSWAL
Delphinapterus leucas
Der Weißwal oder Belugawal ist zirkumpolar in arktischen und subarktischen Gewässern verbreitet. Er verbringt den Winter am und unter dem Packeis. Erwachsene Tiere sind vollkommen weiß.

DELFINE

Die weltweit oft im flachen Meer über dem Kontinentalschelf lebenden Arten der Familie Delfine (Delphinidae) haben meist eine gebogene Rückenflosse, einen ausgeprägten Schnabel sowie eine gewölbte Stirn. Ihre Farben und Zeichnungsmuster sind sehr unterschiedlich. Die meisten Delfine fressen überwiegend Fische und leben in Schulen.

1,6–1,9 m

STUNDENGLASDELFIN
Lagenorhynchus cruciger
Dieser selten beobachtete subarktische Delfin hat zwei weiße Flankenbereiche. Er lebt oft in Gesellschaft von Finnwalen. Walfänger konnten mit seiner Hilfe die Wale finden.

2,4–3,1 m

WEISSSCHNAUZENDELFIN
Lagenorhynchus albirostris
Diese nordatlantische Art begleitet oft Boote in der Bugwelle. Sie hat eine gekrümmte Rückenflosse und einen kräftigen weißen Schnabel.

2,5–2,8 m

WEISSSEITENDELFIN
Lagenorhynchus acutus
Die nur in den kühlen Gewässern des Nordatlantiks lebende Art weist eine gut abgegrenzte schwarze, graue und weiße Zeichnung mit einem gelben Streifen auf.

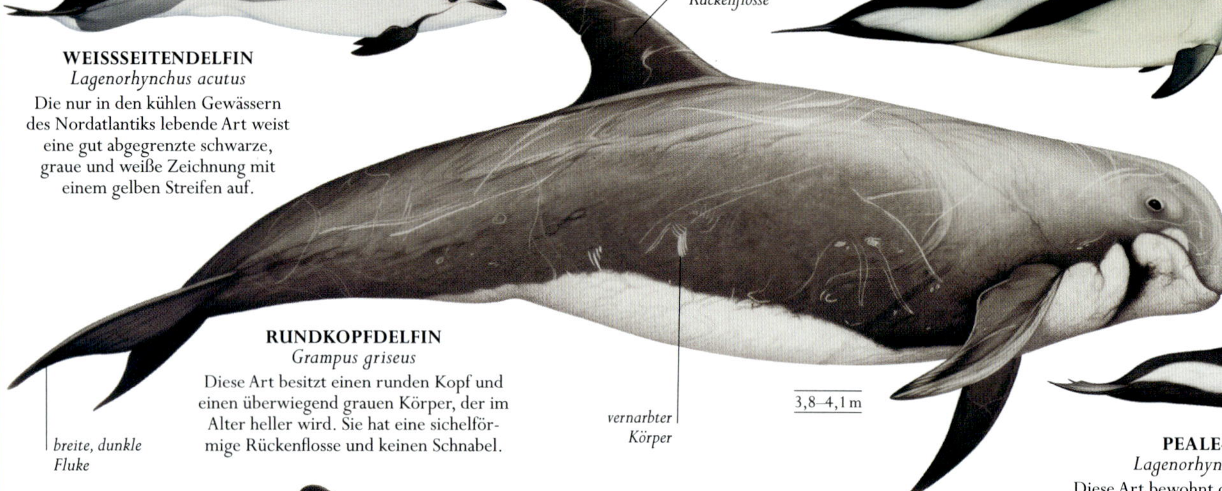

3,8–4,1 m

RUNDKOPFDELFIN
Grampus griseus
Diese Art besitzt einen runden Kopf und einen überwiegend grauen Körper, der im Alter heller wird. Sie hat eine sichelförmige Rückenflosse und keinen Schnabel.

1,6–2,1 m

SCHWARZDELFIN
Lagenorhynchus obscurus
Die in den Küstengewässern der Südhalbkugel weitverbreitete gesellige und äußerst wendige Art springt auf der Jagd regelmäßig aus dem Wasser.

2–2,2 m

PEALE-DELFIN
Lagenorhynchus australis
Diese Art bewohnt die südamerikanischen Küsten. Sie hat einen weißen Achselfleck wie die *Cephalorhynchus*-Arten und ist vielleicht mit ihnen eng verwandt.

1,5 m

JACOBITA
Cephalorhynchus commersonii
Dieser kleine schnabellose Delfin aus den Gewässern des südlichen Südamerikas und des Indischen Ozeans ist ein hervorragender Schwimmer und Springer und hat eine breite, stumpfe Fluke.

2,4–2,7 m

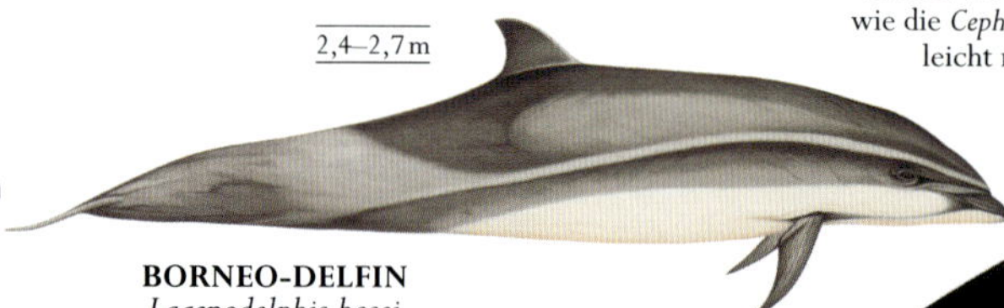

BORNEO-DELFIN
Lagenodelphis hosei
Diese überaus gesellige Art lebt in den tiefen Gewässern der Südhalbkugel. Im Vergleich zum kräftigen Körper sind die Flossen und der Schnabel schmal.

1,4–1,5 m

HECTOR-DELFIN
Cephalorhynchus hectori
Die nur in neuseeländischen Gewässern vorkommende Art ist die kleinste ihrer Familie. Der Hinterrand der runden Rückenflosse ist gekerbt.

1,5 m

AMAZONAS-SOTALIA
Sotalia fluviatilis
Obwohl diese Art das Amazonasbecken besiedelt, ist sie mit den Arten der Meere und nicht mit den Flussdelfinen verwandt. Sie ähnelt einem kleinen Tümmler.

1,6–2,3 m

GEWÖHNLICHER DELFIN
Delphinus delphis
Die Flanken der oft große Schulen bildenden Delfine tragen das typische Stundenglasmuster, das man bei springenden Tieren leicht erkennen kann.

FLUSSDELFINE

Zu den Amazonas-Flussdelfinen (Iniidae) gehören drei Arten. Sie zeichnen sich wie der La-Plata-Delfin der Familie Pontoporiidae durch kleine Augen, eine gewölbte Stirn und lange Schnäbel aus. Der lange Schnabel ähnelt dem der Gangesdelfine, doch sind die Zähne der Flussdelfine bei geschlossenem Maul nicht zu sehen.

AMAZONAS-DELFIN
Inia geoffrensis
Diesen größten Flussdelfin erkennt man an der fehlenden Rückenflosse und der oft rosa gefärbten Haut. Sein Verbreitungsgebiet überschneidet sich mit dem des La-Plata-Delfins.

2,2–2,6 m

RAUZAHNDELFIN
Steno bredanensis
Die in den meisten warmen Gewässern vorkommende Art besitzt einen konischen Kopf und eine breite, spitz auslaufende Rückenflosse.

GROSSER TÜMMLER
Tursiops truncatus
Dieser Delfin nimmt oft Kontakt zu Menschen auf. Die küstenfern lebenden Tiere sind größer und dunkler als die küstennahen und haben kürzere Flossen und Schnäbel.

ZÜGELDELFIN
Stenella frontalis
Dieser im tropischen und subtropischen Atlantik vorkommende Delfin trägt an der Unterseite dunkle und auf dem Rücken helle Flecken. Sie nehmen im Alter an Dichte zu.

STREIFENDELFIN
Stenella coeruleoalba
Die in den gemäßigten und tropischen Gewässern aller Meere lebende Art trägt ein Muster aus blauen Streifen und Keilen.

SÜDLICHER GLATTDELFIN
Lissodelphis peronii
Innerhalb seines Verbreitungsgebiets ist diese Art der einzige Delfin ohne Rückenflosse. Die schwarz-weiß gefärbten Tiere leben in allen kühlen Meeren der Südhalbkugel.

KLEINER SCHWERTWAL
Pseudorca crassidens
Diese einfarbig dunkle Art ist in flachen gemäßigten und tropischen Gewässern weit verbreitet. Sie erbeutet vor allem große Fische und Kalmare, greift aber auch Delfine an.

BREITSCHNABELDELFIN
Peponocephala electra
Diese küstenfern lebende tropische Art hat einen abgerundeten Kopf und eine große, spitze Rückenflosse. Sie ist einfarbig grau mit einer dunkleren Gesichtsmaske.

ZWERGSCHWERTWAL
Feresa attenuata
Diese schnabellose, kleine, dunkle Art kann sehr aggressiv sein. In ihrem weltweiten tropischen Verbreitungsgebiet jagt sie andere Delfine.

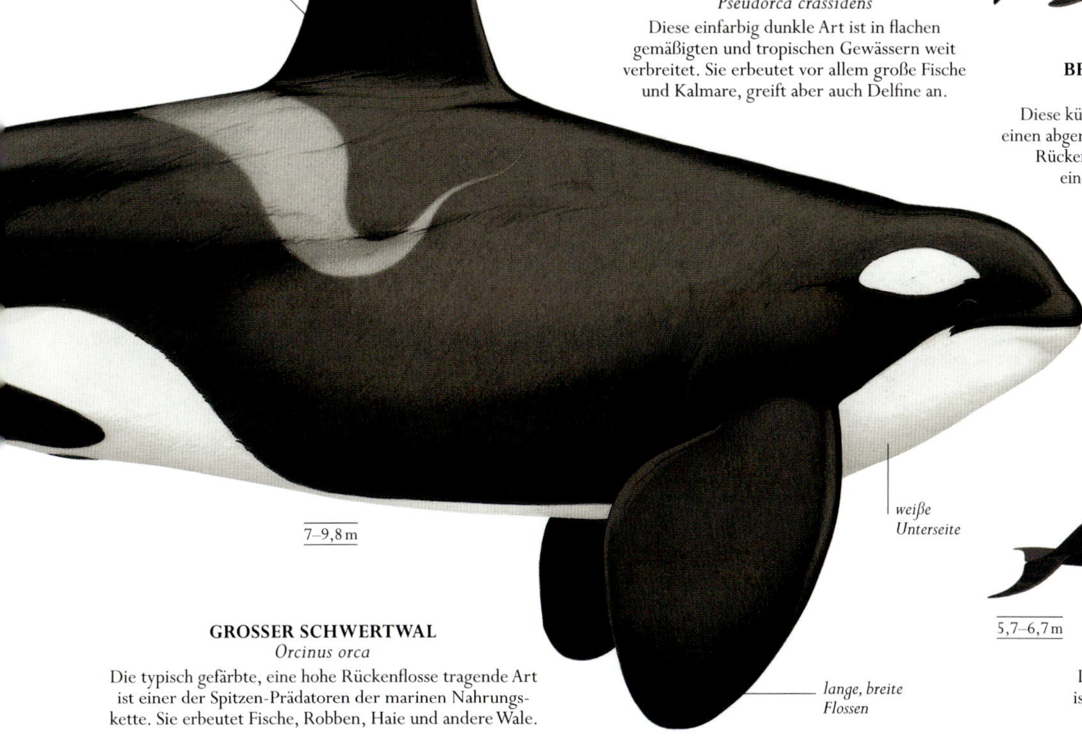

GROSSER SCHWERTWAL
Orcinus orca
Die typisch gefärbte, eine hohe Rückenflosse tragende Art ist einer der Spitzen-Prädatoren der marinen Nahrungskette. Sie erbeutet Fische, Robben, Haie und andere Wale.

LANGFLOSSEN-PILOTWAL
Globicephala melas
Diese oft Massenstrandungen zum Opfer fallende, gesellige Art ist in gemäßigten Gewässern weit verbreitet. Man erkennt leicht die gewölbte Stirn, wenn die Tiere aus dem Wasser schauen.

LA-PLATA-DELFIN
Pontoporia blainvillei
Die Art bewohnt Flussmündungen und Küstengewässer im östlichen Südamerika. Sie hat mit 15 % der Körperlänge den relativ zu ihrer Größe längsten Schnabel aller Wale.

GANGESDELFINE

Die Familie Gangesdelfine (Platanistidae) besteht aus zwei nahezu identischen Arten in den Flüssen Indus und Ganges. Ihre langen Zähne sind auch bei geschlossenem Maul sichtbar. Den kleinen Augen fehlen die Linsen, sodass die Tiere nahezu blind sind.

GANGESDELFIN
Platanista gangetica
Diese Art ist blassblau bis braun und hat einen langen Schnabel, große Flossen und einen dreieckigen Rückenhöcker. Sie navigiert und jagt mithilfe der Echoortung.

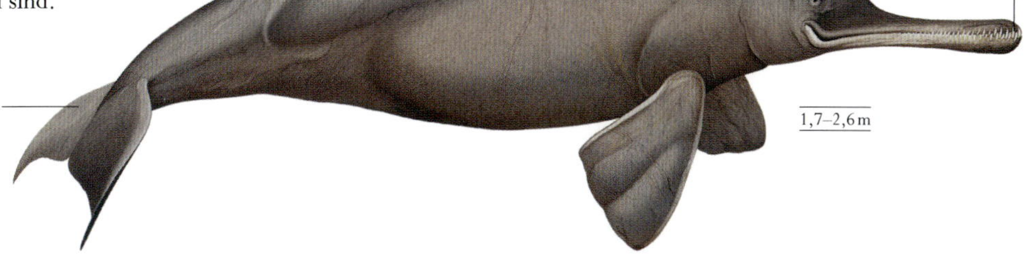

GLOSSAR

ABDOMEN
Der hintere bzw. untere Teil des Körpers. Bei Säugetieren bezeichnet man den Abschnitt zwischen Brustkorb und Becken (den Bauch) als Abdomen, bei Gliederfüßern den Abschnitt hinter der Brust (Thorax).

ADULT
Ein adultes Tier hat das letzte Stadium der Individualentwicklung erreicht.

AFTERFLOSSE
Eine meist unpaarige Flosse eines Fischs, die sich auf der Körperunterseite hinter dem After befindet.

ALKALOIDE
Bittere, manchmal giftige Stoffe, die manche Pflanzen und Pilze bilden.

ALLESFRESSER
Ein Tier, das sowohl Pflanzen als auch andere Tiere und möglicherweise Aas sowie Abfälle frisst.

ALLUVIUM
Ansammlungen von Material, das durch Verwitterung von festen Gesteinen abgetragen und in Flüssen oder Bächen abgelagert wurde.

AMPHIBOLE
Eine Gruppe häufiger gesteinsbildender Mineralien, oft mit komplexer Zusammensetzung. Meist handelt es sich um Calcium-Magnesium- oder um Natrium-Magnesium-Silicate.

ANGIOSPERMAE
Bedecktsamer. Samenpflanzen, bei denen die Samen innerhalb der Fruchtblätter gebildet werden, während sie bei den Nacktsamern frei aufliegen. *Siehe auch* Gymnospermae.

ANORGANISCHER STOFF
Eine chemische Verbindung der unbelebten Natur, die nicht auf Kohlenwasserstoffen aufbaut, bezeichnet man als anorganisch.

ANTENNE
Ein Fühler am Kopf eines Gliederfüßers. Antennen sind immer paarig. Sie dienen dem Tasten, dem Wahrnehmen von Geräuschen, Wärme oder Geruchsstoffen. Ihre Größe und Form kann sehr unterschiedlich sein, je nach ihrer Funktion.

ASCUS (PL. ASCI)
Eine winzige schlauchförmige Struktur, in der ein Vertreter der Schlauchpilze (Ascomycota) seine Sporen bildet.

AUSDAUERNDE PFLANZE
Eine Pflanze, die länger als zwei Wachstumsperioden lebt.

AUSSENSKELETT
Ein Skelett außen am Körper, das ein Tier stützt und schützt. Gliederfüßer haben kompliziert gebaute Außenskelette aus festen Platten, die gelenkig miteinander verbunden sind. Solche Skelette können nicht mitwachsen und müssen regelmäßig abgestreift und durch neue ersetzt werden.

ÄUSSERE BEFRUCHTUNG
Eine Art der Befruchtung, die außerhalb des Körpers des Weibchens stattfindet, meistens im Wasser, zum Beispiel bei Korallen und den meisten Fischen.

BACKENZAHN (MOLAR)
Bei Säugetieren ein Zahn hinten im Kiefer. Backenzähne, Mahlzähne oder Molaren sind oben oft abgeflacht oder gefurcht und haben lange Wurzeln. Meist dienen sie zum Kauen.

BARTEN
Hornplatten, mit denen Bartenwale Nahrung aus dem Wasser filtern. Die Platten hängen vom Oberkiefer des Wals herab und haben fransige Ränder. In ihnen verfängt sich Nahrung, wie Krill, Plankton und kleine Fische, die dann verschluckt wird.

BASALE ANGIOSPERMEN
Fünf Ordnungen der Blütenpflanzen mit bestimmten ursprünglichen Merkmalen, die vor den anderen Gruppen von der Hauptlinie der Blütenpflanzen abzweigen. Zu ihnen gehören die Seerosen.

BASIDIUM (PL. BASIDIEN)
Winzige Ständer, die sich bei Basidienpilzen am Fruchtkörper bilden. An einem Basidium entwickeln sich meist vier Sporen.

BAUCHFLOSSE
Eine der beiden paarigen hinteren Flossen eines Fischs. Bauchflossen befinden sich meist nahe an der Schwanzflosse, manchmal auch weiter vorn am Körper. Damit stabilisieren die meisten Fische ihre Lage im Wasser.

BAUMBEWOHNEND
Tiere, die ständig auf Bäumen leben, nennt man baumbewohnend.

BEERE
Eine fleischige bzw. saftige, meist vielsamige Frucht, die sich aus einem einzigen Fruchtknoten entwickelt hat. Eine Beere springt nicht auf. Viele Früchte werden umgangssprachlich als Beeren bezeichnet, obwohl dies nach botanischer Definition nicht stimmt; so sind Erdbeeren Sammelnussfrüchte.

BEFRUCHTUNG
Das Verschmelzen von Eizelle und Spermium. Eine befruchtete Eizelle kann sich zu einem neuen Lebewesen entwickeln.

BEUTEGREIFER
Ein Tier, das andere Tiere erbeutet und tötet, auch Räuber oder Fressfeind genannt. Manche Beutegreifer lauern ihren Opfern auf, die meisten verfolgen ihre Beute jedoch und greifen sie dann an.

BINOKULARER GESICHTSSINN
Wenn beide Augen eines Tiers nach vorn weisen, überschneiden sich die Sehfelder. Das Tier sieht räumlich und kann Entfernungen einschätzen.

BIOLUMINESZENZ
Die Fähigkeit eines Lebewesens, Licht zu erzeugen.

BIPED
Ein Tier, das auf zwei Beinen läuft, nennt man biped.

BLINDDARM
In diesem blind endenden Anfangsteil des Dickdarms eines Säugetiers wird oft pflanzliche Nahrung verdaut.

BLÜTE
Diese Fortpflanzungsstruktur der größten Gruppe der Blütenpflanzen besteht typischerweise aus Kelch-, Kron-, Staub- und Fruchtblättern.

BLÜTENSTAND
Bei vielen Blütenpflanzen sind mehrere oder viele Blüten in einem Blütenstand angeordnet.

BROMELIE
Eine Blütenpflanze aus der Familie der Bromeliaceae. Fast alle Bromelien-Arten kommen im tropischen Amerika vor, die meisten leben als Epiphyten auf Regenwaldbäumen. Sie wachsen auf Ästen, entnehmen dem Baum aber keine Nährstoffe. Viele bilden Blatttrichter, in denen sich Regenwasser sammelt. Darin wachsen verschiedene Insekten und Kaulquappen heran.

BRÜTEN
Brütende Elternvögel sitzen auf ihren Eiern, um sie zu wärmen, sodass sich die Küken im Inneren entwickeln können. Die Brutzeit kann weniger als 14 Tage bis mehrere Monate dauern.

BRUSTBEINKAMM
Bei Vögeln eine Vergrößerung des Brustbeins, an der die Flugmuskulatur ansetzt.

BRUSTFLOSSE
Eine der beiden paarigen vorderen Flossen eines Fischs. Brustflossen sind meist sehr beweglich und sitzen oft direkt hinter dem Kopf. Meist werden sie zum Manövrieren eingesetzt.

CARAPAX
Ein harter Schild, der die Körperoberseite eines Tiers bedeckt. Einige Wirbeltiere und viele wirbellose Tiere haben einen Carapax. Bei Schildkröten bezeichnet man den Rückenpanzer als Carapax.

CHEMISCHES ELEMENT
Ein Stoff, der durch chemische Verfahren nicht weiter zerlegt werden kann.

CHITIN
Die lang- und geradkettige, stickstoffhaltige, stabile Zuckerverbindung stabilisiert bei Pilzen und Algen die Zellwände und bildet bei Insekten wie Krebsen das Außenskelett.

CHLOROPHYLL
Dieses grüne Pigment nimmt bei der Fotosynthese Lichtenergie auf. Bestimmte Zellorganellen, die Chloroplasten, enthalten Chlorophyll.

CHROMOSOM
Strukturen in Zellen, konzentriert im Zellkern, Träger der Erbinformation (DNA).

DIKOTYLEDONEN
Die Gruppe der Pflanzen, die zwei Keimblätter (Cotyledonen) ausbilden. Sie werden auch als zweikeimblättrige Pflanzen bezeichnet. *Siehe auch* Monokotyledonen.

DNA (DESOXYRIBONUKLEINSÄURE)
Die Trägerin der Erbinformation in den Zellen von Lebewesen. In der DNA (oder RNA) sind die erblichen Merkmale kodiert.

DOMESTIZIERT
Ein Tier, das ständig oder zeitweise in menschlicher Obhut lebt. Einige dieser Tiere sehen noch genauso aus wie die Wildform. Von vielen domestizierten Tieren hat man Rassen gezüchtet, die in der Natur nicht vorkommen.

ECHOORTUNG (ECHOLOKATION)
Manche Tiere können Objekte in ihrer Nähe wahrnehmen, indem sie hochfrequente Laute ausstoßen. Das Echo dieser Laute wird von Hindernissen und von anderen Tieren zurückgeworfen. Der Sender der Laute nimmt ein »Bild« seiner Umgebung wahr. Fledermäuse, einige Vogel-Arten, die in Höhlen leben, und Zahnwale orientieren sich mit Echoortung.

ECKZAHN
Ein Zahn eines Säugetiers mit einer einzigen Spitze. Mit den Eckzähnen wird die Beute gepackt und festgehalten. Eckzähne befinden sich weit vorn im Kiefer und sind vor allem bei Raubtieren groß.

EINFACHES BLATT
Ein Blatt mit ungeteilter Blattspreite, was den breiten, meist flächigen Teil des Blatts bezeichnet.

EINHÄUSIGE PFLANZE
Eine Pflanze, bei der sich die männlichen und weiblichen Blütenteile am selben Individuum bilden.

EINJÄHRIGE PFLANZE
Eine Pflanze, die ihren Lebenszyklus vom Keimen bis zum Absterben in einer einzigen Wachstumsperiode abschließt.

EKTOPARASIT
Ein Lebewesen, das parasitisch auf dem Körper eines anderen Lebewesens lebt. Einige Ektoparasiten verbringen ihr ganzes Leben auf ihrem Wirt. Viele andere, wie Zecken und Flöhe, entwickeln sich andernorts und klettern oder springen schließlich auf ihren Wirt, um dessen Blut zu saugen.

EMBRYO
Ein junges Tier oder eine Pflanze in einem frühen Entwicklungsstadium.

ENDEMISCH
Eine Art, die nur in einer bestimmten geografischen Region vorkommt, wie auf einer Insel, in einem Wald, einem Gebirgszug oder einem Land, bezeichnet man als endemisch.

ENDOPARASIT
Ein Lebewesen, das parasitisch im Körper eines anderen Lebewesens lebt. Ein Endoparasit ernährt sich entweder von den Geweben oder von der Nahrung des Wirts. Endoparasiten haben oft komplizierte Lebenszyklen mit mehreren Zwischenwirten und einem Endwirt.

ENZYME
Eine Gruppe von Stoffen, die alle Lebewesen bilden. Enzyme steuern biochemische Reaktionen im Körper, wie Verdauung oder Fotosynthese.

EPIPHYT
Eine Pflanze, Alge oder Flechte, die auf einer anderen Pflanze wächst, aber keine Nährstoffe von ihr bezieht. Epiphyten nennt man auch Aufsitzerpflanzen.

EUDIKOTYLEDONEN
Höher entwickelte Dikotyledonen. Zur Gruppe gehören die meisten Blütenpflanzen.

EUKARYOT, EUKARYONT
Ein Organismus, dessen Zellen einen Zellkern aufweisen. Protoctisten, Pilze, Pflanzen und Tiere sind Eukaryoten.

EVAPORIT
Sedimentgestein oder Mineral, das entsteht, wenn mineralienreiches Wasser (meist handelt es sich um Meerwasser) verdunstet.

FETTFLOSSE
Eine kleine Flosse, die sich bei manchen Fischen hinter der Rückenflosse befindet. Sie besteht vor allem aus Fettgewebe und Haut.

FLECHTE
Eine Symbiose eines Pilzes mit einer Alge oder einem Cyanobakterium, das Fotosynthese betreibt. Der Pilz bezieht von seinem Partner Nähr- und Aufbaustoffe und die Alge Mineralstoffe.

FOSSIL
Überreste eines urzeitlichen Lebewesens, die erhalten geblieben sind. Es kann sich zum Beispiel um Knochen, Zähne, Schalen, Fußspuren, Exkremente oder um Überreste von Bauen handeln.

FOTOSYNTHESE
Der Prozess, bei dem ein Organismus mit der Energie des Sonnenlichts Nähr- und Aufbaustoffe herstellt. Pflanzen, Algen und verschiedene Bakterien betreiben Fotosynthese.

FRUCHT
Eine Frucht entwickelt sich aus der Blüte einer Blütenpflanze und schließt einen oder mehrere Samen ein. Es gibt einfache Früchte und zusammengesetzte, bei denen die Fruchtknoten mehrerer Blüten miteinander verwachsen sind.

FRUCHTKÖRPER (PILZ)
Die fleischigen, Sporen entwickelnden Gebilde haben typischerweise einen Hut und einen Stiel oder sind schalenförmig.

GALLE
Ein tumorähnlicher Auswuchs an einer Pflanze. Die Bildung einer Galle wird von einem anderen Organismus ausgelöst, wie einem Pilz oder einem Insekt. Auf diese Weise schafft sich der Organismus ein schützendes Gebilde, in dem er sich entwickeln kann, und zugleich hat er eine Nahrungsquelle.

GAMETEN
Geschlechtszellen mit männlichen oder weiblichen Keimzellen. Bei Tieren sind die Gameten die Spermien und die unbefruchteten Eizellen.

GEBÄRMUTTER
Bei weiblichen Säugetieren entwickeln sich in der Gebärmutter die Jungen. Bei Placentaliern sind die Jungen über eine Plazenta mit der Gebärmutterwand verbunden.

GEISSEL (FLAGELLUM)
Mit diesem fadenförmigen Gebilde wird Antrieb erzeugt. Flagellaten (Protisten) bewegen sich mit ihren Geißeln vorwärts.

GEN
Als Gen bezeichnet man die Grundeinheit der Vererbung aller Lebewesen. Es handelt sich um einen Abschnitt der DNA, in dem typischerweise die »Bauanleitung« für ein bestimmtes Protein kodiert ist.

GESCHLECHTSDIMORPHISMUS
Bei Arten mit ausgeprägtem Geschlechtsdimorphismus unterscheiden sich Weibchen und Männchen deutlich. Oft sind die Größenunterschiede auffällig, wie bei See-Elefanten.

GESTEIN
Eine feste Vereinigung aus einem oder mehreren Mineralien.

GEWEIH
Eine knöcherne Bildung auf dem Kopf von Hirschen. Anders als Hörner sind Geweihe oft verzweigt. Die meisten Geweihträger werfen ihr Geweih einmal im Jahr ab und ersetzen es durch ein neues. Geweihe spielen beim Balzverhalten eine Rolle.

GLEICHWARM
Ein Tier, das eine gleichmäßig warme Körpertemperatur aufrechterhält, die unabhängig von der Umgebungstemperatur ist, bezeichnet man als gleichwarm oder warmblütig.

GYMNOSPERMAE
Nacktsamer. Eine Samenpflanze, deren Samen nicht in eine Frucht eingeschlossen sind. Oft werden die Samen in Zapfen gebildet. *Siehe auch* Angiospermae.

HERMAPHRODIT
Zwitter. Ein Individium, das die Fortpflanzungsorgane beider Geschlechter oder Teile davon besitzt. Schnecken etwa sind Zwitter.

HOCHBLATT
Ein umgebildetes Blatt, das unter einer Blüte oder einem Blütenstand entspringt und oft auffällig gefärbt ist.

HOLZ
Ein Gewebe aus dickwandigen, verholzten Gefäßen, in denen Wasser geleitet wird. Es hat in der Pflanze zudem eine Stützfunktion.

HORMON
Ein biochemischer Botenstoff, der im Körper gebildet wird. Hormone beeinflussen Abläufe in anderen Teilen des Körpers.

HORN
Ein spitzer Auswuchs auf dem Kopf eines Hornträgers wie eines Schafs, einer Ziege oder einer Antilope. Es handelt sich um einen oft gekrümmten Überzug eines Knochenzapfens.

HYDROTHERMALER GANG
Überhitzte wässrige Lösungen dringen in Gesteinsspalten ein und bilden Erzlagerstätten mit hohem Anteil an Buntmetallen.

HYPHEN
Aneinandergereihte Zellen von Pilzen ergeben feine Pilzfäden. Ein Geflecht aus vielen Hyphen wird als Mycel bezeichnet.

IMMERGRÜNE PFLANZE
Eine Pflanze, die ihre Blätter nicht zu einer bestimmten Jahreszeit abwirft. Die meisten Nadelbäume sind immergrün.

INNENSKELETT
Innenskelette bilden sich im Inneren des Körpers und bestehen oft aus Knochen. Anders als ein Außenskelett kann ein Innenskelett mit dem restlichen Körper mitwachsen.

INNERE BEFRUCHTUNG
Die Befruchtung findet im Körper des Weibchens statt. Die innere Befruchtung ist ein Merkmal vieler Tiere, die auf dem Festland leben, vor allem von Insekten und Wirbeltieren.

KÄTZCHEN
Ein hängender Blütenstand, der meist aus vielen Blüten des gleichen Geschlechts zusammengesetzt ist.

KEIMLING
Ein frühes Entwicklungsstadium einer Pflanze, das sich aus Samen oder Sporen bildet.

KEIMRUHE
Bei Säugetieren bezeichnet man eine Verzögerung zwischen der Befruchtung einer Eizelle und der Entwicklung des Embryos als Keimruhe. Dadurch kann das Jungtier geboren werden, wenn die Bedingungen günstig sind, wie zum Beispiel ein reiches Nahrungsangebot.

KELCH
Der Kelch einer Blüte besteht aus Kelchblättern und bildet den äußeren Ring der Blütenhülle. Die Kelchblätter sind meist klein und blattförmig; sie schließen die Blütenknospe ein.

KERATIN
Ein widerstandsfähiges Faserprotein, aus dem Haare, Krallen und Hörner von Säugetieren bestehen.

KIEMEN
Fische, Amphibien, Krebstiere und Weichtiere besitzen diese Organe, die Sauerstoff aus dem Wasser aufnehmen.

KLETTERPFLANZE
Eine Pflanze, die an einer senkrechten Oberfläche emporklettert, etwa an einem Felsen oder einem Baum, den sie als Stütze nutzt. Kletterpflanzen beziehen keine Nährstoffe von anderen Pflanzen, aber sie können diese schwächen, indem sie sie weitgehend vom Licht abschirmen.

KLOAKE
Eine Öffnung am hinteren Körperende. Bei einigen Wirbeltiergruppen, wie Knochenfischen und Amphibien, münden Darm, Nieren und die Ausführgänge der Geschlechtsorgane in die Kloake.

KLON
Wenn zwei oder mehr identische Organismen die gleichen Gene aufweisen, bezeichnet man sie als Klone.

KNORPEL
Diese elastische Substanz bildet Teile des Wirbeltierskeletts. Bei den meisten Wirbeltieren bestehen die Gelenke zum Teil aus Knorpel. Bei Knorpelfischen bilden Knorpel einen großen Teil des Skeletts.

KOHLENHYDRAT
Ein Einfach- oder Mehrfachzucker. Kohlenhydrate liefern dem Organismus Energie.

KOKON
Eine Hülle aus Seide. Viele Insekten spinnen einen Kokon, der ihre Puppe umgibt. Manche Spinnen weben einen Kokon für ihre Eier.

KOLONIE
Eine Gruppe von Tieren, die derselben Art angehören und gemeinsam leben. Oft besteht eine »Aufgabenteilung«, um die Überlebenschancen der Kolonie-Mitglieder zu erhöhen. Bei einigen Arten, die in Kolonien leben, besonders bei im Wasser lebenden Wirbellosen, sind die Mitglieder ständig miteinander verbunden. Bei anderen, wie Ameisen und Wespen, gehen die Individuen einzeln auf Nahrungssuche, leben aber im gleichen Nest.

KOMMENSALE
Ein Tier, das in einer engen Partnerschaft mit einer anderen Art lebt. Nur der Kommensale ist der Nutznießer, der Wirt wird jedoch nicht geschädigt.

KOMPLEXAUGE
Ein Auge, das aus Einzelaugen zusammengesetzt ist, von denen jedes eine eigene Linse hat. Ein Komplexauge kann aus mehreren Dutzend bis Tausenden von Einzelaugen bestehen. Komplexaugen sind ein gemeinsames Merkmal aller Gliederfüßer.

KRAUTIGE PFLANZE
Eine nicht verholzende Pflanze, Staude, Ein- oder Zweijährige. Die meisten krautigen Pflanzen sind wesentlich kleiner als Sträucher und Bäume.

KRISTALL
Ein Festkörper, dessen Atome oder Moleküle regelmäßig in einem Kristallgitter angeordnet sind. Ein Kristall hat eine typische Gestalt und besitzt charakteristische physikalische und optische Eigenschaften.

KRONE (BLÜTE)
Der innere Ring der Blütenhülle, der aus Kronblättern besteht. Diese sind häufig auffällig gefärbt, um bestäubende Insekten anzulocken.

LAMELLEN
Als Lamellen werden bei Lamellenpilzen (Blätterpilzen) die radial gestellten, dünnen, blättrigen Strukturen an der Hutunterseite bezeichnet, an denen sich die Sporen bilden.

LARVE
Ein noch nicht fertig entwickeltes, aber unabhängiges Tier. Manche Larven sehen völlig anders aus als ihre Eltern und haben eine abweichende Lebensweise.

LAUBABWERFENDE PFLANZE
Eine Pflanze, die zu einer bestimmten Jahreszeit ihr Laub abwirft. Viele Pflanzen der gemäßigten Zonen werfen vor dem Winter ihre Blätter ab.

LAVA
Gesteinsschmelze, die bei einem Vulkanausbruch austritt und sich beim Abkühlen verfestigt.

LEBENSZYKLUS
Die Entwicklung eines Lebewesens von der Bildung der Geschlechtszellen bis zum Tod.

LEGERÖHRE
Ein Fortsatz am Hinterleib der Weibchen vieler Insektenarten, mit dem die Eier abgelegt werden.

LEGUMINOSE
Pflanzen aus der Familie der Hülsenfrüchtler (Fabaceae). Viele Leguminosen beherbergen in Wurzelknöllchen Bakterien, die elementaren Stickstoff aus der Luft fixieren. Auf diese Weise tragen diese Pflanzen zur Nährstoffversorgung des Bodens bei.

MAGMA
Gesteinsschmelze, die sich unter der Erdoberfläche befindet.

MAGMATISCHES GESTEIN
Gestein, das sich aus erstarrter Lava oder erstarrtem Magma gebildet hat.

MAGNOLIIDAE
Eine Gruppe von vier Ordnungen der Blütenpflanzen, deren Mitglieder bestimmte ursprüngliche Merkmale aufweisen, wie einheitlichen Tepalen (Blütenblätter) statt unterscheidbaren Kelch- und Kronblättern.

MANDIBELN
Paarige Mundwerkzeuge (Oberkiefer) bei mehreren Gliederfüßergruppen, wie Tausendfüßern, Insekten und Krebstieren.

MAUSER
Bei der Mauser wechselt ein Vogel sein Federkleid. Ausgefallene Federn werden durch an derselben Stelle nachwachsende ersetzt.

MAXILLEN
Paarige Mundwerkzeuge bei manchen Gliederfüßern wie Krebstieren und Insekten. Die ersten Maxillen entsprechen dem Unterkiefer, die zweiten Maxillen der Unterlippe.

METAMORPHES GESTEIN
Gestein, das durch Wärme oder Druck in der Erdkruste verändert wurde. Dabei bilden sich neue Mineralien.

METAMORPHOSE
Eine Verwandlung der Körpergestalt, die vor allem bei vielen wirbellosen Tieren stattfindet, während sie zum adulten Tier heranwachsen. Bei Insekten kann die Verwandlung vollständig oder unvollständig sein. Bei einer vollständigen Verwandlung wird der Körper in einem Ruhestadium, der Puppe, völlig umgebaut. Bei einer unvollständigen Verwandlung finden jedes Mal, wenn das Tier sich häutet, weniger einschneidende Veränderungen statt.

MIGRATION
Eine regelmäßig stattfindende Wanderung einer Tier-Art in eine andere Region und wieder zurück. Wandernde Tiere folgen einer bestimmten Route. Die meisten wandern zu bestimmten Jahreszeiten, um anderswo gute Bedingungen für die Aufzucht ihrer Jungen zu nutzen oder im Winter der Kälte zu entgehen.

MIMIKRY
Eine Form der Tarnung, bei der ein Tier ein anderes Tier oder ein Objekt nachahmt, wie einen Zweig oder ein Blatt. Mimikry kommt bei Insekten sehr häufig vor. Viele harmlose Arten ahmen solche nach, die stechen oder beißen können.

MINERAL
Ein anorganischer natürlicher Feststoff mit definierter chemischer Zusammensetzung und einer bestimmten Kristallstruktur.

MITOCHONDRIUM
Eine Organelle in der Zelle eines Eukaryoten, in der die Zellatmung stattfindet.

MONOGAM
Tiere paaren sich mit einem einzigen Partner, entweder während einer Brutsaison oder ein Leben lang. Viele Tiere, die sich intensiv um ihre Jungen kümmern, gehen monogame Partnerschaften ein.

MONOKOTYLEDONEN
Gruppe der Blütenpflanzen, die ein einziges Keimblatt (Cotyledon) ausbilden. Sie werden auch als einkeimblättrige Pflanzen bezeichnet. *Siehe auch* Dikotyledonen.

MUTUALISMUS
Ein Verhältnis zweier verschiedener Arten in einer ökologischen Gemeinschaft, von der beide Arten profitieren. Eine Blütenpflanze und ein bestäubendes Insekt zum Beispiel bilden eine solche Gemeinschaft.

MYCEL
Ein Geflecht aus den fadenförmigen Hyphen eines Pilzes.

MYCORRHIZA
Eine Symbiose zwischen einem Pilz und den Wurzeln einer Pflanze. Der Pilz erhält Nähr- und Aufbaustoffe von der Pflanze und die Pflanze kann über das Pilzmycel mehr Mineralstoffe aufnehmen.

NAHRUNGSKETTE
Organismen, die als Nahrung miteinander in Verbindung stehen, bilden eine Nahrungskette. Pflanzen stehen jeweils am Beginn.

NODIUM (PL. NODIEN)
Eine Verdickung an der Sprossachse einer Pflanze, die man auch als Knoten bezeichnet. An Nodien können ein oder mehrere Blätter oder Blüten entspringen.

NUSS
Eine trockene, hartschalige Frucht, die meist nur einen Samen enthält.

NYMPHE
Das letzte Larvenstadium bei unvollkommener Verwandlung mancher Insekten. Nymphen weisen bereits Flügelansätze auf, können jedoch nicht wie die adulten Tiere fliegen.

ÖKOLOGISCHE NISCHE
Der Platz und die Rolle eines Lebewesens in seinem Lebensraum. Zwei Arten können zwar den gleichen Lebensraum teilen, aber nie die gleiche Nische besetzen.

ÖKOSYSTEM
Das dynamische Wirkungsgefüge zwischen zusammenlebenden Arten, die im selben Lebensraum vorkommen, und ihrer nicht belebten Umgebung.

OPERCULUM
Ein Deckel. Einige Schnecken verschließen ihr Gehäuse mit einem Operculum, nachdem sie sich zurückgezogen haben. Auch den Kiemendeckel eines Knochenfischs bezeichnet man als Operculum.

OPPONIERBAR
Primaten beispielsweise haben einen opponierbaren Daumen. Das bedeutet, dass er den Fingern gegenübersteht und gegen sie gedrückt werden kann. So können Primaten Gegenstände festhalten.

ORGAN
Teile innerhalb des Körpers, die aus bestimmten Gewebe-Arten bestehen und eine definierte Funktion erfüllen. Das Herz und die Haut eines Tiers oder das Blatt einer Pflanze sind Organe.

ORGANELLE
Teile von pflanzlichen oder tierischen Zellen, die besonderen physiologischen Leistungen dienen.

ORGANISCHE VERBINDUNG
Chemische Verbindungen, die auf Kohlenwasserstoff und seinen Abkömmlingen basieren, sind organische Verbindungen.

OVIPAR
Tiere, die sich fortpflanzen, indem sie Eier legen, bezeichnet man als ovipar.

PAARHUFER
Darunter versteht man Huftiere mit einer geraden Anzahl von Zehen, wie Hirsche, Schweine und Antilopen.

PARASIT
Dieser Organismus lebt in einem Wirtsorganismus und schädigt diesen, weil er sich von ihm ernährt. Die meisten Parasiten sind viel kleiner als ihre Wirte, haben einen komplizierten Lebenszyklus und produzieren sehr viele Nachkommen. Parasiten schwächen ihren Wirt oft, töten ihn aber meist nicht.

PARASITOID
Anders als Parasiten töten Parasitoide ihren Wirt schließlich. Sehr viele Parasitoide gehören der Insektenordnung der Hautflügler an.

PARTHENOGENESE
Eine Art der Fortpflanzung, bei der sich eine Eizelle zu einem jungen Tier entwickelt, ohne vorher von einem Spermium befruchtet worden zu sein. Die Nachkommen sind mit dem Elterntier genetisch identisch. Tiere, bei denen es zwei verschiedene Geschlechter gibt, bringen parthenogenetisch immer Weibchen hervor. Bei Wirbellosen ist diese Form der Fortpflanzung häufig.

PFLANZENFRESSER
Ein Tier, das sich von Pflanzen oder Algen ernährt.

PHEROMON
Tiere bilden diese chemischen Stoffe, die auf Artgenossen eine Wirkung haben. Pheromone sind oft flüchtige Stoffe, die sich in der Luft ausbreiten und bei Tieren in einiger Entfernung eine Reaktion auslösen.

PLANKTON
Als Plankton bezeichnet man Organismen, die im Wasser treiben. Viele Plankton-Organismen sind winzig und schweben im offenen Wasser, vor allem nahe der Meeresoberfläche. Plankton-Organismen können sich oft aktiv bewegen, sind aber zu klein, um gegen starke Strömungen anzukommen. Tierische Plankton-Organismen nennt man Zooplankton, planktonische Algen dagegen Phytoplankton.

PLASTRON
Der flache Panzer, der den Bauch einer Schildkröte bedeckt.

PLAZENTA
Ein Organ, über das ein Säugetier-Embryo vor der Geburt Nährstoffe und Sauerstoff aus dem Blut der Mutter aufnimmt.

POLLEN
Samenpflanzen bilden winzige Pollenkörner. In den Pollenkörnern befinden sich die männlichen Gameten, die eine weibliche Eizelle in einer Samenanlage befruchten.

POLYGAM
Ein Fortpflanzungssystem, bei dem sich die Individuen während einer Brutsaison mit mehr als einem Partner paaren, bezeichnet man als polygam.

PRACHTKLEID
Das Federkleid, das die meisten Vogel-Arten vor und am Beginn der Fortpflanzungszeit tragen, wird auch Brutkleid genannt. Vor allem bei Männchen ist es oft viel auffälliger als das Schlichtkleid.

PROKARYOT, PROKARYONT
Damit bezeichnet man Organismen, deren Zellen keinen Kern haben. Archaeen und Bakterien sind Prokaryoten.

PROTEIN
Der auch Eiweiß genannte Stoff aus Ketten von Aminosäuren ist in Nahrungsmitteln wie Fleisch, Käse und Bohnen enthalten. Proteine erfüllen im Körper lebenswichtige Funktionen.

PSEUDOPODIUM
Ein zeitweiliger Fortsatz einer Zelle, etwa einer Amöbe oder eines weißen Blutkörperchens, der seine Form verändern kann. Viele Einzeller bewegen sich mit Pseudopodien vorwärts oder nehmen Nahrung mit ihnen auf.

PUPPE
Bei Insekten mit vollständiger Metamorphose (Verwandlung) bezeichnet man das Stadium im Lebenszyklus als Puppe, in dem der Körper der Larve aufgebrochen und zum Körper des adulten (ausgewachsenen) Insekts umgebildet wird. In diesem Stadium nimmt das Insekt keine Nahrung auf und kann sich meist nicht oder kaum bewegen. Manche Puppen zucken, wenn man sie berührt. Die Puppe ist mit einer harten Puppenhülle geschützt und manchmal von einem Seidenkokon umgeben.

RAUBTIER
Die Carnivora (Raubtiere) sind eine Ordnung der Säugetiere. Ein Räuber ist ein Tier, das sich von lebendig ergriffenen Tieren ernährt.

REVIER
Ein Gebiet, das von einem Tier oder einer Gruppe von Tieren gegen Artgenossen ver-

teidigt wird. Im Revier stehen oft Ressourcen zur Verfügung (wie Nahrung), mit denen Partner angelockt werden können.

RHIZOM
Ein kriechender oder unterirdisch wachsender Teil der Sprossachse, an dem sich neue Triebe bilden können.

RUDIMENTÄR
Ein Organ, das zurückgebildet ist oder nicht funktioniert.

RÜSSEL
Nase und Oberlippe oder Mundwerkzeuge eines Tiers können zu einem Rüssel umgebildet sein. Insekten trinken mit ihrem Rüssel Flüssigkeiten. Oft ist er lang und dünn. Schmetterlinge rollen ihren Saugrüssel ein, wenn sie nicht an Blüten trinken.

SAMEN
Entwicklungsstadium einer Samenpflanze: Ein Embryo ist häufig in Nährgewebe eingebettet und von einer Samenschale umgeben.

SAMENANLAGE
Eine Bildung, in der sich die Eizelle einer Samenpflanze befindet. Bei Bedecktsamern sind die Samenanlagen in ein Fruchtblatt eingeschlossen, bei Nacktsamern liegen sie frei. Nach der Befruchtung entwickelt sich die Samenanlage zu einem Samen.

SCHLICHTKLEID
Bei Vögeln tragen viele Arten nach einer Mauser zum Ende der Brutsaison ein anderes Gefieder, das vor allem bei Männchen oft unauffälliger ist.

SCHNABEL
Ein spitz zulaufender Kiefer ohne Zähne. Schnäbel haben sich bei einigen Wirbeltier-Gruppen unabhängig voneinander entwickelt, wie bei Vögeln und Schildkröten.

SCHNEIDEZAHN
Bei Säugetieren bezeichnet man die flachen Zähne vorn im Kiefer, mit denen das Tier Nahrungsteile abschneidet und kaut, als Schneidezähne.

SCHWIMMBLASE
Eine mit Gas gefüllte Blase, mit der die meisten Knochenfische ihren Auftrieb steuern. Indem sie den Gasdruck in der Blase regulieren, können sie im Wasser »stillstehen«, statt aufzusteigen oder abzusinken.

SEDIMENTGESTEIN
Ein Gestein, das aus Gesteinsbruchstücken, organischen Ablagerungen und anderen Materialien entstanden ist, die sich verfestigt haben.

SPALTÖFFNUNG
Eine winzige Pore im Abschlussgewebe einer Pflanze, die sich öffnen und schließen kann. Die Spaltöffnungen gewährleisten bei der Fotosynthese und Atmung den Gasaustausch.

SPERMATOPHORE
Ein Spermienpaket, das entweder direkt vom Männchen zum Weibchen übertragen wird oder indirekt, zum Beispiel, indem es auf dem Boden abgelegt wird. Viele Tiere bilden Spermatophoren, wie Salamander, Kopffüßer und einige Gliederfüßer.

SPORE
Eine Zelle mit einfachem Chromosomensatz. Anders als Gameten können Sporen ohne Befruchtung zu neuen Lebewesen heranwachsen. Pilze, Algen und Sporenpflanzen bilden Sporen.

SPOROPHYT
Die Generation im Lebenszyklus einer Pflanze, die Sporen bildet. Bei Farnen und Samenpflanzen ist der Sporophyt die dominierende (sichtbare) Generation.

SPRITZLOCH
Bei Haien und Rochen eine Öffnung hinter dem Auge, durch die Wasser zu den Kiemen gelangt.

SPROSSKNOLLE
Ein unterirdisches Speicherorgan einer Pflanze, das aus der verdickten Basis der Sprossachse besteht.

STAUBBEUTEL
Anthere. Die Struktur des Staubblatts einer Blütenpflanze, in der Pollen gebildet wird.

STAUBBLÄTTER
Die männlichen Geschlechtsorgane einer Blüte. Ein Staubblatt (Staminum) besteht aus dem Staubbeutel (Anthere) und dem Staubfaden (Filament).

STEMPEL
Die weiblichen Geschlechtsorgane einer Blüte, die aus Fruchtknoten (Ovarium), Griffel (Stylus) und Narbe (Stigma) bestehen.

STICKSTOFF-FIXIERUNG
Ein chemischer Prozess, bei dem der elementare Stickstoff aus der Luft in Stickstoff-Verbindungen umgewandelt wird. Bestimmte Mikroorganismen fixieren Stickstoff.

STIGMA (PL. STIGMEN)
Bei Insekten und Tausendfüßern gelangt durch diese Öffnungen in der Körperwand Luft in die Tracheen. Durch die verschließbaren Stigmen lässt sich der Gastransport regulieren.

STOFFWECHSEL
Die biochemischen Abläufe, die im Körper eines Tiers oder einer Pflanze stattfinden. Bei einigen Stoffwechsel-Vorgängen werden Nährstoffe aufgebrochen und Energie freigesetzt. Bei anderen wird Energie verbraucht, zum Beispiel bei der Kontraktion von Muskeln.

STRAUCH
Eine holzige ausdauernde Pflanze mit mehreren Stämmen.

SYMBIOSE
Eine Vergesellschaftung zweier verschiedener Arten, die für beide Partner vorteilhaft ist.

TARNKLEID
Eine Färbung oder ein Muster, mit dem ein Tier optisch mit seiner Umgebung verschmilzt. So getarnt ist es vor seinen Fressfeinden sicherer oder es kann sich an seine Beute anschleichen, ohne von ihr wahrgenommen zu werden.

TEPALE
Ein Blatt der Blütenkrone. Bei Blüten mit Tepalen sind Kelch- und Kronblätter nicht zu unterscheiden.

TERRESTRISCH
Tiere, die hauptsächlich oder ständig auf dem Erdboden leben, haben eine terrestrische Lebensweise.

THORAX
Der mittlere Teil des Körpers eines Gliederfüßers. Im Thorax befinden sich kräftige Muskeln und an ihm setzen Beine und Flügel an, sofern das Tier solche besitzt. Bei vierfüßigen Tieren bezeichnet man den Brustkorb als Thorax.

TORPOR
Ein schlafähnlicher Zustand, bei dem die Prozesse im Körper viel langsamer ablaufen. So überstehen manche Tiere schwierige Bedingungen, wie extreme Kälte oder Nahrungsmangel.

TRACHEENSYSTEM
Ein stark verästeltes, leistungsfähiges Röhrensystem sorgt im Inneren des Insektenkörpers für den Gasaustausch.

TRÄCHTIGKEIT
Die Zeitspanne von der Befruchtung bis zur Geburt bei einem lebendgebärenden Tier, wie einem Säugetier.

UNGESCHLECHTLICHE VERMEHRUNG
Eine Art der Vermehrung, bei der nur ein Elterntier beteiligt ist. Die Nachkommen sind mit dem Elternorganismus genetisch identisch (Klone). Ungeschlechtliche Vermehrung kommt am häufigsten bei Mikroben, Pflanzen und wirbellosen Tieren vor.

UNPAARHUFER
Huftiere mit einer ungeraden Anzahl von Zehen, wie Pferde, Zebras, Nashörner und Tapire.

VEKTOR
Ein Organismus, der einen Krankheitserreger oder genetische Information von einem Wirt zum nächsten überträgt.

VIVIPARIE
Eine Art der Fortpflanzung, bei der keine Eier gelegt werden, sondern es werden lebende, weit entwickelte Jungen zur Welt gebracht.

VORBACKENZAHN (PRÄMOLAR)
Bei Säugetieren ein Zahn, der sich im Kiefer zwischen dem Eckzahn und den Backenzähnen befindet. Bei vielen Raubtieren bilden ein klingenförmiger Vorbackenzahn im Oberkiefer und ein Backenzahn im Unterkiefer eine Brechschere, mit der das Tier Fleisch durchtrennen kann.

WECHSELWARM
Ein Tier, dessen Körpertemperatur von der Umgebungstemperatur abhängig ist, bezeichnet man als wechselwarm oder auch als kaltblütig.

WIEDERKÄUER
Ein Huftier mit einem spezialisierten Verdauungssystem: Der Magen besteht aus mehreren Abschnitten. Einer, der Pansen, beherbergt unzählige Mikroorganismen, die dazu beitragen, die Pflanzennahrung aufzuschließen. Um den Prozess zu beschleunigen, würgt ein Wiederkäuer verschluckte Nahrung meist wieder hoch und kaut sie erneut.

WINTERSCHLAF
Eine Ruheperiode mancher gleichwarmer Tiere im Winter, bei der die Körpertemperatur herabgesetzt ist und Atmung und Herzschlag verlangsamt sind.

WIRT
Ein Organismus, auf oder in dem ein Parasit lebt und von dem er sich ernährt.

WURZELKNÖLLCHEN
Rundliche Verdickungen an den Wurzeln einer Leguminose, in der sich stickstofffixierende Bakterien befinden.

ZAPFEN
Der Zapfen von Pflanzen besteht aus verholzenden Tragblättern und einer verholzenden Achse. Im Zapfen werden Samenanlagen oder Pollenkörner gebildet. Viele Bäume bilden Zapfen, etwa Nadelbäume und Erlen.

ZELLE
Die grundlegende Einheit aller Lebewesen.

ZELLKERN
Rundlicher, abgegrenzter Körper in Zellen von Eukaryoten, in der sich ein großer Teil der Erbinformation befindet.

ZELLULOSE
Ein Vielfachzucker, der bei Pflanzen als Bestandteil von Gewebefasern vorkommt und so als Baustoff dient. Tiere können Zellulose schlecht verdauen. Manche Pflanzenfresser brechen sie mithilfe von Mikroorganismen in ihrem Verdauungssystem auf.

ZUSAMMENGESETZTES BLATT
Ein Blatt, dessen Spreite sich aus mehreren, voneinander getrennten Fiederblättern zusammensetzt. *Siehe auch* einfaches Blatt.

ZWEIHÄUSIGE PFLANZE
Eine Pflanze, bei der männliche und weibliche Blüten oder Zapfen sich an verschiedenen Individuen bilden.

ZWEIJÄHRIGE PFLANZE
Eine Pflanze, die ihren Lebenszyklus vom Keimen bis zum Absterben in zwei Jahren abschließt. Meist werden während des ersten Jahres Nährstoffe gespeichert, die für die Samenbildung im zweiten Jahr verwendet werden.

ZWIEBEL
Bei Zwiebelpflanzen besteht die Zwiebel aus dem unteren Teil der Sprossachse und fleischig verdickten Niederblättern. In der Zwiebel werden Nährstoffe für eine Ruheperiode oder die Bildung von Früchten mit Samen gespeichert.

ZYGODACTYLE FÜSSE
Spezialisierte Füße, bei denen die zweite und dritte Zehe nach vorn und die erste und vierte nach hinten weisen. Mit dieser Zehenstellung können Vögel Baumstämme emporklettern oder an senkrechten Stämmen oder anderen Oberflächen sitzen. Papageien, Kuckucke, Turakos, Eulen, Tukane und Spechte haben zygodactyle Füße.

ZYTOPLASMA
Das geleeartige Innere einer Zelle mit den Organellen. In Eukaryotenzellen konzentriert es sich in der Region um den Zellkern.

REGISTER

Die **fett** gedruckten Seitenzahlen beziehen sich auf Feature-Doppelseiten oder die Vorstellung von Tier- oder Pflanzengruppen.

A

C

D

E

DANK UND BILDNACHWEIS

Berater der Smithsonian Institution:

Dr. Don E. Wilson, Senior Scientist/Chair of the Department of Vertebrate Zoology; Dr. George Zug, Emeritus Research Zoologist, Department of Vertebrate Zoology, Division of Amphibians and Reptiles; Dr. Jeffrey T. Williams: Collections Manager, Department of Vertebrate Zoology

Dr. Hans-Dieter Sues, Curator of Vertebrate Paleontology/Senior Research Geologist, Department of Paleobiology

Paul Pohwat, Mineral Collection Manager, Department of Mineral Sciences;
Leslie Hale, Rock and Ore Collections Manager, Department of Mineral Sciences;
Dr. Jeffrey E. Post, Geologist/Curator, National Gem and Mineral Collection, Department of Mineral Sciences

Dr. Carla Dove, Program Manager, Feather Identification Lab, Division of Birds, Department of Vertebrate Zoology

Dr. Warren Wagner, Research Botanist/Curator, Chair of Botany, and Staff of the Department of Botany

Gary Hevel, Museum Specialist/Public Information Officer, Department of Entomology; Dana M. De Roche, Department of Entomology

Department of Invertebrate Zoology:
Dr. Rafael Lemaitre: Research Zoologist/Curator of Crustacea; Dr. M. G. (Jerry) Harasewych, Research Zoologist;
Dr. Michael Vecchione, Adjunct Scientist, National Systemics Laboratory, National Marine Fisheries Service, NOAA;
Dr. Chris Meyer, Research Zoologist;
Dr. Jon Norenburg, Research Zoologist;
Dr. Allen Collins, Zoologist, National Systemics Laboratory, National Marine Fisheries Service, NOAA; Dr. David L. Pawson, Senior Research Scientist; Dr. Klaus Rutzler, Research Zoologist; Dr. Stephen Cairns, Research Scientist / Chair

Weitere Berater:

Dr. Diana Lipscomb, Chair/Professor Biological Sciences, George Washington University

Dr. James D. Lawrey, Department of Environmental Science and Policy, George Mason University

Dr. Robert Lücking, Research Collections Manager/Adjunct Curator, Department of Botany, The Field Museum

Dr. Thorsten Lumbsch, Associate Curator/Chair, Department of Botany, The Field Museum

Dr. Ashleigh Smythe, Visiting Assistant Professor of Biology, Hamilton College

Dr. Matthew D. Kane, Program Director, Ecosystem Science, Division of Environmental Biology, National Science Foundation

Dr. William B. Whitman, Department of Microbiology, University of Georgia

Andrew M. Minnis: Systematic Mycology and Microbiology Laboratory, USDA

Dorling Kindersley möchte den folgenden Mitarbeitern herzlich danken:
David Burnie, Kim Dennis-Bryan, Sarah Larter und Alison Sturgeon für die inhaltliche Gliederung; Hannah Bowen, Sudeshna Dasgupta, Jemima Dunne, Angeles Gavira Guerrero, Cathy Meeus, Andrea Mills, Manas Ranjan Debata, Paula Regan, Alison Sturgeon, Andy Szudek und Miezan van Zyl für das Lektorat; Avanika, Helen Abramson, Niamh Connaughton, Sonali Jindal, Anita Kakkar, Nayan Keshan, Chhavi Nagpal, Manisha Majithia und Claire Rugg für die Lektoratsassistenz; Sudakshina Basu, Steve Crozier, Clare Joyce, Edward Kinsey, Amit Malhotra, Pooja Pipil, Aparajita Sen, Neha Sharma, Nitu Singh, Sonakshi Sinha und George Thomas für die Gestaltung; Amy Orsborne für die Umschlaggestaltung; Sue Butterworth für das Register; Claire Cordier, Laura Evans, Rose Horridge und Emma Shepherd von der DK Picture Library; Syed Mohammad Farhan, Vijay Kandwal, Ashok Kumar, Nityanand Kumar, Pawan Kumar, Mrinmoy Mazumdar, Shanker Prasad, Mohd Rizwan, Vikram Singh, Bimlesh Tiwary, Anita Yadav und Tanveer Zaidi für die technische Unterstützung; Mohammad Usman für die Herstellung; Stephen Harris für die Durchsicht des Pflanzenkapitels; Dr. Gregory Kenicer für seine taxonomischen Ratschläge in Bezug auf Pflanzen und Derek Harvey, der mit seinem außerordentlichen Fachwissen und seiner Begeisterung für dieses Projekt einen unverzichtbaren Beitrag geleistet hat.

Der Verlag dankt folgenden Personen und Institutionen für die freundliche Genehmigung zur Abbildung ihrer Fotografien und dafür, dass sie Dorling Kindersley Zugang zu ihren Bildarchiven gewährten:
Anglo Aquatic Plant Co Ltd, Strayfield Road, Enfield, Middlesex EN2 9JE, http://angloaquatic.co.uk; **Cactusland,** Southfield Nurseries, Bourne Road, Morton, Bourne, Lincolnshire PE10 0RH, www.cactusland.co.uk; **Burnham Nurseries Orchids**, Burnham Nurseries Ltd, Forches Cross, Newton Abbot, Devon TQ12 6PZ, www.orchids.uk.com; **Triffid Nurseries**, Great Hallows, Church Lane, Stoke Ash, Suffolk IP23 7ET, www.triffidnurseries.co.uk; **Amazing Animals**, Heythrop, Green Lane, Chipping Norton, Oxfordshire OX7 5TU, www.amazinganimals.co.uk; **Birdland Park and Gardens**, Rissington Rd, Bourton-on-the-Water, Gloucestershire GL54 2BN, www.birdland.co.uk; **Virginia Cheeseman F.R.E.S.**, 21 Willow Close, Flackwell Heath, High Wycombe, Buckinghamshire HP10 9LH, www.virginiacheeseman.co.uk; **Colchester Zoo**, www.colchester-zoo.com; **Cotswold Falconry Centre**, Batsford Park, Batsford, Moreton in Marsh, Gloucestershire GL56 9AB, www.cotswold-falconry.co.uk; **Cotswold Wildlife Park**, Burford, Oxfordshire OX18 4JP, www.cotswoldwildlifepark.co.uk; **Emerald Exotics**; **Shaun Foggett**, www.crocodilesoftheworld.co.uk.

Bildnachweis
(Abkürzungen: o = oben, u = unten, m = Mitte, l = links, r = rechts, g = ganz)
Alamy Images: agefotostock / Marevision 111gul, 343mro, The Africa Image Library 557, Amazon Images 549, Arco Images GmbH / Huetter C 601, Art Directors & TRIP 143, blickwinkel 144, 146, 188, 307, 325, 326, 569, 615, blickwinkel / Hartl 336mlu, Christian Hütter 379um, Design Pics Inc / Milo Burcham 5mo, 249ur, 323ur, 506–507, Steffen Hauser / botanikfoto 142, 159gom, Penny Boyd 600, Brandon Cole Marine Photography 521, BSIP SA 93, James Caldwell 267, Rosemary Calvert 20, Cubolmages srl 147, Andrew Darrington 291, Danita Delimont 151, Garry DeLong 105, Paul Dymond 458, Emilio Ereza 348, David Fleetham 324, Florapix 148, Florida Images 148, FLPA 547ml, Frank Hecker 328gol, Minden Pictures 621mlo, Paulo Oliveira 328mlo, 339gor, Poelzer Wolfgang 343mr; Jane Gould 22–23u, Martin Fowler 182, Les Gibbon 305, Rupert Hansen 29, Chris Hellier 143, Imagebroker / Arco / G. Lacz 596mr, Imagebroker / Florian Kopp 580, Indiapicture / P S Lehri 611, Interphoto 29, T. Kitchin & V. Hurst 23, Chris Knapton 27, S & D & K Maslowski / FLPA 28, Carver Mostardi 567, Tsuneo Nakamura / Volvox Inc 585, The Natural History Museum, London 258, Nature Picture Library / Sue Daly 252mu, National Geographic Image Collection / Joel Sartore 571ur, Nic Hamilton Photographic 29, Pictorial Press Ltd, 28, Matt Smith 166, Stefan Sollfors 266, Sylvia Cordaiy Photo Library Ltd 17, Natural Visions 149, Joe Vogan 576, Wildlife GmbH 28, 130, 151, WoodyStock 155; **Maria Elisabeth Albinsson:** CSIRO 95mr, 100um; **Algaebase.org:** Robert Anderson 104um, Colin Bates 104gor, Mirella Coppola di Canzano (c) University of Trieste 104mlo, Prof MD Guiry 103mlu, 104, Razy Hoffman 103um, E. M.Tronchin & O. De Clerck 104mru; **Ardea:** Ian Beames 545, John Cancalosi 394, John Clegg 259, 272, Steve Downer 316, 566, Jean-Paul Ferrero 274, 511, 601, Kenneth W Fink 563, 612, Francois Gohier 612, Joanna Van Gruisen 610, Steve Hopkin 259, 263, 303, Tom & Pat Leeson 589, Ken Lucas 34, 273, 304, 317, Ken Lucas 595, Thomas Marent 596, John Mason 291, Pat Morris 35, 519, 567, 572, Pat Morris 507, 595, Gavin Parsons 270, David Spears (Last Refuge) 265, David Spears / Last Refuge 271, Peter Steyn 519, Andy Teare 589, Duncan Usher 267, M Watson 374, 610, 624; **Australian National Botanic Gardens:** © M.Fagg 169, B. Fuhrer 111mlo; **Nick Baker, ecologyasia:** 566; **Jón Baldur Hlíðberg (www.fauna.is):** 327mr, 338ur, 339, 341ur, 344m, 509; **Bar Aviad:** Bar Aviad 574; **Michael J Barritt:** 511; **Dr. Philippe Béarez / Muséum national d'histoire naturelle, Paris:** 336gor; **Photo Biopix.dk:** N. Sloth 105, 105, 113, 115, 261, 265, 267, 271, 273, 275, 279, 285, 286, 288, 294, 302; **Biosphoto:** Jany Sauvanet 539; **Ashley M. Bradford:** 293ml; **(c) Brent Huffman / Ultimate Ungulate Images:** Brent Huffman 610, 621; **David Bygott:** 35, 521; **Ramon Campos:** 510; **David Cappaert:** 284gom; **CDC:** Courtesy of Larry Stauffer, Oregon State Public Health Laboratory 93um, Dr Richard Facklam 93mlo, Janice Haney Carr 32mr, 93gom, Segrid McAllister 93mro; **Tyler Christensen:** 302; **Josep Clotas:** 328; **Patrick Coin:** Patrick Coin 263; **Niall Corbet:** 538; **caronsteelephotography.com:** © 6–7; **Corbis:** 13, 22, Theo Allofs 19, 122, 408, Alloy 12, Steve Austin 122, Hinrich Baesemann 424, Barrett & MacKay / All Canada Photos 29, 31, E. & P. Bauer 471, Tom Bean 14, Annie Griffiths Belt 432, Biodisc 33, 238, Biodisc / Visuals Unlimited 286, Jonathan Blair 38, Tom Brakefield 21, 24, 29, Frank Burek 19, Janice Carr 90, W. Cody 19, 107, 118, Brandon D. Cole 321, Richard Cummins 20, Tim Davis 31, Renee DeMartin 24, Dennis Kunkel Microscopy, Inc / Visuals Unlimited 33, 100, Dennis Kunkel Microscopy, Inc. 33, 93, DLILLC 24, 31, 416, 442, Pat Doyle 26, Wim van Egmond 98, Ric Ergenbright 13, Ron Erwin 24, Eurasia Press / Steven Vidler 411, Neil Farrin / JAI 27, Andre Fatras 26, Natalie Fobes 211, Patricia Fogden 354, Christopher Talbot Frank 16, Stephen Frink 350, Jack Goldfarb / Design Pics 19, C. Goldsmith / BSIP 22, Mike Grandmaison 118, Franck Guiziou / Hemis 19, Don Hammond / Design Pics 19, Martin Harvey / Gallo Images 19, 31, Helmut Heintges 24, Pierre Jacques / Hemis 19, Peter Johnson 18, 456, Don Johnston / All Canada Photos 264, Mike Jones 408, Wolfgang Kaehler 18, 26, 238, Karen Kasmauski 27, Steven Kazlowski / Science Faction 16, Layne Kennedy 38, Antonio Lacerda / EPA 15, Frans Lanting 14, 18, 19, 23, 31, 249, 250, 376, 425, 460, 507, Frederic Larson / San Francisco Chronicle 20, Lester Lefkowitz 18, Charles & Josette Lenars 21, Library of Congress – digital ve / Science Faction 28, Wayne Lynch / All Canada Photos 528, Bob Marsh / Papilio 212, Chris Mattison 374, Joe McDonald 354, 533, Momatiuk / Eastcott 31, moodboard 16, 323, 375, Sally A. Morgan 25, Werner H. Mueller 19, David Muench 108, NASA 13, David A. Northcott 389, Owaki – Kulla 15, 19, William Perlman 32, Photolibrary 30, Patrick Pleau / EPA 19, Louie Psihoyos / Science Faction 16, Ivan Quintero / EPA 20, Radius Images 107, 112, Lew Robertson 19, Jeffrey Rotman 19, 332, Kevin Schafer 27, David Scharf / Science Faction 28, Dr. Peter Siver 89, 91, Paul Souders 13, 19, 24, Keren Su 18, Glyn Thomas / moodboard 19, Steve & Ann Toon / Robert Harding World Imagery 415, Craig Tuttle 323, 409, Jeff Vanuga 22, Visuals Unlimited 14, 33, 92, 98, 100, Kennan Ward 13, Michele Westmorland 18, Stuart Westmorland 507, Ralph White 90, Norbert Wu 325, 332, Norbert Wu / Science Faction 320, 323, Yu Xiangquan / Xinhua Press 21, Robert Yin 274, Robert Yinn 322, Frank Young 239, Frank Young / Papilio 211; **Alan Couch:** 511; **David Cowles:** David Cowles at http: / / rosario.wallawalla.edu / Wirbellose 258; **Dick Haaksma:** 111mo; **Greg Kenicer:** 111ur; **Whitney Cranshaw:** 290ml; **Alan Cressler:** 262; **Craig Jackson, PhD:** 519mr; **CSIRO:** 336mro; **Matt Carter:** 481ul; **Michael J Cuomo:** www.phsource.us 258; **Ignacio De la Riva:** 365m; **Frank Steinmann:** 362gor; **Dr Frances Dipper:** 252, 253, 253mlo; **Jane K. Dolven:** 98um; **Stepan Koval:** 111mro; **Dorling Kindersley:** Andy und Gill Swash 409mu/Hoatzin, Blackpool Zoo, Lancashire, UK 582–583 (alle Bilder), Centre for Wildlife Gardening / London Wildlife Trust 172um, 174–175 (alle Bilder), Colchester Zoo 522–523 (alle Bilder), Demetrio Carrasco / Courtesy of Huascaran National Park 145, Frank Greenaway / Natural History Museum, London 291mr, George Lin 409ul, Greg Dean / Yvonne Dean 409mu, 409mu/Kuckuck, Hanne Eriksen / Jens Eriksen 409mru, Jan-Michael Breider 409mo, Natural History Museum, London 284, Roger Charlwood / Liz Charlwood 409m, Roger Tidman 409mlu; **Dreamstime.com:** 614, Allnaturalbeth 350mr, Amskad 303, Anolis 549ul, Amwu 393gor, Anton Zhuravkov 618mu, Antos777 343mru, John Anderson 348, Argestes 162, Michael Blajenov 611, Mikhail Blajenov 619, Steve Byland 534, Bibek Basumatary 149mr, Bluehand 349mu, Bonita Chessier 548, Musat Christian 556, Mzedig 618mlu, Clickit 613, Colette6 611, Chonticha Wat 538mlo, Ambrogio Corralloni 532, Cosmln 302, David Havel 474–475m, Davthy 547, Dbmz 301, Destinyvispro 621, Docbombay 534, Edurivero 612, Henketv 26–27go, Katharina Notarianni 532gol, Stefan Ekernas 557, Stefan Ekernas 507, Michael Flippo 615, Joao Estevao Freitas 263, Geddy 272, Eric Geveart 560, Daniel Gilbey 618, Katerynakon 96mu, Maksum Gorpenyuk 611, Jeff Grabert 597, Morten Hilmer 584, Iorboaz 610, Eric Isselee 35, 529, 533, 535, 542, 614, 615, 617, Industryandtravel 385ur, Isselee 536, 577ur, Jontimmer 612, Jemini Joseph 611, Juliakedo 618, Valery Kraynov 33, 162, Adam Larsen 509, Sonya Lunsford 611, Stephen Meese 609, Milosluz 263, Jason Mintzer 532, Mlane 170, Nina Morozova 133, 148, Derrick Neill 532, Duncan Noakes 619, outdoorsman 394mu, 591, Pancaketom 569, Pipa100 339mlu, Planetfelicity 328ml, 339mru, Natalia Pavlova 581, Shane Myers 323ul, 374–375, Susan Pettitt 603, Xiaobin Qiu 580, Rajahs 584, Laurent Renault 548, Derek Rogers 584, Dmitry Rukhlenko 614, Sdecoret 22ul, Steven Russell Smith Photos 569, Ryszard 303, Benjamin Schalkwijk 556, Olga Sharan 609, Paul Shneider 611, Sloth92 555, 556, Smellme 547, 620, Tatiana Belova 345mo, Nico Smit 596, 617, Nickolay Stanev 617, Tampatra1 12–13m, Vladimirdavydov 294, Oleg Vusovich 585, Leigh Warner 595, Worldfoto 563, Judy Worley 602, Zaznoba 555; **Shane Farrell:** 264mr, 284ur; **Carol Fenwick (www.carolscornwall.com):** 104ur; **Hernan Fernandez:** 510; **Flickr.com:** Ana Cotta 549, Pat Gaines 586, Sonnia Hill 152, Barry Hodges 131, Emilio Esteban Infantes 131, Marj Kibby 136, Kate Knight 170, Ron Kube, Calgary, Alberta, Canada 587, John Leverton 603, John Merriman 170, Falter 297ur, Marcio Motta MSc. Biologist of Maracaja Institute for Mammalian Conservation 597, Jerry R. Oldenettel 161, Jennifer Richmond 159; **Florida Museum of Natural History:** Dr Arthur Anker 518; **Fotolia:** poco_bw 337m; **FLPA:** 30, Nicholas und Sherry Lu Aldridge 105, Ingo Arndt / Minden Pictures 211, 245, 320, Fred Bavendam 313, 328, Fred

Bavendam / Minden Pictures 272, 275, 313, 318, 319, Stephen Belcher / Minden Pictures 275, Neil Bowman 563, Jim Brandenburg 575, Jonathan Carlile / Imagebroker 271, Christiana Carvalho 513, B. Borrell Casals 266, Nigel Cattlin 260, 265, Robin Chittenden 312, Arthur Christiansen 535, Hugh Clark 569, D.Jones 272, 312, Flip De Nooyer / FN / Minden 203, Tiu De Roy / Minden Pictures 584, Tui De Roy / Minden Pictures 404, 410, 612, Dembinsky Photo Ass 572, Reinhard Dirscher 313, Jasper Doest / Minden Pictures 378, Richard Du Toit / Minden Pictures 35, 507, 518, Michael Durham / Minden Pictures 525, 569, Gerry Ellis 513, 570, Gerry Ellis / Minden Pictures 567, Suzi Eszterhas / Minden Pictures 600, Tim Fitzharris / Minden Pictures 31, Michael & Patricia Fogden 117, Michael & Patricia Fogden / Minden Pictures 354, 519, 535, 567, Andrew Forsyth 506, Foto Natura Stock 35, 539, 539, 563, Tom and Pam Gardner 514, Bob Gibbons 137, 184, Michael Gore 546, 573, 615, Christian Handl / Imagebroker 612, Sumio Harada / Minden Pictures 529, Richard Herrmann / Minden Pictures 345, Paul Hobson 613, David Hoscking 568, 569, Michio Hoshino / Minden Pictures 31, David Hosking 545, 566, 567, David Hosking 123, 262, 411, 520, 535, 537, 538, 555, 557, 572, 576, 580, 581, 586, 600, 610, 614, 615, 619, Jean Hosking 144, David Hoskings 585, G E Hyde 572, Imagebroker 35, 143, 146, 147, 182, 329, 370, 411, 428, 532, 533, 534, 539, 569, 576, 585, 586, 588, 611, 612, 616, 621, 624, 625, Mitsuaki Iwago / Minden Pictures 557, D Jones 262, 266, D. Jones 264, Donald M. Jones / Minden Pictures 532, Gerard Lacz 34, 411, 585, 588, Frank W Lane 518, 538, 549, 562, Mike Lane 550, 575, 588, Hugh Lansdown 554, Frans Lanting 251, 543, 545, 548, 573, Albert Lleal / Minden Pictures 264, 278, Thomas Marent / Minden Pictures 33, 34, 135, 262, 265, 275, 520, 549, 560, 561, Colin Marshall 258, S & D & K Maslowski 251, 535, Chris Mattison 322, 355, 375, Rosemary Mayer 190, Claus Meyer / Minden Pictures 550, 567, Derek Middleton 572, 589, Hiroya Minakuchi / Minden Pictures 254, Minden Pictures 587, Yva Momatiuk & John Eastcott / Minden Pictures 616, Geoff Moon 568, Piotr Naskrecki 358, Piotr Naskrecki / Minden Pictures 263, Chris Newbert / Minden Pictures 253, 307, Mark Newman 589, Flip Nicklin / Minden Pictures 272, 506, Dietmar Nill / Minden Pictures 566, R & M Van Nostrand 35, 545, 618, 620, Erica Olsen 548, Pete Oxford / Minden Pictures 321, 597, 606, P.D.Wilson 271, Panda Photo 254, 572, Philip Perry 600, 601, Fritz Polking 374, Fabio Pupin 375, R.Dirscherl 338, Mandal Ranjit 573, Len Robinson 514, Walter Rohdich 312, L Lee Rue 586, Cyril Ruoso / Minden Pictures 548, 556, Keith Rushforth 124, SA Team / FN / Minden 378, 542, 567, Kevin Schafer / Minden Pictures 528, Malcolm Schuyl 251, 585, Silvestris Fotoservice 122, 568, Mark Sisson 135, Jurgen & Christine Sohns 149, 182, 312, 506, 515, 542, 549, 574, 586, 603, 615, Egmont Strigl / Imagebroker 584, Chris und Tilde Stuart 35, 518, 538, 570, 572, 609, 621, Krystyna Szulecka 163, Roger Tidman 345, Steve Trewhella 212, 254, 272, Jan Van Arkel / FN / Minden 261, Peter Verhoog / FN / Minden 253, Jan Vermeer / Minden Pictures 31, Albert Visage 570, Tony Wharton 113, Terry Whittaker 551, 581, 595, 610, Hugo Willcox / FN / Minden 535, D P Wilson 34, 253, 261, 305, P.D. Wilson 271, Winifred Wisniewski 602, Martin B Withers 507, 510, 511, 514, 515, 532, 568, 600, 615, Konrad Wothe 575, 590, Konrad Wothe / Minden Pictures 375, 507, 538, Norbert Wu 338, Norbert Wu / Minden Pictures 253, 270, 342, 567, Shin Yoshino / Minden Pictures 508, Ariadne Van Zandbergen 613, Xi Zhinong / Minden Pictures 21; **Dr Peter M Forster:** 333mru; **Getty Images:** 3D4Medical.com 95, 97, Doug Allan 351, Pernilla Bergdahl 107, 123, Dr. T.J. Beveridge 33, 92, Tom Brakefield 507, 577, Brandon Cole / Visuals Unlimited 251, Robin Bush 427, David Campbell 535, Carson 92, Brandon Cole 34, 323, Comstock 556, Alan Copson 37, 63, Bruno De Hogues 429, De Agostini Picture Library 34, 252, Dea Picture Library 340, Digital Vision 561, Georgette Douwma 23, 334, Guy Edwardes 507, Stan Elems 270, Raymond K Gehman / National Geographic 584, Geostock 424, Larry Gerbrandt / Flickr 320, Daniel Gotshall 34, 305, James Gritz 251, Martin Harvey 107, 116, 477, Kallista Images 265, Tim Jackson 122, Adam Jones / Visuals Unlimited 195, Barbara Jordan 29, Tim Laman 251, Mauricio Lima 323, Jen & Des Bartlett 573, O. Louis Mazzatenta / National Geographic 23, Nacivet 494, National Geographic 35, 317, 520, 524, 532, 533, 554, Photodisc 35, 525, 557, 612, Radius Images 37, 39, 108, Jeff Rotman 324, Martin Ruegner 107, Alexander Safonov 324, Kevin Schafer 425, David Sieren 107, 111, Doug Sokell 317, Carl de Souza / AFP 550, David Aaron Troy / Workbook Stock 22, James Warwick 410; **Terry Goss:** 325gor, 329mru, 329ur; **Michael Gotthard:** 278; **Dr Brian Gratwicke:** 339m; **Agustin Camacho Guerrero:** 510; **Antonio Guillén Oterino:** 33mu, 105ugr; **Jason Hamm:** 338gom; **David Harasti:** 342mro, 349mu; **Martin Heigan:** 281mr; **R.E. Hibpshman:** 340ur; **Pierson Hill:** 344gom; **Karen Honeycutt:** 334mru; **Russ Hopcroft / UAF:** 311; **David Iliff:** 333ul; **Laszlo S. Ilyes:** 333mro; **imagequestmarine.com:** 132, 252, 254, 255, 257, 340, 341, Peter Batson 261, 271, 316, Alistair Dove 258, Jim Greenfield 255, 257, 270, Peter Herring 272, 319, David Hosking 275, Johnny Jensen 35, 273, Andrey Necrasov 272, Peter Parks 309, Photographers / RGS 34 (Schnurwurm), 304, Tony Reavill 319, RGS 253, Andre Seale 256, 317, Roger Steene 272, 275, 319, Kåre Telnes 254, 257, 304, 305, 320, Jez Tryner 255, 257, 321, Masa Ushioda 275, Carlos Villoch 257; **Imagestate:** Marevision 323; **Institute for Animal Health, Pirbright:** 293um; **iStockphoto.com:** Antagain 323um, 408–409m, E+ / Mlenny 624ur, Arsty 34 (Meerneunauge), 326, micro_photo 105mro, Tatiana Belova 333, Nancy Nehring 101; **It's a Wildlife:** 511, 515; **Iziko Museums of SA:** Hamish Robertson 519mlu; **Valter Jacinto:** 303ml; **Courtnay Janiak:** 103ur; **Dr. Peter Janzen:** 355, 356, 359, 360, 361, 362, 364, 365, 368; **www.jaxshells.org:** Bill Frank 312; **Johnny Jensen:** 34 (Lungenfisch), 353gol; **Guilherme Jofili:** 567; **Brian Kilford:** 294gom; **Stefan Köder:** 529; **Ron Kube:** 535; **Jordi Lafuente Mira (www.landive.es):** 333mlo; **Daniel Lahr:** Image by Sonia G.B.C Lopes und 96mu; **Klaus Lang & WWF Indonesia:** 603; **Richard Ling:** 313; **Lonely Planet Images:** Karl Lehmann 520; **Frédéric Loreau:** Frédéric Loreau 259; **marinethemes.com:** 328m, Kelvin Aitken 34 (Kragenhai), 327mu, 327ur; **Marc Bosch Mateu:** 349mr; **M. Matz:** Harbor Branch Oceanographic Institution / NOAA Ocean Exploration program 99um; **Joseph McKenna:** 341ul; **Dr James Merryweather:** 33 (Glomeromycota); **micro*scope:** Wolfgang Bettighofer (www.protisten.de) 33mo, 96gogr, William Bourland 33ul, 33ur, 96ur, 99mu, 99ur, 100gol, 100gom, 100mogl, Guy Brugerolle 97m, Aimlee Laderman 99mlu, Charley O'Kelly 97gogr, David J Patterson 33mgl, 95gogr, 96gol, 96gom, 96mro, 96ml, 96um, 97gol, 97gom, 97gor, 97mr, 98m, 99mr, 100gogl, David Patterson und Aimlee Ladermann 99gom, David Patterson und Bob Andersen 33m, 33gul, 99ul, 99mgl, 100m, 100mru, 100ul, David Patterson und Mark Farmer 33mro, David Patterson und Michele Bahr 99gol, 99gor, David Patterson und Wie-Song Feng 101ul, David Patterson, Linda Amaral Zettler, Mike Peglar und Tom Nerad 33mugl, 95mro, 98gom, 99mlo, David Patterson, Shauna Murray, Mona Hoppenrath und Jacob Larsen 100ugr, Hwan Su Yoon 99mro; **Michael M. Mincarone:** 339ur; **Michael C. Schmale, PhD:** 341m; **Nathan Moy:** 534; **Andy Murch / Elasmodiver.com:** 332m, 333mlu, 341mr; **NASA:** Reto Stockli 10; **Courtesy, National Human Genome Research Institute:** 510; **The Natural History Museum, London:** 25, 293; **naturepl.com:** 252, Eric Baccega 560, Niall Benvie 261, Mark Carwardine 563, Pete Oxford 409gor, Bernard Castelein 560, 574, Brandon Cole 318, Sue Daly 34, 304, 316, Bruce Davidson 545, 601, Suzi Eszterhas 555, Jurgen Freund 255, 319, Nick Garbutt 588, Chris Gomersall 408, Nick Gordon 542, Willem Kolvoort 160, 255, 310, Fabio Liverani 275, Neil Lucas 137, Barry Mansell 568, 572, Luiz Claudio Marigo 525, 549, Nature Production 123, 125, 312, 316, 326, 571, NickGarbutt 601, Pete Oxford 470ur, 509, 538, 549, 601, Doug Perrine 507, 521, Reinhard / ARCO 205, Michel Roggo 336, Jeff Rotman 316, 319, Anup Shah 554, 611, 620, David Shale 255, Sinclair Stammers 258, Kim Taylor 253, 260, 263, 271, Dave Watts 511, 512, 515, Staffan Widstrand 549, Mike Wilkes 538, Rod Williams 545, 555, 595, Solvin Zankl 255; **Natuurlijkmooi.net (www.natuurlijkmooi.net):** Anne Frijsinger & Mat Vestjens 104mr; **New York State Department of Environmental Conservation. All rights reserved.:** 338gol; **NHPA / Photoshot:** A.N.T. Photo Library 259, 509, 511, 512, 513, 562, Bruce Beehler 508, George Bernard 284, Joe Blossom 609, Mark Bowler 551, Paul Brough 618, Gerald Cubitt 619, Stephen Dalton 568, 613, Manfred Danegger 588, Nigel J Dennis 589, 615, Patrick Fagot 619, Nick Garbutt 35, 543, 547, 601, Adrian Hepworth 587, Daniel Heuclin 511, 512, 515, 537, 539, 542, 543, 571, 608, 610, 620, Daniel Heuclin / Photoshot 586, David Heuclin 573, Ralph & Daphne Keller 513, Dwight Kuhn 571, NHPA / Photoshot 606, Michael Patrick O'Neil / Photoshot 581, Haroldo Palo JR 510, 575, Photo Researchers 570, 571, 572, 601, Steve Robinson 617, Andy Rouse 609, Jany Sauvanet 525, 542, 597, John Shaw 587, David Slater 513, Morten Strange 567, Dave Watts 515, Martin Zwick / Woodfall Wild Images / Photoshot 581; **NOAA:** 253um, Andrew David / NMFS / SEFSC Panama City; Lance Horn, UNCW / NURC - Phantom II ROV operator 349um, NMFS / SEFSC Pascagoula Laboratory, Collection of Brandi Noble 348mru; **Filip Nuyttens:** 103ul; **Dr Steve O'Shea:** 313; **Oceanwideimages.com**: 326–327m, 515, Gary Bell 34, 270, 273, 320, Chris & Monique Fallows 332mru, Rudie Kuiter 325mru, 328ul, 353ul; **Thomas Palmer:** 103gor; **Papiliophotos:** Clive Druett 536; **Naomi Parker:** 100ml; **E. J. Peiker:** 409; **Philip G. Penketh:** 295gol; **Otus Photo:** 510; **Photo courtesy of the Spencer Entomological Collection, Beaty Biodiversity Museum, UBC:** Don Griffiths 288mru; **Photolibrary:** 88, 95, 251, 327, 537, age fotostock 252, 253, 306, 307, 548, 612, age fotostock / John Cancalosi 591, age fotostock / Nigel Dennis 35, 573, All Canada Photos 533, Amana Productions 124, Animals Animals 532, 551, 612, Sven-Erik Arndt / Picture Press 586, Kathie Atkinson 34, 305, Marian Bacon 571, Roland Birke 101, Roland Birke / Phototake Science 271, Ralph Bixler 319, Tom Brakefield / Superstock 606, Juan Carlos Calvin 352, Scott Camazine 33, 101, Corbis 161, Barbara J. Coxe 159, De Agostini Editore 156, Nigel Dennis 507, Design Pics Inc 318, 563, Olivier Digoit 264, 349, Reinhard Dirscherl 307, Guenter Fischer 286, David B Fleetham 318, Fotosearch Value 162, Borut Furlan 313, Garden Picture Library 147, Garden Picture Library / Carole Drake 131, Peter Gathercole / OSF 272, Karen Gowlett-Holmes 257, 320, Christian Heinrich / Imagebroker 178, Imagebroker 180, 513, 525, 534, 620, Imagestate 617, Ingram Publishing 92gor, Tips Italia 547, Japan Travel Bureau 588, Chris L Jones 114, Mary Jonilonis 311, Klaus Jost 327, Juniors Bildarchiv 535, 588, 591, 614, Manfred Kage 101, 102, 265, Paul Kay 304, 309, 321, 333, Dennis Kunkel 35, 102, 259, Dennis Kunkel / Phototake Science 255, Gerard Lacz 411, 507, Werner & Kerstin Layer Naturfotogr 574, Marevision 312, 321, 345, Marevision / age fotostock 275, Luiz C Marigo 509, MAXI Co. Ltd 335, Fabio Colombini Medeiros 34, 260, Darlyne A Murawski 101, 101, 265, Tsuneo Nakamura 585, Paulo de Oliveira 34, 313, 339, 341, OSF 270, 306, 511, 512, 518, 519, 528, 538, 539, 567, 610, 618, OSF / Stanley Breeden 610, Oxford Scientific (OSF) 252, 265, 600, P&R Fotos 267, Doug Perrine 352, Peter Arnold Images 147, 169, 510, 547, 550, 560, 561, 563, 596, 601, Photosearch Value 256, Pixtal 535, Wolfgang Poelzer / Underwater Images 304, Mike Powles 273, Ed Reschke 96, Ed Reschke / Peter Arnold Images 255, 312, Howard Rice / Garden Picture Library 157, Carlos Sanchez Alonso / OSF 572, Kevin Schafer 595, Alfred Schauhuber 286, Ottfried Schreiter 338, Science Foto 104, Secret Sea Visions 321, Lee Stocker / OSF 570, Superstock 568, James Urback / Superstock 585, Franklin Viola 319, Toshihiko Watanabe 152, WaterFrame / Underwater Images 252, 253, Mark Webster 257, Doug Wechsler 507, White 563, 613, 617; **Bernard Picton:** 103gogr; **Linda Pitkin / lindapitkin.net:** 34, 34, 252, 253, 254, 255, 256, 257, 258, 259, 260, 261, 271, 273, 274, 275, 311, 313, 316, 318, 319, 320, 321, 325, 329, 337, 338, 340, 343, 344, 345, 348, 349, 350, 351, 352; **Marek Polster:** 334mro, 507, 537, 550; **Premaphotos Wildlife:** Ken Preston-Mafham 265, Rod Preston-Mafham 266; **Sion Roberts:** 103mgl, 103mrgu; **Malcolm Ryen:** 518; **Jim Sanderson:** 591, 595, 597; **Ivan Sazima:** 328mro; **Scandinavian Fishing Year Book (www.scandfish.com):** 350mu; **Science Photo Library:** 17, 25, 212, Wolfgang Baumeister 92, Dr Tony Brain 94, Dee Breger 89, 95, Clouds Hill Imaging Ltd 258, CNRI 92, 93, 259, Frank Fox 4mro, 89ur, 94–95, Jack Coulthard 145, A.B. Dowsett 93, Eye of Science 92, 93, 97, 238, 244, Steve Gschmeissner 34, 261, Lepus 94, 100, Dr Kari Lounatmaa 92, 93, LSHTM 100, Meckes / Ottawa 94, Pasieka 92, Maria Platt-Evans 29, Simon D. Pollard 267, Dr Morley Read 35, 260, 260, Dr M. Rohde, GBF 92, Professor N. Russell 93, SCIMAT 92, Scubazoo 374, Nicholas Smythe 525, Sinclair Stammers 272, M.I. Walker 259, Kent Wood 259; **Shutterstock.com:** LesiChkalll27 4mrgo, 107ur, 122–123, muhamad mizan bin ngateni 571ul; **SuperStock:** Scott Leslie / Minden Pictures 105mo, Tui De Roy / Minden Pictures 587gol; **Michael Scott:** 107mugl, 111ul, 208; **SeaPics.com:** 34 (Milchfisch), 326, 336, 521, Mark V. Erdmann 353, Hirose / e-Photography 332, Doug Perrine 351; **Victor Shilenkov:** photographer: Sergei Didorenko 345mro; **Vasco García Solar:** 509; **Dennis Wm Stevenson, Plantsystematic.org:** 111um, 124; **Still Pictures:** R. Koenig / Blickwinkel 149, WILDLIFE / D.L. Buerkel 340; **Malcolm Storey, www.bioimages.org.uk:** 244; **James N. Stuart:** 536; **Dr. Neil Swanberg:** 98gor; **Tom Swinfield:** 510; **Tom Murray:** 295mu; **Muséum de Toulouse:** Maud Dahlem 571; **Valerius Tygart:** 507, 521; **Uniformed Services University, Bethesda, MD:** TEM of D. radiodurans acquired in the laboratory of Michael Daly; http: / / www.usuhs.mil / pat / deinococcus / index_20.htm 92mo; **United States Department of Agriculture:** 259; **University of California, Berkeley:** mushroomobserver.org / Kenan Celtik 33gom; **US Fish and Wildlife Service:** Tim Bowman 424mu; **USDA Agricultural Research Service:** Scott Bauer 281mru, Eric Erbe, Bugwood.org 92–93m; **USDA Forest Service (www.forestryimages.org):** Joseph Berger 295mlo, James Young, Oregon State University, USA 285m; **Ed Uthman, MD:** 100gor; **www.uwp.no:** Erling Svenson 328mo, 340mr, Rudolf Svenson 326–327u, 338ml; **Ellen van Yperen, Truus & Zoo:** 556; **Koen van Dijken:** 292mro; **Erik K Veland:** 515; **Luc Viatour:** 344ul; **A. R. Wallace Memorial Fund:** 290um; **Thorsten Walter:** 338ul; **Wikipedia, The Free Encyclopedia:** 130, Graham Bould 317, From Brauer, A., 1906. Die Tiefsee-Fische. I. Systematischer Teil. In C. Chun. Wissenschaftl. Ergebnisse der deutschen Tiefsee-Expedition 'Valdivia', 1898–99. Jena 15:1-432 339mlu, Shureg / http: / / commons.wikimedia.org / wiki / File:Leishmania_amastigotes.jpg 33ml, 97um, Siga / http: / / commons.wikimedia.org / wiki / File:Anobium_punctatum_above.jpg 288mlo; **D. Wilson Freshwater:** 104gom, 104m, 104mlu; **Carl Woese, University of Illinois:** 29; **Alan Wolf:** 568; **WorldWildlifeImages.com/Greg & Yvonne Dean:** 34, 35, 409, 413, 414, 429, 434, 435, 438, 445, 452, 456, 457, 461, 462, 463, 464, 465, 466, 467, 468, 470, 472, 473, 475, 476, 477, 479, 483, 484, 485, 486, 487, 489, 490, 498, 504, 507, 514, 520, 521, 528, 534, 535, 538, 542, 544, 547, 549, 550, 551, 555, 556, 563, 566, 575, 586, 588, 589, 591, 597, 600, 601, 602, 606, 608, 609, 613, 614, 615, 616, 617, 618, 619, 624; **WorldWildlifeImages.com/Andy & Gill Swash:** 388, 413, 417, 418, 433, 435, 436, 450, 460, 464, 465, 466, 468, 469, 470, 471, 472, 473, 474, 475, 476, 482, 483, 484, 485, 486, 487, 488, 489, 492, 504, 505, 533, 554, 557, 568, 576; **Dr. Daniel A. Wubah:** 33gogr; **Tomoko Yuasa:** 98ur, 98gogr; **Bo Zaremba:** 292ml; **Zauber** : 35, 507, 543

Alle übrigen Abbildungen
© Dorling Kindersley
Weitere Informationen siehe:
www.dkimages.com

Noch mehr Spaß und Lesefreude

ISBN 978-3-8310-4142-8
€ 34,00 (D) / € 35,00 (A)

ISBN 978-3-8310-4159-6
19,95 € (D) / 20,60 € (A)

ISBN 978-3-8310-3229-7
€ 19,95 (D) / € 20,60 (A)

ISBN 978-3-8310-3905-0
€ 19,95 (D) / € 20,60 (A)

www.dk-verlag.de